本研究得到同济大学建筑设计研究院（集团）有限公司重点项目研发基金、
高密度人居环境生态与节能教育部重点实验室自主与开放课题（课题编号：2015KY06）的支持。

人居环境研究方法论与应用

RESEARCH METHODOLOGY AND APPLICATION OF HUMAN SETTLEMENTS

刘滨谊　等著 ◎ Binyi Liu, etc.

中国建筑工业出版社
CHINA ARCHITECTURE & BUILDING PRESS

图书在版编目（CIP）数据

人居环境研究方法论与应用／刘滨谊等著. —北京：中国建筑工业出版社，2015.2

ISBN 978-7-112-17873-5

Ⅰ. ①人…　Ⅱ. ①刘…　Ⅲ. ①居住环境－研究　Ⅳ. ①X21

中国版本图书馆CIP数据核字（2015）第043058号

本书以人居背景、人居活动、人居建设作为人居环境三元论的理论框架，面对人类生存环境演化的大趋势，将人居环境进行横向及纵向分类。其横向分为5类，包括河谷地区、水网地区、丘陵地区、平原地区、干旱地区，并按高密度、中等密度及低密度分别研究；纵向分类即将人居背景分为自然与人工环境、资源特征、视觉景观特征等。人居活动分为生存方式、习俗、文化等；人居建设分为空间布局形态等。基于以上分类，对各大类人类生存空间的环境、景观、建筑进行介绍和理解，对历史文脉和人居生活进行感受和分析，对当代城市发展和景观规划的未来进行研读和思考。

本书可供广大风景园林学（景观学）、建筑学、城乡规划学等人居环境相关学科专业的师生，风景园林师、建筑师、城市规划师以及城市管理人员等学习参考。

责任编辑：吴宇江
责任校对：李美娜　刘　钰

人居环境研究方法论与应用

刘滨谊　等著

*

中国建筑工业出版社出版、发行（北京西郊百万庄）

各地新华书店、建筑书店经销

北京锋尚制版有限公司制版

北京方嘉彩色印刷有限责任公司印刷

*

开本：880×1230毫米　横1/16　印张：34¼　字数：1333千字

2016年3月第一版　2016年3月第一次印刷

定价：248.00元

ISBN 978－7－112－17873–5

（27134）

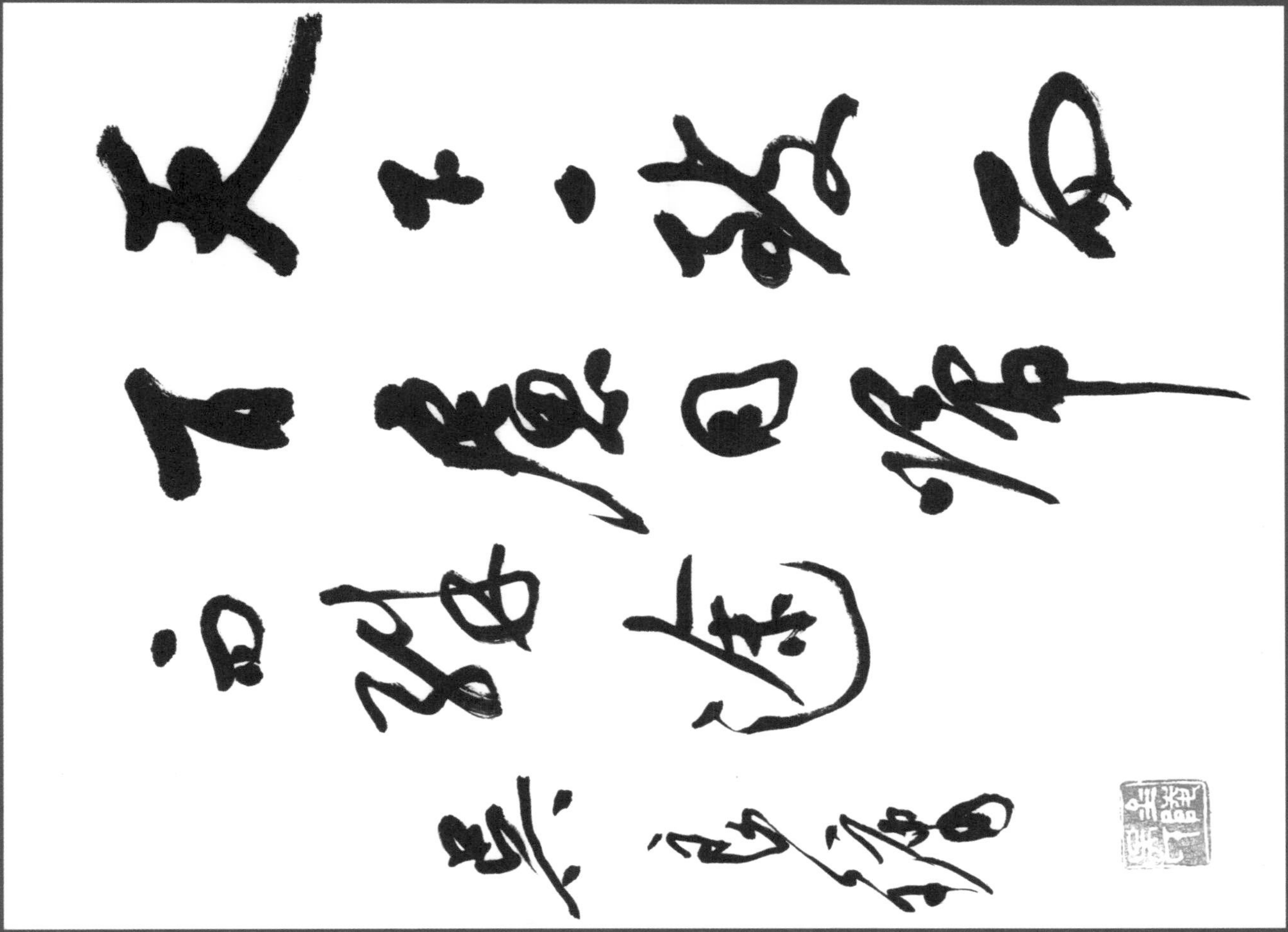

前言

人类生存环境的研究，一直是建筑环境领域中具有国计民生乃至于人类社会发展前途命运攸关的重大议题。自工业革命以来，在生产力水平迅猛提高的同时，也出现了人口急剧增长、滥用自然资源、盲目开发建设、居住环境恶性膨胀、自然环境严重破坏与污染、不可再生性资源枯竭、能源匮乏、历史文化丧失以及社会畸形发展等现象，这些对人类生存的现在和未来构成了日益严峻的威胁。为此，早在第二次世界大战之后，希腊学者道萨迪亚斯（C.A.Doxiadis）就提出了“人居学”（Ekistics）的概念，它不同于传统的建筑学，其着眼点已不是单纯的建筑或城市问题，而是整个人类的聚集和居住环境，小到三家村，大到城市带，所考虑的是尺度跨度巨大、层次复杂多样的人居问题。

关于人居环境问题的全国性研究与实践首推美国。自20世纪60年代初期，《寂静的春天》一书唤醒了美国公众对于人居环境质量的关注。继之，以1969年国家环境政策法（NEPA）为开端，美国政府机构制定并实行了一系列与人居环境保护开发有关的法规条例，而《设计结合自然》一书则作为学术专业性的指导，20世纪70年代后，一股人居环境规划设计管理的浪潮席卷了整个美国。发展至今，伴随着整体人居环境质量水平的不断提高，学术上提出了环境影响评价、区域景观分析等理论方法，并推动了遥感、地理信息系统、多媒体等空间信息、大数据等高新技术的产生与应用。

20世纪70年代以后，全球人口猛增，资源锐减，住房需求量不断增加，而环境生态则相应地急剧恶化，如此下去，人类难以保证生存、持续发展（Sustainable Development）。正是在这种全球性的“可持续”大背景下，为了建筑的“可持续”，为了城市的“可持续”，为了景观环境的“可持续”，建筑学、城市规划学、风景园林学科开始了可持续人居环境建设的思考。人居环境开始成为世界各国建筑环境等多学科同行关注的焦点，人居环境问题研究与实践的国际性呼声日益高涨。

与国外经济发达国家和落后国家的发展建设相比，中国的人居环境建设依然面临着不断加剧的环境恶化的现实。正如吴良镛院士20年前所作的概括：“城市化与建筑像江潮一样地发展，像水波纹一样地逼近，一方面有大量的建设，产生出巨大的生命力和生产力，另一方面也在进行相当多的大尺度的破坏。”① 环境不断地恶化变迁：面临着严峻的大气污染、水污染、垃圾处理问题、土地沙漠化和沙灾、水土流失、生物多样性破坏等问题，全球气候变化问题迫在眉睫，地域气候改变，极端天气、灾害性天气的出现，小气候环境的不断恶化，如城市热岛效应等，均影响着人们的基本生存与正常生活；多项重要资源短缺问题严峻，据统计我国人均土地面积不到世界平均水平的1/3，人均矿产资源仅占世界水平的58%，2/3城市供水不足，森林覆盖率排名世界百位之后，世界性濒危物种我国占1/4。② 中国处于高速开发建设时期，出现诸多弊端错误：如自然环境土地被侵占，城市内部环境受到严重破坏，在发达地区的乡村，从前是三代人造1次房，现在是一代人造3次房，其浪费可想而知。③ 中国建筑、规划、风景园林界陷入迷茫，导致部分价值观念的错误：目前三大学科专业发展依然不平衡，重建筑、轻规划，忽视风景园林；规划设计与建设的实践量大、速度快，但缺乏实践中的深刻思考总结与理论研究，以致缺乏主见，盲目而全面地跟从欧美模式。从上述分析可引出可持续发展的3个问题：① 需要全面认清人居环境的形势，保护环境和资源；② 需要重新审视现有的价值观念，改变不合情理的生存方式；③ 寻求新的规划设计与建设理论技术，开拓新型的人居生存空间。

在此背景下，吴良镛院士发展了道萨迪亚斯的“人类聚居学”理论，结合中国的实际问题及其“广义建筑学”理论，1993年提出了“人居环境学”思想。中国的建筑学界，1994年召开了“人类聚居环境与21世纪华夏建筑学术研讨会”。1995年，由中国国家自然科学基金委主持召开了“人类聚居环境与建筑创作青年专家学术研讨会”。

继1994年“华夏研讨会”后，为了展开人居环境理论的研究，结合教学，于1995年秋，笔者于同济大学建筑与城市规划学院开设了“人类聚居环境学”研究生理论课。课程解决如何在全球气候变化的视野下思考和解决当代中国景观规划设计的问题，如何借鉴各区域发展的经验和教训，如何在身边发现和思考中国景观的价值和未来等问题，笔者提出以人居背景、人居活动、人居建设三元论为理论框架。面对人类生存环境演化的大趋势，将人居环境进行横向及纵向分类，横向分为5类，包括河谷地区、水网地区、丘陵地区、平原地区、干旱地区，并按高密度、中等密度及低密度分别研究，纵向分类即将人居背景分为自然与人工环境、资源特征、视觉景观特征等；人居活动分为生存方式、习俗、文化、生活节奏、密度等；人居建设分为空间布局形态、密度等。基于以上分类，对各大类人类生存空间的环境、景观、建筑进行介绍和理解，对历史文脉和人居生活的感受和分析，对当代城市发展和景观规划的未来进行研读和思考。

课程面向风景园林学（景观学）、建筑学、城乡规划学等人居环境相关学科专业的硕士生（36学时）和博士生（54学时）。教学先后经历了3种方式：① 结合辅助教材，教师课堂讲授要点，学生课前课后大量阅读；② 根据教师指定，学生课前阅读、案例调查研究，课上学生汇报交流，教师点评、讲授；③ 在教师组指导下，学生课前阅读与调查研究各类人居环境案例，课上针对学生作业及其汇报，教师组点评。

总之，投身吴良镛院士开创的人居环境学研究实践领域，立足于连续19年并不断更新的同济大学《人类聚居环境学》研究生课教学，以1994年编集《人聚环境学——人类聚居环境认识、分析、评价、开发、管理理论方法与技术实践的研究探讨》教材为起点，20年来笔者与历届研究生们阅读研究了一系列相关论著。本书关于人居环境三元论的研究正是在这些行动、经历、结果的基础上总结提炼而成。其中，包含着历届研究生和助教们的共同努力，更包含了近3年本课程教学组教师的努力，他们是匡纬博士、汪洁琼博士、陈筝博士。为本书的编排，匡纬博士、王南博士、王晓蒙、陈昱珊、李凌舒、薛申亮、杨戈、魏冬雪、梅歆、陈获、邱蒙等研究生付出了辛勤的劳动，关于本书的内容，除了笔者20年的研究与教学积累外，第1篇第3章由匡纬为主完成，第3篇则是2011年、2012年、2013年三届硕博研究生们与笔者教学组共同的研究工作结果（名单见附录）。

2014年9月10日

于上海

目录

第 1 篇 人居环境研究三元论

第2篇 人居环境三元分析

目录

目录

目录

目录

Contents

Contents

Part 2 Background, Activity and Construction Analysis of Human Settlement, Inhabitation and Travel Environment

Contents

Contents

Part 3 Background, Activity and Construction Studies of Five Categories of Human Settlement, Inhabitation and Travel Environment

Contents

Contents

Contents

第1篇

人居环境研究三元论

Part 1 Introduction of Trialism of Human Settlement, Inhabitation and Travel Environment Studies

第 1 章　人居环境三元论缘起

Chapter 1 The Origin of Trialism of Human Settlement, Inhabitation and Travel Environment

1.1 人居环境三元论概述及其依托的思想理论

1.1.1 人居环境学

1.1.1.1 人居环境学的内涵

人居环境学作为一门新的学科概念，强调人居的观念，由人居（Human Settlement，Inhabitation and Travel Environment）和生态环境科学（Ecological and Environmental Sciences）这两大概念范畴的基础上发展而来。其研究对象的主体，集中在人类居住活动的“居”、人类居住活动之外的其他活动的“聚”，以及人类求新寻异的“游”这三者之间的相互结合；其研究对象的客体，集中在人居游活动赖以存在的环境生态载体上。首先，人居环境学科将以居住为核心的“居”与以公共活动为核心的“聚”，以及“游”融为一体，对于人类因各类生存活动需求而构筑空间、场所、领域的问题，加以综合性的探索。其次，人居环境学将以人为中心的人居游活动与以生存环境为中心的生物圈相互联系，加以科学、艺术、工程三者的结合、主观与客观一体的分析。它是探索研究人类因各种生存活动需求而构筑空间、场所、领域的学问，是一门综合性的将以人为中心的人居游活动与以生存环境为中心的生物圈相联系，加以研究的科学、艺术和工程。

当代人居环境研究与实践的基本内容包括人居背景、人居活动和人居建设三大相互交织的问题，涉及社会、经济、生态三大方面。具体展开，至少含有下面一些基本研究方面：

（1）人居环境要素及其构成；

（2）人居环境感受、态度与行为；

（3）人居环境模式及其演变；

（4）人居环境模式的偏爱与评价；

（5）人居环境规划设计；

（6）人居环境维持与保护。

按照宏观与微观并重，一般与特殊结合、综合定性与分析定量相辅的研究战略，根据不同的对象，人居环境学的研究对象既可以是都市、区域、国土，甚至是全球这类宏观对象，也可以是社区、小区组团、街区，甚至是室内这类微观对象，既包含建筑、城市乡村，也包含风景园林。

1.1.1.2 人居环境学的思想蕴含

纵观当今世界各国人居环境的大量建设实践，以城市化为集中性代表，其过程和结果表明：一方面，它为一个国家、区域带来巨大的综合效益；另一方面，也引发了在国土、区域等更大规模范围的土地、水域、森林等自然资源、生态环境、能源、交通、产业结构和城镇体系、社会文化等一系列前所未有的问题。因此，从全球、国土、大区域的范围，以经济、生态、社会为纲，众多问题的综合，众多学科的交叉，众多专业的协同实践，以解决这些牵一动百、相互制约的综合性难题，已经进入议事日程，这种势在必行的大势所趋，正转化为人类发展的共同纲领和超越国界的联合行动，这就是目前主导全球的可持续发展的浪潮。

以可持续发展为价值准则，在更为宏观的尺度上，更为综合的学科范围内，根据更为细化定量的数据资料，对于人居环境建设实行系统、量化动态的分析与综合，这正是建筑设计、城乡规划、风景园林学科在可持续大潮中所面临的史无前例的挑战。前所未有的大体量建筑，前所未有的大规模都市，前所未有的大尺度景观，前所未有的人口，前所未有的资源耗费，前所未有的环境破坏——人居环境科学研究实质上正是面对这种前所未有的挑战而提出的。与以往相比，作为建筑规划界新生的学术理论及专业实践，人居环境的理论研究与工程实践，在价值观念、理论基础、方法原理、技术手段等各方面，从思想观念到实际操作，都需要一系列的变革。

与以往建筑规划界传统的理论方法和技术手段相比，人居环境学研究具有以下几大特征：

（1）空间上多层次融合性；

（2）时间上的长期连续性；

（3）理论思想上的综合性；

（4）方法手段上的系统性；

（5）操作执行上的数字定量性；

（6）人员组成的多学科专业交叉渗透性。

人居环境学无疑是大容量、多层次、多学科的综合系统的研究领域，是建筑学、城乡规划学、风景园林学的综合，就此而言，它是面向21世纪的建筑+城乡规划+风景园林学[1][2]。

1.1.2 人居环境三元论基本思想

人居环境理论研究以三元论哲学为基础，将其分为人居背景、人居活动和人居建设三大要素。当代人居环境以自然界环境、农林环境和生活环境三者为存在基础，其中包含着自然环境、农林环境、生活环境三类空间环境，以及各类环境中所具有的各类资源、生态循环等，他们维持着人类的基本生存，是人居环境存在的必要前提，此部分研究为人居背景；人居环境的主体及其表现形式是人类利用人居环境进行的各类居住、聚集和游历活动，此部分研究为人居活动；人居环境的客体及其表现形式是建筑、城乡、风景园林与景观，其集中体现了人类在各类空间中的建设活动，此部分研究为人居建设（表1–1）。三元要素重叠部分即为系统的、综合的人居环境三元论的研究内容（图1–1）。人居环境理论指导下的人居环境建设目标即从解决问题到实现理想环境（表1–2）。

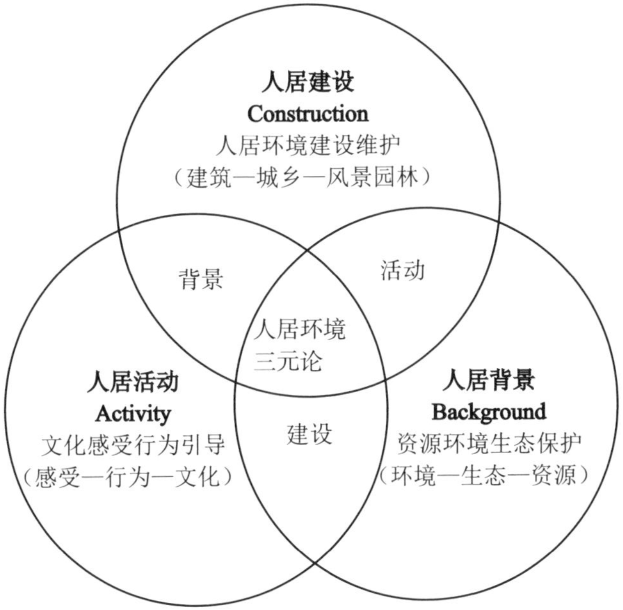

图1–1 人居环境学三元论示意
Figure1-1 Trialism of human settlement, inhabitation and travel environment studies schematic diagram

表 1–1 人居环境学三元要素
Table1-1 Three elements of human settlement, inhabitation and travel environment studies

人居建设三元要素	建筑・城乡・风景园林		
人居活动三元要素	居住・聚集・游历		
人居背景三元要素	生活环境：（住宅用地、商业用地、办公用地、工业工地、市政公共用地、道路交通用地）	农林环境：（农田、人工林地、果园、荒地、养殖湖池）	自然环境：（山川湖泊、沼泽湿地、自然林与次生林、草原等）
	人类：生存（生活・生产・文化・历史）	生物：动植物	非生物：地形、土壤、水、大气、阳光、地质矿藏

表 1–2 人居环境学三元问题与目标
Table1-2 Three problems and objectives of human settlement, inhabitation and travel environment studies

三个层次	人居背景	人居活动	人居建设
考虑方面	人居环境	人与社会	建造方式与材料
评判标准	资源利用	社会平等	经济发展
问题： 总体结果：生活质量的下降与恶化，直至人类灭亡	资源不合理利用： ・非稳态发展 ・浪费、过度开采 ・物种灭绝、环境恶化	濒临危机的地域： ・社会不平等 ・贫富差距扩大 ・人口数量与质量失调 ・社会精神文明退化 ・犯罪率上升	建造方式落后浪费： ・短期行为、一次性
目标： 总体结果：生活质量的提高，人类繁荣发展	资源综合全面使用： ・保护、保留、再生 ・3R计划等	充满竞争力的地域社会平等： ・全社会的繁荣 ・贫富差距缩小 ・人口素质提高 ・社会精神文明进化 ・奉献者增加	可持续发展： ・注重综合效益

1.1.3 “人居环境科学导论”

1993年吴良镛院士发展了道萨迪亚斯的“人类聚居学”，结合中国实际，在其“广义建筑学”理论基础上，提出了“人居环境科学”思想[4]。2001年，吴良镛院士的《人居环境科学导论》出版，对这一理论进行了全面的阐述和梳理。吴良镛院士提出以建筑、园林、城市规划为核心学科，把人居作为一个整体，从社会、经济、工程技术等多个方面，较为全面、系统、综合地加以研究，探讨人与环境之间的相互关系以及中国人居环境发展的道路，集中体现整体、统筹的思想，初步建立了人居环境科学理论体系。全书分为上下两篇，上篇为“人居环境科学释义”，阐述了人居环境科学的由来、学科构成、基本观念和方法论，以及清华大学人居环境研究中心多年来在保护与建设可持续发展的人居环境方面的研究实例。下篇为“道萨迪亚斯的人类聚居学”，是对希腊学者道萨迪亚斯在人类聚居学思想理论著作的译述和评介。吴良镛院士在《人居环境科学导论》[5]中提出了：

（1）组成人居环境的五大系统：自然系统、人类系统、社会系统、居住系统和支撑系统。其中，人类系统和自然系统是构成人居环境主体的2个基本系统，居住和支撑系统则是组成满足人居要求的基础条件。他指出一个良好的人居环境的取得，不能只着眼于它的建设，而且要实现整体的完满，既要面向“生物的人”，达到“生态环境的满足”，还要面向“社会的人”，达到“人文环境的满足”。

（2）人居环境在规模和级别上的5大层次：全球、国家和区域、城市、社区和建筑。人居环境层次观的建立，有助于澄清人居环境科学研究中的基本概念，建立针对不同研究层次的统一尺度标准。

（3）我国人居环境建设5大原则：正视生态困境，增强生态意识；人居环境建设与经济发展良性互动；发展科学技术，推动社会繁荣；关怀最广大人民群众，重视社会整体利益；科学的追求与艺术的创造相结合等。

《人居环境科学导论》一书中，吴良镛院士根据中国人居环境的现实状况，提出了初步研究的基本课题。他认为由于人居环境科学是一项大科学研究，对国家的国民经济、社会与科学发展将会产生重大的影响，因此必须制定合乎时宜的研究战略。为此，他在以下方面提出了相应的理论指导：

（1）对中国人居环境建设的理论指导：整体协调人居环境科学群的学科组织工作；促进人居环境科学研究的交叉、综合和整合；确定切实可行的人居环境科学学科发展的战略目标；重视人居环境科学的方法论、规划设计论和教育论等。

（2）适合中国人居环境建设的方法论的理论指导：重视从事人居环境科学的研究工作者的基本哲学修养，掌握系统思想和复杂性科学的基本概念，以各学科相互联系的方法，解决开放的巨系统中的复杂性问题。可以归纳为：“以问题为导向”，“融贯的综合研究”，抓住关键、解剖问题、综合集成、螺旋上升的研究方法；创建人居环境科学的新的研究范式，建立“科学共同体”。

（3）适合中国人居环境建设的规划设计论的理论指导：要在整体性科学思想的指导下，进一步融合规划设计原理，以协调控制的理论指导，发展对规划设计的控制和引导，提高规划设计理念，更好地驾驭一般的规划设计原则。其中，在建筑设计中，阐述“广义建筑学”的基本观念，回归基本原理。在城市规划设计中，对区域、城市、社区、建筑等不同层次的空间发展予以协调控制。在人居环境规划设计中，要建立发展、动态的规划设计时空观，汇时间、空间、人间于一体。

（4）适合中国人居环境建设的科学与教育论的理论指导：重视专业教育的改革，培养跨学科、人文与艺术相结合的全面发展的新型人才。特别是要重视具有人居环境综合观念的“专业帅才”（Professional leadership）素质的培养，和村镇建设人才的培养，推进全社会人居环境科学的教育[6]。

吴良镛院士提出了人居环境科学研究的主要方法论，即融贯的综合研究，其技术路线和组织方式以问题为导向，“庖丁解牛”与“牵牛鼻子”以及综合集成与螺旋式上升。他认为人居环境科学主导的专业就是广义建筑学，包括传统的建筑学、城乡规划学和地景学（风景园林）[7]。

1.1.4 “场域理论”

如何看待人居环境？如何感知、建构人居环境？人居环境的深层结构是什么？构成这一深层结构的基本元素有哪些？其存在方式怎样？各个元素之间又是如何相互作用的？这些既是人居环境理论研究首要回答的基本问题，也是人居环境评判及其建设优化必须明确的前提[8]。对此，可以从场域理论的基本思想为出发点，扩展深化，探索研究。“场域理论”的概念最初于1985年由冯纪忠教授在指导研究生的谈话中首次定义，而后又经过冯纪忠教授课题组多年的研究逐步趋于体系化的：① 场域可以被理解为人类与其生存环境相互作用的时空存在；② 场域是由人类主体与生存环境客体的相互作用而形成；③ 场域是一种时空存在[9]。场域理论的核心思想是从“理性秩序”和“感性脉络”两方面感知、研究、建构人居环境的深层结构、基本元素及其时空演变。

1. 人居环境的理性秩序和感性脉络

人居环境学既不同于生态学，也不同于其他诸环境科学。其他诸环境科学关注人类主体之外的客观世界；而生态学，尽管包含了人类主体，但其所关注的仍然是生态学意义上的人类。生态学和诸环境科学所关注的是人居环境的理性秩序。

如下所示：

生物学生态学：

分子水—细胞—组织—器官—个体—种群—群落—生态系统—生物圈（理性

秩序）。

除了生态学和诸环境学科关注的理性秩序之外，人居环境学还关注着以人类主体为核心的感性脉络。如下所示：

行为学文化社会学：

人类个体—群体—种群—社区—社会—国家—全球（感性脉络）。

2. 基于场域理论的人居环境深层结构

人居环境学所关注的是这种理性秩序和感性脉络两者的结合，并且要将这种结合通过物质化手段，落实在具有空间分布和时间演变的客观环境之中。这也就是场域理论的基本思想。借此，可以将人居环境的深层结构概括如下：

（1）人居环境是人类与其生存环境相互作用的时空存在。这种时空存在的外在表现是山水、原野、乡村、城市、建筑、园林等一系列为人们日常生活所熟悉的生存环境，其内在核心是人。人居环境随经济、社会、文化、生态、资源五大元素的变化而变化。

（2）人居环境由人类主体与生存环境客体构成，这种主客体的相互作用，包括3个方面的展开细化。主体方面，包括个体之间、个体与群体之间、群体与群体之间的相互作用；客体方面，包括国土、区域、乡镇、城市、建筑、园林之间的相互作用；主客体方面，除了人类群体与生存环境之间的相互作用，如城市社区，还包括人类个体与环境之间的相互作用，如个体住宅、私家园林。

（3）人居环境的时空存在，在时间上至少可分为过去、现在、未来三大阶段，空间分布上至少包含3个相互叠合的层次，这就是惯常意义上的建筑、城市、景观（风景园林）。

1.1.5 生态学思想

工业革命的兴盛带来了人类生存环境的迅速恶化，20世纪60～70年代，蕾切尔·卡逊（Rachael Carson）的《寂静的春天》（The Silent Spring）将人们从工业时代的现状中唤醒，警示了人类生存危机的可能性，将人们的注意力从对生产力的追求引向对自然环境及人与自然关系的关注。这本具有影响力的著作的出版得到了国内外学者的广泛认同，引发了人们对于生态环境的全球性思考。

自此之后，国内外关于生态学思想所引发的伦理思考不断成为研究的热点，生态学的原理和方法被有意识地引入到人居环境研究领域中，并开始倡导全民的生态意识。生态学本身的发展也越发与人类活动对生态过程的影响联系起来，从对纯自然现象的研究拓展至自然—经济—社会复合系统的探索，在解决人居环境的资源、环境、可持续发展等问题方面起到重要作用[10]。

（1）生态学思想加强了人居环境研究的主体学科建筑学、城市规划与风景园林的三位一体。生态学思想成为3个学科的共识，从而模糊了相互间的界线，多层次、多元化的学科融合使其有能力处理综合、复杂的人居环境问题，从而有能力建构自然与人类生态系统相互关联的网络，促进自然、城市及景观的协同演化。

（2）生态学思想的影响使人居环境的意识形态、价值观和自然观均发生了变化。由人与自然的二元对立、无意识的自然主义及浪漫主义的生态认识，转而成为探索自然过程与城市环境关系、寻找生态过程与城市环境连接途径的人居环境价值观，这种转变对社会道德和生态意识的改善同时起到了积极作用。表现在物质层面，从对生态环境的忽略、傲慢与无视转变为对人居环境生态属性的彰显，朴素的生态观念的表达以及生态思想的切实发展与实践，反映了人们对人居环境与人类生态系统、自然生态系统和城市生态系统伦理关系的深度思想。

（3）生态学思想使人居环境突破了传统以形式与风格为导向的建设模式。以生态学为指导的人居环境建设采用生态主义设计范式，关注自然与城市的生态演替进程，理解自组织等自然过程，关注场地的尺度、维度、生态因子与自然和人工系统间的相互作用关系；关注城市发展的可持续策略、废弃场地及物质能源的再利用、可持续的生态材料与技术的使用；将人居环境建设维度从空间拓展到时间，从三维延展至四维；并有意识地将传统主观性规划设计转向定量的、客观的规划设计方法，强调结构和功能性、内外整体系统性。

1.2 人居环境的三元哲学观

1.2.1 人居环境与世界观、规划设计哲学

谈及世界观、哲学，我们会想到“社会”、“文化”、“思辨”、“精神”等字眼，也知道“存在决定意识”这一哲理，但是却很少想到人居环境与我们的世界观、规划设计哲学有着密切的互动关系。

如果把那些经过哲学抽象了的、深层的、精神信仰的东西与日常生活世界、与人居环境联系来看，从这些环境现象中就不难发现：人居环境也影响人类世界观的形成。例如，当代中国人所熟悉的围墙所形成的环境，我们已经习惯于处处皆墙的人居环境，但若来到上海交通大学没有围墙的新校园，或是漫步于美国布莱克斯堡（Blacksburg）的弗吉尼亚理工及州立大学校园，抑或是费城的宾夕法尼亚大学校园，则会有另一番感受。那种处处是围墙的单位、校园、居住小区，乃至城市对于形成我们条块分割、各自为政、“一盘散沙”的意识观念、活动行为不能说没有作用。假如有朝一日，所有的围墙都不复存在，我们的观念和行为肯定会有大的转变。

这方面是非常值得研究的课题，我们目前所处、所需、所规划设计的人居环

境对于人们的感受行为，对于每个人的世界观的形成起着重要的作用。反之，人居环境学、人居环境的规划设计也直接受到了我们规划设计师、业主、决策者的世界观、人居环境观的左右。其实，我们编制的规划设计方案都与世界观、哲学有关，任何一项实际规划设计工程，其目标、原则都体现着我们的世界观和规划设计哲学。

1.2.2 二元论的人居环境观

人居环境与人们的世界观、规划设计哲学有着密切的互动关系。中国古代人居环境，常以“山、水”二元论划分，非山即水。山本身亦是如此，非阴面即阳面。中国的山水人居环境，对于中国两分法世界观的形成有着根深蒂固、潜移默化的重要影响。中国二元论的代表符号即太极图，该思想影响着中国两千多年，直至当今的中国建筑规划设计。二元论思想控制的人居环境图景非黑即白，相生相克，非此即彼。

二元论之所以能够盛行，原因有三：

（1）主导哲学因素：将生活世界现象提炼抽象至高于人类现实生活的层次，从老庄易经到辩证唯物主义等一系列二元论哲学一直起着主导作用。

（2）时代背景因素：工业革命时代，以机械、电子理论原理为基础的非生命世界导致了二元论的盛行。

（3）对于非生命体和生命体永恒性的关注压倒了对于生命体此时此地的思索。二元论所关注的是所有非生命体和生命体的永恒存在问题。

对于规划设计领域，二元论的危害在于：

（1）二元论易走极端——非自然即人工，由于自然这一极端的不可及，故常常表现为以人工为导向的极端。

例如：一个四五十平方公里的新区规划，可以毫不顾及自然山水环境。尽管其紧邻的老区路网、格局是根据自然风向、河网等环境所形成，而新区则走向了极端。当然，市长的非专业独断是主要原因，但规划设计者本身也有责任，在短时间内用丁字尺、三角板布置出的新区格局，与原有河网、路网偏45°，破坏了原有良好的自然环境。

（2）二元论易“捣糨糊”——无特色，将事物混在一起。

当年，曾与冯纪忠教授谈此问题，实际上是针对这两方面而言：国内现有的规划设计，或者是走极端，或者是模模糊糊，不够明晰，如前些年中国的水彩画，两头都展开得不够，说是“点”到为止，结果很“虚”，极差不够，既不够抽象，也不够具象。而某些国外的、具象的水彩画，可达到比照片还真实的效果。从制作时间看，我们的方法快，那种具象画法会花去大量时间，我国现今规划界的问题与艺术界的问题可谓一脉相承。对于规划设计界二元论的这类弊端，还有一种模棱两可的解释，常被具体应用，这就是格式塔的图底关系说。

人居环境规划设计面向生活世界领域，需要以三元论的观念作为指导。人类大量的生存环境不限于山、水，而是在山水交接的平原、河川、谷地，即使对于中国，也是如此。

1.2.3 三元论的人居环境观

首先让我们来看看生活世界的现象事实：变化万千的色彩由三原色调和而成，物理空间由长、宽、高三个维度构成，视觉感受的空间形态由点、线、面三元素构成，时间的历程和感受由过去、现在、未来三个基本时段顺序而成，影响人类发展的有三大因素——环境、社会、经济，现代人类的日常生活活动划分为工作、娱乐、休息三段式，等等。根据大量的日常现象，可以得出这样的结论：非抽象的真实的生活世界是以三元组合为基本构成的。

中国的人居环境亦是如此：除了山水，在山水之间，还有中间层次，即诸如田野、村庄城市的人造人居环境。

我们规划设计的专业哲学从古至今，实际上也是三元：即建筑学、城市规划、景观/风景园林规划设计。只不过，在两元论盛行控制的时代，中国规划设计界主要的仍然是2个专业：建筑设计与城市规划，唯独少了景观/风景园林规划设计。

现代规划设计所考虑的不同层次方面包含着大量的三元：环境、社会、经济，自然、人工自然、人工，人居背景、人居活动、人居建设，空间、场所、领域，建筑、城市、景观，策划、规划、设计，等等。

三元论不仅关注非生命体，而且更加关注生命体；三元论所要寻求的不仅是永恒的存在，而且更关注生命体的此时此地的存在。对于充满生命生活的人居环境，是面向生活世界的领域，需要以这种三元论的观念追求作为指导。对于人居环境规划设计，三元论有助于规划设计的顺利进行。人类大量的生存环境不限于山、水，而是在于“山水之间”，在山水交接的平原、河川、谷地、丘陵，对于中国，尤其如此。

如图1–2所示，人居背景、人居活动、人居建设是构成人居环境的三要素。当代人居环境的基本载体是人居环境，其以自然界环境、农林环境和生活环境三者为存在基础，其中包含着空间环境、各类资源、生态循环等维持人类基本生存的元素，作为人居环境存在的必要前提，可称之为人居背景；人居环境的主体及其表现形式是人类利用人居环境进行的各类聚集和居住活动，其中包括生活生产方式、文化习俗、精神信仰等各种人类生理心理精神的活动，可称之为人居活动；

建筑 Architecture　　城乡 Urban and Rural　　景观/地景/风景园林 Landscape

（居 Human Settlement・聚 Human Inhabitation・游 Travel）

人类的居・聚・游
Settlement・Inhabitation・Travel

人居环境
Human Settlement, Inhabitation and Travel Environment

自然环境 Natural Environment	农林环境 Agriculture and Forestry Environment	生活环境 Environment for Living
山川湖泊、沼泽湿地 自然林与次生林、草原等	农田、人工林地、果园、荒地、养殖湖池	住宅用地、商业用地、办公用地、工业用地、市政公共用地、道路交通用地

人　类：生存（生活・生产・文化・历史）
生　物：动植物
非生物：地形、土壤、水、大气、阳光、地质矿藏

图1-2 人居环境的构成要素
Figure1-2 The constituent elements of human settlement, inhabitation and travel environment

人居环境的客体及其表现形式是人们所熟悉的建筑、城市、乡村、旷野及其保护、开发等建设，集中体现了人居环境的建设活动，可称之为人居建设。人居背景、人居活动、人居建设构成了人居环境的三元素。

人居背景的核心问题是资源的观念，要把人居环境理解为一种资源，诸如空间资源、时间资源、自然资源、人文资源；人居活动的核心问题是人与社会的关系及人类生存的价值取向，是要引入价值判断：识别、判断人居环境社会平等性、幸福健康性、生存活动方式等的优劣，以及其对于人居发展建设的导向影响；人居建设的核心问题是标准量化：面对当今一系列的建设开发，诸如资源利用、用地、建筑密度、绿地率、生物多样性、工程造价、建成后使用中的运营管理等问题，确定合理可行的量化、细化的标准，从而达到控制建设效果的目的。如此，在可持续发展的大框架中，宏观的环境、社会、经济具体落实在建设界就化作了人居背景、人居活动、人居建设的问题。以人居背景的保护筹划为基础，以人居活动的需求为目标，以人居建设的不断创新为手段，一种文明、一个时代的人居环境，只有处于这种状态，保持三者的平衡，才有可能达到可持续发展的状态，成为可持续发展的人居环境。

现实的人居环境中，人居背景、人居活动、人居建设三者是互为依存、相互制约、三者联动的关系，人居环境三元理论及其细化深化的研究应用正是由此三个基元耦合互动而展开的（见图1-1）。

1.2.4 人居环境三元方法论

如何认识问题和解决问题，这是哲学方法论的基本内容。人居环境研究方法论所要解决的关键是研究人居环境的思维方式，综合运用现有的经验主义、实证主义、人本主义、结构主义4种方法论，将人居环境研究范围的三元置于同一体系中考虑（图1-1、图1-3）。“背景元”的基本方法是实证主义，需要客观科学理性的方法进行分析、计量、实验、验证；“活动元”的基本方法是经验主义和人本主义，需要采用主观的方法，艺术感性的综合、定性、经验和总结；“建设元”的基本方法既包括实证主义，也包括经验主义和人本主义，需要采用主—客观结合的方法，需要科学理性与艺术感性两者的结合，需要定性与定量的齐头并进；三元一体互动耦合层面的基本方法则是结构主义，需要上述三元基本方法的综合。结构主义其概念与系统、功能、元素、要素等紧密联系在一起，是某一系统中各要素的相互关系和相互联系的方式，结构是由各个局部互相依存而构成的一个整体，而局部只能在整体上才有意义。结构主义可以根据诸因素之间的结构关系，而不只是用已有的事物和社会事实来解释现实，预测未来。它的基本原理是对于可观察的事物，只有当把它置于一个潜在结构或与秩序联系在一起时才是有意义的。这一特点，恰好符合人居环境的基本规律特征，因此，基于经验主义方法论、实证主义方法论和人本主义方法论三位一体的结构主义方法论就构成了人居环境研究的三元方法论。

作为一种新的哲学观，三元方法论反映了客观自然界所固有存在及发展的规律，并为现代实证自然科学所证明。用三元的观点去认识，分析事物的多样性、复杂性，在二元对立的概念及矛盾运动中，寻找第三元，应是解决很多自然科学与社会科学、人文科学难题的有效方法。

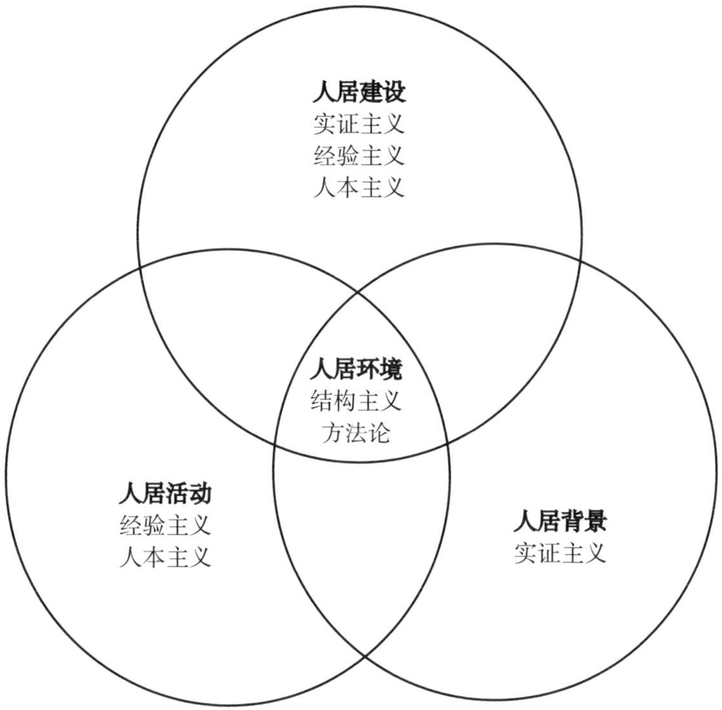

图1–3 人居环境学研究三元方法论

Figure1-3 Ternary methodology of human settlement, inhabitation and travel environment studies

1.3 人居环境三元论研究框架

1. 研究范围的三元：人居背景、人居活动、人居建设

人居背景、人居活动、人居建设构成了人居环境的三元。对三元进行扩展细分，具体如下：

（1）背景元扩展细分："背景元"由资源、环境、生态三大元素构成，一一展开，具体如下：① 资源，分为自然资源、人文资源、人居资源三类。② 环境，分为自然、农林牧、人居三类环境。其中，自然环境包括：海洋、山川、森林；农林牧环境包括：农业、林业、畜牧业环境；人居环境包括：城市、乡村、旷野。③ 生态，包括自然环境生态、农林牧环境生态及人居环境生态。背景元的目标、构成各元素的基本要素、定性定量评价标准、调查分析评价技术详见表1–3。

表 1–3 人居背景元扩展细分

Table1-3 Subdivision Of Background Element

背景元/构成背景元的三元一体	自然背景	农林牧背景	人居背景
目标：三类环境保护与发展	自然环境保护与发展	人文环境生态保护与发展	人居环境生态保护与发展
资源组成元素	自然风景资源、自然景观遗产	人文风景资源、文化景观遗产	人居环境资源
生态组成元素	自然环境生态	农林牧环境生态	人居环境生态
环境组成元素	自然环境	农林牧环境	人居环境
构成各元素的基本要素	气候、地质、地貌、水文、动、植物等		
定性定量评价标准	日照、风、降雨量、蒸发量、地形、地貌、水文、土壤、动植物、多样性、面积、空间容量、影响范围、年代、各类环境指标、生物多样性等各类生态指标等		
调查技术	3S（遥感、地理信息系统、全球定位系统）、摄影测量、气象站、空气质量检测仪、生态监测、传感器测试等技术		
分析评价技术	3S、摄影测量、实地监测、田野调查、各类模拟、实验测试、生态监测等		

（2）活动元扩展细分：活动元由活动行为、心理感受、文化传承三方面切入，以人居环境中的聚集、居住、游历三类基本活动为对象，研究如何满足人类日常生活的基本需求。由"活动元"展开的各类人居环境感受、文化、艺术如下。感受：生理感受、心理感受、社会感受；文化：风俗、历史、文化；艺术：山水诗文艺术、山水绘画艺术、山水园林艺术；行为：观看、参与、交往。表1–4为活动元的扩展细分，包括感受活动、行为活动、社会活动的组成元素和要素，活动的载体等。

（3）建设元扩展细分："建设元"由时间、空间、空间单元三大元素构成：① 时间，分为过去、现在、未来三类；② 空间，分为国土区域、乡村、城市三类；③ 空间单元，分为环境生态空间单元、人体活动空间单元、视觉感受空间单元三类。表1–5是形态元的扩展细分，包括空间分布范围、时间组成元素、空间组成元素、空间单元组成元素各元素的基本构成要素、三类基本空间形态、几何空间组成要素、几何空间组织要素、视觉空间构建要素、实施空间构成要素、定性定量评价标准以及三元空间系统及其规划设计关键等。

表 1–4 人居活动元扩展细分
Table1-4 Subdivision Of Activity Element

活动元	人类生理层面	人类心理层面	人类社会层面
感受活动（习惯）三大组成元素	生理的	心理的	社会的
行为活动（风俗）三大组成元素	观看	参与	交往
社会活动（文化）三大组成元素	风俗	历史	文化
活动的感受认知组成要素	风、湿、热、日照等	安全、刺激、认同	生态、美丽、文化
活动的载体	行为空间	感受空间	文化空间
活动的定性定量评价标准	生理健康度、心理舒适度、小气候舒适度、绿视率、空间旷奥度、风景美丽度、幸福指数等各类感受评价指标		
调查技术	调查问卷、医学生理指标测试、心理测试、传感器测试等技术		
分析评价技术	感受模拟、问卷评价、实时传感、眼动仪、皮电仪等		

表 1–5 人居建设元扩展细分
Table1-5 Subdivision Of Construction Element

建设元	自然环境保护与拓展	农林牧环境建设	人居环境建设
空间分布范围	地方、区域、国土/乡村、小镇、县、小城市、中等城市、大都市、都市带、海洋、外层空间等		
时间组成元素	过去	现在	未来
空间组成元素	国土区域	乡村	城市
空间单元组成元素	居住活动空间单元	聚集活动空间单元	游历活动空间单元
各元素的基本构成要素	气候、地质、地貌、水文、动、植物、土地、建筑材料、建筑能源、空间感受、风貌、风光等		
三类基本空间形态	空间	场所	领域
定性定量评价标准	日照、风、降雨量、蒸发量、地形、地貌、水文、土壤、动植物、多样性、面积、空间容量、影响范围、年代、人居环境生态环保指标、能耗、绿色指数、建成人居环境物理、心理舒适度等		
调查技术	3S（遥感、地理信息系统、全球定位系统）、摄影测量、温湿热风测试、生态监测、传感器测试等技术		
分析评价技术	3S、摄影测量、生态监测、建成人居环境生态环保指标评价、建成人居环境物理、心理评价等		

2. 价值观念的三元：人工至上、自然至上、人工与自然共同至上

人居环境价值观可归纳为三类：一种是一切以人类的需求为主导，在环境生态资源利用、材料使用、能源消耗等人居活动与建设方面，以人工、人造为人居环境活动与建设优先考虑，这是一种“人类第一、人工至上”的人居环境价值观；一种是一切以自然为主导，强调环境生态保护，在资源利用、材料、能源消耗等方面，以自然保护第一为人居环境活动与建设为优先考虑，这是一种“自然第一、自然至上”的人居环境价值观；还有一种观念，是前两种价值观的“齐头并进”。人居环境追求的理想目标是“天人合一”，在人居环境活动与建设的价值判断是“人与天调”。这是一种“人工与自然共同至上”的人居环境价值。

3. 学科领域的三元：建筑学、城乡规划学、风景园林学[8]

从学科专业角度而论，人居环境学由建筑学、城市规划、风景园林学组成了三位一体的规划设计学科群。建筑学、城乡规划学、风景园林学经过长期的发展深化，已从明显的学科分野发展成为以生态观念为基本思想的三位一体（表1–6）[11]。

4. 人居环境感受的三元：空间、场所、领域

空间是指能被感觉到的被限定的一种物质存在的固有形式。英国建筑理论家布莱恩·劳森（Bryan Lawson）在《空间的语言》中指出：“空间创造环境，环境组织我们的生活、行为和相互关系。”“场所”的概念，沿用诺贝格—舒尔茨（Christian Norberg-Schulz）对其的解释，他认为，人要栖居，就必须能够在环境中辨认方向，并与环境认同，简言之，必须能体验环境是充满意义的，其真正的意义是指生活发生的空间[12]。场所侧重于体验，因此突破了空间几何化的界定。领域则突破了场所的范围，指人所能感觉到的范围。可见，空间与建筑对应，场所与城市对应，领域则与景观对应。对应于感受而言，空间感受具有确定性，而领域则具有不确定性；而从心理精神层面，则是从不确定性趋向于确定性。另外，人居感受，不仅对应于3个类型的物质感觉，还包括时间层面的感觉，如乡愁等。

5. 建设层面的三元：策划、规划、设计

从人居环境学来说，“规划”更侧重于从“无”到“有”，从“无序”到“有序”的过程；“设计”则是在已有人居环境基础上，使之更加丰富多彩，其本质是从“有”到“无”，打破现有格局的过程；“策划”相当于“可行性研究”则是“假定”预测“结果”的过程。在对人居建设进行研究的过程中，策划、规划及设计三个方面缺一不可。

6. 工程技术的三元：高技术、中技术、低技术

高技术指现代工业和后工业时代产生的一系列关于人居环境建设的先进科学技术，包括数字设计、虚拟现实、新材料、新工艺、新方法、新能源。低技术与之大相径庭，是那些远古时代人类就已经使用人居环境构筑营造的方法技术，涉及建筑材料、能源利用、建造方式等。介于高技术和低技术之间的人居环境建设

表 1-6 人居学科群的三位一体及其作用演变
Table1-6 Trinity and its function evolution of group of human settlement, inhabitation and travel environment disciplines

学科/专业	农耕文明的观念方法	工业文明的观念方法	后工业文明的观念方法
建筑学	A1提供人类生存的庇护所	A2 以建设一次性完成的各类建筑为基本目标，基于物质实体形态和空间，用种类不太多的建筑材料，以单个建筑空间的构筑为核心	A3 以建设、管理多次性完成的各类建筑为基本目标，基于人类行为感受，开发利用多种材料，以群体建筑空间构筑为核心。——生态建筑
城乡规划学	U1 聚落的选址、范围的划定	U2 以土地为核心的资源使用划分、道路空间布局为核心，对都市人口、生产、资源分布进行空间布局与发展政策导向	U3 以人类资源与环境资源合理配置为核心的资源使用、开发、保护为核心，对都市人口、生产、资源、环境进行空间布局与时间上的调配。——生态都市
风景园林学/景观学	L1（1）作为人类精神生活的寄托和载体，各种纪念性构筑、场所的选取与建造；（2）以个体生存为第一目标，宅前屋后的各类植物种植、动物饲养；（3）进而，以个体的花园建造欣赏为主，核心是提供宜人的生活外部环境	L2 以群体欣赏为主，各类公园、公共场所环境的建设，都市绿化，自然与人文景观区域的开发保护。核心是提供适合大众的户外活动空间	L3 群体、个体欣赏兼顾，各类公园、公共场所环境的建设，都市环境的绿化—兰化—棕化，自然与人文景观区域的开发保护。核心工作是提供、维护适合各类人们的户外活动场所。——生态都市

技术科学称为中技术。鉴于高、中、低三种技术各有利弊，理想的人居环境建设技术应当是三者结合。

7. 建设过程的三元：CQE 工程

CQE工程包括人居环境容量调查（Capacity Investigation）、质量控制（Quality Control）及其演变预测（Evolution Prediction）三大基本内容。它的基本原理是以构成人居物质环境的空间要素（如地形、坡度、坡向、建筑群等）和表面要素（如地表土壤、植被、聚落、土地利用等）为信息载体，同时考虑经济、生态环境、社会文化的多因素作用，采用数据“动态地”进行表述及评价，以此反映整个人聚环境及其容量—质量—演变的特征[3]。

1.4 人居环境学三元综合发展论

1.4.1 人居环境学理论研究和建设实践的价值准则与总目标

探讨学科的综合发展，首先需要确定其发展的目标，目标又是由价值观所决定的。因此，前提是界定学科理论与实践过程中具有指导意义的价值观念。如何认识看待人居环境？如何评价人居环境？如何选取人居环境规划设计方案？这既是人居环境学理论研究的基本问题，也是人居环境建设中随时随地都会遇到的实际问题。其问题的归结就是人们关于人居环境的价值观念问题，同时它也蕴含了人们对于理想人居环境的追求及其目标。那么，新世纪的人居环境价值观是什么呢？

1.4.1.1 人居环境的正负极端状态

凭借三要素的尺度以及评价的核心标准，我们可以描述出人居环境的不利状态和理想状态作为人居环境的两极，两极之间则涵盖了人居环境的多种状态（表1-7）。

1.4.1.2 面向 21 世纪的可持续发展的人居环境价值观

如前文所述，人工与自然一直是建设中的基本矛盾，大尺度的建设造成了大尺度的自然环境破坏；混凝土的建筑越来越多，自然生态功能的绿地越来越少；这已为众所周知。问题是需要有一个观念上的根本转变：对于人居环境的建设开发，以往的观念要么是以牺牲自然来换取高质量的人工，要么是以牺牲人类的发展需求，来换取对于自然的原始回归，走的是两者必居其一之路（图1-4）；现在需要的是合二为一的双赢之路，是人工与自然的齐头并进，互不牺牲，互相促进（图1-5）。这种人工与自然两者兼顾、协调发展的观念，就是建筑规划与风景园林的可持续发展观，也是可持续人居环境的多赢价值观。

表 1–7 人居环境的正负极端状态
Table1-7 Positive and negative extremely conditions of human settlement, inhabitation and travel environment

3个层次：	人居活动	人居背景	人居建设
考虑方面：	人与社会	人居环境	建造方式与材料
核心标准：	社会平等	资源利用	经济发展
不利状态（负终极状态）： 总体结果：生活质量的下降与恶化，直至人类灭亡	濒临危机的地域： · 社会不平等 · 贫富差距扩大 · 人口数量与质量失调 · 社会精文明退化 · 犯罪率上升	资源不合理利用： · 非稳态发展 · 浪费、过度开采、 · 物种灭绝、环境恶化	建造方式落后浪费： · 短期行为、一次性
理想状态： （正终极状态） 总体结果：生活质量的提高，人类繁荣发展。	充满竞争力的地域社会平等： · 全社会的繁荣 · 贫富差距缩小 · 人口素质提高 · 社会精神文明进化 · 奉献者增加	资源综合全面用： · 保护、保留、再生、 · 3R计划等	可持续发展： · 注重综合效益

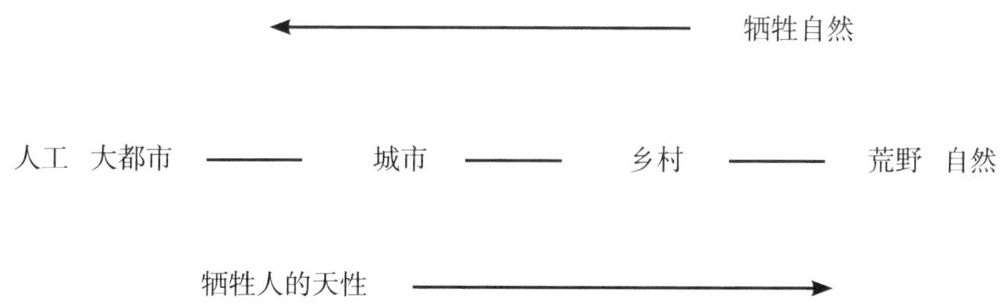

图1–4 人居环境建设传统观念
Figure1-4 Traditional attitudes to human settlement, inhabitation and travel environment

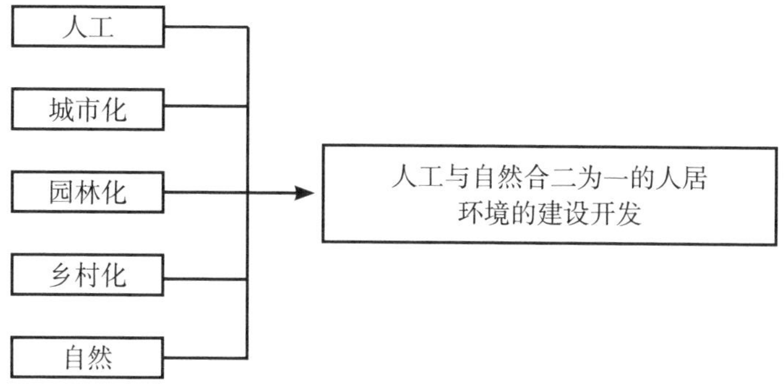

图1–5 人工与自然合二为一的人居环境建设
Figure1-5 Human settlement, inhabitation and travel environment construction by artificiality with nature

1.4.1.3 3R 计划——实现可持续人居环境建设发展目标的第一步

3R是节约（Reduce）、重新使用（Reuse）、循环（Recycle）的英文缩写。基于可持续人居环境建设的价值观，作为具体化的行动，3R计划是针对人居环境建设与维持的实际而提出的。建设用地、建筑材料、采暖空调，对于诸如此类的资源、能源节约使用，降低耗费，这就是人居环境建设维持的节约问题。对于那些曾经作为他用、后来废弃的地块、建筑，改变原有功能，起死回生，再利用，这是重新使用的第一层内容；瞻前顾后，对于同一地块、建筑，在规划设计时，考虑到建成后的数十年至数百年期间，使用功能改换的多种可能性，例如，现在作为医疗或商业的建筑，将来有可能改作公寓，现在的闹市区，将来有可能变为购物中心，现在的苗圃，将来有可能改作果园等等，这是重新使用的第二层内容。使各种可以转换的人居环境要素在不断更新的人居环境模式之中得到强化，形成“要素转换—模式强化—模式更新—要素转换”的“往复循环、螺旋上升”，这是人居环境建设的“循环”。总体上，节约① –重新使用② –循环③ 这三个阶段既是一个由① 至②，再至③ 的渐进过程，又是一个① ② ③ 同步发生的过程。

1.4.2 人居环境学科发展坐标系

明确人居环境学理论实践发展的价值观只是学科综合发展的第一步，在价值观念的基础上，还需要对人居环境学的发展有全面的认识，需要建立人居环境学科发展的坐标体系。

根据人居环境学三元论的观点，结合人居环境学的整体性、综合性、多元性发展趋势，遵循可持续发展的人与自然双赢价值观念，人居环境学的坐标系应脱离以往的二元观念，形成“原点＋三轴”的笛卡尔坐标系形式[13]。

1.4.2.1 坐标系的原点

人居环境学并非一门单一独立的学科，而是包含了建筑学、城乡规划学、风景园林学等多个学科的学科群，它具有高度整合的诸学科多位一体的发展平台，为多学科之间的共通、共融、共生提供了更为广阔的发展空间和更高的学科要求。发展至今的人居环境学既不同于以往“大建筑学”、不同于生态学，也不同于其他诸环境科学，它不仅关注人类居环境的理性秩序，亦关注以人类主体为核心的感性脉络，还要考虑工程性问题，它将理性与感性相结合，通过工程化手段，将人类的居住、聚集、游历落实在具有空间和时间演变的客观环境中。只有对人居环境学所研究的环境产生清晰准确的认识，才可以此界定坐标系原点的本意内涵。

（1）人居环境是人类与其生存环境相互作用的时空存在。这种时空存在的外在表现是山水、原野、乡村、城市、建筑、园林等一系列为人们日常生活所熟悉的生存环境，其内在核心是人。人居环境随经济、社会、文化、生态、资源五大元素的变化而变化。

（2）人居环境由人类主体与生存环境客体构成，这种主客体的相互作用，包括三方面的展开细化。主体方面，包括个体之间、个体与群体之间、群体与群体之间的相互作用；客体方面，包括国土、区域、乡镇、城市、建筑、园林之间的相互作用；主客体方面，除了人类群体与生存环境之间的相互作用，如城市社区，还包括人类个体与环境之间的相互作用，如个体住宅、私家园林。

（3）人居环境的时空存在，在时间上至少可分为过去、现在、未来三大阶段，空间分布上至少包含3个相互叠合的层次，这就是惯常意义上的建筑、城市乡村、景观/风景园林。

因此，基于以上意义的人居环境学的三元论，应作为人居环境学科发展坐标系的原点，在此基础上讨论坐标轴及其延展的方向，遵循人居环境三元论的核心思想，构建坐标系的三轴。

1.4.2.2 坐标系的三轴

人居环境学的基本坐标系是一个三维坐标系（图1-6），其坐标原点基于人居环境三元论，其三个坐标轴对应于三元，分别对应代表了人居环境学科三大层面的理论与实践：第一层面，人类赖以生存的生态背景；第二层面，居住、聚集、游历等的三大基本生存活动；第三层面，建筑、城乡规划与风景园林的人居环境规划设计与建设。三个层面涵盖了人居环境学科专业的基本内容，也是人居环境学科最为基本的核心。将三大核心简称，第一层面简称为“背景”，第二层面简称为“活动”，第三层面简称为“建设”。对于人居环境学科，三层面都具有“基本”、“原初”、“起点”、“归于”的性质，属于人居环境学科的基本源头、元初，故可将人居环境这三大层面概括为人居环境的三元，这是人居环境“三元论”在立体时空坐标系上的体现。

1. 人居背景元（X轴）

第一元“人居背景”，以包含自然与人类共同作用的生态背景恢复、修复为主，围绕环境和资源，从生活的、农林的、自然的角度切入。生活环境与资源中，包括各类城乡用地；农林环境与资源中，包括农田、人工林地、果园、荒地、养殖湖泊等；自然环境与资源中，包括山川湖泊、沼泽、湿地、自然林与次生林、草原等。第一元面广量大，包括自然生长的环境，部分受人工影响环境，以及完全经人类改造后的环境，它们是人居活动与人居建设的基础，是人居活动与人居建设发生的场所。

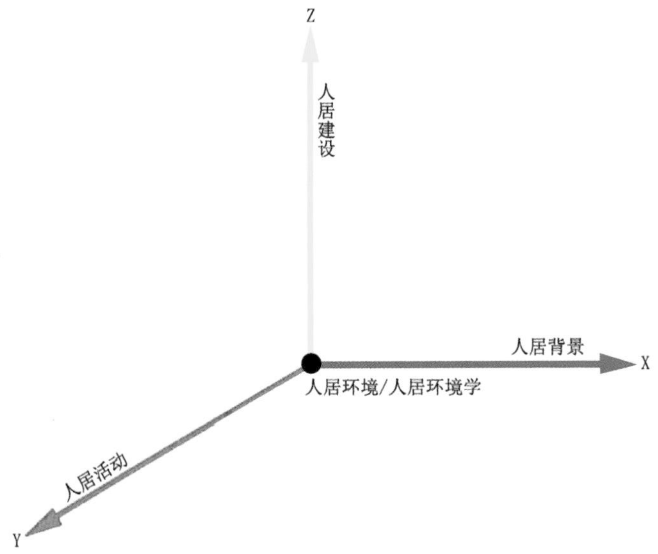

图1-6 人居环境学学科群发展坐标系
Figure1-6 Coordinate system of group of human settlement, inhabitation and travel environment disciplines development

2. 人居活动元（Y 轴）

第二元“人居活动”，以人类活动组织为主，从人类在人居背景下的活动行为、心理感受、文化传承三方面切入，以人居环境中的居住、聚集、游历三类基本活动为对象，研究人类的生活、生产、游憩行为，通过这些行为引导人居建设的开展，人居建设需顺应人居活动的习惯，满足人类生活中的基本生理与心理需求。

3. 人居建设元（Z 轴）

第三元“人居建设”，以建筑学、城乡规划学、风景园林学“三位一体”的规划、设计、建设、管理为主，从人居环境的外在表现入手，关注通过空间形态创造出的生态功能、活动体验、心理感受等，形成具有良性循环功能的外部空间环境，并保证其在实践中的建成和在后期的运营养护。狭义的理解包括人居环境的视觉空间环境建造，广义的理解还包括视觉之外的其他感官感受，与人居建设的物质材料、空间形式、精神表征有关。

参考文献

[1] 刘滨谊. 人类聚居环境学引论[J]. 城市规划汇刊，1996（04）：5-11，65.

[2] 刘滨谊. 走向可持续发展的规划设计——人类聚居环境工程体系化[J]. 建筑学报，1997（07）：4-7.

[3] 刘滨谊. 可持续人类聚居环境工程体系述要[J]. 同济大学学报（人文·社会科学版），1996（1）：12-17.

[4] 吴良镛. 人居环境科学发展趋势论[J]. 城市与区域规划研究，2010（03）：1-14.

[5] 吴良镛. 人居环境科学导论[M]. 北京：中国建筑工业出版社，2001.

[6] 吴良镛. 人居环境科学的探索[J]. 规划师，2001（06）：5-8.

[7] 周干峙. 吴良镛与人居环境科学[J]. 城市发展研究，2002（03）：5-7.

[8] 刘滨谊. 建筑学科发展战略研究[C]. 城市建设与发展研究论文集. 上海：同济大学出版社，1992：13-17.

[9] 刘滨谊. 论城市与风景园林的相融共生[M]// 陈为邦，张希升，顾孟潮. 奔向21世纪的中国城市. 太原：山西经济出版社，1993：454-466.

[10] 于冰沁，王向荣. 生态主义思想对西方近现代风景园林的影响与趋势探讨[J]. 中国园林，2012（10）：36-39.

[11] 刘滨谊. 三元论——人类聚居环境学的哲学基础[J]. 规划师，1999（02）：81-84+124.

[12] 郑时龄. 建筑空间的场所体验[J]. 时代建筑，2008（06）：32-35.

[13] 刘滨谊. 人居环境学科群中的风景园林学科发展坐标系[J]. 南方建筑，2011（03）：4-5.

第 2 章　人居环境三元构成要素与因素分析

Chapter 2 Three Elements and Main Factors Analysis On Human Settlement, Inhabitation and Travel Environment

2.1 人居环境三元分析

2.1.1 人居背景分析——环境生态与三元一体观

2.1.1.1 人居背景环境系统三元：自然环境、农林环境、生活环境

环境系统是人居背景的基础，人类生活在这一背景环境之中，若缺乏对背景环境的分析，则犹如鱼儿不知游弋的水体，鸟儿未知翱翔的天空，不能做足准备，未可知己知彼，故不能因地制宜。缺少对背景环境的认识，就无法顺应、利用、改造所处的背景环境，在其后的人居活动与人居建设中也会由于对背景的未知与盲目而缺乏科学性与安全感。根据不同的背景环境与人类活动之间的关系，可以将环境系统分解为自然环境、农林环境、生活环境3类。

1. 自然环境：山川湖泊、沼泽湿地、自然林与次生林、草原等

自然环境，主要是受人为活动影响较小的、在自然界中自发形成的生态空间，按照人类对其的影响程度以及其所保存的结构形态和能量平衡，又可分为原生自然环境与次生自然环境。这里所提到的自然环境，主要指原生的，它们的物质交换、能量转化和信息传递基本上遵循着自然界的规律，包括原始的山川湖泊、未经涉足的沼泽湿地、人迹罕至的荒漠冻原、航线未至的大洋中心、葱郁密布的原始森林与次生林带、广袤无垠的大草原等。它们是人类赖以生存的物质基础，也受人类的活动与行为所影响。了解人类生存的自然环境，是研究人居背景的基础，只有充分了解了自然环境的特征，才能提出对其加以利用的合适手段，进而实现人与自然的和谐共生。

2. 农林环境：农田、人工林地、果园、荒地、养殖湖池

随着人类活动对自然的影响，原始的自然环境渐渐被改造，纯粹的原生环境由于人类对其的利用，其物质交换、能量转化和信息传递都受到了人为干预的介入，有些地区在功能上发生了改变，成了为人类服务的场所，如农田、人工林地、果园、弃耕地、养殖湖地等，但它们的发展和演变规律仍需遵循自然的发展。这些对自然环境所改造而形成的农林环境是人类社会经济发展的必要途径，也是人类改造利用自然的表现形式。

3. 生活环境：住宅用地、商业用地、办公用地、工业用地、市政公共用地、道路交通用地

人居环境背景中的生活环境主要由人类所引导，人类生活在不同的城镇区间中，这种区间通过用地类型来进行区分，人居背景中的生活环境是受人为影响较大的部分。在规划设计中，将城乡用地即市（县）域范围所有土地分成建设用地（H）与非建设用地（E），而在城市建设用地中，又再分为8类，即：居住用地（R）、公共管理与公共服务用地（A）、商业服务设施用地（B）、工业用地（M）、物流仓储用地（W）、交通设施用地（S）、公共设施用地（U）、绿地（G）。

在城市建设的八大类用地中，人们分别安排不同的活动，如居住、工作、游憩等。从水平面上看，但也有些地块具有多重的用地类型，如使用某地块的城市综合体，可能既包括了酒店的功能，又包括了办公、商业等功能，同时还有相应配套的城市空间、绿地、广场等，城市用地的功能渐朝多元化发展。在垂直界面上，城市用地的性质也会有重合，同一栋高层建筑的楼层或许会有不同的使用功能。总之，多种跨界交叠重合，这些就要求在研究人居背景的生活环境时，对每一区间的功能作充分的调研与分析，不仅仅需要对性质有所了解，也应对不同性质用地之间的安排与组合的空间关系、时间关系进行梳理[1]。

2.1.1.2 人居背景资源系统三元：国土、生态、能源

人居背景中的资源环境广义上包括所有可为人利用的物质与非物质形式，包括自然资源与人文资源，其中自然资源往往是物质的，而人文资源常以较为抽象的非物质形式存在。人文资源更多地与人类的人居活动相关，故在此，人居背景中的三元资源系统着重指的是自然界中的自然资源。自然资源，亦称天然资源，是自然物质经过人类的发现，被输入生产过程，或直接进入消耗过程，变成有用途的或能给人以舒适感的，从而产生经济价值以能够提高人类当前和未来福利的物质与能量的总称。获取自然资源的主要工程是收集与纯化，并非生产。

1. 国土资源：土地、矿产等

国土资源有广义与狭义之分：广义的国土资源是指一个主权国家管辖的含领土、领海、领空、大陆架及专属经济区在内的资源（自然资源、人力资源和其他社会经济资源）的总称；狭义的国土资源是指一个主权国家管辖范围内的自然资源。国土资源具有整体性、区域性、有限性和变动性等特点。国土资源一般包含土地资源和矿产资源两个方面。其中：

（1）土地资源：是在目前的社会经济技术条件下可以被人类利用的土地，是一个由地形、气候、土壤、植被、岩石和水文等因素组成的自然综合体，也是人类过去和现在生产劳动的产物。因此，土地资源既具有自然属性，也具有社会属性，是“财富之母”。

按地形分类，土地资源可分为高原、山地、丘陵、平原、盆地。这种分类展示了土地利用的自然基础。一般而言，山地宜发展林牧业，平原、盆地宜发展耕作业。

按土地利用类型分类，土地资源可分为已利用土地，如耕地、林地、草地、工矿交通居民点用地等；宜开发利用土地，如宜垦荒地、宜林荒地；宜牧荒地、沼泽滩涂水域等；暂时难利用土地，如戈壁、沙漠、高寒山地等。这种分类着眼于土地的开发、利用，着重研究土地利用所带来的社会效益、经济效益和生态环

境效益。评价已利用土地资源的方式、生产潜力，调查分析宜利用土地资源的数量、质量、分布以及进一步开发利用的方向途径，查明目前暂不能利用土地资源的数量、分布，探讨今后改造利用的可能性，对深入挖掘土地资源的生产潜力，合理安排生产布局，提供基本的科学依据。

（2）矿产资源：指经过地质成矿作用而形成的，埋藏于地下或出露于地表，并具有开发利用价值的矿物或有用元素的集合体。矿产资源属于非可再生资源，其储量是有限的。目前世界已知的矿产有160多种，其中80多种应用较广泛。按其特点和用途，通常分为金属矿产、非金属矿产和能源矿产三大类。

2．生态资源：森林、生物等

1）森林资源

森林资源是林地及其所生长的森林有机体的总称。这里以林木资源为主，还包括林下植物、野生动物、土壤微生物等资源。林地包括乔木林地、疏林地、灌木林地、林中空地、采伐迹地、火烧迹地、苗圃地和国家规划宜林地。森林可以更新，属于再生的自然资源。反映森林资源数量的主要指标是森林面积和森林蓄积量。森林资源是地球上最重要的资源之一，是生物多样化的基础，它不仅能够为生产和生活提供多种宝贵的木材和原材料，能够为人类经济生活提供多种食品，更重要的是森林能够调节气候、保持水土、防止和减轻旱涝、风沙、冰雹等自然灾害；还有净化空气、消除噪声等功能；同时森林还是天然的动植物园，哺育着各种飞禽走兽和生长着多种珍贵林木和药材。

2）生物资源

生物资源是在当前的社会经济技术条件下人类可以利用与可能利用的生物，包括动植物资源和微生物资源等。生物资源具有再生机能，如利用合理，并进行科学的抚育管理，不仅能生长不已，而且能按人类意志进行繁殖更生；若不合理利用，不仅会引起其数量和质量下降，甚至可能导致灭种。在生物资源信息栏目中，设有动物资源信息，植物资源信息，微生物资源信息，自然保护区与生物多样性信息等子栏目。

（1）植物资源：是在当前的社会经济技术条件下人类可以利用与可能利用的植物，包括陆地、湖泊、海洋中的一般植物和一些珍稀濒危植物。植物资源既是人类所需的食物的主要来源，还能为人类提供各种纤维素和药品、在人类生活、工业、农业和医药上具有广泛的用途。

（2）动物资源：是在当前的社会经济技术条件下人类可以利用与可能利用的动物，包括陆地、湖泊、海洋中的一般动物和一些珍稀濒危动物。动物资源既是人类所需的优良蛋白质的来源，还能为人类提供皮毛、畜力、纤维素和特种药品、在人类生活、工业、农业和医药上具有广泛的用途。

（3）微生物资源：是在当前的社会经济技术条件下人类可以利用与可能利用的以菌类为主的微生物，所提供的物质，在人类生活和工业、农业、医药诸方面能发挥特殊的作用。

3．能源资源：地热、天然气、阳光、风、水等

能源资源是在目前社会经济技术条件下可为人类提供的大量能量的物质和自然过程，包括煤炭、石油、天然气、风、流水、海流、波浪、草木燃料及太阳辐射、电力等。能源资源，不仅是人类的生产和生活中不可缺少的物质，也是经济发展的物质基础，和可持续发展关系极其密切。根据能源的可持续性特征，可分为可再生能源，如：太阳能、地热、水能、风能、生物能、海洋能等，以及非可再生能源，如：煤、石油、天然气、核能；对于地热，由于其开采使用的速度往往会大于自然界重新生产以补充地热的速度，有时也被归为不可再生能源。

根据可持续发展的原则，应大力推广可再生能源的应用，但其开发的高成本成为制约产业市场竞争力的主要原因。若可在项目的策划阶段就考虑能源资源的可持续利用，现场充分调研，前期预留各类配套基础设施，或可缓解非可再生能源的供应压力，引导可再生能源的推广应用。

2.1.1.3 人居背景生态系统三元：森林、海洋、湿地

生态系统并不等同于环境系统与自然资源的总和，在有丰富自然资源的环境系统中，只有具有一定生态关系构成的系统整体才能被称为生态系统，而仅由非生物因素组成的整体，或是单一的物质环境，无法被叫做生态系统。因此，生态系统指的是，在自然界的一定的空间内，生物与环境构成的统一整体，在这个统一整体中，生物与环境之间相互影响、相互制约，并在一定时期内处于相对稳定的动态平衡状态。生态系统的范围可大可小，相互交错，最大的生态系统是生物圈；最为复杂的生态系统是热带雨林生态系统，人类主要生活在以城市和农田为主的人工生态系统中。生态系统是开放系统，为了维系自身的稳定，生态系统需要不断输入能量，否则就有崩溃的危险；许多基础物质在生态系统中不断循环，其中碳循环与全球温室效应密切相关，生态系统是生态学领域的一个主要结构和功能单位，属于生态学研究的最高层次。

不同的生态系统包括：森林、草原、海洋、淡水、冻原、湿地生态系统等，引入人为活动对生态系统的影响，还包括农田生态系统和城市生态系统等。森林是陆地上最有代表性的生态系统，海洋是水体中最为复杂的生态系统，湿地的变化最为丰富。因此，在三元论中，人居背景分析时，重点关注森林、海洋、湿地生态系统，若区域周边仍有其他特殊生态系统存在，则可另作分析。

1．森林生态系统

森林生态系统是以乔木为主体的生物群落（包括植物、动物和微生物）及其

非生物环境（光、热、水、气、土壤等）综合组成的生态系统，是生物与环境、生物与生物之间进行物质交换、能量流动的自然生态科学。地球上森林生态系统的主要类型有4种，即热带雨林、亚热带常绿阔叶林、温带落叶阔叶林和北方针叶林。是陆地上生物总量最高的生态系统，对陆地生态环境有决定性的影响。森林生态系统是森林群落与其环境在功能流的作用下形成一定结构、功能和自调控的自然综合体，是陆地生态系统中面积最多、最重要的自然生态系统。

森林中的植物以乔木为主，也有少量灌木和草本植物。森林中还有种类繁多的动物。森林中的动物由于在树上容易找到丰富的食物和栖息产所，因而营树栖和攀缘生活的种类特别多，如犀鸟、避役、树蛙、松鼠、貂、蜂猴、眼镜猴和长臂猿等。森林不仅能够为人类提供大量的木材和都中林副业产品，而且在维持生物圈的稳定、改善生态环境等方面起着重要的作用。例如，森林植物通过光合作用，每天都消耗大量的二氧化碳，释放出大量的氧，这对于维持大气中二氧化碳和氧含量的平衡具有重要意义。又如，在降雨时，乔木层、灌木层和草本植物层都能够截留一部分雨水，大大减缓雨水对地面的冲刷，最大限度地减少地表径流。枯枝落叶层就像一层厚厚的海绵，能够大量地吸收和贮存雨水。因此，森林在涵养水源、保持水土方面起着重要作用，有“绿色水库”之称。

2. 海洋生态系统

海洋生态系统是海洋中由生物群落及其环境相互作用所构成的自然系统，生态系（Ecosystem）一词，系英国A.G.坦斯利于1935年提出。在此之前，德国K.A.默比乌斯（1877）和美国S.A.福布斯（1887）曾分别用生物群落（Biocoenosis）和小宇宙（Microcosm）这2个词，记述了类似坦斯利所说的内容。

广义而言，全球海洋是一个大生态系统，其中包含许多不同等级的次级生态系统。每个次级生态系统占据一定的空间，由相互作用的生物和生物，通过能量流和物质流形成具有一定结构和功能的统一体。海洋生态系统分类，目前无定论，按海区划分，一般分为沿岸生态系统、大洋生态系统、上升流生态系统等；按生物群落划分，一般分为红树林生态系统、珊瑚礁生态系统、藻类生态系统等。海洋生态系统研究开始于20世纪70年代，一般涉及自然生态系统和围隔实验生态系统等领域。近几十年，以围隔（或受控）实验生态系统研究为主，主要开展营养层次、海水中化学物质转移、污染物对海洋生物的影响、经济鱼类幼鱼的食物和生长等研究。

3. 湿地生态系统

湿地生态系统是指介于水、陆生态系统之间的一类生态单元。其生物群落由水生和陆生种类组成，物质循环、能量流动和物种迁移与演变活跃，具有较高的生态多样性、物种多样性和生物生产力。由于湿地是陆地与水体的过渡地带，因此它同时兼具丰富的陆生和水生动植物资源，形成了其他任何单一生态系统都无法比拟的天然基因库和独特的生物环境，特殊的土壤和气候提供了复杂且完备的动植物群落，它对于保护物种、维持生物多样性具有难以替代的生态价值。湿地水文、土壤、气候相互作用，形成了湿地生态系统环境主要素。每一因素的改变，都或多或少地导致生态系统的变化，特别是水文，当它受到自然或人为活动干扰时，生态系统稳定性受到一定程度破坏，进而影响生物群落结构，改变湿地生态系统。湿地具有综合效益，它既具有调蓄水源、调节气候、净化水质、保存物种、提供野生动物栖息地等基本生态效益，也具有为工业、农业、能源、医疗业等提供大量生产原料的经济效益，同时还有作为物种研究和教育基地、提供旅游等社会效益。易变性是湿地生态系统脆弱性表现的特殊形态之一，当水量减少以至干涸时湿地生态系统演潜为陆地生态系统，当水量增加时，该系统又演化为湿地生态系统，水文决定了系统的状态。

2.1.1.4 人居背景主观系统三元：山、水、林

三元的环境、资源、生态系统相互融合，形成人类人居生存的背景。若重点讨论与人类生存相结合的人居背景，客观的环境、资源、生态系统，其对于人类生理、心理、精神也具有主观作用，其最高层面体现着人居背景对于人类的精神作用，即作为诗意的栖息的载体功能。可称之为人居背景的三元一体观：山、水、林。

1. 山、水

山与水自古以来即为人居环境中非常重要的元素。山山水水，旷奥相宜，形成人居背景变化无穷的万千世界。山，或险峻巍峨，或重峦叠嶂，或一枝独秀，或绵延千里，山峦深处是数不尽的“奥”，而会当凌绝顶的极目远眺时，又是一望无垠的“旷”，在这旷奥之间，引发人类对背景环境无限的探索之欲。水是生命之源，与水相关的生态环境中往往存在更多的物种，如雨林、海洋、湿地等。亲水是人类的本性。水是人类生存所凭借的居所之地。居住，生活，游憩，往往热爱选择靠近水体的地段，甚至在人工环境中也不惜人工建造水体和亲水场所，以实现与水的近距离接触。山与水相生，但也存在以山为主或以水为主的背景环境，如在较为干旱的西部山区，则多见山峦，而在江南丘陵水网地带，则多为水系。

2. 山水

山与水往往结合成“山水”一词，是一种外在风光的描绘、内在精神的体现，也是人居背景哲学意义的上升。从风水角度说，根据中国传统的风景园林哲学观，源于对山水的生态意义与精神意义，山与水是不可或缺的相地要素。风水强调山水对人生理、心理的重大影响，将山水视为生气萌发之所，以山为龙，以水为脉。山水的存在往往赋予圣性，人居背景的山水格局直接影响人类的富庶与贫穷、身体素

质与气质等，而水更是“深民多富、浅民多贫、聚民多稠、散民离多”。在精神体验上，人类人居环境与山水的关系也极其紧密。山水一词也泛指自然环境中的风光景色，山与水共同出现在视野范围内，高山流水，具有人居背景中的审美意义。山水诗画，相互呼应启迪，“智者乐水，仁者乐山”，形成磅礴的人为气韵，又将人类的希冀与渴求反应于人居背景环境中，以山川居宅的和谐，寄“情”其中[2]。

3. 山、水、林

林是生长在上水之间的植被。独木亦可成林。首先，在人居背景的三元一体观中，林具有重要的生态意义。有山，有水，才可有林；有林木，才可形成立体空间网络。林木的生长需要土壤、水分、阳光等各种生态要素的支撑，其中土壤与湿度最为重要，山为土壤，水为湿度，故山、水、林形成人居背景的三位一体观。

林木具有生态的意义，不论是自然生长或人工造林，都可成为生物圈中重要的一环，具有丰富的物种基因，对二氧化碳下降、巩固生物群落、调节水文湍流与土壤、维系区域内的生态平衡起到至关重要的作用。林木与水源之间是涵养的关系，林木在水的自然循环中发挥着重要的作用，山思即表达了山水一体、青山绿水的概念。林木还可防风固沙，防止水土流失，用树冠挡风以降低风速，用长密的树根固定土壤，当降雨落于森林中，深入土壤与岩石缝隙，再以地下水的形式流出，但土壤并未被冲走。长此以往，稳定了山林的生态环境。

山、水、林的共同作用对人类健康产生有益的影响，它可在一定程度上减少人体肾上腺激素的分泌，使人感到平静、舒适，通过对小气候的调节还可降低皮肤的表面温度，并以绿道形成绿色生态网络，以光合作用吸收二氧化碳和有害气体，释放氧气，形成清新洁净的空气流。同时，不仅作为人居背景的组成部分，林木还具有改善人居背景的功能，在城镇周边的林木对自然环境造成的或工业区中产生的尘粒具有很强的吸附和过滤作用，分泌杀菌素，一定宽度和长度的林带对噪声也有隔离作用，城市内的林带绿道更是调节城镇化区域所产生的负面作用的重要媒介。因此，山、水、林三者密不可分，它们是形成人居背景的重点要素，人类与其的关系应是以保护为主，继而加以利用调节，使得山、水、城、林和谐共生。

2.1.2 人居活动分析——生活方式与三元协调观

2.1.2.1 人居活动生存方式三元：居住、生产、娱乐

生存方式的三元是人居活动的基础。按照最为基本的心理学3个层次分析，人首先需要满足的是生理、安全需求，其次是心理、娱乐需求，再次是精神、社交、尊重和自我实现的需求。生存方式的三元主要应对于这3个层面的需求而形成了生产与居住、娱乐与旅游、社交与纪念的3类方式。生产主要满足人类自给自足的能够维持生命的养料和能量的来源，同时也包括为生活提供经济保障的一系列活动，继而通过居住活动获得相对稳定安全的居所，在生产保证最低限度的生存以及居住保证了生存场所不受侵害后，开始更高层次的对娱乐、游憩、休闲、旅游的追求，再进一步是交友、社交，以及纪念性活动。早在1933年，现代建筑协会第4次会议就在《雅典宪章》中提出了城市功能分区和人本思想的观点，城市规划的主要目的是解决居住、工作、游憩、交通4大功能的正常进行。从三元论的角度看，交通是串联各类生存活动的纽带，主要的活动应集中于前三者，随着社会经济的发展，只有实现生产建设，才能保障生存，获得优质安全的居所，并产生对娱乐活动的诉求，故工作生产应排在首位。

应对于生产活动，主要的场所类型包括：厂区、农田、经济林地、牧场草场、办公场所等。应对于居住活动，主要的场所类型包括：居住区、独栋低密度住宅、独栋高层综合住宅、村舍、实验性生态住区等。应对于娱乐活动，主要的场所类型包括：各类娱乐场所、广场、滨水带、旅游区、风景区等。

2.1.2.2 人居活动心理三元：安全、刺激、认同

根据心理学层面对人类需求的界定，首先应包括安全感。在一个相对安全稳定的环境中，渐渐寻求与稳定生活相冲突的体验，即为刺激。在经历各类不同的刺激之后，则有可能产生一些有别于其他人群的行为与想法，但又希望这种行为与想法能够获得社会的肯定与共识，更或者成为一个群体的行为准则，这称之为认同。

1. 安全

人对安全的感知是对可能出现的对身体或心理的危险或风险的预感，以及个体在应对处事时的可控或不可控性，它是一种从恐惧和焦虑中脱离出来的信心、安全和自由的感觉，特别是满足一个人现在和将来的各种需要的感觉。人居活动中的安全感表现通过具象的设施环境和抽象的心理感受来表现：具象的设施环境包括，在生活环境中有相配套的应急设施，生存于地质条件良好的空间，居所的建造技术相对安全可靠，生活的社区犯罪率低、设施完善、空间规划合理等；抽象的心理感受应对于生存方式的生产、居住、娱乐的三元，包括，拥有相对稳定的工作与收入，可以负担居住地的基本生活，生活环境健康（干净、整洁、质量良好），邻里和睦，身心愉悦等。

2. 刺激

与人居活动相关的刺激主要表现为社会心理刺激，与此相应对产生心理应激，是有机体在某种环境刺激作用下由于客观要求和应付能力不平衡所产生的一种适应环境的紧张反应状态，通过各种各样的情景变化对人类施以影响，作用刺激被人感知到或作为信息被人接收，进而引发主观的评价，同时产生一系列的心理变化，并经过信息加工过程，对刺激作出相应的反应。刺激通常发生于生理、

心理及社会系统过重负担时，所引起的反应可以是适应或者适应不良的。在人类的生产、居住、娱乐中，往往会出现躯体性、心理性、社会性、文化性等应激源，唤起积极的或消极的应激反应。在人居活动的规划中，需要合理协调各类刺激源，将生产活动与娱乐活动相结合，在工业区适当整合配套的服务设施，在城镇中心区规划综合体，张弛有度的通过规划设计引导人居活动，疏解心理压力。

3. 认同

除了安全感与应激性的反应，人类需要在所处的社会环境中获得同类群体的认可，更有甚者希望能够获得特定群体之外的认可。这通常有“管理”的概念，是指群体内每个成员对外界的一些重大事件与原则问题产生共同的认识与评价。也许从客观角度说，集体的认同并不一定能够符合事物的本来面貌，但在共同价值观的引导下，也会产生共同的利害关系。尤其在刺激感出现时，对认同的寻求会强烈的影响个人的意识。刺激的产生有物理性也有心理性，在心理刺激出现的时候，需要通过空间的同化、空间归属感的营造、空间与场所和领域的界定等方面圈定时空尺度范围，在景观规划设计中形成章法、制度与模式，塑造有规律可循的意象，刺激大众的识别体验，以形成具有相似性的认同[3]。

2.1.2.3 人居活动精神三元：传统与习俗、文化、信仰

通过对安全、刺激、认同3个阶段心理状态的分析，可以得知，在满足安全感和刺激感之后，认同成为人类作为社会群体的主要意识，渐渐上升到精神层面。这种群体意识的形成往往会以集体的行为与记忆存在，它们逐渐演化为历史、习俗与文化。

1. 传统与习俗

传统在人居活动中是记载和解释作为一系列人类活动进程事件的事物，同时它也是对当下时代的映射，是供今人了解过去的媒介，作为未来行事的参考。作为人居活动精神三元组成部分的历史对景观的规划设计有指导意义。单纯的脱离历史的空间形态往往是无意义的，缺少对历史的沿袭与传承，不能从历史中明辨，总结经验教训，甚至背其道而行之，获得的结果可能事倍功半或适得其反。

习俗，凡有一定流行范围、一定流行时间或流行区域的意识行为，无论是官方的或民间的，均可称之为习俗。习俗是具有相似人居活动人群的集体共同的生活习惯，常因地域而不同。在伊斯兰教中，男性的地位通常高于女性。地域习俗民约等形成了朴素的地域人文传统观念，也牵引着传统文化活动的发生与演变，亦落实于风景园林规划建设的空间形态关系与表现。所以，在礼拜空间中，除应朝向圣地外，供男性使用的场所应比供女性使用的场所更大一些，若无法遵循这些习俗，规划设计作品则不能为伊斯兰族人所用。中国西北地区由于常年干旱，望天祈雨是其传统活动，但也应遵循先看天色再祈雨的习俗，且祈雨只在河道上游进行，这也是对自然规律的认识与尊重，若在人文景观规划中忽略此类习俗，既从心理上打破了当地人民的即有习惯，也违背了生态规律。

2. 文化

所谓文化，广义上指的是人类环境的人造部分；狭义的文化，是指在一定特质资料生产方式的基础上发生和发展的社会精神生活方式的总和，它并不与自然相对应，而是与社会经济基础及其政治制度相对应，它相当于广义文化的精神层面，特别是指其意识形态。在主导人居背景和人居活动的重要媒介已逐渐由自然转变为人为调节的自然与人类的共同作用时，人类群体集体形成的“文化”因素已不可或缺。由文化所引导的人文资源的地域性、历史性、提炼性、原真性、连贯性、共通性决定了文化因素在人居活动中渗透、吸收、发展、演变的必然过程，是对历史、传统和习俗的进一步深入。社会的人文特征与精神层面是人类人居群体生产生活更高层次的精神呈现。如在西北干旱地区，生态因素与人文因素相辅相成，生态环境建设的最终目的是为了改善人居生活条件与人居环境，而其表征则为人类从农耕土种、牧材林果、有水有绿的需求渐渐转向精神层面的需求，这是一种社会文化的提升，也是人居化集水造绿优越性的体现。另如其他传统的风水观念、风情风物等，也均是文化精神的体现[4]。

3. 信仰

信仰是人们对生活所持的某些长期的和必须加以捍卫的根本信念。人居环境的奥秘是无穷的，人类在对其探索的过程中或多或少会产生困惑，甚至会在通过自身的学识和行为无法理解与改变人居环境时产生恐惧，于是这欲知与未知之间、有限与无限之间的鸿沟逐渐显现。也许，通过传统与文化的增长与更新，这道鸿沟逐渐缩小，但总有新的裂隙产生，从而为信仰留出了地盘。信仰渐渐从人类对混沌未知解读的原始形态，发展为宗教、哲学、政治与科学等方面的思想寄托。

原始的信仰包括神话、图腾、巫术、禁忌等。远古时期的人居环境与景观发展多与此有关。通过景观布置的形式有意无意的将规划渗入其中，对神灵膜拜景仰，以为构筑的景观时空可以成为向精神的寄主传递信念的媒介，崇尚自然。中国西北地区由于常年干旱，望天祈雨是其对龙王信仰活动的表现，但也应遵循先看天色再祈雨的传统与文化，且祈雨只在河上游进行，这也是对自然规律的认识与尊重，若在人文景观规划中忽略此类信仰，既从心理上打破了当地人民的即有习惯，也违背了生态规律。

宗教信仰中包括佛教、道教、基督教、伊斯兰教等，它们与人居环境学发展之间的关系密不可分。道教一直崇尚自然，以无当有，太极两仪，相生相克，这在中国传统的风景园林规划中已充分表达。基督教中的天堂（Paradise）则很早就

成为风景园林规划的摹本，一切以天堂为向往，渴望创造出美丽的园地。在伊斯兰教中，男性的地位通常高于女性。地域习俗民约等形成了朴素的地域人文传统观念，也牵引着传统文化活动的发生与演变，亦落实于风景园林规划建设的空间形态关系与表现，故在礼拜空间中，除应朝向圣地外，供男性使用的场所应比供女性使用的场所更大一些，若无法遵循这些习俗，规划设计作品则不能为伊斯兰族人所用。

同理，在哲学、政治、科学等方面的信仰也是人居活动中不可或缺的元素，无一例外的影响着规划设计的表现[5]。

2.1.2.4 人居活动行为三元：居住、聚集、游历

从人类生存活动的源头发掘，寻求安身立命的庇护性场所，聚集成群以求抵御化解外界的入侵凶险，迁徙移动以求获得更佳的生存环境，这就是最初的人居活动行为。它包含了人居环境活动行为的三大基因：居住（Settlement）、聚集（Inhabitation）、游历（Travel），也暗示了三元活动的缘起及其延续至今、不断发展丰富的三条脉络。

1. 居住

居住起源于人类生存最为原始基本的需要：保命与庇护。原始的人类居住环境利用天然的庇护场所而成，例如树“屋”、岩壁、洞穴，活动主要是庇护防身，后来逐渐发展为有意识的人文加工营造，例如，修筑高台、营造构筑，围绕居住环境，活动也逐渐丰富了起来，除了日常起居，还会举行各类祭、拜、歌、舞等活动、在住房周围兴建蔬菜果园，等等，由此在产生“建筑”的同时，也埋下了“花园”“园林”的“种子”。从原始到现代，居住活动行为方式有着一个漫长的演变过程。从最初原始的群居到当今集结式的“个体”居住，从聚落、到乡村、镇、城，虽然人类居住的形式发生了巨大地变化，但是作为满足高等动物的基本生存的居住活动行为似乎并没有多大改变，今天的人类仍然是“夜伏昼出”，一天当中至少保证1 /3左右的睡眠时间，等等。

2. 游历

与居住相对，游历起源于人类生存的最原始的另一种需要：觅食与择居。当原始人类漫游于森林莽原之中，“探索”的欲求长期积淀于行为心理之中，寻求不同于已有的生存环境，对已有的生存环境予以理想化的改造，这种“时空异化”和“时空强化”正是人类游历的基因和最为深层的动力。延续至今，这种内在的游历的原始需求似乎已转化为今天的旅游活动。在大多数人都已定居的今天，这种游历的外在形式旅游，似乎成了奢侈品，然而，旅游恰恰反映了人类亘古未变的潜在欲求——游历。这就是为什么有那么多的“驴友”，那么多的“低消费”旅游者，从深层剖析，就如同居住一样，源自游历的旅游，其需求是人类天性使然，伴随着居住活动，游历活动同样是人居活动的必须。与居住活动行为相比，游历是更为有趣的人居活动行为，属于三元心理学“安全需要”之上的“刺激需要”，理应成为人居环境学研究的重要内容，也是风景园林学科专业扩展的研究实践领域。

3. 聚集

不论是居住，还是游历，人类的这两种活动行为都有着共同的活动方式，这就是聚集。聚集同样起源于人类生存的原始：人类是群居动物，整个人类生存进化的历史就是人类作为一个群体繁衍壮大的历史，因为对于个体并非庞大的人类，只有聚集，才有可能抵御外界的凶险，完成大型的改造自然的工程。因为有了聚集，才有了“交流”的需要，因为交流，才有了“语言”的需求，因为语言，才有了“思想”的交流，“文字”的产生……，在人居环境三元活动行为中，因聚集而产生的活动行为最为广泛而丰富，从活动的时间分配分析，作为正常人，一天的24小时，一年的365日当中，不论是居住、工作，还是游历、娱乐，人们群体聚集活动的时间远多于个体独处活动的时间。尤其在地球人口不断增长、城乡人居环境空间日益紧缺的今天，人居环境聚集的背景、活动、建设三元问题，变得愈来愈为突出尖锐。研究人居环境的聚集活动行为及其心理成因，设计创造满足人们聚集活动需求的各类空间场所，已经成为建筑、城乡规划、风景园林等人居环境建设的核心和重中之重。

2.1.2.5 人居活动感受三元：空间、场所、领域

人类对于人居环境的感觉把握也是通过听觉、嗅觉、视觉、味觉、触觉这五种感觉完成的。方向、定位（地点）、距离，有了这三者，人类才可以对环境基本有所把握。现实条件中三者是融为一体的，非专业常人以此来达到对环境的感受把握。

对于规划设计专业人员，则有3个术语：空间（Space）、场所（Place）、领域（Domain）（诺贝格—舒尔兹）。人居环境感受载体形式可以分解为这3类，有时是其中的一种类型，有时也可以是其中2种或3种的结合。某些情况下，空间淡化，以场所、领域为主；有时又是以领域为主，空间、场所淡化等。根据其性质可见：空间—这里指狭义的、可明确感觉到被限定了的、规划设计中的空间。而场所则已冲破空间界定，并非要围上墙体才能构成，一个场地平面同样也可形成一个场所。领域则超越了场所的范围，凡是人可以感觉到的范围都可以计算在内，最早指动物的所占有的生存领地环境。可见，空间对应于建筑（经木匠加工的），场所对应于城市（经“木匠加工的”＋非“木匠加工的”），领域对应于景观（非“木匠加工的”+经“木匠加工的”）。从空间到场所，再到领域，主观感受在生理层次上，这三者由确定性逐渐趋于非确定性，也是由人工的趋向于与自然环境结合的；

相反，在心理精神层面上，顺序则是由非确定性的趋于确定的。

除空间之外，这里还有个时间感觉。对应于空间—场所—领域，领域感觉的形成以及保持，其时间都是较长的，具有持久性；场所相对次之，空间感相比之下，形成也快，维持也不长。对于人类人居环境的感受，不仅有空间范围的感觉，还有人类在时间长河中形成的内心深处对于环境的感受，对于乡土的依恋正是这种因时间而产生的人类人居环境感受，这种时间尺度至少是一代人，甚至是祖祖辈辈。比如：中国福建沿海的某个城市可能已存在数百、上千年，而城市中的建筑则多为几十年，至多两三百年，但若提升到“福建一带”（含有领域的意味），则时间跨度明显加长，我们脑海中将充满了古老的传说，丰富的习俗，一下可以联想起跨度数千年的情景。实际建设中，建造过程亦如此区分，即由空间到领域，建造时间由短至长，领域是长时间缓慢积累而形成的。所以我们会说深圳“缺少文化”。领域不仅要有五官的生理感受，也不仅有心理感觉，还需有文化精神积淀。故要使建筑设计有文化内涵是很难的，因文化应是自然而然地形成，如要硬套，则会不自然。所以，建筑设计要讲文化发挥就不如景观园林设计容易。景观规划设计必然要谈文化，因其本身就涉及一个领域问题，需要更深层次地保存、利用、创造文化感觉。同样，对于一个区域地方的心理认知记忆，人们更多地是从其领域的历史、场所的文化等而获得的，而非空间的记忆。从空间、场所、领域，对于这三者的心理记忆活动和持久性，应是逐级递增的。所以，要保持一个人居环境的记忆，首先必须从领域的保护建造入手、从场所的整合上下功夫，必须以景观、风景园林为主。

2.1.3 人居建设分析——人居建设与三元统筹观

2.1.3.1 人居建设设计三元：策划、规划、设计

策划、规划、设计这三个术语似乎已是家喻户晓，然而，对三者的定义内涵，从人类人居环境学的角度，有必要进行重新审视。“规划”是对众说纷纭的人居环境，予以分门别类，规整划分，其本质是从“无”到“有”，从“无序”到“有序”的过程；“设计”与规划正好相反，是对现存人居环境，予以添加创造，对规范化了的现实环境予以扩展，使之更加丰富多彩，其本质是从“有”到“无”，打破现有格局的过程；“策划”相当于“可行性研究”（Feasibility study），策划所关注的不是上述“有”“无”的问题，其本质是根据“假定”预测“结果”的过程。

对于我们规划设计界，“策划”似乎是一个陌生的术语，建设实践中，大都由管理学科代劳。然而，对于现代规划设计师们，往往正是因为忽略了“策划”这一环节，导致了许多的前功尽弃。策划—规划—设计，应当成为人类人居环境规划设计方法论的三位一体。

2.1.3.2 人居建设艺术三元：自然、人工、人工自然

人类如何看待、响应其所处的人居环境，这就反映了人类关于人居环境的价值观念。不论是用户、规划设计师，这种价值观念都将决定人类人居环境的规划设计。以感应地理学的理论观点，根据对于人居环境的感觉，可将人类人居环境划分为三大类：①“经过木匠加工的”——人为建成环境；②“未经木匠加工的”——自然环境；③“略经木匠加工的”——人为建成与自然结合的环境。

可以将“经木匠加工”和“未经木匠加工”的问题概括为“曲”和“直”的问题。对应于人类居聚环境规划的空间形态，存在着自然天成的与人为建成的差别，存在着非几何化的与几何化的差别。从时间发展和空间尺度来看，从古至今大量性的人居环境仍然是非几何化的，人类创造、改造自然环境所产生的几何化，放眼整个地球空间，毕竟有限。中国的北京故宫、澳大利亚的堪培拉、巴西利亚的议会中心等等建成环境，规模的确宏大。然而，自然之物更大，如昆仑山脉、布里斯班黄金海岸、亚马孙河流域热带雨林，这种成百上千平方公里范围的自然地形、地貌，现代人仍无能力将其作“直”。

建筑表现为“曲”、“直”、“曲直”三类；城市也是如此：热带城市多为自由形态，寒带城市多为规则形态；景观园林就更是如此了：有自由随意、起伏蜿蜒浪漫式布局，有严谨规整、几何轴线的古典式布局。

“曲”与“直”的问题与规划设计的关系很大，现在国内规划多用丁字尺、三角板，即使是使用计算机，仍然直来直去，偶尔用一下圆规仍属于规整的几何式。人类人居环境规划设计，总体来看仍以“直”居多，“曲”的很少，如此的建设持续了几百、几千年，由此产生了何种问题呢？

因为环境决定了感觉，决定了知觉的敏锐程度，所以，长期生活在这类城市中的人对于“经过木匠加工”的环境在视觉、听觉上都很敏感。但是，在另一方面恰恰失去了对于自然的敏锐程度，失去了对于“曲”的感觉，以及对于不规则空间的判断能力。联想到规划设计师本身，我们对于几何化的东西非常敏锐，而对于大量存在的、非人工化的、不规则的自由空间形态却失去了感觉，丧失了对之的偏爱、欣赏、追求和创造力。建筑师对“直”的追求尚有情可缘，因为建筑单体非经“木匠加工”不能造出，但规划师也如此这般，则大可不必，也不够全面，因为规划所涉及的范围广大，从城市到区域，都需要有非人工化的感觉。而景观建筑师也跟着以“直”代“曲”，以“刚”克“柔”，丢掉了景观园林形态的核心——以“曲”为代表的自然、生命、变化，这就大不应该了。

为什么在人居环境规划设计中确实需要“曲”的东西？原因理由很多，此文不作展开。不过，显而易见的缘由比比皆是。比如，城市规划、大的区域发展与自然环境、气候等需要同步，否则能量耗费将是巨大的。

2.1.3.3 人居建设工程三元：容量调查、质量控制、演变预测

人居建设工程的三元简称为CQE，即人类人居环境容量调查（Capacity Investigation）、质量控制（Quality Control）及其演变预测（Evolution Prediction）三大基本内容。这种前所未遇的容量调查—质量控制—演变预测问题首先集中出现在那些国土性区域性的、迅速城市化的地带。CQE的基本原理是以构成人类人居物质环境的空间要素（如地形、坡度、坡向、建筑群等）和表面要素（如地表土壤、植被、聚落、土地利用等）为信息载体，同时考虑经济、生态环境、社会文化的多因素作用，进一步用一系列数据“动态地”加以表示、描述及评价，以此代表整个人聚环境及其容量—质量—演变的特征。基于面向21世纪的可持续发展的世界观以及有关人类人居环境学的理论，研究人类人居环境自然—人工过程的关系，根据专家和公众的价值观，围绕人类人居环境的容量、质量、演化这三大方面，制定分析评价标准，大规模收集提取相应的数据资料，对由这些数据代表的人类人居环境进行系统化、大规模、快速的量化评价与演化模拟预测。应用遥感、计算机多媒体、GIS、GPS等高新技术实现这一过程，使人类人居环境资源信息从遥感集取分类、多媒体评价、GIS信息管理到系统输出各类常规图纸一体化。

CQE工程的实际作用在于攻克规划开发、设计建设有史以来悬而未决的三大基本难题：① 对于规划设计现状环境，进行系统、量化、准确、快速的数据信息获取；② 对于规划设计现状环境及方案，实行理性化、定量化、系统化的分析评价；③ 在建设施工之前，模拟根据规划设计方案建成之后可能出现的情形。从而，实现以可持续发展为总目标，从人类人居环境价值观念入手，开展人类人居环境系统量化的数据收集提取与综合评价研究，从而，如同土地矿产一样，把人类人居环境也视为一种资源，在规划决策、设计建造之前，加以科学合理的认识、评价、预测；在建设之中，予以可持续性的保护与开发。

CQE的提出是基于已有的研究和相应的遥感、计算机、地理信息系统（GIS）、全球卫星定位系统（GPS）、多媒体等高新技术在建筑、城乡与景观规划中应用的最新发展，它是人类人居环境学理论研究与工程实践应用相互沟通的桥梁，是以系统、定量、动态（实时）为特征的人类人居环境学研究与实践的前提，其实际用途是为国土、区域、城镇密集区、都市市区、建筑组群等人类人居环境的筹划（Management，包含：规划、管理、开发、决策）提供全面系统基础数据资料、科学量化的分析评价以及动态超前的模拟预测，在建筑环境学科领域实现一整套系统思维、分析评价与规划设计的理性化方法。

2.1.3.4 人居建设专业三元：建筑学、城乡规划学、风景园林学

从学科专业角度而论，人类人居环境学强调建筑学、城乡规划学、风景园林学的三元一体和相互耦合。建筑学、城乡规划学、风景园林学经过近代百年的飞速扩展深化，已发展成各有侧重、分工明确的三大学科，正在朝着一体和耦合迈进。只要简要地回顾一下三者各自的核心侧重及其演变，就不难理解这一问题（见表1–3）。

首先，可以看出建筑学科发展的基本脉络：农耕文明时代，三大学科所涉及的因素与面临的问题相对较为单纯，专业分工没有明显的界线，三大学科是笼而统之的；工业文明时代，三大学科所涉及的因素与面临的问题明显复杂起来，三大学科的专业分工渐趋明朗，学科分界较为显著；后工业文明时代，三大学科专业所涉及的因素与面临的问题急剧增加，专业分工进一步丰富细化，学科开始走向融合。其次，随着时代的发展，三大学科在人居环境学科中的比重也在变化。显然，现代和未来发展趋势是风景园林学的比重正在日趋加大。

就目前局势而论，对于整个中国大建筑学科，缺乏风景园林学，缺乏以风景园林学为导向的景观规划与设计。这就如同三原色中少了一种原色，中国现在和未来在人居环境建设中已经产生并将加剧的诸多问题，其学科专业上的一大根源就在于此。

2.2 人居环境三元的演化

回溯人类发展的历史，人居环境的发展演化从古至今，始终包含三元的发展演化。对于不同的社会发展阶段，所不同的是三要素之间的侧重以及各要素本身的内容范围（表2–1）。

2.3 人居背景、活动、建设三者综合

背景、活动、建设三者密不可分，相互粘连，互相促进与制约，这种综合关系，在具体的研究实践中，无法分离，且常有主从之别，并随着领域问题目标的变化，其主从地位会随之转换，这样的综合关系我们称之为耦合。在人居环境学科研究体系中，任何一项有关人居环境的理论研究或工程实践都与三元有关，呈现着耦合关系。在全面考量一系列三元的作用关系后，通常三元的权重不尽相同，可有主导因素和辅助因素之分。在这一系列相互耦合的大大小小三元中谁为主，谁为辅，要看具体的研究项目类型而定。

2.3.1 人居背景主导的分析方法论

一般地，在较大的区域范围，如城乡区域规划和城镇体系规划中，“背景”层面的作用地位占主导优势。在这样的环境中，背景往往是规划中重点分析的部

表 2-1 人居环境学三元的演化
Table2-1 The evolution of three components of human settlement, inhabitation and travel environment studies

	农耕文明时期	工业文明时期	后工业文明时期
三要素之间比重	以人居建设为主，兼顾人居背景	以人居建设为主，轻视人居活动，不顾人居背景；同时，在初期是以“居”为主，后期开始关注“聚”	从以“人居建设”为主转向以“人居背景”筹划为主，兼顾人居活动，完善人居建设
人居背景	环境组成：自然环境、农林环境为主 资源消耗：以森林、土地为主 环境破坏污染：较小 建设用材：泥土、石、木、砖瓦、玻璃 能源耗费：木材、煤炭等	环境组成：生活环境、农林环境为主 资源消耗：土地、森林、矿产、石油 环境破坏污染：全面加剧 建设用材：混凝土、钢材、玻璃、木、砖瓦、石 能源耗费：木材、煤炭、石油	环境组成：生活环境、农林环境、自然环境 资源消耗：海洋、土地、矿产、森林 环境破坏污染：得到逐渐整治修复 建设用材：泥土、石、木、砖瓦、钢材、玻璃、混凝土 能源耗费：太阳能、风能、核能
人居活动	主要目的：遮风避雨，满足基本生存空间 主要活动：居住 空间分布：聚落、乡村、城镇 实体空间规模：较小	主要目的：满足基本生存空间、进行交往 主要活动：居住、聚集 空间分布：大都市、城市、县域、村镇 实体空间规模：庞大	主要目的：进行交往 主要活动：聚集、居住、游历 空间分布：未来城市化地区（都—城—县—乡—村—旷野的一体化地带） 实体空间规模：适度
人居建设	建设形式及其轻重排序：建筑、园林、城郭 功能：单纯 建设手段方式：简陋 质量：低 规模：小 速度：缓慢 环境负面影响：小	建设形式及其轻重排序：城市、建筑、风景园林 功能：单纯+多样 建设手段方式：简陋+复杂 质量：中 规模：庞大 速度：极快 环境负面影响：极大	建设形式及其轻重排序：景观风景园林、城乡、建筑 功能：单纯+多样+复杂 建设手段方式：简陋+复杂+高科技 质量：高 规模：适中 速度：适中 环境负面影响：小或者为零

分，是外部条件，所处的地形、地质、气候、生态环境等既是制约，也是可利用的优势，这些特点在以自然背景为基础的开发中尤为明显。例如，对自然景观遗产的保护，首先考虑的是自然景观的保护，研究在特定自然环境下应当采取的规划方法，而不是马上考虑景观开发能够带来的经济效益，在对背景进行全面分析考量后，再关注活动，既而关注建设。

2.3.2 人居活动主导的分析方法论

不考虑人类行为对人居背景影响的规划设计是无法真正适用于使用者的。人类是人居环境的主要使用者，其行为对背景、活动、建设三者之间的呼应起到承上启下的作用。以活动为主导的规划设计主要集中在受人为活动影响较大的区域，但又不如主要由建设影响的区域那般具有独立性与特定性，更多的是对于某一使用群体行为习惯的探讨。比如，对城镇规划的人居活动进行分析，除关注活动群体本身的行为习惯外，还需关注周边城镇的发展，以根据城镇体系规划合理确定城市职能。尺度再小一些，如步行商业街区，“活动”层面的作用地位更是占主导优势，流线的组织、通道的规划、空间的形成等无一不与参与至商业活动中的人群有关，对购物的人群和闲逛、休憩的人群更应根据他们行为的不同而分别对待。

2.3.3 人居建设主导的分析方法论

人居环境的实现最终落实于建设。建设是工程实践中不可或缺的部分。于“建设”层面，大至城市风貌，小至广场和街头绿地，始终都是贯穿始终，不可回避的。在城镇化程度不高的乡村、旷野地区，只要有人为活动的参与，就有建设；而在城镇、城市、大都市等城镇化程度较高的地区，规划设计方案如何具体的落实于场地，采用何种技术手段实现建筑的建造，城市广场空间等如何营造，建设的功能就更为突出显现。在宏观尺度的区域范围内，对人居背景与人居活动的分析也许相似，但愈发微观、愈发限定到某栋建筑、某一场所或某一社区时，其形态和建造方法技艺的比重将逐渐加大。

2.3.4 三者共同作用的分析方法论

对于某些较有地域特色或生态环境中某些因素较为敏感的复杂区域，人居背景、人居活动、人居建设三者往往并重，且相互作用，它们可以应用于相关的理论与实践研究，具有全面性。如笔者主持的黄土高原集水造绿课题：首先需要应对的是黄土高原半干旱区的大背景，缺水少绿、人烟稀少、经济条件落后是当地所面临的重要问题；但是其次关于人居环境的活动层面也是影响这些问题的重要因素，长久以来传统农耕雨养的生存方式或有可能是导致当地水分不足的主要原因，生态意识的缺乏与忽视也会影响集水造绿的自然观；背景与活动的分析最终需要落实到建设上，究竟以怎样的规划设计方法，采用怎样的技术，如何将先进建造方式与经济方面和地域方面的考虑相结合，这些都是值得思考的问题。对于这些问题的研究有许多，但大多均从一个或某几个方面论述研究，导致背景、活动、建设三者研究的脱节，以至于研究成果的实践性和可操作性不强。

因此，面对复杂区域的人居环境研究实践，最重要的是，应以人居环境学为引领，融入多学科领域的研究成果，跨界集成，以人类人居“背景—活动—建设”三位一体，展开综合研究，这也即意味着，迫切需要一种能够提供综合性指导的理论，而人居环境三元论的核心思想正是在学科哲学观的高度，将人类人居环境分析归纳为人居背景、人居活动、人居建设三个方面的研究与实践，从而为理论与实践研究提供重要的思想指导[6]。

参考文献

[1] 沈清基. 城市生态环境：原理、方法与优化[M]. 北京：中国建筑工业出版社，2011.
[2] 汪德华. 中国山水文化与城市规划[M]. 南京：东南大学出版社，2002.
[3] 胡正凡，林玉莲. 环境心理学——环境–行为研究及其设计应用[M]. 北京：中国建筑工业出版社，2012.
[4] 佟裕哲，刘晖. 中国地景文化史纲图说[M]. 北京：中国建筑工业出版社，2013.
[5]［英］罗素. 宗教与科学[M]. 徐奕春，林国夫 译. 北京：商务印书馆，2010.
[6] 刘滨谊. 寻找中国的风景园林[J]. 中国园林，2014（5）:23–27.

第3章　人居环境学思想理论演进

Chapter 3 The Evolution of the Human Settlement, Inhabitation and Travel Environment Theory

3.1 “人居环境学”理论的萌芽期——19世纪中叶至20世纪初（1850～1900）

西方工业革命从18世纪中叶开始，科学技术、生产力均得到了史无前例的迅猛发展，与之相应，城市的主导功能由军事、政治以及宗教转向经济。工业生产方式的改进和交通技术的进步，使得城市人口迅速聚集，加之农业生产劳动率的提高和资本主义制度的建立，迫使大量农民进一步向城市集中，城市化进程随之加快，大城市兴起。城市无序扩张以及城市人口的爆炸性增长致使城市问题日益尖锐与复杂，城市布局混乱，居住设施严重不足，建筑质量低劣，贫民窟蔓延，卫生条件恶化，疾病、瘟疫流行，城市整体环境质量和城市运转效率急剧下降。正如刘易斯·芒福德所言：“在1820～1900年，大城市里的破坏与混乱情况简直和战场上一样。”

在此背景下，人们从生态、功能、社会等多个视角展开了对理想的城市人居环境的探索。以欧洲与美国为代表，这个时期，欧洲开始了政府对私有土地和房屋的公共管理。英国于1848年通过了首部公共卫生法；1866年卫生法提出了以低于市场价格的补偿方式强制征用土地的规定；1890年颁布的《工人阶级住宅法》（Housing of the Working Class Act 1890）进一步简化了土地征用程序，降低了赔偿费用。法国在1853～1869年实施了巴黎改建计划，1912年将征用权扩大到不符合卫生要求的居住用地，使得大规模的贫民窟清理有了法律依据。美国在道路网布局规划的基础上，开始进行公园和大型公共设施的规划设计，进而在市域范围内考虑城市的发展。以纽约为例，纽约在经历了快速的发展和扩张后，为满足社会需求，在政府主导下，进行了以中央公园为代表的一批城市公园建设，并以此为基础开始筹建规划机构，对城市建设进行有意识的干预，以期利用规划手段推动地区的健康发展。在风景园林、建筑、城市规划领域具代表性的包括奥姆斯特德的风景园林思想与实践以及霍华德的田园城市思想与实践。

3.1.1 奥姆斯特德风景园林思想与实践

奥姆斯特德（Frederick Law Olmsted，1822～1903）是美国城市美化运动最早的倡导者之一。他和建筑师卡尔弗特·沃克斯（Calvert Vaux）合作进行了一系列规划设计工作，包括公园设计、郊区邻里住区和大都市休闲娱乐体系规划，开创了现代城市规划的方法和理念。奥姆斯特德受英国田园及乡村风景的影响，借鉴英国田园牧歌及如画的风格，把乡村、田园、自然融于城市中，把自然美景以公园形式引入城市，使城市“自然化”。他把公园、园道及规划过的住宅小区或卫星城郊（Satellite Suburb）等概念联系起来，他认为管理运行良好的城市花园可以为城市发展提供中心区，利用干线可把花园与城市建成区及规划区连接起来，成为“开放型城市郊区”。秉承这些思想，1857年，奥姆斯特德进行了纽约中央公园的设计，以“充满自然和乡村风光”的“草地规划”方案受到了青睐；1858年，在曼哈顿的核心地区设计了长2英里，宽0.5英里的城市公园，继而在全美掀起了城市公园运动（The City Park Movement）。从1860年开始，奥姆斯特德开始在美国各个城市从生态高度实施“将自然引入城市”。1868～1870年，奥姆斯特德与沃克斯合作编制了芝加哥滨河区（Riverside，Chicago）规划，用一条沿着密歇根湖的公园大道将芝加哥和滨河区联系起来，解决了外部交通问题；根据现状地形设计了内部道路和排水系统；在街道和住宅之间设立了可开展公共活动的私人场地，作为公共和私人空间之间的过渡地带。除了公园设计与社区规划，奥姆斯特德和沃克斯还提出了公园大道、城市休闲娱乐系统等概念。他们构想利用公园大道将城市中的公园和开敞空间联系起来，形成完整的休闲娱乐体系，公园大道为马车、骑马人和步行者安排了相互分隔的路面，两侧和分隔带栽种绿化植被，这一设想在法布罗和波士顿等城市得到了实施。奥姆斯特德以规划师的眼光从城市空间形态着手，提出了理想化的人居环境布局设想[1]。

3.1.2 霍华德“田园城市”思想与实践

“田园城市”于1898年由英国人霍华德（Ebenezer Howard,1850～1928）提出。他的思想核心集中于他的著作《明日的田园城市》1中。霍华德表示他的“田园城市”思想组合了此前3种不同的方案，表明了他的3个主要的思想来源：① 韦克菲尔德（Edward Gibbon Wakefield）和马歇尔（Alfred Marshall）教授提出的有组织的人口迁移运动（1884年）；② 由乌托邦主义者斯彭斯（Thomas Spence）提出，之后由斯宾塞（Herbert Spencer）做重大修改的土地使用体制；③ 白金汉（James Silk Buckingham）于1846年创立的模范城市。

霍华德分析了当时大城市出现的弊病，认为城市环境的恶化由城市具有的人口聚集的强大“磁性”引起，他认为通过改变城市结构，有意识地改变“磁性”分布，能有效地摆脱当时城市发展的困境。因而基于前人构想，霍华德提出了一种社会改革思想：用城乡一体的新社会结构形态来取代城乡分离的旧社会结构形态。其核心内容包括：

（1）霍华德初步设想了“田园城市”的城市形态——建立城市—乡村磁铁。

霍华德提出了兼有城市与乡村优势的城乡磁体，对“田园城市”这种新型城镇形态进行了初步的设想。田园城市建在6000英亩（约2428.1hm^2）土地的中心，其中城市用地为1000英亩（约404.7hm^2），其余5000英亩（约2023.4hm^2）为农业用地。城市形状可以是圆形，从中心到边缘为1240码（约1.2km），总人口32000人

（其中城市有3万人，农业用地上有2000人）。6条林荫道（Boulevards）——每条宽120英尺（约36.6m），从中心通往四周，把城市等分为6个区。中心为5.5英亩（约2.2hm^2）的圆形花园；花园四周环绕大型公共建筑——市政厅、音乐演讲大厅等。公共建筑外围环绕中央公园，面积为145英亩（约58.7hm^2），是全体居民的游憩用地，环绕中央公园为玻璃连拱廊“水晶宫”，为居民雨天游憩、展览所用。五号大街外以同心圆方式布置住宅。城内有约5500块住宅建筑用地，其平均面积为20英尺（约6m）×130英尺（约40m）——最小面积为20英尺（约6m）×100英尺（约30m）。住宅外圈的宏伟大街（Grand Avenue），宽度420英尺（128m），形成3英里（约4.8km）的带形绿地，构成了115英亩（约46.5hm^2）的公园，把中央公园外围的城市地区划分为2条环带，这个公园与最远的居民相距不到240码（约219m）。宏伟大街上设置学校和教堂。城市外环设置工厂、仓库、牛奶房、市场、煤场、木材厂等，均靠近围绕城市的环形铁路。环形铁路与通过该城市的铁路干线相连接。城市垃圾被用于当地的农业用地，在农业用地上分布：新建的森林、果园、农学院、小型的出租地、自留地、奶牛场、癫痫病人农场、盲聋人收容所、儿童夏令营、疗养院、工业学校、砖厂和自流井。

霍华德利用这一“仅是示意”的城市物质形态，反映了功能完整的城市系统，城市和乡村之间形成了有机动态平衡。城市为农村提供市场，农村支持城市发展，保持城市生态平衡，遏止城市无节制膨胀。“总而言之，其意图在于提高各阶层劳动者的健康和舒适水平——实现意图的手段是把城市和乡村生活的健康、自然、经济因素组合在一起，并在这个市的土地上体现出来。”

（2）霍华德从可行性、实践性角度对田园城市理论模型的实现提出建议

田园城市模型提出后，霍华德为实现这一理论详细探讨了它的操作性途径，对田园城市的收入、支出、行政管理等方面均提出了具体建议。霍华德认为农村大量人口向城市集中，造成地价飞涨，使城市地产主占有大部分财富，是城市问题的症结所在。因此，他提出了土地开发的公有权是田园城市建立的关键。他建议利用贷款购置地价低廉的农业用地，在农业用地上建设田园城市。租用土地者向市政当局缴纳“税租”。税租的一部分用于支付贷款的本息，其余用于市政建设和社会福利。贷款的本息30年付清，此后，税租就可全部用于市政建设和社会福利，从而摆脱地产主的剥削，使人民以较低的税租享受较高的社会福利。田园城市的示范作用将促使建设一个又一个新的田园城市。像伦敦这类大城市的居民也会逐步被吸引到田园城市，造成大城市人口减少、地价下跌、地产主无利可图，从而用和平的方法全面实现城市土地归城市所有。旧城市将逐步改造，最终实现全面田园城市化的目标——社会城市。霍华德还强调工业和商业不能由公营企业垄断，要给私营企业的发展提供条件。

（3）霍华德提出了田园城市的推广途径——社会城市。

在对单一田园城市模型论述基础上，霍华德提出了当人口达到田园城市设定的上限32000人时的继续发展模式——社会城市。社会城市由若干个田园城市围绕一个中心城市形成，之间以乡村间隔，并通过市际铁路，以及铁路系统、城市运河相联系。市际铁路，把外环城镇联系起来，从任何城镇到最远邻镇约12分钟可达到。铁路系统，使各个城镇与中心城市取得直接联系，从任何城镇到中心城市5分钟即可达到。社会城市结构这样既可以保证每个田园城市的合理规模，又可保障大城市的优势，有效避免大城市资源浪费、效率低下的缺陷，从而创造完美的社会生活。

霍华德设想的未来田园城市是社会公正（无贫民窟、社会机遇平等）和城乡和谐的，“可以把一切最生动活泼的城市生活的优点和美丽、愉快的乡村环境和谐地组合在一起”。霍华德于1899年组织成立了田园城市协会来宣传他的思想，开始了一系列田园城市建设的实践。1903年在距离伦敦56km处兴建了第一座田园城市莱奇沃思（Letchworth）。1919年在伦敦北33.6km处兴建了韦林（Welwyn）。田园城市的建立引起了社会的关注和重视，欧洲各地纷纷效仿，田园城市运动也逐步发展成为世界性运动。

虽然霍华德田园城市思想在实践中并未完全实现其原本的构想，特别是独立自主的目标难以实现，但相关的实践活动均在一定程度上改善了人们的生存环境。研究表明莱奇沃思的死亡率几乎是当时世界最低，说明了田园城市的生态优势。霍华德动态地理解城市社会，以社会发展目标作为土地规划的依据，打破了城市与乡村二元对立的观点，关注城乡之间的经济联系和社会交往，以及相互融合的可能性，通过分散人口的聚集力，来控制工业革命后城市的蔓延和膨胀，在其基础上发展而成的卫星城思路，为缓解大城市空间拥挤与人口压力作出了巨大贡献。

3.2 “人居环境学”理论的雏形期——20世纪初至20世纪中叶（1900～1950）

就20世纪来说，前50年人类几乎是在战争中度过[2]。1914～1918年间发生了第一次世界大战，这次世界规模的战争以欧洲为主要战场，前后卷入战争的国家有30多个。第一次世界大战结束20年后，又爆发了第二次世界大战，1945年日本和德国相继战败投降，战争才结束。20世纪20～30年代是2次世界大战之间的间歇时期，整个世界动荡不安，社会政治经济演变迅速，这一时期一方面社会思想文化动荡，另一方面延续19世纪末的改善人居环境的思想，这些都直接间接影响着

20世纪初的人居环境改善的相关思想和活动。面对人居环境危机，从建筑、城市规划、生态等各个层面均进行了思考。

城市规划层面包括泰勒提出的“卫星城市”；勒·柯布西耶提出的“架空城市”与“光辉城市”[3]；佩里的“邻里单位”思想[4]；赖特的“广亩城市”理论[5][6]；伊利尔·沙里宁提出的“有机疏散”理论；德国地理学家克里斯泰勒（W.Christaller）提出的“中心地等级序列”理论等，1933年国际现代建筑协会（CIAM）的雅典会议还通过的《雅典宪章》，制定了《城市计划大纲》[7][8]。除了理论发展外，这个时期还进行了一系列的城市规划建设实践，如二次大战后英国新城规划、印度昌迪加尔城市规划、巴西利亚城市规划以及苏联东欧城市规划[7]等。这些理论与实践均从城市规划角度应对当时出现的城市危机，对人居环境问题的解决起到了推动作用。

生态学层面如格迪斯（Patrick Geddes，1854～1932）的区域规划综合研究。他从一般生态学进入人类生态学的探讨，试图将生物学的基本三要素（环境、功能、有机体）及其相互作用的研究方法运用于社会学领域，并开始关注人与城市环境的关系探索。格迪斯最早明确地提出了工业革命和城市化对人类社会的影响，他着力于研究社会的各个层面，主张各学科之间的渗透和综合。格迪斯思想可主要概括为：① 城市综合研究的思想。格迪斯强调城市规划不仅要研究物质环境，更要重视城市社会学以及更为广义的城市学的研究，即强调采用综合的方法，采用有机联系、时空统一的观点来理解城市。他在1919年发表的《生物学和它的社会意义：一个植物学家对世界的看法》的演说中，指出“城市改造者必须把城市看成一个社会发展的复杂统一体，其中的各种行动和思想都是有机联系的”。② 区域协调的规划思想。格迪斯在1904年撰写的《进化中的城市》一书中，把生态学的原理的方法应用于城市研究，强调把自然地区作为规划的基本构架，将卫生、环境、住宅、市政工程、城镇规划等结合起来，首创了区域规划的综合研究，他指出城市是和外部环境相互依存的，他认为“人类社会必须和周围的自然环境在供求关系上相互取得平衡才能持续的保持活力。荒野也是人类社区的组成部分，是文明生活的靠山，要平等地对待大地的每一个角落”。进而，格迪斯提出了城镇集聚区（Conurbation）的概念[8]。③ 调查实践的规划方法。他重视调查研究，认为规划师要“学习、了解、把握”城市，然后再“判断、诊治或改变”，他提出了系统的调查思想，主张在全面了解城市之后，再着手规划[9]。除格迪斯外，19世纪末至20世纪初，作为社会哲学家，刘易斯·芒福德（Lewis Mumford，1895～1990）对技术与文明的关系进行了哲学反思和生态学思考，对技术带来的不良后果进行了严正的批判，揭示了城市发展与文明进步、文化更新之间的联系和规律。芝加哥学派创始人帕克（Robert Ezra Park，1864～1944）于20世纪20年代创立了“城市生态学”，以城市为研究对象，以社会调查及文献分析为主要方法，以社区即自然生态学中的群落、邻里为研究单元，研究城市的集聚、分散、入侵、分隔及演替过程、城市的竞争、共生现象、空间分布格局、社会结构和调控机理；运用系统的观点将城市视为一个有机体，认为它是人与自然、人与人相互作用的产物。20世纪前50年，所呈现的人居问题实际上是人、城市与自然生态系统间的不平衡、不协调发展的结果。生态学思想伴随着城市的发展及城市问题的出现而产生，城市规划、建筑及风景园林等各个领域的研究者，均不同程度的试图从协调城市发展与自然环境及自然生态系统的关系角度着手解决所面临的人居环境问题，并且最终实践表明城市发展需要生态学思想。

在建筑学层面，主要表现在20世纪初对建筑物的功能要求日益复杂，建筑的层数和体量不断增长，建筑材料和结构与之前大不相同。在这个时期，建筑从功能、技术、工业、经济、文化、艺术等各个层面均有不同程度的探讨。这期间最有影响力的3位建筑大师即格罗皮乌斯、勒·柯布西耶及密斯·凡·德·罗。20世纪20年代后期，随着各国经济形势的好转，世界各地更多的设计师应对当时的时代需求，提出了自己的构想，其中有代表性的建筑师如芬兰的阿尔瓦·阿尔托（Alvar Aalto，1898～1976），瑞典的阿斯普朗德（Eric Gunnar Asplund），英国的莱伯金（Berthold Lubetkin）等。美国建筑思想在20世纪初，总体而言比较停滞，其中最突出的为19世纪末的芝加哥学派及20世纪初的赖特（F. L.Wright），他提出了有机建筑论。从总体上来看，20世纪初，对于建筑来说是一个破旧立新的重要时期，从19世纪末兴起的建筑变革的萌芽状态的思潮，也在这个时期开始蓬勃发展起来，实践作品也较为丰富，这些思考与实践为之后的人居环境探索奠定了重要的基础[10]。

3.3 “人居环境学”理论的建立与初步发展期——20 世纪中叶至 21 世纪初（1950 ~ 2000）

20世纪50年代后，大规模工业化和工业文明的兴起所推动的城市化进程急速发展，产生了更为严重的生态环境问题，包括城市的气候变化（如热岛效应）和环境污染（水、空气、噪声和固体废弃物污染等）；自然资源的耗竭和短缺，特别是淡水、化石燃料、耕地的过度利用和生物多样性的减少；城市人口的增加导致大量的社会问题，如住房紧张、交通拥挤、绿地减少、教育与卫生滞后等。20世纪50～60年代，一些国家致力于经济发展，发生了一系列“公害事件”，包括马斯河谷大气污染事件、洛杉矶光化学烟雾事件、多诺拉大气污染事件、伦敦烟雾事件等，对人类健康产生了严重的危害，甚至威胁着人类的生存，环境危机向人们敲响警钟。为重新审视人与环境的关系，在建筑、城市规划、风景园林领域这一时期作出重要贡献的如：1962年蕾切尔·卡逊（Rachel Carson）出版了《寂静的春天》，引发了全世界对环境保护的关注；麦克哈格在1969年出版了《设计结合自然》一书，扩展了传统"规划"与"设计"的研究范围，将其提升至生态科学的高度，使之向多学科综合性方向发展；城市规划领域提出了新城市主义、精明增长、紧凑城市等思想。在这个时期，关于人居环境的研究，最具有标志性即为道萨迪亚斯提出的"人类聚居学"。

3.3.1 C.A. 道萨迪亚斯的"人类聚居学"及其发展

人类聚居学（Ekistics）由希腊建筑师道萨迪亚斯（C.A. Doxiadis）在20世纪50年代创立。建筑学、地理学、社会学、人类学等学科，仅仅各自研究涉及人类聚居的某一侧面，而人类聚居学则要吸收上述各学科的成果，在更高的层次上对人类聚居进行全面的综合研究。一方面要建立一套科学的体系和方法，了解和掌握人类聚居的发展规律；一方面要解决人类聚居中存在的具体问题，创造出良好的人类生活环境。

道萨迪亚斯提出的人类聚居学（The Sciences of Human Settlements），是一门包括乡村、集镇、城市等在内的以所有人类聚居（Human Settlements）为研究对象的科学，它着重研究人与环境之间的相互关系，强调把人类聚居作为一个整体，从政治、经济、社会、文化、技术等各方面，全面地、系统地、综合地加以研究，而不像城市规划学、地理学、社会学那样，只涉及人类聚居的某一个部分或是某个侧面。学科的目的是了解、掌握人类聚居发生、发展的客观规律，以更好地建设符合人类理想的聚居环境。

道萨迪亚斯明确声称："为获得一个平衡的人类世界，我们必须用一种系统的方法来处理所有的问题，避免仅仅考虑某几种特定元素或是某个特殊目标的片面观点。我们唯一可走的道路，就是不断地建立秩序以摆脱我们所处的混乱局面"[11]。

人类聚居实际上指的是人类的生活系统。人类聚居不仅是有形的聚落本身，也包括了聚落周围的自然环境，还包括了人类及其活动，以及由人类及其活动所构成的社会。道萨迪亚斯认为："人类聚居是人类为自身所作出的地域安排，是人类活动的结果，其主要目的是满足人类生存的需求"；"人类聚居是一种社会现象，尽管其内部包含了许多属于自然世界的元素"。他提出：人类聚居是一些特有的、复杂的生物个体；人类聚居是动态发展的有机体；人类聚居是协同现象。社会的发展和变化是通过人的活动实现的，人的活动贯穿在社会的各个方面。社会生产是人改造自然界的活动；人为了生产物质资料而结成的生产关系，是生产的社会形式。人居环境建设与传统的建设观点最大不同之处就在于，用"聚居论"的观点看待人类生活的环境，这样，不仅可以看到聚落"空间"以及其"实体"的方面，还可以看到生活于其中的人们的"行为"等[11]。

道萨迪亚斯将人类聚居按人口规模和土地面积的对数比例进行了分类，将整个人类聚居系统分为15个单元，除规模较小的几个单元外，其他各单元无论在人口规模还是土地面积上，大致呈1：7的比例，与中心理论一致。15个单元大致被分为三大层次，从个人到邻里为第一层次，是小规模的人类聚居；从城镇到大城市为第二层次，是中等规模的人类聚居；后5个单元为第三层次，是大规模的人类聚居。各层次的人类聚居单元具有大致相似的特征。他提出了人类聚居五个基本组成要素：自然、人类、社会、建筑及支撑网络，并且强调，不能只把注意力局限于五种要素的孤立研究上，而应当注重各要素间的相互关系，"因为正是这些关系才使得人类聚居得以存在"。

道萨迪亚斯为人类聚居学确定的研究内容包括三个方面：

第一方面是对人类聚居基本情况的研究，包括对人类聚居进行静态的和动态的分析，并研究"聚居病理学"（Ekistic Pathology）和"聚居诊断学"（Ekistic Diagnosis）。所谓静态的分析，就是分析人类聚居的基本类型、数量和规模，并对聚居进行具体解剖，即分析其"生理特点"；分析聚居与聚居之间相互的结合关系，即分析聚居系统的结构。所谓动态分析就是研究人类聚居从古到今的进化发展过程，了解聚居各个发展阶段的不同特点。研究聚居的病理和诊断，则是分析聚居中出现的各种问题和产生这些问题的原因及影响因素，并研究如何找出解决问题的途径。

第二方面是对人类聚居学基本理论的研究，找出人类聚居内在的规律，以指导人类聚居的建设。这部分工作包括：提出人类聚居的基本定理，在此基础上进行基本理论的探讨（包括人类需要研究、聚居成因研究、聚居结构和形式的研究等）。最后，根据基本理论，探讨对人类聚居进行综合研究的方法。

第三方面是制定人类聚居学建设的行动步骤、计划、方针，即进行对策和决策研究。这是应用前两部分的工作成果，对聚居的未来作出展望，明确聚居的发展趋势，明确聚居发展中哪些是必然的，哪些是应当加以限制或克服的，进而制定出正确的方针和政策。

之后一系列世界性的学术活动促进了人居环境科学的发展。1963年，成立了世界人居环境学会（World Society of Ekistics）；1976年联合国在加拿大温哥华市召开第一次人类住区国际会议（Habitat 1），正式接受人类住区的概念并在内罗毕成立"联合国人居中心"（UNCHS）；1981年国际建筑师联合会第14界世界会议通过的《华沙宣言》提出："人类聚居地的各项政策的建设纲要，必须为可以接受的生活质量规定一个最低标准，并力争实施……"，它改变了《雅典宪章》以功能分区纯化为规划主要手段所带来的元素分析法评价居住环境的缺陷。

1985年12月17日，联合国第40届大会确定每年10月的第一个星期一为“世界人居日（World Habitat Day）”，亦称“世界住房日”。联合国要求各国政府和地方当局在每年的世界人居日举行庆祝活动，以鼓励广大民众更好地认识到改进居住环境必要性。同时，联合国每年还为世界人居日确定一个主题，并在一个城市主办“世界人居日”全球庆典活动。每年的主题配合联合国“新千年目标”而确定，即在2015年之前将全球目前还不能获得安全饮用水和基本卫生条件的人口减少一半，改善穷人与弱势群体的生活条件与环境[12]。

1985年，英国建造与社会住房基金会创立了“世界人居奖”。其目的是为了在全世界范围内表彰那些能够为其他地方所仿效的成功而又有所创新的人居项目（主要侧重于住房项目）。“世界人居奖”每年评出2个获奖项目。自1985年起每年都在“世界人居日”全球庆典上颁发。所要寻找的项目都是那些能从更广泛的层面上看待住房问题的解决，并涉及除住房问题外的其他相关领域，如失业、能源损耗、可持续性未来等等的人居项目。中国北京的菊儿胡同改造项目曾于1992年获得此奖。

1989年，联合国人居中心创立“联合国人居奖”，设立此奖为了使国际社会和各国政府对人类住区的发展和解决人居领域的各种问题给予充分的重视，并鼓励和表彰世界各国为人类住区发展作出杰出贡献的政府组织、个人和项目，此奖成为全球领域规格最高的也是最有权威性的奖项。

1992年在里约热内卢召开的“联合国环境与发展大会”通过《21世纪议程》[2]，提出：“人人都应享有以与自然和谐的方式过健康而有生产成果的生活的权利。”并由此形成了“促进稳定的人类居住区的发展”的8个方面的内容：① 为所有人提供足够的住房；② 改善人类居住区的管理，尤其是城市管理，应通过种种手段，采取有创新的城市规划来解决环境和社会问题；③ 可持续地使用、规划和管理土地资源；④ 城市开发的可持续性通常由供水和空气质量，下水道和废物管理等环境基础设施状况等参数界定，应统一建设城市环境基础设施；⑤ 在人类居住环境中推广可循环能源和运输系统；⑥ 加强多灾地区的人类居住区规划和管理；⑦ 确立可持久的建筑工业活动行动的依据；⑧ 开发人力资源，增强人类居住区开发能力[13]。

1992年里约会议后，联合国人居中心进行了以下课题的研究：① 2000年全球住房建设；② 城市管理计划；③ 住区基础设施；④ 持续发展城市计划；⑤ 社区发展计划；⑥ 城市数据管理计划；⑦ 市政管理教育计划与能力培养战略（Capacity-building Strategy）。1996年在伊斯坦布尔召开第二次人类住区国际会议（Habitat Ⅱ），进一步研讨人居问题[14]，通过了《伊斯坦布尔宣言》和《人居议程》。《人居议程》将人类栖息地的改善当作联合国新时期的关键使命而达成一系列共同原则与目标，建立了各国政策的国际标准和方针，设立了政府承诺并向联合国进行常规汇报的动态机制，提高了“联合国人居环境奖”和“改善居住环境最佳范例奖”的地位，让建设适宜的人居环境成为全球发展的共同理想。

1995年11月在阿拉伯联合酋长国的迪拜市召开了一次有关人居最佳范例的国际会议，通过了《迪拜宣言》。同时，迪拜市政府设立了“迪拜国际改善居住环境最佳范例奖”。随后，《迪拜宣言》得到了1996年联合国“人居Ⅱ”大会以及联合国“城市和地方当局世界大会”的确认，“迪拜国际奖”成为在人居领域具有国际影响的奖项，得到许多国家的重视。该奖每两年颁奖一次。参评者可以是政府组织或机构、双边或多边机构、社区组织、研究和学术机构、媒体、公共和私人基金会或个人。申报者将在“世界人居日”向最佳范例颁奖。

1996年6月，第二届联合国人类住区会议（Habitat Ⅱ）在土耳其的伊斯坦布尔举行。会议探讨2个主题：即人人有适当住房和城市化世界中的可持续人类住区发展（Adequate shelter for all，and sustainable human settlements in an urbanizing world）。通过这次联合国大会的努力，改善人居环境的问题已经从学术界和工程技术界专业范围的讨论，上升为世界各国首脑的普遍认识，并成为全球性的奋斗纲领。第二届联合国人类住区会议又被称为一次城市高峰会议（The City Summit），它所提出的纲领性文件——人居环境议程：目标和原则、承诺和全球行动计划，总结了自1992年在里约热内卢召开的联合国环境与发展会议以来，国际社会在实践21世纪议程过程中的经验，归纳并进一步讨论了近年来的其他各次会议所涉及的重要的社会、经济和环境问题，包括第四届世界妇女大会（1995年，北京）、社会发展问题世界首脑会议（1995年，哥本哈根）、国际人口与发展会议（1994年，开罗）、小岛屿发展中国家可持续发展问题全球会议（1994年，巴巴多斯）、世界减少自然灾害会议（1994年，横滨），以及儿童问题世界首脑会议（1990年，纽约）等[15]。

3.3.2 中国“人居环境科学”的提出

3.3.2.1 中国传统人居环境观

中国传统的人居环境观念形成，可以追溯到殷周时代。公元前11世纪，周文王建造灵台、灵沼，其实就是当时的一种人居环境形态及其观点。《诗经·大雅·灵台》中说：“经始灵台，经之营之。庶民攻之，不日成之。经始勿亟，庶民子来。王在灵囿，麀鹿攸伏，麀鹿濯濯，白鸟翯翯。王在灵沼，于牣鱼跃。……”周文王造灵台、灵沼、灵囿，这些都是供帝王游乐的地方，而不仅仅是帝王，百姓们对这种环境也都十分歆羡，“而民欢乐之。”（《孟子·梁惠王上》）这也就是当时的环境观，即对大自然的向往。

随着历史的发展，从春秋战国到秦汉，这种人居环境观一直在延续着，而且逐渐成为一种形制或者说中国古代早期之园林形态。秦始皇建造阿房宫、上林苑，一方面是表现大国帝王的大气派，但另一方面却也是要追求理想的人居环境。

汉武帝时，都城长安大兴土木，建造起甘泉、建章诸宫苑，并扩建秦时所建的上林苑。据《西京杂记》所记，“未央宫周围二十二里九十五步五尺，街道周围七十里，台殿四十三，其三十二在外，其十一在后宫，池十三，山六。池一山一在后宫，门闼凡九十五”[16]；魏晋南北朝时期，大兴园林，私家园林的兴盛把造园活动由宫廷普及于民间；唐代在京城长安建曲江池，以自然景色为指导思想，利用自然山水、花草树木；北宋，宋徽宗建造帝王苑囿“寿山艮岳”；南宋出现了“杭州西湖”、苏州“沧浪亭”等；辽金时期北京城内建造北海公园；明清出现了大批苏州园林等。

总体而言，中国传统的人居环境，均蕴含着古代“天人合一”的哲学思想。老子阐述了人、地、天、道四者的关系，“人法地，地法天，天法道，道法自然”；庄子也阐述了天人本合一的思想，“有人，天也；有天，亦天也”。“天人合一”的人居环境观，将天地万物作为一个有机的整体，“天地与我并生，而万物与我为一”[17]。这种有机整体观念是中国传统人居环境观念中最基本的哲学内涵，反映在人居环境建设的方方面面。如在聚落选址时，注重地形、地貌、水文、气候等因素，“相形取胜”、“相土尝水”、“辨方正位”；古代先人将住宅与水土草木等天物视为一个有机体，将住宅比作人的服装，《搜神记》中称：“宅以草木为毛发，以屋舍为衣服，以门户为冠带。……宅之吉者，如丑陋之子得好衣裳。”将建筑比为服装，两者在功能上有着诸多相似之处，都是人工自然物，都是人为环境。“人”、“人为环境”与“天然环境”构成一个有机的整体[18][19]。

“天人合一”是中国风水思想的核心内容，而风水是中国古代人居环境建设过程中“择地”最重要的准则之一。“人之居宅，大须慎择”。如在中国古代规划中，有“体国经野”的规划制度，即对城市与郊野整体地予以规划。如《商君书·徕民》就从区域的观念对土地利用进行阐述：在100“里”见方的范围内，山陵、薮泽、溪谷流水和都邑道路各处地1/10，肥沃农田要占4/10，贫瘠的土地约占2/10（“地方百里者山陵处什一，薮泽处什一，溪谷流水处什一，都邑蹊道处什一，恶田处什二，良田处什四……”），因为山陵沼泽、溪谷流水等可以提供创造财富的自然基础。而城市与道路可以为人民提供良好的物质环境（“山陵薮泽溪谷可以给其材。都邑蹊道足以处其民……”），也就是说，人居所在之地，要非常重视有良好的自然生态环境作保证。另外，《汉书·晁错传》中也有建设程序和保持所在环境具有良好的生态观念的论述，也就是说，当向边远地方移民时，要寻找良好的自然条件（如水质好，土地肥沃……），然后规划城市，开辟道路，建造房屋，陈设好室内设施，使得迁去的人对其所居住的新环境感到满意，民乐其处而有长远定居的打算（“……古之徙远方以实广虚也，相其阴阳之和，尝其水泉之味，审其土地之宜，观其草木之饶，然后营邑立城，制里割宅，通田作之道，正阡陌之界，先为筑室，家有一堂二内，门户之闭，量器物焉，民至有所居，作有所用，此民所以轻去故乡而劝之新邑也……使民乐其处而有长居之心”），朴素地提出了建造“适于居住的城市”之道。“择地而居”的思想也体现在古代文人的诗词文章之中，如杜甫《杜工部草堂诗笺》中《为农》：“卜宅以兹志，为农去围赊”；李商隐《复至裴明府所居》：“伊人卜筑自幽深，桂巷杉篱不可寻”等。

3.3.2.2 从“广义建筑学”到“人居环境科学”

20 世纪上半叶的中国，城市发展取得了一定的成果，除了上海、青岛等开埠城市在西方主导下的规划建设之外，还有在早期现代化过程中中国人自觉经营创造的第一批有代表性的城市南通、福建马尾及重庆北碚等；此外，也有若干找石油、兴水利等大工程的开展，但在动荡的政治格局中，成就受到了局限。新中国成立之后的城市发展取得了巨大的成就，城市规划与建设都有极大的发展，对国力的增强、经济的增长起到相当大的作用，与此同时也存在着若干问题。自1949年新中国成立到20世纪60年代，建设领域取得了一系列的成就：包括长春第一汽车厂在内的156项工业基地的建设，为庆祝国庆10周年的“十大工程”的建设等，但后期在“大跃进”、公社化、高指标、浮夸风等影响下，带来了巨大的灾害。当时提出“城市规划三年不搞”，这种否定造成城市规划的灾难，直到改革开放，规划才面临“重建”的局面。改革开放以后，中国的城乡建设取得了巨大的成就，人民生活水平也得到了很大的改善和提高。然而，大规模、高速度的工业化和城镇化，使中国面临复杂的人口、资源、环境等问题，包括：农村劳动力向城市转移所带来的众多社会问题，“土地财政”的隐患，自然资源的过度开发，生态环境的污染与破坏，城市基础设施的滞后等[20]。

1987年吴良镛院士在“建筑学的未来”会议上正式提出了“广义建筑学”（A General Theory of Architecture，后译为An Integal Architecture），1989年《广义建筑学》一书正式出版。吴良镛院士的“广义建筑学”是对专业科学化的实践，也是对传统建筑学因时代而拓展的思考。从概念上，“广义建筑学”将“建筑”扩展为“聚居”，提出了“聚居论”，“从单纯的房子拓展到人、到社会”[20]，“以全人类居住环境建设为依归”，将建筑与城市融合起来，融入了社会学、人类学等观点；从要素构成上，“广义建筑学”由聚居、地区、科技、文化、艺术五个核心要素交叉综合而成，由此形成的建筑学体系使得学科内部关系清晰明朗[21]。“广义建筑学”的出现是对中国文革时期混乱局面的反思，也是在中国建筑方向上探寻出路的结果[22]，其理论是其人居环境思想的雏形。

吴良镛院士在“广义建筑学”基础上，于1993年在中国科学院技术科学学部大会上作了题为《我国建设事业的今天和明天》的学术报告，第一次正式提出了“人居环境学”这一新的学术观念和学术系统。他指出人居环境科学是一门以包括乡村、城镇、城市等所有人类聚居形式为研究对象的科学，着重研究人与环境之间的相互关系，强调把人类聚居作为一个整体，从政治、社会、文化、技术等各个方面，全面、系统、综合地加以研究，而不像城市规划学、地理学、社会学那样，只涉及人类聚居的某一部分或某个侧面。该学科建立的目的是要了解、掌握人类聚居发生、发展的客观规律，从而更好地建设符合人类理想的聚居环境[23]。针对我国城乡建设中的实际问题，吴良镛院士尝试建立以人与自然协调为中心、以居住环境为研究对象的新的学科群，从此展开了多方面探索[23]。

1993年，吴良镛院士因北京菊儿胡同危旧房改建新四合院工程获1992年度世界人居奖。1994年11月，在昆明召开的国家自然科学基金委员会“人居环境与21世纪华夏建筑学术讨论会”上，吴良镛院士作题为“开拓面向新世纪的人居环境”的总结发言，指出“人居环境建设”问题启发一门新学科——“人居环境学”的诞生。[24]1995年，清华大学成立了“人居环境研究中心”，以吴良镛院士为主任，有建筑学院、土木工程系、水利水电系、环境工程系、热能工程系和经济管理学院6个院系参加。研究中心多年来开展并取得了大量卓有成效的工作成果，特别是从宏观战略的角度，奠定了中国人居环境科学的整体学科架构、研究方法，以及相关基础理论，同时，也针对长江三角洲、京津唐等经济发达地区高速城市化进程中的人居环境问题进行了高屋建瓴的探讨。吴良镛院士在清华大学人居环境研究中心成立会议上特别强调了，建立人居环境科学的宗旨，是从单一学科走向广义综合学科的探索，而不是试图用人居环境科学取代已有的各个学科，或凌驾于各学科之上[25]。1998年出版了“人居环境科学丛书”。1999年，清华大学与云南大学及有关研究机构开展了合作项目《滇西北地区人居环境可持续发展研究》，针对滇西北地区生态环境脆弱、人文环境丰富，是我国生物多样性和文化多样性保护的关键地区的特点，结合滇西北地区经济发展落后、贫困的实际情况，探索了生物多样性和文化多样性保护与促进地区发展的合理途径，以此改善人居环境的状况[26]。同年清华大学开设“人居环境科学概论”课程。1999年在北京召开的第20届世界建筑大会，吴良镛院士主持撰写了《北京宪章》，并以5国文字发表，研究成果结集为《建筑学的未来》。《北京宪章》是第20届世界建筑师大会最重要的文献，也是指导国际建筑界今后发展的重要理论纲领，而其科学核心就是吴良镛院士多年的学术研究成果——广义建筑学和人居环境学的一个总结[27]。

1993~2000年间，吴良镛院士团队成功申请了国家自然科学“八五”、“九五”两个重点项目，开展了“发达地区城市化进程中建筑环境的保护与发展”和“可持续发展的中国人居环境的基本理论与典型范例”的研究，进一步推动了人居环境科学的发展。“八五”期间，国家自然科学基金针对经济发达、城镇密集地区，设立重点项目开展研究。通过“八五”项目，吴良镛院士认识到，在经济发达、城镇密集地区不仅应重视一般意义上的环境保护问题，还必须重视建筑环境的保护问题；同时，还进一步认识到必须重视对下列几个问题的研究：① 重视人居环境的保护与发展；② 认识地区、城镇协调发展的必要性；③ 把握区域的空间结构，促使建筑空间与自然空间相结合；并有意识地通过交通运输及其他基础设施的投资，促进发达地区的经济，带动落后地区的发展，促使各区域间的产业结构实现合理分工、平衡发展，成为一个有机的整体；④ 要促进城市基础设施的建设与城市土地利用的布局和开发相协调，有效地利用各种自然与经济资源；⑤ 建筑文化的继承与发展问题，以及地区建筑学的创造[15]。“九五”项目，主持者吴良镛院士，结合建设部重点科研项目“京津冀北（大北京地区）城乡空间发展规划研究”，尝试将人居环境科学理论具体运用到区域层面的空间规划中，开创性地探索了新形势下区域整体协调发展的途径，对新时期区域规划工作的开展具有示范意义[24]。

3.3.3 人居环境工程体系化

同济大学建筑与城市规划学院自1995年开始开设“人类聚居环境学”研究生理论课，连续每年开设至今。至2000年建筑学、城市规划和风景园林等专业的研究生在笔者指导下，围绕人居环境建设的理论与实践进行了多方面的研讨，包括人居环境的变迁、价值观念的转变、人居环境拓扑、人居环境评价与优选、作为人居环境深层结构的场域理论、人居环境资源保护与开发、人居环境规划、人居环境设计，以及CAAD、GIS，遥感在人居环境规划设计中的应用等等。

1996年，围绕着人居环境的理论与实践问题，结合笔者研究，提出了可持续发展背景下的人居环境工程体系化思想。“人居环境工程体系”是以人居环境学为理论基础，使之与人居环境建设不同层次的工程实际相联系，相辅相成，融为一体。其意义在于，通过古今中外人居环境发展变迁的审视，确立一种关于人居环境价值观和认识论的理论框架，识别现代与未来人居环境问题及其根源，面对当今范围广阔、内容庞杂的规划设计应用领域，探索人居环境分析评价的现代方法技术，用以指导人居环境保护开发与规划设计的实践活动。

首先，把眼界扩大到全球、国土、区域的人居环境的建设与保护，在理性秩序中引入资源的观念，即将人居环境理解为一种人类生存必需的空间为主的资源；在感性脉络中强化对于人居环境文化精神的关注，即不仅仅只是满足于面积、容积率、物理空间环境、生态指标，而且更要解决如何提高人居文明的问题；理顺人居时空关系混乱错位的现状，强化“时间”，即重在人居环境发展变迁的规划设计。因此，与之对应，就提出了容量（Capacity）、质量（Quality）及其演变（Evolution）的问题。这种前所未遇的容量—质量—演变问题，集中出现在那些国土性区域性的、迅速城市化的地带，例如，美国波士顿费城城市带、日本东京大阪城市带，以及中国长江三角洲城镇带。因此，必须及时、因势利导地对这类区域由迅速城市化引起的人居环境的容量—质量—演化，进行系统、定量以及动态的科学研究，探索先进的理论、方法、技术、手段，获取宏观细化准确可靠的数据，确定典型的模式，寻求内在规律等，从而，使之能够指导21世纪与未来该区域人为城市化的进程及建设实践活动的展开，这就是CQE工程。

CQE的基本原理是以构成人居物质环境的空间要素（如地形、坡度、坡向、建筑群等）和表面要素（如地表、土壤、植被、聚落、土地利用等）为信息载体，同时考虑经济、生态环境、社会文化的多因素作用，进一步用一系列数据“动态地”加以表示、描述及评价，以此代表整个人居环境及其容量—质量—演变的特征。基于面向21世纪的可持续发展的世界观以及有关人居环境科学的理论，研究人居环境自然—人工过程的关系，根据专家和公众的价值观，围绕人居环境的容量、质量、演化这三大方面，制定分析评价标准，大规模集取相应的数据资料，对由这些数据代表的人居环境进行系统化、大规模、快速的量化评价与演化模拟预测。应用遥感、计算机多媒体、地理信息系统等高新技术实现这一过程，使人居环境资源信息从遥感集取分类、多媒体评价、GIS信息管理到系统输出各类常规图纸一体化。

除了观念方法更新之外，CQE工程的世纪作用将有助于攻克规划开发、设计建设有史以来悬而未决的三大基本难题：① 对于规划设计现状环境，进行系统、量化、准确、快速的数据信息获取；② 对于规划、设计现状环境及方案，实行理性化、定量化、系统化的分析评价；③ 在建设施工之前，模拟根据规划设计方案建成之后可能出现的情形。从而，实现以持续发展为总目标，从人居环境价值观念入手，开展人居环境系统量化的数据集取与综合评价研究，进而，如同土地矿产一样，把人居环境也视为一种资源，在规划决策、设计建造之前，加以科学合理的认识、评价、预测；在建设之中，予以可持续性的保护与开发。

CQE的提出基于《风景工程体系化》的研究和相应的遥感、计算机、地理信息系统（GIS）、全球卫星定位系统（GPS）、多媒体等高新技术在建筑、城乡与景观规划中应该用的最新发展，它是人居环境理论研究与工程实践应用相互沟通的桥梁，是以系统、定量、动态（实时）为特征的人居环境科学研究与实践的前提，其实际用途是为国土、区域、城镇密集区、都市市区、建筑组群等人居环境的筹划提供全面系统基础数据资料、科学量化的分析评价以及动态超前的模拟预测，在建筑环境学科领域实现一整套系统思维、分析评价与规划设计的理性化方法。

在这一“人居环境工程体系化思想”研究基础上，笔者于1996～1998年完成了国家自然科学基金项目《人类聚居环境资源普查方法研究》，以可持续利用的人居环境资源评价普查为目标，寻求构成人居环境资源的深层结构，构成要素及相互间作用关系规律，建立人居环境资源评价的理论框架和指标体系，探索遥感、GIS、计算机多媒体技术实用与人居资源评价普查的方法技术。理论上，建立了人居环境资源深层结构框架，找出了其中主要构成要素及其相互间作用关系，建立了人居资源评价的理论框架；方法上，以信息论、系统论为基础，引入现代科学分析评价方法，建立了科学理性的人居环境资源评价方法。研究成果丰富了人居环境科学研究实践区域、城市、建筑等多层次尺度的人居环境资源普查及分析评价[28]。

3.4 “人居环境学”理论的全面发展期——21世纪初至今（2000年至今）

3.4.1 “人居环境学”理论国外发展现状

2009年，在联合国人居署发表的《规划可持续的城市：人居环境全球报告》中阐述了21世纪城市所面临的前所未有的挑战，包括：① 环境挑战：气候变化，城市对石油动力小汽车的过度依赖；② 人口挑战：发展中国家快速城市化、中小城市快速增长和青年人口扩张，发达国家城市衰退、老年化以及城市文化构成日益多元；③ 经济挑战：不确定的未来增长，对造成当前全球金融危机的市场导向的根本怀疑，非正式城市活动的不断增加；④ 社会空间挑战：特别是社会与空间的不平等、城市蔓延和未规划的边缘城镇化；⑤ 挑战与机遇：决策日益民主化，平民百姓的社会经济权利意识不断觉醒，并认为“最明显的后果是城市无序拓展和盲目开发”[21]。不断涌现的人居环境问题推动着人居环境理论与实践的发展。

联合国人居署继1976年加拿大第一次人类居住大会及1996年土耳其伊斯坦布尔第二次人类居住会议后，2001年在纽约召开“伊斯坦布尔+5”会议，形成《关于新千年中城市和其他人类住区宣言》。同年联合国大会决定，把1978年成立的联合国人居中心升格为联合国人居署，赋予更强的资金筹措能力和政策协调能力。从此，联合国人居署与1973年成立的联合国环境署并肩努力，在推行人居环境建设中呈现日益重要的作用。

2000年“联合国千年首脑会议”发表了《千年宣言》。《千年宣言》对《人居议程》进行了肯定并呼吁执行，考虑正在进行中的快速城市化及城市人口膨胀带来的贫富差距，《千年宣言》的重点目前聚焦于城市中。《千年宣言》主题为“消除贫穷”，其纲领性文件《千年发展目标》涵盖了贫穷、小学教育、性别平等、儿童死亡、产妇保健、与疾病斗争、环境可持续以及国际合作这8个领域的宏观目标及其细化后的18个量化目标。《千年发展目标》是全球性的目标，是以所有国家的发展总体趋势为依据制定的，但是国家之间、地方之间是有差别的，所以只有结合当地特点使《千年发展目标》地方化才能充分调动国家和地方的积极能动性，以采取行动和措施来有效达成这些目标。为此人居署还提供了发展框架，制定相关计划、指南和工具，并让地方当局参与进来；人居署实行权力下放政策并进行对地方的能力培养，以使地方有能力进行领导并能够主动担当责任[29]。

联合国人居署积极的关注可持续城市发展问题。2002年，联合国人居署发布了“可持续城市化：实现21世纪议程”的研究报告，提出“可持续城市化”（Sustainable Urbanization）的议题，制定了促进可持续城市化进程的一系列行动计划。2005年，联合国人居署主题为“应对世界城市化带来的挑战”，旨在帮助决策者和相关利益方评估城市情况和发展趋势，提出促进城市的社会和经济发展的策略。2009年度世界人居日主题为“规划我们的城市未来”，聚焦当今世界的城市规划体系，重新发现城市规划的价值，旨在提高人们对改善城市规划、应对21世纪新变化必要性的认识。联合国人居署发布了《规划可持续的城市：人居环境全球报告》，这份报告全面评估了城市规划作为一种工具手段，在应对21世纪城市的新变化和加强可持续城市化方面的有效性，提出面向未来的城市规划变革，政府应该在城市发展中起更主导的作用，引导发展的方向和保障基本的需求；规划变革应当能够面向新的城市问题（尤其是气候变化、快速城市化、贫困、非正规经济和安全等）；规划变革的基本前提是要在国家城市政策中正视城市的作用和城市化的挑战[30]。

3.4.2 “人居环境科学”理论与实践的发展

吴良镛院士提出了系统的人居科学理论框架，初步建立了一个由多学科组成的开放的学科体系。该体系以建筑、城市规划、风景园林三位一体组成人居环境系统中的“主导专业”，同时融入了经济、社会、地理、环境等外围学科。其理论思想集中体现于《人居环境科学导论》一书中（见本书第一章）。近10年来，吴良镛院士的人居环境思想在多个层面不断发展与壮大，并积极的运用于实践中。

（1）人居环境思想运用到区域空间规划层面：如2004年，吴良镛院士在城市规划年会上，作了题为“区域的概念和人居环境的思考”的学术报告[31]。2005年3月，吴良镛院士在国家发展与改革委员会区域规划研讨班上进一步指出，从人居环境科学的角度看，区域规划需要具备：① 将科学发展观落实到空间发展；② 空间的整体观念和相互协调观念；③ 以人为本的和谐社会观念；④ 自然生态的保护、治理与发展观念；⑤ 文化生态的保护、发展与复兴观念；⑥ 城乡问题人居环境观念的进一步推进[32]。2006年，吴良镛院士主持的以人居环境思想为指导的《京津冀地区城乡空间发展规划研究（二期报告）》正式出版[33][24]，2013年出版了三期报告。

（2）人居环境思想运用到工程建设层面：如2005～2007年，吴良镛院士主持“南水北调中线干线工程建筑环境规划”工作。吴良镛院士自觉地运用人居环境思想，对工程所涉及的生态环境保护与建设、历史文化环境保护与建设、大型水利工程建筑特色等问题进行综合研究，尤其突出工程的空间规划，建立生态安全格局，塑造建筑环境形象，提出了建筑环境的总体规划与设计导则，通过分级分类与导则示意相结合，对工程的整体形象和具体细节加以控制和引导[34][24]。

（3）人居文化研究层面：吴良镛院士的人居文化研究具有3个特征：① 将人居文化与全球化、城市化、现代化联系起来；② 注重城市文化保护与规划建设的关联；③ 将文化遗产挖掘上升到自主创新的高度[24]。

吴良镛院士是中国人居环境科学的奠基人，面对我国城乡建设的复杂性、整体性，他在已有的人居环境研究基础上，创造性地建构了中国人居环境科学的理论体系、学术框架和方法论，成为指导我国城乡规划与建设的基础理论。两院院士、建设部原副部长周干峙评价说：“吴先生通过总结历史的经验和中国的实践提出的人居环境科学，从传统建筑学扩展到广义建筑学，再到人居环境科学符合科学发展规律。如今我们的规划设计工作已经相互交叉、融会贯通、相互集成、多学科已经联系起来。实践证明，这样的融贯、集成避免了许多决策的失误，所带来的经济、社会和环境效益不可估量。”2010年，人居环境科学获得陈嘉庚奖，得到了科学界的肯定。2011年，吴良镛院士获得国家最高科技奖，得到了国家的肯定。

3.4.3 基于三元论的人居环境学理论发展

同济大学“人类聚居环境学”课程基于开课之前1983～1993的研究积淀，经过20年的不断发展与积累，已基本形成了人居环境研究的理论框架体系，本著作正是这30年研究成果的总结。笔者立足于“三元”哲学认识论和方法论，提出人居环境“人居背景”、“人居活动”与“人居建设”三位一体的理论体系，不仅作为课程的支撑框架，同时也成为人居环境研究的理论基础和方法基础。

基于三元论[38]的人居环境思想最初源于1996年的人居课教学框架。至1999年，笔者运用人居环境三元论，对人居环境进行了剖析，分析了人居社区元素的演化。人居社区是人居环境中人类相对集中的部分，指发生有组织的人类活动的地方，其包含的范围非常之广，可以从全球范围最后直到一块很小的人居地。它不等同于居住区，也不能把它简单地等同于城镇或乡村的实体结构。正如希腊建筑师与规划师道萨迪亚斯所指出：人居社区主要由五大因素组成，即人、社会、自然、建筑物和基础设施。这五种要素相互结合、相互作用，共同构成了人居社区的整体。根据人居环境的概念原理，笔者将人居社区分为村庄、集镇、城市、城乡一体四种拓扑形式，其构成元素见图3-1。笔者团队对不同时代的12个实例进行了调查，将各人居社区元素进行了量化统计，在此基础上总结了各社区元素演化规律[35]（表3-1）。

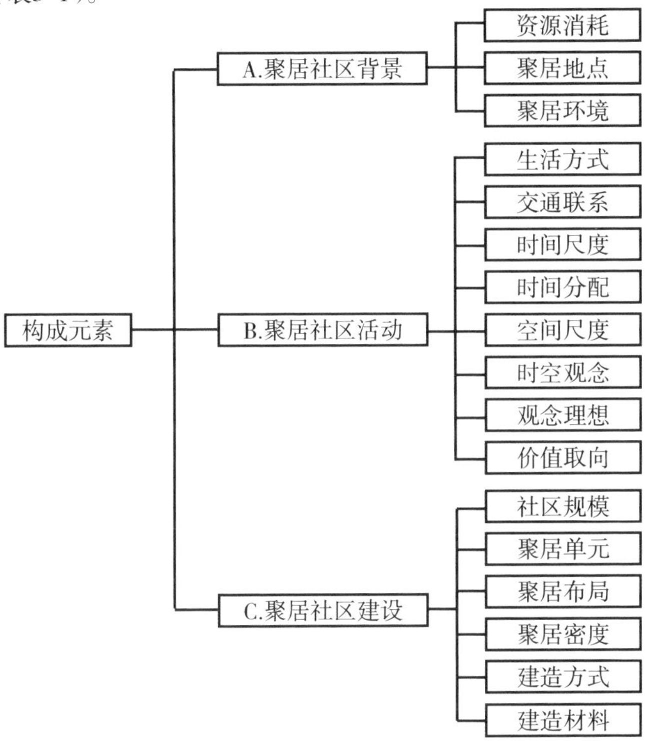

图3-1 聚居社区构成元素
Figure3-1 Constituent elements of human settlements

表 3-1 不同时代的 12 个调查实例
Table3-1 12 Case studies at different times

时代	村庄	集镇	城市	城乡一体
史前文明	西安半坡村	—	—	—
农耕文明	福建永定土楼	江苏周庄	埃及卡洪城	—
工业文明	义乌下楼宅村	常熟支塘镇	上海康乐小区	田园城市
后工业文明	厦门黄厝农民新村	新加坡原型新镇	上海浦东锦华小区	上海浦东新区

随着人居环境三元论研究的深入，笔者积极尝试将其应用于特定的人居环境的实践与研究中。2011年，笔者受国家自然科学基金资助开始进行“黄土高原干旱区水绿双赢空间模式与生态增长机制”方面的研究。应对全球气候变化新时期，以西部干旱区少人和无人区域人居环境开发利用为长远目标，以人居环境学为理论指导，以区域景观生态化规划设计为方法途径，研究集水造绿与生态环境改善、传统生存方式与产业的改变创新，新型人居环境模式的理论、方法、技术集成应用。研究从所提出的人居背景、人居活动、人居建设3方面展开，以黄土高原干旱地区为对象，以甘肃环县“上海绿洲”为实证案例，以“干旱区地表雨水收集、生态环境改善的新型人居背景”+“现代集约化农牧业与生态旅游等为主的新型人居生存方式与产业”+“节水节能、低碳环保、生态循环的新型人居建设”为基本研究内容和技术路线，对现有相对离散的相关理论方法予以梳理综合，寻求更为综合系统的理论方法，对现有多种高、中、低技术予以集成，寻找一体化的技术应用途径。从理论、方法和技术3个层面，提出气候变化新时期西部干旱区新型人居环境模式、形态与集成技术应用的途径[36]。

3.4.4 国内“人居环境”其他研究团队与成果

继吴良镛院士“人居环境学”提出后，国内开始了大规模的人居环境研究。国家自然科学基金资助了与人居环境相关的科研项目，并组织召开了两届青年学者人居环境科学研讨会。在与国际接轨方面，中国也作出了努力。1991年，联合国人居中心与我国建设部联合成立了人居中心信息办公室。

高校等研究机构通过搭建人居环境实验平台，为相关研究提供硬件与软件支撑。目前，除清华人居环境研究中心外，现有的其他实验室平台列举如下：

（1）同济大学高密度人居环境生态与节能教育部重点实验室，2007年由教育部批准组建。实验室依托同济大学建筑与城市规划学院，主要以高密度人居环境生态与节能为研究对象，以城乡和谐发展与资源高效利用为导向，研究方向围绕城镇密集区发展预测和动态监控技术、城市建筑群生态化模拟集成技术、既有建筑/历史建筑诊断与生态改建技术，开展高密度人居环境生态与节能的多学科、多层次的学科集群研究，为我国城镇化健康发展及建设资源节约型和环境友好型社会提供技术和决策支撑。

（2）华南理工大学亚热带建筑科学国家重点实验室。华南理工大学亚热带建筑研究起步于20世纪初。以亚热带人居环境为研究对象，着重于建筑设计科学、建筑技术科学、建筑工程技术3个核心，研究内容涵盖现代建筑创作、生态城市与绿色建筑、数字媒体技术、GIS技术、传统建筑文化与保护、建筑热环境与建筑节能、建筑声学、建筑光学、建筑结构、防灾减灾、施工监控与健康监测、岩土与地下结构等。实验室核心研究方向为：① 亚热带空间环境与建筑设计；② 亚热带建筑物理环境与建筑节能；③ 亚热带建筑结构与防灾减灾。

（3）西安建筑科技大学绿色建筑与人居环境研究中心。中心作为跨学科、综合性的绿色建筑与建筑节能研究机构，主要研究方向包括绿色建筑、建筑节能、建筑物理环境控制、绿色建材、节能构造、生态建筑等领域的基础理论、应用技术及设计应用研究。研究中心先后承担或完成了国家科技支撑计划课题《西北生态民居型小康住宅技术集成与示范》，国家高技术研究计划（863计划）课题《太阳能富集地区超低能耗建筑设计研究》，国家自然科学基金重点项目《西藏高原节能居住建筑体系研究》，国家自然科学基金科普基金项目《西部生态民居》，国家科技支撑计划子课题《围护结构非平衡保温设计理论和方法研究》，国家自然科学基金项目《节能居住建筑室内热湿环境优化研究》，国家自然科学基金项目《北方夜间通风降温设计参数及应用》，国家自然科学基金项目《中国北方乡村建筑节能与室内空气品质研究》，国家自然科学基金项目《周期性双波动村镇太阳能采暖建筑热过程及热环境调节研究》，国家自然科学基金项目《西北地区传统生土民居建筑的再生与发展模式研究》等多项研究。

目前，除上述吴良镛院士团队外，其他研究者们从不同层面、不同角度，同时结合地域特征对人居环境进行了深入的探讨。列举如下：1999年国家自然科学基金会提出中国人居环境可持续发展的重点课题，同济大学大学建筑与城市规划学院陈秉钊、吴志强主持了“中国人居环境可持续发展模式与评价体系”课题。该课题历时4年，对东部发达地区上海，中部、西部地区河南、云南、四川等地的人居环境进行了实证调查研究，出版了《上海郊区小城镇人居环境可持续发展研究》、《可持续发展中国人居环境》等[37]。

西安建筑科技大学刘加平院士，对西南生态民居进行了研究，探讨了西部民居建筑与自然生态环境保护，新民居建筑中太阳能、风能、土壤蓄能的被动式和主动式利用，新民居建筑的节能、采光、通风、防潮设计与构造，新民居建筑的选址与节约耕地，新民居建筑的材料资源节约，乡村生活污水的简易处理，沼气的安全应用，西部生土民居的抗震性能等内容。

中国科学院生态环境研究中心王如松院士，对“人居活动的生态影响机制及评价方法”进行了研究。他认为工农业生产、城市建设以及居民日常生活等3种活动是引起城市生态系统功能失调的主要原因。研究从城市居民日常生活活动的物流能流代谢规律研究出发，探讨了适用于人居活动可持续性评价的生态学方法，分析了中国城市家庭消费活动对城市生态系统的直接和间接影响。① 通过调查问卷的方式，对中国城市居民消费活动的特征及其影响机制进行了分析，发现经济因素和社会人口因素是影响家庭消费模式的主要原因。② 建立了评价居民消费可持续性的方法，针对居民消费对生态环境造成的直接和间接影响，分别使用了家庭代谢分析方法和生命周期分析方法。③ 以水资源和能源消费为重点，分析了近20年中国城市家庭代谢的过程及其影响机制，结论表明，随着家庭收入增加和生活质量的提高，家庭代谢还将保持增长的趋势。④ 以能源、交通和住房为例，应用生命周期分析的方法，比较了消费方式变化所带来的环境影响的变化。

清华大学单军教授，对“民族聚居地建筑‘地区性’与‘民族性’的关联性”进行了研究。探讨了同一地区内不同民族的建筑演变模式和同一民族在不同地区的建筑衍变特征。深入我国西南、西北、东北等少数民族聚居地开展了大量田野调查、测绘及研究实践。对比研究了滇西北怒江傈僳族自治州、迪庆藏族自治州等地的怒、藏、傈僳等少数民族的村落、民居、宗教及集权建筑，通过研究构建了“地区—民族建筑学”理论框架。在我国西南地区的云南怒江、迪庆、大理，贵州安顺，西北地区的鄂尔多斯、乌兰察布，东北地区的山东淄博等地区建立了近10个长期研究实践基地；涉及的民族包括藏、怒、傈僳、白、独龙、纳西、蒙、满、回、维吾尔等10多个民族，拓展和深化了我国地区建筑和民族建筑两个研究领域，填补了部分民族聚集地建筑研究的基础空白，在我国城市化快速发展的背景下抢救了一大批即将消失的民族建筑文化和遗产，为地区民族文化的当代发展提供了科学依据。

重庆大学赵万民教授，进行了“西南地区流域开发与人居环境建设”方面的研究，针对城镇化进程中水资源问题突出、生态平衡破坏、地域文化丧失等矛盾，从“城镇化与城镇体系建构”、“城市形态发展与规划调控”、“生态环境保护与人文环境建设”等核心内容进行研究，强调了区域自然环境和地域文化之间的耦合关系，形成了城镇化——城镇规划与设计——生态与文化建设的一体化关系。赵万民教授还针对西南山地城市，探讨了其适应性的规划理论与方法，凝练出了指导西南山地城市（镇）规划与建设的研究目标：① 山地城镇化适应性理论及发展模式；② 流域人居环境建设的生态理论及减灾防灾；③ 山地城市（镇）有机更新理论与历史文化遗产保护；④ 山地城市（镇）建设适应性新技术支撑体系。

西安建筑科技大学岳邦瑞教授，对西北干旱村镇聚落的营造模式进行了研究。研究依托人居环境学及干旱区资源学已有的研究成果，从水资源、土地资源、气候资源及建材资源4类地域资源类型入手，采取资源学的视角来研究绿洲聚落，以全面揭示“地域建设资源”与“地域聚落营造”之间的关系为目的；系统总结了地域资源约束下的聚落营造模式；系统建构基于地域资源约束的聚落营造理论。研究分别从宏观（全新疆范围）、中观（吐鲁番土峪沟麻扎村范围）、微观（民居院落范围）3种尺度研究地域资源与聚落营造两者的关系，并且在时间维度上分析两者关系的历史演变，最终总结出41条绿洲聚落营造模式，提出了“地域资源约束”概念以及“优适建筑”理论。

哈尔滨工业大学金虹教授，讨论了严寒地区乡村人居环境的生态策略。通过对严寒地区气候特点与乡村人居环境现状及其诸多影响因素的分析，从生态住区、建筑设计到建筑技术进行了全方位、多层次的立体化研究，提出了人居生态环境及建筑质量的综合评价系统。在此基础上，给出了严寒地区乡村生态住区与绿色住宅的设计路径、设计模式、设计法则及系列设计方案和可操作性强的本土适宜技术。

内蒙古工业大学刘铮教授，对“内蒙古草原生态聚居模式与生态民居体系”进行了研究。着重在内蒙古草原资源、人居活动、住区构成模式、各级聚居区公共建筑的有效配置、现有生态移民村建造与发展模式、生态民居理论及其评价体系、既有居住建筑节能改造、可再生能源利用等方面进行了深入的研究。建构了内蒙古草原生态聚居区与生态民居理论体系，建立了内蒙古草原生态民居的评价体系，确定了选定地区浩特、嘎查、苏木三级住区适宜规模技术参数，提出内蒙古草原生态聚居区规划与民居设计理念与具体方法，创作出生态民居设计方案22套，小型公共建筑6套，对改造现有居住建筑达到节能与生态要求的方法与设计也提出了相应的策略，在综合利用太阳能采暖、风光互补、生物质能利用等技术方面，也获得了多项科学可行的实施方案。为内蒙古草原聚居区可持续发展提供了理论依据，为建造生态民居提供了具体实施方案和技术保证。在内蒙古特定的自然环境与资源条件下，应用了生态规划学与生态建筑学，拓展了人居环境生态学的内涵。

武汉大学黄凌江，研究了“西藏传统聚落空间营造的气候相应技术策略及其评价”。在定性方面，从生态策略角度对西藏传统建筑的与自然地理环境关联的可持续营造策略进行分析，总结西藏传统建筑对地理资源，气候，太阳能及生物燃料等4个方面的生态利用策略。在定量方面，从理论角度分析了西藏传统建筑的体形系数，外围护结构传热能耗，蓄热体及传热延迟时间等热工参数，揭示西藏传统建筑空间形式，能耗与气候之间的相互关系。研究的另一项重要工作是对传统建筑的主观热舒适进行评价。通过问卷访谈的方式对拉萨市传统藏式建筑居民的主观热舒适评价进行了调研，包括热湿感觉，室内风速等环境要素以及总体热舒适评价等。研究选择拉萨和林芝两个不同气候区的典型传统建筑和比照建筑进行分季节热环境实地测量及数字模拟，并对传统建筑围护结构的热工性能进行分析；研究总结了西藏传统民居在适应特殊高原气候方面所采取的被动式策略，包括为控制热损失，防止和利用太阳辐射，防雨防潮等目的而在建筑功能布局，建筑形态，细部及构件处理等方面所采取的措施；并对传统建筑的气候适应性的文化转意进行了分析，研究了气候适应性与文化在西藏传统民居上的体现与表达。

浙江大学王竹教授，针对长江三角洲地区特有的自然、经济以及社会条件下可持续发展的人居环境开展了大量富有原创性意义的研究工作，特别是创造性的将生物基因原理引入该地区绿色住居的研究中，把住居生成与发展的内在规律视为住居的调控机制，把人们对住居各个构成因素的应对称为住居的“地域基因”，试图从深层次把握绿色住居的生成与发展机理，为可持续发展的人居环境建设提供科学的依据和方法。另外，该课题组还运用适宜的神经元BP网络概念和方法，融入模糊思想，确立定性与定量的评价指标，建构综合评价绿色住居系统的操作程序与方法，并进行了相关实证研究。

除此之外，东南大学齐康教授、王建国教授等从城市设计的角度，南京大学顾朝林教授、中科院崔功豪教授等从区域以及城市地理的角度等，针对可持续发展的人居环境进行了大量卓有成效的研究。

参考文献

[1] 洪文迁．纽约大都市规划百年：新城市化时期的探索与创新[M]．厦门：厦门大学出版社，2010.

[2] 吴良镛．21世纪建筑学的展望——“北京宪章”基础材料[J]．建筑学报，1998（12）：4-12，65.

[3] 周春山．21世纪高等院校教材：城市空间结构与形态[M]．北京：科学出版社，2007.

[4] 詹和平．空间[M]．第2版．南京：东南大学出版社，2011.

[5] 沈磊．无限与平衡——快速城市化时期的城市规划[M]．北京：中国建筑工业出版社，2007.

[6] 王晓原，苏跃江，张敬磊．多核网络城市生长与交通系统协调发展[M]．济南：山东大学出版社，2010.

[7] 清华大学建工系城市规划教研组．城市规划原理（总体规划讲义）[Z]．1979.

[8] 张冠增．西方城市建设史纲[M]．北京：中国建筑工业出版社，2011.

[9] 吴良镛．人居环境科学导论[M]．北京：中国建筑工业出版社，2001.

[10] 吴焕加．20世纪西方建筑史[M]．郑州：河南科学技术出版社，1998.

[11] 吴良镛．广义建筑学[M]．北京：清华大学出版社，2011.

[12] 董晓峰等．宜居城市评价与规划理论方法研究[M]．北京：中国建筑工业出版社，2010.

[13] 仇保兴．追求繁荣与舒适：中国典型城市规划、建设与管理的策略[M]．第2版．北京：中国建筑工业出版社，2007.

[14] 吴良镛．关于人居环境科学[J]．城市发展研究，1996（01）：1-5，62.

[15] 吴良镛．“人居二”与人居环境科学[J]．城市规划，1997（03）：4-9.

[16] 吴良镛．吴良镛学术文化随笔[M]．北京：中国青年出版社，2002．
[17] 齐物论释[M]．上海：上海人民出版社，2014．
[18]（春秋）李耳，陈涛．老子[M]．昆明：云南人民出版社，2011．
[19] 陆林，凌善金，焦华富．徽州村落[M]．合肥：安徽人民出版社，2005．
[20] 吴良镛．明日之人居[J]．资源环境与发展，2013（01）：1-5．
[21] 吴良镛．人居环境科学发展趋势论[J]．城市与区域规划研究，2010（03）：1-14．
[22] 吴良镛．从“广义建筑学”与“人居环境科学”起步[J]．城市规划，2010（02）：9-12．
[23] 吴良镛．致力于人居环境科学的探索[J]．北京规划建设，2001（05）：11-13．
[24] 武廷海．吴良镛先生人居环境学术思想[J]．城市与区域规划研究，2008（02）：233-268．
[25] 吴良镛．创造我国人居环境的新景象[J]．建筑学报，1990（08）：7-8．
[26] 吴良镛．人居环境科学的探索[J]．规划师，2001（06）：5-8．
[27] 毛其智．从广义建筑学到人居环境学——记两院院士、清华大学教授吴良镛[J]．长江建设，2000（03）：6-9．
[28] 刘滨谊．走向可持续发展的规划设计——人类聚居环境工程体系化[J]．建筑学报，1997（07）：4-7，65-66．
[29] 崔晓晨．联合国视野下的人类住区问题及我国应对策略研究[D]．天津：天津大学，2012．
[30] 杨东峰，殷成志，龙瀛．可持续城市化与城市规划变革——1990年以来联合国人居署的行动与观点述评[C]//中国城市规划学会、重庆市人民政府．规划创新：2010中国城市规划年会论文集．2010：8．
[31] 吴良镛．以城市研究与实践推动规划发展——在2004城市规划年会上的发言[J]．城市规划，2005b（04）：9-13，82．
[32] 吴良镛．区域规划与人居环境创造[J]．城市发展研究，2005（04）：1-6．
[33] 吴良镛等．京津冀地区城乡空间发展规划研究（二期报告）[M]．北京：清华大学出版社，2006．
[34] 吴良镛．南水北调中线干线工程建筑环境规划[M]．北京：电子工业出版社，2013．
[35] 刘滨谊，毛巧丽．人类聚居环境剖析——聚居社区元素演化研究[J]．新建筑，1999（02）：14-17．
[36] 刘滨谊，王南．应对气候变化的中国西部干旱地区新型人居环境建设研究[J]．中国园林，2010（08）：8-12．
[37] 王颖，杨贵庆．社会转型期的城市社区建设[M]．北京：中国建筑工业出版社，2009．
[38] 刘滨谊．风景园林三元论[J]．中国园林，2013（11）：37-45．

第2篇

人居环境三元分析

Part 2 Background, Activity and Construction Analysis of Human Settlement, Inhabitation and Travel Environment

第 4 章　人居背景分类与特征

Chapter 4 The Classification and Characteristics of the Human Settlement, Inhabitation and Travel Environment Background

4.1 全球化的分类与特征

地球上陆地和海洋总面积约5.1亿km^2，其中海洋约占71%，陆地占29%，约1.49亿km^2。人居环境是指包括都市、乡村、旷野、海洋等在内的各类人类聚集、居住、游历的人类生存环境的总称。对其全球存在形态进行归纳概括，包括：海洋、旷野、乡村、小镇、县城、小城市、中等城市、大都市、城市带及外层空间。

4.1.1 海洋

地球上广大连续水体的总称。其面积为36200万km^2，占地球表面积的70.9%，其体积为137000万km^3，平均深度为3800m，最大深度为11034m。海洋的中心部分叫洋，世界洋共分四个大洋：太平洋、大西洋、印度洋和北冰洋，其中以太平洋最大，它占海洋总面积的一半。海洋的边缘部分叫海，海与洋很难截然区分，海与洋彼此沟通组成统一的世界海洋。海与洋的大致区分：大洋，水域面积特别广大，盐度一定，有独立的海流和潮汐系统，在它上面有独立的大气环流系流，各大洋之间的水可以自由地相通。海，水域面积较小，多受陆地上江河注入的淡水的影响，盐度随季节变化而有较大变化，几乎没有独立的潮流系统，海的深度比大洋浅得多，海是大洋的一部分。“海洋”所具有的特征见表4-1。

4.1.2 旷野

旷野，即指空旷的田野，也可表示为一大片具有不同地形地貌、地表覆盖、人迹罕至的“荒野”。“旷野”特征见表4-2。

4.1.3 乡村

乡村指主要从事农业、人口较城镇更为分散分布的地方。乡村人居环境特征见表4-3。

4.1.4 小镇

国务院对建制镇的一般标准为总人口在2万以上，非农业人口超过2000人，其特征见表4-4。

4.1.5 县城

县城人居环境特征见表4-5。

4.1.6 小城市

小城市人居环境特征见表4-6。

4.1.7 中等城市

中等城市人居环境特征见表4-7。

4.1.8 大都市

大都市人居环境特征见表4-8。

4.1.9 城市带

城市带特征见表4-9。

4.1.10 外层空间

外层空间相关特征见表4-10。

4.2 五类典型区域人居背景特征

本书将人居环境进行横向分类分别研究，分为水网、河谷、平原、丘陵及干旱五类地区，其背景特征分别概括如下：

4.2.1 水网地区人居背景特征

水网地区主要位于冲积平原，由三角洲和冲积扇2种主要地貌形成。三角洲是一种由河流补给的泥沙沉积体系，其平面形态一般呈三角形，顶端指向上游，底边对着河口外水域。河口地区水流比较小，水面展宽，水体混合，流速急剧降低，造成泥沙迅速大量沉积，形成河口沙坝、心滩、沙洲等。随着河口沙坝的出现与发展，迫使河流分汊，形成汊道。同时，河口沙坝不断接受沉积，并与心滩、沙洲并合、堆高，向海扩展，乃至出露水面成为河口沙岛，如长江口的崇明岛。河口沙岛与废弃汊道以及由港湾转体而成的湖泊、沼泽和天然堤等共同组合成三角洲平原，并与水下三角洲部分紧密相连，两者构成一个完整的三角洲沉积体系。这一过程反复进行，河道分化成一系列岔流，形成不断向海推进的多岔道三角洲。由于各条河流河口区的水动力条件不同，其具体发展过程可以很不一致。例如：滦河三角洲、长江三角洲、珠江三角洲、尼罗河三角洲。三角洲冲积扇是山地河流出口处的堆积地貌。山地河流流过山麓后，因为坡度变缓，流速降低，河道变宽，河水携带的物质大量堆积，使河床抬高，因此河流不断地变迁改道，或分成多股水流，形成一个延伸很广，坡度较缓的台地，外形如同折扇，故名为冲积扇。冲积扇从顶端到边缘，地面缓慢降低，坡度逐渐变小，堆积物逐渐变细，如果是发生在峡谷通往平原的出口，会形成冲积扇平原，冲积物经过风化，逐渐发育成冲积土，土壤的肥力较高。例如：成都平原。水网地区地貌的自然成因是河口水动力因素。促进三角洲形成的三种主要河口水动力：河流作用、波浪作用、潮汐作用。

因为目前没有相关量化的水网的界定，以中国河网密度图为参考依据，绘制得出中国水网地区分布图，标准为单位面积上的河流、渠道的总长度≥1km/km^2。我国水网地区总面积为605375km^2，水网地区占我国国土总面积的6.2%，水网地区总人口数量约为为1亿9435万人，水网地区人口密度为1608人/km^2。

中国各行政区水网地域面积分布图显示，湖北省的水网面积最大，面积为187400km^2，其次是湖南省，面积为134811km^2。中国水网地区人口数量分布密度显示，上海市水网地区每平方公里人口数量是最大的，为2307人/km^2，高于水网地区平均人口密度。水网地区人居背景同样分为三类：自然环境类，人类生存和发展的依赖；农林环境类，人类用于农耕生产，经过开发与改造后的自然环境，人的参与度较高，包括田地、林地、养殖鱼池、圩田等；生活环境类，是人类进行除农耕生产以外一切活动的背景，包括住宅用地、商业用地、办公用地等。

4.2.2 河谷地区人居背景特征

河谷是河流流域地貌的一种表现形态，是由河流长期作用形成的带状延伸的槽形谷地。我国河谷型城镇的总面积为296万km^2，占全国国土总面积的31%。中国河谷型城镇绝大多数地处海拔1000m以上，主要分布于中国较高海拔的第一、二级阶梯。各项气候指标显示，河谷型环境极为适宜人类居住。河谷地区蕴含着丰富的风景与旅游资源，以国家级风景名胜区为例，约占国家级风景名胜区总数的39.6%。

河谷型地级市、地区的人口密度统计显示河谷型人居环境的平均人口密度高出全国平均水平近两倍。河谷地区人口稠密，但除个别城市外，河谷型城镇人口年平均增长率低于全国平均值，部分地区出现负增长。人口年龄结构青壮年人口较多，老年人较少，老龄化问题相对并不严重。河谷型城镇人均GDP低于全国平均水平，经济水平发达程度较低。其第一、二、三产业与全国平均水平比较显示，河谷地区的矿产资源相对丰富，第二产业占全国的比例较其他产业高；河谷城市处于山地地区，交通不便，因而第三产业相对落后。

城市建设方面，根据2010年统计数据显示，河谷地区建设用地面积约为全国平均水平的70%；居住用地面积和人居城市道路面积约低全国水平各2成。

与水网、平原、丘陵和干旱人居环境比较，河谷地区的优劣表现明显。与水网地区相比，河谷人居环境受自然条件制约，较难形成横向连通，人居环境呈现树枝状分布，而水网地区水系关联度大，人居环境多网状分布。与平原地区比较，河谷人居环境地形变化丰富，资源类型丰富，视觉景观丰富，问题则是建设用地紧张，交通不便。河谷人居环境与干旱人居环境在空间上存在一定重叠，如西南山区典型的干热型河谷人居环境等，但两者出发角度和着力点均有差异。河谷地区与丘陵人居环境重合度最大，两者主要分界点为谷肩或谷缘，以及山与水的距离。河谷地带邻接水流，并呈现为山地斜坡状，或阶地状；越过谷肩的人居地则为丘陵人居环境。

河谷人居环境中水资源丰富，利于农业发展，但易产生洪水、滑坡、泥石流、塌陷、崩塌等自然灾害。景观资源富足，山环水抱，景观旷奥空间分明，植被景观丰富。文化资源充足，内涵丰富，但包容性较弱，发展单一化。建设空间矛盾突出，建设用地不足，交通问题显著。古时以农业和水运交通为主要产业，现今工业产业占优。

4.2.3 平原地区人居背景特征

世界平原总面积约占全球陆地总面积的1/4。我国平原总面积却只占了我国陆地面积的12%，按平原成因类型统计，我国以冲积平原为主。中国的三大平原分别是东北平原、华北平原和长江中下游平原。

东北平原在中国东北部，由松嫩平原、辽河平原和三江平原组成。位于大、小兴安岭和长白山之间，面积35万km^2，是中国最大的平原。有大面积肥沃的黑土，土层深厚，耕地辽阔。华北平原位于黄河下游，西起太行山脉和豫西山地，东到黄海、渤海和山东丘陵，北起燕山山脉，西南到桐柏山和大别山，东南至苏、皖北部，与长江中下游平原相连。跨越京、津、冀、鲁、豫、皖、苏7省市，面积30万km^2。冬季寒冷干燥，日照充分，农作物大多为两年三熟，南部一年两熟。长江中下游平原是中国长江三峡以东的中下游沿岸带状平原，由长江及其支流冲积而成，面积约20万km^2。地势低平，河汊纵横交错，湖荡星罗棋布，湖泊面积2万km^2，相当于平原面积10%。

东北部平原以半湿润气候为主，东南部平原以湿润气候为主，总体而言中国平原气候较为湿润，降雨量充足，带来充足的水源和充分的日照，物产富饶。黄河流域附近及以北地区平原以温带季风气候为主，部分区域为温带大陆性气候；长江流域附近及以南地区平原与亚热带季风气候为主，中国南部沿海平原以热带季风气候为主。雨热同期有利于农作物的生长，但降水集中易于形成洪涝灾害。

平原地区由于地质地貌、气候、社会等因素，多发洪涝灾害。在城市化进程中，人口激增，建设用地非生态化扩张导致水土流失、河床抬高、湖泊调蓄洪水能力减弱、堤岸护坡稳固性被破坏、水质污染等环境生态恶化状况，也增加了灾害发生频率。就人口密度而言，珠江三角洲平原人口密度最高，东北平原人口密度相对最低，长江中下游平原人口密度高于华北平原人口密度。珠江三角洲平原（面积约1.1万km^2）以及长江中下游平原平均人口密度已经达到高度密集程度。主要城市产业发展趋势为农业比例逐年降低，但近年趋势放缓，大型城市工业比例迅速降低，中型城市工业比例逐步缓慢降低，部分小型城市工业比例增加整体城市向工业——服务业转化过程进行，农业结构逐步趋于稳定。平原地区自然文化资源丰富，并且具有大量以河湖为主的自然景观，这与平原地区的地势和地理位置有着密切的联系。相比之下，平原地区的生物多样性就没有那么丰富。平原地区历史文化积淀深厚，经历了较长的历史沿革与发展。平原人居环境可以说是在长期的历史演变中不断调整、顺应社会发展而形成的环境。

4.2.4 丘陵地区人居背景特征

地理学对丘陵的定义主要是从绝对高度和相对高度引发的，指高低起伏、坡度较缓、连绵不断的低矮隆起地带，海拔高度在500m以下，相对起伏在200m以下。

中国丘陵地区面积约100万km^2，占国土陆地总面积的10%。自北至南有辽西丘陵、江淮丘陵和江南丘陵等，黄土高原上有黄土丘陵，长江中下游以南有江南丘陵，辽东、山东半岛上也有部分丘陵。总体可大致将我国丘陵分三大丘陵：辽东丘陵、山东丘陵和东南丘陵，和9个丘陵分区：东北丘陵、河北丘陵、山东丘陵、关中丘陵、皖南丘陵、浙闽丘陵、湖广丘陵、川渝丘陵、新疆丘陵。丘陵地区特征包括：

（1）气候类型主要为亚热带季风型气候，以及温带季风型气候、中亚热带季风气候等8种气候，见表4-11。

（2）通过对9个丘陵分区所属的78个城市平均气温进行统计，计算得出丘陵地区的年平均气温为14.75℃。国内外学者的研究结果表明，人体最舒适气候基准温度是16～25℃。在所有9个丘陵分区中，川渝丘陵、湖广丘陵、浙闽丘陵的平均气温为17.13℃、18.73℃、18.39℃，均在此范围内，符合人体最舒适温度定义。

（3）通过对9个丘陵分区所属的78个城市年平均降水量进行统计，丘陵地区的年平均降水量达1122.67mm。其中以浙闽丘陵最多，如温州地区年平均降水量达1800mm，比我国同纬度其他地区降水量（500～1500mm）多得多；降水量达到1700mm的福建省三明市也属于福建省的丰水区。

另外，丘陵地区生物多样性丰富，不同地理区位的纬度、径向、垂向的不同组合形成了生物多样性特征，丘陵地区优越的自然地理环境中蕴藏着丰富的动物、植物、矿产等自然资源。它们之间相互作用并构成复杂多样的生态系统，具有良好的生物多样性。表4-12为丘陵地区历史文化名城及国家级5A级旅游景区统计，可以看出其在全国地区中所占比例较大。在文化方面，人们为了生存和繁衍，在依靠山川丘陵的同时，也需要不断地适应这种自然环境，并进行探索与斗争。山川丘陵高大绵延，自然气候变幻无穷，时而晴空万里，时而雷雨交加。面对大自然的威力，先民无法解释各种自然现象，感到自身的渺小，对山岳产生幻觉和恐惧心理，认为这一切都是由未知的神秘力量支配的，于是产生了拔地通天的山岳及其神灵是万物主宰的观念；随着人类社会的发展，山岳崇拜的原始成分，逐渐产生了宗教崇拜的特征。随着山岳崇拜的历史与内容的日渐丰富，其形式与内容的丰富性也在宗教体系的逐渐完备中体现出来。总的来说，丘陵地区的劣势主要包括：地形复杂、建设难度大，基建投资费用高，交通困难、联系不便，耕地矛盾突出，生态环境脆弱，能耗大，社会经济文化滞后等方面；优势主要包括自然资源丰富、旅游资源丰富、城市景观丰富、人文景观丰富、时空景观变化丰富、多民族文化交融等方面。

4.2.5 干旱地区人居背景特征

干旱区指属于干旱气候的地区，中国干旱地区及极端干旱区面积为2922007km^2，约占国土陆地面积的30%。干旱地区特征主要为：降水量少且变率大，气温日较差和年较差皆大，蒸发量远大于降水量，多风沙，云量少，日照强。在国内定义中，年降水量为200～500mm、200mm以下、100mm以下分别对应的干旱等级为半干旱区、干旱区和极端干旱区；对于国内干旱区的一级比较因子包括气候干湿带分布、年降水量分布、多年平均降水量分布以及中国干燥度指数；二级比较因子包括降水径流分区、水系分布、有效风能分布、太阳能资源分布。

从全球来看，干旱地区广泛分布，详见表4-13。国内干旱地带区域、代表城市、代表地形、代表动物、植物群落、主要沙漠的总结详见表4-14。当然，随着近年全球气候“乱”变化，这些统计性指标数据也在逐年渐变。

表 4-1 海洋特征

Table4-1 Characteristics of human settlement, inhabitation and travel environment in oceans

	自然化程度	规模尺度	物种多样性	资源消耗	环境破坏污染	人居地选择
海洋	人类在其中的活动强度越来越高，对其景观变化的影响越来越大。自然化的程度一直比较高，近年来，自然化程度受到一定程度的破坏。	占地球总面积的71%，总面积达36250万km^2，世界上60%的人生活在60km宽的海岸带上。 海洋提供给人类食物的能力约为陆地上所能种植的全部农产品的1000倍左右。 海平面逐年上升，使海拔5m以内的陆地都受到影响，目前至少已有70%的海岸地区已有退缩。 地球总水量为13.86亿km^3，其中海水占96.5%，全球海洋的平均深度约为3800m。	海洋是一切生命的源泉。拥有地球上最丰富的生物资源。 海洋中的动物约有16～20万种，植物约1万多种，海洋真菌将近500种，物种极为丰富。 近年来，一些化工有毒物质造成海洋污染，使近海生物减少、死亡甚至灭绝。	1970～1995年，海洋生态系统指数下降了30%（1990～1995年每年下降4%）；1960年以来，海鱼的消费量扩大了一倍。	海域污染、岸滩演变、生态平衡恶化等。20世纪70年代以来石油、汞等挥发性物质的全球扩散性问题。 农耕文明时期：人类活动对于生物圈的自然生物地球化学循环，诸如炭、氮和磷的循环没有重大影响。 工业文明时期：全球每年向海里倾倒垃圾达2×10^{10}t，放射性、化学物质等废物排放；海底光缆铺设。 海洋污染的70%来自陆地，10%来自海洋，包括船只航行事故，海底油田的开发和人为战争造成的海洋污染。 在过去的100年，海平面上升10cm。联合国环境署专家作了以下估计：2030年，生活费平面将上升20～140cm，那么沿海许多大城市受到威胁，荷兰将有1/2的国土被淹。我国的长江三角洲、珠江三角洲、渤海湾和广西沿海将沦为泽国。目前海洋平面正以每年3mm的速度升高。 例如黑海，流入黑海的多瑙河每年向黑海注入大约60万t磷和340t氮，近海25年来河水中有毒物质增加到3～5倍，1989～1992年间，每年捕鱼量从90万t下降到10万t。由于海水质量下降，造成沿海一些海滨浴场和娱乐场所关闭。 在海洋污染中，以石油污染最为严重。据资料统计，每年排入海洋的石油约1000～1500万t，而1t原油排入海洋，以每小时扩散100～300m的速度最终可覆盖12km^2的海面。自20世纪60年代以来，几乎每年都发生一次万吨以上的漏油事故，其中漏油在10万t以上的特大事故有10次之多。1990年的海湾战争，泄入海洋的原油达100多万吨，造成世界最大的泄油事件。这种人为性的破坏所造成的“局部海洋沙漠化”的现象日益严重。	海洋以及海滨、海岛是人类喜爱的游乐场。 世界上60%的人生活在60km宽的海岸线上。

表 4-2 旷野人居环境特征

Table4-2 Characteristics of human settlement, inhabitation and travel environment in wildness

	自然化程度	物种多样性	资源消耗	环境破坏污染	人居地选择
旷野	居住密度极低。未被开辟为农田和居民点；鸟兽和植物以野生的自然状态生存。 人类在其中的活动强度越来越高。对其景观变化的影响越来越大。 人口密度相对较小，自然化程度相对较高的排除了居民点和农村的地区。这些地区主要是荒漠、戈壁、草原、森林、高山地区及极地。而这些地区又往往是生态环境脆弱地区，生态平衡极易受到破坏。	工业阶段：物种多样性遭到极大破坏。 据近2000年以来的统计，大约有11多种兽类和130多种鸟类已经灭绝，全世界约有25000种植物和1000多种脊椎动物处于灭绝的边缘近来，生物物种消失加速，生态系统趋于简化，每天约有50～100种物种灭绝。	工业阶段：自然资源大量开采，主要有矿产、石油、森林、野生动物等。 1970～1995年间，地球损失了1/3以上的自然资源。25年中，淡水生态系统指数降低了50%，特别是1990～1995年的5年中，下降幅度增快，每年接近于6%。 世界森林覆盖面25年下降了10%，每年损失森林的面积相当于一个英国。自然资源的消费压力每年以5%的程度递增。 1960年以来，木材和纸张的消耗量增加了66%。	工业阶段：由于铁路、公路、输油管道等大量建设；造成大量废物排放，甚至包括放射物质、化学物质等。森林大量砍伐。草原开垦，湿地干涸。 历史上地球曾有76亿hm^2的森林，到19世纪降为55亿hm^2，进入20世纪以后，森林资源受到严重破坏，目前全世界仅有森林28亿hm^2，其覆盖率为22%，并仍在继续减少（以每年2000多万公顷的速度）。 土壤退化（包括沙漠化和土壤侵蚀）。全球沙漠已占陆地总面积的1/4，每年有60000km^2的土地继续沙漠化或有沙漠化的危险，现在沙漠化影响世界1/6人口的生活。 淡水资源危机：全世界有100多个国家缺水，占全球陆地面积的60%，全世界河流稳定流量的40%受到污染，并呈日益恶化之趋势，有80%的疾病和1/3的死亡率与受到污染的水有关。 1960年以来二氧化碳的排放量增加了一倍多，已远远超出地球生物圈的再吸收能力。	自然资源丰富，自然环境较好的地区。

表 4-3 乡村人居环境特征

Table4-3 Characteristics of human settlement, inhabitation and travel environment in villages

	自然化程度	规模尺度	物种多样性	资源消耗	环境破坏污染	人居地选择
乡村	蛮荒时期：屈从、依附于自然。由于生活活动的盲目性，经常在取得食物的同时，又破坏了许多食物来源，引起了最早的生态问题。 农耕时期：开始有选择、有目的地利用、开发自然，对自然的干扰破坏也随之增加，以农业为主的经济活动使生态环境有了低缓的退化，自然化程度降低，非自然化程度增加。 工业时期：对大自然进行掠夺式的开发和占用，严重破坏了自然的内在和谐与稳定，自然化程度急剧下降，非自然化程度迅速增长。 后工业时期：虽然自然化程度继续减少，非自然化程度继续增加，但幅度已有所下降。提出了人造自然环境计划。	到2010年底，全国共有村庄约260万个。 山西夏县西阴村规模$45hm^2$，山东日照规模$3.6hm^2$，内蒙古赤峰八家石城遗址人居规模$2.24hm^2$，是至今发现的规模较大的人类人居遗址。 发展初期：规模很小，多穴居、洞居、树居、巢居。 农耕时期：村、镇的规模较之蛮荒时期的几十人、几百人上升到几百人、几千人、上万人，人均用地面积继续增大，人口密度、居住密度均有所上升。 工业时期：村、镇的规模尺度由农耕时期的几百人、上千人发展到上千人、几万人。约有9亿多人生活在农村。 后工业时期：村、镇的规模继续扩大，向集约化方向发展。	蛮荒时期：物种多样性丰富。 农耕时期：物种的多样性在减少，出现了6次动植物灭绝。 工业时期：生物种类急剧下降，据统计，在最近400年里，大约有11多种兽类和鸟类已经从地球上消失，其中1/3是19世纪前消失的，1/3是19世纪后消失的。中国目前已有534种植物和203种动物被列为国家濒危动植物。 后工业时期：物种多样性继续下降，但人们正采取措施，延缓下降的速度和种类。	以中国为例。 农村生活燃料仍以秸秆为主，全国每年有6亿多吨秸秆，60%用作燃料直接燃烧，热效率极低，不及20%。由于生活燃料不足，农村乱砍滥伐现象严重，破坏了森林资源。全国每年有1亿多立方公里森林资源被用作农村燃料，占全国森林资源消耗量的30%以上，是森林赤字的主要原因之一。 蛮荒时期：资源消耗少，是地球生命的一种纯天然食物链关系。 农耕时期：对食物和能源需求急剧增加，资源消耗增加，毁林开荒，破坏自然资源的现象逐步增加。 工业时期：资源消耗增加，非再生资源锐减，动植物资源减少（目前，森林覆盖率只有13.6%）。资源消耗继续增大，但已开始重视节约、回收和循环利用。 后工业时期：以我国农业灌溉为例，黄河流域引黄灌溉农田历史悠久，20世纪60年代以前引水量为$60 \times 10^8m^3$，70年代$100 \times 10^8m^3$，80年代达到$274 \times 10m^3$，到90年代增加到$298 \times 10^8m^3$，相当于黄河天然径流量的50%左右，大部分的非汛期到水，约占总引水量的70%～80%，灌溉引水量的发展对沿黄河乡村生产发展起积极作用，但却造成了水资源匮乏，再加上水库发电，森林砍伐等活动加剧的影响，使水量愈来愈少，河床淤积严重，过洪能力和输沙能力下降，引起	农地废耕及农地变更等问题产生，环境恶化。 已有1/3以上的农村时常受到各种超标噪声的影响。 空气质量下降，不仅危害着人体健康，也造成农作物的损失。 统计表明，1957～1980年，我国年平均净减少耕地$5450km^2$；1981–1985年间，平均每年减少$4920km^2$，然而，仅1985和1986两年就减少耕地$16480km^2$。目前，耕地面积减少的趋势仍未得到有效控制，1991～1993年每年净减少耕地分别为$2890km^2$、$2910km^2$和$3230km^2$。 土壤肥力下降。全国耕地土壤有机质平均含量已降到1%，明显低于欧美国家耕地有机质含量2.5%～4%的水平。由于水土流失、粗放耕作、化肥农药的不恰当使用、有机质不能充分还田等原因，导致我国耕地质量普遍下降。加重了对化肥农药的依赖，进而加剧了化肥农药对土壤造成的不良影响，导致耕地质量进一步下降。 中国农村目前每年产生的人类尿和作物秸秆的总量已超过6亿t。近年来农村畜禽养殖业发展迅速，禽畜粪便超过27亿t。随着农村经济的发展和为了提高作物单产，农民对化肥的依赖越来越重，不再倾向施用粪肥，致使粪便利用率很低，加之得不到安全的处理处置，往往成为水体有机污染和生物性污染的罪魁祸首。 过量和不恰当地施用农药，使土壤中有毒物质含水量量增加，土壤质量及农作物产品品质降低；造成害虫抗药性增强，并杀死大量害虫的天敌和有益的动植物，破坏了生物多样性和农田生态系统的平衡，导致农业生态环境恶化。发达国家化肥利用率可达60%～70%，而我国只有不到30%，不仅造成浪费，而且大量化肥随水土流失和径流进入水体或渗入地下，造成地面水体富营养化，地下水中硝酸盐积累，危害很大。 全国小城镇和广大乡村的居住区没有排水设施。乡镇工业废水和农村生活污水直接排入水体，引起水体污染；农田遭受污水污染的情况也越来越严重，影响了农村地区的持续发展。 农村地区是城市垃圾的主要堆放地，这些垃圾有的经过简单处理，更多的是未经处理的垃圾，对地下水和地表水直接构成威胁。农村地区自身产生的大量废弃物未得到足够的处理处置，人畜粪便流失、秸秆弃入河道、生活垃圾无组织堆放等等，导致水体污染加剧，居住区卫生状况很差。 由于地表水和地下水大面积受到污染。广大农村有近7亿人饮用大肠菌群超标的水，1.7亿人饮用受到有机污染的水，一些地区与水污染有关的癌症及其他疾病的发病率不断提高。中国遭受工业“三废”污染的农田已有1亿多亩，由此而引起的粮食减产每年在100亿kg以上。因为使用污水灌溉，被重金属镉污染的耕地有20余万亩。严重的工业“三废”污染不仅使土壤生产力受损，而且使农作物产品品质降低，严重污染的耕地被迫弃耕，加重了耕地减少的局面。 蛮荒时期：人类的行为对自然是无污染、无干扰的。	温度适宜，风调雨顺的自然环境。 从自然来看，地理气候、地形地貌、地质和地方材质等均影响了乡村的人类聚居环境。

续表

	自然化程度	规模尺度	物种多样性	资源消耗	环境破坏污染	人居地选择
乡村		英国诺福克郡规划局（Norfolk Country PlanningDept）就采用了距离2万人口城镇8.045km，或距离10万人口城镇16.09km作为划分乡村的指标		黄河下游频繁断流，直接造成了黄河下游沿岸村镇生活和生产用水危害。 发展中国家至少有3/4的农村人口和1/5的城市人口得不到安全卫生的饮用水。	农耕时期：对自然环境造成了有限的、轻微的污染，如森林资源减少，草原退化，水土流失等。 工业时期：水土流失（1992年统计，面积已达367万km^2），土地荒漠化（北方地区已达33.4万km^2），耕地面积减少（1.5亩/人，0.795亩/人为联合国规定的耕地危险线），土壤肥力下降，植被破坏，过度放牧使草原退化，围湖造田使湖泊面积减少。 后工业时期：环境破坏污染继续存在，但已开始重视环保，强调生态环境观，利用现代科技恢复和保护环境。	

表 4–4 小镇人居环境特征

Table4-4 Characteristics of human settlement, inhabitation and travel environment in town

	规模尺度	物种多样性	资源消耗	环境破坏污染	人居地选择
小镇	国务院对建镇的一般标准为总人口在2万以上，非农业人口超过2000人。我国乡村集镇现状一般在1000～2000人左右，非农业人口占集镇总人口的比例一般在10%～20%左右，多的可达30%～40%。2012年底，中国镇数量达19881个。2013年底，中国小镇总数量达20117个。 据不完全统计，1958年，镇平均规模达10000人，3000～150000人为主体；1983年，镇平均规模达20000人左右，5000～50000人为主体；现在镇规模可多达几十万人。 镇建成区面积平均为1.76km^2，占镇建成区面积的2.77%，人均占地面积108m^2，居住密度多达每平方公里几千人。 20世纪90年代新规定：人口在1万以下的乡，撤乡建镇需符合非农业人口在2000人以上，乡人民政府驻地公共基础和社会服务设施较为完善；人口在1～2万人的乡，撤乡建镇标准是非农业人口在3000人以上；人口在2万人以上的乡，撤乡建镇标准是非农业人口在5000人以上。县级人民政府驻地，小型矿区、小港口、风景旅游点、边境口岸，大型集市贸易场所等原则上可以设镇。	农耕时期：物种多样性遭到一定程度的破坏，但问题还不尖锐； 工业时期：现代工农业方法严重威胁着生物多样性。	随着水、电等公用设施水平逐步提高，资源消耗不断加大。	随着乡镇企业的发展，废气排放量有逐年上升之势。 统计和预测表明，1994年乡镇企业SO_2的排放量为550万t，占全国总排放量的29.5%；烟尘排放总量为800万t，占全国总排放量的36%。 村镇有关环境治理的配套设施十分滞后。据调查表明，城关镇垃圾处理率约为45%，废水处理率约为36%；非城关镇垃圾处理率约为43%，废水处理率约为26%。非城关镇的小城镇垃圾和废水处理标准过低，如果按照国际通用的垃圾处理和废水处理标准，这里的废水处理率和垃圾处理率接近于零。	一定范围内政治、经济、文化的中心，并同周围地域中的资源、经济、劳动力以及各种建设条件保持着密切的联系。

表 4-5 县城人居环境特征

Table4-5 Characteristics of human settlement, inhabitation and travel environment in county

	自然化程度	规模尺度	物种多样性	资源消耗	环境破坏污染	人居地选择
县城	农耕时期：依附自然。自然化程度很高，人类与自然界和谐共处。	原始居民点遗址都是成群的房屋及穴居的组合。一般范围较大，居住也较密集，如内蒙古赤峰东八家石城遗址，东西约140m，南北约160m，有80多家住宅遗址。 社区规模也随着人口的增长，人类改造自然能力的增长而不断地扩大。	农耕时期：物种多种多样，自然延续和发展。	农耕时期：多为可再生资源的消耗，对不可再生资源开发利用很少。	农耕时期：对自然界的破坏性不大。人类消耗资源而产生的废水、废渣都能由自然界自身净化。如木材、土墙都能回归自然，人类对环境破坏污染极小。	农耕时期：一般都位于较为高爽，土壤肥沃松软的地段。如在山坡时，一般均在向阳坡。一般靠近河湖水面。 顺应自然，选择依山傍水，土地肥沃之地，其中发展较快，位置重要之地便形成了县城。
	工业时期：自然化程度下降。	在一定良好的条件下，县城人居的规模达到几万人。如山西的平遥县城人口达4.09万人，平均每公顷居住181人。 2012年底，全国共有1453个县；2013年底，县城共1442个。	工业时期：物种大量减少，自然界在某些方面已失衡。	工业时期：资源消耗加剧。如木材、药材、动物等不再生资源和矿产、石油等不可再生资源疯狂掠取。	工业时期：生态环境受到了不同程度的破坏，工业发展产生了大量的废水、废气、废渣，且处理设施落后或根本没有，许多有害物直接排入大气与河流，环境污染严重。“八五”期间，乡镇工业污染的排放总量迅速增加，废水占全国工业废水总量的21%，固体废弃物占89%，受污面积达67000km^2。	工业时期：人居地选择有了一定的主动性。充分合理地利用自然地理条件，如河流、湖泊，既提供水源，又有航运及商业交通的作用；利用特殊的经济地理条件，如自流井附近的盐井及天然气，景德镇的高质量的瓷土。
	后工业时期：人工自然比重增大。	县城的辖域从25km^{2}到5000 km^{2}不等，平均约为1800km^{2}左右。县城的面积一般约为50km^{2}左右。	后工业时期：物种保持多样。	后工业时期：对不可再生资源利用有所节制。	后工业时期：对废水、废气、废渣尽可能地回收利用，环境污染减小，形成良性循环。	后工业时期：已完全脱离了自然条件的束缚，在任何可建造区域均留下了人类的足迹。

表 4-6 小城市人居环境特征

Table4-6 Characteristics of human settlement, inhabitation and travel environment in small city

	自然化程度	规模尺度	物种多样性	资源消耗	环境破坏污染
小城市	相对大中城市，小城市的自然化程度相对较高。	新中国成立前，我国20万以下人口的小城市仅34个，占城市总数49.3%，小城市人口占全国城市总人口的13.7%，1983年为142个，1989年为364个，增加了122个，县级市所占比例已由49.1%增至58.7%。1992年底，全国小城市共有289座，占全国城市总数61.8%，而1996年的统计数据表明，我国县级市已达442个。	相对于大中城市，生物种类较多较丰富。	相对于大中城市，资源消耗较小。	相对于大中城市，环境破坏污染程度较小。
	农耕时代：自然化程度较高。		农耕时代：物种多样性减少。	农耕时代：物质资源消耗较少。	农耕时代：环境污染较小。
	工业时代：自然化程度衰退，人工景观比例提高。	小城市人均用地偏大，约为143m^2。小城市的人均用地分别是特大城市、大城市、中等城市的1.9倍、1.6倍和1.3倍。在人均城市建设用地高于120m^{2}的城市中，71%是小城市，占全部小城市总量的60%。小城市非农业人口在6～20万之间。	工业时代以后：物种多样性缺乏。	工业时代：能量资源消耗加剧。	工业时代：环境污染加剧，环境恶化。
	后工业时代：自然化程度更低（就某些城市而言有所提高）；非自然化程度（生态景观）提高。	近年来20万人口以下的小城市数量不断减少，从2000年的353个，减少到2008年264个，2010年进一步减少为258个。而在日本，全国的783座城市中，有87%是10万人口以下甚至只有1～2万人的小城市。按照我国《城市规划法》，我国人口在20万以下是小城市，而在西方，小城市的人口多在2.5～10万之间。		后工业时代：资源消耗总量增加，但由于生态措施的实施，资源使用效益提高，资源消耗有所控制。	后工业时代：环境污染有所改善，转向可持续发展。

表 4–7 中等城市人居环境特征
Table4-7 Characteristics of human settlement, inhabitation and travel environment in medium-sized city

	自然化程度	规模尺度	物种多样性	资源消耗	环境破坏污染
中等城市	非自然化程度较低。	一般不超过王城“方九里”的规定。春秋时，侯伯之城边长约1790～2070m，面积2～4km^2（而《营造法式》中“伯城七十雉”，约合10km^2）。人口一般从最初的几千人上升到后期的几万人，十几万人。据统计，唐府州城市人口约2～5万人，明朝平均10万人左右。 当代确定中等城市最通用的方法之一是根据人口规模的大小。但是，因为发展背景的原因，世界各国在这方面的界定存在很大差异。在欧洲，通常接受的幅度为2～50万居民之间；在美洲，幅度通常为20～50万居民之间；阿根廷，幅度为5～100万居民之间。国际建筑师协会中等城市工作组建议将2～200万居民这一人口幅度作为中等城市的研究基础。	农耕时期：物种较丰富多样。 工业时期：物种多样性大量减少。	相对于大城市，中等城市资源消耗小；相对于小城市，中等城市资源消耗大。	相对于大城市，中等城市环境污染小；相对于小城市，中等城市环境污染大。

表 4–8 大都市人居环境特征
Table4-8 Characteristics of human settlement, inhabitation and travel environment in metropolis

	自然化程度	规模尺度	资源消耗	环境破坏污染	人居地选择
大都市	20世纪80年代末，中国200万人口以上的超大城市，人均绿地面积为8.62m^2，2012年末全国人均公园绿地面积增长为12.26m^2/人。 至2012年末，重庆市人均公园绿地面积最大，为18.13m^2/人；天津市人均公园绿地面积10.54m^2/人，建成区绿化覆盖率34.88%，建成区绿地率30.91%；上海市人均公园绿地面积较低，为7.08m^2/人。	据统计，到1979年，极大城市人口密度为57.9m^2/人，大城市74.0m^2/人，人口密度大都市1609人/km^2，大城市515人/km^2。 “大城市是市区和近郊区非农业人口50万以上的城市”，实际工作中，规划人员又往往约定俗成地把非农业人口百万以上的城市称为特大城市。 1820年伦敦成为世界上第一个百万人口的大城市。到1900年百万人口城市已有8座，1950年增至75座，1976年达到191座。 2013年末中国100万人口以上的城市已经达到了142个。 以下大城市建成区土地面积： 北京：2008年1311km^2，2012年为1261km^2； 天津：2008年641km^2，2012年722km^2，增长率12.6%； 上海：2007年886km^2，2012年999km^2，增长率12.8%； 广州：2007年735km^2，2011年末990km^2，增长率36.7%； 重庆：2008年708km^2，2012年1052km^2，增长率48.6%。 到后工业时期，上述几个大都市（人口均在200万以上）将成为城市带的中心城市，如长江三角洲城市群（带），珠江三角洲城市群（带），京津唐城市群（带），土地面积和建成区面积将有相对较快的增长。	能源消耗不断增加。1970年美国石油、天然气、煤气和原子能为燃料生产17000亿kWh电，相当于苏联、日本、原联邦德国、英国这四个世界上能源消费大国一年的总发电量。有人预计在未来20年内美国保持这样的速度即增加1倍的需求量，到2000年，整个美国的每一寸土地都将被发电厂占有。 在后工业化时期，随着科技发展，人们对资源的认识范围扩大，合成燃料、核能（包括核聚变、核裂变）及太阳能的直接化，以及替代资源，再生技术和节能工艺的提高，人类将进入有组织有选择地合理利用能源时期，走可持续利用的道路。	上海市中心城10个区平均每平方公里有工业企业20.7家。1991年由于大量燃用煤炭，已向大气排放烟气461.1亿m^3，烟尘21.44万t，$SO_2$47.92万t，NOx约20万t，$CO_2$9450万t，由此引起酸雨频繁，酸雨率29%，CO_2日平均浓度达0.05mg/m^3。 城市交通带来大量噪声污染。 核能的利用可能是能源消费的发展方向，但是一座原子能电站每年产生250t放射性垃圾，贮存问题无法解决。开采铀矿所剩的铀矿下脚美国西南各州已积累了1亿t，而这些放射性废料的半衰期长达80000年。 冬季大都市的雾天比周围农村多10%，夏天的雾天比周围农村少20%，大都市雨量增加5%～10%，太阳辐射减少5%～10%，风量减少20%～30%。 后工业化时期的环境破坏程度趋于好转，表现为：采用高效节能的设施，逐渐降低能源和物质消耗，产生更少且更便于回收再生的废弃物的产品。	自然条件和经济区位优越，人为条件（如空港、码头及通信设施）改善。

表 4–9 城市带环境特征

Table4-9 Characteristics of human settlement, inhabitation and travel environment in megalopolis

	自然化程度	规模尺度	物种多样性	资源消耗	环境破坏污染	人居地选择
城市带	城市带形成过程中自然化程度向非自然化程度的变迁与问题： 1．生态环境从自然化到非自然化程度的变迁 （1）城镇生态环境质量下降。 （2）城镇及城镇周围自然景观退化。 2．社会环境从自然化程度向非自然化程度的变迁 （1）乡村人口减少，城镇人口增加； （2）城镇发展，城镇地域扩大，农业用地转用为工厂、住宅等非农业用地； （3）农民由专业农户转化为兼业农户，进一步脱离土地成为非农户； （4）城乡居民经济收入和文化教育差别不断缩小，价值观念、生产生活方式趋同等。 3．景观格局从自然化程度向非自然化程度的变迁 在大都市向城市带演进的过程中，单纯就某点状要素而言，无人居住的自然环境—人类进入后的村庄—镇—城市—大城市—城市带这一系列的演化过程，正反映了从自然景观到人工景观的过渡。 传统城镇景观的各种特征都是在自然环境的基础上融合了各民族、各地区的文化习俗而形成的，仅从住宅形态、建筑材料、构筑形式上我们就能辨出地域差异和民族差异。	城市带形成过程中城市规模尺度的变迁与问题： 在世界高速城市化进程中，大城市、特大城市优先增长，伴随着人口和产业的高度集聚，城市向外扩张不可避免。在城市空间扩张过程中，原来近郊区的一部分甚至全部不断变成城区的一部分，原来远郊区的一部分甚至全部变成近郊区的组成部分，原来远郊区的外围一部分地区又变成远郊区的一部分。随着这一进程的推进，农村地域不断质变为城市地域。 以长江三角洲为例：长江三角洲地区有一系列的大中小城市和集镇，是我国城镇最密集的地区。据不完全统计，长江三角洲地区有直辖市1个，省辖市13个，县级市40多个，建制城镇1000多个。目前沿沪宁、沪杭铁路沿线的城市已形成密集的巨型城市带。 随着经济建设的快速发展，长江三角洲地区城镇建设和城市化进程明显加快。乡镇工业和大规模的商品经济的迅速发展，促进了小城镇的发展和建设。面广量大的小城镇逐步成为吸收农村剩余劳动力的“蓄水池”，提高了城市化水平。经济建设的快速发展也促进了大中城市规模的不断扩大。城市用地以建设开发区和新区的形式大面积向外扩展。例如，与改革开放前的1978	1．植物方面 （1）植物种类：野生植物草本种类多于木本种类；野生植物中杂草和伴人植物占较大比重；丰富度从城区中心地带向城郊逐渐增多，抗污染的种类多； （2）土壤：丰富度从城区中心地带向城郊逐渐增多，抗污染的种类多； （3）水体：城市水体由于生活污水的不断排入形成富营养化。导致水生藻类的种类丰富度发生改变； （4）空气：城市的大气污染，尤其是SO_2等的污染，使不耐SO_2污染的地衣种类消失。 2．动物方面 （1）栖息环境：在人类活动强烈影响下，城市中野生动物的栖息环境急剧恶化，能够生存下来的只是一些伴人种和居民区的栖居者，以及一些城郊农田荒地种类； （2）种类：一般特点是种类少，但同种的个体数量大，物种丰富度也从市区向郊区逐渐增大。城市绿地的增多，使有些种类有所增加。城市居民区的鸟类主要有麻雀、喜鹊、雨燕、金腰燕、家燕等。麻雀是城市中鸟类的优势种。城市公园和郊区鸟类虽然增多，但是总的来看，由于城市人为	1．土地资源 （1）人多地少，土地后备资源缺乏； （2）耕地占用现象严重； （3）土地利用效率低，甚至浪费。 2．水资源 （1）区域城镇建设和城市化进程的加速、经济建设的快速发展、人口和资产的高度集中，和防洪标准相对较低形成尖锐矛盾，使得洪灾风险损失逐年呈指数增长趋势。 （2）城镇建设和城市化进程，使得城市、工业、第三产业和基础设施对土地的需求甚大，城市居民点和交通等基础设施的建设剧烈地改变了当地自然地貌和排水系统。进而对暴雨洪水的产汇流特性产生明显的影响，加大了洪涝灾害发生的风险。 （3）水资源紧缺，供水水源不足，如长江三角洲城市化进程中所面临的供水问题日益突出。 （4）区域城市化发展过程中出现的超采地下水导致地面沉降，致使一批防洪排涝工程不能达到原设计标准而失去预期的作用。 （5）城镇建设和城市化发展过程中的人口和物资的聚集、工业经济的高速发展，使得城市和城镇分别成为不同程度的水污染中心。	1．大气污染 中国北方城市SO_2大气浓度平均超标30%，南方城市平均超标19%；西南、华南地区由于燃煤中含硫量高，造成一些地区酸雨严重，引起土壤、水体酸化，危害植物生长和人体健康，损害建筑设施。过量使用煤炭是造成这种状况的罪魁祸首，东部脆弱的生态环境已不堪煤炭的高排放、高污染。 2．水污染 不少城市，特别是北方的工业城市，由于对水资源的过度开采，地下水位不断下降，有的甚至达到每年降低0.5～1m。严重的水污染导致大量鱼死亡。 3．固体废弃物污染 城市垃圾成灾，主要是由于城市垃圾处理率低造成的。大量垃圾的产生对城市环境卫生的负面影响也在增长。而绝大部分城市采用露天堆放、自然填沟和填坑的原始方式消纳城市垃圾，对土壤、地下水、大气等造成极大的影响和潜在的危害。 4．噪声污染 在我国有近2／3的城市居民在超分贝的噪声环境中生活和工作。中国城市噪声比西方国家约高12dB，尤其大城市、工业区更为严重。 5．城市人口过度集中 城市人口的过度膨胀导致和城市有限生存空间和环境容量的矛盾，必将引申出一系列城市生态经济问题。如住房困难,交通拥挤,降低	不同层次的人居环境单元，在于居民量的不同，还带来了内容与质的变化。道萨迪亚斯提出了人类聚居的分类框架，即根据人类聚居的人口规模和土地面积的对数比例，将整个人类聚居系统划分成12个地带： （1）原始居留地，占40%，在中国占58.13%，面积为54996667.09km^2。其中林带占8.83%，面积为8353489.7km^2；草带占29.51%，面积为2804682.182km^2；不可用土地带占19.06%，面积为1803401.90km^2；水体占0.59%，面积为56234.042km^2。 （2）不许居留地占17%，在中国占8.63%，面积为816820.81km^2。其中林带占6.47%，面积为612495.20km^2；草带占2.16%，面积为204325.61km^2。 （3）允许暂时居留地占10%，在中国占8.06%，面积为762809.29km^2。其中林带占4.43%，面积为418761.53km^2；草带占3.64%，面积为344047.76km^2。 （4）允许居留地占8%，在中国占0.55%，面积为142991.46km^2。其中林带占0.85%，面积为80203.39km^2；草带占0.61%，面积为57818.08km^2；不可用土地带占0.05%，面积为4969.99km^2。 （5）永久居住的地区占7%，在中国占0.55%，面积为52501.47km^2。其中林带占0.49%，面积为45980.43km^2；草带占0.06%，面积为5575.69km^2；不可用土地带占0.01%，面积为945.35km^2。 （6）传统垦殖区占5.5%，在中国占10.14%，面积为959488.09km^2。 （7）现代垦殖区占5%，在中国占8.93%，面积为845257.52km^2。 （8）人类体育娱乐区占5%，在中国占1.21%，面积为114250.00km^2。 （9）低密度居住区占1.3%，在中国占2.24%，面积为212097.50km^2。 （10）中密度居住区占0.7%，在中国占0.33%，面积为31103.04km^2。

续表

	自然化程度	规模尺度	物种多样性	资源消耗	环境破坏污染	人居地选择
城市带	然而，在城市化进程的冲击下，我们在建设新城镇或改造旧城镇时，或多或少地脱离了这种自然性和人文性,造成地方特色的丧失,形成千城一面的城市景观格局。	年相比，上海市的市区面积仅浦东新区就增加了522km^2，南京市的城区面积已从原有的76.34km^{2}扩大到186.73km^2。苏州市新增加新区面积37.6km^2，工业园的规划面积为70km^2，苏州市及其所辖6个县的各种经济技术开发区的面积约150km^{2}以上。	活动对水域的破坏，水鸟及依赖水域生活的鸟类迅速减少。此外，随着城市化的发展，猛禽和食虫鸟类也锐减。城市中哺乳动物种类很少。由于人类活动影响，城市中大型兽类早已绝迹。	（6）城市还面临着气候变化带来的严重后果。如气候变暖导致的海平面上升将严重威胁着城市的发展。 （7）随着城市化进程的加快，城市规模不断扩大，城市个数不断增加，将给城市附近的农村地区和农业生态系统带来直接或间接的长期危害。	了劳动力的素质，侵蚀了生产工具，影响了劳动生产率，城市污染还导致人的心理障碍，造成人的精神压抑和情绪变态，容易诱发意外事故和犯罪事件。 6. 交通拥挤 交通堵塞是影响城市区域的最为严重的问题。高密度的城市圈布局可能更容易接受快速交通体系，但快速交通往往对环境漠不关心，使城市负担更加沉重。	（11）高密度居住区占0.3%，在中国占0.08%，面积为7438.10km^2。 （12）工业区占0.2%，在中国占0.18%，面积为16975.90km^2。

表 4-10 外层空间环境特征
Table4-10 Characteristics of outer space

	自然化程度	规模尺度	物种多样性	资源消耗	环境破坏污染	人居地选择
外层空间	自然化向非自然化方向转化：150亿年前宇宙诞生；50亿年前太阳系诞生；40亿年前生命诞生；500万年前人类诞生；400年前人类发现日心说；公元2000年人类进入高度发达文明，到目前为止，人类是宇宙中唯一已知的智能生命。一般而言，外层空间是指地球大气层以外的宇宙空间。对于外层空间的探索，人类从诞生的那一天起就没有终止过，在人类历史上曾出现过优秀的科学家，如亚里士多德、张衡、牛顿等人。虽然人类在近百年的时间里对宇宙的认识有了巨大的飞跃，并提出了各种各样的宇宙起源理论，然而，迄今为止，人类离开地球最远也只是到达了地球的卫星月球——连自己生存的太阳系都未曾留下几串真实的脚印！宇宙对于我们人类而言，是一个彻底陌生的空间，它充满了神秘、恐惧与向往。	外层空间规模：由地球至太阳以及各大行星的距离比较，可知，太阳系之内的外层空间规模由最短距离的43.4km，至最长距离的57964亿km。1969年7月，美国阿波罗11号宇宙飞船“实现”了人类首次登月壮举。这就意味着对于外层空间的开发，人类已经能够达到月地距离——3.84亿km的水平，可是这与人类对整个外层空间的开发相比，仅仅意味着一个小小的开端。 外层空间的尺度：对于外层空间如此之大的空间规模，我们可以作一个大胆的推测，其尺度约在$1\times10^8\sim1\times10^9$km之间。因为人类在外层空间中穿行，必须依靠高速的航天飞行器。	外层空间由于其微重力、高真空、温度变化剧烈、辐射强烈等环境特点，故而不适合地球上生命形式的存在，也无法涉及物种多样性的讨论。但对于外层空间中是否有外星智慧生命的存在，一直存在着争议。人类通过不断对外层空间的探索，希望能发现与人类相似的智慧生命。	外层空间资源包括了空间高位置资源、空间环境资源和空间物质资源。空间高位置资源可以为人类从事外层空间探索提供便利；空间环境资源包括了微重力环境资源、高真空环境资源、超低温环境资源、强辐射环境资源以及太阳能资源；空间物质资源是指外层空间各星体上所具备的金属矿产资源。对人类来说，空间环境资源由于外层空间自身的属性，是取之不尽、用之不竭的，故而对资源的消耗更多的是体现在未来对外层空间各星体上金属矿产资源的开发利用上，而这依赖于人类科学技术的水平，有待于进行进一步外层空间探索技术的革新。	随着人类活动的扩大，太空杂物也越来越多，这些杂物包括已失效的人造卫星，各种飞行器残骸。根据美国国家安全委员会数据，目前已积累了6000t的太空垃圾，到2010年，将达到12000t。飞行器所使用的核燃料因有时无法回收而造成外层空间的核辐射污染更加严重。	对外层空间的研究探索使得人类从未减轻对外层空间居住可行性分析的热情。而地球上日益严重的环境问题与资源短缺问题，也使得人类加快了移居外层空间的步伐。目前来看，最为可行的是在近代轨道进行太空城市的建设，其设想包括设置太空港、太空桥、太空发电厂、太空工厂、太空农场、太空生态实验舱等。此外，人类也从未放弃对类地行星的探索。但因其距离过于遥远还不具备可行性。而对于火星的移民计划也为人类移居外层空间提供了另一种可能。

表 4–11 中国丘陵地区不同气候类型分布情况统计
Table4-11 Distribution status of climate types in hilly area

气候类型	城市数量	城市名称
北温带季风性气候	4	通化 朝阳 阳泉 北京
大陆性干旱气候	2	昌吉 哈密
暖温带大陆性季风气候	6	运城 渭南 保定 秦皇岛 济南莱芜
温带季风性气候	12	四平 鹤岗 牡丹江 白山 本溪 长春 咸阳 西安 承德 泰安 临沂 乌鲁木齐
亚热带海洋性季风气候	4	潮州 龙岩 莆田 三明
亚热带季风性气候	38	乐山 南充 成都 德阳 泸州 重庆 遂宁 襄阳 贺州 揭阳 清远 南宁 随州 孝感 郴州 赣州 萍乡 河源 云浮 百色 桂林 河池 梧州 铜仁 衡阳 邵阳 永州 黄山 安庆 梅州 宁德 金华 丽水 衢州 台州 温州 漳州 南平
中温带大陆性季风气候	4	赤峰 哈尔滨 鸡西 佳木斯
中亚热带季风气候	8	资阳 自贡 娄底 柳州 怀化 宜春 张家界 韶关

表 4–12 中国丘陵地区历史文化名城及国家级 5A 旅游景区统计
Table4-12 Statistic of historical and cultural cities and 5a national tourist Region in hilly area

	历史文化名城数	国家5A级旅游景区数	面积（万km^2）
全国陆地	112	119	960
丘陵地区	38	31	95
占全国比例	31.3%	26.1%	9.9%

表 4–13 中国全球干旱地区面积统计（单位：万 km^2）
Table4-13 Statistics of world arid region area (unit: $10^4 km^2$)

	非洲	亚洲	澳洲	欧洲	北美	南美	合计
极端干旱区	67200	27700	0	0	300	2600	97800
干旱区	50400	62600	30300	1100	8200	4500	157100
半干旱区	51400	69300	30900	10500	41900	26500	230500
合计	195900	194900	66300	30000	73600	54300	615000

表 4–14 中国干旱地区统计汇总
Table4-14 Statistics of arid region area in China

	区域	代表性城市	典型性地形	地方性动物	植物群落	主要沙漠
极端干旱带	新疆塔里木盆地、柴达木盆地、河西走廊西北部及内蒙古西部区域	和田（新疆）、额济纳旗（内蒙古）、格尔木（青海）	塔里木盆地、柴达木盆地、阿拉善高原	野马、野驴、野骆驼、高鼻羚羊、蜥蜴等	荒漠群落（超旱生草本、灌木）	塔克拉玛干沙漠、巴丹吉林沙漠、柴达木沙漠
干旱带	新疆塔里木盆地周边、准格尔盆地、西藏西北部、青海中西部、甘肃西北部、宁夏西北部及内蒙古西部地区	乌鲁木齐（新疆）、银川（宁夏）、噶尔（西藏）、德令哈（青海）	祁连山脉、准格尔盆地、贺兰山、阿尔金山、	新疆马鹿、北山羊、沙鼠、黑唇兔、高原兔凤头百灵、小沙百灵等	荒漠河岸林（胡杨和柽柳为主）、沙地群落（蒿类半灌木）	古尔班通古特沙漠、腾格里沙漠、乌兰布和沙漠
半干旱带	新疆中部及北部、西藏北部、青海中西部、陕西北部及内蒙古中西部	阿勒泰（新疆）、鄂尔多斯（内蒙古）、改则（西藏）、榆林（陕西）	阴山山脉、昆仑山脉、阿尔泰山、鄂尔多斯高原、可可西里山	黄鼬、沙狐、赤狐、狼、普氏原羚、盘羊、五趾跳鼠、三趾跳鼠等	山地针叶林、山地阔叶林、河滩地草甸群落（芦苇、碱茅）和盐生群落	毛乌素沙漠、库布齐沙漠

4.3 人居环境资源评价普查理论与技术研究方法

“资源”是人居环境背景研究的重要部分。以人类生存为目的，从资源角度，将引出下列一些问题：人居环境资源是可以再生的吗？针对特定地区特定时期的人居环境资源，如何有效地扬长补短、合理利用，在开发的同时加以保护，以达到既在这一代人生活之后，不影响下一代人使用这一可持续发展利用的长远目的。要回答上述问题，必须研究：① 人居环境资源的构成和基本要素及其相互作用关系的“深层结构”。② 各资源要素哪些是可以再生的，哪些是不可再生的，哪些是易动善变的，哪些是相对稳定的，在人居环境资源整体中其各自的地位作用如何？③ 各资源要素中哪些是属于定性的？哪些又是可以定量的？进一步对于可定量的要素如何寻求客观指标，予以量化评价；对于定性的要素，如何通过专家评判与公众测试，建立群体主观评价体系。④ 根据定性定量要素的分析评价，如何建立一个综合的人居环境资源分析评价模型，进而使之数学模型化，从而可运用计算机加以计量。⑤ 人居环境资源容量确定。⑥ 运用遥感、GIS、计算机多媒体等高新技术对人居环境资源各要素信息加以大规模、高精度、高速度的收集提取，并使之与资源评价计算机系统相连接，使人居资源评价普查从资料信息收集到分析评价一体化。

人居环境资源评价普查的基本原理是以构成人居物质环境的空间要素（如地形、坡度、坡向、建筑群等）和表面要素（如地表土壤、水体、植被、聚落、土地利用等）为信息载体，同时考虑社会经济、文化的多因素作用，进一步用一系列数据“动态地”加以表示、描述，以此代表整个人居环境及其作为资源的特征。基于当代有关人居环境科学的理论，研究人居环境资源与自然—人工过程的关系，根据专家和公众的价值观，制定分析评价标准，对这些数据进行系统化、大规模、快速的量化评价与结果成图，应用遥感、GIS、多媒体等高新技术实现这一过程，使人居环境资源信息从遥感数据采集分类、计算机多媒体评价、GIS信息管理到系统输出各类常规图纸数据一体化。为此，首先需要对于人居环境资源评价普查的理论方法加以研究。

4.3.1 人居环境资源评价普查理论技术研究的思想基础

全球、国土、区域的人居环境的建设发展与保护所面临的问题，其集中表现是广义建筑环境—人居环境容量（Capacity）、质量（Quality）及其演变（Evolution）的问题。并且这种前所未遇的容量—质量—演变问题首先集中出现在那些国土性区域性的、迅速城市化的地带，例如，美国波士顿—费城城市带、日本东京大阪城市带，以及中国长江三角洲城镇带。

因此，必须及时、因势利导地对这样一类区域由迅速城市化引起的人居环境的容量—质量—演变，进行系统、定量以及动态的科学研究，探索先进的理论、方法、技术、手段，获取宏观细化准确可靠的数据，确定典型的模式，寻求内在的规律等。从而，使之能够指导未来该区域人为城市化的进程及建设实践活动的展开。

人居环境资源评价普查实质是CQE工程的核心，其理论研究与技术应用将城市规划、景观区域规划、建筑环境设计三大专业紧密结合，并使之与资源管理、环境规划、地理、测绘等学科专业交叉渗透。

将科学理性的环境资源的客观评价与人们对于良好生存环境感受的主观评价相结合；超越以往重于空间分布的资源评价，强调人居环境资源的动态变化的评价识别，从而可对人居环境的持续性保护开发起到预测的作用，真正成为决策的辅助手段。

测绘等学科专业交叉渗透；将科学理性的环境资源的客观评价与人们对于良好生存环境感受的主观评价相结合；超越以往重于空间分布的资源评价，强调人居环境资源的动态变化的评价识别，从而可对人居环境的持续性保护开发起到预测的作用，真正成为决策的辅助手段。

实现人居环境资源评价普查的理论、方法和技术，将具有极为实用的意义：

① 从人居环境的分析评价这一方面的研究，丰富完善整个人居环境科学的理论体系；② 使人居环境共识为一种资源，并予以量化评价，从而使之能够与其他类型的资源相互比较或者建立直接或间接的相关关系，从而便于多种资源保护开发的统筹兼顾；③ 这种对于人居环境系统量化的分析认识，将迫使传统的建筑规划学科从科学理性的角度来认识老的和新的专业问题，提高学科的科学理性；④ 笔者建立的人居环境和感受专题数据信息系统可与其他环境资源信息联结，加入到当代全球环境信息系统的大家庭中，通过计算机这一国际语言使建筑城乡规划专业与其他环境、工程专业建立更为广泛密切的共同语言，促进学科的交叉渗透。

4.3.2 人居环境资源评价普查的理论研究与技术应用的内容方法

4.3.2.1 理论研究内容

人居环境资源评价普查理论研究的内容包括：分析研究人居环境资源的深层结构，找出其中各构成要素及其相互间作用关系规律，建立了人居资源评价的理论框架；以信息论、系统论为基础，引入现代科学分析评价方法，建立科学理性的人居环境资源评价方法。研究内容包括以下两大方面：

（1）人居环境资源分析评价理论研究：① 人居环境资源的深层结构及其演变规律；② 人居环境资源的构成要素及其各自特性；③ 各构成要素间相互作用关

系；④ 各构成要素定性或定量的描述及其评价指标的选取；⑤ 通过专家评判，公众测试建立人居环境资源的评估体系。

（2）人居环境资源评价普查现代方法研究：① 如何将各人居环境资源构成要素加以数学模型化；② 通过专家评判、公众测试、实验反馈，确定各要素指标的权重；③ 各要素间相关关系数学表达式的寻求；④ 人居环境资源评价普查方法在实际工作中的可行性研究。

上述研究中，关键的问题是寻求决定人居环境资源量与质以及演变的深层结构，对资源构成要素加以数字量化，评价标准的选取、数学建模。

4.3.2.2 技术应用方法

技术应用方法需要研究如何将遥感、GIS、计算机多媒体技术应用于人聚环境资源评价的信息集取、资源评价、动态跟踪等实用性工作。具体分为两大部分：

（1）信息获取与建模：① 对所建立的数学评价模型加以计算机软件化，实现应用计算机大规模、高精度、快速的人聚环境资源评价；② 应用航空遥感技术，大规模、高精度、高速度、动态地获取人聚环境资源中基本的客观要素信息；③ 应用地理信息系统技术对所获取收集的人聚环境资源信息加以管理；

（2）信息系统的建立：将以上①、②、③之间相互连接，使之一体化，建立人聚环境资源信息系统框架。

4.3.3 实例研究

对于人居环境资源评价普查研究应用，相当大的工作是实例研究。因为只有通过实例研究，结合现场踏勘、专家评判和公众测试，对所提出的人居环境资源深层结构、构成要素，评价指标、相关关系加以提取、筛选与验证，才能最终实现人居环境资源的可行实用的评价普查。

4.3.3.1 乡村风景区域中的人居环境资源的评价

普查自1987年初至1990年，笔者课题组先后完成了两项与人居环境资源评价普查紧密相关的国家自然科学基金课题，一项是“风景信息时空转译与心理效应计量”，另一项是“风景景观资源普查方法研究”，首次将高新技术运用于建筑环境学科，初步解决了运用遥感计算机技术集取大范围乡镇区域景观资源信息及其评价分析的研究课题。其基础性工作是以江西上饶地区为基地，集取1/2景（覆盖面积约为1.6万km^2）美国地球资源卫星LANDSAT TM CCT磁带数据，通过计算机图像处理，人工监督分类，汲取了当地土地利用现状、森林植被覆盖、水域、聚落、建筑等一系列存贮于计算机中的环境信息，为了提高精度，同时还调取了当地的航空摄影照片，并对其加以手工和计算机辅助的综合处理，建立了该地区的数字地面模型。作为研究成果之一，编制成功了专门用于提取乡镇区域景观信息的软件，建立了风景景观信息系统，初步实现了在建筑环境学科专业理论体系中的从遥感信息集取、转译、分析评价到规划设计的景观工程体系[1][2][3][4][5]。

4.3.3.2 大都市地区中的人居环境资源的评价普查

1990年初至1992年，笔者课题组将上述研究实践成果扩展到城市规划领域，承担了“上海市（6139km^2）2050年环境绿化系统规划”以及“浦东新区环境绿化系统规划”的科研工程项目。两项目以长江三角洲生态环境为背景信息，汲取了两景（所用数据覆盖面积约为3万km^2）上海地区LANDSAT 5 TM CCT数据，分别对新、老，以及高密度、中密度、低密度等建成环境的生态环境体污染、绿地分布等信息进行了分类提取与分析评价，同时对浦东新区进行了重点分析，完成了该区环境绿地系统规划工作，从中提出了城市生态环境绿地系统信息获取分析评价与规划的基本方法，初步探索了运用遥感、地理信息系统技术进行城市区域环境信息集取分析的理论方法[6][7][8]。

4.3.3.3 场域中的人居环境资源的评价普查

1992年下半年至1994年底，笔者课题组又先后完成了与本课题密切相关的“场域景观信息模拟与计量—遥感、计算机、地理信息系统应用于城乡规划的研究”（国家自然科学基金项目）、“场域景观规划设计理论技术研究——以上海市城市规划建设为例”（首届上海市科技启明星计划项目）。通过研究，全面探讨了遥感、计算机、地理信息系统技术进行场域景观环境感受信息的数字化集取并结合“风景资源管理决策辅助系统建立”（美国国家公园局和弗尼亚洲大学信息支持系统实验室项目），“美国芝加哥中国城公园计算机模拟规划设计”等国际科研工程项目，就高新技术在建筑、城市、乡镇景观区域规划设计中的应用进行了较为系统深入的探讨。

参考文献

[1] 刘滨谊．风景景观信息系统的建立与应用[J]．同济大学学报，1991（1）.
[2] 刘滨谊．风景景观环境感受信息遥感[J]．城市规划汇刊，1991（1）：15–22.
[3] 刘滨谊．电子计算机风景景观信息系统的建立[J]．同济大学学报（自然科学版），1991（1）：91–101.
[4] Binyi Liu. Find a Periodic Table of the Aesthetic Landscape World: A Systematic Approach to Landscape Analysis and Its applications[J].Selected Papers of Tongji University. Editorial Board of Journal of Tongji University, 1991, 2(1):111–123.

[5] 冯纪忠，刘滨谊．理性化——风景资源普查方法研究［J］．建筑学校，1991（5）：38–43.
[6] 刘滨谊．城市生态绿化系统规划初探——上海浦东新区环境绿地系统规划［J］．城市规划汇刊，1991（6）：50～57.
[7] 刘滨谊．人聚环境资源评价普查理论与技术研究方法［J］．城市规划汇刊，1997（2）：51～54.
[8] 刘滨谊．人类聚居环境资源普查方法研究［A］．为了上海的明天——世纪之交大都市可持续发展研究．同济大学出版社，1997. 4．上海.

第 5 章　人居活动分析与评价

Chapter 5 Analysis and Evaluation on Activity in Human Settlement, Inhabitation and Travel Environment

5.1 人居环境中人类的基本行为及心理需求

5.1.1 人居环境中人类基本行为

麦克杜格尔（McDougall）在他的《社会心理学导论》中认为个人行为和团体行为都发自本能，这些本能是“先天的或遗传的倾向，是一切思想和行动——不论是个人的还是集体的——的基本源泉或动力，是个人与民族的性格和意志在理智能力引导下由之逐渐发展形成的基础”。人居环境中人类基本行为分为3类：观看、参与、交往[1]。

1. 观看

观看行为涉及多方面因素，如观看主体、观看对象、观看状态、主导观看的力量、制约观看的条件等。西里西亚的维特罗（Witelo of Silesia, 1230～1275）强调观看中的感性因素，在其10卷本的《透视》中把观看分为两种类型，“观看或产生于单纯的看，或产生于勤勉的注视。单纯的看是这样一种活动：视觉最初单纯地感受所看到的东西的形式；观察性则指视觉在勤勉的注视中力求正确地把握事物的形式；不是满足于仅仅感受到的印象，而是要对事物进行深入的考察”。鲁道夫·阿恩海姆在《艺术与视知觉》中联系心理学的研究成果对绘画、雕塑、建筑等艺术的视觉特征做了研究，他认为，观看包含两个层面的内容：在日常生活的感知层面上，观看服务于实践活动，为实践活动提供感知经验；在思维活动的心理层面，观看是理性判断，观看确定事物的位置，指明事物之间的相互关系，以便顺利开展实践活动。斯宾格勒、德语文学批评家和作家赫尔曼·巴尔（Hermann Bahr）从文化学角度对观看行为进行分析。斯宾格勒认为西方文化中的视觉传统源于西方思想对本质的追求。赫尔曼·巴尔认为，观看行为就是首先由客观事物刺激生理器官——眼睛形成感觉，感觉通过意识进入思维，思维再根据以往的经验积累和既定的知识概念对感觉进行分析、判断和理解，最后完成看的行为。因此，观看是一种积极主动的选择行为，并且受制于知识和信念的影响。斯宾格勒不仅从文化角度揭示了西方文化的视觉本质，还从空间的维度探讨视觉行为。他认为观看总是在一定的空间中进行，空间的长度、宽度及深度三维中，深度是观看的主要的维项[5]。中国关于观看的探究更为久远，唐代的柳宗元围绕风景感受欣赏，以“亭”为载体，尝试过系列的研究与实践[2]。

2. 参与

人在人居环境中的参与行为，表现在作为主体的人通过“参与”到人所生活的环境中，相互影响、相互作用，达到人与环境的共同发展，实现人与环境的和谐共处。建筑、城市、风景园林均具有公众社会互动性、面向公共舆论的开放性，接纳社会不同阶层公众的共同参与，并为公众所检阅、批评和享用。人们一直在为自身寻找、创造理想的人居环境，通过不断的保护、改造、创造，试图提供生存场所的合理性和环境的适应性方面的整合，期望创造出既合乎自然发展规律，又符合人文历史发展规律的，具有较高品质的生存空间。回顾人类文明发展史可见，人与环境之间的关系从适应自然环境到改造自然环境再到人与自然环境互动。从现今人们所生活的人居环境中可以看出，人们开始从被动潜意识的改善转变为主动积极的创造，从单一的功能需求到复杂的功能满足，从低层面的物质需要到高品质的精神追求[6]。在居住、聚集、游历三类基本的人居活动中，处处都充满了参与的行为。

3. 交往

交往指个体与个体之间、个体与群体之间以及群体与群体之间，因某种共同活动的需要而进行的复杂的各种形式的相互作用过程，是人类社会生活和个体生存的基本条件。费尔巴哈指出交往在人的社会生活中的特殊作用，他认为：“人的本性只存在于交往中。”交往是人类的一种基本需要，是人不可缺少的生活方式，是人的本质表现。交往能使人们结合起来，组成一个不同于个体的整体，同时能使群体内部个体之间和群体之间，在认知、情感和行为上彼此协调，相互统一。交往是人类特有的需求，人只有在不断地交往中才能促进心理的健康发展[7]。在人居环境研究领域，扬·盖尔的著作《交往与空间》从人的交往与物质空间之间的关系入手，批判了功能主义思想指导下的城市空间扼杀了公共空间中各种类型的生活。扬·盖尔通过大量的实证调查统计分析，总结出大量关于不同居民交往活动对空间环境的要求，并提出了促进居民交往活动，“充满活力并富有人情味”的社区户外公共空间的设计方法途径[8]。扬·盖尔使人们认识到居民日常生活、交往活动的性质和特点，主张在物质空间环境设计中给予针对性设计。另外，它使空间环境与居民的交往行为活动关系具体化，指出行为交往活动与环境之间相互制约的关系，发现了极有价值的细微的行为空间规律，为居住空间环境设计提供了具体依据。

5.1.2 人类行为的心理成因：安全、刺激、认同

对人类行为规律及其需求的认识是人居环境研究的基本依据。总结罗伯特·阿德里（Robert Ardrey）、亚伯拉罕·马斯洛（Abraham Maslow）、亚历山大·莱敦（Alexander Leighton）、亨利·默里（Henry Murray）及佩姬·皮得森（Peggy Peterson）等人类行为需求相关理论（表5-1），追根溯源，人类在世界上生存，所表现出的各种行为可归纳为三类最基本要求，即安全、刺激与认同。在现实生活中，三类要求相互融合，并无先后次序[1]。

表 5-1 安全、刺激、认同相关研究
Table5-1 Related studies of security, stimulation and identification

罗伯特·阿德里（Robert Ardrey）	亚伯拉罕·马斯洛（Abraham Maslow）	亚历山大·莱敦（Alexander Leighton）	亨利·默里（Henry Murray）	佩姬·皮得森（Peggy Peterson）
			依赖	避免伤害性
				性
安 全	生理需求	性满足	尊敬	加入社会团体
				教育
		敌视情绪的表达	权势	援助
				安全
		爱的表达	表现	地位
	安全保障需要			行为参照
		获得他人的爱情	避免伤害	独处
				自治
		创造性的表达	避免幼稚行为	认同
				表现
刺 激	爱与归属需要	获得社会认可	教养	防卫
				成就
		表现为个人地位的社会定向	地位	威信
				攻击
			拒绝	拒绝
	尊重需要	作为群体一员的保证和保持		尊敬
			直觉	谦卑
				玩耍
		归属感	性	多样化
				理解
认 同	自我实现需要	物质保证性	救济	人的价值观
				自我实现
			理解	美感

5.1.3 人居活动的基本性质：必要性活动、选择性活动及社交性活动

概括地说，公共空间的户外活动具有三种性质：必要性活动（Necessary Activities）、选择性活动（Optional Activities）及社交性活动（Social Activities）[1]。每一种活动性质对于实质环境的要求差异性极大。

1. 必要性活动——在任何空间环境条件下皆可进行

必要性活动包括那些或多或少具有强制性意味的活动，例如：上学、上班、购物、等候公共交通车辆或者等人、出差、送信等。换言之，就是那些与不同参与程度无关，但又非得参与不可的所有活动。一般而言，每天例行的工作及娱乐消遣属于这一类活动。由于这一类活动是每天必要的活动，因此这类活动的发生受实质环境条件的影响极为轻微。几乎在任何情况下，这类活动一年到头都在发生；并且与外在环境条件没有太大的关系，参与者毫无选择余地而必须从事这类活动。

2. 选择性活动——仅仅在适宜有利的空间环境条件下，才有可能发生

选择性活动是另一种截然不同性质的活动，它们仅发生在人们有参与的愿望，且时间和场所允许的条件下。这类活动例子很多，例如：散步、娱乐、驻足欣赏有趣的事物，或者坐在户外晒太阳、闲聊等等。这些活动只有当外在条件适宜时才会发生。这类活动与景观环境规划设计极为密切，因为这些休闲类选择性活动，大多属于户外型的，特别需要仰赖于外部空间景观环境的优美宜人。

3. 社交性活动

社交性活动是指所有在公共场所依赖他人的出现方能产生的活动，包括：儿童的嬉戏、熟人之间的交谈、陌生人之间打招呼以及各种参与者彼此互动交往的活动。即使一些被动的接触，例如：简单地去观看他人活动、聆听别人的谈话也算是一种社交性活动，并且是最为广泛常见的社交活动。社交性活动可以发生在多种不同的地方，例如：私人住所、庭园、阳台、公共建筑物、工作场所、广场、公园等户外空间。这些社交性活动也可被称为“合成性”活动（Resultant Activities），因为在绝大多数的情况下，这类活动是结合上述两种性质活动所衍生出来的；它之所以能够产生活动的原因是因为人们在同一个空间相遇碰面、擦肩而过，甚至仅仅因为彼此在视线范围内，就已为社交提供了可能。

人们在同一空间里流连徘徊，便很自然地直接引发各种社交活动。这就意味着只要改善公共空间中必要性和选择性活动的条件，便能间接地促使社交性活动的产生。发生的地点不同，社交性活动的特点也不一样：在住宅区、街道学校附近、工作场所周围，社交活动往往发生在那些彼此具有共同兴趣和文化背景的小团体人群之中；而在城市广场、公园等大型公共场所，社交活动则发生在兴趣有别、文化背景不尽相同的广泛的大流量人群之中。不论在何种公共空间中，社交性活动都可以是相当广泛的，例如：打招呼、交谈、讨论和基于共同兴趣的游乐，并不是什么特殊原因使他们这么做，只是因为他们在公共场所相遇。当然，与住宅区、街道学校附近以及工作场所周围的社交活动相比，在市区街道及市中心区，其社交性活动通常是比较表面化的，大部分是属于被动式的接触，仅限于去观看和聆听素不相识者的活动和谈话而已。但是即便如此，这些看似极为有限的活动已经是非常吸引人的了。直观地说，社交性活动不过是两个以上的人此时此刻在同一空间场所中的存在而已，他们彼此去看、去听、会晤，虽然其交往形式只是简单的接触，但也是一种社交活动。此类人们相遇会晤的活动，不只是一种接触形式和社交活动，其重要作用在于，其他更为广泛的社交活动正是由此引发的。

当公共空间场所质量不尽理想时，那里只会发生一些必要性的活动。当户外空间具有高质量时，必要性活动的发生概率，几乎没有多大的变化，但是因为有较好的环境条件，所以可以让社交性活动持续得更久。此外，好的外在环境条件及户外空间场所质量能够鼓励人们在户外逗留、小憩、吃东西、游玩等等；这也就可以诱导各式各样的选择性活动的产生。当街道及都市空间场所品质低劣时，人们宁可待在家中也不愿意在户外多做停留，户外只会有零星少数的活动产生；相反，在良好的环境条件下，情况则截然不同，各式各样、丰富多彩的户外人类聚集活动则应运而生。

随意截取任何一处城市公共开敞空间环境的场景，便可从中看出这三类性质的活动是如何巧妙地交织出不同的活动模式。人们或走或坐或交谈，功能性、休闲性及社交性的活动相互纠缠融会在一起，组合出任何您可以想像出的活动。因此，讨论人居活动的户外活动主题并非从单一有限的活动着手；因为，建筑物之间的活动并不仅仅是简单的行人过马路、休闲性活动或社交性活动而已，而是涵盖了整个活动序列，也因为这种组合使得都市里或住宅区的公共空间变得多彩多姿、富有意义和魅力。数年来，必要性（功能性）活动和选择性（休闲性）活动皆被以不同的角度加以检验过了，但社交性活动及它们相互交织所构成的共同网络仅受到极少的关注。有鉴于此，有必要针对公共空间中的社交活动进行更为深入细致的探讨。

5.1.4 交往—城市场所空间的主要行为

5.1.4.1 人类生活交往与游戏的天性

一系列的调查更为详细地证实了人们偏爱和他人交往互动。例如：在住宅区里，对儿童游戏习性的调查显示，儿童基本上会聚集在活动发生的地点或有可能产生趣事的地方停留及玩耍。只要有人的出现，不论在建筑物内，街坊邻里之间，在市中心，在休闲游憩区或任何地方，人群及其活动便会吸引其他人的注意，人们便缓缓移向它、接近它，而和其他被吸引过来的人汇集在一起。就在这个正在进行的事件的附近，另一个新的活动产生了。

在家里我们可以发现一个情况，小孩子总喜欢待在大人或其他小朋友在的地方，而宁愿放弃堆满玩具却没有其他人在的地方。在住宅区和都市空间中，我们可以观察到成人的行为和小孩有相类似的状况，比方说，在一条废弃无人的街道上行走，还是在一条热闹非凡、熙熙攘攘的街道上行走，如果要人们选择走的话，一般大部分人会挑选后者。另外一个例子是，选择坐在私密性的后院或者是半私密性的前院，同样的，人们通常会选择坐在前院，因为在那里有较多的东西可以观看。在斯堪的纳维亚有一句古老的谚语称：“人们总出现在有人的地方”[3][4]。

5.1.4.2 人居外部空间作为生活交往的必要性

人居户外活动，更准确地说是公共性的景观环境场所中发生的活动，为人们提供了一种轻松、自然的方式，人们可随意散散步，或许沿着大街绕道回家，或者停下来坐在靠近门前的一张引人驻足的板凳上，或去身处人群之中一会儿；人们也可以像一般大都市那些退休的老人一样，每天搭上一大段的公车，或者天天逛街购物，即使他们都知道一周一次就够了；甚至不时往窗外看，如果幸运的话，或许可以看到一些精彩的事物。身处人群中去听去看他人的万方仪态，从别人身上接受到正能量等，这些都属于暗示着一些正面的体验经历。一个人没有必要只和某类特定的人在一起，而应该投入周围的人群中去。

在公共空间中，以一种低调的姿态去亲临其境、体验生活，与一种被动地在电视、录影带或电影上观察他人的体验是截然不同的。在城市中或住宅区的公共空间场所中，碰面和日常的活动使人有机会能够置身其中去耳闻目睹，去体验他人在各种场合的作用。这种真实环境直接给予身临其境的人们所带来的潜在感受，是无法二次复制的。

5.1.4.3 交往的深度

那些像是“观看”和“聆听”的轻度接触，应被视为与其他接触交往是连成一体的，从非常简单而不确定的接触，到多维并且有很深情谊的涉及和参与，串联成了一个完整的社交活动序列。这种不同程度的交往强度，可以图5–1简化示之。

根据图5–1，在整个序列的最底层是表示户外生活中最初级、最低程度的接触，和其他形式的接触比较起来，这种接触虽然显得不是那么重要，但它却有其价值：虽然它是一种独立性的接触形态，但却是其他更为复杂的社会互动的先决条件。

通过遇到、看到及听到所能产生的社交网络序列包括：

（1）一种轻度的接触交往；

（2）一个可能引发其他程度接触的起点；

（3）一个成熟互动关系的维持；

（4）一个外在社会资讯的来源；

（5）一种鼓舞、激发社会互动经验的起源。

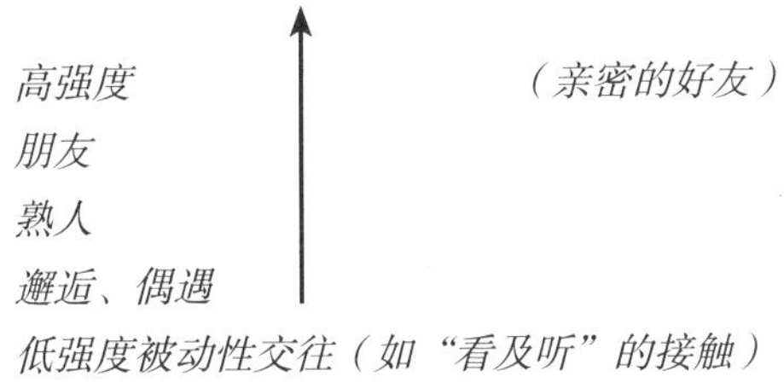

图5–1 不同程度的交往强度

Figure5-1 Social interaction intensity

5.1.4.4 社会交往网络

1. 接触：一种交往的形式

接触属于一种低强度的交往形式，然而在公共空间场所中却占有相当重要的地位。如果建筑物之间的活动消失了，交往程度较下层的接触便会销声匿迹，独处与聚集状态之间的种种形式便不见了，那么介于独立和接触之间的界限就变得更明显了；也就是说，人们处在一种相对极端的非此即彼状态：不是孤立自处，就是和别人在一起。

2. 参与：更深一层交往的方式

低强度的接触也是一种滋生其他形式接触的基础。它是一种媒介，在非预测、非刻意安排的情况下而引发的其他形式的交往。这些促成其他形式接触产生的机会，可以儿童游戏活动如何开始加以说明。这类促使儿童开始玩耍的条件是可以被安排出来的，例如生日晚会上的活动和学校中的团体游戏，尽管一般而言，游戏不是被安排出来的，即可以是发生在任何时候；当孩子们在一起时，当他们观看其他小孩子玩耍时，当他们想玩并且可以出去玩耍时，并不需要什么特定的状况游戏才得以发生。总而言之，这一切的先决条件是：儿童们必须是聚集在同一个空间。与一些旁人自然而然发展出来的交往接触通常是较短暂的，例如：简单的对话，和坐在身边的人进行简短的讨论，和小孩子在公车上聊天，观看别人工作并提出一些问题等等。借由这种简单程度的交往作为起点，便可以发展到参与者想要达到的更深一层交往的程度。总之，大家彼此在同一个空间碰面是上述各种情况发生的首要条件。

3. 一种维系交往的简单途径

日常生活中与邻居碰面的机会是颇具价值的，它可以使人们以轻松自然的方式去建立并持续彼此的友谊。社交可以是自然发生的，也可以是经由安排发展而来。例如：只要心中想要的时候，拜访及聚会可以随时借由一张便条安排发生。如果人们常常经过某人的家门前，或在街道上，或每天在住家及工作地点的活动中碰面时，那么顺道拜访或约好明天一起做什么事，便成了顺理成章的事。许多调查研究指出，日常活动中的频繁碰面增加与邻居交往的机会：友谊和社交网络的维持，如果利用频繁的碰面和接触，会比靠电话联络和邀请的方式来得容易且自然得多，因为如果大部分的碰面会晤必须通过事先的安排，那么社交网络的纷纷维系就变得大费周折了。“近便”就是其中最基本的原因，几乎所有的儿童和大部分其他年龄段的人可以和他临近居住或工作的朋友、熟人保持较亲近和较频繁的交往，因为有了最简单的“近便”优势。

4. 有关社会环境的信息

在城市或住区中去听、去看别人，同时也暗示着关于在此居住或工作者周围社会环境的一些有价值的信息的交换。这是一个不争的事实，儿童社会化能力的发展主要是以他们对周围环境的观察为基础，况且，也为了让自己能够在社交环境中运作自如，人们也必须随时了解周围世界的信息。

5. 激发：行动的来源

通过大众传媒，人们可以得知一些较为重大、较骇人听闻的世界大事，但和别人在一起时，人们却可以学到虽平凡通俗但同样重要的细节。人们知道别人的工作状况、行为举止，甚至穿着打扮，进而了解与其一起工作或居住的人。借由这些信息，人们可以和周围环境建立起一种互相信赖的关系，就算是一位常在街上碰到的人，也能变成人们所“熟悉”的人。

通过观察、聆听他人，除了可以获得社会的信息之外，也可以激发人们行动的念头。观看别人从事活动时，往往可以激励人们去加入；例如当小孩子看见其他小朋友在玩耍时，便会迫不及待地想参与其中，或者是借由观看其他小孩或大人的活动而创造出一些新的玩法。

6. 激励：一种独特的经验

伴随着工业化及各种城市功能的分化以及对汽车的依赖，城市或住区从原来的生动活泼渐渐地变得毫无生气，工业化城市的种种现象使城市变得索然无味且令人厌烦。这表明了城市中另一个重要的需求：人们对激励的需要。

去体会他人的经验，阐释了一种独特、多彩又迷人的体验，这种体验和去感受建筑物或其他无生命的东西大相径庭。去经历体验正在交谈、活动的人们所产生的丰富的情感变化，身处瞬息万变的人群之中，没有一刻和前一秒钟或下一秒钟的情景是一模一样的，新的状况和新的刺激不断地产生，这里面有一个最重要的主体：那就是“人群”，或者称之为“群体”。

在生气勃勃的城市里，个体在群体中互动着，因为可以提供精彩丰富的体验，所以总是生动活泼充满刺激；但是，在一个死气沉沉缺乏交往互动的城市中，不管环境色彩变化有多么丰富，也不管建筑物造型多么花哨，都无济于事。

如果能够通过明智的城市规划、住区规划，为户外空间的人居活动内容创造出有利的条件，那么，那些试图通过华丽的建筑、街景效果，使建筑物变得更为“有趣”而丰富多样，而刻意去追求耗资巨大且外形夸张、牵强的设计就实在是画蛇添足、毫无必要了。

以长远的眼光来看，人居外部空间的活动内容会比任何形形色色忸怩作态的建筑形体组合，更切合实际，而且引人入胜。一系列有关人们使用公共空间的观察研究强调：人们因共处于同一空间环境，而有机会去观看及聆听他人，才有可能浮想联翩、突发奇想，创造出各种各样的可能性，所以，能够提供这样的人居活动的景观、场所、空间、建筑设计才是最好的设计。

5.2 人居环境中人类的空间行为的模式分析

5.2.1 人居环境感受分析

人居环境感受的研究具有两大分支及四大学派[9]，如图5–2所示。两大分支为环境科学及社会文化。环境科学分支基于现代科学：地质、水文、生态、气候等，评析何种环境适于人类生存。四大学派包括专家学派、心理物理学派、认知学派及经验学派。这六类分支及学派最初运用于环境评价。

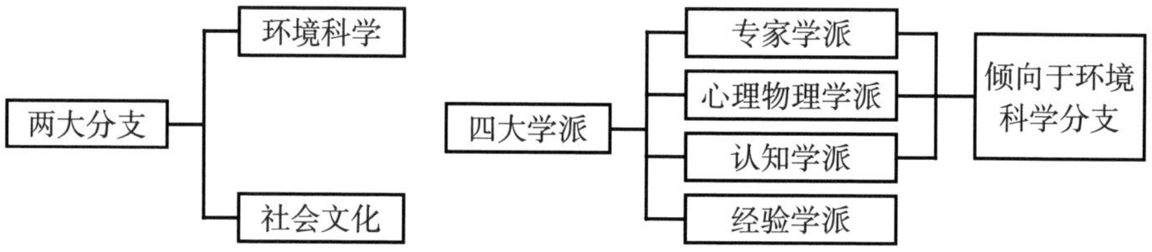

图5–2 两大分支及四大学派
Figure5–2 Two fields and four paradigm

1. 专家学派

出现于20世纪四五十年代，通过一批知识丰富、训练有素的学者们对人类景观环境进行评判。

2. 心理物理学派

基于心理学发展，运用心理测试的科学手段来判断人类关于人居环境的选择偏爱。在风景领域，如要对某一风景区进行风景测试，则先拍若干照片（幻灯片），然后让受试者观看照片（幻灯片），并据此评分，由评分高低即可判断人类对此环境的偏爱程度。这种方法曾在风景景观评价方面运用颇多，现今在西方，这种手段已趋冷，但这种方法相对于“拍脑袋”设计更为科学，尤其在缺少专家时，此法更能面向群众，促进公众参与。

心理物理学派对“感受的过程”具有以下一些基本的科学解释。

（1）人类对于人居环境的感受不能用“经验”模糊盖之，而需用科学分析的方法将其展开。人类对于环境的最基本感受，运用方位、距离、尺度，即可大致把握环境（空间、场所、领域）。

（2）直觉、知觉、认知是心理学研究的基本概念。以这三者为基础，可对环境产生总的感受——环境知觉（这里只考虑心理，暂不谈社会背景与个人偏爱）。直觉（Intuition）是客观对象在人头脑中的反映；知觉（Perception）指客观对象整体在人头脑中的反映，是一种心理过程，即把对事物的个别感觉综合成事物整体关系的过程；认知（Cognition）指个体理解和获得知识的过程，包括：知觉、意象、记忆、想象、推理、判断、概念等；环境直觉（Environmental Perception）则指客观环境整体在人头脑中的反映，是一种心理过程，即把对环境的个别感觉综合成环境整体关系的过程。

（3）感受的过程涉及：① 生理B；② 心理P；③ 文化C

人的感受并不单从生理到文化（B–P–C），有时会反其道行之，表现为多种排列组合：C–P–B；P–B–C；P–C–B；C–B–P；B–C–P。但在实际研究中，我们将其基本过程设为生理→心理→文化过程。B–P过程（人居环境感受生理—心理过程），（由五官得到）感受（生理）→心理，国际上，文化被笼统于体验之中，实际上它最终仍与感受者的文化有联系。此过程与行为紧密相关，这种反应、行为正是我们的兴趣所在。心理认知反应是人类在三维空间的一种表现，它通常分为两类：① 被动行为——用语言、行动测试；② 主动行为——形成一种行为，如改造环境、美化环境等。这两种行为研究都可与人类关于人居环境的建设、改造相联系。

结合生理、心理感受问题，进一步与空间、环境感受联系，可将方位、距离、尺度等问题展开。

A.个人方位绝对距离绝对尺度自我动静——自己定位。

B.相对方位相对距离相对尺度相对动静——选取参照物。

C.心理方位心理距离心理尺度心理动静——非绝对（用于风景评价）。

D.文化方位文化距离文化尺度文化动静——规划设计中运用较多（如同吃饭时对座位的讲究："上座"、"下座"、"朝南"、"朝北"），对这方面问题还需进一步展开研讨。（景观）规划设计多从C、D层次上考虑。

3. 认知学派

认知学派在心理物理学派的基础上发展而来。它将传统心理学理论与现代信息理论、计算机分析技术结合，将人与外部客观世界的相互关系，用信息理论、用信息的接收与发送来加以解释，把人作为信息的接收源，把环境理解为信息的发送源。因此，人与环境的关系变成了"接收信息"和"发送信息"的关系。认知学派的代表人物为史蒂文·卡普兰（Steven Kaplan），他在景观分析评价方面提出了二维空间的"复杂性"和"一致性"标准，以及三维空间的"奥秘性"和"明晰性"。构成人居环境的信息结构应同时具备两大特征：特征一，复杂性和奥秘性，指信息量应足够大；特征二，一致性和明晰性，主要指信息组合结构应易于被人们接收。以二维空间的绘画为例，一幅赏心悦目的画通常具备一致性（和谐统一）和复杂性（丰富）；以三维空间的山水风景为例，一处引人入胜的风景名胜，通常还有大量信息，有传说、有故事，令人浮想联翩，充满了神秘感，具备奥秘性，同时，这些信息又可以方便地理解，令人轻松愉悦，具有明晰性。认知学派的研究方法是调查和实践，进行科学测试，其测试手段与心理物理学派相似。

4. 经验学派

基于人类长期生存进化的经验考证：经验学派代表性研究著作之一是《感应地理学》。该书作者为美籍华人段逸夫（Yi Fu Tuan），地理学家。其研究始于20世纪70年代，至1993年时，主要研究已开始关注"最美好的人类生存境界"问题，试图为人类生存寻求一种理想的发展方向。社会文化分支中，社会学家居多，它涉及社会、艺术、考古等多个社会学科分支，中国旅游界、风景界对此也涵盖颇多。如果将以上两大分支、四大学派与中国相关人士作比较，不难发现，环境科学方面的力量较弱，而社会文化方面较强。社会文化类中，关于中国山水，审美类的文章、书籍很多，从中或多或少也可找出与人居环境有关的研究与结论。

5.2.2 瞭望—庇护理论

瞭望—庇护理论是人居环境中景观环境评价认知学派的代表理论之一，其源头可追溯到18世纪英国经验主义美学家伯克（E. Burke，1729～1787），他认为"崇高"和"美感"是由人的两类不同情欲引起，其中一类涉及人的"自身保存"，另一类则涉及人的"社会生活"。前者在生命受到威胁时才表现出来，与痛苦、危险等紧密相关；后者则表现为人的一般社会关系和繁衍后代的本能。到20世纪70年代中期，这种美学思想在风景美学领域里得到系统发展，并形成了较为成熟的理论体系，即所谓景观评价的"认知学派"。而对该学派发展影响较大的首先就是英国地理学家艾普顿（Appleton）的瞭望—庇护理论（Prospect–refuge Theory）。他认为人们所喜爱的环境是，它允许人们去看，即"瞭望"，同时又不被别人看见或干扰，即"庇护"。这种偏爱的产生不是来自于"高级"的人类冲动，如天生的审美精神或意识，而是来自于人类自起源以来长期生存进化过程中的狩猎时代所扮演的"猎人"和"猎物"的双重身份，并引申至聚居地点的选择，来源于原始的生存本能。瞭望—庇护理论强调了人类自我保护与环境开拓的生物本能，及其在环境感受过程中的重要作用。这种生物本能反映在人类的潜意识中，体现在"瞭望与庇护"的心理需求，又通过人的行为表现出来，对于满足这种"瞭望—庇护"功能需求的空间环境人们会被吸引，在其间停留活动，而对于不满足与这种需求的空间环境则具有潜意识下的回避、排斥、逃离。瞭望—庇护理论触及到了人的行为心理需求与人居空间环境之间关系的核心问题。符合瞭望—庇护理论的人居环境是一种典型的人居环境理想模式。

随后，卡普兰夫妇（S.Kaplan and R.Kaplan,1975）在该理论基础上，同样以进化论为前提，从人的生存需要角度，提出了景观信息接受理论。他们认为，人类为了生存的需要和为了生活得更安全、舒适，必须了解其生活的空间和该空间以外的存在，必须不断获取各种信息，并根据这些信息判断和预测所面临着的和即将面临的希望、机会和危险、陷阱，凭借这些信息，寻找更为适合于生存的环境。他们相继提出并完善了“景观偏爱理论模型”（Landscape Preference Model）。冯纪忠教授借鉴了唐代柳宗元景分旷奥的概念和卡普兰景观信息理论的研究成果（1979），从风景评价规划的角度提出以旷奥作为风景空间序列的设想。笔者在此基础上以《风景旷奥度》为研究课题，进行了深入研究，提出并建立了风景旷奥评价理论和模型[9]。人居环境中“瞭望—庇护”空间布局模式表现在诸多层面，列举典型如下：

1）聚落布局——中国古代典型风水选址

中国古代的风水选址主要通过考察气象、小气候、山脉走向、地形地势、水文地质、植被、对外交通等，来确定墓穴、住宅、聚落、村镇、城市的选址、建设布局。对于此类人居环境的选址，中国风水学说，以南北向为方位基准，提倡“背山面水”、“负阴抱阳”，“左有流水谓之青龙，右有长道谓之白虎，前有洼池谓之朱雀，后有丘陵谓之玄武，为最贵地”。背山可阻挡来自北方的寒风，房屋倚靠山体，青山为屏，绿树为障，藏风闭气。人们身处怀抱之势的空间环境，产生庇护的感觉，南面临水系，视野开阔。又因地处北半球，自西向东流淌河水动力成因，久而久之，河床会南移，这样就为自家门前带来了最基本的财富——土地。中国古代典型风水选址中“瞭望”因素为环绕的水流和宅地之外南面广阔延伸的“借景”；“庇护”因素为背后围绕的山峦，蕴藏着可以依靠凭借的资源宝藏[10]。

2）城市布局——米利都城

米利都城为古希腊城邦，城市空间体系采用希波丹姆式规划形式，以城市方格网状街道体系结合中心广场的城市空间布局模式。为抵御外敌入侵，城市周围修建城墙，城墙及其所围合的空间共同形成城市。城市中心由用于召开公民大会的广场与神庙共同构成。神庙位于高台之上；神庙前广场作为集会、商业活动以及文化活动的主要场所，具有丰富多彩的人类活动。神庙与广场相结合构成了整个城市形态结构的焦点。米利都城的“瞭望”因素是高台上的神庙及活动广场，“庇护”因素是防御的城墙。

3）广场——伯克利BART广场

伯克利广场边界处，由挡土墙形成的隔断界定了空间，沿墙设置的座椅提供了休息场所，挡土墙内的树木为空间带来树荫。所界定的空间与人流有一定距离，使人产生庇护感，人流成为坐着的人的观看对象。

5.2.3 风景旷奥理论

风景旷奥概念最早见于唐代文学家柳宗元的《永州龙兴寺东丘记》。文中，柳宗元将山水游赏感受概括为旷与奥两类：“游之适，大率有二：旷如也，奥如也，如斯而已。……”这是风景旷奥概念的雏形。1979年，同济大学冯纪忠教授从风景评价规划的角度考虑，在《组景刍议》中阐述了这一概念，首次提出以旷奥作为风景空间序列的设想。在此基础上，1986年，笔者对风景旷奥度进行了深入研究，指出风景旷奥度是以风景客体为物质基础，而从风景感受出发的多层次风景评价。风景感受是一个开放的动态系统，其中包含着这样一些因素：感受主体、感受手段、感受途径、感受种类、感受结果和感受客体。要想确切描述和把握千差万别的风景感受，方法之一是以这些基本因素为线索，找出风景感受与风景客体的基本关系，这也是建立旷奥理论框架的基本出发点[11]。

景观风景感受是多种多样的，但是，任何感受都有其被引发的物质基础，即风景客体。这种风景客体就是景物及诸景物之间的相互关系，而对于观赏者，其存在和表现的形式就是风景的空间。风景空间的物境、情境、意境的感受过程，或者从生理到心理，从心理到精神，或者从精神到心理，从心理到生理，与生理、心理、精神感受相对应的风景空间。这里称之为风景直觉空间、风景知觉空间和风景意向空间。以由风景客体构成的风景客体空间为基础，这三种风景空间感受及其之间的关联，是风景旷奥评价的三个基本层次。

风景直觉空间的旷奥反映了风景空间三维分布形态，同时也反映了景区日照、空间明暗、地表植被等视觉因素，其定性与定量分析具体表示为如下测度：

（1）视点在景域中所处的相对高度位置RH；

（2）视点所在景域的天穹面积$Sarea$；

（3）景域视线最大角度$Max.Slop$；

（4）空间离散度M_1；

（5）空间明暗度BW；

（6）空间介质ρ；

（7）视线观看的距离R。

风景知觉空间的旷奥是基于视知觉原理，对于空间认知程度和空间预示程度的度量。其中，视知觉空间的旷奥是以空间的视知觉为基础，通过视点观察以及对于视域以外的空间的猜测和判断综合而成的空间感受。知觉空间的旷奥反映了游人心目中的风景空间三维分布形态，同时反映了空间的动与静、紧张与松弛的旷奥感受。其定性与定量分析由下列测度表示：

（1）空间猜测度M_2；

（2）空间遐想度M_3；

（3）景境中视点所处的相对高度*Rh*；

（4）视点所在地坡度*SLM*；

（5）视点所在地坡度朝向*SLA*。

风景意向空间的旷奥则是以上述两个空间感受为基础，结合人们固有的空间意向，对于风景空间意境的预测评价。风景意向空间是基于在整个人类历史的过程中，群体对于特定风景空间及所处风景空间的特定位置赋予特殊意义，而引起的风景旷奥感受。例如：在上，反映了超越、天堂；往下，则暗示着地狱；东方，充满光明和希望；无边的天际令人产生种种遐想。

上述风景直觉空间、风景知觉空间及风景意向空间三个层次旷奥因素测度的综合，构成了风景空间及风景空间感受的旷奥评价。对于风景空间感受，旷奥测度不仅给出了定性描述，而且通过物理模拟和数学描写给出了定量的评价。笔者经过三清山风景名胜区规划项目的实地验证，证明这种定量评价在一定程度上反映了景区各部分的风景感受，同时，也反映了景区各部分风景美感获取可能性的概率——美景度。根据这些评价结果，将分值高的景点串联组线，所选择规划的最佳游览线路，保证了使最多的最佳景点位于游线左右，同时，使得游览空间序列起伏有秩，这些已经实验证明切实可行[12]。

5.2.4 人类行为与尺度

5.2.4.1 人类感官

本研究目标是了解人类感官及其感知的方式和范围，了解人类行为的一个必要条件。

1. 向前与水平方向为主的知觉器官

水平方向的步行是人类最自然的移动方式，其速度大约是每小时5km，而感官也很巧妙地适应于这种状况，基本上是面向前方的。人类视觉这个发展最为健全且最有用的器官，很明显地也是以水平向为主要控制方向。长期的水平向为主的活动导致人类的水平视野比垂直视野更宽广，如果一个人直视前方时，他同时可以瞥见两边各约90° 水平范围内的动静。

人们向上看和向下看时，其垂直视野比水平视野来得窄。当人们被引导步行向下10° 观看时，为了要看清行走的路线，再加上视轴的原因，向上看的视野会减小。通常，当一个人走在街道上，就其所处的环境景观而言，最吸引其注意力的是建筑的底层、街道路面和当时发生在街道场所中的活动。

因此，希望被察觉的事件必须发生在观察者的前方，并且几乎是在同一个水平上，这种事实也反映在所有观赏空间的设计上，例如：剧场、戏院和礼堂等。剧场楼座的票价之所以较低廉，是因为坐在这些观众席上的观众无法以“正确”的观看方式去欣赏表演；同样的道理，也没有一个人会愿意坐在比舞台低的座位上。另外一个在超级市场商品展示的例子，也说明了视野在垂直方向上的局限。日常家用的产品通常会被摆放在视线以下，即靠近地板的柜子；而在眼睛水平高度的柜子上却是摆满了一些不重要或非必备日用品，超级市场希望消费者在看到之后，会因一时冲动而购买这些非必需品。

人们走到哪里便参与活动到哪里，他们普遍是在水平的平面上从事着活动，因为，往上或往下移动，向上或向下交谈，向上或向下看，对人们而言是较困难的，特别是对于当今的人类。此外，若要追根寻源，人类这种视觉习惯的成因可追溯到自人类起源以来的长期的进化生存活动。

2. 空间型感受器官与直接型感受器官

人类学家爱德华·霍尔（Edward T. Hall）在他的著作《隐蔽的维度》（The Hidden Dimension）中，分析了人类最重要的感官及其与人类互动和体验外面世界的功能。根据他的见解，人类感觉器官可以划分为两类：① 距离型感觉器官——眼睛、耳朵、鼻子；② 直接型感觉器官——皮肤、薄膜、肌肉。这些器官各有不同程度的分工和不同的功能领域，而其中距离型感觉器官对于人居活动格外重要，对于人居环境规划设计上也是如此。距离型感觉器官，实质上是就是为感受空间而生，属于空间型感觉器官。这里，视觉器官及其功能发挥着决定性的作用，不论是在森林时代，借助视觉人类准确地判断其所攀缘的树干枝桠间的距离，还是在农耕时代，凭借视觉准确地耕作大地农作物，尤其在工业时代、信息时代，视觉在人居环境活动中的作用越来越为广泛深入。

1）嗅觉

人类对不同气味的感知仅能局限在非常有限的范围之内。只有在小于1m的距离内，人类方能闻到从他人皮肤、头发及衣服上所散发出来的较淡气味。类似香水等较强的气味，人类在2～3m的距离即可嗅到，超出这个距离之外，则需要更强的气味人类才会嗅出。

2）听觉

听觉的机能范围较大，在7m以内的距离范围内，人们的耳朵是相当灵敏的。但是，超出这个距离，人们便较难去正常对话。约在25m的距离，仍可以听取演讲和建立一种问答式的谈话关系，但是却无法进行一段精确的交谈。

超过25m以外，听到别人声音的能力便大大锐减了，人们可能去听见某人的大声喊叫，但却难辨别出究竟在叫些什么。如果在1km或更远的距离，就只能听见像大炮声或高空的喷气式飞机发动机之类的轰鸣之声了。

3）视觉

视觉具有更广泛的机能范围，研究测试表明，人类通过感觉方式接收外界信息，其中通过视觉方式获取的信息占到了70%左右。人们可以看见天上的星星，也常常可以清楚地看到在天空翱翔的飞机。但是，像其他感官一样，视觉也有明确的极限。

社交的视域——0～10m。在0.5～1km的距离内，人们根据背景、光线、特别是所观看的对象是不是在移动等因素，可以看到他人并且辨别出所看到的是人。约在110m的距离范围之内，我们可以看出人的体态外形，这个范围就称为社交的视域。这里有一个例子，我们可以窥视出社交的视域范围如何影响人们的行为。在人数稀少的沙滩上，只要空间足够的话，游客们会间隔100m一群一群地分散开来，在这样的距离，每一群游客可以察觉远处仍有其他人存在，但是却不可能看出他们是谁和在干什么。在70～100m之间的距离，人们开始可以相当确定地判断一个人的性别，大约的年龄，以及他（她）在做什么，同时，在这个距离范围之内，人们可根据对方的穿着和走路方式而辨认出对方是不是熟悉的人。

70～100m远的限制，同时也会影响类似球场等各种运动场的观看席的布置。例如，最远的座位到比赛场中央的距离通常是70m，因为再远的距离观看就无法看清比赛赛况了。

当距离近到可以看清细部时，方能具体地辨认对方。大约在25～30m的距离，就可以辨认人们脸上的特征、发型和年龄，就算不是常碰面的人也可以辨认出来。当距离缩减至20～25m时，大部分的人可以较清楚地察觉到别人的感觉和心情，从此开始，会面就变得真正令人感到有趣，而且切中社交的内容。

剧院则是另一个例证，舞台和最远的观众席之间的距离，通常不超过30～35m。剧院是演员与观众情感交流的场所，尽管演员能够借由化妆和夸张的动作“放大”视觉效果，但是如果要观众能够事无巨细地仔细地看到所有的表演，那么观众席的距离就需要有严格的限制了。

在更近的距离范围里，信息的数量和强度便大大地增加了，因为在这个时候，其他的感官可以开始辅助视觉。在1～3m的距离，就可以进行一般正常的面对面交谈，体验到有意义的人际交流所必需的细节。在更靠近一点的距离，印象和感觉也会更进一步地被强化了。

5.2.4.2 距离与沟通

感官印象的强度和距离之间的相互作用，被广泛地使用在人类沟通中。强烈的情感交流发生在相当靠近的距离范围之内，0～0.5m，在此范围内，所有的感官可以同时作用，因此，所有的细部和再细微的差异也能够被清楚地辨知。而强度较次之的接触则产生在较大一点的距离之内，0.5～7m。

几乎在所有的接触中，人们熟知距离的功能，并运用自如。当彼此间接触的兴趣和强度增加时，距离便会缩小，例如：向对方走近，或坐在座椅时将身体倾向对方，人们之间的接触就变得较亲密而融洽。相反，当彼此间接触的兴趣和强度衰减时，距离则会增加。例如，当讨论接近尾声时，参与者之间的距离便会增加。假设参与者当中有一人想结束谈话时，他将会退后几步，以求“脱离原有的状况”。

此外，在语言上有许多关于距离和接触强度间关系的引证，如“亲密的友谊”、“近亲”、“远亲近邻”或“和某人保持距离”等说法。在不同的社交状况下，距离被用来调节其亲密程度和接触强度，以及去控制各个对话的开始与结束。事实暗示着，对话交谈是需要某一特定的距离。例如在电梯内，实际上，并不适合进行邻居间彼此的正常交谈。同理可证，在一个1m深度的前院也是如此，相反，如果前院太深了，交谈根本无从开始。在澳大利亚、加拿大和丹麦已证明，3.25m是邻居交谈时的理想距离，而在印度，这一距离通常会小些。

1. 社交网络的距离

在《隐蔽的维度》（The Hidden Dimension）这本书中，霍尔定义了一系列的社交距离，即指在西欧和美国文化背景下，不同交谈形式的习惯性距离。

（1）亲密距离（Intimate Distance）：0～45cm，是人们可以表达温柔、安慰、爱意以及愤怒等强烈情感的距离。这在情人间的交往中是可以接受的，而在其他情况下就会引起不快。譬如，在拥挤的电梯中。有时亲密距离可以发展到半英尺之内，但这个距离只是在作安慰行为和爱抚动作时，才这样挨近。

（2）个人距离/私交距离（Personal Distance）：0.45～1.30m，是和亲近的朋友或家人谈话的距离，在家庭餐桌人与人的距离便是个人距离的例子。其中0.45～0.6m是其上限。上限距离一般出现在思想一致、感情融洽、热情交谈或同时沉思的人们之间。从0.6m增加到1.3m，不自觉的感官感受逐渐减少了。两人的手还可以相互摸到，但只有双方伸臂时才能做到。因此，这个下限是私交活动中“别无他求”的适当距离。如果交往者兴趣盎然、谈兴颇高，那么，就必然会对这个下限距离作出相应的调整，但这仅仅是一个调整而已。

（3）社交距离（Social Distance）：1.30～3.75m，是和朋友、熟人、邻居、同事等之间一般性谈话的距离。扶手沙发椅和咖啡桌是社交距离的一个实质表现。1.3～3.75m，这是大多数商业活动和社交活动中所惯用的距离。而1.3～2m是亲近距离，一般发生在工作关系中很亲近的或者偶然相遇的知音之间。譬如街头交谈者就是这样一个例子。亲近距离在公共活动中最常出现，而疏远距离则更加适合于比较正式的社交场合。

（4）公共距离（Public Distance）：大于3.75m，被定义成在较正式情况下使用的距离，环绕公众人物的距离或教学情况下的距离；通常是指在单向沟通时，或是人们只顾旁观而不希望卷入其中时所保持的距离。霍尔的调查记录是

3.75～8m。这种大场面公共距离的出现总有显赫人物在场，教堂里主教大人远离教徒讲话，法庭上法官的宝座远离律师，宴会中达官贵人的雅桌远离普通宾客；很明显，在大多数正规场合的交往中，譬如授课讲学，人们也喜欢采用这个距离，因此，它也就表示出了讲台应离开第一排座位的距离。

（5）隔绝距离（Separate Distance）：大于30m。

2. 小尺度和大尺度

在各种社会交往的过程中，距离和强度的关系或亲近及温暖的感觉对于建筑尺度的知觉最为敏锐。在尺度适宜的城市与建筑群中，狭窄的街道、小空间的建筑物及其细部与在其中移动的人们处在一种近距离的关系之中，人们便可以强烈地体验到由建筑、环境小品、绿化形成的外部空间的高低错落。这些城市和空间相形之下被体验为亲切宜人的、温馨的。相对地，拥有大空间、宽广街道和高耸建筑物的城市，常因缺乏这类外部空间而往往被认为是冷淡的、缺乏人性的。

3. 体验的时间

为了感知物体及活动，除了考虑对象应该处于眼睛水平面附近和人类视域限制这些先决条件外，另一个体验感受人、事、物的重要的不容忽视的因素是：必须有合理的足够的时间让人们去完成观看所需要视觉印象传播及分析的过程。

基于数百万年的进化积淀，迄今为止，人类的感觉器官仍然是习惯于感受和处理行走或小跑步速度下（5～15km/h）所接受到的细部和印象。当移动的速度增加时，辨识及捕捉有意义的社交信息的能力便会急剧下降。在公路上可以观察到此现象，当某一线道发生车祸时，便会导致该车道与另车道同时交通阻塞，因为在另车道的驾驶员为了察看究竟发生什么状况，所以将车速降低至8km/h。另外一个例子是使用幻灯片的报告，如果幻灯片换得过快时，观众将会要求放慢速度，以便看清内容。

当两个人彼此迎面走近时，从他们看见或认出对方到走在一起，大约需要30秒的时间。在这段时间里，接受到信息的质量和细部的详尽程度会逐渐增加，一样可以提供人们足够的时间去反应状况。如果这段反应的时间被缩短了，那么认知及回应情况的能力便会丧失，就像是快速经过的汽车毫无察觉想搭便车的乘客一样。

4. 汽车城市与步行城市的尺度

如果要让快速移动的人看清物体和人的话，那些描述物体的信息就必须被大大地夸张出来。因此，汽车城市和步行城市在尺度上则会大相径庭。在汽车城市中，标识和广告牌必须是巨大而醒目的，因为在快速移动的汽车里的人们，在任何状况下皆看不清细节，所以建筑物被设计成庞大而缺少细部；而人们的容貌及脸部的表情，由于比例过小，则是一片模糊。

5. 生活始于足下

所有有意义的社交活动和深切的体验、谈话和关怀等，发生在人们站着、坐着、躺着或走着的时候。尽管人们可以从汽车或火车的窗户瞥见他们，但之间的互动多产生在步行之时。只有在“步行”时才会制造出接触和接受信息的机会，而这些机会可以提供每个人以自由自在且从容不迫的方式去体验、停留或参与其中。

5.2.4.3 外部空间场所感受密度

通常密度的意义是：单位空间内的人数，而且仅把密度看成是与空间有关。现在，人口密度指数已不再被单独用来预测人的生存力，更别谈用它来说明任何心理学影响效应。当人们在主观上感到拥挤时，这时就可以认为是一个密度的阈限出现了。由于密度阈限在一定程度上取决于个人的感知，譬如，某人的周围如果有那么几个人，他就会感到浑身上下不舒服，仿佛是身边安了一个“听诊器”；但是，同样的情况下对另一个人却感到人烟稀少，冷清孤单。两者的感觉截然相反。因此，要用普适公式来表达人口密度与人们感受之间的关系似乎非常困难，甚至连普适经验在设计中也很少适用。因为人口密度的感觉在不同的等级上的意义也不一样，设计者对此很难把握。例如，在交通方便的海滩胜地，对那些懒散地躺在路旁沙滩上的人群，可以通过减少停车场设计的办法对其进行控制，但是这种办法只对大范围区域生效，而对于小范围区域则无济于事，因为人们常常喜欢在某些特定区域内集聚，这些区域内就挤满了人，所谓“凑热闹”就是指这么一回事。

大量的证据显示，唯一能肯定的是，人群密度本身并不足以引起拥挤的感觉。因此我们必须注意到，在设计方案中，有一个包含人口密度在内的多变量因素模式，在某种程度上设计者是能够左右该模式的。但是，从对人们的行为能够产生多大实际影响而言，设计者扮演的角色归根究底只是一个配角。

1. 个人空间（Personal Space）

根据人类学家爱德华·霍尔的研究成果，可知每个人都被一个看不见的个人空间气泡所包围。当一个人的“气泡”与他人的“气泡”相遇重叠时，就会尽量避免由于这种重叠所产生的不舒适，即人们在进行社会交往时，根据所希望的，总会随时调整自己与他人之间的间距。最初，个人空间这个概念是由对动物行为进行的研究所引申出来的。请注意观察站立在一条原木上的一排海鸥，或停歇在一条电话线上的成群小鸟，不管鸟群的数量是增加还是减少，两只鸟之间总是保持着一段距离。尽管前面提到，把对动物的研究过快地推论于人类本身，未免有些过于冒失。但是，许多的事实证明人类确实具有这种与动物相同的行为趋向。例如，当人们排队候车或随意闲谈时，常常可以观察到人与人之间保持着一定距离的现象。至于在何种情况下保持多大的距离，则应该注意到“空间气泡”的伸缩变化。首先，它根据人们相互间交往的形式而变化，将严谨的孤僻的候车人与能说会道的善谈者比较一下，或者将谈情说爱的恋人与洽谈生意的商人比较一下，就会发现，在不同的情况下“空间气泡”的差异是何等的悬殊。其次，人们之间的相互关系也影响气泡的大小。关系愈是亲密，气泡愈小；随着亲密程度的降低，由亲朋好友降到一般熟人，最后降到完全陌生者，气泡就会愈来愈大。特别是当交往的双方意识到各自的社会阶层和文化背景的差异时就会互存戒心，而气泡就急剧扩大。对出身于同社会阶层的人来说，尽管他们的社交圈子和社会关系因素是一样的，但是，学习和文化层次的不同也会产生隔阂差异。此外，不同的种族、国家、地区的人也会因许多原因，其个人空间气泡尺寸也不尽相同。

人们在公共场所中坐长椅的方式，如同坐长沙发一样，最能把人们的这种偏好显示出来。罗伯特·索莫（Robert Sommer）根据霍尔的理论写了《个人空间：设计的行为基础》（Personal Space：The Behavioral Basis of Design）一书，在该书中，他提供了许多例子。其中一个就是引举了某公共汽车站一条12英尺长的座椅的使用情况。很少有3个以上的人同时坐在那张座椅上。第一个到达者往往坐在座椅的一端；那么，第二个到达者通常坐在座椅的另一端；虽然或许还有某个第三者坐在座椅的中部，但几乎所有的后来者都宁愿费力地站在座椅的周围。以此例为依据，索莫提出了物尽其用的经济效益问题。传统的座椅设计只是考虑到为每个人的臂部提供22英寸的座位宽度，那么，如果一张12英尺长的座椅上坐上6个人，也就收到了最大的效益。这种如意算盘对于篮球比赛时坐在场边的板凳队员来说，是有可能的。但是，在其他情况下，如果考虑了人与人之间的交往层次以及人际关系等可变因素时，座位上还会坐满人吗?

为了指导这种估算，简单地介绍一下霍尔在《无声的语言》（The Silent Language）一书中描述的人体间距离空间的概念，不无裨益。霍尔提醒道，他所采用的统计数字均来自对中产阶层和受过良好教育的，主要是美国东北部土生土长的成年人的抽样调查。因此，若针对其他不同的使用者，应考虑这些数字的修正。但是，该资料确实给我们提供了一般社交活动所需考虑的距离范畴，而这些东西对设计者来说，都应该清晰地将它们映入脑中。

2. 领域性（Territoriality）

领域性和个人空间都涉及空间范围内的行为发生，且两者一旦遭到入侵，都会随即产生防范性反应。所不同的是，个人空间随着人的走动而远移，并随着环境条件的不同产生大小变化；而领域性空间却是地理学上的一个固定地域，而且涉及产权使用的问题。

3. 私密性（Privacy）

空间的变化处理，不仅考虑到人们分区使用的倾向，同时也满足其私密的需要。心理学家欧文·奥尔特曼（Irwin Altman）认为私密性活动是人们精神活动的一种普遍现象，一般认为有下面几种情况：隐姓埋名，避人三分（即便是人来人往，摩肩接踵的地方，也不与他人打交道）；孤高自傲、沉默寡言（对任何人都不感兴趣，在心理上与他人保持隔绝）；心心相印、亲密无间（一对情人或几个密友为了寻求幽静，远离人群）；最极端的情况是：离世隐居、独善其身（完全超脱于尘世，不与他人照面）。奥尔特曼也描述了几种使私密性活动得以实现的行为机制，这些机制是：用语言直接表达出要求他人避退；非语言性的手势或姿态，如在前面提到的——瞪眼凝视、皱头锁眉，以及来回不自然地摆动——后者即人们所谓的“身体语言”。身体语言能够把人们的想法传遍给身旁的人，让他人知道我们对他的态度是亲近还是不欢迎。身体语言也反映了人们的生活准则，是欣赏还是鄙视他人的衣饰打扮，由此也表示出人们希望和谁在一起，不希望和谁在一起。最后，在环境设计者的能力范围内，设计者就可以按照实际情况调整实际的环境，使得这个环境自然地表现出对他人的排斥拒绝或容纳接受。

所以私密理论涉及已经讨论过的所有人与人之间相互作用的概念。对某些事物表示不舒服和表示追求的心态和行为在许多方面都是相似的。许多学者都认为寻求私密性的实质表现就是避开人群密集之地、维护个人空间，以及争取领域使用权，这些学者引证寻求私密性的人对空间的偏爱，并进一步解释寻求私密性与争取领域使用权之间的关系。但两者之间仍有重要的区别，那就是领域权是指对特定地段上的占有权，这个权力含有长久享用的要求；而个人私密性却是对环境暂时的使用现象，追求个人私密性的人并非争取空间的长期控制，而仅仅是在某时某地当某个需要出现的时候，设法取得并维护某一个满意环境为我所用的暂时控制。

有些学者认为私密是整个人类都具有的另一种基本需要，这种需要像池中水泡那样随时可能产生。因此能够随时进行私密活动的安全性是培养人的个性、积极维护自我形象的成因。相反的，当外部势力阻碍了某个人驾驭自己的私密行为时，那么，这就是通常大家所说的侵犯了某个个人的尊严，从某种意义上来讲，也就贬低了某个个人的价值。

4. 公共性（Public）

如果把私密性比作池中的水泡，那么，整个池中的水也就可以比作公共性。

5.3 人居活动中的文化行为

5.3.1 对文化的认识

1. 人居文化的定义

“文化”一词，沿用目前较为通用的定义，具有广义和狭义之分。广义的文化，泛指人类创造活动的总和。人类学家赫斯科维茨曾指出：文化是人类环境的人造部分。所谓狭义的文化，是指在一定特质资料生产方式的基础上发生和发展的社会精神生活方式的总和，它并不与自然相对应，而是与社会经济基础及其政治制度相对应，它相当于广义文化的精神层面，特别是指其意识形态。

李述一、李小兵的《文化的冲突与决选》一书中对于广泛的文化定义作出了分析，归纳其中共性，有如下四点：

（1）超自然性，即文化是与人有关的，与人无关的其他自然事物不属文化的含义，是对应于自然作出的限定。

（2）超个人性，即文化体现的是人的群体本质、群体现象，以及类的本质和类现象。

（3）区别与评价的依据，文化超个人性是其区别与评价的依据这一特性的基础。

（4）文化包括三个方面：人活动的物质财富、精神产品以及活动方式本身。

这些共性有助于我们理解抽象的文化定义。对于人居文化的定义是：人居文化，指作为群体或类的人的人居活动方式，以及为这种活动所创造、并又为这种活动所凭借的物质财富和精神产品，人的群体借以相互区别或与他类区别的依据。

2. “硬文化”与“软文化”

物质文化可称为“硬文化”。精神产品和活动方式可称为“软文化”。也有将其分为“显性文化”与“隐性文化”。硬文化“是文化的表层结构”，软文化“是文化的深层结构”。在文化的相互影响中，表层结构易于改变，另一方面，就时间空间而论人们最易于理解和接受的也是文化的表层结构，而对深层结构则需要长久的时间和特定的空间。

3. 人居文化的结构

根据大多数文化学家的研究，从广义文化概念出发，人居文化也有三个方面的要素，或者说三个不同的层面：一是人居文化的物质要素，也就是人居文化的物质实体层面，一般称为人居物质文化，包括各种人居生产工具、生活用具以及其他各种物质产品；二是人居文化的行为要素，也是人居文化的行为方式层面，一般称为人居行为文化，包括人居行为规范、风俗习惯、生活制度等；三是人居文化的心理要素，也是人居文化的精神观念层面，一般称为人居精神文化，包括思维方式、思想观念、价值观念、审美趣味、道德情操、宗教情绪、民族性格等。

如图5–3所示。文化的三个层面之间存在着交互作用的关系。一般来说，人居精神文化是文化发展的动因，而价值观是文化的核心，人类最独特的灵性是能做价值判断和选择，即能对客观事物作出判断和评估。价值观是一种相对稳定的价值选择趋向结构。人居价值观是在人居社会实践的基础上形成的，它一旦形成，就在人的有意识与无意识中起着或显或隐的支配作用。人们对人居活动的选择与参与的积极性直接决定于这些活动在人们的意识中是否具有最优的价值。人居价值的评断决定着社会中人居活动趋向，指导着人居环境中人与人、人与自然关系中的行为方式。因此，行为文化是精神文化以价值观为核心在人居行为活动中的体现，人居物质文化是人居精神文化通过人居实践活动在物质产品上的体现。

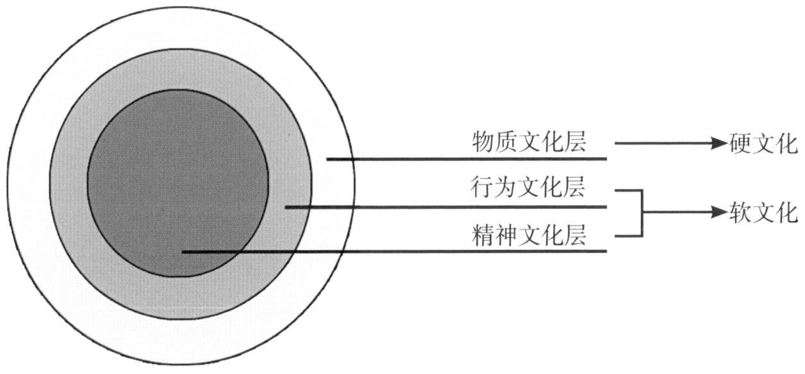

图5–3 文化三个层面间关系示意
Figure5-3 The relationship between three levels of culture

4. 人居文化的特性

人居文化的特征表现在五个方面：地域性、民族性、时代性、承袭性和变异性。从广义上说，一切人居环境都与文化有关，因为实际上所有的人类人居环境都从某种程度上受到人的行为和知觉的影响[11]。

5.3.2 世界人居环境文化类型

斯宾格勒将世界文化分为9个文化类型，包括：古典文化（指古希腊文化），以“阿波罗精神”为象征，崇尚“接近与实在”、“永恒的现在”；西方文化（指中世纪以后的西欧文化），以“浮士德精神”为象征，崇尚“无穷与玄远”；阿拉伯文化（包括伊斯兰教诞生前的阿拉伯文化及伊朗、犹太、叙利亚、拜占庭、摩尼教、早期基督教等文化），以光明与黑暗、善与恶二元对立思想为主导；印度文化，追求永恒；中国文化，以“礼”为象征；巴比伦文化，是一种已经夭折的文化；除此之外还包括墨西哥文化及俄罗斯文化。

汤因比在其1934～1954年出版的《历史研究》巨著中，认为人类历史上达到文明水平的文化类型有21个，另外还有5个停滞的文明，3个流产的文明。21个文化类型是：西方，拜占庭东正教，伊朗，阿拉伯，印度，中国，希腊，叙利亚，古代印度，古代中国，米诺斯（指约公元前3000～前1100年存在于爱琴海克里特岛上的文化），苏美尔，赫梯（又译喜太，公元前17～前8世纪存在于小亚细亚中部的古国），巴比伦，埃及，安第斯（通称秘鲁文明或印加文明），墨西哥，于加丹（通译尤卡坦，指墨西哥尤卡坦半岛至危地马拉一带的中美洲文明），玛雅（实际上是“于加丹”最繁盛时期的文化），俄罗斯东正教，朝鲜与日本。他在《历史研究》第7卷中，还曾经把欧洲中世纪城邦秩序称为第22个文明单位。5个停滞的文明是：波利尼西亚、爱斯基摩、斯巴达、奥斯曼（指奥斯曼土耳其人1290年始建1922年灭亡的封建军事帝国的文化）、游牧（包括全世界的游牧文化）。3个流产的文明是：远东基督教（指曾流传于东罗马的聂斯托利亚派，5世纪时被判为异端，教徒逃往伊朗另一教派）、远西基督教（指公元10世纪以前克尔特人在爱尔兰等地创造的文化）、斯堪的纳维亚（指基督教传入前日耳曼人北支在北欧及斯堪的纳维亚一带创造的文化）。

克罗伯在其出版的《文明和文化一览》一书中，以各大洲为空间单位，对世界上的主要文明和文化的类型进行了排列，具体包括：① 欧洲：包含古希腊罗马、史前巨石（指新石器晚期至铜器时代欧洲大西洋海岸以巨石建筑物为特征的文化），克里特、斯堪的纳维亚及俄罗斯等不同类型的文明或文化。其中，古希腊是高度文明的中心区；② 亚洲文明区有古代东方（指近东、中东一带，包括非洲的埃及）、印度、中国，印尼、北亚（指朝鲜与日本等）等文明类型；③ 美洲文明区内，以墨西哥、中美洲、秘鲁为核心，形成了美洲的多种文明与文化[14]。

5.4 人居活动研究

与人居背景研究类似，以下内容反映了《人类聚居环境学》课程“人居活动”部分的教学框架，其中的内容是在数届研究生的研究基础上整理而成。

5.4.1 海洋人居活动研究

1. 海洋居住活动

农耕时期，人类不像蛮荒阶段时那样频繁迁徙。随着社会发展，人类的居住活动也由以前渔民的海上漂泊发展到如今的人工岛和海底村的实验，如荷兰人工岛的建设面积已占国土面积的20%，日本为了扩大国土面积，在战后50年所造的陆地相当于26个香港岛的面积，最著名的神户人工岛（1966～1981年），总面积达436hm^2，岛上设备齐全，饭店、商店、医院、公园及6000套住宅。最近，日本政府已通过决议建设一座离水面80m、面积25km^2、可容纳100万人的海洋通信城市。海上大都市共4层，从底向上依次是公共服务区、工业区、住宅区、机场和娱乐区。

2. 海洋聚集游历活动

蛮荒时期，古代人就已经开始从湖海和河川采集鱼类、贝类和藻类作为食物。他们使用锋利的石器和骨制的鱼钩，还发明了海豹皮或牛皮缝制的皮筏。他们居住在分散的村落里，靠渔猎、采集野果等为生。

农耕时期，古代人的小船逐渐发展为大船，开始在沿海航行，从事渔业生产。地中海沿岸国家在公元前1000年开始航行和筑港，中国也早在公元前306～200年在沿海地带建设港口。14世纪，欧洲人开始了海洋探险。当时人们对海洋的认知仅占全球海域的7%。随着15世纪以后接连不断的海洋探险，以往未知的陆地和海洋相继为欧洲人所发现。

工业时期，蒸汽机、内燃机的出现大大增加了船的动力，造船的材料也在不断更新，海洋不再是探险家的舞台。但在20世纪50年代以前，人类在近海的活动仅限于航海、捕捞和开采海底沉积矿。20世纪50年代以后，随着海上石油和天然气开采向大陆架海域的推进，海洋资源开发和空间利用的规模不断扩大，发展速度飞速加快。钻探和开采石油的海上平台，作业范围从水深10m以内的近岸水域扩展到水深300m的大陆架水域，海底采矿由近岸沿海向较深的海域发展，现已能在水深1000m的海域钻井采油，在水深6000m的大洋进行钻探。目前为止，人类对海洋的开发利用的内容主要包括：海洋资源开发（生物资源、矿产资源、海水资源），海洋空间利用（沿海滩涂利用、海洋运输、海上机场、海上工厂、海底隧道、海底军事基地等），海洋能利用（潮汐发电、波浪发电、温差发电）。

人类社会进入工业文明之后，由于生产力的极大提高，人类改造自然的能力日益增强。各种海上交通工具的发明如蒸汽船、潜水艇、航空母舰等使人类活动的范围扩大到海洋的水上水下各个领域。人类在海洋上的聚集活动主要包括：交通贸易、海洋渔业、海洋生物资源矿物资源开采业、水下工程、科研活动和海洋娱乐活动等，并且为了开发海洋资源和进行科学研究建造了大量的海上作业平台。

5.4.2 旷野人居活动研究

1. 旷野居住活动

旷野上生存的人类早期频繁迁徙，常年游牧。亚洲草原最早的游牧帝国存在于2000多年前。这时的游牧民族常逐水而居，这类居民建立的聚居点一般规模较小，在选址上靠近水草丰美之处。由于游牧的移动性质，因此，居住建筑通常易于移动，如草原上的蒙古包，易于拆卸和组合，轻便简捷，所有的支架、哈那和毡盖质量轻，且节俭，无须挖坑和盖墙，同时不会破坏草原植被。

随着时代发展，进入工业时期，游牧狩猎生产方式发生转变，从而使游牧生活转向定居生活，易于移动的建筑空间转变为定居的建筑形式，形成固定的农民住宅。通常居住点的选择考虑靠近水源、结合气候、交通、地形等因素，以占用更多的自然资源及具备抵抗洪涝等自然灾害及防御战争的能力。如新疆喀什老城、高昌故城等，位于河流交汇处的三角洲或河边高地上；美国土著印第安人的祖先选择在紧靠山谷边沿的峭壁建造半地下住所及圆形洞室，住所向南，夏季可避免太阳直射，冬季阳光又可进入室内，防御荒漠地区的干旱气候。

2. 旷野聚集游历活动

早期旷野游牧民为适应气候条件，常年以集体游牧的畜牧业为经营方式，这种生产方式基于保护稀缺的水资源和可持续轮换使用不同的草场形成的人类智慧和文明。游牧民依据不同的畜群的习性、种类和特征进行移牧、轮牧和游牧，是最早的保护旷野环境的生态方法。传统牧民以牛、羊、骆驼粪便等作为烧火取暖的主要材料，节省了干草资源的使用。中国北方游牧民族很早就意识到植树造林对于防治草原风沙的重要性，总结了培育、养护植被的经验。游牧民族创造了草库伦来保护草场，即用栏杆等做成藩，将草原围圈起来，反之牲畜随意进入，在栏杆内靠人力更新植被，使牧场得以休养。专家认为，草库伦“不仅可逐步改善草原生态环境，而且在人类生产劳动的作用下，人为地调整和积极建设水、草、林、料基地，可使之成为合理的草原生态结构”。

游牧作为一种生产方式，能很好地适应旷野地区的气候，并且对于旷野这一脆弱的生态环境，可有效的减少人类活动对其的压力和破坏。游牧人游牧的地方，自然形成了天然的生态保护区，促成了文化多元性，对生态的认识也成为旷野地区人们世界观的组成部分。

当游牧转为定居，农耕转向工业化后，人口聚集，人类过度耕种、过分放牧、滥伐地表灌木、丛林，使旷野地区原本脆弱的生态环境遭到了破坏，土地变得贫瘠，植被遭到破坏，水土流失严重。牧民们赖以生存的草原正在遭受着不同程度的退化和沙化的威胁。而在原本资源贫瘠的荒漠地区，荒漠化越发严重。据2013年中国林业局发布的数据，我国是世界上受沙漠化影响最严重的国家之一。全国沙漠、戈壁和沙漠化土地约为165.3万km^2，其中人类活动导致的沙漠化土地约有37万km^2。生态环境的恶化，一方面危及旷野地区人们生存发展，加重了贫困程度，甚至出现了生态难民；另一方面严重威胁着旷野地区的交通、水利、工矿设施的安全，影响了当地的工农业生产，每年因沙漠化造成的直接经济损失高达540亿元，严重制约着我国旷野地区人民经济的可持续发展。

从游历活动而言，旷野通常具有坦荡的自然风光，辽阔的牧场、牛羊成群，沙漠广袤千里，风光绚丽，具有鲜明的旅游特色及丰富的旅游资源。如世界著名的四大草原呼伦贝尔、那拉提、潘帕斯和锡林郭勒，是人们理想的休闲胜地，其中古迹众多。旷野地区的游历还能让人们体验游牧的风貌及民俗，如传统的赛马、射箭、民族歌舞；骑骆驼穿越沙漠，体验野外生存的惊险与刺激以及马背民族生活的艰辛和快乐。旷野地区旅游经济的发展使旷野人居环境有了较大的改善，也使地域文化得以保持和发展，特别是对游牧民族文化保护与传播具有积极的作用。

5.4.3 乡村人居活动研究

1. 乡村居住活动

村镇起源于人类自身的基本需求，是人类选择生存环境，控制和改造生存环境所形成的实际状态。在乡村里居民适应当地的自然环境，依此而衍生出不同的自然环境，塑造出的村镇形态也不尽相同，这不只是人与自然环境互动的结果，尚有人与人的沟通作用影响力，可见村镇并非是封闭的居住环境体系，而是经常受到外界经济、政治及人文所影响的体系。血缘关系、宗教信仰、风水观念等都影响着人类的住居活动。

农耕时期：居住活动存在着两极分化，对于被剥削阶级农民来说非常穷困，居住活动以生理活动为主，同时家务活动增多，农民对居住活动质量要求很低，也只是满足最基本的生存需要。对于剥削阶级来说为了满足奢侈生活的需要，对居住活动的质量要求提高，同时有了多样化的要求，居住活动不光是生理活动而更要满足休闲活动的需要，而且休闲活动时间占得很多，因此剥削阶级之间的交流往来使居住活动包含了一部分社会活动，对于剥削阶级来说家务活动时间几乎没有，全部由穷人承担。

工业时期：居住活动质量要求大为提高，人们对生理活动、休闲活动提出了新的要求，比如生理活动讲究私密性和休闲活动讲究舒适性，同时由于自动化的逐步实现，家务活动时间在减少，人们为了交通居住活动中也开始出现了一部分社会活动，但所占时间很少。此时期居住活动还是以生理活动、休闲活动、家务活动为主。

后工业时期：居住活动质量要求和多样化要求更高，人们不光要满足高质量的社会、休闲、生理活动需要，还要体现各自的独特风格，各种活动所占时间的比例上社会活动得最高，休闲活动第二，生理活动居第三，而家务活动将逐渐解放。

2. 乡村聚集游历活动

原始的村落是由许多个人、家庭、团体以及当地风土人情、制度等组合在同一区域的场所。距今6000年以前的新石器时代后期，我们的祖先就开始形成了以种植业为主的生产方式，出现了固定的生产生活场所，这就是村落。在此共同体中，一群人占有某一区域，他们于此区域中从事生产和各种活动，彼此间有着相互的依赖关系。从生态学来说村镇是一个社会单位，而非是法定的行政单位。因此，村镇形成的主要因素是人与人的协作，以及人与环境的协调。

蛮荒时期：多洞居、穴居、树居、巢居、居住条件简陋，主要是为了遮风避雨、躲避野兽的侵袭，住居活动简单化；人们三五成群，集体采食渔猎，共同合作维持生存。此外，还经常聚集在一起，召开会议、表演自编自创的原始歌舞、举行一些祭祀活动。

农耕时期（空间聚集、文化聚集、初始的劳动专门化）：人们已定居下来，生活在不同的定居点——村、镇，生产力进一步发展，人们的人居活动逐步丰富多彩。在住所内除日常生活外，还经常性开展一些宴请活动、交友活动和家庭娱乐活动，人们开始养花种草、驯养动物。同时，由于商品交换和贸易的发展，人们经常参加一些聚集活动，赶集上店、筹办各种节日活动，如农事节（四立、三分、二至）、祭祀节（清明节、祭灶、寒食节）、纪念节、庆贺节等等，这些活动都极大地促进了人们之间的交往。

工业时期（空间聚集规模大大提高、规模经济大大发展、文化聚集受多元化文化影响）：科学技术进步，生产力突飞猛进，居住条件进一步改善，电得到广泛应用，各种家电进入家庭。交通工具不断改进，人们的交往更加密切，交往空间拉大，聚集活动更广泛深入，各种乡村俱乐部、电影院、文化宫（站）、广播台（站）、电视台（站）、图书室、商店、公园以及街头绿地、广场等使人们的交往、聚集活动更趋多元化。

后工业时期：现代化交通工具和网络信息通信技术的发展，人们可以足不出户，享受到现代生活的一切，通晓天下大事，尽赏人间美景。但人们依然渴望走出户外，到大自然中，到开放的开敞空间中，休闲运动，室外就餐，举办室外婚礼，团体拜年，聊天谈心，参与各种聚集活动。

总之，乡村空间在聚集规模稳定、资本集中也趋稳定、信息集中得到很大发展、文化聚集倾向多元化的文化融合基础上保持地方特色，劳动专门化更为加强。这时期的乡村居民已是社会化的人，与聚集活动息息相关。

5.4.4 小镇人居活动研究

1. 小镇居住活动

小镇生活、居住模式随时代发展不断变化。中国小镇多由多个村落在社会生活变化下渐进发展而来。传统小镇与自然条件（地形地貌、气候条件、水文状况、森林植被等）、生产方式、社会层次结构、宗教信仰和风俗习惯等有着密切联系。小镇通常符合当地的自然生态基础，充分利用自然资源，具有宜人的建筑和空间尺度、村民间的社会关系紧凑。小镇居民与居住环境相互影响，传统小镇结构既有机又随机。

由于中国的小镇常由几个村落合并发展形成，因此，小镇居民间具有深厚而丰富的社会关系，属于熟人社会，因而，传统小镇居民的邻里交往关系密切，表现出浓厚的生活气息，对居住环境具有强烈的领域感、认同感及归属感。小镇中常设有宗教建筑，如祠堂或寺庙，还通常设有集市，均成为人们居住活动中的重要组成部分。小镇居民与城市居民不同，空余时间相对自由，户外活动时间集中在白天，活动高峰在中午或午后。

随着城市不断发展以及小镇居民现代化需求的不断增强，小镇传统民居建筑与居民生活需求间的矛盾日益加剧，造成部分建筑被拆除，传统小镇城市化现象日益严重，传统的邻里居住空间逐渐弱化，取而代之的是城市化的缺乏特色的兵营式住宅空间，不仅破坏了原有的小镇格局，同时也对人与人之间的交往产生了影响，加深了疏离感。

2. 小镇聚集游历活动

农耕时期，随着剩余产品的出现、交易行为的产生，促进了集市的形成，形成了集镇的雏形。人类从此进入了相对稳定的，真正意义上的定居生活模式。

工业时期，生产力的飞跃带来各个方面的巨变。小镇的活动不仅限于农业，还具备了工业生产、基本商业、交通、文化、教育的能力。其明显特征为农业人口的比例下降。以我国为例，乡镇工业发展起来，农业机械化程度提高，一部分人从农业活动中解放出来，流入城市，或从事工业生产，农村非农业人口比例上升。进入城镇化发展阶段，至2011年，我国共有建制镇19683个。近年来，建制镇经济实力不断增强，建制镇聚集的企业规模和质量大幅提升，平均每个镇的企业从业人员5747人，比2001年增长36.3%，年均增长3.1%；而平均每个镇的企业实交税金总额达5536万元。随着生产条件的改善和镇规模的扩大，建制镇主要农产品产量呈增长趋势。2011年，平均每个建制镇粮食产量为2.2万t，比2001年增长50.9%，年均增长4.2%。建制镇经济实力增强为居民就业和收入提高奠定了基础，吸纳就业和外来人口的能力不断增强。2011年，平均每个建制镇从业人员数为21823人，比2001年增长26.9%，年均增长2.4%，其中外来从业人员2425人，占全镇从业人员数的11.1%，外来就业人员占全镇总就业人员首次超过一成。建制镇居民收入大幅增长，人均居民储蓄存款余额比2001年增长2.6倍，年均增长13.8%。

在发展的同时，目前中国建制镇也存在一系列问题。如大多数建制镇未达到经济集聚效应所需的人口规模，城镇集聚效应形成乏力，难以吸引人才流、资金流、物流、商流等经济要素流入城镇集聚，辐射和带动周边农村经济发展的能力仍显不足。从经济活动来看，东、中、西、东北地区发展不平衡，东部地区经济发达，教育和科技等方面投入较大。随着城市化进程加快，现代化元素冲击着古镇，古镇居民原有的灯会、古戏、皮影戏、庙会等传统休闲活动转变为麻将、散步、购物、打牌等消遣方式，古镇传统文化逐渐淡出人们的生活，传统民俗也变成了招揽游客的商业行为。

小镇，特别是传统古镇，由于其悠悠古韵和淳朴的生活气息，常引发城市人们“感受自然，回归传统”的游历兴趣。古镇旅游以城镇的原生面貌、文化状态、民俗风情等为吸引物，满足旅游者有别于现代化城市的古貌、古风与古韵。在我国，20世纪80年代，古镇周庄就率先发展了旅游业。据中国古镇旅游网统计，现今全国范围内已开发的旅游古镇约200多个，具有潜在资源条件，具有旅游开发潜力的古镇还有1000多个。在以旅游为主导的古镇中，居民的商业活动成为参与旅游业的主要途径，主要经营商店，开设家庭旅馆，开发古镇特色产品，出租房屋给外地人经营旅游服务业等。

5.4.5 县城人居活动研究

1. 县城居住活动

在蛮荒时期，由于活动范围和活动能力的有限，居住活动往往是部落式或家庭式的方式，限于能力，当时县城中的住居还是较为简单并还未定形。农耕时期，此时期的居住活动主要为家庭式。一家人不管有多少人口，总是尽可能地聚在一起。根据各地的自然条件，建设了适合当地环境的各具特色的民居。各地的民居样式在这一时期都日趋发展成熟。工业时期，人们按家庭为单位居住。每个家庭的人口为3～4人（1982年统计户均4.14人），很少有三代以上居住在一起的例子。

2. 县城聚集游历活动

农耕时期，人们的生活从单纯的为生存忙碌而逐步多样化和精彩化。交通方式上也从人力、畜力发展到机械。时间尺度逐渐增长，其中基本生存时间减少，文化娱乐时间增多。

工业时期，人们生活方式进一步多样化和精彩化，文化、教育、科技等进一步深入到人们的生活之中。交通联系也从平面型转向立体型，为人类的交流提供了便利，扩大了人类的活动范围。后工业时期，公共性活动频繁展开。越来越呈现多样化和复杂化的趋势。人们的活动范围不再局限于小的区域，而是遍布整个城市，甚至于区域范围内，人口的流动性也逐步加剧。高度发达的交通缩短了各人居地间的时空距离。交通联系也越来越趋于自动化、多样化。文化生活需求将成为价值观念中的重要准则。人类从事第三产业的人更多，家庭结构更趋简单化。人类活动更具开放性，同时也更注意居住环境的精神内涵。

5.4.6 小城市人居活动研究

1. 小城市居住活动

（1）农耕时代：小城市居住活动范围相对较小，活动内容较简单；农作营造、驯养家畜、捕鱼、制陶、家庭手工作坊（艰辛地栖居）。

（2）工业时代：住宅建设，出现高档住宅、贫民窟、“混凝土丛林”（丧失精神家园）。

（3）后工业时代：回归自然，出现多元化的居住需求（找寻精神家园）。

2. 小城市聚集游历活动

国外城市的社会交往活动主要是在城市道路汇聚的广场空间进行，而在我国传统城市中，广场空间较不发育，社会交往除利用跨街、楼阁亭台外，街道本身就具有重要的社会交往意义。在小城市中，居住用地“面”与公共生活“线”有机结合，更使得综合性的街道成为居住用地轴心。在小城市中，人的聚集活动以“线”即街道为主，辅以商业生活服务设施。小城市被田园所包围，又因为自身适度的规模，其环境容量较大，在小城市中以步行交通为主，自行车是主要的代步工具，居民就地生产、生活，日常生活费用开支较小，副食品供应充裕而新鲜。小城市人居活动包括：市场贸易、宗教活动、出游、庆典、看戏、庙会、集市（以村落为单位）；休闲娱乐、广场聚会、购物、体育活动、宗教活动、经济（以城市为单位）；广场文化活动、网上信息交流、综合性的娱乐等，人际关系朝好的方向发展（以地域为单位）。

5.4.7 中等城市人居活动研究

1. 中等城市居住活动

我国现有的中等城市，大多由历史发展中的小城镇孕育、成长而来。农耕时期仅限于最基本的衣、食、住、行，如赶集、听戏、去酒肆、上茶楼等，室内有墙画，案儿上供奉天、地、君、亲、师的牌位等。大户人家在私家园林里种花、种树、叠石、理水。

工业时期，人们在室内活动的时间开始增加，休闲时间也明显多于农耕时期，包括各种集会活动，工厂集体工作等。进入后工业时期，人们的居住活动包括日常购物、休闲与娱乐等，呈多元化发展。随着经济的增长和收入的增加，人们的消费结构随之分化，人们的日常生活行为逐渐越发“阶层化”、“等级化”及“时尚化”。在此背景下，人们居住的社区由传统意义上的生活空间共同体逐渐转向多功能型社区，成为兼具生活、生产和学习的微型社会，居民活动更多地集中于社区，从而进一步增进了居民间的感情交流。中等城市相较于大城市，居民闲暇度高，相较于小城市，工作发展机会增加，中等城市介于两者之间，若气候适宜、城市基础设施完备、环境优良，更易成为适宜居住的城市。

2. 中等城市聚集游历活动

中等城市是国家社会主义现代化建设的重要基地和地区的工业中心。它的工业生产集中，专业分工精细，协作能力较强，设备自动化程度较高，在技术力量、工艺水平、新产品研制能力方面具有一定优势，管理较为先进，并是设备更新、技术改造和提供技术装备的主要场所，具有较为强大的生产能力和较为雄厚的物质基础。

中等城市是地区重要的商品流通中心和金融中心。它的商品经济发达，在地区内、省内、国内外建立了广泛的经济联系，形成了相互作用的经济网络，对打破经济分割，扩大商品流通，提高经济效益，促进国民经济的发展具有重要作用。中等城市资金比较集中，流动又快，不仅可以通过信贷投资、补偿贸易等形式促进地区经济的发展，而且还是国家财政资金积累的重要来源。

中等城市是地区教育、科技、文化和信息的中心。它的教育和文化比较发达，科研设备比较完善，科学技术力量比较雄厚，是地区智力开发、人才培养和输出科技知识、先进管理方法以及信息、咨询服务的重要基地。

中等城市是提供服务的重要场所。它的第三产业比较发达，不仅在交通运输、邮电通信、信息发展等方面为地区的经济建设提供服务，而且可以在居民的物质生活和精神生活需要的满足方面提供服务，创造出比较高水平的生产环境和生活环境。

中等城市的游憩，主要与城市的资源吸引力、经济支持力、游憩需求及投资牵引力有关。具有独特自然和人文资源的中等城市，一部分经过人们的加工将这些资源转化为供人们使用的休闲产品，因此，旅游资源丰富；中等城市的经济支撑力、需求推动力及投资牵引力，比照大城市均具有一定的差距，因此，中等城市游历活动特征与大城市也存在差异。相比而言，中等城市居民城市内部游憩需求旺盛；由于中等城市城郊游线基础设施建设成熟度不及大城市，以致中等城市的城郊游发展受阻；中等城市城郊旅游区的客源多集中于本市。目前，中等城市居民较喜爱的旅游类型包括观光农业游、城市周边的乡村民俗游、森林游，以及城郊的生态旅游等[15][16]。

5.4.8 大都市人居活动研究

1. 大都市居住活动

大都市自然条件和经济区位优越，人为条件（如空港、码头及通信设施）得以改善之地。城市交通带来大量噪声污染。核能的利用可能是能源消费的发展方向。工业时期，是以土地为核心的资源使用，划分用地性质，道路的空间布局，对大都市人口、生产力资源分布进行空间布局，制定发展政策导向。人们住居活动时间为13小时计，其中，家务活动（以2小时计）和生理活动（以8小时计）占70%以上，社会活动和休闲活动仅仅占30%，此时人们主要是为生存而生存。后工业化时期，是以人类资源与环境资源合理配置为核心的资源使用、开发、保护为核心。对都市人口、生产、资源环境进行空间布局与时间上的调配——生态城市。环境破坏程度趋于好转，表现为：采用高效节能的设施，逐渐降低能源和物质消耗，产生更少且更便于回收再生的废弃物的产品。每个居民将有更多住居时间，家务活动大大降低，社会及休闲活动时间将上升，人们为生活而生活。

2. 大都市聚集游历活动

在工业化时期，聚集活动主要呈现出集中态势，主要体现在：

（1）资本集中。工业企业趋向资本——技术密集型产业，加强规模经济，实现规模效益；与之相应的商业、金融、服务空间集中。

（2）空间集中。在城市空间结构上，城市形态趋于集中，高密度高强度开发。

（3）信息集中。工业化大都市集中报刊、广播、电视等媒体、通信，使得市区与腹地间，城市与国内外各城市之间的有效联系加强。

（4）文化集中。各种文化背景、宗教背景、信仰背景的人集中在大都市，也促使文化交流、融合日益增加。

（5）劳动专门化。近代工业生产自动化程度不断提高，生产日益专业化需要对应的劳动力专业化。

在后工业化时期，聚集活动主要呈现出集中和分散的两重性，主要体现在：

（1）汽车、计算机、先进通信工具的发明和广泛运用，促进大都市的发展并引起郊区化，人们的聚集活动呈现出大范围的流动性和扩散性；

（2）对于国内来说，企业办公和企业车间在空间上分离，办公地多集中于市区中心以求信息资源的共享，而加工车间因地价、地租等因素迁往郊区；

（3）对于国际来说，跨国企业兴起，企业的技术部门和劳动密集型车间可以在全球范围内相分离，同时也促进全球经济的一体化；

（4）从事第一、二产业的人转向从事第三产业，以体力为主的劳动力人数减少，以脑力为主的劳动力人数增加。

后工业时代，大都市中的人类人居活动出现了逆城市化的倾向，人们选择都市外围的城乡结合部作为人居点，以离开环境恶劣的地段，同时由于信息社会企业向小型化、自动化、多样化、分散化、家庭化转化，对由于协作关系集中在一起的大工业区需求日趋淡化。大都市成为多元文化、多元经济、多元模式的冲击和交会点，人类人居活动从人居走向人聚，变得多种多样、丰富多彩。

5.4.9 城市带人居活动研究

1. 城市带居住活动

城市带，即有许多城镇组成的城市群体。其基本特征有四个：① 城市带的形成和发展具有动态性；② 城市带具有较强的空间网络结构性；③ 城市带具有区域内外的连接性和开放性；④ 城市带内的城市具有相互之间的吸引集聚和扩散辐射功能。城市带人类居住活动的影响因素主要有以下三个方面：① 主要聚居中心（即大城市）的吸引力；② 现代交通干线（及轨道交通）的吸引力；③ 具有良好景观的地区的吸引力。

随着城市化进程的加剧，城市带成为了社会发展的主要趋势和人类聚居活动的主要场所，城市带的发展与人们聚居活动的关系越来越密切。在文化活动方面，咖啡厅、茶座厅、音乐厅、影剧院等具有文化品位的娱乐场所与博物馆、美术馆等高雅的艺术场馆在城市带中也日益受到人们的欢迎。在体育运动方面，除了一般性的体育运动如跑步、打球、跳绳、旱冰等之外，健身、保龄球、高尔夫球甚至一些具有冒险性质的运动如蹦极、攀岩、潜水、跳伞、滑翔也成了许多人热衷的选择。在公共体育事业上，城市带比中小城市更有机会和条件举办大型的国内、国际比赛，在节假日里，不少人选择体育锻炼的方式来度过假期。

城市带中人们生活节奏加快，由于高素质、高科技人才集中造成就业竞争的加剧，工作上更加繁忙。但同时就业机会也很多，使工作的稳定性因素减少，跳槽现象普遍。城市带居民户数快速增加，每户人口和结构都发生很大变化。与传统家庭相比较，更多的年轻人不愿意与长辈住在一起，有很多家在本地的年轻人在外租房住。现代信息技术的发展使城市居民的工作、教育、生活、购物、就医、娱乐等活动打破了时空限制，大大拓宽了城市的活动空间。尤其互联网的高速发展，使大都市的人们获取信息方面比以往任何时候都更为迅速，表达感情的方式也更为多样化，如在年轻人中，电子邮件和电子贺卡在很大程度上已取代了传统上的信件和纸制贺卡。

2. 城市带聚集游历活动

农耕时期，由于政治格局的变化和耕作技术的发展，必然使局部地区城镇相对集中，并出现人口增长迅速、商品贸易兴盛和交通网络相对发达等一系列现象。东汉以后，人口大规模迁移有三次，到宋元时期，江浙人口占全国的比例已达26%，人口密度也分别达到75/km^{2}和114km^2。唐中期，该区域已成为我国人口最密集地区之一，苏、常、湖、杭四州共有33.8万户，至宋，较唐代又增一倍左右。

宋元以后，农业商品化和手工业的进一步发展，引起人口的快速增长，形成城镇发展的强大推动力。这个时期，以农业为基础的商品经济与农业相伴生并逐渐成为这一地区经济的主导力量。农业商品化也使以棉、丝为加工和贸易对象的手工业和商业蓬勃发展起来。隋唐以前的商品主要以官营为主要方式进入流通领域，丝、茶只是作为贡品，到明清时期，民营商业十分繁荣并已经形成了区域性的商业贸易中心。宋元以后，随着交通条件、经济条件的发展，江浙一带的市镇与城市之间，逐步形成了区域经济的立体网络并出现了专业化分工。如：苏州府、松江府棉纺业市场相应集中，东部沿海地区为盐业市场集中地，无锡是全国四大米市之一等。上海则成为综合性的区域市场，从而形成了大城市及其周围小城镇的经济联盟。至明代，这一地区已形成了纵横交错的水运网络，运河成为城市对外交通的主要航道，形成了“以舟为车，以楫为马”的特色。

工业时期，门户的开放和西方工业化的影响带来了新兴工商业城市的兴起与传统城镇的衰落，大量的手工业者和农民涌入新兴城市。上海、无锡、常州、南通等城市因工商业的发展，人口增长很快。例如，至1900年，上海人口已增至100万，而传统城市杭州、扬州、苏州人口则呈现衰退趋势。13个主要城市总人口达255万人，城镇人口比例达10.6%。这一时期，不仅三角洲地区内部存在着工业原料、燃料、设备等的交换，并且大部分的产品也销售于区域之外，江、浙、沪三地之间资本流通加强，开始构成区域联系的组成部分。这使三角洲地区的经济发展相对呈现互动格局，为城镇体系走向城市带打下了良好的经济基础。而上海在这一时期逐渐依其区位优势和在经济活动中的作用而具有区域中心的地位，迅速成为最主要的通商口岸、工业基地、金融与市场中心，带动长江三角洲地区的发展。由于工业化的推动，区域的交通中心由依赖水运而转向铁路运输。机器生产所需的原材料和生产的产品在更大的地域范围内流通。同时，水运的作用仍在一些传统产品的运输方面得到体现。形成了水、陆相结合的新型交通网络。上海、南京、杭州分别位于铁路运输的不同交通节点，从而使其核心地位更为显著。这一时期，新兴的工商业城市成为人口流向的集中地，城市的文化交流及外来文化的影响也对本地文化产生了深厚影响。各城市工商、文化界名流交往密切，带动了该地区的文化和工商业发展。其中，上海因其移民城市的特点形成了具有较强开放精神和开拓精神的海派文化。

工业到后工业过渡期，城市带的人类聚集活动表现为多核心性、多层次性、依存性以及由此构成的整体网络性等特征。同时这种网络的整体性中又包含着极强的开放因素和动态因素。这些特征都使得城市带的聚集活动日益活跃，同时又进一步推动着城市带走向成熟期。城市间的主要聚集活动表现在交通、仓储、邮电、批发零售、金融、保险、房地产、社会服务、教育文化、广播电视、科研、综合技术服务等方面。以长江三角洲为例。

进入改革开放以来，中国的社会结构发生了显著变化，城乡间二元对立的格局被打破，人口的职业性流动和区域性流动方兴未艾，人口的流向仍以农业人口向城市转移为主流。多核心的城市带空间格局也使人口转移的层次及方式较之以前各阶段更具多样性。随着城乡界限的逐步模糊，人口转移出现了从城市中心区流向郊区的现象。但城市总体吸纳能力已趋于下降，即将面临人口基数大、密度高这一问题。

长江三角洲城市带间资金、技术、信息交流逐渐增多，实物交流逐渐减少并位居次要地位，城市间的整体协作发展成为可能和必要。上海、南京、杭州三城市在经济活动中起着举足轻重的核心作用，并在与外界的联系中发挥了较大的外向功能，其余城市则更多地在城市带内部起着协调发展的内向功能，产业的分工协作和整体组合优势日显。

长江三角洲城市带的快速交通网络的建设初具规模，已形成了以沪宁轴线和长江沿岸交通线为主要干线并包括了公路、水运、航空、管理运输的综合交通网络。交通网络的逐步完善，使通勤范围进一步扩大，并促使城市与郊区、核心城市与周边城市以及与周围城镇、乡村的联系日益密切，为沿线的发展和置换功能打下了良好的基础。

在文化领域方面，长江三角洲城市带因其人口流动性大、社会开放程度高的特点，形成了多元化并存的格局。长江三角洲城市带地处我国南北文化的交汇地带，具有极强的亲和力，吸收了南北文化的优秀基因，既具南方文化的大众化、实用性、商业性等特征，又表现出较高品位，经济振兴与教育、文化、科技事业的繁荣相得益彰。区域间文化交流活动频繁并逐渐走向全球化、全方位化。上海也成为城市带的政治活动中心和文化交流汇集地，同时又是与世界接轨的枢纽。

5.4.10 外层空间人居活动研究

1. 外层空间居住活动

2003年10月15日，中国神舟五号载人飞船升空，成为中国航天事业发展史上的里程碑。2005年10月12日，神舟六号搭载2名航天员升空。2008年9月25日，神舟七号搭载3名航天员升空。

目前，中国已进入探月时代。2007年10月24日，搭载着中国首颗探月卫星嫦娥一号的长征三号甲运载火箭成功发射，随着嫦娥一号成功奔月，嫦娥工程顺利完成了一期工程。此后神舟九号与天宫一号相继发射，并成功对接。

中国人的太空计划基本分三步走：实现载人航天；建立空间实验室；建立空间站，实现与国际空间站对接。作为更长远的登陆外星球的工程，专家们目前正在计划使用探测器先遥探月球环境，为将来建设月球基地选址做好准备。

2. 外层空间聚集游历活动

农耕时代，古代人对宇宙的本质无了解，对外太空的活动停留在观察天象的基础上。人们为了更清楚地观测宇宙，在1608年，荷兰的李普希发明了望远镜。

工业时代，随着人类实践活动知识的增长和科学技术的发展，人们不再满足于远距离的观察外太空，于是人们开始想办法摆脱地球引力到达太空世界。在这一阶段人们研制了第一颗人造卫星，并把他送上了太空。

后工业时代，现在已经有上千个不同类型的卫星在环绕着地球运转。人们对太空了解的知识正在迅速地增加，并开始了开发宇宙生活空间的探索活动。

1961年4月12日苏联宇航员尤里乘坐“东方一号”火箭进入太空，航行了108分钟后成功返回地面，成为世界上第一个进入太空的宇航员。不久，又一位苏联宇宙航行员赫尔曼·季托夫乘坐的“东方二号”宇宙飞船进入了太空，它在轨道上环绕地球运行了17周，航行了25个小时。

参考文献

[1] 刘滨谊．现代景观规划设计[M]．南京：东南大学出版社，2010．
[2] 刘滨谊，赵彦．柳宗元观亭、赏亭、构亭的风景旷奥组景概念与实践[C]．第十四届中日韩风景园林学术研讨会论文集，2014：17-19．
[3] 刘滨谊，毛巧丽．人类人居环境剖析——人居社区元素演化研究[J]．新建筑，1999（2）：14-17．
[4] 刘颂，刘滨谊．城市人居环境可持续发展评价指标体系研究[J]．城市规划汇刊，1999（5）：35-37．
[5] 高燕．视觉隐喻与空间转向——思想史视野中的当代视觉文化[M]．上海：复旦大学出版社，2009．
[6] 韦爽真．环境艺术设计概论[M]．重庆：西南师范大学出版社，2008．
[7] 林秉贤．社会心理学[M]．长春：吉林人民出版社，2003．

[8] 楚超超，夏健．住区设计[M]．南京：东南大学出版社，2011．
[9] 刘滨谊．风景景观工程体系化[M]．北京：中国建筑工业出版社，1990．
[10] 王彦辉．走向新社区——城市居住社区整体营造理论与方法[M]．南京：东南大学出版社，2003．
[11] 刘滨谊．风景旷奥度——电子计算机、航测辅助风景区规划设计[D]．上海，同济大学，1986．
[12] 刘滨谊，郭佳希．基于风景旷奥理论的视觉感受模型研究——以城市湿地公园为例[J]．南方建筑，2014（03）：4–9．
[13] 刘滨谊．历史文化景观与旅游策划规划设计——南京玄武湖[M]．北京：中国建筑工业出版社，2003．
[14] 刘守华．文化学通论[M]．上海：高等教育出版社，1992．
[15] 蒋年云，王冀民．中等城市经济与社会生活[M]．合肥：安徽人民出版社，1992．
[16] 陈显容．中国中等城市调查与分析[M]．北京市社会科学院社会学所，1991．

第 6 章　人居建设理论与技术

Chapter 6 Human Settlement, Inhabitation and Travel Environment Construction Theory and Technology

6.1 资源保护与发展

6.1.1 从 3R 到 5R 理念

继3R（Reduce、Reuse、Recyle）理念提出后，不同领域的学者从自身专业出发，对其进行了拓展。如2005年阿拉伯联合酋长国首都阿布扎比举行的世界“思想者论坛”大会上，提出了5R循环经济的新经济思想。5R理念主要包括：① 再思考（Rethink）—改变旧经济理论：新经济理论的重点是不仅研究资本循环、劳力循环，也要研究资源循环，生产的目的除了创造社会新财富以外，还要保护被破坏的最重要的社会财富，维系生态系统。② 减量化（Reduce）：除原有的改变旧生产方式、最大限度地提高资源利用效率，减少工程和企业土地、能源、水和材料投入的概念外，还延伸到减少第二产业的城市化集中，在提高人类生活水准中合理地减少物质需求，如水资源以供定需、节水为主、调水为辅。③ 再使用（Reuse）：除了原有的尽量延长产品寿命，做到一物多用，尽可能利用可再生资源，减少废物排放的概念外，还延伸到企业和工程充分利用可再生资源的领域，如尽可能利用地表水、太阳能和风能。④ 再循环（Recycle）：除了原有的企业生产废物利用，形成资源循环的循环外，还延伸到经济体系由生产粗放的开链变为集约的闭环，形成循环经济的技术体系与产业体系，如土地复垦、中水回用和余热利用。⑤ 再修复（Repair）：自然生态系统是社会财富的基础，是第二财富，不断地修复被人类活动破坏的生态系统与自然和谐也是创造财富[1]。

同济大学建筑学系陈易教授提出了建筑创造中的5R原则，包括：① Revalue，“再思考”、“再认识”、“再评价”：从建筑能耗的角度重新认识建筑，在建筑设计过程中引入可持续发展观念，实现对建筑进行“再认识”。建筑师有必要重新审视和认识自身的职业责任，加强生态意识，尽量减少建筑物对大自然的伤害和不利影响，成为创作中必须考虑的新因素和新原则。② Renew，“更新”、“改造”：主要指对旧建筑的更新改造，通过利用现有质量较好的建筑，对其更新，满足新的功能，来减少资源的消耗和降低能耗，减少建筑垃圾，实现其生态意义。③ Reuse，“再利用”、“重复使用”：指重复使用一切可利用的材料、构配件、设备和家具等，需要建筑师在创作中树立新的选材思想，首先考虑利用以往材料与设备的可能性，之后在选用新材料时，应考虑这些选用材料和设备以后被再利用的可能性，在考虑材料和设备的价格时，也应该照顾到今后可能被再利用的因素。④ Reduce，“减少”：主要指减少对自然的破坏，减少能源的消耗及对人体的不良影响。建筑物不应建造在生态敏感地带，应尽量减少建筑物占地，达到节约用地的目标，对于建筑物可能排放的废弃、废水等需充分估计，事先采取措施，减少对自然的破坏；建筑应结合气候条件，采用自然通风、自然采光等方法，减少建筑对能源的依赖，在自然通风采光无法形成舒适的内部物理环境时，应进行良好的建筑热工处理，充分提高能源的利用率；重视建筑材料的内含能量（Embodied Energy），考虑节电、节水；消除大楼综合症（Sick Building Syndrome）。⑤ Recycle，“循环使用”：根据生态系统中物质循环利用思想，节约利用稀有物资和紧缺资源[2]。

6.1.2 水敏性规划设计

水敏性城市设计（Water Sensitive Urban Design，简称WSUD）概念起源于20 世纪90 年代的澳大利亚，旨在回应长期干旱情况下日益突出的雨水管理问题。这一概念可通过跨专业手段解决以下问题：保护城市的自然水系；改善城市的排水水质；整合城市的雨水管理、野生生物栖息、公共休闲和视觉景观等不同功能用地；降低城市的雨水径流量和高峰径流量；将城市排水设施建设减至最小；使用雨水代替自来水。WSUD雨水处理模式与传统比较如图6–1所示。

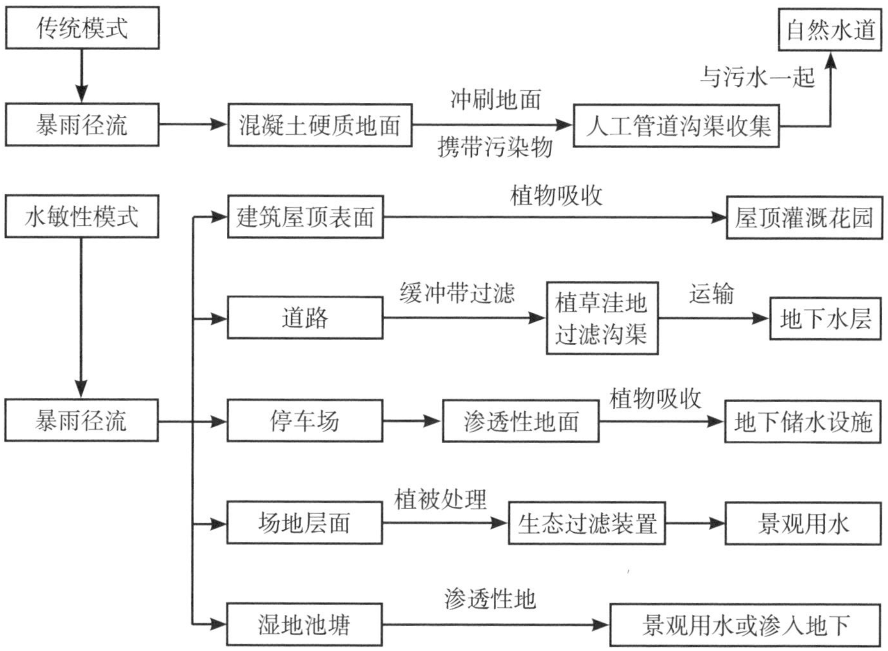

图6–1 WSUD雨水处理模式与传统模式比较示意图
Figure6-1 Comparison of WSUD and traditional water treatment model

WSUD主要实现以下目标[3]：

（1）最大限度地保留城市原有水系及城市水循环圈的整体平衡；

（2）最大限度地保留植被和土壤等透水地面，改善进入城市的暴雨径流水质；

（3）建筑、道路和场地布局与暴雨收集、运送和处理系统相结合，促进开发项目用水的自我供应，减少对城市供水的需求；

（4）通过开发项目场地内滞留措施和透水性较差区域的最化，降低城市区域洪涝灾害的风险；

（5）将公共开放空间的规划布局和景观处理与暴雨排放及管理措施相结合，保护当地水环境生物多样性和生物栖息地，最大限度地实现水的生态、景观等多重价值。

WSUD基于水科学原理，认为影响水质的因子主要有5个：温度、含氧量、溶解态营养物、生物有机体和固体不溶物含量。通过规划设计全面处理这些因子，将直接改善城市水体的水质，建立了以下6项基本原则：

1）提高可渗透性地表

水体温度的提高，将直接导致氧气等有益气体的溶解度的降低和盐分等有害固体溶解度的提高。同时对于许多水生物种来说，温水不亚于一剂毒药。水生物种的最适宜水温由当地的气候条件决定并因流域而异，一般情况下不宜超过18℃。随着城市化进程的加速，道路、停车场、铺地、屋顶等不透水表面代替了透水性的农业、林业用地，地表的不透水性日益增加。城市热岛使得从这些表面汇入地表径流的水体跟着升温，除此之外，发电站的冷却工艺也经常向江河湖泊排放热水，带来热污染，引起诸多水质问题，尤其在夏季最为突出。因此，WSUD的首要原则是通过减少不透水地表面积，增加可渗透性地表，提高底土层入渗量，将减缓雨水径流的速度，从而降低水体温度，提高水体氧气溶解度，同时降低盐分等有害固体溶解度，并且还可以通过水体自然渗漏达到补充地下水资源的作用。

2）保持水体流动性

缺乏流动性的水体由于缺乏氧气供应、水温升高、有害盐类含量升高等因素，影响酶的功能发挥，进而引起新陈代谢问题，使得许多已经适应了较凉爽条件的水生生物无法适应而死去，最终破坏整个水生环境的生态链。另外，死水中的生物体难以得到代谢和清除，生物残体沉积腐烂，在败坏水质的同时还会引起水华和蚊虫滋生等问题。因此，WSUD原则之二是结合场地自身的特点及功能，创造性地制造水体流动，保持水体的交换、连通，改善水质，提高水体活性。水体在持续的流动循环过程中得到物理、化学、生物等不同方式的净化，提高了水中的含氧量，并且控制微生物的含量。

3）保持水体溶解态氧含量

水体中的水生植物在白天通过光合作用产生氧气，在夜间通过呼吸作用消耗氧气。因此，水体中溶解氧的主要来源并非水生植物，而是通过风和流水的作用产生湍流，湍流将大气中的氧气和水混合在一起。不同物种对低溶氧量的忍耐度不同，但是如果溶氧量低于4mg/L，大多数形式的水生生物就危在旦夕了。因此，WSUD原则之三是保持河流水道的曲折多变和多样的河床形态，江河溪流中的水体蜿蜒移动时，自然通风和凸凹不平的河床共同作用产生湍流，将大气中的氧气和水混合在一起，提高水中的溶解氧，并使水体保持适宜的温度，同时也为水体底栖生物提供多样的栖息场所。

4）降低水体溶解态营养物

适量的溶解态营养盐是植物生长所必需的，来自于土壤和岩石。而某些元素的营养盐，尤其是氮（N）、磷（P），在水中积聚过量，即水体富营养化时，将引起某些物种的过度生长，进而使整个水域的生态平衡被破坏，蓝藻水华就是典型的一例。这些营养盐的来源有：从农垦区、公园和园林释放的农药、化肥；从高强度牲畜生产基地排放的动物粪便；从工厂、汽车、污水处理厂、化粪池系统和生活垃圾倾倒场排出的排放物、粪便、洗涤剂等；以及水中积聚的植物或动物残骸。豆科植物、某些藻类和雷雨闪电把空气中的氮元素转化为硝酸盐（$-NO_3$）和亚硝酸盐（$-NO_2$）等无机形式，然后，又通过人类和动物粪便、植物残骸转化成为碳络合物（$-NH_2$）的有机形式，进而分解成为铵（NH_4）和硝酸盐，这才是植物生长所需氮元素的主要来源。水体中的硝酸盐过量会刺激光合微生物的生长，而亚硝酸盐含量过高则会影响动物血液中的供氧。水体中的磷元素来自于岩石风化产生的3种盐：正磷酸盐（$-PO_4$，最普遍的无机形式）、偏磷酸盐（$-PO_3$，常见于洗涤剂和水处理工艺中）和有机磷酸盐（常见于动植物体和土壤沉积物中）。磷对于植物和动物细胞中的基因复制、能量的使用和存储非常重要。磷酸盐化肥、洗涤剂和有机物在雨水径流中的过量积累导致水体中的营养盐负荷失衡，从而促进水体中的微生物、藻类的过度生长。因此，WSUD的第四条原则是通过降低各种有机、无机废物向水体的过量输入，控制溶解态营养物的进入，减缓水体富营养化进程，从而改善水体质量。

5）降低水体不溶物负荷

影响水质的不溶性物质有油类、油脂、表面活性剂、沙子、土壤颗粒、石油烃、重金属、严重污染物与垃圾等。其中多数通过加油站、车库、停车场、洗车处、建筑工地以及各类道路和高速公路等进入水体。过多的不溶性物质使得水体浑浊度升高，水体中阳光的入射减少，进而影响水中植物的光合作用，严重的还会导致其死亡，并影响以该物种为食的其他水生生物的生存，最终破坏整个水生境的生态平衡。而漂浮于水体表面的油类、油脂与石油副产品等将会降低水体与大气间的气体交换，从而影响到水生生物的生存。黏附于沉积物上的重金属、垃圾和污染物，常常被直接倾倒在河流沿岸区域，或与挖掘的土壤混合后作沿河道填充之用，这将危害到沿岸植物群落的生长，而垃圾的沉降、渗滤及其排放均会引起水体污染。因此，WSUD原则之五是通过建立各式植被缓冲过滤带，吸收、过滤河道及其邻近水体排入的不溶物质，降低水体浑浊度，提高水生植物光合作用能力，改善水环境生态。

6）建立稳定水生态系统

许多城市水体中都可见到生物体（如浮游植物和藻类等）繁盛的状况，这些生物体的大量繁殖，会减少阳光的入射，水体中溶解氧含量降低，并且其死亡后的分解会加速耗氧，极端情况下引发赤潮，进而引起其他水生生物死亡，破坏水生态系统平衡。与此同时，另一常见的情形是利用植物体建设人工湿地，通过多种沉水、浮水、挺水以及湿生植物群落组成雨水滞留、净化系统，以改善水体质量，美化滨水景观。但实际看来，由于水生态系统的复杂性，人工湿地在改善水质方面的效用发挥程度差别巨大，并且人工湿地系统的效用难于评估，无不影响着湿地作用的发挥。而值得思考的是中国的传统农业生产为我们提供了某些处理水质的独特方法，如传统的水稻梯田与养鱼季节性轮作，其作用如同天然湿地，在减少肥沃土壤流失的同时，将野草、蚊虫的危害降到最低。相反，现代种植业追求快速经济回报，则较多使用旱地种植方式和更多的化肥、杀虫剂和除草剂等化学物质。WSUD原则之六，是慎重选择生态可持续的方式，通过建立长期稳定的水生态系统，达到改善水环境品质的目的。20世纪80年代初期日本推行“雨水渗透计划”，先后开发应用了透水性沥青混凝土铺装和透水性水泥混凝土铺装。1996年初，仅东京都就铺设透水性铺装495000m^2。据统计，透水性铺装使东京市区雨水流出率由51.8%降低到5.4%。德国在20世纪80年代开始逐步建立和完善雨洪利用技术行业标准与管理条例。汉诺威康斯柏格城区的雨洪管理是其中典范之一。实践证明康斯柏格建成后雨水径流得到控制。整个区域的径流为19mm/a（mm/a为腐蚀速率，毫米/年），几乎接近未开发前自然状态的14mm/a，而传统的居民区的径流为165mm/a。美国的西雅图SEA街道的可持续雨水系统规划设计，项目竣工后的工程统计数据现显示，可持续的雨水系统减少了排入附近河流派帕河的雨水量与西雅图常用工程资料相比，减少达100倍多，同时街道的景观也得到改善。

6.1.3 低成本人居环境建设

6.1.3.1 自然生态作为人居环境低成本营造的价值观和途径

人居环境营造所需要的材料包括软质自然和硬质人工两大类型。软质自然材料包括以河湖池塘湿地等为存在形式的水体、当地乡土植物、当地的土壤砂石以及当地已有的地形空间；硬质人工材料包括天然石块、大理石、花岗石、砖、玻璃、钢材等。以风景园林建设为例，从各方面营造成本而论，第一，在营造方面，从材料造价、运输耗费、人为加工等方面比较，软质自然材料普遍比硬质人工材料的成本要低；第二，在建成后的养护维修方面，以良好的自然生态状态存在的自然软质材料随着时间推移，林木日渐繁茂、水体日渐清澈，总体上呈现出的是“日新月异”，不断“增值”，而硬质人工材料总是日渐老旧、渐渐衰退，不断“贬值”；第三，投入与产出比的分析。如果把风景园林营造的花费作为投入成本C，把风景园林建成后所产生发挥的效益作为产出P，把C/P作为相对成本RC。显然，C值越低，P值越高，RC则越低，即常说的低投入、高产出，相对的低成本。根据当今城市中心区的发展不难看出，与以硬质人工材料为主的风景园林建设相比，以软质自然材料为主的风景园林建设，因自然生态环境建设带来的自身的增值，周边地区开发价值的增值等高产出，其建设的相对成本也是较低的。因此，以自然生态为建设导向，基于软质自然的风景园林营造材料、充分保留现状中的自然材料，在新建中想方设法提高软质自然材料的使用比重，这是风景园林低成本营造的价值观和基本途径。就以上3个方面来说，目前探讨低成本景观营建被广为关注的是第一种低投入与第二种低维护，而第三种产出比的价值虽然被忽视，却是从更大范畴、更长远的发展带来高额生态回报的关键途径。这种低成本投入从表象上看是控制单位尺度内资金的成本投入，其本质则是宏观范畴上前瞻性风景园林生态增值方式的投入。低成本是一个相对性较强的概念，并不是风景园林建设的终极目标，成本当中所包含的既有新的投入成本，也有原有资源的消耗成本，投入较易控制，消耗较易被忽视，消耗转化为增值才是从根本上降低成本的方式，以风景园林规划设计为手段将生态消耗转化为不断的生态增值，带来的是1+1>2的结果，可以在实现规划区内生态增值的基础上，实现规划区周边的土地增值、规划区整体的商业增值、环境增值，最终实现大区域范畴上的人居环境综合效益增值。风景园林规划设计在城市人居环境根本改善中所起到的这种增值作用是无可取代的，这种增值才是风景园林低成本营建的核心内容。

6.1.3.2 案例解析——山东省潍坊市白浪河北辰绿洲段景观规划设计与建设

白浪河是山东省潍坊市的母亲河，发源于南部沂蒙山区，流经潍坊市区后流入渤海莱州湾，全长127km。其中，穿越城市及规划建成区段为32km，案例河道段长8km，较之上游段的数十米至100多米而言，水域宽度明显增大，为200～600m不等，整个滨水带规划设计平均宽度500m，包括水面，总规划设计建设面积5km^2。面对这样一条未来城市中心区的滨水区规划建设，贯穿始终的思路就是以风景园林为主导，坚持滨水景观自然与生态建设的理念。为此，项目提出了五大理念追求：① 着重于风景园林生态建设——增加水域面积、沿河两岸尽可能的留出足够的滨河绿地空间；② 以自然和植物绿化为主导、让城市滨水区回归自然；③ 变工程化河道堤岸为风景园林艺术作品——改变传统防洪堤岸工程化形态、创造自然艺术化的风景园林动态滨水空间；④ 提供一条可供休闲与文化娱乐之河；⑤ 引领城市生态发展之河——为未来两岸城市新区建设预先建成一个优美的生态环境。笔者认为，本项目所坚持的回归自然、生态的滨水景观建设理念措施，这种回归，是整个人居环境低成本营造的一种实践[4]。

1. 水环境和水生态的自然与生态回归

潍坊白浪河现状遭受了水环境污染、水生态破坏、自然滨河景观丧失的厄运（图6–2）。本项目首先在水环境方面，沿两边河堤内侧修筑各6km长的排污箱涵，将上游两侧经污水厂处理后的中水经此箱涵排至本河段下游2km长的湿地段。同时，杜绝沿河各类污水排放，清除河道中污染百年、厚度2～3m的淤泥，以增加河道深度，外移河道防洪堤岸，局部范围扩大河道水面，河道水域面积由原来的90hm^{2}扩大到了140hm^2。形成了宽窄有变、深浅不一的河道水域环境。在水生态方面，沿河两岸除了1km长的人工滨河沙滩和4处滨水广场的硬质亲水驳岸之外，其余均建成软质、缓坡绿化驳岸，并在其间广植各类水生植物，同时将下游段2km长度范围辟为自然湿地区。按设计方案建成后的河道水质达到了一类（图6–3）。显然，不论是初期建设，还是后期管理，这种自然水域、自然驳岸、水生植物、自然湿地建设等回归生态与自然的河道做法，较之以人造喷泉、硬质驳岸、人工湿地等走向工程化的人工河道做法，在建设投资、养护管理耗费等方面的绝对成本和相对成本都更为低廉。

2. 滨水植物绿化的自然与生态回归

（1）规划出尽可能多的用地用做绿地。在整个5km^{2}的滨水空间范围内，除了140hm^{2}水域湿地中的水生植物绿化之外，在其余的360hm^{2}用地中，除6hm^{2}的3处主要节点广场，5hm^{2}的滨水沙滩和滨河交通道路用地之外，均用作滨水植物绿化空间。总体上，在360hm^{2}用地中，规划绿地占90%以上。

图6–2 白浪河整治前水环境现状

Figure6-2 Image of Bailang River before water quality and landscape improvement

图6–3a 白浪河北辰绿洲水环境治理之前现状
Figure6-3a Image of Beichen Oasis of Bailang River before water quality and landscape improvement

图6–3b 白浪河北辰绿洲水环境治理过程中
Figure6-3b Image of Beichen Oasis of Bailang River during construction

图6-3c 白浪河北辰绿洲整治后水景
Figure6-3c Image of Beichen Oasis of Bailang River after water quality and landscape improvement

图6–4 降低河堤，增强亲水性，局部保留尚有30～40年生的杨树林的老河堤，留住数百年的记忆
Figure6-4 Designing hydrophilic riverbank, preserving 30 to 40-year-old Poplar Grove planted on the ancient riverbank and retaining the memory of history

（2）保留基地现状中已有的30～40年杨树林，使之成为近期植物造景的主力。由河道两侧沿河堤种植的原有以杨树林为主的林地已占整个空间绿地的50%。针对这50%，项目对其中树龄较大的杨树进行了植被更替，这一部分占原有绿化的10%，原有绿化的90%被保留下来，即占整个建成绿地的45%。其结果是虽然新栽植的林木尚未成形，但有50%原有植物的造景作用，项目建成之初立刻呈现出了已如建成多年的效果。为了竭尽可能地保留现状林木，采取了若干措施和处理手法。包括：在河面拓宽、防洪堤外移地段，对种植了杨树林的防洪堤段进行局部保留（图6–4）；因河面拓宽、防洪堤外移、防洪标准适度降低、增加滨水地带的亲水性等多因素考虑，致使部分保持利用原有防洪堤的地段，其防洪堤标高需降低1～2m。对于此地段堤岸上的杨树林，采用“整体树池”、“个体树池”绿化维护方式，也有局部直接削挖的。

（3）在50%新增的绿化中的剔除以往工程化的沿岸植被空间布局，在空间形态布局和树种苗木配置上最大限度地模仿自然滨水地带的植物生长格局。空间布局上，采用沿河带状、乔—灌—草—水生植物多带交叠、错落起伏格局；采用以

图6-5 降低原有河堤，保留老河堤30～40年生的杨树林
Figure6-5 Designing hydrophilic riverbank and preserving 30 to 40-year-old Poplar Grove planted on the ancient riverbank

乡土树种为主；为了提高绿地效率，乔—灌—草比值控制在8：1.5：0.5，新栽植乔木约10万株，与灌木和地被形成具有当地特色的植物群落（图6-5）。其中，配合防洪堤外扩和防洪堤自然形态化的消隐，设计建成了1200m长，300～400m宽的“大地景观”（图6-6），利用原有滨河林下500m×300m空间广植二月兰（图6-7），这些建设均突显了让城市滨水区回归自然、让自然绿化走入城市的理念（图6-8、图6-9）。此外，在8km长的河道中，除了1段“滨水沙滩”，4处滨水广场之外，外扩改道与重新修整的两岸河堤均为软质生态缓坡驳岸，这也为其间种植灌木、草花、乔木、水生植物提供了广阔的空间。回顾这一部分工作，所面临的突出问题是如何在改变现有堤岸、新植林木、开辟沿岸公众活动空间、施工建设的同时，保护现有绿化。

3. 滨水堤岸地形空间自然艺术的回归

未经人为干扰的自然原始景观形态总能给人们以强烈的震撼和心理深层感受的愉悦，追随大自然形态规律营造风景园林空间艺术形态是创造风景园林美的基本途径，自然滨水景观也不例外。那些动人的滨水景观空间，或呈现出海湾层层

图6-6a 在扩宽后的河堤与河道之间营造“大地景观”（1200m×500m）
Figure6-6a “Earth landscape” between the constructed levee and the river (1200m×500m)

波涌的形态，或展现出江河流畅舒展的形态等，究其成因，均源自自然界滨水景观的灵感。图6-10展示一种自然河流滨水景观的原型。对于城市滨水景观空间形态，首先与这类原型相互矛盾冲突的是传统防洪堤岸工程化的形态，以及由此引发的一系列反自然反生态高建设成本的做法：两岸相互平行，高出景观地平线，将河道水面与外界视觉隔离，由石块或钢筋混凝土砌筑的防洪堤岸；河床铺膜的防渗处理；防洪堤岸及外侧地带大片的硬质铺装等。对此，本项目力求克服上述滨水建设的弊端，从大自然中河流形态获取风景园林自然空间艺术创造的灵感。除了规划自由流畅的曲线驳岸，还着力探索创造了具有方向性流动性的动态景观感受（图6-11）。在满足城市防洪过水断面的前提下，改变平行、硬质的水利工程渠道化式的防洪堤形式和做法。考虑河道两侧用地条件，将防洪堤外移，运用地形处理手法，对堤岸平面和竖向上予以自然河流形态的艺术化处理，以弱化传统常规工程堤坝两侧平行单调、呆板生硬的形态感。平面上，堤岸采用了大尺度、微曲化的几何线形，并与堤岸两侧自然式地形融为一体，以求将“突兀”的堤岸与周围地形融为一体、消隐在自然起伏的地形之中。同样，竖向上，在保证堤岸防洪高程的前提下，通过不同的高程设计，使整个堤岸高低起伏，错落有致。通过这种水平与竖向的自然艺术化设计创造，使河道两侧防洪堤岸蜿蜒曲折、隐入自然绿化环境之中，实现了人造工程化河道堤岸形态向风景园林自然艺术化河道堤岸的飞跃。为此，本项目解决了两大突出的矛盾问题：① 从风景园林的需求出发，在满足国家防洪规范，保证安全的前提下，改变现状河堤，使之更加富有生态性和艺术性；② 沿两岸河堤内侧埋置的两条大体量工程化的排污箱涵（截面：

图6-6b 在扩宽后的河堤与河道之间营造“大地景观”（1200m×500m）
Figure6-6b “Earth landscape” between the constructed levee and the river (1200m×500m)

图6-6c 在扩宽后的河堤与河道之间营造“大地景观”（1200m×500m）
Figure6-6c “Earth landscape” between the constructed levee and the river (1200m×500m)

图6-7 保留下来的30～40年生杨树林与林下新栽植的500m×300m范围的二月兰相互映衬
Figure6-7 30 to 40-year-old Poplar Grove contrast to Violet Orychopragmus planted in the area of 500m×300m

图6–8 乔木与灌木相呼应的滨水绿化
Figure6-8 Waterfront green space covered with grass, trees and shrubs

图6–9 河道中虽由人工宛若天然的置石
Figure6-9 Artificial river stone arrangement just like natural stone placement

图6–10 大自然的河流形态恰如行云流水
Figure6-10 The morphology of rivers in the nature just like floating clouds and flowing water

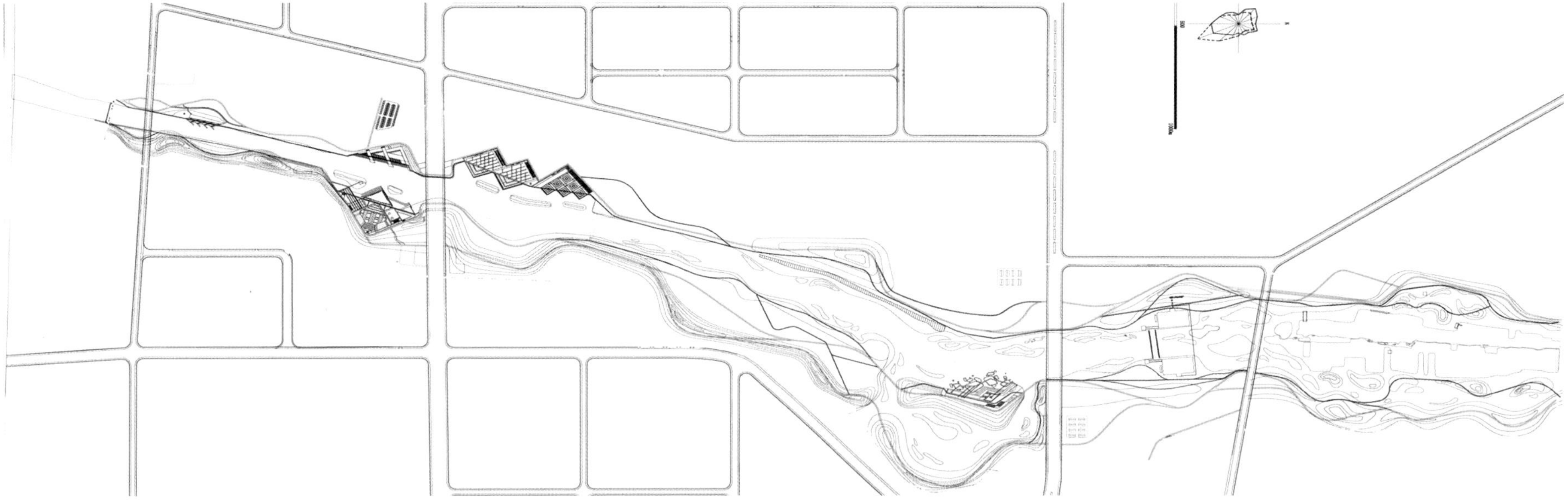

图6-11 滨水堤岸自然形态化的方案设计
Figure6-11 Natural waterfront landscape design

高3m，宽4m）与拟规划的理想的驳岸线形的矛盾冲突。

4. 滨水活动与文化活动的自然生态回归

把灯红酒绿的餐饮商贸和歌舞升平的城市演艺留给未来周边的繁华闹市，让这里的滨水空间充满阳光雨露、风花雪月；把摩肩接踵的闹市人流屏蔽在外，降低滨水区人流密度，让这里滨水环境开阔而宽广；把费尽心机、高度紧张的心情留在喧嚣嘈杂的城市中心，让人们在这里静下来、慢下来、走起来、跑起来。不仅要把白浪河营造成一条生态之河，而且要使之成为人们自然休闲活动的场所，成为一条自然休闲之河。基于这样的理念，规划建设了贯穿两岸全线的自行车道、滨河“千米沙滩”（图6-12）、“龙舟赛码头”、“荷花仙境”、“森林交响乐广场”、“大地景观”、“湿地垂钓”等重要带状与节点景观休闲场所，丰富了河道的休闲娱乐功能和文化内涵，为城市居民提供了丰富的滨水活动空间和休闲娱乐场所，充分满足了人们亲水亲绿的天然生理和心理需求。作为潍坊城市历史与文化的载体，白浪河不仅成为了市民休闲的绿色生态廊道，而且也成为承载市民对于潍坊城市古往今来记忆的重要场所。同样，此类滨水自然休闲活动的场所建设成本，较之滨水人工娱乐闹市型的活动场所建设成本，同样是低廉的。

5. 为未来城市新中心区预留一个自然生态的滨水区

白浪河北辰绿洲段的规划建设营造了具有郊野风光的自然生态为导向的滨水环境，就近期而言，这种规划建设导向对于城市新区及其起步阶段，应对了目前的环境开发条件和建设投资能力，其风景园林建设投入相对较低；就远期而言，随着滨水区周围城市人工环境密度的不断提高，自然生态环境相对不断减少，这种基于自然生态的低密度人工环境将更加珍贵，周围地价因这种高度自然化生态化的环境将持续增长，这种风景园林的投入与产出比是高效益的，这种以风景园林为载体、预留储蓄自然生态环境是最具长效的城市发展投资。总之，作为未来两岸开发建设的重要的线形城市开放空间，极大地改善了河道的生态环境，丰富了滨水景观层次和休闲活动内容，提升了两岸城市自然环境品质，对沿岸两侧城市用地的开发将起到积极的带动作用，充分实现了“先环境后开发”的新一代城市建设理念。

综上所述，低成本本身包含2个层面的内容：第一层面是建设投入与建成后养护费用方面的成本控制；第二层面是投入成本与产出的综合效益的投入产出比成本。第一层面的低成本内容可以成为自然化生态化人居环境建设管理的副

图6-12 千米人工沙滩
Figure6-12 Many thousands of meters long artificial beach

产品，遵循自然生态是走向低成本人居环境（特别是风景园林环境）营造养护的基本途径；在高度人工化的城市中，第二层面的低成本才是低成本人居环境营造与养护的关键，坚持自然生态的营造原则，采用将生态消耗转化为生态增值的人居环境规划设计方法，即使是在高度人工化的城市中心区，仍然能以低成本营建出美丽的居住环境，预留出未来城市生态空间，从根本上提升城市人居环境质量。

6.2 绿色基础设施建设与管理

全球城市居住人口在21世纪初已达47%，至2025年将达60%。面对不断增加和继续膨胀的城市人口和密度，简单化地扩大基础设施规模，沿用传统方法技术，一方面，已难以满足需求；另一方面，则对自然生态系统带来了更大规模的破坏，两方面导致的恶性循环逼迫人们不得不寻求一种两全其美、良性循环的规划设计方法与建设工程技术，绿色基础设施（Green Infrastructure，简称GI）正是在这样的大背景下应运而生。从20世纪90年代中叶在美国开始绿色基础设施的研究与实践，相比其他更多的人居环境可持续建设的理论观点，如生态城市、绿色城市、景观都市主义等，绿色基础设施的研究更直接地针对场地的具体问题，以及不同建设项目的实际需求，使其更具多行业、跨学科的多元参与性和实际操作性，因而在欧美等国家，越来越多的行业部门得以有效的介入，对城市建设可持续发展起到了积极的推进作用。

6.2.1 理论概述

绿色基础设施并不是一个新的概念，它和绿道、生态网络等概念一脉相承，互相联系，它们的核心问题是如何通过规划城市开放空间体系来创造一个和谐、可持续发展的人居环境。绿色基础设施概念是公园体系、绿带、绿道、生态基础设施等城市绿地建设理论的延伸[5]。

1．公园体系

19世纪80年代奥姆斯特德等人提出并规划了波士顿公园体系。公园体系实践产生的直接原因是工业化带来的环境恶化，其目的是通过系统化的城市公共绿地来为人们提供更好的休闲娱乐场所，通过城市内部公共空间的改善来实现城市环境的优化。

2．绿带

18和19世纪欧洲城市的城墙被推倒使得位于乡村和城市之间绿带的概念逐渐形成。霍华德在他的"田园城市"理论中设想通过广阔的农田地和游憩绿地环抱城市形成绿带来控制城市的蔓延和增长。绿带的概念影响了世界不少城市的绿地规划实践，例如伦敦的绿带、渥太华的城市绿带、柏林的城市绿带等。绿带实践的直接原因是由城市的扩张对周边农田及自然绿地带来的侵蚀。它试图通过对城市外围绿地及农田的保护来实现一种更为优化的城市及城市区域空间形态。但是，由于城市空间拓展的不可避免，以及绿带本身的建构通常不是依托河流等自然要素自然天成，而是自上而下强制性地形成，使其实践遇到不少困难。

3．绿道

绿道这个出现在19世纪末20世纪初的全新概念，最初在北美盛行，不少城市展开了引人注目的绿道规划实践。规划者提倡通过大都市区的绿道网络来限制城市蔓延，改善环境，实现经济和社区复兴。埃里克森（Erickson）将绿道定义为沿着自然或者人工要素，如河流、山脊线、铁路、运河或者道路的线形开放空间；它们被规划和设计为连接需要保护的自然生态区、风景区、游憩地、文化遗址区。相比绿带，绿道能够更好地适应城市空间的发展，绿带由于是"一种专制式的边界，在图纸上看起来如此干净，但是在实际中这个边界很难保持，相反与山脊、河谷、特别是小溪和河流相结合的绿地却更容易保护起来"。

4．生态网络

生态网络的概念起源于20世纪初期欧洲和北美，它被用作一种土地利用规划方法，其理论基础来自于群落生物学和景观生态学。20世纪70年代原捷克斯洛伐克在欧洲最早开始生态网络的实践，至90年代末期，生态网络作为一项重要的空间政策工具在欧洲18个国家被运用到规划设计中。保罗·奥普丹（Paul Opdam）认为生态网络是多种同一类型生态系统的集合（一个景观中可能包含不同类型的生态系统，它们的集合构成了生态网络），这个生态系统通过生物流使其在空间上形成一个连贯的系统，且和它周边的基质不断相互作用，更关注网络的整体性和生态过程，虽然其局部地方可能不生态，但是在整个区域尺度上是生态的。

6.2.2 绿色基础设施理论创新点

绿色基础设施规划方法和基本理论依据虽然与集中绿地规划概念相同，它的理论模型依旧是建立在绿道和生态网络的模式上，通过廊道（corridor）、网络中心（hub）、站点（site）的空间模式来维系和恢复生态过程，但是它赋予了绿地网络更多的内涵，具体表现为如下几点：

6.2.2.1 主动性规划

道路、水、电、气等是我们所熟知城市发展中必要的基础设施，城市绿地一直是城市建设中锦上添花的设施，并且由于城市发展的需要，被保护的绿地常常让位给其他用地。绿地建设的被动地位符合城市经济市场化的客观规律，在城市发展过程中牺牲绿地空间而开发居住、商业确实能减少政府的机会成本，增加政府的财政收入，并且对于土地稀缺的城市而言将更多的绿地转换为城市发展用地，增加了土地供应，从而降低了房价。但是绿地作为重要的公共空间，在维系城市生态系统平衡、促进社会和谐、提升城市魅力等方面起着非常重要的作用，它同样也是城市必需品，和道路、水、电等一样，城市的发展需要通过绿地建设来进行引导。查尔斯·瓦尔德海姆（Charles Waldheim）教授，"景观都市主义"的发起人之一，认为传统的城市规划和设计方法在面对城市环境问题和后工业化的城市生态问题等方面显得力不从心，绿色基础设施作为一种生态的规划设计手法，应该和城市规划和设计相互融合。

因此，绿地的规划建设只有通过主动的方式来适应城市发展要求，才能够不被置于被动的地位。它应该和其他城市基础设施一样能够引导城市发展。中国城市化仍处于高速发展的阶段，通过绿地来限制城市空间拓展、保护生态环境的方法是不符合当今国情的。可持续发展观念需要绿地的布局，不但能够恢复被扰动的自然生境，而且要能够促进城市功能更新和发展。绿色基础设施寻求的是一种保护和发展之间的平衡，通过这种平衡的维系来实现主动性的绿地规划。在绿色基础设施规划的目标选择过程当中会根据具体情况采用不同的战略重点，通过牺牲某些局部利益来获取整体利益，同时绿色基础设施规划应该先于其他专项规划。

6.2.2.2 功能复合

绿色基础设施考虑的内容不仅仅是"绿色"，其概念中包含了2个基本功能：①通过保护和连接分散的绿地来服务于市民（休息、健康、审美等）；②保护和连接自然区域来维系生物多样性和避免生境的破碎。功能单一的绿地在面对城市高速扩张时显得势单力薄，功能的复合为绿地赢得了更多的支持。当一块绿地面临将被取代的境地时，政府和规划人员不得不权衡各方利益而作出抉择。保护城市水质、优化水文过程、净化空气质量、提供更多的游憩场所、提升城市形象这些绿色基础设施所能带来的价值对于城市的发展显得尤为重要。以绿色基础设施在优化水文过程和提升城市审美品位方面所起的作用为例。

绿色基础设施能够优化城市水文过程。城市地表覆盖硬质化和地表水流的渠化会带来诸如洪水频率和洪水量的改变，以及水体污染等问题。绿色基础设施能够让城市的水文过程重回自然。例如滨河的大面积绿地可以作为洪水来临时的滞洪区，减少洪水的危害；结合道路和水体设置的绿地可以减少暴雨径流带来的大量污染物。滨水绿地空间的规划设计应该基于对城市河流水利过程的模拟，使绿地能够适应不同时期的河流水位变化。

景观的视觉问题在绿地系统的构建和规划中常常被忽视，绿色基础设施的概念使我们重新认识到绿地景观视觉价值的重要性。哈佛大学的卡尔・斯坦尼兹（Carl Steinitz）教授在西班牙巴伦西亚区域绿色基础设施规划的前期工作中重点考虑了区域视觉资源的保护问题，他认为传统的通过视线通廊、视觉轴线来组织城市视觉景观常常是无效的，并通过具体深入地沿着城市主要街道的实地拍照，然后通过公共参与的方式将区域景观资源分为5个等级，再将这些信息在GIS中数据化，这些数据是构建绿色基础设施的重要依据。美不美是市民最直接的感受，结合视觉资源的绿地网络能够为它迎来市民最为广泛的支持，同时具有较高审美品位的城市开放空间系统能提高城市形象，给城市带来更多发展机会。

6.2.2.3 弹性

面对城市快速发展的很多不确定性因素，原先规划好的绿地空间常常面临变化。但是这种变化往往是难以预计的，为了能够更好地适应这种变化，绿地基础设施应该具有弹性。弹性理论是当代景观规划与设计的前沿性课题，是绿色基础设施规划的基础。弹性理论是一种战略性的思维，而非存在一个标准模式，所谓弹性应该始终基于特定区域的生态环境、社会人文和经济现状，并且融入不同尺度的规划设计中。弹性是生态网络的特性之一。生态网络结构一旦形成，虽然网络会随着时间改变，但是对于目标种群保护的潜在功能不会丧失；网络的弹性体现在网络中某个部件的生态功能下降可以通过网络中其他部件生态功能的提高进行补偿。

马萨诸塞大学的杰克・阿伦（Jack Ahren）认为应通过5个战略来实现绿色基础设施的弹性：多样性（Diversity）、多尺度网络（Multiscalenetwork）、多功能（Mutifunction）、模块化（Modularization）和适应设计（Adaptive Design）。多样性包括生物多样性、功能多样性、反馈的多样性。多尺度的网络是指绿色基础设施规划应该在不同空间尺度（宏观尺度、中观尺度和微观尺度）采用不同的战略重点和规划目标，使其适应不同尺度的生态环境问题、城市经济和社会问题。多功能的绿色基础设施应具有复合性的功能。模块化是指绿色基础设施的构件如同电脑的零件，可以依据不同的目标进行不同的组合，产生不同的效益。适应设计是指，绿色基础设施的规划设计要能够适应处于不同阶段的生态系统。生态系统在不同类型干扰的影响下，可能随时从一个阶段转变到另外一个阶段。

6.2.3 重点研究领域

6.2.3.1 绿道

在困扰全球的两大问题之一的环境问题中，首当其冲的是城乡人居环境问题，对此，城乡绿化无疑是解决这一问题首要途径。当今的绿道实践与研究，其深层的目的作用正是凭借风景园林学科专业的理论技术经验为城乡人居环境扩绿增绿，随着实践与研究的扩展深化，绿道在城乡绿化中的引领与关键作用已日渐突显。绿道的保护与建设已经成为21世纪世界各国风景园林界关注的重点[6]。

1. 三层面的绿道及其在城乡发展中的作用

绿道及其作用可以分成宏观、中观、微观三个层面。宏观层面，绿道以区域自然环境和乡村环境为空间分布，多为自然天成型。这种以大尺度自然山川河流形成的绿道，其战略性作用是引领城镇的发展与增长，换言之，以数十年的前瞻为时间尺度，在城镇尚未蔓延之前，保护早已存在的绿道，借助于这种以自然为主的空间骨架绿道，为城镇发展提供绿色秩序。如果等城市蔓延了再谈绿道，则是亡羊补牢、迫不得已，为了百年后的无怨无悔，在区域层面必须有今天的绿道先行。

中观层面，绿道以城镇环境为空间分布，或以贯穿城镇的自然山川河流为骨架，或以交通道路、人工绿地为依托，是城镇绿地，尤其是生态绿地的骨架。对此，专业界过去并不清楚，尤其国内早期的城市绿化，如同霍华德的花园城市理论，对于城市绿化主要源于传统几何空间形态，等等，绿地空间规划布局更多的是基于人工城市形态而忽略了基于自然绿道的布局，更谈不上从考虑生态作用的规划布局。其中，如莫斯科、伦敦、柏林一些大都市的绿地系统规划建设中，也有孤立的绿道出现，但是，绿道不成网络，把绿道及其网络作为城市绿地系统规划建设的目标追求只是近年的研究实践。经过40年的实践，我们逐渐认识到，恰恰是绿道在城镇中，既能够发挥领导骨干作用，又能最为有效地解决城镇绿地与城镇其他用地争抢用地的难题，所以，绿道是最有效的城市绿化手段。城市的各种用地都是有限度的，我国规定的新建城镇区绿地率是35%，如何将35%的效益最大化？研究已经证明，在城市尺度上，在总绿地面积相同的情况下，成网状分布在一个较大城区范围的“网络”绿地与一整片集中在一块儿的绿地相比，前者绿化覆盖面大、生态流动性强、城市适应性好，具有许多优点，这是绿道在中观层面的作用。

微观层面，绿道以形式多样的空间为人们提供身临其境、活动其间的带状绿化环境，以广东的绿道建设为例，它跟人们的使用息息相关，包括：休闲、游憩、娱乐、健身、清洁交通、低碳出行、环保教育等等。这是绿道的最基本的作用。

2. 城乡绿道在城乡发展中的缘起演进

把绿道与城乡发展紧密结合，在城乡中规划建设绿道，创建城乡绿道，美国威斯康星麦迪逊大学的菲利普·刘易斯教授（Philip H. Lewis Jr）堪称第一人，其实践与研究不仅是学术上的成功，更令人感动的是他60年连续不断的对于城乡绿道的实践探索。他从1950年开始实践城乡绿道、研究城乡绿道、宣传城乡绿道，图6-13展示的图纸是他从1950年开始到2007年的持续不断的以美国西北部的伊利诺伊州为区域的绿道规划。2002年，历经40年实践与研究的积淀，他出版了《依据明天设计》（Design by Tomorrow）一书，通过这部区域景观规划实践与理论的著作，我们可以更为深入理解城乡绿道的缘起。当笔者再度访问其研究中心时，他把绿道的实践与研究又推进到一个面向美国西北区域未来百年都市人居空间格局发展的广阔领域。这也是一位具有战略眼光的大师，当前，全世界都熟悉的GIS，其创始公司的几位创始人，就是当年毕业于威斯康星麦迪逊景观学的学生，正是在菲利普·刘易斯老师的鼓励下，受区域景观规划大规模信息资料收集处理的实践需求的启发激励，他们开创了如今在全世界无人不知的地理信息系统。

在菲利普等先驱们的开创下，绿道的实践与研究以美国为领先，美国21世纪整个国家景观园林建设的主要工作就是在不同的层面上，保护与建设覆盖整个国土的绿道网络，预计最后网络总长大约在27万km。自20世纪50年代开始的绿道理论研究与实践，在菲利普富有前瞻性的实践与研究中，发展至今已经由原初的"绿道"（Greenway）概念发展成今天的更为综合的"E道"概念，即环境廊道、生态廊道、娱乐廊道、教育廊道、美学廊道、经济廊道，疏散廊道等等，（E-way: environmental way, ecological way, entertainment way, educational way, esthetic way, economic way, exit way, etc.），在此，笔者将由多个"E"组成的"E-ways"，取其内在之意，将其转译为"易道"。生态环保安全、旅游游憩活动、城镇风貌形象，这是传统绿道兼具的三大基本功能。今天随着绿道走向"易道"，其基本功能已向着生态保护、娱乐休闲、科普教育、美学伦理体验、安全疏散等多种功能及其综合扩展，从而使之与未来城镇的发展结合得更为紧密。

绿道在国内的研究与实践始于21世纪初，最初有一些研究论文，国内绿道最早的实践在上海，21世纪初经过数年规划建设，上海市宝山区建成了一条绿道。2005年开始，结合上海城市绿地规划进一步的深化，受上海市绿化与市容局委托，笔者团队开始了上海市绿化生态网络的规划可行性论证，这是一个将绿道组成绿道网络的发展规划（图6-14）。此外，笔者团队还在江苏无锡市、新疆阿克苏市等城市开展了以绿道和绿道网络为核心的全市域的绿地系统规划。除了宏观、中观层面的研究与实践，绿道微观层面的实践也已开始。笔者团队2002年制定$13km^2$的安徽合肥经济技术开发区大学城策划规划项目追求"景观先行"、"绿道先

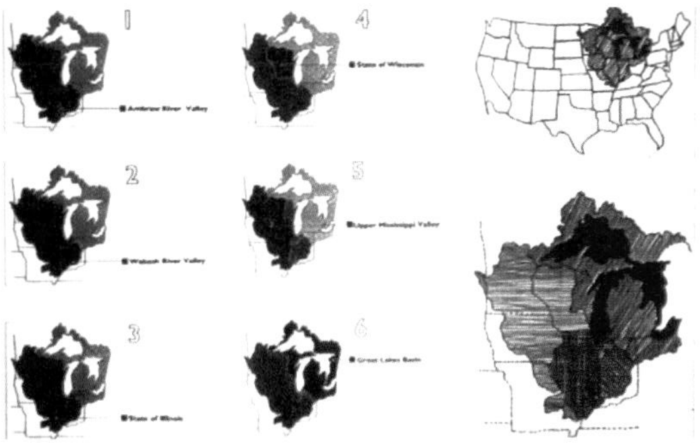

图6-13 菲利普·刘易斯所做的持续60年的绿道规划图
Figure6-13 Greenway planning continued for 60 years by Phill Lewis

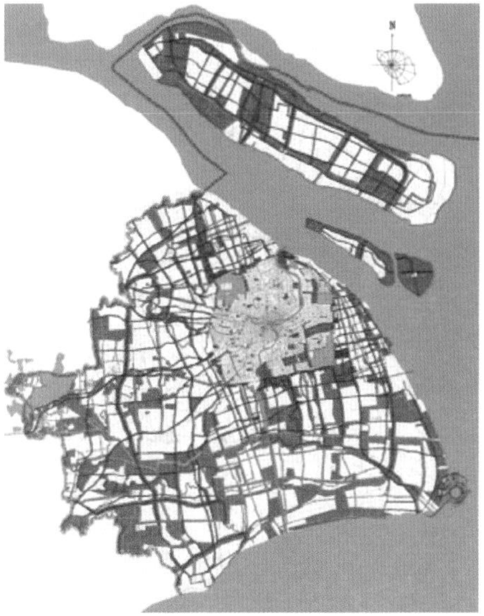

图6-14 上海市绿地生态网络规划图
Figure6-14 Plan of green space network of Shanghai City

行”，在景观规划的统领下，实施了大学城城市规划。

3．从绿道的微观层面和城市中心区做起

今天推广绿道，除了宏观的省域、区域、中观的市域、市区，除了这些动则数万、数百平方公里、需要数十上百广的小尺度风景园林工程项目的实践者，更应当注重绿道在这些微观层面上的发展，注重数千平方米、数十公顷的范围。较之宏观和中观层面，这是一个面广量大、三五年就能初步实现、与城镇市民息息相关的层面。这一层面最能体现绿道的人文关怀。河流及其滨水带是最典型的绿道，都有可能为城市带来最富吸引力的绿道。图6-15是笔者团队在山东潍坊市为白浪河滨水景观所规划设计的一段，长为8km，规划追求大景观、大绿化、大生态，两岸设有自行车道、慢行系统。此外，未来的城乡绿道建设不可避重就轻，必须迎难而上，要在城市中心区、特别是那些未来即将成为城市中心区的地带营造。为此，笔者团队2009年开展了一个项目实践：浙江新昌和浙江嵊州两个城市远期有可能合并形成一个更大的城市区域，在目前对于两城市都属于城市边缘区的地带，未来有可能形成一个新的、比目前两个城市级别还高的城市中心区。在此，笔者团队探索了一种以生态环境和文化产业为核心的城市中心区，分别在宏观层面和中观层面发挥了绿道和绿道网络的统领作用，提出了以风景园林为引领的城市化（图6-16）。

总之，绿道的发展源于实践、研究、宣传。展望未来绿道发展，我们坚信：① 绿化建设中必将发挥更大的作用；② 绿道在未来中国风景园林实践与研究中，必将扮演越来越为重要的主角；③ 与历史上昙花一现的城市美化等运动不同，绿道的生态安全作用、身心健康作用、社会文明作用将使绿道建设成为一种持久的、多行业支持参与的、深受公民爱戴的天人行动。

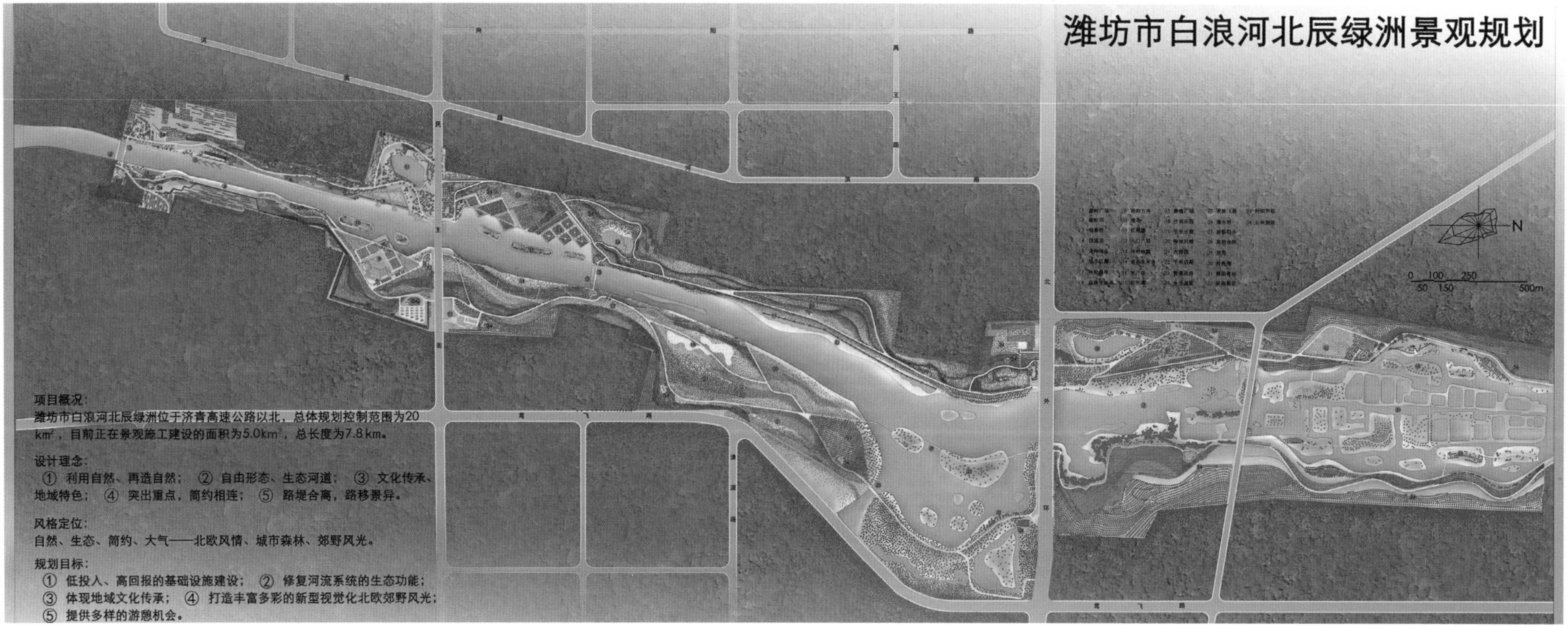

图6-15 白浪河北辰绿洲景观规划设计总平面
Figure6-15 Beichen Oasis of Bailang River landscape planning

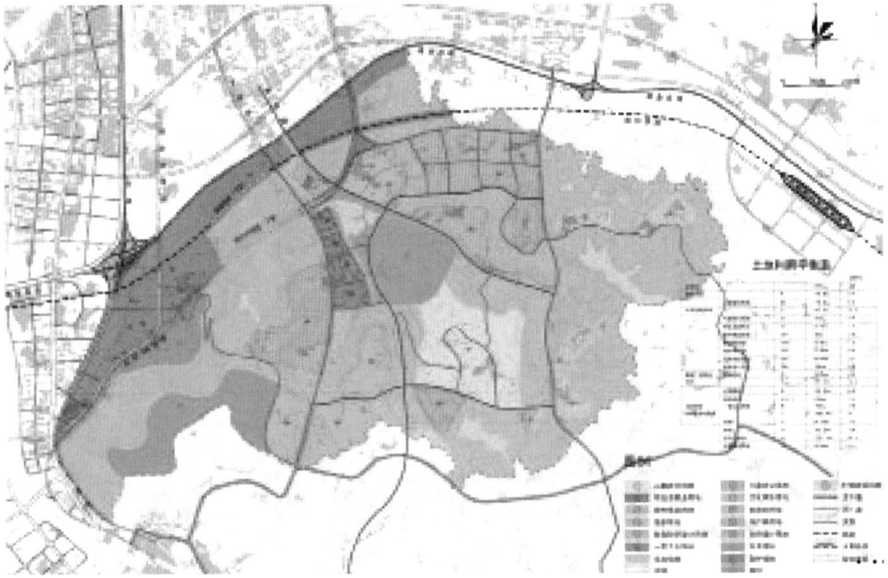

图6–16 彭山台地总体规划图
Figure6-16 Master Planning of Pengshan Terrace

6.2.3.2 生态网络

从乌托邦到花园城市，从园林城市到生态城市，从朴素的自然直觉到系统的科学理性，古往今来，人类对人与自然和谐共处的理想人居环境进行了卓有成效的探索，把自然引进城市，将城市融入自然，已成为现代城市规划中被广泛接受的理想理念，表现在各种城市绿色开敞空间规划建设范式中。历经居住园林、城市公园，园林城市的三大研究与实践，在城市化进程中，如何实现城市绿地与城市发展相互促进的优化耦合，寻求城市绿化最为有效、合理、科学的理论方法技术，一直是国内外风景园林界的主要研究与实践领域，绿地生态网络规划建设正是迄今为止该领域的最前沿。

1．概念与发展趋势

经过最初的欧洲的景观轴线、林荫大道（18世纪初至20世纪30年代），到早期的欧洲的绿带、美国的公园路（20世纪30～60年代），到美国的绿道及绿道网络（20世纪60～90年代），再到现在的绿地生态网络概念（20世纪90年代至今）的提出，经历了2个多世纪漫长的演变历程。在此期间，世界各地的学者从各种不同角度进行了不懈的探索，提出过多种相关概念。以时间为轴线，对这些概念进行系统梳理，得出：

（1）从形态结构的演变上来看，总体表现出从明显的分散、割裂、关注单个元素到整体融合、网络发展的趋势，同时，除了强调整体系统性和基础服务功能的作用，其余众多概念无一不具有非常明显的空间形态特征，因此，结构形态与功能作用的内在联系和关联机制的解读，仍是绿地生态空间规划的核心问题；

（2）从功能特征的演变上来看，这些概念从维护水文健康、保护环境资源，到保护生物栖息地、维护生物迁移，再到游憩休闲、遗产保护、地区发展等，全面综合地涵盖了环境、生态、人文各个方面。以绿地生态网络为代表的绿地生态空间规划发展至今，其所发挥的功能作用已更为复杂而综合，体现了对土地利用方式的深度开发与综合考虑；

（3）空间尺度和实践范围呈现出明显的演变趋势，从微观的具体设计尺度到宏观的战略规划尺度，从城市化地带到小镇、乡村及区域景观，从地方、区域、到国家尺度。

在城镇绿地规划领域，绿地生态网络规划理念具有里程碑式的意义：① 第一次将绿地生态空间规划中的结构形态与功能作用两者通过格局与自然过程流联系起来，结束了长期以来两者游离的状态，是人类对绿地生态空间规划认识的一次飞跃性质变；② 使对城市绿地的认识，从点状保护提升到线形连接；③ 使绿色生态空间规划，走出模式化形态的局限，还给城市绿地原本健康、有机、多样的形态；④ 促进了从交通、用地决定城市形态，到自然生态空间作为用地规划骨架的转变，是风景园林学科对城镇可持续发展理念和精明增长思想的积极贡献。

2．相关研究与规划实践

1990年迄今，经过20多年的研究与实践，绿地生态网络概念已被世界各国广泛接受和认同。然而，尽管绿地生态网络规划理念被广泛用于世界各地不同层面的城镇规划实践中，围绕绿地生态网络功能机制与形态结构这一核心领域却一直缺乏系统性研究与大规模可操作性工程实践。经过2007～2008年一年多的论证申报，由科技部和住房和城乡建设部资助，中国2008年底启动了“十一五”国家科技支撑计划《城镇绿地生态构建和管控关键技术研究与示范》科研项目。这是中国风景园林界自新中国成立以来，迄今为止，获得的最大的科研资助项目。项目动用了全国近30家权威领先性的高校、院所，近百位以上高级职称人员，笔者有幸作为项目首席科学家和课题负责人，与420多名研究人员共同完成了这一历时5年的科研项目。围绕城镇绿地问题，聚焦于绿地生态建设与管控的关键技术，该科研项目包括6大课题：课题一：城镇绿地标准化生态信息获取与综合评价关键技术；课题二：城镇绿地空间结构与生态功能优化关键技术；课题三：节约型城镇绿地建设关键技术研究与开发；课题四：城镇绿地特殊生境生态修复关键技术研究与开发；课题五：城镇绿地生态管控关键技术；课题六：城镇绿地生态建设综合技术示范。其中的课题二“城镇绿地空间结构与生态功能优化关键技术研究”，研究的核心就是绿地生态网络建设的关键技术难点。如何结合中国自身的国情，展开系统化的研究与示范，正是该课题研究的重点。以此项目课题为标志，表明中国在该领域的研究已全面启动并展开[7]。

绿地生态网络规划在中国虽然是一个较新的理念，但有关线形空间的规划建设思想却可以追溯到在应对自然灾害的背景下发展起来的沿河流、交通廊道的绿带以及农田防护林带理念。近年来，有关绿道、廊道等线形绿地生态空间的相关规划在中国有了较大的发展，但是综合意义上的城镇绿地生态网络规划研究与实践还不多见，其中詹志勇等应用景观生态学原理规划了由绿楔、生态廊道组成的南京绿地系统，为未来的城市扩张、绿地建设、游憩开发、野生生物栖息和其他环境用途提供未来发展的弹性空间。李锋等也从区域—城市—社区尺度上应用生态学原理对北京市的城市绿化进行了规划。王海珍等应用网络分析法为厦门岛规划了多个绿地生态网络方案，并通过廊道结构和网络结构分析对其进行评价。

同济大学景观学系笔者课题组承担了2005年《新一轮2050上海绿化系统规划可行性研究课题》，将上海市绿地生态网络规划构建并作为研究核心，进行了初步的探索，主要包括：① 选取长江三角洲—上海市域—中心城区—社区四个尺度进行网络构建；② 辨别对上海市生态空间具有重要意义的绿地斑块和廊道，并作为规划框架；③ 构建了以绿地斑块、生态廊道和网络结构为空间构成单元的整体化网络；④ 结合上海独特的地方特征，纳入湿地、郊野公园、游憩系统等，构建具有地方特色的绿地生态网络；⑤ 分析和总结上海市绿地生态网络的空间模式，提出适合上海市实际情况同时具有较高使用和建设效益的环网结构。

6.2.4 绿色基础设施实践研究综述

6.2.4.1 场地尺度的绿色基础设施实施途径

推动绿色基础设施的广泛应用，首先是各类场地尺度意义下的建造实践，基于“生命支持”的生态系统服务价值目标，绿色基础设施的实践活动可以归类为以下7种理念和途径[8]。

（1）生物滞留系统（Bioretention Systems）。生物滞留系统可被应用在小的绿化节点中，如停车场、居住区、高速公路中央分隔带等。它包括了有助于提升水体质量的过滤介质与植物，同时这些介质与植物可以用来对开发前的水文环境进行保护。它们在用以滞留和处理污染物的景观设计中基本都处于低洼地区。生物滞留系统及雨水花园的基本功能就是控制雨水径流。目前的研究主要集中在雨水的涌入与外流、污染的集中与降低上。在实际操作中，生物滞留系统被认为其在污染物消除方面效果显著。

（2）人工湿地（Constructed Wetlands）。人工湿地被定义为“人为设计制造的，由饱和基质、植物（挺水、浮水、漂浮和沉水）、动物、水体组成的，通过模仿自然湿地来满足人类需求的复合系统”。与自然湿地相类似，人工湿地也是一个复杂的综合系统。被看作是绿色基础设施的人工绿地也可以如自然湿地一样带来多种效益，它们既可作为一种经济高效的防洪措施、用于城市雨洪管理，也可用作野生动物栖息地，同时也能够提升景观的审美情趣、提供游憩设施。

（3）雨洪管理（Storm Water Management）。雨洪管理是把从自然或人工集雨面流出的雨水进行收集、集中和储存，作为水文循环中获取水为人类所用的一种方法。可提供类似“海绵”的功能，水多则涵养，缺水则释放，起调控雨洪平衡的作用。美国科罗拉多州深处北美内陆，海拔高气候干旱——“一英里干旱平原”作为较早控制和管理雨洪技术的代表。1974年美国科罗拉多州和佛罗里达州率先制定雨洪管理条例，宾夕法尼亚州（1978年）和弗吉尼亚州（1999年）随即出台相应技术手册。德国污水联合会（ATV）、雨水利用专业协会（FBR）制定了雨水利用与管理的技术性规范和标准。英国提倡可持续城市排水系统（SUDS），澳大利亚倡导了水敏性城市设计（WSUD）。

（4）透水性铺装（Permeable Paving）。美国环保局表示：绿色停车场是指通过一系列技术的综合运用来减少停车场存在的不可渗铺装。传统非渗透铺装的地表（地面铺装）引发了许多城市问题，如暴雨径流导致的水道污染和水土流失，带来更大污水处理压力，以及加重了城市热岛效应等。

（5）绿色街道（Green Streets）。根据波特兰市的实践，绿色街道是一种集合了透水表层、树木覆盖、景观元素的相融街道。绿色街道的设计目的包括：减少雨水径流和降低面源污染，缓解汽车尾气带来的空气污染；将自然元素纳入街道，为慢行交通系统的通行提供机会。

（6）屋顶与垂直绿化（Green Roofs and Green Walls）。生物屋顶是被覆盖了植被的屋顶，是用生长着的植物来代替裸露的合成屋顶、复合和木质屋面板瓦、黏土和水泥瓦，以及金属板、拉膜等各种屋顶材料，其主要目的和重要功能是减少暴雨径流。生物屋顶另一项比较明显的附加利用价值是减少热岛效应，城市中心产生的热浪将会增大城市污染的风险，而生物屋顶的降温作用恰好可以减弱这一风险。生态绿墙是建筑物或构筑物中的垂直绿化元素，即利用植物的部分覆盖或全部覆盖发挥效用。屋顶绿化主要有2种不同的技术类型：生态绿墙与绿色立面。生态绿墙是一种由固定在垂直墙体上的栽植面、垂直模块和种植毯组成的墙面系统。绿色立面这种墙面系统则引导攀缘植物与地被植物沿着经过特别设计的支撑结构生长。

（7）城市公园（Urban Parks）。目前的研究已经可以量化城市公园的效益，例如，根据鲍勒（Bowler）等人2010年的研究，城市公园的气温可以比未绿化地区低10℃左右。此外，近期的研究正试图在每一棵树的基础上量化城市森林的部分效益，包括缩减能源需求、降低碳排放、提高空气质量，滞留暴雨、减少高温带来的健康损害等。关于城市公园保健效益的研究也逐渐出现。

6.2.4.2 城市尺度的绿色基础设施实践

（1）城市滨水区与河道岸带（Urban Waterfront and Riverside）。指以自然生态驳岸和绿化型岸带为主的城市滨水区域河道景观绿带。城市滨水区与河道作为绿色基础设施其所发挥的作用非常综合。尤其当其规模尺度较为庞大，如长度在数公里、面积在数十公顷或数平方公里的河道滨水区，除了雨洪调节、还因其多样化的滨水湿地陆地而兼具水体净化、生物栖息、绿色廊道、游憩娱乐等多重功效。

（2）城市绿色廊道（Urban Green Corridor）。绿色廊道是线形的开放空间形式，根据结构具有生态、景观、保健和其他社会功能，其主要作用是将分散的景观元素构成一个独特完整的体系，其中的基本元素是植被。绿色廊道是一个线形地带，连接绿色空间，主要强调生态作用。但它们也有连接自然遗址、文化景观和风景名胜的功能，其作用是多样化的。他们对某些动植物种类提供了食物和一切必要的生活条件、动物的栖息环境和环境保护屏障。具有降低噪声、过滤污染功能，也是提升周围的环境质量的一种生态资源。

（3）城市绿色斑块（Urban Green Patch）。城市绿色斑块集合了在一个城市空间中的所有植被和动物栖息地的生态体系，它包括了私人用地、公园、保护区中的具有一定规模的树林植被。城市绿色斑块承载着多种功能：如创造适宜的微气候，减弱城市“热岛效应”，碳汇作用，营造社交空间，净化空气（树木及植被可过滤空气中的污染物），净化水质（植被根系可阻止泥沙及污物随水流排入当地水体中），促进居民身体健康来减少医疗费用，提供更多在“户外课堂”学习的机会，促进城市旅游业发展来增加财政税收，通过公园产生的吸引力来增加商业活力，用优美的自然风光使处于城市喧嚣中的人们获得喘息的机会，生物多样性保护等。

6.2.4.3 从城市扩展至乡村及特殊人居环境的绿色基础设施

随着地球气候变化的大范围影响及全球化发展的蝴蝶效应，区域性的绿色基础设施研究已逐渐被关注。绿色基础设施的研究已不仅局限于基于城市系统的研究，进而转至乡村、流域、旷野等更丰富的景观环境，尺度也由建成区、市区扩展为市域，进而转向县域、省域和以地貌特征为划分的不同大范围景观地带。此类研究实践案例之一是以黄土高原甘肃环县半干旱区为实验基地的区域性绿色基础设施规划已全面展开，基于当地人居环境缺水少绿的特征，结合气候转型的机遇，把握聚居背景中人为建设与自然演替的耦合特征：在宏观尺度，以景观化的集水造绿活动为契机，开展网络型的立体植被水域空间建设，形成区域型的绿道规划，演变为“绿色城市/城镇/乡村”；在中观尺度，以生态化集水造绿活动为契机，在以绿道为框架的水绿立体网络中重点建设关于水的绿色基础设施与关于绿的绿色基础设施，以乡村尺度的雨水管理系统与功能性植被系统相结合，凭借有限的自然条件，形成具有促进作用的向原始植被发展的生态演替；在微观尺度，以人居化集水造绿活动为契机，实现低影响开发，在半干旱区将雨水收集、就地入渗、庭院/屋顶绿化等绿色基础设施相结合，形成“雨水收集与入渗＋低技术生态技术—植被生长＋地域建设—气候调节—农经作物种植＋旅游活动兴起—经济收入增长—人居环境改善”的良性发展模式。

6.2.5 绿色基础设施建设在我国的实践与思考

1. 问题

（1）目前我国的绿色基础设施研究和实践，更为关注大尺度的理论研究，缺少中小尺度的实践性研究成果；

（2）政府管理部门的参与度不高，缺少政策制定、管理介入和服务效能的评价内容。绿色基础设施作为公共设施，其开发建设理应由政府主导实施。而在中国目前较普遍的情况是当面临选择时，政府往往选择牺牲绿地来开发成其他用地，以取得更多的经济利益；

（3）绿色基础设施从规划层面上来说功能较单一。中国绿色基础设施规划主要由城市规划部门编制，没有广大市民参与，对于绿色基础设施一些比较细化的方面往往考虑不周全，经常是到实践中才发现供应服务功能从生态系统获取的服务问题；

（4）规划后的实施环节不相配。由于行政区划的原因，很难在更合理有效的区域范围内实施。例如区域性的重要生物廊道可能由于各个城市的地方保护政策，不得不被中断。

2. 多角度多层次嫁接

绿色基础设施的研究与应用，并不是一个完全的新的体系的介入，更应该思考如何与现行城市建设各类规划编制和建设项目的渗透和嫁接，例如，绿色基础设施的网络化建设如何嫁接在城市绿地系统规划的编制与实施体系中；各种场地尺度下的绿色基础设施如何嫁接在城市各类绿地的设计实施中，如何在道路绿化设计中实施，如何在城市公共空间、停车场建设、居住区绿化等各类建设项目得以实施。

6.3 气候适应性原理与规划设计

6.3.1 国内外研究概述

6.3.1.1 国外研究概述

近年来，全球的知识界和公众都已经越来越多的意识到“气候变化”这一问题的存在，许多国际权威机构都提供了有力的研究报告[9][10]。尤其是第15届联合国气候变化会议哥本哈根高峰论坛（The 15th Conference of Parties（COP 15）of the United Nations Framework Convention on Climate Change（UNFCCC），2009），各个国家都纷纷提出自己力求达到的减排目标，建筑或者建成环境方面的专家在号召建设一个低碳的新世界，这也意味着我们现在的城市化和形式都应该得到新的思考，这些思考从建筑设计、城市规划设计逐步拓展到风景园林，也从西方逐步引向东方，包括中国。这些新的思考都建立在批判目前导致环境退化的工业化和现代化的基础上[11~13]。这些研究强调欧洲或西方国家在气候变化研究和政策制定方面所获得的进展，以及对于中国发展模式的批判，从而说明，我国在此领域需要大量地加强基础性研究的投入。

在气候变化与风景园林学科的应对方面，西方国家早在20世纪80年代已经展开大量的研究，主要通过“空气”和“改进空气质量、加强舒适和节能”阐述了景观设计与气候，尤其是微气候之间的关系，通过实验的方式来解释景观设计的形式与微气候之间的微妙关系[14][15]。如何通过风景园林的方式来实现对异常气候的适应性研究，强调通过植物来适应气候变化[16~19]；另一方面是风景园林设计在城市防洪方面的适应性研究，包括雨水利用、雨洪管理等方面的成果[20]。

风景园林热环境人体舒适度的研究成果，解释了大气系统、微气候与节能、人类热舒适、建筑节能、辐射改进、通风改进、温度、湿度与感受的改进等问题[21]。近年来的研究成果更为具体的关注热环境舒适度与设计的关系，并广泛借助数字化模拟技术手段，例如应用EcoTect软件分析乔木遮阴形式如何改善人体热舒适感受[22][23][24]。目前，大多研究都阐述了风景园林在户外热环境人体舒适度方面起到的决定性的作用，但研究仍处于理论论证阶段，缺乏真正深入的探索，也缺乏能应用于实践的指导性结论。

6.3.1.2 国内研究概述

（1）应对气候变化和城市微小气候，风景园林、建筑环境设计、城乡规划等方面围绕城市物质空间设计方面的研究。

风景园林学科应对气候变化改善人居环境具有重要作用，研究成果主要围绕风景园林构建等方面对气候提出相应的措施，涉及风景园林师在应对气候变化中应承担的责任，行业应对气候变化的策略，提出了包括政策制定、机构建设、科学研究、技术推广、行业交流等方面的建议[25][26]；另外，以城市中型尺度模式的城市街区为研究对象，在现场实测的基础上，为城市微气候分析提供了新的分析方法和思路。目前的研究多从风景园林的影响背景、变化因素、低碳节能模式等基础理论和物理影响因子方面进行分析与实测，得出了相关方面的数据分析和结论相关[27]。

针对城市物理环境微气候调节，开展了围绕大型城市尺度、中型街区尺度和小型建筑环境尺度等多个层面的空间规划设计研究，探索气候因子的定量性影响分析。徐小东，王建国，陈鑫为代表的研究团队，以干热地区城市设计为例，从宏观、中观、微观三个层面进行研究，并提出了适应干热气候条件的城市设计生态策略和方法，探索与气候相适应的节能舒适型的城市空间形态与模式，尝试在城市气候学与城市设计之间建立一种协作模式。从技术层面上来说在大型和小型尺度方面已经有了系统的分析测试软件，研究实践在我国几大不同类型典型城市中进行实测分析，得出相应数据并提出了微气候适应性设计的相应措施[28][29]。

关于城市风景园林小气候空间环境的格局、节点、通道规划设计原理的研究方面，目前我国在城市发展中关于其土地的划分方式提出的是宏观、中观、微观，或者单位社区这类以尺度和使用功能为基本属性的城市分区法。例如，通过现场实测与数值模拟结合的方法对微气候因子的日变化过程和分布状态进行比较研究，基于为气候改善和优化的城市街区环境定量分析技术提出相关设计策略；尝试提出转型期中国城市构建低碳城市的空间组织原则和发展战略，设想了可能应对全球气候变化的中国城市空间组织模式；基于城市肌理形态、城市肌理体量单元等概念，以及热舒适度、风舒适度和呼吸性能3个舒适性指标，为城市肌理优化提出了街区整合度、建筑群离散度、建筑朝向指标和体型系数3组指标，为城市街道空间优化提出了街道贴现率和街阔整合度2组表述指标。从城市应对气候变化的风景园林设计来说，目前的划分方式有很多局限，这种空间组织模式不能最大限度的发挥出景观设计应对城市气候变化的作用，因此寻求一种新的景观规划引导下的城市划分方式迫在眉睫，这也是应对气候变化的首要前提[30~32]。

风景园林物理环境、生态环境、心理环境及其构成要素的计算机模拟实验方面，以及建筑物理方面已经取得一定成果。陈卓伦等在居住区内定点实测小区微气候参数，定量分析景观设计因子在设计行为中的权重关系，探讨通过改变相应的因子来改良住区热环境的方法；王振等开展了微气候学、信息技术和建筑学三者如何整合设计的问题，基于微气候动态信息技术的城市街区形态设计关系到中尺度城市空间几何形态和城市个体对室外舒适环境的选择；洪亮平等从气候学、生态学、景观学与城市规划相互结合的角度，提出城市广义通风道的概念及其构成。这些方法也可借鉴作为景观场地的测量研究手段，研究实践多选择住宅区、街区、绿地等中小型尺度某一种类型场地的研究，缺少类型较多但尺度较小的城市类型化空间单元的划分依据与方法，而这正是景观视角下城市应对微气候研究的重要基础[33~35]。

城市绿色基础设施适应气候变化的理论与实践。为了适应气候变化，在城市绿色基础设施规划方面已采取了一系列措施。城市新区的建设可以通过改变气流运动和周围环境的光照条件而在城市中创造不同的微气候；绿色基础设施应有规律的间插在城市建筑物间以便充分利用其在热带地区的降温功能；一个适应城市热岛效应行之有效的办法就是在高密度建筑群中加建屋顶花园和营建垂直绿化。

（2）城市物理环境方面的研究。

近年来，中国部分建筑类院校的建筑技术方向的研究学者，大量关注城市微气候，城市物理环境方面的研究，取得大量成果，可作为本课题的主要研究依据和技术方法支撑。

西安建筑科技大学绿色建筑研究中心刘加平教授团队，多年来从事西部人居环境绿色生态设计，完成了数项国家自然科学基金和重点项目。团队成员赵敬源博士根据西安的气象数据对街道在不同街道高宽比及不同绿化形式条件下的热环境进行数值模拟[36~39]。西安建筑科技大学钟珂、亢燕铭等通过实测对街谷大气环境和声环境进行相关研究[40]；西安建筑科技大学的赵华、宋海静采用实测和问卷结合的方法，对西安的部分广场夏季热环境进行研究，利用标准有效温度作为热舒适环境评价的指标，得到在风速为2m/s，活动量为1met，着衣量为0.6clo时，80%的人是感觉舒适的[41][42]。

华南理工大学建筑节能研究中心，孟庆林教授团队，在多个国家自然科学基金项目的支撑下，主要在我国湿热地区城市微气候调节机理、质量评价及调节设计方法等研究领域开展了系统的理论分析、现场调研及实验观测工作[43]。对湿热气候条件下室外热环境进行大量实测研究[44][45]以及多方面的数值模拟研究[46~48]。2004年夏季进行的广州地区庭院热环境研究中，通过测试庭院WBGT指标与人员热感觉投票值进行回归分析，得到了以WBGT为评价指标的夏季室外热环境舒适域上限约为27℃。此外通过定点实测小区微气候参数，定量分析景观设计因子在设计行为中的权重关系，探讨通过改变相应的因子来改良住区热环境的方法[49]。

重庆大学唐鸣放教授等对植被与微气候之关系进行实测研究并建立室外热舒适度评价模型[50]；同时提出户外热舒适度的评价模型（OTCD），可以评价室外的热舒适度，并选取重庆多个城市广场完成夏季热环境实测和计算机模拟评价分析[51]。重庆大学罗庆、刘俊以实测和数值计算相结合的方式对城市建筑群室外热环境进行数值模拟研究[52][53]。

清华大学建筑技术科学系朱颖心、林波荣、李晓锋等结合室外微气候进行了实验研究[54]；清华大学建筑技术科学系朱颖心、林波荣、李先庭等运用多种模拟技术对室外不同的热环境进行了大量相关研究[55~57]。

此外，东南大学柳孝图教授在可持续发展与城市物理环境方面结合了大量实测数据的系统研究[58~60]；华中科技大学余庄教授、张辉、陈丽等将CFD模拟技术应用在城市规划与城市气候关系，进行大尺度城市地域模式相关研究[61~64]；华中科技大学陈宏博士利用CFD耦合技术对小区室外热气候进行分析，并使用SET*评价室外热环境对行人的热舒适性的影响[65~66]。西南交通大学董靓教授，选择湿球黑球温度WBGT作为城市街谷热环境的综合指标，建立了能直接从环境参数预测热指标，利用WBGT作为户外热环境质量评价参数，建立了WBGT的关联式以及典型的矩形街谷热环境的数值模型，用数值方法研究了空间设计要素街谷方位，街谷高宽比及地面铺装材料与墙体材料对街谷热环境的影响，并实测分析了重庆街谷夏季热环境[67~68]。

纵观国内研究现状，目前研究对象多针对建筑与城市空间，而与风景园林相关的研究仍偏少。

（3）农业地形小气候方面的研究成果，在应对大气候和改善局地小气候方面，为风景园林小气候研究提供重要的借鉴依据。

我国对农业地形小气候的研究，是以地形小气候为基础，通过对实际案例的观测分析，进一步理解地形对小气候的影响。1963年，傅抱璞研究了起伏地形的小气候特点，研究指出在起伏地形中，空气温度和湿度都是高凸的地方变化振幅小，低凹的地方变化振幅大。1982年，杜建淳研究了位于新安江水库周围的淳安，建德两县的气候特征，避免柑橘冻害问题，分析了地形、水域对最低温度的影响。王菱，杨超武从不同坡向、坡度气温的分布特点，对西双版纳冬季地形小气候作了研究，提出山体温度分布规律，以及各种热带作物对温度的不同要求。1983年，黄寿波介绍了在北亚热带季风气候区域内利用有利的小气候条件成功栽培柑橘的实例，证实当地的良好小气候是地形、水域两者共同作用的结果。1991年，余优森、任三学将陇南橘园地形小气候分为浅山逆温层避风型橘园、浅山逆温层通风型橘园、河谷避风向阳型橘园、河谷风口型橘园和库区橘园五种类型[69~74]。

（4）旅游气候舒适度研究较早地开展，为风景园林小气候设计提供依据

城市风景园林户外环境气候适应的人体感受机制的评价标准和指标体系是严重缺乏的，目前陈睿智、董靓提出在国内园林规划设计中的研究重点，即加强园林微气候舒适度研究，完善评价标准，园林规划设计中重视营造微气候舒适度，重视多学科融合及实地测试；从景区规划设计和管理角度探讨微气候改善，提供自然健康舒适的旅游活动环境，节能减排促进景区可持续发展；刘颂、刘滨谊提出了可持续发展的城市人居环境评价指标体系的重要意义，确立了以人为本等城市人居环境可持续评价指标体系构筑原则，并利用层次分析法提出了一套层次分明、操作性强的城市人居环境可持续发展评价指标体系[75~78]。

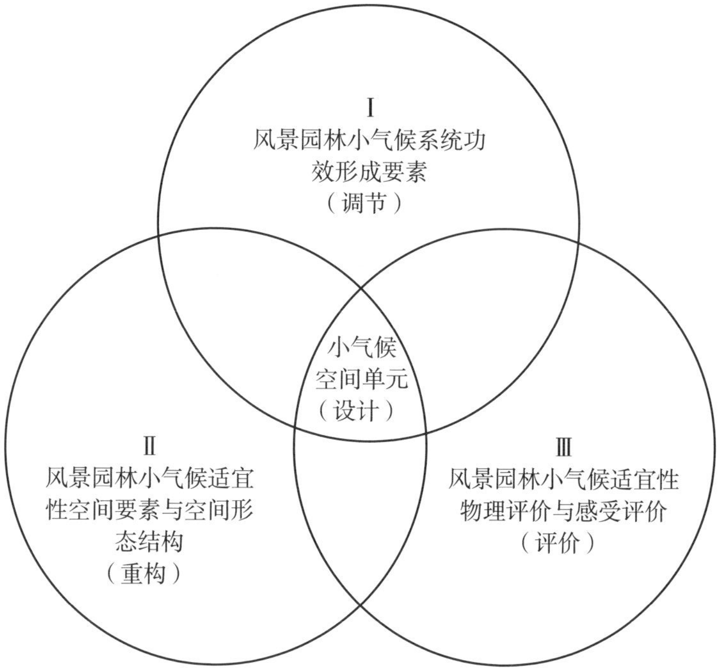

图6-17 研究战略思想——Ⅰ、Ⅱ、Ⅲ之间的耦合
Figure6-16 Research strategy——three elements coupling

6.3.2 城市宜居环境风景园林小气候适应性设计理论和方法研究

由笔者主持负责的，同济大学与西安建筑科技大学合作申请的课题“城市宜居环境风景园林小气候适应性设计理论和方法研究”，于2013年成功获得国家自然科学基金重点项目资助，课题拟于2014～2019五年内完成。该课题战略思路（图6-16）围绕城市风景园林小气候系统功效、空间要素与空间形态结构、气候适宜性三个核心问题，从理论、方法、技术及案例调查验证四个方面展开。其研究内容涉及城市风景园林小气候基础理论、设计方法、关键技术集成，设计导则与评价指标体系四大部分。拟选取中国东南（夏热冬冷地区）和西北（寒冷地区）两大气候区域中三类九种空间建立案例示范，综合实践验证。三类空间分别为：一类广场类建筑密集区（包括5hm²以上、1～5hm²、1hm²以下三种规模）、二类街道/滨水区类带状空间（包括城市主干道、城市次干道、城市滨水带三种）以及三类城市居住类街区（包括居住区、小区、组团三种类型），具体研究内容如下：

6.3.2.1 城市风景园林小气候适应性基础理论研究

1. 城市户外环境气候适应性分析方法和调控目标研究

不同地域城市的大气候特征从城市和建筑设计的角度分为干热、湿热、冬冷夏热、寒冷四种类型，代表了气候适应性设计要解决的地域气候（大尺度）应对问题；而城市气候具有其特殊的共性，形成了典型城市气候“五岛”（热、冷、干、湿、雨岛）效应的区域化时空分布，对于城市覆盖层的小气候和地面人活动层的微气候所产生的气候影响，代表了气候适应性设计要解决的城市小气候（小尺度）应对问题；通过两个尺度气候特征的叠加，划分不同地域的城市小气候类型，同时，与城市环境空间形态特征联系，建立“城市空间小气候基本类型”。具体包括：① 建立地域气候影响下的“城市空间小气候基本类型”划分；② 城市户外环境空间气候适宜性时空分布特点规律；③ 城市典型户外活动空间小气候调控类型划分；④ 城市空气污染影响的调控类型划分；⑤ 城市户外活动空间气候适宜性环境物理指标及调控目标。

2. 城市风景园林小气候单元形成要素及其系统功效研究

包括：① 系统构成研究：气候因子与风景园林要素、在空间构成、空间尺度、空间形态的相互关系；② 内在机制研究：地域气候主导模式，小气候空间模式、冬夏季节模式、昼夜时差模式；③ 调节功效研究：冬暖夏凉、湿热干冷、雨旱风雪；④ 风环境形成要素和系统功效研究：地形、空气、流动、空气洁净（见表6-1中1-1）；⑤ 湿环境形成要素和系统功效研究：水体、雨雾、植物（见表6-1中1-2）；⑥ 热环境形成要素和系统功效研究：日照、遮阴、地表土壤、铺装、设施（见表6-1中1-3）。

3. 城市风景园林小气候单元形成空间要素及其形态结构研究

城市风景园林小气候单元形成空间要素及其形态结构，直接影响气候适应性设计效果（见表6-1中2-1、2-2、2-3）。

4. 城市风景园林小气候物理评价与感受评价研究

通过对城市户外热环境人体感受机制和人体地域差异性耐受度研究，对基于热舒适度指标温湿和风效指数建立的现行规范《人居环境气候舒适度评价》（GB/T 27963—2011）深化完善，补充季节性气候适应变化幅度和地域差异气候适应幅度；基于空气污染和有害气体对人体健康与舒适的影响，以空气含污染物成分和浓度为基准建立空气健康度指标，综合研究日照、降雨、气压等气象因子对人体生理心理感受机制的影响，建立宜人指标和季节舒适度敏感因子指标，进一步建立体现宜居的城市户外环境人体气候舒适度评价体系。

5. 城市物理环境气候适宜性评价体系研究

以大气候特征为背景，以城市局地气候成因为条件，以城市小气候特征为对

表 6-1 城市宜居环境小气候适应性风景园林设计理论与方法研究框架
Table6-1 Research framework of microclimate responsive landscape design theory and methods

目标成果/研究内容	单元层1	单元层2	单元层3
研究单元1.风景园林小气候单元形成要素及其系统功效	1-1风环境	1-2湿环境	1-3热环境
预期成果：风景园林小气候功效原理	空气，流动，地形	水体，雨雾，地表	日照，遮阴，垂直界面
	地形、地表、土壤、植物、水体、铺装、设施		
研究单元2.风景园林小气候单元，空间要素及其形态结构朝向	2-1 地形	2-2地表	2-3垂直要素
预期成果：风景园林小气候空间模式	低洼/隆起	面积、朝向	面积、朝向
	高程、坡度、坡向、起伏度、高度、宽度、长度、表面		
研究单元3.风景园林小气候物理评价与感受评价	3-1物理的	3-2生理的	3-3心理的
预期成果：风景园林小气候主—客观评价标准与指标	热环境舒适评价	综合环境舒适评价	综合环境偏爱评价
	热、湿、干、寒等感受		

象，以城市微气候热环境实测参数为基准，寻找风环境、湿环境、热环境、空气污染环境与人体气候舒适度的关联途径，建立城市风景园林物理环境评价方法和计算机模拟分析模型，进一步建立城市物理环境气候适宜性评价体系。

6. 划分多类型城市风景园林小气候适应性典型空间单元

针对城市户外环境的活动功能构成、城市小气候空间形态特点、空间物理环境影响特点、人体气候舒适度影响、小气候数据特征典型性等因素，划分多类型城市风景园林小气候适应性典型空间单元，选取三类九种样本空间单元，以热辐射为主导的城市广场、以峡谷风为主导的城市街道、以绿地为主导的居住区，分别考察其空间尺度、形态、规模的差异变化，并在冬冷夏热和寒冷地区同时提取小气候样本监测数据，完成地域性比较研究。

7. 建立风景园林小气候主—客观评价标准与指标体系

包含：① 热环境舒适度（见表6-1中3-1）；② 综合环境舒适度（见表6-1中3-2）；③ 综合环境偏爱度（见表6-1中3-3）。

6.3.2.2 城市风景园林小气候适应性设计方法研究

本部分研究围绕拟建立的城市风景园林小气候空间单元展开，其范围是城市人类户外活动环境；其功效表现在调节物理环境的舒适程度；其实现途径为风景园林手段；其目标为实现微小气候自我调节改善；其特征是利用自然气候与风景园林资源、低能耗的环境气候调节。研究分为以下三个方面：

1. 城市风景园林小气候调节原理研究

（1）基于气候人体舒适度的物理环境小气候调节模式。研究典型风景园林户外环境微小气候温度、相对湿度、风向、风速、太阳辐射的作用规律。

（2）基于风景园林生境的物理环境小气候调节模式。以城市风景园林小气候单元基本考察对象，转化农业地形小气候理论研究成果应用于城市风景园林小气候调节。

（3）基于风景园林要素物理性能的小气候调节技术。研究硬质铺装、绿化、水体、太阳辐射遮挡、风向风速等要素在户外环境微小气候中的作用及其相互关系。

2. 城市风景园林小气候适应性三类九种空间模式研究

将城市风景园林小气候单元划分为广场（大型、中型、小型）、街道/河道（城市主干道、城市次干道、城市滨水带），城市居住类街区（居住区、小区、组团）三类九种空间形态（地形、空间边界等）与微小气候的关系。构建城市风景园林小气候适应性空间模式。

3. 城市风景园林环境空间气候适应性基准研究

本研究包括以下三方面内容：

（1）风景园林人体热环境舒适度基准：转化已有城市环境物理领域的研究成果，通过补充现场数据收集与测定，提出空间、要素评价标准与指标体系，建立风景园林人体热环境舒适度基准模型；

（2）风景园林综合环境舒适度：风景园林综合环境舒适度研究包括“人-季节适应性幅度”，“人-遮阴度”，“空气健康度（空气微生物含量，空气负氧离子浓度，气体挥发物，PM2.5）”。同时在以上指标研究基础上建立户外人体舒适度基准模型。

（3）风景园林环境偏爱模型：① 人体感受的标准、指标主观、客观评价测试；

② 根据评价结果反馈对于标准指标的修正。

6.3.2.3 城市风景园林小气候基础理论与设计方法的关键技术集成

本研究包括以下三方面内容：

1．典型气候类型的区域性示范实践

选取中国的东南（夏热冬冷地区）和西北（寒冷地区）两大气候区域，建立案例示范，综合实践验证。包括：一类广场类建筑密集区、二类街道/滨水区类带状空间、三类城市居住类街区。根据国家规定和有关研究表明城市广场一般分为大型（$5hm^2$以上）、中型（$1\sim5hm^2$）、小型（$1hm^2$以下）三种规模，街道/河道分为城市主干道、城市次干道、城市滨水带三种，城市居住类街区依据国家规范划分成为居住区、小区、组团的三种类型。按照冬冷夏热和寒冷地区两种典型气候类型，形成两套三类九种城市风景园林小气候空间单元。针对上述18种城市风景园林户外小气候空间单元的环境进行实测调查分析，验证构建城市风景园林小气候适应性空间模式。

2．风景园林气候适应性的空间设计模式语言研究

风景园林气候适应性的空间设计模式语言是建立在城市小气候空间单元类型的基础上，结合风景园林空间形态结构、设计要素、设计手法、设计程序等内容而形成的，扩展引申出通用意义上的风景园林气候适应性的空间设计模式语言。

研究包含以下三个方面：

（1）广场类建筑密集区小气候设计模式语言

（2）街道/滨水区类带状空间小气候设计模式语言

（3）城市居住类街区空间小气候设计模式语言

3．城市风景园林小气候空间单元物理环境与感受信息的数字化模拟研究

以城市风景园林小气候单元为载体，建立风景园林物理环境与感受的数字化模拟与评价方法，包括：

（1）风景园林物理环境/方案的微小气候温度、相对湿度、风向风速、太阳辐射的数字化模拟；

（2）数字化模拟三类九种典型环境中的空气温度、相对湿度、风向风速、太阳辐射等气象要素的动态变化；

（3）数字化模拟评价人体的动态感受。

4．数字化预测与微小气候适应最佳的设计方案

（1）气候适应数字化模拟软件编制；

（2）气候适应数字化评价软件编制；

（3）气候适应的数字化辅助设计软件编制。

6.3.2.4 风景园林小气候规划设计导则与评价指标体系研究

1．风景园林小气候单元形成要素及其系统功效理论

总结提出风景园林小气候单元形成要素及其系统功效理论，提出城市风景园林气候学。

2．风景园林小气候规划设计导则

编制城市风景园林空间类型化气候适应性设计方法和导则，包括：① 三类九种典型环境的小气候适应性优化空间图示；② 诸要素微小气候适应性优化；③ 风景园林小气候适应与优化的规划设计导则。

3．风景园林小气候评价指标体系

建立风景园林环境气候人体舒适度评价标准和指标体系。

4．关键技术集成及实践指导性研究

基于三类九种典型环境的空间模式的示范实践，分析总结在风景园林气候适应的规划设计中，综合集成运用各类理论技术的方法途径、经验教训；城市风景园林环境空间水平界面材料应用的物理环境控制指标应用研究，城市风景园林环境空间下垫面类型及气候调节功效研究，城市风景园林环境空间铺装的雨水渗透性、太阳辐射蓄热反射研究；城市风景园林环境空间垂直界面的空气环流形成与开放研究，空间形体轮廓粗糙度研究，植物叶面与空气环境改善效果研究；城市风景园林环境空间人群活动空间遮阳避雨挡风的园林设施气候适应性设计技术。气候灾害应对的暴雨积雪干旱极端和常态场地设计策略。

6.4 更大时空尺度的人居环境建设探索——以“黄土高原水—绿互动改善人居环境项目”为例

“资源保障”与“环境安全”两大世界性问题在人类的未来长远发展中将更为严峻，从中国长远发展而论，西部地区生态环境建设是中国国土生态安全、后续发展的基础和保障。该区域土地总面积为345万km^2，占全国的36%，既是国土主要水系的水源区域，又是土地荒漠化和水资源匮乏的主要区域，研究西部地区生态安全与各种土地空间尺度上的城乡景观的生态保护、修复、再造，以及新型人居环境的开拓建设，即研究广义的城乡景观生态化规划设计理论、方法、技术应成为中国风景园林/景观学科和城乡规划学科未来60年的首要研究领域，其研究工作和成果对于中国国土区域乃至世界类似区域的可持续发展都具有长远的影响和深远的意义。

中国西部干旱地区常年缺水，经济条件落后，人居环境建设滞后，现有基础设

施条件无法满足当地人民的基本需求。在全球气候无端变化、气候分布空间格局重组的大背景中，黄土高原在其所面临的传统问题日益突出的同时，也面临着巨大的发展机遇。解决千年累积问题、应对气候变化带来的发展机遇，已是刻不容缓。

在全球环境与气候变化中，西北黄土高原干旱地区将受到巨大影响，根据专家预测以及近年全球气候变化的趋势，黄土高原地区将由暖干向暖湿气候转型，有温度升高及湿度增加的可能。因此，该地区将面临集水造绿、环境改善的巨大机遇：从未来百年以远的发展考虑，应对气候变化、集水造绿、逆转生态恶化趋势、形成良性循环、改善与新拓人居环境、优化社会体制等，通过一系列技术和政策措施，在黄土高原创造“塞北江南”并非痴人说梦，在黄土高原建设的绿洲必将成为中国人类聚居环境新的“拓展区域”。

2011年，笔者受国家自然科学基金资助主持开展了“黄土高原干旱区水绿双赢空间模式与生态增长机制”方面的研究[79]。项目选题基于这样的思路：人居背景是人居环境的基础，人居活动与人居建设基于人居背景之上。对于西部干旱地区新型人居环境建设的研究前提在于首先是扭转黄土高原干旱区环境恶化的趋势，其次是使该地区环境生态形成不断改善的良性循环，这一“背景”的改变需要多种手段。其中，配合气候变化的“集水造绿”有望成为“龙头引领”。所以，项目研究紧跟全球气候变化的大形势，从人居环境学科及其与之交叉的学科综合着眼，从“集水造绿”的关键具体问题入手，提出在黄土高原干旱地区大规模集水造绿、改善生态环境，创造新型的黄土高原人居环境背景、探索新型人居生存方式、寻求新型人居环境模式，最终实现开辟新型人居环境的目标。

6.4.1 人居环境“三元论”在西部干旱地区人居环境构建研究中的应用

在对国内外相关文献进行研究与检索后，笔者认为，迄今为止，围绕西部人居环境的研究，其大部分存在的关键问题是缺乏“人居背景—人居活动—人居建设”三位一体的研究，导致的结果是三者研究的脱节，以至于研究成果的实践性和可操作性不强。对于西部干旱区，关于人类人居环境背景、活动、建设三位一体的理论研究与综合评价属于空白，关于应用技术的集成化、综合实施人居背景的保护恢复、人居活动方式（产业结构调整、生活习俗改变）的调整更替，以及人居环境的建设等各方面分门别类的研究尚未深入展开。因此，经过中外学者专家数十年的研究与实践积累，对于西部干旱地区与黄土高原的研究已经到了一个转折点，即以人居环境学为引领，融入多学科领域的研究成果，以“背景—活动—建设”三位一体地对新建区域进行综合研究，这也即意味着，迫切需要一种能够提供综合性指导的理论，而“人居环境三元论”的核心思想正是从学科哲学观的高度，将人类人居环境分析归纳为人居背景、人居活动、人居建设3个方面的研究与实践，从而为西部干旱地区人居环境构建的研究提供了重要的理论指导。

首先，理论基于“人类人居环境学”“感应地理学”“景观生态学”的理论，基于古今中外人类与其人居环境之间互动关系的发展演化分析，得出了人类人居环境世界观产生、形成、演变的总体规律及其制约因素，建立了人类人居环境的长远期价值取向理论；其次，针对当今人类人居环境的空间资源与生态安全问题，提出了以人居背景保护、人居生存方式改变为引领的人居规划设计导向；再次，针对建筑规划景观界存在及面临的可持续发展规划设计技术问题，倡导策划—规划—设计三位一体的规划设计方法，坚持人居环境高技术、中技术、低技术的集成应用。这些观点都将在西部干旱地区新型人居环境构建中发挥重要的作用。

因此，在人居环境“三元论”等人居环境学理论的指导下，本研究将以西部干旱区少人和无人区域的人居环境开发利用为长远目标，以区域景观生态化规划设计为方法途径，研究集水造绿与生态改善、传统生存方式与产业的改变创新、新型人居环境模式的理论、方法、技术集成应用。研究依据“三元论”，从所提出的人居环境人居背景、人居活动、人居建设三元展开，以黄土高原干旱地区为对象，以甘肃环县开始实施的“上海绿洲”为实证案例，以“干旱区地表雨水收集、生态环境改善的新型聚居背景”+“现代集约化农牧业与生态旅游等为主的新型聚居生存方式与产业”+“节水节能、低碳环保、生态循环的新型聚居建设”为理论和技术研究主线，串以基于环境改善的西部黄土高原干旱区人居环境空间模式识别、产业调整、智慧引进与资源统筹等理论的综合与技术的集成化研究及一体化技术应用途径。最终从理论、方法和技术3个层面，提出气候变化新时期西部干旱区新型人居环境模式、形态与集成技术及其应用途径。

基于聚居背景、聚居活动及聚居建设三方面所形成的具体理论及实践的研究框架如图6-17所示。

6.4.2 “上海绿洲”案例研究

6.4.2.1 项目概况

本研究依托的实例是基于陇东黄土高原干旱地区中定名为“上海绿洲”的以集水造绿、人居新建为龙头的实验性项目，项目位于甘肃省庆阳市环县甜水镇甜水堡，即庆阳市西北方向约200km处，面积约330hm^2，常年干旱，无人居住。基地内部有5道梁，被外部道路分割成为东西两部分，东部两道，西侧三道，为黄土覆盖，土层渗透力极强，最厚地方约为164m。基地范围内年降水量不足200mm（图6-18 ~ 图6-21）。基地中间有211国道穿越。基地内部无河流经过。山坡上存有少量植被，以耐旱及较耐旱的植物为主（图6–22、图6–23）。

借此项目，拟就上述三方面的研究内容予以综合的实地验证与多方案比较。并计划以此为起点，在今后的多层面、多渠道、多行业的参与中，将该基地范围向周围地区扩展，少则数十平方公里，多则数百上千平方公里的更大区域范围，形成国土区域尺度上的区域联动，以期为广袤干旱地区的人居建设提供借鉴参考。

6.4.2.2 规划方法与技术应用

1. 人居背景规划与技术应用

1）大范围地表雨水收集

采取了中、低技术与高新技术集成的策略，对现有的集水措施进行对比分析，选择了实验场地，通过蓄水池建设、水渠修建、水窖建设、屋面集水等方式综合实现。目前在基地西侧区域内勘探并挖掘了两口水井，目前深度800m，水温为24℃（图6–24）。在基地东侧靠道路边界处，人工挖掘了一座蓄水池，规划为6000m^{3}的水库，内做防渗处理，通过蓄水池的水体保持，将水分引入靠近道路的沟渠中，同时沟渠中也存留降雨时所积蓄的水分。在基地区域内上已用土撬开挖蓄水坑，通过低技术的手段保留了部分水分（图6–25）。在设计中也通过了自然生态的手段防止水分蒸发，比如将葡萄藤蔓架在水面、沟渠及蓄水池上，通过藤蔓的掩映降低水体温度，并减少蒸发面，以保持可以利用的水体（图6–26）。

2）植被新增与保护保育

根据对于现场的观察与对实验的分析发现，基地内部虽然植物种类较少，但普遍抗旱性较强，且在有水分的地方，如基地东侧的沟壑中，很容易在雨季生长茂密，如茅草等植物更是如此。于是，在基地中选择了区域内已生长的柠条（*Caragana Korshinskii*）、早熟禾（*Poa annua*）、沙棘（*Hippophae*）、紫菀（*Aster tongolensis Franch*）、苜蓿（*Medicago sativa*）等多种植物进行利用，尤其采用柠条、茅草等在该地区范围内极易生长的植物，以此形成绿化系统，并同时利用紫菀、苜蓿的经济性与畜牧业相结合，形成整合新型产业用途的大规模绿化模式。

3）绿色空间格局分布

规划过程中探讨了区域尺度上的西部干旱地区绿地生态网络格局，从大区域背景着手，为"上海绿洲"项目区域进行借鉴，并针对区域尺度上的新建人居环境，引入了绿色基础设施（GI）方法技术，研究区域尺度上的黄土高原区绿地生态网络格局以及植被系统与空间分布。根据现有文献及实地考察资料，研究黄土高原植被时空演替的特征，在全球气候变化的大背景下分析及预测黄土高原未来的气候趋势，以此为根据进行时空模拟，讨论黄土高原绿色空间格局的恢复技术与规划途径。

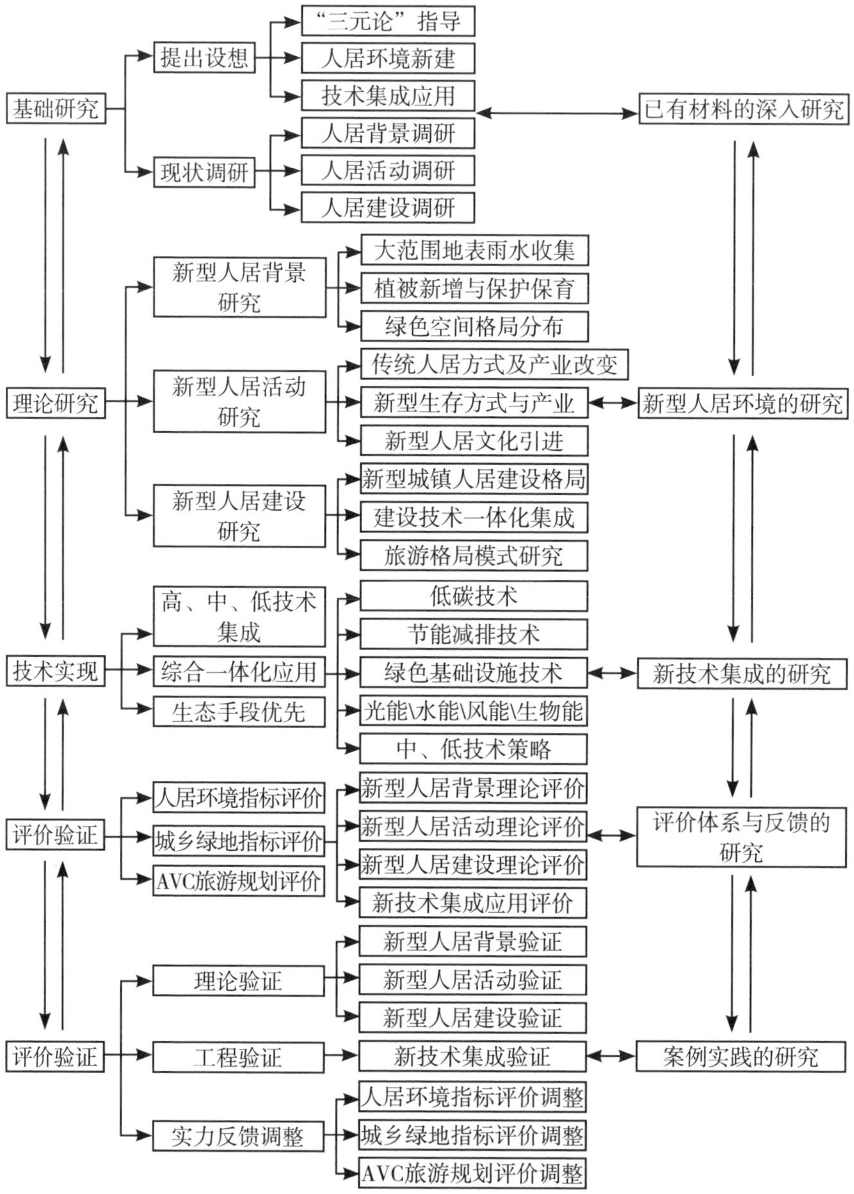

图6–18 基于"三元论"的西部干旱地区人居环境研究框架

Figure6-18 Research framework of human settlement, inhabitation and travel environment in semi-arid region studies based on trialism

图6-19 2011年笔者在上海绿洲基地实地考察
Figure6-18 Field survey in Shanghai Oasis by author in 2011

图6-20 2011年上海绿洲基地现状（1）
Figure6-19 Image of Shanghai Oasis in 2011(1)

图6-21 2011年上海绿洲基地现状（2）
Figure6-20 Image of Shanghai Oasis in 2011(2)

图6–22 2011年上海绿洲基地现状（3）
Figure6-21 Image of Shanghai Oasis in 2011(3)

图6–23 2011年上海绿洲基地现状（4）
Figure6-22 Image of Shanghai Oasis in 2011(4)

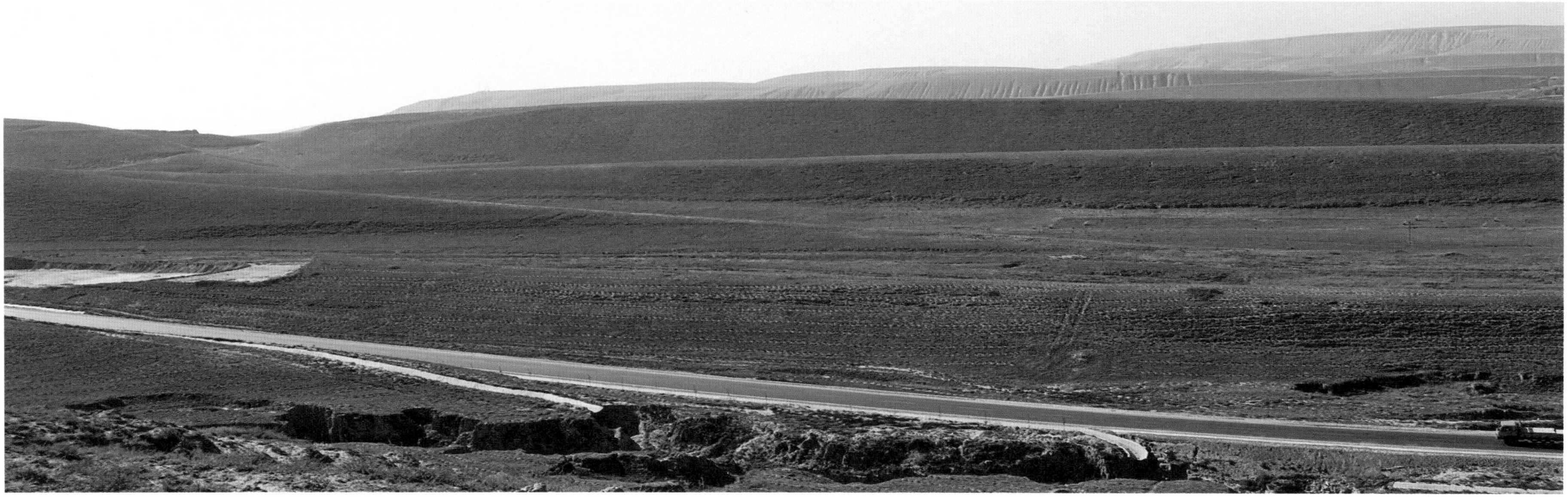

图6–24a 上海绿洲基地西北方向鸟瞰
Figure6-23 Shanghai Oasis northwest bird's eye view

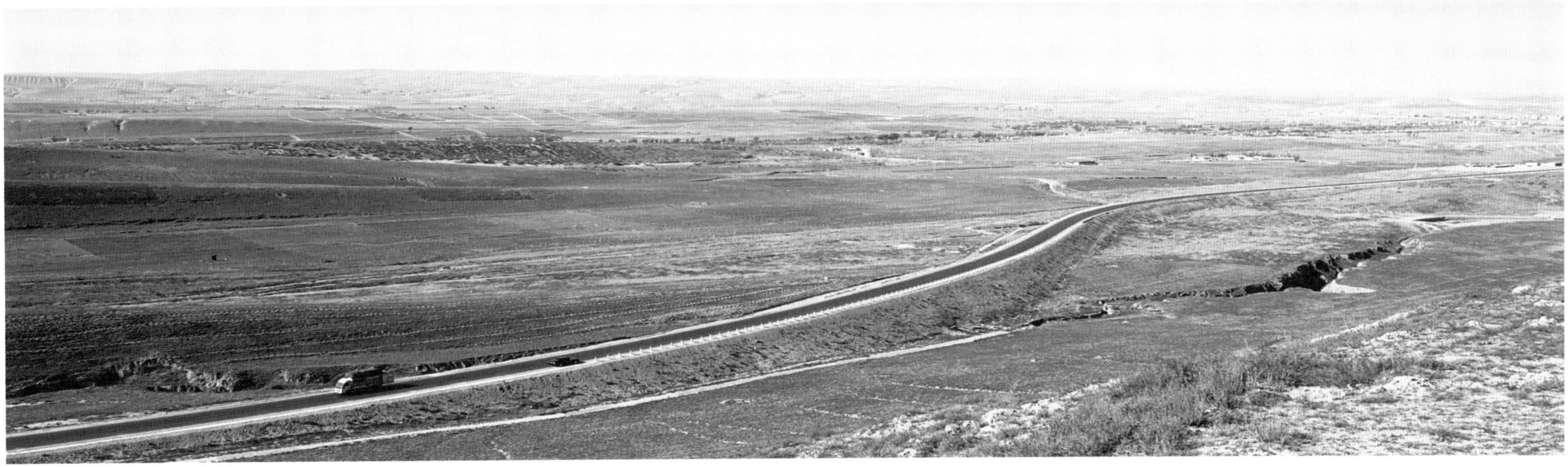

图6-24b 上海绿洲基地西北方向鸟瞰
Figure6-23 Shanghai Oasis northwest bird's eye view

图6-25 2011年上海绿洲基地现状（5）
Figure6-24 Image of Shanghai Oasis in 2011(5)

图6-26 基地上用土撬挖开的铲洞蓄水坑
Figure6-25 Jimmy-digging water storage pits on site

2．人居活动规划与技术应用

1）传统人居生存方式与产业改变的可能性探寻

在规划过程中，同时运用各种评价体系对该地区人群生活方式及价值观进行评价与导向研究，并研究该地区人居环境与产业结构关系动态，如使用“人居环境评价指标体系”对新型人居环境的各种人居要素进行评价分析，利用“城乡绿地评价指标体系”对理论研究与技术应用后的人居环境建设进行生态评价分析，利用“AVC旅游规划评价体系”对研究区域的旅游吸引力、生命力及承载力进行评价分析。研究证明，只有利用多维度多层次的评价体系对传统人居生存方式与产业结构进行系统分析，才可以产生科学的变形导向；以传统畜牧业及农业为主要导向的人居生存方式应向多元化的复杂结构人居方式逐渐转型。

2）新型聚居生存方式与产业

基于“改变的可能性”的分析，从影响人居活动的各个方面入手，分层次分类型对新型人居生存方式与产业模型进行评价指标的测定，以提出全新生存方式与产业结构。比如在对于文化产业的研究中，即从西部干旱地区的旅游活动方面入手，首先通过AVC理论评定该地区现有的风景资源及旅游资源，研究适宜的数学公式以测定该地区生态容量与游人容量，之后对大区域范围内的旅游开发及旅游活动进行策划、规划及设计，以旅游活动带动文化产业的发展。

3）新型人居文化智力的引进与培育

“上海绿洲”区域，位于甘肃与宁夏两省交界处，自然与人文资源丰富，规划设计通过旅游活动引领新型人居生存方式与产业，促进文化交流及文明提升。并且，针对该区域人居环境的开拓发展，凭借未来人居空间资源、生态资源、政策资源的优势，引入现代智力人才，形成“智慧产业—人才汇聚—智慧新生代—智慧产业—人才汇聚—智慧新生代……”的新型人居生存方式循环。目前，已在甘肃庆阳地区引进了多位本科及硕士毕业生，并有在读和在站博士后多名在当地进行科学研究。他们的存在为地区的建设事业提供了巨大帮助，他们的理论及思想也为当地的旅游、经济及相关产业发展起到了推动作用。

3．人居建设规划与技术应用

1）新型城镇人居建设格局模式

规划设计结合干旱区聚居背景的特征，对现有该区域人居环境建设研究成果予以整理综合与改进；对该区域新时期新型村镇形态构建理论的研究与典型模式进行了探讨；基于新型生存方式与产业对人居尺度、规模、密度进行了研究，同时实现新型人居环境景观与艺术美学形式研究与构建，如对于在“上海绿洲”通过“黄土壁画”的方式打造“世界黄土第一坡”的构想。

2）西部干旱地区人居环境建设技术集成一体化应用

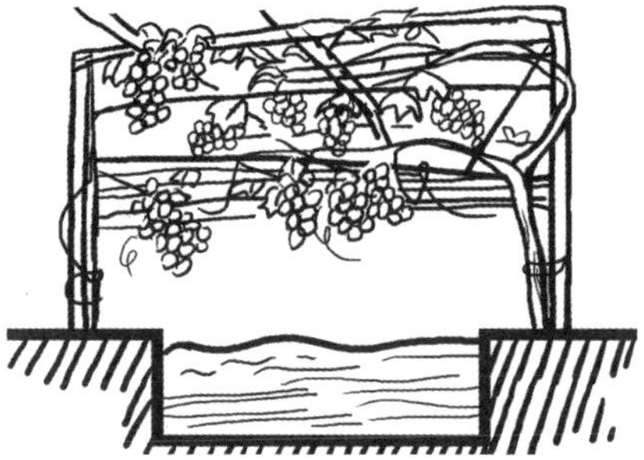

图 6–27 葡萄藤架蓄水防蒸腾示意图
Figure6-26 Schematic of transpiration prevention and water storage of grape trellis

图6–28 土城窑洞宾馆规划示意图
Figure6-27 Schematic of cave-style hotels design in Tucheng Towns

充分整合了现有的高、中、低技术，其中有通过对区域景观信息3S（Remote Sensing、GIS、GPS）获取与分析评价的高新技术应用，以及区域和小流域范围的地表雨水收集和保存技术、区域绿地生态网络格局构建、抗干旱节水型植被绿化品种选择等中技术应用，也有传统的水土保持的低成本技术及新技术，同时也包括通过低碳环保建筑技术，并通过太阳能、风能、生物能等可再生能源制造技术的相互整合来实现的技术集成。

3）旅游格局模式规划

提出了土城规划、建筑模式与技术、窑洞宾馆模式与技术、红色旅游文化模式等多种旅游规划构想，改善了人居环境也带来了旅游契机（图6–27）。

6.4.3 结论

从中国长远的发展来看，西部干旱地区人居环境建设将是中国国土生态安全、后续发展的基础和保障，而在西部干旱地区进行新型人居环境模式的构建研究更是刻不容缓。因此，本研究对国家西部大开发战略实施具有重要的战略意义，对人居环境学的理论研究也具有创新意义。本研究从百年进程和区域规划的宏观时空理论着眼，应对全球气候变化和低碳环保生存需要，从人居背景、人居生存方式、人居建设三大方面突破，从集水造绿、生态改善的微观技术应用入手，属于当今风景园林/景观学学科前沿，对于风景园林/景观学学科研究发展具有重大意义。

在研究西部干旱地区人居环境模式构建的过程中，笔者深刻地感到完成这一任务的艰巨性，这不仅需要宏伟的设想，更需要科学的理论指导与综合的技术突破。对此，笔者坚信以人居环境三元论为指导，以“新型”人居环境为空间构建的依据，以集水造绿、环境改善、产业重组、智力引进为突破口，中国西部干旱地区的人居环境建设必将创造出一种新型范式。

6.5 人居建设的全球化研究

与人居背景、人居活动的全球化研究类似，以下内容反映了“人类聚居环境学”课程“人居建设”部分的教学研究框架，其中的内容是在数届研究生的研究基础上整理而成。

6.5.1 海洋人居建设研究

人工岛是人类出于各种目的，在海上建成的陆地化工作和生活空间，是人们利用海洋空间资源的一种形式，它的主要功能是：① 工业生产用地；② 交通运输场所；③ 仓储场地；④ 娱乐场所；⑤ 废弃物处理现场，工业垃圾等用来填海造陆；⑥ 综合利用、建造海上城市，为人们提供生活空间。

在这方面做得比较成功的首推荷兰的造陆运动。这个有50%的国土处于海平面以下的国家，通过建造长达数百公里的人工大坝营建了20%的国土面积。从公元1200年以来，荷兰围海造地近8000km^2，目前荷兰一半以上的可耕地是从海洋中获得的。1945～1975年，日本先后建造了新陆地1180km^2，面积大于5个大阪市，横滨市3.7km^{2}的中心区也是填海造起来的。东京都在15年时间里建造了18座人工岛，在东京湾建设了长达15km的隧道和桥梁联合工程。日本二战后50年所造陆地相当于26个香港岛面积。新加坡1965年独立时，全国面积为572km^2，由于多年来不断向海洋扩充土地，到1983年全国面积已增加到617.9km^2。我国围海造地的发展也较快，新中国成立后，我国沿海共围垦了上万亩滩涂。

在诸多人工岛中，日本神户人工岛较为著名。神户人工岛建于1966～1984年，总面积436hm^2，建设了长达300m大桥与大陆相连。岛上设备齐全，有各种公共服务设施和6000套住宅，可供2万多人居住。日本还拟建一座大型海上通信城市，将于2020年使用，该城市为高出水面80m的4层建筑，总建筑面积1100万m^2，分为25个单元，可供14万人长期定居，30万人就业。建筑每层高20m，内设住宅、学校、商店、娱乐及办公等各类公共服务设施，建筑的能源能自给自足。

人类在努力开发海上城市的同时，也已经开始了向海底拓展空间的尝试。1962年，法国的“大陆架1号”海底居室试验成功，2名潜水员在居室内生活7天。从此，水下居室建设有了很大发展，迄今已有上百个海底居室相继问世。其中美国的“海洋实验室”最大工程深度为305m，可连续置于海底7个月之久，8名潜水员曾在其中工作了一个月。1965年8月，美国设计的“西勒勒”号水下实验在加利福尼亚沿海进行。此海底住宅直径为3.65m，重达2000t，将其置于62m深岛底，内有办公室、厨房、浴室、厕所和仓房，八张床铺，参加试验的约28人，分三批各在海底生活半个月，还有一只海豚担任通信员，为海底送去报纸和饮料。研究表明：人在必要的防护下，不仅可在海底健康生存，还能有效地工作。现在水下实验室已有100多个，深度也逐渐加大。

20世纪60年代，第一批海底房屋——水下居住舱的建成，使人类向海底移居成为现实，而美国于1993年建成的世界第一家海底大酒店更是为人类能在海底安居乐业展示了美好的前景。这家特别酒店名叫“凡尔纳海底大酒店”，位于美国佛罗里达州基拉各市的浅海底，酒店最顶端离水面9m。开业一年来，生意一直很兴隆。酒店面积达90m^2。其客房约15m长，6m宽，全部安装了电话和最现代化的家用电器设备，能容纳6名住客，每天收费250美元。但最吸引人的还是从每个房间的窗口可以看到海里的鱼类和贝类动物，如身临水晶宫。酒店内还设有一个高3m，宽6m的“潜水室”，住客可以在那里换上潜水服，到外面探索附近海域。

美国有关专家认为，这种新型的海底酒店就是21世纪人们到海底居住的雏形。随着高科技的迅速发展，预计21世纪时，人类将在大陆架建起一批海底城市、海底公园和海底工厂，那时，将有相当一批人会在海底居住和工作，在海洋里营造自己的家园。

国外设计师还提出海上浮动站的设想，其形状如海鸥拥有两只巨大双翼，这一游体构造物被抛锚于水深100m左右的海域，整体随波逐流，顺着波浪方向旋转。

6.5.2 旷野人居建设研究

1. 旷野居住环境建设

旷野传统游牧民一直过着迁徙、逐水草而居的生活，其建筑的选址要满足生活及生产的双重要求，通常从地形、气候、自然资源（如水草、水体等）、疫病、狼害、骚乱等方面考虑，同时还要考虑禁忌与习惯。

旷野居住建筑通常使用自然材料，就地取材、材料可塑性强、节约能源、加工技术简单、施工便捷，由此形成丰富的建筑形态。以草原建筑为例，定居时的汉式建筑多为生土建筑，建筑材料由取自当地的土坯建成，为了增加土坯的强度，在制作时又加入羊毛、驼毛或干草来增加强度。传统旷野建筑的建筑材料形式多样、在建筑中均较少使用不可再生的材料，而且所有材料可以循环利用，对环境也不会造成任何污染。建筑材料因地制宜，节约能源消耗，节省投资资金，同时体现建筑的地域性文化。

以内蒙古地区为例。内蒙古物产丰富，建筑材料的种类也很多。内蒙古传统居住建筑以当地木、土、石为主要原料。如采用毛石筑墙、木质屋盖，用1：5比例混合水泥和砂石，经搅拌倒入木质模板盒内（模板盒与墙同长，宽30cm，高60cm）；倒入30cm厚的水泥砂石混合浆后，竖向插入一些长为10～30cm不等的长形石头，同时在模板盒中放入起拉结作用的钢筋。内蒙古地区的藏式建筑一般利用石、木、土及白灰等天然材料，适用于干燥少雨、木材较为缺少的山地。内蒙古地区常见的砖瓦平房采用的是砖墙和瓦屋顶取代土坯墙和草屋顶，使房屋的坚固和耐久性能明显得以改善，但房屋的防御寒冷性能有所下降。内蒙古地区还拥有独特的泥土建筑材料体系，泥土属于可再利用资源之一。当房屋不再使用时可以拆除，又把泥土归还给大地。土坯建筑适用广泛，就地取材，制作简便，受到广泛推广。岱土块是土坯的类型之一，也是最为经济的地域性材料之一，在蒙古草原比较常用。利用地势低的地方使土跟草一起搅拌，将土以块的形式挖出，不仅土块坚固，而且制作简便，出产量大，可以用于院落围墙及建筑外墙[80]。

旷野居住环境建设充分适应当地的气候条件，无论是游牧还是定居，旷野居住环境都是旷野上的民族和谐处理自然、人与牲畜之间关系的产物。以蒙古包为例。蒙古包建筑在结构形式上与内蒙古草原生态环境和气候相适应，其圆形的平面与圆锥形的顶部，可有效地抵抗各个方向风荷载和雪荷载，蒙古包内的采光和通风由套在脑罩上部覆盖的顶毡开合控制，同时根据室外的风向风速，适时卷起周边的围毡来形成室内外空气的对流。为了适应不断地迁徙，蒙古包被搭建在勒勒车上。成为一座可移动的建筑。内蒙古为定居所建造的汉式建筑，平面布局均采用南向布置，建筑空间一字排开，建筑入口与窗也均设置于南侧。建筑的入口避开草原冬季的季风风向而减少了冷风的侵入，同时南向的采光又有利于冬季太阳光照射入室内。在地处严寒区的内蒙古草原，这种建筑形式可以有效抵御和适应漫长的冬季严寒气候。为了更好的适应冬季环境和满足生产生活的需求，汉式建筑还在传统基础上进行了改造，一方面在建筑南侧加建玻璃前廊，不仅提高了冬季的室内温度，同时也为冬季的新生羊羔生存提供了空间；另一方面在居室北侧增加了1.5～2m的储藏空间，类似于在居室和卧室间建造保温墙，提高了室内的热舒适性。

2. 旷野聚集游历环境建设

旷野人居建设主要为建立全球生物圈保留地网络。至1997年4月，已在85个国家建立了337个生物圈保留地，生物圈保留地可保护物种和基因多样性，促进当地生态经济和文化的可持续发展，成为景观和生态系统的标本。建立生物圈保留地的最终目标是保护生态系统。

将城市城镇与其外延景观（市郊区、乡村、荒野）作为一个整体，建立区域公园或森林保护区，这是实现生态保护的途径之一。美国规定每个居民有区域公园或森林保护区25～35 英亩，每一处为1000～3000英亩。荒野具有重要的生态功能，还有社会文化价值。

高度城市化的香港地区，人均郊野公园面积居世界第一，提出每万人拥有公共绿地为20hm^{2}的规划标准，而“世界保护联盟世界国家公园和保护区委员会”第四届会议提出计划至2000年，地球每一个陆地生物群落地带保护区至少应覆盖10%的面积，根据是在许多情况下，一个生物群落地带10%以上的面积必须得到保护，才能保证特殊生态系统长期生存。

自然保护区是人类创造的，是人类为了应付自身的环境破坏而采取的一种补救措施，建立自然保护区为保存适度旷野空间，保护物种多样性，生态完整性及生物区域化代表性具有重要作用。1993年，全球建立与生物多样性保护有关的自然保护区8619个，面积达792260km^2，约占全球面积的6%。我国到1993年为止，全国已建立763个自然保护区，面积达661600km^2，约占国土面积的6.8%。

6.5.3 乡村人居建设研究

1. 乡村居住环境建设

对于农村人居环境的发展着重于：注重传统文化的继承与发扬；保护耕地；注重生态，减少污染；提高农民生活水平，改善医疗卫生条件，加强教育建设。

在变迁过程中房屋居住功能逐渐由单一、简单向多样化、合理化发展，房屋质量（包括建筑用材、营建技术）逐渐提高，同时随着社会进步，居住环境建设由内环境往外环境扩展，并开始重视社区环境建设。

农耕时期：房屋居住功能比蛮荒时期有了较大进步，建筑用材逐渐由木、竹、苇、草、泥向砖瓦发展，营建技术逐步由版筑向木构、砖瓦技术进步，这个时期由于贫富两极分化，被剥削阶级农民过着很穷困的生活，先秦到宋一直盛行双间制的家屋即住屋二间、牛屋一间，且多为茅屋，常是上漏下湿，可见农民的房屋居住功能简单，房屋质量也很差。而剥削阶级地主等占田建宅，规模可观。据史载，汉代大官僚地主常有前堂后寝的制度，还有阙、大门、中门，以及其他的楼、阁、室、井、灶、庑等建筑，宅第多系院落组织，由许多大小四合院拼成，建筑用材为木构和砖、瓦，营建考究，由此可见剥削阶级宅第居住功能已很复杂且有合理的功能分区，宅第质量包括用材及营建也大大超出了当时经济发展状况，这就是剥削制度不合理性的体现。

工业时期：由于经济的发展，人们需求的提高，房屋居住功能日益多样化、合理化，从公用厨卫到单用厨卫以至专门厨卫发展，从厅卧共用到小厅大卧以至大厅小卧、多贮藏空间发展，同时房屋质量有了很大提高，居住内、外环境得到了重视。以我国农村为例，20世纪70年代农村兴起了建房热，农民遗弃了破旧的土坯房子，开始建起了砖瓦房，以2、3层的楼房为主，底层为厅、厨、卫，楼层为卧室，功能分布明确合理，并开始了房子外部的装饰，随之而来的是庭院的整洁和美化。随着审美观的提高，20世纪90年代农民开始了家庭内部装修，户内地面、墙壁。用具都有了不同程度的改善，农民在不断进行居住环境建设的同时，环境也在不断地改变农民的价值观和生活方式。

后工业时期：居住环境建设向更高的审美、环境、文化要求方向发展，日益重视社区环境的建设。率先进入后工业时期的西方发达国家村镇居住环境建设已步入了田园风光式家园的境界，对社区环境的建设包括公共绿地、广场、小品、道路，以及公用设施等的建设已到了相当高的水平。

2. 乡村聚集游历环境建设

蛮荒时期，生产力低下，多穴居、洞居、树居、巢居，居住环境差，人居环境也仅局限于一些天然的场所中。农耕时期，生产力发展，工具改进，能够依据不同的地域气候、生活方式运用各种建材建造多种形式的住宅和住宅群，并进行不同风格的装修，家具、器皿、绿化均得到长足进展，居住环境明显提高。大量公共性开敞空间、建筑、建筑群（如祠堂、宗庙、佛寺、道观等）得以修建，并配备一定的绿化、小品，使人居环境明显好转。村镇人居环境建设虽然基础设施低下，但由于对自然环境破坏少，呈现的是一派自然美景，如中国江南农村。

工业时期，生产力突飞猛进，一方面，继续修建传统民居住宅，一方面，运用新材料（钢、钢筋混凝土）、新技术（钢结构、钢筋混凝土结构）建造更为舒适、宽敞的住宅，自来水、燃气、电力供应使居住环境和人居环境进一步改善。据不完全统计，1995年，全国村镇人均住宅面积达16.4m^2/人，楼房占51%，一批适应农村经济的下店上宅、前店后宅、生态住宅、住宅小区相继建成。“八五”期间，全部建制镇、95%集镇、69%村庄通电，电话普及率3部/百人，公共设施累计竣工面积4.3亿m^2，比“七五”增长了16.4%。公用基础设施建设投资增大，水平提高，人居环境逐渐改善，并向城市化发展。村镇生产生活环境进一步改善。与此同时，一些村、镇也出现了畸形发展，铺地毯式开发，村镇建设逐渐变为建筑的组合体，早先依附自然、与自然环境互利共生而衍生出的人与自然、人与人相互促进的社会关系，已逐渐解体，“小桥、流水、人家”这种长期作为人们理想家园象征的意境，已荡然无存，和睦相处的邻里功能衰退，人口高密度和外部迁入，使村镇的整体感、认同性以及约束力逐渐丧失，冷漠的人际关系及拥挤仓促的生活形态，把人与人之间的距离日渐拉长，群己关系漠化。

后工业时期，提倡可持续发展，开始重新重视生态环境，绿色建筑、节能建筑、生态建筑得以建造，重视居住的舒适性研究，更加关注公共性空间的开发、规划、建设，保证合理的绿地，努力创造和谐的邻里空间，恢复村、镇的整体感、认同性和约束力，创造和谐的居住环境和人居环境。强调社会因素加入，唤起民众村镇主人翁精神，通过民众对村镇共有领域直接参与和责任感增强，促使关心自己所属村镇，复活村镇相互关联的人际关系。工业时期的村镇建设极大的夸大生产力的进步，忽视对自然，对人的重视，缺乏远见。所有的得失都源于生产力的水平及人们认识能力的水平。到了对工业时期所造成后果有了充分认识的后工业时期，“可持续”成了一切工作的出发点。后工业时期，生产力和技术水平高度发展，撤乡并镇，迁村并点，农村城市化成为必然。农业人口不断减少，自然村逐渐向城镇集中，自然村逐渐消亡和转化，或依附于城镇作为城镇的一个外围居住组团而存在，或合并成为规模较大的“中心村”在城镇发展带上找到其发展空间。1997年，我国乡村数比上一年减少了16355个，建制镇比上一年增加了756个。

人们重视资源和环境的可持续利用。农田因自然村落的消失，而复耕集中，农业生产达到适度的规模经营。工业污染，农药，农业废弃物的污染得到控制。提倡节能型经济的同时，加速再生能源对生物化是能源的替代。增加利用水能，风能，生物能，太阳能，海洋能及核能。生产过程中，以循环生产模式和节耗经济为追求目标，珠江三角洲的“蔗基鱼塘”和“桑基鱼塘”就是成功的范例。总之，对已造成的破坏污染进行治理，对新项目注重利用再生能源和技术控制消耗和污染。

各项法规和政策保证人们的住居和聚居环境的优化。譬如，村镇社区内因设有教育、医疗、消防、救护、警署、文娱、图书馆、邮局、社会福利等机构，辟有游憩、运动、康乐、零售场所；每1800名6~11岁儿童应设一所面积3900m^{2}的标准小学；每1000人设5.5张病床等。

6.5.4 小镇人居建设研究

1. 小镇居住环境建设

通过居民对村镇共有领域直接参与和责任感加强，促使关心自己所居的村镇，复活村镇相互关联的人际关系。如加拿大班伯顿社区建设中，就采取了公众参与战略，让居民对规划方案进行意见投票，请当地有关组织和特定利益团体的代表，共同参与规划的研讨会。

2. 小镇聚集游历环境建设

我们的规划应尊重自然，保护自然；村镇环境规划应以自然环境为背景，使自然环境成为村镇生活的一部分，山脉、河流等自然地貌都是可贵的自然景观资源，应将其纳入规划的重点。公共空间的设计可结合景观体系，将其塑造成村镇邻里活动中心，赋予其强烈的地方特色，以成为邻里、村镇具有纪念性、可识性及社会性的公共领域。

村镇开发应避免自然资源破坏，并尽量维持物种的多样性与完整性，改变传统资源落后的利用方式，鼓励充分利用再生资源，对非再生资源应合理利用。建立一种具有生态意识的村镇发展观，使村镇生态环境、经济、社会均衡发展。规划要有自己的风格，要反映自己的个性，建筑物的布局要力求排除机械的、呆板的、行列式的布置，规划中要保留那些互不干扰而又可相互补充的建筑物，不要一律推平重建；要尽可能保存具有历史价值的建筑；要注意利用当地典型建筑材料，重视应用传统的建筑技术，使人们的乡土感情，通过建筑物有所反应；要致力于提高内层居住的功能，使人们在古老的环境中，享受现代化的生活内容；要尽可能创造安静的居住小区，避免交通对居住区的干扰。

6.5.5 县城人居建设研究

1. 县城居住环境建设

原始的居民点有些往往也成为以后城镇的基础。农耕时期，在建造材料方面，已从泥巴、茅草、木材等自然材料，转变为加入了人工劳动的砖、瓦等人工材料。工业时期，这一时期由于人口的膨胀，建设了大量的新住区。有地方特色的民居被视为落后而被千篇一律、格调不高的方盒子所取代。居住环境的特色在减少。居住社区的建造方式也从肩挑背扛的人工方式转化为机械化系统化的施工。

2. 县城聚集游历环境建设

农耕时期，其特性与一般城市没有本质的差别。其中人居密度规模不断增加，人居布局也有了新的发展，城市中有了低层的居住区。布局方正的城市中，居住区的院落式。水网地区的城镇，其布局沿河道成带形发展。河道成为生活空间的延伸。

战国时，县城就已有整齐的规划了。在农耕时期，几乎所有的县城都已建立城池。县城的规模约为1km^{2}左右。城的布局因地制宜，选址多位于河流附近，平面为方形、长方形或依地形而建。县城的四周用夯筑城墙。城墙长度4～6km左右，高10m左右。县城作为一级政治中心城市，官府和衙门在其中占据主要地位，建有寺庙和文化机构如孔庙、学宫等。北方的城市多位于平原，所以城市平面和道路多数方正规则。南方傍山临水的城市，结合地形而产生不规则的布局，但道路系统仍力求整齐。大街有的宽达6m，尽量贯通二门。小街与大街相垂直。江南的县城，城内除道路外，还开凿很多的河道，是一大特色。水道可通宅前屋后，供运输和排水之用。重视水源的利用和城市的绿化，有风景点和私家园林的建设。城市建设和园林绿化往往同时进行。城市产生的污染尚不足以构成对自然的威胁。建设的材料主要是木材、砖块、石料以及夯土。施工技术已趋成熟。

工业时期，开始制定城市总体规划，以指导城市建设。县城内建设的道路面积达到从30、40hm^{2}至100hm^{2}不等。对外交通被视为对地方经济有重大影响而不断改善铁路、高速公路、国道等的建设。绿化覆盖率一般为30%左右。但是这个指标却不说明环境问题。实际上由于人们对环境污染严重性的认识不够，县城的环境污染已经相当严重，而治理起来却是非常困难，几乎不可能恢复到被污染前的状况。

建造材料方面开始出现了珐琅板、铝合金钢板等高科技材料。当然，在县城中这些材料的运用并不普及，主要还是以砖、石等人工材料为主，另外还有当地的乡土材料。

后工业时期，县城的发展将有以下的一些趋势：

（1）信息化推动县城的快速发展；

（2）县城与区域中心城市的联系越来越紧密；

（3）县城发展对土地的需求越来越大，用地与耕地的矛盾越来越尖锐；

（4）县城发展将由主要解决住宅建设问题转为城市交通问题；

（5）由于信息社会生产方式和生活方式的变化，县城的文化环境将会有新的内容；

（6）资源短缺压力增大，走可持续发展战略是后工业时期县城发展必由之路。

6.5.6 小城市人居建设研究

1. 小城市居住环境建设

居住环境建设简单而实效。农耕时代：形成一定的人文环境，有一定规模的环境建设，多较封闭。中国以四合院为主，西方以城堡庄园为主。建筑材料多采用泥、木、石、砖。工业时代：密度加大，单一化，两极分化严重，房前屋后失去绿色，交通卫生设施不完善。后工业时代：提倡“回归自然”，环境建设多元化，加大交通、信息的发展应用，建筑材料开始采用轻质材料、绿化材料。

2. 小城市聚集游历环境建设

1981年以来，中国小城市的数量增加了260多个。在小城市的建设发展中，暴露出了一些问题，如分散建设，缺乏统一的规划，在经济发展中忽视了环境保护。盲目追求规模效应；发展模式单一化；管理意识不强等。结合小城市的特点，针对小城市发展中出现的问题，提出以下对策：

（1）小城市的规划建设要有发展意识，超前意识，不能盲目效仿大、中城市的做法。其规划必须考虑到对乡镇的辐射作用，为在经济上与大、中城市进行密切分工协作创造条件；

（2）小城市在发展经济时必须加强环境保护意识。尽管目前环境破坏、污染在大部分小城市中不是突出的问题，但由于许多小城市在发展时只引进了大、中城市的工业项目而没有同时引进环保措施，在有些小城市，工业污染已经影响了原有的城市环境，加之观念上的滞后，一些小城市已遭到了严重的环境污染，特别是水源的污染。小城市以步行为主，自行车为主要代步工具的绿色交通方式，也因为城市经济的发展而受到机动车辆的影响，成为一种潜在的污染。加强环保意识可以使小城市的发展避免重蹈大城市的覆辙，较好地实现“可持续发展”；

（3）小城市的发展要注意保持自身特色。小城市一般都有自己特定的自然的、资源的优势，应从实际出发，因地制宜，体现自己的特点，在城市发展规模上，以扩大外延（指城市人口多少和城区土地面积大小）为主变为提高内涵（城市的结构、功能和素质，城市的吸引力和辐射力）为主。

小城市当“小而精”，积极发展人文资源，利用计算机技术特别是网络技术带来的契机，有的可进行硅谷、大学城似的建设。同时，保护和改善自然环境，最终形成良性循环。

小城市聚集环境建设有一定的针对性和开放性，它与周围经济地理区域的人口分布体系有着紧密的联系。小城市作为周围农业地区的中心，其聚集环境不仅仅是为小城市内部服务，而且为整个市域范围内的人服务。据统计，小城市中医院内农村病人占病床总数的75%～80%，影剧院观众农村人口至少在1/3以上，服务行业为农村服务占50%～90%，中学生农村人口占1/3以上。

在小城市里，城市生活方式的优越性（如服务水平高，形式多样，劳动安置范围广，文化珍品集中等）和小城市生活环境的优越性（诸如住区与城区枢纽交通联系基本上步行，生活比较宁静，时间分配较为协调，接近大自然等）能够最完美的结合起来。

现代化的进程是无止境的。在改造环境的过程中，要紧紧把握住阳光、流动空气、绿化、活动空间和水面等因素和人们对这些因素日益增长的要求。21世纪来临之际，世界正从工业社会向信息社会转化，信息经济的主导作用，将对经济及社会结构，生产和生活方式产生巨大影响。高新科技是改造环境的动力，能使空间环境保护持久的活力，改造环境要不断增进都市生活的积极面：舒适、便捷、安宁、效率、自在和创造力。霍华德对于明日的“田园城市”的基础思想也许正是今后小城市人聚环境的走向：具有自然美，富于社会机遇，接近田野和公园，低租金，高工资，有充足的就业机会；低物价；企业有发展空间，清洁的水与空气，明亮的住宅和花园；无烟尘；无贫民窟；自由、协作。

以环境的营造（或者更确切地说是环境的改造）为指导，从而实现城市生态优化，以及自然与人工环境的协调。下面以川南小城市攀枝花市为例，分析其如何结合城市自然空间的特点，来改善地域微气候及城市环境的，并能从中找出一条小城市环境发展的道路。位于河谷山地的攀枝花，人口120多万。为了改变其作为工业城市发展所带来的环境恶化的困境，近几年大量的市民广场与绿化用地得以建成，起到了很好的效果。如市中心广场的大梯道是具有山城特色的步行空间，在环境功能上成功的引导了河谷风进入市区，起到了对市区的调温加湿作用。1977～1995近20年的气象参数统计表明，攀枝花的年降雨总量增加了41%。我们可以发现许多美妙的实践，大力保育山林绿地，进行滨水区的生态性开发，从而建立起公众化、景观化的活动场所，形成了滨水绿色区+绿色大梯道（林荫大道）+中心广场+街头绿地+房前屋后绿化的城市自然空调系统，加强和诱导市郊农村充满新鲜空气的风的流动，以调节市区的微气候。

交通方式影响街道环境形态，也是当前城市环境形态中亟待解决的问题之一。在现代城市生活中，居民最抱怨的是交通。人们欢迎开放式的充满公共空间和绿意，不受交通干扰的街道形态，这就需要有各种不单单是交通功能的绿色街道（或是道路）的出现，并深入到居住环境的各个角落。

只要建构起自然与人工相结合的立体化生态系统，城市中人类人居环境的建设就已经跨出了一大步；当然，还有其他一系列的问题，如居住建设中的生态建筑、节能建筑以及建筑的再利用等问题，居住环境建设中的分质供水、垃圾处理、低污染低能耗的交通等问题，聚集环境中的传统文化与现代文化、多尺度的绿色交流空间以及可持续发展等问题。这些问题会是我们今后研究的重点。

6.5.7 中等城市人居建设研究

1. 中等城市居住环境建设

中等城市居住环境建设包括居住建筑、居住区公共设施、居住区生态设施建设等。居住区级公共服务与绿色基础设施布局数量最多且应满足居民最基本公共服务需求，设施的布局首先应满足合理的服务半径，同时也需要考虑设施服务人口规模，这两大因素共同影响着设施的使用效率，因此，居住区级公共服务与生态设施布局需要集中与分散相结合，有利于居民各类活动的开展，也有利于各项设施之间的相互协调，同时还有利于居住区土地的集约合理利用。

中等城市居住区级公共服务设施的种类相对较简单，设施规模较小，因此服务半径以800～1200m左右为宜，同时应结合居住区群体建筑或中心会所集中设置，形成社区公共服务中心；随着我国医疗卫生体制改革的深入，社区级医疗卫生设施逐步转变为以满足社区卫生服务为主，主要承担疾病的预防与保健职能，因此，居住区内应配备医疗卫生设施，布局应选择交通条件较好、沿社区主要道路布置，同时应尽量与社会福利设施（社区服务中心）靠近的地段，共同为社区居民的卫生医疗事业服务，在建设规模方面，应遵循《社区卫生服务机构建设标准》等的要求进行规划建设；居住区级体育设施应充分与中小学校等教育设施相结合，形成分散型社区级体育设施，补充城市社区体育设施的不足，满足居民健身、休闲的需要；新建居住区级文化设施应尽可能与体育设施合并设置，形成社区文化体育活动中心，承担一些小规模的社区文艺表演、体育竞技比赛等，丰富居民的日常生活。绿地、商业等设施可合并设置，一起形成社区公共服务中心。

居住小区级公共服务与生态设施主要满足居住区级公共服务设施覆盖不到的较为分散、偏僻的居住地区，该类设施作为对于居住区级公共服务设施服务范围的补充，一般规模较小，同时设施布局比较灵活，随机性较大，具有一定的可选择性。居住小区级公共服务设施，服务半径应以300～800m左右为宜，同时应与小区其他公建配套合设，形成小区公共服务设施站点，如文化活动站、卫生服务站等，共同为居住小区服务；体育设施应尽可能与居住小区室外开放空间如广场、公园合设，形成室外健身活动场地，满足小区居民健身需求；居住小区教育设施主要包括小学、幼儿园，以满足小区服务半径和人口规模等。

2．中等城市聚集游历环境建设

公共服务设施是中等城市聚集游历环境建设的基础。随着社会的发展，人们对城市公共服务设施从满足最基本的生活需求转向丰富多彩的多样化要求，但是对于我国中等城市来说，由于城市本身的经济发展水平的制约，公共服务设施的发展相对滞后，在一定程度上阻碍了中等城市人居环境的发展。因此，如何解决公共服务设施供需矛盾，如何合理布局城市中的各类设施，如何提供公平、多样化的公共服务需求来满足快速城市化进程中人们对公共服务设施的要求显得迫切而必要。中等城市公共设施建设布局方法包括：

（1）充分利用城市开放的外部空间效应。城市公园、绿地、广场等开放空间属于城市的积极生活空间，对丰富各项城市活动，改善地区生态环境都有很大的促进作用，同时这类开放空间也会增加周边地区的吸引力，提高周边地区的土地价值，因此，中等城市公共服务设施的布局应尽量与这类开放空间统一规划、充分结合，达到相互促进的目的，在保障市民享受高质量的城市外部空间环境的同时，为居民提供方便、有效的各类公共设施，提高城市公共服务供给的效率和质量。

（2）考虑城市交通使用的效率和便捷性因素。城市交通系统是中等城市基础设施的重要组成部分，是维持城市正常运转和城市活动有序进行的必要保障，而公共交通由于其公益性、服务性的特征成为城市交通系统中不可或缺的部分，目前，依靠公共交通出行手段仍然是中等城市大多数居民日常出行的首要选择，因此，无论是市级、区级还是社区级公共服务设施的布局都应以缩短居民的出行时间和出行距离为目的，尽量结合城市公共交通系统和站点布置，提高公共服务设施的便捷性和可达性。

（3）加强与其他公共设施的融合。公共服务设施由于其属于公益性设施，同时设施建设一次性资金投入较大，且运营维护成本较高，所以保证设施建成后的有效使用效率是非常必要的，但是很多地方由于设施建设较单一、地区周边吸引力不足，导致各类设施的低效率供给，造成城市公共服务设施的极大浪费，因此，公共服务设施布局应考虑与城市其他设施如商业购物、休闲娱乐等相结合，利用这类设施吸引人流量，促进地区繁荣，形成具有吸引力的公共活动中心，从而保证公共服务设施的有效使用效率。

中等城市公共服务设施作为政府投资建设的城市公共产品，应以向城市居民提供均等的社会服务为基本出发点，把满足城市居民平等的使用各类设施的机会作为规划布局的标准，另外，作为城市空间拓展的一个表现方面，各类公共服务设施空间布局上，也应尽可能和城市的发展方向保持一致，做到公共服务设施规划先行，体现未来城市发展目标，同时，中等城市公共服务设施布局也受到不同地区城市空间形态、地方政策、经济、社会以及现状设施分布等的影响，主要表现有以下几种理论布局模式：

（1）点状布局模式：市级公共服务设施一般呈点状布局为主，这主要是由于其所具有的特殊性质决定的。首先，市级设施一般承担的是满足本市及城市周边居民的服务功能为主；其次，这类设施属于大型公共建筑，通常投资较大、建设周期长且收益较慢；最后，市级设施像体育场、图书馆等一般都是人流量较大，且对于周边疏散要求较高的设施，所有这些决定了市级设施往往表现为较为分散的点状布局模式。

（2）片状布局模式：由于受城市空间发展的制约、旧城改造难度较大，不少中等城市力图通过规划城市新区和行政中心的搬迁来达到拓展城市骨架、提升城市竞争力的目的，而在这个过程中，城市公共服务设施也伴随着行政中心而转移到新区，与行政设施一起形成城市新区中心，这一方面是为了缓解老城公共服务设施的规模较小、设施总量不足等的压力，另一方面通过各类公共服务设施特别是一些大型设施的引入也激发了新城的活力。在这个过程中，一些大型公共服务设施如体育场馆、图书馆、文化馆等一般以行政设施为中心，在其周边规划布局，以便形成城市新的公共服务中心，保证城市公共服务的集中、方便使用。

（3）网络状布局模式：为体现“社会公平”和“服务均等”的规划布局思想，居住区及以下级公共服务设施一般呈网络状布局，即通过合理的设施服务半径、均衡的设施网络结构和居住区进行有效衔接，以满足社区居民对各类设施的基本需求。这种模式主要以教育设施的初中、小学等为主，在布局中，初中与初中、小学与小学之间以服务半径为标准进行覆盖式布局，只有服务半径之外才增设新的学校，使教育设施呈网络状布局，满足儿童接受义务教育的需求。

（4）组团布局模式：一些城市由于受地理位置、河流、地形的限制以及城市建成区的不断扩大的影响，城市无法集中布局，呈现出多组团分散布局形式，而城市公共服务设施的布局需要与城市整体空间结构保持一致性，也表现出居住小区级围绕居住区级，居住区级围绕市级、区级等高等级公共服务设施的组团布局模式，同时在各组团之间以城市道路、景观等城市发展轴相互联系[81]。

6.5.8 大都市人居建设研究

1. 大都市居住环境建设

以与人们生活息息相关的住房为例，经历了公用厨卫—独用厨卫—大空间厨卫。厅卧共用—小厅大卧—大厅小卧多储藏的过程，由于公用厅室（公共活动部分）面积在不断增加，同时功能单一化明显，会客和娱乐功能分开。居住设施现代化、智能化发展较快，人们逐步将目光转移到居室之外的室外环境，寻求更大的生存空间。

2. 大都市聚集游历环境建设

在工业化社会，是以土地为核心的资源使用，划分用地性质，道路的空间布局，对大都市人口、生产力资源分布进行空间布局，制定发展政策导向。在后工业化社会，是以人类资源与环境资源合理配置为核心的资源使用、开发、保护为对都市人口、生产、资源环境进行空间布局与时间上的调配——生态城市。工业文明时期，新技术的出现，钢铁和玻璃等新材料的应用，使建造方式也产生了较大的变化，大型公共建筑及高层、超高层的建造就是最为明显的例证。规划思想的发展及规划方法的实际应用，使得大都市中的人居布局有了较明确的功能分区，邻里单元、居住社区就是在这种形势下出现和发展起来的。后工业时代，人们期望在人居建设中，摒弃纯理性的几何观念，注入更多的人情味，建立人、建筑、景观环境三者之间更为密切的关系。在大都市人类人居建设的实践中，也尝试运用多样化的道路结构、居住密度、群体空间和单体形态，来替代大规模单一模式的住宅建设，以丰富都市的人居环境。发展方向是：适度聚集，生态节能，以人为本的多样化及强调外部环境的规划设计的可持续发展。

6.5.9 城市带人居建设研究

新中国成立以来，由于我国长期受计划经济体制的影响，政府对城市规划工作是淡然处之，更不用说更宏观层面的大都市圈规划。改革开放以后，由于城市经济的迅猛发展，全国城市人口超过100万的城市将近40座，其中有10多座超过200万，北京、上海的人口突破了1000万。中国的城市问题日益显露出来，城市规划也相应提到了龙头的地位，但同时，城市和区域的矛盾也日益尖锐。

南京市城市总体规划从1995年开始，在《江苏省域城镇体系规划》中就提出了“构筑南京、苏锡常、徐州三个都市圈”的大都市圈概念；北京、上海、珠江三角洲等大都市区在人口居住郊区、基础设施郊区化、卫星城或新城建设等方面也迈出了重要步伐。

当前国外都市圈发展具有空间拓展广域化、空间结构多核化、交通系统的网络化、空间联系的国际化及空间扩散的垂直化趋势，借鉴国外都市圈发展经验，具有以下启示：

（1）在思维观念上，应树立区域观、系统观、生态观和经营观。

首先，纵观首尔市、东京市、巴黎市三大城市的规划实践，经过半个多世纪的艰苦探索，终于找到了从区域宏观层面去综合、系统解决城市问题的根本途径。并且每修订一次规划方案，它们的区域视野就会扩大一倍，起点会站的更高，城市问题会解决得更彻底。参考这些大城市的经验，解决我国特大城市的发展问题，可以缩短半个世纪的艰苦探索。

其次，生态观一直是国外大城市圈规划调控的根本思想之一。特别重视生态环境建设，如生态绿地、生态公园、生态开放空间等，重视生态环境的综合治理。

最后，国外大都市圈规划过程中，始终把就业、经济、市场、社会等社会经济要素通盘考虑，寻求最佳组合空间，体现出了鲜明的经营城市和区域的观念。

（2）在方法手段上，市场机制和宏观调控相结合，共同促进目标的实现。

这一借鉴与启示在巴黎大都市圈规划实践中体显得尤为明显。大都市圈规划可能涉及不同层次区域实体或者同一层次的不同类型实体，需要整体协调的方面比较多，巴黎从行政、法律、经济方面做了大量的协调工作。在此基础上，以市场机制为灵魂的宏观调控政策就很容易实施。我国是中央集权制国家，这种优势在规划实战中未充分利用起来，加之宏观调控的市场性不强，使我国已有的区域规划政策也很难实施。

（3）在产业结构上，服务经济约占70%，是整个都市圈的主导。

首尔、东京、巴黎大都市圈第三产业比重均超70%，主要就业岗位是非生产性的服务行业。然而，我国大部分特大城市仍以第二产业为主导，有些城市则是二、三产业持平。据此，一方面说明我国特大城市、大城市的经济发展空间还很大；另一方面，也说明我国仍处于城市经济的工业化时期。所以，我国大城市、特大城市应根据产业结构发展进程，及时地作出相应的合乎规律性的调控。

（4）在空间布局上，“一极集中”向“多中心多核”转化，实现中心城市功能的有序疏散。

在这一点上，首尔、东京、巴黎大都市圈的空间扩展特征体显得尤为突出。而我国目前由于城乡地域上的分割，诸如北京、上海、天津等特大城市“摊大饼”的现象随处可见，仍在继续做大做强中心城市极核。所以，国外大都市圈“集中分散化”的空间扩展方式，以多核多中心空间格局来疏散中心城市的功能，从而达到大都市圈均衡发展目的的做法，值得我国特大城市、大城市借鉴。

（5）在物质建设上，有原则地建设基础设施，实现中心城市的有序扩散。

以综合化、多样化、均衡化发展为原则，建设新城、完善区域性基础设施，以达到人口、工业、基础设施等要素郊区化的目的，实现中心城市的有序扩散。建设新城和完善区域性基础设施，是包括首尔、东京、巴黎在内的所有大都市圈空间拓展的共同做法，是大都市圈形成的实质性的一步。

未来城市带发展具有以下几种模式：

1）单中心发展（代号A）

（1）单中心集中式U/AI。形式简单，用地紧凑，能节约道路和管线。以方形和圆形为基本形式。

（2）单中心辐射式U/A2。如果能控制城市只沿辐射干道发展，在其间保持楔形绿地，则对城市环境有一定积极意义。

（3）带形发展U/A3。城市沿某一高速干道或沿河、海岸线呈带形发展，可充分利用高速干道或亲水岸线所提供的方便和利益，且城市沿窄向接触自然比较方便。

（4）组团式发展U/A4。上述连续密集发展的模式，总是（至少在连续较长的方向上）限制了城市与自然环境的联系。

（5）卫星式发展。城市组团式发展的进一步引申，就会走向城市的卫星式发展。当城市发展到成为一个大的城市地区的中心部分时，控制它的发展是可能的，即将城市限制在最优规模内，把新的发展项目放到周围的卫星城（Satellite city）中去。

2）多中心发展（代号B）

（1）多中心线形发展体系。多中心线形体系可沿交通轴线呈线形分布（U/B8）；或沿半环线形分布（U/B9）。如果在两个中心城市（节点）之间安排环状线形卫星体系（U/B10），则环内可保持一大块农田绿地；主要交通要引到这个体系之外，而且和各城市之间的路及内部绿地都不相干扰；两个发展节点之间的发展走廊，都能直接同外部绿地相接触，以提供良好的环境条件，而两端的中心城市则保持在合理的规模内发展。

（2）多中心带外部卫星的集合体系U/B11。所示的多中心集合城市体系，各中心城市在功能上相互依赖，不允许把各种功能混合在一起，卫星城只允许在外缘建设，而在中央保持一块大的内部农田绿地。

城市的规划和设计，从宏观到微观的各种尺度上，都应满足人们对良好环境的要求。

（1）区域内连片集中地发展城市（R/1）。在已有城市的基础上，吸引更多的活动在其周围进一步集中，发展成重要的大城市节点，使之过度集中拥挤，而其周围却又缺乏中、小城市的发展和支持。若不采取对策，则人口密度失衡的情况愈来愈明显。治理的方法只有一种，即将其中的某些城市活动迁移到附近新建的卫星城或没有充分利用的现有小城镇中去。

（2）区域内均匀分散的城市化体系，主要中心城市（R/2）。限制中心大城市使之在合理规模内发展，将新的城市和新的投资向周围分散，在理论上虽可给不发达地区以发展的机会，但均匀地却是不现实的，因为交通、通信等基础设施网络必须相应地发展，这是相当困难的。因此，从经济、环境上考虑，可取的方式还是优先沿主要交通线或河流、海岸发展。

（3）在区域内限制发展节点扩大，而将城市活动沿着交通运输线方向分散（R/3）。

（4）星座式集群（R/4）。

当区域高度发达时，高速道路可以遍布各地，形成网络；相对密集的大小城市（镇）可由这些高速道路网联结起来，形成星座式城市群。为保持良好的环境条件，农田、森林等绿地最好也能形成网络，穿插其间。避免城镇相连，形成绿地过于稀少的状况。发展节点（大城市或城市地区）的结构一经选定，就会影响整个区域发展的结构。

原来密集发展的城市结构（U/A1,U/A2），如受到配备很好的区域或国家发展轴线的影响，会自己改变它原来分散的卫星体系（U/A5），直接地成为一个线形放射的卫星体系（U/A6）。

在城市和城镇之间，应保持合理的距离，中间隔以绿地。发展节点之间的平均距离大约是200～300km，每个节点的规模不超过50万人；在其间的走廊内可容纳2～3个中等规模的城市，每个的规模不超过20万人，以符合“人的尺度”。

在平原发展的“节点与走廊”体系可形成三角形网络；在山区和沿海地区倾向于沿山或沿海呈线形发展。大的港口城市往往既是通向内地的放射发展走廊的核心，又是沿海岸伸展的重要的线形发展体系的中心。

6.5.10 外层空间人居建设研究

1. 外层空间居住环境建设

太空将成为人类新家园。地球上人类迅猛增长的速度已使我们感到资源的严重不足，最为突出的是食品、能源和水三大问题。人类致力于高速发展科技的同时，已不自觉地把自己置于一种相当残酷的困境中。生态破坏、全球变暖困扰着高度文明的人类社会，科学家现在还无法预测，一旦冰川融化，人类会面临什么样的灾难。

在人类进入太空以前，对太空环境只能进行推测和理论研究。与人类对飞天的向往一样，人们构想了美丽的“天堂”，便有“上有天堂，下有苏杭”的比喻。现在我们知道，如果“天堂”是指太空的话，就生存环境来说，那是极大的谬误。

火星是人类最佳的人居场所。人类实现了登月的梦想后，更大的目标就是载人火星飞行，踏上火星之时，更长远的计划是改造火星环境，使之成为适合人类居住的第二个地球。科学家们坚信，太空旅游潮也会很快随之而来，届时，乘宇宙飞船观赏火星落日是最刺激的时尚之旅。

航天员居住环境的建设包括太空港、太空桥、太空发电厂、太空加油站、太空工厂、太空农场、太空宾馆、太空生态实验舱以及太空城市。科学家们一致认为，人们移居太空不再是虚无缥缈的幻想，人类大规模移居太空已为期不远。

2. 外层空间聚集游历环境建设

移居太空之梦。人类在其他星球上寻找水源，除了探寻宇宙中的其他生命形式以外，更重要的还是在探索适合人类生存的基本条件。找到了水就意味着人类有可能在其他星球建立长久定居地。部分专家预言，21世纪，人类解决能源危机和人口爆炸等问题的最佳途径就是在其他星球上建造第二故乡，克隆第二个地球。人类艰难地在太阳系和宇宙探索地外生命的过程中，已经发现多个可能存在液态水的星球。其中最让我们关注的，除了火星以外，还有月球，木星的卫星木卫二和木卫三，以及土星的卫星土卫六。

美国宇航局（NASA）早在创建之初就开始了地外生命探索计划。1960年，一个生物科学咨询委员会就提出，NASA应该开展地外生命探索工程。同年，美国喷气推进实验室（Jet Propulsion Laboratory）就已经获准研究如果要进行火星生命探索计划，NASA会需要何种航天飞机。20世纪70年代，NASA的“海盗号”（Viking）实施的一系列火星探测任务就开始着手进行大量实验。当时的科学家认为，这些实验会揭开火星是否存在生命这一谜底，但是科学家最终发现，这些实验结果并不能真正说明问题。此外，NASA研究人员也曾在南极洲火星陨石坠落处发现了类似于细菌的“纳米生物化石”，但这一发现是否就能证明火星存在生命，如今科学界对此仍存在争议。

21世纪初，美国宇航局的戴维·麦凯（David McKay）指出，只能等航天飞机从火星采集回样本，并且经过科学家的详细研究之后，才能确定火星是否存在生命。麦凯表示：“我认为，最终的研究结果会是肯定的（火星存在生命体）。”麦凯是发现“纳米生物化石”的研究人员之一。

实际上，NASA最初的地外生命探索计划曾预期要对火星展开100多次的探测，但最终落实的探测任务数量却不多。基于费用及其他因素的考虑，NASA打算从火星带回样本的计划也一再受阻。以下是火星探测计划分析小组提出的未来火星探测任务的时间安排：

2018年，美国和欧洲将会联合发射一个名为MAX-C的火星样本采集探测器，并且这个探测器会有可能同欧洲的Exomars探测器共同执行任务。届时，MAX-C会在火星表面行驶，采集岩石和土壤样本，并且放入其储藏舱内。

2022年左右，另一个探测器会被发送至火星，同MAX-C一同执行任务。这个探测器还带有火箭推进式返回舱，最终这些探测器采集的样本会被放入返回舱以便回收。

21世纪20年代中期或者后期，NASA会发射一颗人造卫星。届时，已装载完样本的返回舱会从火星表面发射升空，并且与人造卫星进行对接。这颗人造卫星将携带返回舱返回地球。据悉，这种样本采集方式同星团灰尘彗星样本采集方式十分类似。

尽管这些计划听起来似乎很遥远，但是NASA的行星保护官员凯西·康利（Cassie Conley）表示，火星样本探测器可能会在十年内发射，这样探测器才能采集到足够的样本。如果是这样的话，NASA的科学家就必须在近几年安排好此次火星探测计划的一些关键步骤[82]。

参考文献

[1] 循环经济的5R理念[J]. 资源节约与环保，2005（04）：44.
[2] 陈易. 生态危机的对策——建筑创作中的5R原则[J]. 建筑学报，2001（05）：45-47，67.
[3] 王鹏，亚吉露. 劳森，刘滨谊. 水敏性城市设计（WSUD）策略及其在景观项目中的应用[J]. 中国园林，2010（06）：88-91.
[4] 刘滨谊. 城镇绿地生态网络规划研究[J]. 建设科技，2010（19）：26-27+25.
[5] 刘滨谊，张德顺，刘晖，戴睿. 城市绿色基础设施的研究与实践[J]. 中国园林，2013（03）：6-10.

[6] 刘滨谊．自然与生态的回归——城市滨水区风景园林低成本营造之路[J]．中国园林，2013（08）：13–18.
[7] 贺炜，刘滨谊．有关绿色基础设施几个问题的重思[J]．中国园林，2011（01）：88–92.
[8] 刘滨谊．城乡绿道的演进及其在城镇绿化中的关键作用[J]．风景园林，2012（03）：62–65.
[9] Watson, Robert T., Daniel Lee Albritton, eds. *Climate change 2001: Synthesis report: Third assessment report of the Intergovernmental Panel on Climate Change*[M]. Cambridge University Press, 2001.
[10] World Development Report 2010: Development and Climate Change[EB/OL].http://www.worldbank.org/INTWDR2010, 2010.
[11] NEWTON, P. W. (ed.) 2008. Transitions : pathways towards sustainable urban development in Australia[M]. Collingwood, Vic.: Springer, CSIRO Publishing, 2008.
[12] DROEGE, P. (ed.) 2010. Climate design : design and planning for the age of climate change[M]. California: Oro Editions, 2010.
[13] SATTERTHWAITE, D. Adapting to climate change in urban Region: the possibilities and constraints in low–and middle–income nations[M]. London: Lied, 2007.
[14] SPIRN, A. W. The granite garden: urban nature and human design[M]. New York: Basic Books, 1984.
[15] HOUGH, M. City form and natural process: towards a new urban vernacular[M]. Sydney: Croom Helm, 1984.
[16] GILL, S., HANDLEY, J., ENNOS, A. & PAULEIT, S. Adapting cities for climate change: the role of the green infrastructure.Built environment, 2007(33)115–133.
[17] NOLON, J. R. Managing Climate Change Through Biological Sequestration: Open Space Law Redux[J]. Stanford Environmental Law Journal, 2012: 195–249.
[18] KITHA, J. & LYTH, A. Urban wildscapes and green spaces in Mombasa and their potential contribution to climate change adaptation and mitigation[J]. Environment & Urbanization, 2011:251–265.
[19] BROWN, R. D. Ameliorating the effects of climate change: Modifying microclimates through design[J]. Landscape and Urban Planning, 2011:372–374.
[20] BROWN, R. D. & GILLESPIE, T. J. 1995. Microclimatic landscape design : creating thermal comfort and energy efficiency[M]. New York: J. Wiley & Sons, 1995.
[21] SHAHIDANA, M. F., SHARIFF, M. K. M., JONES, P., SALLEH, E. & ABDULLAHD, A. M. A comparison of Mesuaferrea L. and Huracrepitans L. for shade creation and radiation modification in improving thermal comfort[J]. Landscape and Urban Planning, 2010:168 – 181.
[22] KWOK, A. G. & RAJKOVICH, N. B. 2010. Addressing climate change in comfort standards[J]. Building and Environment, 2010:18 – 22.
[23] MAHMOUD, A. H. A. An analysis of bioclimatic zones and implications for design of outdoor built environments in Egypt[J]. Building and Environment, 2011:605–620.
[24] 赵彩君，傅凡．气候变化——当代风景园林面临的挑战与变革机遇[J]．中国园林．2009（02）：1–3.
[25] 付彦荣．气候变化对园林绿化的影响和应对策略[C]//中国风景园林学会2011年会论文集（上册）．2011：69–72.
[26] 包满珠．全球气候变化背景下风景园林的角色与使命[J]．中国园林，2009（02）：4–8.
[27] 柳孝图．城市物理环境与可持续发展[M]．南京：东南大学出版社，1999.
[28] T.A.马克斯著．陈士磷译．建筑物．气候．能量[M]．北京：中国建筑工业出版社，1990.
[29] 徐小东，王建国，陈鑫．基于生物气候条件的城市设计生态策略研究——以干热地区城市设计为例[J]．建筑学报，2011（3）.
[30] 徐小东，徐宁．湿热地区气候适应性城市空间形态及其模式研究[J]．南方建筑．2011（01）.
[31] 王振，李保峰．微气候视角下的城市街区环境定量分析技术[C]．第六届国际绿色建筑与建筑节能大会论文集，2010.
[32] 柴彦威，张艳．应对全球气候变化，重新审视中国城市单位社区[J]．国际城市规划，2010（01）：20–23+46.
[33] 丁沃沃，胡友培，窦平平．城市形态与城市微气候的关联性研究[J]．建筑学报，2012（07）：16–21.
[34] 陈卓伦，赵立华，孟庆林，王长山．广州典型住宅小区微气候实测与分析[J]．建筑学报，2008（11）：24–27.
[35] 王振，李保峰．基于微气候动态信息技术的城市街区环境特征研究[J]．动感（生态城市与绿色建筑），2011（02）：28–32.
[36] 洪亮平，余庄，李鹍．夏热冬冷地区城市广义通风道规划探析——以武汉四新地区城市设计为例[J]．中国园林，2011（02）：39–43.
[37] 赵敬源，刘加平．数字街谷及其热环境模拟[J]．西安建筑科技大学学报，2007，39（2）：219–223.
[38] 赵敬源．绿化对城市街谷热环境影响的模拟比较[C]．2007全国建筑环境与建筑节能学术会议，2007：29–35.
[39] 赵敬源．城市街谷夏季热环境及其控制机理研究[D]．西安：长安大学，2007.
[40] 赵敬源，刘加平．城市街谷热环境数值模拟及规划设计对策[J]．建筑学报，2007（3）.
[41] 钟珂，亢燕铭．城市街谷中的物理微环境[J]．西北建筑工程学院学报，1998（4）.
[42] 赵华．城市广场热环境研究[D]．西安：西安建筑科技大学，2005.
[43] 宋海静．城市公共空间热环境研究[D]．西安：西安建筑科技大学，2008.

[44] 孟庆林，李琼．城市微气候国际（地区）合作研究的进展与展望[J]．南方建筑，2010（01）．
[45] 孟庆林，张玉等．热气候风洞内测定种植屋面当量热阻[J]．暖通空调，2006（13）．
[46] 肖江，孟庆林等．浅色屋面材料的降温性能分析和测试[J]．新型建筑材料，2004（8）．
[47] 王珍吾，高云飞，孟庆林等．建筑群布局与自然通风关系的研究[J]．建筑科学，2007，23（6）．
[48] 张磊，孟庆林等．室外热环境研究中景观水体动态热平衡模型及其数值模拟分析[J]．建筑科学，2007（10）．
[49] 胡文斌，吴小卫，孟庆林．小区规划与设计中建筑物理环境的计算机模拟[J]．广东土木与建筑，2005（2）．
[50] 陈卓伦，赵立华，孟庆林，王长山．广州典型住宅小区微气候实测与分析[J]．建筑学报，2008（11）．
[51] 唐鸣放，钱炜．太阳辐射影响下的城市户外热环境评价指标[J]．太阳能学报，2003（24）．
[52] 钱炜、唐鸣放．城市户外环境热舒适度评价模型[J]．西安建筑科技大学学报，2001（9）．
[53] 罗庆．基于图像分析的城市建筑群室外热环境研究[D]．重庆：重庆大学，2006．
[54] 刘俊．计算流体力学在城市规划设计中的应用[J]．东南大学学报（自然科学版），2005（35）．
[55] 林波荣，李晓锋，朱颖心．太阳辐射下建筑外微气候的实验研究——建筑外表面温度分布及气流特征[J]．太阳能学报，2001，（22）3．
[56] 江亿，李先庭，林波荣等．建筑群风环境的数值模拟仿真优化设计[J]．城市规划汇刊，2002（2）．
[57] 林波荣，朱颖心，李晓锋等．基于模拟技术的绿色建筑规划设计实例分析[J]．建筑科学，2006，22（4A）．
[58] 林波荣．绿化对室外热环境影响的研究[D]．北京：清华大学：2004．
[59] 柳孝图．物理环境与规划设计[J]．江苏建筑，2003（1）．
[60] 柳孝图，余德敏．城市热环境及其微热环境的改善[J]．环境科学，1997，18（1）：54–58．
[61] 彭昌海，柳孝图等．热舒适及其在夏热冬冷地区的被动实现技术[J]．华中建筑，2003，21（4）．
[62] 张辉．气候环境影响下的城市热环境模拟研究——以武汉市汉正街中心城区热环境研究为例[D]．武汉：华中科技大学，2006．
[63] 陈丽．武汉市下垫面建筑热环境性能数值模拟[D]．武汉：华中科技大学，2007．
[64] 余庄，张辉．城市规划CFD模拟设计的数字化研究[J]．城市规划，2007，31（6）：52–55．
[65] 余庄，张辉．可持续发展视角下的大都市区域发展规划模拟与分析[J]．城市建筑，2007（8）．
[66] 陈宏．通过建筑外壁绿化改善城市热环境的研究[J]．新建筑，2002（2）．
[67] 陈宏．建筑体型与布局对城市空间换气效率的影响[J]．武汉理工大学学报，2002，24（7）．
[68] 董靓．街谷夏季热环境研究[D]．重庆：重庆建筑大学，1991．
[69] 董靓，陈启高．户外热环境质量评价[J]．环境科学研究，1995（6）．
[70] 么枕生等．西北黄土高原的小气候[M]．北京：科学出版社，1959．
[71] 傅抱璞．起伏地形中的小气候特点[J]．地理学报，1963（03）：175–187．
[72] 杭建淳．地形、水域的小气候效应与柑橘生产[J]．气象，1982（11）：32–34．
[73] 王菱，杨超武．西双版纳冬季地形小气候及其利用[J]．农业气象，1982（03）：24–27．
[74] 黄寿波．我国地形小气候研究概况与展望[J]．地理研究，1986（02）：90–101．
[75] 余优森，任三学．陇南橘园地形小气候的研究[J]．中国柑橘，1991（01）：18–19．
[76] 陈睿智，董靓．国外微气候舒适度研究简述及启示[J]．中国园林，2009（11）．
[77] 董靓．湿热气候区旅游景区的微气候舒适度研究[J]．前沿动态，2010（2）．
[78] 刘颂，刘滨谊．城市人居环境可持续发展评价指标体系研究[J]．城市规划汇刊，1999（05）．
[79] 刘滨谊，王南．应对气候变化的中国西部干旱地区新型人居环境建设研究[J]．中国园林，201（08）：8–12．
[80] 马明．新时期内蒙古草原牧民居住空间环境建设模式研究[D]．西安：西安建筑科技大学，2013．
[81] 李震岳．中等城市公共服务设施规划布局研究[D]．北京：北京建筑工程学院，2012．
[82] 美宇航局机密资料称宇航员将于2030年登陆火星[EB/OL]．2010–03–02．http：//news.163.com/10/0302/09/60ORE826000125LI.html.

第3篇

人居环境5类地区研究应用

Part 3 Background, Activity and Construction Studies of Five Categories of Human Settlement, Inhabitation and Travel Environment

第 7 章　水网地区

Chapter 7 Human Settlement, Inhabitation and Travel Environment Studies in Water-net Region

7.1 人居环境水网地区总论

7.1.1 水网概述

7.1.1.1 水网释义

水网指河湖港汊或沟渠纵横交错如网。——《辞海》

7.1.1.2 相关概念

水系：是指海洋、河流、湖泊等构成的水网系统，多依照江河、湖泊的支流和源流逐级形成的网状结构。流域：是以分水岭为界的一个河流、湖泊或海洋等其他的所有水系所覆盖的区域，以及由水系构成的集水区。地面上以分水岭为界的区域称为流域。流域内之径流集中于最低点而流出[1]。

7.1.2 水网地区地貌的自然成因

7.1.2.1 地貌因素

水网地区主要位于冲积平原，由三角洲和冲积扇两种主要地貌形成。三角洲是一种由河流补给的泥沙沉积体系，其平面形态一般呈三角形，顶端指向上游，底边对着河口外水域。随着河口沙坝的出现与发展，迫使河流分汊，形成汊道。同时，河口沙坝正在不断地接受沉积，并与心滩、沙洲并合、堆高，向海洋扩展，乃至露出水面成为河口沙岛，如长江口的崇明岛。河口沙岛与废弃汊道以及由港湾转体而成的湖泊、沼泽和天然堤等共同组合成三角洲平原。这一过程反复进行，河道分化成一系列汊流，形成不断向海推进的多汊道三角洲，例如：尼罗河三角洲、长江三角洲、珠江三角洲、四川岷江冲积扇（图7–1）。

冲积扇是山地河流处的堆积地貌。山地河流流过山麓后，因为坡度变缓，流迁改道，或分成多股水流，形成一个延伸很广，坡度较缓的台地，外形如同折扇，故名为冲积扇[2]。

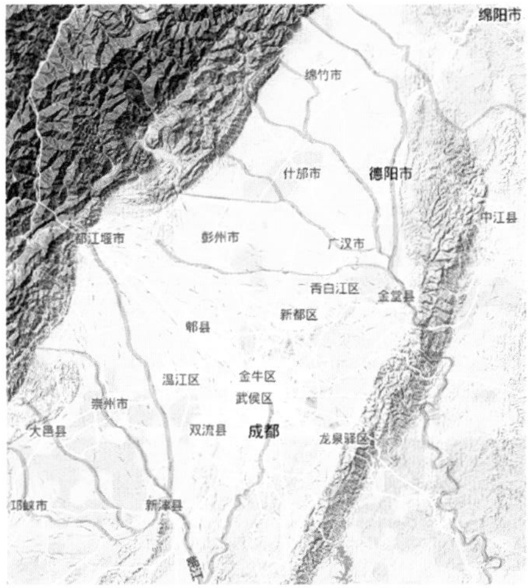

图7–1 水网地区示意图
Figure7-1 Schematic of water-net region
图片来源：Google Earth改绘

7.1.2.2 河口水动力因素

促进三角洲形成的三种主要河口水动力可分为三种：河流作用、波浪作用、潮汐作用。① 以河流作用作为主动力（河流型三角洲）：河流作用占优势，波浪和潮汐作用微弱，具有分汊的指状岔流，分流水道向前发展，堆积形成长条形的河口沙坝，其中主要汊道向前推进迅速。这些从不同方向，以不同速度向海伸展的汊道和河口沙坝，从整体看形如鸟爪，故称为鸟爪型三角洲。密西西比河三角洲就是典型的鸟爪型三角洲（图7–2）。② 以波浪作用为主动力（波浪形三角洲）：波浪作用大于河流作用，显著地控制着三角洲前缘地貌的发育，有一条或两条主河流入海，分支流不太发育，输入的泥沙量少，沙与泥比值高，前缘沉积物大多经波浪冲刷、改造、搬运和重新分配，形成大体平行于海岸线分布的沙坝或沙滩，只在河口处才有较多的沙质堆积，形成向海方突出的河口（鸟嘴状）。法国的罗纳河、埃及的尼罗河、意大利的波河形成的三角洲以及巴西圣弗朗西斯科河三角洲均属此类（图7–3）。③潮汐是地球上的海洋表面受到太阳和月球的潮汐作用而引起的涨落现象。河口地区受潮波的入侵，同时受河川径流的作用，以及风浪和增减水的影响，使其水文条件变得异常复杂。

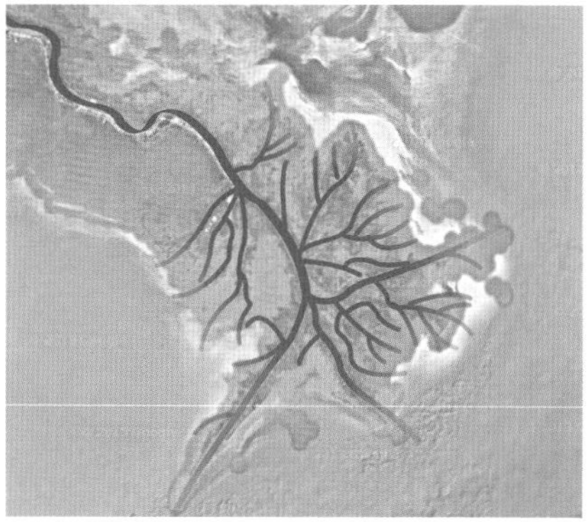

图7–2 密西西比河三角洲
Figure7-2 Morphology Delta
图片来源：Google Earth改绘

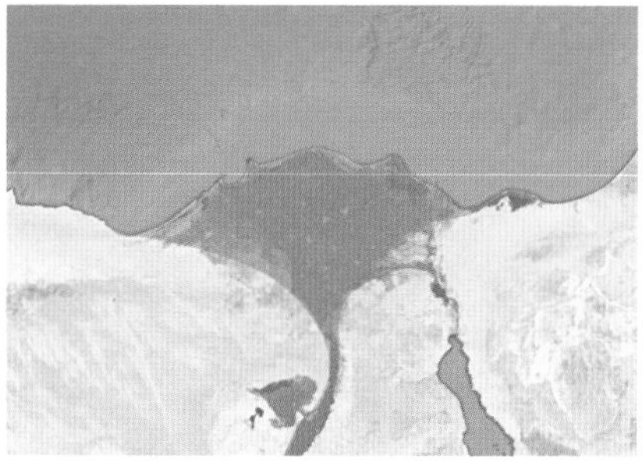

图7–3 波浪形三角洲示意图
Figure7-3 Schematic of waves delta
图片来源：Google Earth改绘

7.1.3 水网地区三元研究概述

7.1.3.1 水网地区三元研究框架

水网地区三元研究框架如图7–4 ~ 图7–8所示。

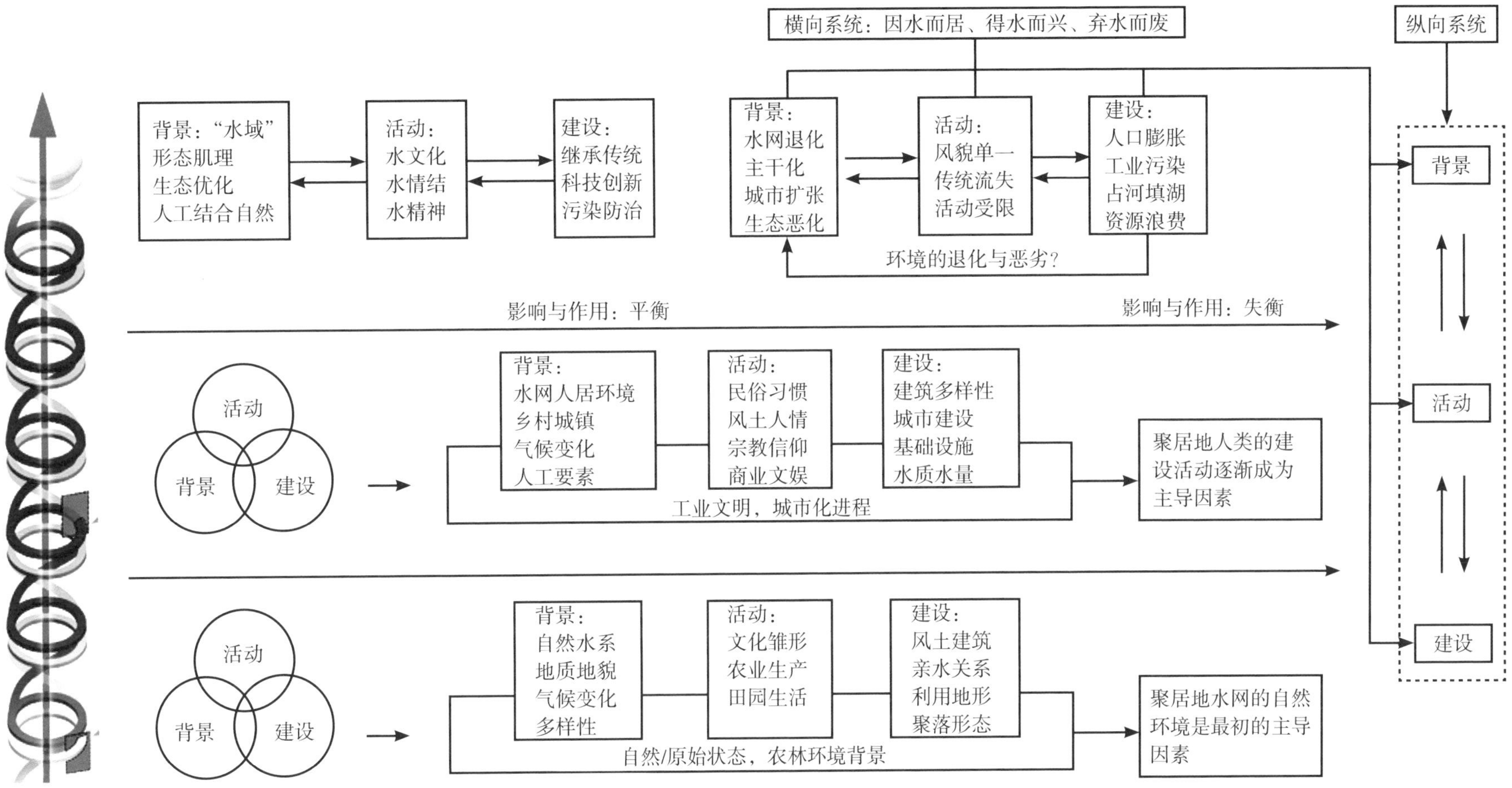

图7-4 水网地区三元研究框架（一）
Figure7-4 Trialism research framework in water-net region I

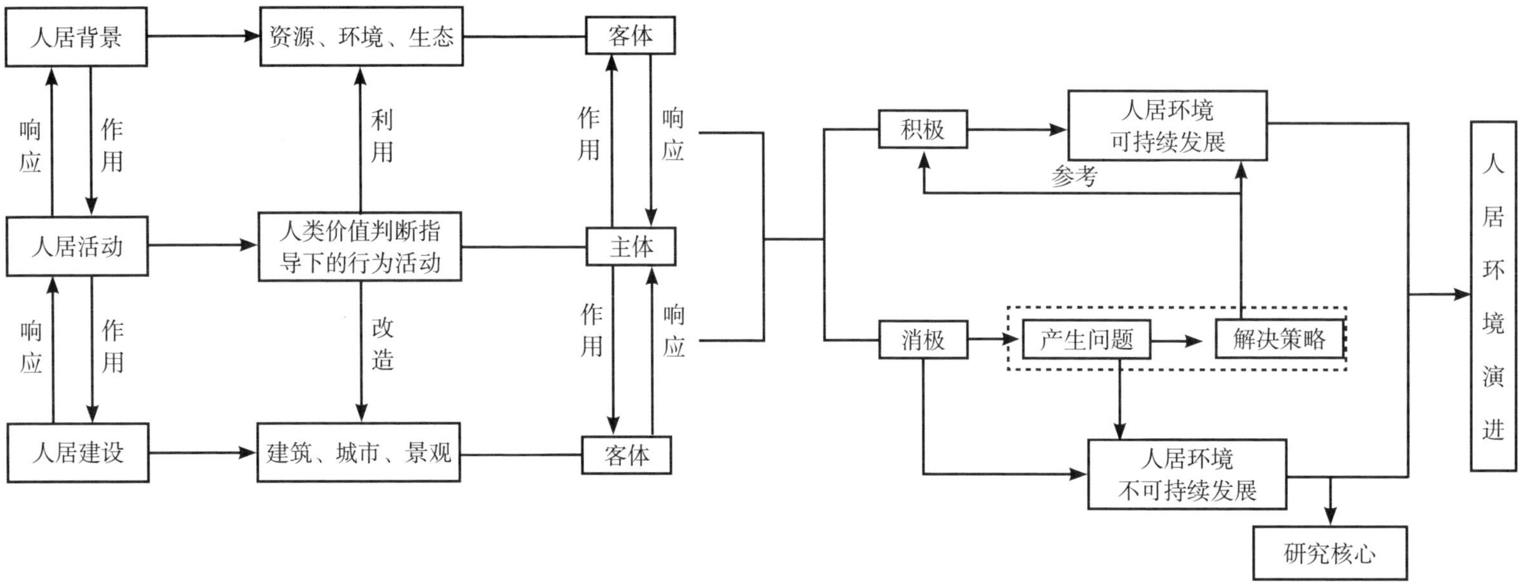

图7-5 水网地区三元研究框架（二）
Figure7-5 Trialism research framework in water-net region II

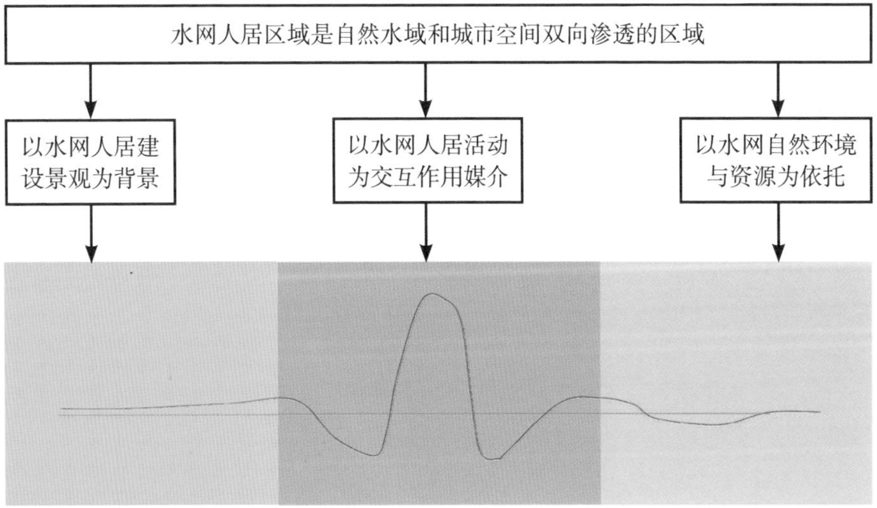

图7-6 水网地区环境作用机制示意图
Figure7-6 Schematic of environmental mechanism in water-net region

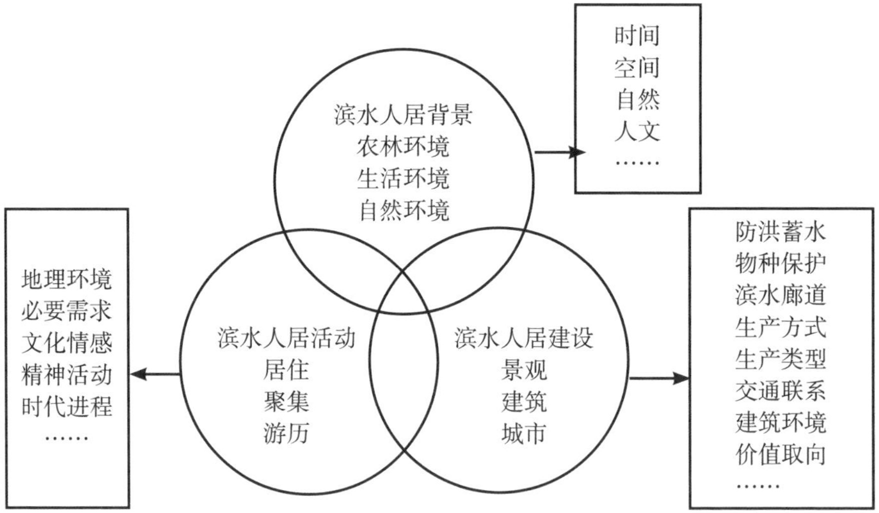

图7-7 水网地区人居环境研究三元结构图
Figure7-7 Trialism structure of human settlement, inhabitation and travel environment studies

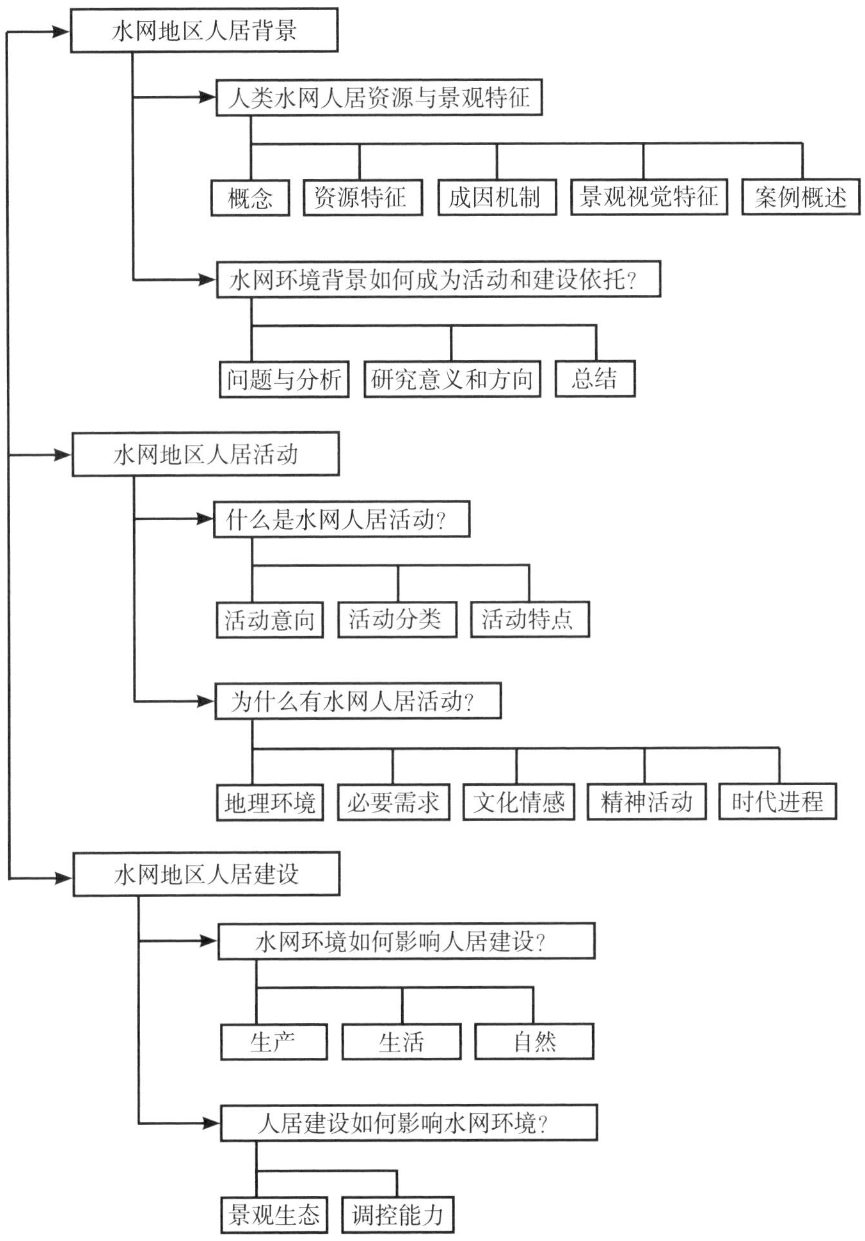

图7–8 水网地区三元研究框架（三）
Figure7-8 Trialism research framework in water-net region III

7.1.3.2 水网地区人居发展三阶段

1.“因水而居”阶段

1）水网对人类的影响

水网对城市选址产生影响：人逐水而居，沿水修建村落和城市，人居环境就此产生。水网还对人类活动产生影响：水与人、城市的关系密切，如：贸易活动——水网之物质运输功能；文化活动——水网之陶冶情操功能。水网为人类提供多种资源支撑，包括供水、交通、水利、战争防卫等。水网密集、水陆共生的自然特征决定了水网在这一地区自然生态环境中处于主导地位[3]。自然型水网是在自然力的作用下，经过千百年的演化而形成的。从自然生态的角度出发，水网的存在具有很高的和谐性，而且它的自然生态调节功能很强。

2）滨水人居地发展成为水网城市的历程

一般来说，河流提供水源，承接废弃物，并成为运输的媒介。许多滨河城市是由于河床的巨大变化而产生的，因而该段河流无法作为运输的媒介。也就是说，水运到了该段河流必须转换成其他运输方式。另外，河流的转弯处由于占据地利往往成为城市的发源地。许多近海城市建在天然港口的河流入海口，另外一些城市建在河流的上游。还有一些城市建在湖边，它们可以利用湖泊的天然景色提高生活质量。少数的城市是建在远离水的地方——商业通道交汇处。世界上城市的建立很多都归功于其进出港口的贸易和战利品。在西方，围绕着地中海的贸易促使不同的文化繁荣起来，其中主要是埃及文化、希腊文化、罗马文化和威尼斯文化。近代，工业革命开始重新塑造世界，城市开始增多。运河和水在工业革命过程中也扮演着很重要的角色，既提供了运输原材料和成品的便利，又给予了工业所需的水力[4]。以波尔多为例：它是一个善于为自己寻找机会和出路而不言败的城市[5]。18世纪航运辉煌，20世纪后，水运交通的衰弱，航运贸易的地理优势衰减，加龙河逐渐变得寂静。波尔多从滨水萧条到复兴，至今已发展成为聚集了80万人口，并仍以其悠久的生活传统和高品质的葡萄酒而闻名于世的城市（图7–9）。

2.“得水而兴”阶段

“得水而兴”阶段是人居环境的发展与振兴的阶段。

（1）水网功能推动城市转型：水网功能推动城市转型最典型的方式是水运发达的城市向工业城市转型。城市中大部分水系及其周边的滨水空间由古时的自然发展状态，逐渐演变成为用于发展工业的港口和仓库等此类生产贸易类功能的用地。

（2）水网形态塑造景观风貌：“水上都市”威尼斯，因其建筑与水的紧密结合形成的“水中艺术长廊”这一优美风光而享誉世界。水都的形象延续几百年没有受到破坏，同时还将水都文化充分展示给世人。

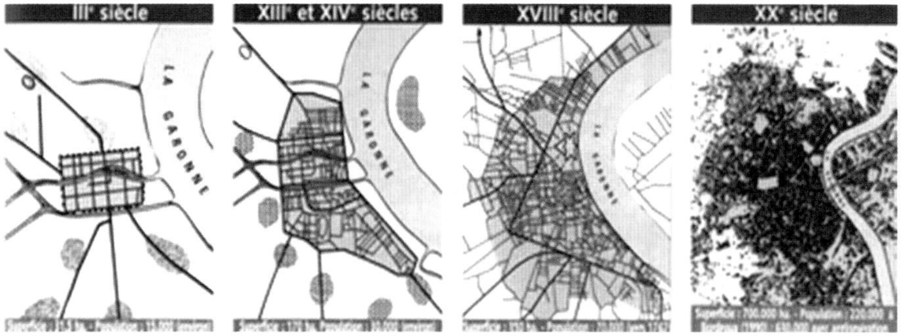

图7-9 3世纪、14世纪、18世纪到20世纪的波尔多
Figure7-9 Bordeaux in 3rd, 14th, 18th and 20th century
图片来源：周俭，张恺. 在城市上建造城市——法国城市历史文化遗产保护实践[M]. 北京:中国建筑工业出版社，2003

（3）水网精神影响地域文化：在中国的长江三角洲和珠江三角洲，特有的冲积平原地形分别造就了网状的长江水系和珠江水系。在水系的巨大推动作用下，建立的城市还有着历史悠久的“江南水乡”和“岭南水乡”的城市形象和文化[6]。

人们利用自然型水网进行运输、灌溉等活动，使河流的物质传输、能量传输活跃起来，丰富了水网区域的物种多样性。人工型水网主要是人们为了满足某些特定的需求而开凿的河流、水系，一般这类河流主要处于城镇的内部、周边地区及农耕区，也有像京杭大运河这样的交通干线，其水网功能比较复杂，如防洪泄洪、蓄洪排涝、水上运输、灌溉、旅游休闲、供水和水产养殖、环境景观等。

在“因水而居”阶段与“得水而兴”阶段，人类活动开发了水网的景观效益，利用了水网的能量，充实了水网作为物质传输廊道的功能，反映了人们尊重自然的价值观。

3.“弃水而废”阶段

水网城市中的河道渐渐失去了原有的功能，水系最为显著的交通运输、泄洪等功能相继被弱化甚至消失。随之其他一系列的城市问题也产生了，水网城市开始衰落：滨水空间大多成为城市中的破败地区，河道成为污水汇集的地带，沿岸建筑老化严重，建筑风貌杂乱无章，公共空间失去活力。城市生态和城市环境都随着水系的废弃而产生倒退现象，对城市经济和社会发展造成了极大的负面影响[6]。

1）水网衰落对人居环境理论三大要素的影响

（1）水网衰落——人居环境背景破坏：水网城市内的河流水生态系统遭到不同程度的破坏，水体自身的污染净化功能日渐降低。特别是河流治理工程只考虑河流防洪功能，而淡化了河流的资源功能和生态功能，破坏了自然河流的生态链，使城市河流及其两岸的生物多样性下降。原本水网城市中的河道较小，水体的纳污、自净能力较低，河流的硬化、渠化，更进一步导致生态系统和水环境的破坏[6]。同时还断绝了人、水、土壤的关系，使水系与土地及其生物环境相分离。

（2）水网衰落——人居环境活动受制：水网衰落使人居环境活动中的生理与心理活动均受到制约。生理活动具体有：生产劳作方面，如渔业，运输方面，如航运，均因为水网的衰落而受到限制。心理活动指大脑对客观世界反映的过程，水网衰落使客观世界的组成元素减少，因而会影响人的心理活动。

（3）水网衰落——人居环境建设倒退：水网面积急剧减少，河道长度和密度都有不同程度的下降。

2）人类活动对水网地区的影响

（1）人类活动对水网生态环境的影响。随着城市化进程的不断加快，水域生态环境也面临着前所未有的挑战和冲击。以太湖流域为例，太湖流域工业发展较快，人类的经济活动对自然资源的需求迅速增加，使整个生态系统的生产能力严重下降，导致区域型水质缺水；同时，工业废水和城市生活污水大量增加，加上农业规模化经营中农药化肥的大量使用，排放到环境中的污染物和废弃物不断上升，威胁着太湖生态系统自身的净化能力[7]（图7-10）。

（2）人类活动对水乡特色的影响。普遍存在的水环境污染在很大程度上损害了水乡村落的特色[8]。人类的商业活动、工业活动等严重影响了水乡风貌，破坏了水网结构。

（3）人类工业建设活动对滨水环境的负面影响。工业文明来临，人与自然处在一种对立与割裂的哲学观中。城市快速发展，工厂、高密度住宅沿河而建，现代文明在历史河流中留下斑驳苍凉的印记。滨水空间呈现出衰败的景象，失去了活力，还因生态破坏而失去了其最本质的吸引力。

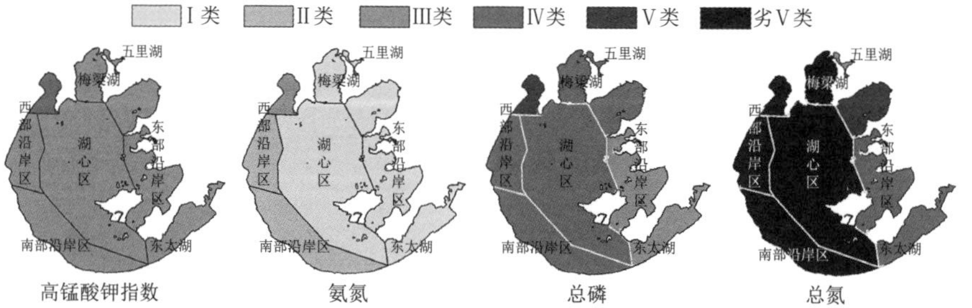

图7-10 2013年太湖湖区水质状况
Figure7-10 Water quality of Taihu Lake area in 2013
图片来源：水利部太湖流域管理局官方网站，http://www.tba.gov.cn/

7.2 水网地区人居背景研究

7.2.1 水网地区一般状况

7.2.1.1 中国水网地区人居环境概况

1. 河网密度及地区分布

中国目前没有明确的关于“水网”地区的定义，本研究以现有的中国河网密度图（图7–11）及中国典型水网地区如长江三角洲、珠江三角洲等的河网密度为依据，绘制出中国水网地区分布图（图7–12）。

研究得出：水网地区总面积为605375km^2，占我国国土总面积的6.2%；水网地区总人口数量为194358083，人口密度为1608人/km^2。

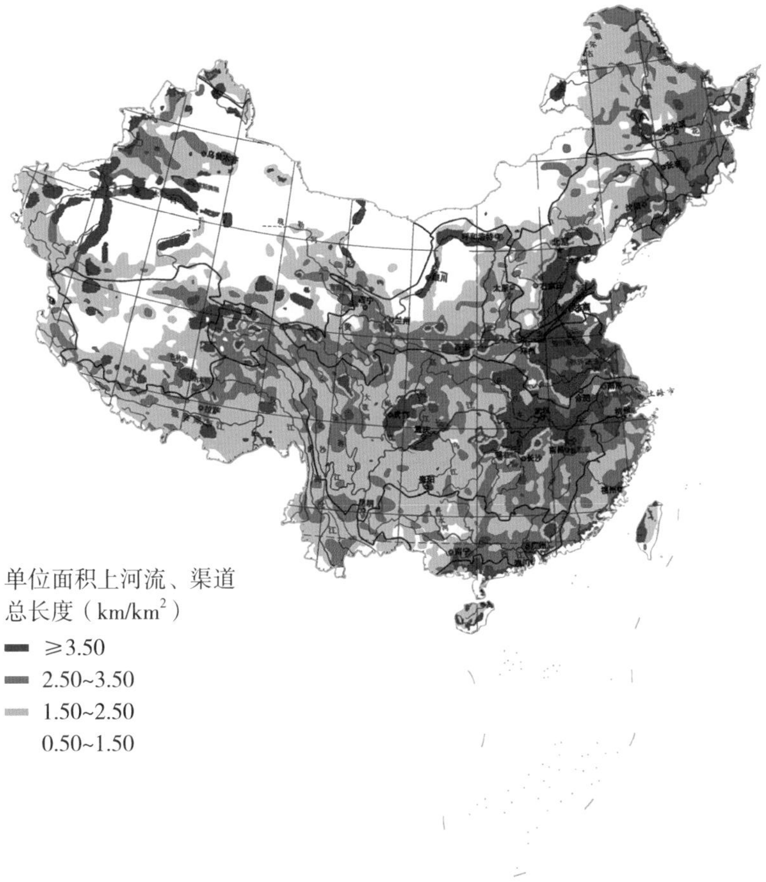

图7–11 中国河网密度分级图
Figure7-11 Grading diagram of density of Chinese river-net
图片来源：底图-国家测绘地理信息局，2500万河流水系版（南海诸岛）改绘；王栋.公路洪水灾害危险性分析与区划研究[D].西安：长安大学，2013

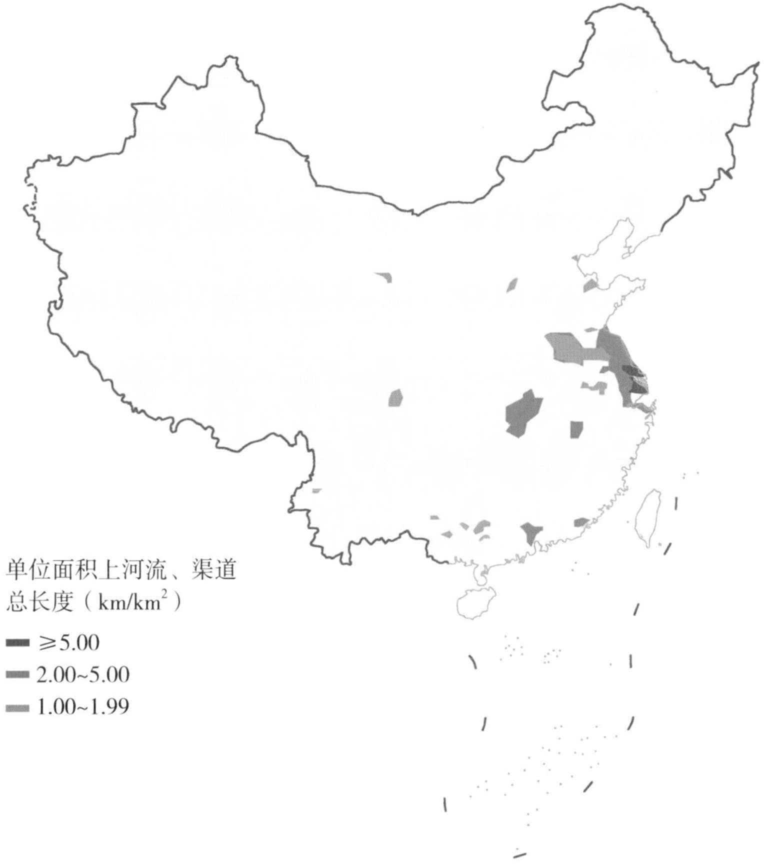

图7–12 中国水网地区分布图
Figure7-12 Map of Chinese water-net region distribution

2. 水体面积及水网地区行政区域相关统计（图 7-13 ~ 图 7-16，表 7-1~ 表 7-3）

图7-13 中国主要流域分布地图
Figure7-13 Map of Chinese major watershed distribution
图片来源：国家测绘地理信息局，2500万河流水系版（南海诸岛）改绘

表 7-1 中国各大河流流域占国土面积百分比
Table7-1 Percentage of Chinese main river basins to national territorial area

河流流域	占国土面积百分比（%）
长江流域	18.8
珠江流域	4.7

续表

河流流域	占国土面积百分比（%）
黄河流域	7.8
海河流域	3.3
淮河流域	2.8
松花江流域	2.3
辽河流域	5.7

表 7-2 中国水网地区所跨越行政区统计表
Table7-2 Statistics of water-net Region in Chinese administrative regions

行政区	地级市	副省级市	直辖市
江苏省	14	1（南京市）	0
广东省	10	2（广州市、深圳市）	0
甘肃省	3	0	0
山西省	3	0	0
四川省	3	1（成都市）	0
广西壮族自治区	6	0	0
山东省	1	0	0
湖北省	5	1（武汉市）	0
浙江省	3	2（杭州市、宁波市）	
江西省	6	0	0
河南省	3	0	0
台湾省	3（台南市、台中市、高雄市）	0	0
湖南省	4	0	0
安徽省	7	0	0
天津市	0	0	1
上海市	0	0	1

表 7–3 中国水网地区在各行政区中所占面积与人口数量统计表

Table7-3 Statistics of area and population in water-net region of administrative regions

行政区	行政区面积（km^2）	行政区人口（人）	行政区占全国总面积的百分比（%）	各行政区内水网区域面积（km^2）	各行政区内水网区域百分比（%）	水网区像素	行政区像素	各行政区内水网区域人口总数（人）	水网区域人口密度（人/km^2）
上海市	6219	14350000	0.06	6219	100			14350000	3631
江苏省	102658	78990000	1.07	88128	85.85	40880	47620	67809979	2491
山东省	15126	96370000	1.59	8756	5.57	3720	66755	5370330	683
广东省	184800	105000000	1.94	15995	8.66	7805	90178	9087860	1351
台湾省	36000	20360000	0.37	5986	16.63	2994	18005	3385606	1271
河南省	167000	93880000	1.74	13611	8.15	6869	84282	7651239	562
浙江省	104141	54630000	0.37	10261	9.85	4702	47722	5382638	2034
安徽省	139427	59680000	0.37	33592	24.09	17124	71075	14378619	428
湖南省	211829	65960000	1.74	138811	65.53	6648	10145	43223468	311
江西省	166900	44880000	1.74	12973	7.77	6217	79984	3488435	269
山西省	156700	35930000	1.62	3829	2.44	1793	73377	877966	229
广西壮族自治区	236700	46450000	2.46	12873	5.44	6193	113872	2526212	196
四川省	485000	80500000	5.08	28537	5.88	3718	63190	4736493	11388
天津市	11920	749000	0.12	2690	22.56	1190	5274	169001	777
甘肃省	454430	25640000	4.69	35715	7.86	4046	51480	2015141	56
湖北省	187400	57580000	1.95	187400	17.20	16737	92795	9905097	53
平均值									1608
合计				599156				1531008083	

图7–14 水网城市风景意向（甪直、珠江两岸、杭州西湖）

Figure7-14 Landscape image of water-net-area-cities (Luzhi, riversides of the Pearl River, West Lake in Hangzhou)

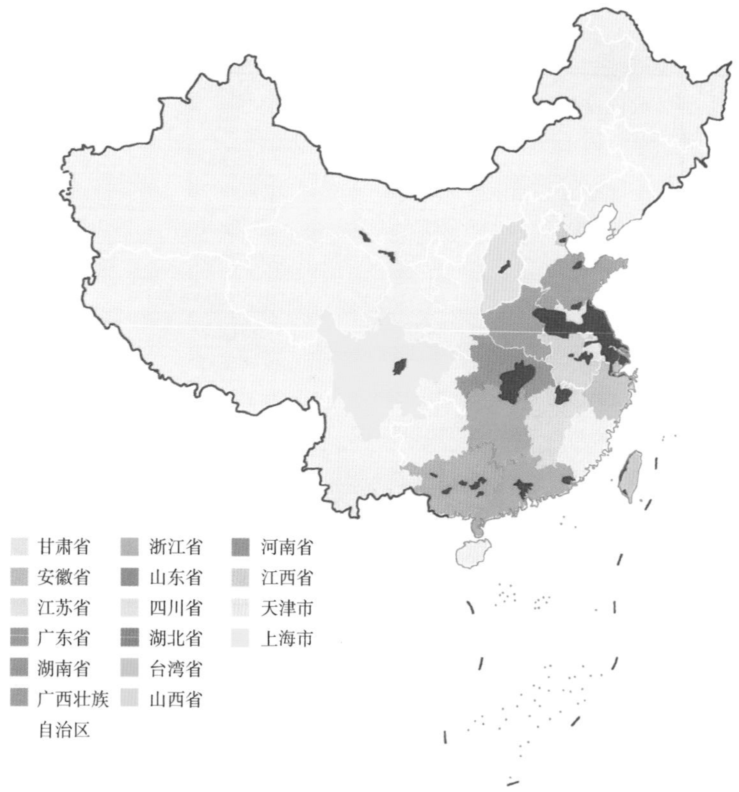

图7–15 中国各行政区水网地域面积分布图
Figure7-15 Distribution of water-net region in administrative regions in China

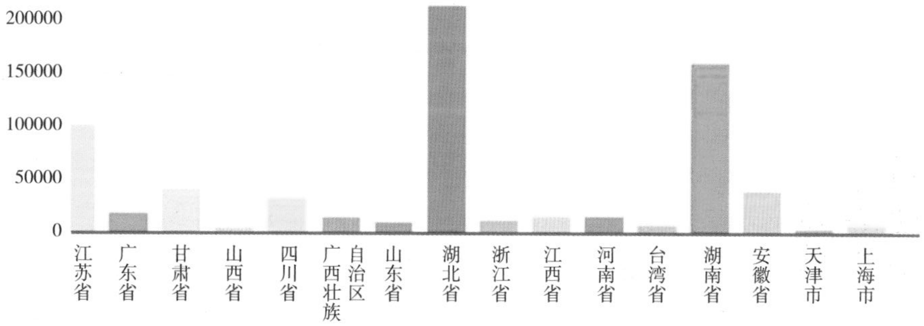

图7–16 各行政区内水网面积（单位：km²）
Figure7-16 Area of water-net in administrative regions in China

在中国水网地区人口数量分布图中显示，上海市的水网地区每平方公里人口数量是最大的，为2307人/km^2，高于水网地区平均1608人/km^2的数据。

表 7–4 中国水网地区面积及人口状况
Table7-4 Area and population of water-net Region in China and the status of the population

	江苏省	浙江省	广东省	山西省	甘肃省	湖南省	湖北省	安徽省
面积（km^2）	88128	10261	15995	3829	35715	138811	187400	33592
人口密度（人/km^2）	769	525	568	6	56	311	53	428
	上海市	天津市	台湾省	山东省	江西省	河南省	四川省	广西壮族自治区
面积（km^2）	6219	2690	5986	8756	12973	13611	28537	12873
人口密度（人/km^2）	2307	63	566	613	269	562	166	196

表7–4和图7–17反映了中国各行政区水网地区面积和人口密度。统计发现，随着人口密度的不断增长，一方面，城市各类资源（如水体、空间场所等）的供应将会呈现紧缩状态；另一方面，环境的人口承载能力、行为容忍能力和自我修复能力也逐步下降。当前，城市普遍存在的环境污染与洪涝灾害等问题，都是环境承载能力不堪负荷的结果。

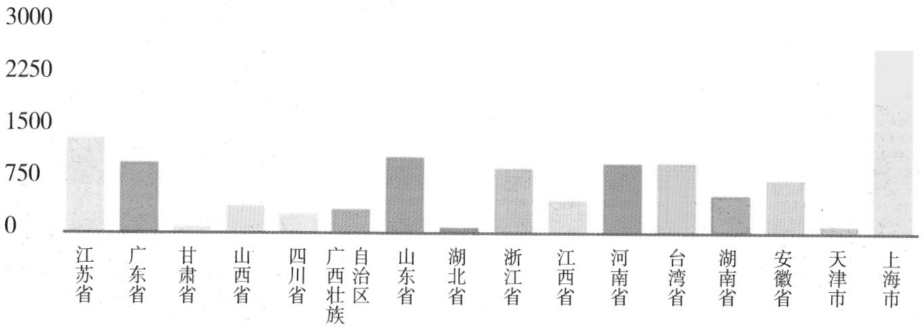

图7–17 水网地区人口密度（单位：人/km²）
Figure7-17 Population per square kilometer in water-net region

7.2.1.2 水网形态特点在空间与时间维度上的表现

1. 典型水网地区形态分类

典型水网地区形态分类（图7–18）：自然形态类包括树枝状（Dendritic）、格子状（Trellis）、放射状（Radial）、环状（Annular）；非自然形态类，例如阿姆斯特丹地区水网、顺德桑基鱼塘等。

图7–18 树枝状、格子状、环状水网、放射环状
Figure7-18 Dendritic, Trellis, Annular, Radial water-net

1）自然形态类

（1）树枝状水系（Dendritic Drainage）：水系格局最常见的一种，是支流较多，主、支流以及支流与支流间呈锐角相交（平行状水系相交角度为特例），排列如树枝状的水系。这种水系多见于微斜平原或地壳较稳定，岩性比较均一的缓倾斜岩层分布地区。因为岩性比较一致的地区，岩石抗侵蚀能力也大体一致，所以河流各支流大致相当，因此形成树枝状水系。世界上大多数的水系，如中国的长江、珠江和雅鲁藏布江，北美的密西西比河，南美的亚马孙河等，都是树枝状水系[9]（图7–19、图7–20）。

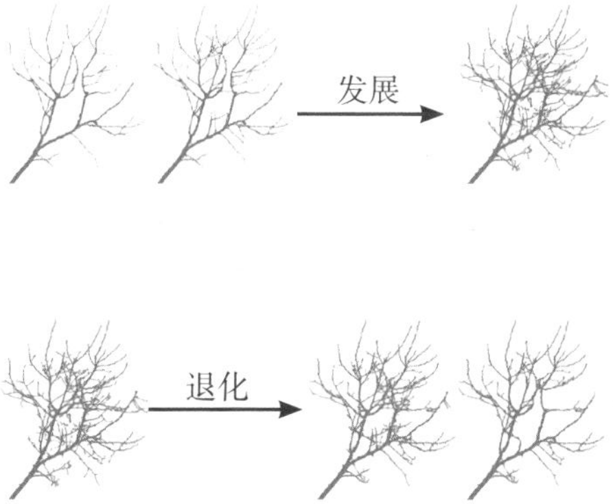

图7–19 树枝状水系演变过程
Figure7-19 Evolution of dendritic water-net

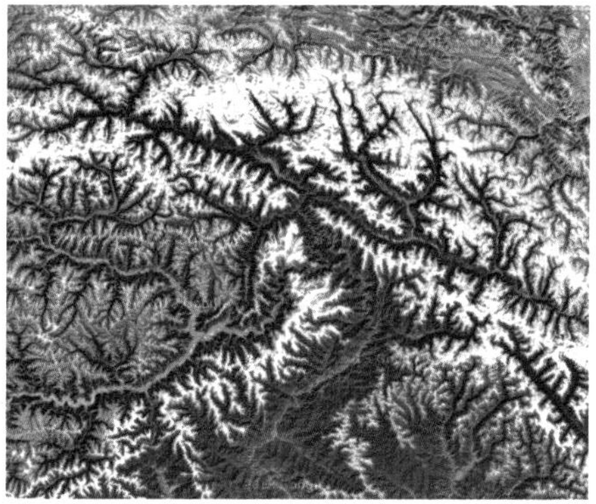

图7–20 雅鲁藏布江流域
Figure7-20 The Yarlung Tsangpo River basin
图片来源：Google Earth

（2）格子状水网（Trellis Drainage）：格子状水系是支流和主流直角相交成格子状的水系，常见于褶皱山区，单斜山区或两组节理直交的结晶岩区，例如主流发育在向斜轴部，支流顺向斜两翼发育的水系[10]。由于河流流量较小的支流沿着约为90° 的陡坡汇入山谷，主要河流的结构即形成一个网格状的外观。格子状水网的特点是折叠的山脉，如北美的阿巴拉契亚山脉（图7–21、图7–22）。

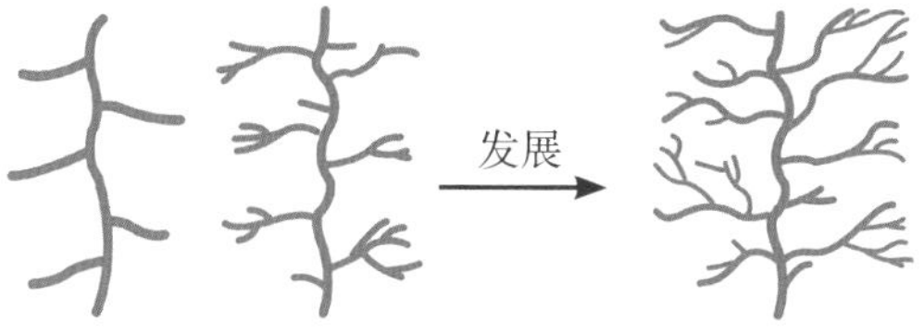

图7–21 格子状水网演变过程
Figure7-21 Evolution of trellis water-net

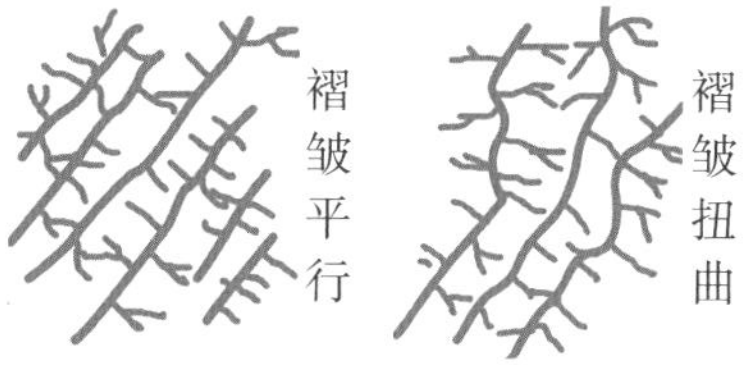

图7–22 格子状水网衍生形态
Figure7-22 Derivative pattern of trellis water-net

（3）放射状水系（Radical drainage）：放射状水系是在火山堆上或穹隆构造上发育的呈放射状的水系。它以高地为中心，河流呈放射状向四周外流[11]。局部区域（如长白山天池），由于地质地貌等特殊原因水系部分反向内汇集，形成“海子”（高原湖泊），或者盆地内聚性水系。

（4）环状水系（Annular Drainage）：环形水系，地质学新名词，因发现于内蒙古多伦县境内，又称多伦环形水系。由外来天体撞击地球表面而形成的环状地质结构。多伦环形水系的成因是陨石坑，还是地质构造的痕迹，这些问题已引起国内外地质学家的关注，有不少国家的考察队、探险队前来考察[12]。世界上极少有水系呈环状。

2）非自然形态类

非自然形态水网指的是为适应社会、经济发展需要，经人工开凿等方式而形成的规则的水网，集中分布在人类活动较多的城市区域，多见于水系充沛的平原地区，或者沿海地区（图7–23）。通过人工开凿水渠、水塘的方式来实现运输、农业、军事、城市建设等目的。

图7–23 珠江三角洲流域圩田
Figure7-23 Polder land of the Pearl River Delta basin

2．典型水网地区演变过程及布局开发（非自然形态类）

（1）带状人工水网（Artificial drainage）：各地地理条件和人文因素千差万别，因而人工挖凿的带状水网的演变过程也各不相同（图7–24）。在此以典型案例阿姆斯特丹水网为例，对带状人工水网的演变过程及布局开发进行分析（图7–25、图7–26）。

布局与开发——陆路交通平行于水系；建筑面水布局，形成连续的城市界面；形成独特船屋景观；水系的交通功能十分突出，同时也是城市的视觉景观通廊。

（2）片状人工水网：形成了与大河垂直方向的“堑”，“小涌”与大河相通，塘与堑相通。然后将堑扩建为塘，增加塘面积。之后部分塘内水系被抽干，剩下的基床用于建造房屋。大片水系周围被工厂、居住区逐渐侵蚀、缩小（图7–27）。

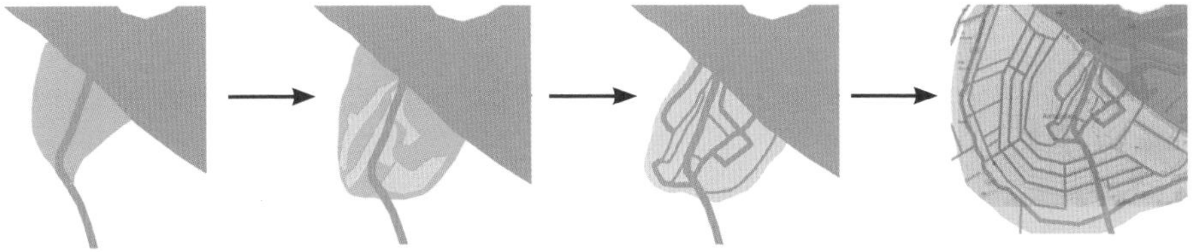

图7–24 非自然形态类：带状人工水网演变过程
Figure7–24 Man–made style: Evolution of man–made belt–shaped water–net

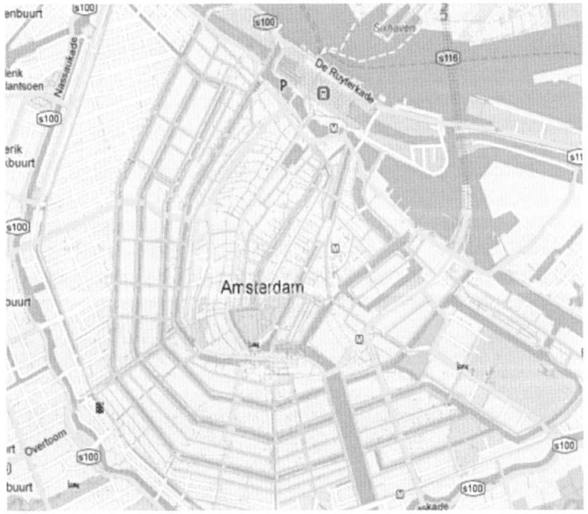

图7–25 阿姆斯特丹地图
Figure7–25 Map of Amsterdam
图片来源：Google Earth

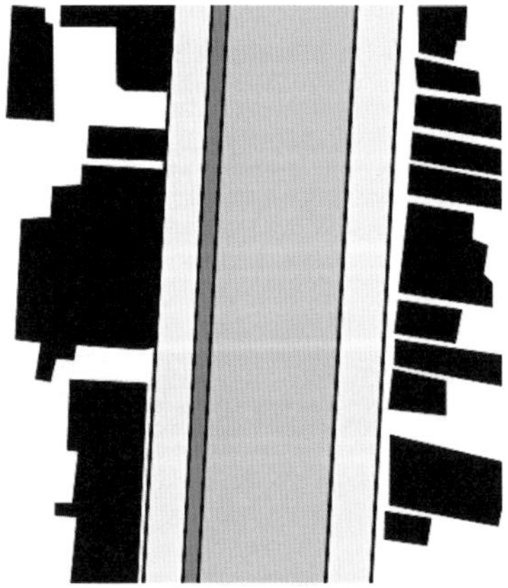

图7–26 阿姆斯特丹建筑–水布局
Figure7-26 Architectures - water layout in Amsterdam
图片来源：Google Earth改绘

图7–27 非自然形态类：片状人工水网演变过程
Figure7-27 Man-made style: Evolution of man-made plate-shaped water-net

7.2.2 水网地区突出问题

7.2.2.1 问题聚焦——水网人居环境的衰退

1．水质性缺水

水质性缺水是因为大量排放废污水而造成的淡水资源污染而使淡水短缺的现象。水质性缺水往往发生在丰水区，是沿海经济发达地区共同面临的难题。以珠江三角洲为例，尽管水量丰富，身在水乡，但由于河道水体受污染、冬春有枯水期又受咸潮影响，清洁水源严重不足[13]。

研究案例：广州。广州是典型的水质性缺水城市。它守着终年波涛滚滚的珠江却不得不到上溯几十公里的上游取水。因为珠江水质严重污染，即便加强自来水工艺处理，出水仍然有令人难以接受的异味[14]（图7–28、图7–29）。

广州水质现状：除个别河段能达到Ⅲ类地表水源外，大多仍属于Ⅳ、Ⅴ类，甚至于属劣Ⅴ类地表水源[15]。根据2013年5月广东省环保局发布的广州市主要河涌水质状况，统计了广州市54条主要河流的水质情况（图7–30）。

图7–28 杨箕涌
Figure7-28 Yangji River

图7–29 广州城内河流
Figure7-29 River in Guangzhou

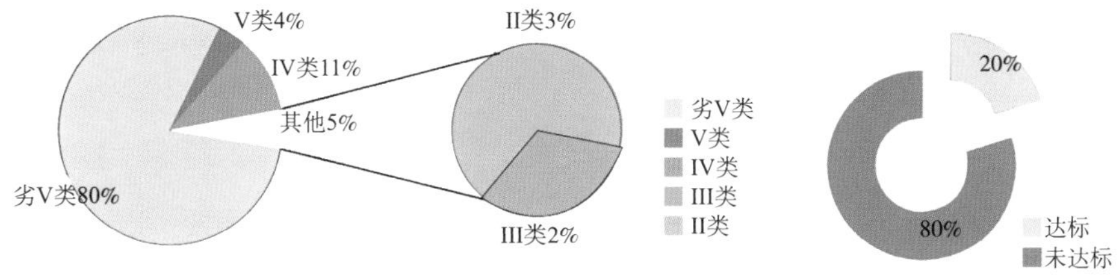

图7–30 广州54条主要河涌水质分级饼状图以及54条主要河涌达标百分比
Figure 7-30 Pie chart of 54 main rivers' water quality classification and Rate of standard completion in Guangzhou
数据来源：广州政府网 http://www.gz.gov.cn/；广州市主要河涌水质月报

这54条河流分布于广州10个区2个县级市，皆是流经城镇、居民稠密区、工业集中区以及汇入饮用水源保护区等环境敏感区域的河涌。此外，一些流经市区集水面积较广、径流量较大、污染比较突出的河涌也入选此列。东濠涌、新河浦涌、沙河涌、荔湾涌以及石井河等亚运期间的明星治水工程，也入选其中，而它们的水质均不达标[16]。

水质性缺水对人居环境造成的影响如图7–31所示。

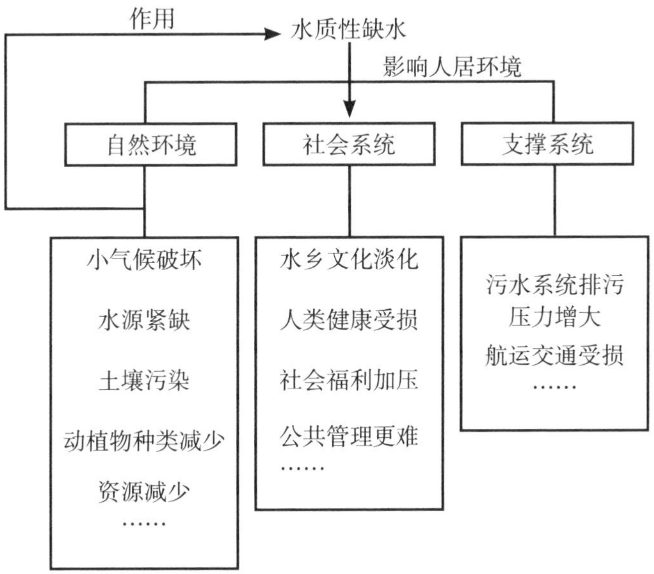

图7–31 水质性缺水对人居环境造成的影响
Figure7-31 Influenced on human settlement by water shortage in quality

2. 水网萎缩

1）定义

水网结构：水流量减少甚至枯竭，水网密度减小；水面率降低；河道被填满，结构破碎化。水网功能：航运功能消退；污染严重，可作为饮用、灌溉的水量减少；蓄洪能力下降；对生态环境的小气候的作用功能降低；游憩观赏性降低。

2）案例研究

太湖的水网萎缩。太湖水系是在江流、海潮和人为因素的综合影响下，形成的独特水系结构。其特点是河道短、水量小、地势平坦、水道纵横、湖荡棋布，为著名的江南水网区（图7–32）。其上游水系变化不大，下游水系多变，泄水河道有网少纲，河道比降平缓，断面窄浅（表7–5）。近年来，由于工农业的发展和人口的膨胀，本区内许多江河湖泊遭受了不同程度的污染[17]。

表 7–5 太湖水系变化情况统计表
Table7-5 Statistics of the changing of Taihu Lake water-net

	20世纪60年代	20世纪80年代	21世纪初	20世纪80年代～21世纪减少（%）
河网密度（km/km^2）	3.75	3.33	2.10	36.90
水面率（%）	13.10	12.10	9.58	20.80
河网复杂度	21.80	20.50	16.40	20.00

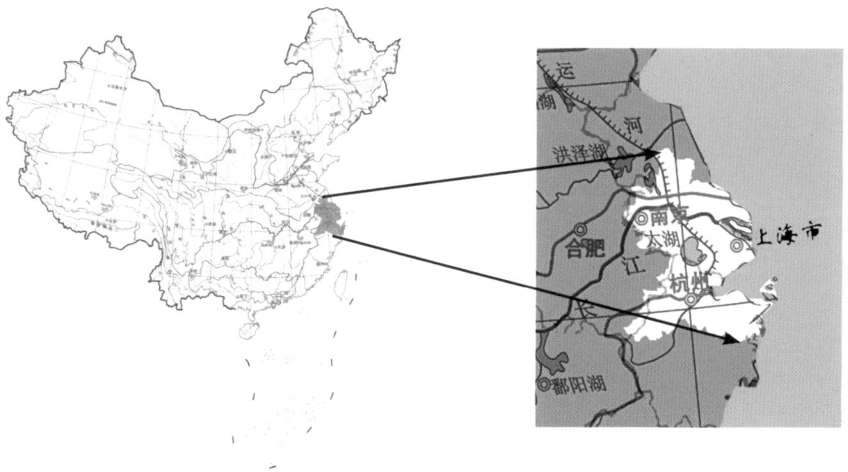

图7–32 长江三角洲地图
Figure7-32 Map of the Yangtze River delta
图片来源：国家测绘地理信息局，2500万河流水系版（南海诸岛）改绘

7.2.2.2 水系特征和格局变化

1. 长江三角洲地区城市化对水网的影响

城市化水平：1982年为25.9%，2000年为52.6%，增长了26.7%。1991～2006年土地利用变化：城镇面积比重增长13.52%；水域和水田面积比重减少6.75%。

2. 杭嘉湖地区水网变迁（表 7-6、图 7-33）

城市化进程中河网密度下降，水面积比重降低，河网密度和水面衰减加速。城市化越快的地区，河流长度、面积、密度下降速度越快。

表 7-6 杭嘉湖地区水系变化情况统计表
Table7-6 Statistics of Hang Jiahu water-net changing

	1991	2001	2006	1991～2006年减少%
长度（km）	5085	4472	3786	25.5
数量（条）	1125	903	717	36.3

数据表明：河网水系长度的减少、数量的减少，是由于人为填埋和河道淤积造成的。

图7-33 长江三角洲水系变化情况
Figure7-33 Changing of water-net in the Yangtze River delta
图片来源：马爽爽. 基于河流健康的水系格局与连通性研究[D].南京：南京大学，2013，改绘

7.2.2.3 水网地区生态格局演变的影响

1. 对生态建设的影响

水网处于逆向演化状态，即退化状态，水网形态的萎缩导致水体流通性减弱、水质变差；导致流域内植被退化、动物栖息地环境恶化、水土流失等多种生态现象；也使得流域内河道防洪排涝系统压力增加（图7-34）。

图7-34 水网地区生态格局演变图
Figure7-34 Evolution of water-net ecological pattern

2. 对地域文化活动的影响

水网处于逆向演化状态，即退化状态，水网形态的萎缩可能会导致水体流通性减弱、水质变差；导致流域内植被退化、动物栖息地环境恶化、水土流失等多种生态现象；也使得流域内河道防洪排涝系统压力增加——这与城市化与工业化高速发展引起的建设用地的快速扩张密不可分。

7.2.3 典型案例研究——以广州市为例

7.2.3.1 自然环境

1. 地理位置和范围

广州，简称穗，全市面积7434.4km^2，市区面积3843.43km^2。地处广东中南部，珠江三角洲中北缘，是中国的南大门，中国国家中心城市，国际大都市，国家三大综合性门户城市之一[18]。

缘起：从出土文物得知，远在新石器时期（开始于距今七八千年前），广州已有人类居住。当初它可能是珠江漏斗湾内的一个渔村。

秦时，赵佗建番禺城，后称南越王，称越城。汉时，重建番禺城，后称广州，城址所在为番山高地，北有越秀山（白云山），南临大海（珠江出海口）。

宋兴建三城，发展南城。由于珠江口浅滩淤积，广州城不再直接临海，但依然对着开阔的珠江口。三城连濠，又修六脉渠水，渠通于濠，濠通于海。六脉通而城中无水患。明朝广州城扩建，把宋三城合一，把城北郊划入城内，把原三城池沟通联系，建南城；清北靠越秀山，南临珠江，城区无大变化，但商业区市尘区住宅区均向西、东、南发展；新南城街道形式与内城不同，内城是正交型（图7-35）。

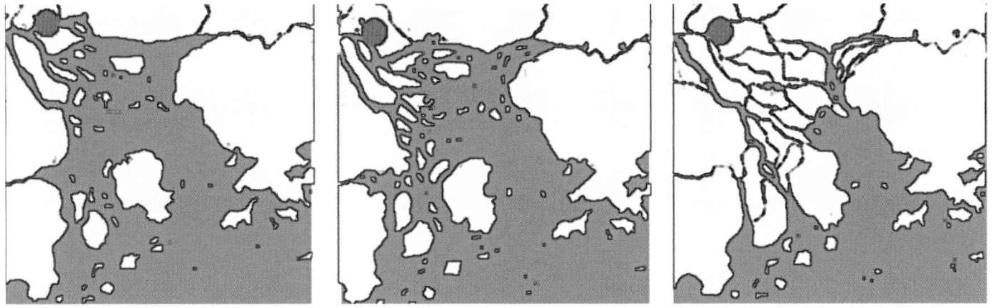

图7-35 选址地区水网变化图
Figure7-35 Development of water-net in the site

2. 地形地貌

起源时期广州城只是一个小渔村，其原始地形基本上以冲积平原为主，东面是番山、禺山南北相连的一个半岛（在今北京路以东），西面是由坡山形成的一个半岛（在今惠福西路五仙观附近），两个半岛之间的港湾成为西湖（又称仙湖和山湖，在今教育路、西湖路一带），坡山以西的港湾为兰湖[19]。

广州城的整体地势，呈现北高南低、自北向南逐步倾斜的趋势。东北部为中低山地，一般海拔500～800m之间，最高峰为从化市与龙门县交界处的天堂顶，海拔1228m；中部为丘陵台地，海拔一般在500m以下；南部为沿海冲积平原，是珠江三角洲河网地区的组成部分，海拔一般数米至10多米[20]。

3. 气候特征

气候资源综述：广州位于南亚热带季风气候区内，气候特点是气温高，降水多，霜日少，日照多，风速小，雷暴频繁[21]。

气温高：全年时段内平均气温21.9℃。在全年时段之内以7月份的平均气温最高，为28.4℃。1月份虽然气温较低，但月平均气温仍在13℃以上。气温的年较差15℃（表7-7、表7-8）[21]。

降水多：年平均降水量1696.5mm，绝大多数年份的年降水量都在1380mm以上。年内4至9月份雨季各月的平均降水量都在150mm以上，5至8月份则超过220mm（表7-9）。广州市各地正常年降水量基本上能满足各种作物的需求，只有晚稻、冬种稍缺一些水分[22]。

风速小：通常广州市的平均风速并不大，年平均风速只1.9m/s。10月至次年3月份的冬季半年期间，平均风速稍大，各月的平均风速在1.9至2.1m/s之间；夏季半年的平均风速小些，为1.6至1.9m/s。广州市风向的季节性转变比较明显，4至7月份期间，盛行东南风；9月至次年3月份期间，主导风向为北风[21]。

表 7-7 广州地区平均气温统计
Table7-7 The statistics of average temperature in Guangzhou

月份	1月	2月	3月	4月	5月	6月	7月	8月	9月	10月	11月	12月	全年
极端高温℃（°F）	28.4（93.1）	29.4（84.9）	32.1（89.8）	33.3（91.9）	36.2（97.2）	38.9（102）	39.1（102.4）	38.7（101.7）	37.6（99.7）	36.2（97.2）	33.4（97.2）	29.6（85.3）	39.1（102.4）
平均高温℃（°F）	18.2（64.8）	18.5（65.3）	21.6（70.9）	25.7（78.3）	29.3（84.7）	31.5（88.7）	32.8（91）	32.7（90.9）	31.5（88.7）	28.8（83.8）	24.5（76.1）	20.6（69.1）	26.3（79.3）
平均气温℃（°F）	13.6（56.5）	14.5（58.1）	17.9（64.21）	22.1（71.8）	25.5（77.9）	27.6（81.7）	28.6（83.5）	28.4（83.1）	27.1（80.8）	24.2（75.6）	19.6（67.3）	15.3（59.5）	22.0（71.61）
平均低温℃（°F）	10.3（50.5）	11.7（53.1）	15.2（59.4）	19.5（67.1）	22.7（72.9）	24.8（76.6）	25.5（77.9）	25.4（77.7）	24.0（75.2）	20.8（69.4）	15.9（60.6）	11.5（52.7）	18.9（66）
极端低温℃（°F）	0.1（32.2）	0.0（32）	3.2（37.8）	7.7（45.9）	14.6（58.3）	18.8（65.8）	21.6（70.9）	20.9（69.6）	15.5（59.9）	9.5（49.1）	4.9（40.8）	0.0（32）	0.0（32）

表 7–8 广州日照统计
Table7-8 The statistics of sunlight in Guangzhou

月份	1月	2月	3月	4月	5月	6月	7月	8月	9月	10月	11月	12月	全年
日照时数	118.5	71.6	62.4	65.1	104.0	140.2	201.0	173.5	170.2	181.8	172.7	166.0	1628.0

表 7–9 广州降雨量统计
Table7-9 The statistics of sunlight in Guangzhou

月份	1月	2月	3月	4月	5月	6月	7月	8月	9月	10月	11月	12月	全年
降雨量mm（英寸）	40.9（1.61）	69.4（2.732）	84.7（3.335）	201.2（7.921）	283.7（11.169）	276.2（10.874）	232.5（9.154）	227.0（8.937）	166.2（6.543）	87.3（3.437）	35.4（1.394）	31.6（1.244）	1736.1（68.35）
相对湿度（%）	72	77	82	84	84	84	82	82	78	72	66	66	77.5
平均降雨日数	7.5	11.2	15.0	16.3	18.3	18.2	15.9	16.8	12.5	7.1	5.5	4.9	149.2

4. 资源物产

广州市土地类型多样，适宜性广，地形复杂。地势自北向南降低，最高峰为北部从化市与龙门县交界处的天堂顶，海拔为1210m；东北部为中低山区；中部为丘陵盆地；南部为沿海冲积平原，是珠江三角洲的组成部分。由于受各种自然因素的互相作用，形成多样的土地类型。根据土地垂直地带可划分为以下几种：

（1）中低山地：海拔400～500m以上的山地，主要分布在广东省广州市的东北部，一般坡度在20°～25°以上；成土母质以花岗岩和砂页岩为主；为重要的水源涵养林基地，宜发展生态林和水电。

（2）丘陵地：位于海拔为400～500m以下的垂直地带之内的坡地，并在增城市、从化市、花都区以及市区东部、北部均有分布；成土母质主要由砂页岩、花岗岩和变质岩构成；这类土地可作为用材林和经济林生长基地。

（3）岗台地：相对高程80m以下，坡度小于15° 的缓坡地或低平坡地，分布在增城市、从化市和白云、黄埔两区，番禺区、花都区；成土母质以堆积红土、红色岩系为主；土地可开发利用为农用地，也很适宜种水果、经济林或牧草。

（4）冲积平原：主要有珠江三角洲平原，流溪河冲积的广花平原，番禺和南沙沿海地带的冲积、海积平原，土层深厚，土地肥沃；是广州市粮食、甘蔗、蔬菜的主要生产基地。

（5）滩涂：主要分布在南沙区南沙、万顷沙、新垦镇沿海一带[23]。

1）广州市水资源状况

广州市地处南方丰水区，境内河流水系发达，大小河流（涌）众多，水域面积广阔，集雨面积在100km^{2}以上的河流共有22条，老八区主要河涌有231条、总长913km，不仅构成独特的岭南水乡文化特色，也对改善城市景观维持城市生态环境的稳定起到突出的作用。广州市水资源的主要特点是本地水资源较少，过境水资源相对丰富。全市水域面积为7.44万hm^2，占全市土地面积的10%，主要河流有北江、东江北干流及增江、流溪河、白坭河、珠江广州河段、市桥水道、沙湾水道等，北江、东江流经广州市汇合珠江入海。广州市平均水资源总量79.79亿m^3，其中，地表水78.81亿m^3，地下水14.87亿m^3。以本地水资源量计，每平方公里有106.01万m^3，人均1139m^3[24]。

（1）水资源总量：广州市位于珠江流域下游的三角洲，属南方丰水地区。全市当地水资源量共计81.29亿m^3，其中地表水60.10亿m^3，浅层地下水20.37亿m^3，深层地下水0.82亿m^3[25]，过境客水80.471245亿m^3，河口潮流量1320亿m^3。全市多年平均年产水量为108.24万m^3，最高值为北部的从化市134.16万m^3，最低值为南部的番禺区631万m^3。

（2）水力资源：从化市东北部及增城区北部属山区，河流的纵坡较陡，有一定的水力蕴藏量[26]。其水力资源的理论蕴藏量为17.84万kW，可开发量为12.96万kW。

（3）自然江岸变迁：珠江江面在晋代宽达1700m，到唐代时1400m，宋代时为1100m，明代700m，清代500m，到今天最宽处约400m，最窄处（西濠口）仅120m。几千年来，珠江岸线经历了沧桑之变[27]（图7–36）。

（4）人工水系变迁：六脉渠是宋朝时在广东省城（今广东省广州市）修建的排水系统。它既使广州城里可通舟船，也有利于防火和排涝。六脉渠的分布和走向，各朝不同，大致呈南北走向，水自北向南流，通过城壕流入珠江。明清两代，城区东北、西北分别出现向东、向西的两条渠道。在近代时期，随着广州城区的建设和发展，六脉渠因日久失修，难以承担繁重的排水任务。中华人民共和国成立后，把仍可以利用的渠道改为下水道。现六脉渠和玉带河、西濠均已改作暗渠[28]（图7-37）。

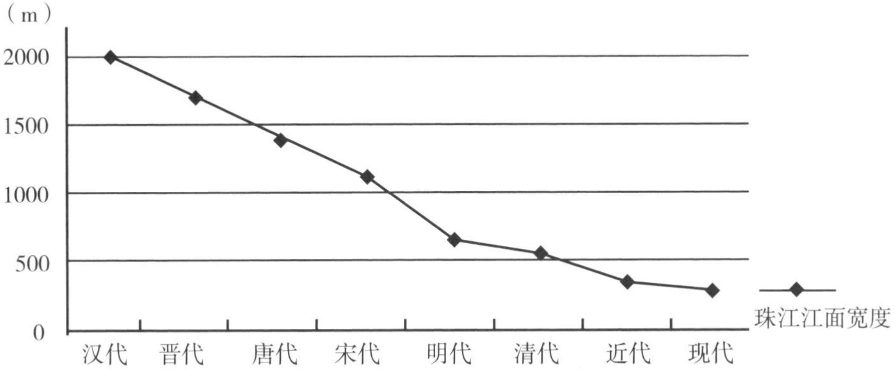

图7-36 珠江江面宽度变化
Figure7-36 Width variation of the Pearl river
数据来源：广州日报，http://gzdaily.dayoo.com/html/2013-08/16/content_2356578.htm

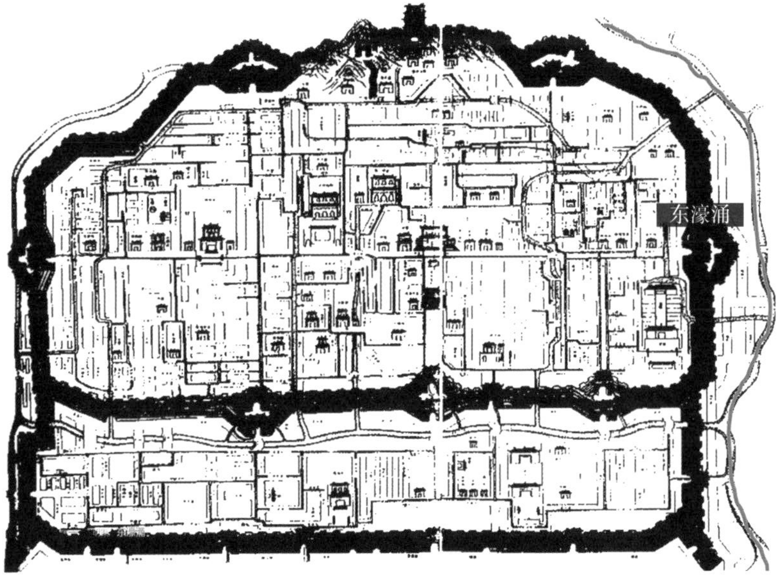

图7-37 广州城现存唯一一条明渠：东濠涌
Figure7-37 The only remaining open channel in Guangzhou: East Ho Chung
图片来源：陈坤《六脉渠图说》光绪十四年（1888年）刊本（PS处理）

1931年长堤一带填为陆地，海珠石并入北岸；1958年大沙头经人工填筑与陆地相连；20世纪80年代在沙面和东堤填江建筑白天鹅宾馆和江湾新城。近年来，进行珠江广州河段堤岸景观建设，岸线从此基本固定下来。珠江南岸由于受冲积较少，岸线扩展不及北岸，扩展的速度约为北岸的1/10（图7-38）。

2）广州湿地资源概述

根据湿地分类系统的分类标准和《全国湿地资源调查与监测技术规程》，广州市湿地主要分为4大类，即近海及海岸湿地、河流湿地、湖泊湿地、库塘湿地。根据其特点在4大类的基础上再细分成12个类型（表7-10）。广州市湿地包括面积在8hm^{2}以上的湖泊、库塘、沼泽、近海及海岸湿地；宽度大于10m，长度大于5km的主要水系，4级以上的支流，以及其他有特殊重要意义的湿地。广州现有湿地总面积86178.7hm^2，占广州市土地总面积7434.4km^{2}的11.6%[29]（表7-11）。

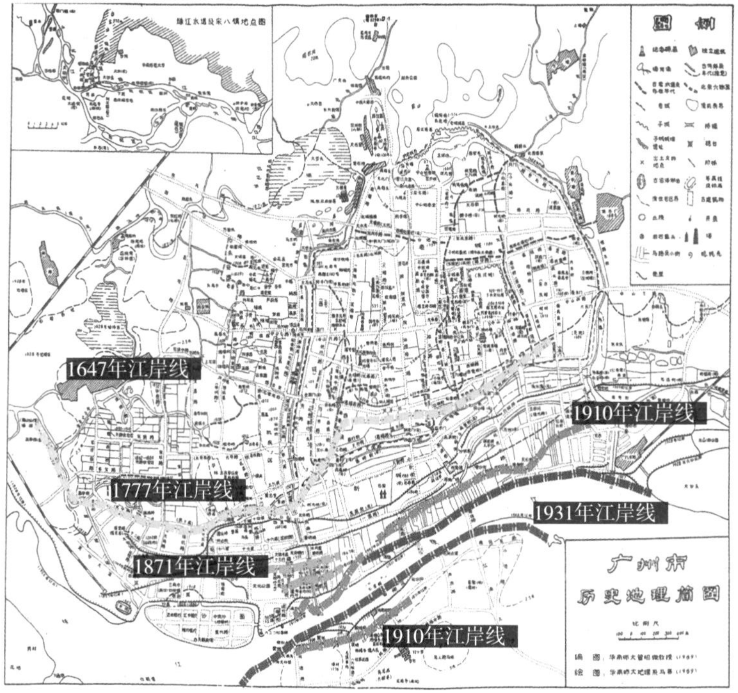

图7-38 广州历史地理简图
Figure7-38 Geography diagram of Guangzhou history
图片来源：根据曾昭璇《广州历史地理》底图绘制

表 7-10 广州湿地类型表
Table7-10 Table of types of wetland in Guangzhou

大类	代码	湿地类型	划分标准
近海及海岸湿地	11	潮间淤泥海滩	植被盖度<30%，底质以淤泥为主
	12	红树林沼泽	适宜红树植物生长的潮间带沼泽地
	13	河口水域	从河口段的潮区界（潮差为零）至河口外海滨段的淡水舌锋缘之间的永久性水域
	14	三角洲湿地	河口区由沙岛、沙洲、沙嘴等发育而成的低冲积平原
河流湿地	21	永久性河流	仅包括河床
	22	洪泛平原湿地	河水泛滥淹没的两岸地势平坦地区，包括河滩、泛滥的河谷、季节性泛滥的草地
湖泊湿地	33	永久性淡水湖	与海水相连的通道已经阻隔，逐渐形成了淡水湖，包括淡水三角洲泻湖
库塘湿地	41	蓄水区	水库、拦河坝、水电坝
	42	桑基鱼塘	包括虾田和鱼塘
	43	农地池塘	灌溉型水塘
	44	采矿性积水区	包括：砂/砖、土坑：取土坑、采矿地
	45	城市性景观和娱乐水面	城区内供人游乐的景观湖面

7.2.3.2 农林环境

1. 人工果园的资源物产特征

广州岭南水果业品种资源十分丰富，品质结构逐渐优化，其中的主导品种已经形成。目前广州市水果种植总面积已经达到6.7万hm^2（图7-39），面积超过粮食的常年种植面积，产值约为粮食的3倍。岭南水果已成为广州市种植业的支柱性产业[28]。

广州的水果品种约有500多种，由于广州常年温暖多雨、雨量充沛，非常适合植物的生长，因此广州有“水果之乡”之称。其中以荔枝、香蕉、木瓜、菠萝分布最广，不仅产量多，而且质量好，被誉为岭南四大名果。全市水果栽培、半栽培和野生品种（品系）共有500多个，分属40个科，77个属，132个种和变种。其中，岭南佳果品种30多个，大多营养丰富，具有很好的选育种和开发价值[28]（图7-40）。

表 7-11 广州湿地面积表
Table7-11 Table of wetland area in Guangzhou

大类型	湿地类型	面积/hm^2
近海及海岸湿地	潮间淤泥海滩	782.3
	红树林沼泽	244.1
	河口水域	33226.1
	三角洲湿地	5033.9
	小计	39286.4
河流湿地	永久性河流	10005.7
	洪泛平原湿地	799.2
	小计	10804.9
湖泊湿地	永久性淡水湖	154.3
库塘湿地	蓄水区	5992.8
	养殖池塘	29795.7
	农用池塘	83.5
	采矿性积水区	11.7
	城市性景观和娱乐水面	49.4
	小计	35933.1
总计		86178.7

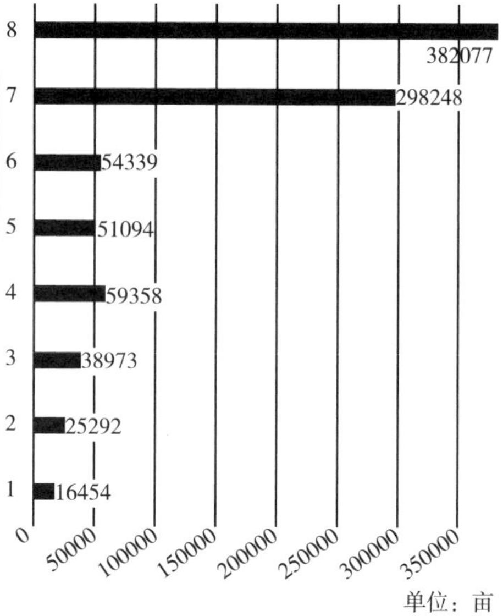
8
382077
7
298248
6
54339
5
51094
4
59358
3
38973
2
25292
1
16454
0
50000
100000
150000
200000
250000
300000
350000
单位：亩

图7-39 广州市主要水果产区果园面积
Figure7-39 The main fruit producing orchard area in Guangzhou
数据来源：广州农业信息网 http://www.gzagri.gov.cn

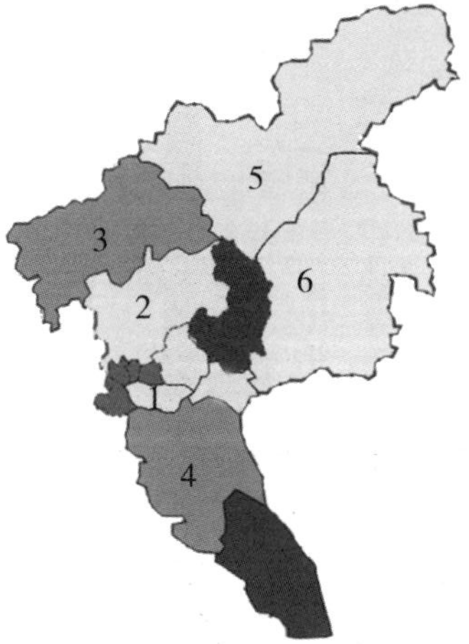
1
2
3
4
5
6
1.海珠区：
主要有番石榴、阳桃、香蕉、龙眼；分布在万亩果园。
2.白云区：
主要有荔枝、龙眼；分布在钟落潭、太和、人和镇。
3.花都区：
主要有荔枝、龙眼、柑橘、香蕉、番石榴；主要分布在花东、赤泥、花山、狮岭镇。
4.番禺市：
主要有番石榴、龙眼、香蕉、果蔗；分布在东涌、榄核、大岗镇。
5.从化市：
主要有龙眼、柑橘、荔枝、李、柿等；主要分布在太平温泉、江浦、城郊、吕田、良口镇。
6.增城区：
主要有龙眼、香蕉、柑橘、番石榴、杧果、乌白榄等，主要分布在新塘、石滩、中新、派潭、正果。

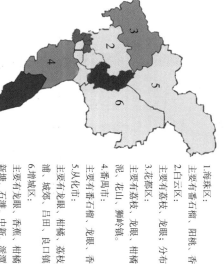

图7-40 广州主要水果产区及品种
Figure7-40 Major fruit producing region and species in Guangzhou
图片来源：广州农业信息网
http://www.gzagri.gov.cn/ztzl/2012clzzt/2012clzzt_2/2012clzzt_2_gzsg/201210/t20121030_345470.htm

广州市的自然条件为多种动物栖息繁衍和植物生长提供良好的生态环境。生物种类繁多，生长快速。

气候：广州栽培作物具有热带向亚热带过渡的鲜明特征。广州是全国果树资源最丰富的地区之一，包括热带、亚热带和温带3大类，41科，82属，174种和变种共500余个品种（其中荔枝就有55个品种），是荔枝、龙眼、乌（白）榄等起源和类型形成的中心地带[29]。夏季盛产的水果包括：香蕉、香瓜、西瓜；短期生产的水果包括：荔枝、黄皮、杧果。冬天盛产的水果主要就是柑橘。

土壤：广州的赤红壤主要有2个土种，分别是麻赤砂泥和厚泥赤土。麻赤砂泥和厚泥赤土的土体较厚，多为中性或微酸性，阳离子交换量和盐基饱和度较低。部分果树在微酸性土壤中长势较好。同时麻赤砂泥土质疏松通透性好，适合果树生长。

广州市处于水网地区，曾经水资源十分丰富。而由于现代工业的发展，城市扩张与污染加剧，导致曾经水源充足的广州面临水质性缺水这一问题，这也给广州市水果生产带来了巨大影响。

2．农田资源

稻谷：占农作物耕种面积的25%，是主要的农作物。广州是中国最早耕种水稻的地方，耕种历史已经有4000多年。

薯类：广州种植的薯类有番薯、木薯和马铃薯等，番薯种植较多，丘陵、山坡、平地、山区均有种植，占薯类面积的80～90%。20世纪50年代，番薯占粮食种植面积的5%，到了80年代则只占3%。木薯多在山区种植。马铃薯以近郊农民种植较多，往往作为蔬菜上市。

大豆：广州种植大豆的记载，最早见于1686年《番禺县志》，“黑豆，四月间吉贝（棉花）种，七月收；白豆（黄豆），二月种地中，四月收；花眉豆，间吉贝种，三月种，五月收。”

3．林地资源

森林与人类的生存和发展息息相关，是保障农业、畜牧业生产稳定发展，保持自然界生态平衡必不可少的条件。在为国家建设和人民生活提供木材及多种林副产品的同时，还有涵养水源、保持水土、防风固沙、调节气候、净化空气、减少噪声、美化环境、保护生物资源等作用，其生态、经济和社会效益已逐渐被重视。

广州市典型植被是常绿季雨林，植物种类丰富，共有198科，871属，约1500～1600种。主要有壳斗科、山茶科、樟科、桑科、金缕梅科、楝科、桃金娘科和山龙眼科等20余科，并形成群落。空间分布既随纬度也随高程而变化，大部分属亚热带季风常绿阔叶林带[30]。

广州现有林业用地面积25.61万hm^2。全市可划分为4个林业区：

（1）北部山地水源林、用材林区。区内有海拔1000m以上的大山7座，适合常绿阔叶树和亚热带林木生长。水源林分布在水库的四周和上游，起着涵养水源和保护水库的作用。

（2）中部偏西地区低丘、平原防护、经济林区。区内地势低平，山地分散，绝大部分林木为马尾松，另有少部分桉类、油茶、竹、果树和其他杂树。四旁植树树种有池杉、苦楝、麻楝、木麻黄等。

（3）中部偏东地区丘陵水土保持、经济林、薪炭林区。该区是山地丘陵区，地形大体是东北高，西南低。

（4）南部平原农田林网区。该区是广州市地势最低的平原区，林木多分布在公路两旁，主要树种有马尾松、湿地松、杉、桉、大叶相思、台湾相思、白千层和木麻黄、枫树、榕树、木棉、竹等，其中以松树面积最大。四旁绿化树木有竹和苦楝、麻楝、木麻黄、大叶相思、池杉、落羽杉、水松及果树等。

7.2.3.3 生活环境

选取三个典型的水网城市：广州、上海、天津，进行水质比较，再与全国的平均值进行对比，对照DO、COD和NH_3-N数值。

DO的值越大，表明溶解氧含量越高，水体的自净能力越好。根据三类水标准，DO应大于等于5。

从图7-41可见，广州的水质的DO含量最低且低于5，上海的水质的DO也较低，天津的DO最高（图7-41）。

COD的值越大，表明水体受到有机物污染的程度越高，根据三类水标准，COD应小于6。

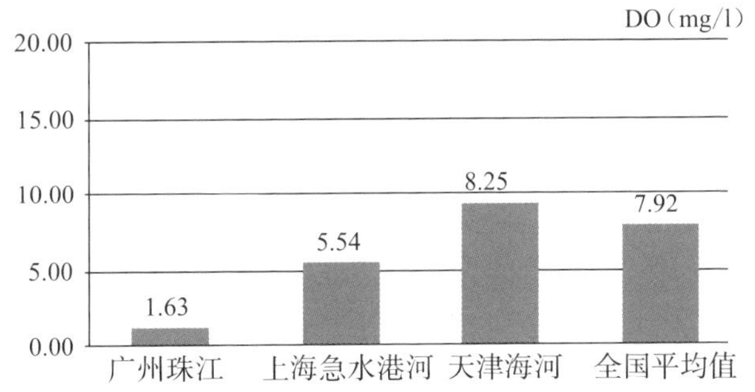

图7-41 广州、上海、天津与全国均值DO对比

Figure7-41 Comparison of DO between Guangzhou, Shanghai, Tianjin and the national average

数据来源：中华人民共和国环境保护部数据中心，全国主要流域重点断面水质自动监测周报，2014年第45周

从图7-42可见，天津、上海的COD偏高，广州COD最低，而全国的COD为4.14，比这些城市高。

NH_3-N的值越大，表明水体中的耗氧污染物越多，水体富营养化程度越高，根据三类水标准，COD应小于等于1。

从图7-43可见，上海的NH_3-N较高，为0.64；相比较来说天津的NH_3-N最低。

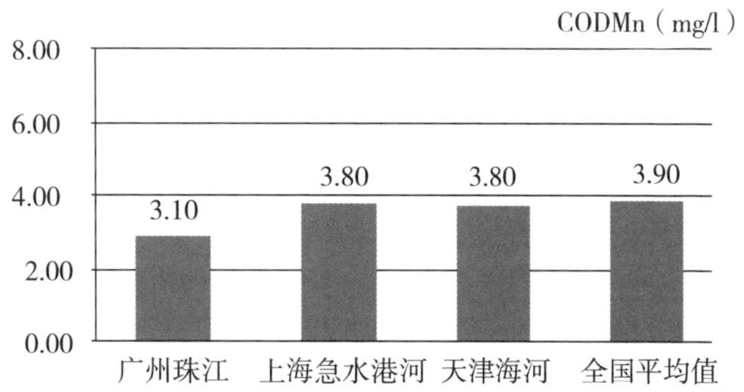

图7-42 广州、上海、天津与全国均值COD对比

Figure7-42 Comparison of COD between Guangzhou, Shanghai, Tianjin and the national average

数据来源：中华人民共和国环境保护部数据中心，全国主要流域重点断面水质自动监测周报，2014年第45周

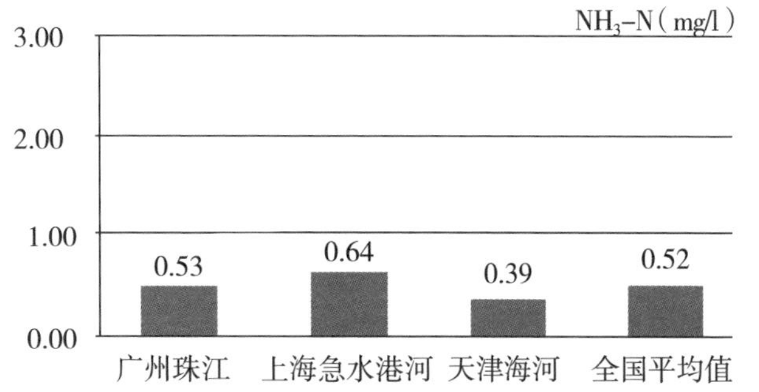

图7-43 广州、上海、天津与全国均值NH_3-N对比

Figure7-43 Comparison of NH_3-N between Guangzhou, Shanghai, Tianjin and the national average

数据来源：中华人民共和国环境保护部数据中心，全国主要流域重点断面水质自动监测周报，2014年第45周

7.3 水网地区人居活动研究

7.3.1 水网人居活动综述

7.3.1.1 人居活动类型

根据人类活动需求层面和活动范围两个维度，将人居活动分为生活活动、生产活动、精神活动三类。生活活动包括居住活动、交通活动、游憩活动、商业活动等。生产活动指水网地区为了生产出市场所需的各种必须产品所进行的活动。精神活动指的是居民精神文化层面的活动类型，主要分为宗教活动、习俗活动、保护活动。

7.3.1.2 人与水的交流

水带给人丰富的感受，或平静，或激扬，间接影响了人的性格，促进人的思考与交流，人对水的特有情感还表现在对其所带来了交流与认同感，也产生了一系列文化作品。其中交流包括：① 与自然的交流；② 人与人的交流；③ 城市与城市的交流；④ 与历史文化的交流。

7.3.1.3 典型活动类型说明

水具有防御、饮用、运输及景观等功能，这些功能性及优势满足了人类的生存需求。中国古代人们注重城市水体，进行城市滨水区风景建设的观念源于“藏风得水”的风水理论和儒家朴素的生态思想，凡事“毋变天之道，毋绝地之理，毋乱人之纪”，倡导“天人合一”、“崇尚自然”[31]（表7-12）。

表 7-12 水网地区活动总结

Table7-12 Activities in water-net Region

功能	活动
防御、保护	居住活动
饮用、灌溉	农业生产活动
交通、运输	商业及交通活动
景观、场所	游憩类活动

清明上河图表现了宋代人们的游憩、商业、居住、交通等活动的状况（图7-44～图7-46）。① 画的前段，亦即汴河右岸。汴京郊野的春光。② 画的中段，汴河是北宋国家漕运枢纽，商业交通要道，画面上人烟稠密，粮船云集。规模宏大的木质拱桥宛如飞虹，名虹桥。③ 画的后段已是城外繁华的街市商业区，是汴河码头与城门的中间地带，特别有利于商贸活动[32]。

图7-44 清明上河图中的游憩活动
Figure7-44 Recreation activities in the painting of *Along the River during the Qingming Festival*
图片来源：张择端《清明上河图》，截自崔博，徐天乐. 浅析名画《清明上河图》的艺术特色[J]. 美与时代（下），2011（07）:69-70

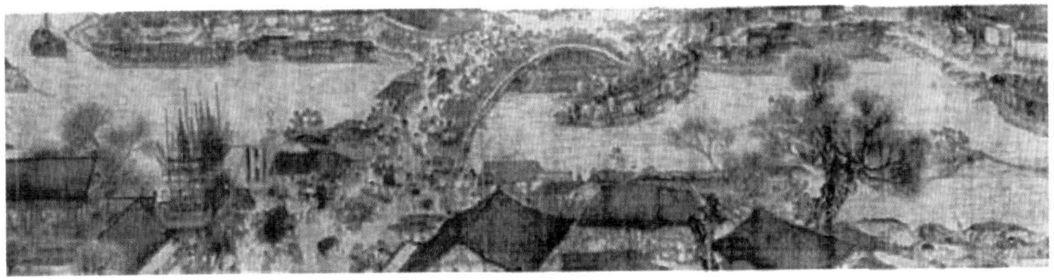

图7-45 清明上河图中的交通活动
Figure7-45 Traffic activities in the painting of *Along the River during the Qingming Festival*
图片来源：张择端《清明上河图》，截自崔博，徐天乐. 浅析名画《清明上河图》的艺术特色[J]. 美与时代（下），2011（07）:69-70

图7-46 清明上河图中的商业活动
Figure7-46 Commercial activities in the painting of *Along the River during the Qingming Festival*
图片来源：张择端《清明上河图》，截自崔博，徐天乐. 浅析名画《清明上河图》的艺术特色[J]. 美与时代（下），2011（07）:69-70

7.3.2 水网人居活动分类

7.3.2.1 生活活动

1. 居住活动

传统人居环境与活动的描述：长三角洲的江南水乡人居景观形态是“小桥、流水、人家”。珠江三角洲水乡人居景观形态是“桑蔗遍植、鱼塘串联、河网纵横、灰垣素瓦、石桥绿榕、临水人家”。

居住活动的演变：传统水网城市民居多临水而居，住宅设“水后门”，即前门是陆路，后门是水路。总的体现于“下店上宅”、“前店后宅”、“前店后坊”的综合性活动。

2. 商业活动

水网城市的商业买卖往往以水道作为运输途径，更以水网形成的节点如码头，桥头等公共空间作为集市买卖（图7–47、图7–48）。商业活动包括日常用品的销售、赶集，更有广州城的盛事——花市。

3. 交通活动

水网城市交通活动自古多依托水路交通，辅以陆路交通。

1）线形交通活动

① 水上交通：对外的大型运河运输交通、小型河涌交通支持城市内部生活交通和商业交通，例如支持水上贸易。② 陆上交通：水网地区滨水交通空间尺度多样，以亲水为主，形成宜人的开敞空间。小尺度街—河布局常以非机动车交通为主。典型水网交通断面：一河无街、一河一街、一河二街（图7–49）。

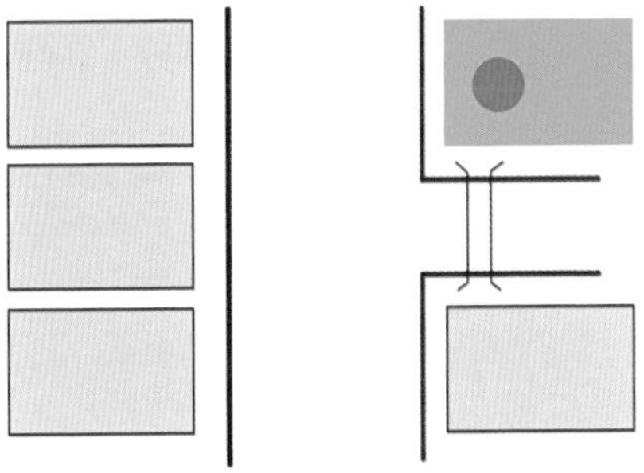

图7–47 在桥头形成日常买卖的市集
Figure7-47 Daily trading market appeared in the bridge

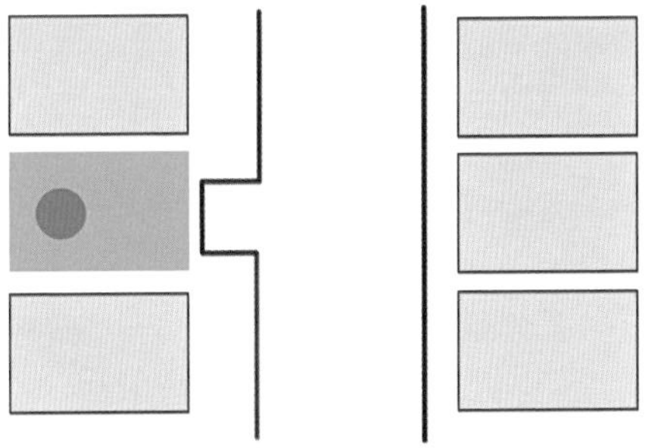

图7–48 在居住区的码头——公共空间聚集买卖
Figure7-48 Pier-buying and selling gathered in public space and residential area

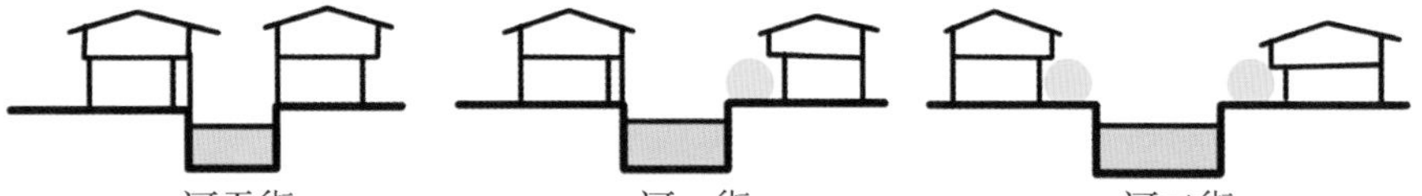

图7-49 典型水网交通断面示意图
Figure7-49 A typical cross-sectional schematic view of the water-net traffic

2）点状交通活动

水上交通与陆上交通决定了舟行和步行两种交通方式互不干扰，而这两种方式的交汇点便是桥梁和河埠以及应运而生的桥头广场和河埠广场。这些节点因地处水路交叉处，货物集散交易的地方，往往是人们活动最为密集和最为活跃的场所[33]。

4. 游憩活动

Gordon Cullon在《城市景观艺术》中有过对“生活岸线”（the Line of Life）的详细阐述，他认为通常来说，每个城镇中都存在着某种程度上的“生活岸线”，这个“生活岸线”是指“一个城镇得以生存的各种条件的综合体”。岭南水乡的桥、树、庙、市、埠、涌几大因素几乎是共生共存的。传统街区临河面非常热闹，居民的采购、娱乐活动均在此进行。每逢墟日、米市，临河地方还搭建临时戏台，观众坐在街边、船上看戏。不临河的步行街亦由青石板铺砌，与两侧建筑的台阶连为一体。有时某一侧的建筑“豁然开朗”，让出一方空间通向河岸，作为上人、卸货的埠头，也可供人聚会，方便形岭南的“生活岸线”[34]。

7.3.2.2 生产活动

岭南水乡的“桑基鱼塘”。基塘是典型水网人居数千年生产活动的发展产物，适应了珠三角地区特殊的地理环境，创造了成功利用滩涂地的范例，是一个独特的水陆资源相互作用的人工生态系统。1992年，桑基鱼塘被联合国教科文组织誉为“世间少有美景，良性循环典范”。

塘浦（溇港）圩田系统历史上是太湖流域地区桑基圩田、桑基鱼塘的重要基础，是催生“吴越文化”、“鱼米之乡”、“丝绸之府”、“财富之区”的重要载体，同时也为“以农立国”的封建社会经济文化的可持续发展提供了坚实的架构[35]。

基塘区：主要集中在西北、西南和中部，地势低洼。历代农民利用低洼地深挖成塘，把挖出来的泥土堆高成基，塘里养鱼，基上种桑，桑叶养蚕的副产品又拿去饲鱼。这就是著名的桑基鱼塘，是顺德分布最广，顺德岭南水乡形成面积最大、最具特色的生产活动类型（图7-50、图7-51）。

沙围田区：东北和东南部分布较多，是冲积沙田，土层深厚、土质肥沃、水分充足，种植双季水稻，间有种植甘蔗。这一地区的北滘、陈村一带历史上形成

图7-50 广东省南海区桑基鱼塘
Figure7-50 Mulberry fishery ponds in Nanhai, Guangdong Province
图片来源：Googe Earth

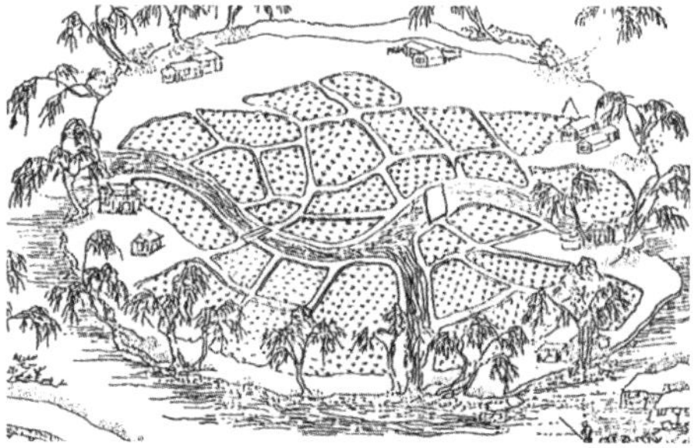
图7-51 历史上太湖流域桑基鱼塘
Figure7-51 Historical mulberry fishery ponds inTaihu Lake basin
图片来源：（清）《授时通考》

以花卉、果林的商品性农业基地。

低丘陵谷地区：零星散布，总数不多，土壤干燥，硬砂较多，肥分低，水分不足，山脚和山坑地种双季水稻，山坡地种植旱作物，如番薯、木薯、花生、豆类等[36]。

1. 农业活动变化——以桑基鱼塘为例

桑基鱼塘的特点是种桑与养蚕、鱼、猪相结合，生产上有紧密的联系；植物与动物互养，形成良性的生态循环；塘与基合理分布，水陆、源相结合。桑基鱼塘是一种结合珠江三角洲水网地区自然特质而构建的人工水网生态系统，它的兴衰起伏与广州水网地区人居生态系统“因水而居”“得水而兴”“弃水而废”的时间尺度脉络紧密相关。

桑鱼生产是水网地区一种典型的农业生产活动。从明清顺德90%居民从事桑鱼生产到2010年珠三角桑基鱼塘总量不足200hm^2（图7-52），工业化与城市化改变传统农业生产方式是主推原因。珠三角桑基鱼塘面积缩小，并向城镇化水平低的区域转移导致了水网萎缩；桑基用地被改造为工业用地或城市建设用地导致了水质性缺水；桑基鱼塘物质与非物质文化被遗弃或消失导致水文化消失，对水网地区发展产生影响。珠三角桑基鱼塘现状为总量已不足200hm^2，54.5%的青年人没见过桑基鱼塘，70.1%的青年人不能详细描述桑基鱼塘，88.6%的青年人从未从事过桑鱼生产或熟悉其技艺[37]。

桑基鱼塘历史沿革（图7-53）：①汉代，珠江三角洲已有种桑、饲蚕、丝织的活动。②公元7世纪唐代，已是“田稻再熟、桑蚕五收”之地。但当时种的桑是在广州附近的高地，与鱼塘没有联系。③12世纪初北宋徽宗，广州成为重要种桑养蚕地区。④15世纪初（1406年）明永乐四年，出现土丝买卖市场，蚕丝生产已成

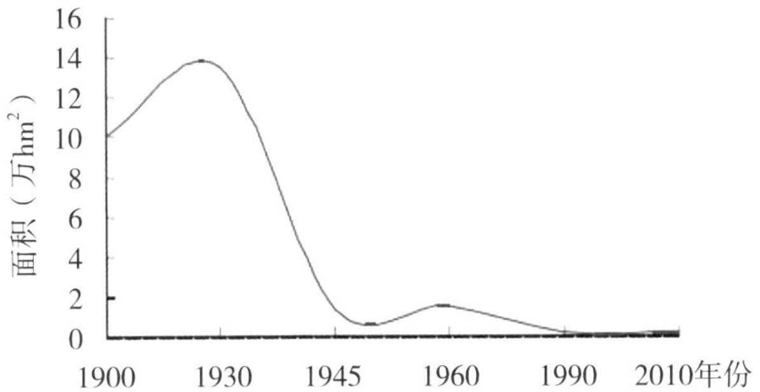

图7-52 珠三角桑基鱼塘面积变化

Figure7-52 Area changing of the Pearl River Delta's mulberry-base-ponds

为商品。但尚未发现与养鱼联系。⑤ 1553年葡萄牙侵借澳门，外国商船陆续进入，广东生丝畅销，桑基鱼塘出现雏形。⑥ 清乾隆年间，“弃田筑塘、废稻树桑”，珠江三角洲桑基鱼塘发展的第一次高潮。⑦ 1866年（同治五年），现代缫丝厂建立，桑基鱼塘面积再次扩大，珠江三角洲桑基鱼塘发展第二次高潮。⑧ 第一次世界大战后，桑基鱼塘面积8万hm^2，达到历史最高水平。珠江三角洲桑基鱼塘发展的第三个高潮。⑨ 1929年资本主义经济危机，桑基鱼塘面积锐减，逐渐被蔗基鱼塘代替。⑩ 解放初，桑基鱼塘仍占一定地位，面积逐渐缩小[38]。

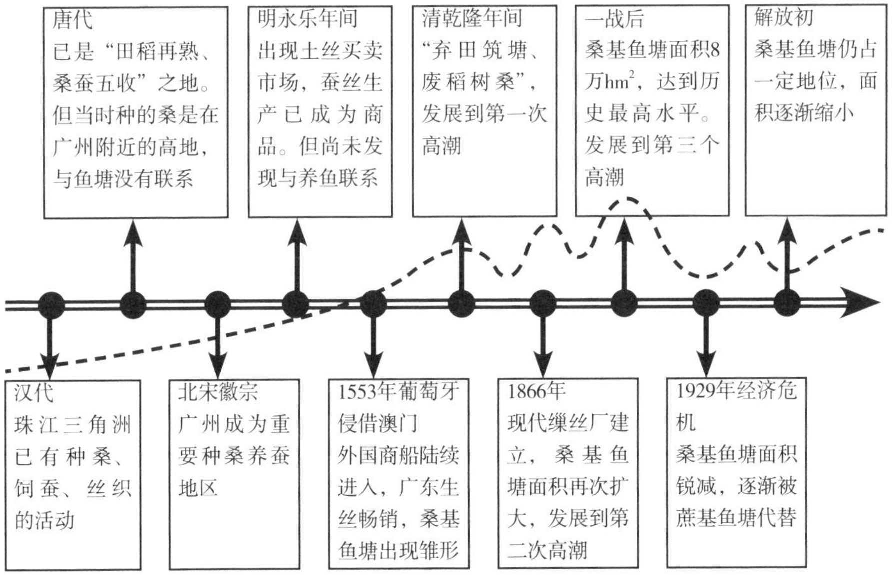

图7-53 桑基鱼塘发展变化示意图

Figure7-53 Schematic development and changing of mulberry fishery ponds

2. 渔业活动变化——以广州市渔业活动变化为例

广州市地处珠江三角洲，河道纵横，江河水域辽阔，濒临南海北部大陆架区。水产资源十分丰富，具有发展捕捞渔业的优越条件。渔业中具体活动：江河捕鱼、海洋捕鱼、淡水养殖和海洋养殖。商代以前，广州已有江河捕捞渔业。从考古发掘出来的用以制造钓钩的陶范、铜鱼钩、木斧和网坠等可判断，捕鱼工具已经从“木石击鱼”发展到“织网捕鱼”和利用钓钩钓鱼。东晋（公元420年以前）时，据史载，广州南岸有5万余户“蛮、疍杂居”。自唐以来，“疍户”计丁输课。鱼课，即鱼税。明洪武初年，属河泊所，岁收鱼课。江河捕捞使用的渔具，已有：大罾、小罾、手罾、罾门、竹箔、篓箔、摊箔、大箔、小箔、大河箔、小河箔、背风箔、方网、辏网、旋网、竹篓、布篓、鱼篮、蟹篮、大罟、竹篼等19种。明、清时期，广州的农业与商业都发展较快，珠江三角洲被称为鱼米之乡，说明渔业生产仍占重要地位。近代，广州渔业主要依靠现代化技术，逐步实现了渔业机械化。

渔民在长期的捕捞生产实践中，不断地改进和创造了各种渔具、渔法。据调查，广州市现有拖、张、刺、钓、笼壶、耙刺、地拉网、陷阱、撩网等几大类55种渔具，其中以拖、张、刺网类渔具为主（图7-54～图7-56）。淡水养殖方式可以分为池塘养鱼、河涌养鱼、稻田养鱼三类。池塘养鱼是广州市淡水养鱼的主要方式，结合其他农业生产，出现桑基鱼塘、果基鱼塘、蔗基鱼塘。河涌养鱼多是利用围内的河涌和旧河道。据1990年的统计，全市利用河涌养鱼面积为756hm^2，成鱼总产量1386t，平均亩产168kg；目前，河涌污染严重，无法养殖淡水鱼。稻田养鱼是开展稻田综合利用，发挥农业生态优势的重要措施之一。水污染导致这种方式已经逐步消失。

水网地区因其出色地理条件而成为自古以来的繁荣富庶之地，水网人居环境的发展与生产活动的嬗变呈现出作用与响应的互动关系，进而有了三个产业的发展趋势的变化。概括来说，生产活动与水网人居环境经历了如下的发展过程：生产活动从最初与水网环境之间非常密切的依赖关系——到对水网环境的依赖程度降低甚至出现了破坏水网的行为——发展到今天人们面对水网人居环境中存在的

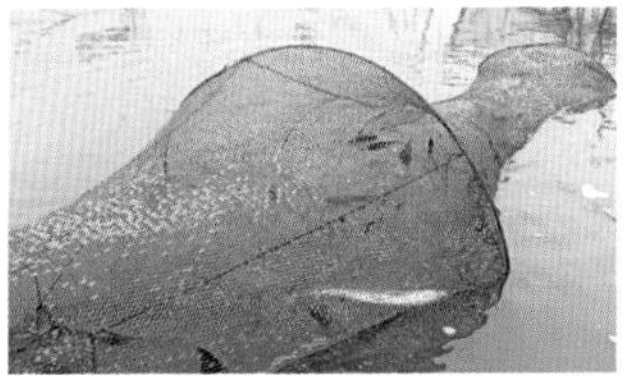

图7-54 围网捕鱼

Figure7-54 Purse seine fishing

图7-55 张网捕鱼

Figure7-55 Stow net fishing

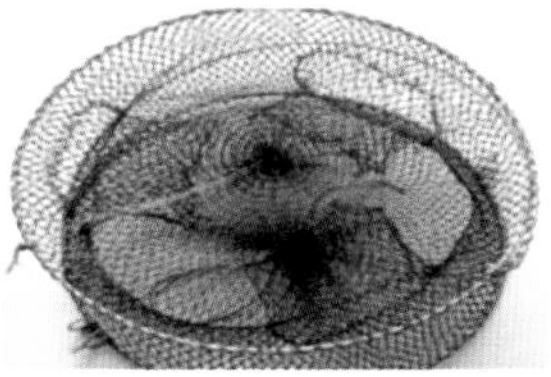

图7-56 笼壶捕鱼

Figure7-56 Mesh cage fishing

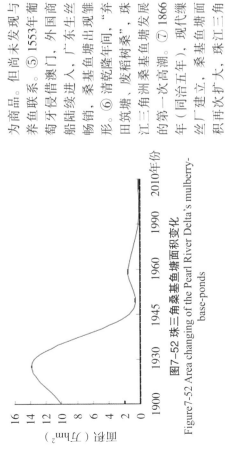

问题，认识到保护水网环境的重要性，并对水网环境进行新的管理利用。我们对生产活动与人居水网环境发展的研究，为的就是试图为将来的水网人居环境可持续发展寻找出路。

7.3.2.3 精神活动

1．宗教活动

“神秘的水”是宗教信仰活动产生原因。在传说中，大多数的宗教也以水为本：玛雅人相信天然水井可以通往冥府，巴比伦人相信世界是由淡水和咸水混合而成，皮马印第安人说大地之母因一滴水而受孕。西方《圣经》说，神予世界生命，诸水之间要有穹苍。东方《山海经》、《淮南子》等书记载：黄帝在人间行宫：“方八百里，高万初”，其中有辉煌的宫殿，秀美的苑囿，还有奇木花草，其下则有“弱水之渊环之”，映衬一副山清水秀、鸟语花香的人间仙境。水的无法控制主要表现在：① 提供生命生活所需，而又会给人类带来灾难——诺亚方舟；② 祈求风调雨顺——祭河神；③ 山水崇拜，影响中国城市选址建设——风水；④ 气乘风则散，界水则止，古人聚之使不散；⑤“水神崇拜”：水神寺庙祭祀活动是水网地区典型的宗教活动之一（图7–57、表7–13）。

图7–57 南海神崇拜与南海神庙
Figure7-57 God worship and temple in South China Sea
图片来源：林树森等. 规划广州[M].北京：中国建筑工业出版社，2006

图7–58 广州光塔寺
Figure7-58 Guangzhou Gungta temple
图片来源：林树森等. 规划广州[M].北京：中国建筑工业出版社，2006

表 7–13 南海神崇拜与南海神庙
Table7-13 God worship and temple in South China Sea

	古	今
活动发生场所	寺庙、家中	家中
活动类型	供奉、祭拜	供奉
活动频率	每日三炷香	少供奉、不供奉

宗教空间：宗教活动与水网地区的桥文化相伴而生。因为河涌古桥修筑在聚落的交通要道上，主要担当聚落内的交通功能，在桥头处往往会建有珠三角特有的洪圣、天后、北帝、观音等庙宇，形成最早的祭祀宗教活动。在河汉拐弯之处的桥、庙旁一般还会种植挺拔的木棉树和婆娑的古榕，浓荫蔽日（图7–58、图7–59）。

图7–59 宗教活动分布模式图
Figure7-59 Religious activity distribution pattern

由河道驳岸、村庙、榕树、木棉等共同围合成一个珠江三角洲水乡河道的重要节点和居民集结的休闲空间和祭祀中心，例如顺德龙潭村。

2．民俗活动

水网人居习俗文化的不同点：由于水网地区水运发达，强化了财货集散、转运和信息交流的社会功能，因此社会流动性大，商业竞争激烈，商品经济直接瓦解着这里的宗族和大家庭结构，文化冲击大，宗族文化不明显，同时各地的水文化习俗也随着方便的对外交流而传播较广（表7–14）。苏杭人安土重迁、求实变通的心态。徽州容受的是遍天下的徽商输回的商业利润，这些钱不被用于扩大商业规模，而是被用来置族田、修族谱、造祠堂、强化了宗族组织，从而使徽州文化成为最具内向型气质和伦理型内核的中国传统文化活动[39]。

水网地区饮食：岭南地域内可猎、可耕、可渔，物产十分丰富，山珍、海味、粮食、蔬菜、水果等种种食料，为岭南饮食文化的发展提供了丰厚的物质基础。岭南背靠五岭，面向南海，既有大山峻岭，又有长达3368km的海岸线，以及辽阔的珠江三角洲和韩江三角洲的水网地带；岭南气候温和，日照时间长，雨量充沛，十分有利于农业、养殖业的发展。

① 船家饮食文化：古时兴盛，近代少量分布，但至当代却日趋衰落，近年主要作为旅游资源传播展示。② 茶文化：《清朝野史大观·清代述异》称，“中国讲

表 7-14 水网地区节日活动
Table7-14 Festival activities in water-net Region

活动类型	内容
祭祀祈雨	祈雨活动在20世纪50年代已基本消失。表达对关于水的神灵的敬畏之情的活动的消失，表明随着科技发展，人们对水的认识的改变，人类开始按自己的意愿去改造自然
海上丝绸之路	以广州为起点，连接东南亚、东非、阿拉伯诸多国家，使广州的经济繁荣一时。至明清的闭关锁国政策，海上丝绸之路渐渐消失。或许海上丝绸之路的再现在未来以另一种景象呈现
疍民水上生活	疍民乃是居水的越人遗民，生活中的一切活动都紧紧围绕着“水”。20世纪50年代，中国政府陆续安排福州疍民上岸居住，水质的污染等也导致疍民原先的生活方式越来越难以延续，现已列入福州非物质文化遗产
船只的变化	广州的船只形式从花尾渡、游河艇、花舫、戏船、酒菜艇一直发展到住宿艇，功能从交通逐渐发展为娱乐休闲，暗示了今天水与人居生活的紧密程度在降低，人们遗忘了水网曾经的重要作用
端午节	赛龙舟这项活动已经由过去具有浓烈的宗族色彩和对北帝的信仰，逐渐淡化为一种娱乐文化活动。反映了人们对自然的态度由依赖转为和谐共处的变化
南海神诞	南海神诞，广州人叫“波罗诞”。这种祭祀活动曾在20世纪60年代消失，今日又逐渐被人们所保护和发扬。但最初的宗教色彩已经淡化，成为一种民俗节日
乞巧节	初七日，旧俗女子泛舟游石门沉香浦，祈求心灵手巧、姻缘美满。舟用素馨花、茉莉花装饰，称为花艇。现在演变为七夕游石门沉香浦的游憩活动
上巳节（北帝诞）	旧时在三月初三这天，有“曲水流觞”的活动，承袭古代上巳在水边执简招魂的活动而来。这种活动在民间已经逐渐消失，更多地出现在旅游区的体验中，作为一种文化遗产，唤起人们的追忆

求烹茶，以闽之汀、漳、泉三府，粤之潮州府功夫茶为最”。潮州功夫茶融精神、礼仪、沏泡技艺、巡茶艺术为一体，内涵极为丰富，是中国茶文化精华之一，向来有“中国茶道”之称。而当今社会，饮茶显然已失去古时的精神内涵，而成为人们日常娱乐消遣的一种手段。

3. 艺术活动

粤剧与“船”的不解之缘：早期粤剧戏班的组织，与粤剧戏班的“红船”有着密切关系。这种戏班用作栖宿和交通工具的红船，至迟在清乾隆间已出现，有一首刊刻于乾隆十九年（1754年）的竹枝词道：“梨园歌舞赛繁华，一带红船泊晚沙；但到年年天贶节，万人住步看琼花。”足见当年以红船为标记的粤剧戏班的盛况。红船与普通的船只差不多，只是船身涂抹上绚丽的红色，由专门出租船只的“船栏”制造并租给戏班使用。红船起航，有两艘并发，亦有一艘独行，这是视戏班的规模而定的。拥有两只船的戏班称为“全班”，两只船别称“天/地艇”，“柜台”人员、生旦净末等文角及棚面等，住在天艇；武生、小生、六份、大花脸等武角，住在地艇。红船由于经常要通过城镇的桥下，因此船体比珠江上的“花尾渡”稍微矮小。船长约五丈七八尺，宽约一丈六七尺，船头有龙牙，其左右各置一锚，从船头进去便是居住的大舱，天艇大舱的铺位后面设有“柜头”（也称“柜台”），为红船中行政人员的办事处。早期粤剧戏班的组织，就是根据红船的建制而建立的。

对于水，中国人产生了一种特殊的情感，由此还产生了曲水流觞这类文人雅士交流及自我修炼的活动。动水也是学习、提升的重要场所，如今的大学校园中临水朗读是最具特色的活动之一。与此相连的，靠近水边生活的人往往形成相同的文化认同的情感归依。临水而居也容易引发更多的联想与思考，因而江南出才子。直到现代，江南地区也是学者辈出之地。

7.3.3 活动研究专题·水网地区名人

7.3.3.1 水网地区名人区域性分布

水网城市定义：水网区域覆盖该行政分区50%以上，此取样下的水网城市共有58个，其中有20个历史文化名城（目前中国公布的历史文化名城共有123个，水网区域占约16.3%）。从统计数据对比可见，水网地区占省域面积比例较小，但名人比率却较高，其中尤为明显的有四川省、江西省、广东省，名人率均达到省内平均值的5倍以上（表7-15、表7-16）。

表 7-15 各行政区水网区域面积及名人人数所占比例
Table7-15 Per administrative region water-net area and the proportion of the number of celebrities

省份	水网地区面积比例(%)	水网地区名人比例(%)	省份	水网地区面积比例(%)	水网地区名人比例(%)	省份	水网地区面积比例(%)	水网地区名人比例(%)
甘肃省	7.9	12%	陕西省	7.8	19.9%	江西省	5.9	68.3%
湖北省	7.9	28.1%	湖南省	7.8	12.4%	安徽省	24.1	36.1%
浙江省	9.9	37.8%	江苏省	85.9	93.3%	台湾省	16.6	44.2%
广东省	8.7	52.2%	广西壮族自治区	5.4	25.7%	天津市	22.6	50%
山东省	5.6	7.1%	河南省	8.2	15.8%			
上海市	100		四川省	5.9	63.4%			

表7-16 各行政区水网地区城市名称汇总（灰色标注的城市为国务院批准通过的国家历史文化名城）
Table7-16 Cities in water-net region per administrative region (grey marked are the national famous historical and cultural cities approved by the state council)

省份	水网地区城市名称	省份	水网地区城市名称	省份	水网地区城市名称	省份	水网地区城市名称	省份	水网地区城市名称
安徽省	阜阳市	四川省	成都市	江苏省	苏州市	湖北省	武汉市	广东省	番禺市 南海市
	亳州市		绵阳市		淮安市		荆州市		佛山市
	淮南市		德阳市		无锡市		孝感市		汕头市
	蚌埠市	山西省	太原市		常州市		天门市		潮州市
	淮北市		晋中市（祁县、平遥县）		镇江市		洪湖市		东莞市
	宿州市		吕梁市		扬州市		潜江市		顺德市
	合肥市	广西壮族自治区	南宁市		泰州市		仙桃市		新会市
	巢湖市		桂平市		南京市		石首市		珠海市
	马鞍山市		贵港市	浙江省	杭州市		汉川市		花都市
	芜湖市		平南县		桐乡市		应城市		荔湾区
	宣城市		武鸣县		海宁市		九江市		肇庆市
湖南省	常德市	河南省	周口市		潮州市	上海市	上海市		中山市
	益阳市		开封市		绍兴市	山东省	东营市		
	岳阳市		商丘市		宁波市	台湾省	台北市		
甘肃省	张掖市	江西省	九江市		慈溪市		高雄市		
	金昌市		景德镇		余姚市	天津市	天津市		
	武威市		南昌市						

据统计水网地区，从战国至今，诞生了439位文学艺术家，64位实业家，78位科学家，166位政治家，99位军事家等共计约876位名人。

通过对行政区划内含有水网地区的16个省份、自治区、直辖市的数据进行总结归纳，得出如下结论：

水网地区名人当中，文学艺术家比重占绝对优势，达到50%，其次为政治家，占19%，军事家紧随其后，达到11%，其他如科学家、实业家比例较少，亦有分布（图7-60）。

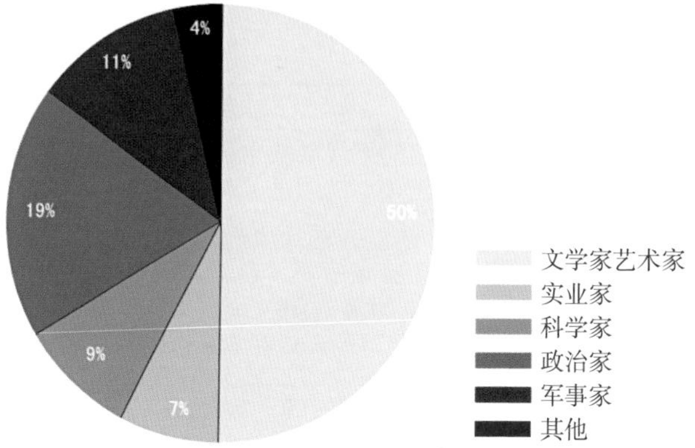

图7-60 水网地区名人数目占全省名人数目百分比
Figure7-60 Percentage of celebrities in water-net region to the province's celebrities

7.3.3.2 水网地区名人属性——问题探究

为什么水网地区的名人集中在文学艺术和政治两大方面呢？这两个领域需要的特质才华与水网地区人居环境与人类活动的相互作用有何关联？

（1）文学家、艺术家的特质：具有敏锐的感受、丰富的情感和超常的想象力；具有高超的艺术技能和广博的文化修养；具有特别发达的创造性思维，强烈的创造意识和鲜明的创作个性。

水网地区文化特色：水网地区自古以来富庶安乐，“经济基础决定上层建筑”，经济的发达促进了文化的发展，生活在此的人们自小受诗词、书画、曲艺等多种艺术形式的熏陶，自然具有开拓的艺术视野和文化素养。水网地区“山环水绕、山水交融”的“水”“地”格局，形成了复杂多变、美好秀丽的大地景观，耳濡目染优美景色成长起来的人们多具有较强的审美欣赏能力和感知力，美景也刺激了人们的创作欲望，于是迫不及待的用文学和艺术的方式抒发心中的感想。

（2）政治家、改革家的特质：事关全局的政治决策的制定者，具有非凡的眼界和判断力；灵活的应变能力，能够处理各种突发事件；高超的交际手段，联合多方力量，沟通合作伙伴，团队号召力与凝聚力，个人魅力。

水网地区文化特色：水网地区山环水绕，人们接触水、学习水，水的特质融入水网地区人民的性格——“水利万物而不争”，塑造“宽容、谦逊、随和”的品格；“仁者乐山智者乐水”，形成“灵活、低调、务实”的人格魅力。水网地区交通便利，四通八达，来往不同地域不同性格的各色人等。水网地区民众在商贸交换与思想交流中，吸收众家长处，并增长为人处事的技巧。

7.3.3.3 中国科学院院士分布

表 7-17 中科院院士分布统计表（灰色标注的为水网地区城镇）（1955 ~ 2011 年）
Table7-17 Academician of Chinese academy of sciences distribution statistics (red marked is the town in water-net Region)

序号	20人以上	16~20人	11~15人	8~10人	7人	6人
1	江苏省苏州市67人	湖南省长沙市20人	河北省唐山市14人	安徽省安庆市10人	安徽省宣城市7人	辽宁省锦州市6人
2	浙江省宁波市56人	北京市20人	浙江省金华市14人	广东省潮州市9人	安徽省黄山市7人	河南省南阳市6人
3	福建省福州市51人	广东省江门市19人	浙江省台州市14人	福建省莆田市8人	安徽省合肥市7人	江西省抚州市6人
4	上海市45人	江苏省扬州市17人	四川省成都市14人	福建省厦门市8人	江西省南昌市7人	湖北省黄冈市6人
5	江苏省常州市41人	浙江省温州市17人	天津市14人		辽宁省沈阳市7人	湖南省邵阳市6人
6	江苏省无锡市40人	江苏省镇江市16人	河北省保定市13人			湖南省常德市6人
7	浙江省绍兴市36人	江苏省南通市16人	广东省梅州市13人			福建省龙岩市6人
8	浙江省杭州市31人	浙江省湖州市16人	广东省广州市13人			福建省龙岩市6人
9	浙江省嘉兴市23人	福建省泉州市16人	重庆市13人			
10	江苏省南京市22人	湖北省武汉市16人	江苏省泰州市12人			
11			广东省佛山市12人			
12			山东省烟台市11人			

从表7-17可见，以上中科院院士总数1137人，包含因非学术原因除名2人和31位外籍华裔院士，其中籍贯为水网地区城市的达567人，占49.87%。

综上所述，区域分布的不平衡性是中国人才分布的基本特点。唐中期以前各类人才主要出现在北方，唐中期以后人才集团大量出现在南方，并一直延续至今。造成这样人才分布特点的因素很多，其中起关键作用的是地区经济的发展程度。

农业是中国古代的立国之本，经济发达区就是农业发达区，而农业生产由于自身的特点，对自然环境有强烈的选择性与依赖性，土地肥沃，地势平坦，灌溉便利的水网密集地区都是发展农业生产的有利场所。此后，该区域凭借优先发展的经济条件和水网形成的便利交通条件，将经济优势保留至今[40]。

虽然一个地区人才的大量出现与当地的经济直接相关，但地方传统与社会习俗也是不可忽略的因素，一个地区一旦形成某种观念与传统是不易改变的，它将以特有的惯性推动着人们不断运转。水网地区历经千百年形成的重视教育重视文化的思想氛围，对一代代青年的成长有着重要的浸润影响。水网地区的一方水土，为国家养育栽培了一代代栋梁之材，对美好人居环境的构建作出了重大贡献。

7.3.4 活动研究专题·清明上河图

7.3.4.1 河南开封水域的历史变迁

从两汉及汉前到清代，开封处于水系交汇尤密的区域。开封素有“北方水城”之美誉，可以从上面水系分布地图上看到城内湖泊纵横，分布广阔（图7–61 ~ 图7–63）。

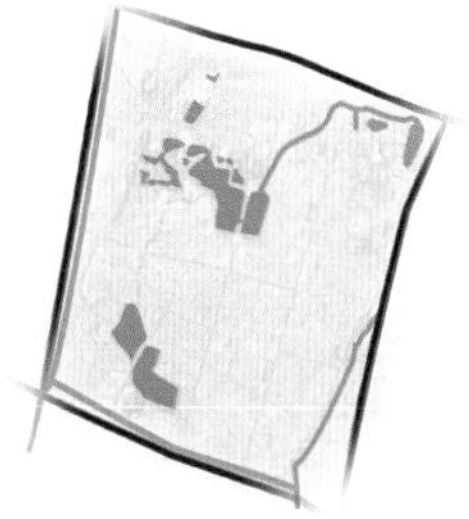

图7–61 现开封湖泊水系分布图
Figure7-61 Water-net distribution in Kaifeng
图片来源：Google Earth改绘

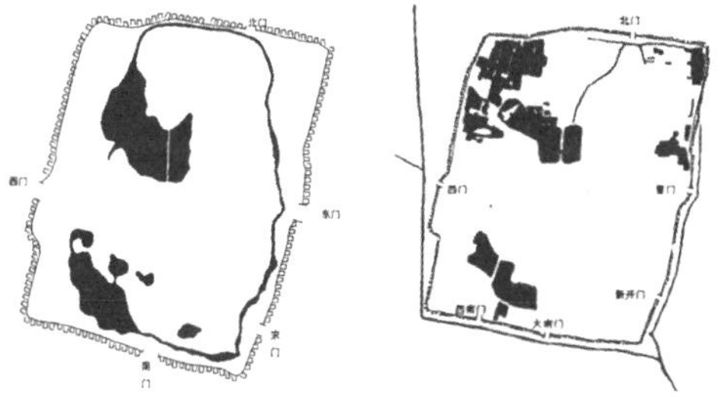

图7–62 1898年、1998年开封城区水域分布图
Figure7-62 Water-net distribution in the downtown of Kaifeng in 1898 and 1998
图片来源：曹新向．开封市水域景观格局演变研究 [D]．开封：河南大学，2004

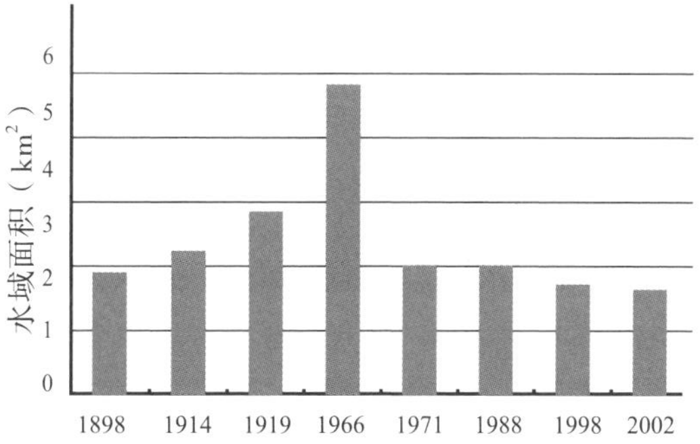

图7–63 开封城市水域面积变化
Figure7-63 Variations of water area in Kaifeng
图片数据来源：曹新向. 开封市水域景观格局演变研究[D]. 开封：河南大学，2004

7.3.4.2 北宋汴京的人类活动

1. 研究北宋汴京人类活动的出发点——《清明上河图》

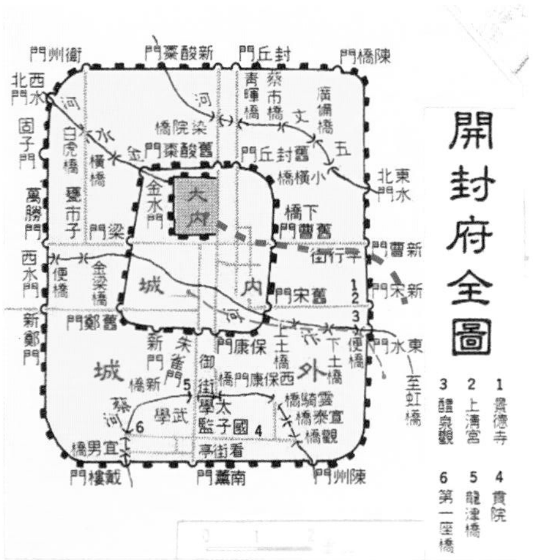

本次研究截取《清明上河图》中自旧宋门起向内城方向的长约240m，宽约18m的街区作为研究对象，此范围为宋代开封府外城段（图7-64、图7-65）。

外城商业发达，居住区集中，因而聚集的人数多。汴京外城段集中了市肆、居住区，因而人的活动类型较多。外城段主干道的宽度与现代城市次干道宽度接近，为之后对比古今人类活动选择定点研究提供了可供参照的尺度。全图总人数851人，外城段总人数611人，内城段158人，城郊82人，外城段长度约230m，宽度15～20m。内城与城郊人数约占全部人数的28%，外城段人数则占72%。

图7-64 开封府全图

Figure7-64 Master plan of the ancient Kaifeng

图片来源：陈振. 宋史[M]. 上海：上海人民出版社，2004

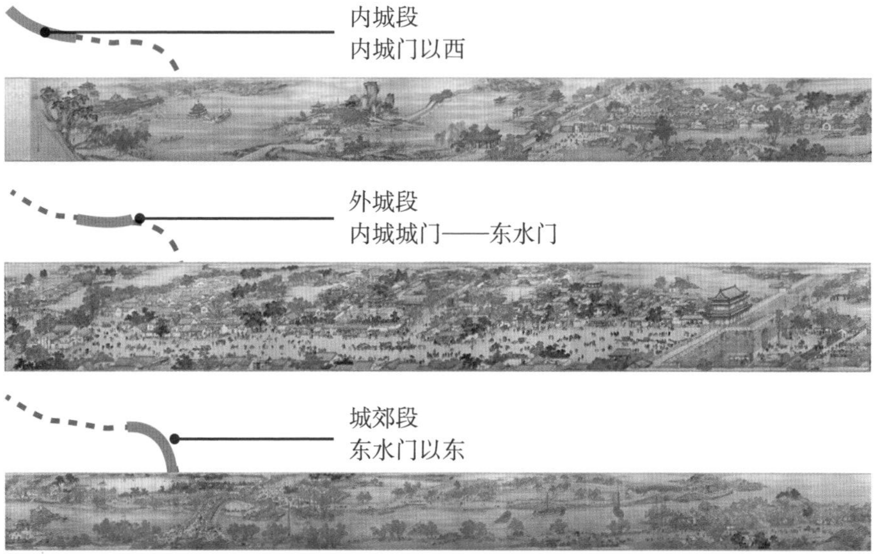

图7-65 清明上河图

Figure7-65 The painting of *Along the River During the Qingming Festival*

图片来源：《清明上河图》（清摹本）

2. 《清明上河图》中水网城市典型活动研究

《清明上河图》描绘了北宋京城汴梁及汴河两岸的繁华热闹的景象和优美的自然风光。作品以长卷形式，采用散点透视的构图法，将繁杂的景物纳入统一而富于变化的画卷中。画中有约814人，牲畜60多匹，船只28艘，房屋楼宇30多栋，车20辆，轿8顶，树木170多棵。截取画段中的区段对人们活动进行分析（图7-66）。

图7-66《清明上河图》中水网城市典型活动

Figure7-66 Typical activities in town in *Along the River During the Qingming Festival*

图片来源：《清明上河图》（清摹本）

从以上截取的“清明上河图”典型活动片段可见，人们生活自在、安定，喜爱文化娱乐活动，民间艺人表演形式丰富。

3. 个人与群体活动在清明上河图外城段的分布图示

外城段进行单人活动约192个人；群体活动的约419人。参与群体活动人数占外城段总人数的68.6%。以上数据可见：清明上河图中所示北宋汴京人的活动具有集聚性，社会交往紧密。另外，画中还体现了群体活动多聚集在边界与凹形空间内（图7-67、图7-68）。边界不妨碍他人的通行；既可以为驻足者提供较佳的观察视角，还可以给自己带来心理上的安全感。同时，边界为随时离开提供了便利。在驻足空间的边缘，视线可以观察到整个空间内正在发生的事情。

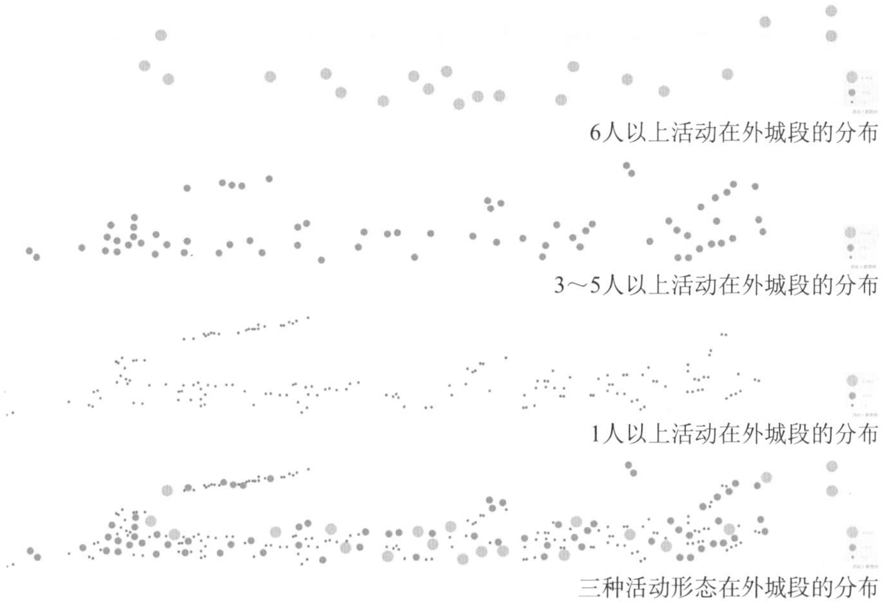

6人以上活动在外城段的分布
3～5人以上活动在外城段的分布
1人以上活动在外城段的分布
三种活动形态在外城段的分布

图7–67 个人与群体活动形态在清明上河图外城段的分布图示
Figure7-67 Distribution graphic of individual and group activities in the outer segment of the painting of *Along the River During the Qingming Festival*

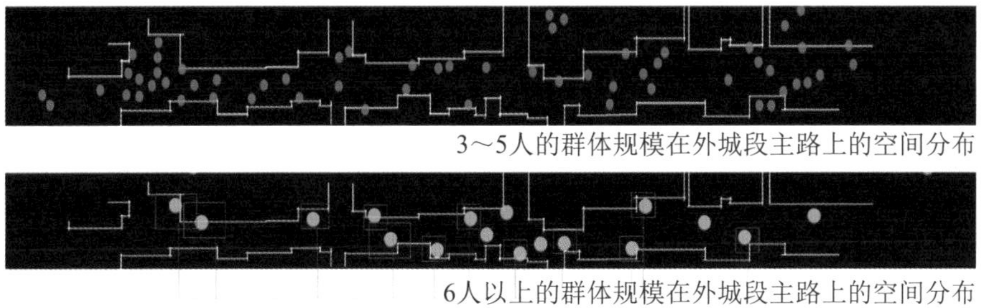

3～5人的群体规模在外城段主路上的空间分布
6人以上的群体规模在外城段主路上的空间分布

图7–68 个人与群体规模在清明上河图外城段的空间分布图示
Figure7-68 Distribution graphic of individual and group size in the outer segment of the painting of *Along the River During the Qingming Festival*

4. 个人与群体的活动类型在清明上河图外城段上的分布图示

分析清明上河图可见，生产活动（主要为商业活动）集中于汴河大街。沿街活动主要为商业活动与生活活动，而沿水主要为生活活动与文娱活动。靠近沿街且沿水的空间活动人群密度大，主干道活动类型多，最具活力（图7–69）。

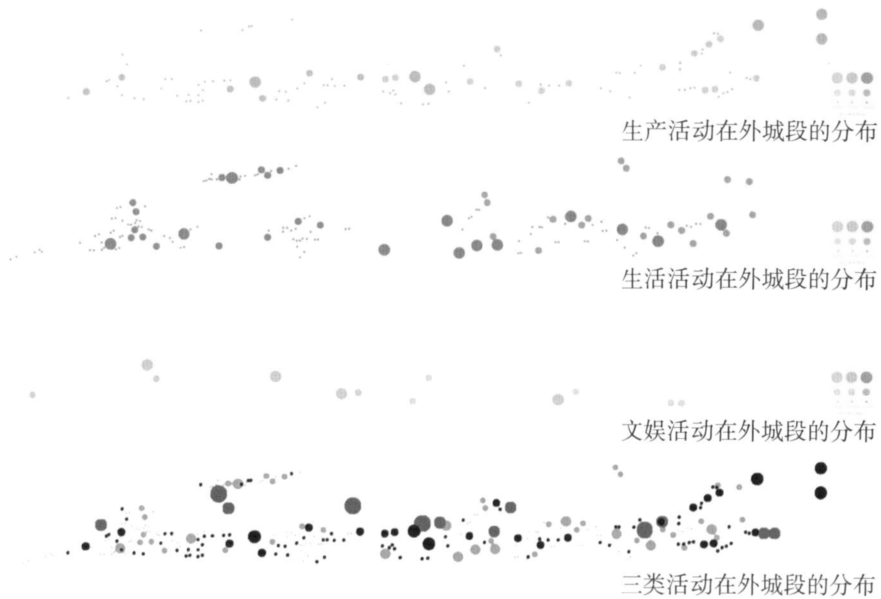

生产活动在外城段的分布
生活活动在外城段的分布
文娱活动在外城段的分布
三类活动在外城段的分布

图7–69 个人与群体的活动类型在清明上河图外城段上的分布图示
Figure 7-69 Distribution graphic of individual and group activity types in the outer segment of the painting of *Along the River During the Qingming Festival*

5. 个人与群体的活动类型计数统计

对清明上河图外城段的人的活动进行分类与统计，发现进行生产活动的共有216人，所占比例为34%；进行生活活动的共有224人，占36%；进行文娱活动的共有188人，占30%。

进行6人以上活动的有265人，从统计数据得知大规模的群体活动主要为文娱活动，所占比例为41%。3～5人活动的有237人，从统计数据可以得知中等规模的群体活动主要为生产活动，所占比例为44%。进行个体活动的共有109人，从统计数据可以得知清明上河图外城段中从事文娱活动的仅占2%。

7.3.4.3 古今开封商业活动对比

宋代开封府外成段对应今天的开封市沿宋门关大街向城市延伸的长约826m，宽约20m的区域范围（图7–70）。

1. 现今开封商业活动调查

从活动中个人与群体的比例来看，“个人”这一尺度的比例稍大，但两者基本处于均衡状态。可见商业活动中既有自发的单独活动，又包含群体社交活动。

从不同尺度下商业活动种类、频次的统计图来看，尺度越小，活动种类越丰富、频次越高，6 人及以上群体活动鲜少发生（图 7-71）。

2. 古今开封商业活动对比

古今对比可见：沿街摆卖或背靠建筑，或倚靠大树，古今活动中“瞭望一庇护”心理相似。从活动类型看，古今均以文娱活动为核心；从空间布局看，当今交通已不再依靠水运，商业街与水体关联度小，也不再依赖水体开展商业，而是较多位于城市中轴线或新区，尽量靠近居住区。丰富多彩的活动是《清明上河图》的亮点，生产、生活与精神活动反映了北宋人民祥和的生活与和谐的社会氛围，更反映了当时的价值取向。研究《清明上河图》意在对比古今水网城市活动的变化，通过活动的变化反应水网城市人居环境的变迁以及现在面临的问题（图 7-72）。

1人	2～5人	6人以上
逛街 街边店铺门口休息 街边小贩售卖	逛街 街边玩牌 聚集在商店门口	—

1人	2～5人	6人以上
逛街 购买小贩商品 街边小贩售卖	购买小贩商品	—

1人	2～5人	6人以上
逛街 购买小贩商品 街边小贩售卖	逛街 购买小贩商品	逛街 购买小贩商品

1人	2～5人	6人以上
逛街 购买小贩商品	逛街 购买小贩商品 街边小贩售卖	逛街 购买小贩商品

图7-70 现今开封市研究路段（灰色）
Figure7-70 Road for study in Kaifeng (grey)
图片来源：区位图来自Google Earth

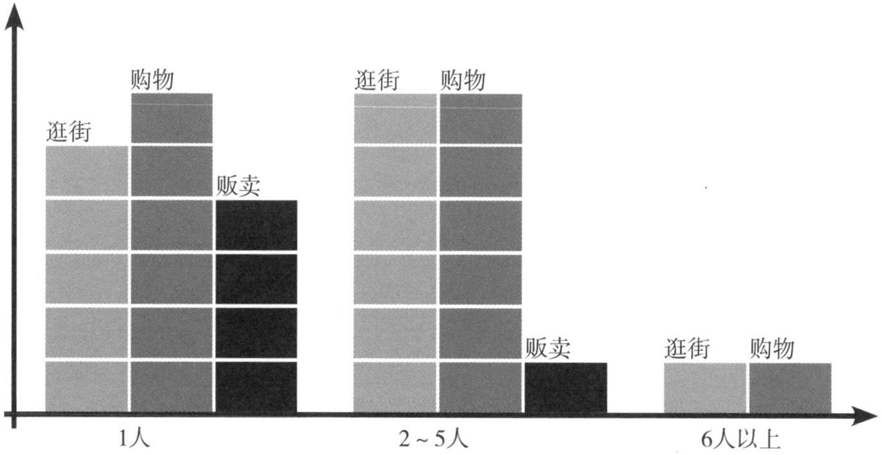

图7-71 三种商业活动发生频 统计
Figure7-71 Statistics of the frequency of three kinds of commercial activities

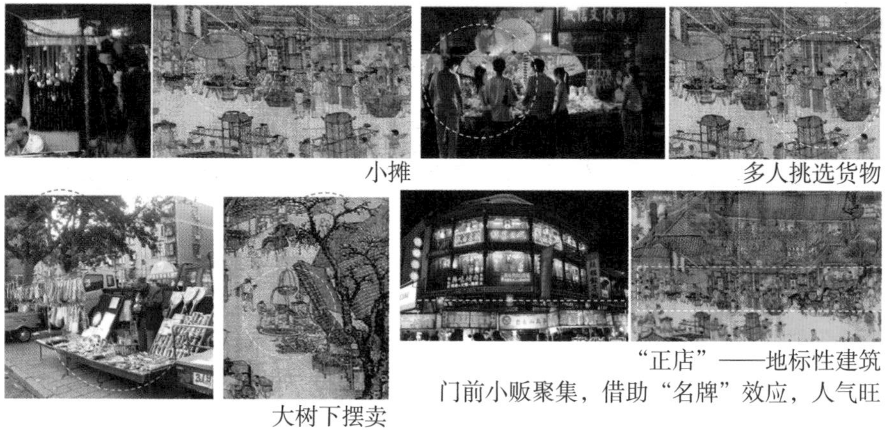

图7-72 开封商业活动古今对比
Figure 7-72 Comparison of Kaifeng’s commercial activities in ancient and modern period
图片来源：《清明上河图》（清摹本）

7.4 水网地区人居建设研究

7.4.1 水网与建筑的关系

7.4.1.1 水网对建筑的直接影响

在类型方面，古建筑多通透轻巧、飞檐斗栱，与水体相适宜；现代建筑尽量与水体氛围一致，创造整体协调的滨水景观。在朝向方面，多临水而建并取得较大的水体景观面。在排列方面，河网布局及水流走向决定建筑布局形式。在建造技术方面，水网地区土壤稀松且地基松软，对建筑高度、体量要求高。

7.4.1.2 水网对建筑的间接影响

1．产业类型

水网环境直接影响的经济类型包括：① 农业灌溉的便利使得水网地区农业较发达，为经济发展奠定基础；② 工业用水的便利性以及方便的运输条件使工业迅速发展；③ 水运交通衍生出的船舶工业、运输业、仓储物流等产业，反过来又激发了第一产业乃至第二产业的迅速发展，促进了经济增长。水网环境间接影响下的经济类型如：文化产业、旅游业，绿色经济、生态经济等。

2．生产方式

在城市形成初期，由于被河网分割，用地破碎化程度较高，无法开展大规模生产活动，生产方式以劳动密集型的生产方式为主；到了工业时期，人类受河网的影响已经较小，则以机械化替代原有的人工劳动；后工业时期，河网地区由于经济高度发达，劳动方式转为以技术密集型为主。

3．生态维护

平原水网环境地带，河流众多，生物多样性丰富。河流在城市中通常具有水质净化，输送养分等生态维护功能，对城市生态环境的保持起到不可替代的作用，同时也塑造了城市的独特形象，展示了当地文化特色。它吸引旅游者的目光，赋予城市独特的气质和魅力，同时还起到传承历史，增强社会凝聚力，促进地方经济发展的作用。在平原河网地带，受河流肌理影响，绿地也多呈线形分布。各类景观一般沿河展开，如绿道、带状公园、步行道、自行车道。

7.4.2 水网地区建设策略

中国目前与“水环境”相关的法规包括《水法》、《水污染防治法》等。水法是国家调整水的开发、利用、管理、保护、除害过程中发生的各种社会阶级关系的法律规范总称。

水网地区主要问题见表7-18、表7-19。

7.4.2.1 宏观层面

1．法律规范及机制

（1）建立统一的水法机制：现有的《水法》和《水污染防治法》中各自侧重“水资源”（水量）与“水环境”（水质）。但是，水资源与水环境的概念都只是水的特征之一，不能成为可具操作性的法律规范的具体对象。a.法律层面上对“水”的统一；b.需要在法律层面上对水的管理进行统一界定，使水法形成完善的、无缝的体系。

（2）建立完善的生态补偿机制：温家宝总理在2006年4月17日召开的第六次环境保护大会上明确提出，“要按照‘谁开发谁保护、谁破坏谁恢复、谁受益谁补偿、谁排污谁付费'的原则，完善生态补偿政策，建立生态补偿机制”。生态补偿机制对水网地区面临的水网萎缩、水质性缺水能产生直接的积极影响，并且能提高人民节水、爱水意识。

（3）蓝道网络规划：生态型蓝道主要沿城镇外围的自然河流、小溪、海岸设立，通过对动植物栖息地的保护、创建、连接和管理，来维系地区的水体生态环境和保障生物多样性，可供进行自然科考及野外旅行。生态型蓝道控制范围宽度一般不小于200m；郊野型蓝道主要依托城镇建成区周边的水体、海岸设立，同时设置栈道、慢行休闲道、划艇水道等，旨在为人们提供亲近自然水体的蓝色休闲空间。郊野型蓝道控制范围宽度一般不小于100m。都市型蓝道主要集中在城镇建成区，依托自然的或人工的城市水道设立，为人们平日的生活提供亲近水体的活动场所，修复人与水的和谐关系。都市型绿道控制范围宽度一般不小于20m。

表 7–18 水网地区主要问题提出 Ⅰ

Table7-18 Schematic of main issues in water-net region Ⅰ

	主要问题		解决问题
水网地区人居建设	宏观层面（区域尺度）	法律和机制	背景问题 水质性缺水
		“水”文化建设	
		区域水网系统规划	
	中观层面（城市尺度）	城市雨污系统建设	活动问题 水文化消失
		水系景观旅游策划	
		动态水系构建	
	微观层面	源头控污，污染治理	建设问题 水网萎缩
		重现水文化生活	
		景观设计构想	

表 7–19 水网地区主要问题提出 Ⅱ

Table7-19 Schematic of main issues in water-net region Ⅱ

问题	解决策略				
	宏观层面 区域尺度（5～10万km^2）		中观层面 城市尺度（5000～10000km^2）		微观层面 场地尺度（<5000km^2）
水质性缺水	法律机制	建立统一的水法机制	城市雨污体系建设	雨污分流	源头控污，污染治理
		建立完善的生态补偿机制		系统化管网	
		蓝道网络规划			
水文化消失	水文化建设	生态文明教育	水系景观旅游策划	构建城市水系景观旅游体系	重现水文化生活
		保护水网人文景观			
		发展“水”文化产业			
水网萎缩	区域水网系统规划	梳理流域水网脉络	动态水系构建	开渠引水	景观设计构想
		建立区域水系景观		控制城市水道宽度	
		建立区域景观安全格局		利用土地增值支撑水环境	

2. “水”文化建设

1）生态文明教育从宣传教育入手，思想上形成保护水体、珍惜水资源的观念

一方面，要充分认识到教育是社会生态系统的一个有机组成成分；另一方面，也要认识到教育本身也是一个由多个成分组成的生态系统。尽可能使教育生态系统形成最佳的结构形态，发挥出最佳功能。

2）保护水网人文景观

人文景观，最主要的体现即聚落，还包括服饰、建筑、音乐等。建筑方面的特色反映为城堡、宫殿，以及各类宗教建筑景观[41]。只有保护非物质的、人文的“活”景观，才能可持续地发展下去。建立区域水网人文景观库，以及资源共享平台。让大众了解人文景观的现状，形成广泛的保护监督的基础。

3）发展“水”文化产业

发展传统文化产业，发展文化创意、数字出版、移动多媒体等，形成区域特色的水文化产业链，构建现代水网文化产业体系，使之成为区域经济增长点，同时恢复水文化在生活中的精神地位，让更多人了解水网文化。例如：在珠三角水网地区构建水文化产业链，一体化联动发展，增强区域特色产业的影响力（图7–73）。

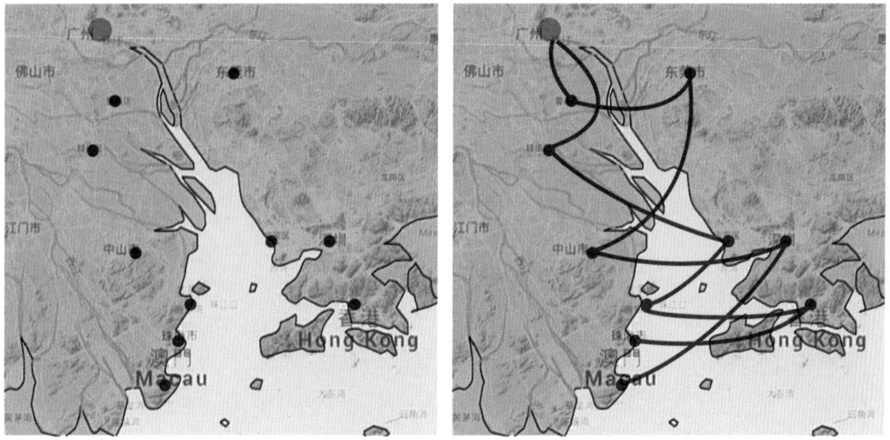

图7–73 水文化发展示意
Figure7-73 Schematic of water culture development
图片来源：Google Earth改绘

3. 区域水网系统规划

1）疏理流域水网脉络

针对流域水系结构在人为干扰之下出现的问题，通过规划及调整流域水系结构，重整水系的结构与形态，包括调整河道走线、开挖导流水道，增加洼地、调蓄湖等等手法，弥补流域水系出现的结构性缺陷，建立流域水系景观的基本构架[42]。

2）利用水网形成生态廊道

包括对人工河道的近自然恢复、拓宽河道、规划增建水库、湿地、蓄滞洪区、河岸生态植被缓冲带，规划及保护流域生态战略点，设立生态安全缓冲区。建立起以带状河流生态廊道串缀湖泊、水库、湿地斑块的流域水系景观，达到进一步提高流域生态安全性，恢复流域自然水循环，使流域水景观时空分布更均匀合理，适宜人居[42]。

3）利用廊道连接生态斑块

以区域尺度的绿脉串缀流域内重要的大型绿色景观斑块，如自然公园、水源地保护区、山体、大型湿地及森林草地、农田等区域性绿地，形成流域绿脉、绿网系统，还流域国土景观以绿色本底，建立起流域国土景观安全格局[42]。

7.4.2.2 中观层面

1. 城市雨污体系建设

以广州东濠涌为例，采取策略如下（图7–74）：① 雨污分流——应用于高密度居住区；② 系统化管网——形成毛细管网→支水道→次水道→主水道的管网系统；③ 分段解决，或统一分阶段实施。

2. 水系景观旅游策划

“水文化”随着城市扩张慢慢消失，表现为以下几点：

随着城市的建设，鱼塘水田都转变为城市建设用地，原有的水乡农业文化丧失；城市中纵横交错的水网变为城市建设用地，或成为城市的排水沟，水乡特色破坏严重；人利用水，亲水的机会减少，对水的依赖减少，水乡情怀丧失；城市建设用地扩张，水上商贸活动大大较少，水网城市的商贸文化严重削弱。

策略设想：构建城市水系景观旅游体系；充分利用纵横交错的水系网络，开辟水上游览通道；整合水网城市历史人文资源和自然山水资源等旅游资源；挖掘水网的历史文化价值、康体游憩价值、艺术观赏价值等；糅合提炼出“用水文化”、“敬水文化”、“治水文化”，进而构建以水文化旅游为主题的城市旅游模式，塑造水网城市旅游整体形象[43]。例如三角洲水网区，水乡文化的典型景观呈现出水网密布，堤围、水闸、围田、沙田、咸田镶嵌其中的美丽景象，其中最负盛名的是闻名世界的“桑基鱼塘”景观。

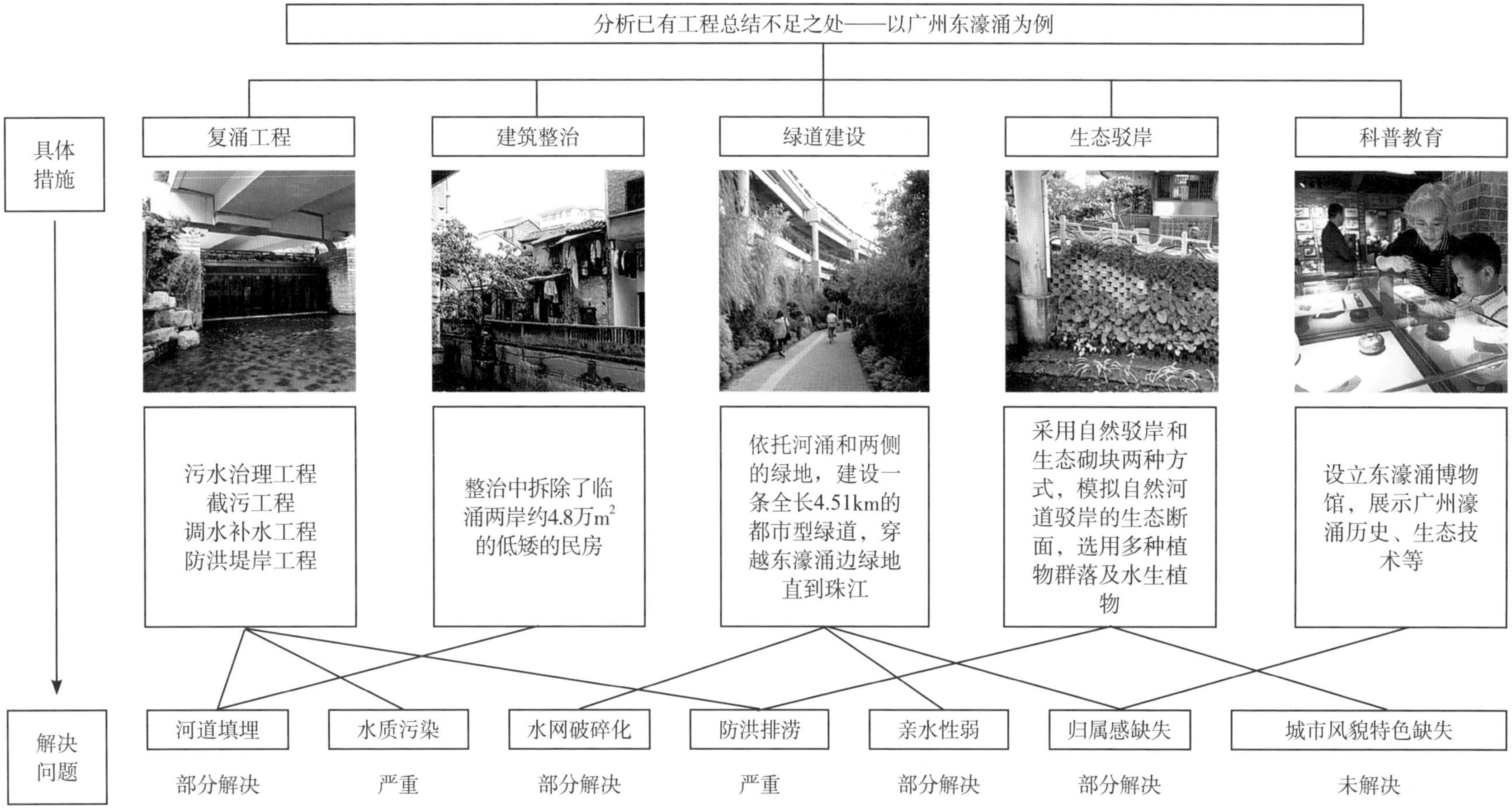

图7–74 现有工程不足分析
Figure7-74 Limitation analysis of the project

3. 动态水系构建

1）开渠引水

开渠实现内、外部水系的贯通，拓展水系空间，增加水系的稳定和对自然的适应能力，满足排水和湖泊水系换水等工程需要，并为水上交通的组织提供更为广阔的空间和良好的条件[43]。通过开渠引水，构建水网控制体系：大型湖、荡—主干河道—次干河道—支流—河洪，形成以带形、环行、片状为主要形式的水网形态。

2）控制城市水道宽度

建议在城市总体规划中提出城市水系规划，控制渠道宽度，可以在规划上管制水系，解决水网被城市建设用地吞噬这一问题。渠道宽度因地制宜，可以根据以下因素决定渠道断面宽度：地区雨水排放的需要；水体循环或换水的需要；旅游航运的要求；景观的要求[43]。前三个因素决定渠道过水断面的净宽，景观因素决定渠道总的控制宽度。

3）利用土地增值支撑水环境建设

利用土地增值支撑水环境建设，盘活城市水系，在经济刺激下构建动态水网体系。利用水网地区丰富的水资源以及全国水环境治理技术的研发基地和集生态渔业、水生植物种苗、水环境工程、污泥资源化利用等多种以水环境治理为主要内容的产业群，向全国输出技术和服务[43]。

7.4.2.3 微观层面

1. 源头控污，污染治理

1）源头控污策略

（1）确保河流上游水源（点源）：在流域区内从上游区开始按等级划分保护区；适当在上游区域人工挖掘生态湖泊蓄水存流；保护区内禁止工业排污，严格控制生活排污以及对雨水径流有所监控；水源上游生态保护区尽量减少人类活动，控制旅游活动的频率与质量：控制公园的开放时间与入园人数，以确保人类活动足迹对生态环境的干扰在可接收范围内。

（2）排放点控制（点源）：对企业排污及建设排污加强监督措施，大幅度降低工业污染物排放量；需要政府宏观调控综合治理，适当在税收等方面予以调控，对污水排放量小的企业予以税收政策倾斜，对乱排乱放企业严惩不贷；推动淡水河系污染整治计划，以加速公共水道、小区专用下水道、合并式污水处理设施等基础设施建设；推动水源保护区流域养猪／牛／鸡户（场）依法拆除补偿工作、推动保护区以外地区的畜牧粪尿低污染管理，推广畜牧粪便处理技术。

（3）雨水径流控制（面源）：水污染的来源，除了工作及生活所产生之废污水外，还有降雨冲刷地表所产生的非点源污染——雨水冲刷地表夹带污染物（如农业化肥，地表废物等）排出，同样会污染河川及水库水质。

2）污染治理策略

（1）河道清淤与底泥固化。① 河道清淤：一般指治理河道，属于水利工程。通过机械设备，将沉积河底的淤泥吹搅成浑浊的水状，随河水流走，从而起到疏通的作用。② 底泥固化：如果疏浚底泥处置不当，污染物可能重新释放到环境中，造成严重的二次污染。通过固化处理（在河泥中加入水泥类固化材料或石灰类固化材料进行混合搅拌）使淤泥具备一定的水稳定性和强度稳定性，可有效降低其中污染物质的活性，从而对污染物起到稳定化作用[44]。

（2）换水补水工程。换水补水一方面直接减少水中污染物，另一方面还可以为水生态的修复提供水生生物生长的基础条件。通过两种方式实现对现有受污染水体的有效置换：在汛期从水质较好的河流干道引水，通过泵站排入其他支干流，可对现有重度污染的大部分湖水进行置换以及补水。换水工程能较快达到水面净洁的视觉目的，但耗资耗能巨大，只能作为前期净化手段。

（3）生物治污。① 水生植物净化：云南生态研究所“紫根水葫芦”，并投放到滇池进行治污实验后效果显著：在滇池边实验水池内的水质已有原来的劣V 类水变成II类[45]。② 生物菌除污药剂：盐步大涌治污技术利用复合型生物消淤同时能快速修复污染水体。其核心就是利用微生物菌剂与底泥中的有机污染物作用，将水及底泥中的有机污染物分解去除，促进底泥矿化，同时机制腐败菌的生长，并带动上覆水体水质的改善[46]。

2. 重视水文化生活

水文化生活模式的恢复必须以水网的恢复为物质载体，从而映射到人们潜移默化的文化模式当中。文化模式是构成一种影响和制约一个人、一个社会行动和云顶的背后力量，是沉淀在人们的生活方式之中的稳定性特征。它把习俗、传统、民族性格、社会心理、价值、道德等各种文化要素和文化特质整合成一种内在相对一致的整体。而水网地区的文化模式，则是糅杂了与水共存，对水崇拜的各种风俗习惯，基于水利水生而形成的价值观与道德观等，从而整合而成水网地区，以及水网地区生活的人们的性格特征。那么，怎样的水网复苏才能更好以及更有效地结合新时代的水文生活模式的建构?

（1）溯源重塑：① 问历寻根；② 筛选扬弃；③ 文化活动。这其中需要政府与发展商主导，实施从上而下的规划方案。该策略适于既有文化沉淀的选址，复原工程前期投资和后期维护耗资较大，多以商业项目为依托，多用于主要河道或特别具有文化历史价值的河道恢复。

（2）社区营造：① 增加水网毛细血管：利用现有地下水道部分以增加水网毛细血管。社区排水基础设施使用的明沟，是在新建设的城市空间与沿河渠布置的居民区之间的缓冲地带中，挖出一定深度（根据该市年平均水位变化指标等设定）

的下凹空间。它可以作为“雨水凹缝”的景观区域，并使之成为水网地区的“毛细血管”。② 复合活动模式：结合现代城市农场与壁面绿化营造，将水培水养养殖扩展到室外公共空间，作为启动公众对水网维护参与的契机。

3．景观设计构想

1）创新景观元素——漂浮景观

通过漂浮景观将传统意义上的室内水培技术扩展到室外公共空间，以期达到：利用植物、微生物的净化作用，提升水体的自净能力；将水体面积加以利用，在一定程度上缓解用地紧张问题；将日常生活活动、生产活动拉近到水域周围，增强人与水的互动性；以单位种植面积的漂浮景观为单体，在城市水域中进行多种形式的结合，创造出丰富有趣的整体景观效果。

2）改进河道剖面——弹性空间

土地利用规划与水管理利用规划相结合，可以为城市建设创造出丰富的弹性缓冲空间。在一些低于海平面的人造土地中，为了应对难以预测的洪灾，可以通过对水系统现状和土地使用的评价分析，筛选出不利于建设的敏感区，以便创造出适应环境变化的灵活的“弹性空间”。在解决城市危机、保证生态可持续的同时，将城市空间景观变得丰富多彩且情趣十足。

7.4.3 专题研究

7.4.3.1 圩田

1．圩田的意义

塘浦圩田系统：因为太湖平原是一个碟形低地，低洼农田通常低于汛期河湖水位，每逢暴雨就会造成洪涝灾害，所以河渠灌溉工程以疏浚和排水为主。人们通过治水治田系统——圩田系统，开始有了高效率的水稻等农作生产，才有了后来“苏湖熟，天下足”的古语。圩田的意义：圩田能种植高产的水稻，这样更巩固了江南的经济地位，江南的农业逐渐发达起来。

2．圩田的历史

4000年前，圩田发展始于原始农业。春秋时期，太湖地势高处形成季节性浅水滩地，开始筑堤围田。秦朝，初级形式的圩田出现。东吴时期，广置屯田，设置屯田都位于溧阳。唐朝，开挖塘铺，构筑堤岸，形成有规格的成片的塘铺圩田。五代十国，承袭“唐代遗德”，塘铺圩田体制完备。到北宋时期是圩田发展的转折阶段，灌溉与漕运矛盾严重，圩田系统受到毁坏。南宋时期，围湖造田愈演愈烈，水患严重。元朝洪水泛滥，水系混乱。清朝黄浦江“夺溜代吴”，吴淞江淤塞。现阶段人们认识到圩田破坏严重，因而采取“联圩并圩”的措施，以期恢复圩田发展（图7–75）。

3．圩田生态价值认识

按惯常做法，100%填湖并铺以硬质地面后遇到强降雨后，水平面将升到现状水平面2倍的高度。只部分填高并配合圩田系统后，遇到强降水，水平面将基本维持现状水平面高度。圩田系统是一种可以缓冲水系的机制，其结果是实现了从“非水既土，非土既水”刚性的水地关系到圩田——自适应性的水地关系的转变。

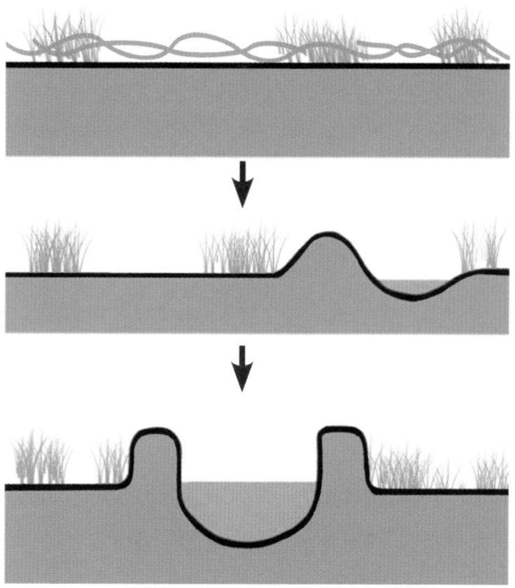

图7–75 圩田系统发展简图
Figure7–75 Development of polder system

7.4.3.2 防洪排涝安全

1．太湖流域多洪涝原因

（1）流域内河湖密布：太湖流域总面积36600km^2；耕地面积177多万公顷，河道的总长度约11万km，平均的河网密度为3～4km/km^2。

（2）地形特点：地势低平，周边高，中间低，呈碟形，容易形成洼地积水。

（3）气候特征：多梅雨、台风雨的气候影响，容易造成洪水。

2．古镇防洪措施和问题

古人风水观偏向选择河水弯抱及汇交的水湾处，故又称“有山无水休寻地，有水无山亦可裁”。选址上考虑了水网调节径流、削减洪峰的调蓄作用。

1）排水措施

古代古镇内部排水采用“四水归堂”的方法：古镇排水系统主要包括内部水环境和外部水环境，内部水环境排水顺序一般从屋顶瓦陇向街坊再到河道，屋顶瓦陇的排水手段主要是设置天井或水院。现今古镇防洪手段一般采用分片封闭形式：即镇区与外部的江河湖泊连通的主、次河道设置防洪闸和防洪泵站（图7–76）。

2）存在的问题

（1）新城镇道路体系的引入加大了地表径流；原有的植被、土壤被不透水面代替，河塘、湖沼被围填造陆，导致降雨后渗透至地下的水量减少，地面汇流时间缩短，导致河道迅速形成高峰流量。当遇到强降水时，汇流形成的高峰流量容易诱发洪灾。

（2）地面沉降对防洪的影响：太湖平原地区潜水埋藏深度浅，水位一般在1m左右。由于对地下水开采量的加大，苏州、无锡城镇地带已经出现大面积沉降。

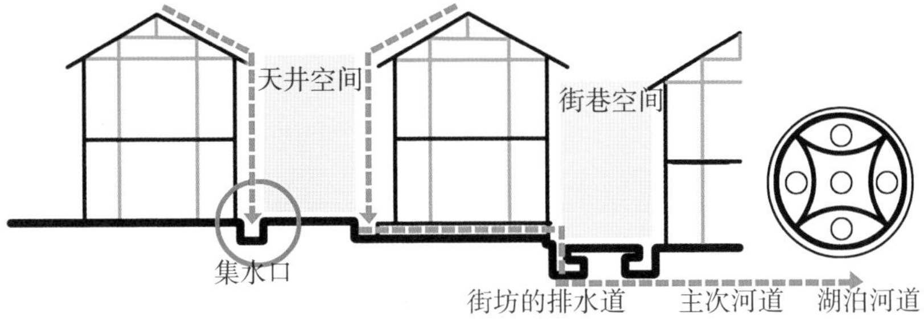

图7–76 古镇排水系统示意图
Figure7-76 General principle of drainage system in ancient towns

江南古镇多处于低洼之处，地面沉降降低了原有的防洪标准，水利工程抗御洪涝灾害的能力减弱[47]。

3. 城市排水现状与措施

1）排水系统的发展

城市内涝已经成为包括北京在内的国内许多城市的一大通病。一下暴雨，排水渠道不畅、雨污混流等导致雨水难以及时排出。雨水排不出，怎会不内涝？而严重的城市内涝带来的不仅仅是市民的出行不便、财产损失、对生命安全的威胁，也是一种严重的水资源浪费[48]。除了雨水排不出而造成内涝，另一方面还因为城市过分依赖人工排洪系统，并且在城市化进程中，城市中的自然水系不断萎缩消失，逐渐起不到蓄洪排水的作用，其自然的调节能力已经丧失了。

出现内涝问题，城市管理者们，一边对着公众承诺，改善排水设施，解决城市内涝问题；另一边却在城市发展的过程中，不断地让具有蓄水能力的自然水系消失。这种情况下，即使再先进的排水系统其作用也是不明显的。所以，采用生态的排水手法并结合国际上先进的排水管理经验来解决我国目前城市内涝是很有必要的[49]。

2）实施雨污分流，整治城市河道

合流制排水系统不仅不利于城市水环境乃至整个大环境的保护，而且客观上降低了排水系统排泄雨水径流的能力。尽快全面实施雨污分流，不仅能明显改善城市环境，而且可以提高现状排水管网系统排泄雨水的标准，提高其设计重现期。城市河道是城市排水系统十分重要的组成部分，是城市雨水径流之归宿。因此，保持城市河流水流畅通，时刻处于吐故纳新之中，不仅能改善水环境，而且必然有利于提高排水管网系统的排水能力。

3）改造不透水下垫面，增加渗透铺装、绿地和湿地面积

如何在城市发展进程中尽可能少增加不透水面积，以及如何改造原有的不透水面积，不仅是城市建设的新理念，而且是解决城市排水问题的重要措施之一。有计划地对城市人行道、机动车道、停车场、运动场、市民广场等实行渗透铺装改造，适当增加绿地和湿地面积，不仅有利于减少城市不透水面积，发挥临时蓄滞洪作用，而且对改善城市环境十分有利，可谓一举多得[50]。

而且，在本专业领域，“雨水花园”也成了解决城市雨洪问题的一个新课题。雨水花园一方面降低了城市设施建设成本，另一方面保育了水资源。雨水花园对雨洪调节与雨水利用有着显著的功效，同时雨水花园本身还是一种管理简单粗放、自然美观的景观绿地，兼具生态的同时又不失景观品质。雨水花园的目的在于截留径流，通过地下渗透收集径流，将雨水资源化，这样减小了地表径流的量、调节了汇流时间，也使得水资源得到合理利用。相比以往的刚性排放，雨水花园的柔化雨洪更加生态有效。同时，雨水花园的建设也对城市小气候调节、城市水面增加、城市绿地增加等具有生态意义[51]。

7.4.3.3 水体污染治理

1. 政策法规

（1）《中华人民共和国河道管理条例》。1988年，明确规定“城镇建设和发展不得占用河道滩地”。确定河道保护的相应要求，例如在河道管理范围内，禁止修建阻水建设、禁止设置拦河渔具、机制弃置污染物等。确定取水的许可程序，以达到节约水资源的目的。

（2）《水利部水文设备管理规定》。1993年，其中明确规定“在饮用水水源保护区内，禁止一切污染水质的活动”。

（3）中华人民共和国建设部令，第145号《城市蓝线管理办法》。2005年，提出城市蓝线概念。城市蓝线一般是指城市规划确定的江河、湖、水库、渠和湿地等城市地表水体保护和控制的地域界线，亦即城市规划过程中确定的为保护地表水体而确定的地域界线。

2. 处理技术

中国是一个发展中国家，经济发展水平相对落后，而面对中国日益严重的环境污染，建设大批的污水处理厂需要大量的投资和高额运行费，这对中国来说是一个沉重的负担。因此高效率、低投入、低运行成本、成熟可靠的污水处理工艺是今后所需求的。而土地处理方法因其有更好的生态效益和经济效益，在中国必将有广泛的应用前景。目前这方面的研究主要包括湿地处理技术和土地渗滤处理技术。

1）湿地处理技术

人工湿地的研究在“七五”期间就开始，近几年来，已有不少单位对人工湿地处理系统的肌理、动力学模型、水生植物以及设计参数等有关问题开展了初步

的研究工作。现已有部分污水处理厂采用此工艺，如深圳沙田人工湿地系统，沈阳满堂河生态污水处理示范厂等。

人工湿地是一个复杂的净化系统，可以将其分为五个部分，即基质、水生植物、水体、动物以及微生物。基质主要由砾石、砂等透水性物质构成。水生植物主要指能够生存在厌氧基质以及饱和水当中的植物，主要有三类，即沉水植物、浮水植物以及漂浮植物。人工湿地中的水体包括基质表面上以及表面下的流动水。湿地动物包括脊椎动物以及无脊椎动物两种[52]。微生物则是指厌氧以及好氧两种微生物。

人工湿地被分为三种不同的类型，即垂直流、潜流以及表面流湿地。垂直流湿地能够保证湿地床与湿地水流之间实现有效接触，同时还可以使水流温度保持稳定，但另一方面它的管理要求高。潜流湿地指的是利用湿地床中间部位净化污水的湿地，当污水进入潜流湿地后，湿地填料就能够很快吸附污染物，从而保证了污水净化的高效性。表面流入湿地与自然湿地有着许多相似之处，污水进入湿地中后主要流经湿地床面；湿地植物根茎会拦截杂物，并利用生物膜对杂物进行降解，从而起到净化污水的作用[53]。

2）土地渗滤处理技术

土地渗滤系统利用土壤–微生物–动物–植物等构成的生态系统自我调控机制和对污染物的综合净化功能，吸附、微生物降解、硝化反硝化、过滤、吸收、氧化还原等多种作用过程同时起作用，实现污水资源化与无害化。

例如，生活污水在化粪池中经过沉淀、厌氧、处理后，流入各土壤渗滤管中，管中流出的污水均匀地向好氧滤层渗滤，再通过表面张力作用上升，越过好氧滤层出口堰之后，通过虹吸现象连续地向上层好氧滤层渗透。在土壤—微生物—植物系统的综合净化功能作用下，使水与污染物分离，水被渗滤并通过集水管道收集，污染物通过物化吸附被截留在土壤中，碳和氮由于厌氧及好氧过程，一部分被分解成为无机碳、氮留在土壤中，一部分变成氮气和二氧化碳逸散在空气中，磷则被土壤物理化学吸附，截留在土壤中，为草坪或者其他植物所利用[54]。

土壤对污水的净化作用是一个十分复杂的综合过程，但该技术主要用来处理生活污水等含有机质污水，对于含重金属的污水还要采取其他处理方式。

7.4.3.4 顺德滨水建设分析

1. 顺德简介

1）区位分析

顺德，位于珠三角腹地，北邻广州，南近港澳（图7–77）。面积806km^2，境内绝大部分是江河冲积平原，河涌交错，土地肥沃、气候温和、雨量充沛。顺德距广州32km，香港127km，澳门80km。2003年撤市设区。全区现辖4个街道、6个镇；108个行政村，92个居民区；户籍人口120万人，流动人口89万人。拥有近50万顺德籍港澳台同胞和海外侨胞。

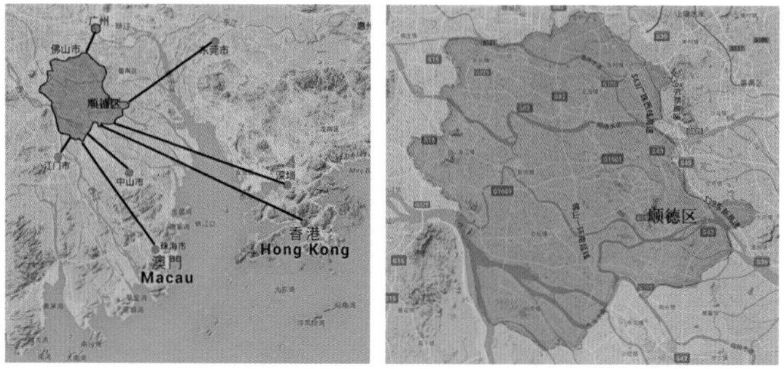

图7–77 顺德区位图
Figure 7-77 Location of Shunde
图片来源：Google Earth改绘

2）农业生产

顺德的农业很大程度上依赖于其丰富的水资源。自古以来就是远近闻名的鱼米花果之乡。今日的顺德更已经发展成为全国最大淡水鱼养殖基地、花卉种植和销售基地之一，形成了以优质水产养殖和名贵花卉种植为龙头、规模经营和市场化流通为支撑的现代化农业体系[55]。最有代表性的农业耕作模式是基塘，有桑基、果基、花基等不同种类。顺德基塘区分布很广，主要集中在西北、西南和中部。历代农民利用低洼地深挖成塘，把挖出来的泥土堆高成基，塘里养鱼，基上种桑，桑叶摘来养蚕的副产品又拿去饲鱼，基上和塘边还可以种薯、豆、麦、粟、瓜菜、蕉、油料作物、果树等[56]。桑基鱼塘的发展，既促进了种桑、养蚕及养鱼事业的发展，又带动了缫丝等加工工业的前进。

3）地方文化

顺德自古就是一个物华天宝、经济发达的富庶之地，岭南文化积淀深厚。顺德历来人杰地灵，名人辈出。北宋至清末，出过状元四名，进士数百，还孕育了明代“后七子”之一的梁有誉、明末“岭南三杰”之一的陈邦彦、清代诗书画三绝的黎简和画坛怪杰苏仁山，以及国际武打巨星李小龙等杰出人物。境内的清晖园、碧江金楼、西山庙、逢简水乡等风景名胜，是古代岭南建筑文化和南国水乡风光的杰出代表[57]。

2. 顺德滨水建设现状及问题

顺德位于河口三角洲地区，水网交错、河涌密集，水资源条件优越（图7–78）。在改革开放前期工业化的发展过程中，顺德滨水地区由于其交通优势，成为工业、港口的聚集区，部分破坏了原有滨河地区的生态自然环境。此外，由于顺德一直以来镇街的行政大部分以河涌为边界进行划分，使滨河地区的发展难以统一协调两岸开放。客观上造成了滨水地区开发滞后、景观杂乱、水乡风貌没有

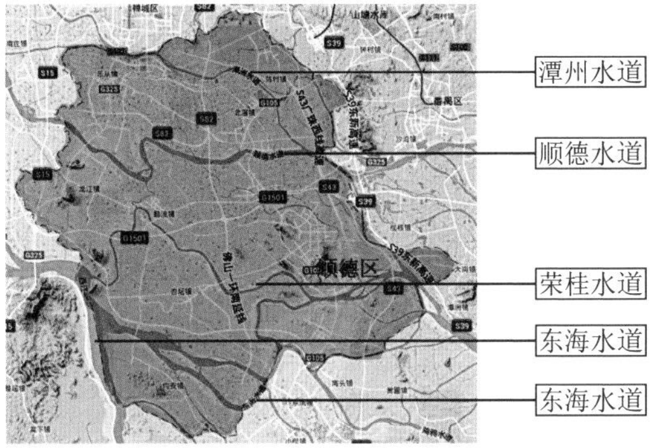

图7–78 顺德水道分布图
Figure7-78 Shunde waterway analysis
图片来源：Google Earth改绘

图7–79 沿河景观
Figure7-79 Waterfront landscape
图片来源：百度全景

突显的情况以及水体污染等问题。顺德的主要城区的沿河两侧集中了大量的工业片区，不仅污染了水体，同时也是对城市沿河景观的破坏（图7–79）。在水网布局最丰富的西南片区，也并没有对水网加以任何的利用、改造、涵养水源等措施，而是任其与城市发展，没有计划性加以利用，这将注定导致城市水网的不合理开发。

3. 顺德桑基鱼塘发展与现状

20世纪30 年代初，顺德蚕桑业在世界性经济危机冲击下衰落，大量桑基改种甘蔗、水果、水稻、蔬菜，4万多公顷耕地形成了持续60多年的桑基鱼塘、蔗基鱼塘、果基鱼塘、菜基鱼塘和稻田并存的生产结构，成为全国少有的经济作物集中产区，名副其实的“鱼米花果之乡”。20世纪80年代中期开始，随着计划经济体制向市场经济体制转变，农民按照价值规律和市场需求，不断调整农业布局，调整生产结构，农业生产格局发生了时移势易的变化。特别是近年实施城市化、工业化建设之后，持续几百年的基塘农业受到更新换代、史无前例的冲击，经受优胜劣汰、适者生存的洗礼。在过去20多年间，出现了桑基、蔗地、稻田日渐消亡，果基日落西山，鱼塘、花基、菜地日益发展的景况。目前，全区耕地剩下不足2.7万hm^2，昔日被津津乐道的桑基鱼塘、蔗基鱼塘、果基鱼塘而形成的珠三角自然生态农业景观，如今只有数万亩花基、几万亩菜地、近万亩果基衬托着1.3万多公顷鱼塘，向世人展现顺德基塘农业最后的图画[58]（图7–80）。

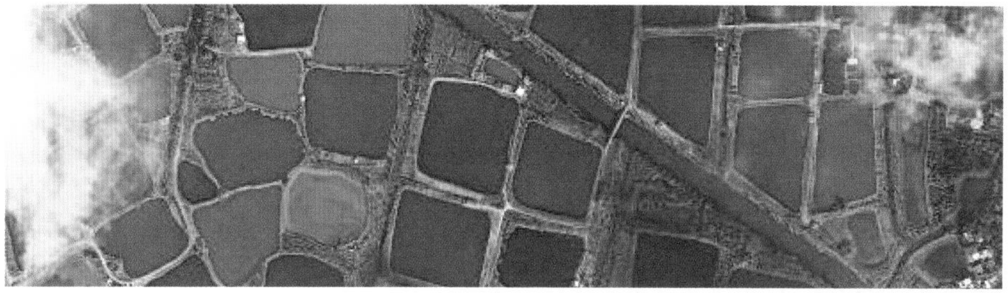

图7–80 桑基鱼塘航拍
Figure7-80 Aerial view of mulberry-base-pond
图片来源：百度地图

7.4.4 总结和评估

人类的建设活动给水网的生态环境带来的影响是多方面的，从城市形成初期的人与水和谐相处的状态，到工业时期的污染破坏，再到后工业时期的恢复再利用，每个时期人类的建设活动都不同程度地影响着河网的水质环境、物种丰富度、物种栖息地生境（图7–81）。

笔者在《现代景观规划设计》一书中提出了“生态化滨水驳岸”的建议。城市滨河区是一个包括了陆域、水域和湿地三种形态的复合区域。在这样的复合区域中蕴涵了丰富的物种和生态现象，应给予充分的尊重，尽量维持陆地、水面及城市中的生物链的连续，而不要被公路、堤坝等人工构筑物截然隔断，建议留出生物走廊，架空人工构筑物。在城市河流的驳岸处理上尽量减少人工改造的痕迹，保留和创造生态湿地[59]。

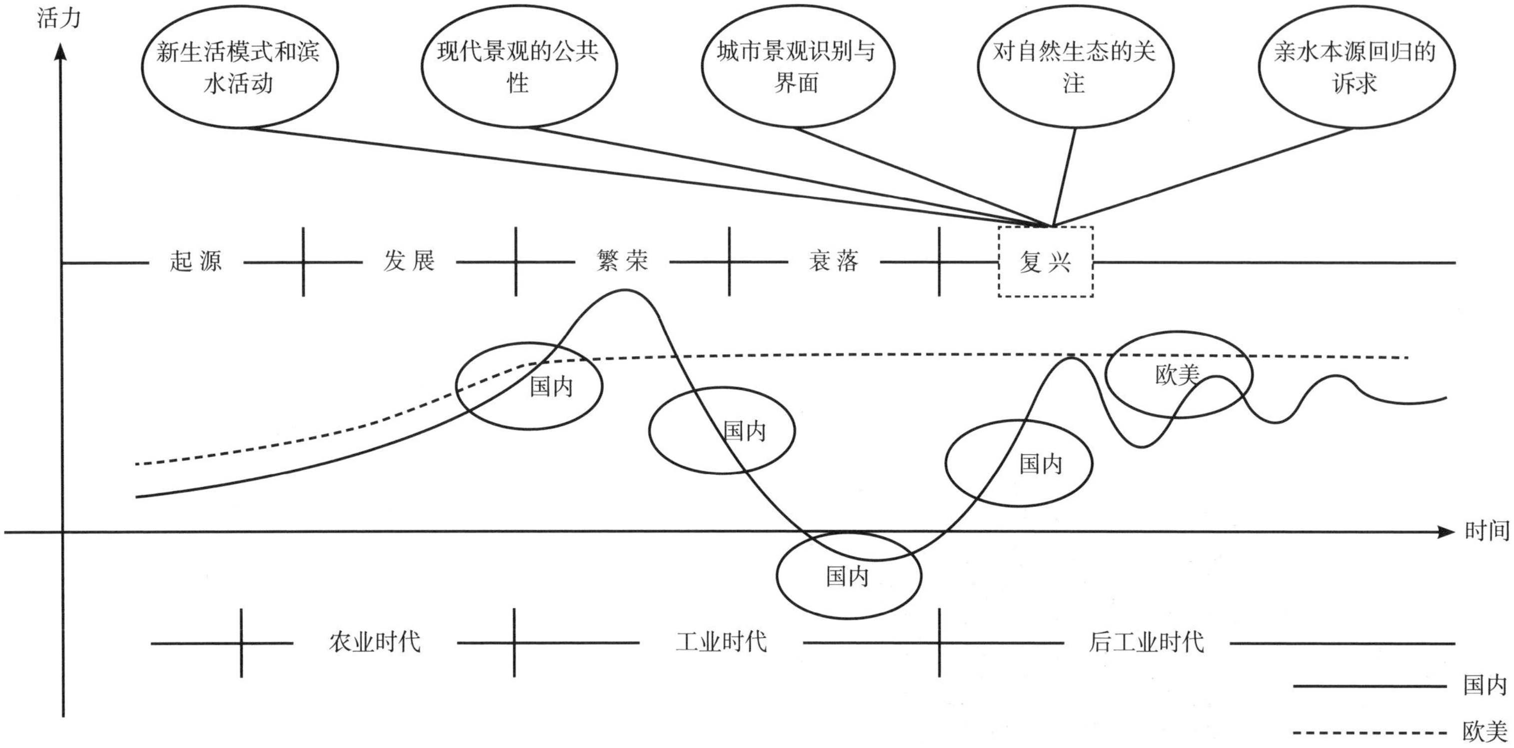

图7-81 水景的发展与变迁
Figure7-81 Waterscape evolution and transition

参考文献

[1] http：//zh.wikipedia.org/wiki/%E6%B0%B4%E7%B3%BB

[2] http：//zh.wikipedia.org/wiki/%E6%B2%96%E7%A9%8D%E6%89%87

[3] 李春辉．水网地区小城镇空间格局研究[D]．苏州科技学院，2010．

[4] 朱（隽）夫．从规划的视角看滨水城市：过去、现在和将来[J]．城市规划，2006，（3）：73-76，80．

[5] 周俭，张恺等．在城市上建造城市：法国城市历史遗产保护实践[M]．北京：中国建筑工业出版社，2003．

[6] 王冀曼．水网城市滨水空间更新设计研究初探[D]．重庆大学，2010．

[7] 夏舒燕．论太湖流域水污染的综合治理[D]．苏州大学，2012．

[8] 阮春锋，陈恳，曹立君．“两新工程”中江南水乡特色村落保护研究与探索[J]．小城镇建设，2011，07：101-104．

[9] http：//www. gsdkj. net：81/DictView. aspx?ID=14638（甘肃省地质矿产勘查开发局网站）

[10] http：//baike. baidu. com/view/1502637. htm

[11] http：//baike. baidu. com/view/1532394. htm

[12] http：//baike. baidu. com/view/1121925. htm

[13] http：//baike. baidu. com/view/997551. htm

[14] http：//baike. baidu. com/subview/6771/10628575. htm

[15] http：//www. time-weekly. com/html/20100429/8158_1. html

[16] http：//www. gzepb. gov. cn/yhxw/201306/t20130614_72875. htm
[17] 韩昌来，毛锐. 太湖水系结构特点及其功能的变化[J]. 湖泊科学，1997，04：300-306.
[18] http：//www. duwenxue. com/html/1524/1524440. html
[19] http：//www. guangzhou. gov. cn/yearbook/20year/html/00003. htm
[20] 李洁. 广州市人口容量问题研究[D]. 中山大学. 2006，05.
[21] http：//baike. baidu. com/view/47993. htm
[22] 冯正瑛. 浅谈雨水回收系统在大型公共场馆的应用[J]. 新材料新装饰，2014，(1)：85-85.
[23] http：//www. guangzhou. gov. cn/node_2090/node_2092/
[24] http：//www. guangzhou. gov. cn/node_2090/node_2099/2011/11/09/1320825820373924. html
[25] http：//zhanhui. jdol. com. cn/info24149. html
[26]《广州市新能源和可再生能源发展规划（2008-2020）》
[27] http：//gzdaily. dayoo. com/html/2013-08/16/content_2356578. htm
[28] http：//baike. baidu. com/view/4749378. htm
[29] 林雪玲. 广州市湿地资源现状与保护策略[J]. 湿地科学与管理，2007，3（4）：30-33.
[30] 刘伟坚. 广州市木本花卉发展现状及对策[D]. 湖南农业大学，2005，10.
[31] 吴文生. 中国城市滨水景观发展研究[D]. 武汉大学，2004，11.
[32] 蒲国敏. 千年画卷《清明上河图》赏析[J]. 兰台世界，2010，22：67-68.
[33] 阮仪三，邵甬，林林. 江南水乡城镇的特色、价值及保护[J]. 城市规划汇刊，2002，01：1-4+79-84.
[34] 卢炜峰. 珠江三角洲城市内河涌的演变及规划探析[D]. 华南理工大学，2004.
[35] 陆鼎言，王旭强. 湖州入湖溇港和塘浦（溇港）圩田系统的研究[A]. . 湖州入湖溇港和塘浦（溇港）圩田系统的研究研究成果资料汇编[C]. 2005，40.
[36] http：//baike. sogou. com/v227039. htm?pid=baike. box#title
[37] 郭盛晖，司徒尚纪. 农业文化遗产视角下珠三角桑基鱼塘的价值及保护利用[J]. 热带地理，2010，04：452-458.
[38] http：//baike. baidu. com/view/571816. htm
[39] 朱桃杏，陆林，李占平等. 传统村镇旅游发展比较——以徽州古村落群与江南六大古镇为例[J]. 经济地理，2007，27（5）：842-846.
[40] 韩茂莉，胡兆量. 中国古代状元分布的文化背景[J]. 地理学报，1998，06：50-58.
[41] http：//baike. baidu. com/view/164271. htm
[42] 许自力. 流域城乡水系景观问题及规划设想[J]. 中国园林，2010，02：13-18.
[43]《武汉新区动态景观水网生态规划纲要》
[44] 邝臣坤，张太平. 受污染底泥固化/稳定化处理及营养物质释放特征研究[J]. 生态环境学报，2011，10：1530-1535.
[45] http：//www. chinanews. com/tp/2011/11-23/3482210. shtml
[46] http：//szb. nanhaitoday. com/zjsb/html/2013-09/05/content_128254. htm?div=-1
[47] http：//szb. nanhaitoday. com/zjsb/html/2013-09/05/content_123254. htm?div=-1
[48] http：//shizheng. xilu. com/20130726/1000010000031960. html
[49] http：//news. ifeng. com/opinion/special/neilao/
[50] 芮孝芳，蒋成煜. 中国城市排水之问[J]. 水利水电科技进展，2013，(5)：1-5.
[51] 张钢. 雨水花园设计研究[D]. 北京林业大学，2010.
[52] 陈新萍. 人工湿地技术在污水处理中的应用分析[J]. 资源节约与环保，2014，(1)：113.
[53] 黄爱民. 污水处理厂投资效益分析[D]. 天津大学，2010.
[54] 王书文，刘庆玉，焦银珠等. 生活污水土壤渗滤就地处理技术研究进展[J]. 水处理技术，2006，32（3）：5-10.
[55] http：//www. nandu. com/nis/201304/02/32599. html
[56] 李勇. 珠江三角洲顺德乐从镇Mn的生态地球化学及其对人群健康的影响分析[D]. 中山大学，2007.
[57] http：//www. foshan. gov. cn/zjfs/mlfs/wqjj/sdq/201208/t20120829_3882950. html
[58] 冼润洪. 优胜劣汰适者生存——顺德农业的历史、现状与未来[J]. 顺德职业技术学院学报，2009，7（2）：5-8.
[59] 刘滨谊. 现代景观规划设计[M]. 南京：东南大学出版社，2010.

第 8 章　河谷地区

Chapter 8 Human Settlement, Inhabitation and Travel Environment Studies in Valley Region

8.1 人居环境河谷地区总论

8.1.1 河谷的定义

8.1.1.1 河谷概念

河谷是河流地貌的一种表现形态，是由河流长期作用形成的带状延伸的槽形谷地。从河谷横剖面看，可分为谷底和谷坡两部分。谷底包括河床、河漫滩；谷坡是河谷两侧的岸坡，常有河流阶地发育。谷坡与谷底的交界处称谷坡麓，谷坡与原始山坡或地面的交界处，称为谷肩或谷缘。从纵剖面看，上游河谷狭窄多瀑布；中游渐宽，发育成河漫滩、阶地；下游河床坡度较小，多形成曲流和汊河，河口形成三角洲或三角湾（图8-1）。河漫滩、阶地发育相对完整，适宜人类生活居住，大部分分布在河流山区中上游及出山山麓部位。

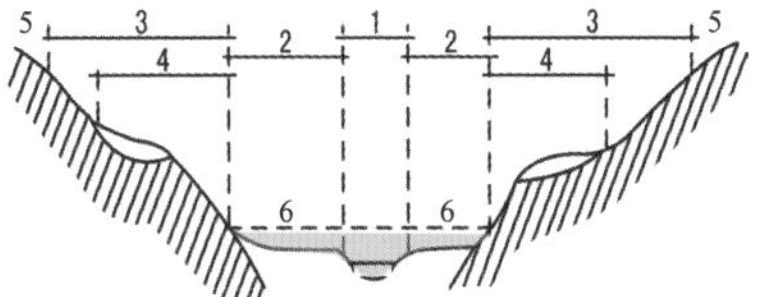

1. 河床 2. 河漫滩 3. 谷坡
4. 阶地 5. 谷肩 6. 谷麓

图8-1 成熟河谷横剖面结构示意图
Figure8-1 Schematic cross-section of mature river valleys

8.1.1.2 河谷的形成与发展

（a）初期
河谷横剖面呈V形
下蚀和溯源侵蚀为主

（b）中期
河谷展宽，呈S形
下蚀侵蚀减弱，侧蚀侵蚀加强

（c）成熟期
河谷横剖面呈U形
侧蚀侵蚀为主

图8-2 河流地貌的发育
Figure8-2 Valley formation and development

图片来源：地理课程开发研究所.人教版高中地理必修一[M].北京：人民教育出版社，2014

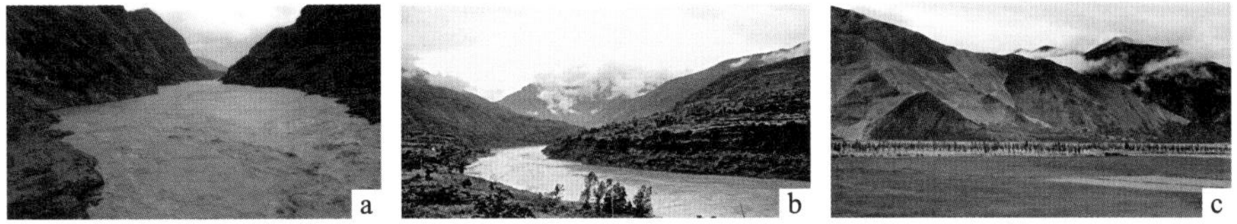

（a）金沙江峡谷　（b）巴布琳娜河谷　（c）雅鲁藏布江河谷

图8-3 峡谷风景意向
Figure 8-3 Images of valley landscape

图片来源：（a）、（b）www.blog.sina.com.cn；（c）www.yododo.com

溯源侵蚀：向河流源头方向的侵蚀，使河谷不断向源头方向伸长。下蚀：垂直于地面的侵蚀，使河床加深，河流向纵深方向发展。侧蚀：垂直于两侧河岸的侵蚀，使谷底展宽，谷坡后退，河流向横向发展[1]（图8-2、图8-3）。

8.1.1.3 多角度河谷解析

1. 河谷的分类（表8-1 ~ 表8-3、图8-4）

表8-1 河谷类型及河流地貌概述
Table8-1 Summary description of valley types and fluvial landforms

分类原则	河谷类型		基本特征
按发育阶段	未成形河谷	隘谷	具垂直或陡峭的崖壁，河谷上部宽度和谷底大致相同，谷底极窄，且全被水所淹没
		嶂谷	两侧谷坡较隘谷分得开，但仍为陡壁，谷底较隘谷为宽，坡麓具有陡壁或缓坡，谷底部分被水淹没
		峡谷	横剖面呈“V”字形，两壁较陡峭，常有阶梯状陡坎，谷底有洪积冲积物，大多数峡谷的谷底被水淹没
	河漫滩河谷		横剖面成浅“U”字形或槽形，河床只占谷底一小部分，河曲显著
	成形河谷		河谷宽阔，结构复杂，有阶地、蛇曲、牛轭湖，两岸谷坡常不对称，堆积作用特别显著
按地质构造	横向谷（横谷）		河谷延伸方向与岩层走向正交（60°~90°）
	斜向谷（斜谷）		河谷延伸方向与岩层走向斜交（30°~60°）
	纵向谷（河谷与岩层走向一致）	背斜谷	沿着背斜褶皱轴的方向延伸的河谷
		向斜谷	沿着向斜褶皱轴的方向延伸的河谷
		单斜谷	沿着单斜构造的地层走向发育的河谷
	断层谷		沿断层发育的河谷
	地堑谷		沿地堑构造发育的河谷
按基准面变化	复活谷（河）		由于地壳上升，侵蚀基面下降等原因，使河流侵蚀作用加强，呈现谷中谷，深切河曲
	沉溺谷（河）		大陆下降或海面上升，河流下游被海水淹没，成为漏斗形的三角港

表 8-2 河谷分类 I—按气候特征
Table8-2 Valley classification I—based on climate characteristics

	名称	分布	特点
按气候特征分类	干热型河谷	沿金沙江、元江、怒江、南盘江等四川攀枝花、云南和贵州等地区	热资源丰富，气候炎热少雨，水土流失严重，生态十分脆弱，寒、旱、风、虫、草、火等自然灾害突出
	干旱型河谷	岷江上游等西部地区	气温年差小，日差大，干湿季明显，日照充足，干旱情况明显
	湿热型河谷	湿热是大部分地区河谷气候特点，分布很广	降水大，水汽不易扩散，大气逆辐射强，保温作用比其他地方好

表 8-3 河谷分类 II—按地理特征
Table8-3 Valley classification II—based on geography characteristics

按地理特征分类	走向	顺向谷、次成谷、逆向谷、偶向谷
	形态	隘谷、峡谷、宽底河谷（宽谷）、复式河谷
	地质构造	纵谷和横谷
	地貌轮回	幼年谷、壮年谷、老年谷

图8-4 中国河谷自然地貌总体分布图
Figure8-4 Map of valley distribution in China

2. 从河流地貌学认识河谷

隘谷：切入地面很深的年轻河谷，有近于垂直或十分陡峭的谷坡，谷地上下宽度几近一致，谷底几乎全为河床所占。嶂谷：隘谷进一步发展，谷地稍稍变宽，谷底两侧略有缓坡，倾角大于60°。峡谷：由嶂谷发展而来，谷地很深，谷坡较陡，谷底具有滩槽锥形的河谷，横剖面呈V形。宽谷：峡谷进一步发展变成了宽谷。具有宽广而平坦的谷底，河床只占有谷底的一小部分，横剖面呈浅U形或槽型，发育有河漫滩。复式河谷宽谷的发展形态，结构变得复杂，有典型的阶地，横剖面呈阶梯状，又称为成型河谷，属于河谷地貌中发育成熟的“老年河谷”（图8-5）。

中国主要水系分布详见图8-6，主要流域分布详见图8-7。

3. 从生态廊道角度认识河谷

廊道，指不同于两侧基质的狭长地带，是线形的狭长景观单元，具有通道和阻隔的双重作用。所有的景观都会被廊道分割和联结，其结构特征对一个景观的生态过程有强烈的影响。河谷生态廊道是指主要由植被、水体等生态性结构要素构成。从该特色区域物种保护角度出发，河谷生态廊道定义为“供河谷地区野生动物生存的狭带状领域，能促进多区域物种的基因流动”。河谷与河流廊道的涵盖关系是河谷强调了河流周边的基质综合体，包含在河流廊道的范围内，具体名称为河谷生态廊道（River Valley Ecological Corridor）。河谷生态廊道具有保护河谷地区生物多样性、过滤水域和近岸区域污染物、防止水土流失、防风固沙、调控季节性洪水等生态服务功能。各类河谷大多具有运输作用。河谷地区有着合理组织绿地系统的良好基础，而且河谷的空间层次大都具有绿色和蓝色带状的“廊道特征”。因此，可以体现廊道集合和内部生态系统纵向横向的镶嵌组合规律，而在空间结构上可概括为蓝脉绿网的生态系统格局。

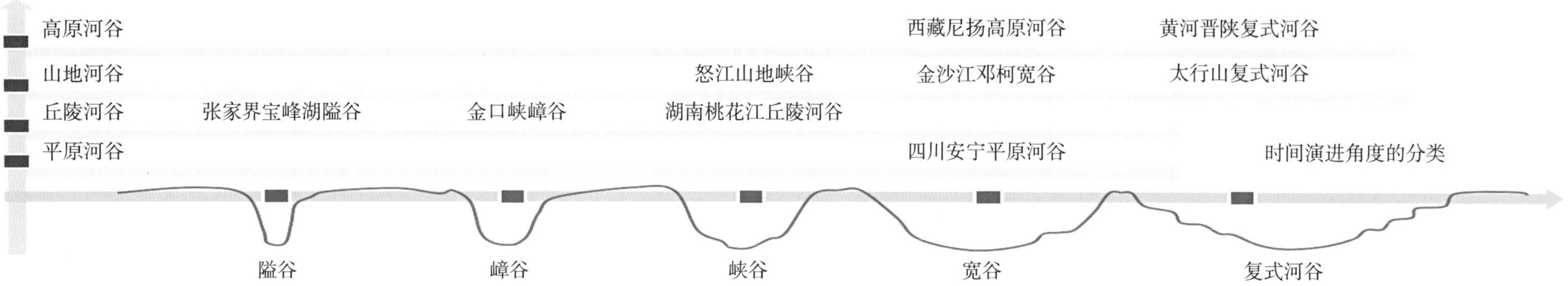

图8–5 河谷的地理高程角度分类
Figure8-5 Valley types identified by elevations

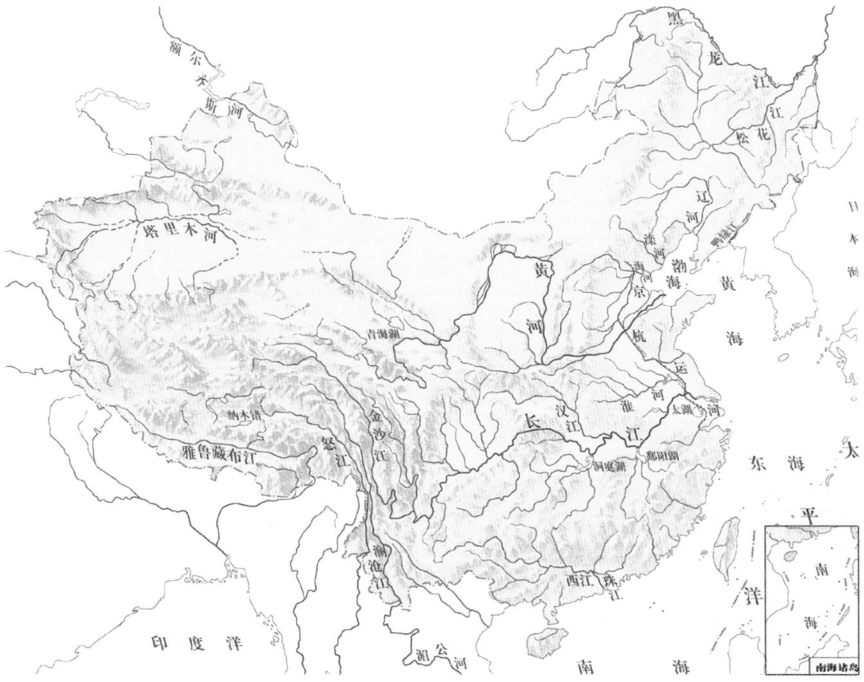

图8–6 中国主要水系分布图
Figure8-6 Map of distribution of rivers in China
图片来源：www.eku.cc/xzy/sctx/121428.html

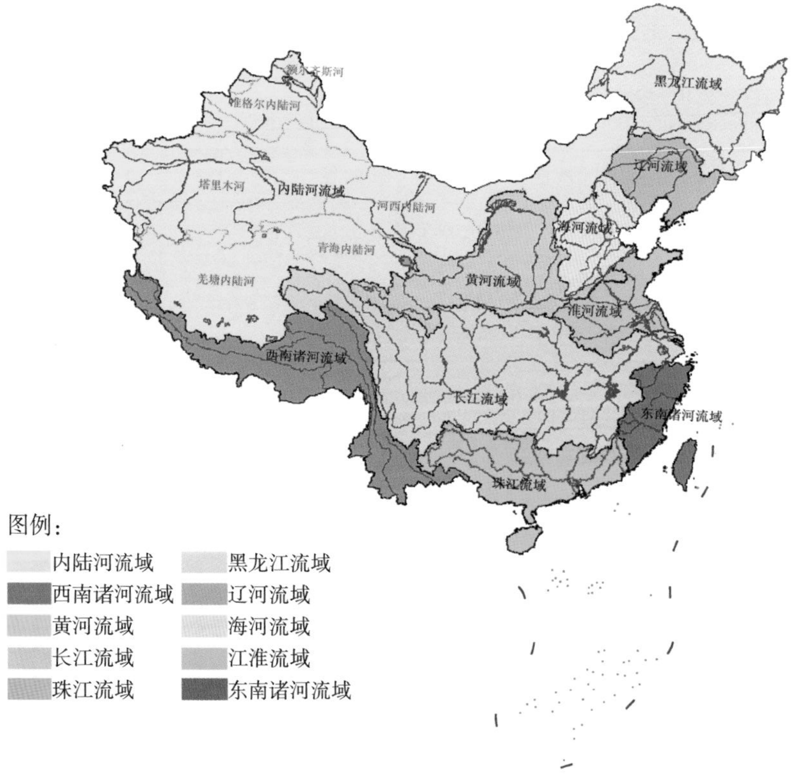

图8–7 中国主要流域分区图
Figure8-7 Zoning map of river basin in China
图片来源：www.ewater.net.cn

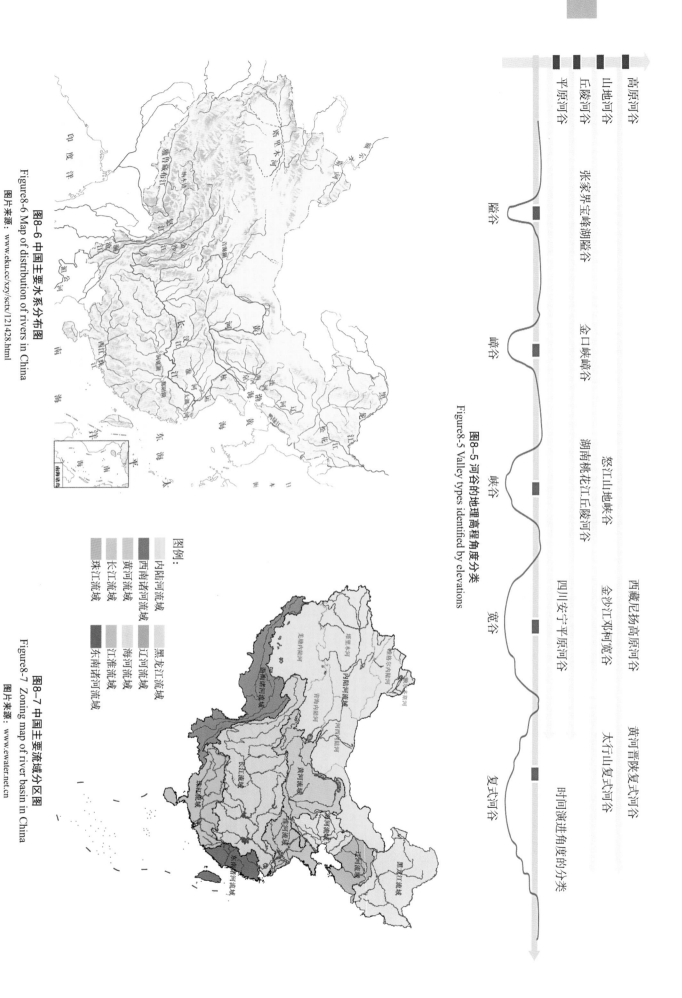

4. 从视觉景观角度认识河谷

视觉景观一般指视域内所看到的景观。从视觉构成角度来讲，视觉景观可以理解为由“形态”、“色彩”与“肌理”等要素构成的景观。形态要素主要指事物外部的形状、姿态、形式，和其构成的色彩、肌理等相对，主要包括点、线、面、体、空间等构成要素。色彩要素具备色相、饱和度和明度3个特征，同时通过视觉经验可感受到诸如冷暖、重量、情感等的关联属性。肌理要素宏观上可以是河谷两岸的城市肌理、林地农田肌理，微观上可以是聚居点建筑的外立面等。

河谷在空间上还存在多种维度：包括横向（谷底、谷口宽度）、纵向（峡谷、水流长度）、竖向（峡谷两岸高差）等多个景观维度（表8-4）。人们在谷中行进的视点、路径、可视域等也可以进行测度（图8-8）。

表 8-4 高山峡谷维度举例
Table8-4 The length and depth of Nujiang Grand Canyon, Colorado Grand Canyon and Yarlung

高山峡谷	长度（km）	相对高差（km）
怒江峡谷	600	1.5 ~ 3.0
科罗拉多大峡谷	349	1.8
雅鲁藏布大峡谷	496	5.0

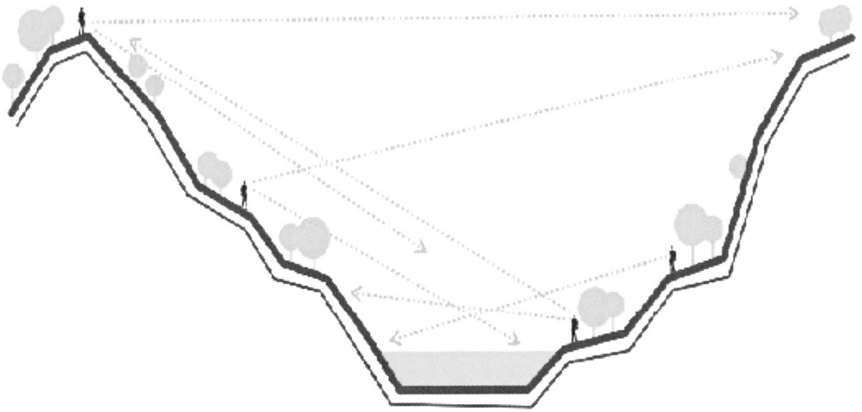

图8-8 河谷视觉景观特征示意图
Figure8-8 Valley visual landscape characteristic diagram

5. 从堪舆风水角度认识河谷

风水，古称堪舆术。本为相地之术，即临场校察地理的方法。相传创始人是九天玄女。较完善的风水学问起源于战国时代。风水的核心思想是人与自然的和谐。理想风水格局受山系、水系的共同作用。风水术核心技法即藏风聚气。山环则可以藏风，使气聚之不散；水抱则可以聚气，使气行之又止。理想状态的聚居环境应选择在河谷形成的河漫滩或阶地构成的开阔地带（图8-9）。上下谷口分别对应“天门”、“地户”。风水之法，得水为上，藏风次之。山体静而为阴，水体动而为阳，动者为先，静者为后，风水术先重生动之气，故以得水为上。水既有截止生气的作用，也有聚气的作用（图8-10）。河谷地区——山水共有，适于人类生存，自古受到人类的重视。

6. 从汉字缘起认识河谷

中华民族早已认识到“河”所代表的滨水环境与“谷”所描述的谷口环境是典型的人居环境，而非单纯的自然要素。河谷引入了人居活动的生存空间，是重要的中华文明发祥地。

“河”字甲骨文“[illegible]”，古代特指黄河，河流边是修筑堤坝的人；“谷”字甲骨文“[illegible]”，形象地指出了水网与地形的关系，“口”则明确指出了方位和面积。

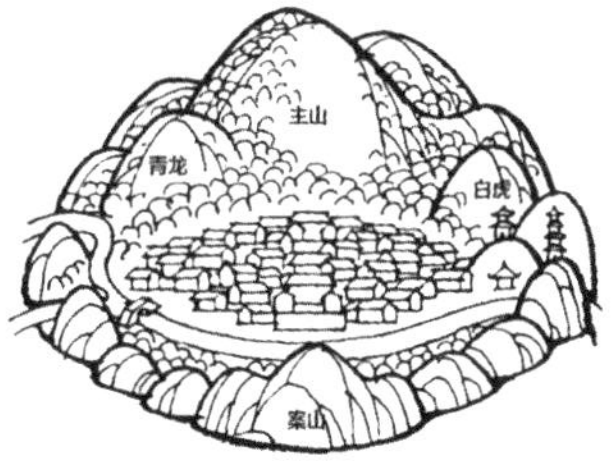

图8-9 典型河谷风水人居环境模式示意图
Figure8-9 Schematic of human settlements environment pattern based on Feng-Shui mode of thought

图片来源：亓萌，牛原，陈伟莹. 风水、山水与城市[J]. 华中建筑，2005（02）:82

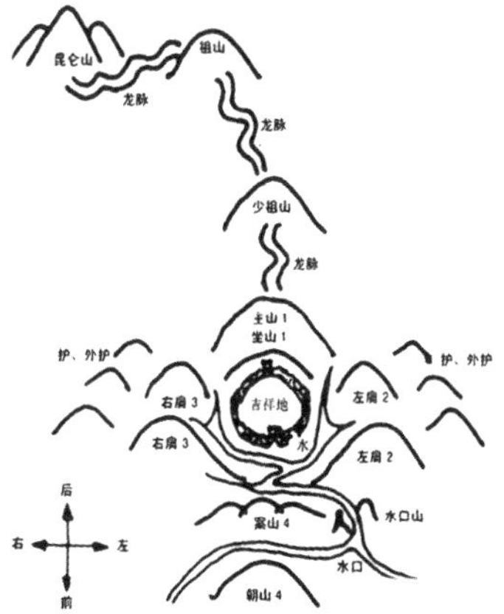

图8-10 综合考虑来龙去脉的典型风水格局示意图
Figure8-10 Typical Feng-Shui pattern by considering context

图片来源：亓萌，牛原，陈伟莹. 风水、山水与城市[J]. 华中建筑，2005（02）:82

8.1.2 河谷地区人居环境研究框架

1. 河谷地区人居环境研究总框架（图 8–11）

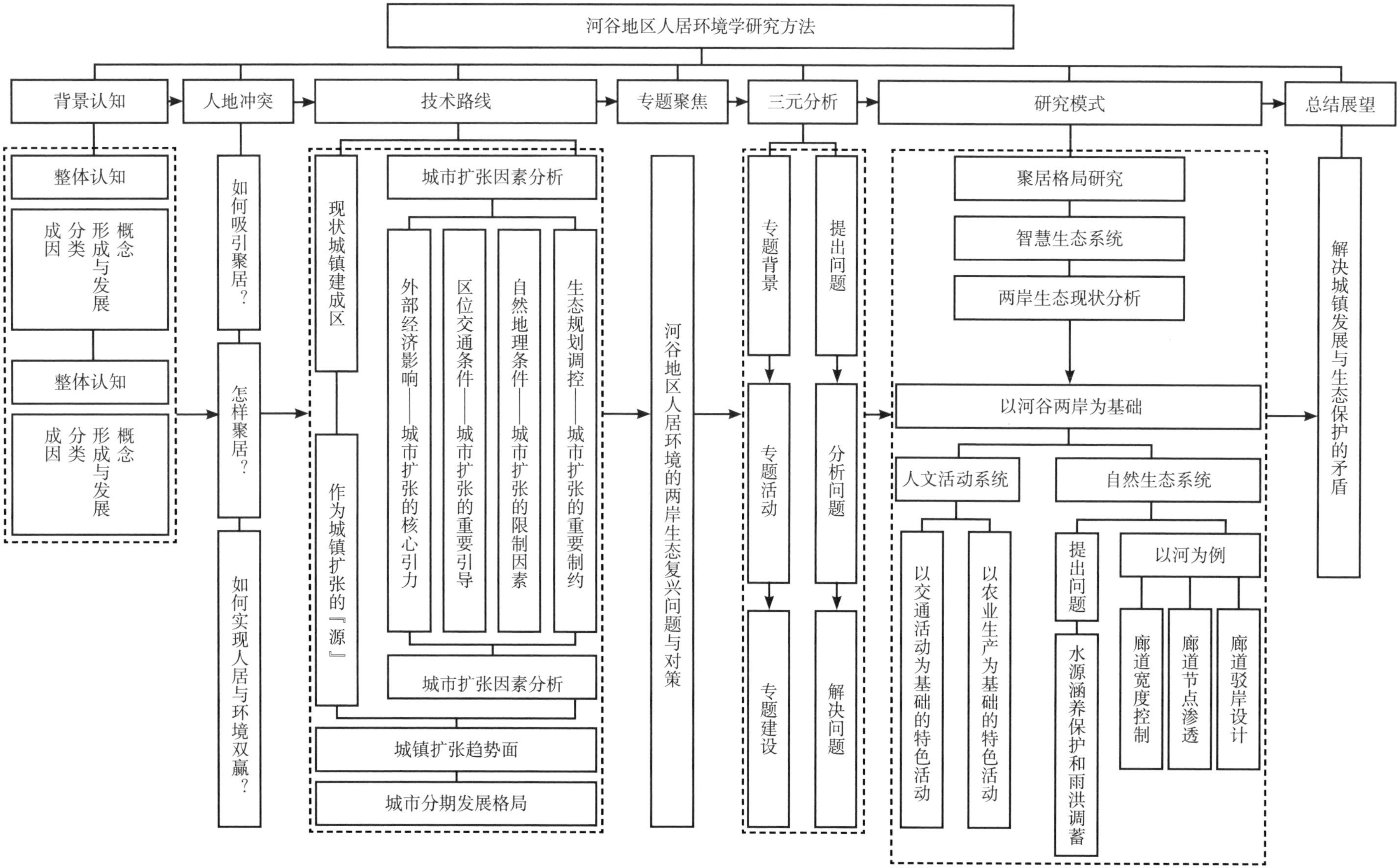

图8–11 河谷地区人居环境学研究方法
Figure8-11 Methods of human settlement, inhabitation and travel environment studies in valley regions

2. 梯级水电开发影响下的河谷人居环境发展问题与对策（图 8-12）

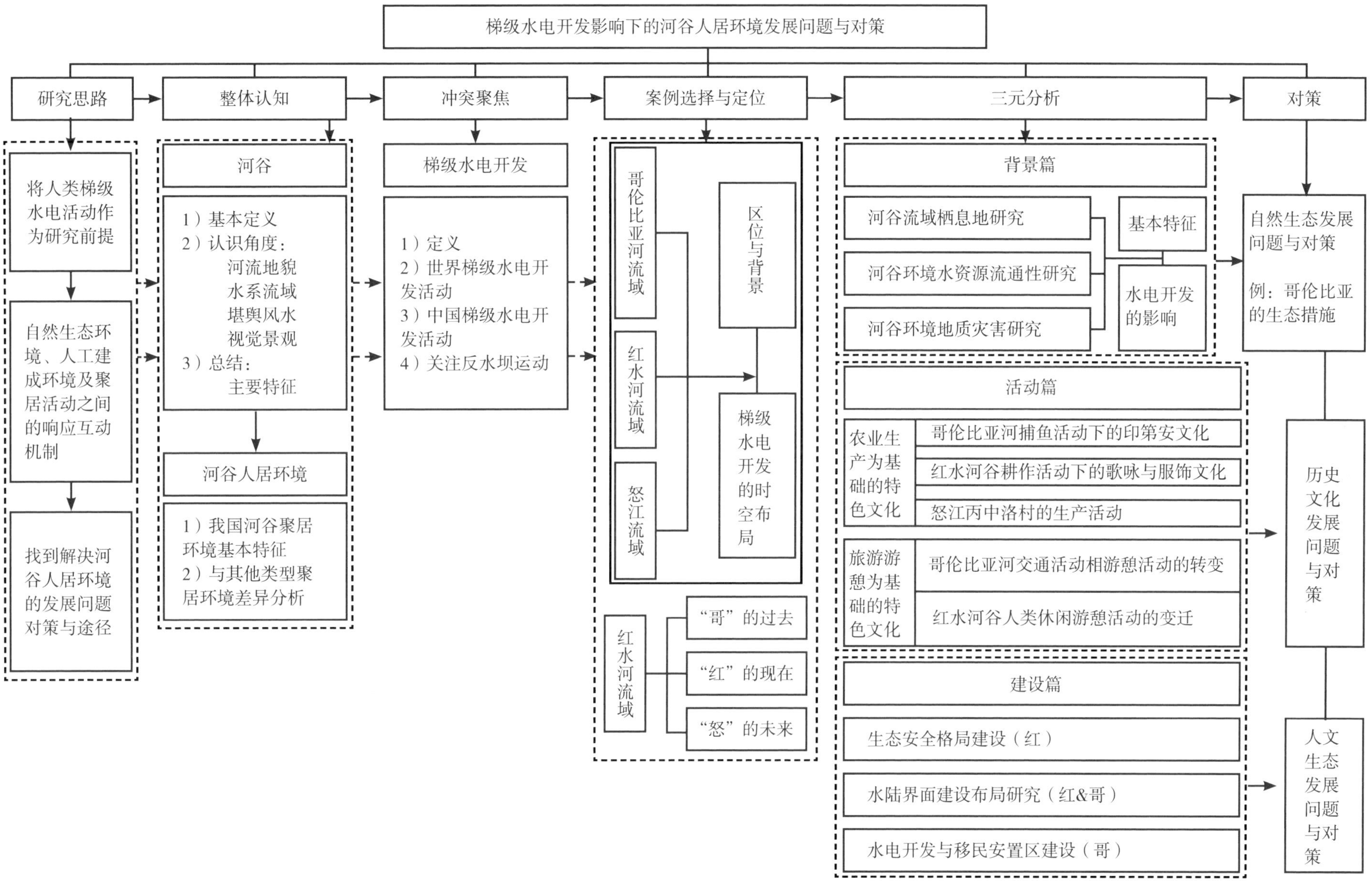

图8-12 梯级水电开发影响下的河谷人居环境发展问题与对策
Figure8-12 Cascade hydropower development problems and measures in human settlement, inhabitation and travel environment in valley regions

8.1.3 河谷地区人居环境三元分析

8.1.3.1 河谷地区人居环境学三元再解析

演绎法和颜色加法如图8-13所示。

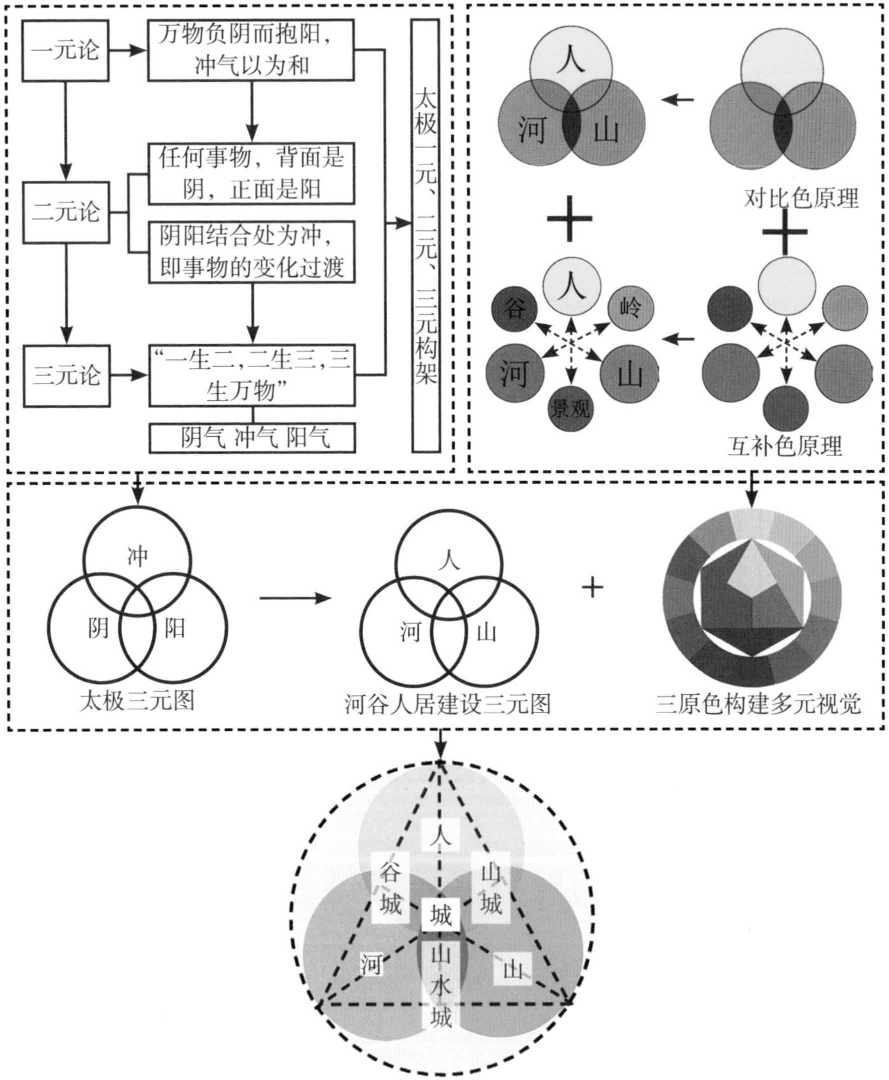

图8-13 运用演绎法和颜色加法原理充实三元论说

Figure8-13 Trialism studies by using deductive method and color overlay principles

8.1.3.2 人居环境学三元和谐化辨证思想与方法体系

方法：和谐辩证法、本体诠释学、太极创化论、人居环境三元论（图8-14～图8-16）。

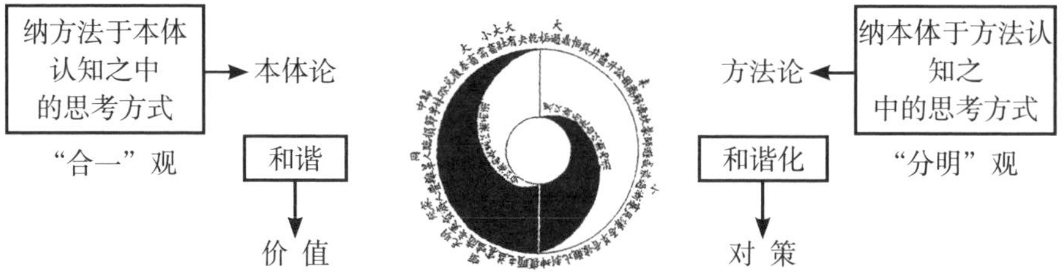

图8-14 人居环境学三元观

Figure8-14 Trialism point of view in human settlement, inhabitation and travel environment studies

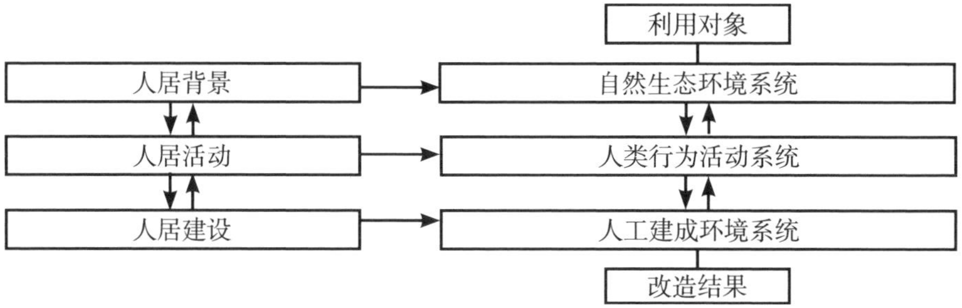

图8-15 与人居环境三元研究对应的三大系统

Figure8-15 Three systems corresponding to three components of human settlement, inhabitation and travel environment studies

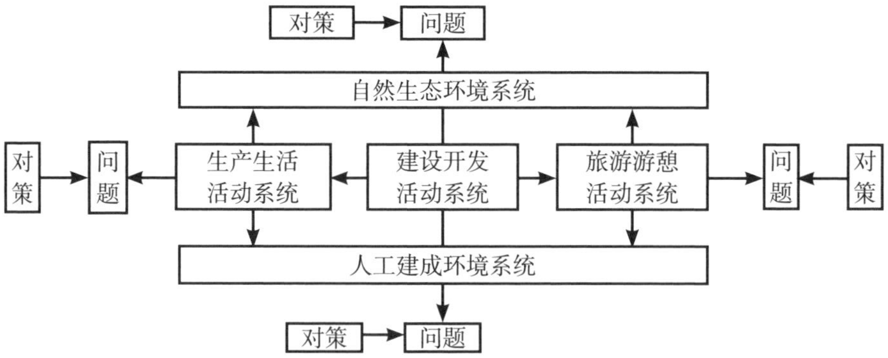

图8-16 活动系统与生态、人工系统的关系框架

Figure8-16 Relationships among activity systems, ecological systems and artificial systems

1. 河谷型人居环境学三元分析框架（图 8–17）

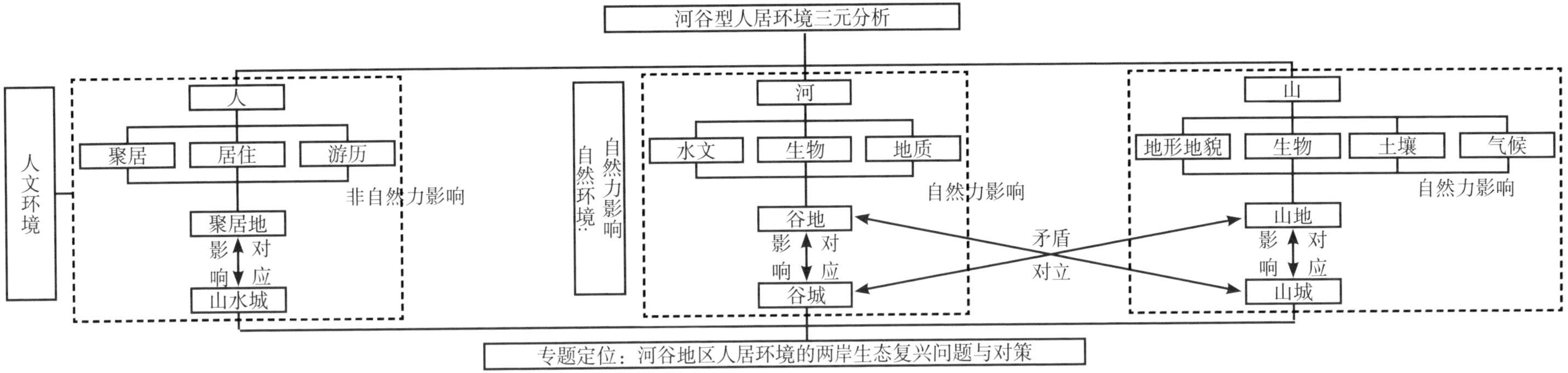

图8–17 河谷型人居环境三元分析（一）
Figure8-17 Analysis on three components of human settlement, inhabitation and travel environment in valley regions (Ⅰ)

2. 以重大建设活动为核心轴向的人居环境发展问题对策研究模式图（图 8–18）

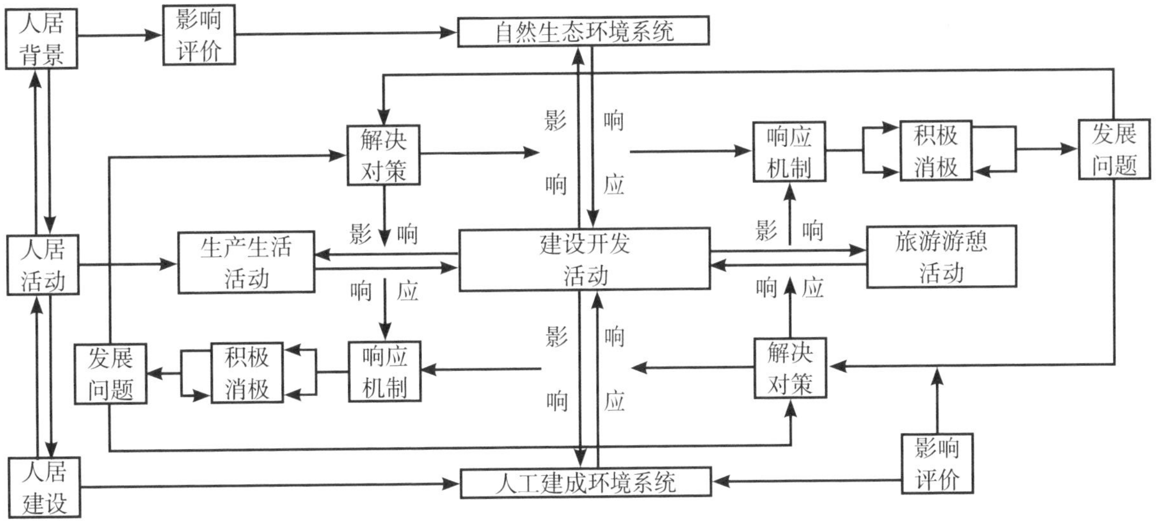

图8–18 河谷型人居环境三元分析（二）
Figure8-18 Analysis on three components of human settlement, inhabitation and travel environment in valley regions (Ⅱ)

8.1.4 小结

河谷型人居环境是指聚居活动在河谷中展开，以河谷自然生态环境为人居背景，以不同规模、形态的聚落建设空间为主体核心的人居环境的总和。聚落建设主体应在河谷中形成和发育，其发展和空间拓展受到河谷地形及其周围山地或丘陵等自然地理和生态因子的制约与束缚。

和谐的人居环境不是静止的状态，是人对聚居环境中存在的各种冲突对立认识后进行的一种融合包含与整体化。冲突与对立本身即可视为参与和谐化的过程。承认无益冲突的对立与存在，通过三元和谐化，化解无益冲突与对立，帮助我们在错综复杂的人居环境演化过程中敏锐的发现对立与冲突并从容的从整体动态全局的视角寻找和谐化的理论途径、对策与方法（图8–19）。

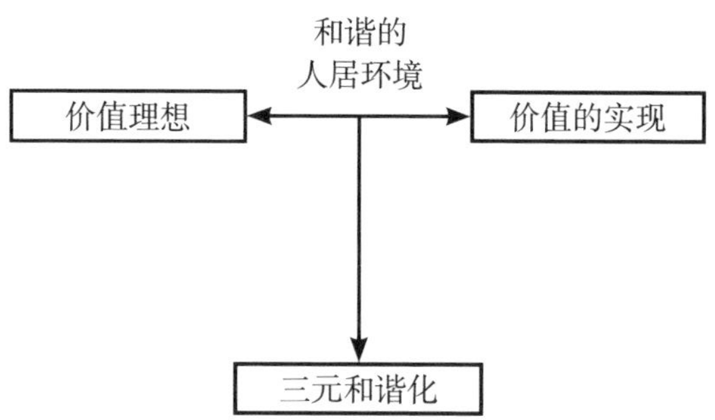

图8–19 三元和谐化分析
Figure8-19 Harmonious development of three components of human settlement, inhabitation and travel environment studies

8.2 河谷地区人居背景研究

8.2.1 河谷地区生态环境分析

8.2.1.1 河谷地区生态研究动向

河谷地区生态研究动向见表8–5。

表 8–5 河谷生态研究的时序发展
Table8-5 Ecological studies progress in valley regions

20世纪50年代末	20世纪70年代中期	20世纪80年代以后
人们开始将河谷作为生态系统进行研究，研究对象主要为谷中的河流系统	这段时期的研究对象仍集中在河谷内河流上	人们从景观生态学角度对河谷生态学有了新的认识
生物学家侧重河段中鱼类生产及其迁移分布；生态系统食物链与河溪岸边冲积平原动态等关联性方面； 地理和水文学家关注河道特征与河流水系的流量、流速及洪水的关系处理	河流生态学考虑河溪上下游之间的关系和作用，以及河流与陆地生态系统之间的互相影响。万诺特（Vannote）等提出了河流连续体概念，更强调生态系统中河流群落与流域的协同性	河流被看作是连接景观内各种斑块的一条纽带，发挥着多种生态功能。河流廊道不仅仅是线状的景观要素，还是由不同的斑块所构成的镶嵌体。多种复杂的异质斑块以水为媒体连接成为一个紧密的有机整体，保证了河谷景观的持续与稳定

8.2.1.2 河谷地区生态研究两大方向

河谷地区生态研究两大方向见表8–6。

表 8–6 河谷生态研究的两大方向
Table8-6 Two directions for ecological studies in valley regions

代表	内容	目的
美国、加拿大	对纯自然或受人为活动影响较少的河流的研究，着重研究与河流有关的各种自然生态过程的运行机制，主要以河流中的各种鱼类、河岸植被、昆虫、野生动物等为研究对象	保护生物多样性、保持生态系统稳定，以理论研究为主
丹麦、瑞典、西班牙	对受人为影响较大的河流进行研究，侧重于研究土地利用变化、人类活动方式和强度等对河流自然属性的影响，以流域内水土流失的控制、土地利用格局变化、人类活动的变迁过程和环境污染等为内容	协调人、水、地之间的关系，恢复原有自然的和谐关系，以期建立能与人共存的、持续稳定的景观格局，属于应用研究

8.2.2 中国河谷地区城镇研究

8.2.2.1 中国河谷地区城镇统计

表 8–7 中国河谷型城市
Table8-7 Cities in valley regions in China

省市	个数	河谷型城市
山西省	6	长治、太原、大同、阳泉、临汾、晋城
河北省	2	张家口、承德
湖南省	4	张家界、怀化、娄底、郴州
新疆维吾尔自治区	3	伊宁、博乐、阿勒泰
青海省	1	西宁
湖北省	4	十堰、随州、荆门、宜昌
广东省	5	韶关、梅州、揭阳、肇庆、云浮
江西省	6	上饶、景德镇、赣州、宜春、新余、萍乡
河南省	3	三门峡、洛阳、信阳
广西壮族自治区	4	柳州、百色、贵港、河池
云南省	8	临沧、普洱、玉溪、文山壮族苗族自治州、红河哈尼族彝族自治州、西双版纳傣族自治州、德宏傣族景颇族自治州、怒江傈僳族自治州
甘肃省	6	兰州、天水、嘉峪关、白银、平凉、临夏
西藏自治区	7	拉萨、林芝地区、昌都地区、日喀则地区、山南地区、那曲地区、阿里地区
浙江省	4	金华、衢州、丽水、温州
吉林省	4	吉林、白山、辽源、通化
黑龙江省	5	黑河、伊春、七台河、鸡西、牡丹江
贵州省	7	贵阳、六盘水、遵义、铜仁、黔西南布依族苗族自治州、黔南布依族苗族自治州、黔东南苗族侗族自治州
辽宁省	3	抚顺、朝阳、本溪
福建省	4	福州、南平、三明、龙岩
内蒙古自治区	3	赤峰、乌海、扎兰屯
四川省	15	成都、都江堰、攀枝花、宜宾、雅安、乐山、绵阳、南充、泸州、自贡、达州、广元、阿坝藏族羌族自治州、甘孜藏族自治州、凉山彝族自治州
陕西省	6	宝鸡、汉中、延安、安康、渭南、商州
安徽省	2	安庆、黄山
重庆市	1	重庆

依据二级行政区划，按地级市、地区、自治州，对河谷型人类聚居点进行整理，统计了共112个河谷型城镇（表8-7、图8-20）。通过对中国河谷型地区平均海拔进行统计，发现河谷型城镇平均海拔多在1000m以上，由此可见典型河谷型城市主要分布于高海拔的地区（表8-8、图8-21）。

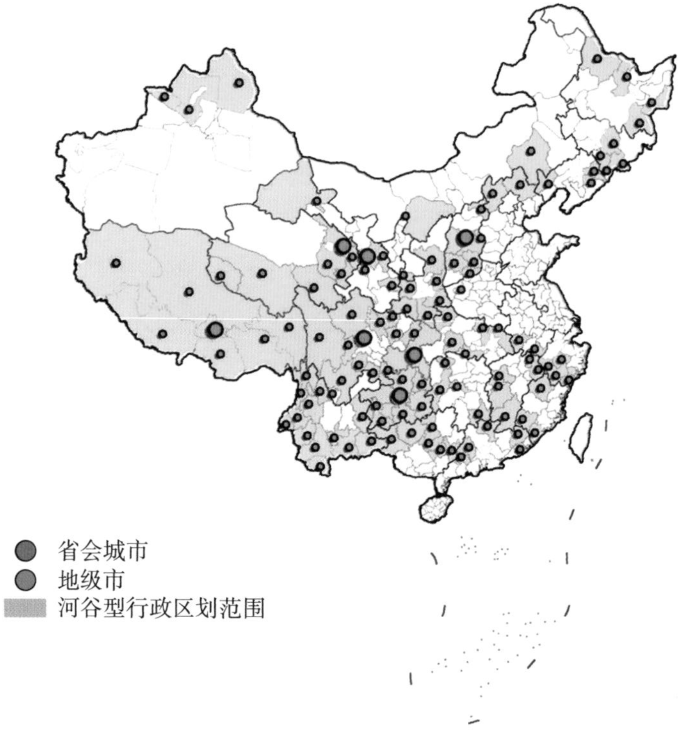

图8-20 中国河谷型城市分布图
Figure8-20 Distribution of cities in valley regions in China

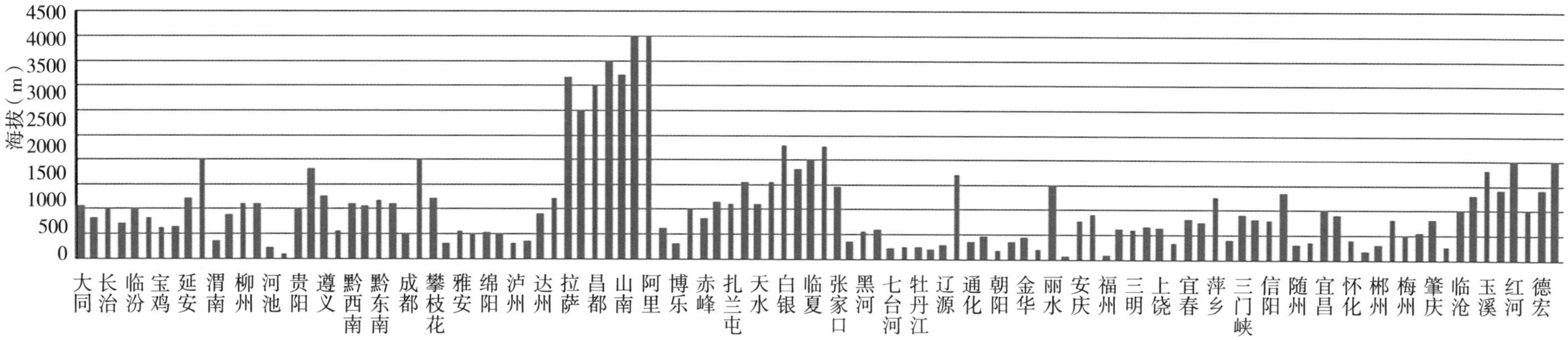

图8-21 中国河谷型城市平均海拔统计图
Figure8-21 Statistics on average elevation of cities in valley regions in China

1. 中国河谷地区城市气候情况

表 8-8 中国河谷地区城市不同气候类型分布情况统计
Table8-8 Statistics on the distribution of cities with different climates in valley regions in China

气候类型	城市数量	城市名称
亚热带温带季风气候	43	重庆、肇庆、文山壮族苗族自治州、玉溪、普洱、云浮、揭阳、梅州、韶关、郴州、娄底、怀化、宜昌、荆门、随州、十堰、赣州、萍乡、新余、宜春、景德镇、上饶、龙岩、三明、南平、福州、黄山、安庆、丽水、温州、衢州、金华、广元、达州、自贡、泸州、南充绵阳、乐山、宜宾、雅安、攀枝花、都江堰、成都
亚热带山地季风气候	5	怒江傈僳族自治州、德宏傣族景颇族自治州、红河哈尼族彝族自治州、临沧、张家界
热带雨林气候	1	西双版纳傣族自治州
暖温带季风气候	3	信阳、洛阳、三门峡
温带大陆性季风气候	18	本溪、朝阳、抚顺、通化、白山、辽源、吉林、牡丹江、鸡西、七台河、宜春、黑河、承德、张家口、天水、兰州、扎兰屯、乌海
温带大陆性荒漠气候	1	嘉峪关
温带干旱气候	4	阿勒泰、博乐、伊宁、阿里地区
高原气候	7	阿里地区、那曲地区、山南地区、日喀则地区、昌都地区、林芝地区、拉萨
温带半干旱气候	4	西宁、临夏、平凉、白银

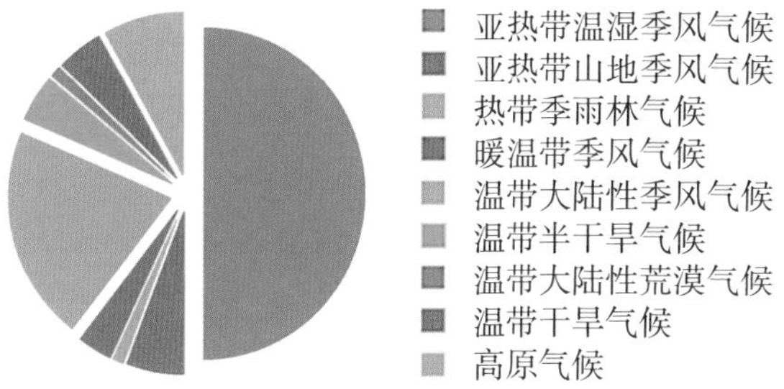

图8-22 中国河谷地区不同气候类型数量分布
Figure8-22 The number of cities with different climates in valley regions in China

据表8-8及图8-22统计发现，河谷地区气候宜人，适宜人的居住。

2. 河谷型城镇面积统计

通过对我国河谷型地级市、地区的市域（地区）面积所进行的统计，可以得知河谷型城镇的总面积为296万km^2，占全国国土总面积的31%（图8-23、图8-24）。

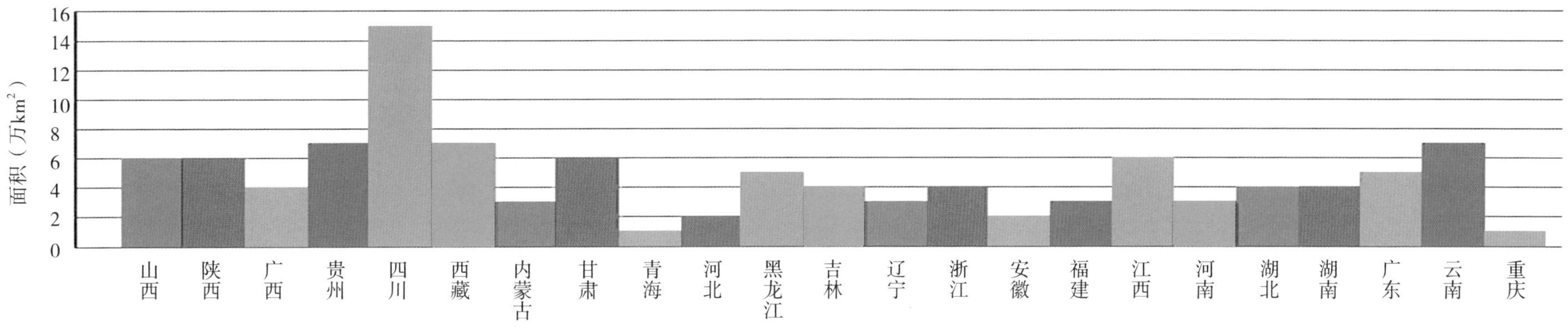

图8-23 中国河谷型城镇面积柱状图
Figure8-23 The histogram illustrates the area of cities and towns in valley regions in China

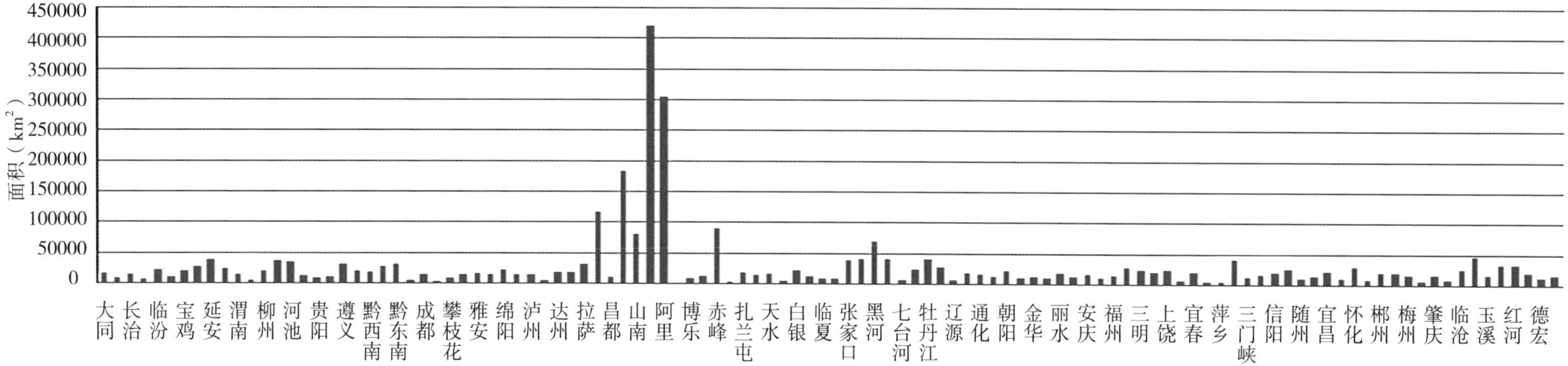

图8-24 河谷型城市市域面积统计

Figure8-24 Statistics on the area of cities in valley regions in China

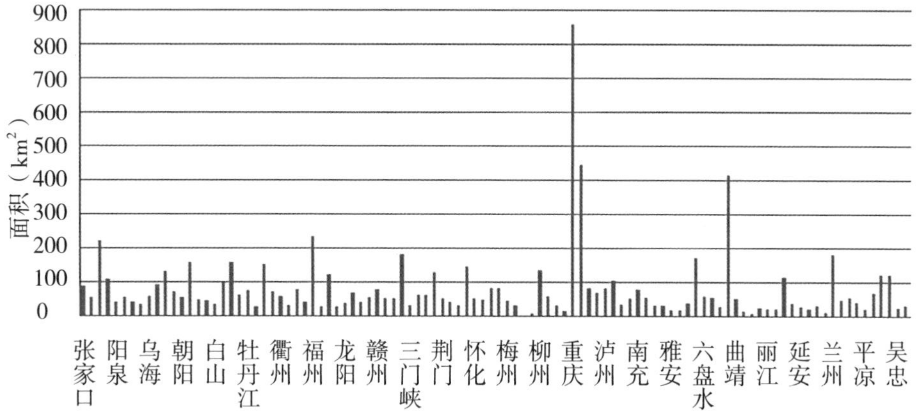

图8-25 河谷城市2012年建设用地面积

Figure8-25 Construction area of cities in valley regions in China in 2012

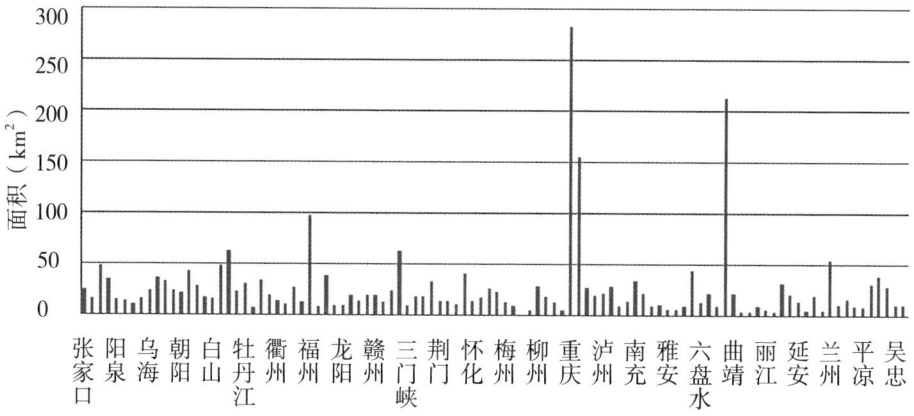

图8-26 河谷城市2012年居住用地面积

Figure8-26 Residential area of cities in valley regions in China in 2012

河谷城市2012年建设用地面积平均79km²；全国城市2012年建设用地面积平均104.4km²（图8-25）。

河谷城市2012年居住用地面积平均26km²；全国城市2012年居住用地面积平均31.8km²（图8-26）。

3. 中国河谷地区城镇公共交通统计

河谷城市2010人居城市道路面积7.7m²；全国城市2010人居城市道路面积9.63m²（图8–27）。

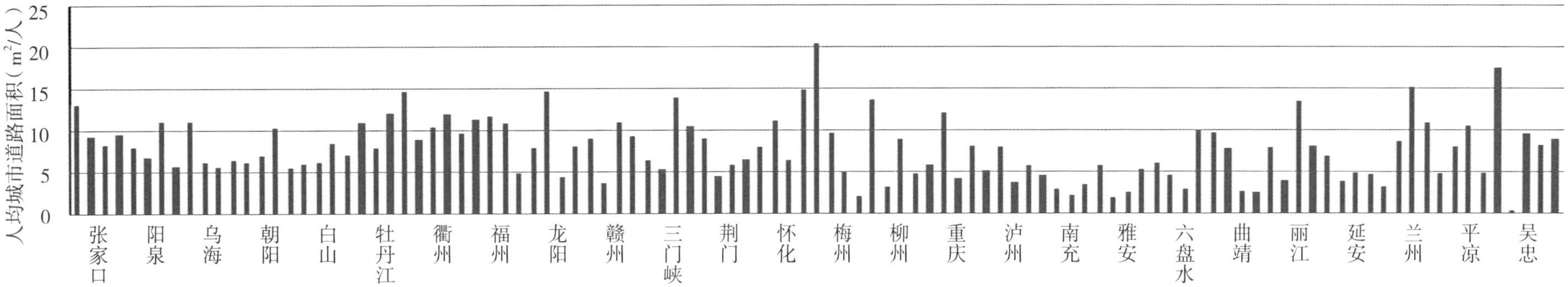

图8–27 河谷城市2012年人均城市道路面积

Figure8-27 The per capita area of urban road of cities in valley regions in China in 2012

4. 中国河谷地区城镇人口统计

1）河谷地区城镇人口数量及密度统计

对中国河谷地区城镇人口进行统计得出，河谷地区城镇总人口为3.53亿人，占全国人口总数的25%，河谷型城镇的平均人口数为321万人（图8–28）。

对中国河谷地区城镇人口密度进行统计，得知河谷地区城镇平均人口密度为245人/km²，比全国人口密度139.6人/km²高出近2倍（图8–29）。可见河谷地区人口相对稠密，一方面说明河谷地区具有较强的吸引力，另一方面是由于河谷地区可建设面积小，因而导致人口密集。

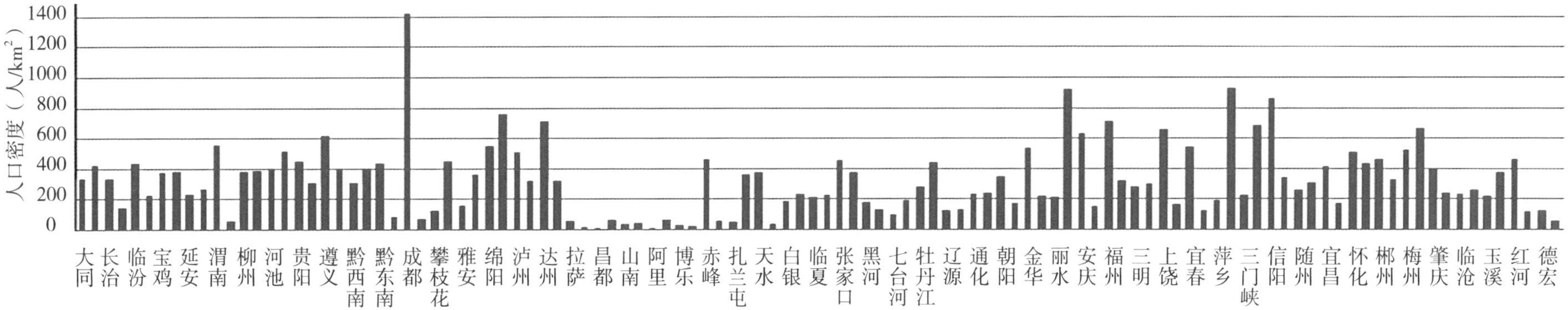

图8–28 中国河谷地区城镇人口统计

Figure8-28 Data on urban populations in valley regions in China

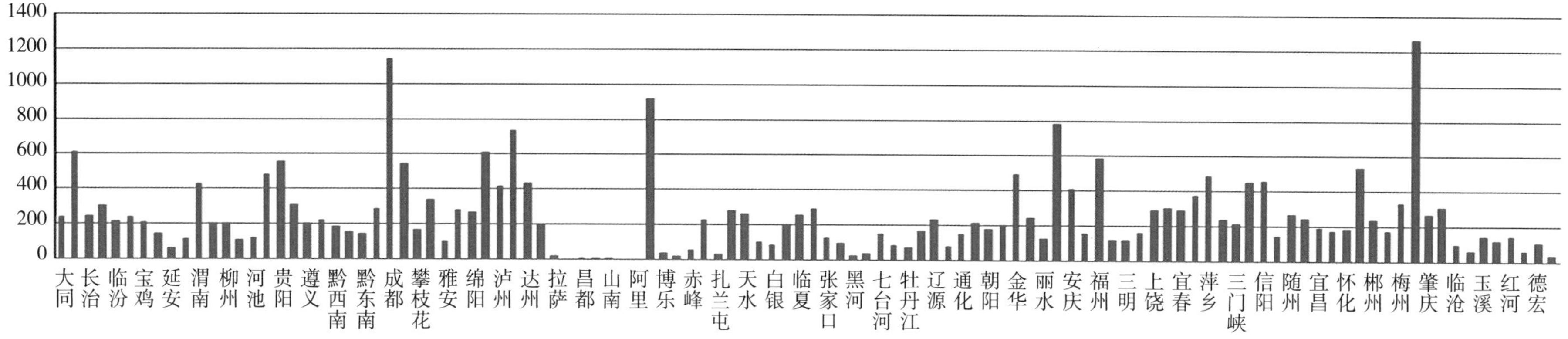

图8–29 中国河谷地区城市人口密度统计（人/km^2）
Figure8-29 Data on population density of cities in valley regions in China (person/square kilometer)

2）河谷地区城镇人口构成特点统计

河谷地区城市人口年平均增长率平均值低于全国平均值。其中云南省及重庆市增长率较高；四川省和贵州省除个别城市增长率超过全国平均值，其余大部分地区增长率低，部分地区出现负增长（图8–30）。

西南河谷地区城市人口性别比例平均值基本与全国平均值持平（图8–31）。西南地区多少数民族聚居地，因此西南地区河谷型城市少数民族人口比例平均值远高于全国（图8–32）。

西南地区河谷型城市人口年龄结构相较于全国平均值来说青壮年人口偏多，老年人较少，城市老龄化问题不明显（图8–33、图8–34）。

3）河谷地区城镇人口受教育程度统计

西南河谷地区城市人口教育程度低于全国平均值。其中，少数民族聚居地人口教育程度低于其他城市（图8–35）。

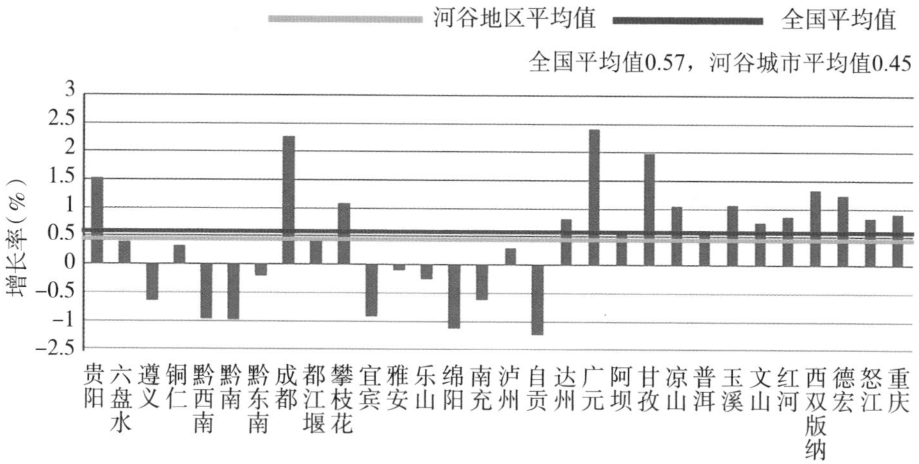

图8–30 中国河谷地区城市人口年平均增长率
Figure8-30 Average annual population growth rate of cities in valley regions in China

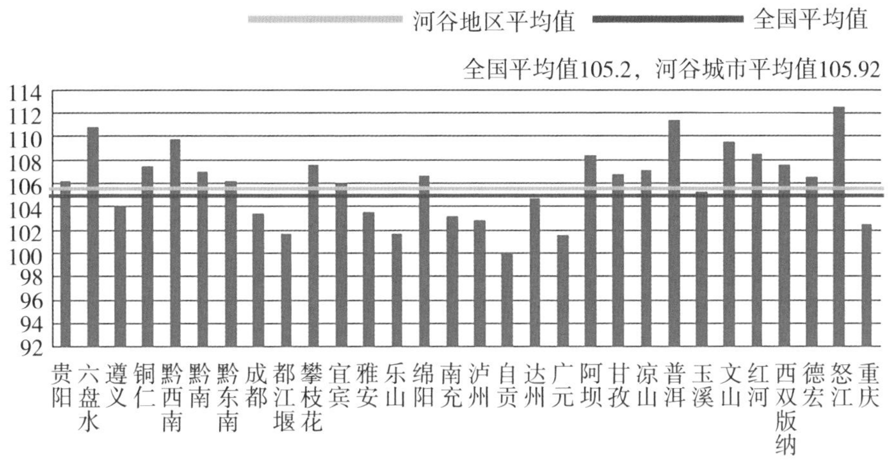

图8-31 中国河谷地区城市人口性别比例图
Figure8-31 Sex ratio of cities in valley regions in China

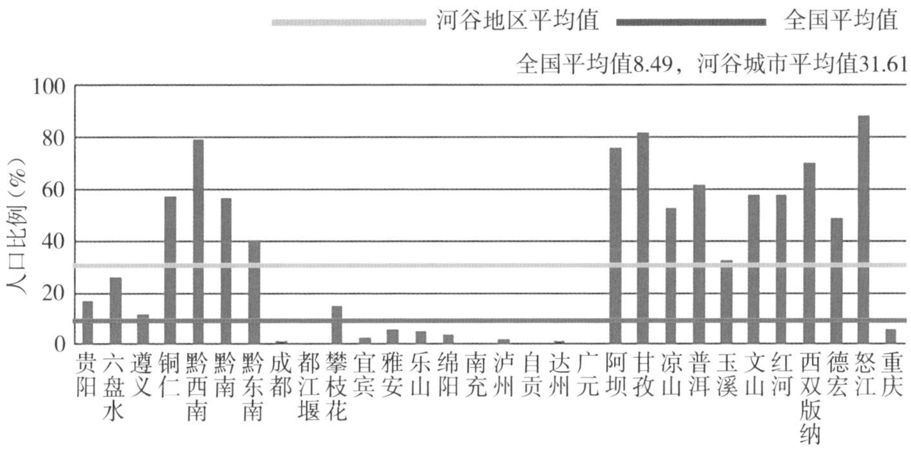

图8-32 中国河谷地区城市少数民族人口比例图
Figure8-32 The populations of ethnic minorities of cities in valley regions in China

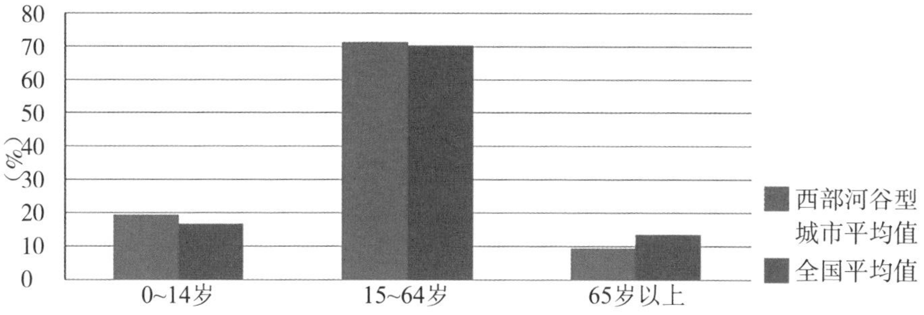

图8-33 中国河谷地区城市人口年龄结构图
Figure8-33 Age structure of cities in valley regions in China

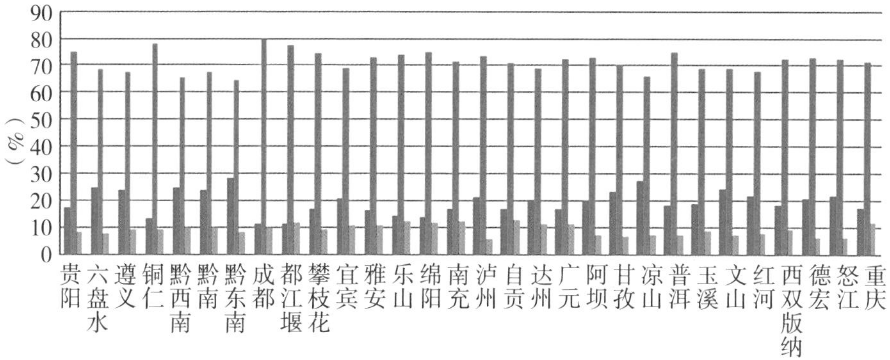

图8-34 中国河谷地区城市人口年龄比重图
Figure8-34 The diagram of river valley-cities' population age structure

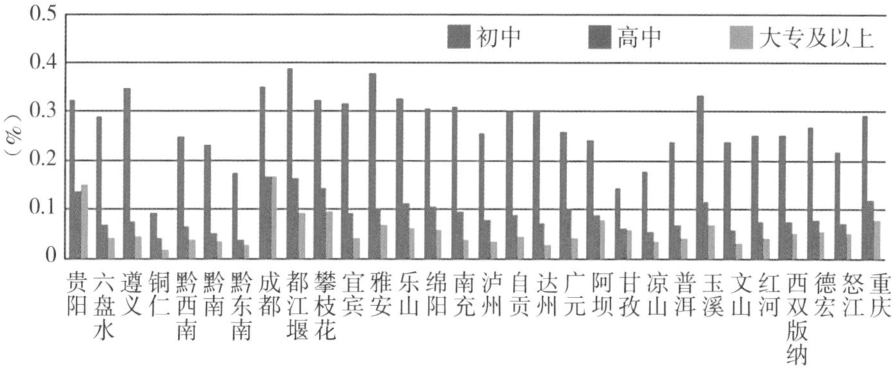

图8-35 中国河谷地区城市人口教育程度分布图
Figure8-35 Education level by percent of population of cities in valley regions in China

4）河谷地区城镇人口升学率、就业率统计（图8–36、图8–37）

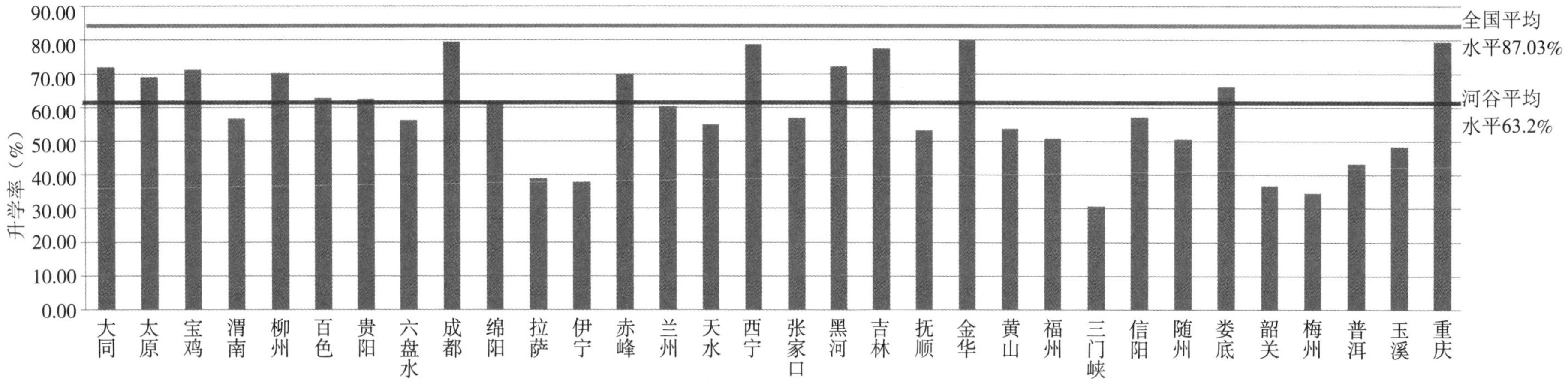

图8–36 中国河谷地区城市高考升学率

Figure8-36 City college entrance rate in valley regions in China

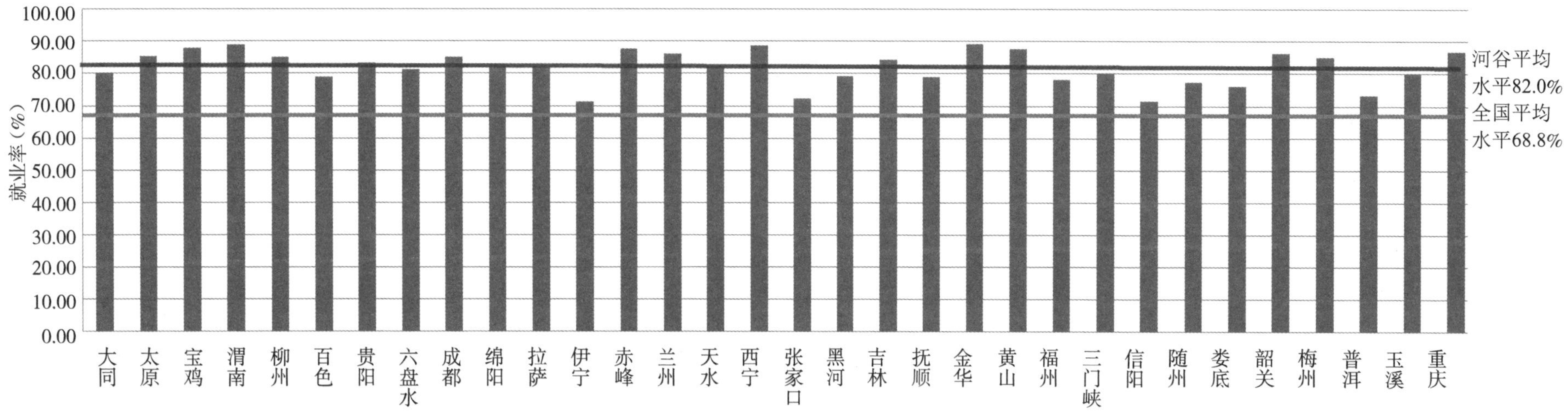

图8–37 中国河谷地区城市毕业生就业率

Figure8-37 City graduate employment rate in valley regions in China

5）河谷地区城镇名人统计（表8-9）

表 8-9 中国河谷地区城镇名人统计
Table8-9 Statistics on the celebraties in valley regions in China

省	城市	名人名仕
山西	大同	毕士安、阿宝
	太原	狄仁杰、王之涣、王昌龄、杨业等杨家将、米芾、罗贯中、阎维文
	长治	石勒
	阳泉	张穆、石评梅、李彦宏
	临汾	晋文公、赵盾、卫青、霍去病、贾逵、法显、徐晃
	晋城	廉颇
陕西	宝鸡	周文王、班超、班固、白起
	汉中	张骞、蔡伦、陆游、刘邦、刘备、徐向前
	延安	刘璋、张献忠、赵彦、马进忠
	安康	陈树藩、谢亚龙
	渭南	王鼎、杨虎城、寇准
	商州	贾平凹
广西	柳州	柳宗元、李宁、龙文光、戴钦
	百色	李兆焯、谢扶民、冼恒汉、黄惠良、朱鹤云、欧致富、黄新友、阮平、阮殿煊、黄秋艳、杨斌
	河池	刘三姐
	贵港	石达开、莫荣新、谭寿林、陈此生、陈勉恕、黄日葵、罗尔纲、钟海青、罗殿龙、岑晓华、李国坚
贵州	贵阳	王阳明、杨龙友、姚茫父、周渔璜、陈夔龙、李端棻、谢六逸、蹇先艾、陈恒安、易家训、中国科学院院士、地质学、古生物学家乐森璕、中国科学院院士、植物生理学家殷宏章、中国科学院院士、著名有机化学家，教育家邢其毅、著名理论物理学家何启智
	六盘水	刘雪苇、李伯平、尹自勇、王舍人、龙德云、黄竹青
	遵义	郑珍、莫友芝、黎庶昌、杨兆麟、卢葆华
	铜仁	李渭、郑逢元、杨芳、成世瑄、严寅亮、席正铭
	黔西南布依族苗族自治州	张之洞、何应钦
	黔东南苗族侗族自治州	孙应鳌、李长青

续表

省	城市	名人名仕
四川	成都	巴金，流沙河，魏明伦，阿来、司马相如、扬雄、常璩、薛涛、欧阳炯、黄筌、王昶、吴缜、费著、杨慎、谢朝恩、卓秉恬、伍肇龄、张慎仪、周达三、吴虞、昌圆、彭家珍、蓝田、王光祈、李郦人、王良
	都江堰	李冰
	宜宾	赵一曼
	雅安	颛顼、樊敏、吴理真
	乐山	陈敬容、曹葆华、熊克武、廖平、苏轼
	绵阳	栽桑养蚕缫丝织绸发明家嫘祖，先贤大禹，文昌帝君，享誉世界的诗仙李白，文豪欧阳修，文学家沙汀，胸有成竹的诗画大师文同，清代巴蜀文坛的一代奇人李调元，塞军旅豪壮苍凉的歌者李颀，武林奇人海灯
	南充	汉有范目、纪信、落下闳、司马相如，三国时有谯周、王平，晋有陈寿，唐有袁天罡、李淳风，宋有陈省华、陈尧叟、陈尧佐、陈尧咨父子4人及抗金名将张宪，明有父子宰相陈以勤、陈于陛、“嘉靖八子”之一的任翰、诗书双绝的黄辉。此后又有吴玉章、杨暗公。朱德元帅、民主革命家张澜、大将罗瑞卿、共产主义战士张思德
	泸州	尹吉甫、王朝闻、邹凯、蒋兆和、凌子风
	自贡	熊过、刘光第、卢德铭、邓萍、颜文珍、谢奉琦、龙鸣剑、雷铁崖
	达州	元稹、唐瑜、李长祥、张爱萍、庞中华、杨牧
	广元	韩三平、李开湘、吴忠、李泽民、杜海林、李明、罗青长
	甘孜藏族自治州	格萨尔王、都松钦巴、五世格达活佛、布楚活佛
	凉山彝族自治州	龙云、华品章
青海	西宁	马步芳
河北	张家口	秦开、孙世芳、胡以温、董存瑞
	承德	蔡襄、孙永勤、郭小川
黑龙江	黑河市	萨布素、寿山
	伊春市	赵一曼、杨靖宇、赵尚志、李兆麟、杨子荣、马占山、金剑啸、萧红
	七台河市	
	鸡西市	
	牡丹江市	

续表

省	城市	名人名仕
吉林	吉林市	李长春、关琦
	辽源市	阎学晶、雪村、张俊以、朗朗
	白山市	顾文显、赵丁
	通化市	王凤阁、李永泰、袁家军
辽宁	抚顺市	王楠、佟大为、张庆鹏、邓亚萍、佟大为、雷锋、努尔哈赤
辽宁	朝阳市	罗布桑却丹、莫德、郭俊卿
	本溪市	朱蒙、陈先舟
浙江	金华市	吕祖谦、骆宾王、宋濂
	衢州市	赵抃、毛滂、徐徽言、孔端友、孔洙、赵缘督
	丽水市	刘基、张玉娘、叶法善、叶绍翁
	温州市	王羲之、谢灵运、文天祥、陈傅良、孙诒让、叶适、刘基
	安庆市	方苞、刘大魁、姚鼐、陈独秀、邓稼先
安徽	黄山市	胡适，胡雪岩，陶行知，南宋学者朱熹，理学代表程颢、程颐、清代学者戴震，近代工程技术专家詹天佑，现代著名画家黄宾虹，明代数学家程大位，北宋末年农民起义首领方腊，新安画派代表人物渐江，“扬州八怪”之一汪士慎，明代戏曲家汪道昆等
福建	福州市	黄乃裳、陈振龙、蔡襄、严复、高士其、左宗棠、谢冰心、林觉民、林则徐
	南平市	杨时、游酢、罗从彦、李侗、朱熹
	三明市	黄慎、邹韬奋、数学家陈景润、杨时、李世熊
	龙岩市	陈丕显、邓子恢、张鼎丞、廖海涛、吴伯雄、项南、刘国轩、
江西	上饶市	吴芮、陶侃、汪鋐、蒋仕铨
	景德镇市	徐仲南、王琦、王大凡
	宜春市	徐、稚、陶渊明、邓王番、郑谷
	新余市	傅抱石、严孟衡、梁寅
	萍乡市	刘凤诰、李有棠、刘元卿、
	赣州市	郭大力、陈炽、罗牧
河南	三门峡市	关龙逄、伊尹、召公、董景道
	洛阳市	杜康、司马炎、左思、陈寿、祖逖、刘禹锡、朱温
	信阳市	一代名相孙叔敖、开漳圣王陈元光、治闽功臣王审知、大史学家司马光、中原硕儒马祖常、文坛领袖何景明、植物学家吴其浚

续表

省	城市	名人名仕
湖北	随州市	神农氏、季梁、曾侯乙、杨坚、胡紫阳、刘长卿、欧阳修、李庭芝、明玉珍、杨涟
	荆门市	孙叔敖，尉迟恭，聂绀弩
	宜昌市	屈原、王昭君、杨守敬、张剑秋、杜镇远、李超然、李勋
西藏	拉萨	吞弥・桑布扎、松赞干布、阿沛阿旺晋美
	林芝地区	曲吉尼玛
	昌都地区	卡察阿旺嘉措、向巴平措、韩红、扎巴、斯塔多吉、章松、美朗多吉
	日喀则地区	米拉日巴、六世班禅
西藏	那曲地区	禅额尔德尼
新疆	伊宁	段奕宏
	博乐	王宏伟
内蒙古	赤峰	耶律培、耶律宗真、斯琴高娃、耶律阿保机
甘肃	兰州	吴有生（中国工程院院士，1994）、文兰（中国科学院院士，1999）、秦大河（中国科学院院士，2003）、柴天佑（中国工程院院士，2003）、贾承造（中国工程院院士，2003）、徐德龙（中国工程院院士，2003）、水均益
	天水	秦襄公、苻洪、苻坚、姚苌、姚兴、李渊、李世民、李广、董卓、潘石屹
	临夏	朵英贤（中国工程院院士，1999）
湖南	张家界市	贺龙、袁任远
	怀化市	袁隆平
	娄底市	蔡和森、陈天华、曾国藩
	郴州市	邓中夏
	韶关市	张九龄、薛岳
广东	梅州市	古直、罗芳伯、洪秀全、黄遵宪、叶剑英
	揭阳市	旋升、杨遵仪
	肇庆市	陈钦、陈元、苏廷魁、邓兆祥、黎雄才
	云浮市	六祖慧能、邓发、蔡廷锴、傅挺栋
云南	临沧市	胡瑛、黄忠华
	普洱市	程含章、刘琨、戴家政、刘琨
	玉溪市	雷跃龙、郑易里、聂耳、曲焕章
重庆	重庆市	巴蔓子、赵智凤、秦良玉、邹容、赵世炎、刘伯承、聂荣臻、卢作孚、邱少云、杨尚昆

中国河谷地区城市名人名仕分布见图8-38，河谷型地域名人名仕时代分布见图8-39，中国河谷地区城市名人名仕构成比例详见图8-40。

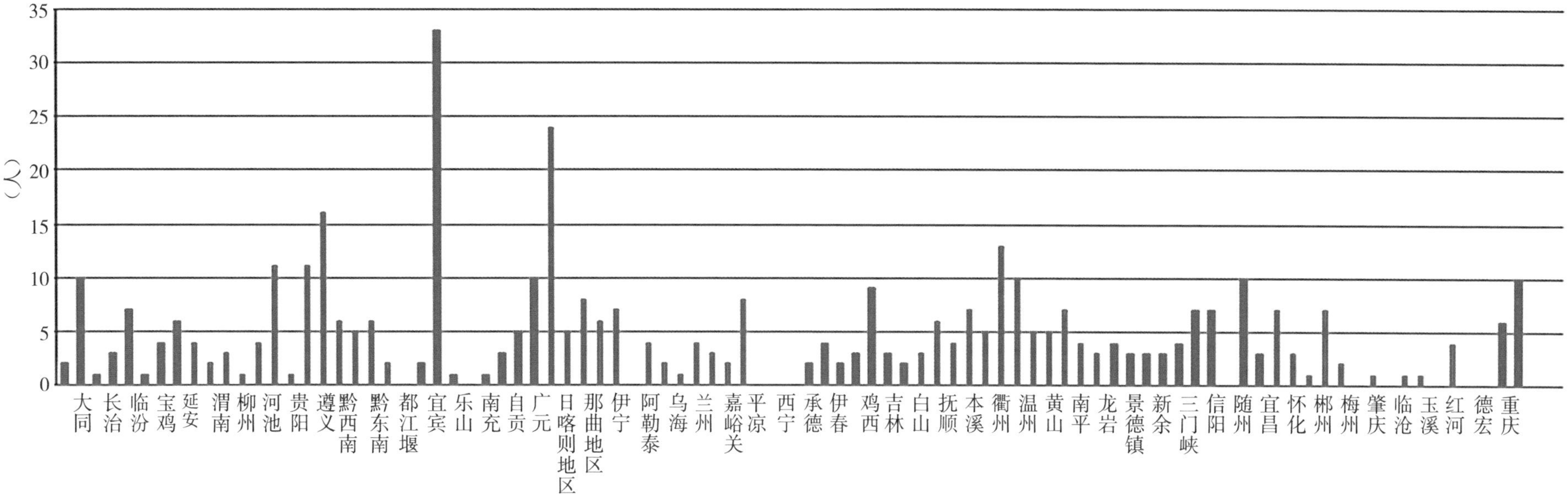

图8-28 中国河谷地区城市名人名仕分布图

Figure8-38 The number of local notables from cities in valley regions in China

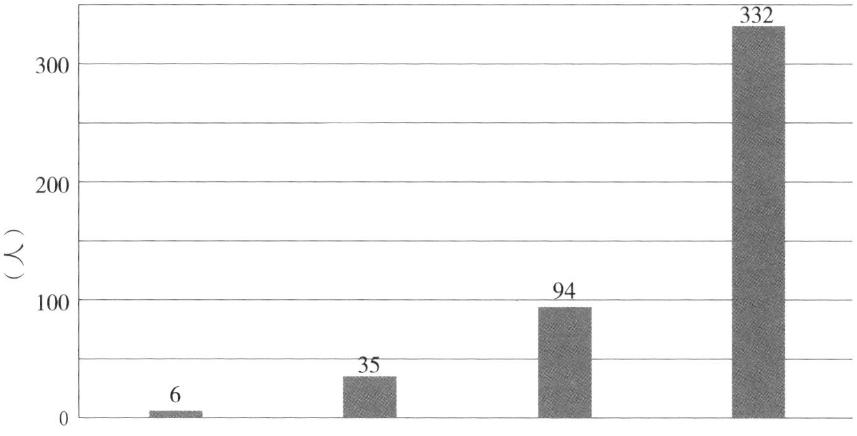

图8-39 河谷型地域名人名仕时代分布

Figure8-39 Age distribution of local notables from cities in valley regions in China

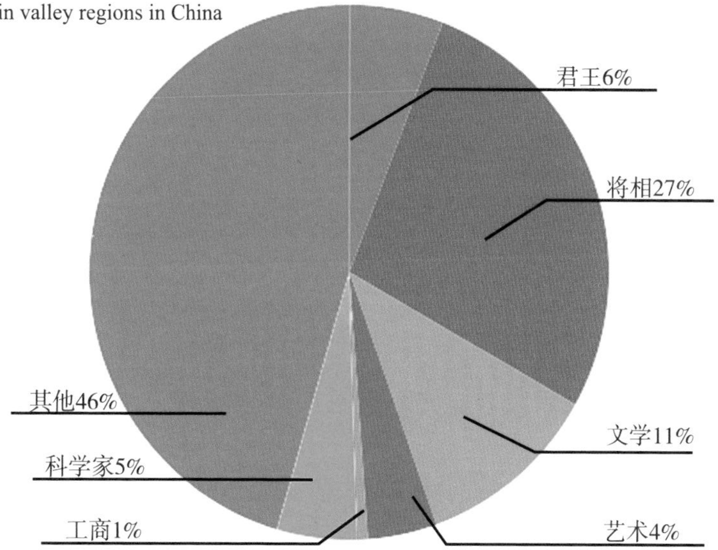

图8-40 中国河谷地区城市名人名仕构成比例图

Figure8-40 Urban notable people from various fields in valley regions in China

5. 中国河谷地区城镇经济收入统计

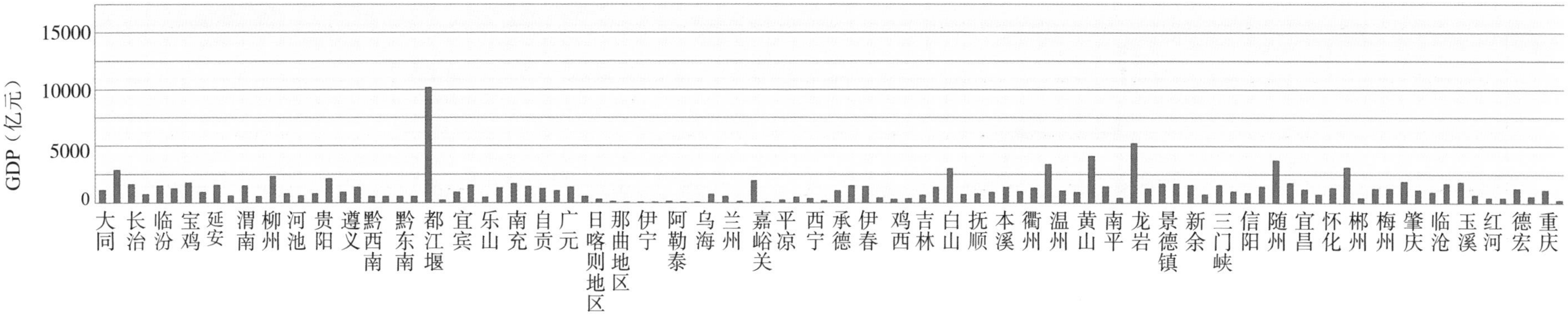

图8–41 中国河谷地区城市2012年国内生产总值统计图
Figure8-41 Diagram of cities by GDP in 2012 in valley regions in China

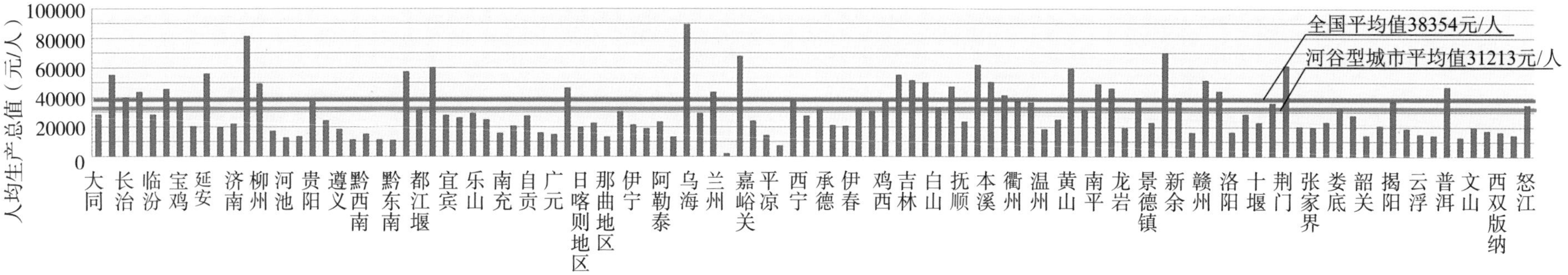

图8–42 中国河谷地区城市2012年人均生产总值统计图
Figure8-42 Diagram of cities by GDP per capita in 2012 in valley regions in China

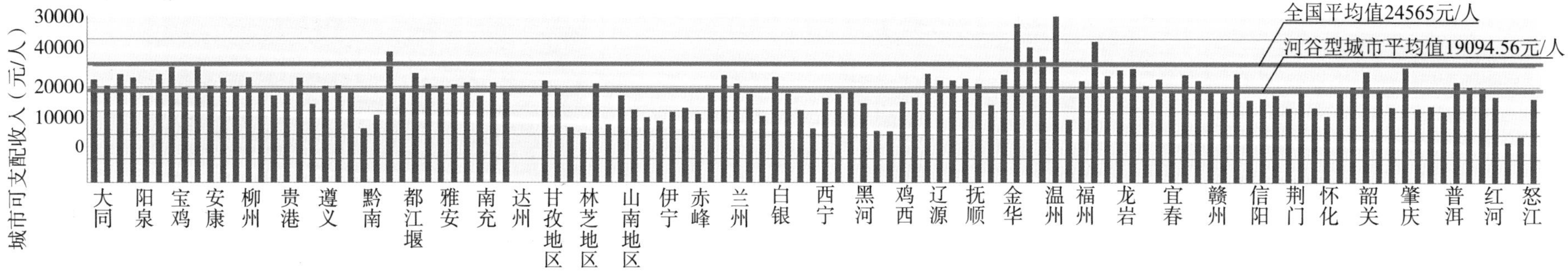

图8–43 中国河谷地区2012年城市人均可支配收入统计图
Figure8-43 Diagram of cities by per capita disposable income in 2012 in valley regions in China

由图8–41～图8–43可知，河谷地区城市经济发展水平仍有待提高。

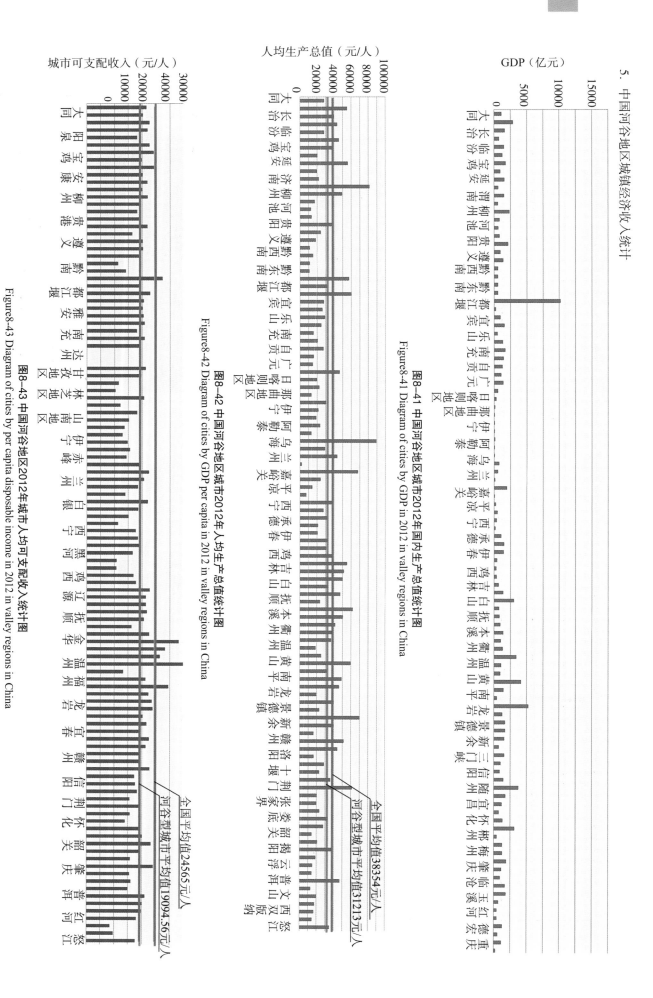

6. 中国河谷地区城镇三产分布情况统计

对河谷地区城市年生产总值中第一、二、三产业的比重分析（图8-44、表8-10），得出：① 河谷地区矿产资源相对丰富，因此第二产业占全国的比例较其他产业高；② 河谷城市处于山地地区，第三产业相对落后。

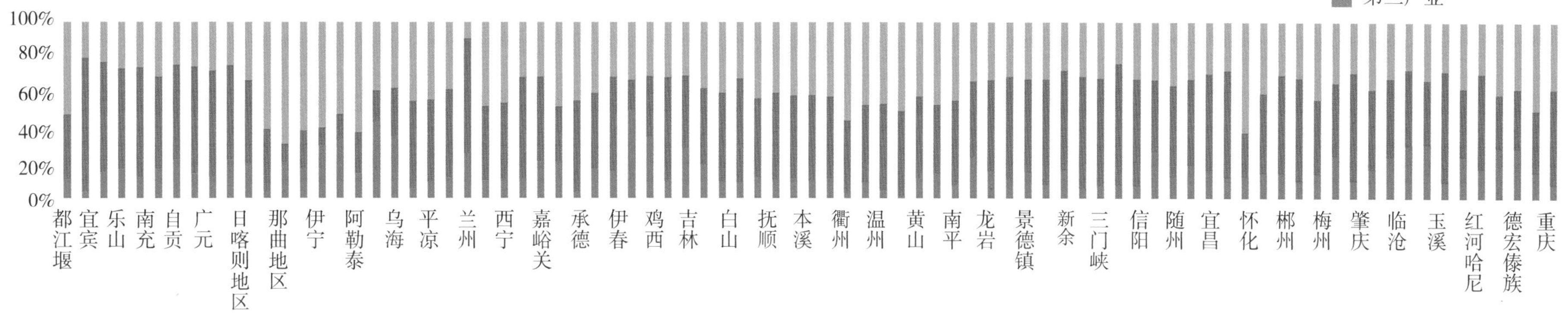

图8-44 中国河谷地区城镇一、二、三产业比重统计图

Figure8-44 The percentage of primary, secondary and tertiary industries in cities and towns in valley regions of China

各产业从业人员比例（图8-45）：第三产业河谷平均水平52.86%，第三产业全国平均水平：51.98%；第二产业全国平均水平：45.81%第二产业河谷平均水平：43.09%；第一产业河谷平均水平：4.04%第一产业全国平均水平：2.22%。

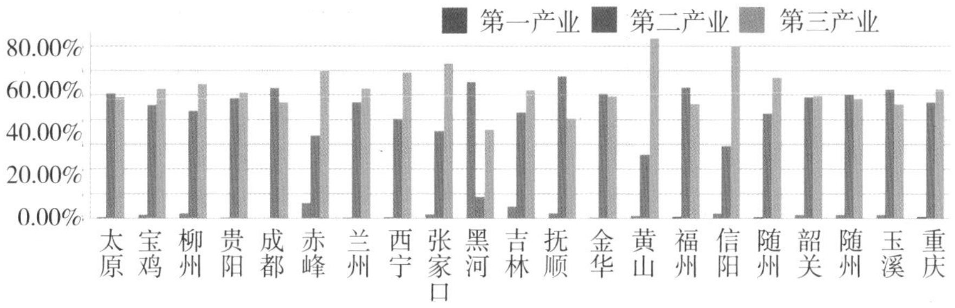

图8-45 中国河谷地区城市各产业从业人员比重统计图

Figure8-45 Employment structure of cities in valley regions in China

表 8-10 中国河谷地区城市三大产业占全国总量百分比统计表

Table8-10 The proportion of industries of cities in valley regions in China

	GDP（亿元）	第一产业（亿元）	第二产业（亿元）	第三产业（亿元）
河谷城市	114614.5	12985.8	59934.0	42557.6
全国	519322.0	52377.0	235319.0	231626.0
比例	22.07%	24.79%	25.47%	18.37%

7. 中国河谷地区游憩资源统计

自1982年起，国务院总共公布了8批、225处国家级风景名胜区，其中属于河谷地区的有89处，比例高达39.6%，由此可见我国河谷地区蕴含着丰富的风景资源（图8-46）。

8. 中国河谷地区城市称号统计

据统计，河谷地区“历史文化名城”及“园林城市”比例较高，在一定程度上表明河谷地带生态环境与人文环境较好，而国家卫生城市、环境保护模范城市、文明城市中，河谷地区城市占比重较低，由此可见河谷地区城市的建设还有待提高（图8-47）。

国家文明城市：据调查统计，中国“国家文明城市”共53个（包括市与县级市，不含城区），其中9个位于河谷地区，分别为重庆市、福州市、成都市、贵阳市、拉萨市、绵阳市、银川市、南宁市等9个。

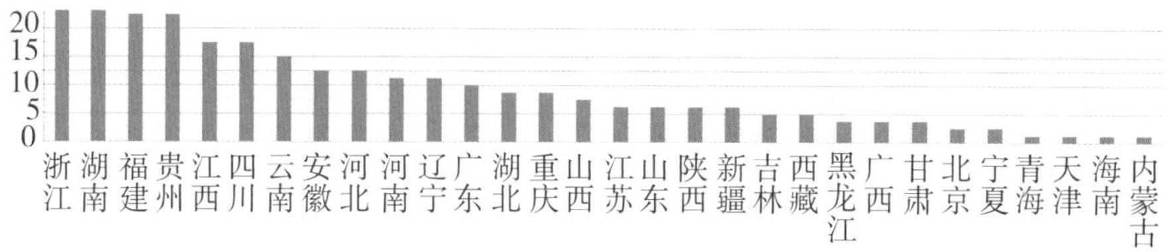

图8-46 中国河谷地区风景名胜区分布统计图

Figure8-46 Scenic Areas and Historic Spots distribution in valley regions in China

国家卫生城市：据调查统计，中国“卫生城市”共153个（包括市与县级市，不含城区），其中18个位于河谷地区，包括贵阳市、遵义市、西宁市、宝鸡市、攀枝花市、玉溪市、嘉峪关市等。

历史文化名城：据调查统计，中国“国家历史文化名城”共有123个，其中38个位于河谷地区，包括重庆市、承德市、天水市、拉萨市、伊宁市、福州市、洛阳市、柳州市、宜宾市、乐山市、都江堰市、泸州市、遵义市等。

国家环境保护模范城市：据调查统计，中国“国家环境保护模范城市”共87个（包括市与县级市，不含城区），其中10个位于河谷地区，包括重庆市、宝鸡市、绵阳市、福州市、宜昌市等。

国家园林城市：据调查统计，中国“园林城市”共210个（包括市与县级市，不含城区），其中40个位于河谷地区，包括伊宁市、本溪市、承德市、福州市、贵阳市、乐山市、柳州市、绵阳市、三门峡市、玉溪市等。

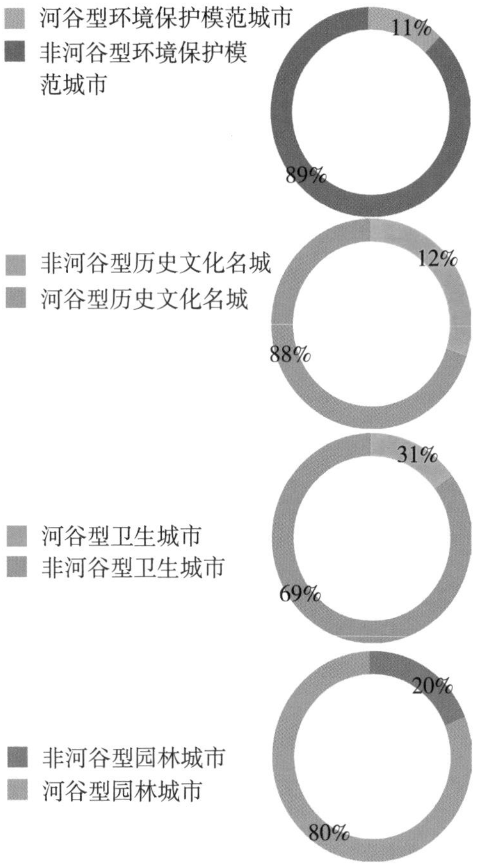

图8–47 中国河谷地区国家园林城市、卫生城市、历史文化名城及环境保护模范城市统计
Figure8-47 The proportion of National Garden Cities, National Sanitary Cities, Historical and Cultural Cities and National Environmental Protection Model Cities

8.2.2.2 河谷地区城市空间布局模式识别

河谷地区城市发展受地形地貌的影响显著。当发展到一定阶段后，城市本身被迫沿河流走向延伸，或向两侧山体垂直方向扩展。有四种主要布局结构：组团式、带状、串联式及星座式：① 组团式布局：受山地、江河、沟谷等自然地形的影响。形成若干相互分离的城市组团组成的城市结构。由于用地限制，组团规模一般不是很大（1～10万人左右），组团数目一般也不太多（3～6个不等）。城市规模在5～25万人左右。② 带状布局：城市沿江河的一侧或两岸发展或沿谷地的狭长地带延伸，形成带状的城市形态，城市主干交通的方向性较强。③ 串联式布局：以中心城市为核心的若干个城镇连续分布的城镇群，各城镇之间由公路、铁路或河流将其串联，城市结构。串联式布局分散，灵活适应地形变化。④ 星座式布局：由中心城市逐渐向周围地区做跳跃式分布布局，有机松散、分片集中（图8–48）。

组团式布局占河谷型城地区城市形态中较大比例，主要分布于低山河谷地带，山地起伏较小的区域；带状布局也是河谷地区城市较为常见的形态之一，主要分布于高山和高原山原，由于此区域内山地起伏大，城市布局受山势影响常呈现带状延伸；串联式与星座式城市布局形式主要出现于高山河谷和山原河谷地带，山地起伏较大区域（图8–49）。根据对比分析发现，河谷城市平面形态取决于自然环境条件，即山体的形态、河漫滩等平缓地形的分布（表8–11～表8–13）。

河谷地区地形地貌：区域性气候条件、水文条件共同决定城市生态环境质量，影响城市空间形态结构以及政治、军事地位，是城市演化的重要依据，是城市布局与发展的基础；同时河谷地貌决定城市用地规模和封闭程度。河谷几何形状、面积、山体坡度均对城市的发展与建设产生了影响，包括影响城市选址；制约大型企业和城市功能区布局；影响城市环境容量，制约城市规模等（图8–50）。

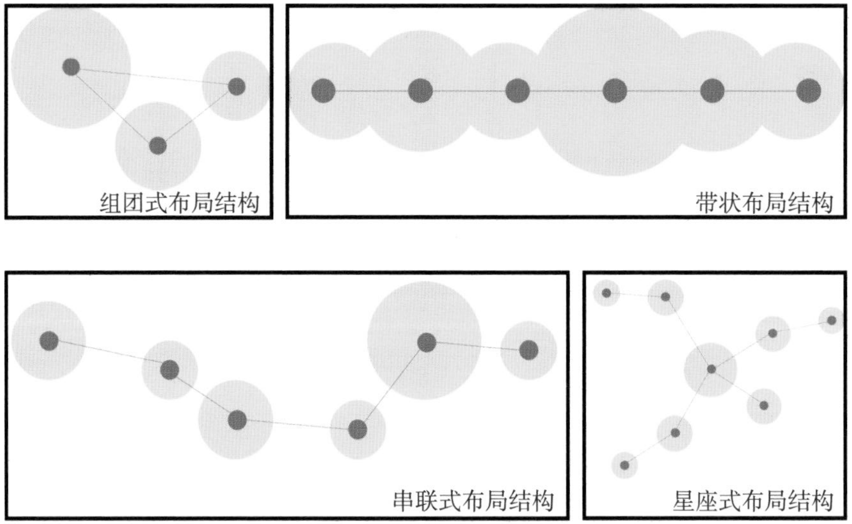

图8–48 河谷地区城市空间布局模式
Figure8-48 Layout patterns of cities in river valleys

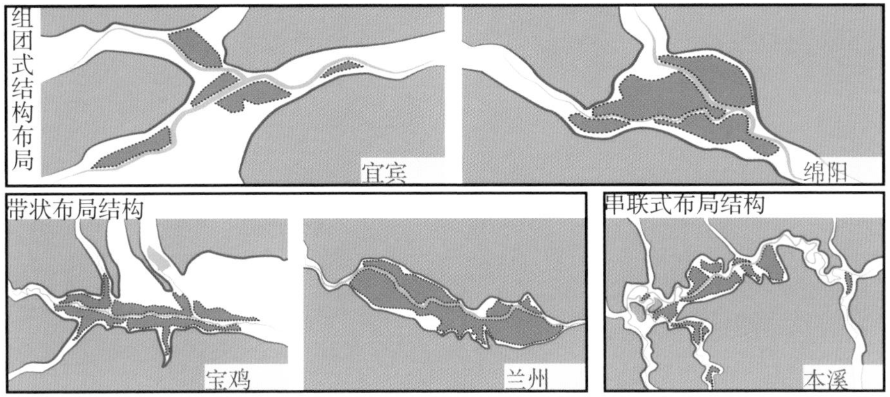

图8-49 中国河谷地区典型城市空间布局模式
Figure8-49 Layout patterns of typical cities in river valleys in China

表 8-11 河谷地区城市空间布局特征
Table8-11 Common characteristics of layout patterns of cities in river valleys

河谷型城市形态类型	地理位置	优点	缺点
组团式布局结构	较多出现在山区丘陵地区两条河道的交汇口，或河流蜿蜒的山峦地带	城市功能相对集中，成组布置，城市布局依山就势，灵活自由；组团间有山丘、江河相隔，生态环境较好	市政设施分散，由于地形复杂、江河阻隔易造成区际交通联系不便
带状布局结构	以高山、峡谷、江河为主的河谷地带	布局结合自然地形带状发展，平面结构与交通流线方向性较强	城市发展若不合理控制城市在单一方向过度延伸，易造成横向交通联系困难
串联式布局结构	山区蜿蜒起伏、河道曲折的河谷地带	分散布局的城镇形态，能灵活适应地形的变化及城市的发展，城镇间较大的间隔距离保证了良好的自然环境	各城镇相距较远，交通联系不便；防止工业沿河任意发展
星座式布局结构	经济较发达，自然条件复杂的河谷地带	有利于缓和大城市交通压力，片区之间利用自然条件的阻隔，缓解城市热岛效应，改善环境与景观视觉空间	—

表 8-12 城市形态与河谷类型关系表 I
Table8-12 The relationship between urban forms and valley types

河谷类型	河谷分类	地理分布
山地河谷	低山河谷（海拔500~1000m）	四川盆地内部及周围；贵州黔东、黔南、黔西
	中高山河谷（山体海拔1000m以上）	秦岭山地、乌蒙山地、黔东、横断山地、滇西北、云南中部；黔西高原；新疆；陕西等地
高原河谷（海拔1000m以上）	丘原河谷（相对高差小于200m）	滇中的昆明、祥云之间；黔西北、滇东、滇东南
	山原河谷（相对高差大于300m）	黔中、黔西南、滇北、甘肃、川西南、川东南、青藏高原

表 8-13 城市形态与河谷类型关系表 II
Table8-13 The relationship between urban forms and valley types

河谷类型	河谷特点	河谷城市形态
山地河谷	山地与河谷阶地高差相对较小，城市环境容量较大	共35个：组团式布局26个，带状布局6个，星座式布局2个，串联式布局1个
	山地起伏较大，所形成的河谷地区城市垂直方向层次丰富，环境优美	共40个：组团式布局15个，带状布局24个，串联式布局4个
高原河谷（海拔1000m以上）	山地起伏较小，城市景观与丘陵城市相似	共9个：组团式布局3个，带状布局5个，星座式布局1个
	山地起伏较大，城市垂直方向层次丰富，城市环境容量较小	共17个：组团式布局7个，带状布局10个，串联式布局3个

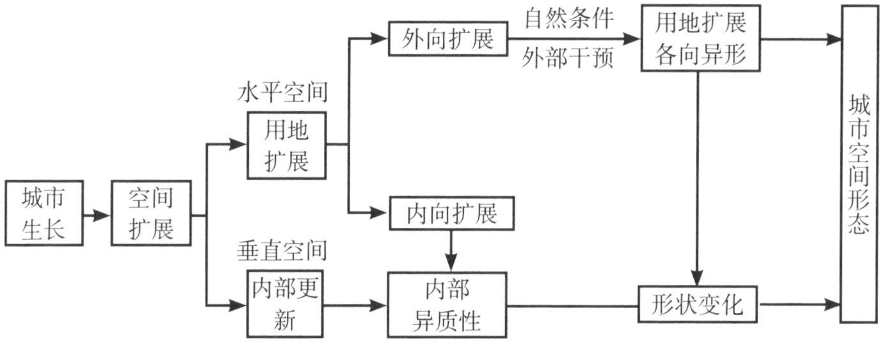

图8-50 河谷地区城市空间形态演化分析
Figure8-50 Analysis on spatial evolution of cities in valley regions

8.2.2.3 河谷地区城市优劣势分析

河谷地区城市优劣势分析见表8–14。

表 8–14 河谷地区城市优劣势分析

Table8-14 Strengths and weakness analysis of valley regions

分类	优势	劣势
城市文化资源特色	文化的传承性强，基于历史地位，历史文化内涵丰富，包括各种文化的发源地，古代城池的建设，以及随之而来的宗教文化的发展与传承	河谷地区空间相对封闭，一定程度上阻碍了文化交流。文化发展相对单一。城市文化大众化越来越强，难以发掘更深层次更独特的文化特质
城市建设特色	古：人口少，聚居规模小，沿河带状发展建设，利于军事防卫，水运发达，带动经济发展	今：空间矛盾日益突出，房价畸高，交通拥堵；城市建设用地不足等问题随着聚居群落的不断扩大集中爆发；无法与外界有效连通；贸易往来受限
城市经济特色	古：聚居发源地，城邑建设聚集。随着经济迅速发展；资源丰富，土地肥沃，农业发达；水运交通方便，贸易通畅。交通建设至关重要，如果河谷中河流通航能力大，可以沿河布局码头和仓库，发展运量大的工业，形成沿河工业走廊	今：城区建设受限，与外部联系受限，交通不发达，贸易往来不通畅
城市景观特色	从景观旷奥的角度出发，河谷开阔明了，而进入到河谷内部，多层次的垂直分布又能创造私密的奥妙空间。城市坐落于山谷之中，打造城市山林。河谷型城市一般立体空间结构特征显著，如果规划合理，生态环境良好，能够形成特点鲜明的城市景观。气候、植被条件影响着河谷的水土资源状况，进而影响当地农业和旅游休憩业的发展。城市景观、居民生活质量等都与此密切相关	
城市地理资源	水资源优势：水资源条件对工业、城市发展的影响较大，河谷地区城市选址常靠近河流或规模较大的水库边缘，以解决城市用水问题，有利于农业的发展。河谷地区地形地势的高差变化大，气候和物种的分布具有垂直地带性特征，物种丰富，为城市的发展和建设提供了资源保证	河谷地区城市四周被山地包围，河流总是沿地表的断裂带等薄弱地段下切，形成冲积、洪积盆地与阶地。地表水和地下水由山体、丘陵流向河谷，河谷地区易产生洪水、滑坡、泥石流、塌陷、崩塌等自然灾害。如果河谷底部面积较小且狭长，并且两端出口紧束，可能引致河水倒灌，将加重洪水的危害。由于河谷一般地处断裂带，不同等级的地震灾害频繁。不同类型的自然灾害对城市建设影响甚大

8.2.3 人居背景研究小结

从人居背景角度，与其他四种人居类型进行比较（表8-15）：

（1）与水网环境比较：河谷地带水系被山地阻隔，横向连通较弱；水网地区水系间相互关联性强。河谷人居环境呈树枝状分布，而水网人居环境则以网状分布为主（图8-51）。

（2）与丘陵人居环境比较：河谷与丘陵主要分界点在于谷肩或谷缘以及山与水的关系。河谷地带紧邻水流，且为山地斜坡状，或阶地状，越过谷肩则为丘陵人居环境（图8-52）。

（3）与平原人居环境的比较：相对于平原人居环境而言，河谷人居环境地形变化、资源类型、视觉景观均较之于平原丰富。但也具有用地紧张、交通不便利的劣势。

（4）与干旱人居环境的比较：中国干旱地区主要集中在西部，以降水量与蒸发量的差值为人居标准。河谷人居环境与干旱人居环境在空间上存在重叠，如西南山区典型干热型河谷人居环境，既属于河谷地区，又属于干旱地带，由于两个地区从不同的角度进行定义，研究的关注点存在差异。

表 8-15 河谷地区 SWOT 分析
Table8-15 A SWOT analysis of valley regions

Strength（优势）	Weak（不足）	Opportunity（机遇）	Threat（挑战）
人文特色突出 自然风貌独特 景观元素丰富	空间受限 地域发展不平衡 易发生自然灾害	现代经济网络化发展；西部大开发带来的机遇优势	环境破坏严重 旅游产业竞争激烈

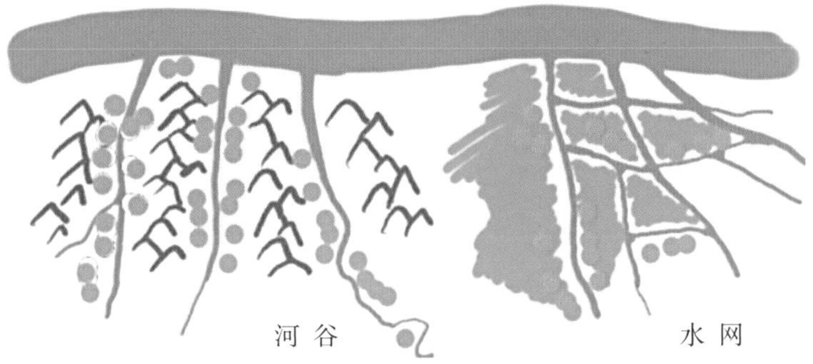

图8-51 河谷水网简图对比
Figure8-51 Comparison of river system between river valley and water-net regions

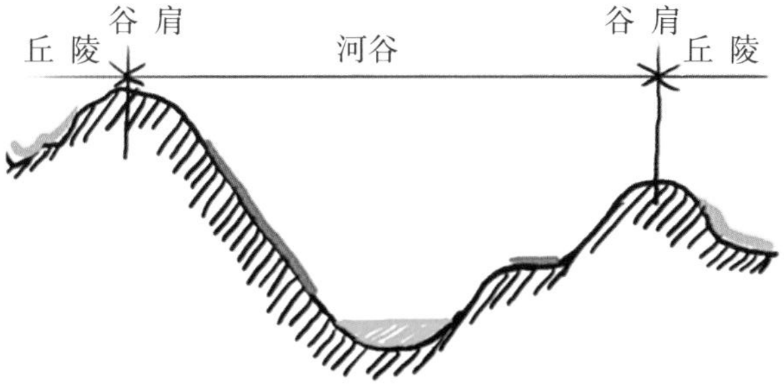

图8-52 河谷横剖面示意图
Figure8-52 Schematic cross-section of river valleys

8.3 河谷地区人居活动研究

8.3.1 河谷地区人居活动的发展演变

8.3.1.1 河谷人居活动发展演变

河谷地区城市的发展演变与社会经济技术紧密相关。河谷地区城市与其他城市一样，古代主要以农业生产活动为主。近代开始出现工业生产活动，并对人居环境造成了一定的影响；到了现代，由于社会经济的发展、技术水平提高，第三产业迅速发展，服务业扩充了河谷城市的生产活动（表8–16）。

城市化加速发展，河谷地区城市空间拓展步伐加快，河谷城市空间受自然力制约，城市空间从紧凑团块状拓展转向地区沿江带形延伸发展，进而转变为带形组团式或组团式的空间形态[2]。

表 8–16 河谷活动的发展演变表
Table8-16 Evolution of activities in valley regions

	时代特点	人居活动影响河谷环境	河谷人居环境反作用于人居活动
古代	利用简陋的生产工具，通过一定范围内的共同劳动，获得农牧产品平均分配，维持极端贫乏的生活。生产活动以农林牧副渔业为主。生产活动单一，古代河谷城市空间拓展缓慢，空间功能较简单。城市功能提供简单的生产、消费和居住条件	城市一般坐落在有利于农业、防御和贸易的地方，并统治其周围的农业地区，形成了政治性城区（城）和经济性城区（厢）相倚的双元格局。河谷型城市城址选择多依山傍水，形胜和风水思想影响深刻。城墙内的城区是封建政权统治主体。城市经济活动的繁荣往往冲破城墙限制而延伸到城外，形成经济性关厢区，常表现为接近交通和商业网点的自然延伸，具有明显的叠合特征	城市整体聚集于河谷地区的河谷上或河谷阶地上。空间功能布局，由于水上交通的便利，城市出口或城门与水上联系方便的区域出现局部商业空间的布局
近代	18世纪西方在工业革命的带动下，第二产业快速发展，与第一产业齐头并进，并有赶超趋势。这一时期的生产活动加入了采矿业、制造业、电力、燃气及水的生产和供应业、建筑业等等。此时河谷城市由于其临近水源，交通也相对便利，故其工业发展较之干旱城市明显具有优势	出现了资本主义范畴的商业、贸易、金融、工业和交通运输、社会公共活动、市政工程和公用设施等功能要素：① 近代商业街区和城市中心的发育；② 近代工业区和交通运输方式的兴起；③ 近代公共活动建筑出现和居住地域的分化；④ 近代市政设施的兴办	新增加的行政会堂类建筑形成了各具特色的布局中心。文教卫建筑增加了人们人居活动的种类，成为城市新中心的重要内容。资产阶级拥有高级住宅区，建筑密度低，地段良好；广大城市工农民劳动者居住处多位于便于就近谋生的地段，建筑质量差，层次低而密集
现代	第三产业迅速崛起，第一产业和第二产业成为中流砥柱。交通运输、计算机服务和软件业，住宿和餐饮业、金融业、房地产业，科学研究、技术服务和地质勘查业，水利、环境和公共设施管理业，居民服务和其他服务业，教育，卫生、社会保障和社会福利业，文化等新型生产活动出现	现代城市建设用地与农业用地的矛盾开始激化，产业空间出现以下变化：① 城市的向心增长及空间聚集拓展；② 城市空间离心增长和扩散型空间拓展。 河谷型城市功能区布局结构由内向外呈现以下规律：内部为零售商业中心区，外围为混合区，中心与外围的过渡区为居住、行政、文教、轻工业、商业批发混杂区	小城镇实力较弱且处于周围较大城市的辐射影响圈内。中型城市发展仍处于集聚阶段，向城市中心集中。大型城市空间沿河谷充分伸展，或者向纵向延伸。生产力发展和社会分工的不平衡性引导城市地域分异与职能演化。形成中、远郊工业组团，外缘区的卫星城建设

8.3.1.2 河谷地区文化透视

文化透视：河谷自然环境经过独特的民族文化孕育和滋养，折射出斑斓的文化风貌，这些文化根植在各种类型的人类活动中，并因价值观的发展而创造、兴衰、变迁、变异、交互……

8.3.2 河谷典型活动——歌咏（以红水河谷耕作歌咏文化活动为例）

8.3.2.1 活动背景

1. 红水河地区农业生产活动生存基础

1）山区面积广大，耕地面积紧缺

广西山多而且高大，许多山脉海拔都在1500m上下。据统计，广西丘陵和山地占整个地区总面积的76%，耕地约占11%，因此，广西历来就有“八山一水一分田”之称。

2）喀斯特地形广布，耕地构成质量差

红水河流域是我国著名的大石山区（图8-53）。这种石山以及石漠化的土山多

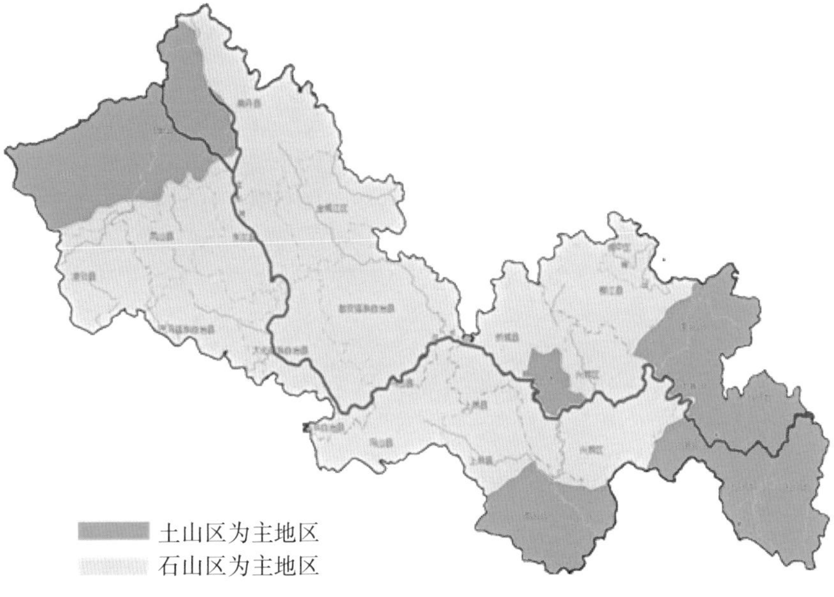

图8-53 红水河流域土山石山分布图
Figure8-53 Distribution of stone mountain heaped-up mountains in hongshui river valley

综上：该地区气候条件较适宜农耕活动，但由于其山多地少，取水困难，喀斯特地形的限制等因素，其农业自然环境依然十分恶劣。

为岩溶喀斯特地形，该种地形虽然能形成十分美丽的景观风貌，但其土地贫瘠，石多土少，储水性能差，地表水下渗速度快，地下虽河谷密布但取水十分困难。导致流域内大部分区域耕作层浅，易旱易涝，对农耕十分不利。

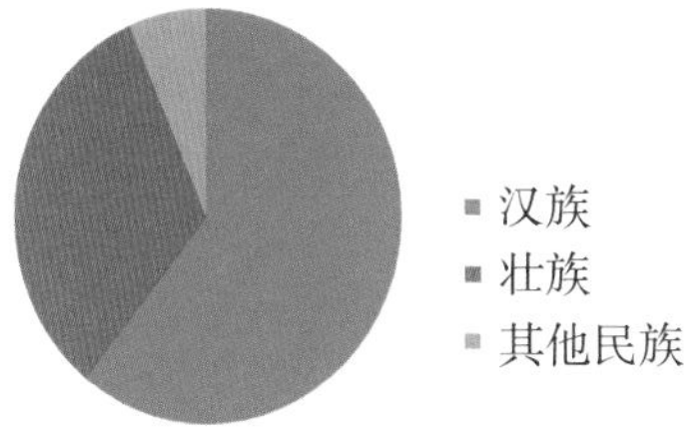

图8-54 2010年广西壮族自治区人口构成
Figure8-54 Population composition of Guangxi Zhuang Autonomous Region in China

3）气候温和，降水丰富但季节分配不均

红水河流域位于南亚热带向中亚热带的过渡带，为典型亚热带季风气候，阳光充足，雨水充沛，但季节分配不均。流域气候类型存在着明显的区域差异，上游是温凉湿润区，中游是温暖的湿润半湿润区，下游则是温热半湿润区。

2. 红水河地区歌咏文化的民族背景

1）红水河地区民族分布

广西壮族自治区境内主要有壮、汉、瑶、苗、侗、仫佬、毛南、回、京、彝、水、仡佬等12个民族。据2010普查统计，广西总人口为4602.66万人，其中汉族人口为2891.61万人，占62.82%；各少数民族人口为1711.05万人，占37.18%，其中壮族1444.85万人，占31.39%（图8-54）。

2）壮族人的歌咏文化

壮族人视歌咏活动为人生之大事，从历史上积淀下来的深厚的歌咏文化深刻而自然地体现了壮族族群的文化品性。

壮族人无论男女，从四五岁开始学唱山歌，父教子，母教女，形成幼年学歌，青年唱歌，老年教歌的传帮带习俗。在农村，无论下地种田，上山砍柴，婚丧嫁娶，逢年过节或青年男女间的社交恋爱等，都用山歌来表达情意。有些地方甚至家庭成员之间的对话、吵架有时也以歌代言。唱歌几乎成为壮族人民生活中不可缺少的内容[3]。

8.3.2.2 农业生产活动中的歌咏主题

1. 农业生产活动的主要特征

红水河地区的壮族祖先在农业生产的实践中认识到：天、地、人三者关系。强调在农业生产中做到“顺天时，量地利，用力少而成功”。“人”既不是大自然的奴隶，也不是大自然的主宰，而是“赞天地之化育”的参与者和调控者，人和自然不是对抗的关系，而是协调共生的关系。中国传统农业将种植业、畜牧养殖业紧密结合起来，将作物秸秆、人畜粪尿、有机垃圾等经堆积腐熟后还田，顺应了物质能量循环的规律。清代农学家杨屾的《知本提纲》中提出“酿造粪壤”十

法，即人粪、畜粪、草粪、火粪、泥粪（河淤泥塘）、骨粪、苗粪（绿肥）、渣粪（饼肥）、黑豆粪、皮毛粪等等，差不多包括了生产和生活中的所有废弃物以及大自然中部分能够作肥料的物资[4]。还有稻田养鱼的生态循环的生产，这正是当今的有机农业所需的生产方式。

2. 歌咏主题

壮族民歌特别发达。唱歌曾是其生活中必备的技艺。同时，壮族是农业民族，很早就产生了稻作农业文化，并积累了许多宝贵经验。因此，伴随着深厚的基础的稻作农业文化而产生的农事歌谣非常丰富（图8–55、图8–56）。

图8–55 歌谣主题
Figure8-55 The themes of folk songs

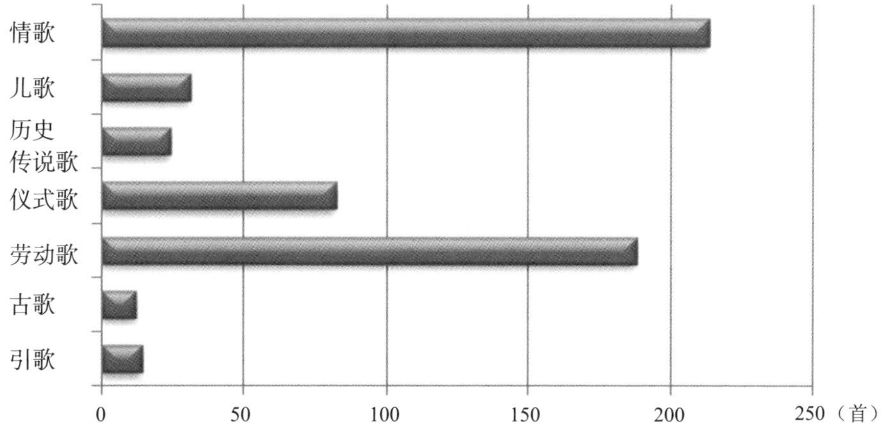

图8–56 广西壮族自治区歌谣类型与数量
Figure8-56 Types and numbers of folk songs of Guangxi Zhuang Autonomous Region in China

《壮族季节鸟歌》高度概括了一年四季里需要安排的农业生产事项。以候鸟为起兴，将一年四季的节气变化与农业生产劳动紧密结合起来，编成歌谣，真实地反映当时农业生产劳动的蓬勃生机，我们可以从中看到壮族农民春耕、夏耘、秋收、冬藏的忙碌情景[5]。

1）传授生产活动经验的歌谣。

2）抒发劳动情绪的歌谣：

（1）高昂的歌谣——鼓动士气。鼓舞劳动情绪的歌以号子为主，以与劳动动作相配合的强烈声音节奏，以直接促进劳动的功用为基本特征。它伴随着劳动节奏歌唱，与劳动行为相结合，具有协调动作、指挥劳动、鼓舞情绪等特殊功能。这类歌谣主要在农业劳动时开田、垦荒、薅秧和运水时演唱。

（2）喜悦/悲伤的歌谣——由收成决定。雨水对于稻作农业生产有着重要作用，至今在许多地方仍流传着对于旱灾的记忆和祈雨习俗，以及相应的关于喜雨和苦旱的歌。

（3）不悲不喜的歌谣。主要是详细描述日常农耕劳作的平淡心情。

3）农业祭祀歌谣。

壮族是典型的稻作农业民族，他们长期以稻谷、玉米等农作物为生，因此，获得相应的生产丰收成为他们最大的期待和目标，围绕水稻耕作进行的祈求风调雨顺、五谷丰登，几乎是一切重大祭祀活动的中心。

祭谷神——在广西东兰县一带，插秧时，先在田坎上插青，用红糯米饭和彩蛋祭谷神，念诵《插秧谣》，然后才将谷种撒下田去，祈祷和祝愿秧苗长得好。

祭茅郎——壮族农人在播种之后，用茅草扎成茅草人立于田地以防鸟兽时吟诵《茅郎歌》，有明显的诀术歌的特征。

祭牛——壮族农民对于与农业生产密切关系的对象，也要进行相关的祭祀，并有相应的歌谣。壮族每年四月初八“牛王节”，都要祭祀牛魂，唱牛的歌谣，其实也是为了农业生产的丰收。

祭蛙婆（蚂拐）——原始的农业社会时期，居住在红水河地区的壮族先民善种水稻，但干旱常给生产带来灾难，人们在长期的观察中发现“蛙鸣报雷雨”的神秘关系，于是认为蛙类是雷神之子，是天上派来的使者，是驱赶旱魔的神灵，是风调雨顺、人寿年丰的保证。于是把蛙视为农业生产的保护神，顶天膜拜，年年祭祀[5]。

3. 农业生产活动转型下的歌咏文化生存现状

在多元化的现代文化背景中，任何文化形式都挣扎不脱“适者生存”的自然规律。面对各种强势文化，传统农业文化是脆弱的，但又是绝对不能舍弃的。

随着社会的发展，物质生活的转变，科技歌、抒情歌、祭祀歌已失去了生长环境，农业生产活动中的歌唱已不再是传承文化、抒发情绪的主要方式。由于当前人们对歌咏文化保护不够重视，出现了祭祀活动逐渐淡化、“民歌会”规模萎缩，仪式越来越不完整等现象。

4. 农业生产活动转型下的歌咏文化未来展望

我们无力阻挡时代潮流向前，也无权限制人们对新生活形式的追求。更为关键的还是需要唤起人们对传统文化的热情和兴趣。

因而，传统的歌咏文化的保护和发展，一方面应满足现代需求，另一方面应依靠现代化手段对歌咏文化进行记录、宣传、展示和保护，并将其融入传统节日、旅游发展中去，吸引人们对农耕文化、歌咏文化精髓的认识及兴趣。

8.3.3 河谷典型活动——鼓舞

1. 农耕活动中鼓舞的起源

甲骨文中的“壴”，指初民用作“食肉器”的一件容器，也指制作狩猎用的猎具。初民们在以“竹矢”猎获野兽后，在以“陶豆”煮熟猎物后，在他们怀着狩猎成功的兴奋、怀着填饱饥肠的愉悦之时，以手中的“竹矢”去敲击眼前的“陶豆”的情形。在我国河谷型地区尤其是黄河流域中上游，鼓舞流传最广，形式最多[6]。

2. 鼓舞的发展现状与进展

有关鼓舞的6个项目已被国务院列入为国家级非物质文化遗产名录，成为我国古老文化和精神文明的象征。以鼓为基础所创造和发展的各种鼓舞、鼓乐等31个项目分别被陕西省人民政府列入第一批、第二批非物质文化遗产名录代表作。

鼓类乐器在依耆氏时代就已经出现；春秋战国时期，“一鼓作气，再而衰，三而竭”；秦汉时期，乐府中，击鼓的定员编制有12种之多；唐代时期，宫廷乐部有记载的鼓类乐器就有十余种，鼓的种类也增加到15种“晨钟暮鼓”；北宋时期，沈括在"梦溪笔谈"中已经对鼓进行了声学的研究瓷窑址中的“瓷鼓”；南宋时期，民间有了鼓乐的记载；清代时期，宫廷编纂的“皇朝礼器图式”中，出现了达卜（手鼓）、那噶喇（奴古拉鼓）等西北少数民族的鼓的记载。

3. 鼓舞的意义和传承

1）鼓舞的特点与文化内涵

隐藏着历史记忆，丰富精神生活及民族精神的象征，是中华民族伟大复兴的象征。

2）鼓舞发展渠道

① 民间乡土鼓舞；② 校园鼓舞教育；③ 政府支持发展并长期参与大型鼓舞表演。

3）鼓舞的表现特点

（1）传承传统文化：以鼓作为一条主线，从原始氏族部落，历经奴隶社会以及漫长的封建社会，使民族文化的发展具有承上启下的因袭关系；

（2）体现民族传统审美观点和精神风貌：包括民族的宗教信仰、思想情感、道德观念和审美情趣等，安塞腰鼓的激越奔放，蛮敲狂舞的上锣鼓，牛拉鼓气势磅礴，刚劲的洛川瞥鼓欢跃，蛟龙转鼓、百面锣鼓、十面锣鼓以及老鼓、素鼓等都与民间鼓舞发展有着直接的关系。

（3）珍贵的民间艺术资料：流传广泛的陕北腰鼓、洛川蹩鼓、华阴素鼓、富平老鼓、勉县对鼓、渭南八仙鼓、乾县蛟龙转鼓、宝鸡刁鼓、陕南羊皮鼓、咸阳牛拉鼓以及韩城的五支梅花鼓（又称五圆鼓）和气势磅礴的百面锣鼓之外，还有跑鼓、抬鼓、背花鼓、蹦鼓、胸鼓、转鼓、花鼓、月牙鼓、踢鼓、打丧鼓、陕南锣鼓操等，真可谓丰富多彩、琳琅满目，是研究我国传统民族民间舞蹈艺术的重要基础。

4）对传统农耕文化的展望

（1）鼓舞文化：① 提升价值，满足现代需求；② 现代化手段记录；③ 旧瓶装新酒；④ 宣传、展示、保护。

（2）农耕文化：① 提取精华，结合现代科技；② 传统理念的现代化应用；③ 融入传统节日、发展旅游。

8.3.4 河谷典型活动——捕鱼

1. 哥伦比亚流域捕鱼地——塞利诺（Celilo）瀑布

塞利诺瀑布（图8-57）是哥伦比亚河的捕捞点，那里的原住民聚落以及贸易集市以多种格局存在了15000年，塞利诺村是北美最古老的一直有人居住的村庄。

15000年来，原住民聚集在这里捕鱼和交换商品。历史统计，每年有1500～2000万的鲑鱼穿过瀑布，使得这里成为北美最著名的捕鱼点。大多数捕捞的鲑鱼被印第安人卖给了罐头食品厂，他们建造了索道，免费将印第安人运到捕鱼点，每年水位升高时，索道就会被拆掉（图8-58）。

2. 哥伦比亚流域捕鱼地消失

（1）文化入侵：白人来到了北美，带着与土著截然不同的文化，在这里扎根生长，开始了长达数世纪而且至今尚未停止的文化冲击。技术和器物上的先进，使白人得以在新大陆立足；制度和组织上的发达，则赋予白人重建社会的可能；以征服自然、增值财富为目标的人生观，使白人具有强烈的攫取和夺占的欲望。他们与印第安人之间，发生着激烈的生存竞争。占据优势的白人文化，迫使土著

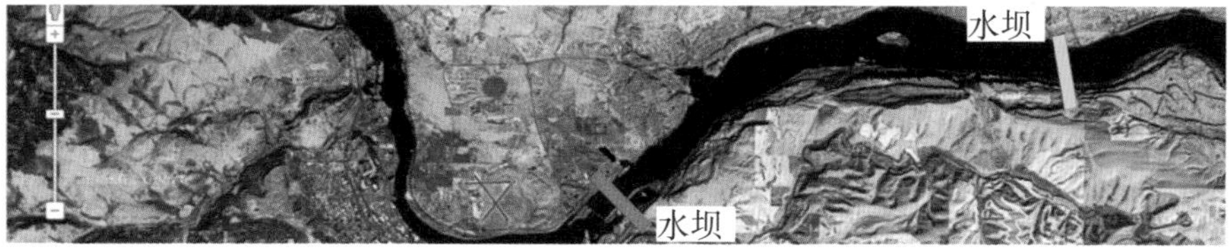

图8–57 塞利诺瀑布
Figure8-57 Celio Falls
图片来源：Google地球截图

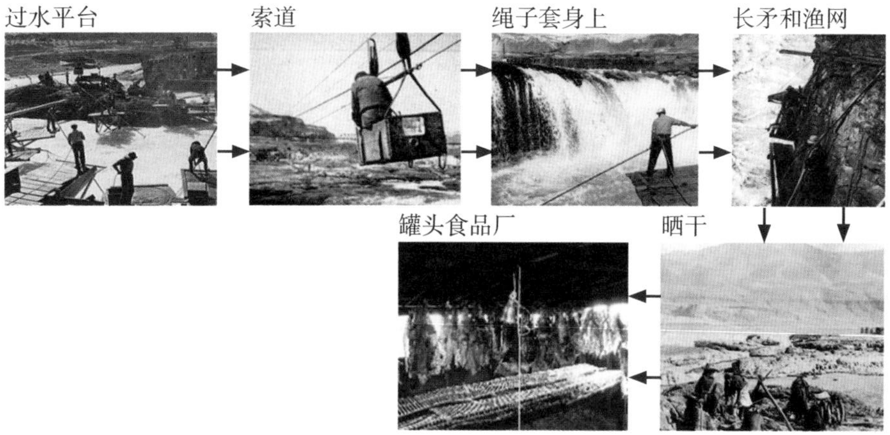

图8–58 部落捕鱼及加工
Figure8-58 From tribal fishing to food processing
图片来源：维基百科 www.en.wikipedia.org

文化为其让路。

（2）大坝建设：20世纪三四十年代，提出在哥伦比亚河建设水电大坝，满足农业、工业等的需求。Dalles大坝建于1952年，1957年完工，在1967年3月10号，成百上千的人来到这里眼睁睁地看着上升的水位慢慢淹没了瀑布，淹没了捕鱼台以及整个塞利诺村。

（3）补偿措施：作为对印第安人捕鱼权的补偿，美国陆军工程兵部队对该地区的印第安部落支付了上百万美元，为他们新建了部落长屋。虽然历史捕鱼点已经消失了，但美国陆军工程兵部队为他们提供了一个新的捕鱼区域，通过刺网或河边的平台来捕鱼。渔民们成立了渔业公司，还在网上卖鱼。

3. 印第安活动的转型与文化冲突

从总体上说，白人文化在势能上据有极大的优势，这种优势不仅使白人获得剥夺土著居民以实现白人社会扩张的机会，而且在白人文化中滋长强烈的种族优越感和文化偏见，从而形成一场以征服和改造土著文化为宗旨的“文明开化”运动。

1）文化占领

衣：衬衣、外套、裤子、裙子、帽子、鞋子和袜子早已为他们所接受，传统的服饰只有在庆典仪式上才得以展示。

食：男子蓄发涂面的风俗，也日益少见。食谱不同于过去，驯养的牛、羊、猪肉代替了兽肉，面包、牛奶、咖啡等食物饮料出现在他们的餐桌上。

住：大部分人住进固定房舍，有的还建造砖石楼房，室内家具与白人家庭无异。

行：狩猎、采集等活动，自19世纪中叶以后便逐渐减少，沿海部落所从事的捕捞业，由于技术和设备的更新，也非往日可比；现今，居住在保留地的印第安人主要以从事农牧业、旅游业和采矿业为谋生方式；在城市则充当工人和职员，以工资为生。

俗：多妻制早已为美国政府所禁止，青年一代在婚恋方面已与白人没有多大差别。语言上的复杂多样性在不断消减，约有上百种部落语言业已失传。

2）文化解读

印第安人的生活方式和社会结构，从根本上说仍然是传统的，与主流文化有着鲜明的差异。他们依旧维持传统的家族血亲制度，以部落作为社会和政治系统的核心，信奉传统的价值观念，举行传统的宗教和世俗仪式。害怕竞争和紧张的生活节奏，轻视个人占有而崇尚共同分享，依恋部落亲情，注重群体的作用，畏惧孤独，不愿意远离故土。除了少数部落曾经主动吸纳白人文化和少数技术与器物，印第安人在这一社会文化变迁中总体上处于被动地位。

8.4 河谷地区人居建设研究

8.4.1 河谷地区生态安全格局建设

8.4.1.1 研究河谷地区生态安全的原因

河谷两岸生态修复：

天然原生状态下的河谷，对人居而言，存在多种较为优越的自然地理条件，因此吸引人类在此聚居，生活繁衍了数千年（图8-59），其主要特征有：① 自然资源丰富；② 地形地貌丰富多样；③ 生物多样性丰富；④ 视觉景观资源丰富。

随着时间的推移，河谷地区城市在经济、社会、生态上的发展不尽如人意。可见河谷地区的人居环境建设出现了一系列人与自然的问题与矛盾：① 城市扩展与有限的用地规模间的矛盾——用地紧张、发展受限、交通压力；② 过度开发导致资源枯竭——矿产资源开发过度；③ 人类建设引发自然灾害——河道侵占、陡坡开荒。

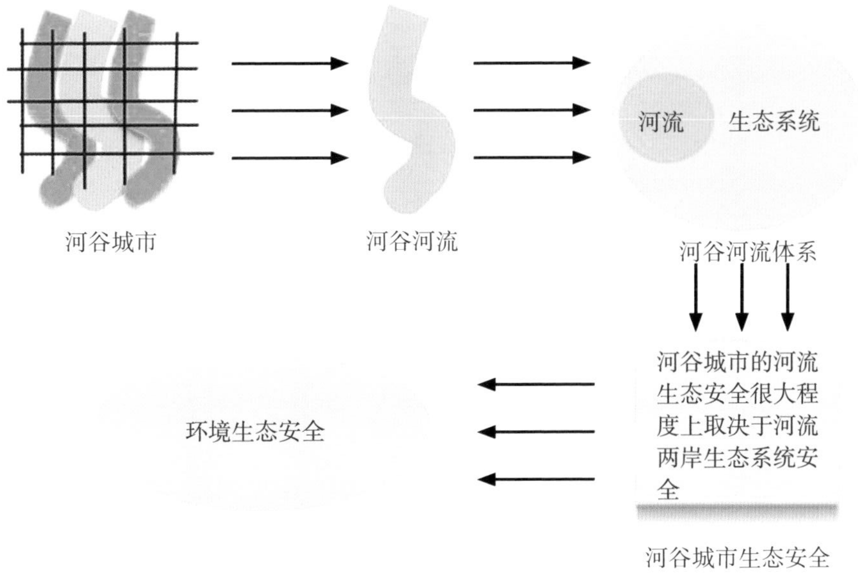

图8–59 河谷地区生态安全示意图
Figure8-59 Schematic of ecological security of valley region

8.4.1.2 河谷地区的生态系统机制

以红水河谷为例，生态系统机制构建措施如下：

（1）库区生态休闲游憩业发展内容：① 森林休闲游憩；② 农业休闲游憩；③ 渔业休闲游憩。

（2）发展旅游联动服务性商业。

（3）生态移民：把位于流域环境脆弱地区高度分散的人口集中起来，使生态脆弱地区达到人口、资源、环境和经济社会的协调可持续发展。

（4）封山育林，退耕还林还草：从根本上解决水土流失问题，提高水源涵养能力，改善红水河流域生态环境，增强地区防涝、抗旱能力，提高土地生产力。

（5）兴建农村沼气池：有利于缓解人们对薪柴的依赖，减少树木的砍伐与焚烧，防止水土的流失，防风固沙，实现生态的可持续发展，为水资源的可持续利用提供了良好的保障。

（6）政策机制途径：① 改革和完善现行管理体制；② 改革和完善水库淹没补偿制度；③ 调整和优化产业结构，促进库区经济持续稳定发展；④ 推动移民工作法制化建设。

生态补偿机制流程见图8-60。

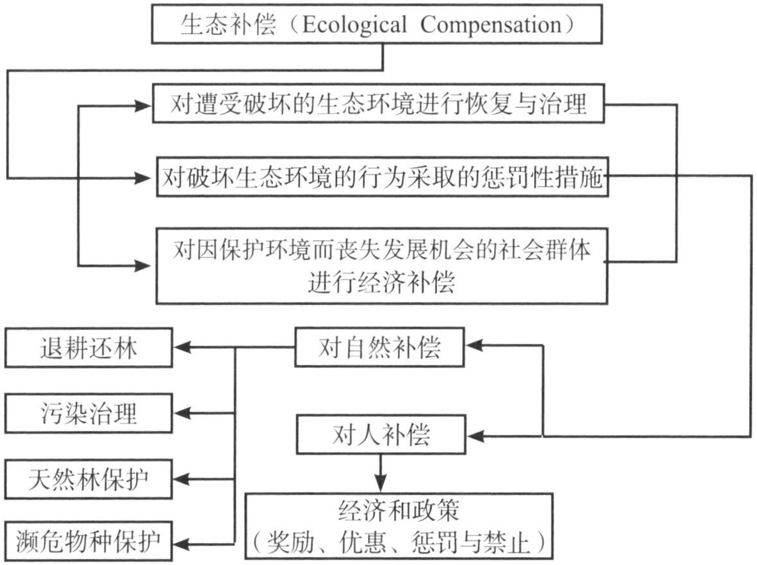

图8–60 生态补偿机制流程图
Figure8-60 Diagram of ecological compensation mechanism

（7）绿色信贷——优先向绿色环保企业贷款，推迟或取消环保不达标企业的贷款，甚至收回信贷。① 明确环境责任是法制建设的重点：只有明确的责任才能将权、责、利有机地结合在一起，从而使政府、企业和银行三方都有激励去保护环境，减少污染。② 激励机制是政策指导的有力保障：良好的激励机制是银行和企业在接受绿色信贷时“有利可图”；在激励机制的引导下，银行、企业才会自发地遵守原则并开展绿色信贷业务。③ 注重标准制定是绿色信贷的有效手段：规范地方政府行为，调整优化经济经济结构；完善激励机制，提高金融支持节能减排力度；推进环境责任体系建设，强化环境污染责任；完善相关财政政策，加大政策的支持力度；建立有效的信息沟通机制。

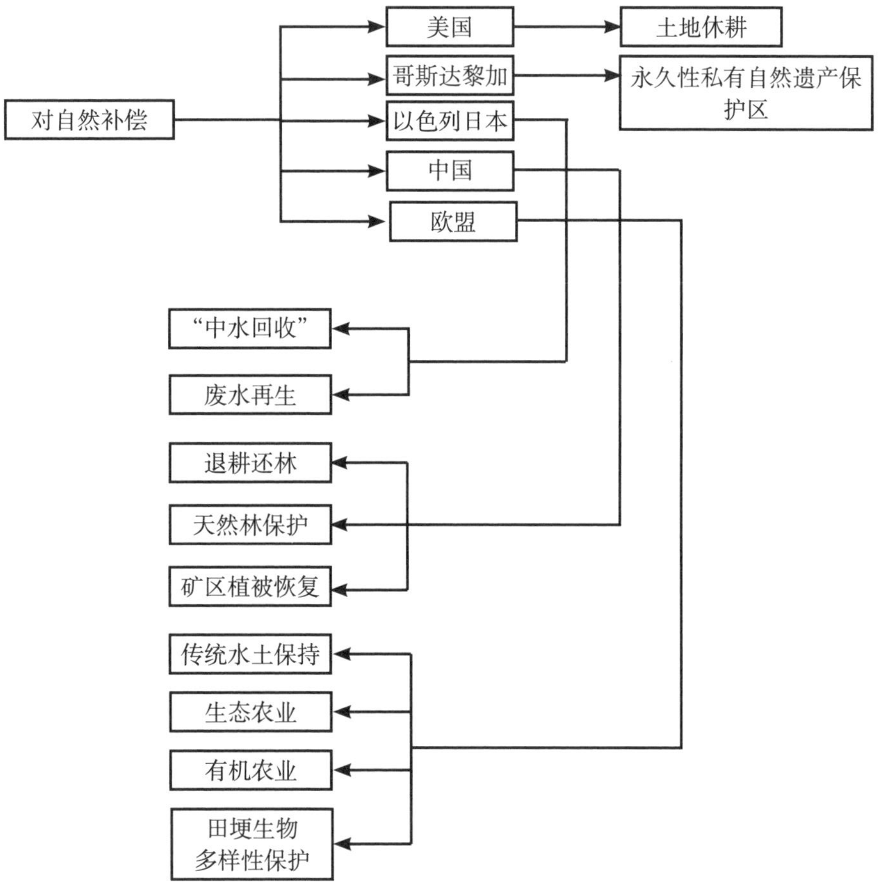

图8–61 自然补偿手段
Figure8-61 Natural resource compensation: methods for restoring lost functions and values

生态补偿机制具体补偿手段见图8–61 ~ 图8–63。

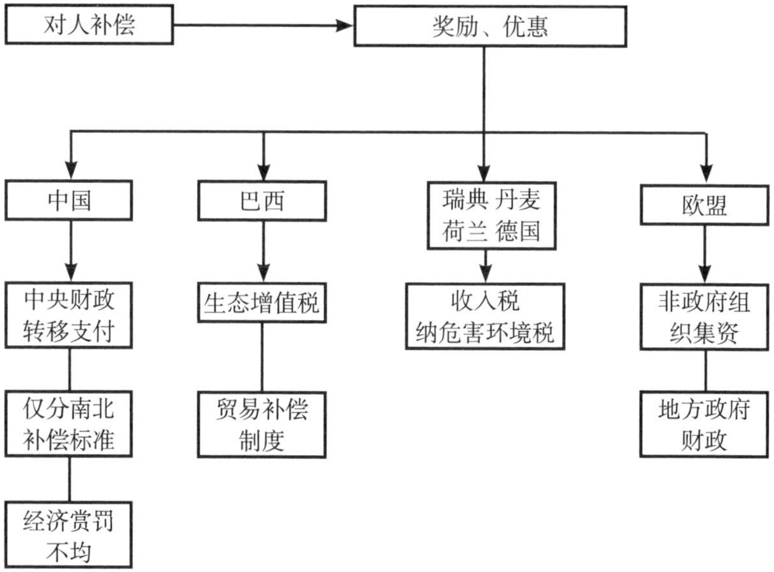

图8–62 对人的补偿
Figure8-62 Ecological compensation for people

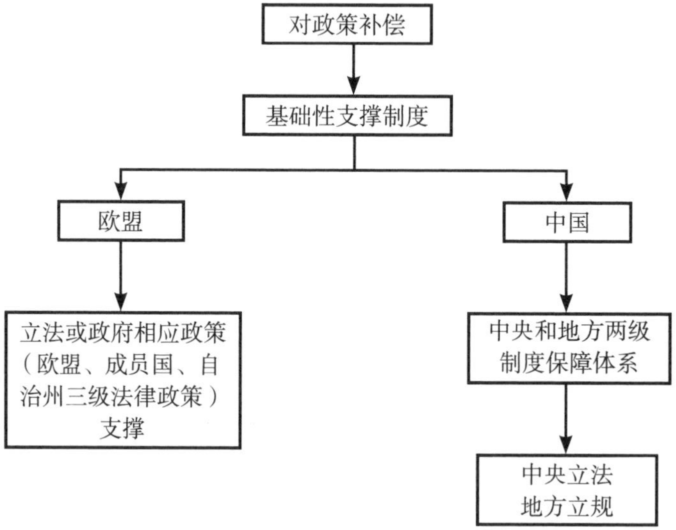

图8–63 生态补偿政策层面
Figure8–63 Ecological compensation policy

8.4.1.3 河谷生态经济区景观要素与功能设计

红水河河谷生态经济区景观要素及景观功能见表8-17。

表 8-17 红水河河谷生态经济区景观要素及景观功能
Table8-17 Landscape elements and landscape functions of Hongshui River Valley Eco-economic Zone

<table>
<tr><th colspan="3" rowspan="2">地形特征</th><th colspan="4">景观结构</th><th rowspan="2">景观特征</th><th rowspan="2">景观功能</th><th colspan="2" rowspan="2">可设计景观</th></tr>
<tr><th colspan="3">景观单元形态</th><th>空间形态</th></tr>
<tr><td rowspan="11">红水河河谷</td><td>山顶</td><td>平台</td><td colspan="2">廊</td><td>构成景观斑块</td><td>岛状散布</td><td>荒草地和裸岩景观</td><td>景观焦点和天际线</td><td>登山、探险和旅游</td><td rowspan="3">旅游观光景观带</td></tr>
<tr><td rowspan="3">河谷陡坡</td><td>鞍部</td><td rowspan="6">宽廊</td><td rowspan="3">窄廊</td><td>构成景观斑块</td><td rowspan="3">交叉镶嵌</td><td rowspan="3">林地灌丛景观</td><td rowspan="6">虽然有地段性的廊道和斑块，但它是带状景观完整性建设的中心</td><td rowspan="2">人工围场和花灌景观</td></tr>
<tr><td>阳坡</td><td>构成景观斑块</td></tr>
<tr><td>阴坡</td><td>构成景观斑块</td><td rowspan="4">林果观光、森林公园、森林浴场和观光度假带</td><td rowspan="8">观光休闲景观带</td></tr>
<tr><td rowspan="3">河谷缓坡</td><td>阴坡</td><td rowspan="3">窄廊</td><td>构成景观斑块</td><td rowspan="2">交叉镶嵌</td><td rowspan="2">林地和疏灌林景观</td></tr>
<tr><td>阳坡</td><td>构成景观斑块</td></tr>
<tr><td>高台地</td><td>构成景观基质</td><td>带状连续</td><td>居民区和林果景观</td></tr>
<tr><td rowspan="4">河谷底部</td><td>坝地</td><td colspan="2" rowspan="4">廊</td><td>构成景观斑块</td><td rowspan="3">交叉镶嵌</td><td>优质农田景观</td><td rowspan="4">河谷生态经济区整体景观破碎化地带，是景观构成的主题</td><td rowspan="4">是农业主题园、观光园、采摘园、农耕体验、农业实践园和经济管理服务景观地带</td></tr>
<tr><td>低台地</td><td>构成景观斑块</td><td>旱地和林果景观</td></tr>
<tr><td>河漫滩</td><td>构成景观斑块</td><td>地段性林果景观</td></tr>
<tr><td>河道</td><td>构成景观基质</td><td>带状连续</td><td>水体景观</td></tr>
</table>

8.4.1.4 河谷地区生态安全格局建设

生态安全格局也称生态安全框架，指景观中存在某种潜在的生态系统空间格局，它由景观中的某些关键的局部，其所处方位和空间联系共同构成。生态安全格局对维护或控制特定地段的某种生态过程有着重要的意义[7]。

区域生态安全格局（Regional Ecological Security Pattern，图8-64）：① 是人类开发自然资源的阈限；② 能够保护和恢复生物多样性的格局；③ 维持生态系统结构和过程完整性的格局；④ 实现对区域生态问题的有效控制和持续改善。

以岩滩水利枢纽为例，自十八大提出全面建设中国特色社会主义新农村以来，当地政府通过一系列措施加快了区域经济一体化，城乡发展一体化进程。

但现状是岩滩水利枢纽所涉及的少数民族大多是原住民，无其他生计来源，依靠土地为生的农民对土地有着天然的依赖。概括地说，岩滩库区属于典型的“老、少、边、山、穷”地区。故而岩滩水电站的建设，主要是为了拉动地方经济，由此产生了大化县这样一个典型的因水电而诞生的自治县。作为广西十大发电企业之一，截至2007年12月31日，岩滩水电站累计发电量为732.86亿kW·h，每年上缴给大化县的税收高达1000多万元，占大化县税收总和的一半。

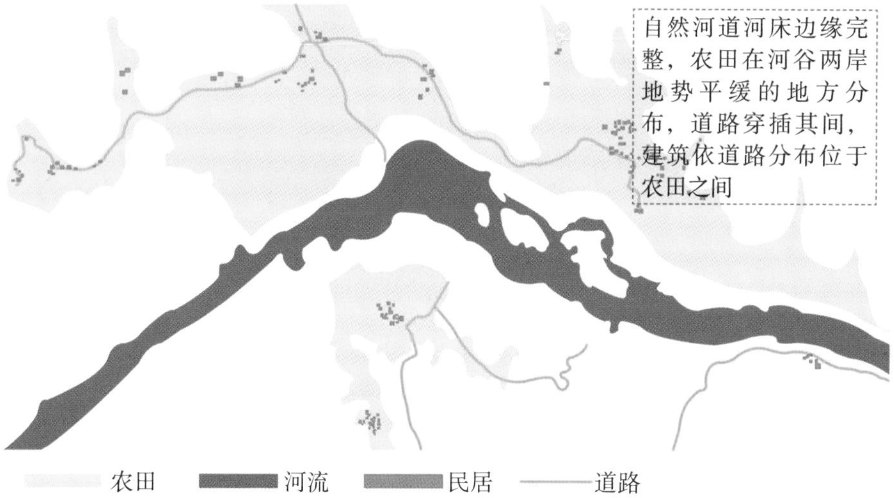
自然河道河床边缘完整，农田在河谷两岸地势平缓的地方分布，道路穿插其间，建筑依道路分布位于农田之间
农田
河流
民居
道路

图8-64 区域生态安全格局
Figure8-64 Regional ecological security pattern

区域性景观的特征：① 区域性——具有明显的连续性，并不因为行政边界的划分而中断。② 被动性——破坏来源于其周边的各种因素，尤其是工业化与城市化。③ 生态性——区别于其他环境的最大特征，牵涉到一个整体的生态环境。必须以区域尺度、城乡联动的意识与生态观点作为区域景观分析研究与规划设计的出发点，可采取以下策略：

（1）保持河谷流域区域景观的整体性（图8–65）：① 生态格局的区域性；② 区域景观的内在有机性；③ 区域景观过程的完整性；④ 区域景观空间的连续性；⑤ 区域景观历史演化的延续性。

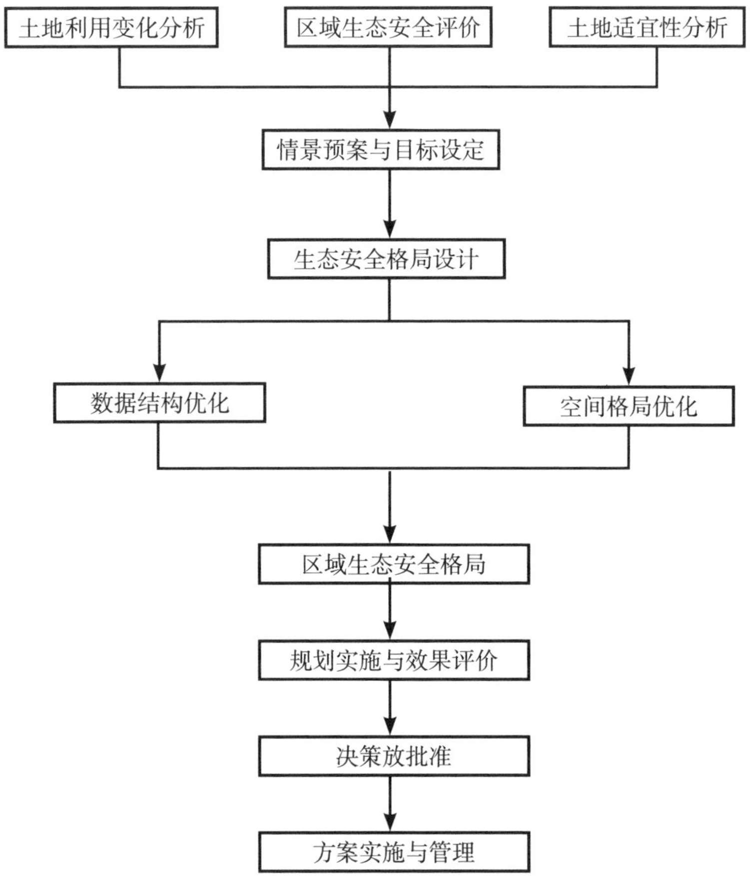

图8–65 区域生态安全格局建设框架
Figure8-65 Framework of regional ecological security pattern construction

（2）重现河谷流域区域景观的地方性：① 历史文脉的延续；② 现代化、工业化、城镇化过程中，历史的再现；③ 在区域景观异化或同化作用下，保护特色与个性。

（3）保存河谷流域区域生态的多样性：① 生境多样性；② 生物种群多样性；③ 区域景观异质性；④ 区域文化景观在时间维度的文化多样性。

河谷地区水陆交错地带是重要关注的区域：自然界面—水陆生态交错带（Ecotone），又称生态过渡带和生态脆弱带。它控制着生物和非生物要素的运移，它并不是两个界面机械地叠加，具有以下特征：

河谷地区生态安全格局建设见图8–66，区域生态景观见图8–67。

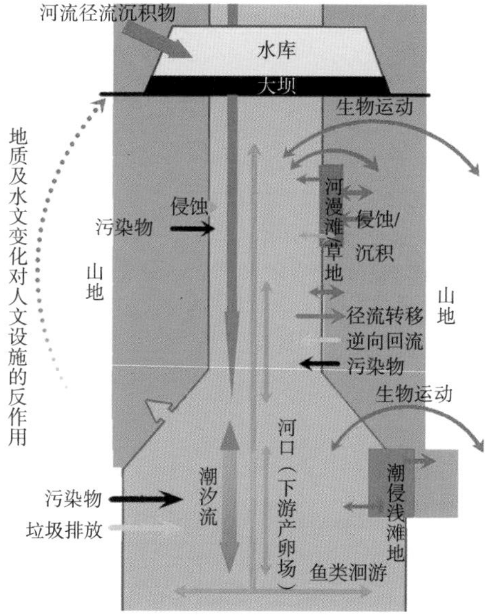

图8–66 河谷型地区生态安全格局建设示意图
Figure8-66 Schematic of ecological security pattern construction in valley regions

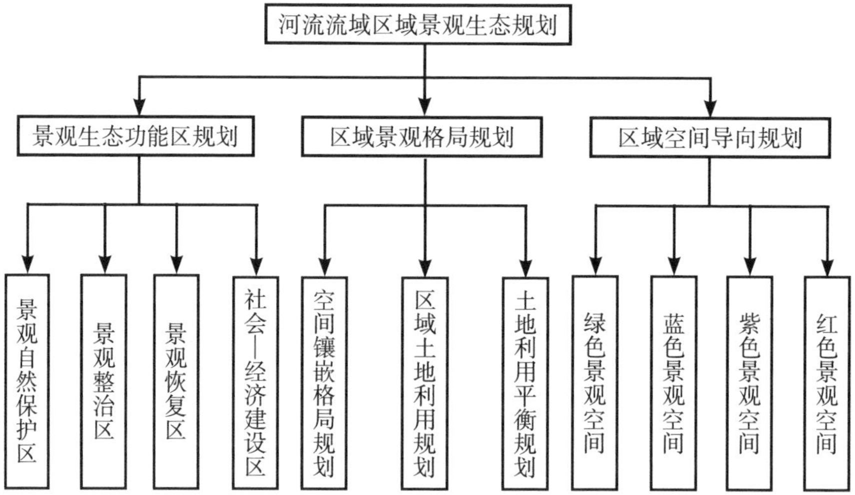

图8–67 河谷地区区域景观生态规划框架
Figure8-67 Framework of regional ecological planning in valley regions

（1）水陆自然交错带特征：① 食物链长，生物多样性增加；② 系统内部种群竞争激烈；③ 抗干扰能力差，恢复周期长；④ 自然波动与人为干扰交错，易紊乱、崩溃。红水河水电工程对城市及区域生态环境影响见图8-68。

（2）水陆交错地带生态修复的特征：

生态护岸设计包括（图8-69、图8-70）：① 使用植物或非植物性的生态材料；② 减轻坡面及坡脚的侵蚀和不稳定性；③ 重视驳岸连接度；④ 非典型段需结合防护林带作为功能缓冲区。

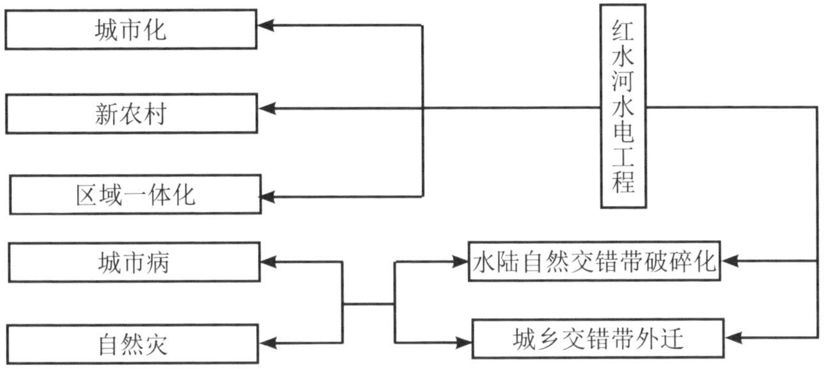

图8-68 红水河水电工程对城市及区域生态环境的影响

Figure8-68 The influence of hydroelectric projects on cities and regional ecological environment in valley regions

图8-69 生态护岸设计意向图

Figure8-69 Images of embankments ecological restoration

图片来源：邵武水利 www.swslj.shaowu.gov.cn

新黄山网www.xinhs.cn

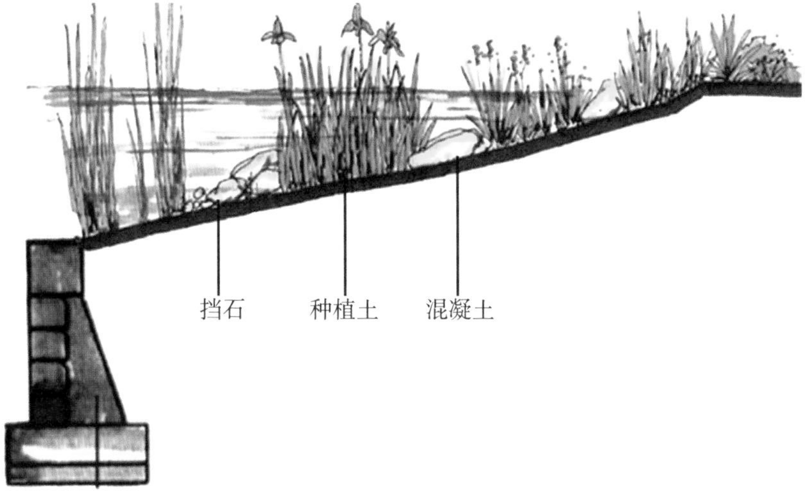

图8-70 生态护岸剖面图

Figure8-70 Section of ecological embankment

8.4.2 河谷地区生态环境保护技术

8.4.2.1 宏观策略——河流廊道生态修复（以哥伦比亚河为例）

哥伦比亚河历史风景道的建设：20世纪初，美国人提出了结合历史保护，旅游开发等，对最初废弃的30号公路被破坏的部分进行修复，建立哥伦比亚河历史风景道。其中部分道路和生态敏感区被设为非机动车通行道供游人骑自行车和徒步。

1）历史文化条件

哥伦比亚河历史风景道是美国历史最悠久的风景道之一，风景道沿线有丰富的历史文化资源，包括历史建筑（如桥梁、隧道、围墙），历史休闲游憩区、州立公园、历史悠久的露营地、野餐地等。风景道规划对这些现在已经废弃不用但当初却十分先进的工程建筑物，如摩特诺玛（Multuomah）河大桥、米切尔点隧道、罗伊纳循环、干峡谷溪特大桥等，进行了精心的修复。现在这些建筑物都成为了风景道的重要景点。

2）自然资源

风景道沿途景观壮美，有5个大型瀑布，其中包括高差超过274m的摩特诺玛瀑布（Multuomah Falls）。风景道穿越地区绝大多数为国家森林及国家公园区，环境优美，特别是在春季，哥伦比亚河峡谷野花怒放，景色优美，该区还是一个生物学的宝库，有50余种该区特有的植物物种。[8]风景道的规划中对这些资源进行了细致的统计，并列出了详细的保护措施。修建了大量的非机动车道，将风景道与国家公园内景点进行连接。河谷地区生态安全格局建设框架见图8-71，河谷地区河流景观生态恢复流程见图8-72，河谷生境生态恢复见图8-73。

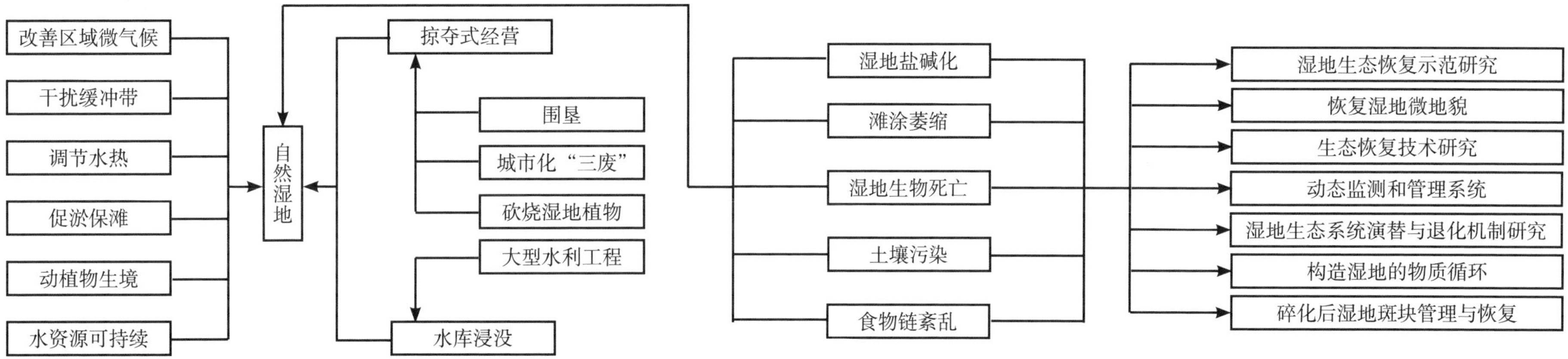

图8-71 河谷地区生态安全格局建设框架
Figure8-71 Framework of ecological security pattern construction in valley regions

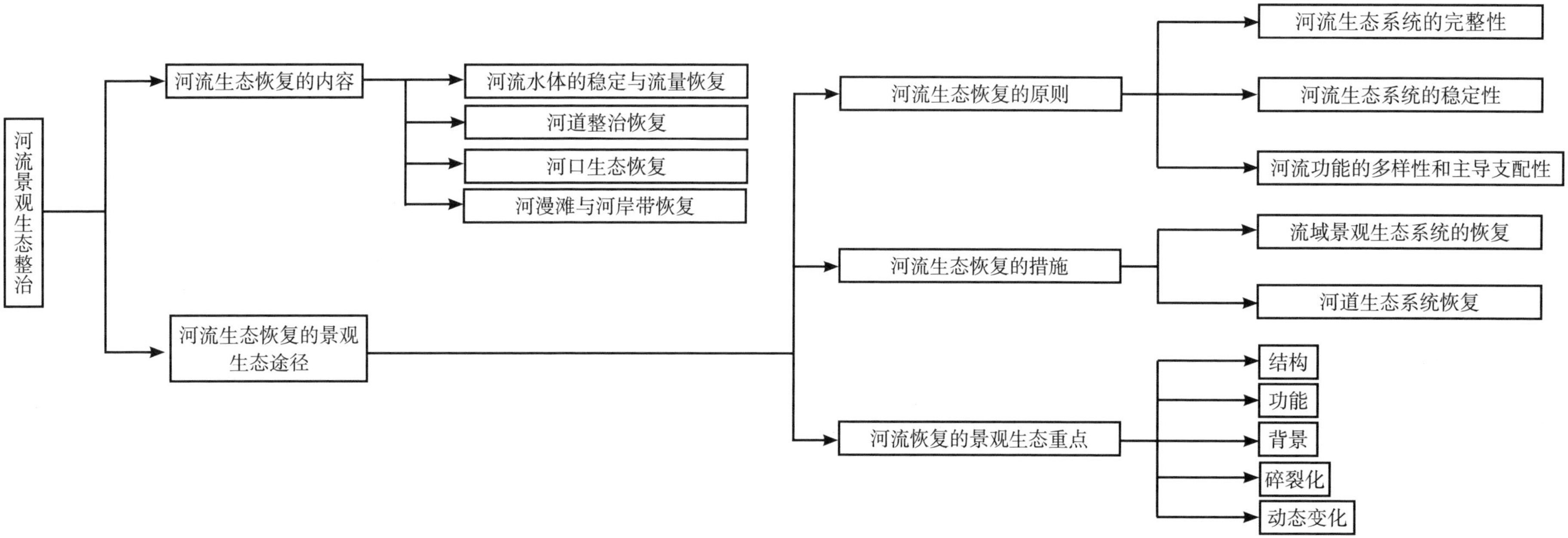

图8-72 河谷地区河流景观生态恢复流程
Figure8-72 Framework of river ecological restoration in valley regions

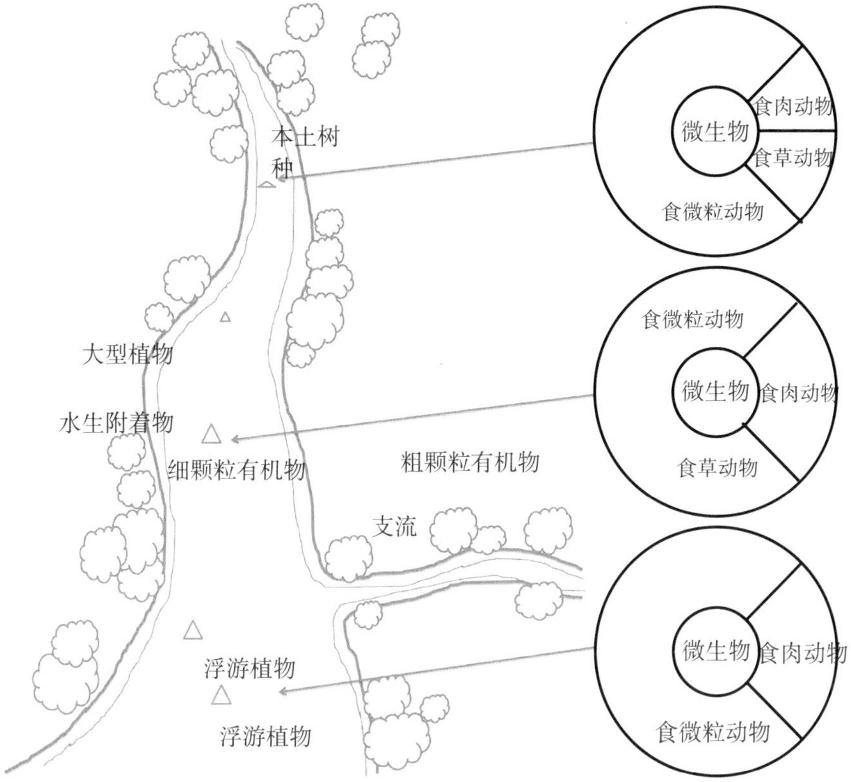

图8-73 河谷地区河道生境生态恢复示意图
Figure8-73 Schematic of river habitat restoration

风景道上具体要素的规划与设计：保留历史建筑，体现当地特色，以生态为原则，护水、护岸。通过向游憩活动的转型，很好地将历史文化融入现代生活。

陆域要素：保留滨水历史建筑，进行功能转换；道路与游径系统分3级：驾车风景道、陆上游径系统、水上风景道；保护本地区的环境与生物多样性；游憩娱乐活动丰富，配备休闲娱乐设施、餐饮住宿等，为游客游览提供了极大的便利；风景道解说及交通标志系统完善并富有特色。

岸域要素：哥伦比亚河历史风景道岸线的设计具有很好的亲和力和吸引力。保留了原始曲折起伏的形态，体现河道的自然肌理。

水域要素：在保证安全的基础上从美学角度进行规划设计，同时保证水体的生态性，构建多样性的水生生态系统；开展丰富的水上活动。

三要素联系见图8-74，三要素规划目标见图8-75。

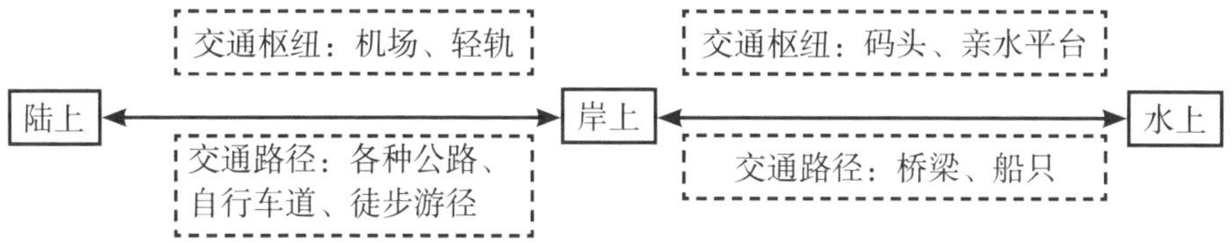

图8-74 三要素联系示意图
Figure8-74 Schematic of relationships among three elements

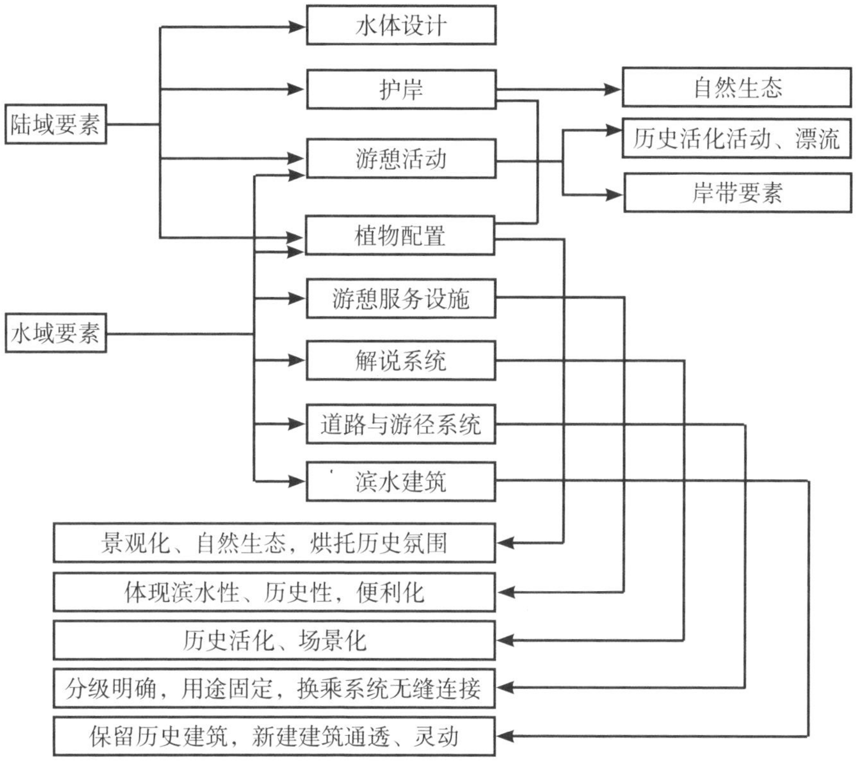

图8-75 三要素规划目标
Figure8-75 Planning objectives of three elements

8.4.2.2 中观策略

1．水源涵养保护和雨洪调节

1）水源涵养

保护水源地、加强水源涵养林的建设，增加留在本地的水资源总量，通过加强涵养回补地下径流，增加河川枯水期径流量。水源涵养的重点地区：① 饮用水源保护区及缓冲区；② 有饮用水源的重点流域；③ 森林覆盖度较高的重要植被区；④ 易涵养土壤的地区（表8–18）。

表 8–18 水源涵养建议措施
Table8-18 Rainwater harvesting proposed measures

控制要素	类型	建议措施
控制片区	饮用水源保护区	水源缓冲区、水源涵养林
	其他水源保护区	水源缓冲区、水源涵养林
	植被缓冲带	生态驳岸、滨河湿地带、乡土植物种植带

2）雨洪调蓄

途径一：在河谷城市的城区内设置包括雨水调蓄池、道路边沟和小型蓄水湿地等在内的雨水管理系统（图8–76），旨在调蓄、收集雨水，增加雨水下渗。途径二：场地雨水由“外排”转向“内蓄”，可缓解洪涝风险，并将生态净化后的雨水收集回用（图8–77）。

对策：建立和城市管网相结合的雨水管理系统，增强水系统自身调节能力，收集利用雨洪水；管理地表径流过程，雨水经由主要控制单元滞蓄、净化后再排入河流水系，缓解洪涝风险和水质污染。

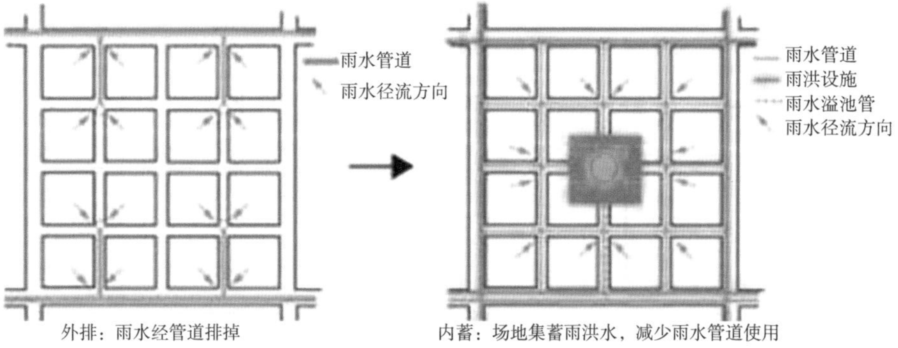

图8–77 雨洪调蓄途径二示意图
Figure8-77 Schematic of flood control measure II

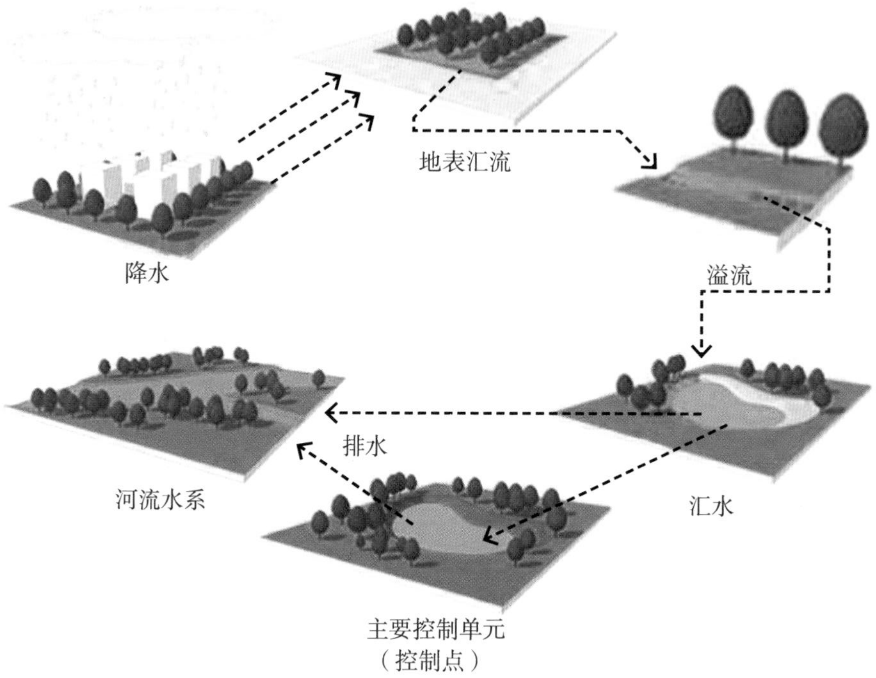

图8–76 雨洪调蓄途径一示意图
Figure8-76 Schematic of flood control measure I
图片来源：莫琳，俞孔坚. 生态雨洪调蓄系统规划研究[J]. 城市发展研究，2012（05）：05

（1）场地雨水收集。屋面雨水收集：考虑雨水综合利用与排放（图8–78）；结合屋顶绿化构造实现（图8–79）；考虑屋顶雨水的收集利用。

图8–78 雨水综合利用与排放示意图
Figure8-78 Rainwater harvesting and Utilization
图片来源：www.env.go.jp

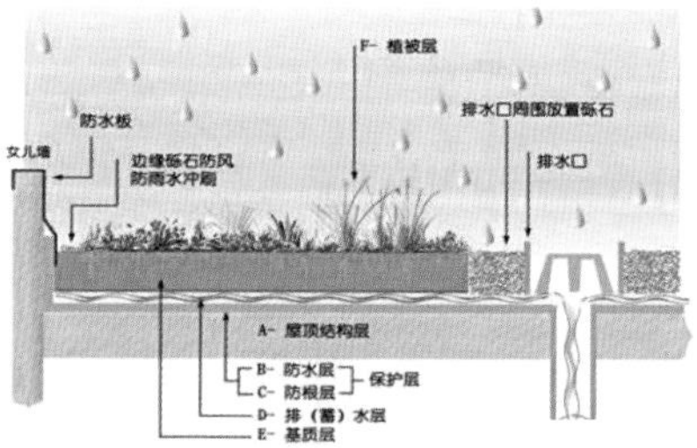

图8–79 屋面雨水收集示意图
Figure8-79 Schematic of rooftop rainwater harvesting
图片来源：中国建筑绿化网 www.a-green.cn

（2）路面雨水收集：采用道路边沟、透水铺装等。美国俄勒冈州西南12大街绿色街道项目采用了网络状人行道暴雨系统，将街道雨水收集处理分散到一系列的渗透性种植池中。这些种植池一方面减缓水体速度，增加下渗量，另一方面可净化水质，减少雨水的中级处理程序（图8-80）。

（3）小型绿地雨水收集净化：以美国马萨诸塞州剑桥市哈佛大学黑石电厂改造项目中的暴雨花园为例，该花园经过特别设计能收集和净化全年雨量的90%，它有效地防止了受污染的径流和地下水溢出的污染物流入附近的河流（图8-81、图8-82）。

图8-80 波特兰暴雨系统
Figure8-80 Storm-water system of Portland City
图片来源：里埃特 · 玛格丽丝，亚历山大 · 罗宾逊. 生命的系统：景观设计材料与技术创新[M]. 大连：大连理工大学出版社，2009

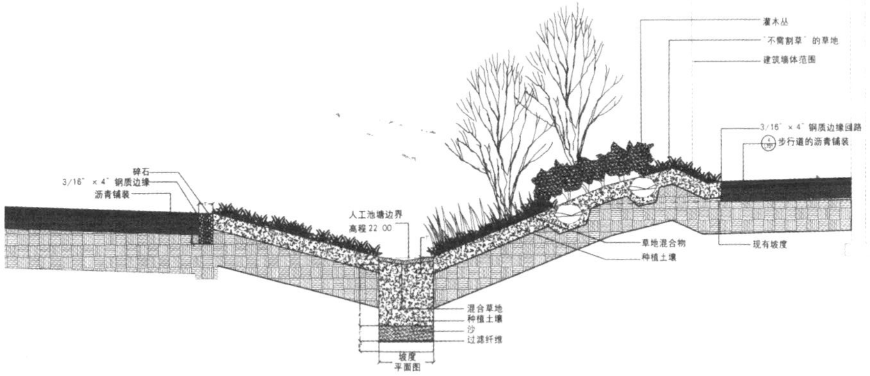

图8-81 暴雨花园剖面图
Figure8-81 Section of a rain garden
图片来源：里埃特 · 玛格丽丝，亚历山大 · 罗宾逊. 生命的系统：景观设计材料与技术创新[M. 大连：大连理工大学出版社，2009

2. 廊道宽度控制

表 8-19 生态廊道类型及功能（1）
Table8-19 Eco-corridors types and functions (1)

功能类型	宽度（m）	说明
河谷生态系统缓冲带	≤30	保护无脊椎动物群
		保护小型哺乳类动物
		对于草本植物和鸟类，12m是区别线状和带状廊道的标准，12~30m能够包含多数边缘种，但多样性低
		维持喜阴树种种群最小廊道宽度
	≥30	伐木活动对无脊椎动物的影响消失
		开始产生林地的边界效应
		满足野生生物的生境需求
	≥60	保护两栖类
		有林地边缘生境，生物多样性相对较好
		满足动植物迁徙

图8-82 景观地形建造细部
Figure8-82 Details for terrain construction
图片来源：里埃特 · 玛格丽丝，亚历山大 · 罗宾逊. 生命的系统：景观设计材料与技术创新[M]. 大连：大连理工大学出版社，2009

生态廊道剖面如图8-83～图8-86所示。

图8-83 生态廊道剖面示意一
Figure8-83 Section of eco-corridor I

图8-84 生态廊道剖面示意二
Figure8-84 Section of eco-corridor II

图8-85 生态廊道剖面示意三
Figure8-85 Section of eco-corridor III

图8-86 生态廊道剖面示意四
Figure8-86 Section of eco-corridor IV

表 8-20 生态廊道类型及功能（2）
Table8-20 Eco-corridors types and functions (2)

功能类型	宽度（m）	说明
植物群落带	100	维持耐阴树种种群最小值的廊道宽度
鸟类保护廊道	168	保护大型鸟类较理想的硬木林的宽度
河谷生物多样性廊道	600~1200	创造自然化的物种多样性的景观结构
边缘效应宽度	1200	理想的廊道宽度依赖于边缘效应宽度，通常的边缘效应宽度为200~600m，小于1200m的廊道不会有真正的内部生境

从表8-19～表8-21可以看出，30m、60m和100m分别是廊道控制的三个关键节点，结合河谷城市河流两岸的坡地地形、防洪要求、植被类型、生物群落以及土地利用方式等选择相应宽度。

表 8-21 生态廊道类型及功能（3）
Table8-21 Eco-corridors types and functions (3)

功能类型	宽度（m）	说明
河谷生态系统缓冲带	≥7	7~60m，保护鱼类；10~20m，保护鱼类；11~200m，为鱼类提供所有有机质

8.4.2.3 微观策略—驳岸设计

现存问题：河道截弯取直；河道硬质化；河漫滩被城市建设侵蚀。

解决方式：恢复河谷两岸自然形态与绿化；避免生硬的边界；紧凑型的城镇空间形态；廊道宽度控制。

具体措施：改变河谷地区河岸硬质化、渠道化、混凝土化；变硬为软，增加与恢复浅滩，增加河岸植被多样性，恢复水体的自净能力及为水生生物提供生境（图8-87）。

廊道驳岸设计——双廊设计：

现存问题：河流绿化注重堤外绿化，较少考虑河漫滩等地内生态廊道的保护。

解决方式：将防洪堤向河道外推送，至少保证7m的河流生态廊道，堤外的公园绿化多采取生态技术与方法，进行雨洪应急设计和雨水净化湿地处理；双廊设计（图8-88）。

具体措施：堤内：不得建设永久性设施，少种大树，更多保证河漫滩等自然生态状况，为鱼类和水生生物提供生物栖息地；堤外：增加河岸植被多样性，为小型物生物提供生境。同时注重雨水收集与过滤，使得河流和两岸廊道在垂直和竖向上都形成良好的水循环。

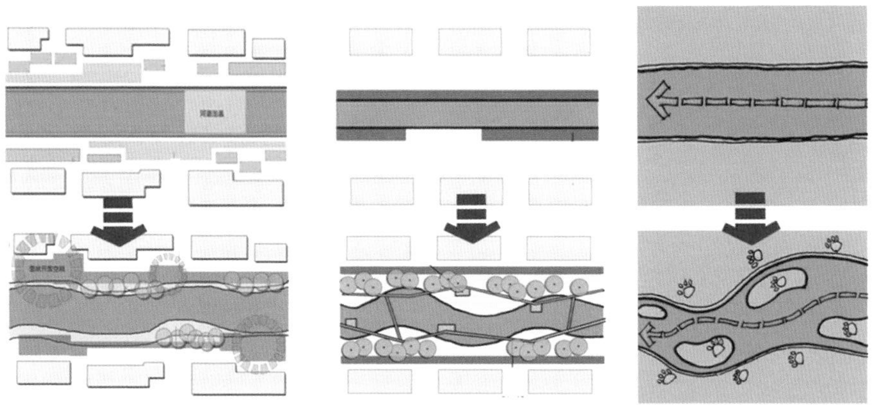

图8-87 河道去直取弯
Figure8-87 Schematic of river bending

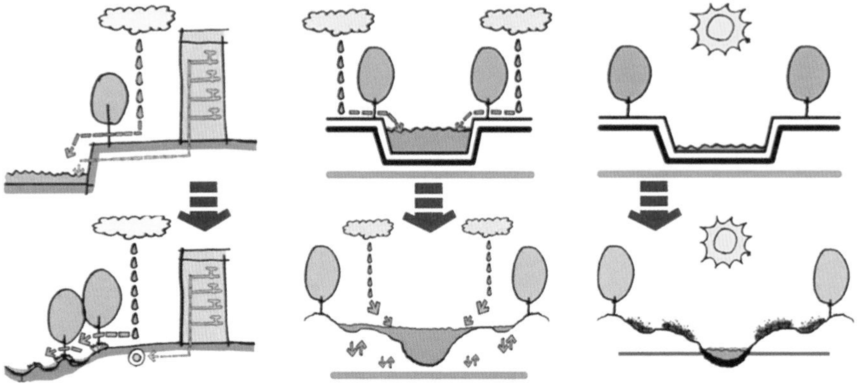

图8-88 生态廊道设计剖面图
Figure8-88 Section of eco-corridor design

8.4.3 案例研究——嘉陵江河谷地区生态建设

8.4.3.1 嘉陵江河谷地区森林防护体系分析

嘉陵江地形简析（图8-89）：

上游：昭化镇——不少地段河谷为 V 形，坡谷陡达40° 以上，居民绝大多数散居河谷或半山坡上，代表城市：宝鸡。

中游：昭化镇 、合川区——河曲发育，河谷宽300~800m，呈浅凹形，城镇发展历史悠久，代表城市：阆中。

下游：合川以下—河口——流经盆地东部U形岭谷地带，河谷宽 400~600m，城镇发展历史悠久，代表城市：重庆。

1．河谷森林防护体系重要性

森林生态系统群落结构的复杂性和能量物质转化的高效性决定了它强大的生态功能，以至于它在生态平衡中的作用是其他陆地生态系统所不能比拟的。

2．嘉陵江流域植被现状

嘉陵江流域植被在区划上主要属亚热带常绿阔叶林区。现存植被：主要为次生的暖性针叶林、常绿阔叶林、常绿与落叶阔叶混交林、针阔混交林、竹林及灌草丛等。

主要树种（图8-90）：有马尾松、按树、杉木、柏树、桐树、麻柳、樟树、槐树及竹类。珍稀植物有：剑阁柏、珙桐、水青树、连香树、领春木、天麻、红豆树、水杉、楠木、桢楠、银杏、天麻等，其中剑阁柏被列为世界珍奇种。

经济林木：苹果、花椒、杜仲、核桃、柿为主。

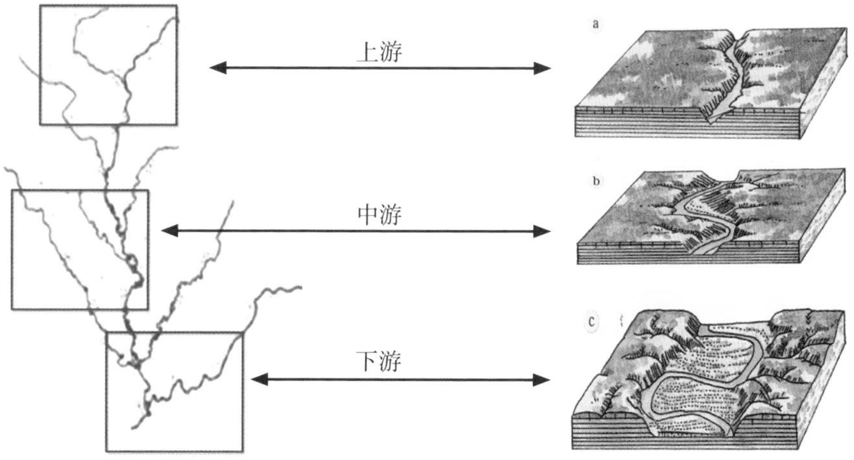

图8-89 嘉陵江地形简析
Figure8-89 Analysis of Jialing river's terrain

图片来源：地理课程开发研究所. 人教版高中地理必修一[M]. 北京：人民教育出版社，2014

剑阁柏树干似松，枝叶似柏，果实大于柏果而小于松果，既像松又像柏，松柏枝叶杂生[11]。剑阁柏绝世直立，二十五六米之内，绝无旁枝，其冠若伞，遮天蔽日，顶风扛雨（图8-91）。

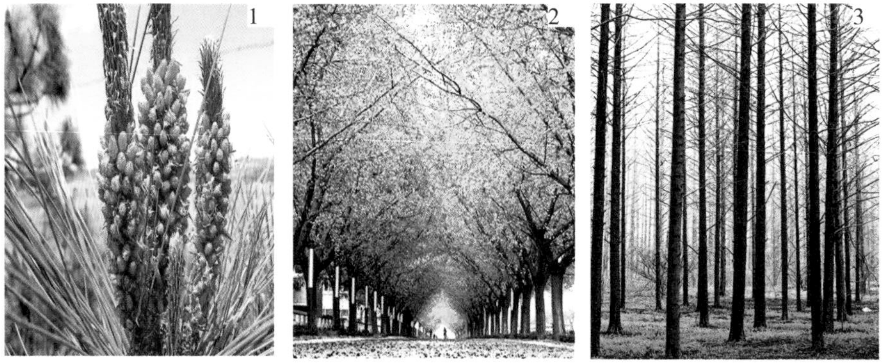

图8-90 嘉陵江河谷地区主要树种
Figure8-90 The main tree species in the Jialing river valley regions
图片来源：1. www.youboy.com; 2.www.xyw.gov.cn; 3. www.tuchong.com

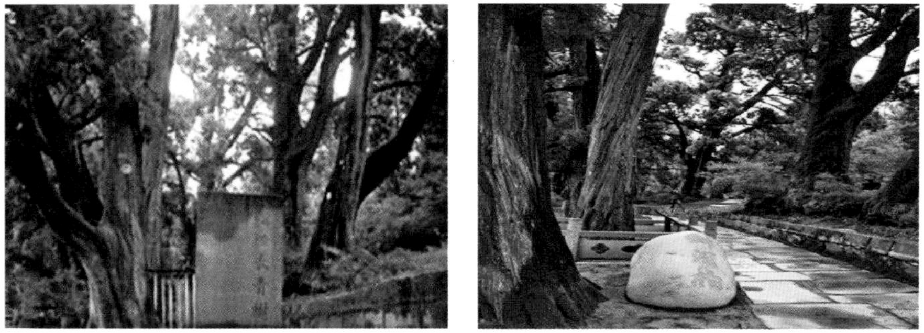

图8-91 嘉陵江河谷地区主要树种—剑阁柏
Figure8-91 The main tree species in the Jialing river valley regions-CupressusfunebrisEndl.
图片来源：www.blog.sina.com

3. 自然保护区分布

嘉陵江干流水系甘肃省、陕西省境内保护区数量较多，分布广泛，国家级自然保护区2处、省级自然保护区11处，保护类型以森林与野生动物保护区为主（图8-92）。

干流水系中、下游地区保护区数量很少，四川省境内有2处国家级自然保护区，2处较小的县级保护区，重庆市境内仅有1处国家级自然保护区（表8-22）。

表 8-22 嘉陵江河谷地区自然保护区统计表
Table8-22 Statistics of natural reserves in Jialing river valley

省份	保护区名称	级别	主要保护对象	所在区域
甘肃	小陇山自然保护区	国家级	动植物、森林	嘉陵江上游
	白水江自然保护区	国家级	大熊猫、珙桐	文县、武都
	迭部多儿自然保护区	省级	大熊猫、森林	迭部县
	白龙江阿夏自然保护区	省级	大熊猫、森林	文县
	插岗梁自然保护区	省级	大熊猫、森林	舟曲县
	博峪河自然保护区	省级	大熊猫、森林	舟曲县
	文县尖山自然保护区	省级	大熊猫、川金丝猴、珙桐	文县
	香山保护区	省级	森林、名胜古迹	礼县
	灵宫峡保护区	省级	白皮松及其生态	两当县
	黑河保护区	省级	红桦森及其生态	两当县
	麦草沟自然保护区	省级	支豹、黑熊、麝	天水市
	龙神沟自然保护区	省级	白冠长尾雉	康县
陕西	摩天岭自然保护区	省级	大熊猫、林麝	汉中市
四川	唐家河自然保护区	国家级	大熊猫、森林	青川县
	九寨沟自然保护区	国家级	森林生态	九寨沟县
	仙阁翠云廊古柏自然保护区	县级	古柏及其森林生态系统	剑阁县
	构溪河湿地保护区	县级	湿地生态	阆中市
	太和白鹭湿地保护区	县级	鹭鸟及栖息地	嘉陵区
	缙云山国家级自然保护区	国家级	亚热带森林生态	北碚、沙坪坝

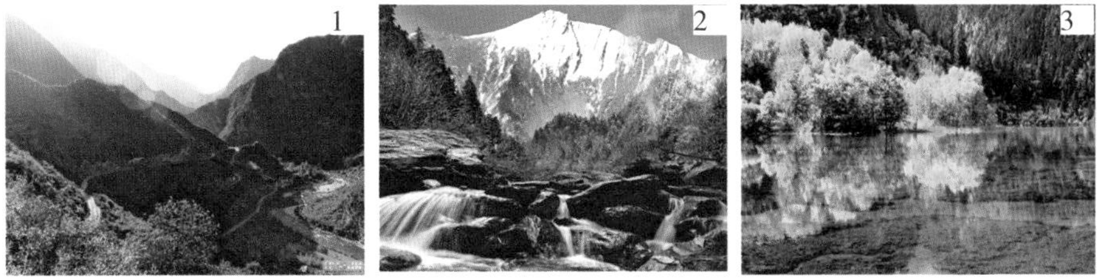

图8-92 嘉陵江河谷地区自然保护区示意

Figure8-92 Indication of nature reserves in Jialing river valley

图片来源：1.www.goofb.cn；2. www.scjt.gov.cn；3.www.weibo.com

4．河谷森林防护体系生态问题

（1）森林体系的破坏：由于多次乱砍滥伐，使嘉陵江流域原生和次生森林资源屡遭破坏。南充市20世纪50年代森林覆盖率为22.5%，到80年代下降到6.93%。武胜县50年代森林覆盖率为26.81%，到90年代下降到6.23%。现存森林资源主要集中在中上游中高山深丘地区，如广元森林覆盖率可达30%以上；中、下游地区森林覆盖率不足10%。

（2）水土流失：① 原因：上游黄土区土质疏松，中下游紫红色页岩又易于风化，岸坡很陡，耕垦过度，植被覆盖很差，造成坡面侵蚀强烈；② 程度：2000 年全国第二次水土流失遥感调查结果，嘉陵江流域水土流失面积69445km^2，占土地总面积的 49.65%。其中轻度流失面积 26468km^{2}中度流失面积 36641km^2，强度流失面积 13059km^2，极强度流失面积 1855km^2，剧烈流失面积322km^2。强度以上流失面积为 29668km^2，占流失面积 36.35%。年均年土壤侵蚀量 3.03 亿 t，平均侵蚀模数为 3813t/（km^2·a）。

水土的严重流失，成为河流内泥沙产生的主要来源。水土治理历程见图8-93。

5．河谷地区森林防护安全格局构建

（1）珍视并重点保护流域中现存的生态源：主要指保护流域中的大型湿地、森林等维育乡土物种生息的地区，扩展大型自然斑块的范围，以之作为区域景观安全格局中的源，成为物种多样性保护和水源涵养的基地。在此基础上要有规划地加强这些大型斑块通向外围景观的辐射通道建设，以及它们之间相互联系的生态廊道建设，争取成网络状格局，以增强景观生态源在区域景观中的辐射和控制能力[9]。

（2）建立生态防护林体系，改善农地景观格局：通过生态农业和生态防护林建设增强它们之间的有效联结，提高斑块的质量和生态效益，采用荒山绿化、陡坡还林等方式，集中使用土地以确保林地斑块充分发挥其生态功能。河谷地区森林防火安全格局构建见图8-94。

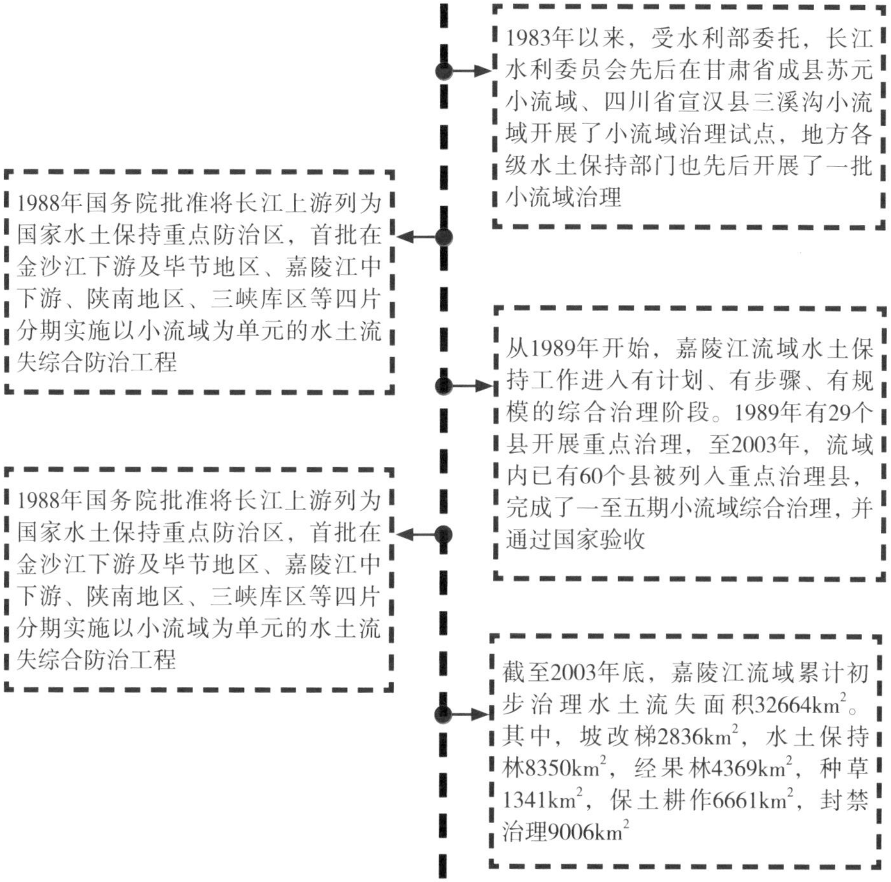
1983年以来，受水利部委托，长江水利委员会先后在甘肃省成县苏元小流域、四川省宣汉县三溪沟小流域开展了小流域治理试点，地方各级水土保持部门也先后开展了一批小流域治理
1988年国务院批准将长江上游列为国家水土保持重点防治区，首批在金沙江下游及毕节地区、嘉陵江中下游、陕南地区、三峡库区等四片分期实施以小流域为单元的水土流失综合防治工程
从1989年开始，嘉陵江流域水土保持工作进入有计划、有步骤、有规模的综合治理阶段。1989年有29个县开展重点治理，至2003年，流域内已有60个县被列入重点治理县，完成了一至五期小流域综合治理，并通过国家验收
1988年国务院批准将长江上游列为国家水土保持重点防治区，首批在金沙江下游及毕节地区、嘉陵江中下游、陕南地区、三峡库区等四片分期实施以小流域为单元的水土流失综合防治工程
截至2003年底，嘉陵江流域累计初步治理水土流失面积32664km^2。其中，坡改梯2836km^2，水土保持林8350km^2，经果林4369km^2，种草1341km^2，保土耕作6661km^2，封禁治理9006km^2

图8-93 水土治理历程时间轴

Figure8-93 History timeline of soil and water management

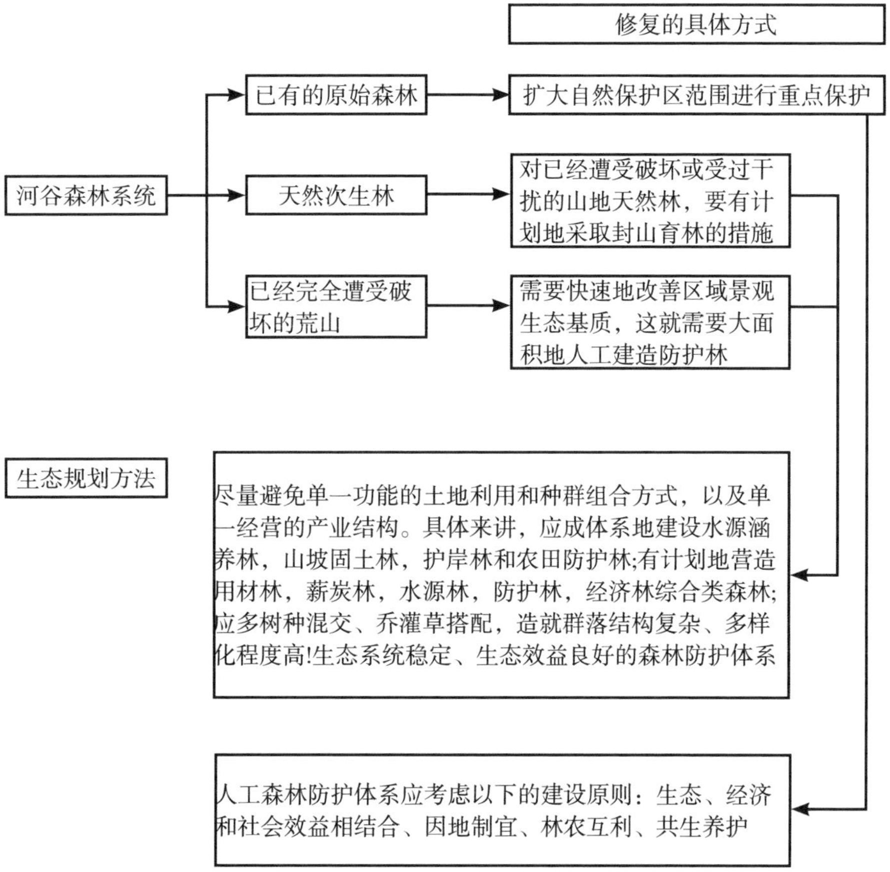
修复的具体方式
河谷森林系统
已有的原始森林
扩大自然保护区范围进行重点保护
天然次生林
对已经遭受破坏或受过干扰的山地天然林，要有计划地采取封山育林的措施
已经完全遭受破坏的荒山
需要快速地改善区域景观生态基质，这就需要大面积地人工建造防护林
生态规划方法
尽量避免单一功能的土地利用和种群组合方式，以及单一经营的产业结构。具体来讲，应成体系地建设水源涵养林，山坡固土林，护岸林和农田防护林;有计划地营造用材林，薪炭林，水源林，防护林，经济林综合类森林;应多树种混交、乔灌草搭配，造就群落结构复杂、多样化程度高!生态系统稳定、生态效益良好的森林防护体系
人工森林防护体系应考虑以下的建设原则：生态、经济和社会效益相结合、因地制宜、林农互利、共生养护

图8–94 河谷地区森林防护安全格局构建流程
Figure8-94 The construction process of forest protection security pattern

8.4.3.2 嘉陵江河谷地区水资源体系

1. 水资源总量

嘉陵江流域的水资源主要来源于降水，多年平均降水量为935.2mm，多年平均地表水资源量为598.8亿m^3，多年平均地下水资源量为137.5亿m^3，扣除两者之间的重复计算量137.5亿m^3，多年平均水资源总量为598.8亿m^3，平均产水模数为43.85万m^3/（a.km^2）。地表水资源量：嘉陵江流域降水总量为1490亿m^3，占长江流域的7.7%，属于降水相对丰沛地区，多年平均地表水资源量为598.8亿m^3。流域地表水资源量年际变化较大，出现最丰年份的地表水资源量为1053.9亿m^3（1983年），最枯年份为355.5亿m^3（1977年），最丰与最枯比为2.9倍（表8–23）。由于流域地形条件复杂，降水面上分布上很不均匀，嘉陵江流域地表水资源量偏少地区为渠江区，多年平均地表水资源量为232.4亿m^3。地下水资源量：嘉陵江全流域地下水资源量为137.5亿m^3（表8–24）。

表 8–23 嘉陵江流域分区多年平均水资源量表
Table8-23 Table of water resources in Jialing river basin in average years

水资源分区	降水量（mm）					地表水资源量（亿m^3）					地下水资源量	总水资源量
	平均	最大	年份	最小	年份	平均	最大	年份	最小	年份		
全流域	935	1171	1983	559	1997	599	1054	1983	355	1997	138	599
干流广元昭化以上	577	914	1951	477	1997	194	331	1951	99.3	1997	52.5	194
涪江	1028	1344	1951	755	1997	170	255	1951	112	1985	39.9	170
渠江	1193	1738	1983	843	1997	232	450	1983	108	1997	32.5	232
干流广元昭化以下	1025	1418	1981	552	1997	102	155	1981	35.7	1997	12.7	102

表 8–24 嘉陵江流域三级区地下水资源统计表
Table8-24 Statistics of groundwater resources in the Jialing river basin tertiary area

三级区名称	面积（km^2）	地表水资源量（亿m^3）
干流广昭化以上	50250	52.5
涪江	35008	39.9
渠江	39120	32.5
干流广昭化以下	23955	12.7

2. 水资源可利用量

嘉陵江流域地表水资源可利用量为138.8亿m^3，占总水量的19.9%（表8–25）。水资源总量比较丰富，但时空分布不均。

表 8-25 嘉陵江流域地表水资源可利用量
Table8-25 Table of water resources utilization in Jialing river basin surface

水资源二级区	多年平均自然径流（亿 m^3）	多年平均水资源总量（亿 m^3）	全年河道内生态环境需水量（亿 m^3）	汛期多年平均下泄洪水量（亿 m^3）	地表水资源可利用量（亿 m^3）	地表水资源可利用率（%）
嘉陵江	698.8	698.8	240.2	319.8	138.8	19.9

3. 嘉陵江流域水资源供需对比

（1）供水量：2006年嘉陵江流域总供水量为81.79亿m^3，其中地表水源供水量73.95亿m^3，地下水源供水量5.74亿m^3，其他水源供水量1.1亿m^3，无外流域调入水量（表8-26）。

表 8-26 嘉陵江流域省级行政区供水量表（单位：万 m^3）
Table8-26 Table of provincial administrative Jialing river water production (unit: 10^4m^3)

省级行政区	地表水资源供应量	地下水资源供应量	其他水资源供应量	总供水量
陕西	19702	4800	0	24502
甘肃	24924	8300	1900	35124
四川	555200	47400	9000	521500
重庆	129559	5900	100	135559
合计	738485	57400	11000	817885

（2）用水量：2006年嘉陵江流域总用水量为81.79亿m^3，其中农业生产用水量44.04亿m^3，占总用水量的53.8%；工业用水量25.25亿m^3，占总用水量的30.9%；生活用水量11.87亿m^3（其中城镇生活用水5.72亿m^3，农村生活用水5.15亿m^3），占总用水量的14.5%[10]（表8-27）。

表 8-27 2006 年嘉陵江流域省级行政区用水量表（单位：万 m^3）
Table8-27 Table of provincial administrative Jialing river basin water usage in 2006 (unit: 10^4m^3)

省级行政区	城镇生活	城镇生产	农村生活	农村生产	生态环境	总用水量
陕西	500	4549	1300	18100	54	24502
甘肃	2058	5295	4385	23184	208	35150
四川	29827	174072	50000	353000	4553	521552
重庆	24753	58555	5885	35058	1340	135720
合计	57158	252581	51570	440352	5254	817935

4. 嘉陵江水资源质量状况评价

全年总评价河长为8712.7km，Ⅰ、Ⅱ类水河长5307.5km，占总评价河长的72.4%，Ⅲ类水河长1452.7km，占总评价河长的15.7%，Ⅳ类水河长539km，占总评价河长的7.3%，Ⅴ类水河长141.9km，占总评价河长的1.5%，劣Ⅴ类水河长171.5km，占总评价河长2%，汛期与非汛期的不同（表8-28、图8-95）。

表 8-28 嘉陵江水系地表水河流水质现状评价表
Table8-28 Table of Jialing River water quality status of surface water

时段	评价河长（km）	Ⅰ、Ⅱ类		Ⅲ类		Ⅳ类		Ⅴ类		劣Ⅴ类	
		河长（km）	比例（%）	河长（km）	比例（%）	河长（km）	比例（%）	河长（km）	比例（%）	河长（km）	比例（%）
全年	8712.7	5375	72.4	1452.7	15.7	539	7.3	141.9	1.5	171.5	2
汛期	8485.5	5579.7	77.5	1310.4	15.4	550.4	5.5	18	0.2	17	0.2
非汛期	8245.7	5187.4	75	1537.5	18.5	121.8	1.5	195	2.4	204	2.5

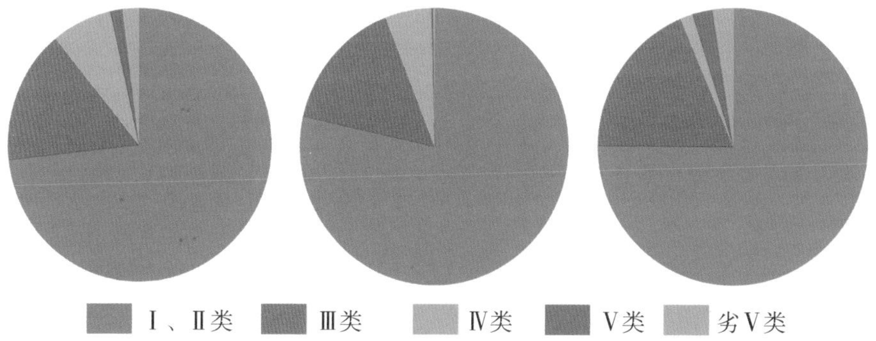

图8-95 不同时段各类水质河长比例
Figure8-95 The proportion of various types of long river water quality at different times

5. 水资源开发利用内容

（1）灌溉与供水——全流域2005年耕地面积为5533.95万亩，农田有效灌溉面积1789.28万亩，流域农田灌溉率为32%。2005年嘉陵江流域城乡生活用水为175000万m^3。

（2）航运——嘉陵江是四川省境内的重要通航河流，主要通航河段干流广元至重庆通航里程728km，纵贯川北、川中和川东地区，是连接宝成铁路与长江水陆交通的重要干线，也是国家交通部门规划的高等级航道。

（3）水电开发——水库大坝建设。

6. 雨洪管理

洪水作为自然灾害之一，对人类会造成很大的危害。但洪水对维护河流的生态功能起重要的积极作用。洪水可以有效清除污垢，给农田带来肥沃的河泥。洪水对于生态系统的作用在某种意义上就像体育运动对于人的身体一样重要。近几年来，国际水利界已经基本形成了“与洪水共存”的共识。抗洪的主要任务不再是消灭洪水，而是要通过对行洪区的有效管理来减少损失。

嘉陵江防洪现状：① 嘉陵江干流及支流渠江尚未修建具有防洪能力的水库工程。流域内已建具有防洪能力的水库有白龙江的宝珠寺和碧口水库以及涪江武都水库，防洪库容分别为2.8亿m^3、0.2亿m^3和2.05亿m^3。由于干支流洪水遭遇组成复杂，上述已建水库的防洪库容和控制面积均较小，且地理位置较分散，对于干流沿岸防洪作用不大。干流中游下段已建和在建的径流式航电结合梯级占用了大量天然河道槽蓄量，对中下游地区的防洪形势带来一些不利影响。② 1998年大水之后，四川省境内广元、阆中、南部、仪陇、蓬安、南充、武胜等沿江市县陆续着手按20年一遇标准进行堤防建设和河道护岸整治。目前，苍溪、阆中、南部、仪陇、武胜五县城和南充市顺庆区、高坪区的堤防保护圈已经形成，南充市嘉陵区、蓬安县的堤防保护圈2008年已建成。③ 嘉陵江下游沿江的北碚区和渝中区、江北区和沙坪坝区等重庆市城区洪涝灾害来源于长江和嘉陵江，并以长江干流为主，嘉陵江次之。嘉陵江重庆市境内目前已建防洪工程23.65km。④ 嘉陵江中下游沿江乡镇和农村的人口以及耕地分散，目前基本未设防，抗洪能力仅2~5年一遇，主要防洪措施是预报转移。⑤ 近年来沿江乱倒垃圾、城镇侵占河滩修建违章建筑物和河漫滩、江心洲开发耕地等违法现象较为突出，影响河道行洪能力，加重防洪负担[10]（图8–96）。

图8–96 场地雨水管理模式

Figure8-96 The model of rain management in site

图片来源：1.www.lvhua.com 2.www.jnedu.net.cn

8.4.4 专题研究——梯级水电开发建设

8.4.4.1 梯级水电开发概述

1. 梯级水电开发动因

一方面是对电力的需求，一方面是对清洁能源转化的环境需求，有效的解决方法之一是进行河流水电开发，通过大坝水库调节河川径流时空分布，提高区域水资源及水能资源利用效益，缓解国家的水电需求压力。

基于人类的能源需求，目前全球高于15m的大坝有49697座，分布在140多个国家中，其中中国30m以上大坝4694座，居世界第一，且有大量的大坝处于建设或规划之中[11]。梯级水电开发基本模式见表8–29。

表 8–29 梯级水电开发基本模式表

Table8-29 Basic model of cascade hydropower development

基本模式	简要描述
Ⅰ型：龙头—径流复合式	上游布置少数年调节或多年调节水库，中、下游则以径流式电站
Ⅱ型：连续调节式	在较短河段上连续布置电站，形成水库和大坝串联的模式
Ⅲ型：连续径流式	低径流式电站，无高坝大库

全球171条1000km以上的谷地河流，目前仅有64条保持着自由流淌的状态，预计2020年将减少为17条。

2. 梯级水电开发综述

1）世界重要河流水电开发情况（图8–97）

（1）哥伦比亚河，上游在加拿大，下游在美国，干流长约2000km，落差808m，共分了15个梯级开发。加拿大在干流上游已建2级水电站。

（2）美国的田纳西河流域开发，设置15个梯级；科罗拉多河开发为11个梯级。

（3）流经土耳其、叙利亚和伊拉克的幼发拉底河开发为7个梯级。

（4）俄罗斯的伏尔加河流域的梯级开发。伏尔加河长3700km，流域面积138万km^2，干流布置10个梯级，加上支流共14个梯级。

（5）拉丁美洲第二大河奥里诺科河的支流卡罗尼河（Caroni），分7个梯级开发。

2）中国河流水电开发情况

中国能源“十二五”规划首次提出一次能源消费总量将控制在41亿t标煤。其中，非化石能源将占11.4%，此目标的2/3要靠水电来完成（图8–98、图8–99）。中国第一座水电站是1908年建造的云南滇池螳螂川石龙坝水电站，至今仍在运行中。

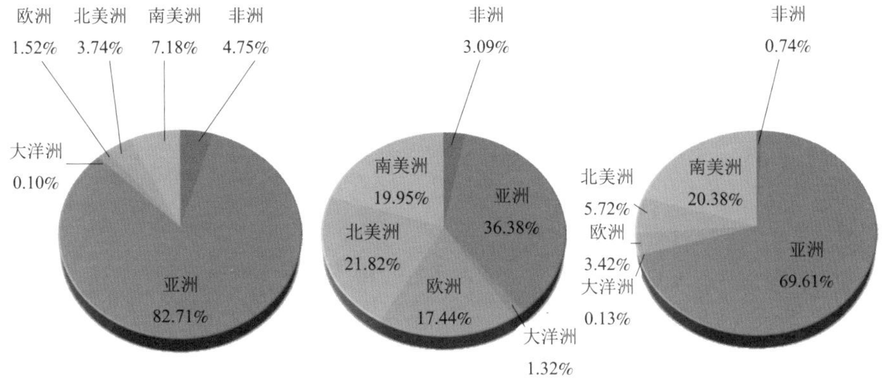

图8-97 世界水电开发情况

Figure8-97 World hydropower development status

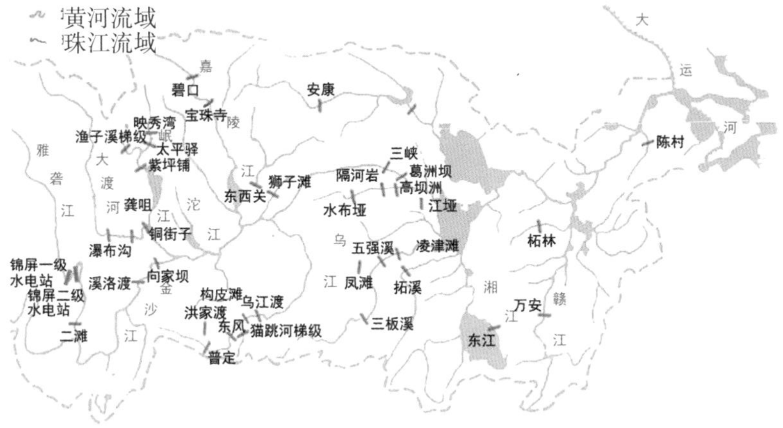

图8-98 中国长江流域水电站分布图

Figure8-98 Distribution of hydroelectric power stations in the Yangtze River basin in China

图片来源：湖北水电网 www.hbhp.net

图8-99 中国黄河流域水电站分布图

Figure8-99 Distribution of hydroelectric power stations in the Yellow River basin in China

图片来源：湖北水电网 www.hbhp.net

3）典型区域概述（图8-100）

（1）美国哥伦比亚河谷水电资源开发

哥伦比亚流域水电资源开发概况：哥伦比亚河全流域可开发装机容量63800MW，

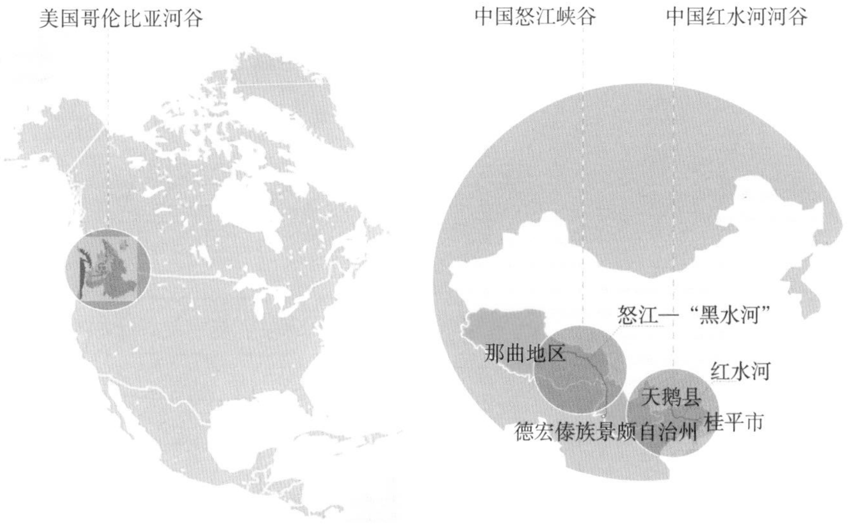

图8-100 研究案例区位

Figure8-100 Location of the study area

年发电量248500GW·h，已开发70%（按年发电量计算）。哥伦比亚河是世界诸大河水能利用程度最高的河流。其中，加拿大境内可开发装机容量8710MW，年发电量34700GW·h；美国境内可开发装机容量55090MW，年发电量213800GW·h。

哥伦比亚河流域是美国西北部高效利用水资源的好典型，形成了一个具有发电、航运、灌溉、防洪、游乐、养殖、供水等功能的综合利用水和其他自然资源的体系（图8-101）。哥伦比亚河流城的水电站，长期以来是美国太平洋西北电网的主要电源。

20世纪30年代开始，哥伦比亚干流和支流上就开始兴修水坝，到20世纪70年代末，哥伦比亚流域已有250多座水库和大约150个水电工程。其中干流上共有有14座水电站，其中3座分布在加拿大，11座在美国。之后水电工程建设带来的生态环境影响开始日益凸显，哥伦比亚河的梯级水电开发进入尾声，开始步入“如何解决梯级水电开发带来的生态问题”以及“是否拆坝”的争议之中（图8-102）。

（2）红水河谷水电资源开发概况

《红水河综合利用规划报告》提出了全河段按天生桥一级（坝盘高坝）、天生桥二级（坝索低坝）、平班、龙滩、岩滩、大化、百龙滩、恶滩、桥巩和大藤峡10级开发方案（图8-103），梯级水电站共利用水头754m，总库容406亿m^3，总装机容量1252万kW，保证出力338.82万kW，年发电量504.1亿kW·h。

（3）怒江峡谷水电资源开发概况

怒江中下游干流河段落差集中，水量大，淹没损失小，交通方便，施工条件好，地质条件良好，规划装机容量21320MW，是我国重要的水电基地之一。

怒江流域水力资源丰富，我国境内水力资源理论蕴藏量共计46000MW，其中西藏26259.9MW，云南19740.1MW；干流总计36407.4MW，其中西藏19307.4MW，云南17100MW；支流共计9592.6MW，其中西藏6952.5MW，云南2640.1MW。怒江水力资源主要集中在干流，理论蕴藏量占流域总量的80%左右。

2003年8月，中国国家发展和改革委员会通过了怒江中下游（干流松塔以下至中缅边界）河段两库十三级梯级开发方案，即：松塔水电站、丙中洛水电站、马吉水电站、鹿马登水电站、福贡水电站、碧江水电站、亚碧罗水电站、泸水水电站、六库水电站、石头寨水电站、赛格水电站、岩桑树水电站和光坡水电站的开发方案（图8-104），全级总装机容量2132万kW，年发电量为1029.6亿kW·h。

河谷水电建设与河川修复时间进程对照见图8-105。

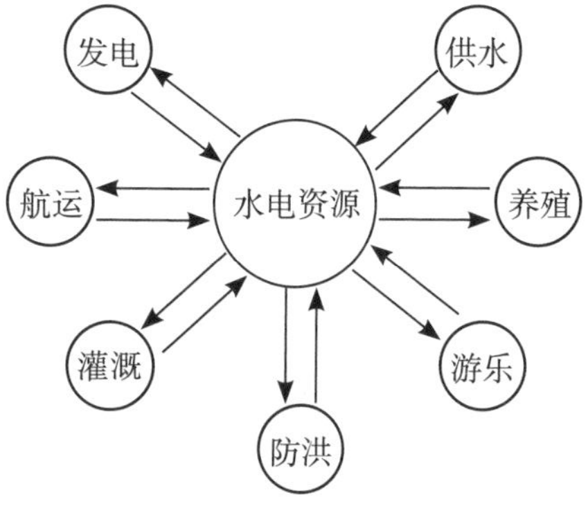

图8-101 哥伦比亚流域水电资源的利用
Figure8-101 The exploitation of hydropower resources in Columbia River basin

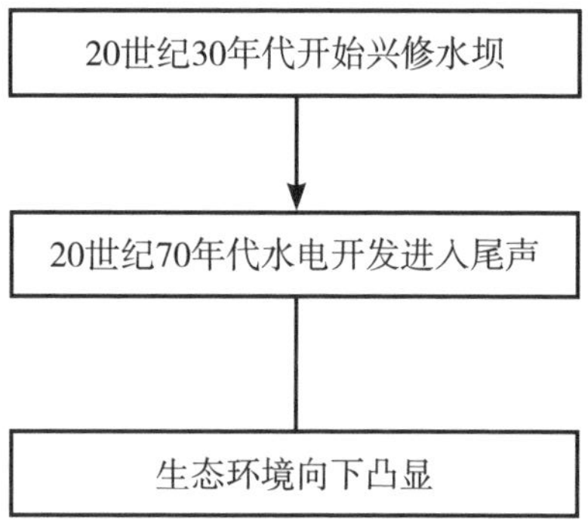

图8-102 哥伦比亚流域水电资源开发历史
Figure8-102 Historical development of hydropower exploitation in Columbia River basin

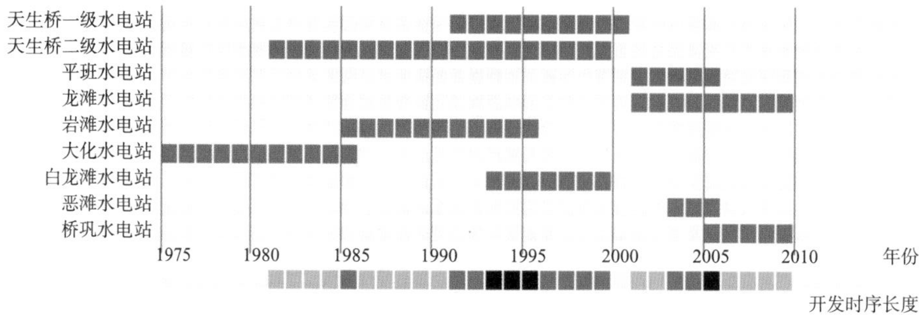

图8-103 红河流域水电站建设时序统计图
Figure8-103 The history of hydroelectric power stations construction
图片来源：广西水利电力规划小组办公室. 红水河综合利用规划报告[R]. 1980

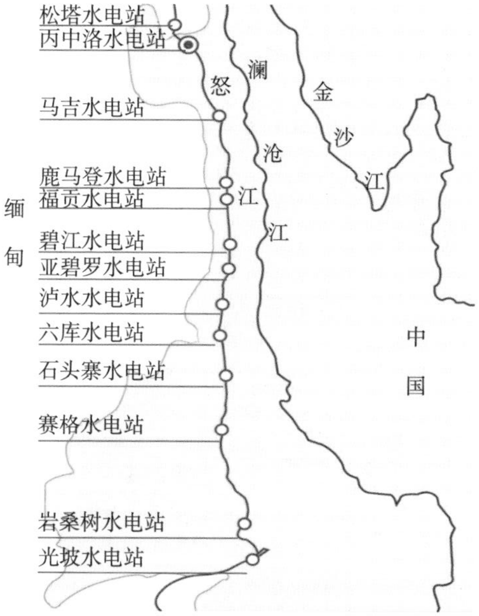

图8-104 怒江峡谷水电站分布图
Figure8-104 Distribution of hydroelectric power stations in Nujiang Gorge
图片来源：徐瑞春，周建军，王正波. 怒江水电开发与环境保护[J]. **三峡大学学报**. 2007（02）：05

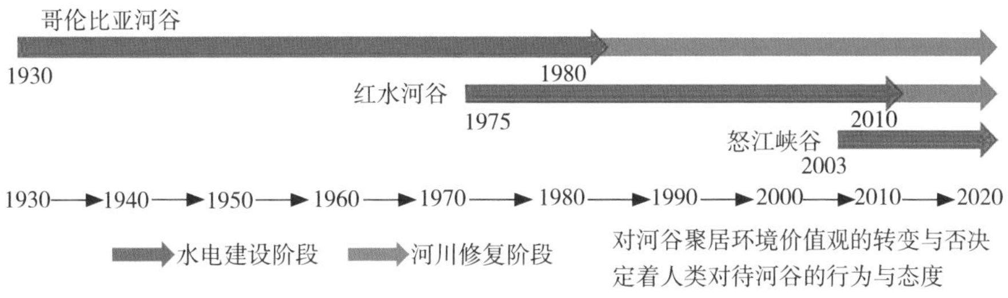

图8–105 河谷水电建设与河川修复时间进程对照示意图
Figure8-105 Comparison the development of hydroelectric power stations construction with river restoration in valley region

8.4.4.2 梯级水电开发生态建设策略

1. 梯级水电开发对生境的破坏

1）概述

2）案例

（1）龙潭水电站对龙潭自然保护区的影响。① 自然生境的淹没：水库正常蓄水位400m时，淹没土地10800hm^2，林地面积2800hm^2；各占原面积的26%、9.5%，其中植物群落损失较大。同时，河谷带、农田耕作带、山涧溪沟带、荒坡灌丛带的动物生态类群受淹没情况十分严重（图8–106～图8–109）。② 对陆生脊椎动物的影响：河谷地带活动频繁的雀形目类群因淹没失去极佳栖息地而被迫迁移他处。在水库蓄水初期时，一些有害动物将向非淹没区移动，引起某种群数量猛增而加剧危害。淹没线以下原有很多高大古木，是多种鸟兽筑窝造巢的良好环境；蓄水淹没后，会引起赖以生存的松鼠类、猫头鹰类、鹭类、鹊鸦类迁移，甚至个别种类的消失。

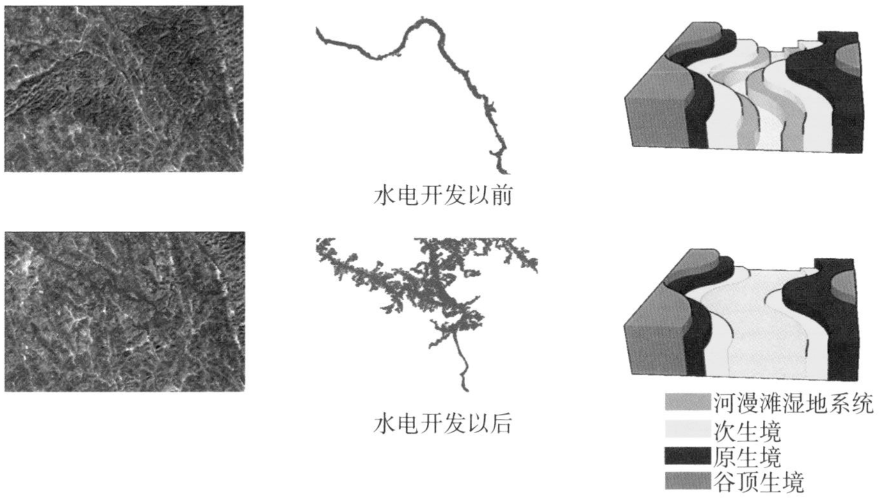

图8–106 梯级水电开发对上游生境的影响
Figure8-106 Cascade effects of hydropower development upstream habitat

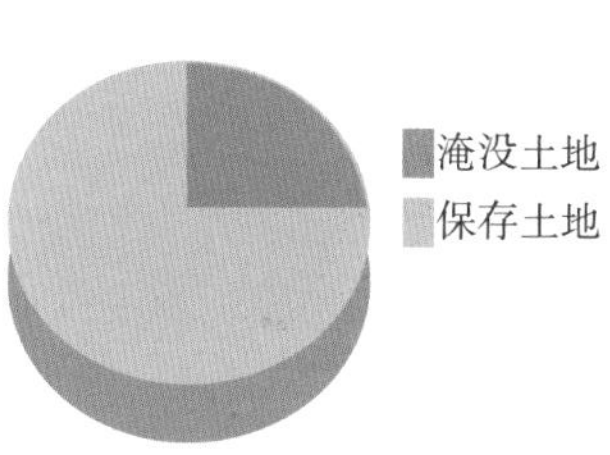

图8–107 土地淹没
Figure8-107 Submerged lands

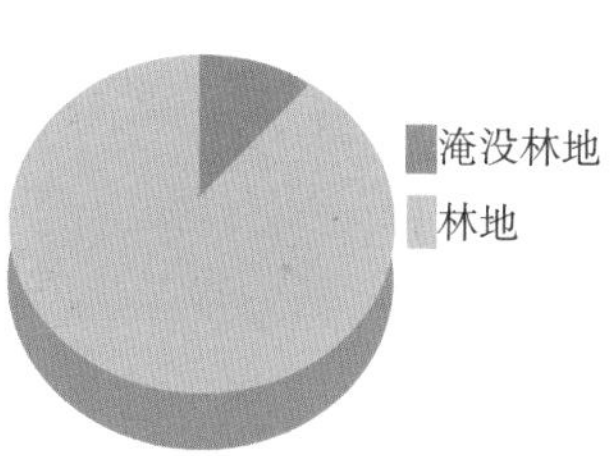

图8–108 林地淹没
Figure8-108 Submerged forest

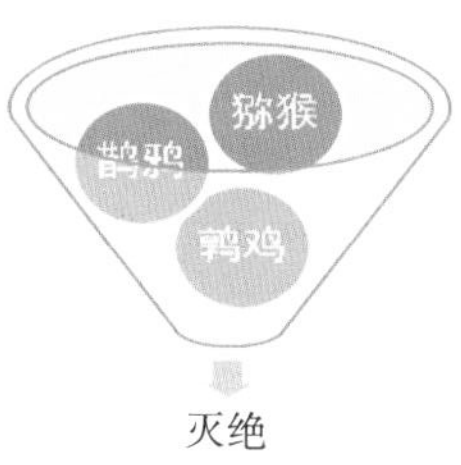

图8–109 生境破坏
Figure8-109 Habitat destruction

（2）哥伦比亚河渔业衰退。大坝通过多种效应影响洄游鱼类的生产量：① 大坝库区蓄水后改变了河流中部分浅滩处的产卵场，使其环境不再适合鱼类孵化，也改变了库区幼鱼原有的生长模式。② 在幼鱼缓慢迁徙和周期性进入河口的过程中，连续坝体对通过的幼鱼产生致命影响。③ 大坝蓄水影响下游河口地区营养物质的输入，改变了鱼类的生长环境，减少了营养物质的来源。④ 大坝阻断了它们产卵洄游通道，静止的河流没有了不同季节的汛期，鱼儿得不到产卵信号，大坝底部水温极低，鱼类必须游到很远的区域产卵（图8–110）。

（3）梯级水电开发活动对喀斯特地质河谷带来的灾害：① 水库移民无序开发活动导致石漠化（图8–111）；② 水库蓄水岩溶浸没导致内涝灾害（图8–112）；③ 大坝开山凿洞水库蓄水导致次生地质灾害（图8–113）。

3）梯级水电影响下河谷流域所面临的主要问题

（1）梯级水电开发造成的生境破碎化和物种多样性衰退

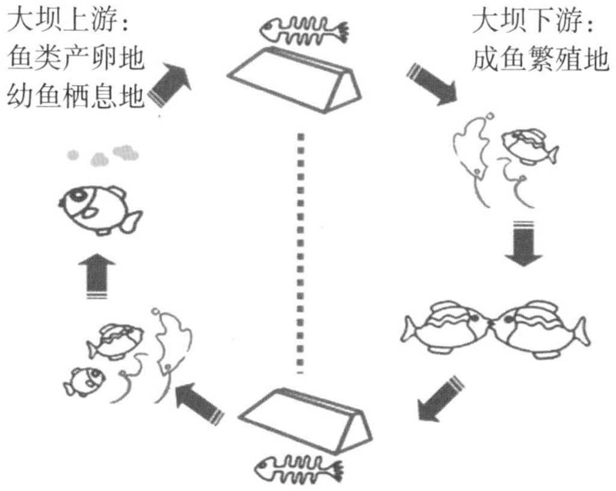

图8–110 大坝对鲑鱼迁徙的影响
Figure8-110 The impact of dams on salmon migration

是河谷自然环境所面临的巨大威胁。

（2）梯级水电开发造成的廊道流通性的打破是对整个流域的生态过程带来了巨大影响。

（3）梯级水电开发造成的地质结构的变化是河谷地区人类聚居环境所面临的巨大的隐患。

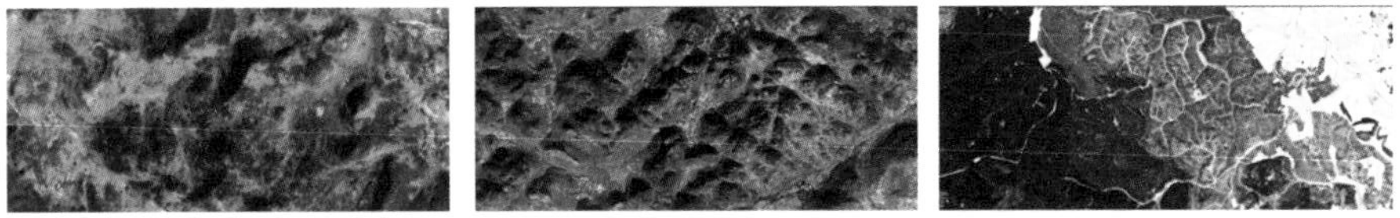

（a）轻度石漠化（红水河巴马县） （b）中度石漠化（红水河岩滩镇） （c）重度石漠化（红水河来宾市郊）

图8-111 红水河石漠化
Figure8-111 Stony desertification of Hongshui River
图片来源：谷歌地球截图

图8-112 内涝灾害
Figure8-112 Waterlogging and flood hazards
图片来源：央广网 www.gx.cnr.cn

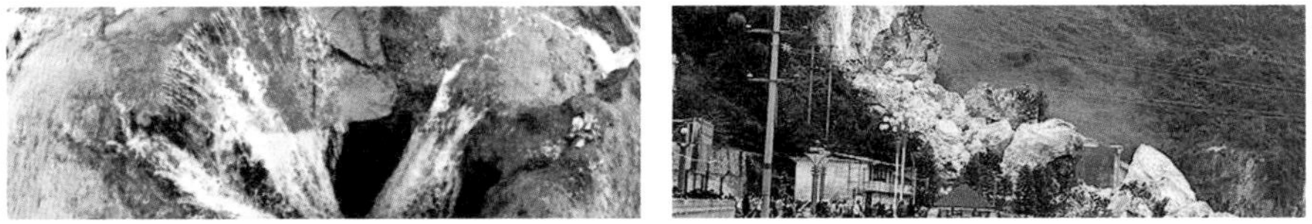

（a）地表塌陷 （b）岩溶立面断裂、滑坡

图8-113 次生地质灾害
Figure8-113 Secondary geological hazards
图片来源：中国天气网 www.weather.com.cn

2. 梯级水电开发生态建设策略

1）河谷廊道战略宽度规划对策——以红水河为例（表8-30）

表 8-30 河谷生态廊道各元素的战略宽度建议
Table8-30 Strategies on the river ecological corridor width of each element

功能类型	宽度（m）	说明
河谷生态系统缓冲带	30	使河谷生态系统不受伐木的影响
鸟类保护廊道	12~30	对于草本植物和鸟类，12m是区别线状和带状廊道的标准，12~30m能够包含多数边缘种，但多样性低
	60~90	具有较大多样性和丰富的内部种
无脊椎动物、哺乳动物以及爬行动物廊道	30	农垦、城市化等活动对无脊椎动物的影响较小
	9~20	保护最小无脊椎动物种群
边缘效应宽度	1200	理想的廊道宽度依赖于边缘效应宽度，通常的边缘效应宽度为200~600m，小于1200m的廊道不会有真正的内部生境
植物群落带	100	维持耐阴树种种群最小值的廊道宽度
	30	维持喜阴树种种群最小廊道宽度
流域野生鱼类资源保护通道	7~60	保护鱼类、底栖类、两栖类
河谷生物多样性廊道	168	保护大型鸟类较理想的硬木林的宽度
	3~12	廊道宽度与物种多样性之间相关性接近0
	12	草本植物多样性平均为狭窄地带的2倍以上
	60	满足生物迁移和生物保护功能的道路缓冲带宽度
	600~1200	创造自然化的物种多样性的景观结构

2）水电梯级科学布局调控对策——以哥伦比亚为例

重视调节性水库与径流式水库的协调问题，在水电必须建设的情况倡导多级小型的径流式（Run-of-River）水坝建设，减少大型的蓄水型（Storage）水坝建设。做到细致设计，精确调控（表8-31）。

（1）蓄水型的水坝：根据用电、用水需求，对水流进行调节，同时进行洪水控制。原理：雨水和雪水融化以后被蓄积在水库里，在需要的时候再放流下泄。通常的情况下，蓄水型水坝是将夏季的水蓄积起来到冬季使用，并在来年的汛期到来前，将水库腾空。修建蓄水型水坝的优点为可提供防洪和枯水期发电功能。在汛期将水蓄满，然后在平水和枯水期，将水慢慢下泄，这样一来下游的一系列水电站均可以发电。但蓄水型水库最大的问题是会影响鱼类的生存，因此，往往需要通过泄水建筑物（如溢流坝、泄水洞，但不包括引水发电建筑物）放水，帮助鱼类"通过水坝"游向大海。

（2）径流式水坝：蓄水能力有限，主要是用来航运和发电，一方面是为发电提供一定的水头，另一方面为航运提供一定的水深。流进多少水量，几乎就马上下放多少水量，非常贴近河流的实际情况。也正是下游都修建径流式水电站，才使得哥伦比亚河流域的水电站能够在美国环保呼声日益高涨的今天继续运行。

（3）哥伦比亚河梯级水电开发值得借鉴之处：① 美国哥伦比亚河流水电开发非常重视整个流域的规划和布局，并非是座座水电站都是高坝大库，通过科学合理的配置，实现整个流域水电发电量的最佳。每条主要支流上都修建了库容较大的龙头水库，而在龙头水库下游则修建的是径流式水电站，这种"一拖多"和"树枝树叶"法有效地避免了枯水期水电出力不足的问题[12]。② 美国流域水电规划是相当细致的，在电站规模、水坝高度等方面都经过精心设计，即便是支流的支流，只要平均流量大于$2m^3/s$的溪流，都要加以考虑[13]。③ 实行了联合开发的模式。大型水电站由两家联邦机构（国有企业）开发，在具有战略地位的14座水电站中，12座为美国工程师兵团建设，2座由美国垦务局开发。其余的一些中小型水坝则由一些公用事业公司或民营公司开发。

3）水电开发鱼道鱼梯—以哥伦比亚为例

（1）美国哥伦比亚河流域是世界上最早意识到梯级水电对河流中鱼类带来的巨大影响的河流之一，早在20世纪70年代就开始了各种恢复河流鱼类产量的措施，除了恢复鱼类生境以外，鱼道的设计也是其中重要的一部分。

（2）洄游鱼类过坝主要途径有：鱼梯，幼鱼下行旁路系统，溢洪道泄流，收集并用特制的驳船卡车运输幼鱼，加大洄游季节河道流量等措施保持鱼类洄游通道的畅通。① 渔梯：这些鱼梯由一系列的台阶和水池形成一个缓慢上升的通道，连接大坝上下游水面，供溯河产卵的成鱼越坝上行。沿发电厂房下游全长设置鱼类诱导系统，在河道两岸各布置一个鱼梯，诱导成鱼沿鱼梯越坝上行（图8–114）。② 幼鱼旁路系统：在水轮机进水道内设置淹没式滤网，引导幼鱼进入竖井，上升并通过侧口进入横穿大坝的旁路水道中，下行进入坝下河道。③ 幼鱼运输系统：斯内克河上的下芒纽门托坝、立陶古斯坝、下格兰奈特坝及哥伦比亚河上的麦克纳利坝具有鱼类设施。在这4座大坝上，通过旁路系统的幼鱼，或被引导到下游河道，或被诱导集中后，用特制驳船或卡车运输运送幼鱼到邦尼维尔坝下放流（图8–115）。驳船有一个封闭的循环系统，一旦河水发生污染，可以将驳船进水口关闭。如果在某些区域气体过饱和问题明显，驳船上还有一套抽吸系统，可以帮助减少水中的溶解气体[14]。④ 改变鱼类过坝途径：为了减少溢洪道泄流对鱼类的危害，在溢洪道下游端采取了变流装置。这种变流装置已经在7座大坝中安装，以产生更为水平的溢流，限制溢洪道泄流的跌落深度，降低水中氮气滞留量，从而减少对鱼类的不利影响。⑤ 加大流量促进幼鱼迁移：爱达荷州的德沃夏克坝和蒙大拿州的利比坝，水库的蓄水在春季和夏季月份被泄放，用于增大哥伦比亚河下游河段的流量，帮助幼鱼迁移[15]。

表 8–31 哥伦比亚河及斯内克河下游的水电工程特性

Table8-31 Characteristics of the Columbia and Snake river downstream of the water and electricity engineering characteristics

坝名	所在河道	坝型	坝长（m）	坝高（m）	建成年份	装机容量（MW）	鱼梯个数(个)
邦纳维尔	哥伦比亚河下游	混凝土重力坝	820	60	1938	1050	2
达拉斯			2705	79	1957	1780	2
约翰迪			1719	67	1968	2160	2
麦克纳里			2214	56	1953	980	2
埃斯哈勃	斯内克河下游		860	30	1961	603	2
下芒纽门托			1155	30	1969	810	2
小古斯			812	30	1970	810	2
下格拉尼特			975	30	1975	810	2

鱼梯

照明集鱼通道（一）

照明集鱼通道（二）

图8–114 哥伦比亚河水电开发鱼道鱼梯设计

Figure8-114 Fish passage design at hydropower dams of the Columbia River

图片来源：周世春.美国哥伦比亚河流域下游鱼类保护工程、拆坝之争及思考[J].水电站设计，2007（3）

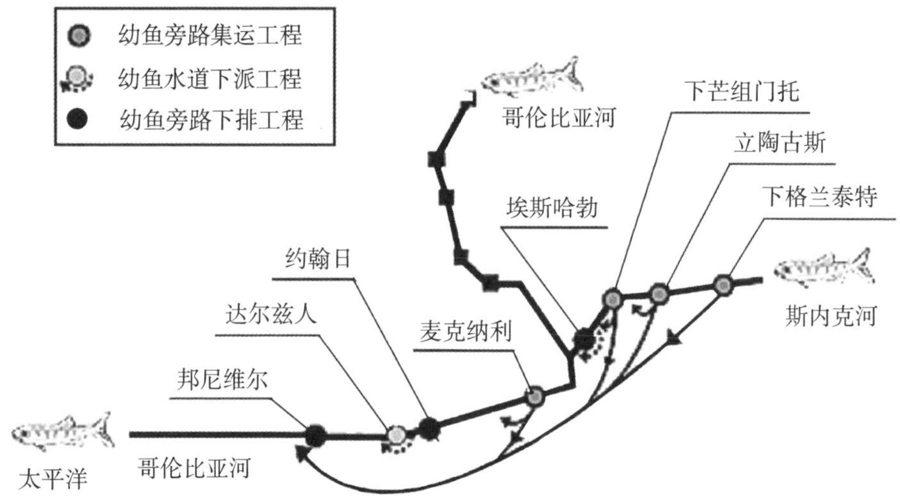

图8–115 幼鱼下行路线
Figure8-115 Downstream routes options of the juvenile fish
图片来源：周世春. 美国哥伦比亚河流域下游鱼类保护工程、拆坝之争及思考[J]. 水电站设计，2007（3）

8.4.4.3 “反水坝”运动

1）“反水坝”运动概述

“反水坝”运动对水电开发活动进行了反思：1968年林登·约翰逊总统签署了《野生景观河流保护法案》，对那些颇具自然、文化和消遣价值的河流进行保护，让河水无任何阻挡地自由流淌，满足当代人及未来人从自然获得享受的需求；1997年在巴西的库里提巴召开第一次世界反水坝大会；1998年成立世界水坝委员会（WCD），设立世界3.14反水坝日；2000年11月16日发布了最终报告《水坝与发展——一个新的决策框架》（简称WCD报告），同时宣布解体。“反水坝”者认为“水坝”使河流连续体中断，生态系统结构破碎化，物质循环、能量流动阻塞，改变了河道内水域系统的水文、水质、泥沙、水生生物等生态组分结构，导致河流生态系统维持健康生态环境的能力减弱，也带来了拆坝短期的负面影响：

（1）随着水坝的部分或全部拆除，河水会冲刷库区的淤沙，使河水浑浊度增大、下游河流中推移质增加；

（2）建坝后形成的河流形态将会改变，淤沙的无控泄放可引起淤积波向下游移动数年，堵塞各类取水口；

（3）淤沙还会抬高下游河床，改变支流的汇流状况；

（4）改变河势，影响未来洪水位，扩大洪水淹没区等等[16][17]。如果说大坝建成后造成的负面影响是大自然对人类的第一次报复，那么拆除这些大坝时的负面影响，就是人类遭受的第二次报复，它同样需要时间来恢复。应该看到，无论是建坝还是拆坝，可以说都是在对各种环境因素和利益因素综合考虑和比较的基础上经过科学的推断而作出选择的，而推动这一进程的则是人类对于河谷人居环境价值观的改变，它体现了人类的进步（图8–116）。

2）关于反坝与拆坝运动的反思

对美国拆坝运动的澄清：在美国，反坝运动的反方多是从自然保护区考虑，略去了技术、经济、环保、市场竞争等其他方面的许多争议。实际上，建坝反坝之争，不仅包含着各种政治、社会、经济利益的平衡和调整，也交织着各学科间的技术论争和产业间的商业竞争。现已拆除的500多座或正拟拆除的几十上百座水坝，其中绝大多数（90%以上）都不是大坝，更不是主坝，而大都是修筑在支流、溪流上的年代已久丧失功能的废坝、弃坝，因为经济或安全原因而被拆除。事实上，反坝、拆坝倡导者发起运动的目标是反对建造或主张拆除大坝和主坝。

面对国内的反坝呼声：当我们以事后诸葛的方式去评判或否定前人的所作所为时，意见尖刻，却往往忽略前人决策里面所包含的智慧和理性因素。水坝的确有它不可忽视的功用。有些媒体关于水电建设的报道和评述经常带有片面性，使人担忧。在引述国外反坝和拆坝观点时，要客观全面，避免把充满争议性的学术见解当作定论或把主观思想当作实践来介绍，更不能歪曲事实。将科学的态度、理性的方

Coho坝拆除前、拆除中、拆除后

Colfax坝拆除前、拆除中、拆除后

图8–116 美国的拆坝运动
Figure8-116 Dam removal movement in the U.S
图片来源：www.blog.sina.com.cn

式与人类对和谐人居环境价值的思考相结合。进而评议水电建设的有关问题，正视水电给人类带来巨大效益的同时也带来种种负面影响，研究如何更合理恰当地开发水电，尽量把其负面影响降至最低，关于水电的讨论才真正有意义[18]。

8.5 河谷地区人居环境研究总结与展望

河流是河谷城市的命脉，纵观河谷城市的兴衰与河流的发展密切相关，河流兴则河谷兴，因此河谷城市河流的复兴就成为大家热议的话题，尤其是在当今社会高速发展，环境受到严重破坏，河流的多重价值被不断挖掘的今天。鉴于此，我们选择了河谷城市河流两岸的生态复兴作为专题来探讨河谷城市人居环境的发展方向，因为河流的生态价值是其他一切价值的基础（图8–117、图8–118）。

综上分析所得，河谷城市河流两岸的生态复兴离不开两大系统，水系统和河流廊道系统，在水系统上，不应将其局限于单个城市的研究尺度上，而应该在区域的尺度上研究其水循环，水源涵蓄、水质控制等大的格局问题，为河谷城市的生态复兴提供区域上的保障；在河流两岸生态廊道上，则应联系实际，综合考虑河谷城市现状和未来的发展需求，将游憩、文化、交通、城市用地、防灾等系统综合叠加，得出河流廊道生态控制指标。在河流两岸的具体设计上，则应从多方面入手，不仅重视河流两岸生态廊道宽度的预留，还应从河流两岸的建设情况入手，结合生态理念和思想，将一切的建设行为都加以生态化处理，包括生态建筑的污水自处理、城市雨洪调蓄和雨水收集利用系统的构建等等（图8–119、图8–120）。

随着人类对河谷价值观的改变与调整，协调河谷人居环境水电开发带来的冲突与矛盾将逐渐变为可能，我们不应悲观，人类与河谷人居环境互融、互利、和谐共生的明天一定会在你我手中实现。

图8–117 行为活动和文化的互动示意图
Figure8-117 Schematic of interactive relationship between activities and culture

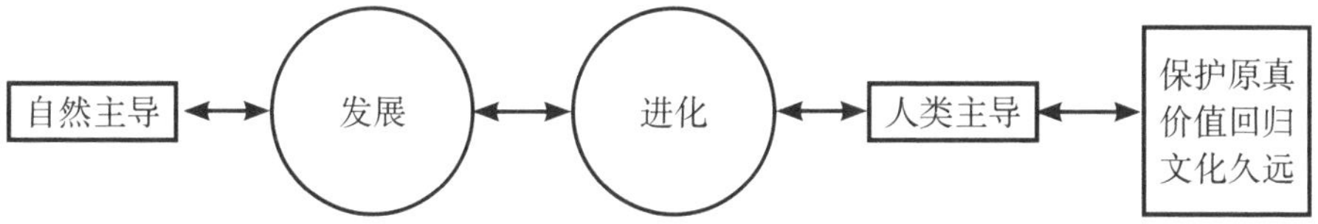

图8–118 自然主导与人类主导关系示意图
Figure8-118 Relationship between nature oriented views and human oriented views

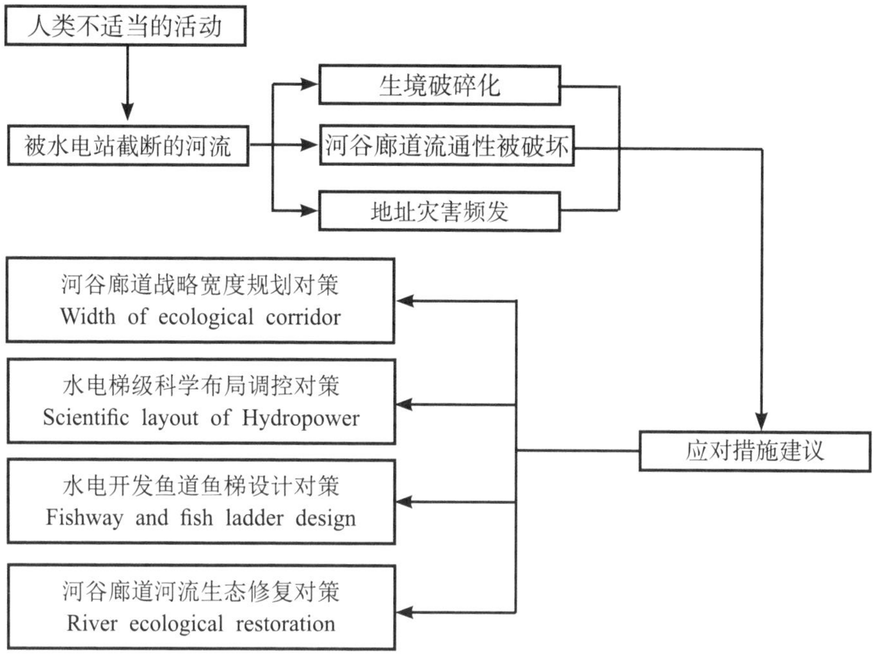

图8–119 人类不适当活动产生的问题以及应对措施建议
Figure8-119 Problems and measures for improper human activities

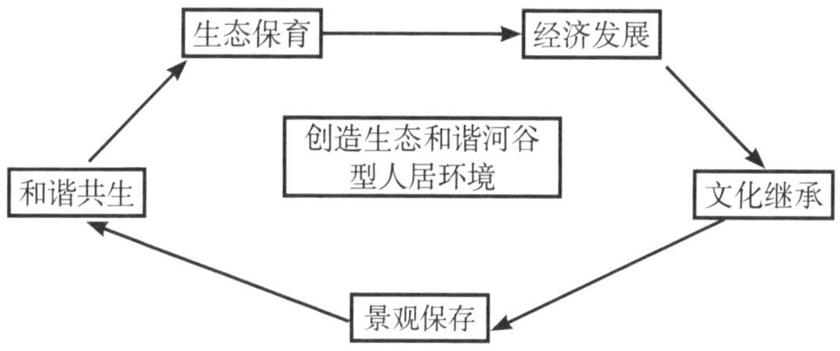

图8–120 生态和谐河谷型人居环境创造方式
Figure8-120 The development with ecological harmony in valley human settlement environment

参考文献

[1] 金冠华．高中地理问题情境教学应用的研究与实践[D]．辽宁师范大学，2013．
[2] 杨红军．河谷型城市空间拓展探析[D]．重庆大学，2006．
[3] 张婷婷．壮族文化旅游产业运作模式比较研究——以《印象·刘三姐》、《走进花山》为例[D]．广西师范大学，2007年．
[4] 夏学禹．论中国农耕文化的价值及传承途径[J]．古今农业，2010（03）：88–98．
[5] 徐赣丽．广西壮族的农事歌谣及其生存境况[J]．古今农业，2011（01）：10–16．
[6] 于平．中华鼓舞的历史隐踪与文化密码[J]．民族艺术研究，2011（05）：5–11．
[7] 黄立．中山市大涌镇家居文化产业区规划研究[D]．中南林业科技大学，2013．
[8] 柳晓霞．滨水型风景道规划设计研究[D]．北京交通大学，2009．
[9] 赵炜．乌江流域人居环境建设研究[D]．重庆大学，2005．
[10]周学红．嘉陵江流域人居环境建设研究[D]．重庆大学，2012．
[11]麻泽龙，谭小琴，周伟，程根伟．河流水电开发对生态环境的影响及其对策研究[J]．广西水利水电，2006（01）：24–28．
[12] 徐成中．巴贡电站200 m级堆石坝一期面板混凝土施工技术[J]．四川水力发电，2007（S1）：10–14．
[13] 何学民．我所看到的美国水电（之三）—美国哥伦比亚河流域的水电开发及其特点[J]．四川水力发电，2005（04）：89–92．
[14] 周世春．美国哥伦比亚河流域下游鱼类保护工程、拆坝之争及思考[J]．水电站设计，2007（03）：21–26．
[15] 周世春．美国哥伦比亚河流域下游鱼类保护工程、拆坝之争及思考[A]．中国水力发电工程学会环境保护专业委员会2006年学术年会论文集[C]．三亚：中国水力发电工程学会环境保护专业委员会，2006：38–49．
[16] 刘咏梅．浅谈我国退役水库拆除对生态环境影响研究[J]．中国水运（下半月），2011（01）：146–147．
[17] 王正旭．美国水电站退役与大坝拆除[J]．水利水电科技进展，2002（06）：61–63．
[18] 林初学．国内舆论，令人担忧[J]．中国三峡建设，2005（02）：54–57．

第 9 章　平原地区

Chapter 9 Human Settlement, Inhabitation and Travel Environment Studies in Plain Region

9.1 人居环境平原地区总论

9.1.1 平原概念和类型

9.1.1.1 平原定义

陆地上海拔高度相对比较小的地区称为平原。海拔多在0~500m，一般都在沿海地区。海拔0~200m的为低平原，200~500m的为高平原。主要特点是地势低平，起伏和缓，相对高度一般不超过50m，坡度在5° 以下。它以较低的高度区别于高原，以较小的起伏区别于丘陵。平原占中国国土陆地总面积的12%。

9.1.1.2 平原类型

按成因分类：构造平原、侵蚀平原、堆积平原。按海拔高度分类：低平原（海拔200m以下），高平原（海拔200m~500m之间）。按地表形态分类：平坦平原、倾斜平原、碟状平原、波状平原（表9–1）。

表 9–1 世界著名平原面积统计表

Table9-1 Statistics of plain regions in the world.

按成因分类的平原类型		
构造平原	侵蚀平原	堆积平原
海成平原	海成剥蚀平原	洪积平原
大陆拗曲平原	河成剥蚀平原	冲积平原
	风成剥蚀平原	湖积平原
	冰成剥蚀平原	海积平原
		风积平原
		冰碛平原

1. 构造平原

主要是由地壳构造运动形成且长期稳定的结果。特点是微弱起伏的地面与岩层面一致，堆积物厚度小。分为海成平原和大陆拗曲平原。海成平原是由于地壳上升或海水面下降，水下原始倾斜面露出水面形成的，平原表面还保留着很多海底特征。海成平原的地面坡度与岩层原始倾斜一致，地势极为低平，海拔一般几米到几十米，表面几乎没有被河川切割。

2. 侵蚀平原

又称石质平原，是一种非构造平原，当地壳处于长期稳定的情况下，崎岖不平的山地，在温度变化，风雨、冰雪和流水等外力剥蚀作用下逐渐崩解破碎成碎粒，并被流水搬运山地慢慢夷平成低矮平缓的平原。侵蚀平原的地势不很平坦，有比较明显的起伏；地表土层较薄，多风化后的残积物，有大小石块等粗粒物质；岩石往往突露地表，有一些孤立的残丘和小山散布在平原之上。如我国泰山周围、徐州与蚌埠之间，都有波状起伏的石质平原。特点：地形面与岩层面不一致，上覆堆积物常常很薄，基岩常裸露地表。分为：河成侵蚀平原、海成侵蚀平原、风成侵蚀平原、冰川侵蚀平原。

3. 堆积平原

是由于地壳长期缓慢而稳定的下降运动，使地面不断地接受了各种不同成因的堆积物，补偿了下沉而形成的。堆积平原是局部地壳下降运动和堆积作用的综合产物。在我国平原中占主要部分，也是本书的主要研究对象之一。按成因分为：洪积平原、冲积平原、湖积平原、海积平原、风积平原、冰碛平原。

冲积平原：大面积的河漫滩、三角洲以及山前和山间盆地中的冲积物构成的平原。中国的平原城市大多分布在冲积平原上。形成条件：① 在地质构造上须是相对下沉或相对稳定的地区，在相对下沉区形成巨厚冲积平原，在相对稳定区形成厚度不大的冲积平原；② 在地形上须有相当宽的谷地或平地；③ 须有足够的泥沙来源。分类：① 冲积扇平原，大量泥沙堆积在山地河流出山口处形成扇形的平原；② 泛滥平原，沿河搬运的泥沙在洪水期经常泛滥、堆积在河床两侧的河浸滩上，沿河呈带状分布的平原，为大型的河漫滩；③ 三角洲平原，河口泥沙所成的三角洲，进一步发展而成的平原，如：印度恒河平原、尼罗河平原、长江中下游平原。

风积平原：在干旱和半干旱地区，有风沙堆积而成。平原上布满了各种各样的沙丘，或者是平铺的沙地。

海积平原：由海岸带的沙质海滩或淤泥质海滩演变而成。前者多由沙滩、沿岸堤、干澙湖以及海岸沙丘等综合组成，地面起伏较大。后者组成物质细小，地面低平，多洼地及沼泽。

9.1.1.3 平原景观

根据世界范围内平原的景观风貌和形式，平原景观可概括为6种（图9–1）。

（1）村舍田园——以村舍农田果园等为主要平面肌理的平原景观，分布于广大的以农业生产为主产业的地区，以及城市郊外的乡村地区，在世界范围内分布较广。代表平原：松辽平原。

（2）原始丛林——以大片的原始丛林为主要景观的平原地区。代表平原：亚马逊平原。

（3）苍茫草原——以广阔的草原景观为主的平原地区，农牧业较发达地区。代表平原：北美大平原。

（4）平缓河滩——沿河流、湖泊等形成的河滩地带，前者多形成带状城镇。代表平原：恒河平原。

（5）苔原荒地——纬度较高的或者荒瘠的平原地区，因气温不同而形成苔原、荒地、沙漠等景观。代表平原：西西伯利亚平原。

（6）密集城镇——建设量较大较密集的地区形成的平原城镇景观，依照建筑高度可能有不同的景观形象。代表平原：中欧平原。

9.1.2 平原地区人居环境三元研究

本次研究将影响人居环境的因素分为人、天、地三重，“天”指平原地区的自然条件，“人”指平原地区的人的活动，而“地”则指平原地区的土地利用及城市、非城市地区的建设。三者两两相互影响，则可延伸出一系列平原地区人居环境的研究问题。如考虑天、地两方面因素，则涉及生态建设等问题；考虑人、地关系，则涉及满足人的需求的建设问题；考虑天、人关系，则涉及自然要素对人的影响等问题。三重要素共同组成了平原地区人居环境的三元研究构架（图9-2～图9-4）。

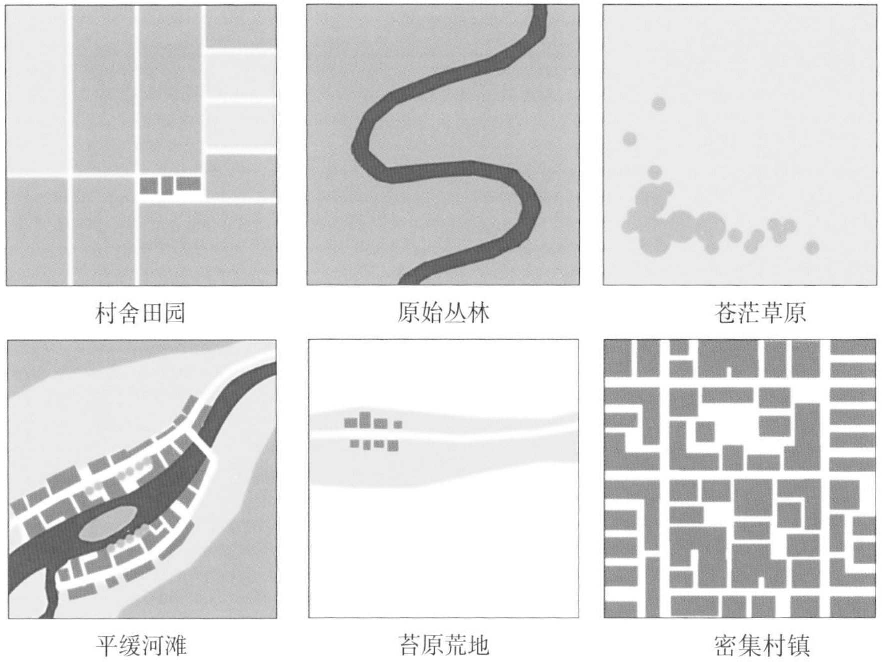

图9-1 中国平原类型示意图
Figure9-1 Schematic diagram of plain types in China

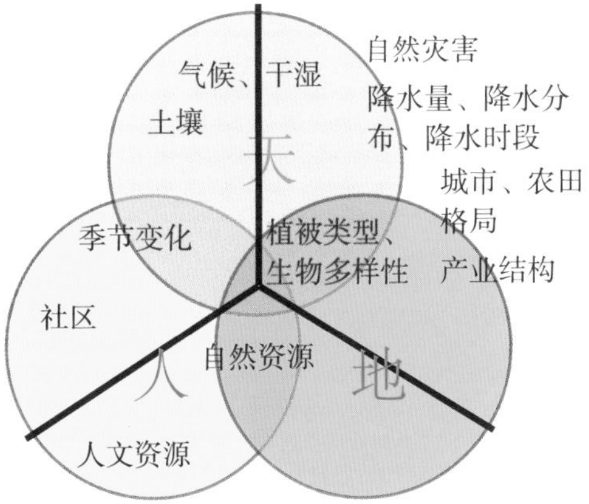

图9-2 平原聚居环境三重因素
Figure9-2 Schematic diagram of plain types

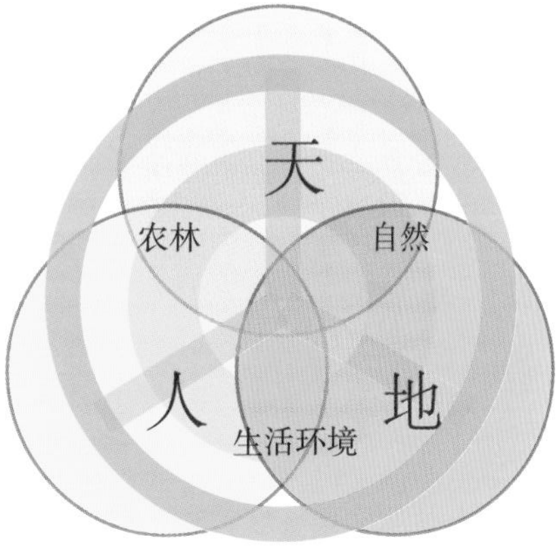

图9-3 平原聚居环境三重背景
Figure9-3 Schematic diagram of plain types

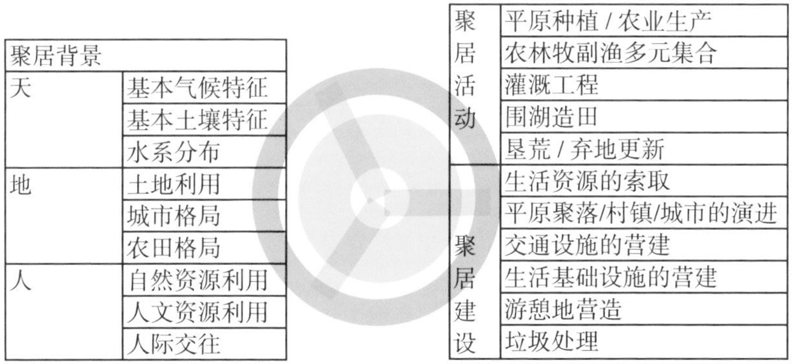

图9-4 平原聚居三重表现
Figure9-4 Expression of tralism in human Settlement enviroment studies in plain region

9.2 平原地区人居背景研究

9.2.1 世界平原概述

9.2.1.1 世界主要平原分布

世界平原总面积约占全球陆地总面积的1/4（图9–5）。亚洲地势高，地表起伏大，中间高，周围低，平原占总面积的1/4。欧洲地势的平均高度为330m，地形以平原为主。非洲为高原大陆，地势比较平坦。东南部高，西北部低。平原仅分布在沿海。北美洲海拔200m以下的平原约占20%，海拔200~500m的平原和丘陵约占22%。海拔500m以上的高原和山地约占58%，全州平均海拔700m。南北走形的山脉分布于东西两侧与海岸平行，大平原分布于中部。南美洲西部为狭长的印第斯山，东部为高原，中部为平原低地。澳大利亚大陆西部高原、中部平原、东部山地。

（1）亚马逊平原：位于南美洲北部，亚马逊河中下游，面积560万km²。亚马逊平原热带雨林密布，动植物种类繁多。人烟稀少，总人口约1500万，包括10万印第安人。

（2）东欧平原：位于欧洲东部，约400万km²，平均海拔约170m。东欧平原大部分在俄罗斯境内，因此又称为俄罗斯平原。它是欧亚草原的延伸。

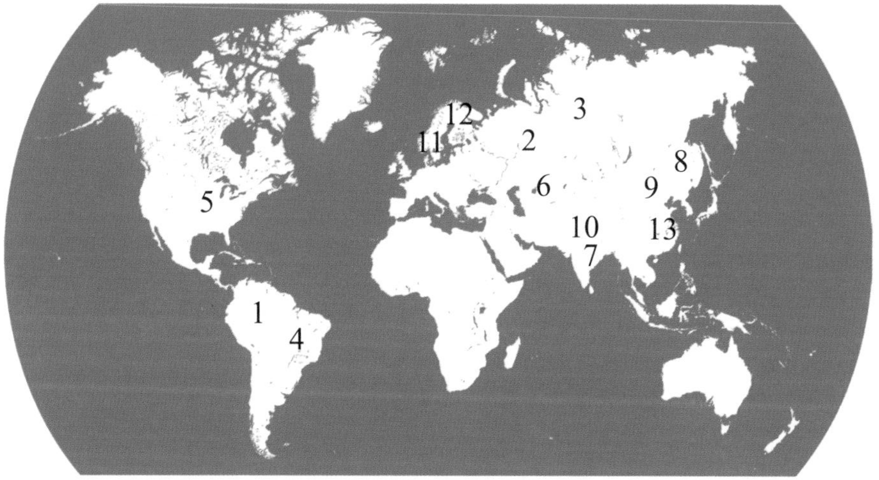

1–亚马逊平原；2–东欧平原；3–西西伯利亚平原；4–拉普拉塔平原；5–北美大平原；6–图兰平原；7–印度河平原；8–东北平原；9–华北平原；10–恒河平原；11–西欧平原；12–北德平原；13–长江中下游平原

图9–5 世界著名平原区位示意图

Figure9-5 Schematic diagram of distribution of plains in the world.

表 9–2 世界著名平原面积统计表

Table9-2 Statistics of plain regions in the world.

	名称	面积（万km²）	区位	占世界平原总面积百分比（%）
1	亚马逊平原	560	南美洲	15.0
2	东欧平原	400	欧洲	10.7
3	西西伯利亚平原	260	亚洲	7
4	拉普拉塔平原	130	南美洲	3.5
5	北美大平原	150	北美洲	4
6	图兰平原	150	亚洲	4
7	印度河平原	30	亚洲	0.8
8	东北平原	35	亚洲	0.9
9	华北平原	31	亚洲	0.8
10	恒河平原	45	亚洲	1.2
11	西欧平原	30	欧洲	0.8
12	北德平原	30	欧洲	0.8
13	长江中下游平原	20	亚洲	0.5

（3）西西伯利亚平原：亚洲第一大平原，世界第三大平原。面积260万km²。自北而南，苔原、森林、森林草原、草原景观平行分布，具典型的纬度地带性分布规律。大部分地区为亚寒带针叶林所覆盖。

（4）北美大平原：总面积约130万km²。包括美国的科罗拉多州、堪萨斯州、蒙大拿州、内布拉斯加州等十个洲，加拿大的草原三省及墨西哥的一小部分。

（5）图兰平原：图兰平原又称图兰低地，面积150万km²，有山丘和低于海平面的凹地。

（6）恒河平原：恒河平原又称“印度大平原”，面积约75万km²，大部在印度境内。

（7）印度河平原：印度河平原位于印度和巴基斯坦之间，大部分地区是广阔的塔尔沙漠，印度河沿岸灌溉农业发达，是巴基斯坦主要人口聚集区之一。

（8）西欧平原：西欧平原在欧洲大平原最西部，平均海拔不超过200m（表9–2）。

9.2.1.2 世界主要平原气候

世界平原城市集中分布在温带大陆性气候、温带季风气候、亚热带季风气候、热带季风气候等地区，气候温润宜人（表9–3）。

表 9-3 世界著名平原气候类型表

Table9-3 Statistics of plain climate in the world.

	名称	气候类型		名称	气候类型
1	亚马逊平原	热带雨林气候	7	印度河平原	热带季风气候
2	东欧平原	温带大陆性气候	8	东北平原	温带季风气候
3	西西伯利亚	温带大陆性气候	9	恒河平原	热带季风气候
4	拉普拉塔平原	热带草原气候	10	西欧平原	温带海洋气候
5	北美平原	亚热带季风气候	11	北德平原	温带海洋气候
6	图兰平原	热带荒漠气候	12	长江中下游平原	亚热带季风气候

9.2.1.3 世界主要平原城市

世界6个城市群平面所占面积、平原地区人口、主要产业、GDP贡献及重要城市见表9-4。

表 9-4 世界著名平原面积统计表

Table9-4 Statistics of plain regions in the world.

	名称	面积（万km^2）	人口（万）	产业	GDP贡献	主要城市
1	美国大西洋沿岸城市群	13.8	6500	美国最大的生产基地、商贸中心、最大的国际金融中心	美国三大都市带67%	波士顿、纽约、费城、巴尔的摩、华盛顿
2	美国五大湖城市群	24.5	5000	北美主要的制造业带		芝加哥、底特律、克利夫兰、匹兹堡、多伦多、蒙特利尔
3	日本太平洋沿岸城市群	3.5	7000	主要工业产值和国民收入，政治、经济、文化、交通中枢	70%	东京、横滨、静冈、名古屋、京都、大阪、神户
4	欧洲西北部城市群	14.5	4600	工商业中心、西欧交通中心，横欧亚大陆桥的西端桥头堡		巴黎、阿姆斯特丹、鹿特丹、海牙、安特卫普、布鲁塞尔、科隆
5	英国以伦敦为中心的城市群	4.5	3650	英国主要的生产基地，是英国产业密集带和经济核心区		大伦敦地区、伯明翰、谢菲尔德、曼彻斯特、利物浦
6	以上海为中心的长江三角洲城市群	10	7420	工业中心、商业中心、金融中心	19%	上海、苏州、无锡、常州、扬州、南京、南通、镇江、杭州、嘉兴、宁波、绍兴、舟山、湖州

9.2.1.4 世界主要平原人类对生态环境影响程度

人类生活强度在主要平原地区的反映。基于哥伦比亚大学2008年公布的反映人类对陆地生态环境的影响图绘制，图9-6中0代表影响最少，100代表影响最多。该指数使用的是2000年左右的数据，综合了人口密度、道路、城市、电力设施、交通设施等因子。

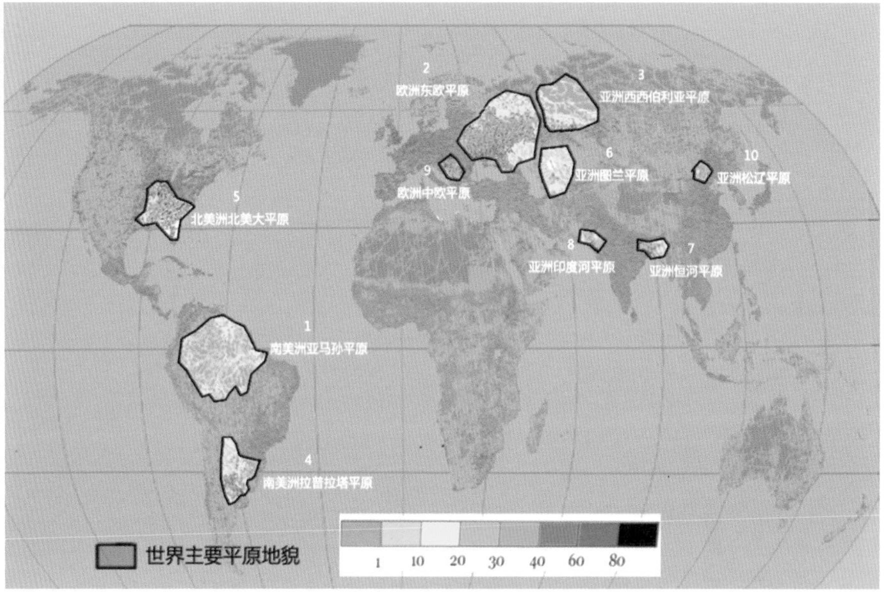

图9-6 世界主要平原人类对生态环境影响程度

Figure9-6 Distribution of PM2.5 concentrations of plain regions in the world.

图片来源：http://www.nasa.gov/topics/earth/features/health-sapping.html

9.2.1.5 粮食风险分布

从总量上看，中国、美国、印度、俄罗斯粮食产量最多。从人均粮食产量上看，北美洲和大洋洲最多。亚洲和拉丁美洲每人平均产量较低，非洲则最低。我国是粮食进出口国，粮食基本自给。中国已列入食品安全中等风险行列。2012年1~6月，我国农产品进出口贸易逆差248.3亿美元，同比扩大78.2%。

图9-7是基于Maplecroft公司公布的“2011年粮食安全风险指数”所绘制。这份统计数据涵括了12个由联合国粮食和农业组织确定的评判标准。

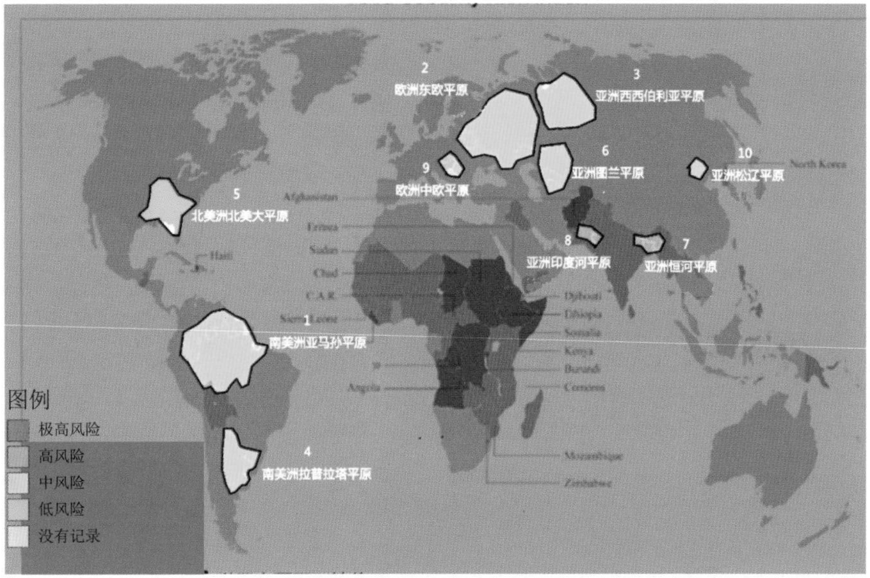

图9–7 2011年世界粮食安全风险指数分布图

Figure9-7 Distribution of international food security risk index in 2011.

图片来源：www.bioon.com/bioindustry/foods/503182.shtml

9.2.2 中国平原概述

9.2.2.1 中国平原分布概况

表 9–5 中国平原类型统计表

Table9-5 Statistics of plain types in China

构造平原	海成平原	福州平原、文昌平原、漳州平原
构造平原	河成剥蚀平原	河套平原、胶莱平原、江苏徐州一带的平原
堆积平原	冲积平原	三江平原、松嫩平原（嫩江平原、松花江平原）、辽河平原、黑龙江谷地、鸭绿江谷地、海河平原 黄泛平原、黄河三角洲、胶莱平原、淮河平原 黄淮平原、里下河平原 皖中平原、长江三角洲、萧绍平原、赣抚平原 澧阳平原、江淮平原 宁绍平原、温黄平原、温瑞平原、鳌江平原 潮汕平原、珠江三角洲、浔江平原、南流江三角洲、宾阳平原、银川平原、土默川平原、渭河平原（关中平原） 成都平原、河西走廊

续表

堆积平原	湖积平原	两湖平原（洞庭湖平原、江汉平原）、鄱阳湖平原、太湖平原、杭嘉湖平原、巢湖平原
堆积平原	海积平原	福州平原、莆田平原、泉州平原、漳州平原、濠江两岸、惠来狮石湖、南澳后宅、番禺沿海地带、文昌平原等

我国平原面积总和占陆路面积的12%，按平原成因类型统计，我国以冲积平原为主（表9–5、表9–6，图9–8）。

图9–8 我国平原类型分布图

Figure9-8 Distribution of climate in Plain regions of China

表 9-6 中国主要平原分布
Table9-6 Distribution of plains in China

东北平原	三江平原、松嫩平原（嫩江平原、松花江平原）、辽河平原、黑龙江谷地、鸭绿江谷地
华北平原	海河平原、黄泛平原、黄河三角洲、胶莱平原、淮河平原、黄淮平原、里下河平原
长江中下游平原	两湖平原（洞庭湖平原、江汉平原）、鄱阳湖平原、皖中平原、长江三角洲、太湖平原、杭嘉湖平原、萧绍平原、赣抚平原、澧阳平原、巢湖平原、江淮平原
东南沿海平原	宁绍平原、温黄平原、温瑞平原、鳌江平原、福州平原、兴化平原、泉州平原、漳州平原、潮汕平原、珠江三角洲、浔江平原、南流江三角洲、宾阳平原
黄河中上游平原	湟水谷地、银川平原、河套平原、土默川平原、汾河谷地、运城盆地、沁水盆地、渭河平原（关中平原）
其他平原	成都平原、汉水谷地、伊犁谷地、河西走廊

9.2.2.2 中国主要平原简介

我国三大平原分别是华北平原、东北平原、长江中下游平原。

（1）东北平原：在中国东北部。由松嫩平原、辽河平原和三江平原组成。位于大、小兴安岭和长白山之间，南北长约1000km，东西宽约300~400km，面积350000km^2，大部分海拔在200m以下。

东北平原虽然冬季较冷，但夏季却很热，沼泽地虽然多，但土壤中水分充足。土层深厚，耕地辽阔，有大面积肥沃的黑土，宜林则林，宜牧则牧，采取农、林、牧、副、渔综合发展。

（2）华北平原：中国第二大平原。位于黄河下游。西起太行山脉和豫西山地，东到黄海、渤海和山东丘陵，北起燕山山脉，西南到桐柏山和大别山，东南至苏、皖北部，与长江中下游平原相连。属暖温带季风气候，四季变化明显。南部淮河流域处于向亚热带过渡地区，其气温和降水量都比北部高[1]。年均温8~15℃，冬季寒冷干燥，日照充分，农作物大多为两年三熟，南部一年两熟，土层深厚，土质肥沃。

（3）长江中下游平原：中国长江三峡以东的中下游沿岸带状平原，由长江及其支流冲积而成。面积20多万km^2。地势低平，海拔大多50m左右。气候大部分属北亚热带，小部分属中亚热带北缘。年均温14~18℃。农业一年二熟或三熟，农业发达，土地垦殖指数高，是重要的粮、棉、油生产基地。河汊纵横交错，湖荡星罗棋布，湖泊面积2万km^2，相当于平原面积的10%。

9.2.2.3 中国平原气候特征

黄河流域附近及以北地区平原以温带季风气候为主，部分区域为温带大陆性气候；长江流域附近及以南地区平原与亚热带季风气候为主，中国南部沿海平原以热带季风气候为主。雨热同期有利于农作物的生长，但降水集中易于形成洪涝灾害。

东北部平原以半湿润气候为主，东南部平原以湿润气候为主，总体而言中国平原气候较为湿润，降雨量充足，带来充足的水源和充分的日照，物产富饶（图9-9、图9-10）。

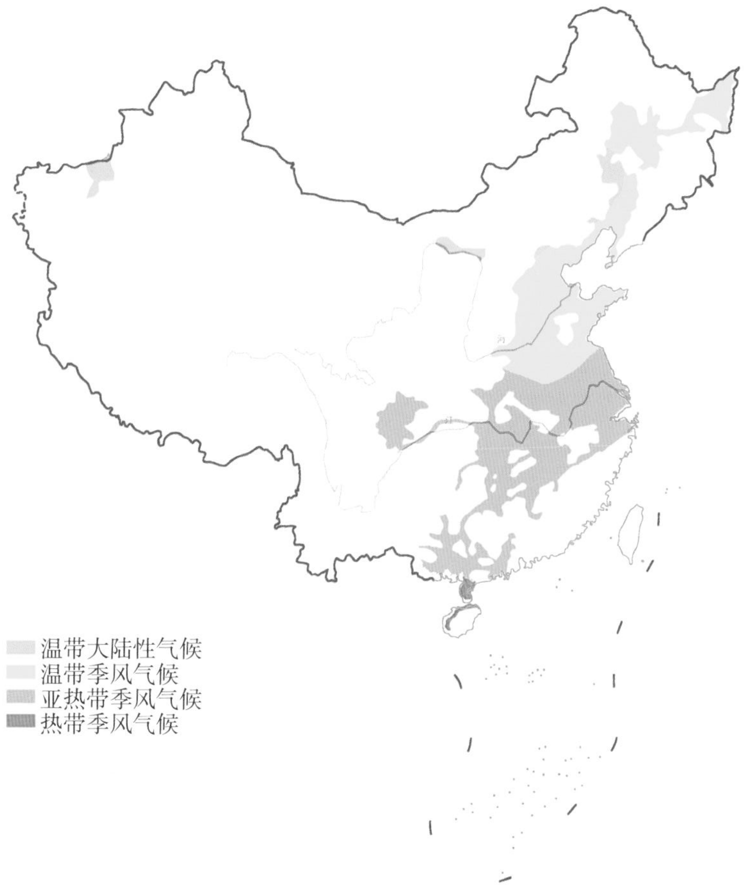

图9-9 中国平原地区气候分布图
Figure9-9 Distribution of climate in Plain regions of China

图9-10 中国平原地区干湿环境特征图
Figure9-10 Characteristics of dry and wet environment in plain regions in China

9.2.2.4 中国平原土壤特征

平原地区土壤类型主要包括润土、水稻土、砂姜黑土、棕褐土、草甸土、盐碱土、黄壤、红壤等类型（图9-11）。土层湿润，富含矿物质，土质肥沃，适宜耕作。

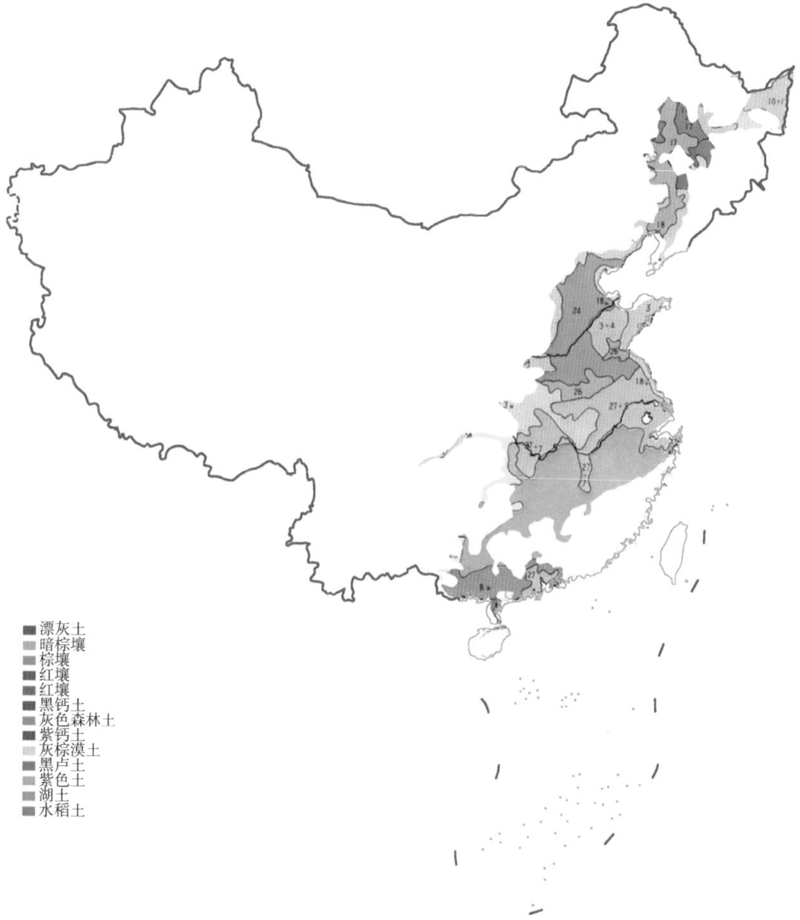

图9-11 中国平原地区土壤特征图
Figure9-11 Superimposition diagram of plain and flood disaster prone region

9.2.2.5 中国平原灾害特征

平原地区由于地质地貌、气候、社会等因素，多发洪涝灾害。城市化、人口激增、土地扩张导致水土流失，河床抬高，湖泊调蓄洪水能力减弱，堤岸护坡稳固性被破坏等状况，提高了灾害发生频率（图9-12）。

图9-12 平原洪涝灾害多发区
Figure9-12 Superimposition diagram of plain and flood disaster prone region

9.2.2.6 中国平原城市 PM2.5

平原城市PM2.5年平均浓度分布如图9-13所示。

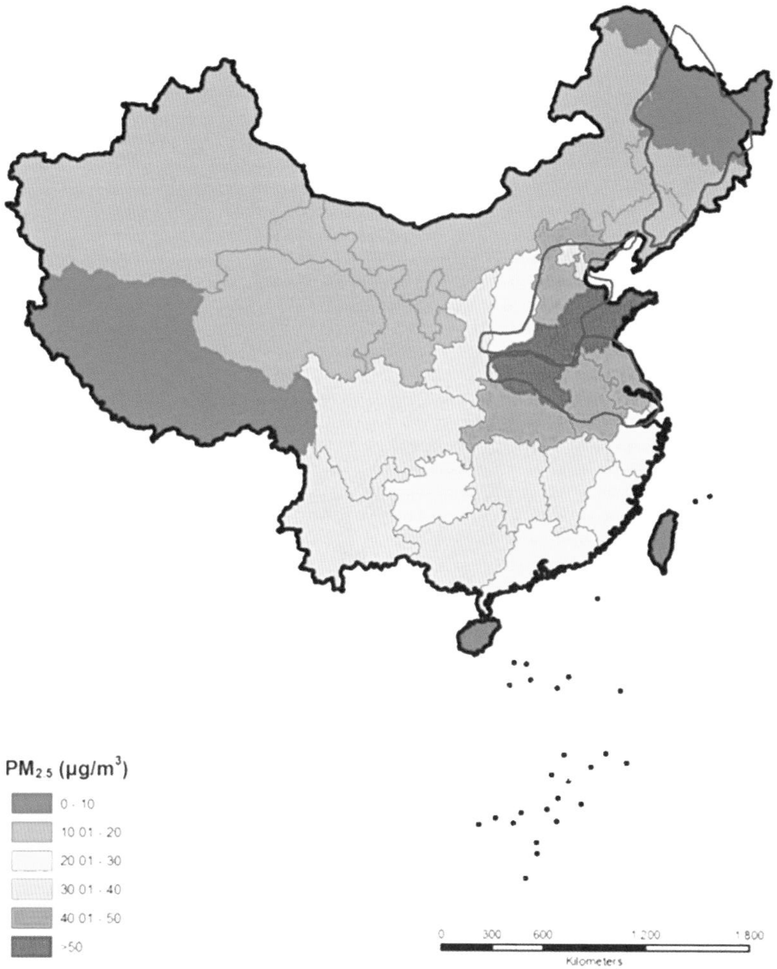

图9-13 平原城市PM2.5年平均浓度分布
Figure9-13 Concentration distribution of plain cities
图片来源：http://www.ceode.cas.cn/qysm/qydt/201202/t20120227_3446118.html

9.2.2.7 中国平原城市人口密度

经统计，平原城市人口密度729.58/m²。其中，长江中下游平原573.57人/km²，珠江三角洲平原1533.84人/km²，东北平原479.10人/km²，华北平原558.24人/km²（图9-14）。

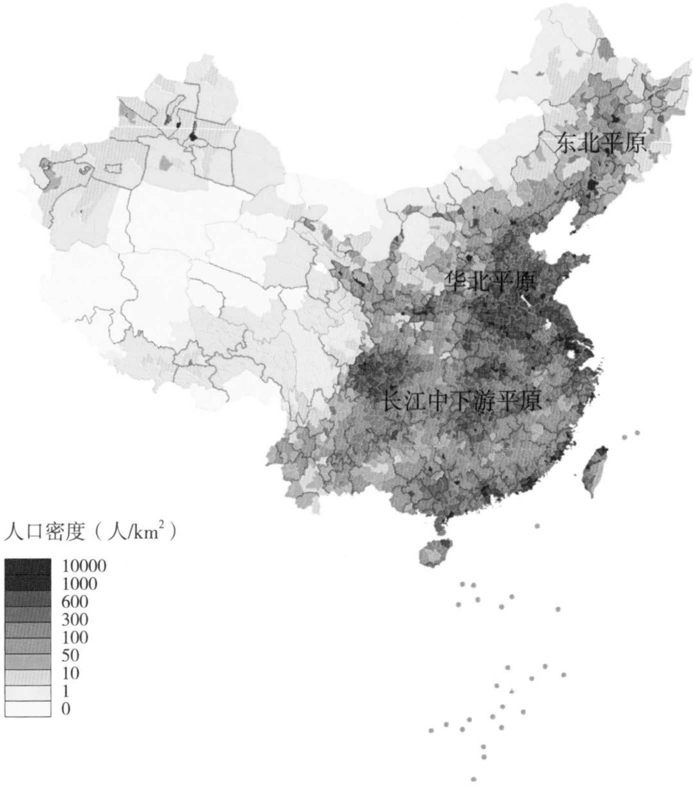

图9-14 中国各地区人口密度分布图（2005年）
Figure9-14 Distribution diagram of population density in China（2005）
图片来源： http://bbs.tiexue.net/post2_3640799_1.html

总体分析：珠江三角洲平原人口密度>长江中下游平原人口密度>华北平原人口密度>东北平原人口密度。

局部分析：珠江三角洲平原以及长江中下游平原平均人口密度已经达到高度密集程度。

表 9-7 平原城市人口密度登记表
Table9-7 Distribution diagram of population density in China

城市人口密度等级	城市人口密度（人/m²）	城市（排序密度由大至小）
特级（人口高度密集区）	>1000	上海、天津、东莞、顺德、南海、沈阳、广州、佛山、松原、无锡、苏州、南京、中山、武汉、嘉兴、常州
一级（人口密集区）	600~1000	绍兴、天门、杭州、桐城、珠海、南通、济南、保定、镇江、泰州、宁波、开封、胶州、南昌、扬州、汉川
	400~600	合肥、盐城、莱西、潜江、江门、仙桃、营口、石首、句容、惠州、荆州
	200~400	松滋、沅江、益阳、新余、枝江、岳阳、常德、鹰潭、景德镇、滁州、临湘、肇庆、东营、九江、广德、四平、铁岭、抚州
二级（人口中等区）	100~200	青阳、宜昌、七台河、齐齐哈尔、富锦
	25~100	白城、佳木斯
三级（人口稀少区）	1~25	无
四级（人口极稀区）	<1	无

在所有统计的城市中：20.0%的城市为人口高度密集城市，77.3%的城市为人口密集城市，2.7%的城市为人口中等城市。上海是所有城市中人口密度最高的城市，只有白城、佳木斯属于人口中等城市（表9-7）。

9.2.2.8 平原主要城市产业发展趋势

农业比例逐年降低，但近年因耕地保护趋势放缓。大型城市工业比例迅速降低，中型城市工业比例逐步缓慢降低，部分小型城市工业比例增加。整体城市向工业—服务业转化过程进行，农业结构逐步趋于稳定（最小比例）。上海整体结构稳定，连续3年耕地面积比例保持平稳，服务业突破60%。

1．我国平原地区第一产业分布特征

长江三角洲平原、珠江三角洲平原第一产业比例较低；东北平原农业比例高，黑龙江部分城市最高达53.7%；省会城市等一级城市农业比例大大低于二级城市（图9–15）。经济越发达地区（人均GDP越高）农业比例越低，上海最低达0.64%。

2．我国平原地区第三产业分布特征

长江三角洲平原、珠江三角洲平原经济较为发达（人均GDP越高），其服务业比例较高，例如上海、南京、深圳等，上海2012年突破60%；三江平原、嫩江平原等相对落后区域（人均GDP越低），服务业比例较低，例如富锦市、枝江市最低达约20%；内陆平原省会城市等大型城市服务业比例较高（图9–16、图9–17）。

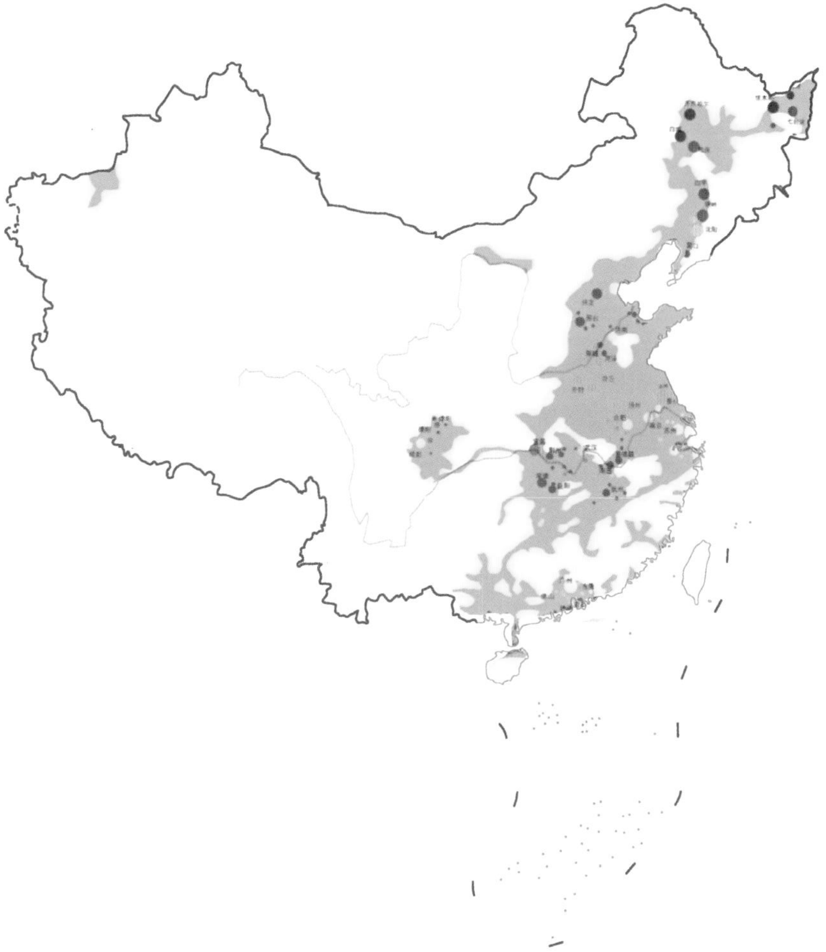

图9–15 我国平原城市第一产业分布图
Figure9-15 Distribution diagram of first industry in China

图9–16 我国平原城市第三产业分布图
Figure9-16 Distribution diagram of third industry in China

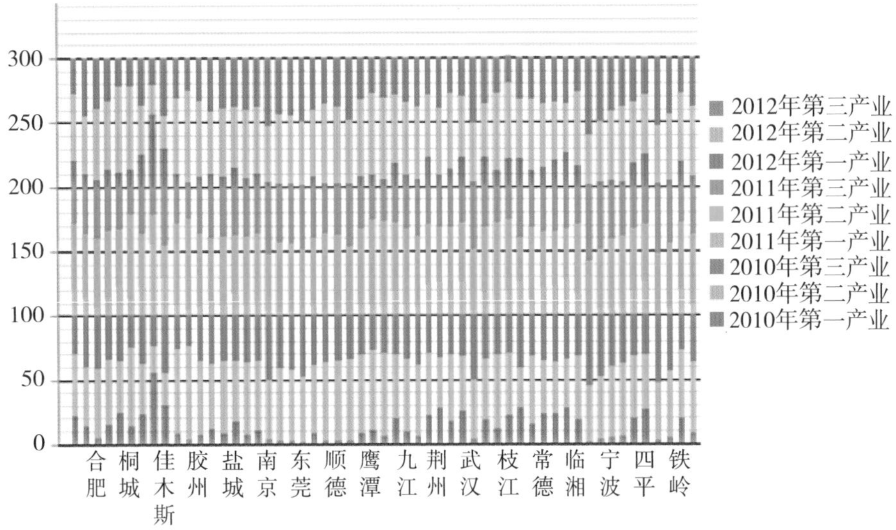

图9–17 中国平原主要城市产业结构分布图
Figure9-17 Distribution diagram of industrial structures of plain cities

9.2.3 资源状况

9.2.3.1 农业资源

1．耕地

总况：所占比例小。平原少，山地多，平原总面积约112万km^2。分布：主要集中在东北平原、华北平原、长江中下游平原、珠江三角洲和四川盆地。优势：耕作历史悠久，农业技术成熟。种植农业条件好：地势平坦，土地肥沃，灌溉便利，交通发达。

2．林地

总况：包括天然林和人工林。所占比例小，森林覆盖率低。分布：天然林多集中分布在东北和西南地区，而人口稠密、经济发达的东部平原，以及辽阔的西北地区，森林却很稀少。中国的主要林区有：东北林区、西南林区、东南林区。农业用地布局：分布于城郊，将日常生活必需且不便于长途运输和贮存的蔬菜种植布置在近郊区。

3．种植业、林业、渔业

平原地区耕地较多，有利于种植业、林业和渔业的发展。例如中国九大商品粮基地分别位于太湖平原、洞庭湖平原、鄱阳湖平原，江汉平原、江淮平原、三江平原、珠江平原，成都平原和松嫩平原；中国四大商品棉基地分别位于江汉平原，冀中南、鲁西北、豫北平原，长江下游滨海、沿江平原和黄淮平原；重要的桑基生产基地位于珠江三角洲、长江三角洲等（表9–8）。

表 9–8 中国主要农产品产地分布
Table9-8 Distribution of agricultural producing regions in China.

作物种类		分布地区
九大商品粮基地		生产条件和基础好，增产潜力大的地区——三江平原、松嫩平原、江淮地区、太湖平原、鄱阳湖平原、江汉平原、洞庭湖平原、成都平原、珠江三角洲
五大商品棉基地		冀中南鲁西北豫北平原、长江下游滨海沿江平原、江淮平原、江汉平原、南疆棉区
油料做物基地	花生	温带、亚热带沙土和丘陵地区，山东、辽东半岛产量大
	油菜	长江流域最多，有“北移南迁”趋向
糖料作物基地	甘蔗	热带、亚热带地区，川、粤、桂、滇、闽、台是主产区
	甜菜	中温带地区，内蒙古、新疆、吉林、黑龙江是主产区
出口商品	花卉、蔬菜、水果	太湖平原、珠江三角洲平原、闽南三角地带

9.2.3.2 工业资源

1．工业类型

重工业：机械工业，分为工业设备、农业机械、交通运输等。

轻工业：① 以农产品为原料的轻工业，主要包括食品制造、饮料制造、烟草加工、纺织、缝纫、皮革和毛皮制作、造纸以及印刷等工业；② 以非农产品为原料的轻工业，指以工业品为原料的轻工业，主要包括文教体育用品、化学药品制造、医疗器械制造、文化和办公用机械制造等工业[2]。

京唐工业基地：我国北方最大的综合性工业基地。煤、铁、石油、海盐等资源丰富，但水资源紧缺。

沪宁杭工业基地：我国最大的综合性工业基地。地理位置优越，科技力量强大，但矿产和能源不足。

珠江三角洲工业基地：以轻工业为主的“出口加工型”工业基地。

2. 平原工业用地布局

平原平坦的地形对工业生产的厂址选择十分有利，所以，平原地区工业分布主要依赖于工业类型。

将创意产业等对能源消耗较低且占地面积较小的工业类型主要设置在中心区，将占地面积较大、耗能高、有污染性的工业设置在城郊，农产品加工工业还可与农业生产区结合，便于原料的获取。

9.2.3.3 中国平原城市自然文化资源

平原地区自然文化资源丰富，并且具有大量以河湖为主的自然景观，这与平原地区的地势和地理位置有着密切的联系。相比之下，平原地区的生物多样性就没有那么的丰富（表9–9）。

表 9–9 中国平原城市历史自然文化资源统计
Table9-9 Statistics of historical, natural and culture resources of plain cities in China

城市	自然资源分布	城市	自然资源分布
东营	黄河三角洲自然保护区	江门	东湖
胶州	艾山景区，少海景区	七台河	龙石山
莱西	产芝湖生态旅游区	景德镇	玉田湖风景区
泰州	溱湖风景区、凤城河风景区	常州	环太湖景区
盐城	海天鹤乡（江苏盐城国家级珍禽自然保护区）	珠海	石景山、东澳岛
潜江	返湾湖风景区	中山	逍遥谷
仙桃	沧浪河	佛山	南丹山原生态风景区
宜昌	泗溪生态旅游区	广州	白云山风景区
武汉	东湖国家级风景名胜区	东莞	松山湖
枝江	长江沙浪奇观景区	惠州	三角洲岛、南昆山
岳阳	洞庭湖	肇庆	肇庆星湖
常德	龙凤湖	嘉兴	南湖
益阳	梓山湖、桃花湖	镇江	南山
九江	庐山	南通	狼山
上海	崇明岛、淀山湖	深圳	红树林
杭州	西溪、西湖、京杭大运河	济南	大明湖、白云湖
南京	秦淮河、玄武湖	开封	汴河
宁波	月湖	天津	盘山风景名胜区
绍兴	白马湖	南昌	鄱阳湖
苏州	阳澄湖、金鸡湖	沅江	桃江沅江风景区
无锡	太湖	临湘	临湘山水景区
富锦	红顶山	佳木斯	黑瞎子岛

9.2.3.4 中国平原城市历史文化资源

平原地区历史文化积累深厚，经历了较长的历史沿革和发展。平原人居环境可以说是在长期的历史演变中不断调整，顺应社会发展而形成的环境。

平原地区城市分布着大量中国历史文化名城，其中华北平原、长江三角洲平原以及珠江三角洲平原的历史文化资源尤为集中（表9–10）。

表 9–10 平原城市历史及文化名城分统计表
Table9-10 Statistics of distribution of historical and culture cities in plains

城市	历史（年）	文化名城分布	城市	历史（年）	文化名城分布
东营	3000		胶州	4000	牧马古城
莱西	5500		上海	170	
泰州	1076	中国历史文化名城	杭州	2200	中国历史文化名城，七大古都
盐城	1602		南京	2600	中国历史文化名城，四大古都
扬州	2499	中国历史文化名城	宁波	7000	中国历史文化名城
青阳	2122		绍兴	2500	中国历史文化名城
汉川	1452	中国历史文化名城	苏州	2500	中国历史文化名城
荆州	2000		无锡	3500	中国历史文化名城
潜江	1048		富锦	604	大屯古城、嘎尔当古城
天门	2000		佳木斯	1106	
武汉	4000		江门	641	
仙桃	1500	沔阳古城遗址	南海	2234	
宜昌	2700		七台河	3000	
枝江	6000		景德镇	5256	中国历史文化名城
岳阳	2500	中国历史文化名城	鹰潭	3400	
常德	2300	中国历史文化名城	新余	5000	
益阳	2000		抚州	3000	
松滋	1600		常州	3200	
珠海	4500		佛山	4500	中国历史文化名城，四大名镇
顺德	550		镇江	3500	
中山	853	中国历史文化名城	南通	5000	
东莞	1700	广东历史文化名城	深圳	6700	
九江	2200		济南	2100	中国历史文化名城
广州	2200	中国历史文化名城	开封	2700	中国历史文化名城，十朝古都
惠州	1700	广东历史文化名城	天津	2500	
肇庆	2200	中国历史文化名城	南昌	2200	中国历史文化名城
嘉兴	7000	中国历史文化名城	石首	1700	
临湘	3000		沅江	5000	

9.2.3.5 案例分析——北京

北京全市面积1.68万km^2，其中平原约占38%。背山面海。西部西山、北部军都山相交，形成向东南展开的半圆形大山弯“北京弯”，它所围绕的小平原即为北京小平原。诚如古人所言：“幽州之地，左环沧海，右拥太行，北枕居庸，南襟河济，诚天府之国。”

本案例研究的是北京小平原。

1. 农业与林业

全市土地总面积约占全国0.17%，土地数量大于沪、津两市。土地类型多样，在耕地中，水浇地、水田、旱地的比例大致是7：1：2。全市有林地近30万hm^2，以低山地带最多。

1）影响因素（表9–11）

表 9–11 影响北京市农业与林业发展的因素统计表

Table9-11 Statistics of influencing factors in agriculture and forestry development of Beijing City.

影响因素	发展条件
地形	西、北部群山；东南部平原，平坦广阔，与华北平原连成一体。平原地区坡度缓和，排水不良，易成涝碱灾害。山地、平原兼备的地形特点，为农业发展提供了有利条件
气候	冬季寒冷干燥、夏季高温多雨。夏季当东南季风边缘摆动到北京附近时，南来的暖湿空气与北方冷空气相遇，形成7～8月高温多雨天气，对农业生产有利；秋季天高气爽，舒适宜人
土壤	平原地区土壤人为影响大，熟化程度高。土壤中含有矿物养分，宜耕作，但有机质含量仅1%～2%，含氮量低，且缺磷。在平原东南部分布有草甸土，由于排水不良，易盐碱化，低洼地带有沼泽土分布，可种水稻
水资源	水资源较贫乏，主要来源于地表径流和地下水。旱涝为北京主要灾害，春旱频繁，对农业影响较大，平原洼地常有夏涝

2）农业发展史

50万年前，北京西南部房山区周口店，已有猿人生息。约六七千年前进入新石器时代，原始农业出现，人类开始定居。秦汉时期，农业手工业进一步发展。东汉时期，水利事业发达，引水灌溉蓟城四周土地，开稻田，并植桑麻。三国时代，为解决农田用水，在近郊兴建了戾陵遏与车厢渠，开创了北京地区水利事业的先声。唐代，改称幽州，商业、手工业兴盛，农业生产也有进一步发展。五代以后，向全国政治中心过渡。明代，从山西、山东等地大批移民至此屯田耕种，农业有较大发展，村落成批涌现，奠定了现今北京郊区村落分布的基本格局。

3）农业资源

平原地区粮食作物中夏粮以冬小麦为主，秋粮以玉米、水稻为主，其他杂粮还包括谷子、高粱、大豆、薯类等。平原地区主要油料以花生为主，分布于潮白河和永定河冲积平原等；平原地区蔬菜生产占显著地位，不耐运输和贮藏的蔬菜类，大体分布在近郊区。

4）森林资源

原始森林植被为南温带落叶阔叶林，已破坏无存。主要为天然次生林和人工林，种类有松栎林、杨桦林、杂木林及灌丛等群落。

天然次生林：分布在西北部山区。

人工林：除经济林外，以防护林和用材林为主。主要分布在河流上游、重点风景区和河流两岸。

果树林：面积大，干、鲜果以苹果、梨杏、板栗、核桃为主。

2. 工业

“十一五”期间北京平原区主要工业产业有：汽车产业、现代制造业、高新技术产业、创意产业、光机电一体产业、石化新材料产业、生物医药产业。

1）面临问题

旱涝碱薄，沙尘暴。三北防护林工程：农田防护林体系，农田实现林网化；建立生态体系，把农业生产与自然生态循环融为一体。

2）未来发展

强调耕地特别是基本农田的保护，走循环农业发展路径，农业产业化、农业绿色化。根据《北京土地利用规划》，实行基本农田规模保护策略，坚持“用养并重”，以“三圈九田多中心”为土地利用总格局。

（1）三圈：指围绕城市中心区的三个“绿圈”，即以第一道绿化隔离带和第二道绿化隔离地区为主体的环城绿化隔离圈，以“九田”为基础的平原农田生态圈和以燕山、太行山山系为依托的山区生态屏障圈。

（2）九田：指位于大兴、通州、顺义、房山、延庆等区县内的9个规划基本农田集中分布。

（3）多中心：指中心城、新城以及其他服务全国、面向世界的重要城市节点。

3. 未来发展《北京城市总体规划——产业发展与布局引导》

农业：调整农业结构，发展现代都市型农业。实施规模经营，因地制宜发展设施农业、精品农业、加工农业、籽种农业、观光农业、出口农业，逐步提高农业的综合生产能力和经济效益。重点发展设施农业、观光农业、农产品加工等高附加值的农业，注重发挥农用地的生态功能，以基本农田的保护为基础，形成若干与大环境绿化融为一体的农业区，改善城市总体生态环境[3]。

工业：大力支持发展高新技术产业和现代制造业，鼓励发展都市型工业，限制和转移无资源条件的高消耗、重污染的产业。

改变中心地区功能过度聚集的状况，疏散传统制造业，以节约资源、保护生态环境、增加就业为宗旨，在有条件的边缘集团发展都市型工业。

完善以中关村为核心的一区多园式的高新技术产业布局结构。引导工业企业向工业园区集中。与新城建设相结合，集中建设产业基地。注重发挥产业基地的辐射带动作用，促进周边地区相关产业的发展。

发挥北京经济技术开发区的带动作用，形成以亦庄为核心的沿京津塘高速公路的高新技术产业带[4]。

9.2.3.6 中国平原人居环境现存问题——城市无序蔓延与扩张

平原地区独有的环境特征导致了双面结果。一方面，平原地区地势平坦、气候宜人、受自然限制和其他类型聚居环境相比更小，是宜居的人类聚居环境；另一方面，广阔的地貌条件加速了人类的城市建设与扩张，并且由此对聚居环境产生一系列负面的影响，丧失了平原地区原本的宜居性（图9–18）。

城市过度扩张导致城市问题：由于人口增加，住房面积的增长，平原城市逐步向周边区域扩张。北京城市发展飞速膨胀。1993年国务院批复北京1991～2010年城市总体规划后仅过去2年，北京市区中心就提前15年实现城市用地规模，达到288.07km^2（图9–19、图9–20）。

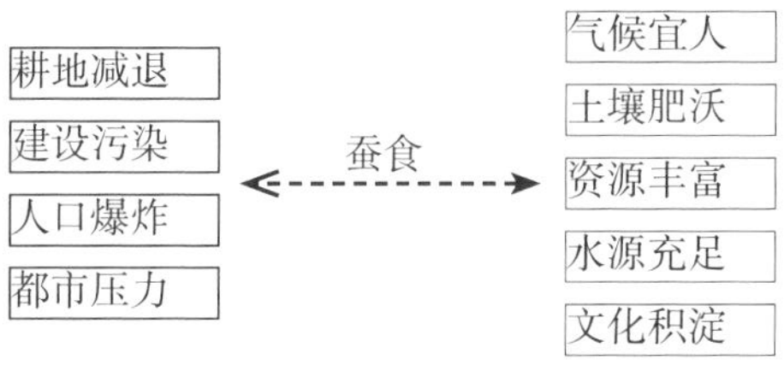

图9–18 城市过度扩张导致城市问题示意图
Figure9-18 Schematic diagram of city problems caused by over-expansion

图9–19 城市扩张示意图
Figure9-19 Schematic diagram of urban expansion

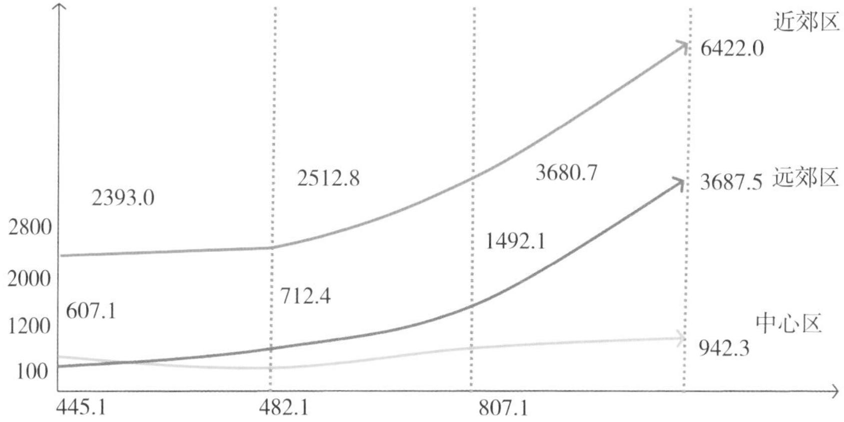

图9–20 北京市住房面积增长图
Figure9-20 Diagram of increasing housing region in Beijing City.

（1）土地问题：城市连绵成片，农村和城市郊区的分界不明显，自然绿地和农地不断被蚕食。城郊结合部规划控制力度不强，建成区快速向外蔓延。导致平原城市的边缘并不规整，而是与农用地犬牙交错、参差不齐，建成区顺应公路等基础设施向农田纵深处伸展（图9–21）。

（2）交通问题：交通拥堵严重；行人与汽车冲突，交通事故频发；交通对能源的消耗，对环境的污染。

（3）生态问题：一方面平原城市建成区大、人口众多，本身能源消耗和污染排放就十分巨大；另一方面平原地区缺少自然山体遮挡，污染物容易集聚并向周围开阔地区扩散。因而平原地区面临严重的生态问题（图9-22）。

2011年2月20日上午11点35分，由美国宇航局的Terra卫星用中分辨率成像光谱辐射计（MODIS）所拍摄的气象照片，浓密的烟雾正笼罩在中国的北部平原地区上空，烟雾非常浓厚，呈灰棕色，以至于很难看清楚地面上的情况。北京机场在同一时间的气象台所公布的能见度仅为3km，而下午的能见度又下降至约1.8km。在中国东部平原地区的冬天里，经常会因为污染气体的漫延而出现浓雾天气。

综上所述，平原地区由于地势平坦坡度起伏较小，拥有优越的建设条件，在开展城市建设的时候，容易形成粗放型开发模式。城市过度扩张将导致如下问题：

（1）生态系统恶化：随着城市发展不断蚕食周围生态绿地空间，自然生态系统破碎化，生物多样性锐减，加之城市污染物排放，城市生态环境恶化严重。

（2）基础设施浪费：城市低密度蔓延，导致在同样的服务半径下，相同的城市基础设施所能服务到的人数减少，造成基础设施浪费。

（3）生活成本增加：城市通勤距离加大，人均生态足迹增长，城市依赖机动交通来实现运转，高能耗的生活方式难以避免。

（4）热岛效应加剧：城市周围绿地的减少，以及城市机动交通使用将大量排放有害气体和余热都会促使城市热岛效应加剧、空气质量降低。

中国平原人居环境发展对策

（1）节地畅通城市策略：精明增长。针对城市建设条件优良，但土地利用低效的问题。美国曼哈顿地区建筑容积率12~21；北京金融街综合容积率3.9。芝加哥一个楼群最集中的区域，大概1km^{2}的土地上建了1200万m^{2}的建筑；北京望京地区600km^{2}的土地建了900万m^{2}的建筑，还不及芝加哥1km^{2}的使用强度。精明增长最直接的目标就是控制城市蔓延，其具体目标包括四个方面：① 保护农地；② 保护环境，包括自然生态环境和社会人文环境两个方面；③ 繁荣城市经济；④ 提高城乡居民生活质量。

通过城市精明增长计划的实行，促进社会可持续发展。实现城市精明增长有三条基本途径：① 充分利用价格手段的引导作用；② 发挥政府的财政税收政策的指向作用；③ 综合利用土地利用法规的控制作用[5]。

（2）集约化发展模式：以紧凑集约的理念为核心，分别对城市群空间发展与交通引导、城市结构布局与交通模式、城市用地开发与交通组织模式开展更新与重组。

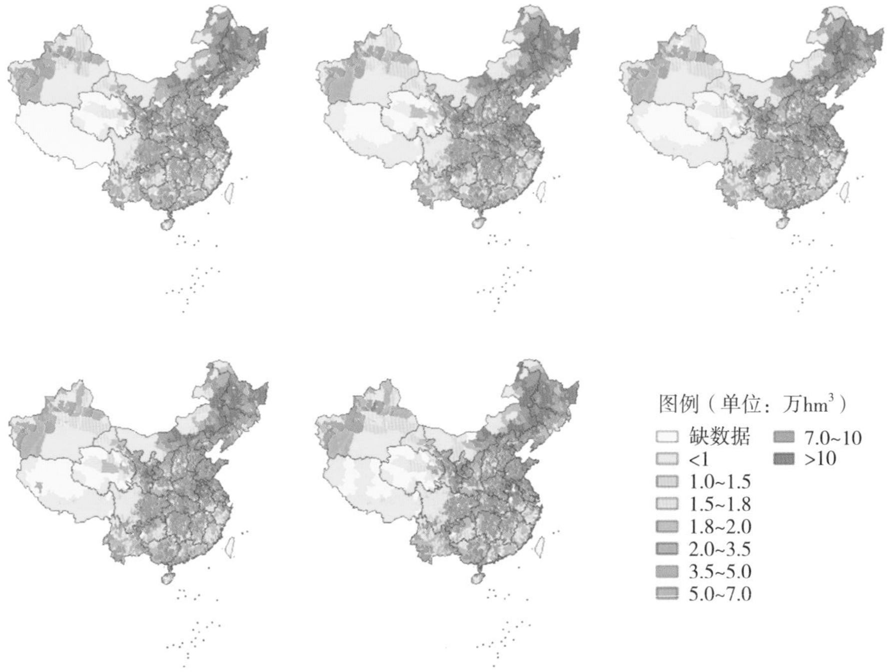

图9-21 全国耕地资源分布变化图
Figure9-21 Distribution changing of cultivated land resources in China
图片来源：中国耕地变化示意（1980—1994）

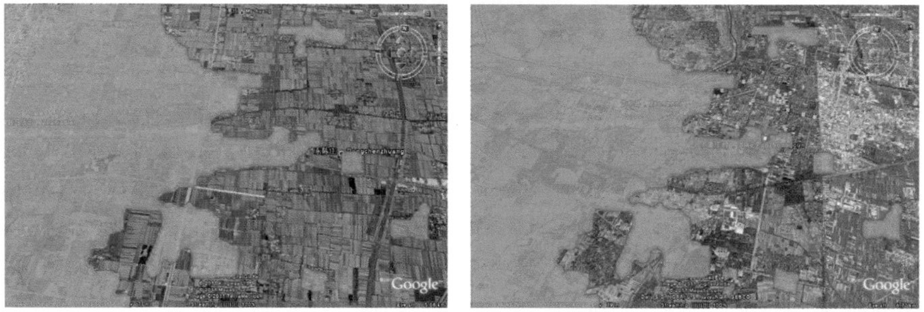

图9-22 华北平原——河南驻马店市、中牟县建成区蔓延（2011）
Figure9-22 North China Plain-expansion of build-up regions in Zhongmou County, Zhumadian City, Henan Province
图片来源：Google Earth

9.3 平原地区人居活动研究

9.3.1 平原地区人居活动研究框架

平原地区人居活动研究框架如图9–23所示。

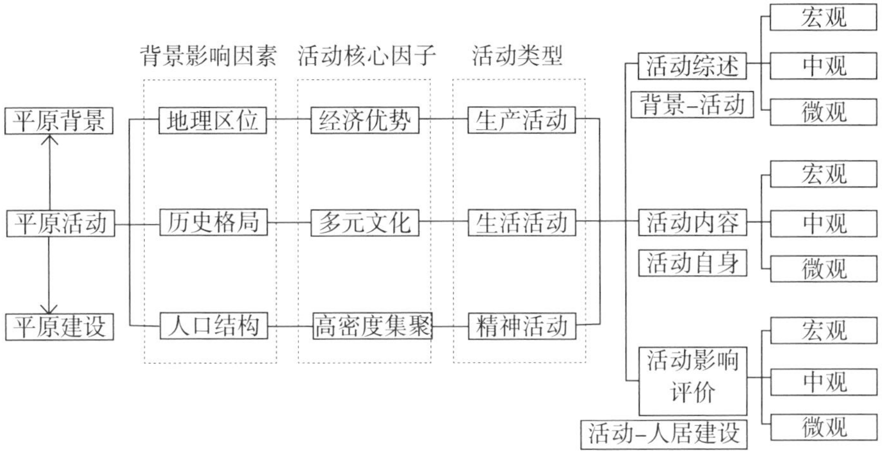

图9–23 平原地区人居活动研究框架图
Figure9-23 Distribution schematic diagram of relationship between three industries

9.3.2 平原地区人居活动

9.3.2.1 平原地区产业活动

总体层面：从整体而言平原地区的工业活动和服务业活动较之于农业活动更为发达，体现出平原地区整体发展水平较高。

横向对比：长江中下游平原及珠江三角洲平原服务业活动比重最大，农业活动比重最小；洞庭湖、江汉平原等内陆城市农业比例较高；鄱阳湖平原工业比例最高（图9–24）。

1. 平原特色产业活动——农业活动

（1）农耕活动产生期——广东阳春独石仔遗址；

（2）农耕活动的形成期——裴李岗–磁山；

（3）农耕活动的成熟期——“中原”黄河中下游平原；

（4）平原——农耕活动的发源地；

（5）平原自然环境因素：地势平坦、土壤肥沃、气候温和、雨量适中。

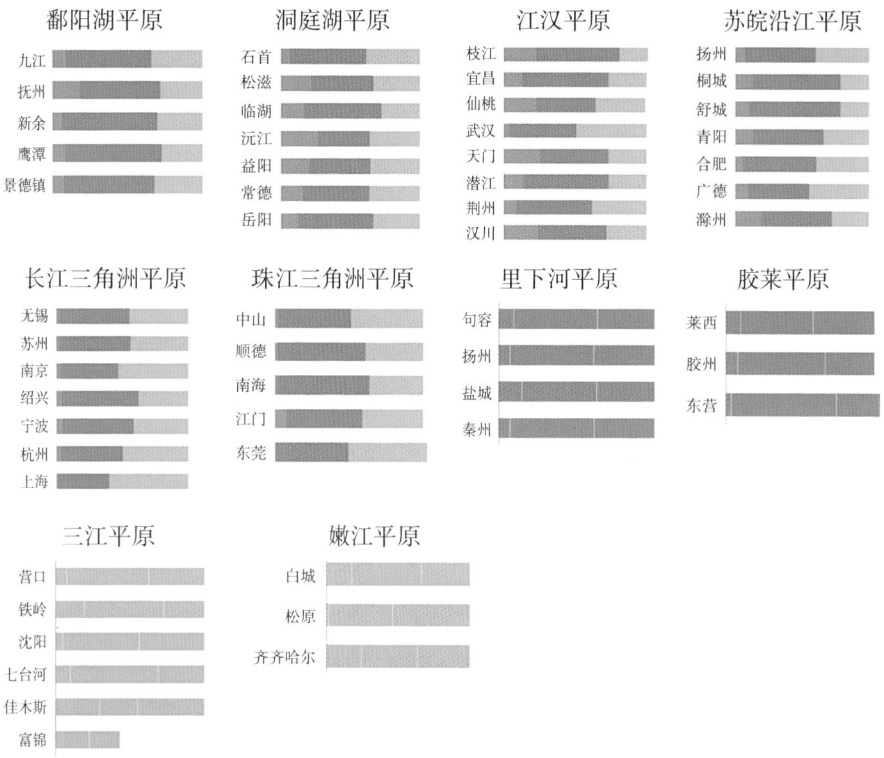

图9–24 三大产业关系分布示意
Figure9-24 Distribution schematic diagram of relationship between three industries.

2. 平原农业活动区域性差异

平原地区由于自然环境因素差异，气候条件也有所不同：北方平原多处于温带季风气候；南方平原多处于亚热带季风气候。温度差异：北方平原夏季温热、冬季寒冷；南方平原气候温和，冬夏差别不大。雨量差异：北方平原夏季多雨、冬季干燥；南方平原雨量适中。农业活动差异：北方农业活动以旱地农业活动为主；南方农业活动以水田农业活动为主（图9–25、图9–26）。

1）北方旱地农业活动

包括东北三省和长城以南、秦岭–淮河以北的广大地区，土地面积约占全国19%，耕地面积占全国近50%，表现出以旱地农业为主的农耕文化特征。

北方是旱地农业，耕作制度复杂，作物种类多样，是中国最大的小麦、棉花、大豆和杂粮等生产区，也是花生、芝麻、亚麻、甜菜等经济作物的主要生产地；使用黄牛、马等畜力耕作，精耕细作。除引水灌溉外，常用提水灌溉，先有辘轳(古老的井上提水工具)，后有水车，沿河、湖之地还有戽斗，其中辘轳使用最为普遍。在北方民间信仰体系中，“龙王”崇拜被寓意为能呼风唤雨，满足了北方民众期待雨雪，寻求水源这一生态的心理要求[6]。

2）南方水田农业活动

包括秦岭—淮河以南、青藏高原以东的全部省、市、区，土地面积占全国25%以上，耕地面积占全国38%。此区域地处亚热带、热带，水、热、土资源充沛，表现出以水田农业为主的农耕文化特征。区内绝大部分地区水田面积要占耕地的65%~70%，占全国水田总面积的90%。这里所产粮食占全国58%以上，是中国粮、棉、烟、油料、甘蔗、茶叶、蚕桑、热带经济作物及畜牧、水产等多种农产品生产基地。本区热量充足、雨量充沛，是中国最大的水稻产区。在民间信仰体系中，有对水牛、蛇、青蛙等的崇拜，对蛇的崇拜是由畏惧而产生的，青蛙能食水稻虫害，江南一些民间视其为“护谷神”。

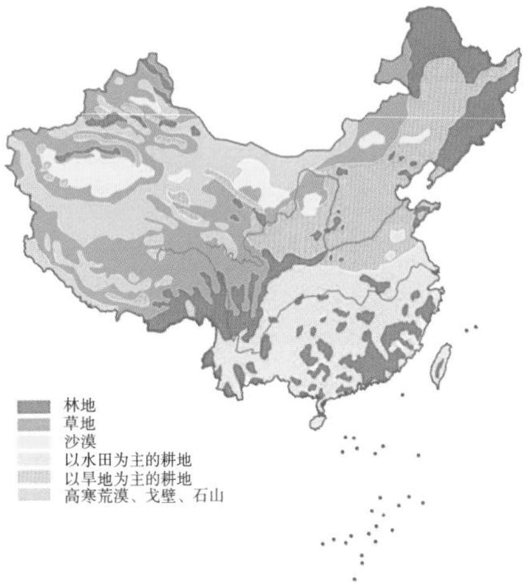

图9–25 中国土地利用类型分布图
Figure9-25 Distribution diagram of land-use types in China
图片来源：图片自绘（资料来源于联合国粮农组织）

图9–26 中国农业用地分布图
Figure9-26 Distribution diagram of agricultural land in China
图片来源：图片自绘（资料来源于联合国粮农组织）

9.3.2.2 平原文化导向

文化活动类型：根据文化资源类型以及与人居活动的关联性，将平原城市的文化活动类型分为以下几大类：文化发源地、名胜古迹（自然、人工）、民俗技艺、地方曲艺（表9–12）。

表 9–12 中国平原地区平原文化研究对象——60 个城市列表
Table9-12 List of plain cities in China

平原	平原细类	省份	城市
长江中下游平原	江汉平原	湖北	武汉、宜昌、荆州、枝江、仙桃、潜江、天门、汉川
	鄱阳湖平原	安徽、江西	南昌、九江、景德镇、鹰潭、新余、抚州
	苏皖沿江平原	安徽、江苏	扬州、滁州、合肥、舒城、桐城、广德
	长江三角洲	上海、江苏、浙江	上海、苏州、杭州、无锡、宁波、南京、绍兴
			南通、常州、嘉兴、镇江
珠江三角洲平原	珠江三角洲平原	广东	广州、深圳、珠海、佛山、惠州、肇庆
			东莞、中山、江门、顺德、南海、
东北平原	三江平原	黑龙江	佳木斯、七台河、富锦
	嫩江平原	吉林、黑龙江	齐齐哈尔、松原、白城
	辽河平原	辽宁	沈阳、营口、铁岭
华北平原	海河平原	河北	天津、保定
	黄淮平原	山东	济南、开封
	里下河平原	江苏	扬州、泰州、盐城
	胶莱平原	山东	莱西、胶州
	黄河三角洲平原	山东	东营
珠江三角洲平原	珠江三角洲平原	广东	广州、深圳、珠海、佛山、惠州、肇庆
			东莞、中山、江门、顺德、南海、
东北平原	三江平原	黑龙江	佳木斯、七台河、富锦
	嫩江平原	吉林、黑龙江	齐齐哈尔、松原、白城
	辽河平原	辽宁	沈阳、营口、铁岭

1. 文化发源地

在研究的60个平原城市中，有12个城市是文化发源地。包含了楚文化、岭南文化等多种地方文化，同时也包括伊斯兰等宗教文化（表9–13）。

表 9–13 平原城市文化发源地
Table9-13 Cultural hearth of plain cities

平原	城市	省份	文化
苏皖沿江平原	舒城	安徽	中国龙文化发源地之一，全国十三家梁祝文化发祥地之一
	桐城	安徽	江淮文化圈的发祥地
江汉平原	荆州	湖北	楚文化、三国文化、关羽文化、楚辞
	宜昌	湖北	巴文化的摇篮、楚文化的发祥地
长江三角洲平原	南京	江苏	中国伊斯兰文化的中心
辽河平原	营口	辽宁	雷锋精神发祥地
三江平原	富锦	黑龙江	关东文化
珠江三角洲平原	顺德	广东	岭南文化，祠堂文化
	惠州	广东	东江文化、东坡文化、东征文化、东纵文化
	肇庆	广东	远古岭南土著文化
鄱阳湖平原	抚州	江西	临川文化
黄淮平原	济南	山东	龙山文化的发祥地

2. 名胜古迹

平原地区历史古迹资源相对于自然风景资源数量更多，分布更广（表9–14）。

表 9–14 平原城市自然遗产与古迹遗产
Table9-14 Cultural hearth of plain cities

平原	城市	省份	文化	
			自然遗产	古迹遗产
黄河三角洲平原	东营	山东		
胶莱平原	胶州	山东	艾山景区，少海景区	牧马古城，三里河公园，高凤翰纪念馆
	莱西	山东	产芝湖生态旅游区	
里下河平原	泰州	江苏	溱湖风景区、凤城河风景区	梅兰芳公园、泰州乔园、光孝寺
	盐城	江苏	海天鹤乡（江苏盐城国家级珍禽自然保护区）	新四军纪念馆
	扬州	江苏	瘦西湖	大明寺，个园，何园
苏皖沿江平原	舒城	安徽	万佛湖	
江汉平原	仙桃	湖北	沧浪河	沔阳古城遗址
	枝江	湖北	长江沙浪奇观景区	

续表

平原	城市	省份	文化	
			自然遗产	古迹遗产
长江三角洲平原	上海	上海		老城隍庙，豫园，中共一大会址
	杭州	浙江	西溪、西湖、京杭大运河	林隐寺
	南京	江苏		明孝陵、明文化村、灵谷寺、明故宫遗址
	宁波	浙江	月湖	奉化溪口、河姆渡遗址、保国寺
	绍兴	浙江		兰亭、大禹陵、鲁迅故里、越王台、八字桥
	苏州	江苏		拙政园、留园、狮子林、沧浪亭
	常州	江苏	环太湖景区	春秋淹城，天宁寺 茅山道教圣地
	嘉兴	浙江	南湖	
	无锡	江苏		南禅寺、灵山大佛、鼋头渚、蠡园
嫩江平原	白城	吉林	郁洋淀苇海观光区，月亮湖水库	华严寺
	松原	吉林	莲花源，乾安泥林	明珠园
	齐齐哈尔	黑龙江		昂昂溪文化遗址，塔子城
辽河平原	沈阳	辽宁		沈阳故宫
三江平原	富锦	黑龙江		大屯古城、嘎尔当古城
	七台河	黑龙江	龙石山	
珠江三角洲平原	佛山	广东		佛山祖庙 梁园
	深圳	广东	红树林	
	肇庆	广东	肇庆星湖	
	珠海	广东		珠海烈士陵园
鄱阳湖平原	鹰潭		仙女岩	嗣汉天师府
	新余	江西	仙女湖	
	九江	江西		白鹿洞书院
海河平原	天津	直辖市		八字门楼、虎坐门楼
	保定	河北	涞水野三坡、涞源凉城白石山，白洋淀	大慈阁，腰山王氏庄园，满城陵山汉墓、易县清西陵，古莲花池

3. 民俗技艺

各大平原城市均拥有各具特色的民俗技艺，其来源可分为生产生活、休闲娱乐和艺术追求三类（表9–15）。

表 9–15 平原城市民俗技艺分布表

Table9-15 Distribution of folk skills in plain cities

平原	城市	省份	文化
			民俗技艺
里下河平原	泰州	江苏	绳带编织技艺
	盐城	江苏	
	扬州	江苏	扬州三把刀
江汉平原	汉川	湖北	善书、楹联
	天门	湖北	天门蒸菜、天门渔鼓、天门皮影和天门糖塑
	武汉	湖北	赛马之都
	枝江	湖北	泥仓子
长江三角洲平原	杭州	浙江	丝绸、西湖绸伞
	南京	江苏	云锦、江宁金箔制品、天鹅绒、仿古牙雕、金陵折扇及木雕
	宁波	浙江	骨木嵌镶、朱金木雕和泥金彩漆
	苏州	江苏	苏绣、桃花坞木版年画
	嘉兴	浙江	漆器
	南通	江苏	侗子会
	镇江	江苏	“镇江三怪”醋、肴肉、锅盖面
	无锡	江苏	太湖珍珠、无锡丝绸和紫砂壶
嫩江平原	齐齐哈尔	黑龙江	达斡尔族风情，锡伯族风情
辽河平原	沈阳	辽宁	沈阳大秧歌
珠江三角洲平原	南海	广东	麦边舞龙，佛鹤狮头，官窑生菜会
	东莞	广东	岭南画派
	广州	广东	粤菜
	肇庆	广东	端砚
	中山	广东	南朗崖口飘色、五桂山白口莲山歌、沙溪鹤舞、黄圃麒麟舞、黄圃飘色
鄱阳湖平原	景德镇		瓷器
	南昌	江西	造船、瓷器
黄淮平原	济南	山东	宋代彩塑罗汉、隋代大佛，诗经

4. 地方曲艺

地方曲艺这一文化现象为民俗技艺中较为特殊的一项，它的形成和发展与地方方言有着极为密切的联系。典型平原城市中的曲艺文化主要分布在长江三角洲与珠江三角洲平原（表9–16）。

表 9–16 平原城市曲艺分布表

Table9-16 Distribution of quyi in plain cities

平原	城市	省份	文化
			戏剧
嫩江平原	白城	吉林	程派青衣
辽河平原	铁岭	辽宁	二人转
三江平原	佳木斯	黑龙江	佳木斯京剧团、评剧团
珠江三角洲平原	江门	广东	粤剧
	南海	广东	十番，龙舟说唱
	广州	广东	粤剧、粤曲
	惠州	广东	汉剧、客家山歌
	深圳	广东	
	肇庆	广东	
	珠海	广东	沙田民歌
	中山	广东	中山民歌：咸水歌和高棠歌
黄河三角洲	东营	山东	吕剧
胶莱平原	东营	山东	古戏曲
里下河平原	扬州	江苏	淮剧
苏皖沿江平原	滁州	安徽	扬剧、越剧、庐剧、泗州戏、黄梅戏
	广德	安徽	庐剧，原名“倒七戏”
	桐城	安徽	黄梅戏
江汉平原	汉川	湖北	地方民歌
	荆州	湖北	楚国民歌
	潜江	湖北	花鼓戏
	天门	湖北	天门花鼓戏
长江三角洲平原	上海	上海	沪剧
	宁波	浙江	甬剧、姚剧、宁海平调、宁波走书
	苏州	江苏	昆剧和苏剧
	南通	江苏	通剧

9.3.2.3 特色生活模式

1. 劳作活动

1）北方平原农业活动特点

黄河中下游地区农业生产历史悠久，平原是重要的农耕区，以旱作为主。东北平原是我国最大的商品粮基地和林业基地，农业机械化程度高；黄河中下游地区是我国最大的棉麦产区；黄泛区为全国最大水果带。

主要农产品：① 种植业——小麦（东北春小麦）、玉米、高粱（东北、黄土高原）、谷子（黄土高原）、大豆、甜菜、亚麻（东北），棉花、花生、烤烟（华北）。② 林业——用材林：红松、落叶松（东北）；经济林：苹果、梨、柿、板栗（黄河中下游）。③ 畜牧业——黄牛、马、驴、骡、鸡。④ 水产业——海水养殖和海洋捕捞：海带、对虾、贝类。

2）南方平原农业活动特点

后发的重要农耕区之一，以水田为主，多季耕作。淡水养殖发展很快。重要的商品粮、桑蚕、糖料作物、油料作物、棉花、黄麻、亚热带热带作物和淡水渔业产区；长江中下游平原和珠江三角洲是著名的“鱼米之乡”。商品粮基地：成都平原、江汉平原、洞庭湖平原、鄱阳湖平原、太湖平原、珠江三角洲、江淮地区。棉花基地：江汉平原、长江三角洲。热带经济作物基地：海南岛、西双版纳。糖料作物基地：广东、海南、广西、云南、四川。出口农产品基地：太湖平原、珠江三角洲。淡水渔业基地：长江中下游平原、珠江三角洲。桑蚕基地：太湖平原、珠江三角洲、成都平原。用材林基地：横断山区、东南林区。

主要农产品：① 种植业——水稻（最大产区）、小麦、棉花、油菜籽（长江流域）、甘蔗。② 林业——用材林：杉、马尾松、竹；经济林：茶叶、油茶、油桐、橡胶、剑麻、柑橘、香蕉、荔枝、桂圆、菠萝、蚕桑。③ 畜牧业——水牛、山羊、猪、鸭、鹅、鸡。④ 水产业——海水养殖和海洋捕捞：带鱼、大黄鱼、小黄鱼、墨鱼、贝类。淡水养殖：青、草、鲢、鳙、蟹、虾等。

2. 居住活动

1）华北平原居住特点

平房，房屋以木柱托梁架檩，支撑椽条和轻瓦屋顶，以青砖墙、生砖墙、石墙及夯土墙维护北、东、西三面，南向开门有窗户。低窗台，窗户过去多支摘窗，窗上有棂格、糊纸，现在多作死扇窗，安大玻璃，光线充足。室内砌有土炕，与灶相通。炕上铺席，席上铺毡，上置矮桌，可进餐或待客。屋顶多是人字形(俗称两面坡)，坡斜度平缓。除瓦顶之外，还有在椽条上垫细树枝抹泥做顶的。

2）东北平原居住特点

一般民居，中间进门为活动场所的堂屋，两边为卧室，堂屋两侧均有灶，灶高度不大，但铁锅通常较大，一则便于一次可蒸较多馒头，供几天食用，其二则利用较大锅膛燃烧木柴来使两边住房中的炕暖和起来，锅膛与睡炕是相连的。

3）长江中下游平原居住特点

布置紧凑，院落占地面积较小，以适应人口密度较高，少占农田的要求。由四合房围成的小院子通称天井，仅作采光和排水用。因为屋顶内侧坡的雨水从四面流入天井，所以这种住宅布局俗称“四水归堂”。个体建筑以传统的“间”为基本单元，结构多为穿斗式木构架，不用梁，而以柱直接承檩，外围砌较薄的空斗墙或编竹抹灰墙，墙面多粉刷白色。屋顶结构也比北方住宅为薄，墙底部常砌片石，室内地面也铺石板，以起到防潮的作用[7]。

平原居住活动共性：① 平原地势平坦，聚居密度高（人口总量与密度大）；② 交通较为发达，城镇的发育良好迅速，布局相对规整严格。

3. 集会与游憩活动

1）华北平原，刚中有柔

当地大量的文化遗址，古墓群，古建筑群，大型皇家园林，著名的古都，活泼轻快的舞蹈，激越嘹亮、热情奔放的歌声，以及深沉、悲壮的北方民歌。

北京民间：智化寺京音乐、京西太平鼓、昆曲、京剧、天桥中幡、抖空竹、象牙雕刻、景泰蓝制作技艺、聚元号弓箭制作技艺、雕漆技艺、木版水印技艺、同仁堂中医药文化、厂甸庙会[8]。

天津民间：京剧评剧、京东大鼓、天津时调、回族重刀武术、杨柳青木版年画泥塑（天津泥人张、惠山泥人、凤翔泥塑、浚县泥咕咕）。

河北民间：耿村民间故事、河间歌诗、河北鼓吹乐、冀中笙管乐、秧歌、井陉拉花、徐水狮舞、哈哈腔、二人台、傩戏、皮影戏、西河大鼓、木板大鼓、乐亭大鼓、吴桥杂技。

2）东北平原，深沉健硕

满族的“国语骑射”、旗袍，朝鲜族的长袖舞、扇子舞、顶水舞，鄂温克族的“林海之舟”（驯鹿）、滑雪板，以及历史上鲜卑、契丹、女真等与中原民族争夺政权时保留下的不同时代的丰富的历史遗迹。

辽宁民间：古渔雁民间故事、喀左东蒙民间故事、谭振山民间故事、辽宁鼓乐、千山寺庙音乐、秧歌、高跷、京剧、评剧、皮影戏、木偶戏、东北大鼓、东北二人转、乌力格尔、剪纸（蔚县剪纸、丰宁满族剪纸、中阳剪纸、医巫闾山满族剪纸、扬州剪纸、乐清细纹刻纸、广东剪纸、傣族剪纸、安塞剪纸）、岫岩玉雕、阜新玛瑙雕。

吉林民间：满族说部、朝鲜族农乐舞（象帽舞、乞粒舞）、东北二人转、乌力格尔、朝鲜族跳板、秋千。

黑龙江民间：达斡尔族鲁日格勒舞、东北大鼓、东北二人转、达斡尔族乌钦、赫哲族伊玛堪、鄂伦春族摩苏昆、桦树皮制作技艺、赫哲族鱼皮制作技艺、鄂伦春族古伦木沓节。发源于东北的乡土娱乐有二人转、秧歌、吉剧、踩高跷。

3）长江中下游平原，阴柔秀丽

风光秀美，阴柔的氛围，小桥流水，吴越文化，水稻文化，古城星罗棋布，平原横贯东西，湖河纵横交错，临河两面坡式民居，工商业最发达的地区，历来就有“鱼米之乡”和“人间天堂”之美称。

江苏民间：吴歌、江南丝竹、海州五大宫调、苏州玄妙观道教音乐、昆曲、苏剧、扬剧、苏州评弹（苏州评话、苏州弹词）、扬州评话、扬州清曲、桃花坞木版年画、剪纸（蔚县剪纸、丰宁满族剪纸、中阳剪纸、医巫闾山满族剪纸、扬州剪纸、乐清细纹刻纸、广东剪纸、傣族剪纸、安塞剪纸）、端午节（屈原故里端午习俗、西塞神舟会、汨罗江畔端午习俗、苏州端午习俗）、秦淮灯会。

浙江民间：嵊州吹打、舟山锣鼓、龙舞（铜梁龙舞、湛江人龙舞、汕尾滚地金龙、浦江板凳龙、长兴百叶龙、奉化布龙、泸州雨坛彩龙）、狮舞、温州鼓词、绍兴平湖调、兰溪摊簧、绍兴莲花落、小热昏、大禹祭典。

安徽民间：当涂民歌、巢湖民歌、花鼓灯（蚌埠花鼓灯、凤台花鼓灯、颍上花鼓灯）、青阳腔、高腔（西安高腔、松阳高腔、岳西高腔、辰河高腔、常德高腔）、徽剧、庐剧、黄梅戏、泗州戏、目连戏（徽州目连戏、辰河目连戏、南乐目连戏）、傩戏（武安傩戏、池州傩戏、侗族傩戏、沅陵辰州傩戏、德江傩堂戏）、凤阳花鼓、界首彩陶烧制技艺、芜湖铁画锻制技艺、万安罗盘制作技艺、宣纸制作技艺、徽墨制作技艺、歙砚制作技艺[9]。

平原集会与游憩活动共性：平原交通发达，聚居程度高，文化繁荣，集会频繁，多样化程度高。

9.3.3 平原人居活动内容

9.3.3.1 宏观——社会性活动

1．精神层面

科教经费比例：用于判断城市对于科教文化发展的重视程度指标之一。据统计全国平均水平为1.98%；平原城市平均水平为2.08%。一线城市（上海、深圳）低于平原城市平均水平，上海仅为1.88%；二线城市(杭州、南京)则高于平原城市平均水平；小型城市及第三产业比例较低城市亦低于全国平均水平。

2．物质层面

第一产业：平原农林牧副渔平均产值比例为58∶3∶20∶6∶13，全国比例为52∶4∶29∶5∶10。第二产业：长江三角洲、珠江三角洲、东北平原工业比例较低，污染较轻，人居环境质量较好。华北平原工业比例较高，人居环境质量较差。一线城市工业比例远低于二线城市。第三产业：长江三角洲平原、珠江三角洲平原服务业比例较高，社会活动、文化娱乐环境较好，华北平原比例较低，社会活动、文化娱乐环境质量较差，一线城市服务业比例远高于二线城市。

城市竞争力：是指一个城市在国内外市场上与其他城市相比所具有的自身创造财富和推动地区、国家或世界创造更多社会财富的现实的和潜在的能力。城市竞争力综合反映了城市的生产能力、生活质量、社会全面进步潜力及对外影响。

城市竞争力评估：从人口密度、人均GDP、三产比重、科教经费比重、医疗经费比重、基础设施建设评估、污染排放等方面进行统计评分，得到城市硬件竞争力排名（图9-27～图9-29）。

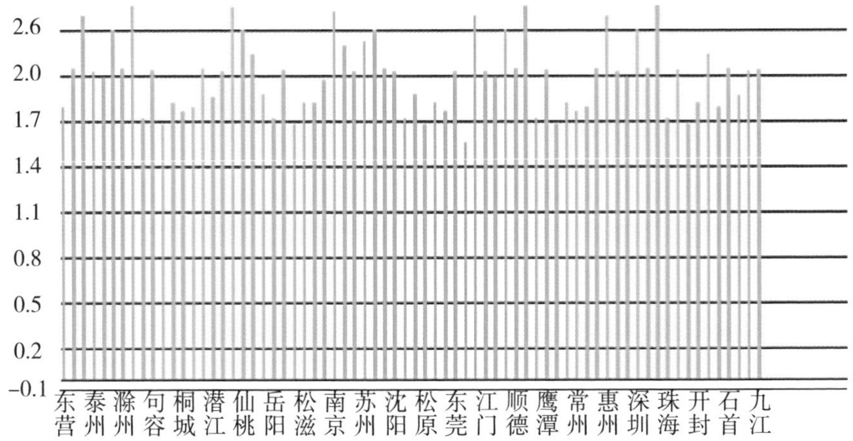

图9-27 2012年科技教育经费支出占GDP比例

Figure9-27 Proportion of expenditure on science and technology funds in GDP in 2012

数据来源：国民经济与发展统计公报

结论：① 平原面积占国土12%，但城市竞争力排名前100的城市中有46%位于平原。可见平原相比其他类型更为适宜人类聚居。② 在平原型城市中，长江三角洲平原与珠江三角洲平原的城市竞争力相比其他平原更高。东部城市整体强，西北部城市个别强。③ 城市竞争力级差逐渐减小，大量地级市竞争力快速提升。

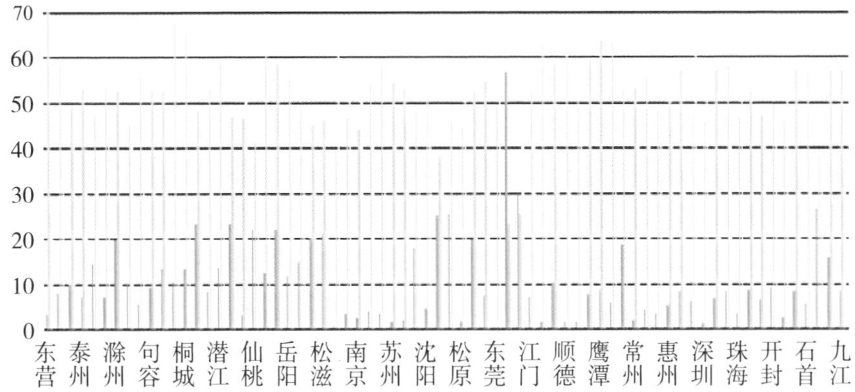

图9-28 平原城市2012年三产分布比例图示

Figure9-28 Proportion of three-productions distribution ratio in plain cities in 2012

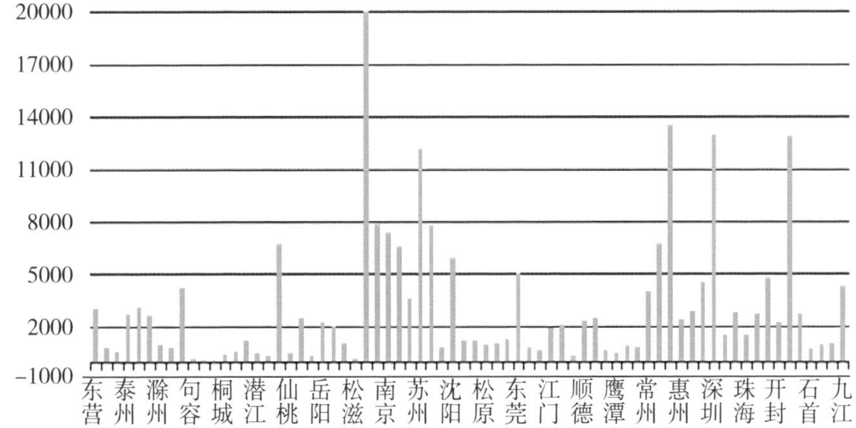

图9-29 平原城市2012年GDP产值（亿元）

Figure9-29 Proportion of three-productions distribution ratio in plain cities in 2012

9.3.3.2 中观——社区性活动

1．活动的丰富度（丰富度评价——基于平原城市活动多样性）（表 9-17）

表 9-17 平原城市活动丰富度评价表

Table9-17 Richness assessment of activities in plain cities

评价项目	评价因子	因子权重	标准	评分	标准	评分	标准	评分
多样性	活动种类	35%	繁多	5	较多	4	很少	2
	活动人群	30%	普通大众	5	较专业人群	3	专业人群	2
	活动频率	35%	十分普及	5	较为普及	3	偶尔进行	1

2．活动的活跃度（基于当代平原城市的活动效应）（表 9-18）

表 9-18 平原城市活动活跃性评价表

Table9-18 Active assessment of activities in plain cities

评价项目	评价因子	因子权重	标准	评分	标准	评分	标准	评分
活跃性	活动规模	15%	500人以上	4 ~ 5	100 ~ 500人	2 ~ 3	100人以内	1
	举办频率	40%	很频繁	4 ~ 5	一般	2 ~ 3	较少	1
	参与度	45%	高	4 ~ 5	中	2 ~ 3	低	1

3．活动的友好性（基于当代平原城市的综合影响）（表 9-19）

表 9-19 平原城市活动友好性评价表

Table9-19 Friendliness assessment of activities in plain cities

评价项目	评价因子	因子权重	标准	评分	标准	评分	标准	评分
友好性	对生态环境的冲击	30%	>5（很小）	3 ~ 5	2 ~ 5（适中）	−2 ~ 2	<2（很大）	−5 ~ 3
	对历史文脉的影响	30%	传承与发扬	3 ~ 5	保留无破坏	−2 ~ 2	削弱及破坏	−5 ~ 3
	对经济生产的作用	20%	促进	3 ~ 5	保持	−2 ~ 2	损害	−5 ~ 3

4．活动的交往度（基于当代平原城市的综合影响）（表 9-20）

表 9-20 平原城市活动交往度评价表

Table9-20 Interaction assessment of activities in plain cities

评价项目	评价因子	因子权重	标准	评分	标准	评分	标准	评分
交往度	交往空间	35%	有院子	5	有天井	4	有阳台	2
	交往距离	25%	<5m	5	5~10m	3	>10m	2
	熟悉度	40%	熟悉	5	认识	3	不认识	1

9.3.3.3 微观——个人活动

1. 城市恩格尔系数

根据2012年全国国民经济和社会发展统计公报，平原城市恩格尔系数平均值为37.33%，说明我国平原城镇居民平均生活水平已经达到了相对富裕程度。

在所有参加统计的平原城市中，恩格尔系数最低的是吉林松原，为28.10%，恩格尔系数最高的是安徽桐城，为48.20%。

根据恩格尔指数的全国分布情况，江汉平原地区城市平均恩格尔系数最高，珠江三角洲平原地区城市平均恩格尔系数最低。全国农村平均恩格尔系数是36.2%（图9–30）。

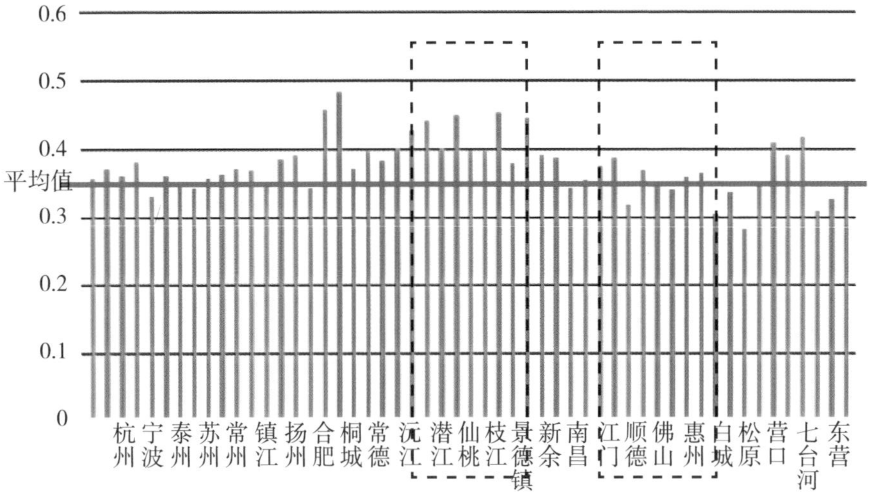

图9–30 城市恩格尔系数分布

Figure9-30 Distribution of urban Engel coefficient

2. 农村恩格尔系数

根据2012年全国国民经济和社会发展统计公报，平原农村恩格尔系数平均值为40.09%，说明我国平原城镇居民平均生活水平已经达到了小康水平（图9–31）。

在所有参加统计的平原农村中，恩格尔系数最低的是浙江嘉兴，为32.10%，恩格尔系数最高的是江西南昌，为49.50%。长江三角洲平原农村平均恩格尔系数最低，而鄱阳湖平原地区农村平均恩格尔系数最低。全国农村平均恩格尔系数是39.3%。

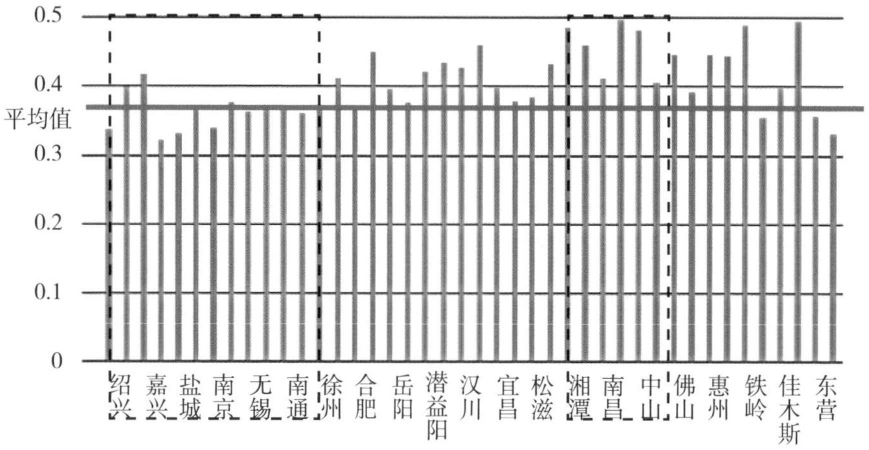

图9–31 农村恩格尔系数分布图

Figure9-31 Distribution of rural Engel coefficient.

9.3.4 平原人居活动影响评价

平原人居活动类型包括宏观、中观和微观三元，受生态、社会及文化三元影响，从宏观、中观、微观三个层面影响着人类的活动（图9–32）。

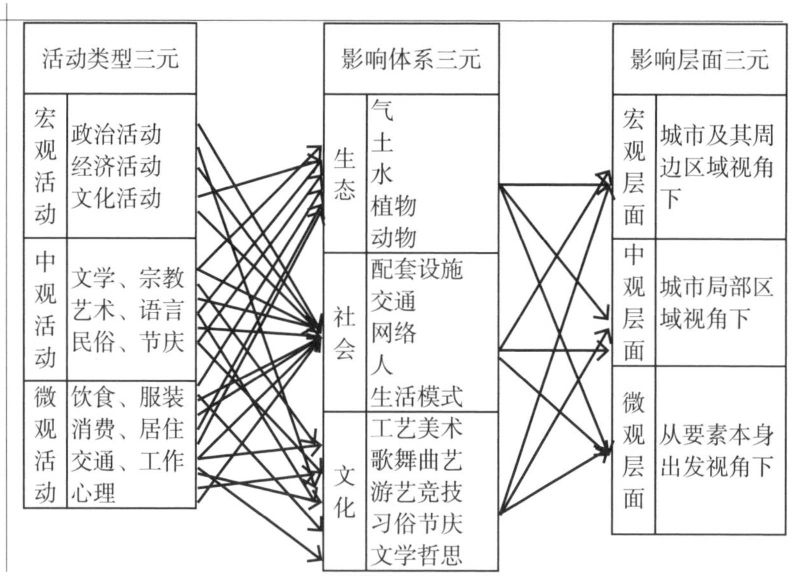

图9–32 人居活动单元关系框架图

Figure9-32 Proportion of expenditure on science and technology funds in GDP in 2012

1．平原人居活动生态影响评价

生态影响评价——基于平原人居活动对生态环境层面的影响（定量结合定性）（表9-21～表9-23）。

表 9-21 生态影响评价指标
Table9-21 Index of ecological impact assessment

	宏观——系统度	中观——地方度	微观——健康度
气	热岛强度值	城市风速	空气质量
土	自然保留地	耕地面积	土壤肥力
水	水系完整度	水资源量	水质
植物	绿地率	乡土植物量	植物成活率
动物	生物物种数量	生物多样性	濒危物种

表 9-22 生态影响评价指标——基于平原人居活动对生态环境层面的影响（定量结合定性指标）
Table9-22 Index of ecological impact assessment - based on the influence to ecological environment level by human settlement activities in plain regions (Quantitative index combined qualitative index)

评价项目	评价指标	百分比	评价内容	评价因子	百分比	评分标准
生态影响评价	系统度	40%	平原活动对生态系统完整程度的影响，人居生态环境结构合理程度	热岛强度值	7%	<0.3℃(7) 0.3~0.7℃(3) >0.7℃(0)
				自然保留地	8%	>18%(8) 15%~18%(4) <15%(0)
				水系完整度	8%	加权平均水体面积/总面积
				绿地率	5%	>35%(5) 31%~35%(2) <31%(0)
				生物物种数量	6%	辛普森多样性指数（D=1-∑（N_i/N）^2） >0.2(6) 0.1~0.2(3) <0.1(0)
				子类系统联系度	6%	5项指标满分（6） 3项指标满分（3） 低于3项满分（0）
	地方度	30%		城市风速	5%	城区静风区面积 建筑密度、容积率、路网密度、绿地面积综合判断
				耕地面积	2%	人均耕地面积 >2亩(5) 1~2亩(2) <1亩(0)

续表

评价项目	评价指标	百分比	评价内容	评价因子	百分比	评分标准
生态影响评价	地方度	30%	平原活动对生态地方性特征或本原特征的影响，是衡量活动对生态环境的重要指标	水量	5%	人均水资源占有量（m^3） >3000(5)； 1000~3000(3)； 500~1000(1)；<500(0)
				乡土植物量	5%	>70%(6) 60%~70%(3) <60%(0)
				生物多样性	4%	>78(4) 78~72(2) 72~68(1)<68(0)
				子类系统联系度	6%	5项指标满分（6） 3项指标满分（3） 低于3项满分（0）
	健康度	30%	平原活动对生态健康程度造成的干扰，包括空气健康、土壤健康、水质健康、物种健康	空气质量	5%	年平均空气质量指数 0~50(5)，51~100 (3)，101~150(2)，151~200 (0)
				土壤肥力	5%	土壤盐碱度pH值 <6.5(5); 6.5~7.5(2); >7.5(0)
				水质	5%	水质标准 >III(5); III~IV(2); <IV(0)
				植物成活率	3%	>95%(3); 92~95%(1); <92(0)
				濒危物种	4%	根据我国濒危物种分布情况 >3(4); 1~3(2)
				子类系统关联度	6%	5项指标满分（6） 3项指标满分（3） 低于3项满分（0）

注明：

① 根据相关参考文献指出生态系统的完整性在生态影响评价中占重要地位，因此生态系统度的权重最高。

② 考虑到生态要素中的气、土、水是动植物赖以生存的基础，因此气、土、水的相关指标权重相对大过动植物所占权重。

③“子类系统联系度”的设置是为了拉开最终评价结果的差距，这也是近年来定量评价中常用的方法。

④ 具体的权重值设置参考文献：陈静文.面向生态城市建设的城市生态系统评价[D]. 上海：同济大学，2007: 33。

表 9–23 生态影响评价——系统性、地方性、健康性评价指标
Table9-23 Ecological impact assessment - assessment index of systemic, locality and health

评价指标	评价因子	百分比	城市							
			莱西	扬州	济南	开封	天津	东营	菏泽	聊城
系统度	热岛强度值	7%	3	3	0	0	0	3	3	7
	自然保留地	8%	8	4	0	4	0	4	8	4
	水系完整度	8%	5	8	0	0	5	0	5	5
	绿地率	5%	2	5	2	2	2	5	2	2
	生物物种数量	6%	3	6	3	0	3	3	3	3
	子类系统联系度	6%	0	0	0	0	0	0	3	3
小结		40%	21	26	5	6	10	15	24	24
地方度	城市风速	5%	5	5	2	0	2	2	2	5
	耕地面积	5%	5	2	2	2	0	2	5	5
	水量	5%	3	5	1	1	5	1	1	3
	乡土植物量	5%	3	6	3	3	3	3	3	3
	生物多样性	4%	1	4	1	1	2	2	2	2
	子类系统联系度	6%	0	0	0	0	0	0	0	0
小结		30%	17	18	9	7	12	10	13	18
健康度	空气质量	5%	5	5	0	2	0	3	3	5
	土壤肥力	5%	2	5	2	2	2	5	5	5
	水质	5%	2	5	5	2	2	2	5	2
	植物成活率	3%	3	3	2	3	2	2	3	3
	特色物种	4%	2	4	2	5	5	2	4	2
	子类系统关联度	6%	3	6	0	0	0	0	3	3
小结		30%	17	28	11	14	11	19	23	20

2．平原活动文化影响评价

文化影响评价——基于平原人居活动对意识文化层面的影响（定量结合定性指标）（图9–33～图9–35，表9–24～表9–26）

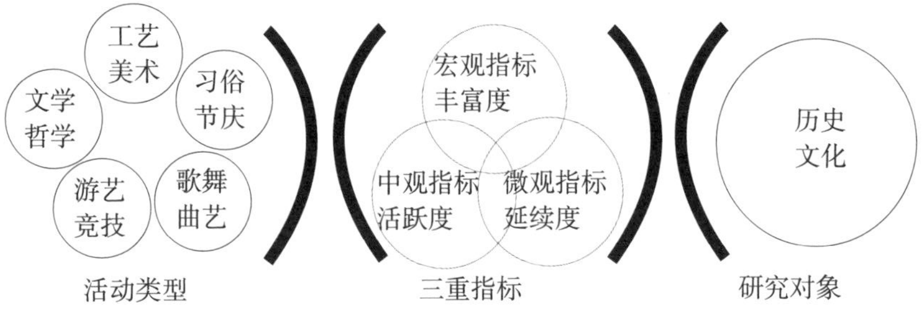

图9–33 历史文化活动评价路线
Figure9-33 Cultural impact of plain activities evaluatio

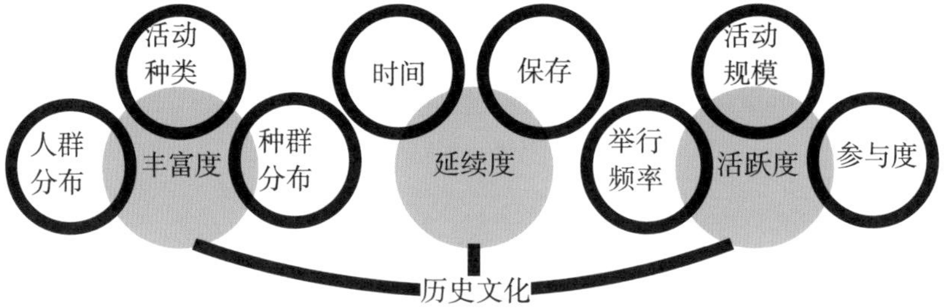

图9–34 历史文化活动评价维度
Figure9-34 Cultural impact of plain activities evaluation

表 9–24 丰富性评价——基于当代平原城市的活动多样性（定量结合定性指标）
Table9-24 Richness assessment - based on the activity diversity of contemporary plain cities (Quantitative index combines qualitative index)

评价项目	评价层	层权重	评价因子	因子权重	标准	评分	标准	评分	标准	评分
丰富度	民间工艺美术	20%	活动种类	5%	繁多	3	较多	2	较少	1
			空间分布	5%	城乡/普遍	3	城市/集中	2	城郊/分散	1
			活动人群	10%	普通大众	3	较专业人群	2	专业人群	1
	民间歌舞曲艺	20%	活动种类	5%	繁多	3	较多	2	较少	1
			空间分布	5%	城乡/普遍	3	城市/集中	2	城郊/分散	1
			活动人群	10%	普通大众	3	较专业人群	2	专业人群	1
	民间游艺竞技	20%	活动种类	5%	繁多	3	较多	2	较少	1
			空间分布	5%	城乡/普遍	3	城市/集中	2	城郊/分散	1
			活动人群	10%	普通大众	3	较专业人群	2	专业人群	1
	民间习俗节庆	20%	活动种类	5%	繁多	3	较多	2	较少	1
			空间分布	5%	城乡/普遍	3	城市/集中	2	城郊/分散	1
			活动人群	10%	普通大众	3	较专业人群	2	专业人群	1
	民间文学哲学	20%	活动种类	5%	繁多	3	较多	2	较少	1
			空间分布	5%	城乡/普遍	3	城市/集中	2	城郊/分散	1
			活动人群	10%	普通大众	3	较专业人群	2	专业人群	1

表 9-25 活跃性评价——基于当代平原城市的活动效应
Table9-25 Active assessment - based on active effect of contemporary plain cities

评价项目	评价层	层权重	评价因子	因子权重	标准	评分	标准	评分	标准	评分
活跃度	民间工艺美术	20%	活动规模	5%	20人以上	3	5~20人	2	5人以内	1
			举办频率	5%	很频繁	3	一般	2	较少	1
			参与度	10%	高	3	中	2	低	1
	民间歌舞曲艺	20%	活动规模	5%	50人以上	3	10~50人	2	10人以内	1
			举办频率	5%	很频繁	3	一般	2	较少	1
			参与度	10%	高	3	中	2	低	1
	民间游艺竞技	20%	活动规模	5%	>20人	3	5~20人	2	<5人	1
			举办频率	5%	很频繁	3	一般	2	较少	1
			参与度	10%	高	3	中	2	低	1
	民间习俗节庆	20%	活动规模	5%	>100人	3	20~100人	2	<20人	1
			举办频率	5%	很频繁	3	一般	2	较少	1
			参与度	10%	高	3	中	2	低	1
	民间文学哲学	20%	活动规模	5%	>100人	3	20~100人	2	<20人	1
			举办频率	5%	很频繁	3	一般	2	较少	1
			参与度	10%	高	3	中	2	低	1

表 9-26 延续性——基于当代平原城市的活动传承情况
Table9-26 Continuity - based on activity inheritance of contemporary plain cities

评价项目	评价层	层权重	评价因子	因子权重	标准	评分	标准	评分	标准	评分
延续度	民间工艺美术	20%	保存现状	10%	保留工艺	3	保留作品	2	消失	1
			时间跨度	10%	2000年以上	3	200~2000年	2	200年以内	1
	民间歌舞曲艺	20%	保存现状	10%	完整且繁荣	3	保留但残缺	2	消失	1
			时间跨度	10%	2000年以上	3	200~2000年	2	200年以内	1

续表

评价项目	评价层	层权重	评价因子	因子权重	标准	评分	标准	评分	标准	评分
延续度	民间游艺竞技	20%	保存现状	10%	完整且繁荣	3	保留但残缺	2	消失	1
			时间跨度	10%	2000年以上	3	200~2000年	2	200年以内	1
	民间习俗节庆	20%	保存现状	10%	完整且繁荣	3	保留但残缺	2	消失	1
			时间跨度	10%	2000年以上	3	200~2000年	2	200年以内	1
	民间文学哲学	20%	保存现状	10%	完整且繁荣	3	保留但残缺	2	消失	1
			时间跨度	10%	2000年以上	3	200~2000年	2	200年以内	1

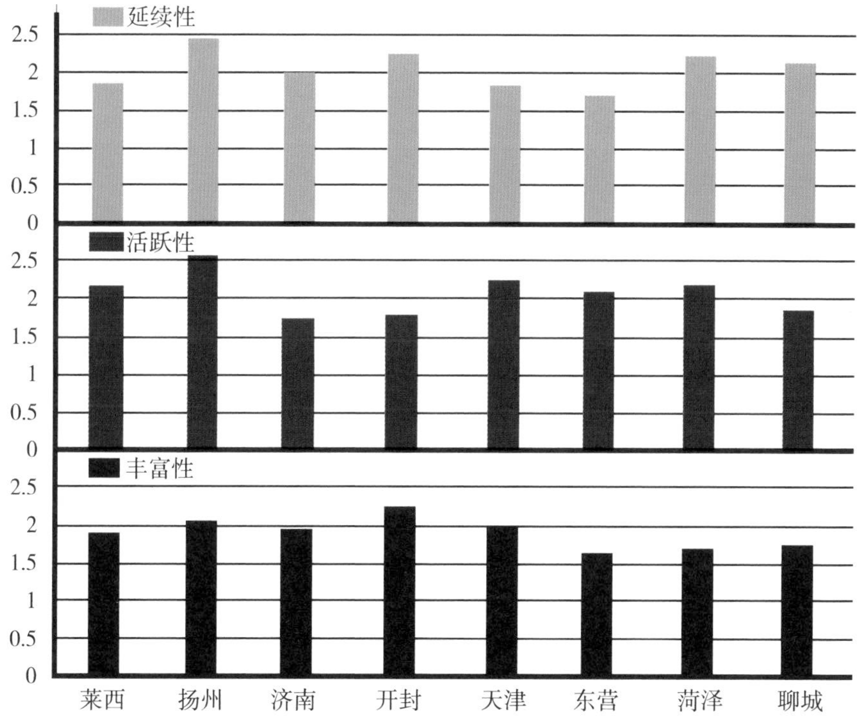

图9-35 平原城市行为活动影响评价
Figure9-35 Graph of activity imparts assessment in plaincities

3. 平原活动社会影响评价（表 9–27 ~ 表 9–32）

表 9–27 社会影响评价指标
Table9-27 Continuity - based on activity inheritance of contemporary plain cities

	宏观	中观	微观
	系统度	完善度	满意度
配套设施	休闲指数	设施数量	设施利用率
交通	交通体系	路网密度	通勤时间
网络	网络信号覆盖率	网络发展程度	上网时间
人	老龄化程度	知觉压力量	人均寿命
生活模式	幸福指数	休闲活动量	闲暇时间

表 9–28 社会影响评价——基于平原人居活动对社会层面的影响 （定量结合定性指标）
Table9-28 Continuity - based on activity inheritance of contemporary plain cities

评价项目	评价指标	百分比	评价内容	评价因子	百分比
社会影响评价	系统度	40%	平原活动所需要的社会层面各要素支撑的宏观统计情况。	休闲指数	5%
				完善度	8%
				满意度	5%
				老龄化程度	8%
				幸福指数	6%
				子类系统联系度	8%
	完善度	30%	平原活动所需要的社会层面各要素的具体影响程度。	设施数量	4%
				路网密度	5%
				网络发展程度	5%
				知觉压力量	6%
				休闲活动量	4%
				子类系统联系度	6%
	满意度	30%	从社会层面中各要素出发，在受到平原活动影响后呈现的具体反馈。	设施利用率	5%
				通勤时间	5%
				上网时间	5%
				人均寿命	3%
				闲暇时间	4%
				子类系统关联度	6%

表 9–29 系统度评分标准
Table9-29 Continuity - based on activity inheritance of contemporary plain cities

评价项目	评价指标	百分比	评价内容	评价因子	百分比	评分标准
社会影响评价	系统度	40%	平原活动所需要的社会层面各要素支撑的宏观统计情况。	休闲指数	5%	高(5) >21.4
						中(3)13.2~21.4
						低(0)<13.2
				交通体系	8%	高(8) 建成比>85%
						中(4) 50%<建成比≤85%
						低(0) 建成比≤50%
				网络信号覆盖率	5%	高(5) >70%
						中(3) 60%~70%
						低(0) <60%
				老龄化程度	8%	高(0)65岁以上人口占总人口的比重>10%
						中(4) 65岁以上人口占总人口的比重5%~7%
						低(8) 65岁以上人口占总人口的比重<5%
				幸福指数	6%	高(6) >0.3
						中(3)0.2~0.3
						低(0)<0.2
				子类系统联系度	8%	5项指标满分（8）
						3项指标满分（4）
						低于3项满分（0）

表 9–30 完善度评分标准
Table9-30 Continuity - based on activity inheritance of contemporary plain cities

评价项目	评价指标	百分比	评价内容	评价因子	百分比	评分标准
社会影响评价	完善度	30%	平原活动所需要的社会层面各要素的具体影响程度。	设施数量（博物馆）	4%	每多少万人拥有一个博物馆
						高(4) <30万人
						中(2) 30~50万人
						低(0) >50万人

续表

评价项目	评价指标	百分比	评价内容	评价因子	百分比	评分标准
社会影响评价	完善度	30%	平原活动所需要的社会层面各要素的具体影响程度。	路网密度	5%	高(5) >150km/万km^2
						中(3) 80~150km/万km^2
						低(0) <80km/万km^2
				网络发展程度	5%	网络技术水平
						知觉压力量
				知觉压力量	6%	高(0) >26.22
						子类系统联系度
						低(6)<22.17
				休闲活动量	4%	>3(4) 1~3(2) 0(0)
				子类系统联系度	6%	5项指标满分（6）
						3项指标满分（3）
						低于3项满分（0）

表 9–31 满意度评分标准
Table9-31 Continuity - based on activity inheritance of contemporary plain cities

评价项目	评价指标	百分比	评价内容	评价因子	百分比	评分标准
社会影响评价	满意度	30%	从社会层面中各要素出发，在受到平原活动影响后呈现的具体反馈。	设施利用率	5%	>90%(5) 70~90%(3) <70%(0)
						短(5) <30分钟
						中(2) 30~60分钟
						长(0) >60分钟
				通勤时间	5%	>48h(5)
						21~48h(2)
						<21h(0)
				上网时间	5%	高(3) >80岁
						中(1)70~80
						低(0)<70岁
				人均寿命	3%	高(0) >26.22
						子类系统联系度
						低(6)<22.17
				闲暇时间	4%	多(4)>50h/周
						中(2)25~50h/周
						低(0)<25h/周
				子类系统关联度	6%	5 项指标满分（6）
						3 项指标满分（3）
						低于 3 项满分（0）

表 9–32 平原城市社会影响评价
Table9-32 Continuity - based on activity inheritance of contemporary plain cities

评价指标	评价因子	百分比	城市							
			莱西	扬州	济南	开封	天津	东营	菏泽	聊城
系统度	设施类型	5%	0	5	3	3	5	0	0	0
	交通体系	8%	4	4	4	4	8	4	0	0
	网络信号覆盖率	5%	3	5	5	3	5	3	0	0
	老龄化程度	8%	4	4	4	4	0	0	4	4
	幸福指数	6%	6	6	0	3	3	3	3	3
	子类系统联系度	8%	0	4	0	0	4	0	0	0
总分		40%	17	28	16	17	25	10	7	7
完善度	设施数量	4%	0	4	4	2	4	0	0	0
	路网密度	5%	3	5	3	5	5	3	0	0
	网络发展程度	5%	3	5	5	5	5	3	3	3
	知觉压力量	6%	3	6	0	3	0	3	6	6
	休闲活动量	4%	2	4	4	2	4	2	4	2
	子类系统联系度	6%	0	6	3	0	3	0	0	0
总分		30%	11	30	19	17	21	11	13	11
满意度	设施利用率	5%	3	5	3	3	5	3	3	0
	通勤时间	5%	3	5	3	3	5	0	0	0
	上网时间	5%	5	2	5	5	5	5	5	2
	人均寿命	3%	3	3	1	3	1	1	1	3
	闲暇时间	4%	2	4	2	2	2	2	2	4
	子类系统关联度	6%	0	3	0	0	3	0	0	0
总分		30%	16	22	14	16	21	11	11	9

9.4 平原地区人居建设研究

9.4.1 中国平原人居建设概况

9.4.1.1 平原地区环境与建设关系

平原地区土地肥沃、适宜耕作、资源丰富、水源充足、气候宜人、交通便利，具有适宜生存繁衍的优越条件，因而聚落密布。由于物质的繁荣，平原地区大多经济发展较快，也带动了文化和社会领域的文明进步，形成了众多的城市。

1. 开敞与防御

与山地、丘陵等地形相比，平原地区地形平坦、视野开阔，但可据守以防卫的自然地理优势不足，因而古代的平原人居建设对防御功能有较高要求。如图9-36、图9-37所示，平原城市大多修建有严整坚固的城墙，出入城市的主要关口筑有可御敌的城门、瓮城，沿城墙还有凸出的马面和作战用的城垣等。城墙以外则修筑护城河和壕沟，将整座城市重重防卫起来。

图9-36 平遥古城，西安古城门
Figure9-36 Pingyao ancient city, Xi 'an ancient city gate
图片来源：http://www.redchina.tv

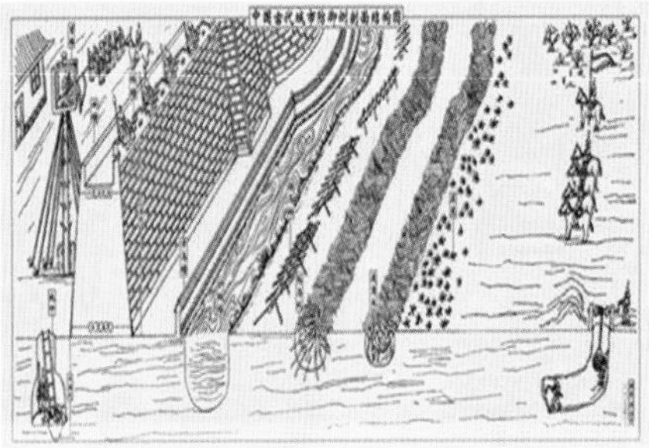

图9-37 中国古代城市防御图
Figure9-37 Defense of Chinese ancient cities
图片来源：网易博客《石党插图》

2. 自然景观与人工景观

由于平原地区可以利用的自然景观相对较少，人居建设中对景观塑造的要求更多地落到人工景观设计上来，因而平原城市十分注重利用多种建设要素和手法来创造宜人景观。凯文·林奇的《城市意象》：基于对波士顿、泽西城、洛杉矶三个城市的研究，提出城市设计的五个要素。其中洛杉矶位于山前滨海平原上，城市建成区主要在地形平坦的地区，这可以成为平原城市意象研究方法的借鉴对象[10]。

3. 道路交通

平原地区地形平坦，使得城市基本能够按照规整的设计方案实施建设，多形成方格路网的结构骨架，道路之间为居住街坊，沿道路设商业服务，城市建设紧凑而有序（图9-38）。

图9-38 方格路网的城市建设形态
Figure9-38 Urban construction form of grid transportation network.
图片来源：http://www.nipic.com

9.4.1.2 平原地区建设与思想意识关系

古三河地区和关中地区是中国古代最早的城市密集区，这一带也多是自然条件优越的平原地貌。从当前公认的我国城市的起源时期夏朝开始，古人就在这一带建城设邑。因而，其后在这一地区形成的文化思想和社会观念也主要反作用于这些平原上的城市，指导着平原城市的建设。

1. 自然环境对心理意识的作用——封闭内向

平原开放的外部环境对生活在其中的人们产生两条线路的心理影响：① 为了确保城市能够防御战争和灾害，人们建造了坚固的城墙城门等人工屏障，这就使得城市具有了封闭的形态。② 当外部环境安定时，人们转而着力于内部统治和建设，这就使得城市具有了内向的性格。这样的环境影响到平原地区人们的社会、生活、思想、艺术等各个方面（图9-39）。

2. 礼制

自先秦以来，礼制思想就贯穿于统治者的治国方略之中，城市的建设也无不受到礼制的影响。《考工记》所载周王城图就充分体现了周礼对营城制度的影响（图9-40）。

图9–39 意大利帕尔曼诺伐城
Figure9-39 Plan of bastion, based on defensive design
图片来源：Google Earth

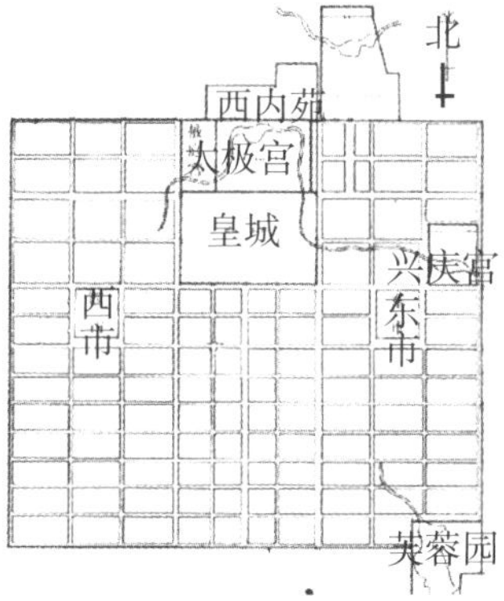

图9–40 唐长安城
Figure9-40 Changan City in Tang Dynasty
图片来源：中国建筑史

3．儒学

自汉代儒学成为正统学说，其主次尊卑的理念也深刻地反映到城市建设上来，无论是在城市规划还是建筑设计上，由儒学思想衍生出的轴线对称、主次序列的设计原则，产生了深远的影响（图9–41）。

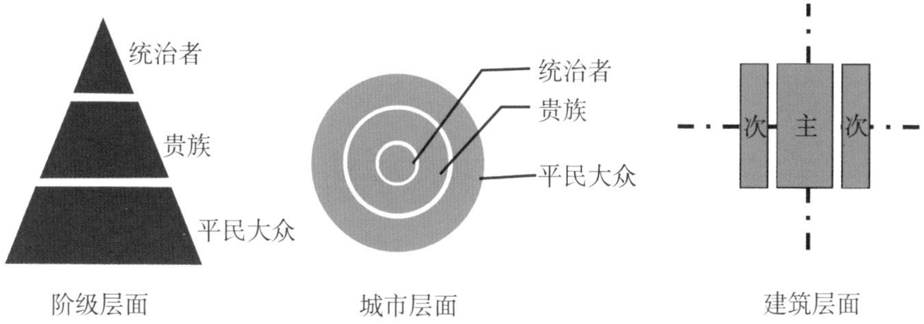

图9–41 儒家思想在三层次上的反映
Figure 9-41 Reflection of Confucianism on three levels

9.4.1.3 平原聚居建设空间格局

城市形态格局：城市形态格局是城市风貌的基本框架，是构筑城市风貌的总体布局。农田形态格局：农田形态格局是包括干扰在内的一切生态过程作用于农田的结果。大地肌理：两种基本机理类型农业肌理和城市肌理。农业肌理包括耕地肌理（种植业）、草地肌理（畜牧业）、森林肌理（林业）、鱼塘肌理（养殖业）。城市肌理包括住区肌理，商业肌理，工业肌理，公园肌理，道路广场肌理等（表9–33）。

表 9–33 平原聚居建设肌理
Table9-33 Texture of settlement construction in plains

	地名	所属平原	机理形态	机理结构	机理成因	机理变化
农业肌理	林盘	川西平原	四边形耕地	农田为基质，随田散居	由引河浇灌决定的由直线田埂分割的临盘农田肌理	衰减型（随城镇化逐渐减少）
	普拉特	北美大平原	圆圈耕地	农田为基质，集中村镇	由打井喷灌决定的圆形农田肌理	稳定性（农业肌理日趋成熟，村庄尺度上没有扩张）
	多伦	北德平原	放射状耕地	农田为基质，集中村镇	以城市为中心放射状路网决定的农田肌理	稳定性（农业肌理日趋成熟，村庄尺度上没有扩张）
城市肌理	成都	川西平原	放射状	城为中心，农田包围	大城市的一半发展模式	转变形（肌理栅格由大变小，由农业向城市转化）
	休斯敦	北美大平原	放射状（相间变化）	城为中心，农田包围	商业和住区交替形成的放射状肌理	转变形（肌理栅格由大变小，由农业向城市转化）

1. 平原城市形态格局

1）平原城市形态格局类型（图9–42）

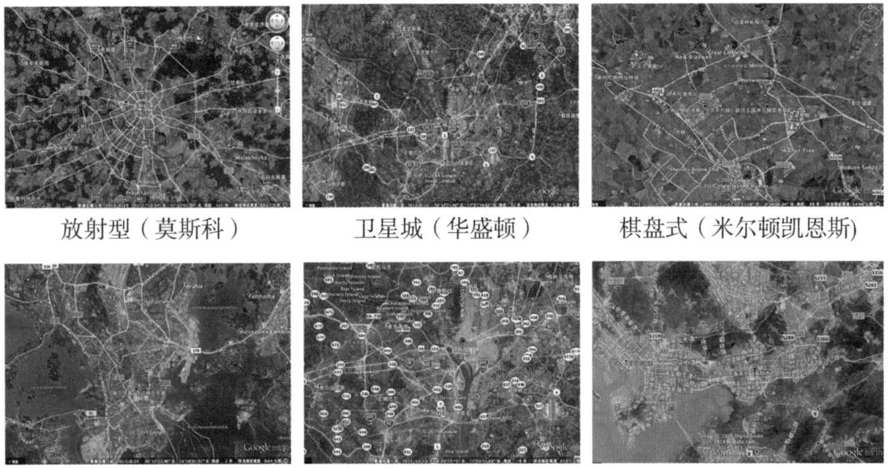

放射型（莫斯科） 卫星城（华盛顿） 棋盘式（米尔顿凯恩斯)

花边式（赫尔辛基） 轴线系统式（华盛顿特区） 线形城（深圳）

图9–42 平原城市形态格局类型
Figure9-42 Types of structure and order in plain cities
图片来源：Goole Earth

2）平原城市空间格局演变（图9–43）

向外扩张型：城市不断向外扩张连片式发展，将上一时期的乡村腹地转化为本时期的城市边缘区的地域，对于外围没有限制性因素的城市，以城市为核心向外“摊大饼”式扩张，像年轮一样出现同心圆圈层。

内部填充型：内部填充型地域在类型归属上没有变化，但在其内部如用地、景观等方面发生了某些变化。这种模式一般出现在发展中的城市边缘区或在周边有明显限制性因素的城市边缘区。

转换核心型：城市除了在其边缘区进行连片式开发外，还有楔形增长的趋势。即将用地镶嵌到很远的乡村腹地独立发展。这使得城市边缘区表现为既有大片土地开发，又与核心区相分离的特点。

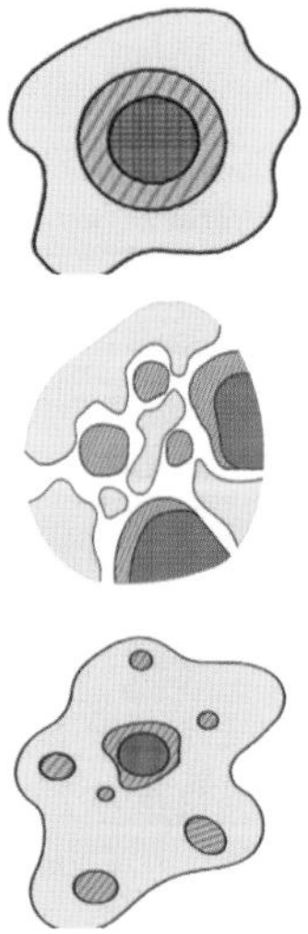

图9–43 平原城市空间格局演变 Figure9-43 Types of spatial pattern in plain cities

3）平原城市生态格局演变（图9–44）

绿环、绿楔：绿环是指在城市外围地区设立一定规模的、连续或基本连续的、永久性的绿色开放空间；绿楔通过在城市的垂直方向上引入自然，形成绿色通道，来削弱因城市连片面积过大而导致的生物廊道阻隔。

镶嵌式绿块：镶嵌式绿块具有动态变化性，在发展初期为边缘区用地的主要组成部分，随着区域发展，人为因素不断介入，使得绿色空间被道路等基础设施分割成不同尺度的自然与人工斑块，进而转化为镶嵌绿块。

绿色补丁：大多数地区规划出来的新城结构相似，没有自身特点，新城绿色空间只追求绿量与形式。新城绿地景观看似美好，但其绿色空间并没有融入周边环境之中，如同绿色补丁一样生硬地嫁接在乡村腹地之上。

图9–44 平原城市生态格局演变
Figure9-44 Types of spatial pattern in plain cities

城市蔓延诱因：① 城市土地利用：一方面，平原城市的建设具有紧凑性优势，可以提高土地的利用效率。方格网路网下的土地开发提高土地经济收益。另一方面，平原地区也存在建设不集约、土地浪费的现象，城市建成区不断向外扩展，呈现郊区蔓延和摊大饼的形态。② 城市交通：从步行时代到马车时代，到有轨电车时代，再到小汽车时代和轨道交通时代，城市交通工具的变革使相同通勤时间下的出行距离扩大，城市随之扩大，更多的人生活在城市中，城市交通运输压力日益增大。对小汽车的依赖造成了巨大的能源需求和巨大的环境污染（图9–45）。

随着城市的发展，我国平原地区逐渐出现城市形态去方近圆的趋势。从北京等城市向外扩张的演变中可以清晰地看出这一点（图9–46）。

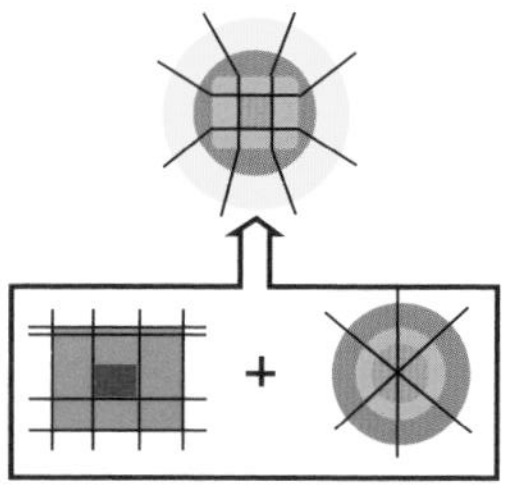

图9–45 城市形态结构演变示意
Figure9-45 The schematic of the evolution of urban morphological structures

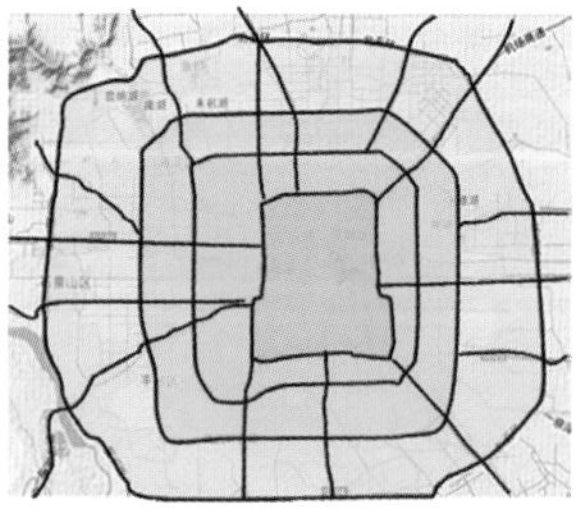

图9–46 北京城市形态，2011
Figure9-46 Urban pattern of Beijing in 2011

4）中国传统平原城市格局

（1）匠人营国。“匠人营国，方九里，旁三门，国中九经九纬，经涂九轨，左祖右社，前朝后市，市朝一夫（《周礼·考工记》）”。中国平原传统的都城、府州等重要人居形态格局既受到自然地理因素影响的方面，更是传统人制思想产物。匠人营国，通常强调因借地形顺应自然的理念，具有严整的中轴对称格局，同时明确了城建的规制，如唐长安、宋汴梁、元大都、明北京。

（2）风水格局。风水格局对于平原人居的影响主要是在选址方面通过对地质、地文、水文、日照、风向、气候、气象、景观等自然地理环境因素的分析，作出优劣评价选取，采取相应的规划设计措施，创造适于长期居住的良好环境。① 以中为贵：王者必居天下之中，礼也。② 以水为龙：平洋莫论龙，水绕是真踪。“四水归堂”、“水聚天心”的格局是非常理想的居住环境。在平原地区，周边有水流汇聚的平静湖面，是良好居住环境的首选。③ 以平原为先：十山不及一平洋，江北江南富贵乡。传统风水理论在城市选址方面，主张选择山前平原，只有这种地方才能发展生产，物资丰富，交通便利，人才众多。

2. 平原农田形态格局

1）平原农田形态格局分类

（1）均匀型农田形态格局：某一特定类型的景观要素之间的距离相对一致，村落格局均匀分布于田地间。

（2）团聚型农田形态格局：同一类型的斑块大面积聚集。农田多聚集在村庄附近或道路一侧。

（3）线状农田形态格局：同一类型的斑块呈线形分布，如房屋沿公路零散分布或耕地沿河流分布的状况。

（4）平行农田形态格局：同类型斑块平行分布，侵蚀活跃地区的平行河流廊道，以及山地景观中沿山脊分布的森林带。

（5）特定组合或空间连接：一种特殊的分布类型，大多数出现在不同的景观需求之间。

2）平原农田格局演变

人和畜力为主生产条件下的农田景观格局在生产初期阶段分为井设制和代田制；在生产后期阶段分为“方田”、“条田”规划和山区“梯田”建设。机械化生产条件下的农田景观格局按照机械化生产对农田的要求分为农田斑块和农田廊道。持续发展农业条件下的农田景观格局包括集约利用下的农田景观格局和持续利用下的农田景观格局（图9-47）。

图9-47北京城市形态，2011
Figure9-47 Urban patterns of Beijing in 2011

9.4.1.4 平原地区基础设施建设

1. 道路

平原地区道路系统按照不同衔接方式，可以形成不同的网络结构，将道路直接相互连通的网络称之为网状路网模式，将层次分明，逐级衔接形成的网络称之为树状路网模式。平原地区网状路网中，最为常见的有网格状路网和圈层状路网或两者结合，一般的平原古城由于其城墙的限制成为内环，其交通结构在整体上呈现圈层状发展，从而形成不断放大的圈层结合放射状的路网结构，而对于一些较小的区域，则以网络状为主，常见于中小城市与平原乡村区域（图9-48）。

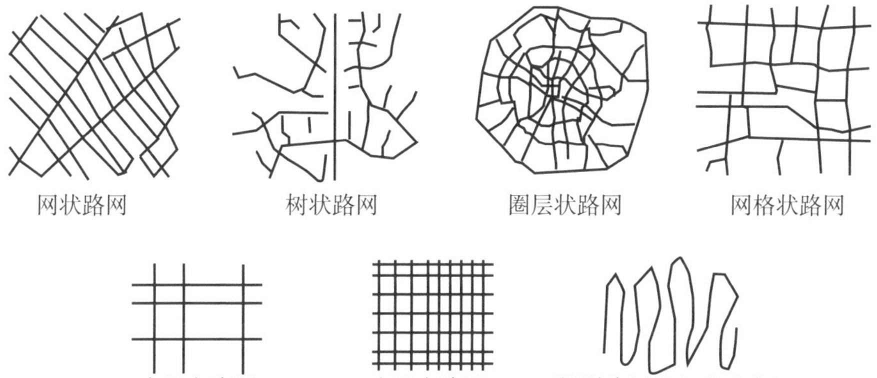

图9-48平原地区路网结构
Figure9-48 Road-net structure in plain region

2. 储粮设施

对于地区农业是最为关键和突出的产业；而农作物作为农业的直接产物，其储存在平原地区显得至关重要，很多农作物，比如腌白菜，榨菜甚至要储藏一年或更久，面临潮湿、多雨、干旱、洪涝、虫蚁等灾害威胁，储存粮食的设施或工具，在不同地域有着明显的区别和特点。

分散式储粮空间多位于农田零散、不规则，种植面积不大的平原区域，农民将粮食通过简易储粮装置，将粮食藏于房前屋后，保证良好的通风和干燥，一般置于朝南位置与建筑较为接近，但是仍保持一定的距离。

集中式储粮空间多位于农田规整、大面积的区域，一般采用大型机械作业，统一收割处理，储藏于结合现代设施的集中一体式粮仓中，与建筑等保持一定距离。较分散的粮仓更远，主要以交通便利为主要出发点（图9–49）。

（1）黄河流域储粮设施为窑穴，此区域黄土层很厚，地下水位低，土质干燥，宜于开筑窑穴。舱室以室外居多，农民可在其住宅庭院内建造室外地下仓。

（2）东北平原储粮设施为储藏仓、仓楼。装置由钢丝网制成，在装具下方用红砖将四周码成网洞，并用红砖或其他材质铺底，底部平整并留住适当的缝隙，使自然风能够穿过，上盖与下底用金属网封闭。同时，装具距建筑等要留有适当的距离，并迎风摆放以利于通风降水。北方的陶仓底层接近地面，上有气窗通风。

（3）川西平原储粮设施为器皿、仓楼。圆形储粮器皿称之为囷，这种储粮工具主要为中下层民众所用。仓为方形，是储粮的空间，此种陶在中原地区最为流行。仓房建于台基之上，基前有踏道上下，仓房有两门，门上有闩，房顶有两气窗，以通气流。模仿本地常见的干阑式房屋，将仓房改造成干阑式仓楼（图9–50）。

图9–49 储量设施
Figure9-49 Warehousing facilities

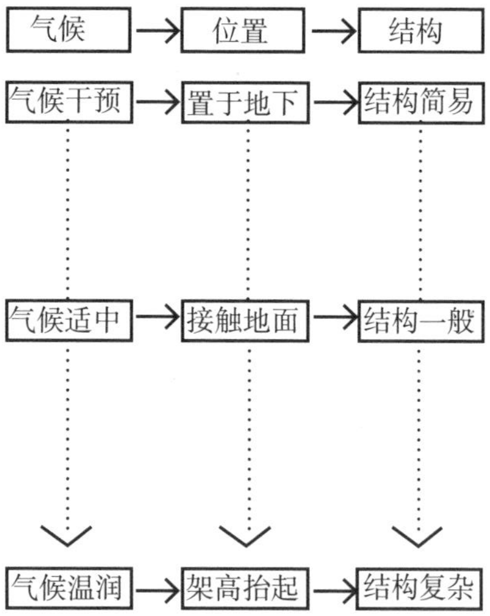

图9–50 储量设施与气候的关系
Figure 9-50 Relationship between warehousing facility and climate

3. 防洪设施

黄泛平原是中国历史上水灾最为深重的地区，据统计，1949年以前的3000多年间，黄河下游发生的漫、溢、决口和改道约有1500余次。

根据华北平原不同的区域特征，可分为四个亚区平原：辽河下游平原、海河平原、淮北平原和黄泛平原。黄泛平原，位于海河平原和淮北平原之间，是黄河冲积形成的，包括泛滥沉积盐碱，沙化土地比较多。

水灾也带来了沙灾，洪水将大量的泥沙带出堤外，在地面上覆盖了大片深厚不一的沙土沉积物。由于有护城堤和城墙的保护，洪水及其披携的泥沙大多情况下都被挡于堤外或城外。造成了“城内之地下于城外，城外之地又下于堤外”的状况（图9–51）。

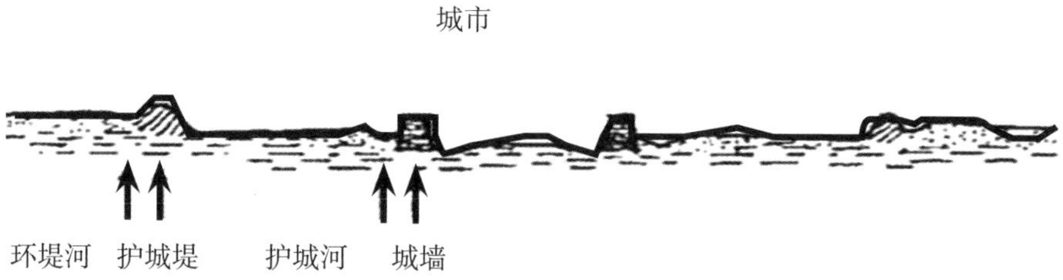

图9–51 防洪设施
Figure9-51 Flood control facilities

黄泛平原古城镇洪涝适应性景观（图9–52）：

（1）择高：选择地势相对较高的自然地形建成。

（2）垫城：提高城市道路，街区和建筑基地标高。

（3）筑台：重要建筑选址于高地，修筑高台建筑以及建设避水台。

（4）护城堤：护城堤的建造墩别一般地域城墙，大都采用夯土筑成，不耐雨涝，所以堤防的保护十分重要，通常通过植树，如柳、桑、榆等来加固堤岸。

（5）蓄水坑塘：黄泛平原古城有一个显著的共同特征就是城市内部与周边伴生有大面积的水体，因此古城个个堪称“水城”，只是不同于“江南水城”那种发达的城市水网，这里的“水城”以大面积的坑塘、湖面为特色[11]。形成的原因主要为筑城堤取土，城市建设、居民建房取土，泥沙淤围等。

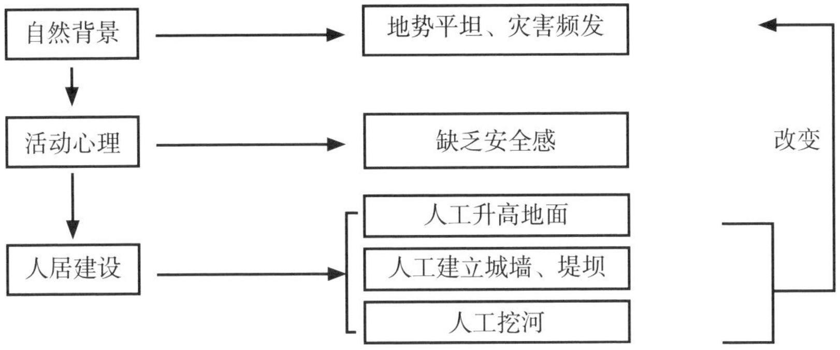

图 9–52 平原聚居建设
Figure9-52 Construction of settlement in plains

9.4.1.5 平原地区民居建筑类型

1. 建筑文化发展与演化的背景因素

（1）地理背景因素包括区域位置，地形地貌，水系气候方面；

（2）民系因素，如民族宗族，家族家庭等；

（3）文化背景因素包括哲学，宗教，制度，风水，教育等方面；

（4）经济背景因素，如不同的产业类型具有不同的生产与生活方式及对村镇建筑的不同要求。

这些背景因素的影响与作用不是均等的，在某些特定条件下，某项因素的作用会凸显出来并成为主导因素，而随着时间的推移，其他因素也许会取代它而成为更重要的条件[12]。

地域性：尊重自然环境条件对各种色彩成因的影响和对人类色彩偏好的影响。

文脉性：挖掘历史特色，继承传统文化，构筑个性的文化根基与脉络，保护其色彩文化遗产，延续传统文化色彩文脉。

功能性：居住建筑功能以生活，休憩为主，其建筑色彩应适合人们生活的需要，本着温馨，祥和的宗旨，突出其功能特色。

时代性：建筑特色是时代科技与文化精神的重要体现。在居住建筑色彩设计中，应尽量运用新材料，新技术。

美学性：在美学研究和实践基础之上进行居住建筑色彩设计，使居住建筑及环境色彩组合祥和切合统一，且具有一定的对比性和视觉感染力。

2.建筑色彩资源

源于民族达观的生命态度，炽热的情感和对神秘未知世界、自由精神境界的忘我追求；源于远古的图腾观念和阴阳五行相生相克的原则；源于古代哲学色彩论。

1）自然色彩资源

（1）地域特色：平原内湖泊星罗，水网交织，垸堤纵横，地表组成物质以近代河流冲积物和湖泊淤积物为主，属细砂，粉砂及黏土。

（2）常见植物：适宜种植稻谷、麦子、棉花、油菜、莲藕、麻类等农作物，其色彩随农作物播种、耕作、收获而变化丰富。

2）人文色彩资源

色彩不仅具有本身的特性，还是一种文化信息的传递媒介，它含有人们附加在其上的内涵，在一定程度上代表了城市、国家文化。

（1）传统民居：屋面多采用青灰色小布瓦铺设，装饰素雅，没在绿树丛中若隐若现，展现出一片平和、安宁的生活景象。

（2）出土文物：源于远古的图腾观念和阴阳五行相生相克的原则，源于古代哲学色彩论。例如江汉平原，楚人对红色的热爱，来自对火神祝融的崇拜，它象征着太阳、火焰、生命、吉祥，所以在楚漆器中，运用的最多的是红、黑二色，红色鲜明、大方，视觉冲击力强，黑色庄重、沉稳，两者相配形成一种明快的对比，在朴素中显现华美。

建筑类型小结：地域文化影响占主导；受地方性文化、气候、政策影响；强调个性、差异化大；川西、华北、东北等民居各不相同；坐北朝南（北半球）；统一方向性；方正、规则（图9–53）。

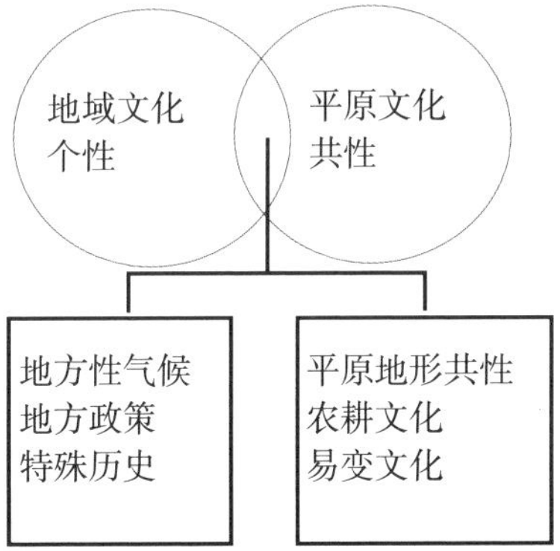

图9–53 平原地区文化影响建设示意图
Figure9-53 Schematic diagram of construction influenced by culture in plain regions

9.4.2 平原城市无序扩张解决策略

9.4.2.1 平原人居无序扩张机制分析

1. 背景、活动与建设综述研究启示（图 9–54）

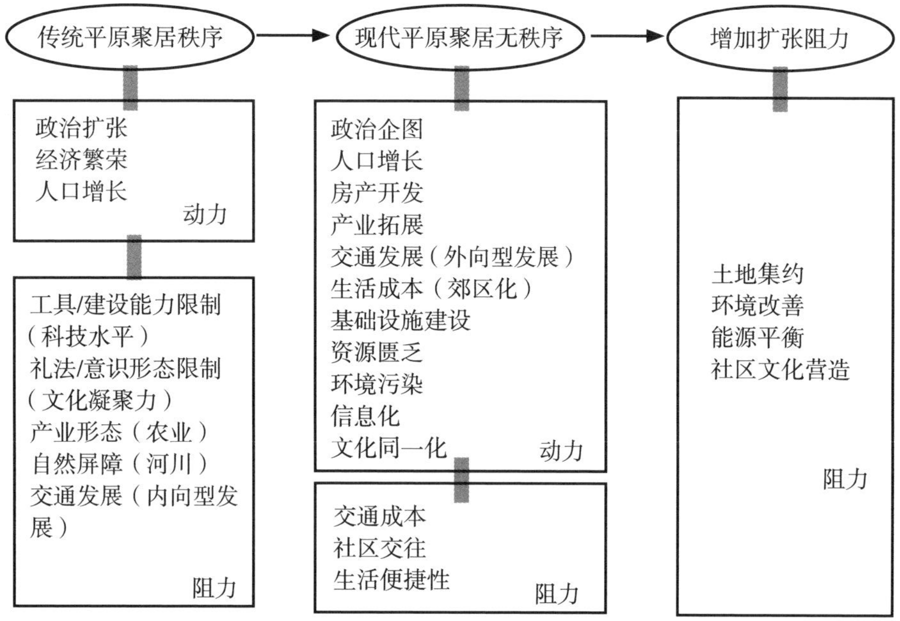

图9–54 平原背景、活动与建设研究启示
Figure9-54 Enlightenment of research on background, activities and construction of plains

2. 平原扩张解决思路

通过研究发现，城市扩张是一个综合的系统性问题，涉及社会各个层面，很难通过单一的技术或手段进行强制性的外部遏制。因此解决思路是既然无法彻底解决扩张问题，那就引导扩张的形式，并且解决现在扩张带来的核心问题，从而通过自身核心竞争力的提高减缓扩张。

思路①，另一种扩张方式——集约城市。希望能够建设一个集约化的城市，提高城市的竞争力，倡导进行立体的扩张而不是平面的扩张。思路②，解决扩张带来的问题——平衡（生态、能源、文化）。扩张带来的一系列问题，例如自然灾害、生态破碎、资源匮乏、文化单一等问题追根究底是自然的不平衡，因此希望在建设集约城市的同时通过建设使城市环境平衡化。

3. 平原建设研究方法（图 9–55、表 9–34）

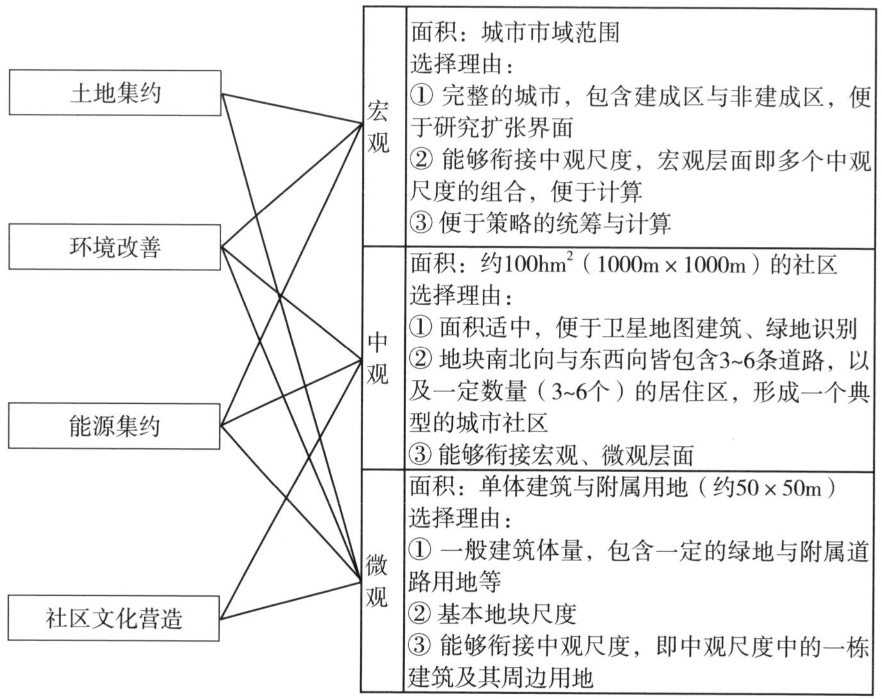

图9–55 平原建设研究框图
Figure9-55 Macro-construction strategy

表 9–34 平原建设研究方法
Table9-34 Research method of plain construction

	宏观	中观	微观
土地集约	控制城市景观格局	空间布局调整	建筑形态控制
环境改善	生态廊道引导城市组团形态	街区代谢核算	建筑能耗核算与奖励
能源平衡	能源平衡	街区能耗自平衡	生态再生系统
社区文化营造	绿色镶嵌体		城市农场

9.4.2.2 宏观建设策略

天津位于东经116°43' ~ 118°04'，北纬38°34' ~ 40°15'之间。市中心位于东经117°10'，北纬39°10'。地处华北平原北部，东临渤海，北依燕山。天津市疆域周长约1290.8km，海岸线长153km，陆界长1137.48km。天津有山地、丘陵和平原三种地形，平原约占93%。除北部与燕山南侧接壤之处多为山地外，其余均属冲积平原，蓟县北部山地为海拔千米以下的低山丘陵。靠近山地是由洪积冲积扇组成的倾斜平原，呈扇状分布。倾斜平原往南是冲积平原，东南是滨海平原。

现状水系：水系破碎，完整度低，湿地退化，水体斑块互不联系，河道污染严重，水体生物多样性差，建成区水系退化严重（图9-56）。

现状绿化：建成区绿化率明显低于周边非建成区，景观高同质性，多为沿道路两侧的防护绿带，郊区与城区交界处农田格局破碎，核心农田较为完整，北部林地保存较为完整（图9-57）。

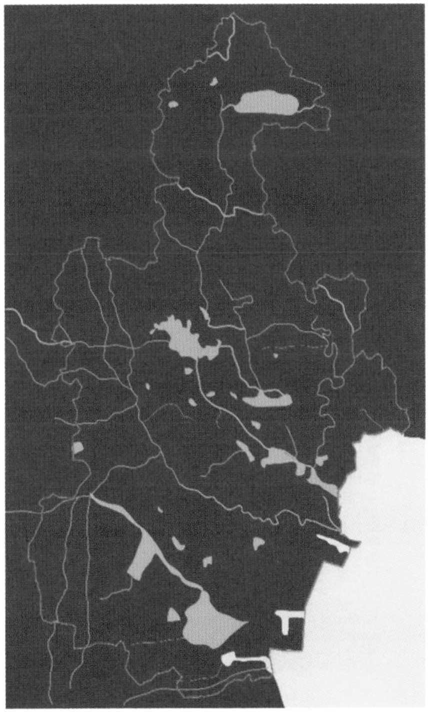

图9-56 现状水系
Figure9-56 Present water-net

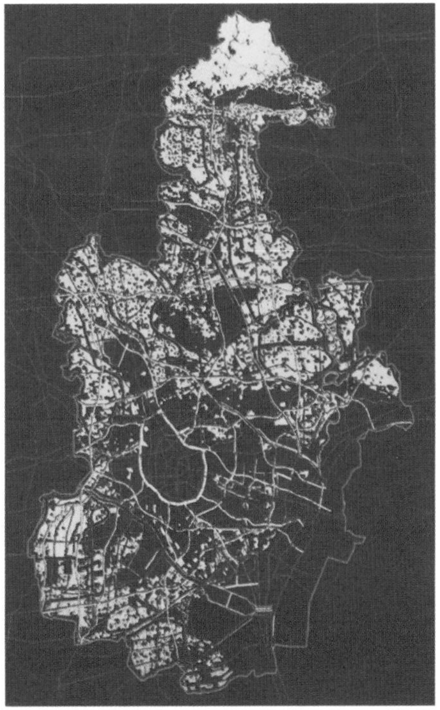

图9-57 现状绿化
Figure9-57 Present greenspace

1. 控制方法（图 9-58 ~ 图 9-60）

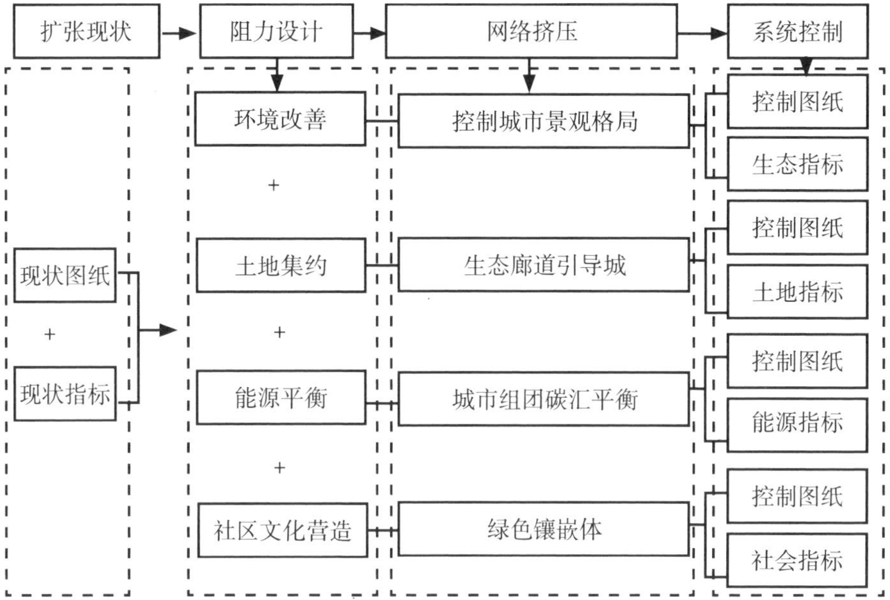

图9-58 宏观建设控制方法
Figure9-58 Control method of macro-construction

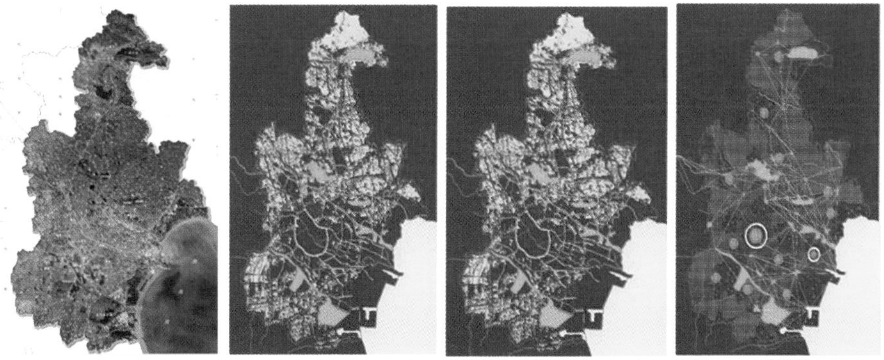

卫星信息获取　城市基本格局判断　栅格划分　总体土地格局控制

图9-59 总体土地格局控制流程
Figure9-59 Construction strategy of Tianjin City

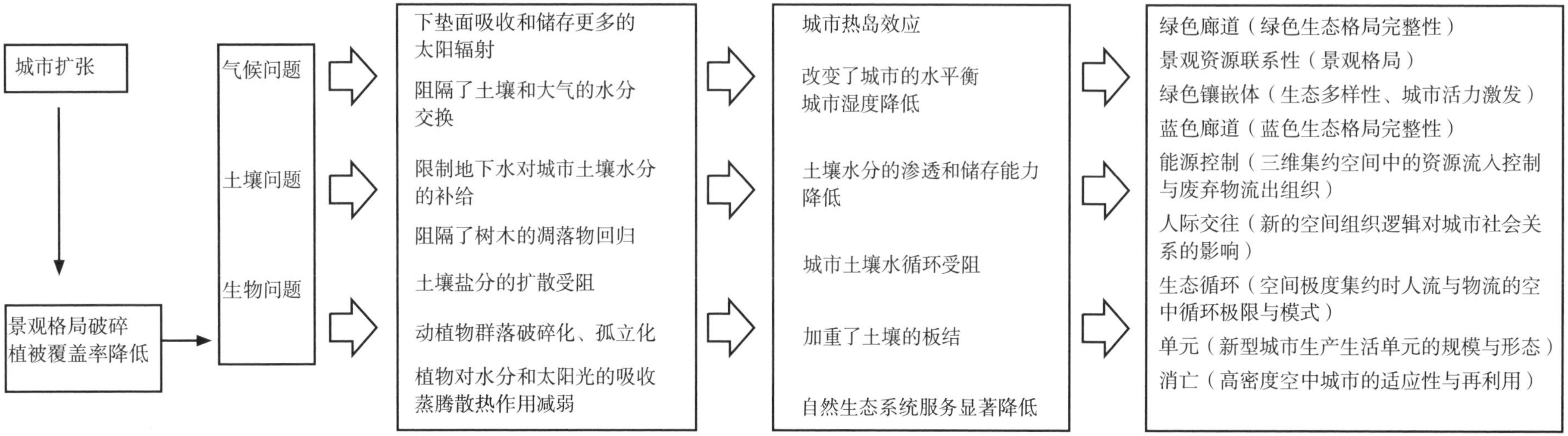

图9–60 现状—分析—策略框架
Figure9-60 Framework of present state-analysis-strategy

（1）通过一张图纸和一系列指标来约束城市土地利用；

（2）通过网格挤压模型（动力—阻力）来约束城市土地利用。

方法：将卫星图抽象提取主要路网构建城市格局，将市域范围内土地按栅格划分进行管理。栅格大小：$1km^2$，即1000m × 1000m（中观研究尺度）（图9–61）。

图9–61 完整的土地控制体系图
Figure9-61 Land-control system

2.宏观策略

1）控制城市景观格局

控制城市景观格局是为了引导城市发展形态，控制城市扩张方向，并且改善生态平衡，增加城市生态吸引力，加大扩张阻力。

（1）蓝绿色生态格局完善：① 主要蓝色斑块生态价值核心（湖泊中心，河流弯道、水体边界、驳岸等）进行线形联系度分析；② 经过叠加分析出主要生态沟通走向；③ 从而归纳出河流、湿地系统保护区域；④ 完善蓝色生态格局（图9–62）。

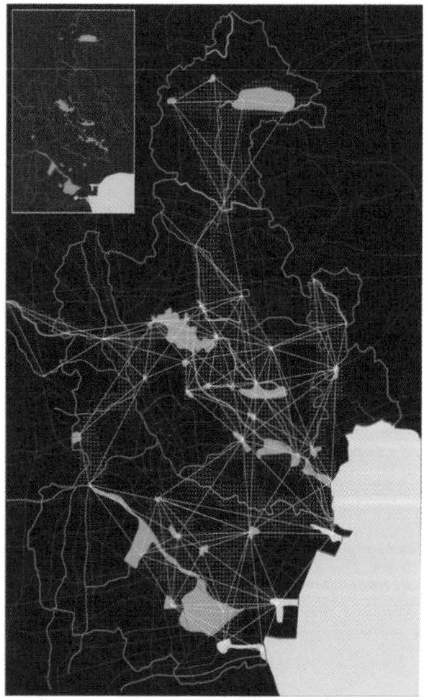

图9–62 天津蓝色生态格局
Figure9-62 Blue ecological pattern of Tianjin City

（2）绿色生态格局完善（图9-63）

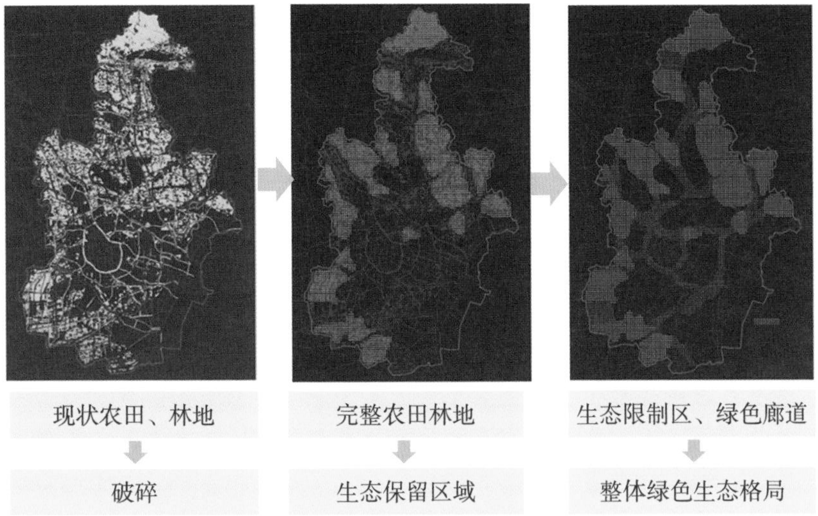

图9-63 天津绿色生态格局
Figure9-63 Green ecological pattern of Tianjin City

（3）总体生态格局构建。① 梳状绿化：以河流、道路等为基本骨架，以基本农田、林地为主要核心，对城市进行梳状绿化，使得自然植被在城区中形成的柔软的触角，整体构建软硬空间相互渗透的有机架构。② 串珠状景观：串珠状绿岛——在城市中的道路廊道交叉口，设立绿化岛，将城市现存的硬质化的广场空间逐步建成高效益的森林公园。串珠状水系——对城市现存水域进行适度地保护、张扬及修复、建造、设计，对堤坝式平直河流进行塑造，通过河道的曲折、水深及流速的变化、砾石的设置、植物的栽种，形成河—湖、河—塘模式。③ 景观镶嵌体：在城市中增加软质开敞空间，促进人在活动中与自然的交流，并形成宏观层面的生态踏脚石系统（图9-64）。

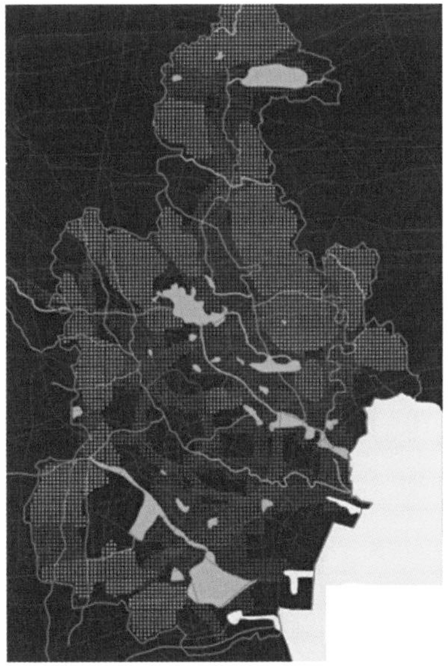

图9-64 总体生态格局构建
Figure9-64 Overall ecological pattern

2）生态廊道引导城市组团形态（表9-35）

表 9-35 土地格局指标制定
Table9-35 Green mosaics

项目	总体指标	指标解释	具体指标项目	指标内容
土地指标	利用程度	确保土地资源的充分利用，避免土地资源的限制浪费	城市总容积率	大于等于6.5，小于等于10
			人均居住用地面积	大于等于18，小于等于22
			道路密度	大于等于160km/km^2
			土地闲置率	小于0.1%
			人口负荷	大于7000人/km^2
	利用效率	确保土地资源的合理分配，提高三产等高技术含量产业，提高土地产出	地均基础设施	大于等于3。5%
			地均第三产业	大于50%
			地价	大于9000元/m^2
			各主要用地类型比重	工业用地小于8%
			地均固定资产投入	大于1250万元/km^2
	利用潜力	确保土地资源的可持续发展，创建宜居集约城市，提高城市吸引力	城市通风廊道	中心城区平均每300km^{2}一处
			建筑绿地率	大于25%
			人均绿地面积	大于35%
			环保设施	大于0.75%
			建设用地与城市人口增长弹性系数	大于0.15，小于0.3

（1）自然基底：充分保护城市自然基底，例如基本农田与自然林地，以这些板块为核心辐射周边地区，对城市扩张形成阻力。

（2）生态廊道：依托城市，将外环道路、高速公路等建设起防护绿地和风景林地，在城市周围形成自然景观与耕地保护的绿化带，并串联起基本保护区域与大型生态板块（图9-65）。

（3）纵横交错：城市中主要道路起了重要的作用，它是城市道路的骨架。纵横交错建设生态景观和防护绿化带，实现中心城市的绿化网络与外围城市周围绿化进行交融，实现城市交通氧气通道和带状防护绿地的建设[13]。

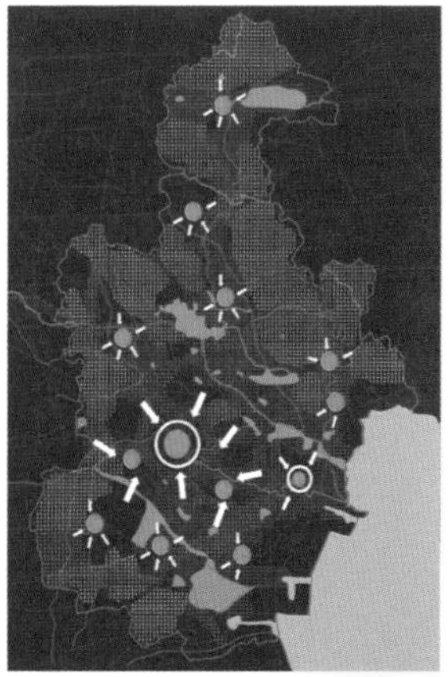

图9-65 生态廊道引导城市组团形态
Figure9-65 Ecological corridor conduct city cluster form

（4）绿色嵌体：实现城市水资源和树林的和谐与团结，自然环境和人文环境的协调共生，合理利用现有的供水系统，将水体景观和城市防洪设施进行有效的结合，提高绿化美化档次[14][15]。充分利用建成区空地建设景观镶嵌体，激发城市文化交往，作为生态踏脚石系统，实现美丽的城市生态景观的建设，提高城市绿地的整体效率。

3）能源平衡——集约发展

（1）城绿平衡。2013年天津市人口1415.15万，平均人口密度1400人/km^2。假设人均每日消耗17kg碳，1hm^{2}绿化面积则可以抵消13875kg的碳（依据《澳门城市中心区碳排放分析评估方法》）。中心城区绿地、水体面积约可抵消城区25%的碳排放；

（2）就地平衡（中观、微观）：① 增加绿地面积：置换绿地（建筑平衡），垂直绿化，屋顶绿化；② 吸收自然能源：太阳能、风能；③ 减少碳排放：绿色出行；④ 产业结构调整：加强绿色产业发展，工业节能。

构建碳平衡策略并通过计算得出城市城绿平衡碳吸收比例，为中观、微观就地平衡提供基础（图9-66）。

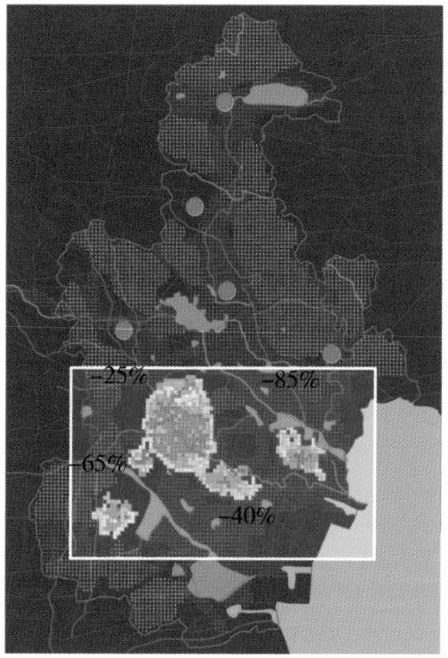

图9-66 天津能源平衡
Figure9-66 Energy balance in Tianjin

4）绿色镶嵌体

在现有硬质化区域设置绿色嵌体，以此为核心辐射周边区域，形成绿色踏脚石系统，同时形成开放空间体系，构建社交网络，激发嵌体周边的文化吸引力，即通过美化环境与文化提升来增大城市扩张阻力。

保护现有的绿地不会受到削弱，见缝插针，实现路边绿地、宅旁绿地、街道绿地，以及河流改道扩建，建设绿化街道和滨河绿地;与工厂进行协商，工厂需要搬迁，为了绿地的合理发展。随着技术的改进，如今的屋顶防渗技术日趋成熟，可以建设屋顶绿地，也可以建设绿色建筑外墙、花园和其他绿地[15]（表9-36、表9-37）。

表 9-36 绿色镶嵌体
Table9-36 Green mosaics

现有绿地	河流沿岸	立体绿化	消极空间利用
路边绿地	街道绿化	屋顶绿地	棕地修复
宅旁绿地	滨河绿地	绿色建筑外墙、花园	高架下
街道绿地		其他绿地绿表	废弃地

表 9-37 文化交往指标制定
Table9-37 Cultural communication index

项目	总体指标	指标解释	具体指标项目	指标内容
文化交往指标	设施保障	确保城市开放空间的环境宜居性，发挥绿色开放空间的生态踏脚石功效	儿童与中老年活动设施	3:7，按比例设置
			休憩设施	按容量20~30%设定
			卫生管理设施	按容量2%设置
			特色活动设施	设置特色活动设施
			活动频次	平均人1.7次/周
	活动参与	确保城市开放空间的文化活跃性，结合当地特色设置活动，激发人际交往，提高文化凝聚力	活动种类	活动丰富度（平原活动部分）
			人群结构	综合考虑儿童、青年、中年与老年人
			可参与性	活动活跃度（平原活动部分）
			特色活动	活动地方性特色
	系统健康	确保城市开放空间的环境宜居性，发挥绿色开放空间的生态踏脚石功效	环境舒适性度指数	6~8级
			可达性	10min以内
			植物配置比例	乔灌：1:1.5，常绿针叶：3:7
			软质空间比例	硬地软质：1.5:8.5
			服务半径	小于500m

9.4.2.3 中观建设策略

1. 研究方法

通过对平原城市区域的网格化提取，将城市整体分解成建设单元，对各单元的类型进行归纳，对各项能量指标进行简要量化并评价（图9-67、图9-68）。

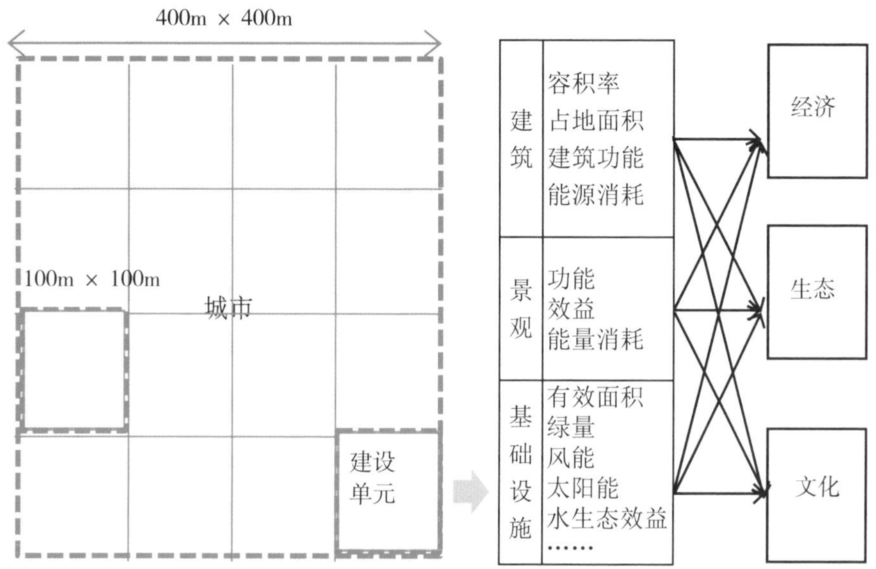

图9-67 中观建设策略图示
Figure9-67 Meso-construcition strategy

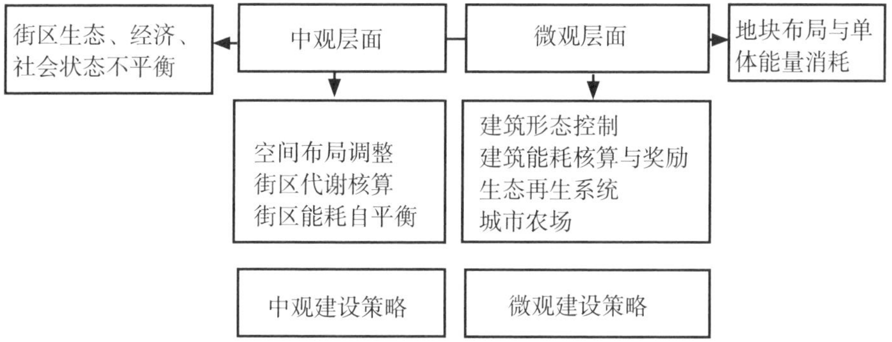

图9-68 中观策略
Figure9-68 Meso-construcition strategy

预期：尝试将景观介入城市原有空间和功能中，通过对平原城市单元自身以及单元之间的空间布局调整，促使城市建设所得的能量得以内部平衡，不会因为城市扩张而引发更大的能源和资源消耗，即可持续性、自给自足性（图9-69）。

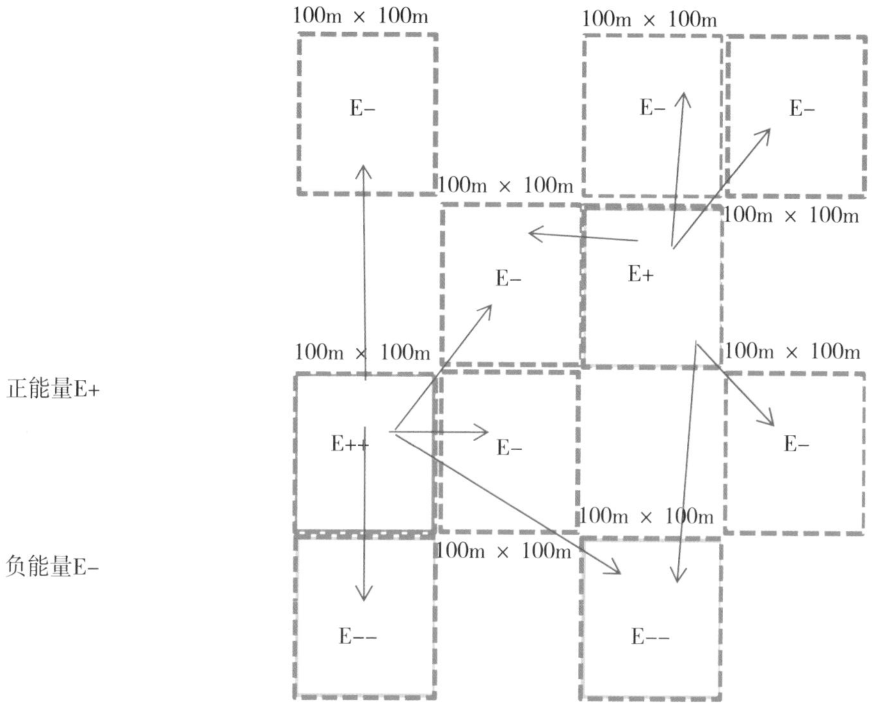

图9-69 城市地块单元能量分布与传递图示
Figure9-69 Distribution and transformation inbetween urban land units

2. 中观建设分析——以天津为例

对象城市为天津市核心城区（包括天津老城）。

天津位于华北平原海河五大支流汇流处，东临渤海，北依燕山，海河在城中蜿蜒而过，海河是天津的母亲河。天津滨海新区被誉为“中国经济第三增长极”。天津的老城里指的是东、西、南、北四条马路中间，这是天津最早的城区，后来，水运发达了，三汊河口也逐渐兴盛起来。选取范围：西至西马路，北至北马路，东至张自忠路（滨水），南至南马路，总面积 2189953 m^2[16]（图9-70～图9-72）。

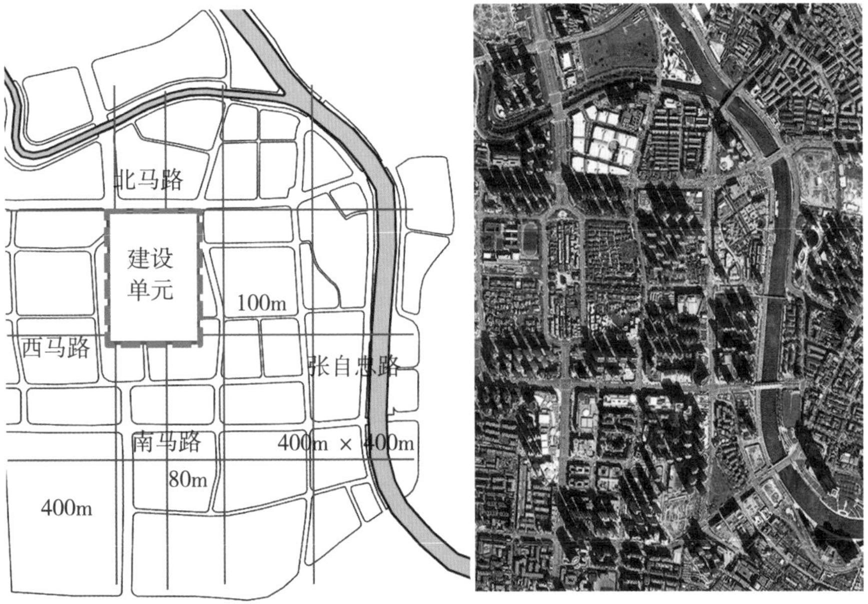

图9–70 研究范围
Figure9-70 Research site

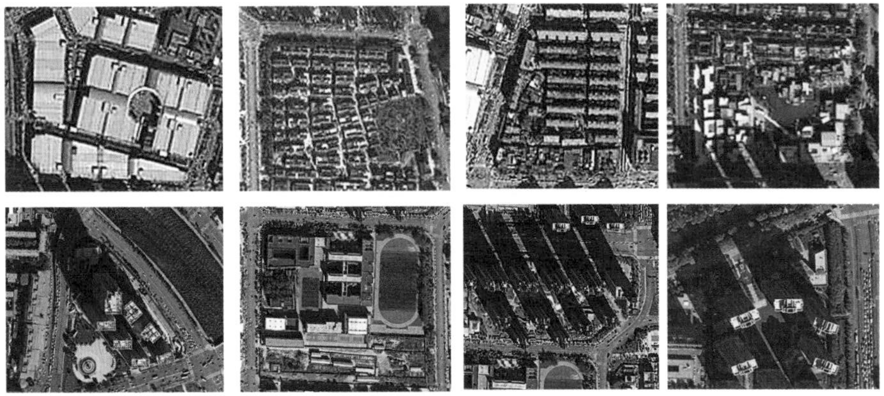

图9–71 街区网格化分析
Figure9-71 Analysis of block gridding

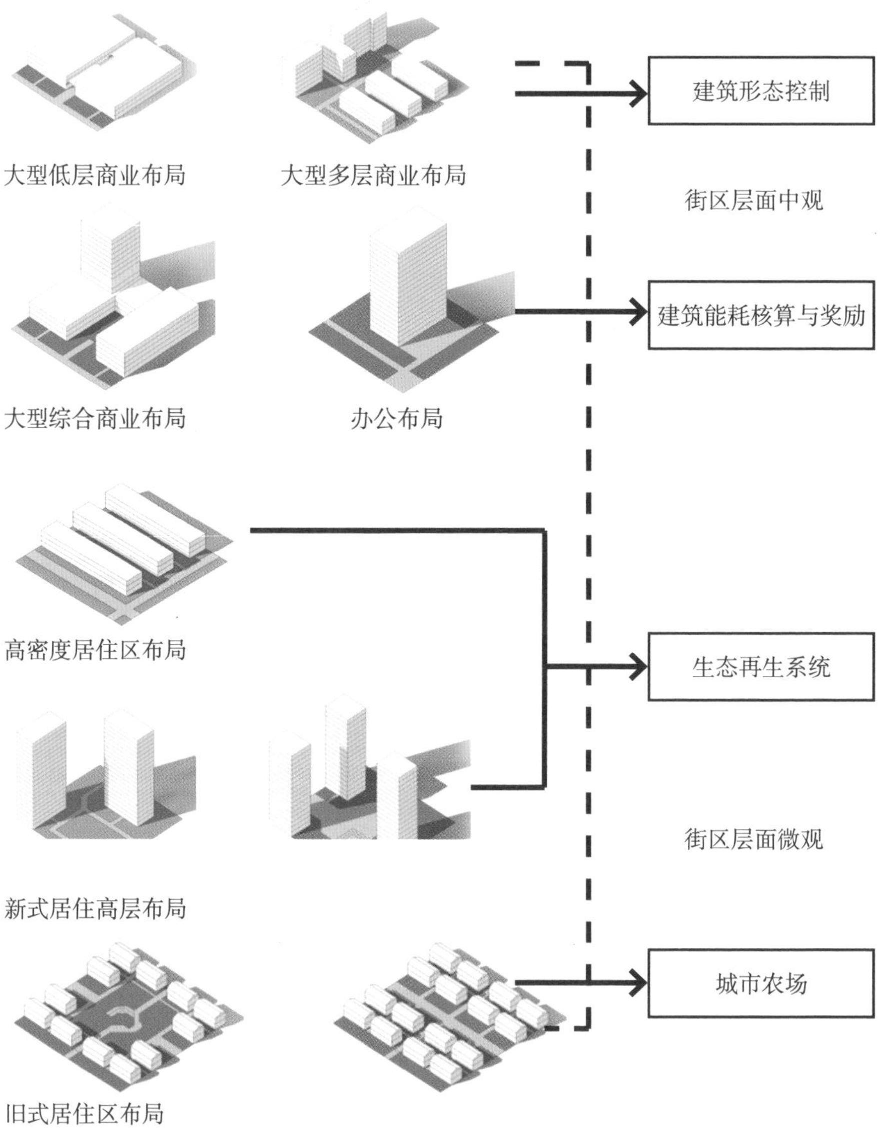

图9–72 布局模型抽象，将地块分解成单体图
Figure9-72 Individual disintegrated from lands

3．中观建设策略（表 9–38）

表 9–38 建筑的“立体化”评估——建筑形态控制
Table9-38 Assessment of architecture stereoscopic——architectural from control

建筑长边	100m	90m	80m	70m	60m	50m	40m	30m	
占地面积	A	B	C	D	E	F	G	H	开放空间面积
10000m²	100 × 100	——	——	——	——	——	——	——	0
4000m²	40 × 100	45 × 90	50 × 80	60 × 70					6000m²
2000m²	20 × 100	22 × 90	25 × 80	30 × 65		40 × 50			8000m²
1250m²	12 × 100		15 × 80		20 × 60		30 × 40		8750m²
625m²							15 × 40	25 × 25	9375m²

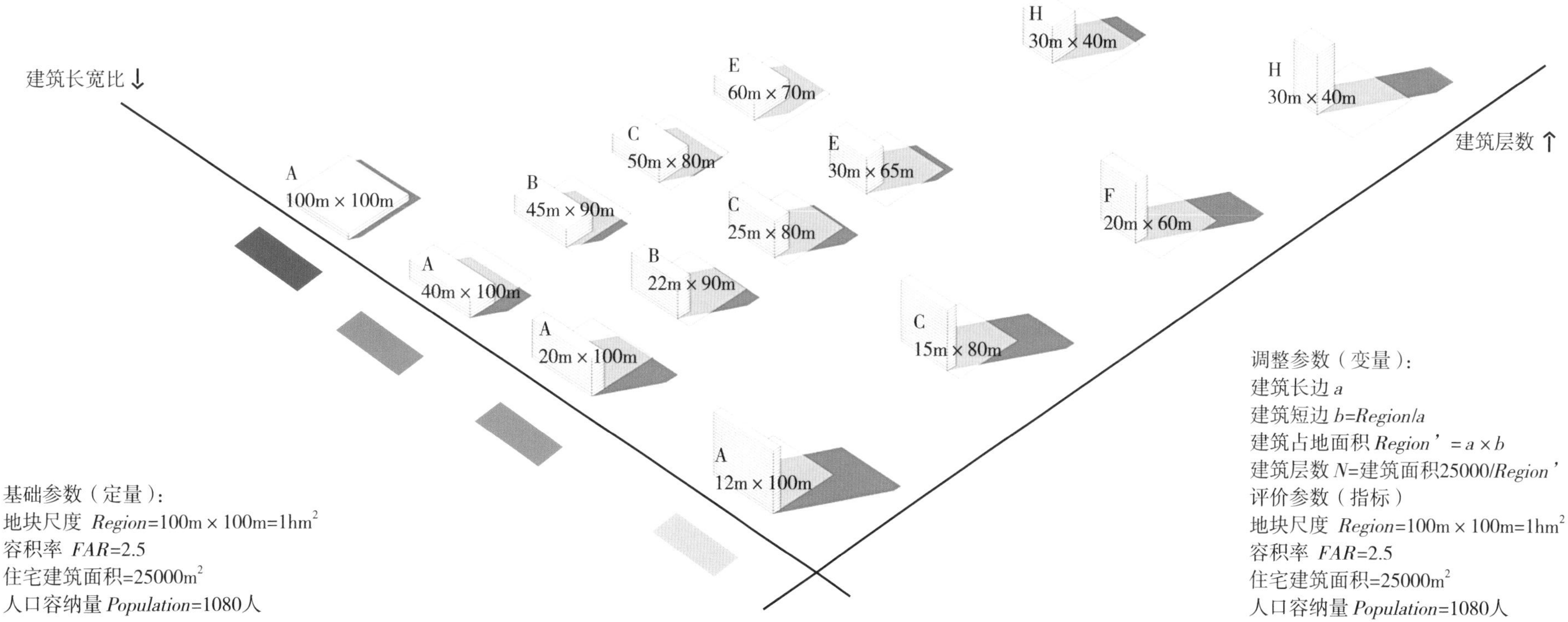

图9–73 建筑“立体化”评估图
Figure9-73 Assessment of “three-dimensional” architecture

1）空间效率——建筑形态控制

（1）随着建筑的“立体化”（占地面积减小，层数增加），开放空间的物理面积相对稳定，但是屋顶空间呈现降低趋势，这将缩减可能的太阳能利用效益（图9-74～图9-77）。

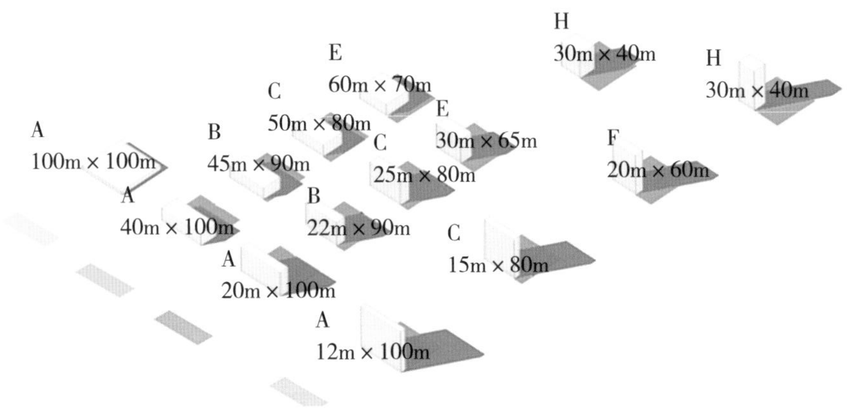

图9-74 地面开放空间
Figure9-74 Open space on the ground

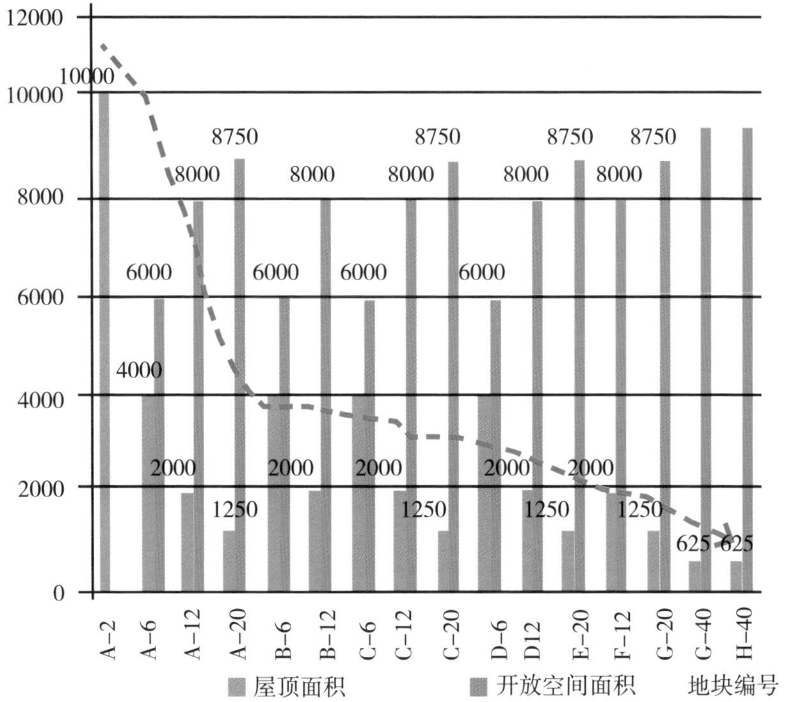

图9-76 建筑层数与空间关系
Figure9-76 Relationship between construction storeys and spaces

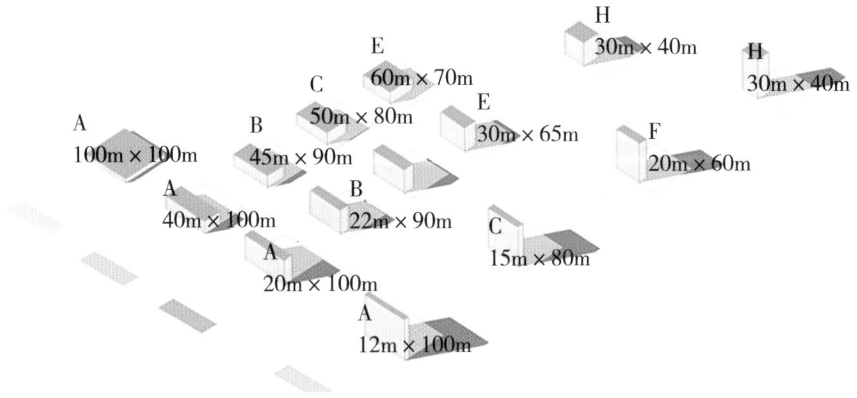

图9-75 屋顶空间
Figure9-75 Roof space

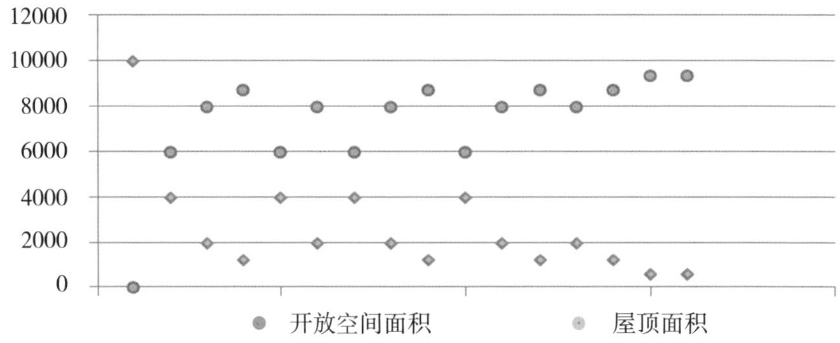

图9-77 建筑屋顶面积与开放空间面关系
Figure9-77 Relationship between roof region and open façade of architecture

（2）随着建筑的“立体化”（占地面积减小，层数增加），建筑带来的阴影面积增加，导致地面开放空间的有效使用面积进一步缩减（图9–78、图9–79）。

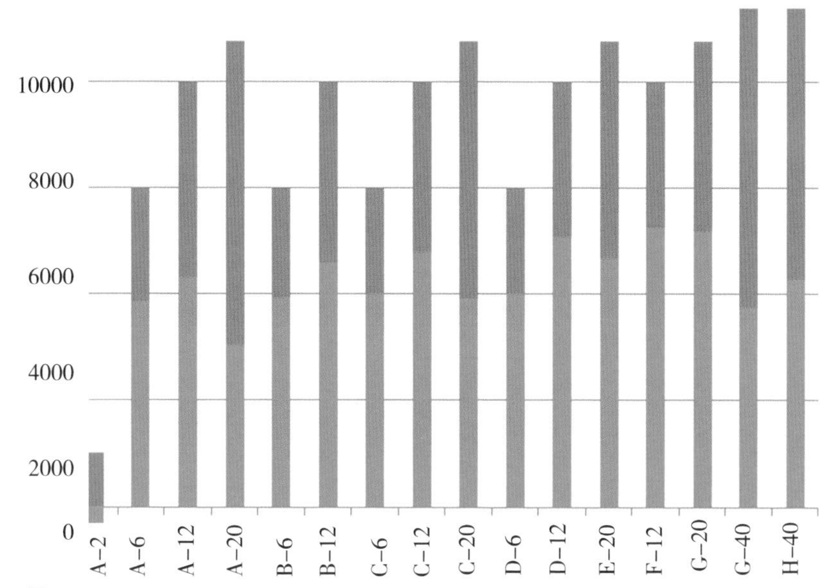

图9–78 建筑与开放空间关系
Figure9-78 Relationship between architectures and open spaces

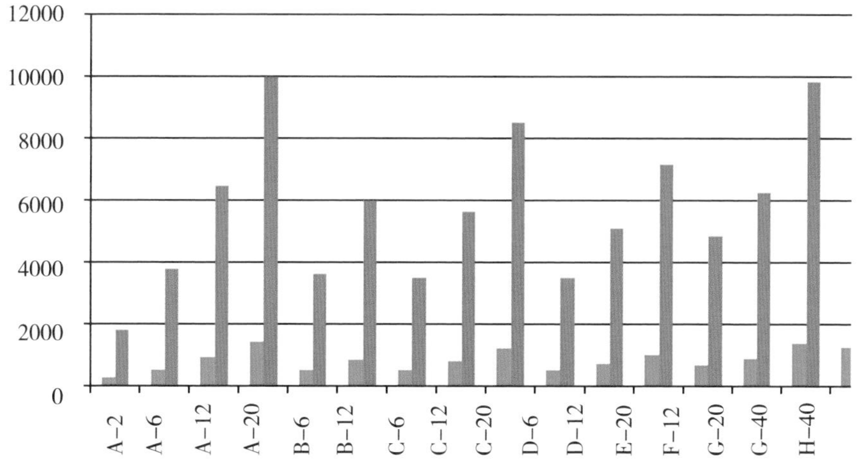

图9–79 建筑阴影面积关系
Figure9-79 Relation of architecture shadow zones

空间利用策略：地块建筑高度出于低层（2~6）状态时，屋顶和地面空间的效率相对较高。可以帮助进一步利用空间进行景观改造，如人工生态系统的营造、可再生能源的利用等（表9–39）。

表 9–39 建筑层数阴影面积
Table9-39 Architectural storeys shadow zones

地块编号	夏至 阴影面积（m^2）	冬至 阴影面积（m^2）
A–2	253	1791
A–6	531	3762
A–12	911	6449
A–20	1417	10032
B–6	512	3627
B–12	850	6019
C–6	493	3493
C–12	797	5643
C–20	1202	8509
D–6	493	3493
D–12	721	5105
E–20	1012	7165
F–12	683	4836
G–20	885	6270
G–40	1392	9853
H–40	1265	8957

2）能源效率——建筑能耗核算与奖励

天津日照年均时长2272.4h（2010年数据）；天津地区人均生活消费（标准煤核算）573kg（2010年数据）；（标煤换算比例1kW·h=329kg）。

天津市区人均面积23.22m^2/人（2011年数据）。

能源利用策略：通过对地块进行粗略的能源利用核算

（1）对地块的能源利用效率进行评价，采取奖励措施，如可再生能源剩余的地块给予容积率奖励；

（2）找到能源利用和生产的潜在空间；

（3）不能够满足自身能源需求的地块，可与周边能源剩余的地块进行互补交易，从而达到更大空间层面内的自给自足，即内部平衡（表9–40）。

表 9–40 建筑能耗核算与奖励

Table9-40 Calculation and reward of architectural energy consumption

地块编号	屋顶面积（m^2）	开放空间面积（m^2）	建筑边长$a+b$（m）	建筑高度H（m）	夏至阴影面积（m^2）	冬至阴影面积（m^2）	阴影面积均值（m^2）	地面日照面积（有效开放空间）（m^2）	开放空间比例（%）	太阳能（kw·h）	人口（人）	消耗量(kw·h)	剩余太阳能（kw·h）
A–2	10000	0	200	8	253	1791	1022	–1022	—	31654532000	1077	1875	31654530125
A–6	4000	6000	140	24	531	3762	2146.5	3853.5	0.64	5064725120	1077	1875	5064723245
A–12	2000	8000	120	48	911	6449	3680	4320	0.54	2532362560	1077	1875	2532360686
A–20	1250	8750	112	80	1417	10032	5724.5	3025.5	0.35	1582726600	1077	1875	1582724725
B–6	4000	6000	135	24	512	3627	2069.5	3930.5	0.66	5064725120	1077	1875	5064723245
B–12	2000	8000	112	48	850	6019	3434.5	4565.5	0.57	253236560	1077	1875	2532360685
C–6	4000	6000	130	24	493	3493	1993	4007	0.67	5064725120	1077	1875	5064723245
C–12	2000	8000	105	48	797	5643	3220	4780	0.60	2532362560	1077	1875	2532360685
C–20	1250	8750	95	80	1202	8509	4855.5	3894.5	0.45	1582726600	1077	1875	1582724725
D–6	4000	6000	130	24	493	3493	1993	4007	0.67	5064725120	1077	1875	5064723245
D–12	2000	8000	95	48	721	5105	2913	5087	0.64	2532362560	1077	1875	2532360685
E–20	1250	8750	80	80	1012	7165	4088.5	4661.5	0.53	1582726600	1077	1875	1582724725
F–12	2000	8000	90	48	683	4836	2759.5	5240.5	0.66	2532362560	1077	1875	2532360685
G–20	1250	8750	70	80	885	6270	3577.5	5172.5	0.59	1582726600	1077	1875	1582724725
G–40	625	9375	55	160	1392	9853	5622.5	3752.5	0.40	791363300	1077	1875	791361425
H–40	625	9375	50	160	1265	8957	5111	4264	0.45	791363300	1077	1875	791361425

9.4.2.4 微观建设策略

1. 生态再生系统（表 9–41）

表 9–41 生态再生系统

Table9-41 Ecological regeneration system

<table>
<tr><th>空间类型</th><th>特征</th><th>要求</th><th>形式</th></tr>
<tr><td rowspan="3">建筑单体</td><td>私密性较强</td><td rowspan="3">集中管理</td><td>屋面覆土、防水</td></tr>
<tr><td rowspan="2">制定维护</td><td>垂直绿化</td></tr>
<tr><td>雨水收集灌溉</td></tr>
<tr><td rowspan="3">开放空间</td><td>开放性</td><td rowspan="3">交通便利</td><td>城市风貌统一</td></tr>
<tr><td>公共性</td><td>雨水回收</td></tr>
<tr><td>城市污染（交通尾气、扬尘、生活垃圾）</td><td>土壤修复</td></tr>
</table>

2. 城市农场

1）建设地点：家庭后院、窗格、社区公园、温室、城市农场及指定地点（表 9–42）。

（1）政府经营：完全由当地政府所有并经营管理，开放对象为公众，非营利性质。建设地点一般为类似社区公园等城市公共开放空间。

（2）非商业机构经营：通过当地政府租赁城市闲置小型地块，政府提供基础设施，实际农业生产需要的资源由地块承租自主承担。划拨地块上只允许从事非商业性的都市农业。

（3）社会机构（如公益组织）经营：政府将地块委托给专门的管理委员会运营。

表 9-42 城市农场建设
Table9-42 Urban farm construction

	开发商	政府部门	社区市民
目的	商业宣传、吸引客源	营建丰富可供市民参与的城市公共空间	丰富业余生活；居民参与小区景观维护；圈地种菜
地点	商业大楼内部或屋顶	城市公共开放空间	社区闲置绿地/圈地

2）土地征用保障

政府通过行政拨款来保障承租者的权益。在政府暂时没有这种能力的情形下，当地相关机构应承诺能保障长期租赁。只有对这个问题有信心，社区居民和商业人员才能在项目中倾尽全力，无所保留（图9-80）。

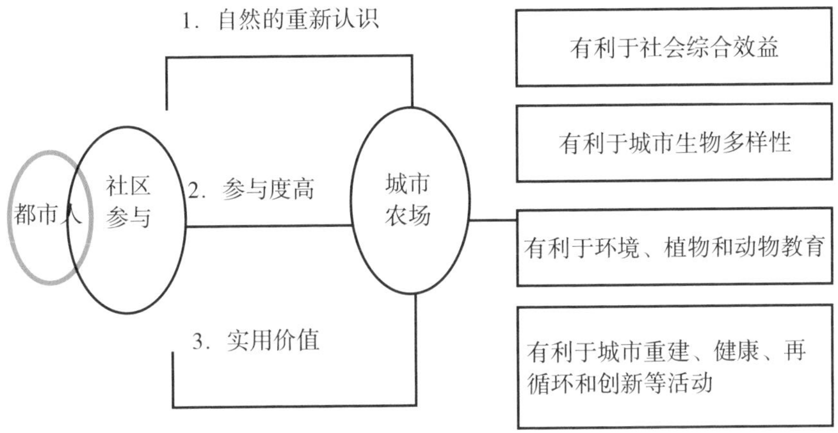

图9-80 政府征用保障
Figure9-80 Government expropriation safeguard

（1）现存问题：① 土地利用方面：土地征用的不稳定性；农场建设的条件与归属权；经营模式，营利与非营利的考量。② 生态方面：城市土质硬化，基础设施缺乏，食品卫生与安全。③ 社会层面：如何激发社会公众的参与意识，使城市农场创造出更多的社会效益？商业运作成分过高，缺少公共或非营利的城市农场空间，参与成本过高，社区营建与私自圈地概念混淆。

（2）城市农场的生态策略：① 土壤返肥：在城市建设过程中，各类夹杂物进入土壤，固体类夹杂物如砖渣、焦渣、砾渣等。在形成单一坚硬夹杂物层的地方，常会使根无法穿越而限制其分布深度和广度。② 水循环：地面农场——采用雨水花园的设计模式，应用在城市农场中，有效减少灌溉用水；农场植物的蒸发可以促进城市内部水的自然循环过程，减少城市热岛效应。屋顶农场——采用雨水回收技术，实现屋顶农场的自给自足；含水土层的表面覆盖，可以减少夏季日照对建筑的加热，节能环保。

（3）城市农场的社会策略。

① 社区整合与参与：可持续发展是同社区的权利和能力联系在一起的。城市农场应当被视为多功能复合型地域，很多内部联系紧密的社区项目发生于此。这样农场能耗费最少的人力和财力资源，实现项目的扩张（图9-81）。

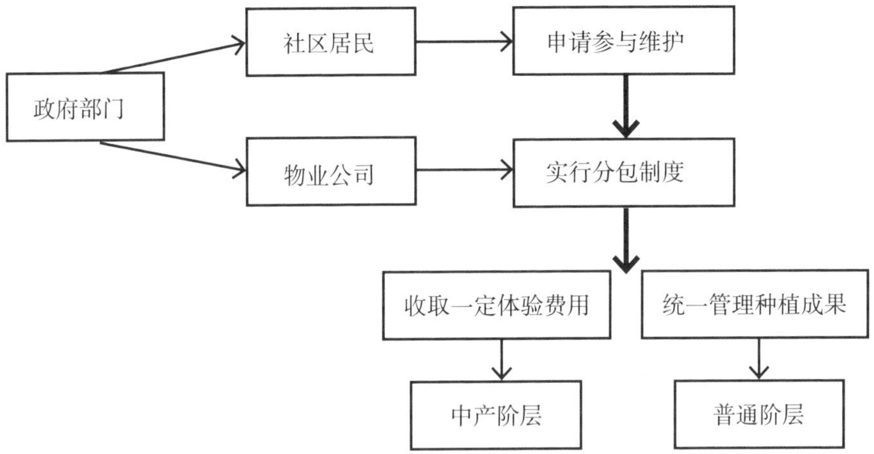

图9-81 社会整合参与结构图
Figure9-81 Society integrated Participation construction

城市农场的种植场地应选择空置或待改建的场地，绝对不能侵占原有的公共景观区。社区农场由小区绿化管理方实行统一规划、统一组织的模式。

② 教育与培训：都市农业并不等同于粮食生产。城市中环境、教育、休闲等方方面面都很重要，能转变为创收的渠道。尽管农场的起源多种多样，但对它来说教育功能成为主导是一个越来越明显的趋势。然而该部门的潜力还远远未被开发完全。学校对城市农场这种形式的利用和直接参与程度可以更高，在向政府和国际发展组织申请支援时更可以明确将教育作为一个值得关注的热点来讨论。

③ 食品健康：通过社区组织管理的途径，在社区中营建城市农场，生产有机蔬菜、瓜果，提倡素食，废物循环和节约。

9.4.3 平原城市景观建设

9.4.3.1 平原城市景观宏观建设

1. 景观轴线的运用

平原城市地势平坦，建设便利。景观轴线的运用很多。轴线可以使城市形象鲜明。一般分为城市中轴线、城市发展轴线、重点地段轴线等。

北京和巴黎的中轴线，是时间的凝固和政策的长久延续。北京城的中轴线起源于金代，元朝开始正式形成。巴黎的中轴线上最古老的标志是15世纪建造的卢浮宫（图9–82）。

图9–82 平原城市轴线运用
Figure9-82 Application of urban axis in plain cities
图片来源：城市规划网，2009，11

2. 平原城市景观轮廓线、天际线的运用

平原城市不用考虑与自然地形的映衬，重点突出主次中心的建筑布局，强化沿河、沿路建筑轮廓线，力图做到高低错落。平原城市天际线少了山体等地形的映衬，以建筑等人工景观的形态弥补（图 9–83）。

图9–83 平原城市天际线运用
Figure9-83 Application of urban skyline in plain cities
图片来源：《休斯敦旅游》，到到网，2011，06

9.4.3.2 平原城市景观中观建设

1. 平原城市建筑布局

平原地区，建筑布局比较整齐、功能区划分明显。建筑多充分利用日照，正南正北朝向。高层建筑多，利于形成开阔的视野（图 9–84、图 9–85）。

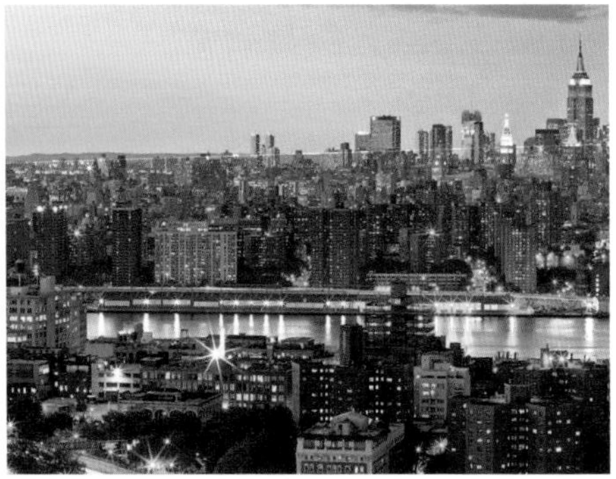

图 9–84 大城市高密度房屋聚集图
Figure9-84 Aggregation of high-density housing in metropolitans
图片来源：http://www.sina.com

图 9–85 平展式的扩张
Figure9-85 Setting-out expansion
图片来源：http://www.sina.com

2.平原城市开放空间的设计特点

图 9–86上海世纪公园航拍图（2011）
Figure9-86 Aerial image of Shanghai Century Park
图片来源：Google Earth

图9–87 休斯敦荷门公园航拍图（2011）
Figure9-87 Aerial image of Houston Hermann Park
图片来源：Google Earth

（1）平原城市天然绿地有限，加上人均密度大，所以人均绿地面积较少，立体绿化成为缓解城市热岛效应，增加绿地面积的有效措施（图 9–86、图 9–87）。

以日本东京为例，垂直绿化、空中绿化等方面均走在世界前列。早在1991年，东京就颁布了城市绿化法律，1992年又制定了《都市建筑物绿化计划书》。

如今，东京的“空中花园”、建筑物的“楼顶花园”和住宅区的“阳台微型庭院”等随处可见，成为整个城市靓丽的风景。据测定，东京市中心的立体植物的覆盖率每增加10%，即使在夏季最炎热时，白天室外的气温最多能降低2.2℃。

（2）对自然景观的保护与利用。

河流：平原城市河流，作为城市的生命线，往往是城市中景观多样性最精彩的部分。根据河流大小、区位、氛围等的差别，塑造不同特点的岸线、河岸空间，注重与周边业态的结合，提供多变的亲水空间。另外，河道也在一定程度上丰富了平原城市的交通系统，增加了航道运输功能。

小山丘：结合微地形，可以控制为公园，加强绿化，作为景观轴线对景组织城市空间（图9–88）。

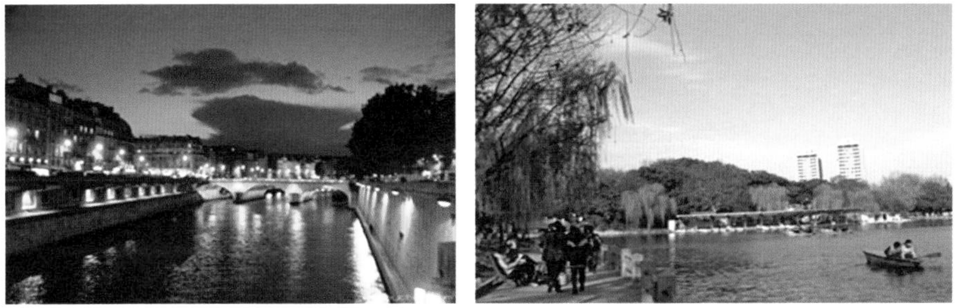

图9–88 自然景观的保护和利用
Figure9-88 Protection and utilization of natural landscape
图片来源：http://www.nipic.com

（3）文物古迹、历史遗址景观的保护。平原城市重点打造丰富的人工景观。地方特点的符号常用于雕塑、装饰，给城市带来独特的风景，历史名人、典故可为地方打造特色城市名片。

3.平原城市交通系统的特点

平原城市地形平整，便于轨道交通、立交桥的建设。研究表明，交通网络的复杂度和城市空间形态扩张呈正比关系。同时人口密度在一定程度上也和交通的建设有密切关系。平原地区人口众多，城市面积也相对于山地、丘陵等地区的城市要大一些，轨道交通的建设特别重要。

9.4.3.3 平原城市景观微观建设

城市标志主要包括标志性自然地貌、标志性建筑、标志性雕塑等。平原城市自然风貌较少，以历史性标志和现代文化标志取胜（图9–89、图9–90）。

图9–89 拉德芳斯大厦
Figure9-89 Phare Tower
图片来源：http://www.nipic.com

图9–90 莫斯科的凯旋门
Figure9-90 Triumphal arch of Moscow City
图片来源：http://zh.wipipedia.org

9.5 平原地区人居环境案例分析

9.5.1 川西平原——林盘人居

9.5.1.1 川西林盘人居背景

1. 林盘人居自然背景

1）概念（表9–43）

表 9–43 川西平原概念
Table9-43 Concept of Western Sichuan Plain
来源：http://baike.baidu.com

川西平原	别称	成都平原、盆西平原
	区位及特点	位于四川盆地西部，青藏高原向西川盆地的过渡地带
	广义概念	广义的成都平原介于龙泉山、龙门山、邛崃山之间，北起江油，南到乐山五通桥；包括北部的绵阳、江油、安县间的涪江冲积平原，中部的岷江、沱江冲积平原，南部的青衣江、大渡河冲积平原等。三平原之间有丘陵台地分布，总面积2.3万km^2。
	狭义概念	狭义的成都平原，仅指灌县、绵竹、罗江、金堂、新津、邛崃6地为边界的岷江、沱江冲积平原，面积8000km^2，是构成盆西平原的主体部分。因成都市位于平原之中故又称成都平原

2）形成与演化

成都平原发育在东北—西南向的向斜构造基础上，由发源于川西北高原的岷江、沱江（绵远河、石亭江、湔江）及其支流等8个冲积扇重叠连缀而成复合的冲积扇平原。龙门山推覆构造带的第四纪推覆运动是川西平原形成和发展的根本原因[17]。整个平原地表松散、沉积物厚，第四纪沉积物之上覆有粉砂和黏土，结构良好，宜于耕作，为四川省境最肥沃土壤，海拔450～750m，地势平坦，由西北向东南微倾，平均坡度仅3%～10%，地表相对高差都在20m以下，有利于发展自流灌溉。

2. 林盘人居生产背景

1）农业（表9–44）

表 9–44 林盘农业生产背景
Table9-44 Background of agricultural production in Linpan

农业生产背景
耕地集中连片，土壤肥沃，河渠纵横密布，属典型的水田农业区
农作物一年两熟或三熟，是中国重要的水稻、棉花、油菜籽、小麦、柑橘、柚子、油桐、茶叶、药材、蚕丝、香樟产区
水稻、小麦和油菜，产量高而稳定，是四川和全国著名的商品粮、油生产基地

世界水利文化鼻祖——都江堰。全世界迄今为止，年代最久、唯一留存、以无引水为特征的宏大水利工程，也是世界文化遗产。2007年5月8日，成都市青城都江堰旅游景区经国家旅游局正式批准为国家级旅游景区。

2）工业（表9–45）

表 9–45 林盘工业生产背景
Table9-45 Background of industrial production in Linpan

工业生产背景	
工业资源	（1）以轻工业为主：① 以农产品为原料的轻工业。主要包括食品制造、饮料制造、烟草加工等工业。② 以非农产品为原料的轻工业，指以工业品为原料的轻工业。主要包括电子设备研制、化学药品制造、医疗器械制造等工业。 （2）重工业：机械工业。主要包括交通运输、工业设备、农业机械等
用地布局	地形平坦，对工业生产的厂址选择十分有利。以工业用地为主的城市伸展轴，大量现代工业园涌入城市边缘区。将创业产业等对能源消耗较低且占地面积较小的工业类型主要设置在中心区，将占地面积较大、耗能高、有污染性的工业设置在城郊

3. 川西林盘景观价值

川西林盘的景观价值主要表现为生态学、美学及文化价值三方面，具体体现在以下几点：

（1）城市森林外延：以广袤的乡村农田肌理作为本底，林盘结构可视为现代大都市范围内众多板块状的绿岛，作为人、植物、动物和谐共生的载体。

（2）生物多样性：林盘中包含的动物、植物、微生物及其环境构成的生态复合体维持着群落和物种形成的稳定性。

（3）小气候：林盘所特有的川西院落式建筑和林、田、水共同营造的良好小气候，正是道家“天人合一”生态观念的直接体现。

从建筑学角度出发，其建筑造型轻盈精巧，建筑风格淡雅飘逸，空间尺度亲和宜人；从景观生态学角度出发，这些具有异质性的景观系统同时包含着生态景观和视觉景观，以旅游心理学中的景观感知作为评价的出发点，林盘具有经济、生态与美学等多重价值。从哲学角度出发，林盘的存在状态印证了道家哲学提倡的自然无为即是美的哲学理念。

9.5.1.2 川西林盘人居活动

1. 生产活动

1）农业生产活动

（1）制度改革（图9–91）：① 奴隶社会时期：社会阶层出现了分化：奴隶主+奴隶。井田制是川西林盘奴隶社会时期的土地公有制的一种实现形式。井田将耕地划分为方块，周围有经界，阡陌纵横，中间以水沟相隔，形如井字。一井由9个方块组成。井田制不同于一般意义的土地公有制，国王代表整个奴隶主阶级占有全国所有土地，然后分配给大小奴隶主使用，而占人口大多数的奴隶主和庶民则无使用权，仅能在奴隶主受封的土地上，进行集体耕种。② 秦汉时期：小农户破产，大农户越来越富。秦汉时期，土地占有关系包括官田和民田两种。其中民田主要是小农对土地的占有和使用。小农生产模式以个体家庭为单位，进行耕织结合的生产劳动。但至西汉，社会进步发展后，出现了一系列社会问题，其中突出的就是贫富的两极分化，小农户破产，土地落入大地主手中，豪强地主大量兼并土地，从而使得地主庄园、寺院庄园成为社会主要经济形态。庄园封闭、自给自足。庄园模式的出现，使原有的以“农业”为依托的“城邑模式”中剥离出来，形成了“田园诗”一样的生活境遇。③ 隋唐时期：出现场镇。隋唐时期采用了均田制，土地被分为露田、麻田、桑田及宅地。除了传统的官宦之家，还有商人士族及地主豪强，这批移民迁入后，因社会相对稳定，就在居住地购置了田宅，成为了主户，而沦落的穷人则投靠这些主户，成为了客户，原来的主仆关系被主客关系所取代。这样一来由异姓、异地民户聚居而成的村落逐渐增多，异族之间的商贸活动、文化交流增多，从而形成

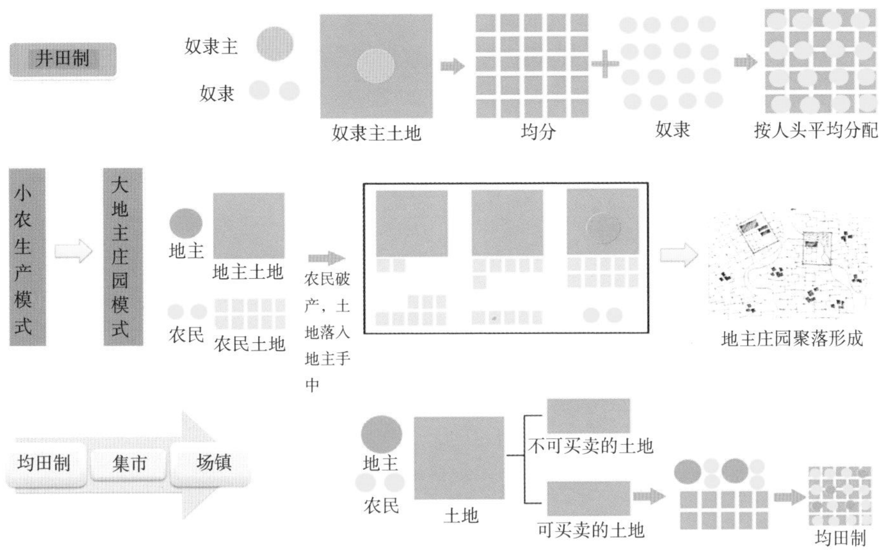

图9–91 土地制度沿革示意图
Figure9-91 Schematic diagram of land institution

了集市，这也就是川西坝子中场镇的原型[18]。④ 明清时期：聚落由集中状态变为离散，出现“林盘”。战乱、荒地，统治者开始清理土地的面积，并鼓励人民垦荒，使得聚落开始从集中向离散方向发展。农民为了获得耕地以及便于耕作及照料，不得不就田而舍、离群独居，在耕地旁修建住房来耕种土地，与唐宋时期相对成片的大村落形态相比已经发生了变化，片状聚落向点状分布形态发展，逐渐就变成了“随田散居”的聚落形态，农田之中开始出现大大小小的林盘。⑤ 民国时期：聚落离散程度增加。耕地所有权和使用权的进一步分离，土地二次分配加剧了土地的分离程度。这一时期，成都平原的租佃制度已变得非常发达，土地十分集中，促成了耕地所有权和使用权的进一步分离，新地主的营利方式已经不单靠自己的土地来雇人种，而是寻找代理人来对田地进行经营管理，然后这些代理人再将土地细分后再转租，将经营的土地自行分配后给其他人耕种，就相当于在原来的基础上第二次进行土地分配，这无疑加剧了土地的分离程度[18]。

（2）农业生产活动现状。农业生产技术与产业化的提高，农村产业结构的优化升级，农村生活的现代化转变都改变了川西农村人口与耕地的关系，川西林盘体系面临新的调整。

拆村并居，使农民集中上楼居住，将农民的宅基地复垦，用增加的耕地换取城镇建设用地指标，这样错误的做法使得过于集中的楼居环境和过大的劳作距离不但加大了农民的生活成本，也给农业及副业生产带来极大的不便，对农村文化也将带来巨大的负面影响。农村聚落的规划建设应结合农业生产的实际情况，应有利于改善农村居住条件和提高农民收入水平而展开。

2）工业生产活动

两汉至唐宋，蜀绣、蜀锦、藤艺、竹器、漆器等奢侈品营造工艺高度发展。新中国成立前后，电子工业、军工企业逐渐发展起来，但仍以农业、第三产业为主。从1964年开始，主要接受轻工业、电子工业，成为经济、电子工业、航空、航天、通信、交通中心。现今，主要以电子信息、医药、航空航天、食品及烟草为主，近年来大力发展冶金、建材、化工、机械及汽车等产业。

2. 生活活动

1）休闲文化

（1）休闲文化的成因。成都独特的休闲文化：“玩”文化，麻将；“吃”文化，麻辣烫、串串香；“游”文化，农家乐。

地域——成都休闲文化产生的必要条件。“天府之国”：自古“田肥美，民殷富，战车万乘，奋击百万，沃野千里，蓄积饶多，地势形便（《战国策》）”。土壤肥沃，降水丰沛，温度适宜；都江堰水利工程防洪灌溉，保证千万亩良田旱涝保收。这样优越的条件使成都人不用在农耕生产上投入太多的人力、物力，便能够满足自我的生存需要，耕作之余的农闲时间为休闲文化的形成提供了可能。自古以来封闭的自然环境，阻隔了成都与外界的交流，成就了成都文化稳定、安逸、独立的特征，造就了成都人闲适的生活方式，怡然自得的生活方式促进了休闲文化的形成[19]。

经济——成都休闲文化发展的理性选择。成都居民休闲文化生活与收入看似不协调，但实际上居民的“日常生活”在不断地建构出休闲文化的同时，也在不停地再生产出休闲文化形成的社会结构。成都休闲文化是居民理性选择的结果，符合当前成都市的经济发展水平。成都市各收入段居民的休闲方式趋同，其中选择喝茶的最多，其次是选择玩麻将，其他的休闲方式中选择农家乐的较多。满足不同阶层群体的休闲需求：农家乐收费合理，调节退休人士的日常生活（周边农家乐平均消费水平为每天26.14元；若长期消费，多数农家乐可低至每天20元）。茶馆数量多，档次有高有低，可供不同阶层人士选择：各种档次的茶馆达6000多家，消费金额也从5元到100元不等。成都居民既可以选择在公园茶馆花费10元钱喝茶吃饭打麻将打发一天，也可以到高档茶馆消费数百元进行休闲活动。

场域和习惯——成都休闲文化传承的社会建构。千百年来世世代代无灾无难的地方孕育出了成都人深入骨髓的悠闲。先进的古蜀文化，吸引了无数文人骚客前来为官、居住，并留下了无数优美诗篇。让成都文化味十足，既有浪漫主义情怀，更有对生活品质的重视。重视生活品质，把握生活节奏，过着田园诗歌般的理想生活，不需要攀比或炫耀，宠辱不惊、悠然自得。在社会化的过程中，休闲习惯的获得变得尤为重要。成都居民要将休闲能力内化为自我的“实存”后，才能在“场域”中更好地生活（家庭教育、社会环境等）。当成都居民不断习得文化能力的同时，又在不停地建构着休闲文化形成的机制。如在茶馆文化中伴生出的掏耳朵文化、擦鞋文化等，最终使得成都居民生活更加休闲，生活满意度更高。体制化的巨大影响：成都市被评为中国休闲之都，各种社会力量的共同作用，对于休闲文化的建构与休闲城市的形成起到巨大推动作用。

（2）休闲文化的独特性。

麻将——成都“玩”文化的独特标志。“十亿人民九亿麻，还有一亿在观察。”曾有人戏说：乘飞机，在空中只要听见麻将声，便知道成都港到了。成都人喜欢喝茶打麻将，所以大街小巷茶楼林立：夜明珠、香品居、茶缘、在水一方、棕树林、半杯水、芙蓉树、三棵树等等，而大多数茶楼可谓“麻将楼”。在茶楼里，有白发的老者，西装革履的英俊先生，穿着随意的小伙子，花枝招展的漂亮女士，穿着露脐衫的“小妹儿”。不管户内户外，只要有个地方容得下一张方形桌子，便会看到成都人在打麻将（图9–92）。

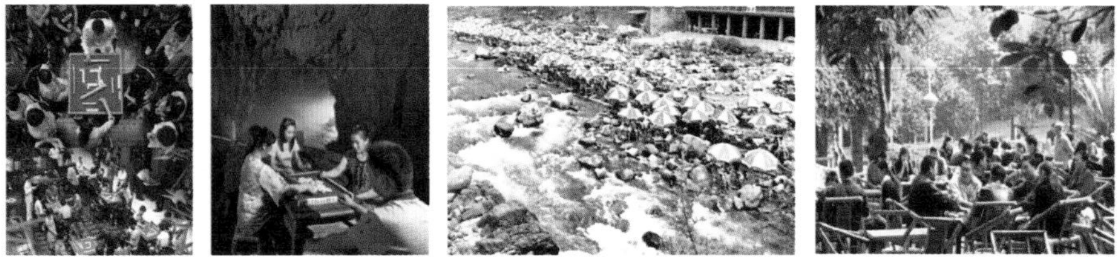

图9–92 成都人饮茶、打麻将休闲活动
Figure9-92 Recreation activities of tea drinking and Mahiong in Chengdu City
图片来源：http://www.flickr.com

吃文化——麻辣烫、串串香。川菜不论酒店餐厅，还是日常饮食，皆佐料齐全，配料讲究，色相味俱全。人们可以花很少的钱，品到色香味俱全的各种小吃：刀削面、铺盖面、酸辣粉、豆腐脑、卤鸭肠等（图9–93）。

图9–93 成都小吃
Figure9-93 Chengdu snacks
图片来源：http://www.flickr.com

游文化——农家乐、茶馆文化。泡茶馆历来是成都人最典型的休闲方式之一，代表了成都人与生俱来的从容气质和浸入骨子里的悠闲。成都有如此众多的茶馆儿，最重要的原因跟成都的气候有关。潮湿的气候养成了成都人吃辣除湿的习惯。辣味上火，喝茶正好起到清热的作用（图9–94、图9–95）。

图9–94 成都宽窄巷子
Figure9-94 Chengdu Kuanzhai Alley
图片来源：http://www.flickr.com

图9–95 成都茶馆
Figure9-95 Teahouse of Chengdu City
图片来源：http://www.flickr.com

宗教文化。道教：四川道教发源地，都江堰的青城山，成都的青羊宫，大邑的鹤鸣山，新津的老君庙，几乎每县都有道观。节日与庙会：青羊宫每年农历二月十五日庙会——花朝，又称花会。其他还有三元日、五腊日，三清生诞日，玉皇生诞，王母生诞，文昌生诞，真武生诞等。全国首次宗教文化节——中国（成都）道教文化节于2004年6月举行。佛教：大慈寺、文殊院、昭觉寺、宝光寺为四大名寺。节庆活动，包容自由、崇尚自然、闲逸享乐的宗旨。会展成都：2011年成都举办各类会展节庆活动达398个：休闲文化节、美食旅游节、茶文化节、麻将大赛、道教文化节、银杏文化节、竹文化节等。

关于休闲文化的思考：批判——不思进取、小富即安思想，是农耕时代小农思想的遗留；赞赏——达观超脱的生活方式，是追求现代化都市多年之后才能达到的乌托邦境界。

2）消费文化

（1）消费习惯：消费欲望强烈；冲动式消费，感性消费较普遍；经济实惠是杀手锏；身份消费意识薄弱；家庭消费模式；“上帝感受”是消费行为的主因。

（2）消费观念：收入方式多样，消费水平高。物价高的基础上，喜欢超出能力消费。

（3）消费方式：汽车消费方式：汽车拥有率上升。据调查，2010年成都家庭汽车预购率为25.0%，此比例较2009年上半年上升了5~8个百分点。住房消费方式：对住房要求高，尤其对周边景观质量要求。交通方式：出行工具从轿子、人力车、自行车逐渐向汽车发展。成都被中国汽车协会评定为“私车第三城”，但30%是5万以下的经济型车辆。成都人既不抱残守缺，也不为物所役。

（4）家庭结构：小家数量猛增，需求多样化，个人主义引领新潮：观念不同导致大家庭拆分成互相独立又相互关联的小家庭；从外地迁往成都，在成都结婚并繁育后代的家庭数量增加；婚姻观念改变，独生主义、单亲家庭、丁克家庭、同居者数量上升；三口之家核心地位不动摇。

3. 精神活动

1）文化渊源及特征

川西平原的地域文化：长江文明的摇篮；“宝墩文化”——新石器时代；三星堆文化；夏朝，古氐族从西北高原迁入岷江上游，史称蚕从；古蜀国的杜宇王时期“教民务农”，结束了渔猎；先进的农耕文化。

川西平原农耕文化特征：闲适性、朴实性、神秘性，“耕读传家”、“务农业儒”。

2）文化的影响因素

川西文化的发展受自然因素的影响。川西平原自然条件优越，气候宜人、水源充足、交通便利，利于古代不同经济类型的发展，对于从事种植、渔猎、采集等多种生产活动均十分适合。自然条件影响了川西文化的发展，如成都大邑县的鹤鸣山被认为是道教的发源地，川西平原具有古蜀文化的浪漫主义色彩；出现了先人羽化的传说等。川西文化具有较强的包容性、神秘性和浪漫性，受到其他文化的影响，如它接受了荆楚文化，把《楚辞》发展为汉大赋；接受了秦陇文化，使得“陇蜀多贾”，发展了工商业；接受了中原文化，使得史学趋于发达。同时川西文化还受到了都江堰水利工程的影响。都江堰水利工程使成都平原的农业得到了大力发展，形成了“随田散居”格局的农耕文化；都江堰水利工程使成都平原的城市发展“因水而兴、因水而荣”。

4. 小结

活动体现平原之旷，质朴与原生。

生产活动：不破坏自然的农业——人们的劳动生产率虽然不高，但是农业生产活动与自然之间具有融合性；智慧的人为创造——充分利用平原平、旷的特点，进行农业生产活动的提升，比如在宅旁挖掘水渠，进行灌溉，又如伟大的水利工程都江堰。

生活活动：健康质朴悠闲的休闲生活——由于平原自然环境优越，人们可以轻易获得丰厚的收获，从而为川西地区享乐的思想蔓延铺垫了温床，人们大多崇尚一种质朴悠闲的生活，这也促成了川西地区休闲活动的普及。

精神活动：安逸享乐的休闲文化——生活活动追求精致之后便上升为精神活动，所以川西地区休闲文化盛行，茶馆随处可见，文化节庆活动丰富；追求反旷道教盛行——平原带给人们的不安定感使得平原地区的人们在心理上追求一种反旷，这也是道教在川西地区盛行的原因。

9.5.1.3 川西林盘人居建设

1. 川西平原林盘聚落空间体系

1）川西平原林盘聚落体系概述

山林、水系、农田、道路、林盘这样的要素形成了网络化的林盘聚落体系，也成就了独具特色的川西田园风光（图9–96）。

图9–96 川西林盘聚落形态

Figure9-96 Settlement patterns of Western Sichun, Linpan

图片来源： http://www.flickr.com

林盘广义概念指川西平原范围内的半天然半人工湿地上的聚落体系，特征表现为中心城市、城镇、场镇、林盘归于林盘聚落系统之内。狭义概念指散布于川西平原的村落生活空间系统，特征表现为随田散居的分布形态。

2）林盘聚落体系的空间形态特征

线条：川西平原的水系发达，呈网格状分布，自由蜿蜒、纵横交错，柔性的曲线为平展的大地增添了一份柔美。道路随房屋生长方向延展，将散落在各处的不同时间产生的林盘聚落一个个串联起来，很多道路由田埂发展而来，发挥着串联及分割的作用。从历史一直延续下来的“井田制”，平直的田埂将田地划得非常零碎，使得田野呈现出有机自然的景观形式。

色彩：川西平原气候温润，夏无酷暑、冬无严寒，为农作物及树木的生长提供了良好的外部条件，自身纷繁的颜色将传统林盘聚落装点得格外动人。分布在林盘周边的农田和植被使得整个川西平原的基调色彩以绿色为主，但细微的深浅差别还是带来了斑驳的感觉。再加上四季更替，万物枯荣轮回，使得川西平原在不同的季节呈现出不同的景观。

肌理：川西平原的视觉肌理因为四季表面生长物的（水塘、田野、聚落、竹林等）变化而呈现出精彩的质感。譬如春天的油菜排列整齐，间隙很密，给人一种密实而匀质的肌理质感；在水田还没有耕种农作物时犹如一面平镜；微风在深绿的麦田中掀起了一阵阵麦浪，动态地表现出了一种凹凸有致的颗粒感；而当各种色块同时出现时，整块大地仿佛一块绣满了各色花纹的锦绣，构成了一个个充满了想象力的图案[18]。

3）林盘聚落体系的层次构成（图9–97）

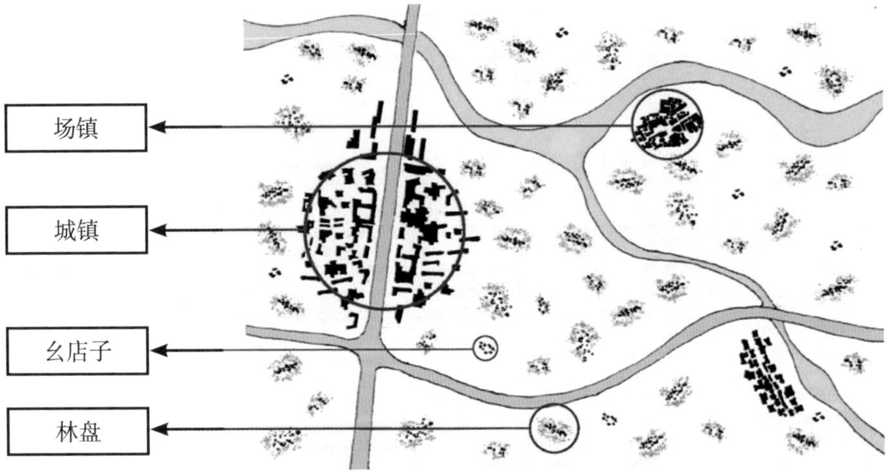

图9–97 林盘聚落体系的层次构成示意图
Figure9-97 Schematic of Linpan settlement system structure

高度城市化的现代成都，已经与由水系和树林环绕的古成都发生了根本变化。

（1）城镇。从地理位置上来看，它位于城市的边缘地区；从空间环境来看，是城市空间向乡村空间过渡的地带；从城市结构上来说，城镇又属于城市地域结构中的重要组成部分，这个区域的形态演变直接影响了城市边缘传统聚落的形态变化。城镇中的建筑形态根据城市化影响的程度不同而不同。

城镇实际上是由场镇演化而来的，近30年来快速的城市化使得城市周边的场镇发展成为了城镇，其发展的过程与城市化的进程是密切相关的（图9–98）。

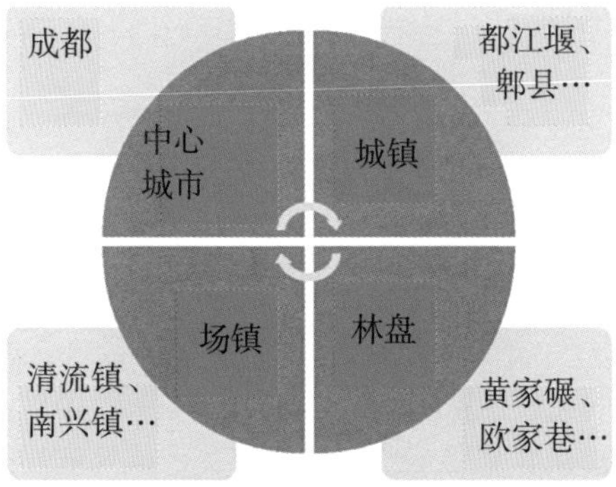

图9–98 林盘聚落层次系统示意图
Figure9-98 Schematic diagram of settlement hierarchy system in Linpan

（2）场镇。场镇处于城镇与农村之间的枢纽地带，其形成要追溯到传统农业生产时期，由于独特的村落布局形态，使得人们在购买生活必需品或进行其他商业活动时非常困难，因此在一定空间范围内就会出现役农产品交易、住宿餐饮为主要功能的小型聚落——幺店子，随着人口增多和商业活动频繁，逐渐发展成场镇。

目前，场镇仍是进行大规模市场交易的基本聚落单元，而其居民也是从周边的农村而来，大多数居民属于半商半农的性质。

交通的便捷是场镇形成的重要因素。传说最早的起源是栈道和驿道，借其交通往来发出一些集市，这样具备条件的集市随着人口的聚居和定居，后来也就逐渐形成了大小不一的场镇。

川西平原自古以来农业发达，但一直以来地广人稀，村落非常分散，而很多农产品、农用物资买卖都比较频繁，需要集中的地方来进行商品交换，以满足农民的生产生活需求。每逢赶场时节，周边的村民们就会汇集来到场镇上购买自己的生活必需品。还有人收购本地的特产送到县城开展更广阔的贸易活动，输送外部产品至本地销售承上启下，连接城乡。场镇的选址与水系的关系非常密切，一般都是临水而建，因为水系有着灌溉等多方面的功能，更在古时承担着交通的作用，从如今的场镇以及由场镇发展来的城镇来看，基本都与主要水系联系在一起[18]。

（3）幺店子。四川独特的小型聚落。在方言中，“幺”是小的意思，“店子”指茶园和客栈。幺店子是专供路人和力夫吃饭的经济性饭店，提供简易的床铺住宿，是消息流通、信息交换的重要地点，也是周边村民聊天、喝茶及商讨事务的重要场所（图9–99）。

（4）林盘。林盘是指在川西平原的绿野之上，农家住居为竹林、树木所围绕（前竹后林），形成一个个犹如田间绿岛的农村聚落单元。一般20~30户组成一个大林盘，3~5户组成一个小林盘，尺度在50~400m，农田单元的尺度在50m左右。林盘单元呈现“田—林—宅”的空间景观模式。其空间景观特征表现为：一片片绿

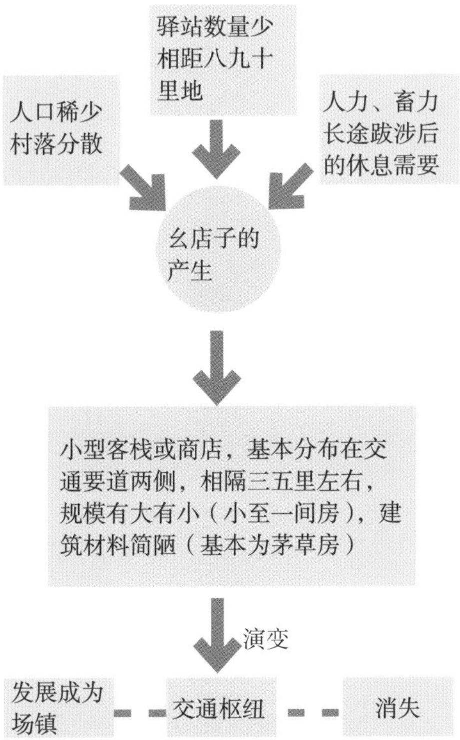

图9–99 幺店子形成示意图
Figure9-99 Schematic diagram of “Yaodianzi”formation

林耸立于田野，高大茂密的林木将其中的宅院围绕，仅依稀可见时而露出的房角院墙，而外围耕地又将林盘包围。林盘这个词实际上很准确地将其特征总结了出来，“林”字强调了茂密的植被构成林盘聚落的基底，而“盘”字描述了单个林盘聚落形态的集中性。周边沃野环抱，中间密林拥簇、小桥流水的美丽画卷，林盘内建筑聚落与自然环境相互融合，浑然天成的气质和相映成趣的美感是最典型的林盘景观意向。田、林、园、水是构成林盘环境景观形态的核心要素。

4）林盘聚落体系的层次演变

四个层次在各自演进的过程中，都是随着生产力发展的变化而先后产生的，它们互相联动，但都起源于同一种聚落形式，那就是林盘。幺店子、林盘村落空间模式大致相同，差异体现在规模和功能上。幺店子位于交通要道之上，是服务于来往劳动者的公共建筑空间；林盘村落是各家各户生产生活的场所，属于私人的生活空间。场镇由幺店子发展而来，在原来主要提供餐饮住宿的小型聚落基础之上，增添了更多诸如生产工具、食品、商品交易等功能。城镇生于乡野，源于场镇，与周边场镇、林盘村落同处一基底，更多的发展来自城市膨胀、生产现代化（图9–100）。

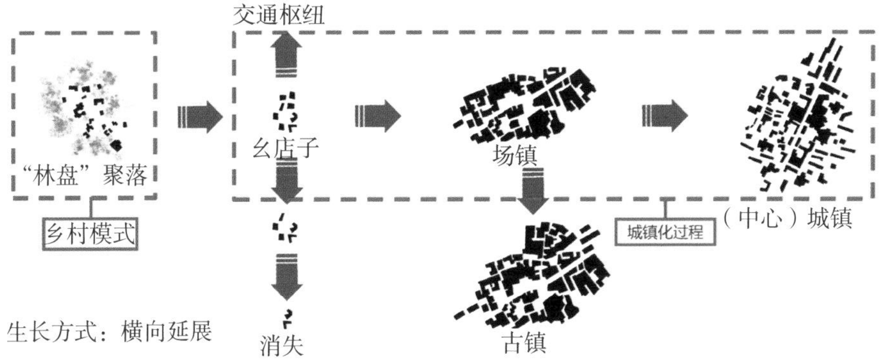

图9–100 林盘聚落体系层次演变图
Figure9-100 Evolution of Linpan settlement system

2. 川西平原林盘聚居农林与建设关系

1）农耕用地概述

川西平原在传统农耕社会中经历了漫长的发展，而农耕经济是农村聚落存在、发展的经济基础，人口与耕地是农耕经济的核心组成要素。农村聚落是农村社会中人口与更低的结合点所在，人口与耕地关系的变动影响着农村聚落的生成与演化。

2）农耕用地演变（图9–101）

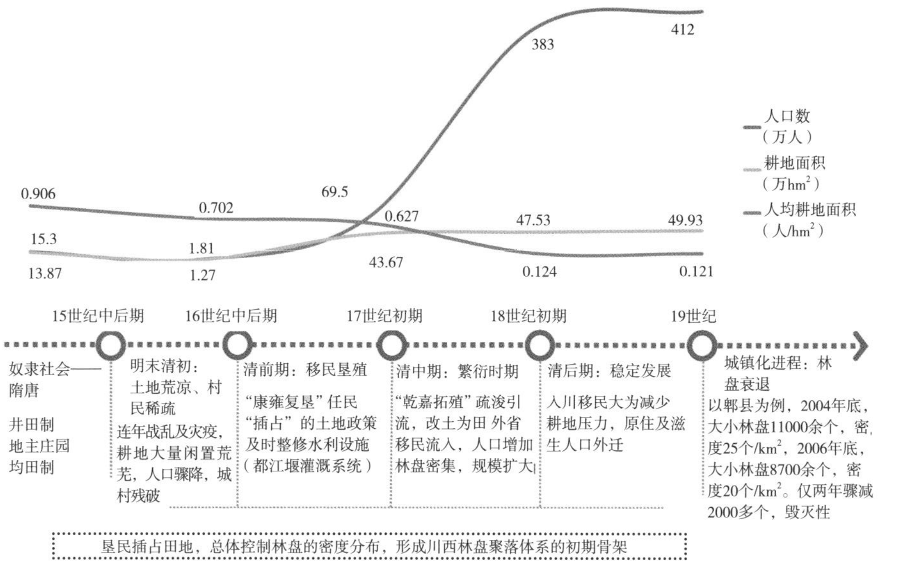

图9–101 农耕用地演变图
Figure9-101 Evolution of agricultural land

3）林盘布局（农林与建设的关系）

研究表明，农民在从事农耕活动时一般能够承受的最大步行距离是800m。因此，排除各种干扰因素，林盘在自然发展模式下，一级林盘单元的间隔应该在1600m左右，形成稳定的圈层结构，次级林盘单元自然地散步天野之中，形成理想的林盘布局。

随着人口的不断增长、城镇化进程的快速发展，对林盘的布局造成了相当的影响。一级林盘的面积不断扩张，次级林盘的密度不断增加。现状林盘单元的间隔已经骤减至100~300m，林盘原先稳定结构遭到冲击、破坏，导致更低压力剧增（图9–102、图9–103）。

3. 川西平原林盘人居基础设施

林盘非常分散，要将道路、水、电、气、讯等基础设施覆盖到所有林盘聚落很困难。现有配套设施很糟糕，如道路很多村落内部没有做硬化处理，雨天泥泞，不利于运输和行走。与现代舒适的生活标准差距仍很大。拆小院并大院，提高林盘内建筑密度与高度，例如原来约100户的村民小组约6个林盘构成，通过重

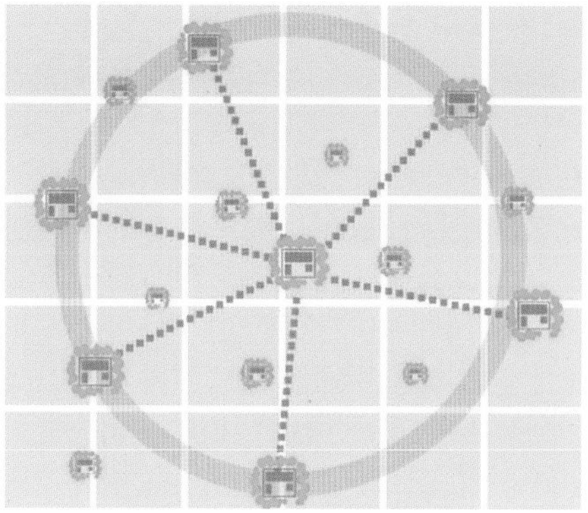

图9–102 理想林盘布局
Figure9-102 Ideal layout of Linpan

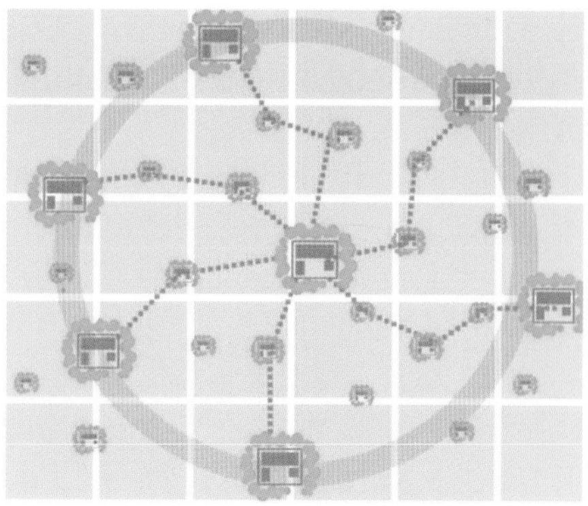

图9–103 现状林盘布局
Figure9-103 Layout of present Linpan

组规划，原来1户屋基可容纳3户建房，使用其中两个靠近的林盘就可满足该组的重建，剩余4个林盘课满足临近的2各村民小组重建，如此，散居100户村民的区域在原有林盘内建设用地不增加却形成了3个100户的新林盘，构成了约300户的新村落。

4. 川西民居建筑

1）概述

（1）独特的地域风格：它不同于北京之贵、西北之硬、岭南之富、江南之秀，自有其朴实飘逸的风格。

首先，它体现在住宅布局中的开敞自由。民居建筑特征的基本组合单元是“院”，立面和平面布局灵活多变，对称要求并不十分严格。院内或屋后常有通风天井，形成良好的“穿堂风”，建筑围绕天井形成“三合”或“四合”的方形院子，用檐廊或柱廊来联系各个房间，灵巧地组成街坊。

其次，这种风格表现在建筑造型上是轻盈精巧。为适应炎热潮湿的气候，民宅建筑多为木穿斗结构，斜坡顶、薄封檐，开场通透，轻巧自如。建筑的梁柱断面较小，外墙体的高勒脚、半柱台，室内加木地板架空。

再次，川西民居的飘逸风格，表现在建筑色彩上是朴素淡雅。川西平原植被较好，四季常青，而民居的建筑色彩十分朴素，多以冷色调为主。瓦为青色、墙为粉色或灰砖色、梁柱为茶褐色、门窗多为棕色或木料本色。其重点装修部分是小门楼，俗称“龙门（或门道）”，但仍以冷色调为主，常常“雕而不画”[20]。

（2）融环境为一体——崇尚自然的仙道文化；川西民居讲究“天人合一”自然观与环境观。构造简单，施工方便，用材因地制宜、就地取材，因材设计，建

材以木、石灰、青砖、青瓦为主。墙有砖墙、土墙、石块（石板）墙、土墙（木板或原木）、编夹壁墙等；屋顶用小青瓦、草、谷草、山草、石板瓦、树皮瓦等；还有用青厂条子作梁和门杠的。这些就地取用的材料，既经济节约，又与环境十分协调，相映成趣，乡土气息格外浓郁。呈现出一种相互的质感美、自然美[21]。

“天人合一”的环境把周围的大环境引入封闭的小环境中，形成了人与住宅、环境的和谐统一。

（3）亲情味浓厚——闲逸享乐的生活习俗：川西人讲究礼节，喜好聚集娱乐，注重人与人之间的交流，在国内外首屈一指的茶馆文化也因此而繁荣。这一特点也突出地表现在居住方式和邻里关系上，有一种田园诗歌式的诗意。

这种亲情味，还表现在川西民居的建筑上。如大小院落中的天井与宽屋檐，以及沿街住宅或店铺外的檐廊，便为居住者创造了一个较明朗的生活工作的“公用空间”，供家人纳凉、妇女手工、小孩嬉戏、邻里喝茶下棋以及接待来客之用，使邻里间得以充分交流对话，使蜀人深感“远亲不如近邻”。

（4）兼容性较强——多变、包容的平原文化：四川是一个多民族、多文化的区域，据有关史料，大批移民入川先后发生过几次。因此，川西居住文化也是一种兼容性较强的融合文化，都是在不排外的基础上兼收并蓄的结果。并未因吸收外来文化而丢失传统，而是在兼收先进文化因素的过程中，形成了适合本地自然与经济条件的，独立形态的文化体系[20][22]。

2）林盘内部空间形态特征

林盘细胞包括建筑、院坝天井（起居空间、公共空间），树木（遮阴挡风、保水固土、调温供氧、建设材料）和水系（灌溉、排污、洗涤、能量交换）（图9-104）。

沿道路的界面（水系、道路与房屋的关系），空间丰富，封闭与开敞相结合。街巷空间分为建筑、道路（主要收入非农业生产，而是靠商品贸易，功能考虑，一层商业居多，基本为店铺），院落平坝、桥梁水系（平坝空间作用不同，大小不同。大部分用来晒谷物，有的加入生产空间，如洗菜池，直接将用水排入水系），院落围墙、道路（界面交接生硬，内部形成封闭空间。墙体用来作宣传之用），建筑、农田、道路（民居、道路之间有一段缓冲空间，层次丰富，绿意盎然）。

3）场镇空间形态特征

主要功能是进行商品贸易，因此建筑形态具有商品交易的特点。多为两层，下层是铺面，上层是住宅。还有一层为商铺，二层为茶楼的大型商业空间。机构形式为川西民居的穿斗结构，青瓦白墙。

建筑形态：①民居式（屋檐出挑）：多雨，雨水随屋面流到街面上，保护墙体不受雨水腐蚀，檐下形成灰空间，满足小贩摆摊、休闲喝茶、避雨需要。②过街模式：街巷中的景观与商业节点（如今商业街中屡见不鲜）丰富街道的空间形体，满足二楼商业空间的功能需求。③骑楼式：檐口出挑较多，形成一排柱廊以支撑（与广州骑楼相似），满足摆摊、避雨等需要，丰富街道的空间层次（图9-105）。

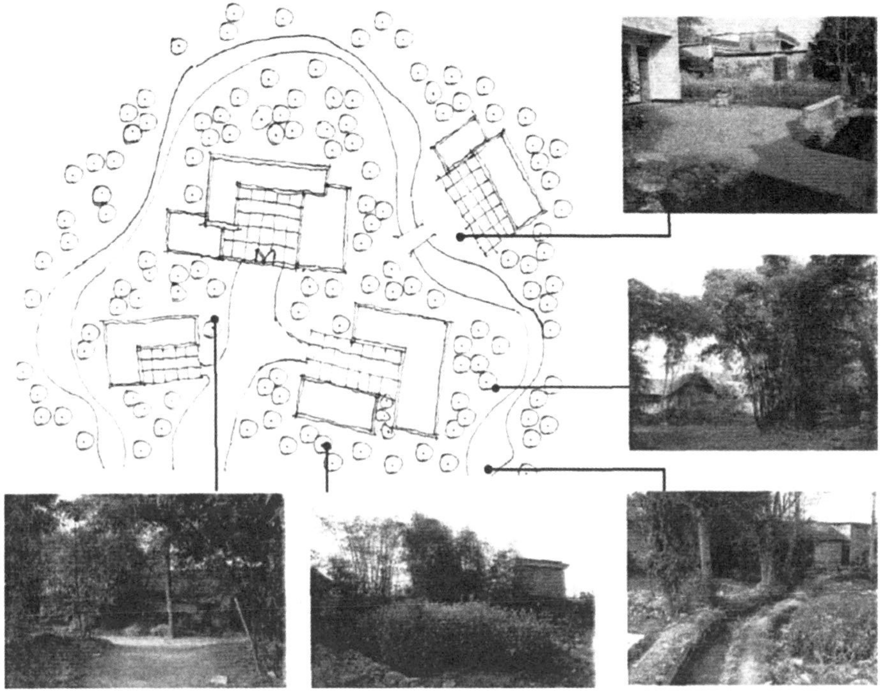

图9-104 林盘细胞简图
Figure9-104 Cell diagram of Linpan

图9-105 场镇街道过街楼、商业街道过街楼、场镇街道沿街建筑形态、广州骑楼
Figure9-105 Market town arcade, Commercial street arcade, Forms of Architecture along the street in market town

图片来源：http://www.flickr.com

场镇中的公共空间主要是街道、戏台、小型广场。公共空间：①街道：多功能复合空间（私人空间延伸区域、公共活动场所）主道和巷道。主道是连续两侧建筑与其他部分的主要通道，交通、商业贸易功能。②戏台：作为重要建筑，在场镇的中心位置，戏台前面的空地是居民聚会的公共空间（图9–106）。

图9–106 西来古镇街道、街子古镇戏台、平乐古镇戏台、西来古镇字库塔
Figure9-106 Streets in Xilai ancient town, Stage of Jiezi ancient town, Stage of Leping ancient town, Ziku Pagoda of Xilai ancient town
图片来源：http://www.flickr.com

9.5.2 北德平原——下萨克森州

9.5.2.1 下萨克森州人居背景

区位：位于北德平原（波德平原的组成部分），其首府汉诺威是工业制造业高度发达的城市，是德国的汽车、机械、电子等产业中心，以及为人熟知的沃尔夫斯堡的大众汽车厂，但全州2/3的面积用于农业，主要提供粮食、甜菜、饲料玉米和马铃薯，北海沿岸是重要的产鱼区，被誉为是德国的鱼米之乡。按面积，是德国第二大联邦州；按人口，拥有800万居民，是德国第四大联邦州；是欧洲领先的交通工具生产基地；在能源问题上，全德约1/3的原油开采及90%以上的天然气开采量源于下萨克森；首府汉诺威是重要的博览会举办地（图9–107）。

人口数据：面积47338km^2，人口800万左右，人口密度169人/km^2。对比：上海市人口密度2822人/km^2，浙江省人口密度489.2人/km^2，四川省人口密度166人/km^2（以上为2010年第六次人口普查数据）。

气候：北德平原气候受海洋影响，温和湿润。平原气候温和，1月均温-4 ~ -1℃，7月18℃。年降水量500 ~ 800mm；平原由西向东降水逐渐减少，气温年较差逐渐变大。地面平坦，地势南高北低，东高西低，海拔介于50~100m之间西部有些地区在海平面以下，多针叶林和阔叶林。下萨克森州地处中欧的温和气候带地区，即位于西欧海洋性气候与东欧大陆性气候之间。这一地理过渡位置使得下萨克森州夏季和冬季温差较大，并且降水较少而且不均匀。下萨克森州的年平均气温在8℃左右（表9–46）。

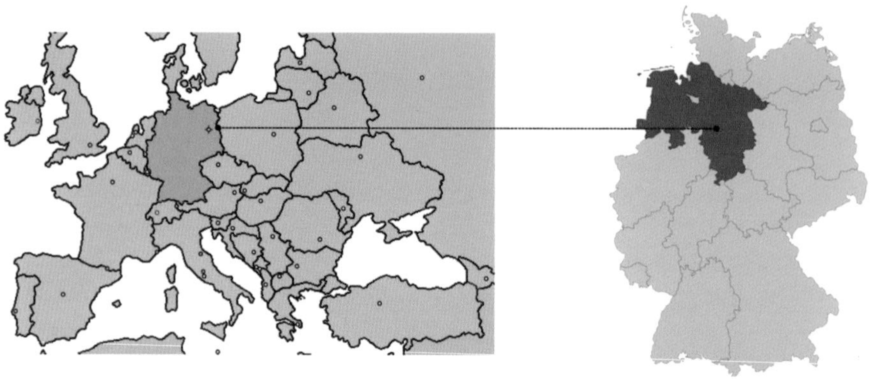

图9–107 德国欧洲区位图及下萨克森州州德国区位图
Figure9-107 Location of Germany in Europe; Location of Niedersachsen in Germany

表 9–46 下萨克森州汉诺威气候变化表
Table9-46 Climate changing of Hanover City, Niedersachsen
数据来源：Dentscher Wetterdienst 20090527

汉诺威（1961~1990）气候平均数据													
月份	1月	2月	3月	4月	5月	6月	7月	8月	9月	10月	11月	12月	全年
平均气温（℃）	0.6	1.1	4.0	7.8	12.6	15.8	17.2	16.9	13.7	9.7	5.0	1.9	8.9
降水量（mm）	52.2	37.2	48.3	49.8	62.4	72.8	62.3	63.5	53.3	42.0	52.3	59.7	656.6

地形及地质：北德平原(North German Plain)是波黑平原的一部分。在德国的北部，北滨北海和波罗的海，南邻南德高地。东西长约600km，南北宽200~300km，是广大的冰碛平原。以易北河为界，东部冰碛地貌较明显，并形成连续长丘，最高点海拔178m，多湖沼；西部受冰后期流水侵蚀，冰川遗迹不显著，平均海拔50m，多沼泽。莱茵河、易北河、奥得河由南向北入海，各河之间有运河通连。气候受海洋影响，温和湿润。多针叶林和阔叶林。下萨克森州地形由哈尔茨山区、威悉山地和以吕内堡草原为中心的北德低地组成。迥异的风光，浪漫的山谷，奇异的礁石，广阔的森林和众多的湖泊，使其成为德国著名的旅游胜地。吸引人们的还有位于汉堡郊外的欧洲最大的水果种植园——“老田野”。在这里，保护自然是每个人的责任：20%以上的州土总面积被列为自然公园受到保护。德国地形简介：地势难高北低，呈阶梯状。北为波德平原，中为中德山地，南为巴伐利亚高

原、阿尔卑斯山地。

资源：北德平原的矿产资源主要有石油、岩盐、石膏等。大部分土地已开垦。农作物有麦类、马铃薯、甜菜，乳用畜牧业发达。下萨克森的工业与其丰富的地下资源相连，其开采地下资源有着悠久的历史。哈尔茨山麓的矿盐、钾盐矿以及萨尔茨基特和不伦瑞克地区德国最大的铁矿都具有重要的经济意义。埃姆斯兰地区和德国北海海域出产石油天然气（图9–108）。

图9–108 矿盐开采模拟图
Figure9-108 Mimic diagram of salting mining
图片来源：http://www.flickr.com

下萨克森州的农业状况非常不同。在希尔德海姆低地（Hildesheimer Borde）以及哈茨山脉和中德运河之间的土地非常肥沃，特别适用种植糖用甜菜和谷物庄稼；在吕讷堡石楠草原的土地则比较贫乏，主要的种植品是土豆和芦笋，后者也是那里的特产；在海岸附近的低湿地区域则是畜牧业比较发达。除了谷物之外，在下萨克森州常见的种植物还有油菜籽、糖用甜菜、生菜（特别是圆生菜）、卷心菜、胡萝卜，以及在部分地区含沙丰富的土地生长的芦笋。在下萨克森州特别出名的是“甘蓝文化”（Grunkohlkultur）（在东南地区也可能是Braunkohl）（图9–109）。

借鉴意义与可比性：① 借鉴意义：有着工业大城市与农牧业耕地的情形：这里长期以来都是十分重要的农业区域，自19世纪中叶以来，成为世界主要重工业区域之一，曾面临激烈的农业与工业（建设用地）的矛盾，德国城市化和工业化已经步入成熟期，近似于旷和谐，中国还处在激烈的矛盾中，面临后工业化转型的历史时刻。② 可比性：德国与中国人口密度和人均耕地面积相差不是很大，具有很强的可比性。而且在土地产出率对比上，两国差别是非常明显的，我国的土地产出率非常低，在国际市场上，农产品具有相当弱的竞争力，这一点发人深思，具体的对比会在之后的具体内容中展开。

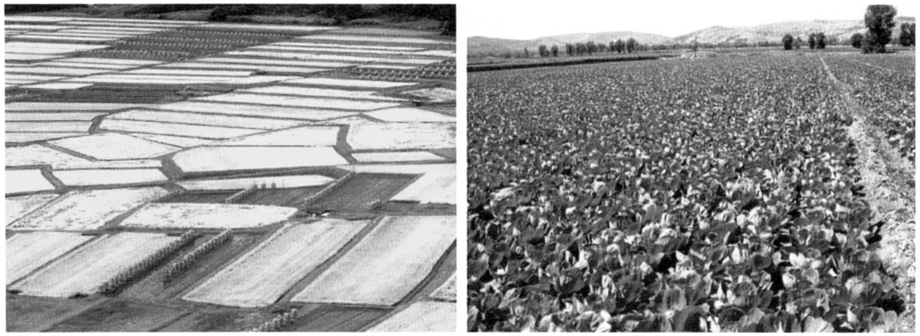

图9–109 下萨克森农田 甘蓝种植文化
Figure9-109 Farm land of Niedersachsen; Culture of cabbage planting.
图片来源：http://www.flickr.com

9.5.2.2 下萨克森州人居活动

1. 生产活动

1）生产活动发展史——阶段概述

公元前后：日耳曼人处于原始社会末期，土地没有成为私有财产。除畜牧业较进步外，农业和手工业都很简陋。封建制度的发展过程：逐步出现领主阶级和依附农民，政治上实行严格的等级制。农业生产用庄园方式经营，庄园中的一切财产都是为了供给领主和生产者本身的消费，手工业和农业密切结合，是一种封闭的自然经济。土地利用方式是典型的三圃制，即将全面耕地划分为3个耕区，依次轮流种植冬小麦、春小麦。

11～13世纪：除原来的耕地外，还在新垦土地上推行，从而促使西欧一些国家的耕地面积得以成倍增加。近代时期始于产业革命之后，止于20世纪初，是从古代农业向严格意义上的现代农业转变的过渡阶段。采用动力机械和人工合成化肥则是之后开始的。

2）生产活动内容改变——耕地产值变化、主要作物变化、农牧工具变化

劳动生产率40多年来有了极大提高，1950年1个劳动力只能养活10人，到1994年则能养活95个。农业份额下降，但畜牧业持续增长，畜牧业是适合精加工的产业，利用草场合理地粗放式地放牧牛羊，有利于保护乡村的自然风光。

3）生产活动内容改变——耕地产值变化，主要作物变化，农牧工具变化

小麦、大麦在近10年里，变化不明显。玉米种植面积略有增长，除了食用之外，还是优良的饲料。小麦：1995年种植面积258.7万hm^2，总产量：1781.5万t；单位面积产量：6886kg/hm^2；2009年种植面积：300.2万hm^2；总产量：2093.1万t；单

位面积产量：6977kg/hm^2。大麦：1995年种植面积：211.5万hm^2；总产量：1192.5万t；单位面积产量：5638kg/hm^2；2009年种植面积：193.1万hm^2；总产量：1048.2万t；单位面积产量：5431kg/hm^2。玉米：1995年种植面积：32.4万hm^2；总产量：229.7万t；单位面积产量：7090kg/hm^2；2009年种植面积：38.5万hm^2；总产量：356.3万t；单位面积产量：9368kg/hm^2（图9–110、图9–111）。

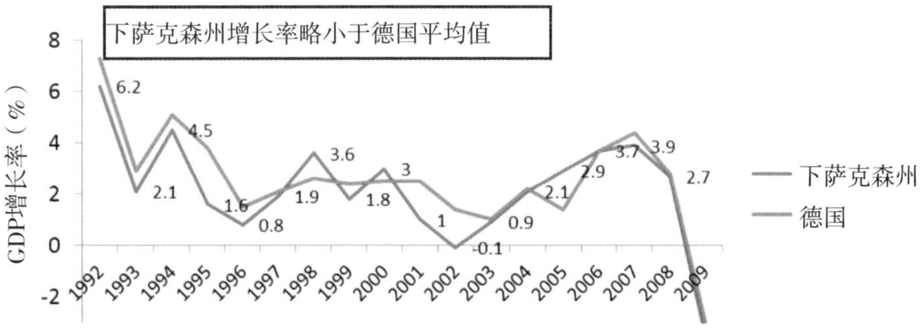

图9–110 1990～2010年NI&Germany的GDP增长率
Figure9-110 GDP growth rate of NI & Germany, 1990-2010
数据来源：德国联邦统计局

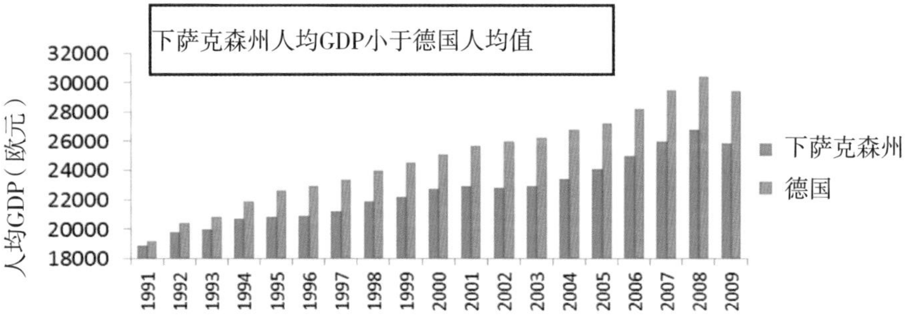

图9–111 1990～2010年NI&Germany的人均GDP
Figure9-111 GDP per capita of NI & Germany, 1990-2010
数据来源：德国联邦统计局

2. 生活活动

1）作息方式——工作方式变化、工作时间变化

传统的农业工作方式：日出而作，日落而息，工作活动及时间随农业节气及耕种活动而定，放牧牛羊，打扫农舍，耕种土地，挤奶、剪羊毛等。除丰收节庆，宗教活动外全年无休。

工业化初期的工作方式：资本主义工业化，资本家剥削劳动者，延长工作时间，以赚取剩余价值，工作时间持久。

现代农业工作方式：机械化作业解放了劳动力，并且产生了集约型的农业活动，如从事农副产品加工。由于生态意识的加强，开始从事生态农业的劳作，如林地维护。

工业化现阶段的工作方式：时代及民主进步，加之德国人有着严谨的时间观念，但他们仍然是工作狂，大约1/3的在职职工每周工作超过40小时，10%甚至超过50小时。当然，加班越多，收入也就越多。有些人没到月底就把工资花完了，因此不少人寻找挣外快的机会。全德国有1/3以上的在职人员从事第二职业。

未来工作方式趋势：SOHO（Small Office Home Office）工作时代，世界上目前仅德国就有360万人以SOHO方式工作。德国IBM公司有25%的员工在家里为公司工作。

2）交通方式

交通工具变化：平原骏马文化与马车，现在在狂欢节及旅游胜地，仍有化妆的马车游行，保留着悠久的马车文化与传统。汽车文化历史悠久，1885年10月，卡尔·奔驰设计制造了世界上第一辆三轮汽油汽车，他的妻子贝尔塔驾驶它时走时停地开了100多公里，成为世界上第一个女驾驶员。德国奔驰、宝马等豪华车和保时捷跑车在世界车坛享有盛誉，但只有大众才具有真正大众特色，这与平原的汽车普及需求是分不开的，相比火车、公共汽车而言更受到欢迎。工业革命之后，自行车使用逐渐减少。在经历了半个世纪的汽车时代后，德国民众从20世纪90年代后在政府的鼓励下又开始青睐自行车，专门为自行车设计彩色的自行车通道。

交通距离变化：步行以及马车的出行距离相对有限，不能满足平原地区人民的出行要求，交通工具的率先产生以及对于汽车的钟爱反映了他们对出行的热爱，这也是源于平原游牧民族迁徙的特性。车的行驶里程数所占比例略高于欧盟的平均值，达到85%。

3）饮食习惯

理性粗犷的饮食习惯，德国人不是特别有吃的天赋民族，而且也不会热衷于如何将菜肴制作得无比繁复花样翻新，不像他们的邻居法国人，吃一顿晚餐或许要吃上一整夜，换作一个德国人，肯定会认为是在发疯，对欧洲菜肴删繁就简，经济、量大、粗犷，平原人更是如此。

肉类：德国菜是一种比较接近中国人口味的西餐，德国每年人均猪肉消耗量为65kg，居世界首位。这一点也与中国相像，德餐中有名的巴伐利亚烤猪肘、烤猪膝，口味是每个即使没有吃过任何西餐的中国人都能接受得了的。普遍崇尚“大块吃肉，大口喝酒”，相较于欧洲中南部精致饮食，传统饮食普遍较粗犷。

面包：面包的历史已有逾800年，种类也多，据说超过400种。差不多境内所有乡镇都有自家面包工场。烤面包圈和农夫包是德式面包里最具代表性的。前者配以粗盐、面粉烤制，后者则用黑麦与小麦制成。

啤酒：德国为世界第二大啤酒生产国，境内共有1300家啤酒厂，生产的啤酒种类高达5000多种。而根据官方统计，每个德国人平均每年啤酒消耗量为138L。大致上德国啤酒可以分为白啤酒、清啤酒、黑啤酒、科什啤酒、出口啤酒、无酒精啤酒等这六大类（图9–112）。

图9–112 德国饮食
Figure9-112 Germany diet
图片来源：http://www.flickr.com

4）家庭生活

家庭结构变化：大约100年前，孩子是父母未来的依靠，但随着社会体系的不断发展健全，家庭模式越来越走向小规模、多样化。非婚同居、同性恋伴侣领养子女、单身母亲，这些早已不是新鲜名词。现代人生活的流动性越来越强。今天我们不会再为同一家公司工作二三十年，而是不断更换就职单位，甚至城市，夫妻也往往不能白头偕老，这些都为生活增添了不确定因素。现代社会越来越个体化，人们越来越强调自我。正是因为自我意识的加强，德国人开始拒绝生孩子，省下时间及金钱留给自己享用。汽车制造业的兴盛，德国女性每小时的收入比男性低1/5以上。2008年，女性在零售业的月收入为2140欧元，在汽车制造行业的月收入3139欧元。

受教育程度变化：很多拥有上大学资格的德国“高中”毕业生都会选择接受职业培训，而不是接受大学教育。

健康状况变化：2009年18岁以上民众有51.4%超重。而且，肥胖者比例也随着年龄增长而上升。身体肥胖是由于不平衡饮食和缺乏运动直接引起的，与教育背景和社会融合等社会因素也有着间接的关系。

5）消费习惯——购买力比较、消费比例变化

由于国家对农业实行补贴，农产品价格上涨低于工资的增长。据统计，1950年一个中等收入四口之家的伙食费占家庭全部支出的45%，到1993年已下降到15%。衣、食、住、行这四项基本生活开支中，衣、食占的比例极小，而住、行却占了很大的比例。人们把大量的钱用于购买住房、豪华汽车及外出度假等方面。欧洲消费者明显分为两派，以英国人和西班牙人为代表的一派持“人就活这一次”的态度，愿意多消费享受生活；另一派以意大利人和德国人为代表的保守派，喜欢多存钱以防未来不测，规避风险寻求安全感。

3. 精神活动

信仰及价值观变化。平原更包容自由，易于发展新文化。德国的主要宗教信仰是基督教。全国大约有5500多万人信奉两个教派中的一个，其中约2760万人信福音新教，设在汉诺威的教会办事处是其中央行政管理部门。所以，宗教节日特别是基督教节日，如复活节、圣诞节、感恩节等还是最隆重的节日项目。另外随着社会的发展，信教的人正在减少，新的文化项目诞生，一些具有德国特色且为德国带来了国际声誉的节日也是非常热闹和精彩的，比如说：狂欢节、啤酒节、尤其各类文化节在平原地区蓬勃兴起等。节日庆典的时候，人们表现出生气勃勃、热情洋溢的另一面，和工作中的形象截然相反，给人留下深刻印象。

中国平原：古代——农业起源，农耕文明，土地为立命之根本，天人合一，感恩自然安土重迁，重农轻商，内敛式。现代——自然资源，消耗品，追求经济利益，农民社会地位很低。

德国平原：古代——游牧文化、骑士文化、掠夺式。现代——理性认识自然、环境组成部分，注重生态保护。

1）传统生产生活、活动转化为精神文化活动

啤酒节、葡萄节：德国的10月正值大麦、葡萄和啤酒花丰收的时节，人们在辛勤劳动之余，也乐得欢聚在一起，饮酒、唱歌、跳舞，以表达内心的喜悦之情。人们在啤酒节上品尝美味佳肴的同时，还举行一系列丰富多彩的娱乐活动，如赛马、射击、杂耍、民族音乐会等。人们在为节日增添喜庆欢乐气氛的同时，也充分表现出自己民族的热情、豪放、充满活力的性格[23]。

赛马活动：赛马活动是欧美文化最具代表性的一面，既展现了高雅且具有贵族气质的骑士精神，又彰显了开放、包容的现代社会文化，更是传承了游牧民族的天性。作为赛马活动发展较好的地区，该活动是传统节日不可或缺的活动之

一，正如下萨克森州的标志一样，骏马是他们的图腾，得益于该州广袤的平原提供的得天独厚的场地资源（图9-113）。

图9-113 德国啤酒街、赛马活动
Figure9-113 Activities of beer street and horse racing in Germany
图片来源：http://www.flickr.com

2）新文化节气重视休闲体现文化的开放度和包容性

汉诺威国际焰火竞赛：在国际焰火竞赛（Internationaler Feuerwerkswettbewerb）上，世界上最好的烟花制造者每年都应汉诺威市的邀请而来。在这6个夏日夜晚，海恩豪森王宫花园上方的夜空被迷人的焰火表演和灯光效果装点得绚丽夺目。大花园则成了音乐焰火和丰富多彩的演出节目的壮丽背景。

德国最大的桑巴嘉年华：每年2月，德国北部就开始狂欢——德国全年最大的桑巴嘉年华（Sambakarneval）开始了！这里有令人着迷的化装舞会和狂野的桑巴音乐，来自不来梅、整个国家甚至邻国的桑巴乐团、打击乐团、化妆团和吹奏乐团都纷至沓来。人们在饭馆、酒吧和文化馆不间歇地跳舞和欢庆。

玛诗湖旅游节：汉诺威人和来自整个德国北部地区的游客都在玛诗湖岸边的林荫道上庆祝一个盛大的节日——玛诗湖节（Maschseefest）。人们在阴凉的林荫道和一条棕榈树围拢的湖泊林荫大道上举行将近3周的派对马拉松（Partymarathon），那时真正是人山人海。

老城中的古典音乐：古典音乐节把游客带到老城各个舒适惬意的广场上，在美轮美奂的老城气氛中为他们奉上纯正的音乐享受。因为这个规模虽小却完美的夏季音乐节已将艺术和文化已融为一体，使得音乐系列演出在夏季活动中越来越受到欢迎（图9-114）。

3）平原易变包容引发新思想

19世纪平原上尖锐的经济活动矛盾对马克思的影响：马克思毕业后担任《莱茵报》主编，遇到了在马克思思想发展史上颇为有名的“林木盗窃问题”。在德国西部有大片的森林和草地，原来生活在这里的居民都可以在这些地方砍柴、放牧。可是后来，一些贵族地主把这大片的森林和草地都霸占了，不许居民们靠近一步。不少居民想到山林中去拾些柴草，却被认为是“盗窃”。广大居民不满，

图9-114 德国节庆活动
Figure9-114 Activities of Germany festivals
图片来源：http://www.flickr.com

德国议会不得不认真审议这些事情。可是，他们只为贵族地主考虑，审议结果是：居民们的行为确为盗窃！如果再持续下去，要用法律手段来解决！这样一来，引起全国民众对议会的强烈不满，人们愤怒谴责议会的不公平处理。马克思也感到十分气愤，他便在《莱茵报》上写了一系列文章发表自己的看法，文中严厉抨击了普鲁士政府的做法，立场坚定地站在民众一边，维护了农民的利益。

4）平原易变包容引发学术领域的发展

汉诺威首创了二进位制，并制造了世界上第一台能运算的计算机，柏林纳发明了唱机，高斯发明了电报机，西门子发明了发电机进行发电。大学城哥廷根在政治史和自然科学史上曾发挥过重大作用，下萨克森州有众多学术城市包括哥廷根、汉诺威、布伦瑞克以及克劳斯塔尔工业大学，这里分布的大学有：哥廷根乔治·奥古斯特大学（Georg-August-Universitat Gottingen）、汉诺威莱布尼兹大学（Gottfried-Wilhelm-Leibniz-Universitat Hannover）、汉诺威医学院（Medizinische Hochschule Hannover）、汉诺威兽医学院（Tierarztliche Hochschule Hannover）以及布伦瑞克工业大学（Technische Universitat Braunschweig）、克劳斯塔尔工业大学（Technische Universitat Clausthal）。其中布伦瑞克工业大学、克劳斯塔尔工业大学、汉诺威莱布尼兹大学联合组成了NTH（Niedersachsisiche Technische Hochschule）合作机构。

4. 活动小结：活动体现旷和谐，回归与发展

1）生产活动

高科技高效农业：劳动生产率40多年来有了极大提高，1950年一个劳动力只能养活10人，到现在则能养活95个。精加工畜牧产业链：畜牧业是适合精加工的产业，利用草场合理地粗放式地放牧牛羊，有利于保护乡村的自然风光。

2）生活活动

自行车健康生活回归：工业革命之后，自行车使用逐渐减少。在经历了半个世纪的汽车时代后，民众又开始青睐自行车，并且专门为自行车设计彩色的自行车通道。SOHO简单生活：减少出行压力，回归简单质朴的生活状态，目前德国有360万人以SOHO方式工作。

3）精神生活

田园回归成为文化：葡萄园、马术、啤酒从传统的生产生活活动转化成为文化活动，以此来表达人们对田园生活的向往。休闲新文化盛行：老城古典音乐节、狂欢节、桑巴嘉年华、玛诗湖旅游节体现了人们对丰富多彩的休闲生活的重视。

9.5.2.3 下萨克森州人居建设

1. 下萨克森州聚居空间格局（图 9–115）

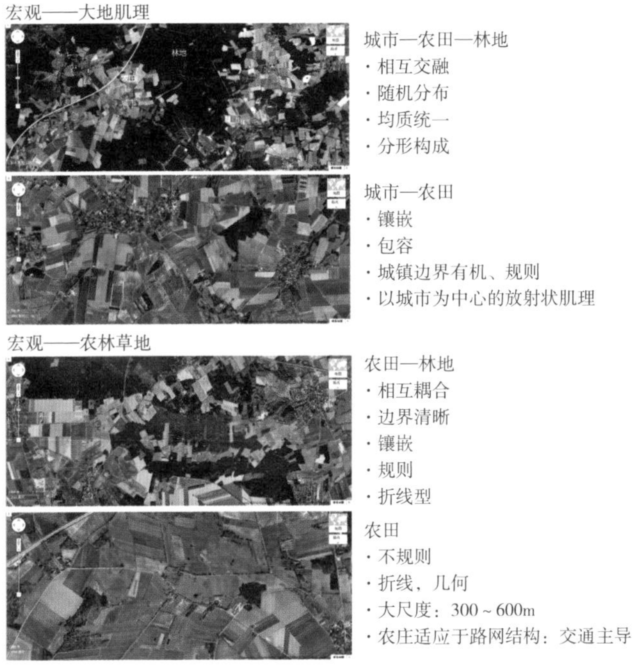

图9–115 2012北德平原影像图
Figure9-115 Images of North German Plain, 2012
图片来源：Google Earth

2. 下萨克森州人居建设策略

1）宏观

控制大城市扩张蔓延形成生态城市体系。生态嵌入控制城市：通过生态的嵌入方式，农田林地与城市边缘有机耦合，包围城市控制城市蔓延。要在中心城市的带动下，使发展起来的小集镇、小城镇逐渐扩大，联合农村成为城市，与中心城市形成城市体系。注重农林生态比例：农业用地仍占54.1%，林地用地占29.4%，二者占总用地面积的80%以上。这样良性的土地生态性利用，不仅可产出高品质的粮食以及再生性的原料，而且对保持良好的生态环境，保存多样性的文化和休闲景观等都具有重要作用（图9–116）。

中心城市汉诺威面积203万km^2，总农林比例80%，森林覆盖率30%

图9–116 下萨克森生态城市体系
Figure9-116 Ecological city system of Niedersachsen

2）中观

协调城市、城镇、农村建设发展步伐。德国的城市特点是大、中、小相结合，以中、小城市为主。其演变大致可以分成三种类型：① 原来是大、中城市，以后城市发展人口增加，成为更大的城市。② 原来是小城市，以后城市发展或联合周围城镇组成大、中城市。③ 原来是农村或小集镇，渐形成有几万人口的小城市。

大中小城市齐发展、重点发展小城市：①大城市的弱点已经暴露，中小城市的环境质量为人称道。②政府的区域规划有意识地控制大城市的过密人口，政府对中小城镇政策有所倾斜。③德国的产业结构也比较合理，市县都有些自己特色的产品，从业人员轻易不肯向外地转移。住在10万人口以下中小城镇的居民则占城镇人口的63.4%，形成了其较为合理的人口分布现状。

农村现代化环境好，生活环境惬意：农村地区基础设施现代化，环境好，吸引人们回归田园生活，每年每位农民享受的补贴为1.7万美元，当农民引以为豪。德国的农村也相当现代化；所到乡村，各种市政设施和住宅建设与城市没有什么区别，那里服务设施齐备，生活方便，一切设施和城市一样，居民的生活十分方便。

3）微观

（1）高科技与田园化。① 高科技集约化粮仓：德国的“鱼米之乡”粮食储存手段和我国东北平原较为接近，但是更侧重于大型化、集体户、专业化，有农场主建的简易库，农户联合建的合作库，私营公司建的周转库，农产品干预局建的储备库。其中私营公司的粮库是主要部分，有许多储备粮是租用这种库。从建筑结构看，有木结构的简易库（农场主的），有钢板立筒库群，有钢筋混凝土立筒库群，也有规格不同的钢筋混凝土的大型房式仓。② 家庭花园式住宅：在建筑设计上，建筑师考虑如何节省居民的购物时间，家庭花园模式越来越受到大众欢迎。这是由于住宅及基础设施的提高，使得人们有条件满足自己回归田园的愿望（图9–117）。

图9–117 储粮钢板筒、钢筋混凝土板筒、居民修葺花园、家庭花园
Figure9-117 Steel silo for grain storage; Reinforced concrete silo; Residential repaired garden; Family garden
图片来源： http://www.flickr.com

（2）资源及能源利用。① 形成对外交流的开发系统：从一个封闭的主要用于自我消费、没有对外的能源与产品交流的系统，变为一个主要依赖对外交流的开放系统。交通的迅速发展，使广泛的交流成为可能。② 矿区修复与再生：通过恢复，重建富于变化和多用途的新景观来消除采矿造成的不良后果；通过具体的土地复垦项目，逐步对矿区占用和影响的区域进行治理，重建一个长期的、稳定的、有容量的自然生态系统。③ 清洁可再生能源：下萨克森州的资源利用以石油开采为特征，但作为不可再生资源，正逐渐被可再生的清洁能源所代替，2010年17%的电力需求由可再生能源提供，2011年上半年这一比例升至约20%。其中，风能占比最大，满足了7.6%的电力需求，占据支柱地位（图9–118、图9–119）。

图9–118 矿坑修复
Figure9-118 Pit restoration
图片来源： http://www.flickr.com

图9–119 风能太阳能
Figure9-119 Wind and solar energy
图片来源： http://www.flickr.com

3. 建设小结：最终形成稳定平衡的人居环境状态

人居生态系统稳定：① 土地利用结构稳定：在整个土地利用结构中，占主导地位的是农用地，其次是林业用地，这样的土地利用结构，对整个德国土地利用结构及整个生态环境都影响非常大。② 土地生态安全性高：从土地利用生态安全体系考虑，国际上的设想为：如果一个地区的森林覆盖率达到30%左右，且分布较为均匀的话，就能起到对国土的安保作用。下萨克森州森林覆盖率将近30%，其土地生态安全性是相对高的。

人居生态系统稳定归功于德国的规划特点：① 执行力度高：政策主导，有着严谨的规划程序，法规执行力度强，公众参与度高，因而实施效果好。② 分两种类型：空间性和专业性，两者交叉保证了规划覆盖的广度和专业深度。空间的综合规划包括国土规划、区域规划、城市规划（控制性土地利用规划+限制性建筑规划）专业的行业规划包括工业、农林业、铁路、航运、风景、自然保护区等专项规划。对比中国：而我国规划体制，在某种程度上，虽然已有相似的规划意识，但起步较晚，而且缺乏实施力度，且行业性的规划和综合规划不能统一协调，导致了现在行业发展的冲突和不平衡，如农业，以及空间发展的矛盾，如大城市不可遏制的蔓延趋势，小城镇及农村发展滞后，城乡差异巨大。

参考文献

[1] 厉青, 张丽娟, 吴传庆, 孙中平, 刘晓曼. 基于卫星遥感的秸秆焚烧监测及对空气质量影响分析[J].生态与农村环境学报,2009 (01):32–37.

[2] 叶昌东. 九十年代以来广州市工业发展与布局研究[D]. 中山大学, 2007.

[3] 万陆. 转型经济中的二元互补投资机制与产业集聚研究[D]. 中山大学, 2009.

[4] 北京市人民政府. 国务院原则通过《北京城市总体规划(2004–2020年)》[J]. 北京规划建设,2005(02).

[5] 刘琰. 中国现代理想城市的构建与探索[J]. 城市发展研究,2013(11):41–48.

[6] 杨东升. 论自然地理环境对中国农耕文化的形成及其地域差异的影响[J]. 黔东南民族师范高等专科学校学报,2006(06):55–58.

[7] 何燕玲. 屋顶的形式制约因素及美学研究[D]. 西南科技大学,2009.

[8] 梁怡, 赵琦. 留住北京的传统记忆——简评北京“非物质文化遗产”的现状与保护[J]. 北京联合大学学报（人文社会科学版）, 2006(04):29–32.

[9] 夏玢. 非物质文化旅游资源特征初探[J]. 资源开发与市场,2008(04):382–384.

[10] 王小克, 张公保. 城市意象研究理论在新城区规划中的应用[J]. 山西建筑,2008(07):51–52.

[11] 俞孔坚,张蕾.黄泛平原古城镇洪涝经验及其适应性景观[J].城市规划学刊,2007,(5):85–91.

DOI:10.3969/j.issn.1000-3363.2007.05.012.
[12] 万艳华. 长江中游传统村镇建筑文化研究[D].武汉理工大学,2010.
[13] 肖杰,刘会丽.城市规划设计中生态优先方法的探讨[J].城市建设理论研究,2014,(14). DOI:10.3969/j.issn.2095—2104.2014.14.049.
[14] 刘永辉,肖雪毅.城市生态绿地系统规划探讨[J].农业与技术,2014,(4):158-158.DOI:10.3969/j.issn.1671-962X.2014.04.133.
[15] 赵镇,范文婧.城市绿地规划的生态建设探讨[J].城市建设理论研究,2014,(9).DOI:10.3969/j.issn.2095—2104.2014.09.86t.
[16] 玄峰.澳门城市建设史研究——澳门近代建筑普查研究子课题[D].东南大学,2002. DOI:10.7666/d.y693841.
[17] 罗丽萍.成都地区4ka以来环境-气候变化与其对古蜀文明的影响[D].成都理工大学,2007.
[18] 赵元欣.形态学视野下成都平原传统聚落演进与更新研究[D].西南交通大学,2011. DOI:10.7666/d.y1957605.
[19] 邵瑞娟,陆林,吴迪等.成都休闲文化的特征及形成机制分析[J].西华大学学报（哲学社会科学版）,2008,27(5):87-91.DOI:10.3969/j.issn.1672-8505.2008.05.028.
[20] 黎桂岑.川西民居建筑空间形态与商业空间应用[J].中华民居,2012,(7):711-713.
[21] 苏放.新农村建设中的住宅建筑风貌塑造研究——以四川为例[D].成都理工大学,2011.
[22] 吕建华.川西民间家具研究[D].中南林业科技大学,2010.DOI:10.7666/d.y1848296.
[23] 小鹿.举世同欢啤酒节[J].农产品市场周刊,2014,(21):60-61. DOI:10.3969/j.issn.1009-8070.2014.21.044.

第 10 章　丘陵地区

Chapter 10 Human Settlement, Inhabitation and Travel Environment Studies in Hilly Region

10.1 人居环境丘陵地区总论

10.1.1 丘陵人居环境研究框架

本研究始终贯穿丘陵环境如何影响人居，人居又怎样反作用于丘陵环境的思路，力图探索如何实现丘陵环境与人居和谐共生。

人居背景部分着重研究丘陵的自然特征。丘陵地区存在如山谷、山坡、冲沟、盆地、谷地、阶地、海漫滩等不同的地形地貌特征和山水格局特征，形成了复杂的生态系统。这些山、水、植物要素如何影响人居，总结其优势、劣势，对人居的活动和建设至关重要。人居活动部分研究从生理需求层面到精神需求层面的人居活动，包括生存方式与生产活动、社会特征与文化活动、心灵审美与精神活动三方面。研究丘陵环境影响下人们的梯田耕作方式、组团人居方式以及由此而衍生出来的多民族宗教文化和乐观的性格等。人居建设部分主要研究丘陵地区复杂地形的制约下城镇空间建设的演化、交通的复杂性、建筑依地形而建的特征以及人为盲目开发对自然环境的破坏，以求合理开发，加强对丘陵自然环境的保护，达到人类与自然和谐共生。

1. 研究思路（图10–1）

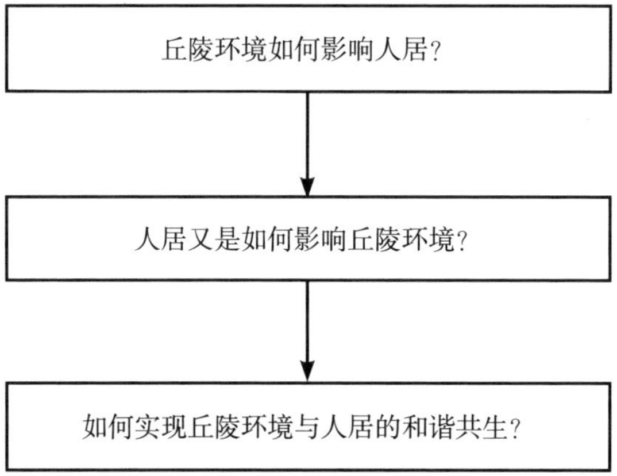

图10–1 研究思路
Figure10-1 Study method

2. 丘陵人居环境研究总框架（图10–2 ~ 图10–4）

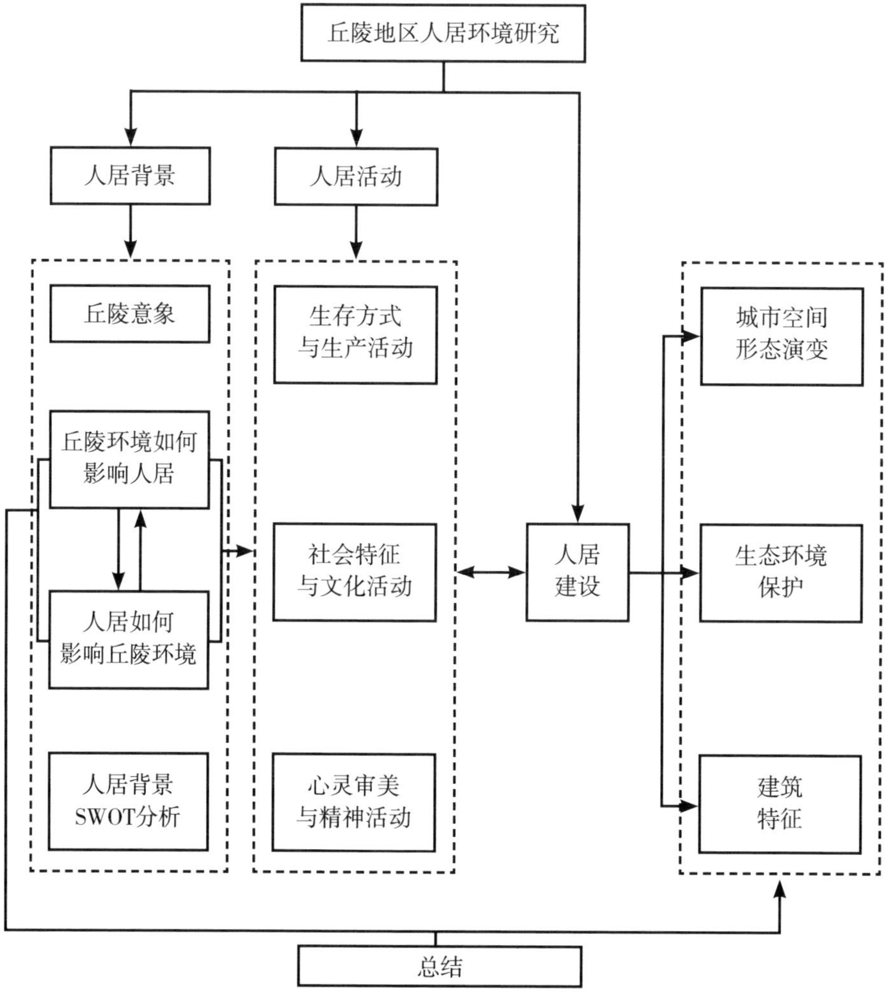

图10–2 丘陵人居环境研究总框架
Figure10-2 Study framework of human settlement, inhabitation and travel environment in hilly regions

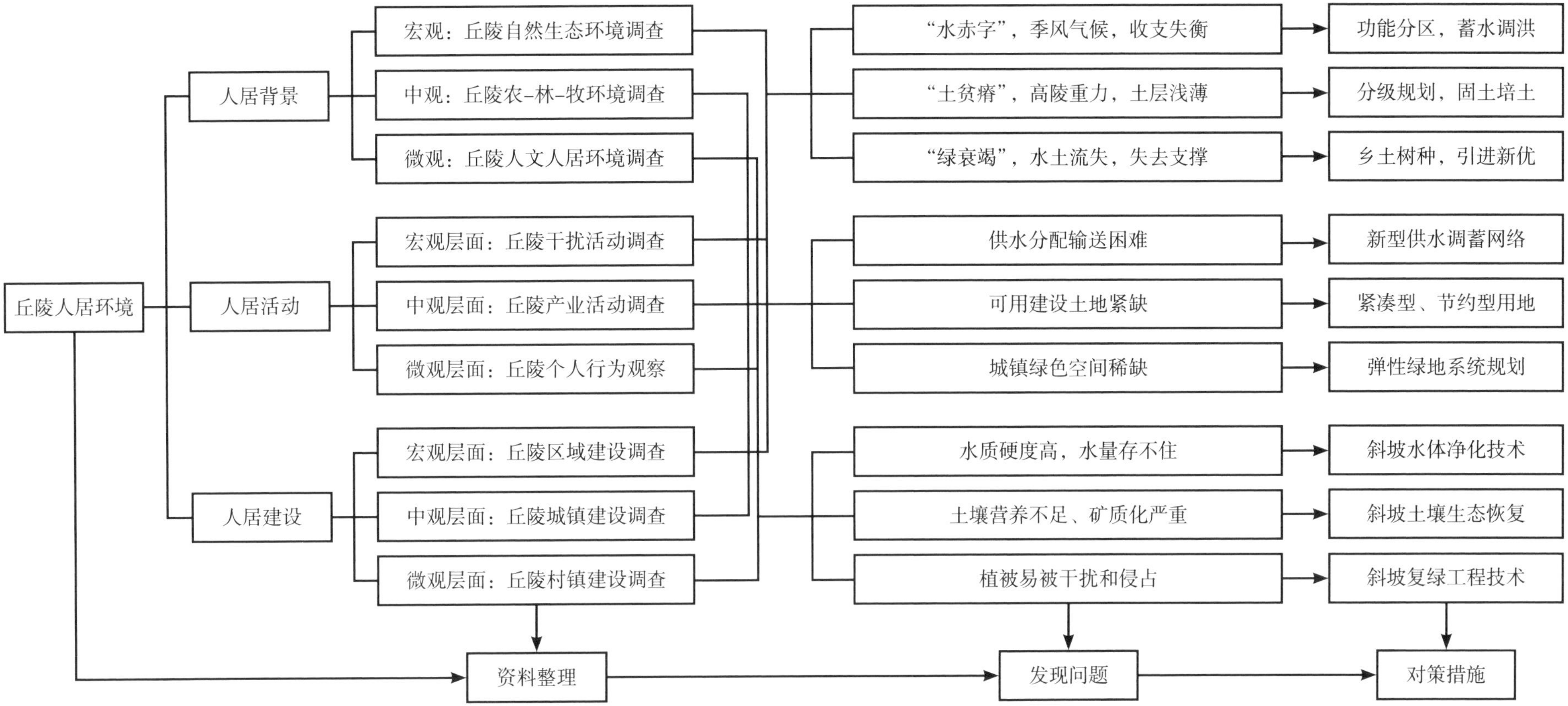

图10–3 丘陵人居环境宏观、中观、微观三层面分析

Figure10-3 Analysis of macro,meso and micro levels of human settlement, inhabitation and travel environment in hilly regions

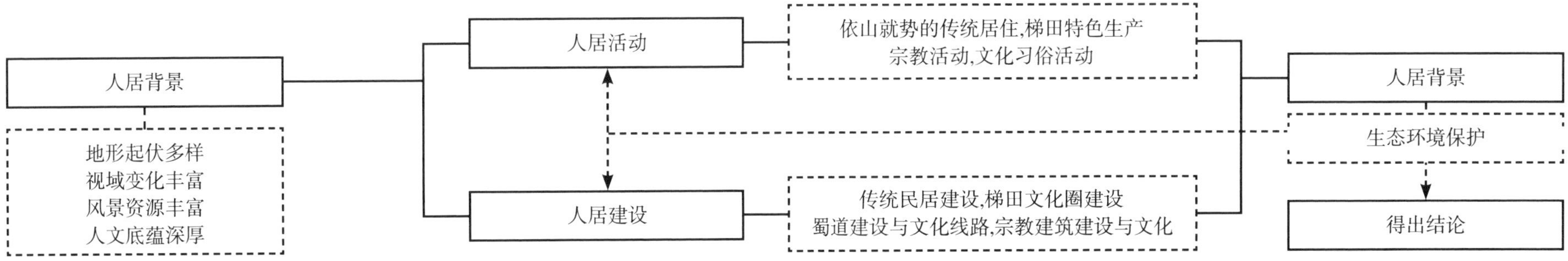

图10–4丘陵人居环境三元关系分析

Figure10-4 Analysis on trialism relationship of human settlement, inhabitation and travel environment in hilly regions

10.1.2 丘陵人居环境概述

人居环境，是人类生活的地方，是与人类生存活动紧密相关的地表空间。它是人类在大自然中赖以生存的基地，是人类利用自然、改造自然的主要场所。按照对人类生存活动的功能作用和影响程度的高低，在空间上，人居环境又可以再分为生态绿地系统与人工建筑系统两大部分。希腊学者道萨迪亚斯创立“人类聚居学”，从内容上划分为五大系统：自然系统、人类系统、社会系统、居住系统、支撑系统[1]（图10–5）。

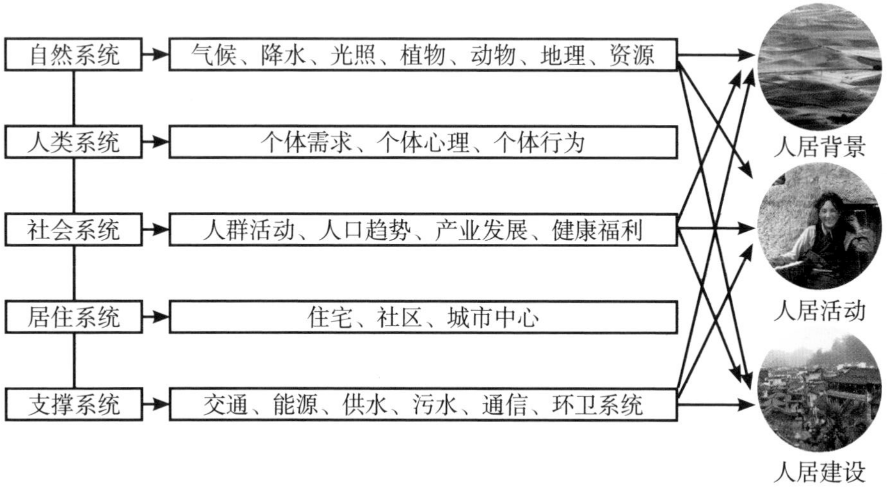

图10–5 人类聚居学五大系统示意图

Figure10-5 Diagram of five systems in human settlement, inhabitation and travel environment studies

1. 丘陵人居环境

在地球表面的陆地中：山地面积最大，占47.82%；丘陵次之，占26.8%；平原再次，占24.85%；海拔高度小于0m的洼地面积最小，仅占大陆面积的0.53%。其中哈萨克丘陵（Kazakhskiy Melkosopochnik）是世界上最大的丘陵，东西长约1200km，南北宽约400 ~ 900km。

“丘”，土之高也。土高曰丘。非人所为也。从北从一。一地也。人居在丘南，故从北。中邦之居在昆仑东南，昆仑下当有丘字。象形。——（东汉）许慎《说文解字》

“陵”，从阜夌声。隆高也。如山高大而上平，可层级而上。象形。山无石者曰阜，土山曰阜。——（东汉）许慎《说文解字》

神州大地是中华民族世世代代衍生栖息的地方，5000年的人居史，留下了中国非凡的环境理念。其中，丘陵人居经验总结较为丰富。以山丘为城的人居地由于建设范围内缺乏平坦用地，不得不将城镇建设在坡地上，建设的难度必然大于平地，仅仅是出于定居的目的，人们是不会选择以山为城的人居环境的。此外，在这种山地人居地周围，也极度缺乏作为支撑体系的农业发展用地，使人居地难以吸引和容纳大规模的人口。因此，在丘陵人居环境形成和发展过程中，政治、军事、交通、商业等原因发挥了决定性的作用。丘陵山地区域的地形复杂，通达性较差，在一些易守难攻的险要地段修筑城池，会有效地护卫或阻隔两地之间联系，具有极其重要的军事价值。然而，仅仅有政治和军事因素，城市能够形成却很难发展，必须要有商业、手工业的活动在城市中产生，以带动周边人口向城市大量聚集。许多山地中小城镇的形成，往往只需要经济因素，在山地区域。一个人口集中的区域到另一个区域并不十分方便，在这些区域内部，很容易产生进行初级交换的市场，再逐渐形成稳定的城镇[2]。

2. 国外丘陵人居概述

1）古代丘陵人居建设

（1）古代美洲丘陵人居。印加人于11 ~ 13世纪在安第斯山中部的库斯科谷地发展起来。公元前2000年，他们把根据地由海边内迁到山坡地带，把其渔猎经济转变成灌溉农业经济。马丘比丘（Maehu Pieehu）是印加古代的要塞城市，遗址面积约13km^2，内有神庙和堡垒，堡垒原有梯田式花园围绕，台阶共有3000余级。惊人的石工技术造成的山坡地上矗立着墙和房屋。

（2）古希腊丘陵人居。希腊为多山地形，且岛屿众多。克里特在公元前2000年，围绕高地上的防守据点或宫殿而建呈不规则形，街道弯曲，无设防的城墙。建于地势高差很大的丘陵上的克诺索斯宫殿规模很大，建筑场地高低不平，却丝毫未影响宫殿外轮廓的规整性；相反，场地的高低变化被巧妙地加以利用，成为供中央大院周围的建筑物使用的平台或高台。宫殿的层层平台簇拥在小山坡上，呈现出十分生动入画的美景。

2）中世纪古典主义和文艺复兴时期的丘陵人居建设

在中世纪，西方丘陵人居环境建设的主导思想是法国古典主义。但是，古典主义造成的经济上的耗费几乎与社会损失一样高昂。尤其是对于丘陵城市的建设，不管要耗费多大的人力物力，一定要把土地搞得平平整整，以便能按照规划进行建设。大街必须笔直，不能转弯，也不能为了保护一所珍贵的古建筑或一棵稀有的古树而使大街的宽度稍稍减少几英尺。交通和几何图形在与人类利益发生矛盾时，前者总是占优先。在高低不平的地方按古典主义进行规划建设是何等之难，以致大多数新城市都选择在平坦的地方建设。这种用行政手段取得的表面上的美观，实在是非常华而不实的。

文艺复兴时期的园林布局大多结合山势，居高临下，引山上溪流下泻，配置喷泉潭池，其中有饰以雕像的喷泉池沼，有随阶降泻的叠瀑与水扶梯。水和石的结合，造成极有风趣的景观。这时的园林建筑常延伸到周围绿化中。设计强调外部景观的重要性，使自然地形服从于人工造型的规律，把坡地塑造成明确的几何形，并使大自然从属于人的尺度，按对称和比例塑造物质环境。

3）西方现代丘陵人居建设

随着现代化与城镇化的进程，城镇人口迅速增加，城郊农地和耕地不断减少，丘陵的开发与利用范围逐日扩大，丘陵城镇建设的数量和规模也与日俱增。由于丘陵山地生态环境及其敏感性与脆弱性的特点，决定了丘陵保育的重要性和开发利用的复杂性与工程技术上的艰巨性。由于丘陵山区复杂的自然地理条件，其开发建设的难度较大，丘陵山地城镇在交通、信息等方面远不如平原和沿海地区，经济、文化相对也比较落后。水土流失、滑坡、崩塌、泥石流以及地面沉陷、旱、涝、地震等自然灾害频繁发生，且有加剧的趋势。因此，丘陵人居环境建设应更多地思考生态环境，保持水土，修复生态有机绿网系统等[3]。

10.1.3 文献综述

丘陵地区人居环境研究共参阅各类文献491篇，将其简单归纳为丘陵地区自然资源特征和丘陵地区人文资源特征两类。

1. 丘陵地区资源特征类

丘陵地区自然资源特征类共参阅各类文献186篇，其中生态资源类55篇，地形地貌类36篇，农业林业类33篇，地质地理类22篇，游憩活动类29篇，游憩建设类11篇。丘陵地区人文资源特征类共参阅各类文献305篇，自然崇拜类39篇，宗教文化类46篇，隐逸文化类6篇，书院文化类7篇，诗歌文学类18篇，茶文化类29篇，梯田类42篇，蜀道类26篇，文化活动类38篇，游憩建设类54篇（图10-6～图10-8）。

2. 国内外研究动向

以SCI（Science Citation Index，美国科学信息研究所ISI1961年创办出版的引文数据库）和万方数据库为基础，搜索整理2003～2012年国内外相关研究文献高频关键词300个，前60位见表10-1。

图10-6两类参考文献数量及比例
Figure 10-6 Number and ration of two types of literatures

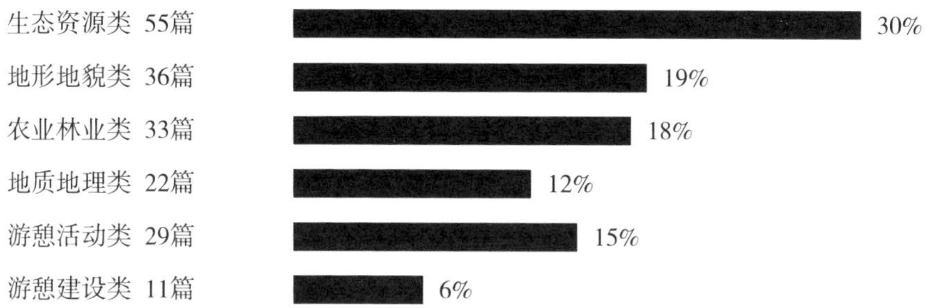

图10-7 自然资源特征类参考文献数量及相关文献比例
Figure 10-7 Reference number of natural resource and relevant literatures

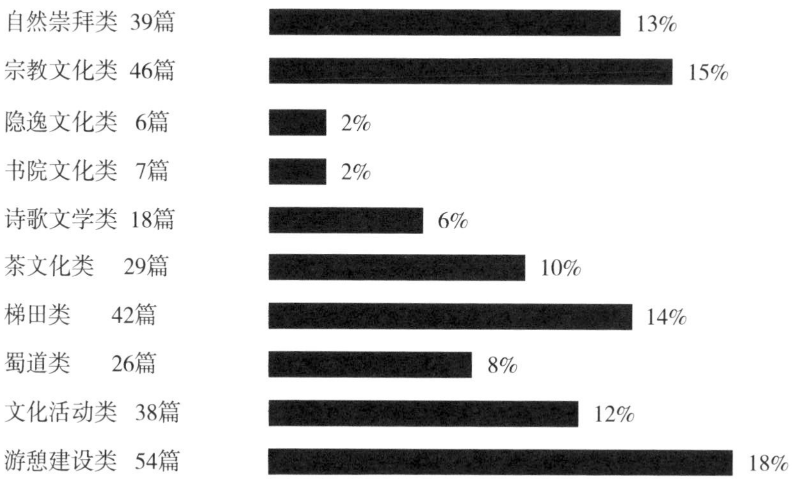

图10-8 人文资源特征类参考文献数量及相关文献比例
Figure 10-8 Reference number of human resources and ratio of relevant literatures

表 10–1 前 60 位文献高频关键词
Table10-1 The top 60 freguently used key words of references

1. 丘陵	16. 丘陵地区城市设计	31. 中小城镇	46. 商业步行街
2. 丘陵地区	17. 传统文化	32. 排水管网	47. 绿地系统
3. 丘陵城市	18. 社会主义新农村	33. 景观组织设计	48. 绿地系统规划
4. 丘陵地貌	19. 水土流失	34. 城镇形态	49. 游憩
5. 界面	20. 大学校园规划	35. 建筑文化	50. 生态缓冲区
6. 标高	21. 生态示范园	36. 地形地貌	51. 皖南民居
7. 坡度	22. 规范化种植	37. 地方特色	52. 干阑式
8. 空间	23. 集雨节灌	38. 行政中心规划	53. 住宅
9. 丘陵山地	24. 生态	39. 南方丘陵地区	54. 通风
10. 山地丘陵	25. 坡度	40. 地形	55. 坡地住宅设计
11. 浅山丘陵景观	26. 保护规划	41. 居住区	56. 游憩适地性
12. 道路	27. 生态建筑	42. 生物多样性	57. 排水
13. 景观组织设计	28. 视觉	43. 修建性详细规划	58. 生态农业
14. 人性化	29. 丘陵城市新区	44. 土方量	59. 空间布局
15. 校园规划	30. 控规	45. 概预算	60. 城镇

通过300个关键词总结归类，主要研究方向包括：城市设计（共34篇，其中国内研究28篇，国外研究6篇）、生态环境（共55篇，其中国内研究12篇，国外研究43篇）、技术性相关研究（共41篇，其中国内研究26篇，国外研究15篇）、景观规划设计相关研究（共124篇，其中国内研究53篇，国外研究71篇）、建筑设计（共46篇，其中国内研究38篇，国外研究8篇）。

由此可见，国外文献集中在“生态环境相关研究”和“景观规划设计相关研究”，国内文献相对集中在“城市设计相关研究”、“技术性相关研究”和“建筑设计相关研究”。从文献内容看，研究动向主要基于丘陵地区因地势起伏引起的资源环境、生物生态、空间体验、视觉审美、土地利用、工程技术、交通运输等问题。文献细化统计如下：

（1）城市设计相关研究共34篇，其中空间形态类13篇，居住区类11篇，商业区类6篇，行政区类4篇。

（2）建筑设计相关研究共46篇，其中坡地住宅设计类16篇，民居类18篇，建造技术与方法类2篇，建筑材料类10篇。

（3）生态环境相关研究共55篇，其中水土保持类26篇，生态农林类17篇，生物多样性类12篇。

（4）技术性相关研究41篇，其中道路类12篇，排水类14篇，土方类6篇，管线类8篇。

（5）景观规划设计相关研究124篇，其中土地利用类6篇，绿地系统类8篇，生态保护区类30篇，风景区类36篇，旅游度假区类19篇，绿道类6篇，生态缓冲区类12篇，地形利用策略类2篇，视觉与美学类5篇。

10.2 丘陵地区人居背景研究

10.2.1 丘陵人居背景的认知方法

1. 丘陵人居背景的三元认知

以“三元论”为基础，结合思考，将丘陵背景分为“自然”、“人文”与“人居”三元（图10–9、图10–10）。其中，主要着眼于本学科的目标“人居”元。但考虑到三元之间相互影响作用，故在此对“自然”和“人文”两元仍有所描述。

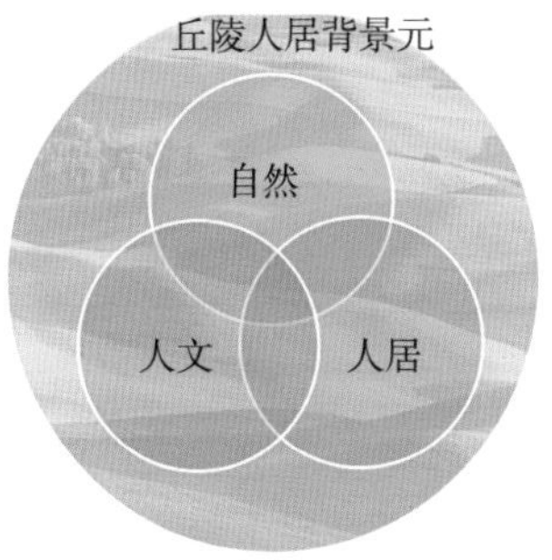

图10–9 丘陵背景元认知方法图示
Figure10-9 Illustration of cognitive approach on background of hilly regions

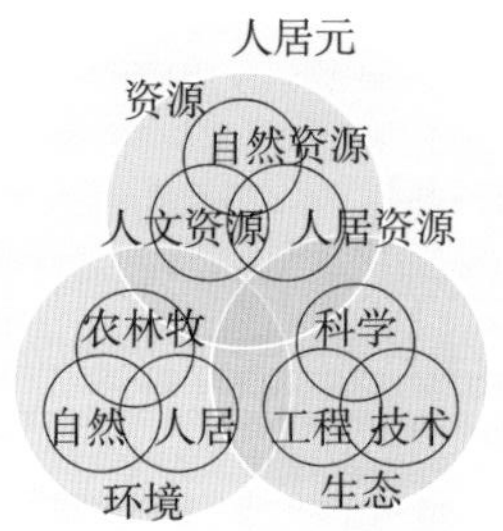

图10–10 背景人居元细分
Figure10-10 Subdivision of background elements in human settlement

2. 基于丘陵人居背景研究方法

针对上述对丘陵人居“水”、“土”、“绿”的研究目标，“自然”、“人文”、“人居”方面的背景认知内容有所选择和侧重（图10–11）。而认知的手段则主要是通过大量数据统计，对背景得出客观理性的判断。

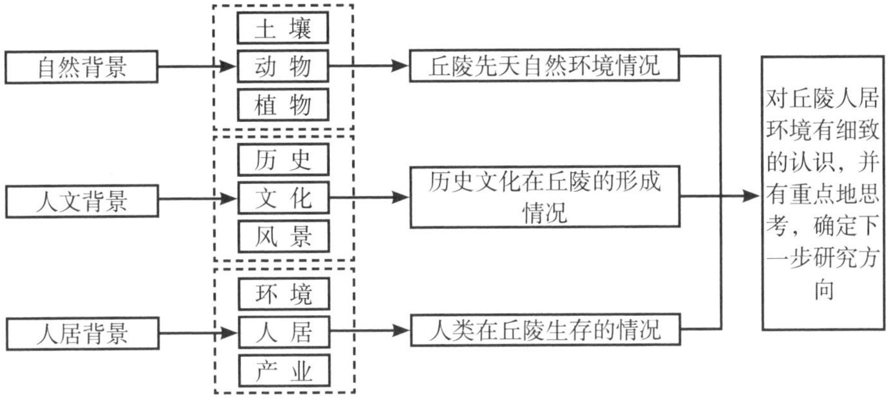

图10-11 丘陵背景元认知方法框架
Figure10-11 Framework of cognitive approach on background element in hilly regions

10.2.2 中国丘陵

10.2.2.1 丘陵概况

1. 丘陵定义

地理学对丘陵的定义主要是从绝对高度和相对高度出发的，高低起伏，坡度较缓，连绵不断的低矮隆起高地，海拔高度在500m以下，相对起伏在200m以下。

2. 丘陵特征

丘陵往往由众多连绵不断的低矮的小山丘组成，通常坡度较缓；丘陵一般没有明显的脉络，顶部浑圆，是久经侵蚀的产物；丘陵中的河流很少像山脉那样流向平行。

3. 丘陵形成

丘陵形成原因多种多样，主要有：山脉受长期风化侵蚀而成，不稳定的山坡的滑动和下沉，风造成的堆积，冰川造成的堆积，植被的堆积，河流的侵蚀，火山爆发和地震（图10-12）。

4. 丘陵分类

丘陵地区：区域中可能有山地、丘陵、平原、盆地等多种地形并存，但以丘陵分布面积最广，整体地域形态主要呈现丘陵特征的地理区域。丘陵人居或修建在地势起伏不平、连接成片的小山上，或修建在平坦的用地上，对人居点的布局结构、发展方向和生态环境产生重大影响的人居形态（图10-13）。

10.2.2.2 中国丘陵分布

针中国的丘陵约有100万km^2，占全国总面积的10%。自北至南有辽西丘陵、江淮丘陵和江南丘陵等，黄土高原上有黄土丘陵，长江中下游以南有江南丘陵，辽东、山东半岛上也有部分，总体可以为三大丘陵：辽东丘陵、山东丘陵和东南丘陵（图10-15）。

绘制依据：对中国地形影像图进行处理，选择海拔高度在500m以下，相对起伏在200m以下的区域，粉红色区域即是丘陵地区。由图10-16、图10-17可知，我国丘陵主要分布于东北和岭南地区，新疆天山南北也有分布。

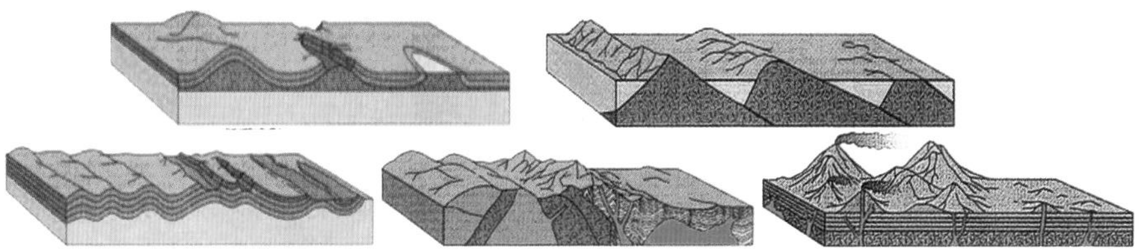

图10-12 丘陵成因图解
Figure 10-12 Illustration of hilly formation causes
图片来源：地理学名词审定委员会. 地理学名词（第二版，定义版）[M]. 北京：科学出版社，1989.

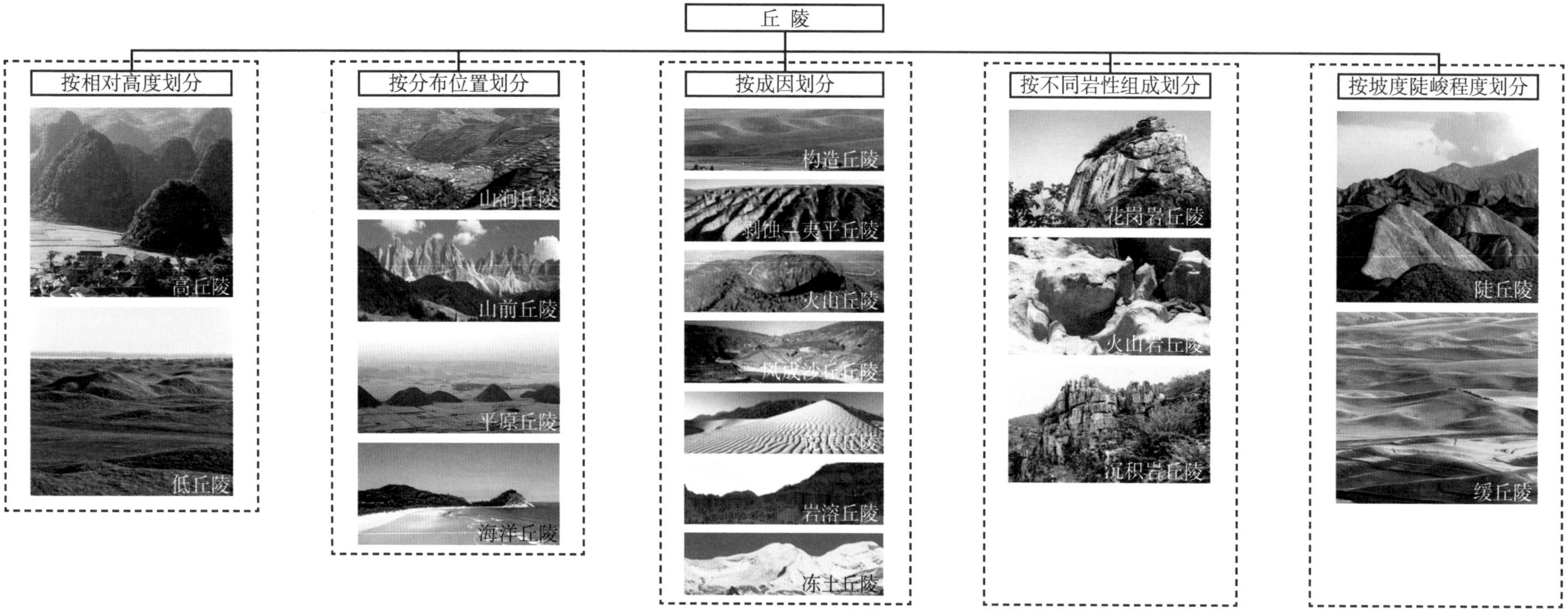

图10–13 丘陵分类图解
Figure10-13 Illustration of classification in hilly regions

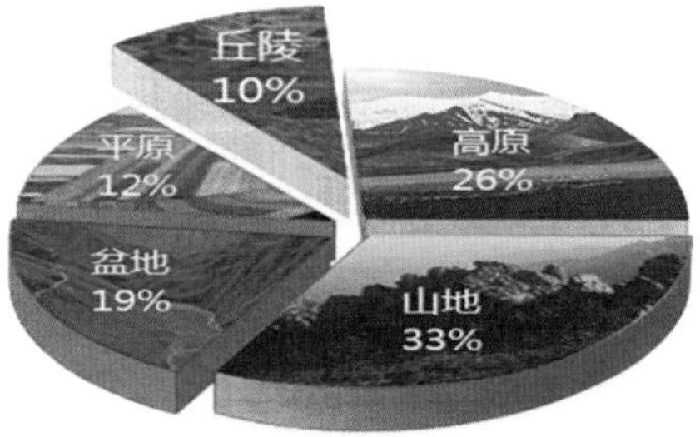

图10–14 丘陵地形比重示意图
Figure10-14 Proportion of terrain in hilly regions

图10–15 丘陵地形示例图
Figure10-15 Examples of terrain in hilly regions

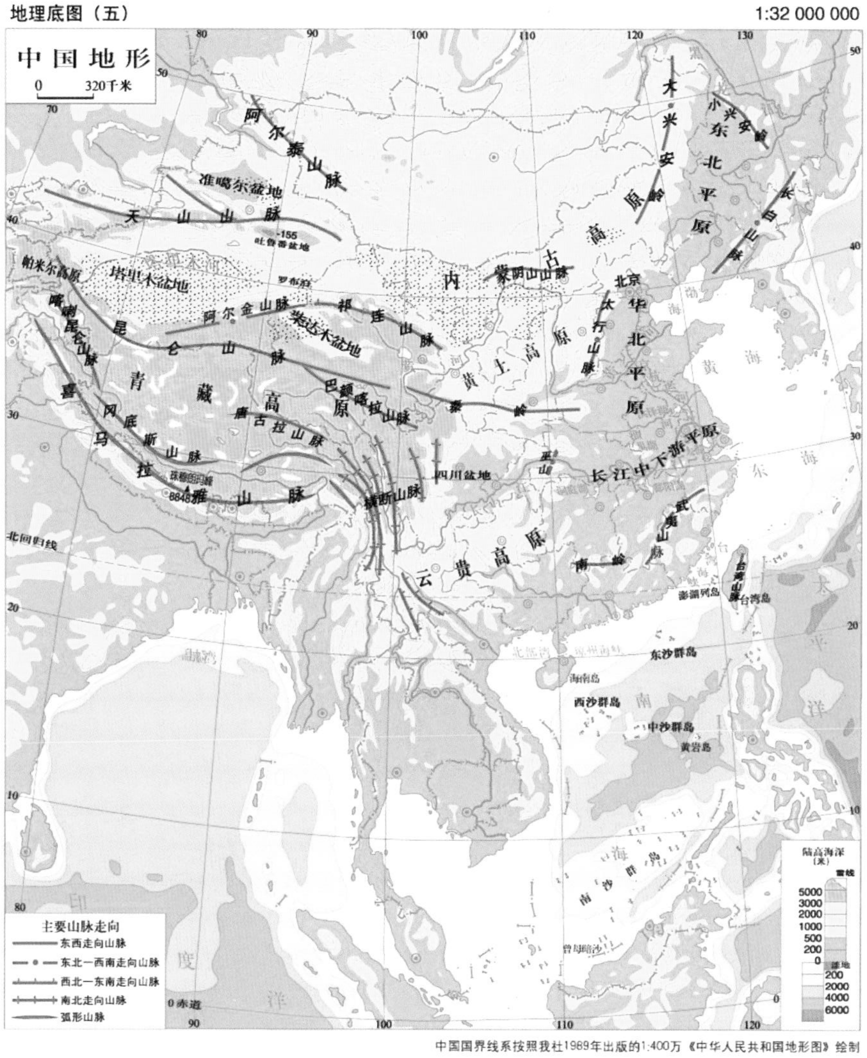

图10-16 中华人民共和国地形图（相对高度）

Figure10-16 Topographic of The People's Republic of China (absolute altitude)

图片来源：江晓波.中国山地范围界定初步意见[J].山地学报，2008（2）

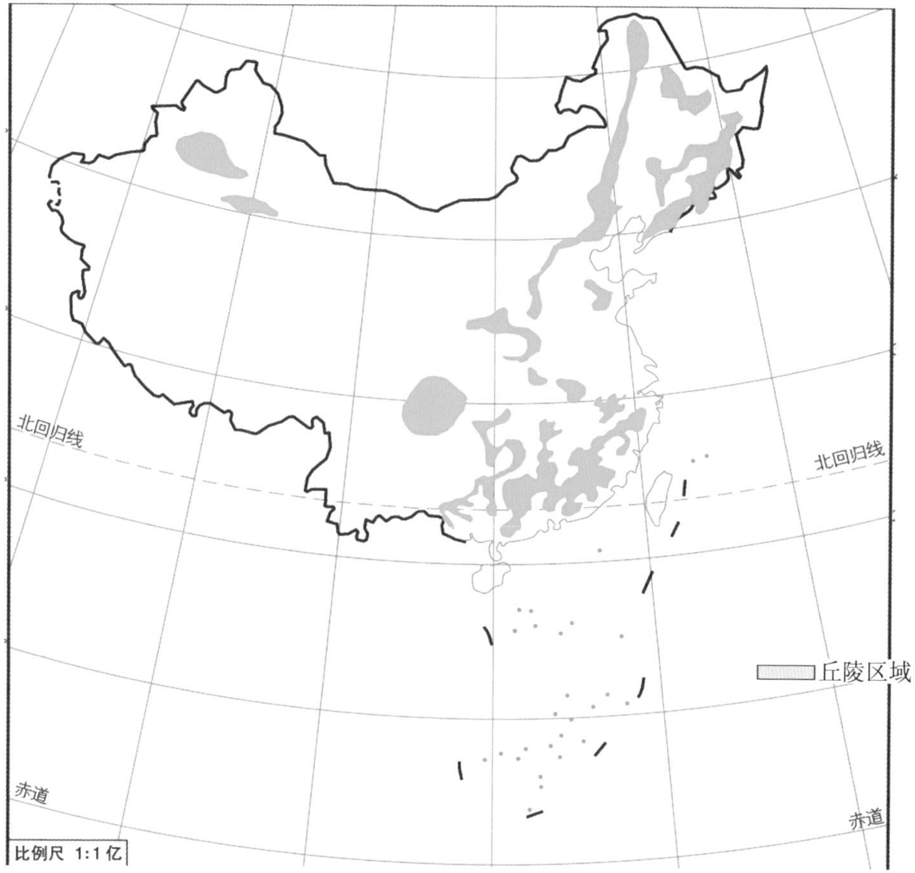

图10-17我国丘陵分布新解图

Figure10-17 Redefinition of hills' distribution in China

根据图10–18进行连接处理，大致可以将我国丘陵形势概括为：“起于辽东，蜿蜒大小兴安岭，抵燕山太行，转于关中，盘踞岭南，尾收川渝，新疆一指头。”

根据丘陵分布图，可大致将我国丘陵分为9大区域：东北丘陵、河北丘陵、山东丘陵、关中丘陵、皖南丘陵、浙闽丘陵、湖广丘陵、川渝丘陵、新疆丘陵（图10–19）。

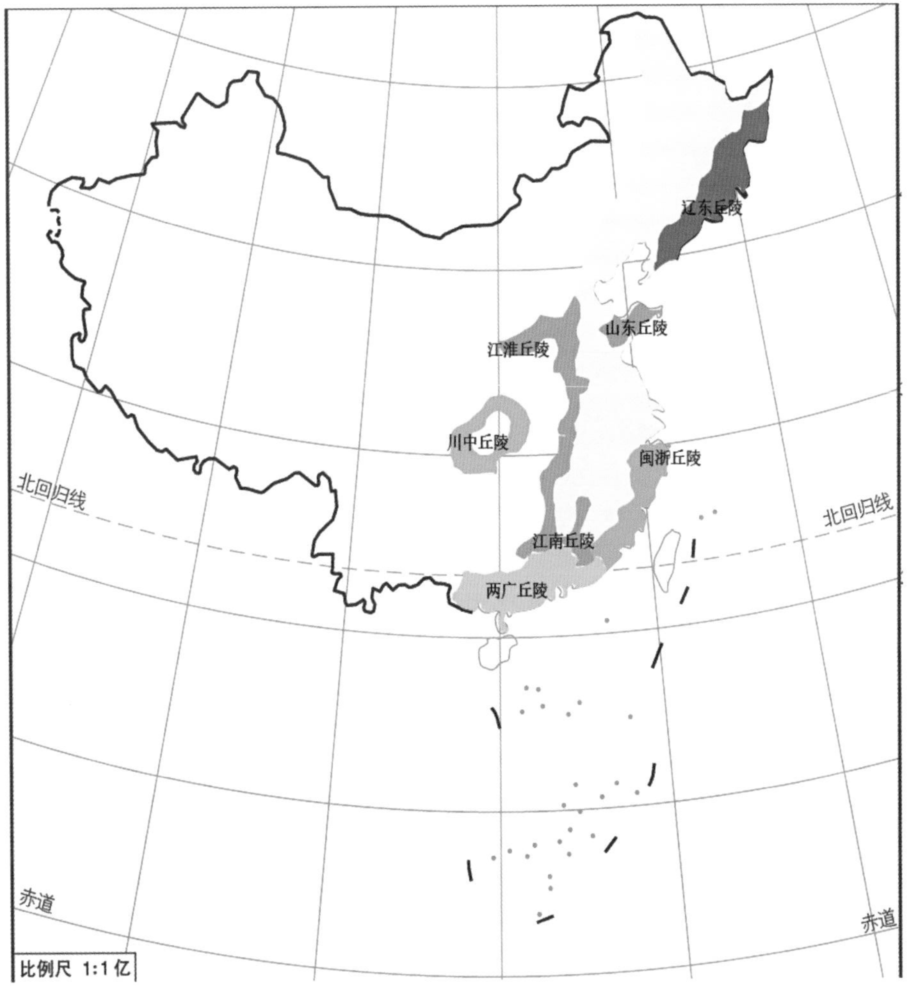

图10–18 我国丘陵形式图
Figure10-18 Forms of hills in China

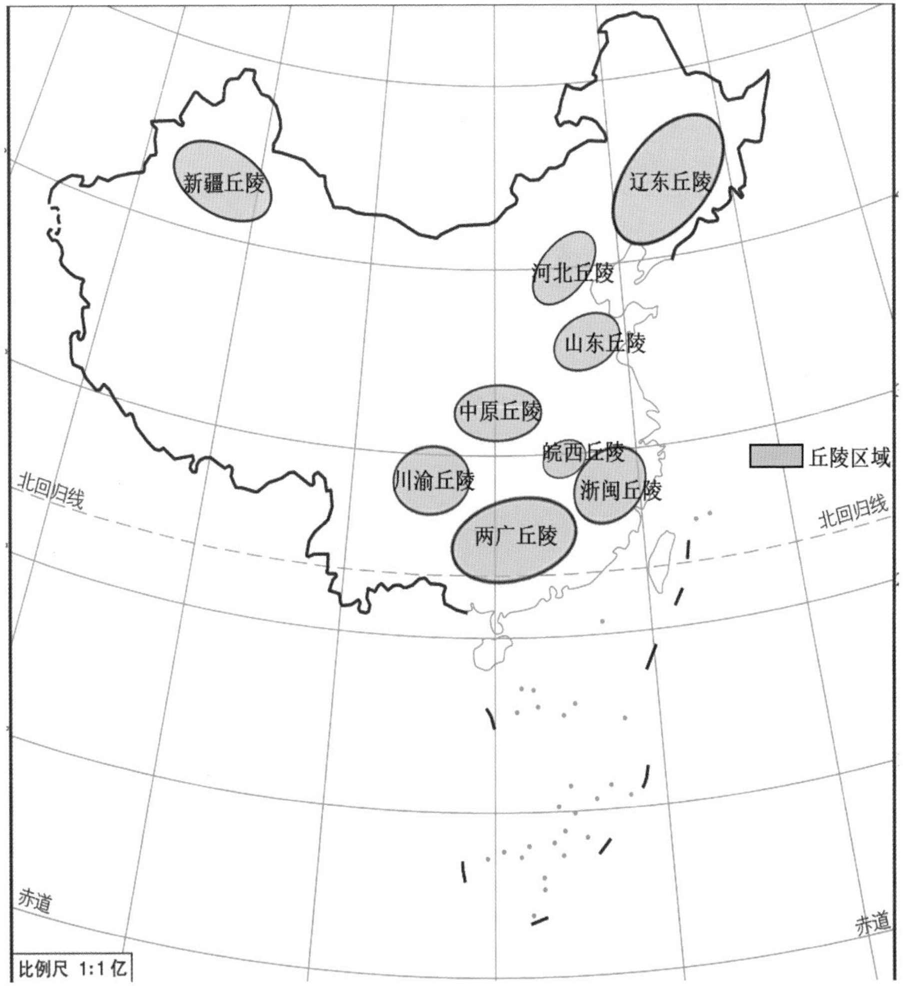

图10-19 我国丘陵分布图
Figure10-19 Distribution of hills in China

10.2.3 中国丘陵人居背景

10.2.3.1 自然背景

1．土壤及矿产资源

根据我国丘陵土壤类型分布图（图10–20），可知：东北丘陵、中原丘陵、部分山东丘陵：棕壤；河北丘陵、山东丘陵（部分）：褐土；新疆丘陵：灰漠土；皖西丘陵：水稻土；川渝丘陵：紫色土；浙闽丘陵、湖广丘陵：红壤、黄壤（土层薄）。

我国丘陵地区矿产资源见表10–2。

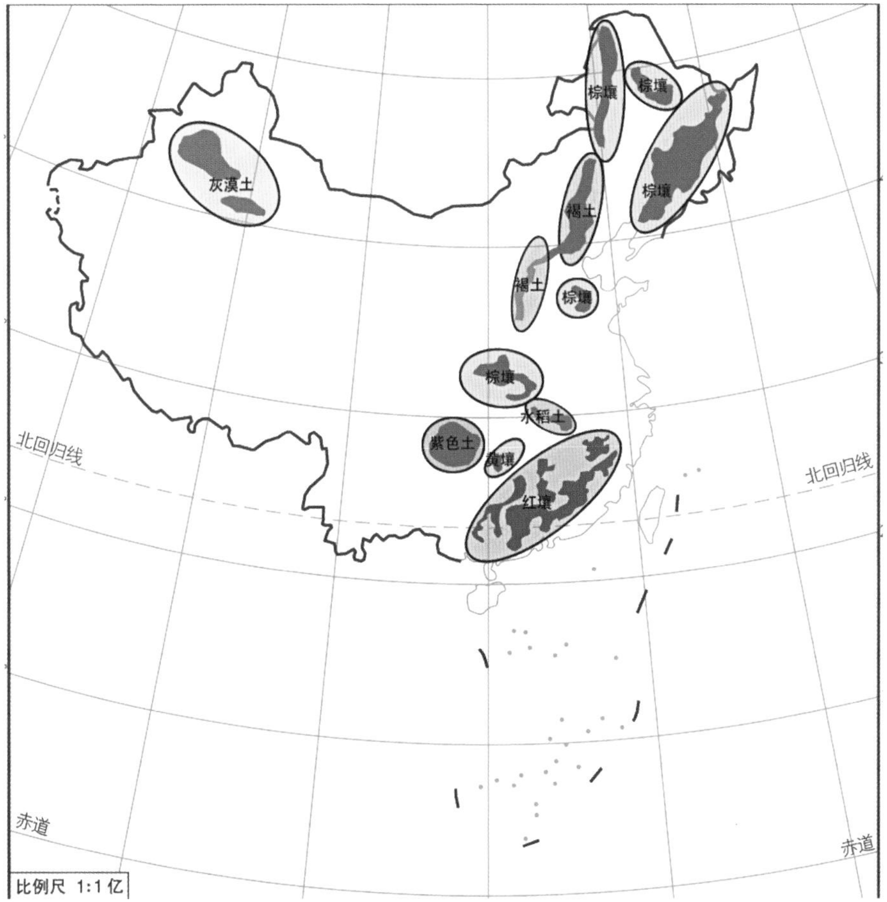

图10–20 我国丘陵土壤类型分布图
Figure10-20 Distribution of hilly soil types in China

表 10–2 我国丘陵地区矿产资源统计
Table10-2 Statistics of mineral resources in hilly regions of China

丘陵名称	川渝丘陵	东北丘陵	关中丘陵	湖广丘陵	山东丘陵	河北丘陵	皖南丘陵
矿产资源	天然气	黑土 铁矿 菱镁矿	花岗岩	稀土 钨矿	棕壤 淋溶 褐土	铁矿 石灰岩	白钨矿 锰矿

2．气候特征

（1）气候要素（图10–21、图10–22、表10–3）

图10–21 丘陵地区日照图解
Figure10-21 Illustration of sunlight in hilly regions

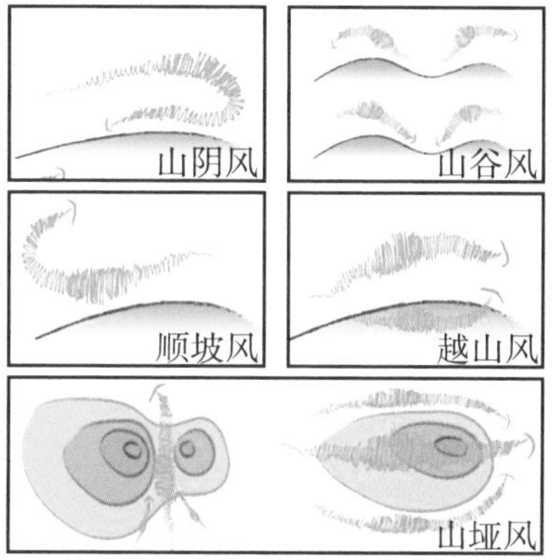

图10–22 丘陵地区风图解
Figure10-22 Illustration of atmospheric motion in hilly regions

表 10–3 降水类型表
Table10-3 Precipitation types

名称	成因	特点
对流降水	当地面受太阳照射时间较长，由于热传导，地面温度升高，气流上升而形成	局部性降雨，常发生在夏季，又称雷阵雨，具有时间短、强度大、范围小的特点
山岭降水	主要受地形影响，当潮湿流动的气团前进方向受山岭所阻，被迫上升，遇冷凝结而形成，又称地形雨	延续时间长，但强度不大
旋降水	当降水与气旋并存时的降水，由冷气团与暖气团交汇形成的旋降水，或由于台风引起的台风雨	降水强度大，降水面积分布较小，对小流域降水影响较大

（2）气候类型。通过对9个丘陵分区所属的78个城市气候类型进行统计，发现丘陵地区的气候类型主要为亚热带季风性气候、温带季风性气候、中亚热带季风气候等8种（图10–23、表10–4）。亚热带气候区域的主要气候特点为：冬季不冷，1月平均温普遍在0℃以上，夏季较热，7月平均温一般为25℃左右，冬夏风向有明显变化，年降水量一般在1000mm以上，主要集中在夏季，冬季较少。

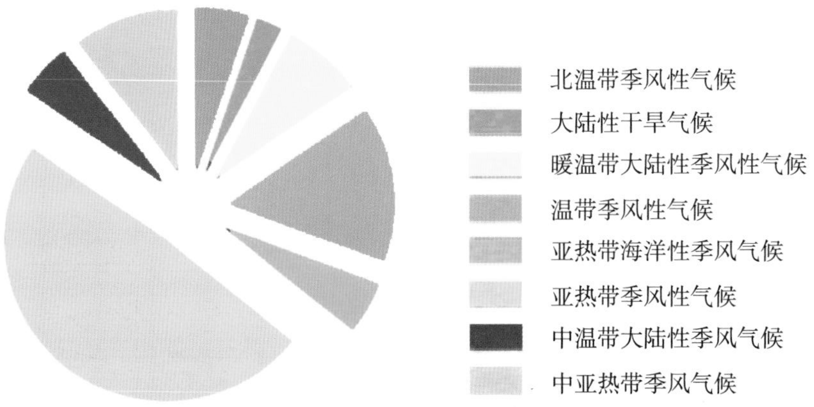

图10–23 丘陵地区不同气候类型分布情况统计图
Figure10-23 Distribution cartogram of climate types in hilly regions

表 10–4 丘陵地区不同气候类型分布情况统计表
Table10-4 Statistics of climate type distribution in hilly regions

气候类型	数量	城市名称
北温带季风性气候	4	通化 朝阳 阳泉 北京
大陆性干旱气候	2	昌吉 哈密
暖温带大陆性季风气候	6	运城 渭南 保定 秦皇岛 济南 莱芜
温带季风性气候	12	四平 鹤岗 牡丹江 白山 本溪 长春 咸阳 西安 承德 泰安 临沂 乌鲁木齐
亚热带海洋性季风气候	4	潮州 龙岩 莆田 三明
亚热带季风性气候	38	乐山 南充 成都 德阳 泸州 重庆 遂宁 襄阳 贺州 揭阳 清远 南宁 随州 孝感 郴州 赣州 萍乡 河源 云浮 百色 桂林 河池 梧州 铜仁 衡阳 邵阳 永州 黄山 安庆 梅州 宁德 金华 丽水 衢州 台州 温州 漳州 南平
中温带大陆性季风气候	4	赤峰 哈尔滨 鸡西 佳木斯
中亚热带季风气候	8	资阳 自贡 娄底 柳州 怀化 宜春 张家界 韶关

（3）平均气温。通过对9个丘陵分区所属的78个城市平均气温进行统计，计算得出丘陵地区的平均气温为14.75℃。而国内外学者的研究结果表明，人体最舒适气候基准温度是16～25℃。在所有9个丘陵地区中，川渝丘陵、湖广丘陵、浙闽丘陵的平均气温分别为17.13℃、18.73℃、18.39℃，均在此范围内，符合人体最舒适温度定义（图10–24）。

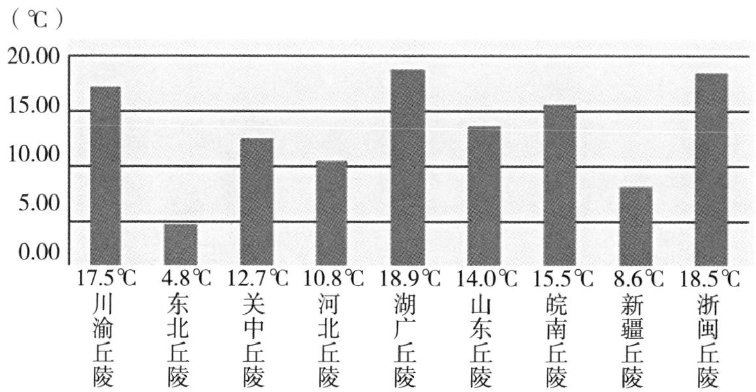

图10–24 九大丘陵地区平均气温统计图
Figure 10-24 Statistics of mean temperature in nine hilly regions

（4）降水量。通过对9个丘陵分区所属的78个城市年平均降水量进行统计，丘陵地区的年平均降水量达1122.67mm。其中以浙闽丘陵最多，如温州的年平均降水量达1800mm，比我国同纬度其他地区降水量（500～1500mm）多得多；降水量达到1700mm的三明市也属于福建省的丰水区（图10–25）。

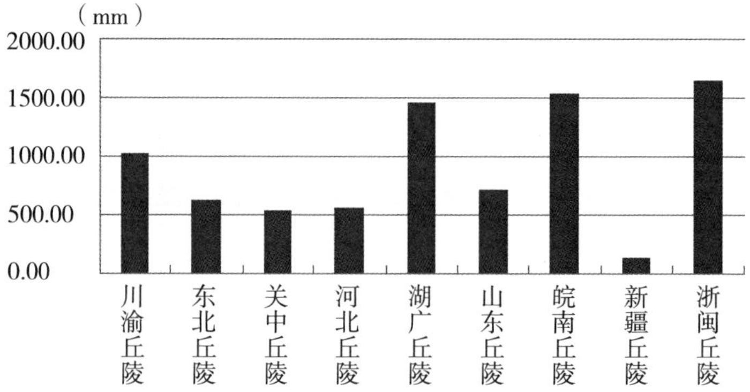

图10–25 九大丘陵地区平均降水量统计图
Figure10-25 Statistics of average precipitation in nine hilly regions

3. 动植物资源

通过对我国丘陵区域的地级市平均海拔所进行的统计，可以清楚地发现78个丘陵城市中绝大多数都在海拔500m以下，仅有内蒙古赤峰市，山西省阳泉市，新疆的乌鲁木齐市和哈密市在海拔500m以上，但海拔高度均不超过1000m，相对高度都在200m左右，均符合丘陵的定义（图10–26）。

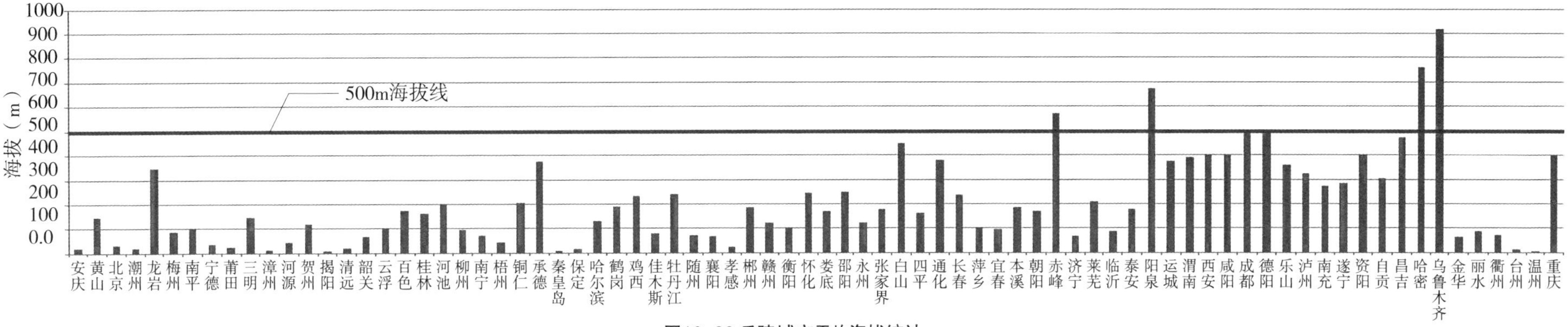

图10–26 丘陵城市平均海拔统计

Figure10-26 Statistics of average altitude in hilly cities

通过对我国丘陵区域的地级市市域面积所作的统计分析，得出丘陵城市市域总面积166.7万km²，占全国国土面积的17.36%，丘陵城市平均面积为2.13万km²。其中，哈密市市域面积最高15.3万km²，内蒙古赤峰市、重庆市、秦皇岛市、昌吉市面积超过6万km²，南平等10个市的市域面积超过2万km²，其他市域面积处于2万km²以内（图10–27）。

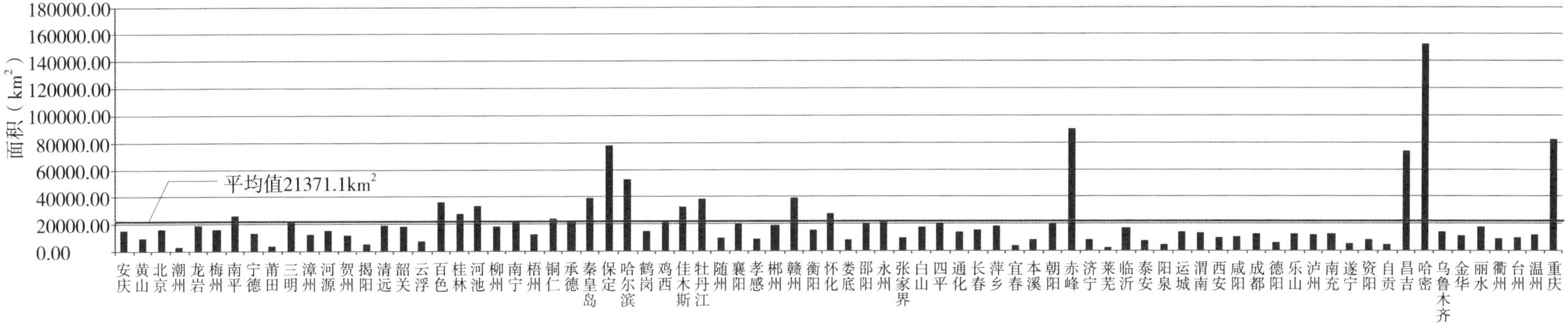

图10–27 丘陵城市市域面积统计

Figure10-27 Statistics of municipal administrative region of hilly cities

4. 动植物资源

丘陵的地形造就了其丰富的生物多样性，不同地理区位的纬度、经度、垂向的不同组合形成了生物多样性特征，丘陵地区优越的自然地理环境中蕴藏着丰富的动物、植物、矿产等自然资源。它们之间相互作用并构成复杂多样的生态系统，具有良好的生物多样性。表10–5、图10–28中所展示的是七大丘陵部分资源品种。

表 10–5 我国丘陵地区动、植物资源统计
Table10-5 Statistics of animal and plant resources in hilly regions of China

动物	植物	丘陵名称
大熊猫	柏木	川渝丘陵
东北虎、达犴、狍子	油松、栎树	东北丘陵
关中驴	玉米	关中丘陵
野猪、野鸡	红豆杉	湖广丘陵
褐马鸡	苹果、梨	山东丘陵
猫豹	荔枝、樱桃、金钱松	浙闽丘陵
云豹、黑鹿	杉木、毛竹	皖南丘陵

图 10–28 我国丘陵地区动、植物资源意向图
Figure10-28 Intention figures of animal and plant resources in hilly regions of China

位于丘陵地带的国家级自然保护区有90个，约占全国的历史文化名城总数的30.5%（表10–6、图10–29）。

表 10–6 我国丘陵地区国家级自然保护区统计
Table10-6 Statistics of Chine National Nature Reserve in hilly regions

	国家级自然保护区（个）	面积（万km^2）
全国	295	960
丘陵地区	90	95
比例	30.5%	9.9%

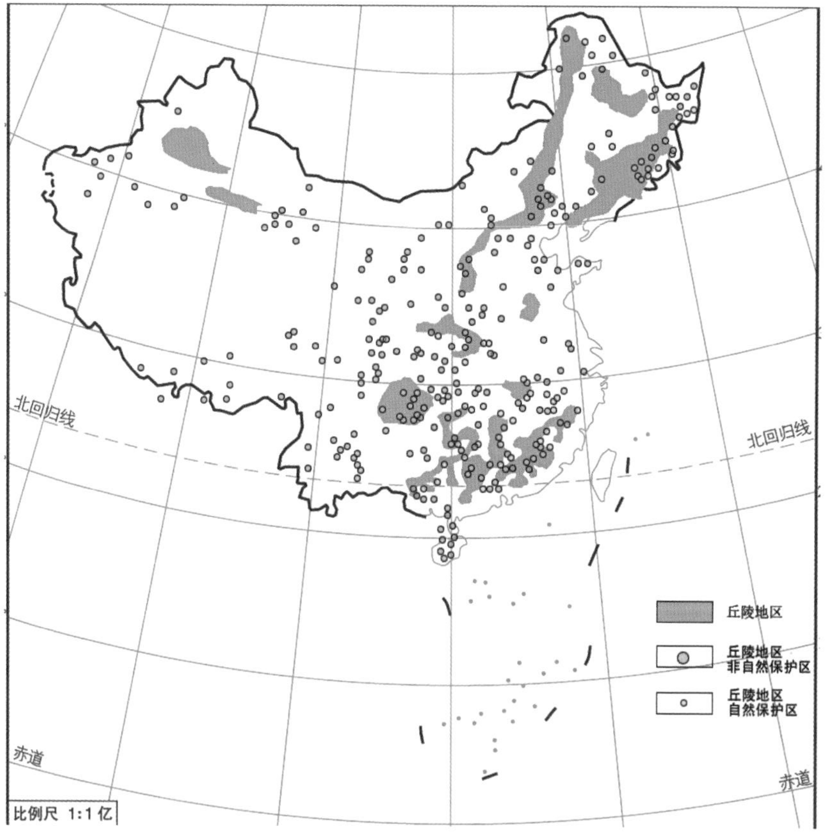

图10–29 我国国家级自然保护区分布图
Figure10-29 Distribution of national nature reserves in China

5. 风景资源

丘陵视觉景观资源区别于其他地形景观，最明显的特征在于地形的起伏赋予丘陵景观极具独特性的意味（图10–30）。

图10–30 我国各类丘陵视觉景观资源特点归类示例图

Figure10-30 Examples of classifiation of visual landscpe resource features in hilly regions of China

10.2.3.2 人文背景

1. 背景简介

（1）起源。人们为了生存和繁衍，在依靠山川丘陵的同时，也需要不断地适应这种自然环境，并进行探索与斗争。山川丘陵高大绵延，自然气候变幻无穷，时而晴空万里，时而雷雨交加。面对大自然的威力，先民无法解释各种自然现象，感到自身的渺小，对山岳产生幻觉和恐惧心理，认为这一切都是由未知的神秘力量支配的，于是产生了拔地通天的山岳及其神灵是万物主宰的观念。《山海经》载："昆仑之丘，是实惟帝之下都"（图10–31）。《淮南子・地形训》载："（昆仑之丘）或上倍之，乃维上天，登之乃神，是谓太帝之居。"

（2）发展。"风水相地学说"，又名"堪舆"。"堪"，地突之意，代表"地形"之词；"舆"，"承舆"，为研究地形地物之意（图10–32）。

图10–31 山海经里的昆仑山

Figure10-31 Mt. Kunlun in ShanHaiChing

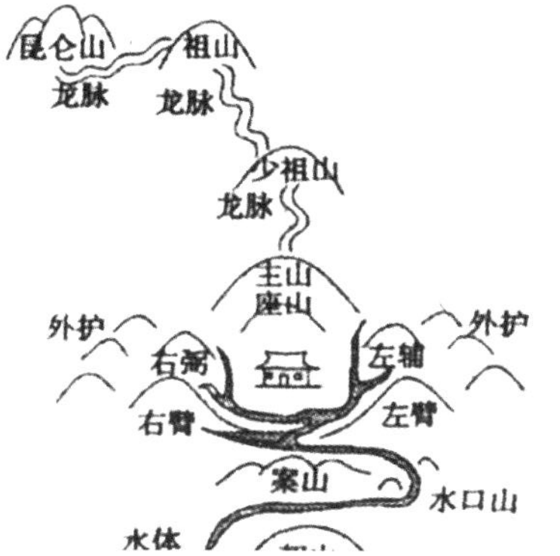

图10–32 理想风水模式

Figure10-32 Ideal Fengshui mode

图片来源：王韧. 传统风水理论在当代生态居住建设中的应用[J]. 硅谷, 2008 (24)

2. 宗教崇拜

（1）起源。随着人类社会的发展，山岳崇拜的原始成分，逐渐产生了宗教崇拜的特征。随着山岳崇拜的历史与内容的日渐丰富，其形式与内容的丰富性也在宗教体系的逐渐完备中体现出来。

（2）发展。初期："台"，台的营建是古人最为原始的对山岳自然崇拜的一种外化表现，通过搭建当时条件下尽可能高耸的人工构筑——高台来模拟山岳形象，从而传达这一形态崇拜（图10–33）。兴盛："三山五岳"，山神崇拜风俗形成很早，原始社会末期就开始祭山，后来不断地加以神化。我国受祭最多的山为五岳，即坐形泰山、行状恒山、立式华山、卧态嵩山、飞势衡山。"三山"指黄山、庐山、雁荡山，"五岳"则是泰山、衡山、华山、恒山和嵩山。五岳之中以泰山为首，同时泰山也最能体现五岳封禅宗教文化，以小见大，窥见中华民族山岳崇拜及其山神信仰的本质（图10–31）。

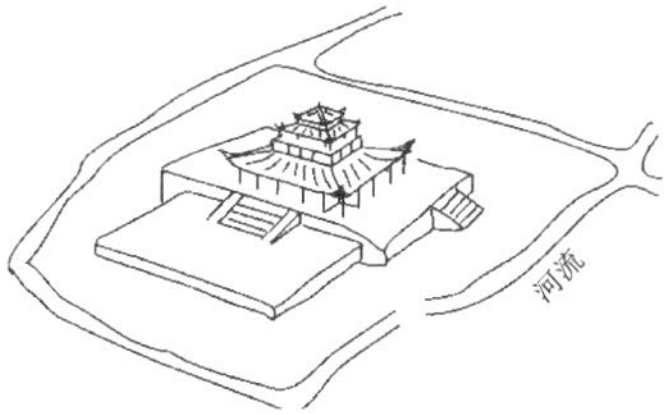

图10–33 台

Figure10-33 Pavilion

图片来源：张立，吴健平. 春秋时期吴国都城遗迹位置的遥感调查及预测[J]. 遥感学报，2005 (05)

图 10–34 泰山封禅

Figure10-34 Worshiping heaven and earth on Mount Tai

3．历史文化名城

位于丘陵地带历史文化名城有38个，约占全国的历史文化名城总数的31.3%（图10–35、表10–7）。

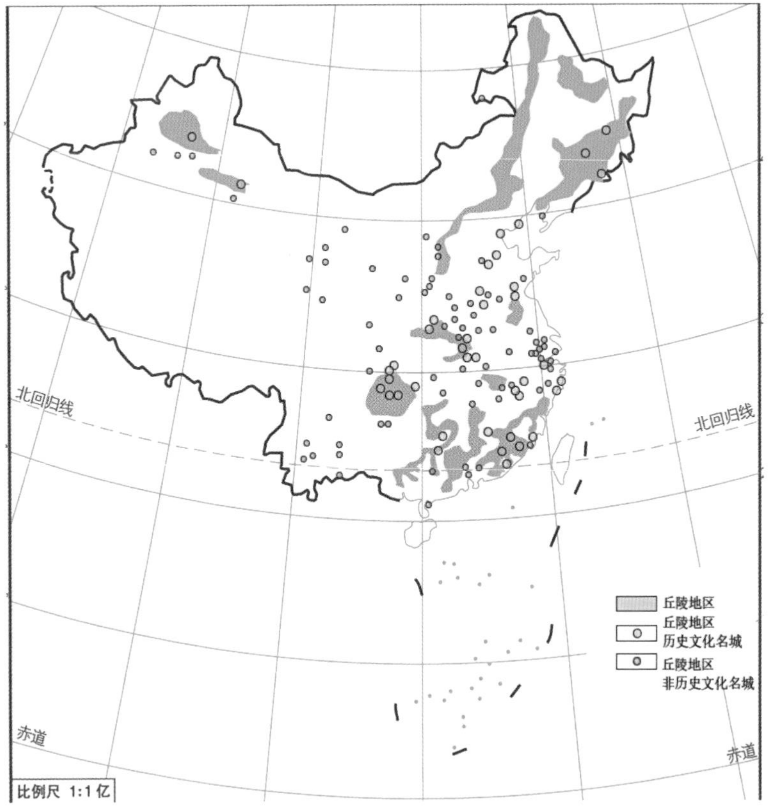

图10–35 我国历史文化名城分布图

Figure10-35 Distribution of historical and cultural cities in China

表 10–7 我国丘陵地区国家级历史文化名城统计

Table10-7 Statistics of China National historic and culture city in hilly regions

	国家级历史文化名城（个）	面积（万km^2）
全国	122	960
丘陵地区	38	95
比例	31.3%	9.9%

4．风景名胜区

位于丘陵地带国家5A级旅游区有31个，约占全国的历史文化名城总数的26.1%（图10–36、表10–8）。

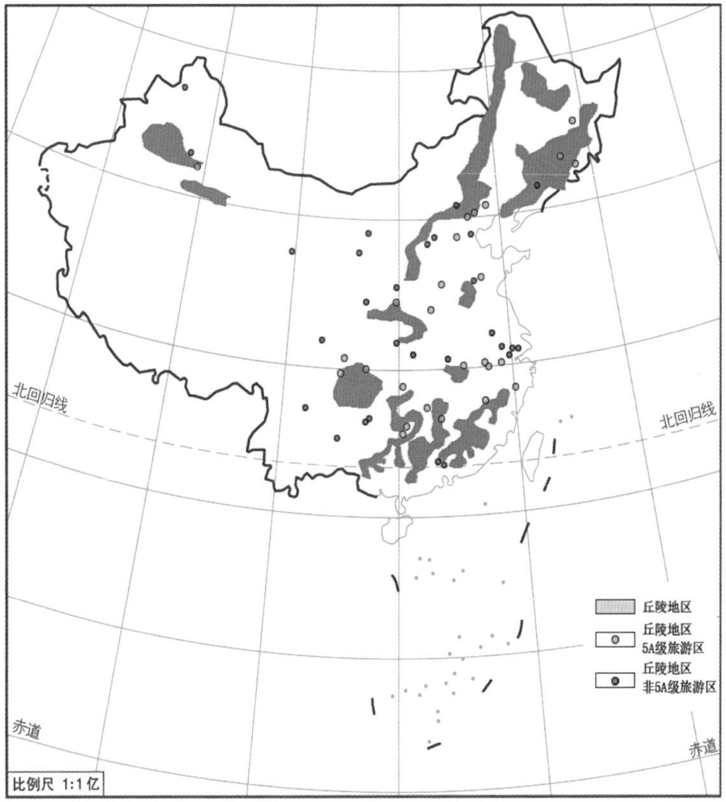

图10–36 我国国家5A级旅游区分布图

Figure10-36 Distribution of 5A national scenic regions in China

表 10–8 我国丘陵地区国家 5A 级旅游区统计

Table10-8 Statistics of National 5A Scenic Spots and Historical Sites in China

	国家5A级旅游区（个）	面积（万km^2）
全国	119	960
丘陵地区	31	95
比例	26.1%	9.9%

5. 案例分析——浙江省天台山人文背景介绍

在古代，只有少数文人墨客为体验、感受山岳壮丽，而行游于名山大川之中。那时的行游，已经成为了今日的文化；那时的文化，在今日得以传承。天台山秀丽的山水，令无数文人骚客为其倾倒。明代大旅行家徐霞客三上天台山，写下两篇游记，赫然标于《徐霞客游记》篇首。王羲之、谢灵运、孟浩然、朱熹、陆游、康有为、郭沫若等名士硕儒都在天台山留下了深深的足迹（表10–9）。

表 10–9 天台山风景区发展历史表
Table10-9 Develop of Mt.Tiantai scenic spot

西晋	文学家陆机游天台山，留有“遗形灵岳，顾景忘归”之句，称天台为“灵岳”
东晋	王羲之、支遁、许迈等结伴游山带动三教人士漫游成风。孙绰《游天台山记》：“山岳之神秀者也”
南朝	永嘉太守谢灵运率领500多人开山凿道，沟通了台越旅游线，堪称赴天台山的第一个大型“旅行团”
唐（鼎盛）	大批僧道接踵进山修持，李白、杜甫、孟浩然、白居易、刘禹锡等300多位骚人墨客载酒扬帆，击节高歌，走出了一条“唐诗之路”，其中寒山子还将天台当作终隐之地
宋、元	唐五代至宋元，“佛宗仙源”、三教胜地的天台山，也引发了韩、日僧人和朝野掀起的一股股经久不衰的对天台山的“朝拜热”
明	随着一股崇尚实学、追求自由思潮的兴起，以旅游化倾向为特征的天台山旅游热再度出现。徐霞客、汤显祖、王思任、杨文骢、黄宗羲、陈子龙等名家接踵进山

10.2.3.3 丘陵城市

通过对我国丘陵区域的地级市所作的统计分析，可以清楚地看到，共有78个城市市域内具有大片丘陵地带，以下数据统计及分析都基于这78个城市（表10–10、图10–37）。从人居环境建设史上看，在这些城市市域内，不乏优秀的人居建设杰出案例，如北京西山静宜园，河北避暑山庄，天府之国的成都古城，安徽黄山市境内的西递、宏村古村落群等，都体现了丘陵地区优越的居住环境。

表 10–10 各省份丘陵城市数量统计
Table10-10 Statistics of hilly city number of provinces

省份	数量	城市名称
北京	1	北京市
安徽	2	黄山 安庆
福建	8	潮州 龙岩 梅州 南平 宁德 莆田 三明 漳州
广东	6	河源 贺州 揭阳 清远 韶关 云浮
广西	6	百色 桂林 河池 柳州 南宁 梧州
贵州	1	铜仁
河北	3	承德 秦皇岛 保定
黑龙江	5	哈尔滨 鹤岗 鸡西 佳木斯 牡丹江
湖北	3	随州 襄阳 孝感
湖南	7	郴州 衡阳 怀化 娄底 邵阳 永州 张家界
吉林	4	白山 四平 通化 长春
江西	3	赣州 萍乡 宜春
辽宁	2	本溪 朝阳
内蒙古	1	赤峰
山东	4	济南 莱芜 临沂 泰安
山西	2	阳泉 运城
陕西	3	西安 渭南 咸阳
四川	8	成都 德阳 乐山 泸州 南充 遂宁 资阳 自贡
新疆	3	乌鲁木齐 昌吉 哈密
浙江	5	金华 丽水 衢州 台州 温州
重庆	1	重庆

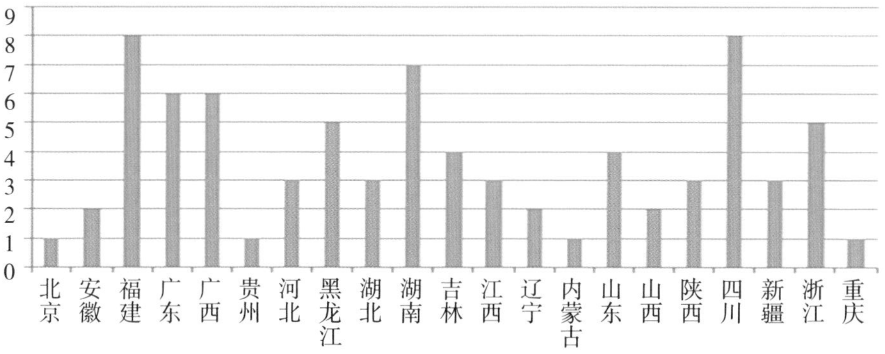

图10–37 我国各省、直辖市、自治区丘陵城市数量统计
Figure10-37 Statistic of provinces, municipalities directly under the central government and autonomous regions belong to hilly cities in China

1. 城市海拔

通过对我国丘陵78个的地级市人口的统计分析，可知丘陵城市市域总人口3.8亿人，占全国人口总数的28.15%，丘陵城市平均人口数为496万人。其中，重庆市人口最高为2945万人；北京其次为2069万人；成都、哈尔滨、保定、临沂市域人口均超过1000万人；其他市域人口处于450万规模上下波动；新疆哈密市人口数为57万，人口数量最少（图10-38）。

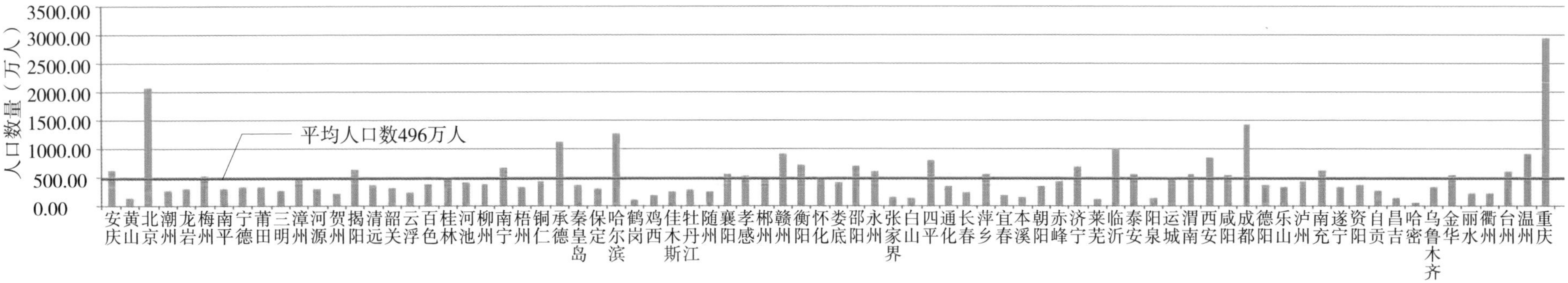

图10–38 丘陵城市人口数量统计

Figure10-38 Statistic of population in hilly cities

2. 城市人口密度

通过对我国丘陵区域的地级市市域人口密度所作的统计分析，得出丘陵城市市域人口密度为232.09人/km²，比全国人口密度139.6人/km²高出一倍，但在5种人居类型中居第四，仅比干旱地区的人口密度高（图10-39）。

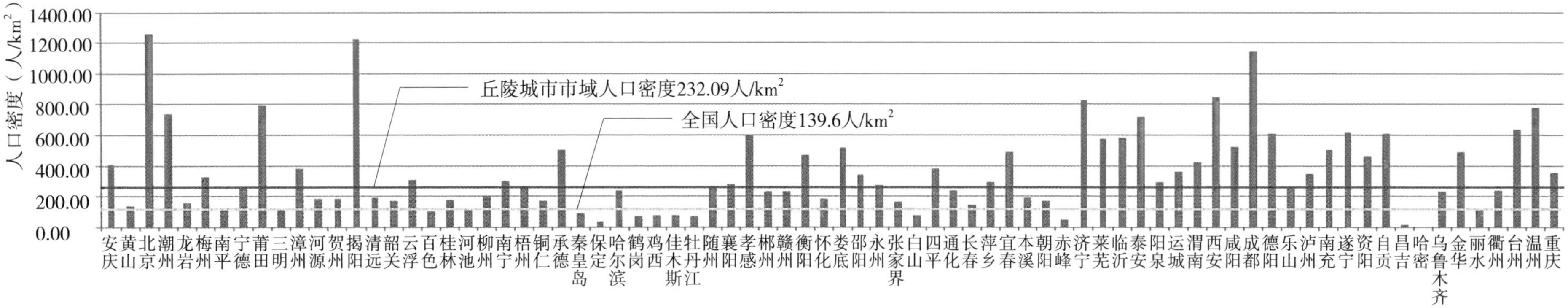

图10–39 丘陵城市人口密度统计

Figure10-39 Statistic of population density in hilly cities

3. 长寿之乡

位于丘陵地带的长寿之乡有38个（以广西巴马最为出名），约占全国长寿之乡总数的47.8%（图10–40、表10–11）。

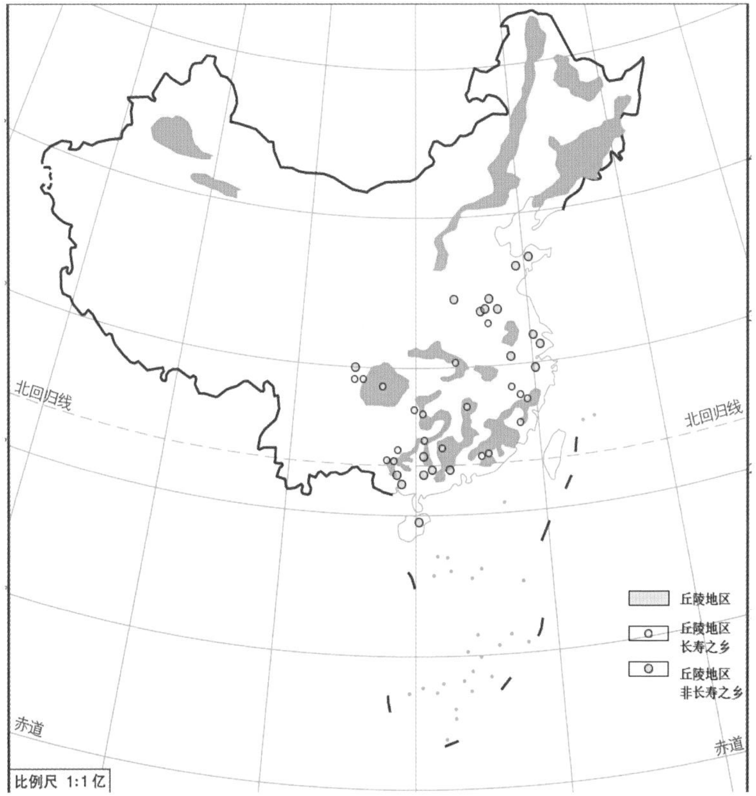

图10–40 我国“长寿之乡”分布图
Figure10-40 Distribution of “County of Longevity” in China

表 10–11 我国丘陵地区国家 5A 级风景名胜区统计
Table10-11 Statistics of National 5A Scenic Spots and Historical Sites in China

	我国长寿之乡（个）	面积（万km^2）
全国	46	960
丘陵地区	22	95
比例	47.8%	9.9%

4. 特色产业

中国是世界茶叶的第一生产大国和第一消费大国，我国茶叶种植历史悠久。丘陵的自然条件（气候、土壤）非常适合茶叶的种植，全国丘陵产的茶叶已有数百个优良品种，十二大名茶有九种都产于丘陵（图10–41）。

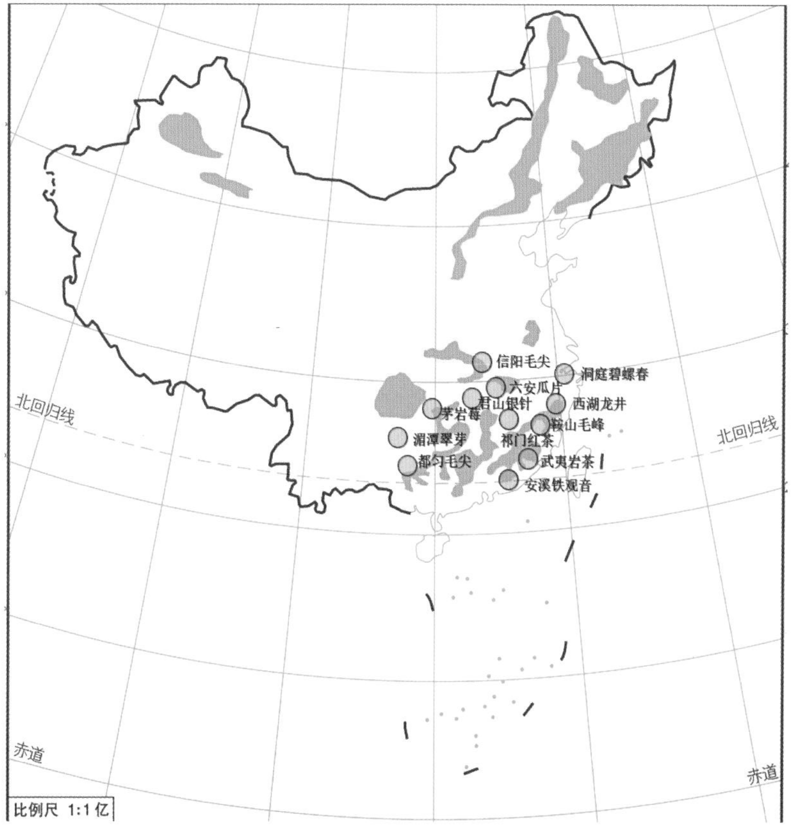

图10–41 我国茶叶主要产地分布图
Figure10-41 Distribution of tea producing regions in China

我国花生总种植面积约3000万亩，居世界第二位，主产地区为山东、辽东、广东雷州半岛、黄淮河地区以及东南沿海的海滨丘陵和沙土区（图10–42）。花生种植区很大一部分处于丘陵地区，其中山东省约占全国生产面积的1/4，总产量的1/3。

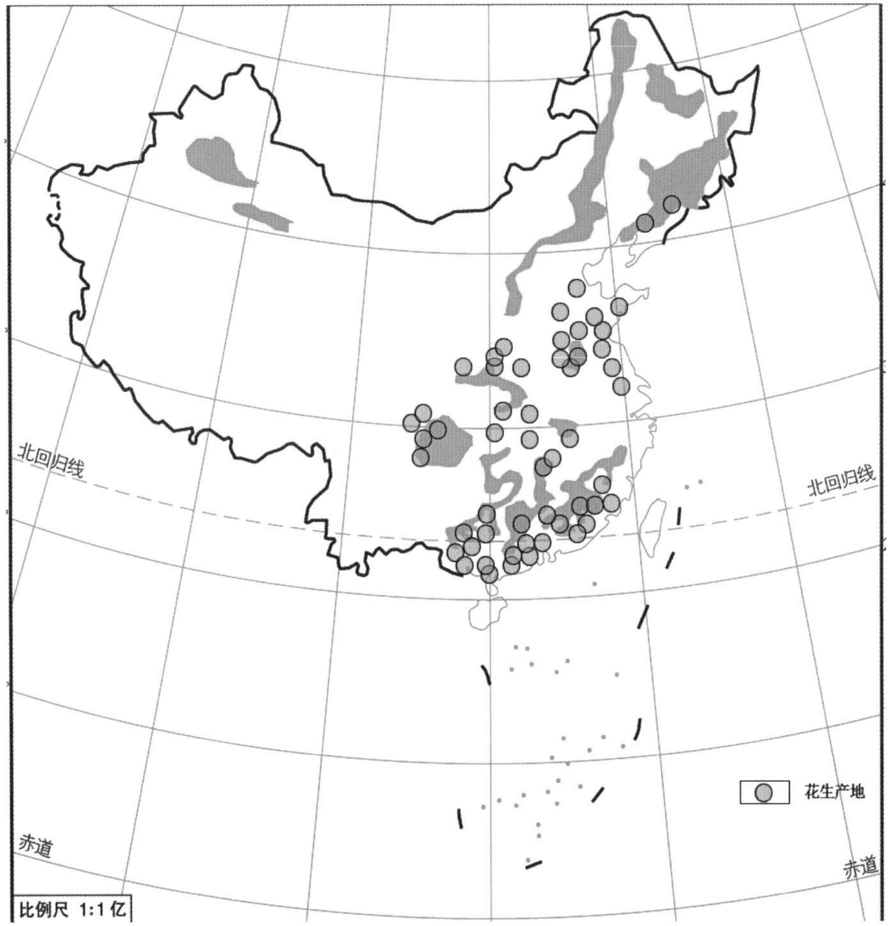

图10–42 我国花生主要产地分布图
Figure10-42 Distribution of Peanut producing regions in China

10.2.4 案例分析——马泰拉

意大利南部城市Matera（马泰拉）有独特的城市区域自然背景和城市概况（图10–43）。通过对该市的分析，了解其自然环境特征，城市建设的时空演进，文化环境特征，经济产业环境特征，城市景观环境特征。

图10–43 石窟之城马泰拉
Figure10-43 City of grottoes - Matera City
图片来源：http://www.flickr.com

10.2.4.1 城市区域自然背景

意大利的国土大部分是丘陵或山地，全境4/5为山丘（图10–44）。到意大利旅行的话，罗马、佛罗伦萨等城市必是首选之地，但境内大大小小的丘陵城市更能体现其魅力：如石窟之城Matera，童话之城Alberobello，圆形之城Locorotondo，彩色之城Positano，世外之城Scilla，山地之城Taormina（图10–45）。这些美丽的丘陵城市大多具有悠久的历史文化。

图10–44 意大利地形图
Figure10-44 Topographic map of Italian

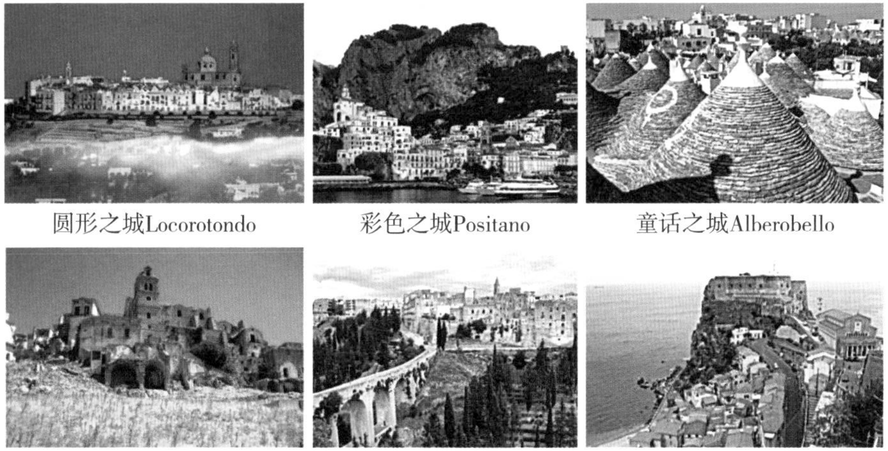

圆形之城Locorotondo　彩色之城Positano　童话之城Alberobello

石窟之城MATERA　白色之城Gravina　世外之城Scilla

图10–45 意大利丘陵城市
Figure10-45 Hilly cities in Italian
图片来源：http://www.flickr.com

10.2.4.2 城市概况

马泰拉市是马泰拉省的首府，位于意大利东南部，属于巴西里卡塔行政区（图10–46）。面积387.4km^2，人口59144，海拔高度401m，地形以山地丘陵地形为主。1993年被联合国教科文组织收录进世界文化遗产名录（图10–47）。

马泰拉被认为是自然、历史、文化完美整合于景观中的城市。在地域性景观中强调遵循自然演变规律，传承历史与文化。

1）独特的石灰岩地质环境。

地形地貌丰富多样，包括高原区、山谷地带和天然地陷。城市中心最早就位于奇维塔峡谷悬崖处。以石灰岩为主的典型喀斯特地貌，形成了许多天然的污水坑和落水洞，在峡谷的边缘收集了大量的水资源，这些被称为“湖”的地方，是穆尔吉亚高原上典型的地域景观特质。在马泰拉，城市化的过程即是起源于这些“湖”。石灰岩的耐侵蚀性和坚固性，使得当地居民利用山体开凿洞穴，形成一大奇观。

2）独特的水环境

格拉维纳河（Gravina River）流经这里，湍急的水流穿过峡谷深处。石灰岩地质在不断侵蚀的过程中，形成天然的储水沟和落水洞，收集大量的从山上流下的雨水和地表水。人们在庭院中挖建了凹坑，用来收集屋顶的雨水。

图10–46 马泰拉市区位示意图
Figure10-46 Schematic diagram of Matera City's location

图10–47 马泰拉市独特的地质和水环境示例图
Figure10-47 Illustrate of typical geology and water environment in Matera City

10.2.4.3 城市建设的时空演进

马泰拉城市演进的各个阶段，体现了在遵循自然规律的基础上，不同时代的城市结构的完美衔接。分为以下几个主要地区：卡维索区、奇维塔区、巴西里萨诺区、老城区过渡区、新城区（图10–48、图10–49）。

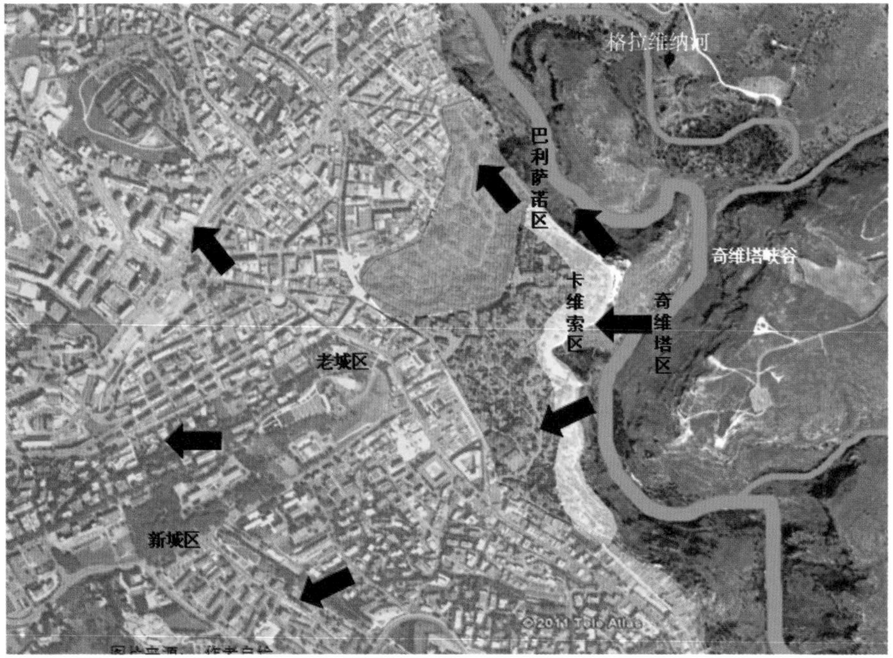

图10-48 马泰拉市典型地区区位图
Figure10-48 Location of typical areas in Matera City

（1）卡维索区：它是奇维塔峡谷两侧的石穴民居不断扩大蔓延而逐渐建立起来的。由于背山向阳，光照充足，并处在峡谷的边缘，视野开阔。优越的地理位置是其发展演变的重要原因之一。该石窟区的建筑是完全在石灰岩悬崖外部建造的，包括教堂、洞穴和居室。

（2）奇维塔区：马泰拉城市最早的人类定居点在奇维塔峡谷两侧的高地上，背山面水，易守难攻，又可以避开河水汛期的侵袭。有原始的石窟洞穴、储水设施、蓄水沟和落水洞等组成。现已废弃，并在石灰岩的狭缝中生长出茂密的植物。

（3）巴西里萨诺区：它是卡维索区的进一步蔓延，石窟建筑逐渐增加而形成的。中世纪，马泰拉处于基督教盛行的时期，在此定居的教士与僧侣修建了大量的教堂和民居，错落向北蔓延，并占据制高点。

（4）老城区过渡区：作为联系古城区与新城区的重要纽带，起到至关重要的过渡与衔接作用。这里修建了大量的星级酒店、酒吧、餐馆以及画廊和艺术家工作室，体现传统与现代的紧密结合。大部分为重建的石窟建筑。

（5）新城区：20世纪初，为适应现代化的发展和城市化的进程，政府将卡维索石窟建筑区的居民迁出，由此形成了马泰拉的新城区。

图10-49 马泰拉市典型地区意向图
Figure10-49 Intention of typical regions in Matera City
图片来源：http://www.flickr.com

10.2.4.4 城市特征

1. 文化环境特征

（1）穴居文化。独特的自然环境为人们提供了穴居居所。早在石器时代，人们随着季节在山地和山谷的草地之间迁移畜牧，就利用有裂隙的地带来为自己提供居所。马泰拉是地中海地区最著名，也是保存最完好的穴居人遗址。目前其石窟民居建筑仍完整地保存并使用着。

（2）基督教文化。公元10世纪开始，这里成为基督教教士的居所，石窟教堂、修道院、寺院逐渐被建造起来，为城镇增添了神秘色彩。直到现在，城市也保留着古老的宗教纪念与游行的传统。每年7月2日是纪念圣母的节日，成为一年一度的节日庆典。

（3）多元交融的文化。马泰拉曾经历曲折动荡的历史进程，曾先后被希腊人、罗马人、伦巴第人、萨拉森人、拜占庭人、基督教教士、阿拉伯人等统治，不同的统治者带来了不同的文化碰撞。闭塞落后的环境使得马泰拉的城市景观在动荡的年代中得以幸存。

图10–50 文化环境特征意向图
Figure10-50 Intention of cultural environment characteristics
图片来源：http://www.flickr.com

2. 经济产业环境特征

1）贫穷落后的区域环境

马泰拉所处的巴西利卡塔区由于区内地势多山、通信、交通十分落后，因此一直是全意大利发展最迟缓，经济最落后的地区之一。另外，由于巴西利卡塔区历史上战乱不断，在战役中受到了严重的破坏，经济社会发展缓慢，贫穷和落后呈现恶性的循环（图10–51）。

2）主要产业构成

（1）农牧业：历史上马泰拉地区的人们主要从事农牧业，丰富的水源和峡谷葱郁的林地使这里成为200多万年前的人类定居点。

（2）手工业：独特的自然环境造就了马泰拉的人们精湛的手工技艺，他们就地取材，雕刻出各类艺术品，用黏土制作彩色的雕塑，制作皮革的技艺。

（3）艺术产业：独特的艺术气息和自然环境也吸引了诸多画家、珠宝设计师及室内设计师。在城市的石窟建筑区有很多艺术家的画廊和工作室。

（4）旅游业：据不完全统计，2004年，马泰拉的游客数量大约为20万人。

图10–51 经济产业环境特征意向图
Figure10-51 Intention of economic industry environment characteristic
图片来源：http://www.flickr.com

3. 城市景观环境特征

马泰拉城市表现出山城交融的和谐景观。城市总体布局展现了自然衍生的结构状态，时空交错的序列直接反映在建筑与城市公共空间的图底关系中，并通过建筑的布局方式、规模、密度及道路的组织直接体现（图10–52）。

图10–52 城市空间序列示意图
Figure10-52 Schematic diagram of urban space sequence
图片来源：杨鑫，张琦. 意大利南部古城景观保护与更新[M].武汉：华中科技大学出版社，2011

1）山城交融的和谐景观——平面（图10–53）

平面上，主要道路划分大的区域，次要道路错综复杂，建筑与城市公共空间的土地关系如迷宫般相互缠绕。

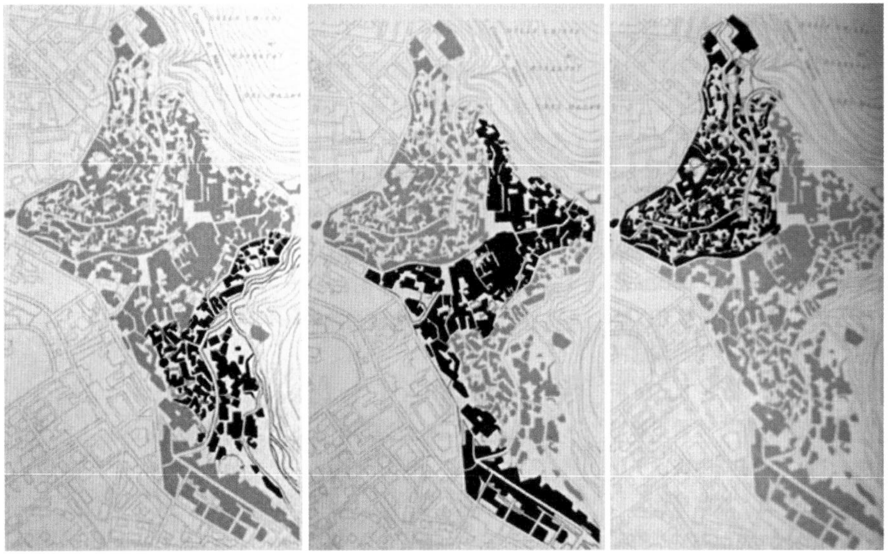

图10–53 山城交融空间平面示意图
Figure10-53 Schematic diagram of hill-city blending in plane spaces
图片来源：杨鑫, 张琦. 意大利南部古城景观保护与更新[M]. 武汉：华中科技大学出版社，2011

2）山城交融的和谐景观——竖向

竖向结构可以有助于清晰地理解这一神秘变幻的石窟之城的建筑、自然、公共空间的关系。古城紧邻奇维塔峡谷，深70～80m。独特的石窟建筑群坐落在数个山地之上，制高点是马泰拉大教堂。沿着峡谷可以欣赏城市错落统一的立面。古城内部，起伏的地形和曲折的街巷使得视线之内几乎没有平坦的地势。

独特的地形造就了古城特有的景观格局——错落的迷宫式街巷，层叠的点缀式花园，和谐统一的建筑景观，交错共生的建筑组群。古城是由数层堆叠的房屋、洞穴、广场，以及依据水渠和储水系统而产生的道路系统组成的复杂格局。石窟建设如迷宫般回旋缠绕，房屋的顶部可能是花园、道路、楼梯或广场，城市立面就像一幅立体派的抽象画（图10–54）。错落的街巷产生开放与半开放的边界，私家的庭园自然成为城市的公共花园。私家庭园依据石窟建筑布局形式，衍生出层层叠错的屋顶花园、垂直花园、阳台花园等。多元衍生的建筑单体，在曲折的历史背景中造就了其多元化的建筑图景，以教堂等公共建筑为主，点缀在石窟民居之间（图10–55）。

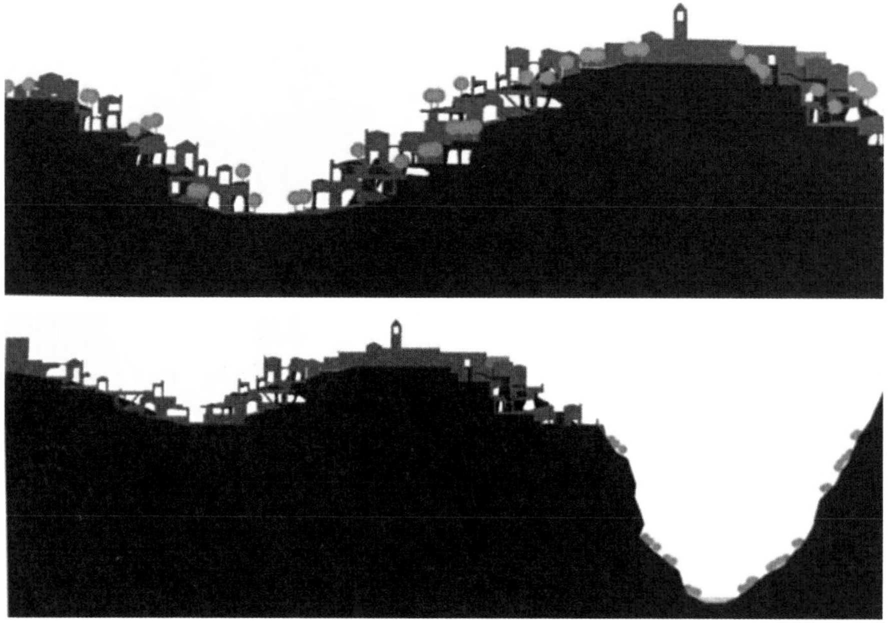

图10–54 山城交融空间竖向示意图
Figure10-54 Schematic diagram of hill-city blending in vertical spaces
图片来源：杨鑫, 张琦. 意大利南部古城景观保护与更新[M]. 武汉：华中科技大学出版社，2011

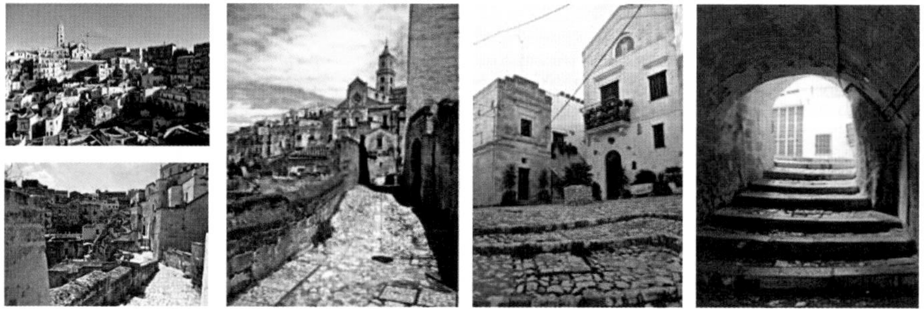

图10–55 山城交融空间意向图
Figure10-55 Schematic diagram of hill-city blending in spaces
图片来源：http://www.flickr.com

10.2.5 背景小结

通过以上对丘陵背景的认知，对丘陵人居的自然背景、人文背景、人居背景进行小结：

（1）自然背景：大部分地区气候稳定，气温适宜，降水充沛，自然资源丰富，生物多样，但地区土壤贫瘠。

（2）人居背景：丘陵城市普遍规模和发达程度一般，人口密度偏低，但大多适宜居住，且已形成一些特色产业。人文背景：起伏的地形赋予了丘陵景观极具独特性的意味，一些丘陵地域性的人文积淀使丘陵景观特征更加鲜明，给人丰富的视觉体验（图10–56）。

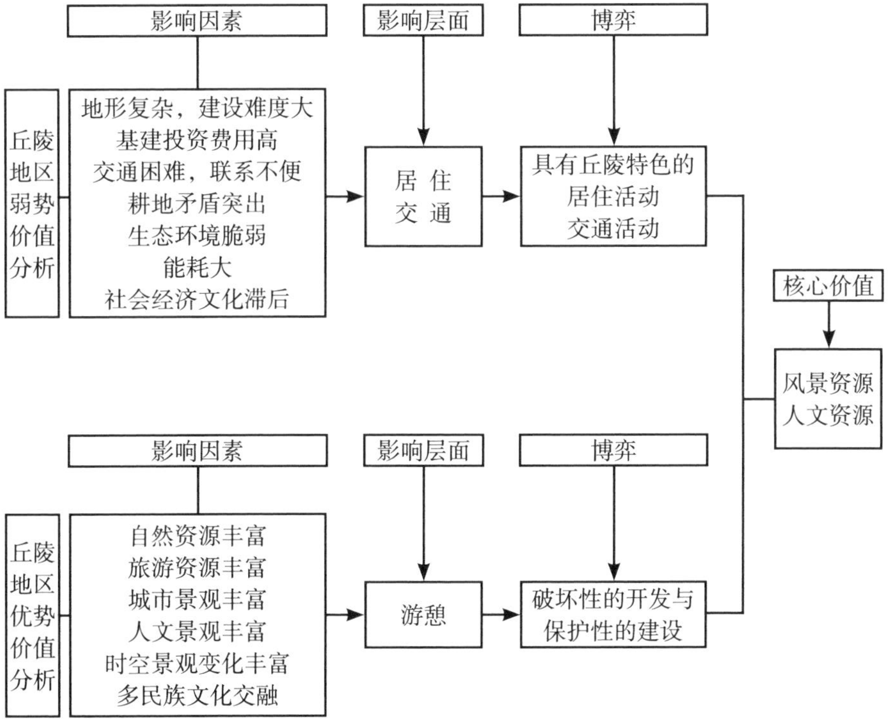

图10–56 丘陵地区优劣势价值分析
Figure10-56 Analysis of superiority and inferiority value in hilly regions

10.3 丘陵地区人居活动研究

10.3.1 丘陵人居活动总述

10.3.1.1 活动概述

人居环境的主体及其表现形式的核心是人与社会的关系及人类生存的价值取向问题。解决这个问题要引入价值判断：识别、判断人居环境的优劣及其发展建设的导向。

在多民族文化交融过程中，虽然会有文化交流、文化冲击、文化破碎、文化缺失等问题，但是时代的发展带来传统人居文化更新是发展的必然（图10–57、表10–12）。

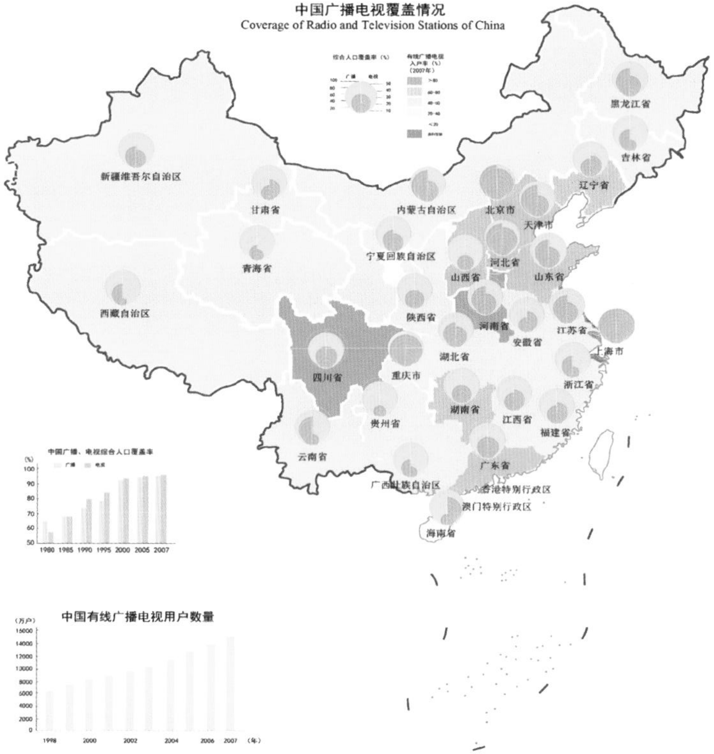

图10–57 中国广播电视覆盖情况图
Figure10-57 Condition of radio and TV covered area in China
图片来源：http://hi.baidu.com/gaoliujun/album

表 10–12 人居活动
Table10-12 Human settlement, inhabitation and travel activities

生活方式	交通联系	时间观念	空间观念	价值取向
多样化 休闲化	自动化 多样化 立体化	时间效率 时间分配	空间尺度 公共空间 社会化	个体–群体 物质–精神

崇山峻岭，交通阻隔，各地居民处于相对“封闭”的状态之中，久而久之，逐渐发展为不同的民族。

10.3.1.2 丘陵活动发生根源及内在机制

1. 丘陵活动内在需求——人的心理需求

马斯洛需求层次理论（Maslow’s Hierarchy of Needs）：人作为生存环境中的一个特殊的部分，属于环境的一部分，同时也是环境的使用者，人对于环境有具体的生存需求。人的基本动机就是以其最有效和最完整的方式表现他的潜力，即自我实现的需要。他把人的需求分成5个层次（图10–58）。

瞭望—庇护理论（Prospect–refuge）：人对环境有私密性和视线开敞性的需求，丘陵的自然环境符合这种需求（图10–59 ~ 图10–61）。

马斯洛需求层次论认为，人类需求像阶梯从低到高按层次分为5种，分别为生理需求、安全需求、社会需求、尊重需求和自我实现需求。与需求相应，人们的

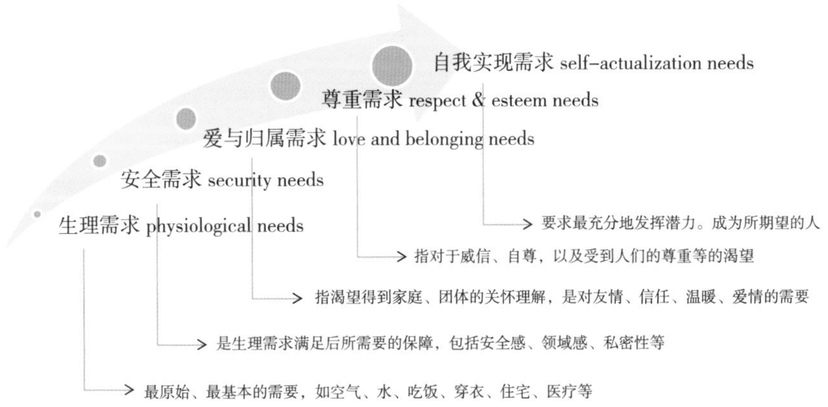
自我实现需求 self–actualization needs
尊重需求 respect & esteem needs
爱与归属需求 love and belonging needs
安全需求 security needs
生理需求 physiological needs
要求最充分地发挥潜力。成为所期望的人
指对于威信、自尊，以及受到人们的尊重等的渴望
指渴望得到家庭、团体的关怀理解，是对友情、信任、温暖、爱情的需要
是生理需求满足后所需要的保障，包括安全感、领域感、私密性等
最原始、最基本的需要，如空气、水、吃饭、穿衣、住宅、医疗等

图10–58 马斯洛需求层次理论反映的活动内在需求
Figure10-58 Inner demands of activity reflected by Maslow Demand Theory

活动包括生活活动（衣、食、住、行类满足生理需求的活动）、生产活动（农业、工业、建造制造业等满足安全需求的活动）、游憩活动（游览、娱乐、聚集等满足社会需求、尊重需求的活动）及文化活动（学习教育、自我提升等活动，以满足自我实现需求）。为满足人居活动要求，人居环境应当具有安全性、选择性及多样性的特征。人居空间应最大化地满足人们自由的行为活动，应以经济、节约的方式满足人们的需求，在任何时间和地点都应具备具有保护性的空间类型，同时人与生存环境各要素间应具备最佳的联系。

2. 丘陵活动外部影响

结合丘陵地区特殊环境，总结出了几点促进或限制活动发展的因素：

1）不利因素

丘陵地区具有交通不便，地形复杂，生态脆弱等劣势因素。丘陵地区区别于平原地区的主要特征是地形复杂，有高度、坡度等竖向上的限制，交通与活动不

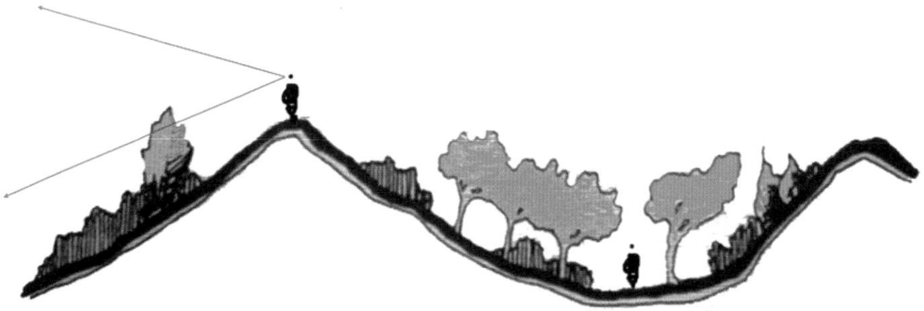

图10–59 瞭望—庇护理论反映的丘陵活动内在需求
Figure10-59 Inner demands of activity reflected by Prospect-refuge theory in hilly regions

图10–60 登山瞭望图
Figure10-60 Mountaineering and Lookout

图片来源：http://www.mafengwo.cn/photo/10143.html

图10–61 山岳崇拜、宗教信仰、寻求庇护
Figure10-61 Mountain worship, Religious belief, Refuge seeking

图片来源：http://ems.ciotour.com/huodong/1102916993.html

便，开发建设难度大，费用高。丘陵地区城市生态环境脆弱，易发生环境灾害，可能面临的问题有：①易发生水土流失、山洪水灾、滑坡、泥石流、崩塌、地震等自然灾害，并易诱发次生灾害，危及人身和城市安全[4]；②流水侵蚀作用强，地形复杂，开发利用难；③季风不稳定，多气象灾害，有伏旱和寒潮；④植被破坏，存在水土流失，旱涝频繁，土壤贫瘠；⑤耕地矛盾突出，丘陵地区地貌类型多样，地势高差大，耕地的开辟成本高，田块面积较小，机械化程度低，增加了耕地利用的难度。

2）有利因素

丘陵地区具有资源丰富、山水交融、景观类型丰富等优势特征。丘陵地区，尤其是靠近山地与平原之间的丘陵地带，依山傍水，自古就是防洪、农耕的优选之地，也是果树林带丰产之地。其天然动植物资源、矿产资源、水力资源也较为丰富，具有发展多种经营的优越条件。山地与平原之间的丘陵地带主要有以下几点资源优势：①生物多样性，植被丰富，视觉景观资源特色突出；②水资源、水能资源丰富，利于发展水电、灌溉；③人文资源丰富，丘陵地区居住着许多少数民族如：白族、彝族、藏族、土家族等，多民族文化相互融合、渗透，形成中华民族丰富多彩的民族文化和人文景观；④由于地形变化，气候变化，垂直植被变化，起伏的景观变化，使得建造在丘陵上的城市具有独特的动态美感（图10-62）。

10.3.1.3 丘陵活动演变

丘陵地区人与自然环境相互作用，形成了适应丘陵地区的人居活动（图10-63、图10-64）。

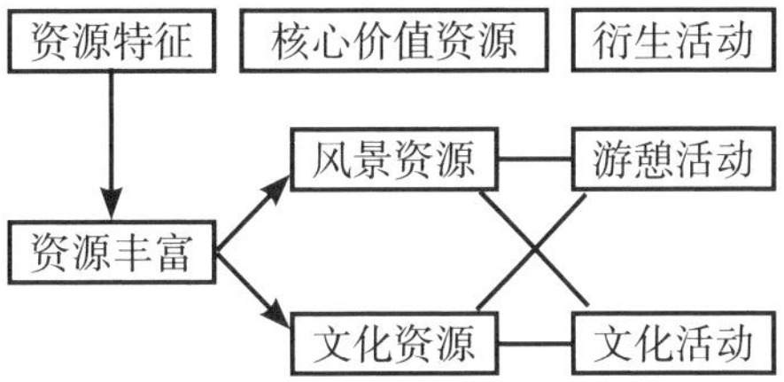

图10-62 丘陵地区资源特征

Figure10-62 Features of resource in hilly regions

10.3.2 丘陵人居活动需求探讨

10.3.2.1 丘陵人居活动需求研究框架

丘陵地区人居活动需求研究框架见表10-13。

图10-63 丘陵活动形成：人与自然的相互作用

Figure10-63 Formation of hilly activities: interaction between human being and nature

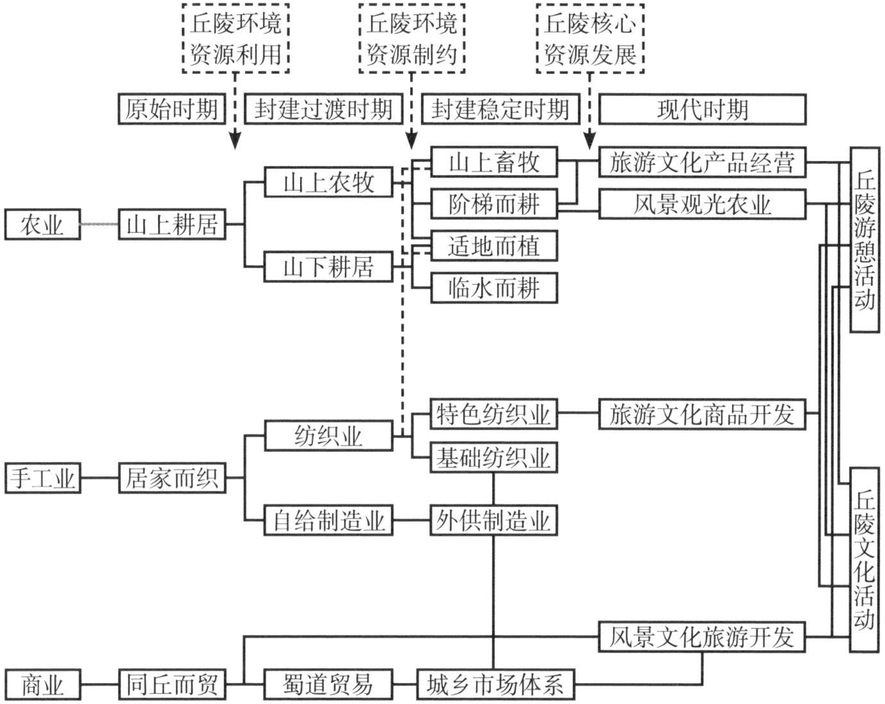

图10-64 受环境和意识形态影响下的丘陵活动演变序列

Figure10-64 Evolution sequence of activities influenced by environment and ideology in hilly regions

表 10-13 人居活动研究框架表

Table10-13 Research framework of human settlement activities

分类 Classification	基本需求 Basical Needs	情感需求 Emotional Needs	发展需求 Course Needs	人口规模 Population
微观（个人）	衣、食、住、行	交往、成家	工作、休闲、娱乐	1人
中观（社区）	理念认同、宗教教育、圈子规则	庆典、集会	社区建设、民主自治、集体请愿	10～5000人
宏观（社会）	交通、信息、通信、联系	群体意识、人文关怀、弱势关怀等	农业生产、工业生产、社会服务	5000～200000人

10.3.2.2 丘陵人居活动需求特色研究

1．宏观层面

从人的基本需求、情感需求、发展需求三个层面出发，对宏观层面的丘陵人居活动特色进行总结分析（表10–14）。

表 10–14 宏观层面丘陵人居活动研究表
Table10-14 Study of human settlement activities in hilly regions of macro-level

分类Classification	宏观层面
基本需求 Basical Need	丘陵社会信息、交通交流闭塞，群体之间彼此联系微弱无力，社区单元之间甚至可以“老死不相往来”，集体社会存在感微乎其微。
情感需求 Emotional Need	丘陵社会情感多元多样，民族与民族不同，家族与家族不同，社会内部单元各自为营，各自为政。
发展需求 Course Need	农业生产一直是传统产业，种稻、采摘等活动较为普遍。工业普遍不发达，受山地地势影响，少土地，大型产业园区难以扎根，交通条件的不便限制了工业更新升级。社会服务业日渐发展，特别是旅游业发展势头迅猛。

论据1——陶渊明《桃花源记》：“林尽水源，便得一山，山有小口，仿佛若有光。”“问今是何世，乃不知有汉，无论魏晋。”两句话分别描述了丘陵人居环境和活动与世隔绝的特点。

论据2——除朝鲜族、哈萨克族、撒拉族、锡伯族、塔吉克族、乌孜别克族、俄罗斯族、鄂温克族、保安族、裕固族、塔塔尔族、鄂伦春族、赫哲族、门巴族、珞巴族15个民族外，其他41个民族南方丘陵都有分布。

论据3——从南方丘陵城市产业人数统计分析得出，第一产业从业人数3754.75万人，占全国第一产业人数的13.7%，第二产业从业人数2348.63万人，占全国10.4%，第三产业2711.53万人，占全国9.9%。其中，除浙江和江西外，其他南方丘陵6省第一产业从业人数都超过45%，说明丘陵地区第一产业占主导优势。除广东和福建外，其他南方丘陵6省第三产业从业人数都超过30%。

2．中观层面

从人的基本需求、情感需求、发展需求三个层面出发，对中观层面的丘陵人居活动特色进行总结分析（表10–15）。

表 10–15 中观层面丘陵人居活动研究表
Table10-15 Study of human settlement activity in hilly regions of meso-level

分类Classification	中观层面
基本需求 Basical Need	丘陵地区多聚族而居，以村镇为基本生活社区单元，独立而封闭，社区内部有相同的精神理念和价值取向，封建集权的宗教和宗法思想成为社区根深蒂固的存在支柱和联系纽带。
情感需求 Emotional Need	社区内部邻里和睦，情同一家，相亲相爱，以家族和血缘结成的纽带紧密的团结在一起，形成强大的凝聚向心力。缺点是保守思想根深蒂固，较难接受新鲜事物，似乎千百年来很少改变，于是遗留下很多历史文化名镇名村。
发展需求 Course Need	丘陵社区集体群议、集体决策。逢重大节日，往往成为社区集体活动的热闹联欢传统。少数民族地区尤为典型。缺点是沿袭传统，因循守旧，墨守成规。

论据1——据不完全统计，仅江西一省就拥有宗祠8994个，大多分布在丘陵地区，为全国之最。

论据2——丘陵地区的历史文化名城有38个，约占全国122座历史文化名城总数的31.3%，古城保护功不可没。

论据3——据不完全统计，南方丘陵41个民族都各自具有不同的节日庆典，如傣族的泼水节、瑶族的盘王节、彝族的跳公节等。

3．微观层面

从人的基本需求、情感需求、发展需求三个层面出发，对微观层面的丘陵人居活动特色进行总结分析（表10–16）。

表 10–16 微观层面丘陵人居活动研究表
Table10-16 Study of human settlement activity in hilly regions of micro-level

分类Classification	微观层面
基本需求 Basical Need	丘陵物产丰富，生存上起源于耕种梯田的劳作模式，生产上自食其力，自给自足。
情感需求 Emotional Need	丘陵耕读文化源远流长，各地的书院文化盛行，普遍表现为重教育、轻农商的传统思想。清贫寡欲，与世无争，安于现状。
发展需求 Course Need	丘陵地区山路蜿蜒，工作强度增加，翻山越岭，辛勤劳作。但同时能欣赏大自然山水，启迪智慧和感悟，从而产生赞美丘陵山水的直接表达，如山歌、诗画等，利于修养生性。

论据1——丘陵城市市域人口密度为232.09人/km^2，生存空间密度仅次于干旱地区。人与人之间的空间联系微弱，但人口相对较少的环境却提供了广阔的活动空间。目前，中国是世界上生产稻米最大的国家，占全世界35%的产量，南方丘陵为主产地。袁隆平培育的超级稻平均亩产926.6kg，创世界之最。

论据2——丘陵书院文化盛行。仅安徽一省，皖南丘陵中的明代书院总计有60处，占全省139所书院的一半，说明丘陵山区好学、勤学、苦学，文风昌盛。

论据3——南方丘陵地区路网密度0.79，高于全国平均路网密度0.44近一倍，充分说明丘陵地区上下蜿蜒，高低错落的路况，出行交通极为不便。

10.3.2.3 丘陵人居活动需求小结

人居活动的终极目标之一是使人类能长久安全幸福的生活。丘陵人居环境是能使人感到更安全、更幸福的情景之一。在当今如此快生活节奏的纷繁世界中，丘陵人居活动却相对缓慢、相对平静、相对安适。无论从丘陵单个的个体活动，或是作为集体单元的社区活动，以及以城市或城市群为载体的社会活动中，幸福的丘陵人居活动都能看到突出显著的表现。

丘陵人居活动在平面上，具有明显的空间地域和宗教传统特色。然而，对其进行竖向剖析却不难发现，乐于交往，联系紧密的丘陵人的活动虽然多种多样，却受到空间地形限制，大多数活动只能夹缝存在于起伏地形的空隙，而地形起伏较大区域则很难发生社区层面的活动（图10–65）。

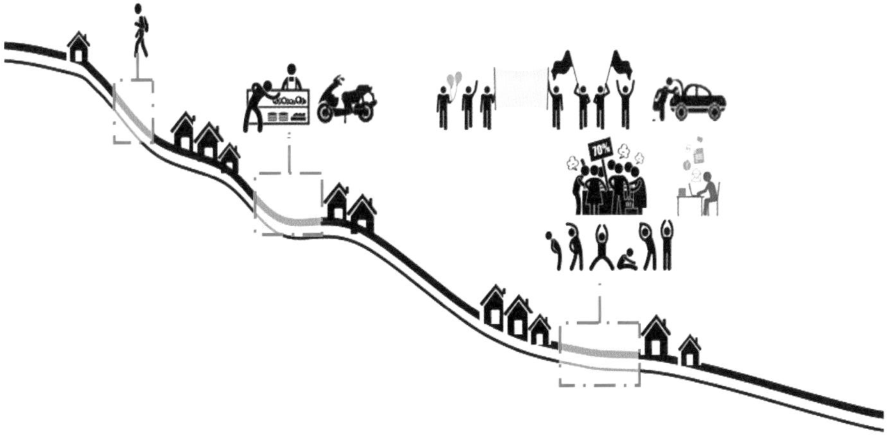

图10–65 丘陵人居活动需求剖面分析
Figure10-65 Analysis of human settlement, inhabitation and travel environment activity demands in hilly regions

10.3.3 丘陵人居活动类型

10.3.3.1 人口迁移活动

人口迁移是传统农业向现代农业和工业演进的必然结果；农村出现剩余劳动力，转移是劳动力合理配置过程中的客观现象，是中国农村经济发展中不可回避的问题。影响人口迁移的主要因素包括自然环境因素、社会经济因素等（图10–66），其中较为显著的是伴随着现代农业、工业而产生的农村人口向城市的转移（图10–67）。

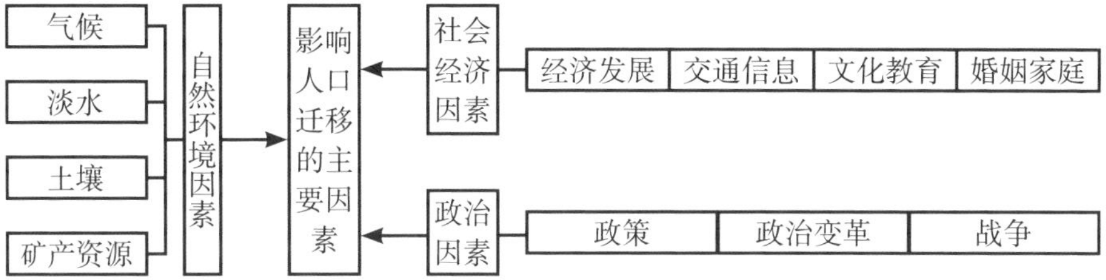

图10–66 影响人口迁移的主要因素
Figure10-66 Factors of population migration

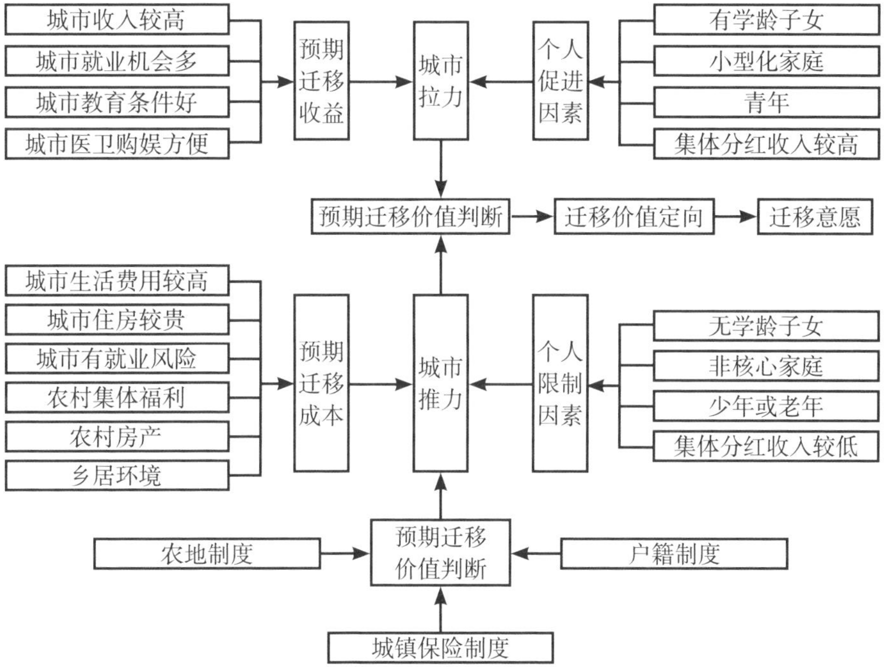

图10–67 城市化进程中农民迁移进程的意愿模型
Figure10-67 Ideal model of farmer migration in urbanization process

1. 中国历史上的人口迁移

根据中国历史上的人口迁移示意图（图10–68），可以看出：中国历史上的几次南迁，都迁入丘陵地区，集中于闵浙、湖南、广东、广西。这些地区的丘陵地形适宜人的居住和村落的发展，为人们的生产生活提供丰富的资源和保障。

2. 三次大规模南迁活动

我国历史上人口流动的一大特征是不断南迁，恰如水波纹层层向前推进，形成水波效应。图中黄色区域是南方丘陵地区，红色箭头是人口迁移方向。第一次大规模的南迁活动出现在秦统一中原后，秦军的一支主力继续向南方深入，先后从中原增调100万人开赴南方，由此秦人后裔便留在南方丘陵（图10–69）。第二次南迁起源于唐朝末期的战乱，虽还未有大规模南迁活动，却已在其周边蓄积了力量。至北宋末年，金军南下带来的南迁遍及整个南方丘陵，以浙闽、湖广、岭南地区最多。元明清时期，北方地区仍然饱经战乱，南方地区社会却相对安定。北方人口仍然持续南迁，围绕南方丘陵形成江南和岭南两大人居中心（图10–70）。随着社会经济中心南迁，受江南和岭南人居中心辐射影响，南方丘陵迎来第三次开发时期（图10–71）。

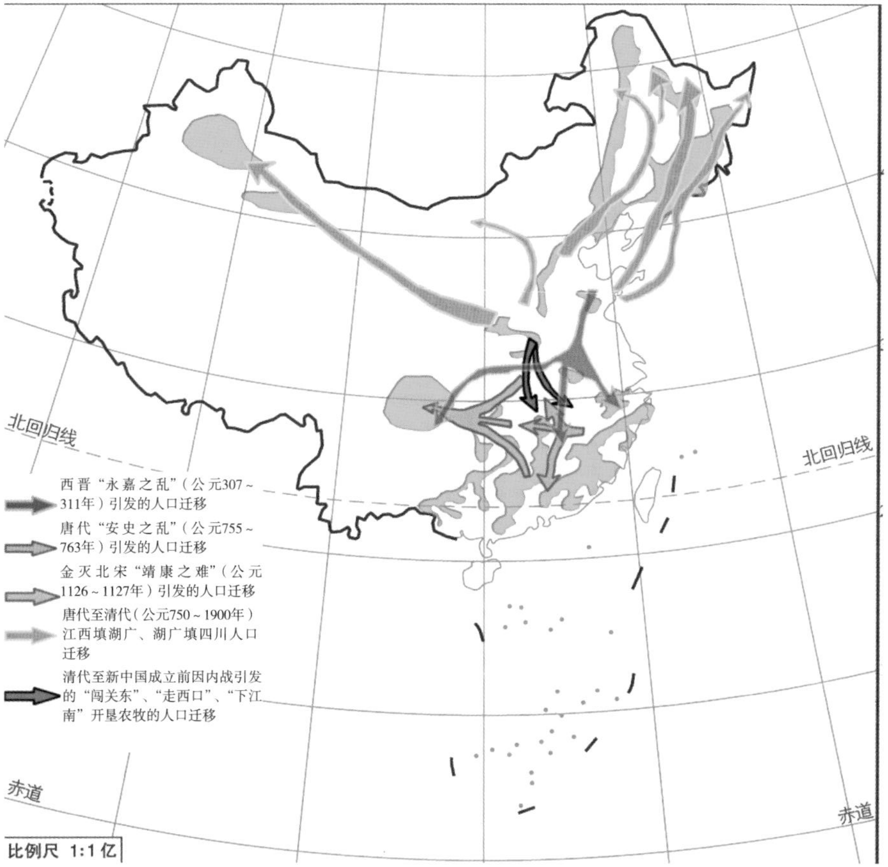

图10–68 中国历史上的人口迁移示意图
Figure10-68 Schematic diagram of population migration in history of China

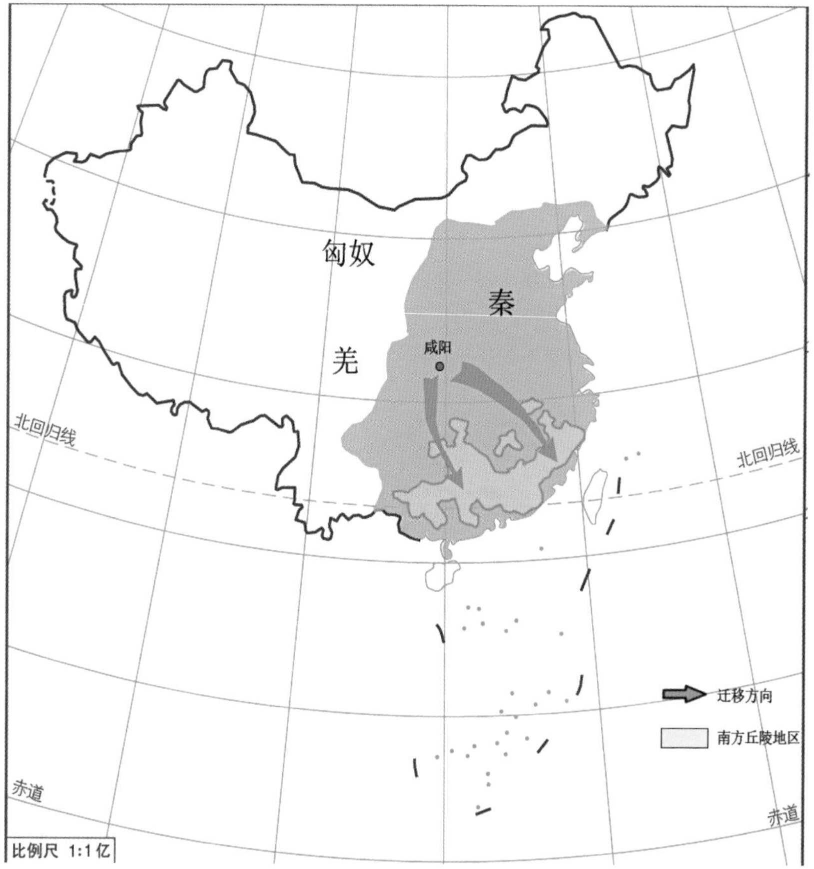

图10–69 第一次开发活动示意图
Figure10-69 Schematic diagram of first development activity

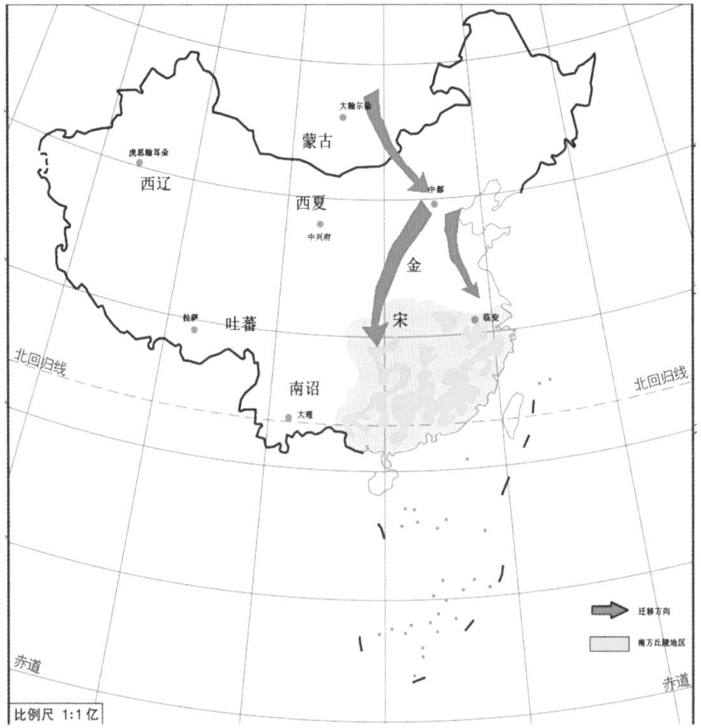

图10-70 第二次开发活动示意图
Figure10-70 Schematic diagram of second development activity

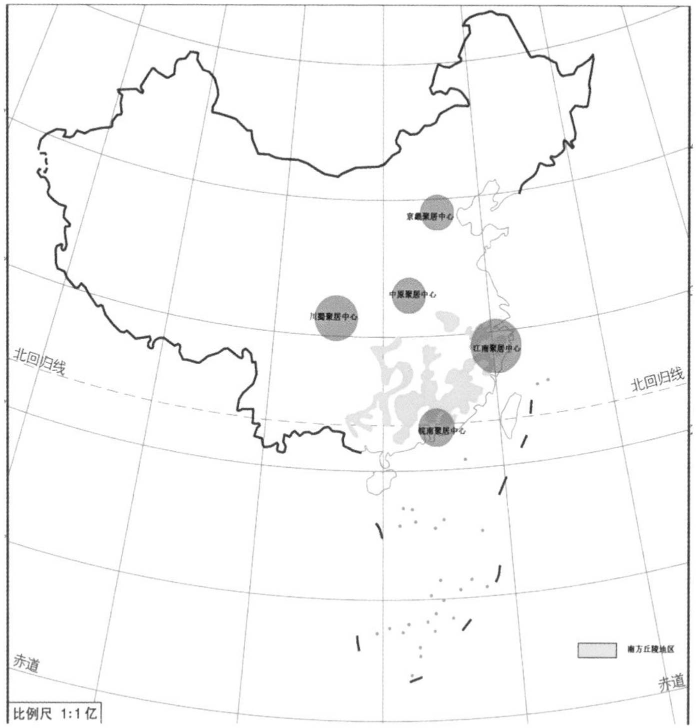

图10-71 三次开发活动示意图
Figure10-71 Schematic diagram of third development activity

3. 南方丘陵人居活动范围及多民族的融合活动

自远古以来，我国南方丘陵地区本土的古老居民被称为“越族”或“粤族”。从文献记载来看，在秦汉有楚越族、瓯越族等，三国时有东越族和山越族，因此也被北方人通称为“百越”。一般认为是今日壮族、黎族等的祖先。“越人断发文身，巢居，鸟语，精于铸铜。”

至今，南方地区少数民族奇异服饰、干阑式吊脚楼的人居活动、地方方言驳杂众多，以及对金银饰物的爱好等应当是对古越族人居活动的文化传承。当今考古发现的铜鼓和悬棺即是百越族人遗留下的历史痕迹。根据第六次人口普查资料，南方丘陵地区东部主要以畲族、回族为主，中部以土家族为主，西部主要以壮族、苗族、瑶族为主（图10-72）。

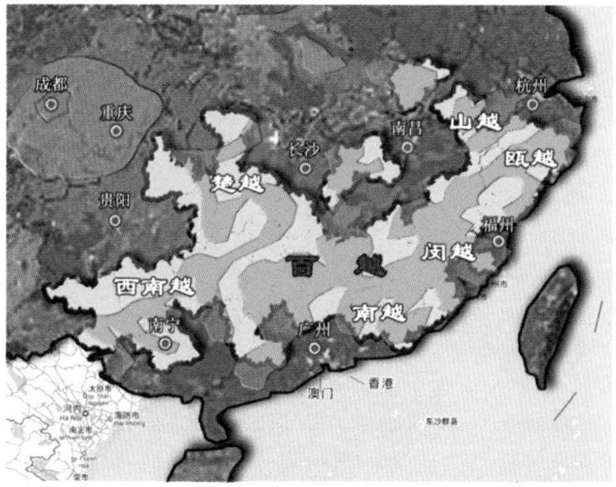

图10-72 南方丘陵多民族人居范围示意图
Figure10-72 Schematic diagram of multi-national settlement regions in southern hilly regions

10.3.3.2 产业活动

1. 南方丘陵地区从业情况分析

由图10–73可知，除浙江外，其他省从业人数普遍呈现第一产业多，第二产业较少，第三产业一般的情况。

由图10–74可知，南方丘陵地区第一产业从业人数的比例相比第二、三产业高。

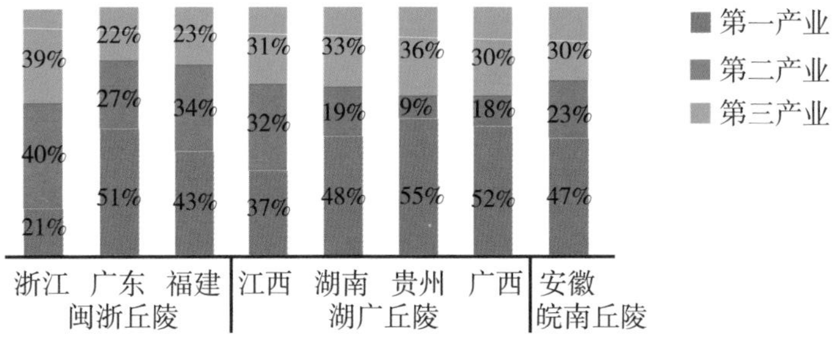

图10–73 南方丘陵地区及各省份产业从业人数对比

Figure10-73 Comparison of number of employee between southern hilly regions and other provinces

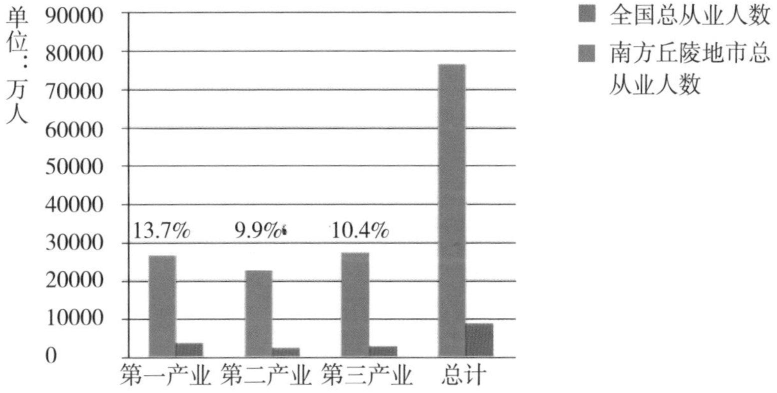

图10–74 南方丘陵地区与全国从业人数对比

Figure10-74 Comparison of number of employee between southern hilly region and total of China

2. 南方丘陵地区38市产业从业情况

与全国总比例相比，南方丘陵地区的38个地级市中，第一产业从业人数比例高于全国平均值的地级市有31个，第二产业从业人数比例高于全国平均值的有11个，第三产业从业人数比例高于全国平均值的有6个（图10–75）。

3. 产业活动小结

（1）产业结构特征：人口密度大；土地利用率低；产业结构落后；农业比重过大；工业基础薄弱，发展滞后；基础产业发展滞后；现代产业发展滞后（表10–17）。

表 10–17 不同地形地区人口密度表

Table10-17 Population density of different terrain regions

中国2356个县市、区	山地	丘陵	平原
面积 A	39.6%	26.5%	33.9%
农村人口 P	28.6%	31.1%	40.2%
P/A	0.72	1.17	1.18

（2）第一产业：人口密度大，人均资源相对短缺，劳动力过剩；农业比重过大，传统农业经济占主导地位；传统型、粗放型、单一型；水土流失严重，旱灾频繁，对农业生产破坏较大；丘陵地貌破碎，孤山独岗互不连接；耕地结构较合理，但利用率和生产率较低；生产力水平低，生产方式和经营方式落后；规模化和集约化少，机械化程度低。

（3）第二产业：丘陵地区面积广袤，地形复杂，资源分布不平衡，各种工业发展条件参差不齐；资源型工业极依赖自然资源，技术水平较低，对环境破坏极为严重；矿业型、能源型、森林工业型；地方自给自足型企业（如食品加工、建材、化工、农用机械类）技术档次低，综合实力弱，产品优势不突出；缺乏骨干企业和技术密集型企业；工业布局分散、面广，无规模，效益差。

（4）第三产业：发展滞后；市场、科技、金融等现代服务业尤其缺乏。

10.3.3.3 饮食活动

为人们熟知的中国“八大菜系”，即川菜、粤菜、苏菜、闽菜、浙菜、湘菜、徽菜、鲁菜系。其中，浙、闽、徽、湘、粤都是位于南方丘陵地带（图10–76、图10–77）。

（1）早茶：每逢周末或假日，广东人便扶老携幼，或约上三五知己，齐聚茶楼“叹早茶”。

（2）宵夜：岭南地处亚热带，粤人因此养成饮茶和宵夜的习惯，后来更广为传播。

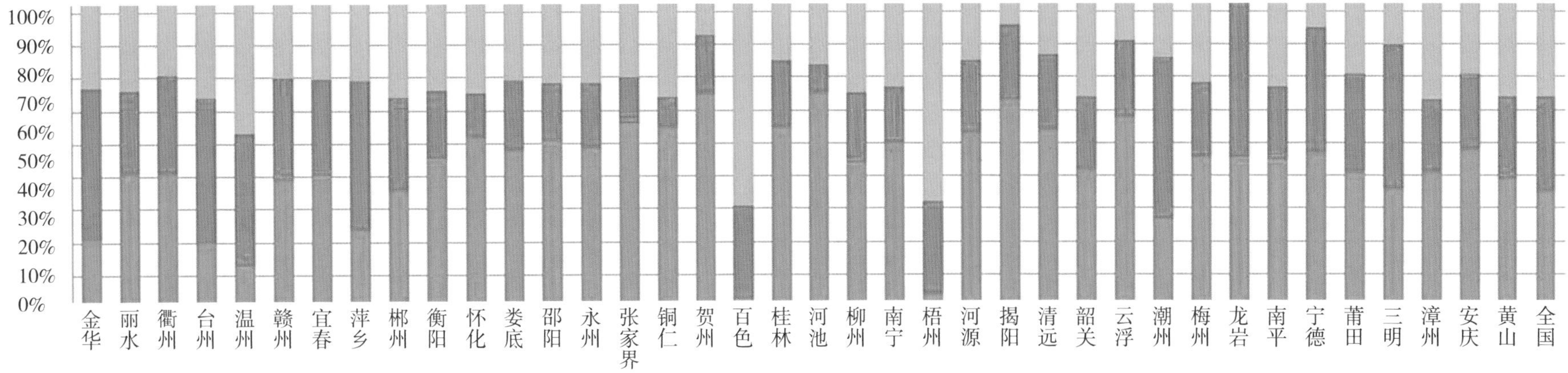

	金华	丽水	衢州	台州	温州	赣州	宜春	萍乡	郴州	衡阳	怀化	娄底	邵阳	永州	张家界	铜仁	贺州	百色	桂林	河池	柳州	南宁	梧州	河源	揭阳	清远	韶关	云浮	潮州	梅州	龙岩	南平	宁德	莆田	三明	漳州	安庆	黄山	全国
■第三产业	33%	34%	29%	36%	47%	30%	30%	31%	36%	34%	35%	31%	32%	32%	30%	36%	17%	69%	25%	26%	35%	33%	68%	25%	14%	23%	36%	19%	24%	32%	5%	33%	15%	29%	20%	37%	29%	36%	36%
■第二产业	46%	25%	30%	44%	40%	31%	28%	45%	28%	20%	13%	21%	17%	19%	14%	9%	18%	28%	20%	13%	21%	17%	28%	22%	23%	23%	22%	23%	49%	22%	49%	22%	38%	30%	44%	22%	23%	25%	29%
■第一产业	21%	41%	41%	20%	13%	39%	40%	24%	36%	46%	52%	48%	51%	49%	56%	55%	65%	3%	55%	65%	44%	50%	4%	53%	63%	54%	42%	58%	27%	46%	46%	45%	47%	41%	36%	41%	48%	39%	35%

图10–75 各丘陵城市三产比例图
Figure10-75 Diagram of the ratio of primary industry, secondary industry and tertiary industry
数据来源：中国经济与社会发展统计数据库各省、市、地区2011～2012统计年鉴

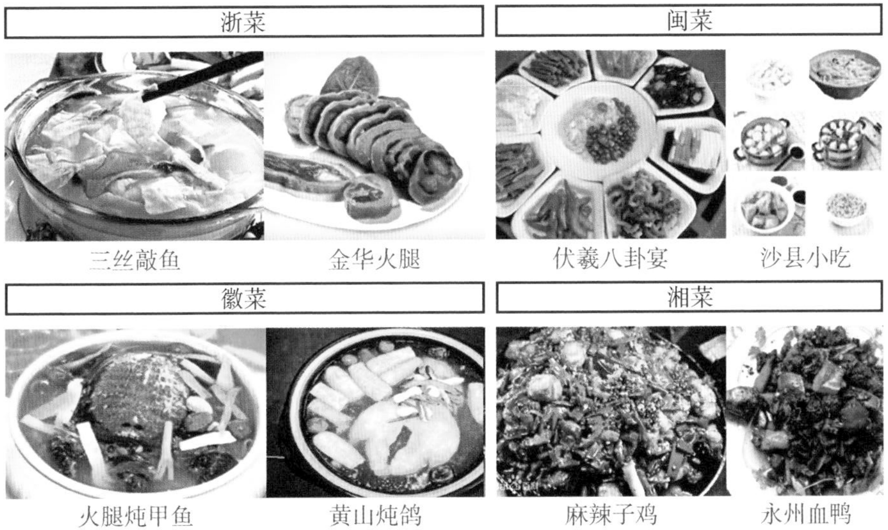

图10–76 四大菜系示例图
Figure10-76 Illustrate of four recipe systems

图10–77 特色饮食示例图
Figure10-77 Illustrate of typical diets

（3）制作小吃：通常为庆祝民族节日，人们都会做一些独特的小吃。例如客家人在清明节制作的艾糍等。

10.3.3.4 交通活动

1. 丘陵地区交通活动特色

（1）道路空间与丘陵自然景观空间的理想关系：满足其使用功能的前提；服从丘陵自然景观的总体特征；成为丘陵自然景观空间的延续；道路走向受地形影

响，形成特色的视觉感受；竖向变化结合平面形态，形成多样化道路景观；文化艺术的情感性原则。

（2）生态原则尤为主导：人地和谐的“共生”原则；整体协调的可持续原则；空间造型独特性原则。

（3）活动对交通的功能需求：人流、货流的有序进出、停车场地的妥善安排、消防通道的畅通等；地形坡起，竖向联系的需求和频率大大增加。

（4）交通活动特色：交通的立体化，一方面带来经济、技术等多方面的障碍，使土地资源的消耗与破坏变得更剧烈，另一方面，丰富空间组织形式，突显丘陵交通特色；视觉景观丰富化；地形变化丰富，人类与自然的协调性；交通形式多样化公共交通导向——步行、自行车、公交车。

（5）道路线形特色：① 肌理协调：节约工程费用，缩短运输时间，保证行车安全，增进自然美感；② 平纵结合：避免道路建成后所产生的视线诱导突变和排水困难，交通活动中因地表凹凸而形成丰富的视景；③ 内外和谐：内在和谐随着其布线在路上的人面前展示一幅幅图画，赏心悦目，外在和谐使路经的人浏览旅途中穿越地带的有趣的连贯景色。

2. 交通活动分析

出行是人类活动必不可少的一个方面，比如，出游、上班、上学、购物、探亲等等。出行的活跃程度，往往反映了一个地区的经济活力和人居活动强度。本次的研究主要采取了路网密度的概念来探讨丘陵地区的人居出行活动情况。

1）南方丘陵地区公路网密度

路网密度=（该市高速公路里程数+等级公路的里程数）/市域面积。数据统计结果，南方丘陵地区路网密度0.79km/km^2，全国平均路网密度0.44（图10–78）。

2）统计数据分析

公路网：广泛分布于全国各地的、不同等级的各级公路组成的网状系统。我国公路网分为干道网和地方道路网。干道网内有国家级干道和省级干道。地方道路网主要包括各县境内城乡公路和等外的乡村公路。公路网密度：单位国土面积或人口拥有的公路里程，单位：km/km^2，是评价一个城市或一个地区道路交通发展水平的重要标志。

对象说明：本次研究的对象为南方丘陵地区，具体为浙江、安徽、江西、福建、广东、湖南、广西、贵州等8省38个丘陵城市。数据说明：针对研究对象的数据采集，主要集中于以下几个方面：等级公路（第一级、第二级、第三级等）、高

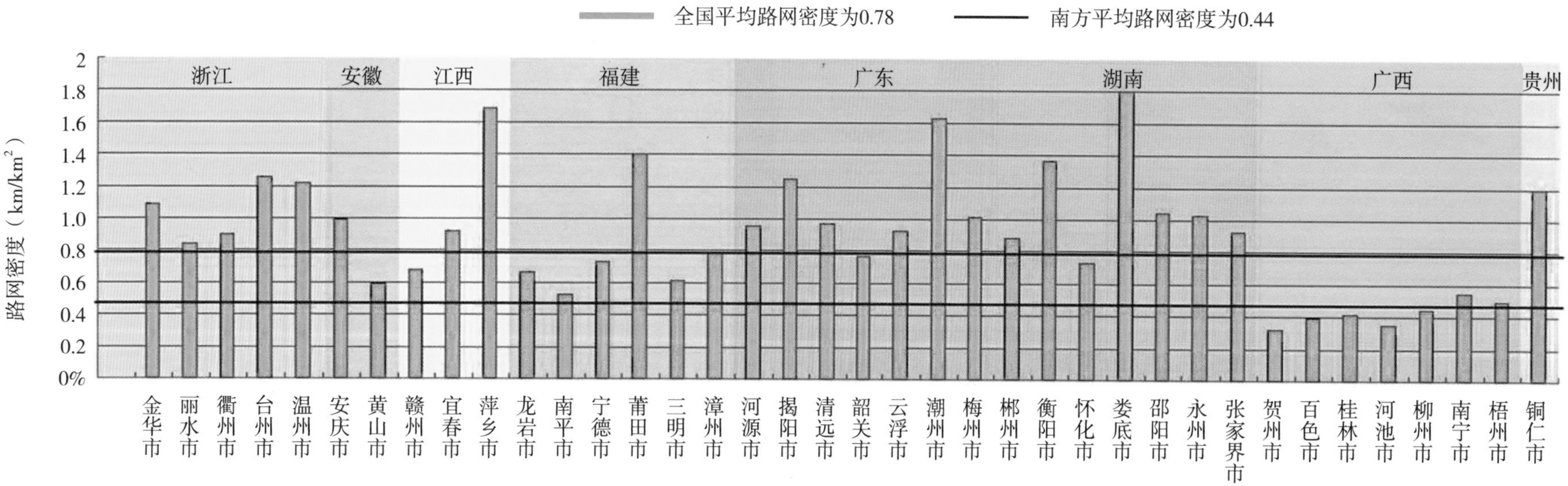

图10–78 南方丘陵城市路网密度

Figure10-78 Density of road network in southern hilly cities

数据来源：中国经济与社会发展统计数据库各省、市、地区2011～2012年统计年鉴

速公路。

综合已知概念及对所需数据的统计，进行具体分析：① 广西路网密度最低。表格的城市排序采取自东向西的地理分布特征（浙江，安徽到广西，贵州），可以很明显地发现，东部沿海地区的人类交通活动强度比西部地区大。② 南方丘陵地区路网密度比全国平均水平高。除了经济水平，也与起伏的地理特征相关。③ 除新疆维吾尔自治区、西藏自治区、青海省、内蒙古自治区等地广人稀的地区之外，全国平均路网密度为0.78，与南方丘陵地区路网密度十分接近。④ 南方丘陵路网密度并没有因为地形限制而显著较低，是否与南方经济水平较高有关，待进一步研究；同样，经济水平较差的西北丘陵地区，其路网密度是否会比南方丘陵显著较高，待进一步研究。

10.3.3.5 休闲游憩活动

1. 休闲游憩活动统计

丘陵地区的人居活动，除了基本活动外，呈现出一定的偏好和特征（表10–18）。

2. 休闲游憩活动分析

丘陵地区休闲游憩活动特征：

（1）丘陵地区通常有山有水，自然环境较好，生物多样性丰富。人们的休闲活动总体偏向于户外游憩活动，如爬山、骑行等。

（2）丘陵地区平整土地资源较少，城市休闲环境（城市公园、广场可能较同等平原城市较少）较差，休闲活动向市郊发展（成都周边农家乐发达）。

（3）丘陵地区因为地形起伏较大，所以通常交通距离较长，进行休闲活动可能需要花费比平坦地区更多的时间和金钱，人们花费在休闲活动上的时间和金钱较少一些。

（4）呈现出群体性，如广场舞，少数民族的锅庄舞、节庆等。

丘陵地区休闲游憩活动存在的问题：

（1）休闲活动种类单一，休闲基础设施薄弱（游憩地面积小种类少），出游交通不便利（交通距离长，交通拥堵）。

（2）休闲时间过少，工作压力较大，收入水平较低，经济因素是一个门槛，生存成本较高（物价、医疗、教育、养老）。

3. 丘陵游憩活动类型

丘陵核心资源包括自然资源和文化资源，因此引发的游憩活动如图10–79所示。

4. 丘陵游憩活动视觉资源

丘陵地区游憩活动视觉资源包括气候视觉资源、地质视觉资源和地形视觉资源（图10–80～图10–85，表10–19～表10–21）。

表 10–18 丘陵地区人的休闲活动偏好
Table10-18 Leisure activity preference in hilly regions

活动类别	活动项目
消遣娱乐类	喝茶（成都、福建等地）
怡情养身类	花、草、树、虫、鱼、鸟、兽（丘陵地区通常生物多样性较为丰富） 琴、棋、书、画、茶、酒、牌（传统的养生保健活动）
体育健身类	爬山、骑行等（因为处处有山有水）
旅游观光类	本地自然风光、民族风情较多（广西、贵州、福建等地，传统歌舞、竞技运动），公园、广场较少（通常城市平整土地资源较少），农家乐较多（成都、重庆周边）
社会活动类	民族传统、宗教活动（山与宗教分不开）

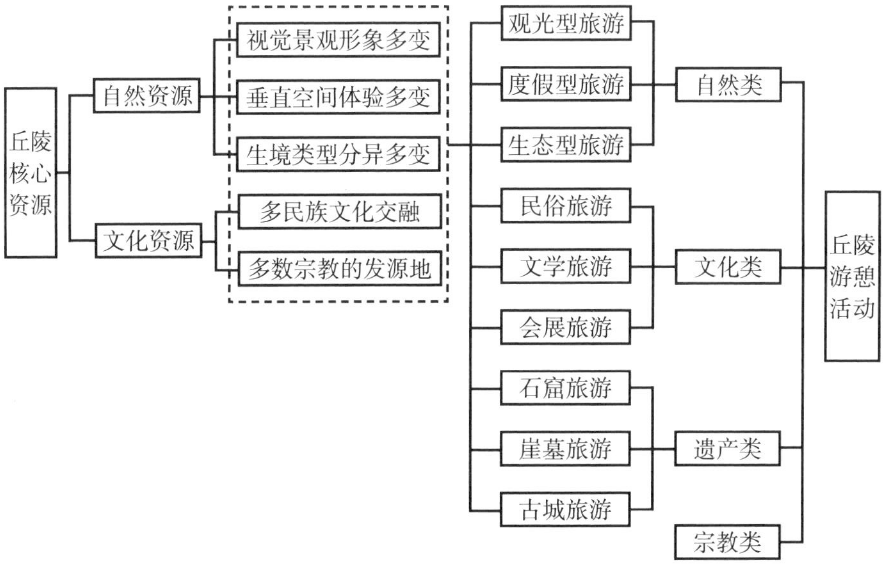

图10–79 丘陵游憩活动类型
Figure10-79 Types of recreational activity in hilly regions

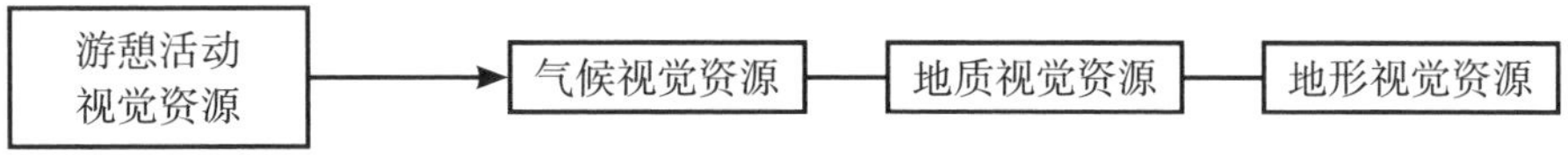

图10–80 丘陵地区视觉资源分析
Figure10-80 Analysis of visual resource in hilly regions

图10–81丘陵地区视觉资源风景意向
Figure10-81 Landscape intentions of visual resource in hilly regions
图片来源：www.bing.com

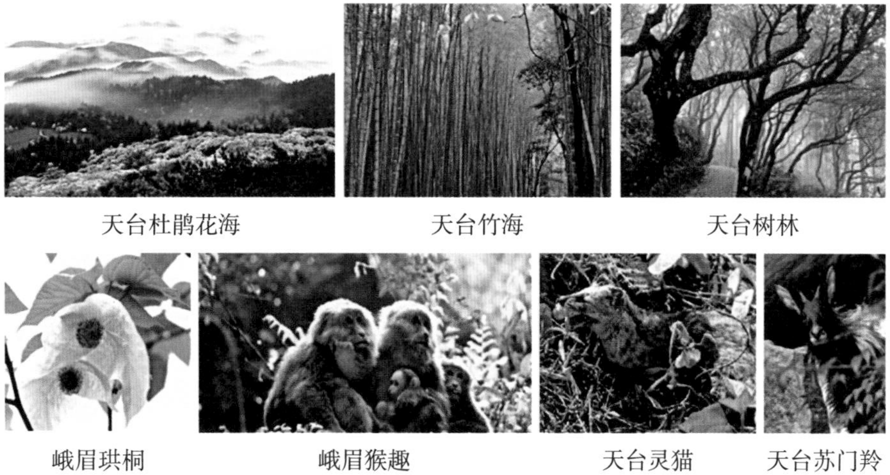

图10–82 乐山–峨眉山，天台山动植物资源意向图
Figure10-82 Animals and plants intentions in Mt.Le-Mt.Emei and Mt.Tiantai
图片来源：www.bing.com

表 10–19 视觉资源游憩活动说明表 –1
Table10-19 Activities of visual resource -1

		乐山–峨眉山	天台山	对比结论
气候视觉资源		日出	华顶归云	由于丘陵地区地形的阻隔，海拔迅速变化，容易形成“一山有四季，十里不同天”的现象。这为游憩带来了云海日出、瀑布云、佛光彩雾等极具有观赏价值的气候资源
		云海	寒岩夕照	
		佛光——峨眉一绝	琼台夜月	
地质视觉资源	宏观	山顶为玄武岩和山体为花岗岩和石灰岩，山脊犹如倾斜的刀刃，坡壁陡峭。主峰海拔3099m，群峰簇拥、雪山相接。	山体为花岗岩和火山岩组成，主峰海拔1098m。	在联合国教科文组织授权的全球58个世界地质公园中，仅中国就有24个，这其中有20个地质公园是丘陵山地景观，可见丘陵山地在地质资源上具有明显的优势。地质加上不同情况的地壳运动、流水侵蚀等作用，形成了千奇百怪具有视觉观赏价值的地质景观。如丹霞、喀斯特地貌景观、玄武岩和地壳运动的共同作用力形成的断崖景观、岩溶景观等
	微观	玄武岩的柱状理——金顶舍身崖	丹霞地貌——赤城栖霞	
		地质构造变化——峨眉块状背斜山	花岗岩与流水——天台欢岙	
		岩溶地貌——九老洞	天生桥——石梁飞瀑	

表 10-20 视觉资源游憩活动说明表 -2
Table10-20 Activities of visual resource -2

			乐山-峨眉山	天台山
地形视觉资源	静态游赏	从山脚仰视	山之高大庄严山峰相对如蛾眉	山门掩映，含蓄稳重峰似莲花
		从山腰平视	只缘身在此山中	奇峰异石变化多端
		从山顶俯视	一览众山小	如立于莲花中心，72山峰似花瓣围绕
	动态游赏	轴线	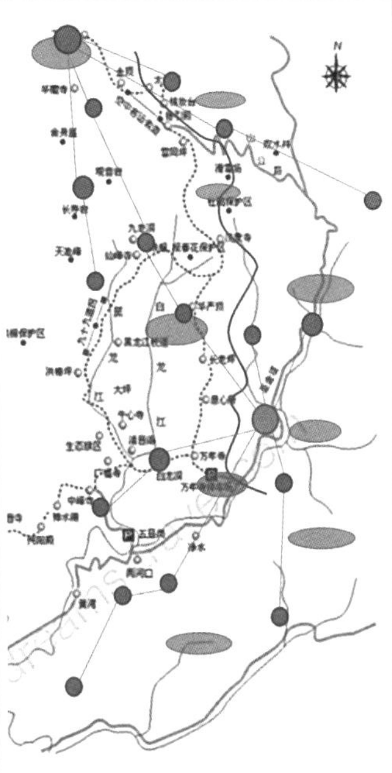	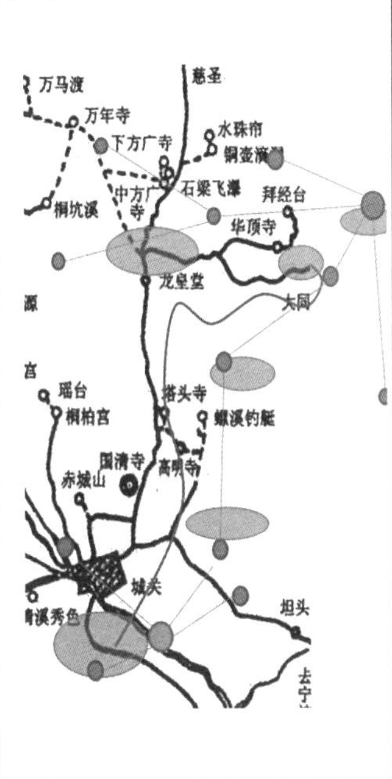
		等级		
		层次		

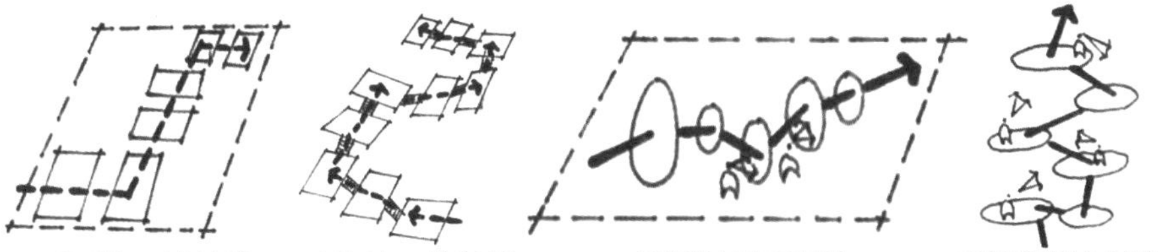

平原的二维轴线　丘陵的三维轴线　平原的平面层次　丘陵的竖向层次

图10-83 丘陵与平原维度对比
Figure10-83 Comparison of hilly and plane dimensions

地形丰富带来视觉感受变化

静态游赏由于观赏点的不同引起的不同视觉感受

北宋范宽《溪山行旅图》仰视——高远　五代荆浩《匡庐图》平视——平远　元代黄公望《九峰雪霁图》平视——平远

图10-84 静态游赏由于观赏点的不同引起的不同视觉感受
Figure10-84 Different visual perceptions caused by viewpoints in static travel
图片来源：www.bing.com

动态游赏由于人的移动所带来感受的改变

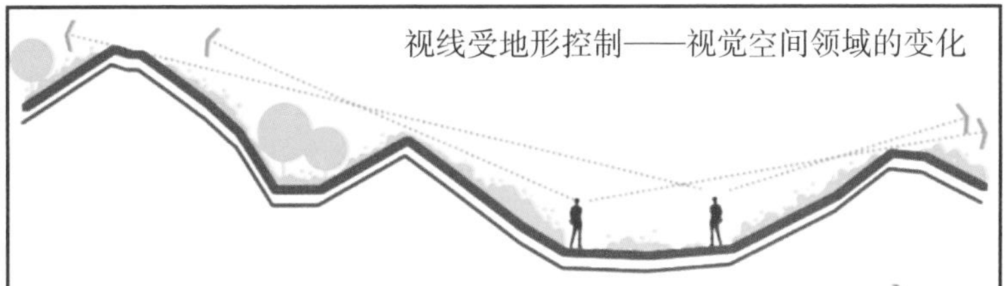

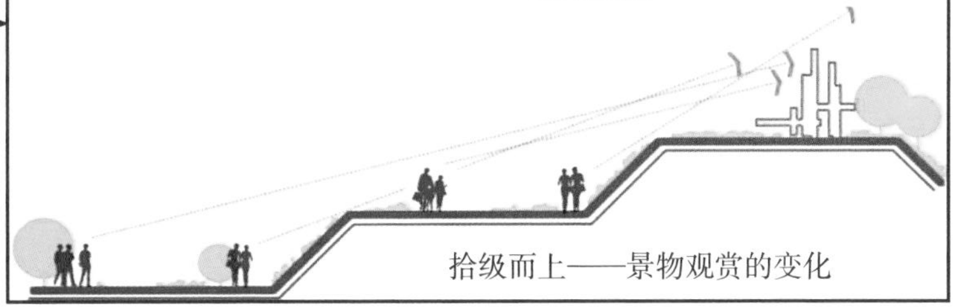

图10-85 动态游赏由于人的移动所带来感受改变
Figure10-85 Perception changes caused by moving in dynamic travel

表 10-21 乐山—峨眉山，天台山动植物资源分析
Table10-21 Analysis of animal and plant resources in Mt.Le-Mt.Emei and Mt. Tiantai

		乐山–峨眉山	天台山	对比结论
植物资源	古树名木	洪椿神树	云锦杜鹃	丘陵山地因为古代人迹罕至、现代不适于大面积开发建设，很多古树名木未遭到砍伐，得以保存，为现代游憩提供了视觉观赏资源
		苏铁（报国寺、伏虎寺）	乌药	
		珙桐	铁皮石斛	
		桫椤	隋梅	
	植物群落	常绿阔叶林	常绿阔叶林	丘陵山地在不同海拔有不一样的气候特点，植物对气候适应性不同，形成植物群落竖向分布差异
		常绿与落叶阔叶混交林	针阔混交林	
		亚高山针叶林	针叶林	
	植物季相	春：珙桐花 秋：色叶植物、雨凇 冬：雾凇	春：云锦杜鹃花 海 秋：色叶植物 冬：傲雪梅花	由于海拔高，丘陵山地易形成雾凇雨凇现象
动物资源	珍稀动物栖息地	峨眉猴趣	大灵猫	丘陵山地是珍稀动植物栖息地的原因有很多，主要有特殊变种、其他同类灭亡等因素，如卧龙大熊猫保护区
			苏门羚	
			云豹	

5. 丘陵游憩活动中的居住

1）平坝地区

在河流汇聚或迂回的山原坝地由于其地形实际上属于小型平原，居住活动与平原无异。

2）丘陵、山地地区

丘陵、山地地区由于地形的起伏变化，水土流失、交通不便，罕有大面积的聚落形成，多为发展滞后的乡村地区。

建筑密度低，从单家独户到小型聚落依据地势呈点线面等多样的平面布局，较均匀地分散于各处，建筑单体的形态多因地制宜形成多种样式。

3）选址

背倚山丘，竹树掩映，形成“庇护”景观；面朝低坝，田地层叠，形成“瞭望”景观。

4）空间分布——“满天星”

平面上形成不同规模的小型组团，各组团间稀疏分散，均匀分布于丘陵区，无明显的集中聚落区。

立面上依山就势，高低错落，即便是一个小型聚落，其中各户也大多也不在一个平面上。

由生存需求引发的居住活动，成为一种有形文化资源作用到游憩活动，如丘陵村寨游憩、丘陵特色民居观赏等游憩活动（图10–86、图10–87）。

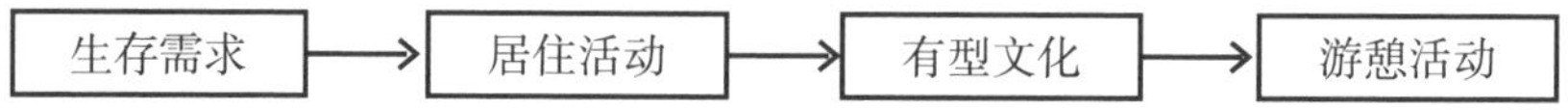

图10–86 丘陵中的活动
Figure10-86 Activities in hilly regions

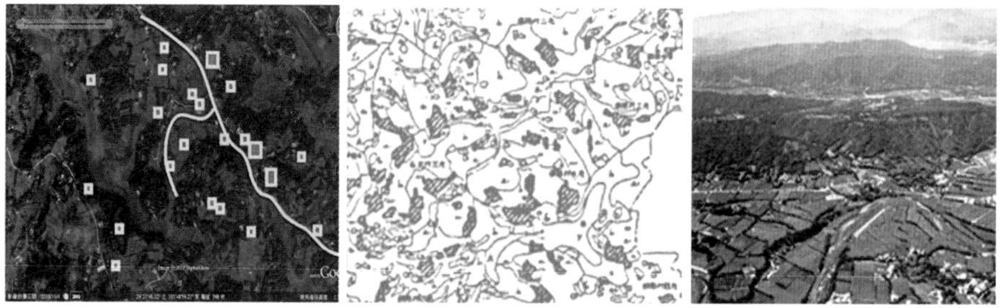

图10–87 四川乐山地区丘陵居民点分布图
Figure10-87 Distribution of settlements in Mr.Le, Sichuan Province

6. 丘陵游憩活动中的交通

由生存需求引发的交通，成为一种有形文化资源作用到游憩活动，原有蜀道、索道、铁索桥为现代游憩所利用（图10–88）。

7. 丘陵游憩活动中的生产——梯田&立体农业

丘陵地区生产活动区域位于一般耕作区、坡地耕作区及立体农业区（图10–89）。

10.3.3.6 旅游活动

1. 旅游活动统计

通过对我国南方丘陵区域的地级市2012年旅游人数所做的统计分析，可以清楚地看到，38个城市对国内和入境游客都有着重要吸引力（图9–90）。

2. 旅游活动分析

根据瞭望—庇护理论所反映，人作为一种高智能的动物出现于自然环境中，不会只满足于眼前的生活空间，他还要利用景观信息去预测、探索未来的生活空间。

南方丘陵地，多为石质丘陵，呈尖顶，山脊、山背狭窄，地形起伏，部分地

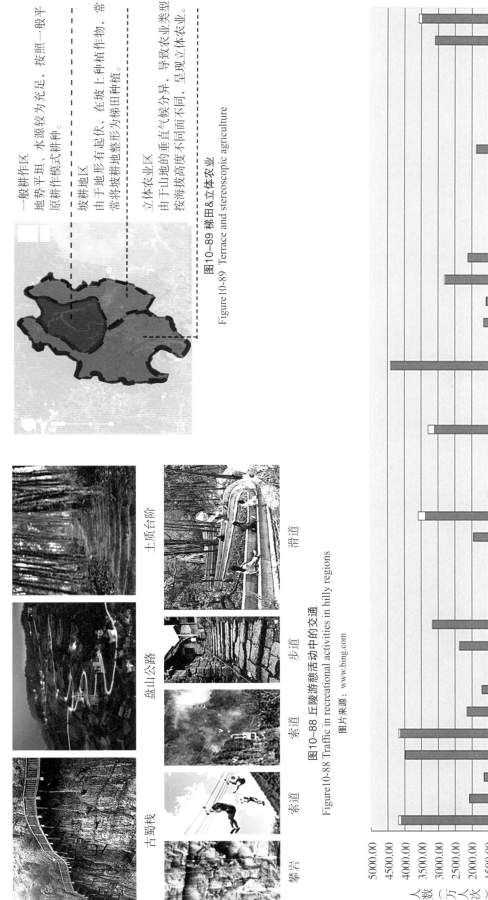

图10–88 丘陵游憩活动中的交通
Figure10-88 Traffic in recreational activities in hilly regions
图片来源：www.bing.com

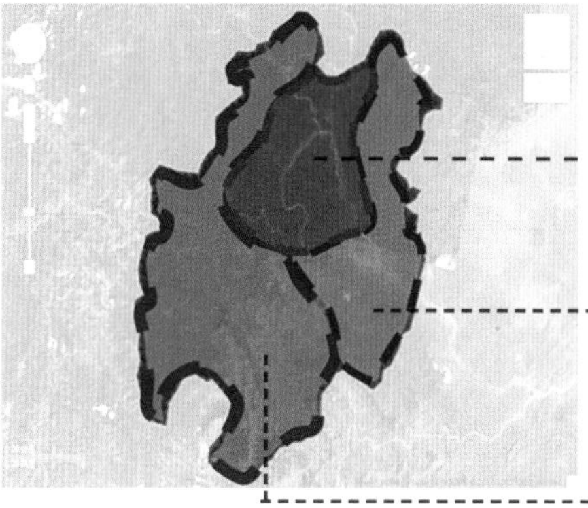

图10–89 梯田&立体农业
Figure10-89 Terrace and stereoscopic agriculture

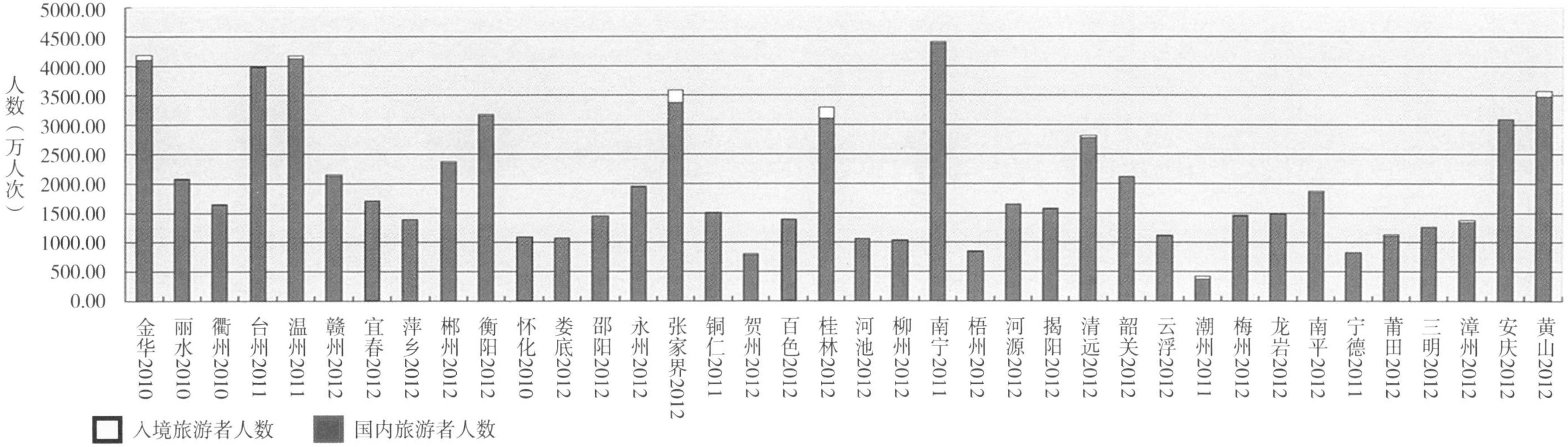

图10–90 南方丘陵城市旅游人数统计
Figure10-90 Statistics of tourist population in southern hilly cities

区有陡坡和断绝地，山脚多为水稻田、梯田。尤其是靠近山地与平原之间的丘陵地区，山前地下水与地表水由山地供给而水量丰富，依山傍水，致其风景别致，满足人们对自然景观的探索需求，多为旅游胜地。从土地面积角度分析，南方丘陵城市占地面积639577.40km^2，占国土总面积的7%。从旅游人数角度分析，南方丘陵城市年旅游人数达76132.31万人次，占全国年旅游人数的27%。

南方丘陵地区以其独特的地形地貌、人文历史，对国内及入境游客都有重要的吸引力（图10–91、图10–92）。

3. 旅游活动影响（图10–93）

10.3.3.7 丘陵文化活动——天台山、乐山案例

1. 丘陵人居文化的形成

土地崇拜——原始宗教和萨满艺术：新石器时代，上古传说山岳崇拜——高山神灵：先秦时期、夏、商、周；山岳崇拜——神仙仙居，理想境界：秦、汉；儒家影响——山水比德，自然之美：周、先秦；道教发展与没落——道家仙山：汉代—魏晋—明代；佛教传入与统领——普贤圣地：汉代—唐代—清代；风景名胜区文化——三教合一信仰延续：新中国成立——现今（图10–94 ~ 图10–97）。

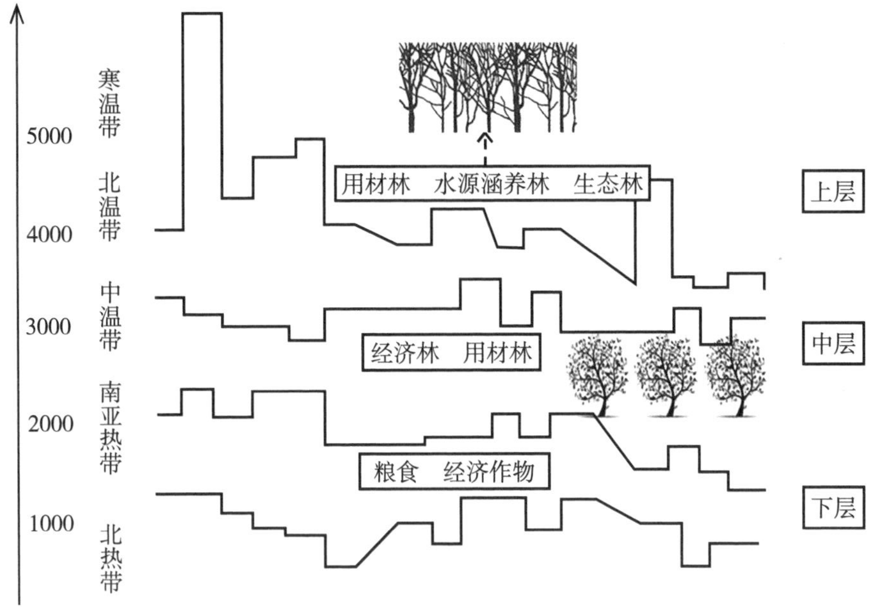

图10–91 丘陵植物分层示意图
Figure10-91 Schematic diagram of plant levels in hills

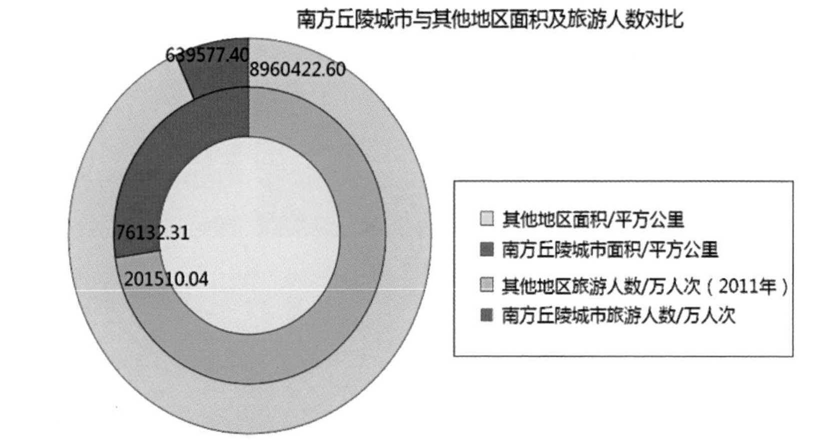

图10–92 南方丘陵城市与其他地区面积及旅游人数对比
Figure10-92 Comparison of region and tourist population between hilly city and other regions

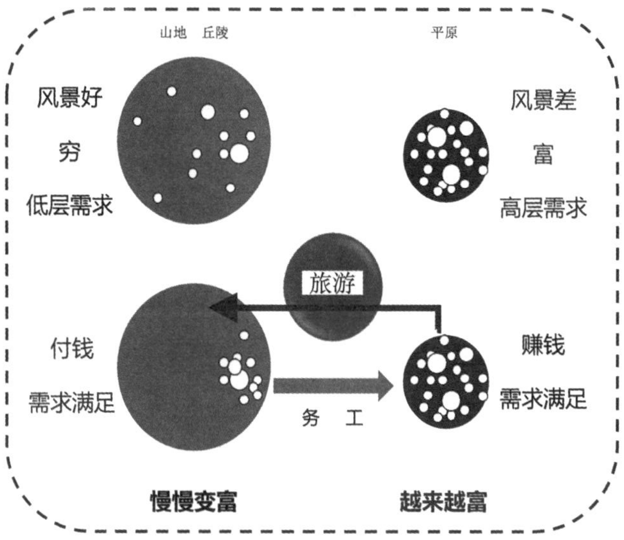

图10–93 旅游活动发挥作用示意图
Figure10-93 Schematic diagram of function by tourism activities

图10–94 丘陵墓葬文化
Figure10-94 Tomb culture in hilly regions

图10–95 丘陵山岳崇拜
Figure10-95 Mountain worship in hilly regions

图10–96 丘陵宗教文化
Figure10-96 Religious culture in hilly regions

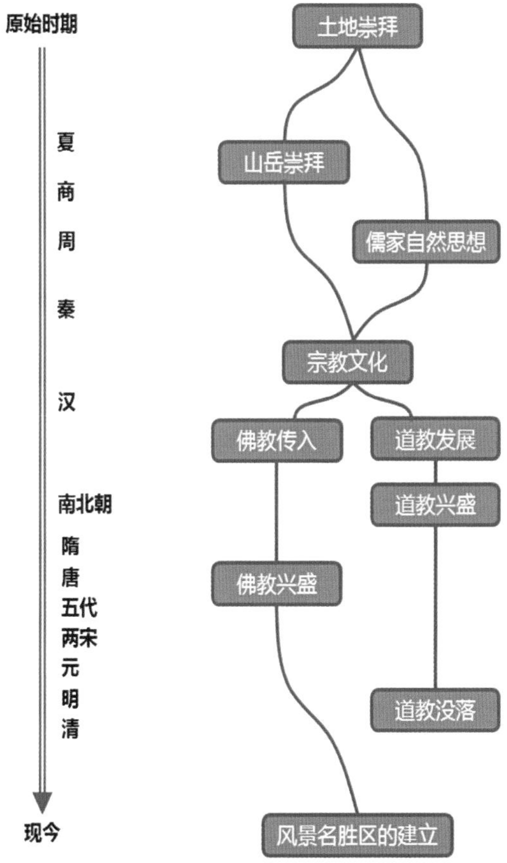

图10–97 丘陵人居文化发展历史演变
Figure10-97 Evolution of settlement culture history in hilly regions

2. 儒学文化活动

1）儒学与丘陵渊源

孔子，名丘，字仲尼。《史记·孔子世家》上说，孔子父母“祷于尼丘得孔子”，故起名为“丘”（图10–98）。

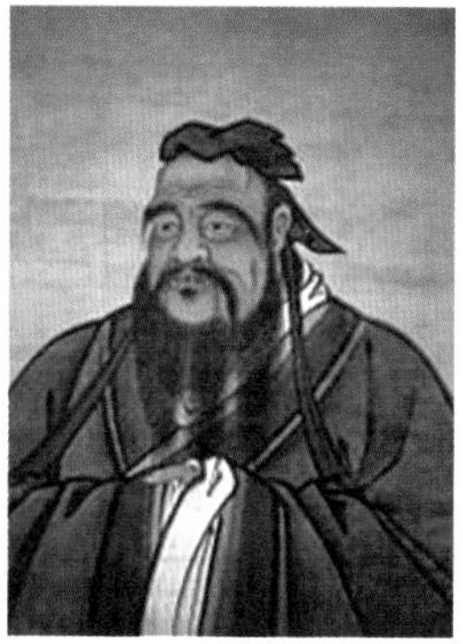

图10–98 孔子像
Figure10-98 Statue of Confucius

（1）儒家起源：山东曲阜尼山，是孔子的出生地，也是儒学发源地，丘陵山地宏大的气魄成就了儒学山水比德的思想，强调人与自然的和谐。

（2）受丘陵影响的儒家思想：子曰：“知者乐水，仁者乐山；知者动，仁者静；知者乐，仁者寿。”（《论语 雍也》）。即言仁者所以乐山，是因为高山象征着仁者的博大胸怀。孔子生活的鲁国境内有泰山，五岳之首为泰山，泰山那阔大雄伟的风姿象征着中国文化中所推崇的圣贤人格品德。

儒学同时强调“天人合一”人与自然的和谐关系。

2）儒学影响下的丘陵文化，活动（表10–22）

表 10–22 儒学影响下的丘陵文化活动
Table10-22 Hilly cultural activity influenced by Confucianism

天台山	乐山–峨眉山
开课讲授儒学思想，影响天台人的为人处世观	儒学与茶道相结合，儒生游山后描写峨眉山。
南宋儒家在天台山的活动，尤其是朱熹等人在各书院的开课讲授儒家，使天台山形成了崇尚读书的风气，尊师重教成为传统。天台各县县城均建有孔庙和府、县学教授儒学。 受儒教影响的台州人多迂执，具有批判精神，不盲从，在对立观点的争鸣中吸收形成自己的思想。并把这种思想带到为人处世的行为中，成为天台山文化基因的重要成分	峨眉山儒家代表楚狂陆通。隐居时结庐故址峨眉山的遗迹叫“歌凤台”。 峨眉派儒学茶艺以仁中茶为艺术核心。儒学在茶艺中从各个价值观去体现茶的属性和茶文化的作用。 唐李白、北宋黄庭坚、南宋诗人范成，均在峨眉山留下了脍炙人口的名篇

3. 佛教文化活动

1）佛教与丘陵渊源

玄学融入：魏晋南北朝时佛教与本土思想玄学合流形成了佛教禅宗的一支，推动了佛教寺院山林化趋势，让人生在山水中隐逸超脱，放灵魂于自然中净化的玄游风尚（图10–99）。佛寺选址：受风水理论影响以山岳的自然之美兼具佛、道宗教人文景观往往成为全国性的佛教中心，这些寺庙由于历史悠久而具有深厚的文化积淀，如佛教四大名山“山西五台山、浙江普陀山、四川峨眉山、安徽九华山”等，所谓“天下名山僧占多”，体现了佛教与丘陵山岳的密切关系。风水认为气口是寺院“聚气迎神”之处，因此寺院往往通过门向的偏转使门与山口相对，寺院通常处于丘陵山岳的低凹开口处，很少立于山顶之上。

丘陵建寺活动

佛寺朝拜活动

佛寺法事活动

图10–99 佛教文化活动
Figure10-99 Buddist cultural activties

2）佛教影响下的丘陵文化活动（表10–23）

表 10–23 佛教影响下的丘陵文化活动
Table10-23 Hilly cultural activities influenced by Confucianism

天台山	乐山–峨眉山
建寺、讲学、朝拜，创作禅宗音乐，举行盂兰盆会等农禅合一的活动。	建寺、朝拜、普贤道场灯会等佛事活动。
东晋天台山方广圣寺为五百罗汉坐禅总道场。隋建草庵讲经说法，先后建佛寺12所。 国清寺和万年寺礼拜者络绎不绝。僧人坚持讲经修忏和止观实修，举行盛大的盂兰盆会、水陆道场和参拜祖师及放生、农禅合一的活动发掘佛教音乐遗产，组织演奏	普通民众长途跋涉前来峨眉山顶礼膜拜。举办如“朝山会”、“普贤节”、“开光仪式”等活动。在万年寺，每月农历初一、十五以及佛菩萨圣诞日举行“万盏明灯朝普贤”活动

4. 道教文化活动

1）道教与丘陵渊源：

道教与丘陵的密切联系是由道教的起源和教义决定。道教源于中国古代原始神仙崇拜、山岳崇拜与巫术。山岳乃是“道”所化成，形成了“道——丘陵山岳——洞天福地——修真、得道、成仙”的道教修真模式（图10–100）。道教中最重要的两个思想“道”信仰和长生成仙的根本目标，以丘陵山岳为中介巧妙地联系起来了。丘陵山岳之上才能得道成真，强调道教与丘陵山岳不可分割的关系。

道场选址多为丘陵山岳。从东汉末年的“治”到盛唐的“十大洞天、三十六小洞天和七十二福地”，道教修真场所从一开始就多在丘陵山岳地区选址。

道教适宜丘陵优美的自然环境

道教太极养生活动

道教在丘陵中结庐论道

图10–100 道教文化活动
Figure10-100 Taoism cultural activies

2）道教影响下的丘陵文化活动（表10–24）

表 10–24 道教影响下的丘陵文化活动
Table10-24 Under the influence of Taoism, hilly cultural activies

天台山	乐山–峨眉山
结庐、筑观、种植、采药、炼丹、养生、创立修行方法	论道、参访、结庐、采药、炼丹、隐修
诸多道教活动在这里进行，如炼丹、修行、创立修炼方法和修道学说，组织订正、补充、整理“天台道藏”，研习修订道教教义、斋醮科范、修道方术等。 天台山养生文化活动也独具特色。现今举办道教经忏音乐法会、中国道教养生文化学术交流会	在峨眉修道和参访的道教人物颇多。峨眉山是天真皇人论道之地，和轩辕黄帝曾来峨眉问道的传说。孙思邈相传曾来峨眉采药，来峨眉山牛心寺炼丹。曾不少有高道，都曾在峨眉游访参学，修炼道术

5. 茶文化活动

1）茶文化与丘陵渊源：

中国十大名茶都产自丘陵山地地区。中国最早发现和利用茶叶开始于多山的巴蜀地区的神农（图10–101）。适宜种茶：① 丘陵多为红色酸性土壤，由于茶叶适合红壤种植。② 丘陵地区多斜坡，排水方便。③ 丘陵地区多为热带或亚热带季风气候，雨热同期，热量充足。④ 丘陵地区多雨，水汽不易扩散，导致丘陵间云雾缭绕，空气湿度大，茶叶喜湿，所以丘陵适合种茶。来自丘陵山间的山泉水是经过深厚的地层过滤，日光暴晒，含有新鲜空气的活水，非常适合冲泡名茶。丘陵多佛寺道观，清幽寂静的环境非常适合僧人修行，茶能提神醒脑，抑制瞌睡，有利于僧人道士修行坐禅。

山民种茶采茶活动

采茶歌和采茶舞

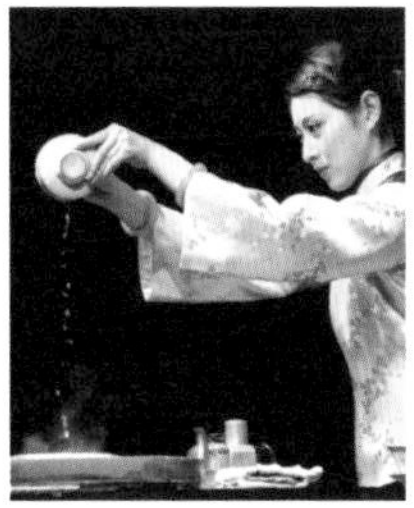
茶道表演

图10–101 茶文化活动
Figure10-101 Tea culture activities

2）茶文化影响下的丘陵文化活动（表10–25）

表 10–25 茶文化影响下的丘陵文化活动
Table10-25 The hilly cultural activies under the influence of the tea culture

天台山	乐山–峨眉山
种茶、采茶、采茶歌、斗茶、煎茶、炒茶	采茶大会、茶艺表演、炒茶、品茶活动
采茶一般在清明前后，一边采茶一边唱山歌以鼓舞劳动热情，这种在茶区流传的山歌，被人称为“采茶歌”。斗茶是每年春季是新茶制成后，茶农、茶客们比新茶优良次劣的一种比赛活动，其实是茶叶的评比形式和社会化活动	每年举办中国“峨眉山茶”采茶制茶大会。观众除可以观看采茶制茶比赛，欣赏茶艺表演、腰鼓锣鼓等文艺表演外，还可以参与现场茶叶制作，细细品尝新鲜出炉的茶叶

6. 其他文化活动—扬弃传承

1）祭祀活动

现在很多地方还保留着祭祀山神的习俗，如彝族祭山会、苗族踩山节、藏族唤山节、摩梭族转山节（图10–102）。

重阳登山节作为传统的依附于丘陵的文化节日，登山节以固定的时间和活动方式，为亲朋团聚、情感交流提供了机会。

为了传承文化，同时作为一种文化旅游产品，开发者与游客的兴趣度最高，这些古时的祭祀活动经过包装整合形成了现代的祭祀文化活动继续发挥着其价值和文化意义，值得我们传承。

摩梭族转山节

苗族踩山节

藏族唤山节

图10–102 其他文化活动
Figure10-102 Other culturenevents

2）墓葬活动

古代对丘陵的解释其中之一就是坟墓，可见墓葬文化自古以来与丘陵有紧密联系。中国古代陵寝有筑陵以象山，因山为陵或依山为陵的传统。封建社会中天人合一、风水堪舆学说的盛行是入殓丘陵得以延续的重要因素，墓葬文化习惯一直延续到了清昭陵，甚至现在某些地区还保持的阴宅的据山为陵的思想。对于不适宜时代发展的文化活动应该舍弃。

10.3.4 丘陵地区活动启示

1. 可持续发展

丘陵地区的可持续发展包括生态可持续发展、经济可持续发展、社会可持续发展。要实现丘陵地区的可持续发展在建设过程中应坚持公平性、持续性、共同性三大原则。

2．传统聚落启示

1）聚落环境的整体性

创建自然生态、人工物质形态和精神文化形态有机的整体环境，建设“人、自然、社会”和谐的聚落空间。

2）崇尚自然的永恒性

崇尚自然，以自然精神为聚落环境创造永恒的主题，以自然山水之美诱发人的意境审美和生活快乐愉悦；以自然的象征性寓意表达人的理想、情趣；以自然品质陶冶情操，培养德智。构建充满自然审美与自然精神的环境文明。

3）“以人为中心”的主体性

以多种人际交往的公共活动空间创造满足人社交、休闲和审美活动的精神家园。满足“人群体而生”的本性需求，营建亲和友善的人性化的环境灵魂。

4）环境育人的目标性

在居家养性环境中塑造人生之求、做人之德、品行之修身的精神文明。

5）景观规如意匠的创造性

注重从自然景观入手，精心设计心灵、审美和行为等多层次、多意象和多形式的环境景观，质朴而富有自然风韵、人性情感和文化艺术品质的山野居家环境[5]。

6）居民共建环境的参与性

由居者共建形成，在中国传统的自然观、哲学观念的影响下，村民按一定的规划匠意，发挥智慧创造和自身参与共建活动，建设充满情感的家园[6]。

3．理想聚落发想

1）独立而完整，自成一体

聚落（及周围环境）可以组成一个相对独立而完整的生态系统。人类完全可以在与外界隔绝的状态下，依靠聚落生态系统中的物质循环和能量流动休养生息。

先秦典籍《尔雅》：

“邑外谓之郊，郊外谓之牧，牧外谓之野，野外谓之林。”

聚落周围是郊区，郊区有耕地，为居民提供粮食；

郊区外是牧场，为居民提供肉奶制品；

牧场外是灌木和杂草丛生的荒野，是阻挡森林火灾和防御野兽袭击的一道屏障；

最外层则是森林，是居民进行采集和狩猎之地。

这既是古代聚落结构的基本分层，也是典型乡村聚落生态系统的基本结构[7]。

2）人与自然和谐共存

我国古代城市、乡村聚落建设过程中，一直保持对自然界的尊重和维护，形成“草木零落，在进山林”的保护山林资源的思想。在丘陵地区人居环境建设中，应积极采取生态措施，维护和尊重人与自然的健康和谐的生态关系[8]。

10.3.5 丘陵人居活动小结

丘陵地区人居活动随时间发展，从传统活动向现代活动演进，从传统丘陵文化向现代丘陵文化演进。丘陵环境具有地形起伏、植被丰富等特点，在此自然背景下，产生了居住、交通、生产、游憩及文化等与丘陵自然条件相适应的活动类型（图10–103、图10–104）。

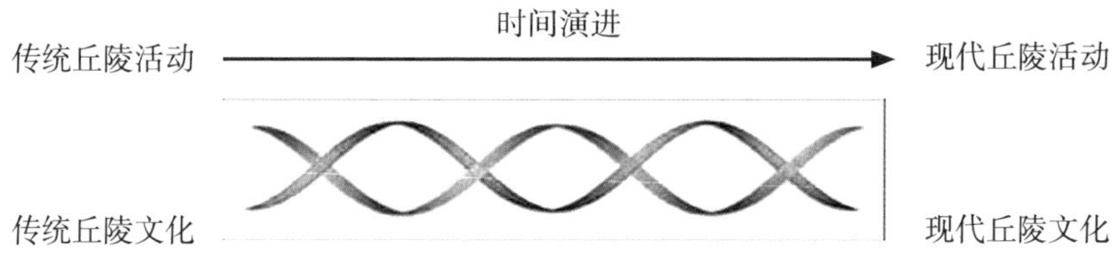

图10–103 丘陵活动演变
Figure10-103 Evolution of activities in hilly regions

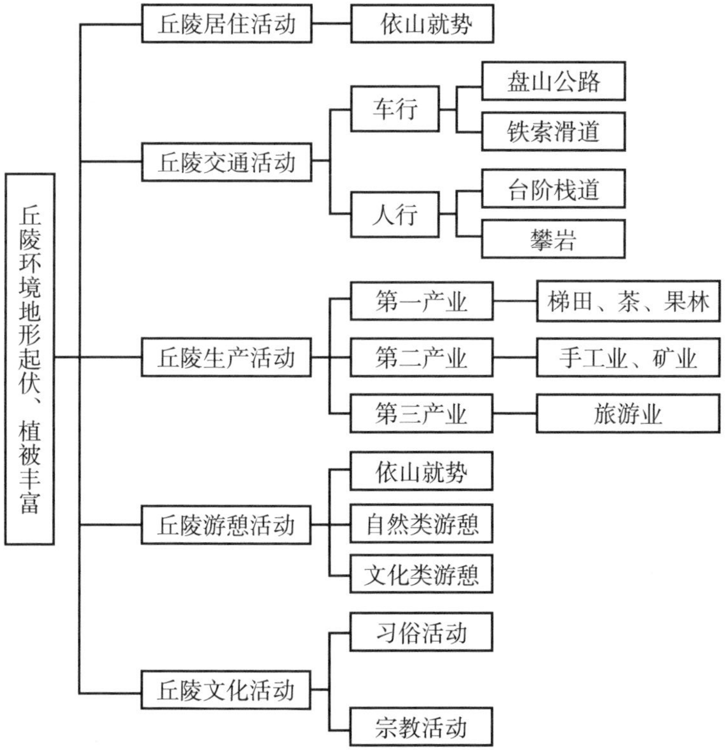

图10–104 丘陵活动总结
Figure10-104 Summary of hilly activity

10.4 丘陵地区人居建设研究

10.4.1 综述

1. 人居建设的核心动力

人居环境中的自然环境与地理环境决定人居建设的生存模式，人居活动中的人类文化内涵塑造着人居建设的具体表现。可见，人居建设是丘陵地区人居的最终表现（图10–105）。

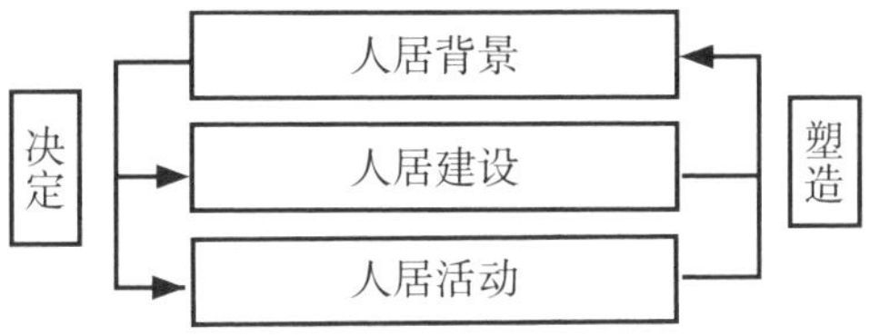

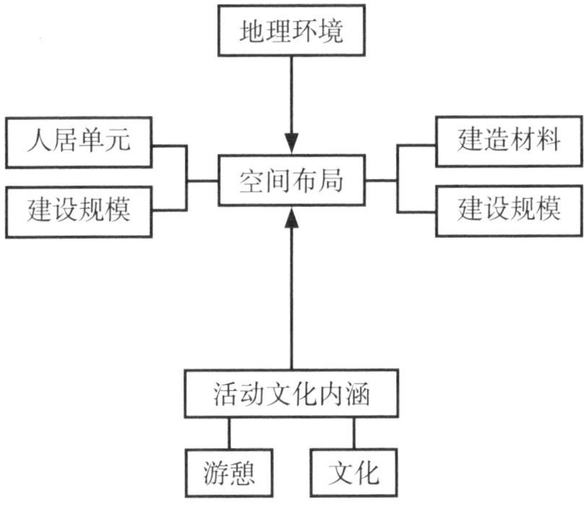

图10–105 人居三元关系
Figure10-105 Relationship in trialism of human settlement, inhabitation and travel environment

2. 研究方式

丘陵地区人居建设研究，将基于文化与游憩空间格局，进行专题研究，并采用从宏观到微观的研究序列（图10–106、图10–107）。

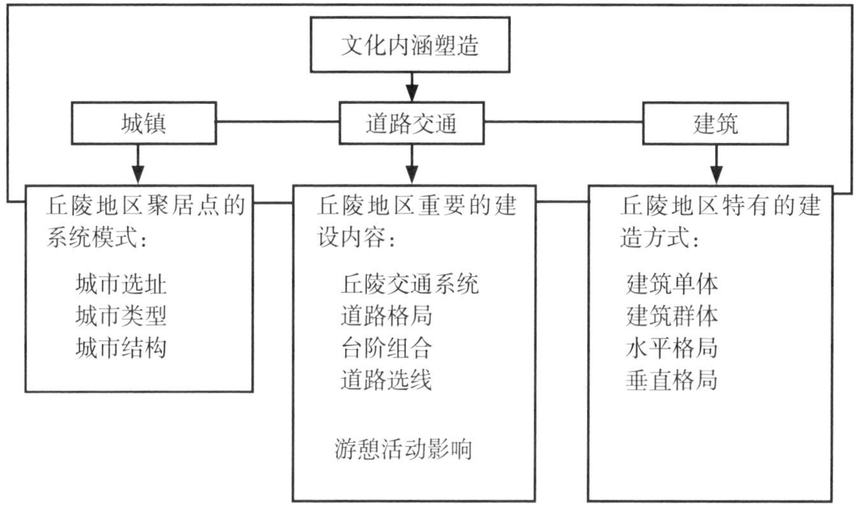

图10–106 人居建设研究
Figure10-106 Study on settlement construction

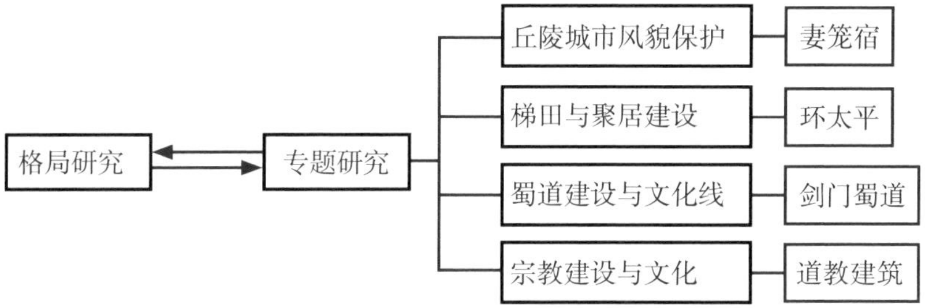

图10–107 丘陵人居格局研究
Figure10-107 Study of settlement pattern in hilly regions

3. 框架研究（图10–108）

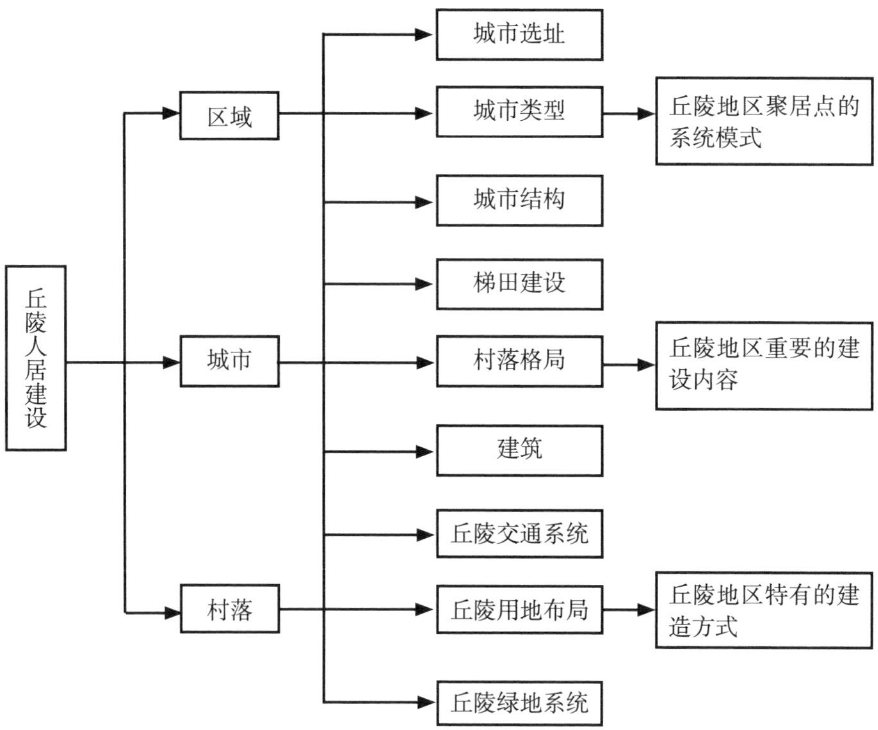

图10–108 丘陵地区人居建设
Figure10-108 Human settlement construction in hilly regions

10.4.2 建设研究

10.4.2.1 区域建设研究

1. 中国古代城市选址

历史发展到今天，城市的内容和形态千差万别，所以，人们从各自的认识和需要出发，给城市下了许多定义。但城市首先是一种居住形态大概是无可否认的。在《雅典宪章》认定的城市四大功能中，居住是城市的第一活动，它和游憩、工作、交通一起，并列其中。人们不应忘记，城市的第一属性是人们赖以安身立命的“人居环境”。

要想营造一个好的居住环境，首先要选择一个好的地点。当历史发展到一定阶段以后，城址的选择受政治、经济、军事及自然等多种因素的综合影响，但在最初的时候，自然环境是起决定作用的首要因素。温和的气候、肥沃的土壤、丰富的物产以及良好的地形地貌和山川河流，是倍受关注的几项主要条件[8]。

自然环境优越的古三河地区是中国最早的城市密集地区。以三河地带为中心的中原地区因此成为中国最早的城市密集地区[秦汉以前，三河指河内（黄河以北的华北平原）、河东（今山西西南部）和河南（黄河以南的华北平原）]。从当前公认的我国城市的起源时期夏朝开始，古人就在这一带建城设邑。

（1）城市选址：“城市选址”一词包含城址选择和城址迁移两方面的意思，其中城址迁移除了包括对旧有城址的废弃之外，在新城址选择的时候，必定包括了对新、旧城址各方面的综合分析，因此与城址选择在本质上是相似的。

（2）影响因素：① 地理环境：所考虑的因素一般包括城址所在的自然环境（其中包括宏观环境和微观地貌）、交通路线、经济条件。如马正林所说：“平原广阔”，“水陆交通便利”，“地形有利，水源丰富”、“地形高低适中”和“气候温和，丰盈”。② 其他环境：政治环境以及历史人文条件（如国都的转移）。

（3）天文星象影响下的丘陵人居环境建设。人居环境追求的终极目标是人和自然环境的和谐发展，这与我国千百年来形成的天人合一的思维哲学高度一致，并以之为人居的最高理想，体现在历代园林设计、建筑营造和城市规划中（图10–109、表10–26）。与西方不同，中国的历史、文化、哲学是分不开的，城市规划、建筑、园林都以“天—地—人（城）”全局宇宙观为出发点和落脚点。这种朴素的宇宙观让人居建设行为活动成为顺应自然、尊重自然、模拟自然、享受自然的自觉建设活动。其中的丰硕成果之一便是对天文星象的观察和总结，形成了完整的理论体系，在人居建设方面具有深远的影响。

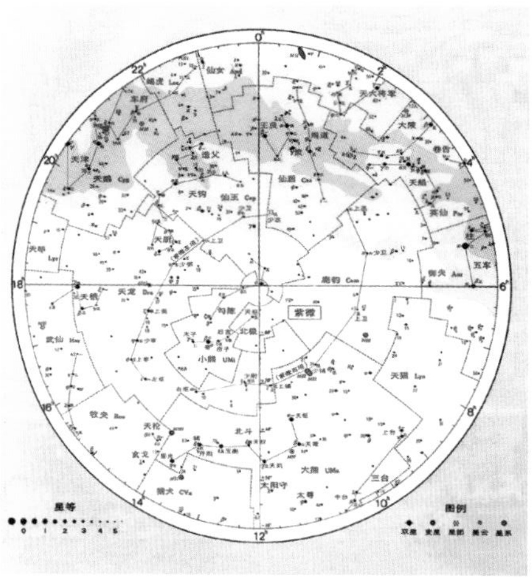

图10–109 中国星宿图
Figure10-109 Chinese constellation diagram
图片来源：乌再荣. 基于“文化基因”视角的苏州古代城市空间研究[D]. 南京：南京大学，2009

知识链接“二十八星宿”：中国古代把天空里的恒星划分成为“三垣”和“四象”七大星区。每个星区又划分为四大星宿，是古人为观测日、月、五星运行而进行划分的，用来说明日、月、五星运行所到的位置。每宿包含若干颗恒星。

表 10-26 天文星象与四季节气、古代列国对应表
Table10-26 Corresponding of astronomy and astrology, four seasons and solar terms, ancient States

一年四季	春						夏						秋						冬					
二十四节气	立春	雨水	惊蛰	春分	清明	谷雨	立夏	小满	芒种	夏至	小暑	大暑	立秋	处暑	白露	秋分	寒露	霜降	立冬	小雪	大雪	冬至	小寒	大寒
二十八星宿	危	室	壁	奎	娄	胃昴	毕	觜	参	井	鬼	柳星	张	翼	轸	角	亢	氐房	心	尾	箕	斗牛	女	虚
十二州分野	齐国	卫国并州		鲁国徐州		赵国冀州		晋国益州		泰国雍州		周国三河		楚国荆州		宋国兖州		宋国豫州		燕国幽州		吴国扬州		青州
北斗方位	东						南						西						北					
十二星座	水瓶星座		双鱼星座		白羊星座		金牛星座		双子星座		巨蟹星座		狮子星座		处女星座		天秤星座		天蝎星座		射手星座		摩羯星座	
月份	2月		3月		4月		5月		6月		7月		8月		9月		10月		11月		12月		1月	

天文星象与地理：《史记·天官书》有云："天则有列宿，地则有州域。"可见，古人是把天上的星宿与地上的州域联系起来看的，形成了天地对应的文化。古代文人墨客在写到某个地区时，常常会连带写到和这个地区相配的星宿进行指代。如唐代王勃王勃《滕王阁序》："豫章故郡，洪都新府。星分翼轸，地接衡庐。"是说江西南昌地处翼宿、轸宿分野之内。李白《蜀道难》："扪参历井仰胁息，以手抚膺坐长叹。"参宿是益州（今四川）的分野，井宿是雍州（今陕西、甘肃大部）的分野，井宿是雍州（今陕西、甘肃大部）的分野，蜀道跨益、雍二州，在极高的山上，人们要仰着头摸着天上的星宿才能过去[10]（图10–110、图10–111）。

图10–110 滕王阁
Figure10-110 Prince Teng Pavilion

图10–111《蜀道难》四川广元剑门关
Figure10-111 "The Hard Roads Toward Shu" Jianmenguan, Guangyuan City, Sichuan Province

秦王宫苑：《三辅黄图》中有秦地宫殿营建的记述："二十七年，更命信宫为极庙，象天极。端门四达以制紫宫，象帝居。引渭水贯都，以象天汉；横桥南渡，以法牵牛。"各宫室建筑以连廊等联结，组成宏大壮观的宫殿建筑群。上林苑引水筑岛象征东海。

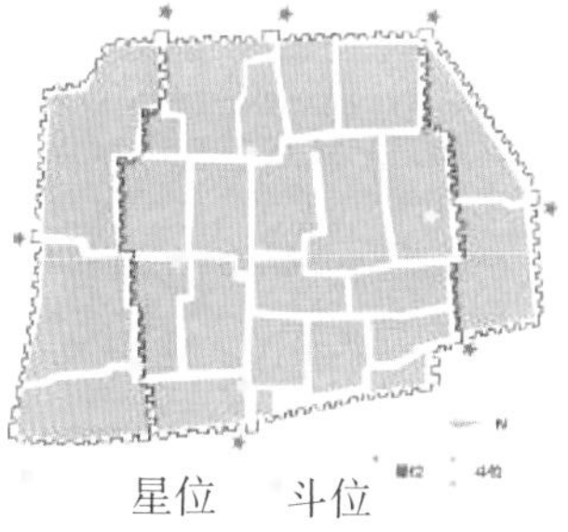

图10–112 七星八斗布局示意图
Figure10-112 Illustrate of qixing badou pattern

叶定敏,文剑钢. 新型城镇化中的古村落风貌保护研究——以楠溪江芙蓉古村为例，现代城市研究, 2014 (04).

图10–113 客家土楼
Figure10-113 Hakka earth building complex

浙江永嘉县芙蓉村以北斗七星布局。村内道路交叉点为高出地面10cm、面积约$2m^2$的平台，称作"星"，共有7处，分布在村各处；另有8处水池，称"斗"。村内道路将"星斗"相互连接，附会天象，意在祈求天神保佑，降临福祉（图10–112）。

客家土楼：历史上，客家家族为求生存，创造了容纳整个家族的大型圆形土楼。建于清中叶的永定承启楼，外围直径62m，高4层。里三层环形相套，共有房间三百多间，合一年三百之数。底层中心为单层方形堂屋，为议事及举行重大典礼之所。站在底层堂屋向上看，恰是一幅天圆地方的图画[11]（图10–113）。

天文星象与丘陵城市命名：① 丽水（处州）：浙江省丽水市，古称处州。丽水地处少微星座，少微星共有四颗星，最南一颗星名为处士星，所以就称为处州。② 婺源：江西省婺源县。唐开元二十八年，正月初八，婺源置县时，恰逢婺女星在长安东南方向出现，钦天监奏明玄宗。③ 台州：浙江省台州市，以三台星分野而定名为台州。④ 金华：浙江省金华市以婺女星分野而定名婺州，后又以金星与婺女星争华而改名金华。

理想的都城城址应具备以下两个条件，一是合适的地理形势，二是充足的水源，二者缺一不可。而且随着时间的推移、社会的进步，其重要性将变得越来越明显。总的来说，自然环境是起决定作用的首要因素。中国独特的文化，在中国人居环境建设的历程中，经常会体现出天文星象的观念。李约瑟在谈及中国建筑的精神时说：再没有其他地方表现得像中国人那样热心于体现他们伟大的设想“人不能离开自然”的原则……都经常出现对“宇宙的图景”的感觉，以及作为方向、节令、风向和星宿的象征主义。

2. 南方丘陵城市类型（表10–27）

表 10–27 城市形态类型
Table10-27 City forms and types

城市形态	集中式	组团式	带状	指状
城市数量	22	6	7	3
形成原因	有较为开阔和完整的平地	地形崎岖不平、不完整，或位于河流交汇处	位于河流谷地，依山傍水	受地形河流交通等条件的影响
优点	便于行政管理，节省市政建设投资，便于集中设置较完善的生活服务设施，方便居民生活	生产生活上分散，可减轻环境污染	各部分接近郊区，近自然，环境污染小	各部分接近郊区，接近自然，环境污染小
缺点	环境污染较集中	用地分散，联系不便，市政建设投资也相对较高	集中于两个方向，建设投资大，不便于行政管理	集中于多个方向，各部分联系不便，建设投资大

南方丘陵范围：

省：浙江、安徽、福建等8省。

市：金华、宁德、莆田、漳州、揭阳等38个城市。

面积：639577.4km^2，占全国比例为6.67%。

人口：16436.39万人，占全国比例为12.64%（图10–114）。

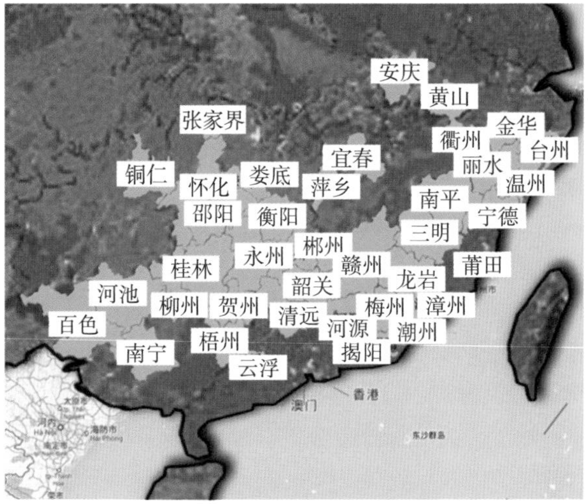

图10–114 南方丘陵分布图
Figure10-114 Distribution of southern hills

如前面章节所说，南方丘陵城市除了有丰富的自然资源、悠久的文化历史，他们在空间结构上也有着极其特别的景观效果，即呈现出一种“山—水—城”的空间结构。为了能够更加清楚地展现南方丘陵城市空间特征，本研究结合Google地图、GIS数据绘制了南方丘陵38个城市的平面图示意图。

通过对南方丘陵38个城市的城市布局形态进行了总结，概括其建成区、水系、山系、平地、交通（省道、国道）等的关系，我们根据其空间结构将南方丘陵城市总结为集中式、组团式、带状和指状四种形式（表10–27 ~ 表10–29）。

1）集中式（图10–115）

代表城市（22个）：金华、宁德、莆田、漳州、揭阳、清远、韶关、云浮、梅州、潮州、百色、柳州、南宁、衡阳、怀化、娄底、邵阳、永州、宜春、萍乡、安庆、铜仁。

特点：这种布局形式便于集中设置市政设施，土地利用合理，交通便捷，容易满足居民的生产、生活和游憩等需要。

形成原因：块状布局形式的城镇比较多，有的是依托原有城镇发展起来的，如柳州、娄底、南宁（边陲古城）；有的是随着生产的发展将原有居民点连接起来而形成整体的，如怀化。

2）指状（图10–116）

特点：以主城区为中心，沿着几个方向线状发展。这种城市布局形式因受自然条件、资源情况、建设条件和城镇现状等因素影响，使一定地区内各城镇在工农业生产、交通运输和其他事业的发展上，既是一个整体，又有分工协作，有利于人口和生产力的均衡分布。如郴州以主城区为中心，向东进行发展。

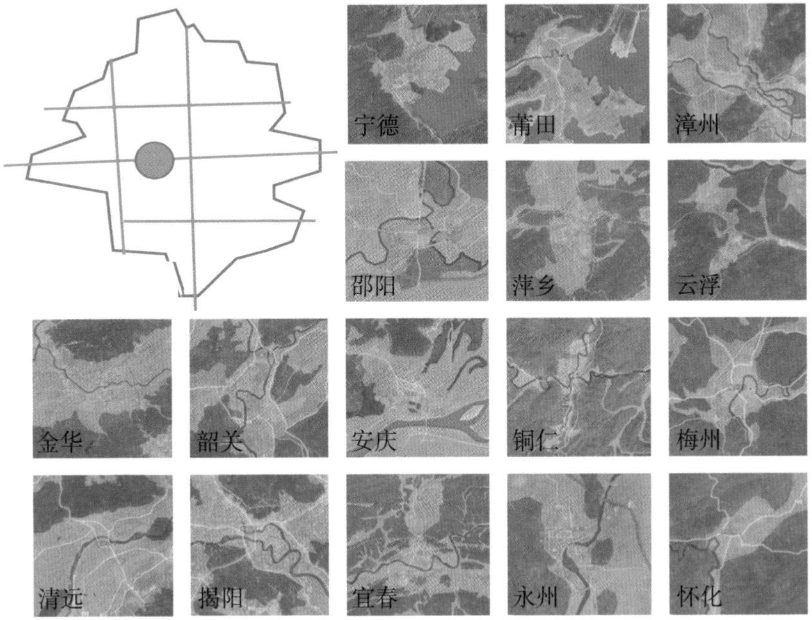

图10-115 集中式丘陵城市空间示意图
Figure10-115 Illustrate of centralized hilly city spaces
图片来源：http://chiangbt.github.io/webcontent/EsriDemo.html；Google Earth

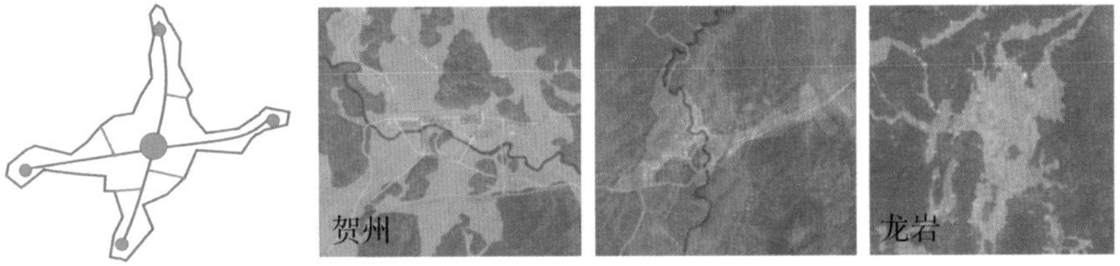

图10-116 指状式丘陵城市空间示意图
Figure10-116 Illustrate of fingered hilly city spaces
图片来源：http://chiangbt.github.io/webcontent/EsriDemo.html；Google Earth

3）组团式（图10-117）

代表城市（6个）：丽水、衢州、温州、桂林、赣州、黄山。

特点：由于自然条件等因素的影响，城市用地被分隔为几块。进行城市规划时，结合地形，把功能和性质相近的部门相对集中，分块布置，每块都布置有居住区和生活服务设施，每块称一个组团。组团之间保持一定的距离，并有便捷的联系。

如温州市，“双中心多组团”的城市结构，绿带楔入城市中心。这种布局形式如组团之间的间隔适当，城市可保持良好的生态环境，又可获得较高的效率。

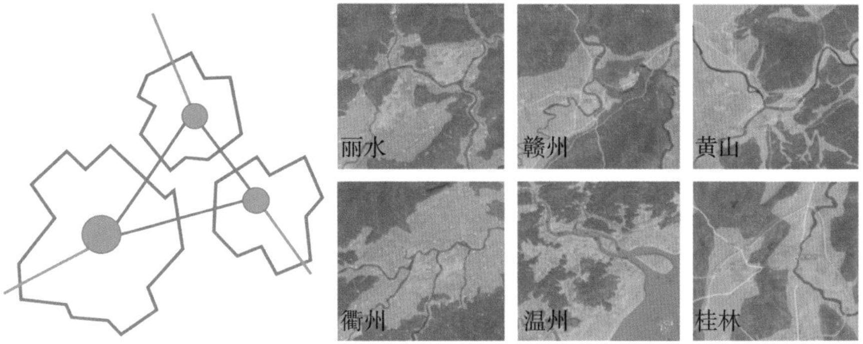

图10-117 组团式丘陵城市空间示意图
Figure10-117 Illustrate of group hilly city spaces
图片来源：http://chiangbt.github.io/webcontent/EsriDemo.html；Google Earth

4）带状（图10-118）

代表城市（7个）：台州、南平、三明、河源、河池、梧州、张家界。

南方丘陵带状城市很多，如台州是沿山谷地带发展的，南平和河池是沿河流发展的。特点：这种城市布局形式是受自然条件或交通干线的影响而形成的，有的沿着江河或海岸的一侧或两岸绵延，有的沿着狭长的山谷发展，还有的则沿着陆上交通干线延伸。这类城市向长向发展，平面结构和交通流向的方向性较强[12]。

总结：由上述研究得出，集中块状的城市布局是较为紧凑的，带状、组团、指状因为受到自然条件的限制布局相对疏松分散。

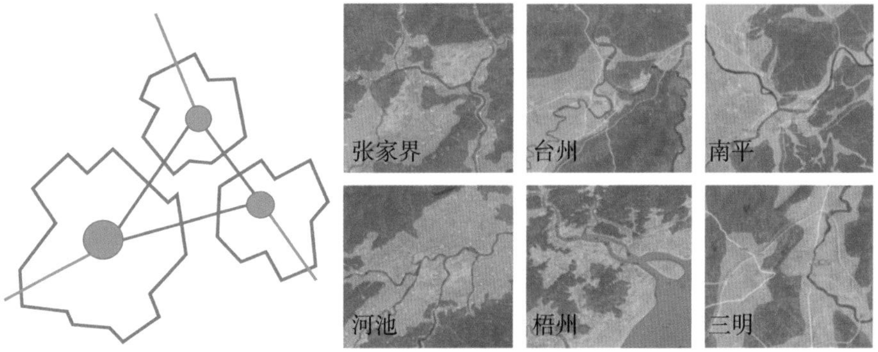

图10-118 带状丘陵城市空间示意图
Figure10-118 Illustrate of zonal hilly city spaces
图片来源：http://chiangbt.github.io/webcontent/EsriDemo.html；Google Earth

表 10–28 南方丘陵城市空间布局形式
Table10-28 Special layout forms of southern hilly cities

城市布局形式	集中紧凑形	分散疏松形
城市	大多数	受自然条件限制
特点	以一个生活居住用地为中心，多个工业区布置在周围	受地形和河流影响，城市用地分成若干片，每片由一个生活区和工业区组成
优点	节省成本	工业区分散，造成污染源分散
缺点	环境污染较集中	用地分散，联系不便，市政建设投资也相对较高

表 10–29 南方丘陵城市城—水空间关系
Table10-29 Relation of city-water space in southern hilly cities

水与城市关系	绕	穿	旁
城市数量	11	25	2
城市名称	丽水、衢州、台州、温州、宁德、莆田、梧州、怀化、娄底、邵阳、安庆	金华、龙岩、南平、三明、漳州、河源、揭阳、清远、韶关、梅州、潮州、百色、桂林、河池、柳州、南宁、贺州、郴州、衡阳、永州、张家界、宜春、赣州、黄山、铜仁	云浮、萍乡
图示	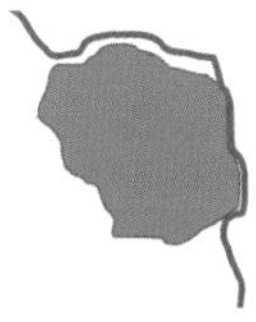	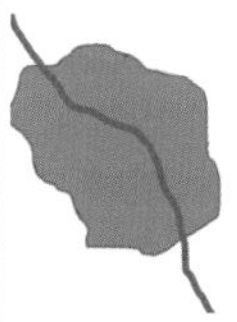	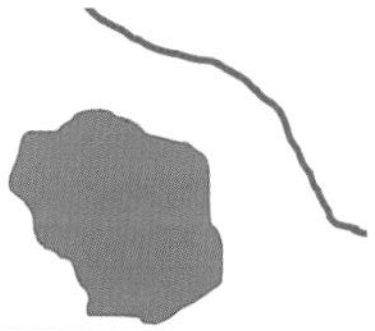

直接因素：

（1）经济因素：主要指建设项目如工业基地、水利枢纽、交通枢纽、科学研究中心等的分布和各种项目的不同技术经济要求；资源情况，如矿产、森林、农业、风景资源等条件和分布特点；建设条件如能源、水源和交通运输条件等。

（2）地理因素：① 地形地貌。城市发展需要较为开阔平整的土地用于人居建设，因此地形地貌成为影响城市形态的重要因素。② 水系。水源是影响城市人居建设的第二大因素，临近水源便于解决城市生活与生产用水，水运交通方便同外部的联系，农业、渔业、牧业等传统经济的沿江发展，也利于提供城市必要的物质基础。因此，一些城市临水而建，滨水而居，呈现沿河带状发展的趋势。

（3）城镇现状：如人口规模、用地范围等。

间接因素：政治、经济、历史和文化因素。

水是城市的重要组成部分，在中国，城市水源是城市赖以生存的生命线，水源是城市选址必须考虑的关键性问题，也在都城供水中起着重要的作用。

水系对于城市的重要作用：解决城市生产生活用水，必须有河流人才可以生存。地表径流是生产生活的依赖，地下水常作为地表水的补给。水运交通方便，增加与外部联系。便于防守，借以抵御外来势力的进攻。可以调节局部小气候，改善居住条件。

3. 专题案例：柳州市城市选址与城市结构

1）选择柳州市的原因

柳州是典型的东部经济发达的丘陵城市，国家历史文化名城，中国十佳宜居城市。

2）城市选址分析

（1）原始居民点的选址与变迁（图10–119）。据考古研究发现，从旧石器时代晚期就有人类在柳江流域生产活动。古人类在柳江流域形成原始居民点，若干遗址的线索体现了该区域的原始社会经济存在从山地向陆地再向水岸发展的趋势。柳江作为母亲河，为其提供了生产、生活的基本资源，是沿岸原始社会繁衍生息不可或缺的基本条件（图10–120）。

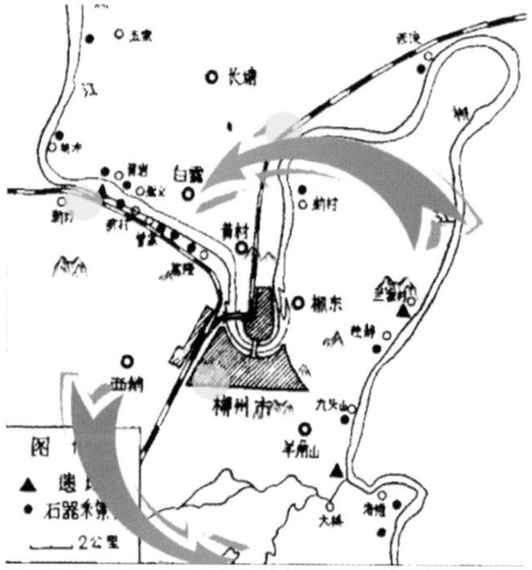

图10–119 柳州新石器时代遗址的变迁示意图
Figure10-119 Illustrate of neolithic age site's change in Liuzhou City
图片参考：何丽. 柳州城市发展及其形态演进（唐—民国）[D].广州：华南理工大学，2011

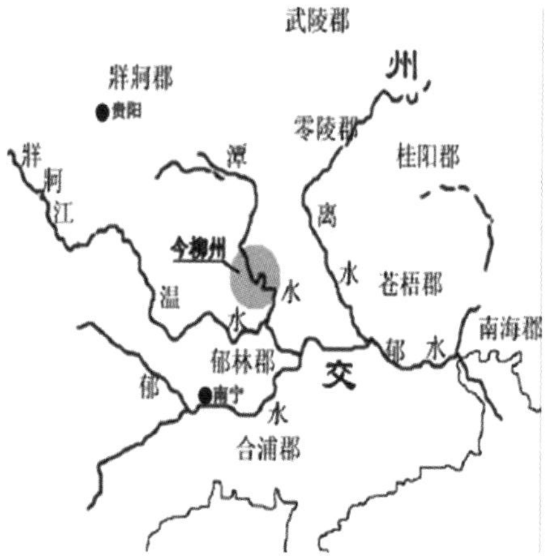

图10–120 西汉时期郁水流域水系图
Figure10-120 Water system of Yushui basin, Xihan Dynasty
图片来源：何丽. 柳州城市发展及其形态演进（唐—民国）[D].广州：华南理工大学，2011

（2）隋故城为何舍弃汉以来在驾鹤山下的故址，将水南移至水北？

政治原因：与中原王朝对柳江上游地区的扩张有关。三国、晋、宋齐梁陈期间，各势力抢夺粤西地区，柳江流域上游及其支流两岸相继设立郡县和逐渐密集的镇堡，潭中县行政建制等级因此下降。

交通原因：结合该流域早期土著居民点人居范围，西汉元鼎六年取址九头山和驾鹤山之间的河阶台地，是早期依赖水路区域交通路线选择的结果。隋至唐初王朝对粤西纵深地区进行扩张、开辟始安（今桂林）至潭中（今柳州）陆路，使柳州城址迁柳江北岸鹊儿山附近，是由该地对外联系的区域交通方式变更的结果。

水文原因：柳江自西向东而流，在水湾处，由于水流速度较快，易冲刷外侧河岸的土地，造成侵蚀。原址位于水南易受侵蚀的河湾处，对日常生产生活带来不便，故而迁址至水北（图10-121）。

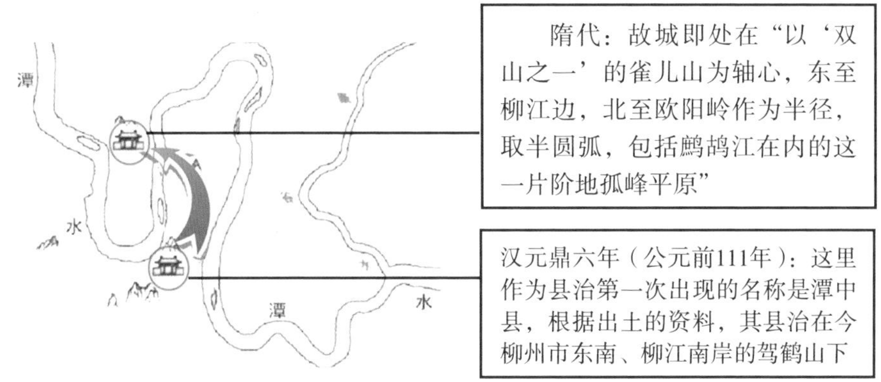

图10-121 隋代故城的变迁示意图

Figure10-121 Illustrate of the Imperial Palace change, Sui Dynasty

图片参考：何丽. 柳州城市发展及其形态演进（唐—民国）[D].广州：华南理工大学，2011

3）城邑的选址

柳州最早的城邑信息，为唐武德前后，马平县治由隋唐故址迁至柳江北岸舌形半岛地段时的“唐宋土城”，自此柳州城市发展进入稳定期（图10-122）。

吴庆洲先生在《中国军事建筑艺术》曾总结我国古城选址的若干依据：水陆交通便利；立足农业发达之地；地理形势利于军事防御；水量足，水质良；土质坚实，宜于建设；气候条件较好；地震、干旱等自然灾害较少；尽量减少和避免洪水灾害。

（1）军事防御体系的建设——山环水抱，据险设防。

北面重点防御，墙、营、壕、城组合；南岸设置堡寨，步步为营（图10-123、图10-124）。

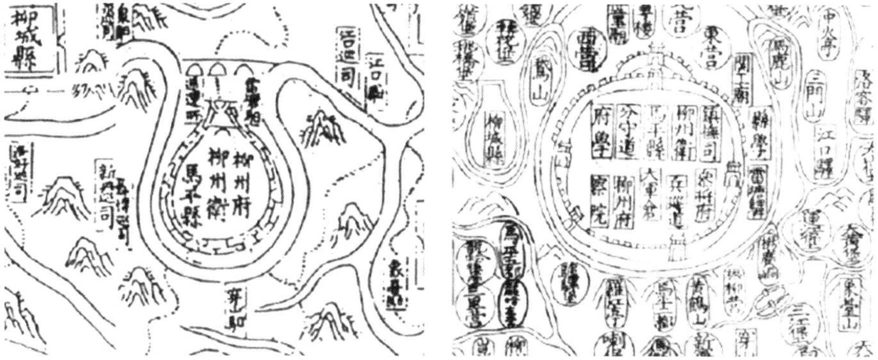

图10-122 明万历的柳州府城图

Figure10-122 Picture of Liuzhou state city in Wanli Period of Ming Dynasty

图片来源：何丽. 柳州城市发展及其形态演进（唐—民国）[D].广州：华南理工大学，2011

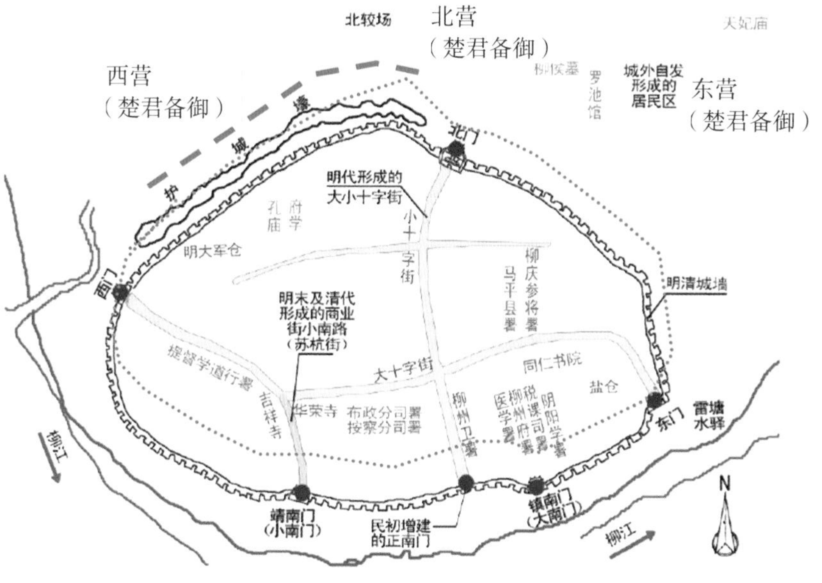

图10-123 明清马平内城城门的空间分布及建设发展分析

Figure10-123 Analysis of spatial distribution and construction development of Maping inner city gate, Ming and Qing Dynasty

图片来源：何丽. 柳州城市发展及其形态演进（唐—民国）[D].广州：华南理工大学，2011

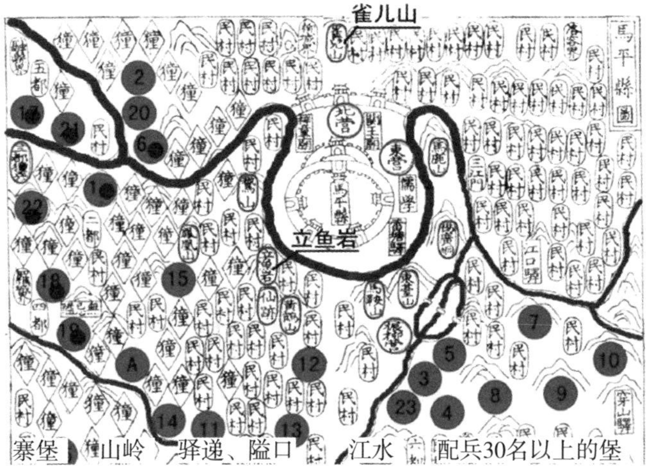

图10-124 明马平县堡寨及军事设施分布分析

Figure10-124 Analysis of spatial distribution and construction development of Maping inner city gate, Ming and Qing Dynasty

图片来源：何丽. 柳州城市发展及其形态演进（唐—民国）[D]. 广州：华南理工大学，2011

（2）防洪体系的建设。

“导”与“蓄”：城市井漏及排水，蓄水系统。三川意指三条疏水道，九漏为城内九口水井，起到调蓄洪水的作用。“适”：用地性质适应竖向变化（图10-125）。

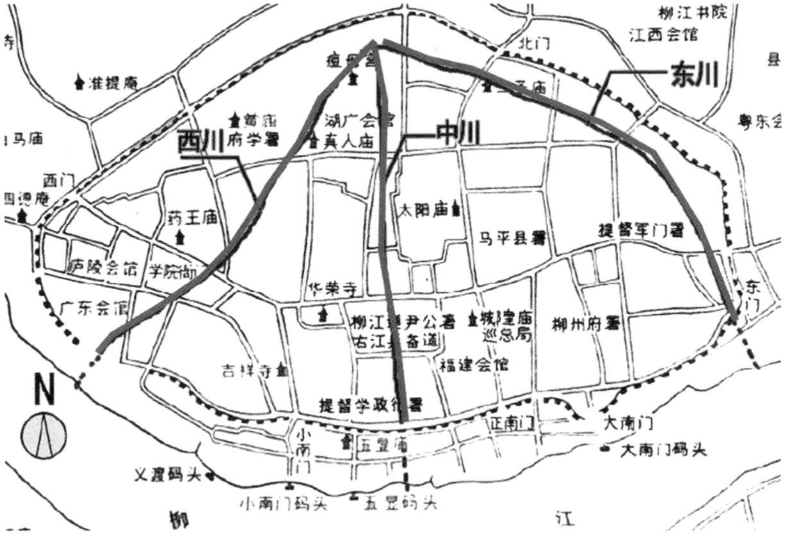

图10-125 明清马平城内“三川”的分布示意图

Figure10-125 Illustrate of “the Three Rivers” location in Maping City, Ming and Qing Dynasty

图片来源：何丽. 柳州城市发展及其形态演进（唐—民国）[D].广州：华南理工大学，2011

东（北）城为官署府邸以及盐仓的集中地，西（南）城为临时性用途（如兵营、棚屋等），或中下阶层手工业者、小商贩的小地块商住混合区。

根据中国古代城市防洪经验，城市选址于江河凸岸能够减少洪水冲击。明马平城的选址充分利用了前述经验度地造城，同时，充分融合了“山城水”三者在景观、生态方面相互依存的做法，是对古代城市规划防洪选址经验灵活运用的实例。

“凸”：扼守驿道，凸岸造城明清马平城设置多处桥梁、渡口及码头（图10-126～图10-128）。

（3）城市空间格局的建设。

柳州（马平）的山水建城观：从柳州城市发展史可以看出其“山城水永续”的特点，这个景观建城的理念，可追溯到唐柳宗元任柳州刺史期间。

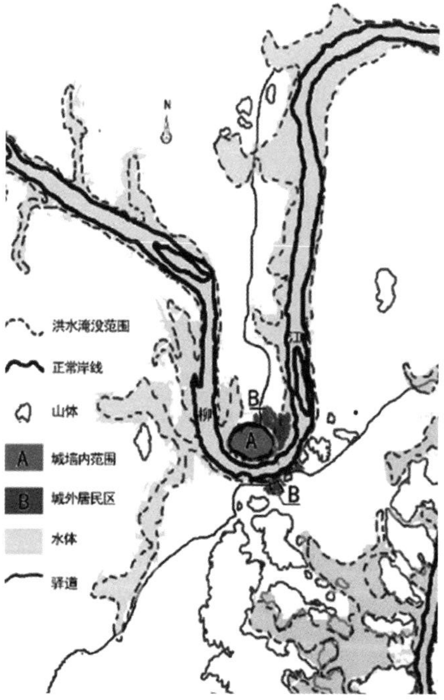

图10-126 明马平城位置与柳江丰水期洪水泛滥区的关系

Figure10-126 Relationship between Maping City’s location and floodwater region of Liujiang River in high water season, Ming Dynasty

图片来源：何丽. 柳州城市发展及其形态演进（唐—民国）[D].广州：华南理工大学，2011.

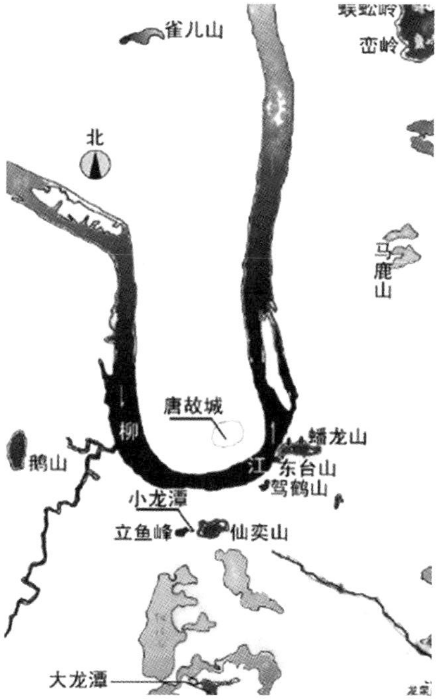

图10-127 现代地图反映的柳江北岸及其山水形势

Figure10-127 Northern bank and geographic surface in modern map

图片来源：何丽. 柳州城市发展及其形态演进（唐—民国）[D].广州：华南理工大学，2011.

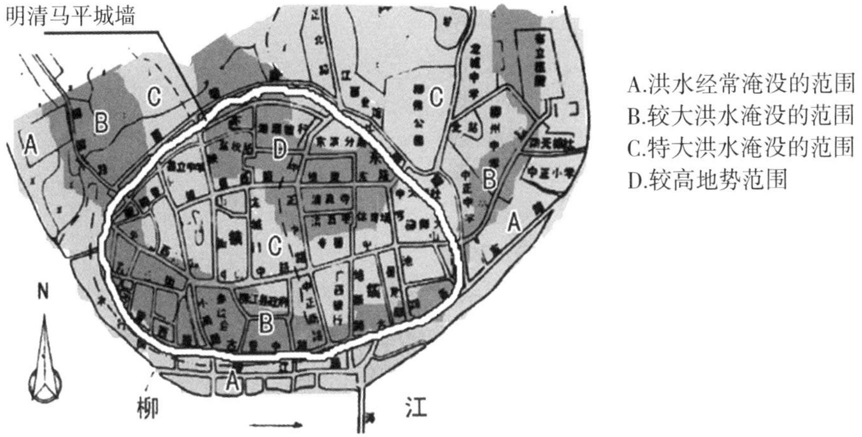

图10–128 清代马平城内不同洪水淹没范围示意图
Figure10-128 Illustrate of different inundated region by flood in Maping City, Qing Dynasty
图片来源：何丽. 柳州城市发展及其形态演进（唐—民国）[D].广州：华南理工大学，2011.

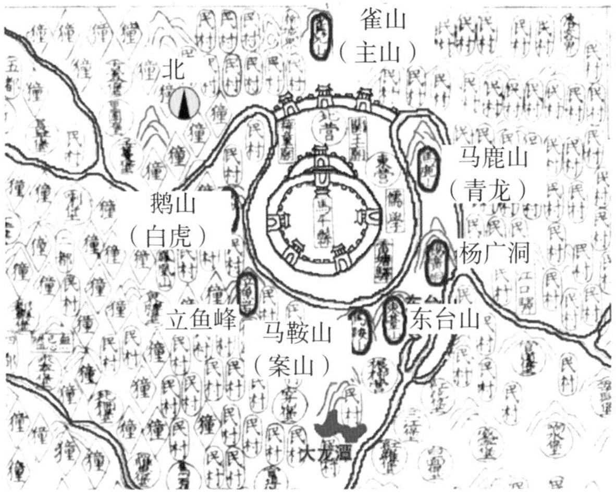

图10–129 明《殿粤要纂》之“马平县图”中所呈现的负山抱水形势
Figure10-129 Topography surrounded by mountains and girdled by a river presented in “Maping City” of “Hall of Guangdong to compile”, Ming Dynasty
图片来源：何丽. 柳州城市发展及其形态演进（唐—民国）[D].广州：华南理工大学，2011.

柳宗元在唐元和十年（公元815年）到任柳州写下的《柳州山水近治可游者记》，详述州治附近东西南北分布的各山穴水木特点，堪称柳州城最早且最著名的导游词。柳宗元在《登柳州城楼寄漳汀封连四州刺史》诗所云之“岭树重遮千里目，江流曲似九回肠”描绘了“山水城”的景观。

明堪舆术影响下的柳州（马平）“山城水”格局如图10–129所示。

（4）城市的街坊建设。

唐宋马平城厢的街坊：唐宋时期，马平城外柳江南岸陆道岩的摩崖石刻显示，柳江南岸已发展若干片街坊。陆道岩现存的“塑神象题记”摩崖列有土岩坊、含水坊、龙竹坊、大利坊等地名7个。石刻捐献者 41 人，有蓝姓、甘姓等捐助者。从陆道岩资料分析，唐宋马平城内外已经建设有街坊等人居区。

当时柳州府城外商业街市已自发兴起，城内街市并没有城外活跃。根据柳州文史专家研究，当时集中的商业活动以“墟市”形式出现，明马平城主要的墟市集中在北城门外，专营谷米等，有米行街。

经过初期选址、军事、防洪、堪舆、城市景观意象等因素的影响，至明清时期形成了以“城北双山—北门—大小十字街—马鞍山—大龙潭”为城市景观轴线的“山—城—水”紧密结合的城市空间格局，使山、城、水三方面因素在生态、景观、文化等方面有机地结合起来，柳南用地因此在视觉景观上与柳北城堡形成对景关系（图10–130）。

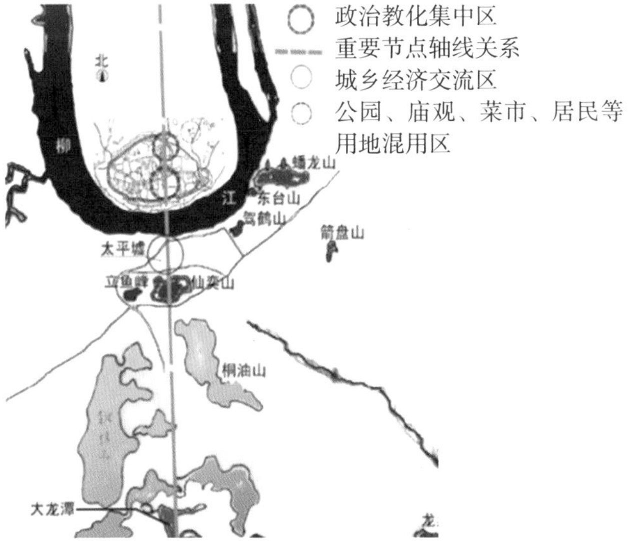

图10–130 清初马平城山水环境及其空间轴线分析
Figure10-130 Analysis of natural environment and spatial axis of Maping City, Early Qing Dynasty
图片来源：何丽. 柳州城市发展及其形态演进（唐—民国）[D].广州：华南理工大学，2011

10.4.2.2 城市建设研究

1. 南方丘陵城市基础资料

1）基础资料说明

为了了解南方丘陵城市选址的背景原因，我们对南方丘陵38个城市的基础资料作了一个调查。调查内容包括：① 地理条件：城市方位、城市面积、经纬度、平均海拔。② 气候条件：气候类型、主导风向、风速、年平均温度、年平均降雨量、相对湿度、年日照时间。③ 交通条件：公路里程、国道、省道。④ 文化条件：城市特色。其他基础资料：人口数量、人口密度、丘陵类型、山系、水系。

2）基础资料解读

（1）纬度：南方丘陵城市全部位于北纬30°的范围之内（南宁，北纬22°13′~23°32′；黄山，北纬30°11′）。而北纬30°历来就是一个神秘而有趣的区域。比如百慕大、金字塔，此外地球山脉的最高峰——珠穆朗玛峰的所在地，同时又是海底最深处——西太平洋的马里亚纳海沟的藏身之所。世界几大河流，比如埃及的尼罗河、伊拉克的幼发拉底河、中国的长江、美国的密西西比河，均是在这一纬度线入海。同时，北纬30° 也贯穿四大文明古国[13]。而中国的历史文化名城有11个位于此区域。

（2）气候类型：主要为中亚热带季风气候、亚热带季风气候以及亚热带海洋气候。这些气候类型，四季分明气候相对宜人。年平均降雨量、年平均温度，也较为宜人。

（3）文化：南方丘陵地区，文化民族种类多样，形成这种局面的原因，可能离不开三次较大规模的人口迁徙。

（4）空间格局：有山有水有人，形成“山—水—城”的空间格局。

2. 丘陵城市景观生态建设

丘陵城市中往往存在许多不可或不宜建设用地，这种用地的一部分被改造成各种类型的公共绿地，成为引入斑块。另一部分则往往因多种原因成为游离于城市绿地系统之外的另一类绿地——背景绿地，即残余斑块。残余斑块相对于人工的引入斑块具有较强的生态稳定性。

平原城市由于城市用地的集中与优良，几乎没有残余斑块的存在，其引入斑块的人工程度也较山地城市为大，这意味着丘陵城市绿地系统的自然生态性较强，总体生态效果应好于平原城市。

（1）丘陵城市绿地系统优化模式——“绿核+绿廊（带、轴）+绿网”。

由于地形地貌的复杂，山丘、河床、沟壑等自然要素往往切割、插入甚至穿过城市，使城镇用地呈现出零散状，同时也形成了许多不规则的块状、带状和楔状绿地，在实际建设中很难形成平原城市中常见的“环状绿地”。针对这一问题，提出适应丘陵城市空间结构的绿化模式（图10-131）。

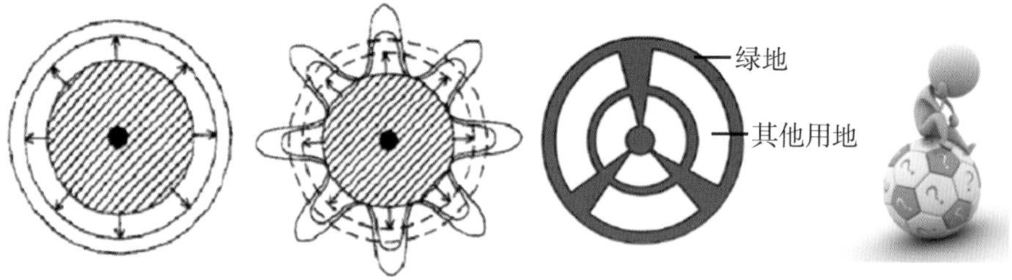
圆形斑块在自然资源保护方面具有最高的效率
卷曲斑块在强化斑块与基质之间的联系上具有最高效率
地势平坦的平原城市常采用环形+楔形的绿地系统形式
丘陵？

图10-131 不同形式绿地系统类型

Figure10-131 Forms of green land system

该模式形态上呈现出宽窄变化的廊状绿地（绿廊）连接块状绿地（绿核）而形成的不规则、开放式的网状结构（绿网）。

绿核：从区域层面指的是具有相当面积的大块绿化空间，如森林公园、风景名胜区、湿地等；从城市层面，“核”指的是建成区范围内大面积的公园绿地，是城市的绿心，对调节城市气候，提供生物活动空间具有重要意义。

绿廊：即区域或城市建成区范围内的线状或带状城市绿地。具体可分为两类：一类是自然绿带，如沿自然河道、溪谷、山脊的绿带；另一类是人工绿带，如人工的铁路、公路、步道、水渠等而建立起来的绿色开放空间、城市外环绿地和城市游憩绿地等。绿廊主要由较为自然、稳定的植物群落组成，生物环境类型多样，生物多样性高[14]。可建成丘陵特有陡坎立体绿带、梯道绿带等。

绿网：即由纵横交错的绿带、绿廊和绿轴组成，并串联各类“斑块”的绿化网络。“网”是绿地系统“基质”的骨架，从物质形态上看，主要由道路绿地、带状防护绿地、自然河道串联公园、游园、风景区等一系列绿核而成的绿化整体网络。

（2）丘陵城市绿地系统规划方法（表10-30）。

3. 城市建设研究——以金华市为例

1）选择金华市的原因

典型的东部经济发达的丘陵城市，国家历史文化名城，中国十佳宜居城市。

2）金华城市概况

地处金衢盆地东段，为浙中丘陵地区，地势南北高、中部低。整体地貌特征表现为“三面环山夹一川”，盆地错落涵三江市境的东、东北有大盘山、会稽山，南属仙霞岭，北、西北接龙门山及千里岗山脉（图10-132、图10-133）。金华是浙江省中西部地区的中心城市，重要的交通、信息枢纽。

表 10–30 丘陵城市绿地系统规划方法
Table10-30 Planning method of green land system in hilly cities

建立完善的绿地景观格局	重视丘陵城市的线形绿地	重视生物多样性	加强残余斑块保护	加强人工斑块的生态性	尽量提高地面绿化率	重视本地生态物种	因地制宜有针对性
几个大型的自然植被斑块作为水源涵养所必需的自然地；有足够宽的廊道用以保护水系和满足物种空间运动的需要；而在开发区或建成区里有一些小的自然斑块和廊道，用以保证景观的异质性	丘陵城市的绿地系统中应加强对线形绿地的重视，营造尽可能连续的、宽度较大的带状绿地，以提高生态效益。同时，增加不通车梯道两侧的道路绿地，突破“行道树”的观念局限，增强线形网络	要增加园林绿地的空间异质性，合理配置植物，构筑稳定的复层混合立体式植物群落，提高环境多样性和多维度，丰富物种多样性，通过植物、动物食物链的合理链接形成自然、协调的生态系统	对丘陵城市特有的残余斑块应加强保护，减少人为的破坏，尤其要防止片面追求“公共绿地”指标带来的建设性破坏。尽量保持较多的自然生态性，并促进其向良性演替发展	对人工营造的绿地，应限制其内部硬质景观的面积与数量。除少数供展出的践踏性公园外，其他绿地在满足使用的情况下，设施宜尽量简化。点状绿地应以完全绿化为宜，最大的发挥其生态功能	丘陵城市由于用地紧张，往往绿地偏少，必要的广场及空旷场地宜利用丘陵城市的自然标高，将其使用功能地下或半地下化，尽量提高地面的绿化率。道路、铺装面尽量以网络绿化的方法予以软化	根据城市自身的情况选育一批具有生态区系代表性的物种进行保护，选择本地特产的高效物种为本城市的环境建设服务，创造自身特色。绿化树种的选择应在彻底调查本地生态群落的基础上进行	尊重客观规律，在适地适树、因地制宜的原则下，合理选配植物种类，避免种间竞争，避免种植不适应本地气候和土壤条件的植物。应以乡土树种为主，适当选用经过多年引种和驯化的外来植物品种

图10–132 浙江金华市
Figure10-132 Jinhua City, Zhejiang Province
图片来源：http://zhejiang.kaiwind.com/dfmssy/201308/30/t 20130830_1067984.shtml

基本指标：
总面积：1.09km²；
常驻人口：536万人；
人口密度：490人/km²
城市化水平：约60%

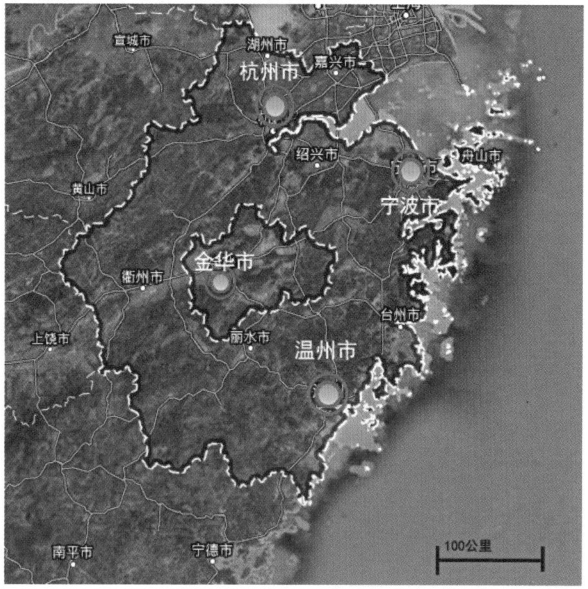

图10–133 浙江金华市区位图
Figure10-133 Location of Jinhua City, Zhejiang Province

3）金华城市历史演变（图10–134）

“金华诸山蜿蜒起伏，……拱卫四维。面南诸峰数重，近者横如儿，远者环如城郭。郭外又溪萦带，众水汇合，弯环流衍……诚一郡之形胜两浙之要区也。”——明《金华府志》

图10–134 金华山水图
Figure10-134 Topography of Jinhua City
图片来源：百度图片

4）城市格局

“金华诸山蜿蜒起伏，……拱卫四维。”

“面南诸峰数重，近者横如几，远者环如城郭。郭外又溪萦带，众水汇合，弯环流衍……诚一郡之形胜两浙之要区也。”——明《金华府志》

“水通南国三千里，气压江城十四州。”——清·李清照《题八咏楼》

金华市建设总体格局是“一中两翼两三角”（图10–135）。

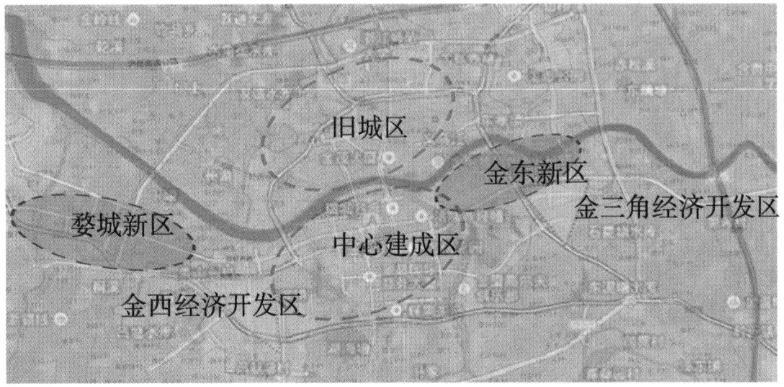

图10–135 集中式的城市格局
Figure10-135 Pattern of centralized city

（1）用地建设。江北区建设年代久远，大部分老建筑都集中在这一带，包括老的商业带和居民区，街道、房屋明显拥挤。所以旧城改造主要集中在江北片，

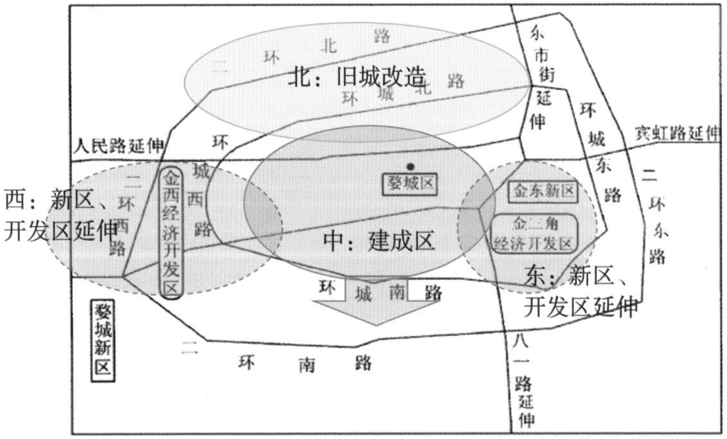

“东拓西进，北控南延，沿江沿线，多向拓展”

图10–136 金华用地结构图
Figure10-136 Land use structure of Jinhua

一方面充分考虑到原有的建设规模、类型等，另一方面也要充分考虑地貌特征，以“三江六岸”（武义江、义乌江、婺江及其两岸）建设为重点（图10–136）。

新区的开发按照东拓西进南延的思路，婺城新区和金东新区开发进度在加快，湖海塘生态休闲园也全面开工建设；基础设施工程的建设也体现在供水工程建设上，实施了西水东送的策略。

目前，金华市域中心城市发展滞后，城市群发展松散。而金华市的城市发展目标定位在浙江省中西部中心城市的地位，这就要求扩大市区规模，强化集聚和辐射功能。

从地形来看，市区北部、东部均有高山阻挡，且地形坡度较大，不利于城市基础设施和建筑的建设和扩展；市区南部为河流冲积平原，地势相对平坦，利于城市空间布局和建设规划，但由于城市的产生与发展须有充足的水源供给，否则要从远处引水。这样既增加了投资，又影响城市功能的发挥，不利于城市社会经济的可持续发展。且较远处有高山起伏，城市格局向南扩展有限[15]。

市区主要街道依照地势起伏而建：北片交通路线依山而建，道路多建于山与山之间，尽量不受地形阻碍，北山旅游区建设盘山公路；中部沿河地带道路交通依照河流曲度而建；南部由于地势缓和，道路交通建设相对容易（图10–137）。

（2）城市交通建设：金华市区现有交通呈不规则长条形分布，“三环三纵三横”的格局。

进行城市交通建设时，要合理用地貌类型，根据城市地貌特征因势利导。即克服不利因素，重点选择并充分利用有利的地貌条件。这样，一方面可以反映出城市的固有山水风貌，另一方面也体现出城市建设的匠心独运。

国道：等级最高的国道由于路面质量要求、路宽要求、交通通行量等，大多是绕开金华的丘陵部分，从丘陵外围经过；同时国道的建设资金多由政府财政支出，建设经费能得到保障，因此如确必要，国道仍会穿越丘陵地区。

省道：省道数量较多里程数更长，因此金华市范围的省道绝大部分都避开了丘陵而选择地形平坦的路线。

城市道路：城市道路基本集中在平坦的市区范围，与省道同理。

村镇道路：金华城区和丘陵村镇地区的村镇道路，虽同属于同一层级，村镇道路弯曲程度明显高于地形平坦的城区的道路。此举在建设上会加长道路的长度，但丘陵地区的村镇均靠这一层级的道路与城区联系，安全考虑，这样的弯曲扭转是绝对有必要的。

市区主要街道依照地势起伏而建：北片交通路线依山而建，道路多建于山与山之间，尽量不受地形阻碍，与金华道路密度为1.1，与“重要交通信息枢纽”的城市定位有所冲突。北山旅游区建设盘山公路；中部沿河地带道路交通依照河流曲度而建；南部由于地势缓和，道路交通建设相对容易。

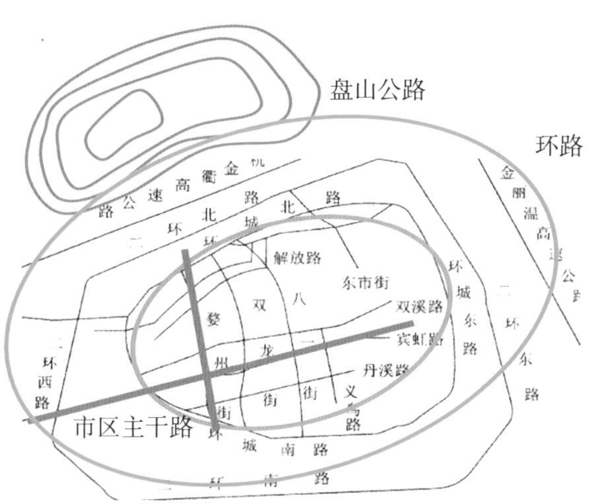

图10-137 金华道路结构图
Figure10-137 Road structure of Jinhua City

（3）景观绿地建设。整个市区将形成3条景观带：南部形成以中国茶文化园为中心的景观带；中间地带则形成了沿江景观带；北部以中心生态景观公园为中心，生态公园、环北公园等为辐射的景观带。

金华景观现状形态：

金华面状景观——以较大的水城和山体为基础形成；

金华线状景观——沿城市轴线和婺江形成的景观带；

金华点状景观——结合起伏地形与水城形成城市绿地。

金华景观发展：可进一步利用丘陵特有的风景，北山有丰富的山地旅游资源（双龙洞、芙蓉峰），且有浓厚的人文色彩，可形成一条独特的旅游带。

4. 城市建设研究小结

丘陵自然环境是丘陵人居赖以维生及延续生命的场所，人类与自然环境之关系本质上应该是建构在互利共生。

丘陵城市建设应创造以人为本，人性化的人居环境，就是要克服丘陵山地特殊的生态特征对人居环境的制约（交通、通信、自然灾害等方面），创造方便、快捷、舒适、健康，并具有良好自然景观和高尚文化品位的人居环境，建立便捷、通畅、多层次的现代交通网络体系，配套、完善的社区公共基础设施和服务设施，创造现代田园山水型生态景观，营建现代化、科技化的社区、家居生活，建立绿色、生态的社区生活功能机制。

10.4.2.3 村落建设研究

1. 农业建设

1）梯田的演变

梯田是丘陵山地的特有景观，也是人类改造自然的景观杰作。

梯田修筑历史悠久，而且普遍分布于世界各地，尤其是地少人多的山地丘陵地区。我国是世界上最早修筑梯田的国家之一，早在西汉已经出现了雏形的梯田（表10-31、图10-138）。

表 10-31 梯田演变表
Table10-31 Evolution of terrace

雏形期（公元前2～10 世纪前后）	西汉时，我国南方丘陵山区的农民，基于种稻和保持水土的需要，即开始将山麓及沟谷中较低缓的坡地修成水平梯田
形成期（公元10～16世纪）	这一时期已形成了严格意义上的梯田。梯田已经不是零星分布的局部小块，而是沿坡面修筑成阶阶相连的成片梯田。这一时期继承和发展了修建山坡池塘、拦截雨水、灌溉梯田的传统
梯田建设与治山治水的结合期（公元16 世纪至20世40年代）	这一时期梯田推广的范围越来越大。修筑梯田不仅仅是为了获得粮食，而且也和治山治水结合了起来，进一步发挥了梯田的作用。从已经得到的部分文献来看，16世纪后期，我国已在梯田的基础上形成了引洪漫淤、保水、保土、肥田的梯田技术和理论

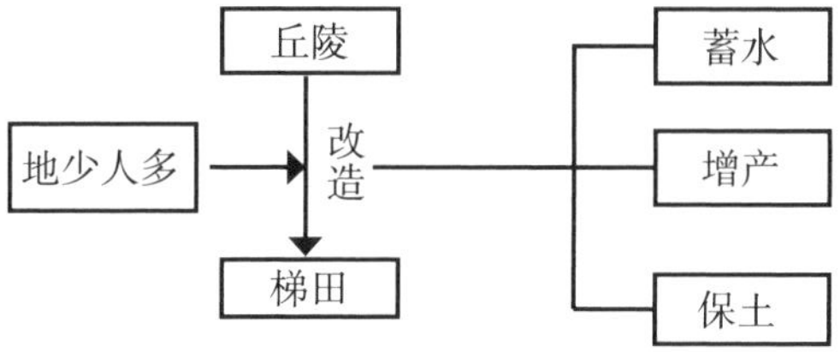

图10-138 梯田的形成
Figure10-138 Formation of terraced field

2）梯田的利用

《中国大百科全书》水利卷水土保持分支为梯田下了确切的定义，即："梯田是在丘陵山区坡地上，沿等高线修筑的等高带状台阶式田块"（图10-139、图10-140）。

云南元阳梯田　惠州寻乌脐橙园　河南平顶山　广西龙胜梯田

图10-139 各地梯田图片

Figure10-139 Images of terraced fields

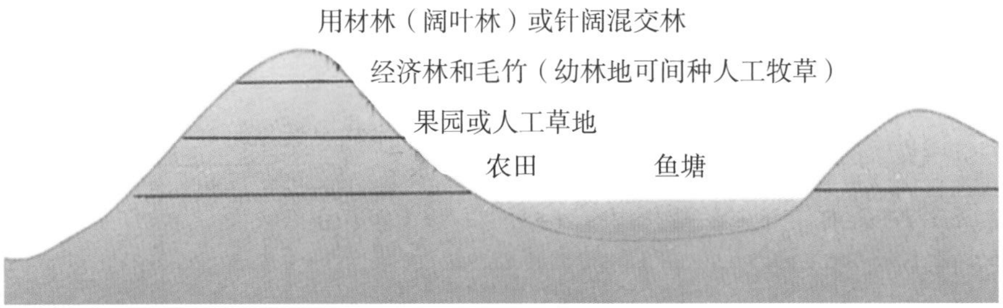

图10-140 梯田利用示意图

Figure10-140 Illustrate of terraced field use

3）案例——哈尼梯田（图10-141）

哈尼梯田人居环境系统
- 自然系统——多样立体的生态环境
- 人类系统——宛自天开的稻作田地
- 社会系统——智慧坚韧的哈尼民族
- 居住系统——因地制宜的山地聚落
- 支撑系统——公平高效的水利体系

图10-141 哈尼梯田人居环境系统组成

Figure10-141 Human settlement system compositon of Hani terrace

哈尼梯田位于中国云南省南部红河南岸的广阔丘陵山地区域。在有史可考的1300余年中，以哈尼族为代表的世居民族，在此建设村寨、开垦梯田、种植水稻，创造了在此区域内广泛分布的水稻梯田景观，以其奇绝的景观、悠久的历史和保存良好的传统农业系统而举世闻名。

2002年7月第26届世界遗产大会上，哈尼梯田被列入《世界遗产预备名录》，作为文化景观进入世界文化遗产保护的视野，意味着它成为一处具有潜在的“突出普遍价值”的文化资源。

（1）自然系统——多样立体的生态环境。哈尼梯田所在的哀牢山属横断山脉云岭南延的余脉，走向为西北至东南，长近千公里，是中国西南横断山脉和云贵高原两大地貌区的分界线。红河与藤条江分别位于梯田地区的北、南两侧。

特点：显著的立体气候，“山有多高、水有多高”，多样的生物物种。

该区域整体的自然环境和生态环境，是哈尼族迁徙、人居，并发挥其劳作功能的基础，是哈尼族人民安身立命之所，同时也是决定哈尼梯田人居环境系统特征的重要子系统。

图10-142 哈尼梯田

Figure10-142 Hani terraced field

图片来源：赵云，王晶. 世界遗产视野下的哈尼梯田人居环境科学特性研究[J]. 国际城市规划, 2013 (001): 69-73

（2）人类系统——宛自天开的稻作梯田。哈尼梯田均顺应山势沿等高线开凿，其形状与尺度旨在人力与自然力之间取得平衡。在耕作程序上，哈尼梯田有着严密的时间流程。以一年为周期，耕作程序大致有挖头道田、修水沟、犁、耙、施肥、铲埂、修埂、造种、泡种、放水、撒种、薅草、拔秧、铲山埂、割谷、挑谷、打谷、晒谷等20道工序。

哈尼梯田的传统农业，满足了族人的生存需求，同时不破坏生态系统的再生能力，形成了良性的物质循环和能量流动，维护了乡土物种及生境的多样性并培育了稳定优质的稻种资源，从而形成一种可持续的低碳稻作人居环境。

（3）社会系统——智慧坚韧的哈尼民族。在哈尼族的社会系统中，哈尼梯田仍是哈尼族社会生活的核心，梯田文化是哈尼族社会系统的核心，哈尼族历法节庆、文学艺术、居住文化、饮食文化、服饰文化等都是从梯田中生发出来（图10-142、图10-143）。

哈尼族的社会系统体现了哈尼族人在农业生产劳动中相互交往共同活动中形成的公共管理、文化特征、经济发展等社会关系，特征鲜明，与自然系统、社会系统紧密联系，相辅共生。

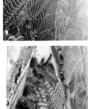

图10-143 哈尼梯田
Figure10-143 Hani terraced field

（4）居住系统——因地制宜的山地聚落。从哈尼族村寨的选址、房屋的建设、植被的种植等方面均体现了哈尼梯田人居环境的科学性要素。哈尼梯田景观区域的村寨集中围绕观音山水源林区分布，属于中半山区选址于此体现了哈尼族人民对哀牢山区的立体气候及整体自然环境的认知和把握。

在哈尼梯田人居环境的居住系统中，哈尼族人民出于对自然系统的充分认知以及对于梯田开垦、种植的需求，创造出了可持续发展的居住物质环境，同时注重与周边环境的融合以及居住生活中公共空间的创造，使得居住系统成为哈尼梯田人居环境的直接物质环境体现（图10-144、图10-145）。

图10-144 云南省红河哈尼族彝族自治州大羊街乡
Figure10-144 Dayangjie Township, Honghe Hani Yi Autonomous Prefecture, Yunnan Province

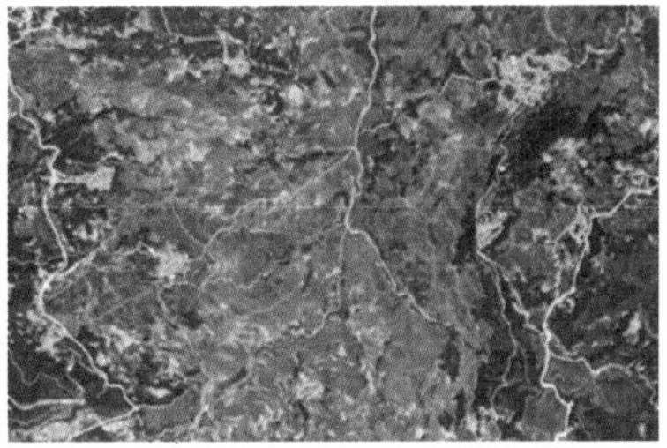

图10-145 哈尼梯田村寨的典型布局
Figure10-145 Typical layout of villages in Hani terraced field
赵云, 王晶. 世界遗产视野下的哈尼梯田人居环境科学特性研究[J]. 国际城市规划, 2013 (001): 69-73

（5）支撑系统——公平高效的水利体系。以沟渠为主的哈尼梯田水利系统是哈尼梯田人居环境中的支撑保障系统。“水”对于以梯田水稻种植为主要农业形态的哈尼民族来说至关重要。

水利体系像人体的毛细血管一样贯穿整个哈尼梯田人居环境各系统，为哈尼族人民的生产、生活活动提供支持，服务于聚落，并将聚落联为整体，结合随之产生的水利管理体系，成为哈尼梯田人居环境的联系系统和技术支持保障系统（图10-146）。

哈尼梯田人居环境系统的各个子系统共同作用，有机联系，历经1300多年的良性互动，整体呈现为时间上持续演进，空间上“林—水—寨—田”次第分布的典型人居环境范式。

哈尼梯田人居环境系统体现出人与自然关系中的和谐与矛盾共生，是人类面对现实，保护和利用自然，在山地环境中建立的一种可持续发展的人居环境范式。

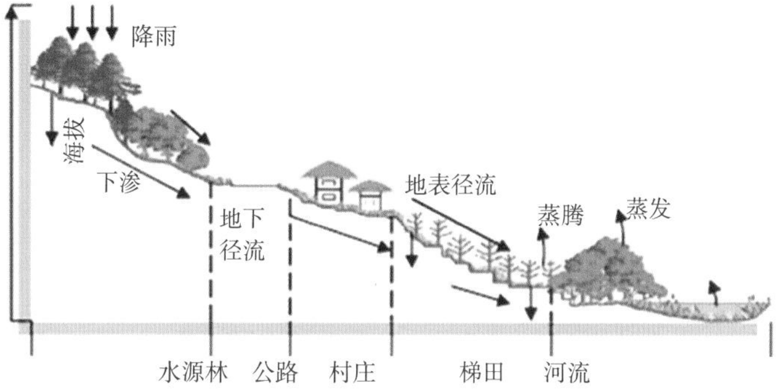

图10-146 哈尼梯田水利系统示意图
Figure10-146 Illustrate of water conservancy system in Hani terraced field

2. 村落布局——以浙江金华俞源村为例

“双溪九陇环而抱，云可耕兮月可钓。翠草凝香黄犊肥，银波弄影金鱼跳。”——明・俞俊《俞源八景歌》

俞源太极星象村是中国民俗文化村，浙江省历史文化保护区，金华市四大景点之一。俞源古建筑群是第二批国家级非物质文化遗产。

地形地貌：全乡地势自西南向东北缓降，西南部属中低山区，北东部为丘岗与溪谷相间地形。与桃溪镇界上的白岩头尖，海拔1098m，为境内高点，呈“九山半水分半田”的地理格局（图10-147、图10-148）。

四面环山，发源自九龙山的溪流横穿整个村庄，与另一条小溪汇合折向村庄的北出口。村中有东溪与西溪，两溪在村西汇合为俞源溪流向钱塘江。

村落布局形态：俞源古村落布局奇异。据考证俞源村是明朝开国帝师刘伯温，按天体星象排列设置的村落，村口设有直径320m，面积0.08km^{2}的巨型太极图，村庄内主要的28幢古建筑是按天空中的星座排布的，村中还有防火、镇邪用的七星塘、七星井，体现了人与自然和谐相处天人合一的理想境界。据俞氏宗谱记载，俞氏初祖在该地落居时，时遭水灾，后由青田刘基依据阴阳八卦与星相理论，将溪流改直为曲，村口处设八卦双鱼宫（一鱼植树，一鱼植禾），并与围村而立的十座小山合成黄道十二宫。村中建28幢形制相似的四合院布成二十八宿星象之势。再仿北斗七星，凿七星塘、七星井以蓄水纳气。俞源从此未遭受过洪水袭击。

以现代观念来看，即水之曲成八卦回环，可缓冲水势，避免一泻而下促成水灾，开井塘可分水流，植树可防水土冲刷。

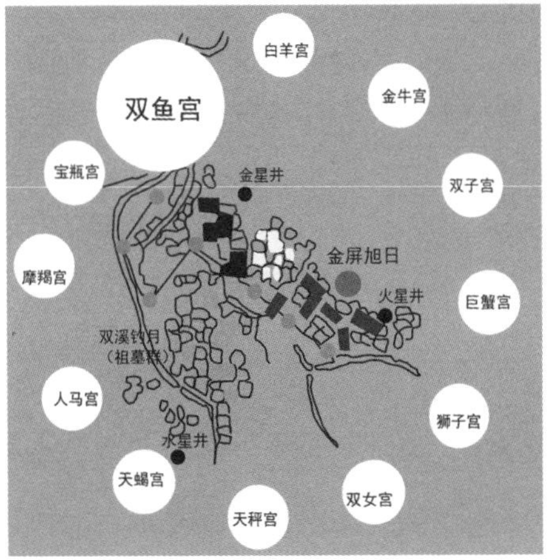

图10-147 俞源村星象平面布局示意图
Figure10-147 Illustrate of star phenomena plane of Yuyuan Village

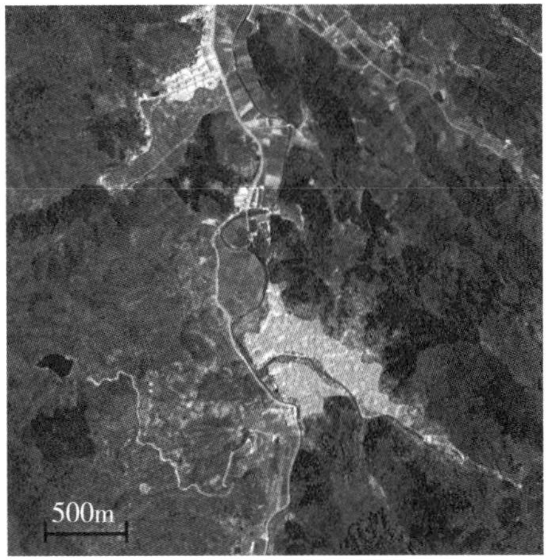

图10-148 俞源村村落布局图
Figure10-148 Layout of Yuyuan Village

3. 建筑建设

1）干阑建筑

干阑是一种离开地面、依树积木而成的建筑物，是丘陵地区普遍采用的一种住宅形式，又称麻栏。

中国——干阑建筑最初比较简陋，《魏书》记载："依树积木，以居其上，名曰'干兰'，干兰大小，随其家口之数。"到宋代以后，发展到"民编竹苫茅为两重"，上以自处，牛羊犬豕畜其下，成为比较完善的干阑建筑。徐霞客对明代壮族地区的干阑建筑结构及其布局设置有更具体的描述："隆安（今广西隆安县）东北临右江，……土人俱架竹为栏，下畜牛豕，上爨与卧处之所托焉。架高五六尺，以巨竹捶开，径尺余，架与壁落俱用之。"如今，中国许多丘陵地区少数民族依然采用这种建筑形式。南方丘陵地带这样的建筑样式在东南亚地区亦甚为流行，自古以来是中南半岛、马来群岛、南洋群岛许多居民的主要居住形式。马来西亚的马来人至今可能是世界上居于干阑式房屋最普遍的民族，他们大都喜欢将住宅建在海滨、河岸或靠近水源的地方，而且往往是几家或几十家聚在一处，房屋一般离地面都很高。菲律宾几乎所有的民族都住干阑式房屋，有的山地民族为了避免敌人和野兽的袭击，则直接在高达数米的大树上构筑房屋。

这样看来，自古以来，整个环太平洋梯田文化圈的族群就发展起了与梯田稻作种植相适应的干阑建筑文化，并且这一文化特质至今仍然相当鲜活，具有旺盛的生命力[16]。

2）丘陵传统建筑——町家

日本地处温带，气候温和、四季分明。日本境内多山，山地约占总面积的70%，大多数山为火山，其中著名的活火山富士山海拔3776m。日本地震频发，每年发生有感地震1000多次，是世界上地震最多的国家，全球10%的地震均发生在日本及其周边地区（图10-149）。

气候湿润多雨——建筑出檐大、底层架空

以"洛中洛外图屏风"作为依据复原的日本丘陵建筑原型

图10-149 日本丘陵建筑示意图
Figure10-149 Schematic diagram of architectures in Japanese hills

（1）建筑整体——自然性：日本优美的自然环境培养了人民热爱自然的天性，这种感情在建筑上的表现即为尊重自然。日本传统建筑以小巧的体形融会于自然之中。

（2）建筑空间的流动性：日本传统建筑讲求空间的动态性与流动性。通常建筑空间以可移动的纸糊拉门分隔，将空间灵活划分，形成隔间（Fusuma）（图10-150）。

（3）建筑空间的模数化：妻笼宿传统住宅自古以来就采用规格尺寸，以3尺为基本单位，平面尺寸均为这个基本单位的整数倍。

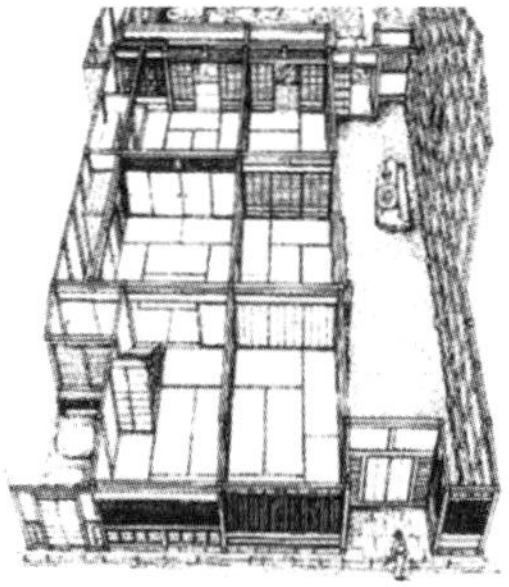

图10-150 动态空间示意
Figure10-150 Schematic diagram of dynamic spaces
图片来源：百度图片

4．交通建设——日本妻笼宿为例

1）道路交通——中山道

中山道是日本江户时代的五街道之一，也叫中仙道，是从江户（今日的东京）经内陆前往京都的道路。中山道的起点为东京的日本桥，终点为京都三条大桥。日本桥到草津全线共64500m，沿途有69个宿场，称为中山道六十九次。其中从草津到三条大桥的路段是与东海道共用。

妻笼宿是中山道第42番的宿场，宿场也称宿驿，是旧时日本为了传驿系统所需而于五街道及胁往还上设立的町场，相当于古代的驿站或现代的公路休息站、服务区。随着铁路公路的发达，失去功能的宿场多已不复存在，只有少数仍保存旧貌而转型为观光区（图10–151、图10–152）。

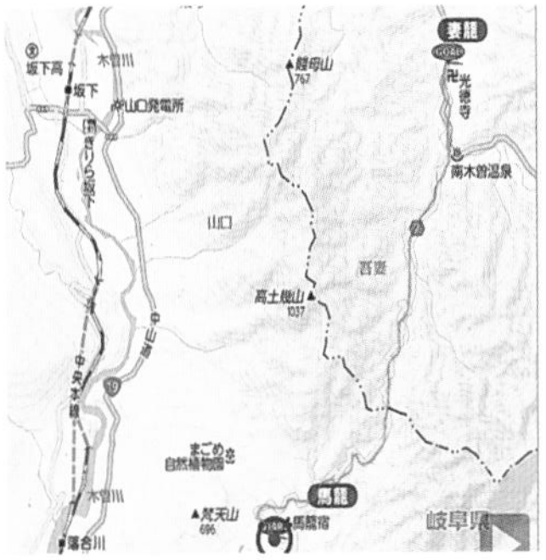

图10–151 妻笼宿道路交通图
Figure10-151 Road traffic map of Tsumago-juku
图片来源：百度图片

图10–152 中山古道
Figure10-152 Zhongshan ancient path
图片来源：百度图片

道路路线的保护——建筑及生活文化的保护：明治维新后随着交通工具的发达，这里逐渐失去了要道的地位，驿站也随之萧条。值得称赞的是，当地居民很早就有保护老街建筑的意识，制定了“不出售、不租赁、不破坏”的三大原则，完整地保留了17世纪初的原始风貌。

走进妻笼宿，街道铺设的还是当年的石板路，古老的街道蜿蜒曲折，沿途分布着80多家老旅馆。街道两旁的木造房舍开设各式店家，充满古意的茶社、居酒屋、艺品店、邮局、书画社林立。每家门前都种植了缤纷花卉，精致的插花小品挂在门前，使原本古朴的街巷平添了优雅的情调（图10–153）。

2）邻里道路结构（图10–154、图10–155）

3）驿道文化价值

交流要素：人流、货物（木曾漆器、木曾酒）、风俗、宗教（如佛教禅宗，沿途遗存有大量寺庙古刹）（图10–156）。

图10–153 妻笼宿的店面
Figure10-153 Storefronts of Tsumago-juku
图片来源：http://tumago.jp/eat/konohanaya.html

街道、房屋围绕驿道发展

图10–154 道路结构演变
Figure10-154 Evolution of road structure

在保护区两侧设置旁通道路，禁止机动车进入保护区

图10–155 邻里道路交通体系
Figure10-155 Traffic system of neighborhood roads

源于栈道存在的文化现象：山里山外的新娘在妻笼宿等待新郎来迎娶，初夏食用包叶卷，神社祭祀、妻笼花祭，宗庙朝拜（定胜寺、临川寺、兴禅寺）。

物质文化遗产：“妻笼旅店”（1976年被评为重要建筑遗存），“奈良井宿”，“智霖神社”，“桃介桥”（木质吊桥）。

非物质文化遗产：“田里歌舞伎”，岛崎藤村的文学作品，江户时代建造技艺

（竖纵格窗、出梁造、连着屋檐而建的小型墙壁、梁上短柱等），木制工艺品技艺。

“木曾路全部延伸于山间。有的地方顺悬崖峭壁而上，有的地方面临数十丈深的木曾川岸，有的地方钻过山脚进入深谷。一条街道贯通着幽深的森林地带。”——岛崎藤村《黎明之前》

图10–156 驿道文化
Figure10-156 Post road culture
图片来源：百度图片

5. 文化建设

1）何为文化线路

世界遗产委员会《保护世界文化与自然遗产公约行动指南》（2005年2月）：文化线路是一种陆地道路、水道或者混合类型的通道，代表了人类的迁徙和流动，代表了一定时间内国家和地区内部或国家和地区之间人们的交往，代表了多维度的商品、思想、知识和价值的互惠和持续不断的交流并代表了因此产生的文化在时间和空间上的交流与相互滋养，这些滋养长期以来通过物质和非物质遗产不断地得到体现（图10–157、图10–158）。

2）其要素包括：① 道路结构；② 有形的道路底层土壤；③ 用于满足特定目的历史数据；④ 文化线路相关联的所有有形结构；⑤ 交流的要素；⑥ 现存的文化显像，如惯例、习俗、公共使用的宗教、仪式、语言、节庆、烹饪或者相似的种类；⑦ 有在音乐、文学、建筑、美术、书法、科学、技术技巧及其他物质与非物质的文化财产，这些用来理解文化线路的历史功能。

3）文化线路价值

文化线路的价值基于文化线路空间的特征，时间的特征，文化特征，而这些特征最终体现了角色与功能的转换。

4）剑门古道的文化线路的价值

剑门古蜀道，是蜀道之南剑门关一带的古道，因穿越天险剑门，故名“剑门古蜀道”。战国晚期，公元前316年前，在此道修筑了中国古代交通史上最早的栈道，因“金牛屎金”、“五丁开道”的典故，史称“金牛道”（又名石牛道）。三国蜀汉时称“剑阁道”（剑门，古称剑阁），是秦汉以来自关中入蜀的官驿大道[17]（图10–159、表10–32）。

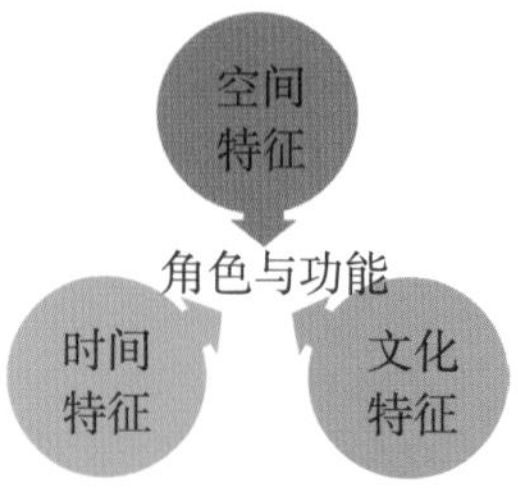

图10–157 文化线路特点
Figure10-157 Characteristics of cultural route

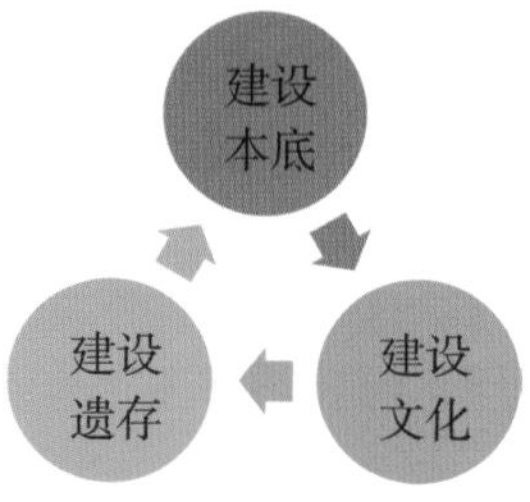

图10–158 文化线路元素
Figure10-158 Elements of cultural route

图10–159 剑门蜀道
Figure10-159 Jianmenshudao
图片来源：www.bing.com

表 10–32 剑门孤岛的文化线路
Table10-32 Cultural route of Jianmen Island

时间	空间	文化特征	文化遗产
战国至元	朝天峡栈道	剑门古蜀道历史悠久，是古代中国交通道路史上开辟最早、使用历史最长的古道，是伟大奇迹和筑路形式的发明创造，中国著名桥梁建筑学家茅以升先生称为“古代著名的土木工程”。其产生极大地改善了古蜀道的自然形态和交通状况，使古蜀道发展进入崭新的历史时期。影响了古蜀道发展2300多年的筑路形式	朝天峡栈道孔洞、明清砣石道拦马墙、门槛石、行道古柏、朝天峡栈道、的历史文献记载、筑路技术的记载与传承
战国至今	朝天峡栈道、剑门蜀道、川陕公路	剑门古蜀道，是古代中国“交通艰难”的历史见证，唐代李白吟咏的“蜀道之难，难于上青天”的诗句，21世纪初被联合国教科文组织交通文化信息库收入以佐证人类史上“交通艰难阶段”的历史文献。它在世界交通史上具有重要的历史地位	《蜀道难》咏蜀道诗篇近千篇
战国至今	朝天峡栈道、剑门蜀道、川陕公路	剑门古蜀道凝聚着自强不息、百折不挠、锲而不舍和勇于探索创造的伟大精神——蜀道精神。它是中华民族也是人类共同的宝贵财富	朝天峡栈道剑门关、大小剑山、金牛开道的传说、五丁开山传说

续表

时间	空间	文化特征	文化遗产
战国至今	朝天峡栈道、剑门蜀道、川陕公路	剑门古蜀道把中原与西南各民族紧密的联系在一起，成为中华民族大融合大统一大团结的伟大纽带，成为中原与巴蜀文明相互撞击、交融，而融入中华文明的伟大桥梁，在中华文明史上产生了深远的影响，是中华各民族融合凝聚的伟大丰碑	历次战争、历次人口迁移流动、蜀道沿途佛教石刻、千佛崖、皇觉寺、昭觉寺、蜀道沿途寺庙、道观等
西周至今	剑门蜀道	翠云廊是当地自然、历史、文化共同作用的结晶，是两千年来人类历史文化沉积的精华所在，是世界唯一的、不可复制的“艺术品”，具有巨大的文化魅力。自然生态交通设施是古代交通道路的文明奇迹，具有独特的珍贵价值，对现代交通道路文明的发展仍具有借鉴的现实意义	张飞柏、晋柏、李壁柏、古树崇拜、古树传说（阿斗柏等）、翠云廊、七曲山大庙景区
三国时期	朝天峡至剑阁的栈阁道	剑门古蜀道是纵贯古代中国西部南北走向的政治、军事、经济、文化和信息交流的伟大通道，形成了独特的蜀道文化和蜀道文明。代表了中原与巴蜀文明相互撞击、交融，而融入中华文明的典型。在中华文明史上产生了深远的影响	木牛流马、三国传说、三国豆腐宴、张飞、腐乳、张飞柏、唤马剪纸、人头山（邓艾）、蜀道诗

6. 游憩活动下的村落人居建设

1）山地丘陵人居现状——传统丘陵人居空间的消失

丘陵人居村落在长久的发展过程中保持了其原有的聚落肌理、形态、建筑特色与其生产生活方式的人居形态，与自然环境融为一体。由于历代战乱对农村长期而严重的破坏，大部分村落的面貌已发生了多次改变，至1949年新中国成立时，古村落所剩已相当有限；再加上之后几十年的政治运动和近20年商品经济浪潮的冲击，古村落减少得更为剧烈（图10-160）。

图10-160 保存完好的丘陵地区古村落

Figure10-160 Well-preserved ancient villages in hilly regions

图片来源：Google Earth截图

风景旅游区开发现状：我国目前风景旅游区速度发展很快，仅全国5A级风景名胜区就有147处，而位于我国主要丘陵内的风景区就有27处，从分布图中可以看出，风景区旅游区遍布了各个丘陵地区，而这仅仅是5A级景区的分布。随着近年来居民旅游更倾向于自然风景旅游，丘陵地区的风景资源将进一步的被挖掘。

作为人类发源空间的丘陵地区，丘陵村落空间其自然的屏障与保护，使丘陵人居空间发展在其生长的上百年乃至几百年中，其对传统文化、建筑风貌、耕种生产的传承而遗留到今的存在都是文明的活化石。这些古村落的价值不仅在于村落本身，更在于包括村落在内的整体生态环境。村落的人类生活已经与其背景生态环境融为一体并和谐相生，形成了良好的传统整体人文生态系统。

2）游憩活动对人居建设的消极作用——传统丘陵聚落肌理的消失

现代旅游与游憩开发更加注重生态性以及周边良好的自然环境，而丘陵地区优美的竖向景观与丰富的动植物资源为旅游开发与游憩建设提供了良好的建设空间，伴随现代开发性质的规划的建设规模极其庞大，占用了传统村落良好的地理环境基址，给传统聚落的保护与发展带来了极大的威胁。

传统建筑的破坏：在景区建设与旅游开发的影响下现代建造技术、现代设计理念的采用，导致传统建筑与传统建筑技术的破坏与丧失。过度的游憩活动加重了传统建筑、宗教建筑的使用消耗，缩短了建筑的使用寿命。而新的建筑建造与开发所形成的空间不能传统建筑排列组合营造空间相契合（图10-161）。

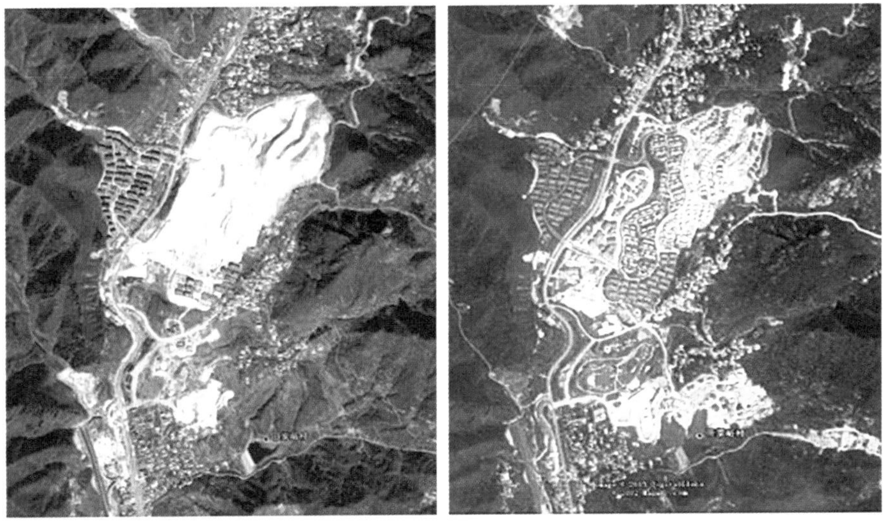

图10-161 旅游开发下的丘陵人居破坏

Figure10-161 Destroy of hilly settlement by tourist development

图片来源：Google Earth截图

传统农耕建设的破坏：旅游产业的发达导致村落农业生产的荒废，传统农耕建设消失；现代旅游的破坏性做法对正常农业耕种建设的影响（图10–162）。

土楼中的旅行团

龙脊梯田霓虹灯

粗制滥造的仿古建筑

图10–162 游憩活动对人居建设的消极作用
Figure10-162 Negative effect on settlement construction by recreational activities

传统的建设要素的消失：旅游产业带来当地快速发展，建设过于浮躁，原有传统的建设只求速度而遗失了建筑细节的把握；而风景区的仿古建筑的水准定位不高，材料使用不佳，反而为宣传传统建筑文化造成了不良影响。

人居村落整体格局形态与自然景观视觉层次破坏：古人民居的地基与等高线平行的。山地型村落所在的山地坡度较缓，民居依山而建。所以，远观古村落的物象基本格式和轮廓线，由屋脊、屋檐、墙体、门窗等的横向轮廓线是与等高线平行，使其轮廓线显得层层叠叠，错落有致（图10–163、图10–164）。

图10–163 邓诺村的村落格局
Figure10-163 Layout of Dengno Village

图10–164 现代旅游开发建设
Figure10-164 Development and construction of contemporary tourism

但古村落游览景点内西式高楼拔地而起，照明线、通信线穿街过巷，一览无遗，与古村落明清建筑群气氛极不协调。在高大的现代建筑衬托下，体现先人智慧的古村落如同一片低矮的违章建筑，文化性及艺术性特点荡然无存。在古村落旅游开发中，在古村落保护范围及外围缓冲地带，杜绝高大建筑的建设，以避免造成古民居视觉上的影响。

建筑单体体量、色彩、材料的遗失：游憩活动对传统民居建筑的过度消耗严重。现存的徽州古民居建筑色彩褪色现象严重，已失去原来艳丽的色彩，色彩斑驳影响民居的整体美。在对古村落视觉影响的随机抽样问卷调查中，60%的居民和56%的游客认为古村落建筑色彩受损情况严重，急需修复。而旅游服务建筑的建设体量过大，与传统建筑模数不协调，采用的建筑材料过于现代，建筑色彩未考虑与传统建筑相契合也是游憩活动增加而对传统丘陵人居的影响。

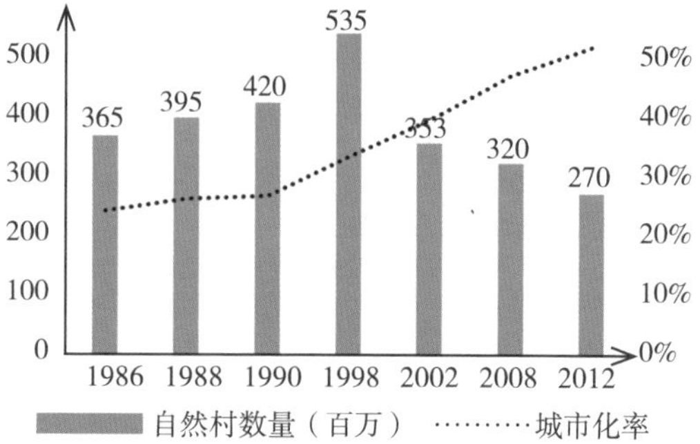

图10–165 我国自然村落数量与城市化进程
Figure10-165 Natural village numbers and urbanization process in China

消亡的村落：城市化作用的影响下，各省各市都展开合并自然村并减少自然村落人口的计划。因此在2000年之后，我国的自然村落急剧减少。如今我国的自然村落已由1998年的535万个减少为270万个，并且仍在以每天80～100个消失（图10–165）。

3）传统丘陵村落面临更多挑战

（1）农村迫切要求改变传统居住方式。

（2）农村奔小康，民居变洋房的盲目改造步伐。

（3）开发商掀起新的“造城运动”。

（4）古村落固有的生态环境已遭较严重破坏（图10–166）。

风景区对原始村落的保护：对于风景区与旅游开发好与坏的另一判断就在于其在有一定收益的同时是否保护了风景区的生态环境，是否保持了景区内原住民的正常生活与传统建设（图10–167、图10–168）。

现今游憩活动越来越倾向于对于传统文化的游览，游客已经厌烦现代建筑的

图10–166 丘陵村落的新建设：衰退还是进步？
Figure10-166 Reconstruction of hilly villages: recession or advance

图10–167 九寨沟内原住民人居点
Figure10-167 Primitive settlement spots in Jiuzhaigou

视觉扰乱，对传统建筑的认同感增加了在开发中对于传统建筑的保护，也保住了大量古村落在城市化进程中的原真性。

在风景区内部的原住民主要享受风景旅游受益的分红与社会福利，峨眉山从2004年起每年从峨眉山的旅游总收入中提取6‰，支持原住民发展绿色产业和旅游项目。

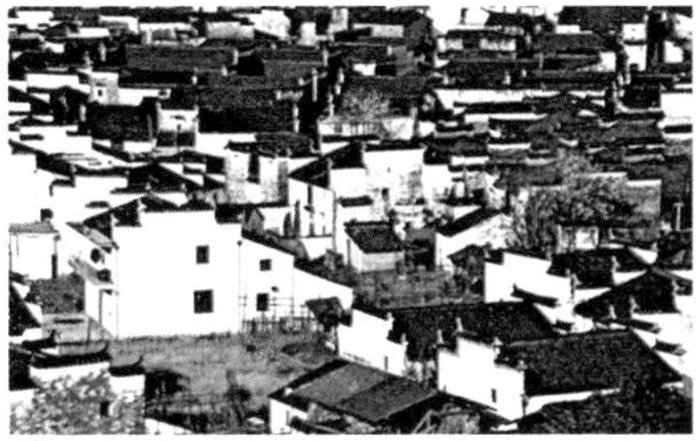

图10–168 原始民居的保护
Figure10-168 Protection of primitive folk houses

九寨沟90%以上的原住民都转行从事景区环卫工、巡山员、导游及护山卫士，已成为了保护九寨沟的一大生力军，人均年收入达1.6万元以上[18]。如今九寨沟每卖一张门票就有7元钱是属于景区原住民共有。

近几年九寨沟游客以近30万人次的速度逐年增加。光是门票收入，当地居民每天就有可能得到近100元的收益。这样才能够留住原住民的原创造动力，也使原有可能衰落的村庄重新焕发活力。

4）小结：丘陵人居演变模式——村落丘陵

丘陵地域竖向环境变化引起的在地形、气候多方面的人居背景因素塑造了丘陵地域独具特点的人居活动，形成了具有丘陵特征的空间建设肌理。

当人居活动强度增加时，丘陵建设范围增大，建造技术的提高，突破了人居背景环境的限制，丘陵城镇规模增大，导致丘陵特征肌理减弱，最终导致丘陵城市平原化。而近年来的游憩开发与游憩活动在丘陵地区的迅速发展，导致丘陵城镇过度开发。出现与丘陵传统空间环境与人居背景环境不相适宜的游憩建设，导致丘陵空间肌理的破坏。

丘陵人居的最终发展模式是寻求一种人居活动与人居建设平衡的发展模式与发展强度，找到平衡轴线（图10–169）。

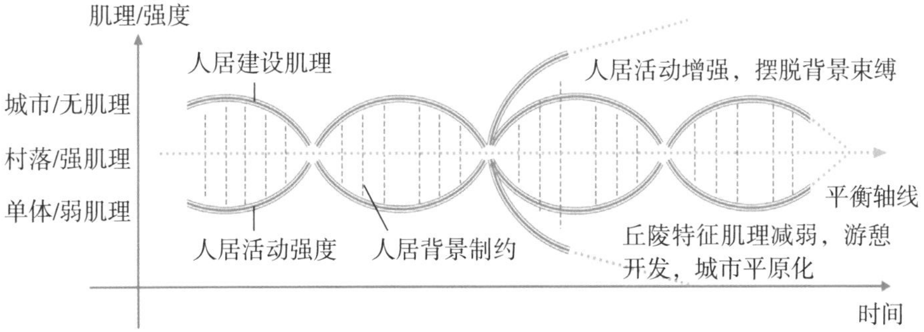

图10–169 丘陵人居演变模式
Figure10-169 Evolution mode of hilly settlement

10.4.2.4 丘陵城乡人居建设比较

1. 城镇空间格局

丘陵城市内地形复杂，用地受限较多；地形起伏、地貌多变、自然生态环境复杂。自然地理环境的劣势制约丘陵社会经济发展和城市建设。这种特殊的自然地理环境，孕育了丘陵丰富的自然资源，多姿多彩的自然景观与人文景观。积极巧妙地利用丘陵的资源条件，就能够化地理劣势为资源优势，促进丘陵城市社会经济和城市建设的发展，营造特色化的城市空间（图10–170）。

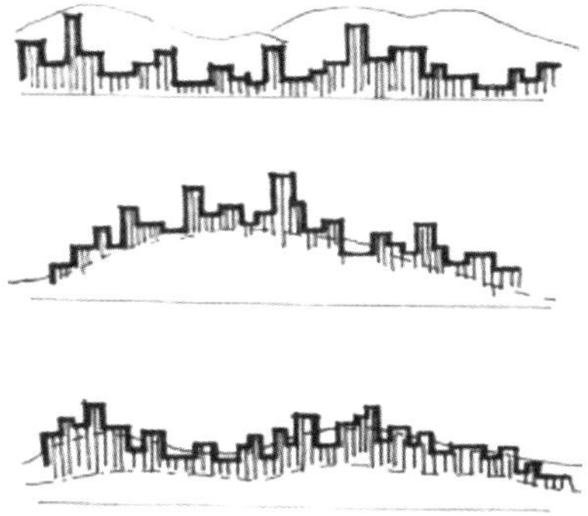

图10–170 丘陵城市天际线示意图
Figure10-170 Schematic diagram of hilly city skylines city's skyline

在我国当前多数丘陵城市的建设过程中，丘陵地区本身所特有的地形地貌大多被忽视，所采用的建设模式多遵从平原城市的建设模式，所采用的设计衡量标准也多采用平原城市的设计标准。

但丘陵城市本身所具有的起伏的地形，多变的地貌则决定了丘陵城市应该采用更适合丘陵地区的设计方法和设计标准，若采用平原城市的建设方法，不仅会增加建设开发的难度，而且抹杀了丘陵城市本身所具有的独有特色，造成千篇一律的城市景象[19]。

2. 乡村文化景观格局

1）乡村文化景观

村落空间环境，体现着中国社会以血缘关系为纽带的宗法关系及传统的“伦理”思想。农村聚落在一定程度上是农村居民点土地利用系统的核心，是土地–人口复合子系统在现实土地利用状态下的表象。乡村景观包括农业为主的生产景观和粗放的土地利用景观，以及特有的田园文化特征和田园生活方式。乡村景观规划设计是围绕着人与景观的共生原理展开的。文化景观是自然环境和人类活动共同作用的结果。

2）村庄布局存在问题

村建规划滞后、无序建设突出；居民点分布散、布局乱；居民点用地规模小、密度大；农村居民点随地貌变化、差异明显；农村居民点土地闲置、浪费情况严重；居民点基础设施简陋，居住条件差（图10–171）。

3）乡村文化景观肌理演化影响因素

农业生产方式的变化，生活娱乐方式，家庭与人口，收入水平与来源，其他方面（表10–33）。

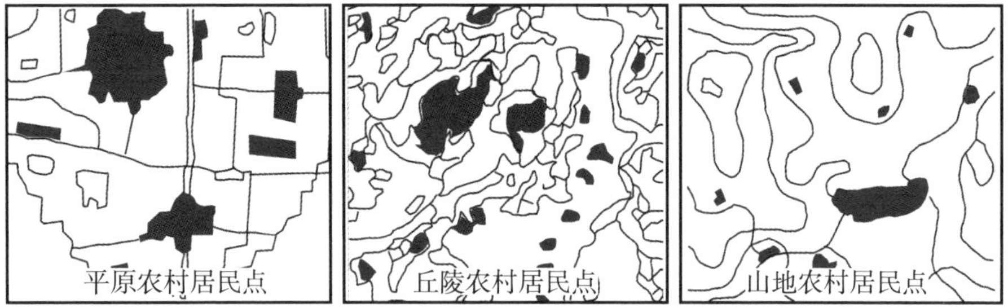

图10-171 不同地貌类型农村居民点分布比较
Figure10-171 Comparison between settlement distributions of geomorphological type in rural regions

4）启示

乡村文化景观是由乡村地区的自然环境、生产、生活、人口以及经济状况等因素共同决定的，要建设现代化的乡村景观就必须有现代化的农业生产方式、较高的收入水平、健康的生活娱乐方式与合理的家庭人口结构作为基础保障。新农村的建设应尊重乡村地区的文化内涵，避免简单地从景观上来规划新农村景观（表10-34）。

表 10-33 何家村部分调查统计数据
Table10-33 Partial investigation and statistics of Hejia Village
数据来源：1995年第一次农业普查

年份	机动拖拉机（台）	抽水机（台）	水田（hm^2）	每户人口（人）	户数（户）	外出打工人口（人）	电视机（台）	水井（眼）	人均年收入（元）	房屋数目（座）	主要收入来源
1980	0	1	8.73	5.50	30	3	0	2	600	木质瓦房：11	粮食，副业
1990	8	12	10.27	4.51	41	29	3	13	1300	木质瓦房：3	粮食，外出打工，副业
2000	44	45	908	4.17	47	65	44	19	2000	红砖瓦房：21	外出打工，粮食，副业

现有分散布局的乡村聚落景观是由乡村文化景观长期以来演化的结果，具有一定的合理性，但房屋布局过于散乱、房屋面积过宽以及旧村落宅地被闲置造成了乡村地区的土地资源浪费，因此，提高土地利用效率、合理布局房屋是新农村规划中应该首先要解决的问题。

乡村地区人口的大量外流，农村劳动力缺乏，农民耕作积极性不高，造成的有田没人种、有房没人住的现象应得到重视[20]。

为防止乡村景观出现衰退，在进行新农村建设时应充分考虑当地的产业结构转换以及发展乡镇企业，以解决剩余劳动力就业问题。

表 10-34 何家村各时期的生产生活状况
Table10-34 Production status and living conditions in different periods in He Jia village

统计项目	1980年以前	20世纪80年代	1990年以后
农业生产方式	以农村合作社为单位的集体生产，生产工具落后，效率差，农民积极性低	实行家庭责任承包制，农民积极性提高，家庭联合生产；生产工具仍然落后	以个体家庭为单位，家庭联合解体，生产效率提高，使用劳动力机械生产和雇佣劳动力
生活娱乐方式	村民共用举出设施，如水井等；空闲时间村民互访，秉烛夜谈，以聊天方式打发时间	电视机开始出现，附近村民聚集在少数家庭观看电视，互访仍然频繁；私有生活设施开始增加	电视机普及，成为居民娱乐的主要成分，村民互访活动进一步减少，麻将开始流行，私有水井普及，邻里依赖性减弱
家庭与人口	以主干式大家庭为主，平均每户人口数目多（5人以上），家庭关系复杂	主干家庭开始解体，核心家庭开始大量出现，平均每户人口数减少，总体人口增多；劳动力人口开始外流	核心家庭占主体，年轻劳动力大量外流（外出人口达1/3），多数家庭只剩老人和小孩留守在家
收入水平与来源	收入水平低，基本入不敷出，处于温饱边缘，主要收入来源为粮食作物	基本解决温饱问题，粮食收入增加，副业收入成为重要组成，少数外出打工家庭经济较为宽裕	外出打工收入成了主要来源，少数家庭变得富有，农民收入水平普遍提高，但仍有少数家庭十分的贫困

3．城镇空间格局比较（图10–172、图10–173）

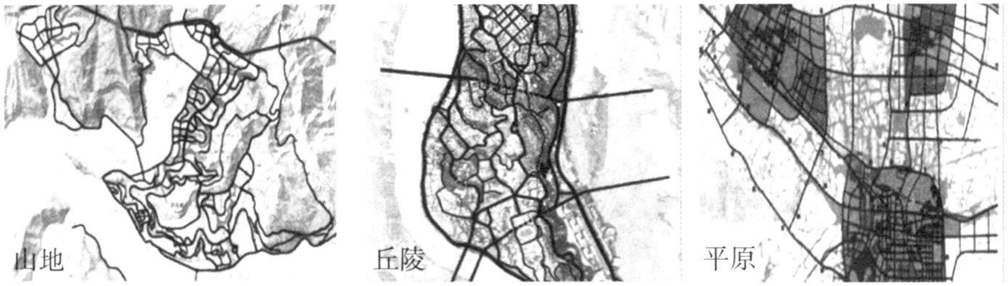

重庆云阳县　　重庆渝中半岛　　浙江绍兴市

图10–172 不同地貌类型农村居民点分布比较

Figure10-172 Comparison between settlement distributions of geomorphological type in rural regions

4．乡村文化景观格局比较

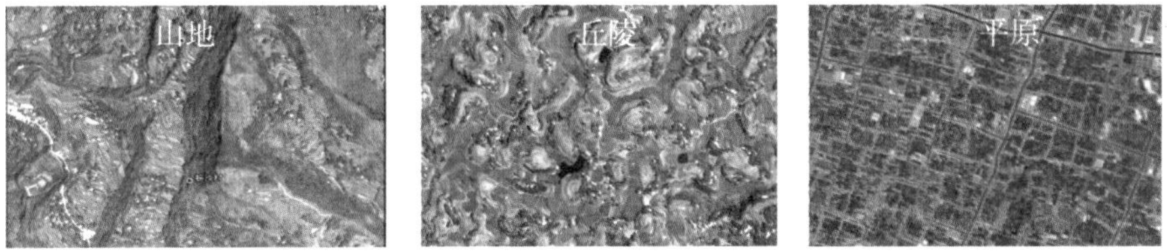

重庆云阳县　　四川宜宾市　　浙江杭州市

图10–173 乡村文化景观格局比较

Figure10-173 Comparison of cultural landscape patterns in rural regions

图片来源：Google Earth截图

5．比较结论

①立体自由的布局形式（网格自由式）；②自由变换的空间组合；③无论是城镇空间格局，还是乡村文化景观格局，平原地区的空间呈现出规则的方格网格局，人工度高；山地地区的空间呈现出自由曲线式格局，自然元素多，人工元素点缀；丘陵地区则是两者的结合，空间呈现出“网格自由式”格局，在地形较平坦处效仿平原地区，空间组合自由变换，具有多样性和复杂性特征。

10.4.3 丘陵人居环境建设专题篇

10.4.3.1 丘陵人居环境建设框架

丘陵人居环境建设框架见图10–174。

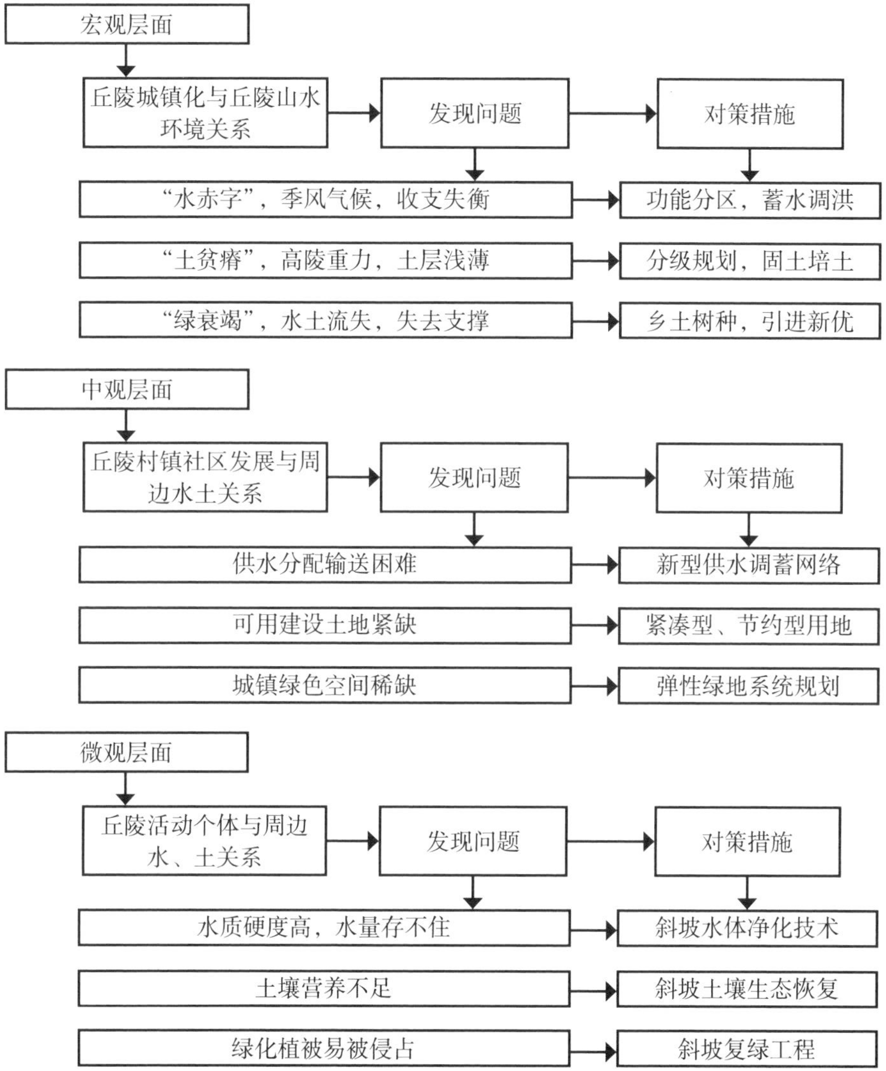

图10–174 丘陵人居环境建设研究框架

Figure10-174 Framework of human settlement construction studies in hilly region

10.4.3.2 相关国家政策

“我们一定要更加自觉地珍爱自然，更加积极地保护生态，努力走向社会主义生态文明新时代。”中共十八大报告中这一充满激情和期待的号召，引起人民大会堂内代表们雷鸣般的掌声[21]（图10–175）。

相比5年前党的十七大报告直接提到“环境”或“生态”字眼的地方达28处，党的十八大报告中大幅增长至45处，同时，值得关注的是，“自然”也成为报告中的又一个关键词。所以，从国家政策的不断调整和变化来看，我们国家已经愈发重视生态环境的建设，逐渐将生态环境的重要地位提升到国家战略层面，是与国家的政治建设、经济建设、文化建设以及社会建设同等重要的。从习近平主席的发言中可以看出来，这种重视，已经不仅仅体现在文件中，而是实实在在的政策和战略方向。“人山水林田湖”，实际上就是一个“山”、“水”、“绿”的另一个说法。这也是我们人居环境需要解决的重大议题。国家的重视，是人居环境之幸，实现美丽中国的愿望必然指日可待[22]（图10–176）。

> 人山水林田湖是一个生命共同体
>
> 山水林田湖是一个生命共同体，人的命脉在田，田的命脉在水，水的命脉在山，山的命脉在土，土的命脉在树。用途管制和生态修复必须遵循自然规律，如果种树的只管种树、治水的只管治水、护田的单纯护田，很容易顾此失彼，最终造成生态的系统性破坏。由一个部门负责领土范围内所有国土空间用途管制职责，对山水林田湖进行统一保护、统一修复是十分必要的。
>
> ——摘自《关于〈中共中央关于全面深化改革若干重大问题的决定〉的说明》（2013年11月9日），公开发表于2013年11月16日《人民日报》

图10–175《人民日报》相关报道
Figure10-175 Related reports of “People Daily”

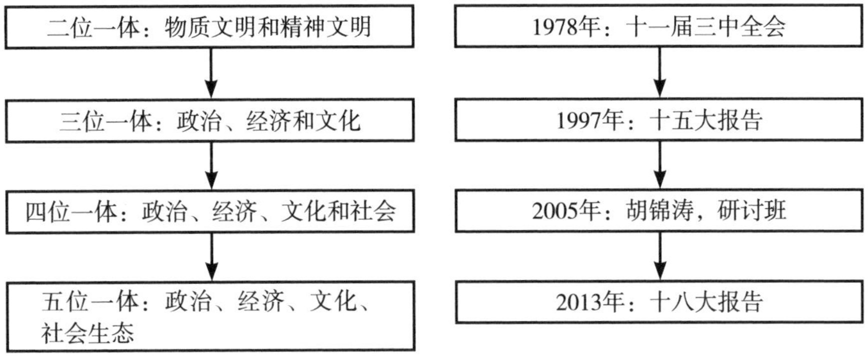

图10–176 全面建设小康社会总体布局发展历程
Figure10-176 Development process of overall layout of comprehensive construction of well-off society

10.4.3.3 南方丘陵地区面临的环境问题

1. “水赤字”

1）南方丘陵地区近50年逐年降雨量变化（图10–177、图10–178）

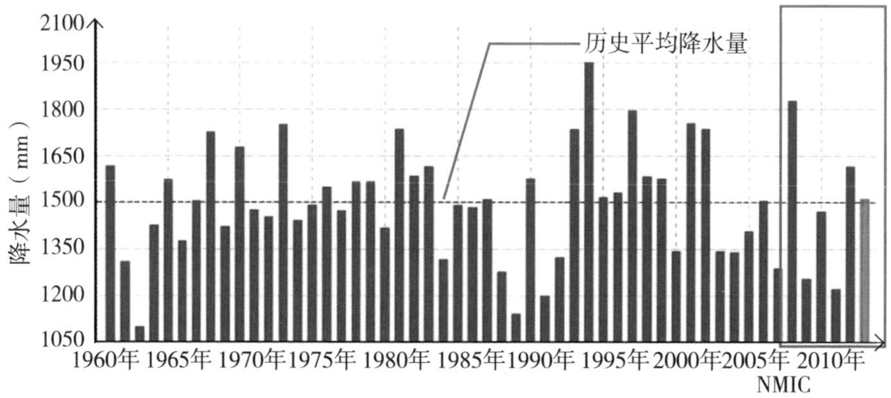

图10–177 广西壮族自治区近50年降水量一览表
Figure10-177 Schedule of precipitation in 50 years of Guangxi Province

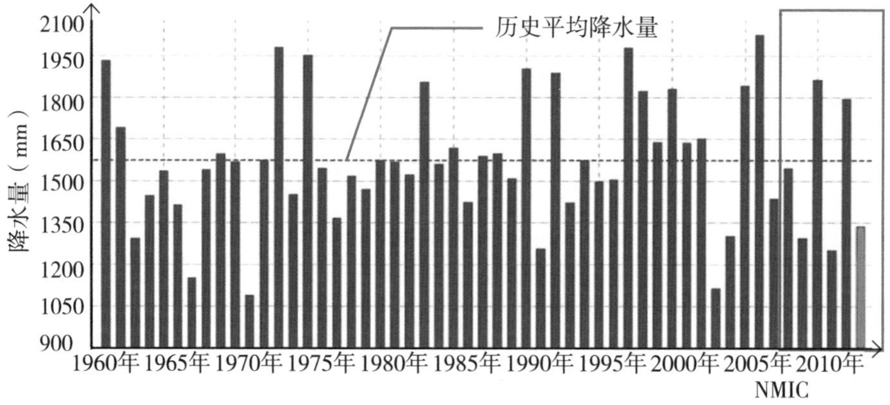

图10–178 福建省近50年降水量一览表
Figure10-178 Schedule of precipitation in 50 years of Fujian Province

广西、福建两省近50年降水量比较解读：

（1）两个地区最近十年的降雨量，跟历史上比起来，总的趋势是下降；

（2）降雨量呈现出较大的波动；

（3）东南沿海地区的福建比广西降雨量大。

2）南方丘陵地区近30年逐年月降雨量、蒸发量对比（图10-179、图10-180）

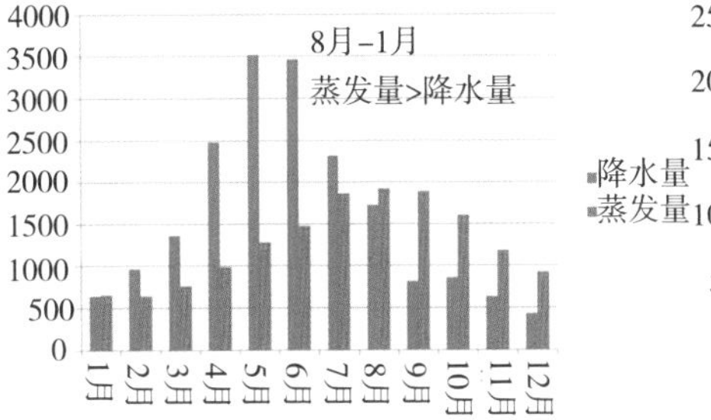

图10-179 桂林市近30年月平均蒸发量、降水量一览表
Figure10-179 List of monthly mean evaporation and rainfall over the past 30 years in Gui Lin

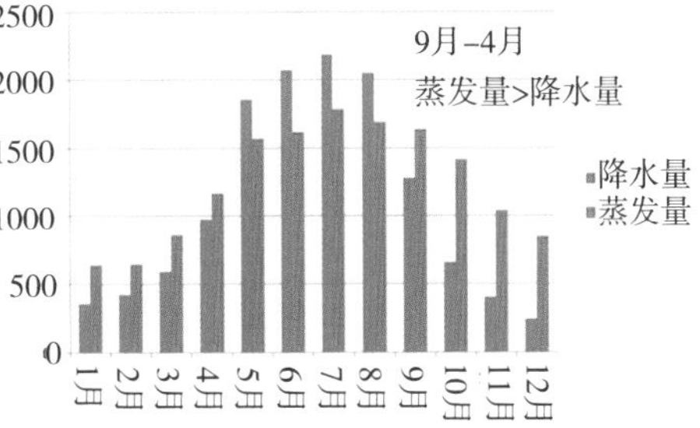

图10-180 南宁市近30年月平均蒸发量、降水量一览表
Figure10-180 List of monthly mean evaporation and rainfall over the past 30 years in Nan Ning

2．“土贫瘠”

1）丘陵地区土壤地质特征

丘陵在陆地上的分布很广，一般是分布在丘陵或高原与平原的过渡地带，在欧亚大陆和南北美洲，都有大片的丘陵地带。以中国为例，丘陵地高差不大，谷宽岭低，坡度平缓，断绝地较少，人烟较密，农产品丰富，交通比较发达。北方丘陵地，多为土质丘陵，形状圆浑，局部有陡坡、冲沟，斜面及山脚多为旱地、梯田，多高杆作物；南方丘陵地，多为石质丘陵，大多数地区地形起伏平缓，为丘陵和平原地区交界处，少数地区呈尖顶（如广西桂林），山脊、山背狭窄，地形起伏零乱，部分地区有陡坡和断绝地，山脚多为水稻田、梯田。

地貌类型：丘陵和喀斯特地貌。喀斯特地貌普遍具有基岩裸露、土体浅薄、水分下渗严重、生态环境保水性差。

土壤质地：沙土和沙壤土为主（图10-181）。

四川宜宾　辽宁五龙山　广西桂林

图10-181 丘陵地区土壤地质特征示意图
Figure10-181 Schematic diagram of soil characteristics in hilly regions

2）丘陵地区土壤地质特征所引发的问题

丘陵地区地貌地质特征，决定了丘陵地区一定会面临着土壤、地表水和土壤水的严重流失，雨水资源难以利用等问题（图10-182）。更为不利的是，喀斯特地区受碳酸盐风化影响，并随着岩溶发育，其土层持水时间更短，耐旱能力更差，降水很快渗漏到地下从暗河流走。加上近年受人为活动干扰，地表植被遭受破坏，生态环境不断恶化，水土流失问题严重，基岩大面积裸露，许多地区出现石漠化现象，土壤保水性更差。即使在非喀斯特地貌地区，也主要是以沙土和沙壤土为主，持水性能差。以致在枯水季节大部分河流干枯，一旦出现降水偏少就很容易受旱，群众生产生活用水十分困难[23]。

该地形地貌特征导致了丘陵区域，土层持水时间短、保水能力差、降雨快速流走。

图10-182 丘陵地区土壤地质特征所引发的问题示意图
Figure10-182 Schematic diagram of issues caused by soil characteristic in hilly regions
图片来源：百度图片 image.baidu.com

3．“绿衰竭”

南方丘陵城市既不同于平原城市，也不同于高原城市，它具有得天独厚的地形地貌和良好的森林植被条件，有着丰富的降雨量，是种植物的良好栖息地。物种丰富、品类多样。

但是，随着丘陵城市经济的不断发展，丘陵城市可用的发展用地十分不足，城市只能向山体、水面发展，大量山体被破坏、水面被破坏，自然环境极大恶化，传统山水格局不再完整。人地矛盾十分尖锐。市规划中，往往讲个体的公园绿地独立规划，没有形成统筹整体的思想，各种绿地类型的相互协调不够，难以发挥更大的整体性的效果。规划的种种误区也造成了南方丘陵地区环境的进一步恶化。

此外，丘陵地区的生态环境本来就比较敏感脆弱，极具敏感性。从前述的内内容可以知道，南方丘陵地区的水、土条件并不理想，而“水土”条件是植物赖以生存的基础和载体。因而，这些条件都会严重影响到南方丘陵的植被情况；同样的，植被条件不佳，将会加快水土流失。其结果就是，在丘陵某些区域，形成了生态环境的不断恶化，成了一种恶性循环的结局。由此可见，南方丘陵地区，天然自然条件很好，但是相对来说，也是较为脆弱和不稳定。因此，需要人们的细心呵护和保护，以实现丘陵地区植被系统的可持续发展。

4. 小结

经过对丘陵城市所面临的问题的分析，总结而来，其所面临的主要问题包括三个方面：① 自然生态环境的破坏；② 地域特征的丧失；③ 缺乏整体规划设计和空间结构。随着城镇化的不断推进，城市建设用地需求量愈来愈高，人地关系变得愈发紧张。然而，丘陵城市由于地形的限制，适宜建设用地较少，建设用地拓展多优先占用耕地等平坦且生态环境优越地区，加之丘陵城市自身耕地少、生态环境敏感，因此丘陵城市的环境问题相较于其他地形区域来说更为突出。

10.4.3.4 南方丘陵地区面临的环境问题原因分析

南方丘陵地区面临的环境问题原因如图10-184～图10-187所示。

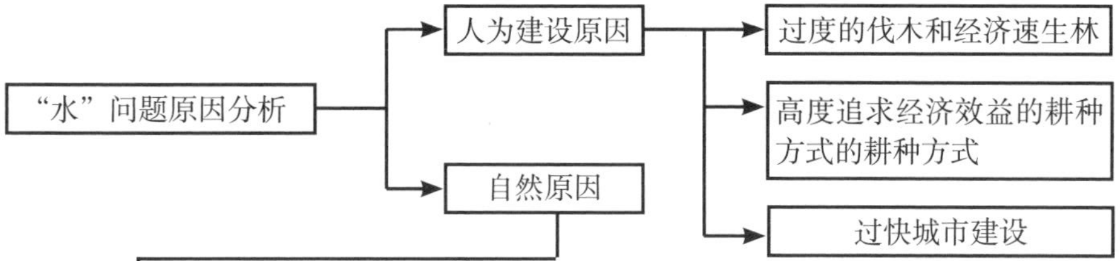

高度追求经济效益的耕种方式的耕种方式
过快城市建设

图 10-183“水”问题原因分析
Figure10-183 Schematic diagram of issues caused by soil characteristic in hilly regions

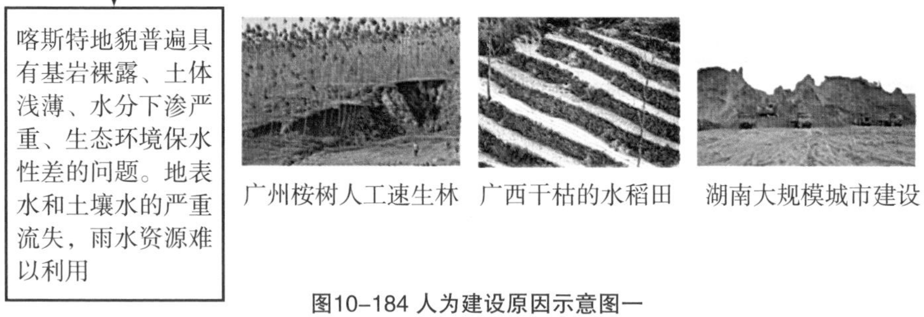

广州桉树人工速生林
广西干枯的水稻田
湖南大规模城市建设

图10-184 人为建设原因示意图一
Figure10-184 Schematic diagram of reasons to artificial construction 1
图片来源：百度百科 baike.baidu.com

广西喀斯特地貌

图10-185 自然原因示意图
Figure10-185 Schematic diagram of natural reasons

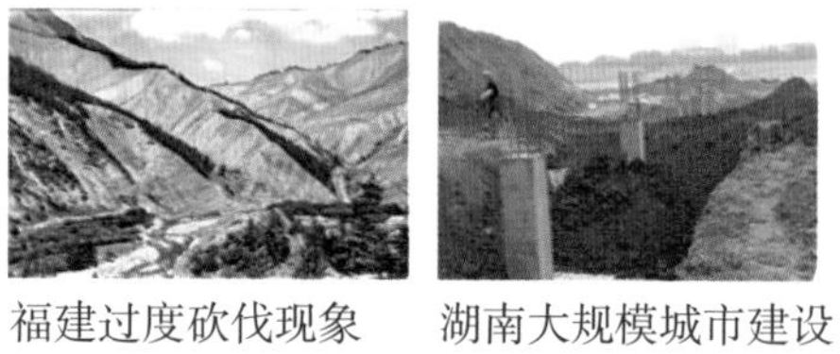

福建过度砍伐现象
湖南大规模城市建设

图10-186 人为建设原因示意图二
Figure10-186 Schematic diagram of reasons to artificial construction 2

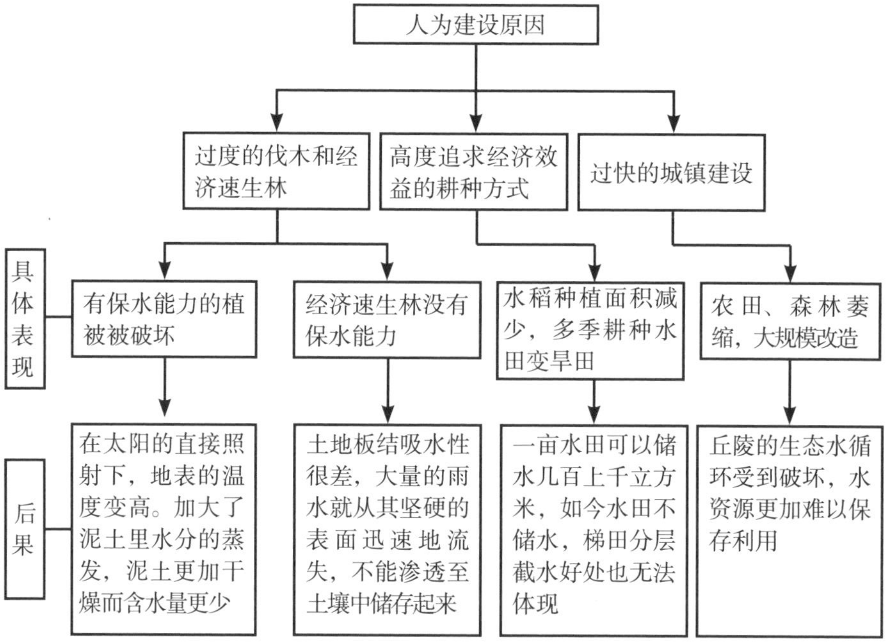

高度追求经济效益的耕种方式
过快的城镇建设

有保水能力的植被被破坏
经济速生林没有保水能力

农田、森林萎缩，大规模改造

在太阳的直接照射下，地表的温度变高。加大了泥土里水分的蒸发，泥土更加干燥而含水量更少
土地板结吸水性很差，大量的雨水就从其坚硬的表面迅速地流失，不能渗透至土壤中储存起来

图10-187 人为建设原因分析
Figure10-187 Schematic diagram of artificial construction reasons

10.4.3.5 丘陵地区环境问题的解决

城市化的不断加快，给我国带来无限发展机遇的同时，也带来了诸多问题。

目前，我国的城市用地增长率与人口增长率为2.29：1，而国际上比较合理的比例为1.12：1，可见我国的城市用地增长速度过快。近10年来，我国年均城市化水平上升超过1个百分点，然而我国城市目前应对灾害打击的能力却十分脆弱，大部分城市分布在自然致灾因子的多发区。其中，70%以上的大城市、半数以上的人口分布在气象、海洋、洪水、地震等自然灾害严重的地区；60%以上城市的防洪标准低于国家的规定；54%的大中城市处于地震烈度VII度以上地区[24]。在丘陵城市中，由于其地形复杂、自然生态敏感脆弱，使得这些问题在丘陵城市发展进程中更为突出。为了探寻丘陵城市空间生长的人地和谐规律，寻找丘陵城市最佳的解决方案，本研究提出了“人山水林田湖（人—水、土、绿）”的丘陵地区城市整体建设思路，这一方面符合全面建设小康社会总体布局要求和十八大报告指导思想，也与丘陵地区的实际紧密相联（图10-188）。

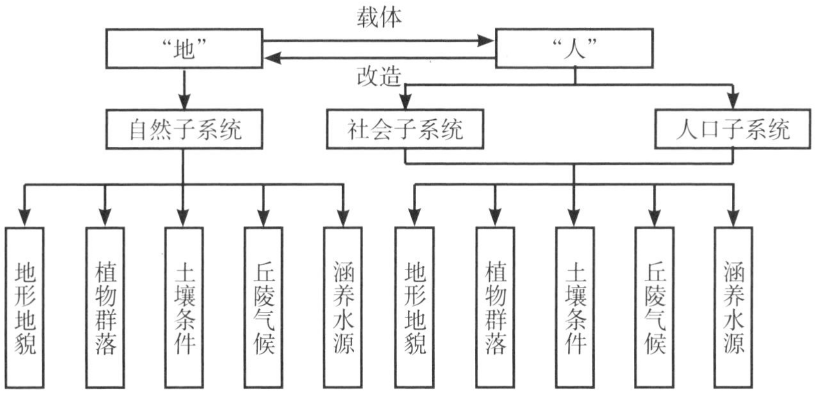

图10-188 人地（人—水、土、绿）系统关系图
Figure10-188 Relation graph of human-land (human-water-soil-green) system

1. 宏观层面

人山水林田湖（人—水、土、绿）的建设思想，落实到宏观层面，针对人地（人-水土绿）系统关系，其主要目标是“功能分区，蓄水调洪”、“分级规划，固土培土”。具体方式则是确定功能分区和构建网络化的丘陵城市绿色开敞空间结构。

1）确定丘陵城市功能分区

首先确定丘陵城市功能的特征：整体性、结构性、层次性、开放性。

（1）整体性。城市功能是各种功能相互联系、相互作用而形成的有机结合的整体，而不是各种功能的简单相加。必须着眼于城市全部功能的整体性和系统性来对待城市整体功能中的每一功能要素。

（2）结构性。城市的整体功能是由其内在结构决定的，这种城市的内在结构是指城市系统的经济、政治、社会、文化等各要素之间、各要素与系统整体之间互相联系、互相作用的方式。

（3）层次性。城市功能具有明显的层次性，城市功能是由不同层次的子系统构成的大系统，其中城市功能的子系统相对于它的下一层次的小系统而言又是母系统。

（4）开放性。城市的各种功能都是相对于一定的外围区域而言的，内外联动发挥城市功能[25]。

根据城市类型以及不同的功能需求安排城市功能区划，综合考虑城市职能和资源利用情况，提高各项资源利用效率。针对丘陵城市独特的空间布局结构来说，要安排好城市用地和山水的空间关系，城市内部交通布局，以及城市内外交通的衔接。同时，地形的特征，让丘陵城市的资源难以有效利用，甚至是彼此割裂，这样的特征也决定了构建网络化的丘陵城市绿色开敞空间的策略。

2）网络化的丘陵城市绿色开敞空间结构

网络化的绿色开敞空间建构，对于丘陵地区来说，有多方面的好处：

（1）系统性。由于丘陵城市地形地貌以及空间结构的特征，导致绿色斑块严重隔离、分布不均匀，且随机性大。而绿色网络的构建，可以将这些散落的斑块相互联系成为一个整体，以发挥整体性的生态功能。这种系统性，也加强了丘陵地区水系的联系和涵养，同时也在不同空间层次上加强了对土地的保护，起到固土培土的作用。

（2）可达性。网络化的绿色空间，极大地加强了区域内各种自然和公共绿地的联系性，其结果就是给予居民更多的绿色活动场所，强化其可达性。对于动植物来说，也是一个迁徙、栖息的通道和场所。对于恢复自然生态意义重大。

（3）生长性。网络结构是一个开放系统，具有一定的方向性，可能顺应地势向外生长，使绿色生态空间保持生长态势。这样的一种生长性，会给予绿色网络更强的生命性，也能发挥更好的水源涵养和保持水土的作用。

（4）经济性。绿色网络尽量在城市废弃地或者利用率较低的地方建设绿色廊道，以联系分散的绿色开敞空间。一方面不占用城市建设用地，另一方面，绿色网络的建设还能提高该地区土地价格，发挥生态功能。

城市功能划分，主要是一种人的行为；绿色网络的构建，则主要是发挥自然的作用。宏观层面的策略其实也是一种人地（人–水土绿）系统相互作用而形成的综合性决策。而绿色网络的构建，本质上通过人工的方式建设绿色空间，连接现有的、破碎化的自然空间，是人系统对地系统的补充，其最终的作用发挥，需要人地系统相互作用相互协作。

总体来看，宏观层面主要是从大范围（市域以及周边城市）制定政策和策略，结合丘陵城市人地（人–水土绿）系统的特征，宏观性的、整体性的调整该区域的绿化空间环境。

2. 中观层面

人山水林田湖（人—水、土、绿）的建设思想，落实到中观层面，针对人地（人–水土绿）系统关系，其主要目标是实现“紧凑型、集约型土地利用”，“新型智能供水调蓄网络”。具体方式则是确定城市用地性质和构建紧凑型城市发展策略，针对丘陵城市来说，还要规划新型智能供水调蓄网络。

1）确定丘陵城市用地性质（表10–35）

理清城市各项发展需求，合理安排土地利用，改变粗放型城市发展方式，合理化城市布局和提高土地利用效率。而实现这些标的前提就是弄清城市用地性质，为之后的城市布局做好准备和提供依据。

依据《城市用地分类与规划建设用地标准》（GBJ 137—90）和《土地利用现状分类及含义》，结合丘陵地区的地质地貌特征、丘陵城市用地需求以及景观类型，可以将土地分为如表10–35这样一些类型。

2）构建紧凑型城市发展策略

我国进入城市化高速发展时期以来，伴随城市规模急速扩大，也产生了城市用地粗放型增长、城市空间无序扩张、土地资源利用不合理、生态环境和自然资源的破坏与滥用、灾害频发等问题。在丘陵城市中，由于其地形复杂、自然生态敏感脆弱，使得这些问题在丘陵城市发展进程中更为突出，探寻丘陵城市空间生长的人地和谐规律，探索丘陵城市生长空间的生态化规划方法尤显重要[24]。

城市用地的粗放型增长方式不仅导致了大量土地资源的浪费，而且直接造成了耕地的急剧减少。1996～2006年，我国耕地从0.013亿km^2减少到0.0124亿km^2，离0.012亿km^2的警戒线已是咫尺之遥，而其中建设占用耕地面积达到了总耕地减少面积的30%。

针对丘陵城市目前这样一种粗放型、散乱型发展模式，董亮针对丘陵城市的空间发展结构提出如下策略：

（1）区域协调发展。加强丘陵城市与周边地区，特别是与周边地区发展走廊及周边城市的协调，构筑面向区域综合发展的城市空间结构。

（2）市域战略转移。逐步改变目前单中心的空间格局，加强外围新城建设，中心城与新城相协调，构筑分工明确的多层次空间结构。

（3）旧城有机疏散。加强历史文化名城古建等的保护，逐步疏解旧城的部分职能，构筑与丘陵城市相适应的独特的空间结构。

（4）村镇重新整合。加快农村地区城镇化步伐，整合村镇，推进撤乡并镇、迁村进镇，提高城乡人居环境质量，构筑城乡协调发展的空间结构[26]。

表 10–35 丘陵城市用地类型和景观类型
Table10-35 Land use and landscape type of hilly city

编号	土地利用类型	景观类型
1	林地	林地景观
2	灌木林地	灌木林地景观
3	草地	草地景观
4	农田（梯田）	农田（梯田）景观
5	旱地	旱地景观
6	农村居民用地	农村居民用地
7	河流、水库、河漫滩	水体景观
8	公路、铁路	道路景观
9	城镇建设用地、工矿用地、特殊用地	城镇建设用地景观
10	城市绿地	城市绿地景观
11	未利用地、裸地	未利用地景观
12	喀斯特地貌	地质景观

3）以广西巴马县为例来说明新型智能供水调蓄网络（图10-189、图10-190）

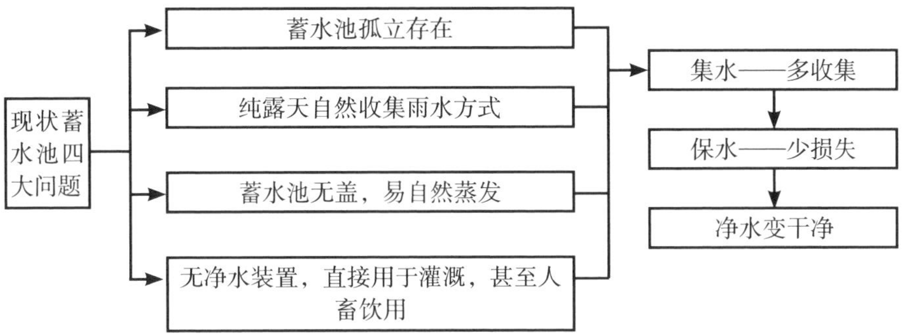
现状蓄水池四大问题
蓄水池孤立存在
纯露天自然收集雨水方式
蓄水池无盖，易自然蒸发
无净水装置，直接用于灌溉，甚至人畜饮用
集水——多收集
保水——少损失
净水变干净

图10-189 现状蓄水池四大问题
Figure10-189 Four issues of current reservoir

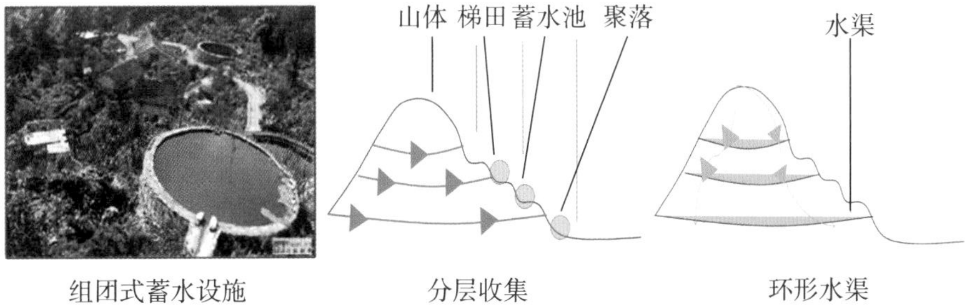
山体
梯田
蓄水池
聚落
水渠
组团式蓄水设施
分层收集
环形水渠

图10-190 集中、组团式蓄水设施
Figure10-190 Concentration and cluster water storage facility

方案说明：以集中、组团式的蓄水设施的安排，改变过去孤立的蓄水池分布，提高蓄水效率；以分层收集和环形水池的形式储水、输水，可以提高水资源利用效率。分级集水还能减少地表径流对土层的冲刷，保土固水。

3. 微观层面

1）丘陵地区绿色基础设施建设（图10-191）

2）丘陵地区立体化生态网络结构

立体化生态网络结构包含各种自然与再生的生态系统和景观要素，构成一个即有“中心网络”（hub）又有“链接环节”（link）的网络系统。丘陵立体化生态网络结构规划应注重：① 延续丘陵原有自然绿色空间，不以人工建设而中断绿色空间；② 构建丘陵立体化生态网络，维持能量流、物质流、信息流正常运转；③ 发挥丘陵生态系统服务功能，实现生态价值、视觉价值、游憩价值综合效益。

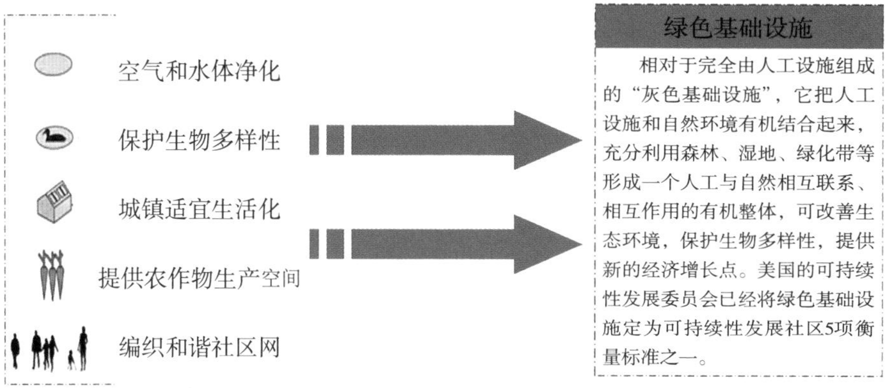
空气和水体净化
保护生物多样性
城镇适宜生活化
提供农作物生产空间
编织和谐社区网
绿色基础设施
相对于完全由人工设施组成的“灰色基础设施”，它把人工设施和自然环境有机结合起来，充分利用森林、湿地、绿化带等形成一个人工与自然相互联系、相互作用的有机整体，可改善生态环境，保护生物多样性，提供新的经济增长点。美国的可持续性发展委员会已经将绿色基础设施定为可持续性发展社区5项衡量标准之一。

图10-191 丘陵绿色基础设施建设
Figure10-191 Green infrastructure construction in hills

3）丘陵地区“水—土”关系协调

丘顶水源涵养区是指，借助水源涵养林营造的绿色生态林区。水源涵养林（forest for water conservation），是指以调节、改善、水源流量和水质的一种防护林。也称水源林。涵养水源、改善水文状况、调节区域水分循环、防止河流、湖泊、水库淤塞，以及保护可饮水水源为主要目的的森林、林木和灌木林。主要分布在河川上游的水源地区，对于调节径流，防止水、旱灾害，合理开发、利用水资源具有重要意义。

水源涵养林营造办法：包括树种选择、林地配置、经营管理等内容。针对南方丘陵来说，因南方低山丘陵区降雨量大，要在造林整地时采用竹节沟整地造林；在适地适树原则指导下，水源涵养林的造林树种应具备根量多、根域广、林冠层郁闭度高（复层林比单层林好）、林内枯枝落叶丰富等特点。因此，最好营造针阔混交林，其中除主要树种外，要考虑合适的伴生树种和灌木，以形成混交复层林结构。同时选择一定比例深根性树种，加强土壤固持能力（图10-192）。

丘坡水土保持区是指，在丘坡区域利用水土保持林营造的水土保护区。水土保持林（forest for soil and water conservation），为防止、减少水土流失而营建的防护林，是水土保持林业技术措施的主要组成部分。主要作用表现在：调节降水和地表径流，通过林中乔、灌木林冠层对天然降水的截留，改变降落在林地上的降水形式，削弱降雨强度和其冲击地面的能量[27]。

水土保持林的作用：① 调节坡面径流；② 固持土壤；③ 改善局部小气候。

水源涵养林营造办法：树林配置和营造技术两个方面；丘陵地区带状整地方法有：水平带状、水平阶、水平沟、反坡梯田、撩壕等；丘陵地区块状整地方法有：穴状、块状、鱼鳞坑；适宜植物：侧柏、刺槐、黄连木、臭椿。

4）丘陵地区“土—绿”关系协调

山麓梯田区，是南方丘陵地区，重要的农作物产地，以及经济林区，对于南方丘陵地区人居环境来说，有着重要的地位和作用。不仅能够满足当地人的生产生活需求，还是当地人居环境的重要组成部分，因此，维持并保护好该地区，对于南方丘陵地区人居环境的建设，有着十分重要的意义。

图10–192 竹节沟整地造林
Figure10-192 Land preparation and afforestation in Zhujiegou
图片来源：百度百科 baike.baidu.com

在尊崇生态环境保护的原理，促进经济发展的同时保护生态环境的前提下，根据南方丘陵地区特有地形地质环境、气候环境等特征，提出合适的工程模式，即多层次立体间套种植的方式，属于农林复合型生态工程模式中的一种。

自然资源立体多层利用（图10–193）。

（1）山麓梯田区（经济作物区）农——桐模式：即将适合当地气候条件的树木引入传统的梯田种植区，实现水热资源的多层复合利用，现在以集中常见的植物和泡桐作为示意，来分析其空间模式。

图10–193 多层次立体间套种植方式示意图
Figure10-193 Schematic diagram of stereo and intercropping planting mode

（2）“农—桐”模式的作用。该模式的丘陵地区的使用，能够产生多方面的作用：①“农—桐”模式提高了丘陵地区的热资源。提高了对积温的利用率；②“农—桐”模式中，植物根系的深度不同，提高了水资源利用率；③“农—桐”模式对生长季节的利用是交错连续的，而传统的“小麦—芝麻”模式则是间断的。与对照相比，“农—桐”模式提高了生长季节的利用率（图10–194）。

（3）“农—桐”模式对于解决丘陵地区水土问题的价值：①“农—桐”模式中，泡桐的使用，降低了风速，结果就是降低了土壤表层水分挥发减缓，有利于节约水源，提高土壤水涵养能力；②在雨水较多的季节，“农—桐”模式的中，对南方多雨季节排涝防渍具有一定作用；③在雨水较少的旱季，“农—桐”模式通过泡桐根系调用深层土壤水分，经蒸腾作用散发至农田上空，使农田空气相对湿度增高，加上树冠的遮阴作用，减少了耕作层土壤水分的蒸发散失，从而使耕作层土壤水分含量提高，有助于减轻夏秋农作物所受的干旱威胁；④在严重干旱的季节，无论是在近泡桐还是远泡桐处，土壤水分呈现出显著差异，表明泡桐物种的引进，可以在严重干旱月显著改善土壤的水分状况；⑤有利于改善土壤结构，增强丘陵地区的固土保水能力（表10–36）。

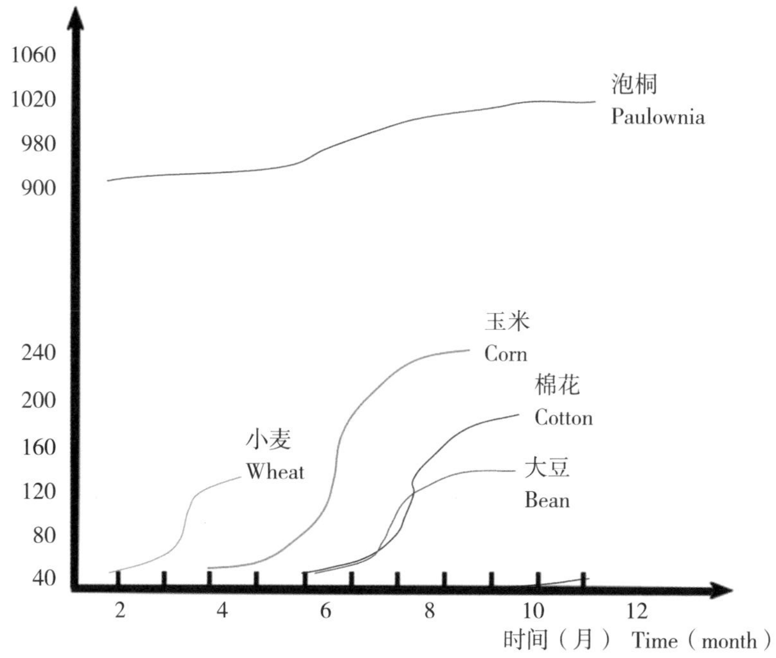

图10–194“农—桐”模式地上部分垂直结构(时间序列)示意
Figure10-194 Schematic diagram of partly vertical structure (time series) of “farm-tung”mode
图片来源：方萍，陈聿华 丘陵旱地农—桐生态工程模式的生态效应分析[J].干旱地区农业研究，2006,24(3):72-77

（4）丘陵地区“绿—水”关系协调。运用梯级人工湿地解决丘陵地区暴雨径流、农业灌溉污水、居民生活污水等的净化处理（图10–195 ~ 图10–203）。

表 10-36 山麓梯田区（经济作物区）农—桐模式 数据来源
Table10-36 Data report of "farm-tong" model in piedmont and terrace region (economic crops region)

测定日期 Date of measure	位置 Location	土壤深度 Soil depth 1~10cm	10~20cm	20~30cm	1~30cm	30~40cm	40~60cm
5月20日 May 20th	A	18.80	18.90	19.90	19.20	19.20	19.10
	B	18.60	19.00	20.40	19.30	21.30	20.50
	CK	18.70	19.20	20.10	19.30	21.50	20.20
	A–CK	+0.10	–0.30	–0.20	–0.10	–2.30	–1.10
	B–CK	–0.10	–0.20	+0.30	0.00	–0.20	+0.30
7月6日 July 6th（进入旱季）（Begin of dry season）	A	17.60	17.20	18.30	17.70	18.60	19.00
	B	16.40	16.00	18.10	16.80	18.00	17.60
	CK	15.60	16.90	17.40	16.60	19.50	18.90
	A–CK	+2.00	+0.30	+0.90	+1.10	–0.90	+0.10
	B–CK	+0.80	–0.90	+0.70	+0.20	–1.50	–1.30
8月8日 August 8th（持续干旱）（Sustained dry season）	A	12.20	15.60	14.30	14.03	12.80	14.20
	B	10.40	14.80	14.30	13.20	13.90	14.60
	CK	10.70	14.50	14.10	13.10	16.10	16.30
	A–CK	+1.50	+1.10	+0.20	+0.93	–3.30	–2.10
	B–CK	–0.30	+0.30	+0.20	+0.10	–2.20	–1.70
5月20日 May 20th（严重干旱）（Serious dry season）	A	6.70	11.00	10.90	9.50	11.30	13.10
	B	6.80	8.60	8.90	8.10	8.50	11.90
	CK	6.40	7.50	8.30	7.40	7.90	12.50
	A–CK（P<0.05）	+0.30	+3.50	+2.60	+2.10	+3.40	+0.60
	B–CK（P<0.01）	+0.40	+1.10	+0.60	+0.70	+2.80	–0.60

注：A——靠近泡桐处，距泡桐0.5m；B——远离泡桐处，距泡桐5m；CK——对照，非"农—桐"间作地。

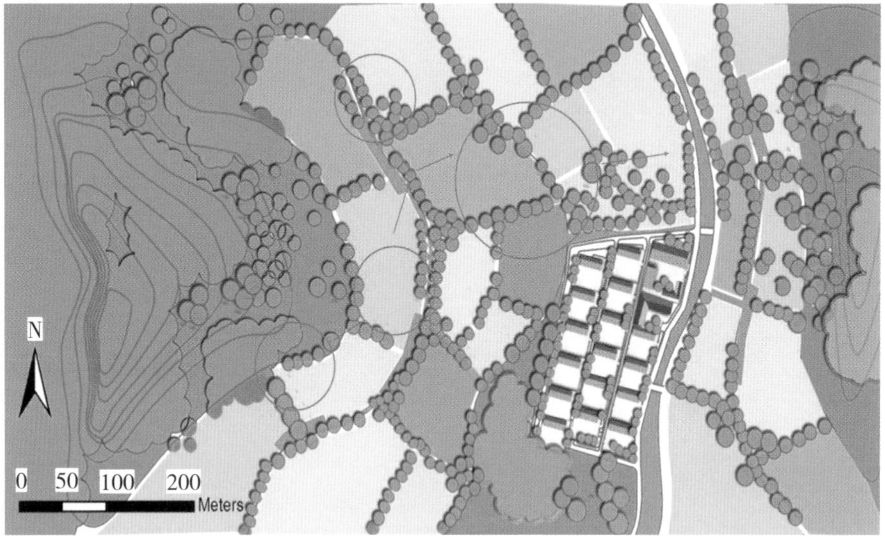

图10–195 丘陵地区梯级人工湿地概念方案设计
Figure10-195 Conceptual architecture design of terrain artificial wetland in hilly regions

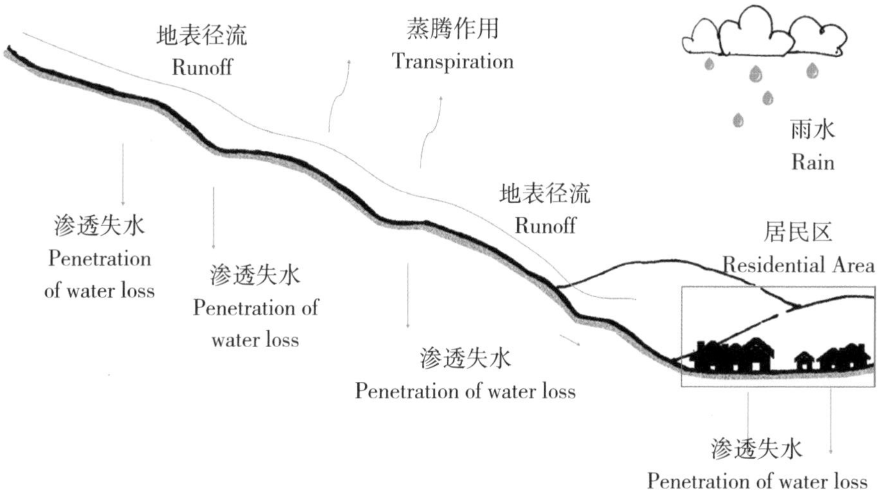

图10–196 丘陵地区现状水流走势示意图
Figure10-196 Schematic diagram of current trend of water flow in hilly regions

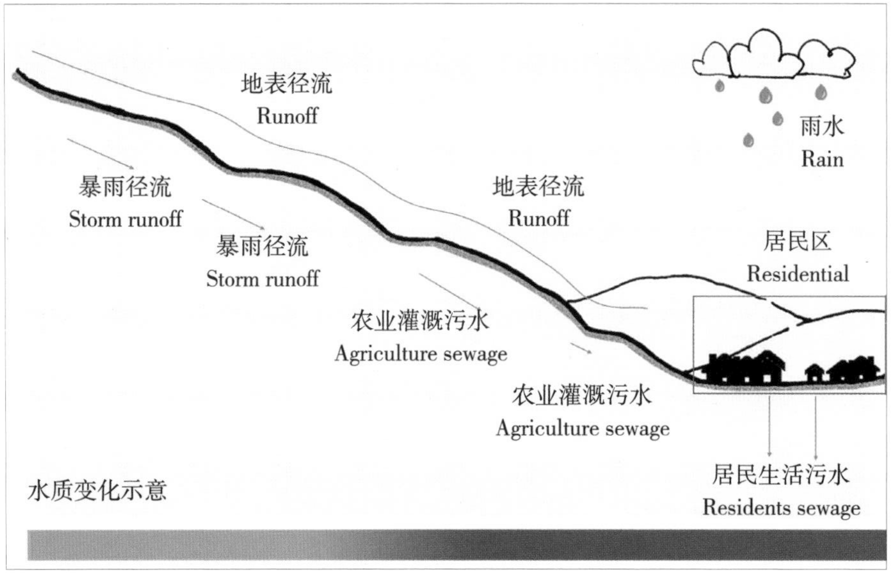

图10-197 丘陵地区现状竖向水质变化示意图
Figure10-197 Schematic diagram of current vertical water quality change in hilly regions

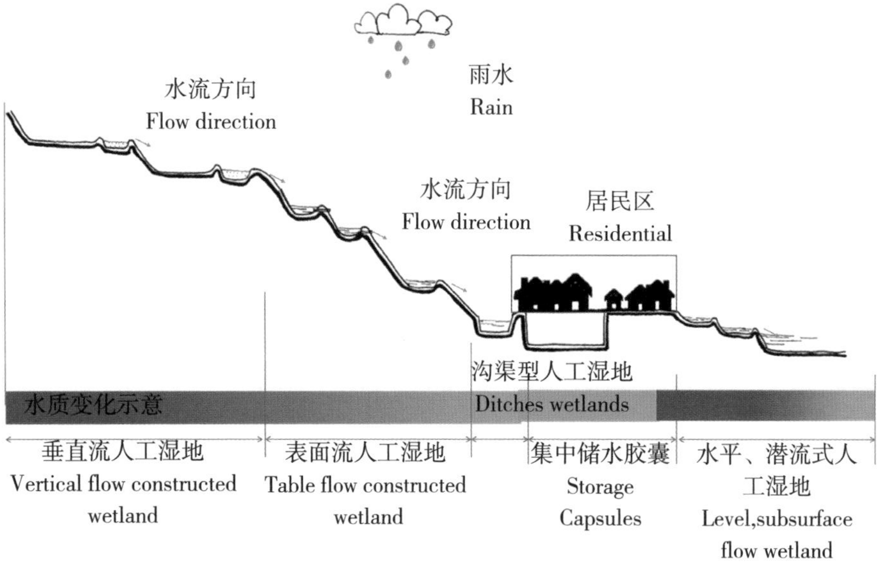

图10-198 人工湿地水体净化补偿系统示意图
Figure10-198 Schematic diagram of artificial wetland water body purification compensation system

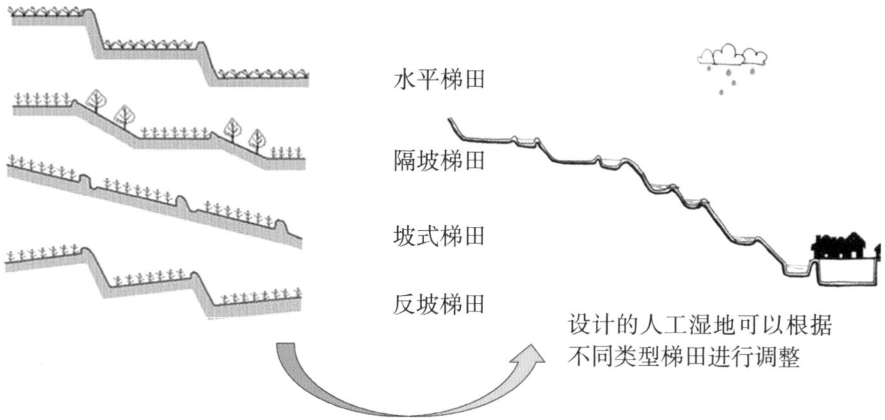

图10-199 不同类型人工湿地示意图
Figure10-199 Schematic diagram of artificial wetland types

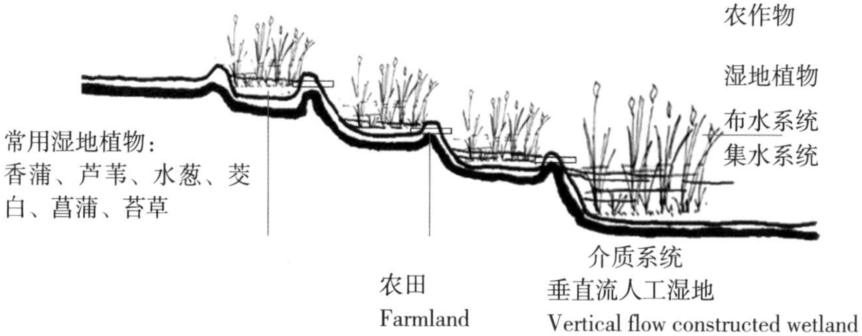

图10-200 不同类型人工湿地示意图
Figure10-200 Schematic diagram of artificial wetland types

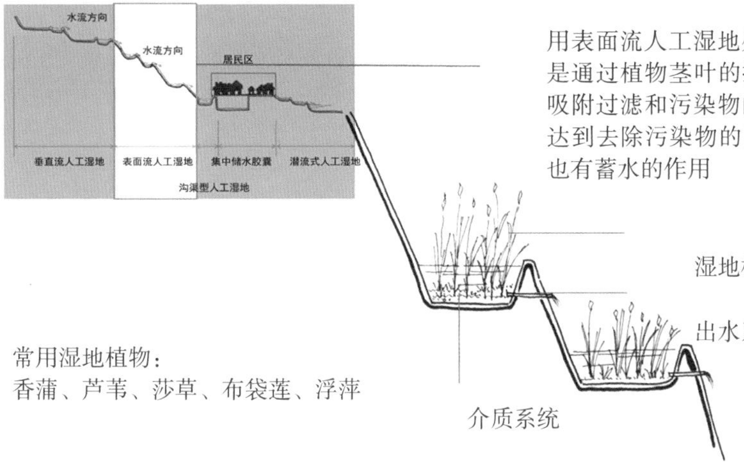

用表面流人工湿地处理水体主要是通过植物茎叶的拦截、土壤的吸附过滤和污染物的自然沉降来达到去除污染物的目的。同时，也有蓄水的作用

常用湿地植物：
香蒲、芦苇、莎草、布袋莲、浮萍

图10-201 表面流人工湿地设计示意图
Figure10-201 Schematic diagram of artificial surface flow wetland design

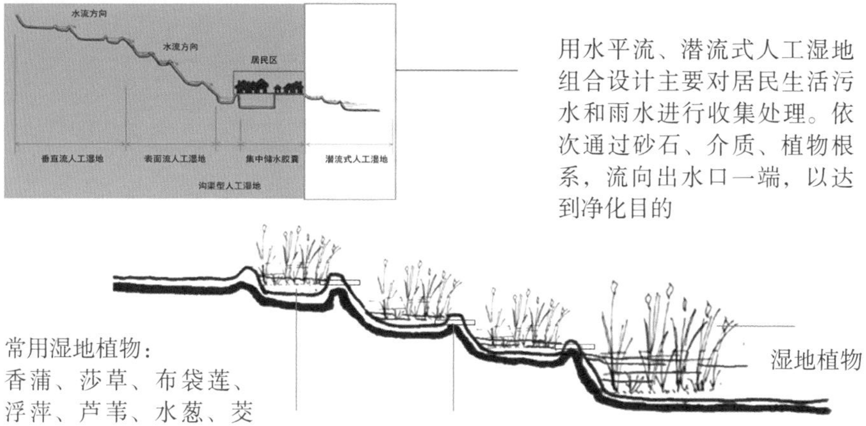

用水平流、潜流式人工湿地组合设计主要对居民生活污水和雨水进行收集处理。依次通过砂石、介质、植物根系，流向出水口一端，以达到净化目的

常用湿地植物：
香蒲、莎草、布袋莲、浮萍、芦苇、水葱、茭白、菖蒲、苔草

图10-203 水平、潜流人工湿地组合型设计示意图
Figure10-203 Schematic diagram of horizontal, subsurface-flow artificial combination-type design

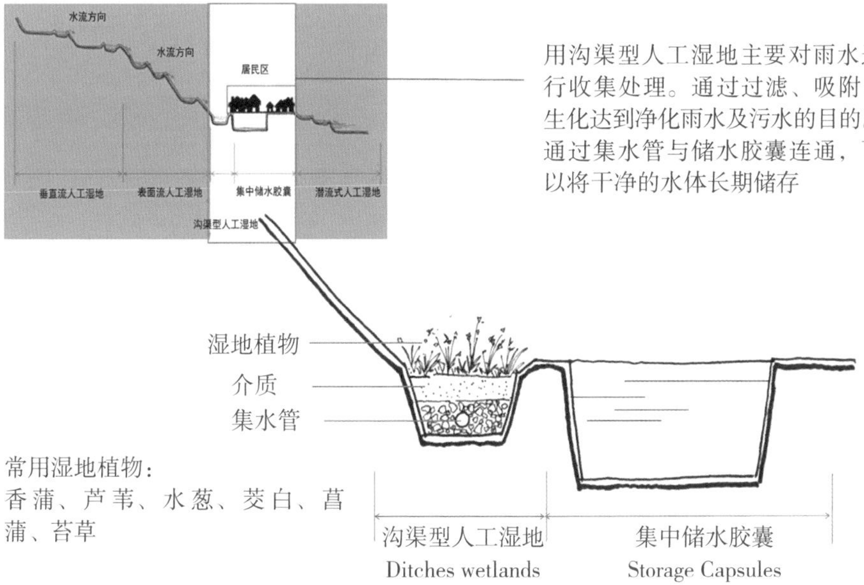

用沟渠型人工湿地主要对雨水进行收集处理。通过过滤、吸附、生化达到净化雨水及污水的目的。通过集水管与储水胶囊连通，可以将干净的水体长期储存

常用湿地植物：
香蒲、芦苇、水葱、茭白、菖蒲、苔草

图10-202 沟渠型人工湿地设计示意图
Figure10-202 Schematic diagram of canal-form artificial wetland design

10.4.4 总结

1. 丘陵人居环境建设中所具有的优势（图10-204）

图10-204 丘陵人居建设优势示意图
Figure10-204 Schematic diagram of canal-form artificial wetland design

2. 丘陵人居环境建设中所面临的问题

（1）交通不便；

（2）山多地少，农业及建设用地不足；

（3）土地利用效率低下；

（4）一味追求“高档”，以人工取代天然；

（5）盲目开发，效仿平原城市；

（6）周边生态环境破坏，生态绿化意识薄弱，“以草代木”现象严重。

3. 应对方法

对丘陵人居环境从宏观区域、中观城市、微观村落三个建设层次进行了广泛而深入的研究分析，总结了丘陵人居环境建设的一般规律，提供了有效的建设模式和技术方法。在区域建设上，首先结合天文地理科学，探讨了丘陵城市选址的科学性和理想性；其次，在对具体丘陵城市——柳州和金华的城市功能布局、用地建设、绿地规划等问题的思考，提出了丘陵“山水城市”发展模式；最后，通过对丘陵村落的案例研究，探讨了小尺度丘陵社区人居环境建设方法和要点，为今后丘陵人居环境建设提供启示。

丘陵地域竖向环境变化引起的在地形、气候多方面的人居背景因素塑造了丘陵地域独具特点的人居活动，形成了具有丘陵特征的空间建设肌理。当人居活动强度增加时，丘陵建设范围增大，建造技术的提高，突破了人居背景环境的限制，丘陵城镇规模增大，导致丘陵特征肌理减弱，最终导致丘陵城市平原化；而近年来的快速城镇化、经济建设活动，导致丘陵城镇过度开发，出现与丘陵传统空间环境与人居背景环境不相适宜的建设，导致丘陵空间肌理的破坏，水、土、绿生态圈工作机制受到严重干扰。

10.5 丘陵地区案例研究

10.5.1 案例一：宜宾

10.5.1.1 宜宾人居背景研究

1. 背景研究框架（图10–205）

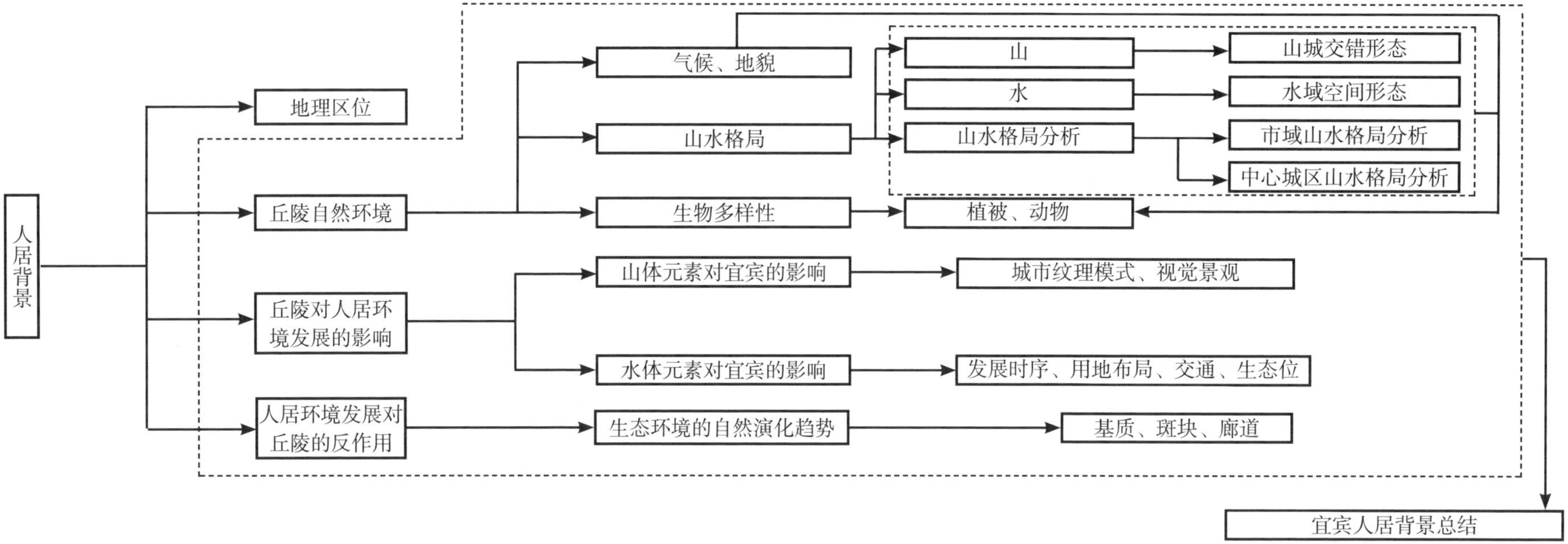

图10–205 背景研究框架

Figure10-205 Framework of background study

2. 地理区位

宜宾“东接泸水，西联大峨，南通六昭，北接三荣”，它扼三江汇聚之咽喉，控川、滇、黔津衢之要冲（图10-206）。

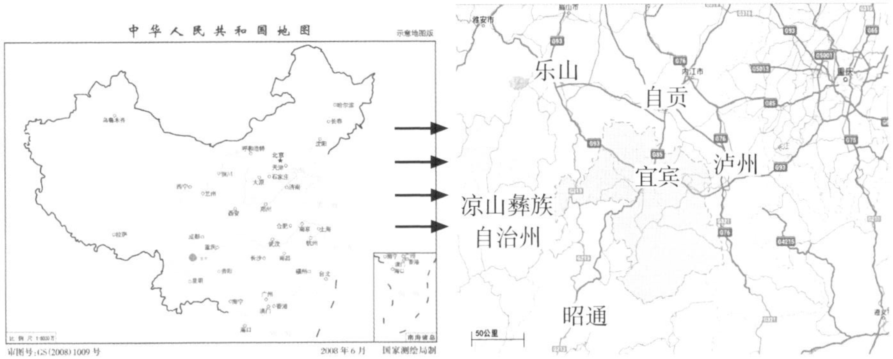

图10-206 宜宾市区位
Figure10-206 Location of Yibin City

“鼎鼎西南半壁，巍巍水陆码头，纵横三省，吞吐两江。”——魏明伦《宜宾赋》

3. 自然环境

1）气候特征

宜宾市属中亚热带湿润季风气候，年平均气温18℃，年平均降雨量1050～1168mm，相对湿度82%，具有气候温和，热量充足，雨量充沛，无霜期长的气候特征。四季特点是：春季回暖早，盛夏多酷暑，秋季绵雨轻，冬季气温高[28]（图10-207）。

2）地貌特征

宜宾市地形整体呈西南高、东北低的态势。全市地貌以中低山地和丘陵为主体，岭谷相间，平坝狭小零碎，自然概貌为“七山一水二分田”。市域内海拔500～2000m之间，中低山地占46.6%，丘陵占45.3%，平坝仅占8.1%。

3）山水格局（图10-208、图10-209）

（1）山、水元素分析：山——“山城交错”形态：宜宾有中低山、丘陵地、平坝，属于山丘群与平原谷地混杂的地区，城市依山就势，穿插其中，表现为“山城交错”的形态特征；水——水域空间形态：宜宾地处长江源头，岷江、金沙江、长江三江交汇处，水运交通发达，又为川、滇、黔接壤地，战略地位重要，区位条件优越，自古就是历代王朝开发和控制西南边陲的门户（图10-210、图10-211）。

图10-207 宜宾市夏季、冬季景色
Figure10-207 Landscape of Yinbin City in summer and winter

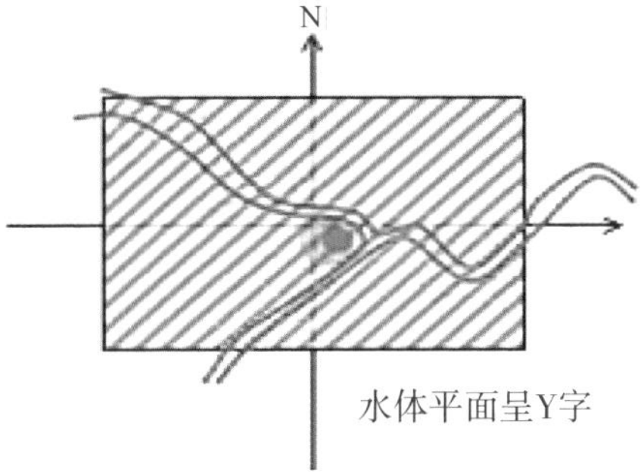

图10-208 宜宾水域空间形态图
Figure10-208 Spatial pattern of water body in Yibin City

图10-209 市域地貌区域划分示意图
Figure10-209 Schematic diagram of geomorphological region in city territory

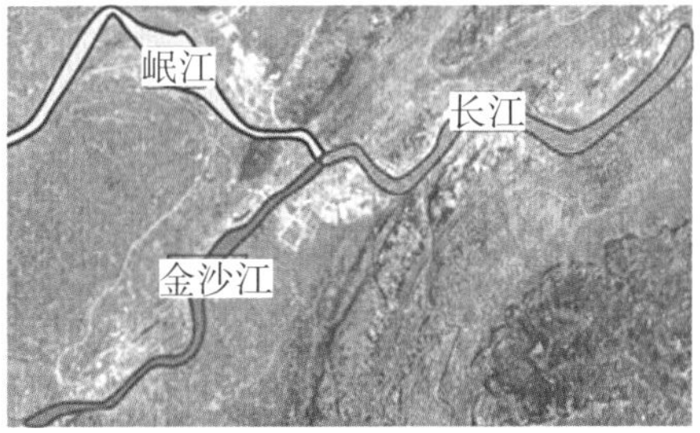

图10-210 宜宾主要水系图
Figure10-210 Dominate water system in Yibin City

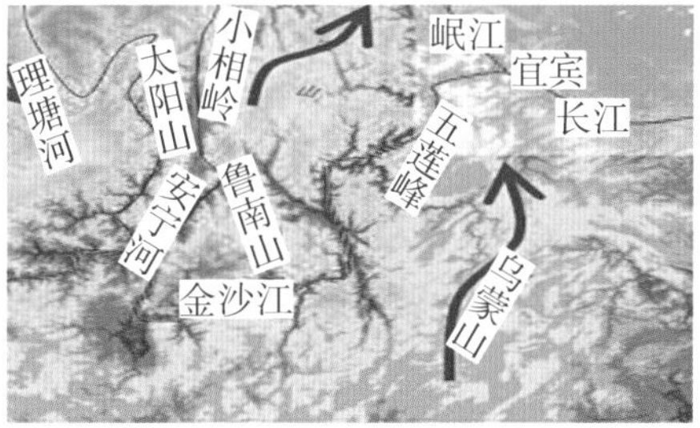

图10-211 区域山水格局示意图
Figure10-211 Schematic diagram of regional Mountain-and-Water pattern

（2）山水格局分析：① 山——优越自然条件：翠屏山、七星山、东山等山体环抱城区，地势西高东低，北高南低。三山楔形插入城区，成三角分布；② 水——岷江、金沙江在合江门汇流，万里长江从这里发源；③ 独特的山水格局——翠屏、东山、七星三山相对，岷江、金沙江、长江三江分割，大自然造就了宜宾“城外山环水绕，城内山水相间”的独特格局（图10–212）。

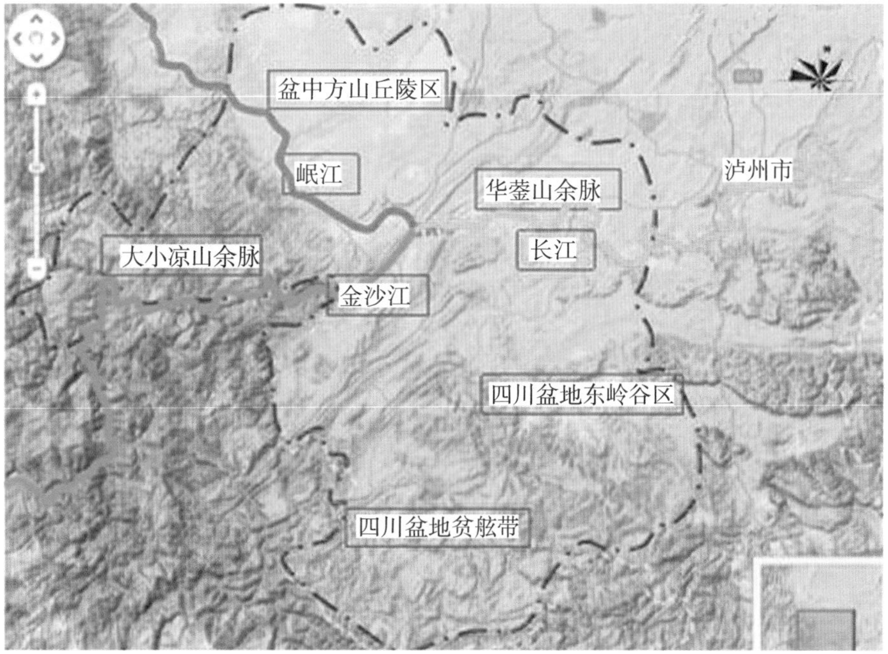

图10–212 宜宾市域山水分布示意图
Figure10-212 Schematic diagram of Mountain-and-Water distribution in Yibin city territory

4）生物多样性

丘陵地区存在如山谷、山坡、冲沟、盆地、谷地、阶地、海漫滩等不同的地形地貌特征和山水格局特征，形成了复杂的生态系统。

（1）山水元素对自然生态系统的影响。从水、陆两方面分析，自然生态系统特征如下：在山地流域的山—水复合生态系统中，淡水生态系统是一个河流连续统（river–continuum）。这种由上游的诸多小溪至下游大河的连续，不仅体现了地理空间上的连续，更重要的是表达出生态系统中生物学过程及其物理环境的连续性。河流因此可以被视作一个不同时间和空间尺度范畴内的连续变化梯度，从而构成

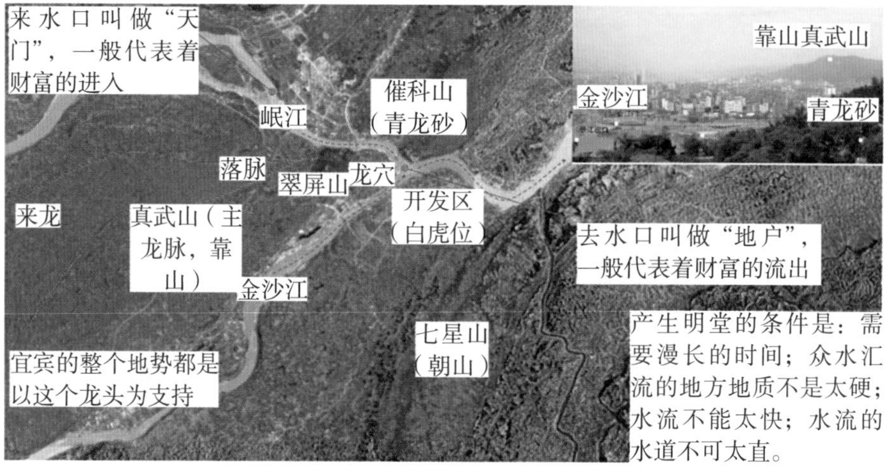

图10–213 中心城区山水格局分析示意图
Figure10-213 Schematic diagram of Mountain-and-Water pattern in downtown

山地流域淡水生态系统的统一性（图10–213）。

山地流域复合生态系统的陆地生态系统在山地固有的地理属性影响下，体现出垂直分异性、脆弱性和生态位不饱和性特征。垂直分异性表现为自然地理要素、生物生态要素及天然生物资源的垂直演变或演替，明显出现垂直的地带性分异。脆弱性是由山地地表形态分割破碎、山地的重力势能和环境异质性所引发的，表现为流域内坡地环境的抵抗力弱，易于破坏;而低地环境易被高处迁移下来的物质掩埋而发生根本改变。生态位的不饱和性则表现为山地小生境特别发达，不论从总体上还是单个小生境所具有生态位维数都比一般平原地区多，对同种生物而言，就会有生态位的剩余，这意味着山地流域能够容纳或适宜更多种类的生物生存。

（2）植物。宜宾市植物种类十分丰富，境内亚热带次生性常绿针叶林分布较广，竹林为一大特色。其中属国家或省级保护的树种有23种，其中一级保护树种有：珙桐、光叶珙桐、银杏、伯乐树共4种。市域可分为三大植被区：屏山黄茅埂东侧植被区、娄山关北侧西端植被区和长江上游低山丘陵植被区（图10–214）。

（3）动物。宜宾市拥有动物资源近千种，包括兽类70种，鸟类306种，爬行类34种，两栖类29种，鱼类151种。拥有国家一、二级保护动物52种，其中，一级保护动物有云豹、中华鲟、白鲟、达氏鲟等8种。

4. 丘陵对人居环境发展的影响

1）山体元素对宜宾的影响

（1）对城镇选址的影响：由于丘陵地区地形比较复杂，因此对人居环境产生

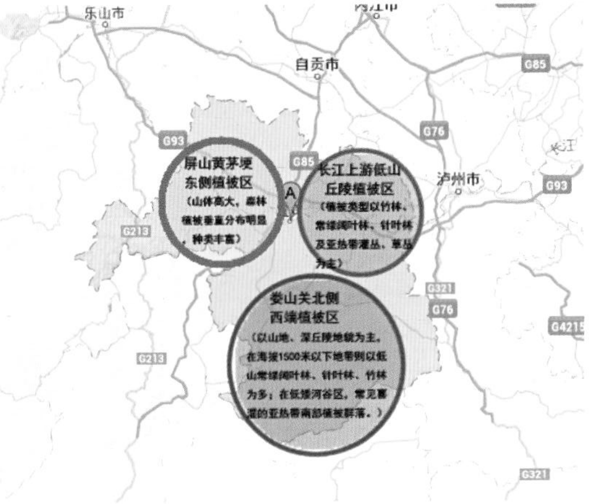

图10-214 市域植被分布示意图
Figure10-214 Schematic diagram of plants distribution in city territory

较大的影响，城镇选址大致可以分为六种类型：山间盆地型、山原平坝型、山间平谷型、沿江峡谷型、山坡台地型以及综合型。又由于宜宾城镇规模普遍较小，绝大多数城镇的发展仍未超出其基本地形单元(盆地、坡地、谷地等)的局限，城镇总体形态往往只在这六种选址类型的限定下发展，相应地，形成较明确的圆团状、带状、椭圆状、环状、树枝状或自由状、组团状的形态。

（2）对视觉景观的影响：由于三江分隔而自然形成了组团式布局结构；翠屏山—真武山、催科山、七星山三座高山对峙；黑塔、白塔、旧州塔三塔鼎立，相互观望，形成了宜宾城市独特的景观视线（图10-215、图10-216）。

天际轮廓线——宜宾三面环山、三江六岸，天际线的重要组成是山脉和岸线，是人工建筑和自然山水相互协调的轮廓线（图10-217）。

重要视线节点——翠屏山、东山、七星山三山；东山白塔、七星山黑塔、旧州塔三塔。

由于山水分割，宜宾市城市结构呈分散的不完全组团式：西部的三江汇合处是旧城区，再向西为天池区，江南为南岸区，上江北为旧州区，下江北为白沙区（图10-218～图10-221）。

2）水体元素对宜宾的影响

（1）对发展时序的影响：跨越发展：城市先在河流的一侧发展，由于城市规模的扩大和用地条件的相对短缺，城市跨越河流发展。由于两岸建造的时间不同，造成在城市组织、肌理形态上的显著差异，两岸的规模也常相差较大。从宜

图10-215 山间盆地型
Figure10-215 Intermountain basin type

图10-216 山原平坝型
Figure10-216 Plateau mountain and flat dam type

图10-217 天际轮廓线示意图
Figure10-217 Schematic diagram of skyline
图片来源：宜宾城市总体规划（2008—2020）

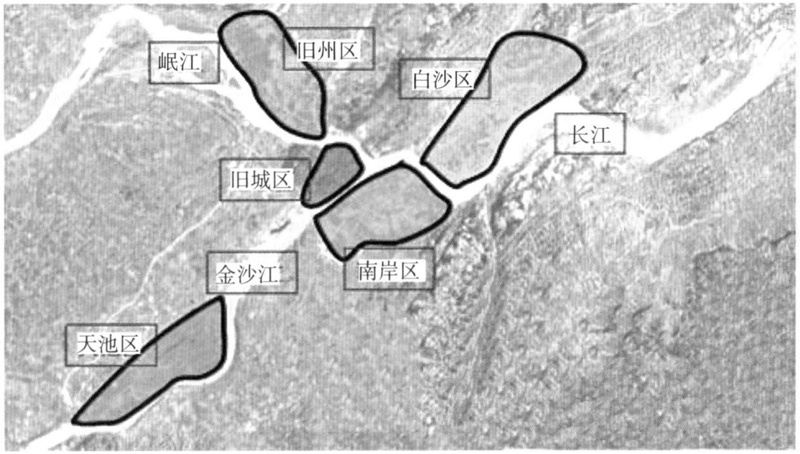

图10-218 城镇分布示意图
Figure10-218 Schematic diagram of city and town distributions

图10-219 山间平谷型
Figure10-219 Intermountain and flat basin type

图10-220 沿江峡谷型
Figure10-220 Riverside canyon type

图10-221 山坡台地型
Figure10-221 Slope and terrain type

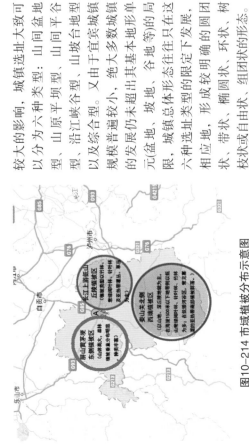

宾市城市发展轨迹来看，水体元素对其产生深远影响：新中国成立前依托水运，临三江而建城，并依托老城发展；新中国成立后以老城为中心沿三江伸展类似掌状的结构；在城市结构变迁的最近一个阶段，由于水运在交通方式上的弱化和用地条件等诸多要素的突显，城市在快速生长过程中形成了“多中心多轴复合”的组团式结构形态（图10–222）。

（2）对用地布局的影响：用地的局限性：丘陵地区山多地少的特点制约了城市发展，虽然通过采用技术手段，城市用地可以上山、沿江向纵深方向发展，但局促用地背景下的生态环境容量约束作用仍然非常明显。多中心组团布局：宜宾被河流分隔，跨江发展，城市则结合地形成组团布局。城市中心区在河流交汇处的黄金三角区，其他用地则向其余三个方向放射发展或跳跃的组团式发展，各组团背山面水，跳跃的组团式发展，与河流、山体等自然生态要素融合，利用自然要素形成绿楔（图10–223）。

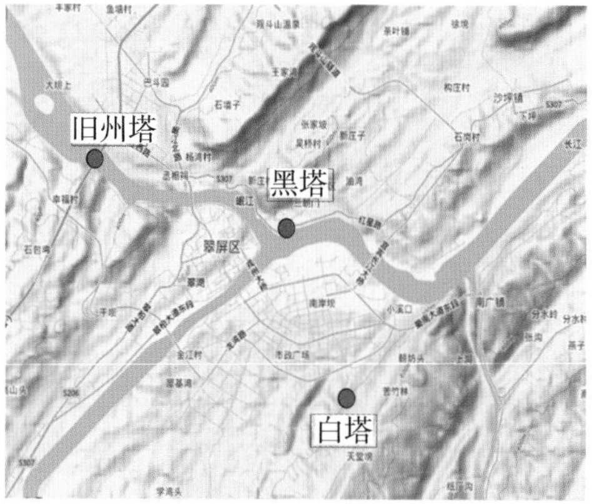

图10–222 重要视线节点分布图
Figure10-222 Distribution of key sight nodes

（3）对交通组织的影响：被三江分割的宜宾的城市交通必须依靠众多的桥梁水下通道，这也成为解决宜宾市交通问题的当务之急。因此，宜宾被三江分离成多中心组团式发展，各片区都有一套独立的路网系统，片区之间通过快速交通联系，形成系统网络。

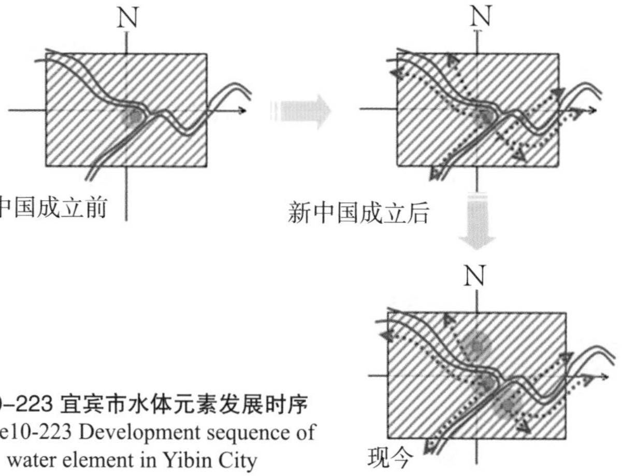

图10–223 宜宾市水体元素发展时序
Figure10-223 Development sequence of water element in Yibin City

（4）对生态效应的影响：水体平面呈“Y”字形，翠屏山、催科山、七星山三山在外围分布或呈楔形穿插其中，城市与自然环境的耦合度较高，生态效应好，可形成多处通风廊道，有效帮助缓解城市热岛效应。

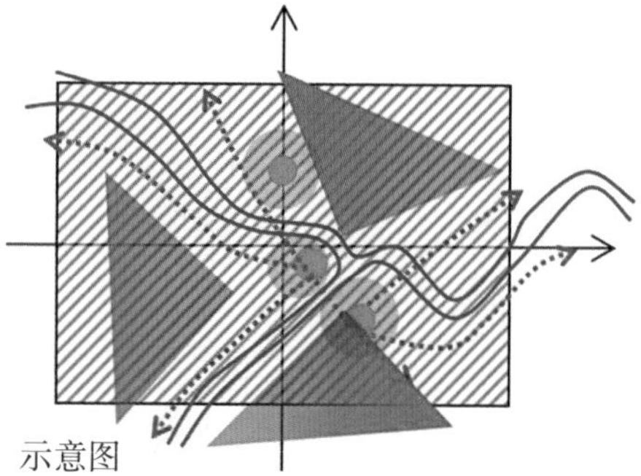

图10–224 宜宾市水体元素对生态效应的影响
Figure10-224 Ecological influence of water element in Yibin City

3）生态环境的自然演化趋势（图10–224）

（1）基质：宜宾市位于金沙江和岷江汇合处，受两江夹击，三面环水，历史上洪灾频繁。宜宾位于华蓥山基底断裂带的中南段，历史上发生过8次中强破坏性地震，根据宜宾存在发生中强破坏性地震的地质构造条件和历史地震活动情况说明，华蓥山断裂带处于活动状态，四川省地震局将宜宾确定为可能发生6.0级地震的潜在震源区。

（2）斑块：大型的斑块较易拥有生境的多样，以及物种的多样，而小型的斑块内部生境质量可能相对较低，且易于发生局部性绝灭现象，导致生态功能的萎缩。造成这一现象的原因之一是地形较平原地区破碎，从空间规模上限制了某些大型斑块的发育，小型斑块较为常见。在小斑块中，边缘效应使得斑块内部物种丰度减少，生态稳定性减弱；另外，在地势较高的地区，一旦森林涵养水源的功能遭到破坏时，容易失去地下水源的补给，大型斑块容易自发萎缩，对于斑块尺度及其物种多样性的维持极其不利（图10–225）。

（3）廊道：河流廊道是最为重要的自然廊道（图10–226）。较完整的河流廊

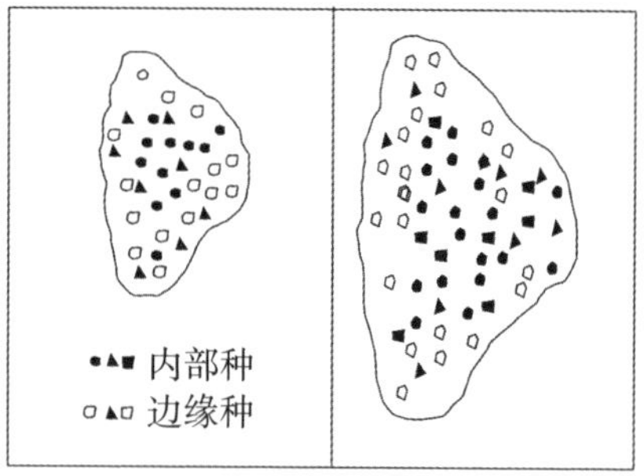

图10–225 大斑块效益
Figure10-225 Big plaque efficiency

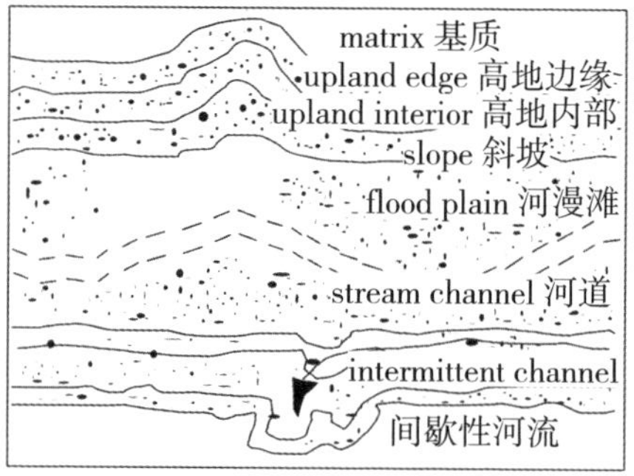

图10–226 河流廊道的纵向构成
Figure10-226 Vertical structure of river corridor

道除了河道廊道之外，还包括沿河岸的纵向廊道加上跨越两岸的横向廊道构成。纵向廊道介于冲积平原与高地自然基质之间，自下而上含了坡地物种、高地内部种、高地边缘种；覆盖冲积平原的自然植被则提供了横向廊道的形成条件。

主要原因如下：① 由于山高坡陡，不利于坡地物种的发育，或是由于河流纵向上的跌宕起伏，急流、险滩、瀑布等水文形态从空间上阻碍水生物种的纵向迁徙，从而妨碍了纵向廊道的形成；② 多发滑坡、崩塌等地质灾害，易于造成陆地纵向廊道甚至河道廊道的直接断裂[1]。

5. 城市扩张对丘陵环境的破坏（图10–227）

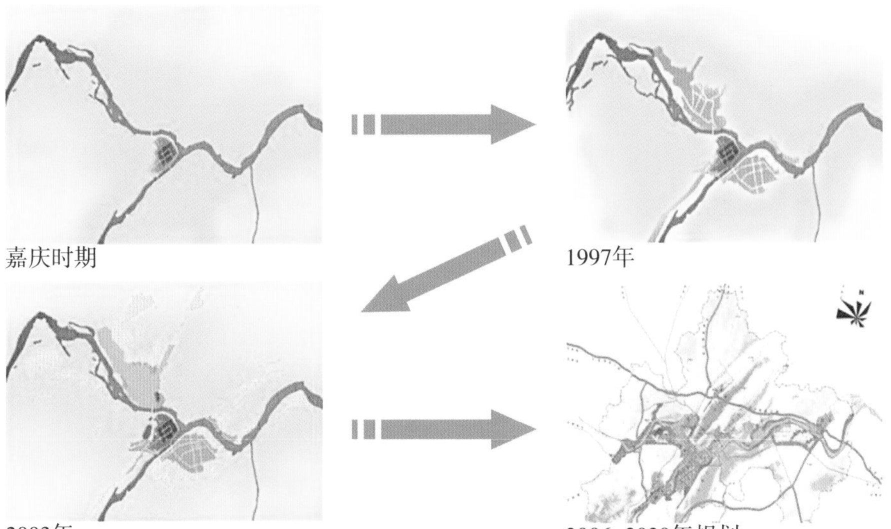

图10–227 宜宾市城市扩张示意图
Figure10-227 Schematic diagram of urban expansion in Yibin City

6. 宜宾人居背景总结

1）优势

（1）集中性：丘陵城镇受地理条件限制较大，布局相对集中，建筑主要分布在丘陵中相对平坦的台地或河滩。城镇空间结构受丘陵、河流、道路的影响，主要呈点状或线状分布，对地形利用较多，选址技术相对成熟。

（2）生态性：由于复杂的地形，生态多样性高，丘陵城镇是在人与自然长期适应过程中由内而外生长而成，其空间布局呈现出"人—建筑—环境"的相互协调。这种协调共生的聚落空间是自然整体景观环境体系的有机组成部分，也正是当代可持续发展的建筑环境追求的目标。

2）劣势

（1）生态环境脆弱：地质活动(板块运动)、自然现象(风、雨、雪)及人类的不适当利用极易诱发地基的动摇和破坏，引发山体的运动，从而产生难以抗拒的自然灾害，破坏丘陵城镇的生态环境。

（2）资源过度开发：丘陵城镇地理优势明显，不但拥有平原城市难见的自然景观，也孕育着丰富的矿产资源。人类追求自身利益的时候极易忽略自然环境的可持续发展。过度追求城镇规模、气势，而忽略了本地的景观特色，极大地破坏了丘陵城镇的空间特色[29]。

10.5.1.2 宜宾人居活动研究

1. 活动研究框架（图10–228）

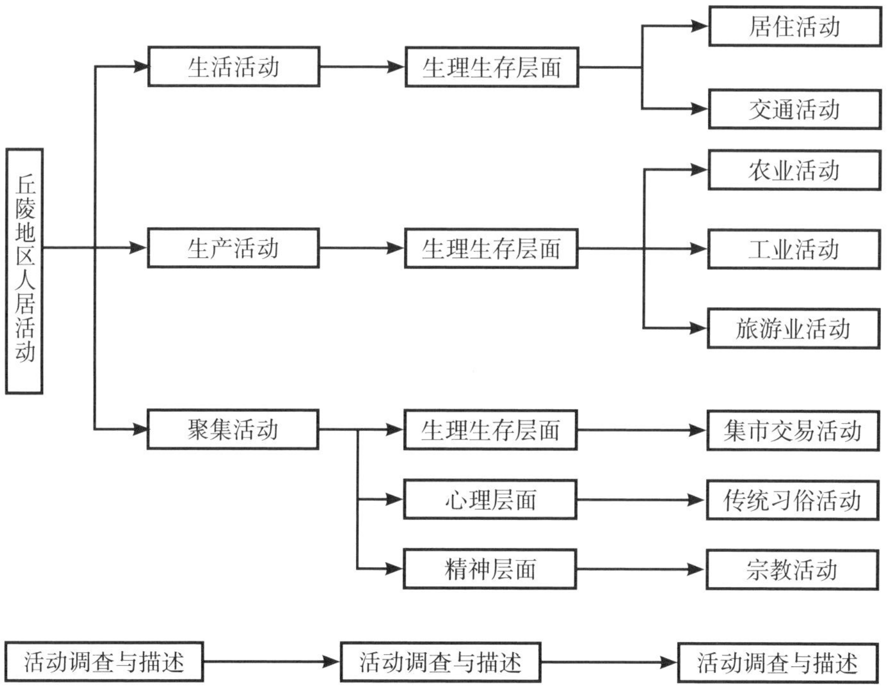

图10–228 活动研究思路
Figure10-228 Research framework and method of activity

2. 居住活动研究

1）居住活动

（1）不同地形条件下的居住活动的差异性：由于丘陵地区地形地貌的多样，在不同的地形条件下，居住活动的表现形式也很多样。

平坝地区：在河流汇聚或迂回的平坝地区，由于河水冲积，其地形实际上属于小型平原，由于临近水源，土壤肥沃，交通便利以及适建度高，早期的聚落多聚集于此，最终形成集镇以至城市。建筑密度高、分布形态规则，建筑单体与平面布局都脱离丘陵地区的影响而与平原地区无异。

丘陵、山地地区：丘陵、山地地区由于地形的起伏，水土流失、交通不便，罕有大面积的聚落形成，多为发展滞后的乡村地区。建筑密度低，从单家独户到小型聚落依据地势呈点线面等多样的平面布局，较均匀地分散于各处，建筑单体的形态多因地制宜形成多种样式（图10–229、图10–230）。

图10–229 平坝地区居住活动平面
Figure10-229 Plane of living activities in flat dam region
图片来源：Google 地球

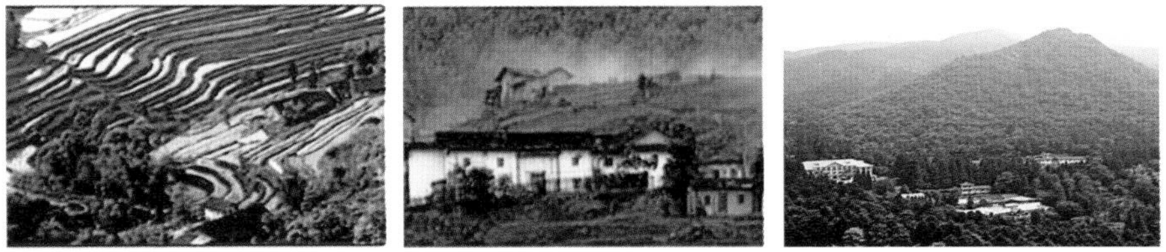

图10–230 丘陵、山地地区居住活动意向
Figure10-230 Living activity intention in hilly region
图片来源：image.baidu.com

（2）丘陵、山地地区居住活动研究：传统民居，普遍是木架穿逗，木板墒或竹编墙，双坡悬山青瓦屋面，结构比较简单；新中国成立后，从20世纪50年代的砖木结构发展到80年代的全框架结构，从以人工施工为主发展到机械施工为主（图10–231、图10–232）。

选址：背倚山丘，竹树掩映形成庇护景观；面朝低坝，田地层叠形成瞭望景观。

空间分布：平面上形成不同规模的小型组团，各组团间稀疏分散，均匀分布

图10–231 宜宾市长宁县老翁镇传统民居
Figure10-231 Traditional folk houses in Changxing County, Yibin City
图片来源：image.baidu.com

图10–232 宜宾市南溪县林丰乡传统民居
Figure10-232 Traditional folk houses in Linfeng Townhip, Nanxi County, Yibin City
图片来源：image.baidu.com

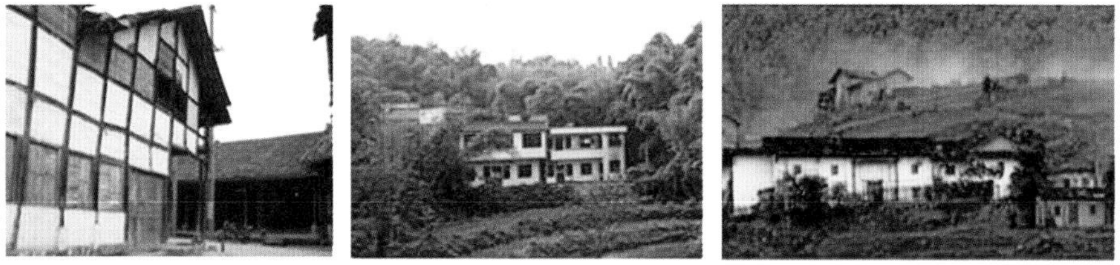

木架穿逗、竹编墙、青瓦屋面　　背靠山丘、面朝低坝：瞭望—庇护　　依山就势、高低错落

图10–233 宜宾市传统民居特征
Figure10-233 Characteristics of traditional folk houses
图片来源：image.baidu.com

于丘陵区，无明显的集中聚落区；立面上依山就势，高低错落，即便是一个小型聚落，其中各户也大多也不在一个平面上（图10–233）。

2）居住活动

（1）外部交通。宜宾市是四川省内以水、陆、空综合立体交通网络著称的区域中心城市。

水路：北接巴蜀腹地；沿金沙江、石门江可达云南绥江、盐津滩头；溯岷江而上，可达乐山、成都；取道南广河，为深入黔中捷径；顺长江而下，经重庆、武汉、南京、镇江能直达上海。

（2）内部交通。2010年，宜宾市大力推进内外快速通道和农村公路建设。全市公路总里程达12742.84km，其中：村道8082.52km；四级及以上公路10716.24km。

全年建成通乡水泥路569.3km，通村公路1711km，乡镇客运站（点）5个。农

村公路总里程达10009km，实现100%的乡镇和64.3%的行政村通水泥路。

（3）丘陵地区交通特点（图10–234）。交通是制约丘陵地区发展的关键因素，交通越便利，丘陵地区的丰富资源才能得到更为广泛地利用；另一方面，道路交通建设要注意与丘陵地区的地形地貌特征契合，与环境相协调，体现丘陵地区的特色。不要一味地追求发达便捷的道路系统网络，而肆意将地貌切割得破碎不堪，破坏本就脆弱的丘陵地区生态系统（图10–235、图10–236）。

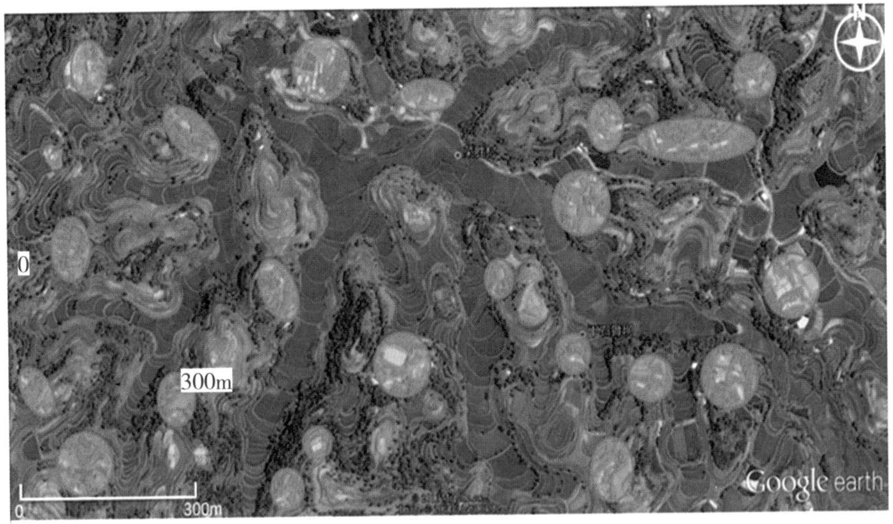

图10–234 宜宾市丘陵地区居民点分布示意图
Figure10-234 Distribution schematic diagram of residential region in hilly region of Yibin City
图片来源：Google Eaarth

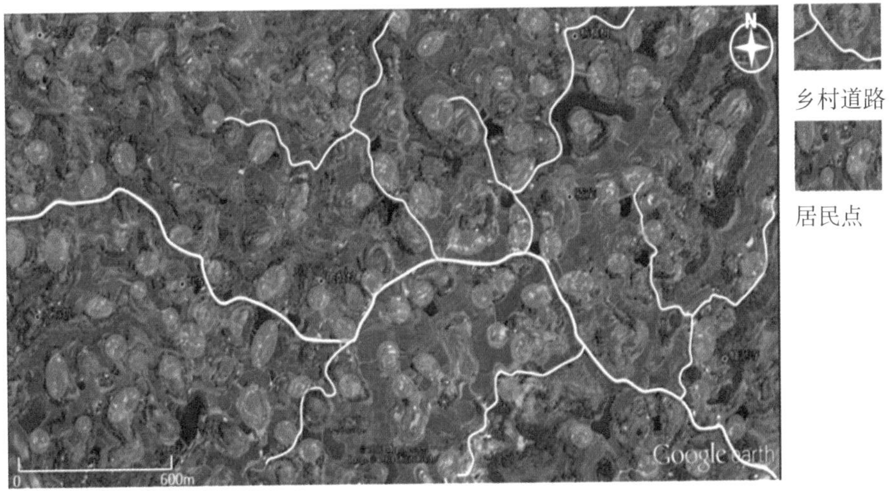

图10–235 宜宾内部交通示意图
Figure10-235 Schematic diagram of internal traffic in Yibin City

宜宾乡村公路

宜宾乡村土路

宜宾乡村石板路

图10–236 宜宾乡村道路
Figure10-236 Countryside roads of Yibin City
图片来源：image.baidu.com

3．生产活动研究

1）农业活动

（1）农业概况：2010年全年粮食种植面积达到41.3万hm^2，占市域面积的31.2%，农业人口占总人口的81.28%（表10–37）。

表 10–37 宜宾市人口构成表
Table10-37 Population structure of Yibin City

类别	总人口	农业人口	非农人口
人口数	539.02万	438.14万	100.88万
所占比例		81.28%	18.72%

数据来源：《宜宾市2010年统计公报》

（2）农业灾害：干旱是川中丘陵区的普遍现象，川中丘陵区的红层地区地下水贫乏，广大丘陵地区田高水低，故干旱为本区农业生产上的主要矛盾。宜宾亦如此。2011年综合治理水土流失面积达744.8km^2，丘坡较陡，农田开垦范围广，森林覆盖面积为41.7%（主要集中于山地区），每当夏半年雨水集中时，常造成水土流失。

（3）灌溉工程：五小水利工程，是小水窖、小水池、小泵站、小塘坝、小水渠的总称。主要面向干旱山丘的小型水利工程（图10-237）。

宜宾市珙县梯田景观

长宁镇龙窝村山坪塘

宜宾市普安乡光荣村抽水

图10-237 宜宾市灌溉工程
Figure10-237 Irrigation Project of Yibin City
图片来源： image.baidu.com

2）工业活动

（1）工业概况。工业是宜宾市的主导产业；2010年全市实现地区生产总值870.85亿元。其中，第一产业增加值133.84亿元；第二产业增加值519.21亿元；第三产业增加值217.80亿元；三次产业对经济增长的贡献率分别为4.6%、79.2%和16.2%；三次产业结构由上年的17.1：55.8：27.1调整为15.4：59.6：25（《宜宾市2010年统计公报》）。

（2）宜宾的工业主要依靠其丘陵地区丰富的自然资源。宜宾主要工业包括食品工业（酒类为主，图10-238）、综合能源、化工轻纺、机械制造、建造造纸等。而自然资源丰富，主要包括农业上的水稻、玉米、高粱、红薯等粮食作物以及蚕桑；天然的金沙江、岷江、长江三江汇合所拥有的雄厚的水能资源；天然的林木资源，尤其是丰富的竹类资源，以及丰富的矿产资源，已探明的矿产资源有44种，其中煤炭储量约53亿t，天然气储量约600亿m^3，硫铁矿约15亿t，岩盐矿、石灰石、石英均在100亿t以上，居四川第一（表10-38）。

表 10-38 宜宾市主要矿产资源统计表
Table10-38 Statistics of main mineral resources in Yibin City

种类	资源总量	保有储量	占四川省保有储量%
煤	53亿t	41.4亿t	53
硫铁矿	15.09亿t		71
玻璃用石英砂岩		3460.8万t	44.2
天然气		300～400亿m^3	
石灰石	4.63亿t		
岩盐	100亿t		

图10-238 五粮液酿造工艺
Figure10-238 Brewing technology of Wuliangye
图片来源： image.baidu.com

3）旅游产业

（1）旅游业概况。2010年，全年接待游客1459.53万人次，比上年增长22.11%；实现旅游总收入108.01亿元，增长29.43%。相继获得“中国最佳文化生态旅游城市”、“中国最佳山水生态旅游城市”等荣誉称号（图10-239）。

（2）旅游资源丰富。自然景观资源：蜀南竹海、石海洞乡、博望山、西部大峡谷、忘忧谷、老君山、筠连岩溶、筠连古楼山、八仙山、七仙湖、金秋湖；人文景观资源：李庄古镇、龙华古镇、流杯池、五粮液工业园区、夕佳山民居、赵一曼纪念馆、真武山古建筑群、僰人悬棺、丞相祠堂、华藏寺、大观楼、哪吒行宫、宜宾天池。

（3）宜宾丰富的旅游资源得益于其特殊的自然地理环境。地形起伏、地貌多变、自然生态环境复杂，正是由于这种特殊的自然地理环境，孕育了丘陵丰富的自然资源、多姿多彩的自然景观与人文景观。自然景观主要通过空间差异产生旅游吸引力（竹海），历史人文景观主要通过时间差异来产生吸引力（古镇）。更多的则是通过时空综合差异来产生丘陵地区特有的吸引力（僰人悬棺）。

蜀南竹海

李庄古镇

兴文石海天坑

筠连岩洞

僰人悬棺

流杯池

图10-239 宜宾市旅游资源
Figure10-239 Tourist resources of Yibin
图片来源：image.baidu.com

4．文化与习俗

1）集市交易活动（生理生存层面）

（1）丘陵地区集市交易活动规律。在广大的四川山地丘陵地区，人们一般把每周或每月到固定的地点集中购买生活、生产资料的集市交易活动俗称“赶场”，而“赶场”活动则形成了“逢场”—“冷场”规律。逢场：按照当地约定赶集的日子。一般是每三日一场，即“一四七”场、“二五八”场、“三六九”场，几个相邻的集市都不安排在同一天，你逢“一四七”，我就逢“二五八”，他就逢“三六九”。这样就能方便商贩有较多的交易机会。场：除逢场以外的日子就是冷场，场镇集市上前来交易买卖的人不多，较为冷清。

（2）集市交易活动规律产生的原因及发展趋势。丘陵乡镇地区由于交通不便，场镇周边的人们到达集市在路途上要花相当多的时间，从而产生出特殊的集市贸易活动的规律。近年，随着交通改善与交易的频繁，部分地区改三天一场为两天一场子，也就是每隔一天就逢一次场。这样更利于搞活市场。由三日一场到两日一场的趋势可以看出，随着生活水平的提高，以及人们对物质交换需求的日益频繁，交通以及交通工具的改善，这一活动规律将逐渐淡化甚至消失。

2）传统习俗活动（心理层面）

（1）寿辰传统。祝寿传统：坝坝宴、流水席、吃寿面、婴儿开荤。按照传统，前一晚，亲戚朋友为寿星拜寿，赶寿面、吃寿面。第二日中午是寿宴的正餐，乡村有吃流水席的传统，一天之内共有近几十桌，流水席从12点钟开始，摆好几轮，一轮十来桌，持续到下午最后一桌客人才吃完。寿宴上，许多附近赶来年轻的父母抱着孩子来请寿星为婴儿开荤。川南一带重视请年纪较长的老人为婴孩开荤，老人年纪越大越好，寓意长寿、健康。

（2）产生原因分析。交通不方便，聚落组团小，分布稀疏，使得丘陵乡村地区集体性公共交往频次少。一旦有集中活动的契机，人们便显得格外兴奋和重视，久欢不散，反映出该地区的人们心理上渴望公共生活和社会交往。而坝坝宴和流水席也体现了丘陵地区缺乏平坦场地的特点，每户人家的“院坝”面积有限，一旦有大型聚集活动，便显得捉襟见肘，比如一轮宴席只能摆下十来桌，先后摆好几轮，才产生了流水席这一特色宴席。但另一方面，有限的空间容纳大量的人群之后，活动气氛会显得更为融洽和热闹，这应该也属于丘陵地区聚集活动的一种特征。

3）宗教活动（精神层面）

（1）佛教活动。宜宾市包括以下宗教活动：佛教、道教、伊斯兰教、天主教和基督教。其中尤以佛教最盛，传播最为广泛（图10-240）。

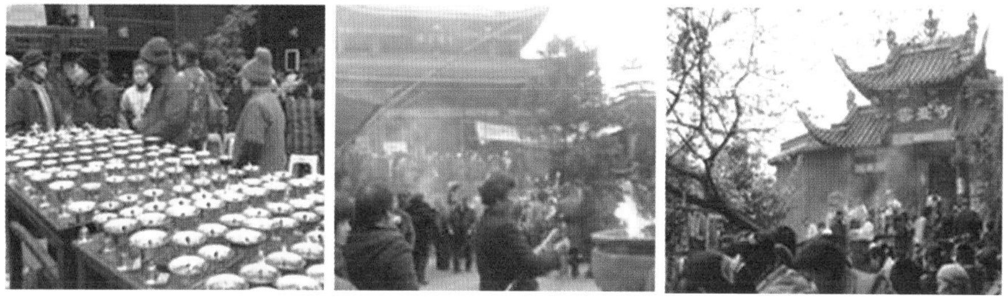

图10-240 李庄庙会
Figure10-240 Temple fair in Lizhuang
图片来源：image.baidu.com

宜宾市高县各类寺庙道观共17座：其中寺12座分别为：高峰寺、流米寺、大宝寺、摩顶寺、金竹寺、庙觉寺、千延寺、圆通寺、玄麻寺、回龙寺、天堂寺、接引寺；庙4座：水口庙2座，胡成庙，钟庙；观1座：玉皇观（图10-241）。

（2）产生原因分析：川中丘陵区天干地旱、水土流失等自然灾害频繁，佛教得以在乡村地区广泛传播，村民从中寻求寄托，祈求风调雨顺。

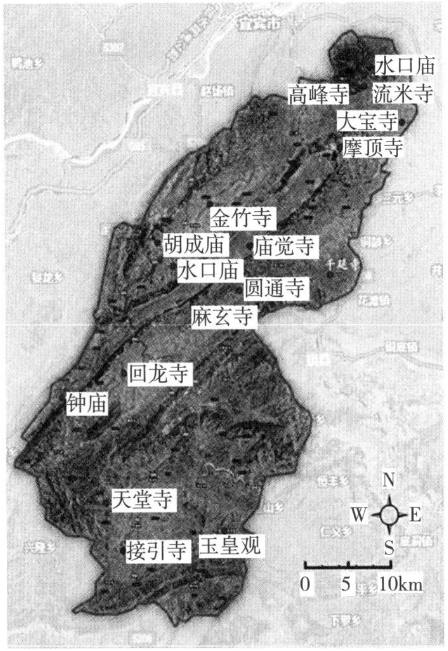

图10-241 宜宾市高县寺庙分布图
Figure10-241 Distribution of temples in Gao County, Yibin City

5. 启发、借鉴和问题、思考

1）生活活动

（1）居住活动。① 传统民居的保护：传统民居充分体现了丘陵地区特殊的用材、结构和形态，凝聚了建造者的智慧和高超技艺，是极其珍贵的建筑遗产，应当得到妥善的保护、恢复并适当地加以利用。② 新建民居与丘陵环境的协调：新建民居要注重体现丘陵特色，保持原真性，充分利用丘陵地区立体化的地形和景观，不应一味模仿和跟风，将并不适应丘陵地区的建筑形式生搬硬套地建于丘陵地区（图10–242）。

（2）交通活动。推进交通建设促进丘陵地区发展：交通是制约丘陵地区发展的关键因素，交通越便利丘陵地区的丰富资源才能得到更为广泛地利用，从而促进丘陵地区各方面的进步和发展。道路建设与丘陵地貌的适应：道路交通建设的选线、形式要注意与丘陵地区的地形地貌特征契合，体现丘陵地区的特色并保护丘陵地区的生态系统。不应一味的追求发达便捷的道路系统网络，而肆意将地貌切割得破碎不堪，破坏本就脆弱的丘陵地区生态系统（图10–243）。

图10-242 宜宾市江安县夕佳山民居
Figure10-242 Folk houses of Xijiashan Jian`an County, Yibin City

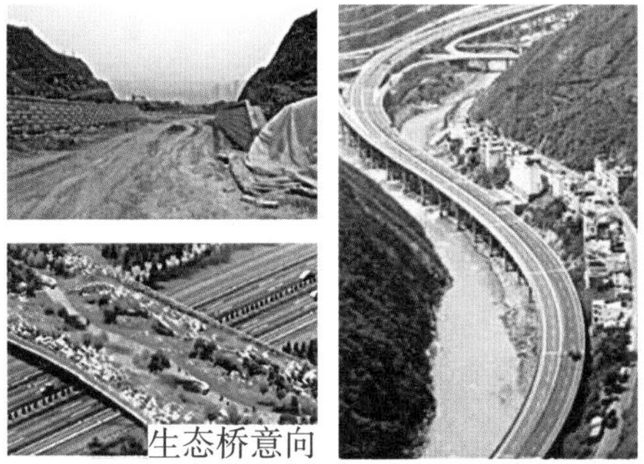

图10-243 宜宾市道路建设
Figure10-243 Road construction of Yibin City
图片来源：image.baidu.com

2）生产活动

（1）农业活动。

农业灾害的防治：五小水利工程减轻旱情；退耕还林（经济林为主）保持水土、涵养水分。

推行现代农业：结合旅游推广观光体验型农业；传统粮食作物受季节性灾害影响大，推广适应丘陵地区的经济作物并打造特色农产品，既减轻灾害影响又提高效益。宜宾市近年来推广的特色经济作物有茶叶、果蔬、蚕桑、烟叶、莲藕、水产等，并打造为地方品牌。

传统农耕文化的保护利用：丘陵地区特殊的传统农作物（水稻、小麦、玉米、高粱、红薯、油菜、花生）、农耕模式（男耕女织）、农耕工具（犁、耙、龙骨车）和农田形态（梯田）具有较高的人文和景观价值，在发展现代农业提高农民收入的趋势下，还应注重对传统农耕文化加以保护和传承以及利用（结合旅游业、观光农业）（图10–244）。

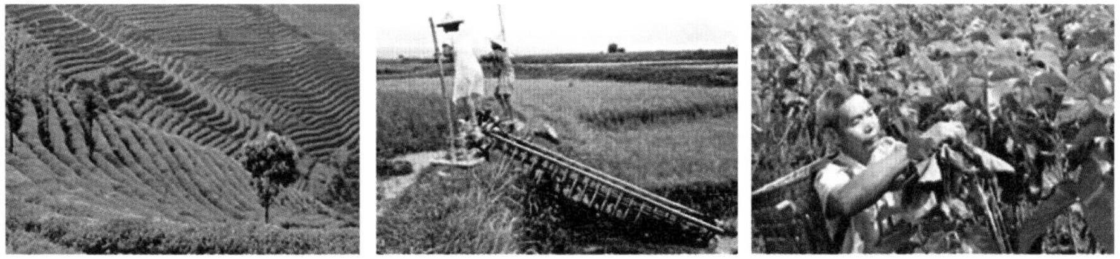

宜宾县茶园　龙骨车　高县蚕桑基地

图10-244 宜宾市农业活动
Figure10-244 Agriculture activities in Yibin City

（2）工业活动。

充分依靠当地自然资源：宜宾市90%以上属于山地丘陵地区，由于地形、地质和气候等方面的多样性，蕴含了丰富多样的自然资源。包括水能、煤矿、天然气等综合能源；丰富的矿产资源；林木资源；多样的农作物等。再加上较完善的水、陆、空立体交通，从而工业势头猛进，发展成为一个以工业为主的城市。资源丰富、交通完善，缺一不可。

与农业的结合：宜宾市多种农业生产与工业对口，如粮食作物作为食品酒类工业的原料、蚕桑基地为纺织业提供原料、竹类种植为造纸业提供原料。“自产自销”的模式，极大地提高了产业的综合效益。

（3）旅游业活动。

充分依靠当地旅游资源：2010年宜宾市实现旅游总收入108.01亿元，与第一产业增加值（133.84亿元）相差无几，其旅游业如此强劲的发展势头，也是得益于其山地丘陵地形所孕育而来的灿烂多样的自然与人文景观资源。以旅游带动多方面人居活动的保护、传承和利用：传统民居的保护与利用（夕佳山民居）；传统农耕文化的传承与利用；现代观光农业；工业观光（五粮液基地观光）；节庆与风俗文化的挖掘与利用（川南婚俗表演）；旅游祈福促进宗教寺观的兴旺（李庄庙会）。

3）文化习俗

（1）传统习俗及节庆活动。

现状与问题：随着人们生活水平的提高、生活方式的转变和生活节奏的加快，一些传统的节庆和风俗出现了转型、淡化和消失的趋势（如春节、婚俗等节庆习俗的庆祝方式和持续时间都发生了变化），新型庆祝方式带来新鲜感的同时，传统风俗正面临着流逝的危险。

宜宾市对传统民俗的挖掘与保护传承：夕佳山川南婚俗表演（图10–245）；兴文县大坝高桩（图10–246）：高桩表演是流传于兴文县大坝镇一带的川南独有的汉族民间文化活动，具有深厚的底蕴和悠久的历史，在历史上曾经辉煌一时，由于高桩表演的难度较大，加上道具和演员培养过程都较为复杂，近年来，这项民间表演已逐渐衰落，面临失传的危险。结合兴文石海洞乡的旅游发展，宜宾市兴文县对这项民间艺术进行了挖掘和保护。

（2）宗教活动。

现状与问题：大型的宗教寺观由于旅游业的发展而得以香火鼎盛，旅游祈福者和香客众多（图10–247）。而乡村地区众多小型寺观建置规模小、名声小，缺乏旅游的带动，香客和信众一直局限于当地，加上乡村地区生产力和物质生活水平的提高，自然灾害和温饱问题的威胁减弱，年轻一代不再参与宗教活动，无宗教信仰，因此乡村地区的宗教活动呈现出老龄化的迹象。

宗教活动演变思考：在新的时代，宗教对人类活动的意义应从早期的精神寄托和祈福为主，转变为积极的人生观、价值观、处世态度、人格修养的合理宣扬为主，促进宗教信仰在精神层面的积极作用。以旅游业促进宗教活动的同时，要保持宗教的本真性，避免商业化、世俗化。

（3）思想文化活动。

现状与问题：山地丘陵地区多为发展滞后的乡村地区，物质生活水平的落后，使得该地区人居活动多停留在生理生存层面和心理层面，而精神层面的思想文化活动最为匮乏。随着近年来经济的飞速发展，丘陵地区人们的经济水平也得以提高，生理生存需求和心理需求得以满足后，精神需求开始增强。

丘陵乡村地区思想文化活动的思考：教育的普及、文化的传播、思想意识的提高是如今丘陵乡村地区发展正面临的关键问题。采取何种途径、何种导向需要认真对待；为丰富乡村地区人们的精神文明生活，宜宾市如今采取的具体措施主要有：广播电视村村通、乡村综合文化站、农家书屋（图10–248）、乡村电影院、农家戏台等。2011宜宾市20户以上村落广播电视村村通工程完成率100%，共建立乡镇综合文化站168个，农家书屋2947家；此外，公共交往的活动空间的营造，对促进人们思想文化活动的学习交流也显得尤为重要，也是如今新农村建设中应当注意的问题（图10–249）。

4）小结

（1）经济发展是各层面人居活动得以发展的根本前提：经济发展，人民生活水平提高，生理生存需求得以满足，心理精神层面需求增强，相应的人居活动得以促进和发展。劳务输出导致的留守孤儿、空巢老人、公共活动缺乏等问题得以解决，作为活动主体的“人”再次回归聚集到丘陵地区，人居活动才能得以发展。

（2）对资源的充分利用是丘陵地区经济发展的关键：对宜宾市的工业活动和旅游业活动研究可以看出，其强劲发展的势头得益于丰富多样的资源，工业和旅游业为宜宾市经济发展所作的贡献占了相当大的比重，因此丘陵地区的经济发展要充分发挥资源优势。

（3）旅游是丘陵地区发挥资源优势和带动多方面人居活动的保护、传承和利用的最佳途径：对宜宾市的旅游业活动研究可以看出，旅游可以发挥丘陵地区的自然与人文景观优势；传统民居、传统农耕文化、节庆与风俗文化、农业活动的转型、宗教活动的兴旺等多个层面的人居活动（或活动产物）业可以通过旅游得以保护、传承和利用，产生相当大的综合效益。

（4）交通是丘陵地区利用资源发挥优势的制约因素：宜宾市水、陆、空三位一体的立体交通在其发挥资源优势时所起的关键作用不容忽视，交通是丘陵地区与外界进行物质和资源、人口流通的必要通道，宜宾市突破交通瓶颈、得以全面发展的经验值得思考和借鉴。

图10–245 江安县夕佳山川南婚俗表演
Figure10-245 Performance of marriage custom in southern Sichuan, Jiaxishan Jiang`an County

图10–246 兴文县大坝高桩表演
Figure10-246 Performance in Daba Gaozhuang of Xinwen County

图10–247 宜宾市翠屏山千佛寺香火鼎盛
Figure10-247 Qianfo Temple of Mt.Cuiping Yibin City attracts a large number of pilgrims

图10–248 高县庆岭乡文武村农家书屋
Figure10-248 Farm family bookshop in Wenwu Village, Qingling Township, Gao County
图片来源：宜宾新闻网 www.ybxww.com

图10–249 高县庆岭乡文武村文化广场
Figure10-249 Cultural plaza in Wenwu Village, Qingling Township, Gao County
图片来源：宜宾新闻网 www.ybxww.com

10.5.1.3 宜宾人居建设研究

1. 建设研究框架（图10–250）

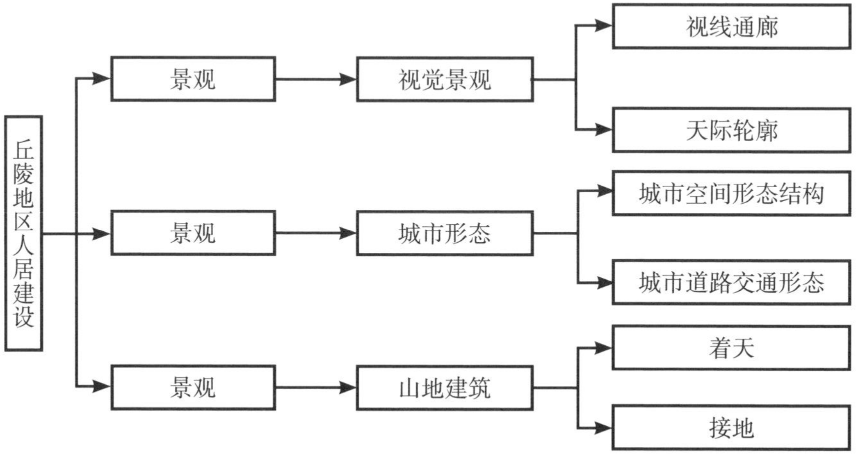

图10–250 建设研究框架
Figure10-250 Research framework of construction

2. 视觉景观

1）视线分析（图10–251）

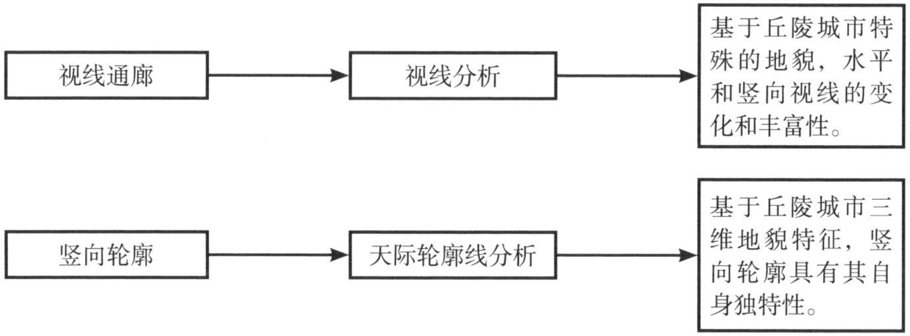

图10–251 视线分析和天际轮廓线分析
Figure10-251 Visual and skyline analysis

对于一个城市，人们最直观的感受也是基于视觉的。丘陵城市的视觉景观，简而言之就是丘陵城市有什么好看。丘陵城市景观与别的城市景观有什么不同或者说其独特性体现在哪里？

宜宾市区被山水分割，岷江与金沙江于此交汇成长江，周围是催科山，龙头山，东山，翠屏山和七星山，将宜宾中心城区分为旧州区，白沙区，旧城区，南岸区和天池区。通过如上的这些照片和城市重要景观节点分析，我们大概可以看出这座城市的景观视线上的特点，以及哪些视线通廊是需要保护和加以强化的，这些视廊可能影响着这个城市的整体景观风貌。由于三江分隔而自然形成了组团式布局结构；翠屏山—真武山、催科山、七星山三座高山对峙；黑塔、白塔、旧州塔三塔鼎立，相互观望，形成了宜宾城市独特的景观视线。

2）天际轮廓

（1）城市竖向轮廓的构成要素：自然地理——山城竖向轮廓特征塑造的自然生态基质，人文景观——山城竖向轮廓特征塑造的人工生态斑块。

宜宾城市竖向轮廓特征呈现出以自然山体为城市背景轮廓和生态基底，山与城相依相融的城市竖向轮廓风貌特征。重庆城市竖向轮廓特征呈现出高层、超高层建筑构成城市天际轮廓线为主的竖向轮廓特征（图10–252）。宜宾三面环山、三江六岸，天际线的重要组成是山脉和岸线，是人工建筑和自然山水相互协调的轮廓线。建筑高度布置随意，影响了重要视线走廊和天际线。在老城、江滨以及很多重要的视线走廊由于高层建筑的遮挡影响了城市的景观。高层建筑本身作为天际线的重要组成，由于位置过于散乱，也没有明确的特征（图10–253）。

（2）基于不同景观层次的控制原则（图10–254 ~ 图10–256）：宜宾处于金沙江和岷江的汇流处，东、南、北三面环水，西面通陆，呈两江环抱状。宜宾濒临的三江宽幅250 ~ 600m，周围山体尺度不大，因此可以选择建设高度沿江面向山体疏散。同时根据城市未来发展的需要，可以在新建地区选择集中簇状形态。但是由于老城城内尤其是翠屏山尺度较小，应降低开发力度以免破坏。长江汇流在宜宾

图10–252 宜宾老城区夜景
Figure10-252 Nightscape of Yibin ancient city

图10–253 重庆渝中半岛夜景
Figure10-253 Nightscape of Yuzhong peninsula in Chongqing

图10–254 宜宾老城区
Figure10-254 Yibin ancient city

图10–255 重庆渝中半岛
Figure10-255 Yuzhong peninsula, Chongqing

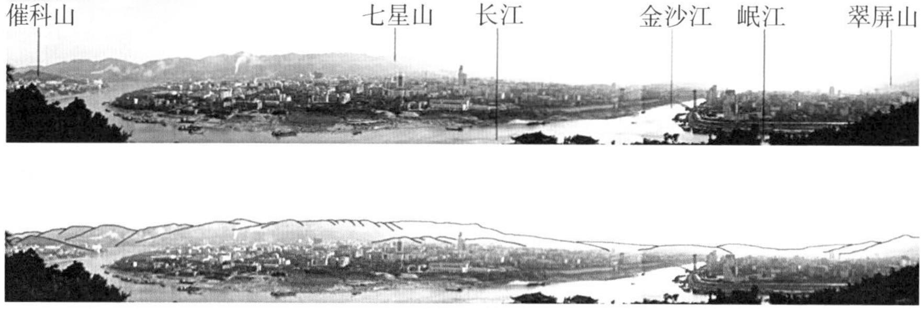

图10–256 宜宾中心城区天际线
Figure10-256 Skyline of Yibin downtown
图片来源：《宜宾城市总体规划》

城市景观中有着不可替代的地位，因此应控制该地区的建筑高度。

共构原则：当山势较平缓时，建筑可以位于山腰，山脊。与山体公共构成明显的天际线。建筑起伏总体趋势与山体走势一致，但可局部变化，以丰富原有的山地轮廓，活跃自然环境（图10–257）；优地使用：在建筑总量不变的前提下，地势较平坦的用地可适当加大开发强度，提高容积率，地势复杂的用地应尽量保留原有地貌，避免平面式均匀开发造成大面积高强度土地开挖；轮廓协调：沿江建筑（特别是高层建筑）的组合形态以点式为主，避免连续的厢式组合，以获得更高的绿视率。建筑轮廓线宜丰富舒展。

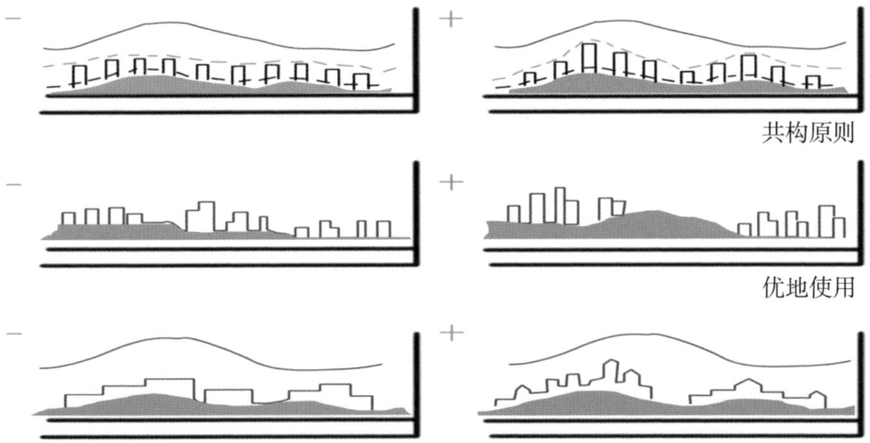

图10–257 建筑与地形协调的组群模式

Figure10-257 Group model of harmony in architectures and topography

3. 城市形态

1）城市空间结构形态（图10–258、图10–259）

图10–258 城市空间结构形态

Figure10-258 Urban spatial structure and form

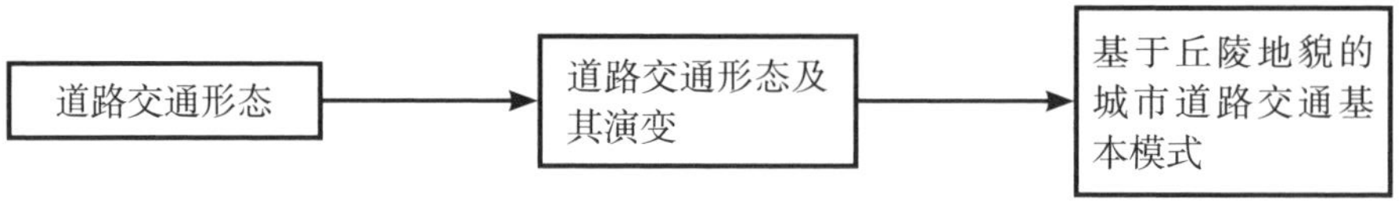

图10–259 城市道路交通形态

Figure10-259 Traffic forms of city roads

我国山地面积约占国土面积的70%左右，而在西部地区山地面积约占整个西部国土面积的68%，有5个西部省市的山地面积超过本省土地面积的80%，许多平原城市实际上也处于山地区域之中。宜宾城市布局形态即为三江分隔的紧凑型山水组团城市格局。

2）丘陵城市空间结构基本模式

集中与分散的统一：集中是城市文明和效率的集中体现，在丘陵城市特殊地貌条件下，城市建设用地尤其稀缺，土地的集约利用对于丘陵城市至关重要。分散则是山地城市自然环境的基本特征，丘陵城市被水道和山脉分隔，城市分组团建设势在必行。

3）宜宾城市空间形态演变

明代古城接近正方形，街道布局为传统厢坊式，众多纵横交错的街道形成“棋盘式格局”。民国至新中国成立前，城市结构的形态依托老城扩展。新中国成立后——跨江发展，多组团布局。解放以后，城市建设快速发展，历经数次规划，城市形成沿江向南向东多中心组团式城市布局。形成了以三江口老城为中心，沿江向西、北、南伸展的组团式结构，以大江为生命线，相连江北的旧州区和白沙区、江南的南岸区、西郊的天池区等片区的城市组团式结构。

从以上宜宾市城市格局发展的轨迹可以看出：① 宜宾城市结构的形态开始就是依托水运，临三江而建城。② 在拓展过程中也因水运交易沿江发展，形成以老城为中心沿三江伸展，类似掌状的结构。③ 在城市发展过程中曾因水患而迁城址。④ 在城市结构变迁的最近一个阶段，由于水运在交通方式上的弱化和用地条件等诸多要素的突显，城市在快速生长过程中形成了“多中心多轴复合”的组团式结构形态。这也将是宜宾城市形态未来的发展方向。

4）道路形态

山地城市地形起伏大，地质条件复杂，道路网络通常依山就势而建，呈自由式、组团式布局，非直线系数大。这类城市用地分布不均匀，布局不规整，组团间联系通常相对薄弱。宜宾市道路网络布局基本上体现了分散组团式的城市布局。老城、旧州、南岸东区、天柏及中坝、李庄等组团都有自己的现状道路系统，组团之间通过桥梁或公路衔接。而我们看见翠屏区主要组团联系是跨江大桥，这些大桥的通行能力成为组团联系的关键。现状跨岷江有3座桥梁：高速公路桥、铁路桥和岷江大桥，其中城市交通使用的主要是岷江大桥。跨金沙江有5座大桥：南门大桥、戎州大桥、中坝大桥、马鸣溪大桥和中坝铁路桥。南门大桥和戎州大桥主要承担老城与南岸东区之间的联系功能。跨长江的桥梁目前仅有1座：宜宾长江大桥。从整个主城区交通形态来看，追求自由式，组团式布局，根据地形地物条件划分为若干小组团，组团内自成道路系统，组团间再用城市快速干道、主干道等交通性干道加以联系，以达到各组团有机分离、有机结合的目的[1]。快速干道、主干道依据较高标准进行选线，不宜过多地考虑地形约束，但应考虑地质条件，尽量避开滑坡、崩塌等不良地带，平面线形应较顺直，使城市主要交通流得到快速、有效地疏散；城市次干道、支路则把地形约束放在较为重要的地位，依山就势进行规划，可依据较低标准进行选线[30]。

4. 山地建筑

1）山地建筑的接地形式（图10-260、图10-261）

建筑活动占了人类所使用的自然资源总量的40%，能源总量的40%，而造成的建筑垃圾也占人类产生的垃圾总量的40%。丘陵地区山地建筑特点体现在哪里？大多数山地建筑我们都可以在历史传统建筑中找到其原型，所以这里我们将山地建筑接地方式大致分为三类：地表形态、地下形态和架空形态，并找到其原型。

地表形态类山地建筑剖面符合基地现状，采取跌落、台阶或错层的形态，表现了“基地形状”。掩土建筑（地下形）在生态学上的优势主要在于保持了山体的原有地形、地貌，如我国陕北窑洞。

架空形态的雏形即是我国传统山地建筑中常见的吊脚楼式建筑。分析总结上述对传统山地建筑原型的研究成果，结合当前现代城市建筑空间大型化、公共化的趋势，我们可以将山地建筑接地设计策略归纳为8种：筑填、掉跌、挑悬、架跨、附崖、入地、弯转、分联（图10-262）。

图10-260 山地建筑接地方式实例
Figure10-260 Cases of hilly architectures' grounding form
图片来源：image.baidu.com

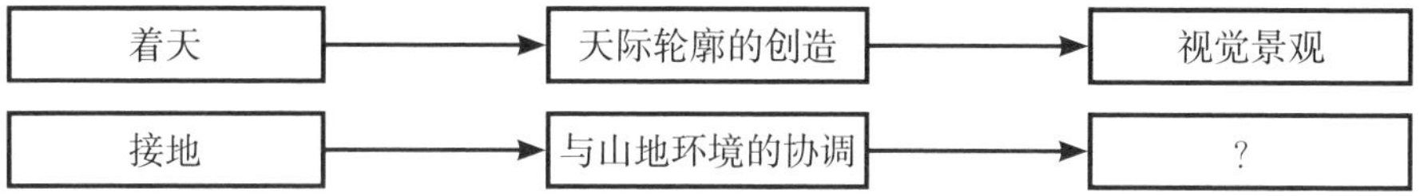

图10-261 丘陵地区山地建筑特点
Figure10-261 Characteristics of architecture in hilly regions

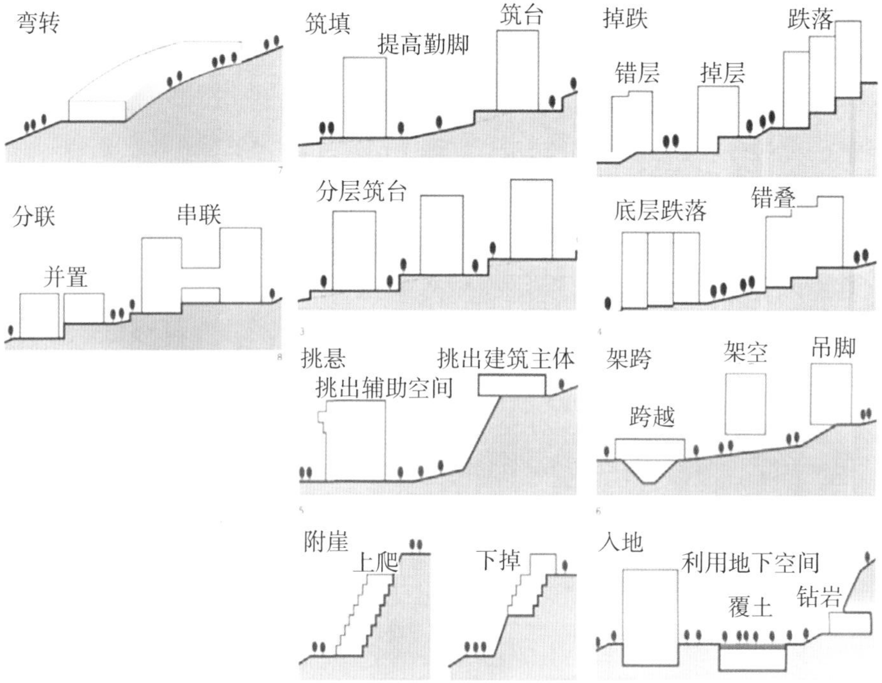

图10-262 山地建筑接地形式
Figure10-262 Grounding form of hilly architectures
图片来源：戴志中. 现代山地建筑接地诠释[J]. 城市建筑，2006（8）

2）宜宾山地建筑概况

地域所处的特殊地理地形和气候条件是产生该地域特定人文特征、社会特征，乃至特定建筑文化的最基本原因。因此，尽管人们对于地域性建筑有着不同的理解和诠释，但其中普遍共识的特征就是建筑应与所在地域的自然环境条件高度融合[31]。

3）思考

在古代，在“地无三里平”的地理条件下，人们没有技术上的能力去改造自然地势，大挖大填，所以在千百年的人居建设活动中，这里的人们既然无法去改变自然，于是就去主动地适应自然，吊脚楼等建筑形式就是这样一种情况的最好体现。然而在当代，在现代技术面前改造地形，甚至是移山填河都变得那么容易，那么就可以肆意地去所谓的“征服自然”了么？

山地地形往往是高低错落，表面起伏大，有时甚至相当陡峭，这种复杂的自然环境无疑会给山地建筑的创作带来难度，在很大程度上地形条件会成为山地建筑表现的关键性制约因素。但也正是由于地形的这种特殊性为山地建筑的创作拓展了更为广阔的空间。同时也为丰富空间层次和创造独特风韵提供了有利条件因地制宜地利用建筑所处的山形地貌，尽量契合山地的起伏变化，不去破坏原有的地形景观，这就是山地建筑创作的首要设计理念[32]（图10–263、图10–264）。

图10–263 宜宾老城区建筑群鸟瞰
Figure10-263 Bird’s eye view of architectural complex in Yibin ancient city

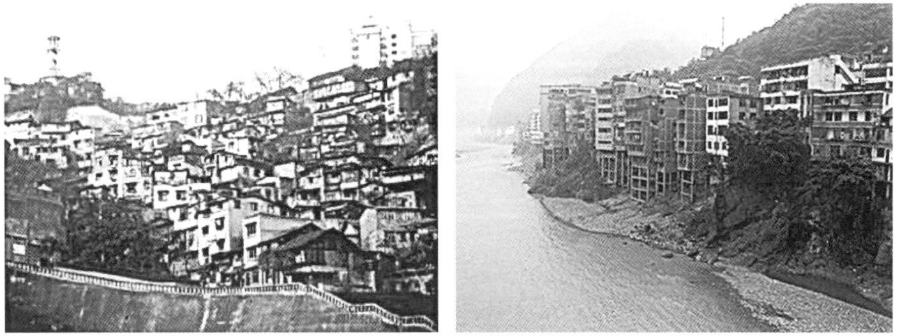

图10–264 宜宾城市建筑形式
Figure10-264 Architectural forms in Yibin City

10.5.2 案例二：锡耶纳

锡耶纳主要的经济活动包括观光业、服务业、农业、手工艺制作与轻工业。

10.5.2.1 锡耶纳人居背景研究

1. 区位

锡耶纳位于意大利南托斯卡纳地区，在阿尔西亚和阿尔瑟河河谷之间基安蒂山3座小山的交会处。整个城市建造在三个小山岗上，以三条山脊的交点为市中心（图10–265）。

图10–265 锡耶纳地图
Figure10-265 Map of Siena

2. 历史进程

（1）起源：历史上最早在此定居的是伊特拉斯坎人（公元前900年～前400年），他们将自己的居住地建设在防御功能良好的山区要塞。

（2）罗马时期：当时它并没有靠近任何主要道路，缺乏与其他地区进行贸易的机会，因此没有在罗马人的统治下兴盛繁荣。

（3）繁荣：直到伦巴第人占领锡耶纳后，才打通贸易之路，锡耶纳因此成为一个贸易据点而逐渐繁荣。

（4）战火中生存：中世纪的意大利战乱不断，出于安全的需要，所有的城市都注重防御，据险而居。锡耶纳的防御工事可以追溯到14～16世纪，一堵厚实的高墙环城而筑。该防御工事带有塔楼，适应了其地势并将其历史中心围绕起来。

（5）巅峰时期：在丘陵的天然屏障下，13世纪左右锡耶纳居民建立自治政体，发展成为贸易、金融、艺术中心，与佛罗伦萨相抗衡。这一时期对于锡耶纳的塑造至关重要。

10.5.2.2 锡耶纳人居活动研究

1. 农业与工业

1）农业

（1）起源：中世纪频繁靠贸易活动促使羊毛贸易与经营贷款业务迅速发展，诞生了繁荣的银行业和纺织业。建立了欧洲第一家银行。

（2）丘陵防御的优势——政治独立强盛：当时它并没有靠近任何主要道路，缺乏与其他地区进行贸易的机会，因此没有在罗马人的统治下兴盛繁荣。

（3）丘陵地理的限制——没有良港，缺乏水源，工业迟缓：14世纪的大饥荒和黑死病造成经济萧条，人口减少了2/3。为了防止这个彪悍对手的再度崛起，佛罗伦萨在很长的时间里，对锡耶纳实行故意的压制。使得它在随后的日子里，再次沦落为农业地区。

（4）回归农业：在2009年时，锡耶纳共有919间农业相关企业，占地面积为10755km²，耕地面积则为6654km²。主产油橄榄、葡萄、小麦、大麦、燕麦、黑麦、玉米与甜菜（图10-266～图10-268）。锡耶纳与上海市农业生产情况对照见表10-39。

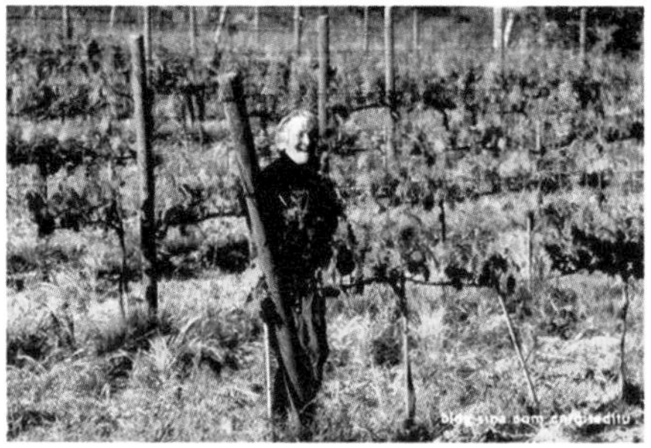

图10-266 适于丘陵生长的经济作物葡萄
Figure10-266 Grapes as economic crop fitting in hills
图片来源：互联网锡耶纳游记

图10-267 农贸市场里的水果
Figure10-267 Fruits in farm produce market
图片来源：互联网锡耶纳游记

肉制品

糖果糕点

手工艺品

图10-268 锡耶纳特产
Figure10-268 Speciality products of Siena
图片来源：互联网锡耶纳游记

表 10-39 锡耶纳与上海农业生产情况对照表
Table10-39 Comparison of agricultural production between Siena and Shanghai

城市（2009年）	耕地面积（km^2）
锡耶纳	6654
上海	2023

2）工业

锡耶纳的工业活动并不发达，一来受地形限制，二来当地政府限制重工业发展。糖果糕点业是第二产业中最主要的活动，并保持当地独特的风味。

2. 人口性格

1）人口

锡耶纳13世纪拥有人口10 万人，到了14世纪，人口减至3万人，至2008年，人口增长到5万。

2）性格

古罗马时期，锡耶纳处于封闭状态，安定团结。到了中世纪，锡耶纳人们开始建立自治整体，与主要的对手佛罗伦萨长期对抗，并于1260年蒙塔佩尔蒂（Montaperti）战役中击败佛罗伦萨的归尔甫派。锡耶纳具有幽闭的自然特性，再加上历史原因，锡耶纳人在性格上略显固执保守，有时也表现出郁郁寡欢，但总体上，锡耶纳人还是表现出了团结互助、同声同气的性格特点（图10-269）。

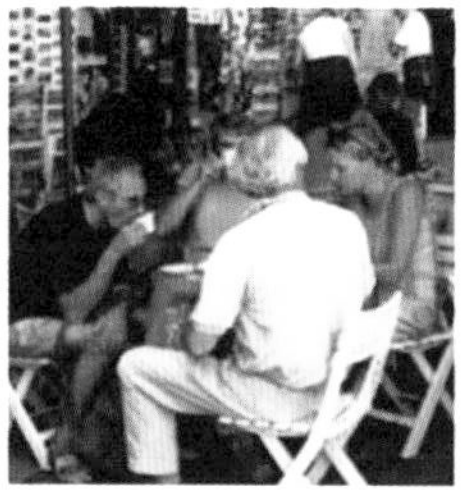

图10-269 锡耶纳居民生活悠闲
Figure10-269 Leisure life of Siena residents
图片来源：互联网锡耶纳游记

3. 城市符号

1）传统文化：自闭保守——完整地保存了已有700多年历史的锡耶纳赛马节。保存了中古以来意大利最纯最正宗的意大利语。

锡耶纳与罗马旅游人数占人口比重对照见表10-40。

表 10-40 锡耶纳与罗马旅游人数占总人口比重对照表
Table10-40 Ratio comparison of tourist population in national population between Siena and Roma

城市	人口	国际游客量（2008年）	比重
锡耶纳	54066	169000	0.8%
罗马	2550982	6123000	0.6%

2）节庆赛事：倔强团结——这座城市里的生活安定，人们只为两件事疯狂，一是赛马，一是足球。锡耶纳赛马节于每年7月2日和8月16日举行，是一项传统的环绕田野广场进行的赛马比赛（图10-270）。17个街区轮流参加比赛，争夺一面“锦旗”。

赛马那天，全城气氛热烈，锡耶纳人身着盛装，各区的区旗交映成辉。人们纷纷聚到坎波广场，锡耶纳市长及贵宾都会前来观摩。各队之间玩命地较劲，甚至发生肢体冲突和流血事件也在所不惜。失败的骑手常常会痛哭，不像赛事，更像一个城池的陷落和一个国家的沉沦。

图10–270 锡耶纳赛马节
Figure10-270 Horse Race Festival of Siena
图片来源：互联网锡耶纳游记

4. 精神符号

1）艺术：锡耶纳画派——丘陵的自然崇拜：14世纪文艺复兴时期，注重抒情，线条优美，用色精细，人物形像秀丽多姿。

2）城市：对于历史的执着保守——完整地保存了中世纪的城市风貌。与丘陵协调的审美——建筑、街道和广场就依地势自然生成，建筑物密集并且具有高度的建筑统一性，像蔓生在丘陵上。整个城市呈现一片赭黄色的主色调。锡耶纳，在绘画语言里即为赭黄色。

图10–271 锡耶纳街道景观
Figure10-271 Landscape of roads in Siena
图片来源：互联网寰宇景观

3）建筑：与周围暗蓝灰色的丘陵相协调——采用淡红色调子的砖块，墙面刷成黄色与朱红色。保留哥特风格，建筑上点缀着绿色的百叶窗，每个窗台上都有鲜艳夺目的红花绿叶。

4）街道：丘陵地形——街巷狭窄而且曲折迂回，没有一条街是平的。高低错落的街巷又形成立体的过街楼。所有的街道都通向城市中心的田园广场（图10–271）。

5）广场：精神上的崇高感——德卡波广场又名田园广场，是城市的中心点和最低点。依地形而建，有明显的向心坡度，广场的铺地以向心图案夸张了这一动势，加上四周高大密集的古老建筑，形成一股压力，向广场中心的钟塔收束、汇聚，形成精神上的重心（图10–272）。

图10–272 锡耶纳田园广场景观
Figure10-272 Landscape of farmland plaza in Siena
图片来源：艺龙网www.trip.elong.com

6）交通：维持城市固有的生活节奏——街道狭窄而蜿蜒，汽车无法高速行驶，整个老城区成为步行区。

7）景观：崇尚自然——当地石材的选用；借助地形——在广场设计中，嵌入小块分散绿地，不仅定义了不同区域，而且因高差的不同丰富了这一场所的变化。

5. 小结

（1）保护措施：① 锡耶纳政府限制重工业发展：保护风貌，保持传统的手工艺。② 政府规定建筑的外部只能使用特定的色彩：百叶窗只能刷成灰色、绿色或者锡耶纳土红色，正面必须是赭黄色、粉色、砖红色或者大理石白。③1956年开始实施市中心禁止汽车通行的规定：整个老城区成为步行区。

（2）评价："这些古迹风雨斑驳，有些已经是废墟。它们给现代化城市建设带来很多困难，但意大利人没有把它们当作'包袱'，一拆了之，好在'一张白纸'上画'最新最美的图画'。为了发展人类文化，为了丰富未来人们的精神世界，提高他们的生活品位，意大利人甘愿担负起保护这些历史文化遗产的责任，不惜付出沉重的代价。"——清华大学建筑学院教授陈志华。

（3）借鉴意义——对于一座丘陵城市的发展：① 不应急于改造环境、对外开放、建设、扩张、城市化、现代化。② 是否应当因势利导、保护传统、利用特色。③ 锡耶纳给出了一个良好的示范。

10.5.2.3 锡耶纳人居建设研究

丘陵环境与人居活动的关系见图10–273。

1. 城市建设

（1）建设要素：丘陵地区建设要素包括：城市道路、对外道路、广场、普通建筑、重要建筑、绿化、地标系统。

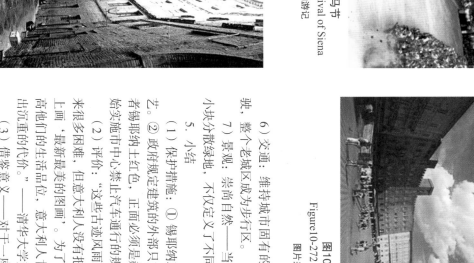

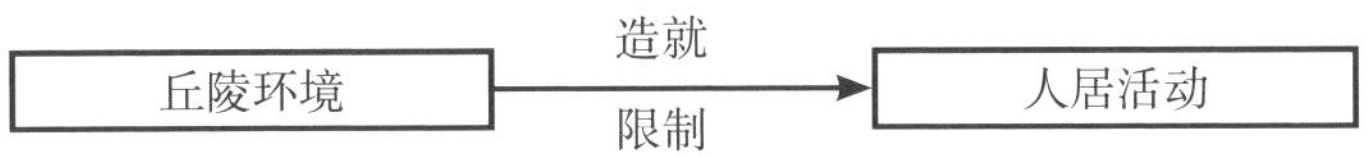

图10–273 丘陵环境与人居活动的关系
Figure10-273 Relation between hilly environment and settlement activities

（2）绿地系统演变分析：城市建设对自然的影响：锡耶纳在向外拓展用地的同时，保持了绿楔和城市的结构关系，虽然压缩了绿地空间，但城市与自然能和谐相处（图10–274）。

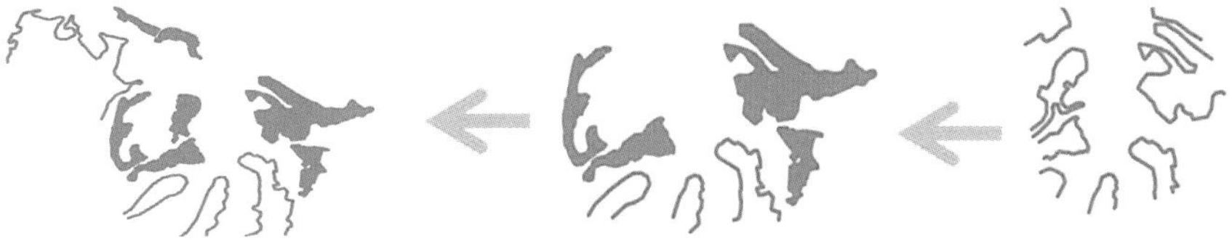

图10–274 绿地系统演变分析图
Figure10-274 Analysis graph of green land system evolution
图片来源：www.history-map.com

（3）景观体系演变分析：景观要素在锡耶纳的城市空间中发生演变，在保持景观结构不变的情况下，向外拓展，是景观建设的典范。

（4）道路系统演变规律分析：自由的路网；单位建筑面积需要的道路面积小于平原城市，道路荷载高，总体效率高；经历了步行交通向车行交通转换的过渡（图10–275）。

图10–275 道路交通网络演变图
Figure10-275 Evolution of traffic network
图片来源：www.history-map.com

2. 街区空间分析

通过限制小汽车的使用，提供较好的步行环境。锡耶纳最大的宽度只有1.92km，因此城市里没有设置轨道交通。轨道交通把人送到北面的车站，通过汽车的转运把人带入城市。

（1）街区尺度分析（图10–276）：对锡耶纳的街区进行划分，可以发现每个街区的面积约为0.2 ~ 1.0hm^2。街区非常小，街道狭窄，是适宜人行的公共空间。

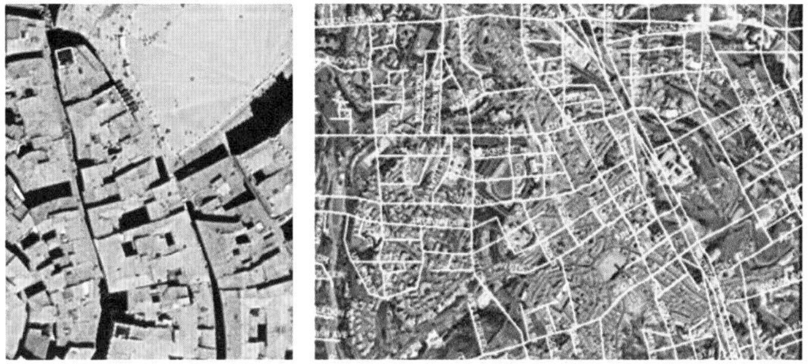

图10–276 街区空间分析
Figure10-276 Analysis of block space
图片来源：Google Earth

（2）街区肌理分析（图10–277）：① 普通街区肌理分析；② 核心地区肌理分析；③ 新建区域肌理分析。可以看出，新建区域最大的优点为建设了大量的沿街绿地，空间肌理呼应了丘陵的地貌特征，但是舍弃了传统的空间特征：窄高的街道，收放的街道序列，大小不一的公共空间。丘陵地形对新建城市空间的影响已经越来越小，而影响力最大的要素为地形地貌。

一个普通街区的肌理　　核心空间周边的肌理　　新建区域的肌理

图10–277 街区肌理分析
Figure10-277 Analysis of block texture
图片来源：Google Earth

参考文献

[1] 赵炜. 乌江流域人居环境建设研究[D]. 重庆大学，2005.
[2] 刘征. 山地人居环境建设简史（中国部分）[D]. 重庆大学，2002.
[3] 谢力. 山地人居环境建设简史（西方部分）[D]. 重庆大学，2002.
[4] 方果. 丘陵地貌影响下的城市设计研究[D]. 湖南大学，2008.
[5] 业祖润. 现代住区环境设计与传统聚落文化——传统聚落环境精神文化形态探析[J]. 建筑学报，2001，(4)：44-47.
[6] 杨蒙蒙. 武汉城市圈乡村聚落景观规划研究[D]. 华中农业大学，2009.
[7] 陈勇，陈国阶，杨定国等. 岷江上游聚落分布规律及其生态特征——以四川理县为例[J]. 长江流域资源与环境，2004，13（1）：72-77.
[8] 余翰武，吴越. 浅析传统聚落住居及其潜意识——以怀化高椅村为例[J]. 吉林建筑工程学院学报，2007，24（1）：9-12.
[9] 田银生. 自然环境——中国古代城市选址的首重因素[J]. 城市规划汇刊，1999，(4)：28-29，13.
[10]中学生导报（七年级语文·人教版）(2010—2011学年第16期）[J]. 中学生导报（七年级语文·人教版），2010，(16).
[11] 邵志伟. 易学象数下的中国建筑与园林营构[D]. 山东大学，2012.
[12] 黄霏. “双城”模式城市绿地系统规划研究[D]. 南京林业大学，2008.
[13] 杨官忠. 世界文化遗产：奇特的明显陵——兼谈显陵何以在帝陵中率先登录《世界遗产名录》[J]. 地图，2001，(3)：44-46.
[14] 曾涛. 景观生态学在丘陵城市绿地系统规划中的应用研究[D]. 湖南大学，2007.
[15] 朱华友，毛锦旗，王育梅等. 城市开发建设对城市地貌的利用研究——以浙江省金华市为例[J]. 浙江师范大学学报（自然科学版），2005，28（4）：441-445.
[16] 付广华. 龙脊壮族梯田文化的生态人类学考察[D]. 广西师范大学，2007.
[17] 付文军. 论剑门蜀道文化线路的保护（上）[J]. 中国名城，2009，(11)：16-23.
[18] 李佳. 九寨沟内社区参与旅游发展模式的研究[D]. 西南财经大学，2008.
[19] 叶蕾. 丘陵城市商业中心区空间形态规划设计研究[D]. 湖南大学，2007.
[20] 何金廖，宗跃光，张雷等. 湘中丘陵地区乡村文化景观的演化及其机理分析[J]. 南京师大学报（自然科学版），2007，30（4）：94-98.
[21] 叶雨薇. 环境成本与企业绩效关系的实证研究——以造纸行业上市公司为例[D]. 西华大学，2013.
[22] 王昕若. 我国大都市生态城区建设政策研究[D]. 东华大学，2014.
[23] 孙洪泉，高辉，张海滨等. 西南地区连年干旱气象地理原因分析及应对措施建议[J]. 中国水利，2013，(8)：21-24.
[24] 刘高翔. 基于人地关系论的山地城市生长空间规划研究[D]. 重庆大学，2009.
[25] 李群. 中国城市人防工程建设与管理研究——以北京市为例[D]. 武汉理工大学，2009.
[26] 董亮. 土地利用的结构化分析与城市防灾规划[D]. 北京工业大学，2007.
[27] 梁刚. 陕西省农业综合开发项目管理探究[D]. 西安石油大学，2012.
[28] 金涛. 山地城市滨江带整治策略——以宜宾市区滨江带为例[D]. 重庆大学，2007.
[29] 傅诚. 湘北丘陵地区小城镇空间形态研究[D]. 湖南大学，2009.
[30] 陈欣斗. 山地城市道路规划刍议[J]. 规划师，2004，20（5）：69-70.
[31] 唐洪刚. 黔东南侗族民居的地域特质与现代启示[D]. 重庆大学，2007.
[32] 罗明刚. 重庆城市陪都建筑风貌的传承与再现[D]. 重庆大学，2012.

第 11 章　干旱地区

Chapter 11 Human Settlement, Inhabitation and Travel Environment Studies in Arid Region

11.1 人居环境干旱地区总论

11.1.1 干旱区综述

1．干旱定义

干旱：公认的定义是指水分的收与支或供与求而形成的持续的水分短缺现象。

国际干旱定义指标——干燥度指标：干燥度指标是采用某一时期平均降雨量与最大可能蒸发量之比来综合研究干湿气候的划分。这个指标既考虑了水分的收入，也考虑了水分的支出，具有水分平衡概念。$K=E_m/p$，E_m为最大可能蒸发量，p为平均降雨量。一般认为当$K<1.0$时为湿润地区，$1.0<K<1.5$为半湿润干旱地区，$1.5<K<4.0$为半干旱地区，$K>4.0$为干旱地区。

我国干旱定义指标——降雨量指标：年平均降水量100mm以下的为极端干旱地区，年平均降水量100～200mm以下的为干旱地区，年平均降水量200～500mm的为半干旱地区。

2．干旱类型

①气象干旱：指某时段由于蒸发量和降水量的收支不平衡，水分支出大于水分收入而造成的水分短缺现象。②农业干旱：以土壤含水量和植物生长状态为特征，是指农业生长季节内因长期无雨，造成大气干旱、土壤缺水，农作物生长发育受抑，导致明显减产，甚至无收的一种农业气象灾害。③水文干旱：通常是用河道径流量、水库蓄水量和地下水位值等来定义，是指河川径流低于其正常值或含水层水位降低的现象，[1]其主要特征是在特定面积、特定时段内可利用水量的短缺。④社会经济干旱：是指由自然降水系统、地表和地下水量分配系统及人类社会需水排水系统这三大系统不平衡造成的异常水分短缺现象。

3．干旱成因

1）地带性干旱区

（1）区域：① 亚热带干旱区（北非干旱区、澳大利亚干旱区、南非干旱区、西南亚干旱区）；② 南北美洲干旱区（北美干旱区、南美干旱区）。

（2）成因：① 副热带高压下沉气流所致；② 西风带雨影效应或沿海寒流影响。

2）非地带性干旱区

（1）区域：亚洲中部干旱区（中蒙干旱区、中亚干旱区）。

（2）成因：深居大陆腹地的地理位置并受变性西风干燥气流所影响。

4．全球干旱分布

地球表面20%～30%的地区被归为干旱区。世界干旱地区主要分布在亚洲西部、澳大利亚中部、非洲北部、北美西部和南美西部（图11-1）。澳大利亚干旱面积占75%；其次是非洲，干旱面积占总面积的64%；再次为亚洲，干旱面积占46%。在欧洲、北美洲和南美洲，干旱面积约占总面积的1/3。但从绝对数字看，最大干旱区分布在非洲和亚洲，面积之和约占世界干旱区面积的64%。世界干旱区总面积约为61亿hm^2，占世界陆地总面积的35%，其中9亿多公顷为极端干旱的沙漠地区，近52亿hm^2为干旱、半干旱和某些干燥的半湿润地区，这些地区都曾是人类的聚集区[2]（表11-1）。

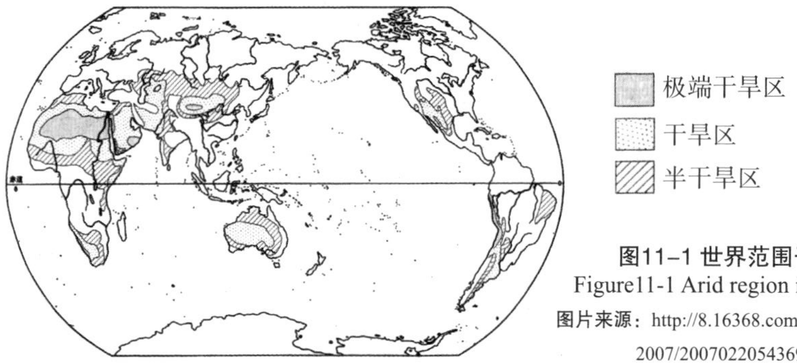

图11-1 世界范围干旱区

Figure11-1 Arid region in the world

图片来源：http://8.16368.com/80008/316/327/2007/2007022054369.html

表 11-1 各干旱带分布状况

Table11-1 Distribution of various arid region

	非洲	亚洲	澳洲	欧洲	北美	南美	合计	占干旱区总面积百分比
极端干旱区（万hm^2）	67200	27700	0	0	300	2600	97800	16%
干旱区（万hm^2）	50400	62600	30300	1100	8200	4500	157100	26%
半干旱区（万hm^2）	51400	69300	30900	10500	41900	26500	230500	37%
合计（万hm^2）	195900	194900	66300	30000	73600	54300	615000	21%
占干旱区总面积百分比	32%	32%	11%	5%	12%	8%	100%	
占世界陆地百分比	13.1%	13.0%	4.4%	2.0%	4.9%	3.6%	41.0%	

数据来源：艾东.世界干旱区的分布[J].干旱区地理，1992（9）。

1）非洲干旱区

非洲干旱区面积19.59亿hm^2，占该洲陆地面积66%，极端干旱区面积很大，达6.72亿hm^2，占该洲干旱地区总面积1/3以上。可以从事农牧业生产的干旱地区面积只有12.87亿hm^2。其中耕地约占13.49%，北非的干旱半干旱地区面积最大，几乎占北非陆地面积的3/4以上。

气候概述：以撒哈拉沙漠为核心的信风盛行地带，西北边缘为由沙漠过渡到地中海沿岸气候带，南部边缘为分隔沙漠和热带雨林的过渡地带。

普遍问题：主要受自然界如缺水、土层薄、植被稀少及频繁干旱等物理与生物的影响，干旱只是造成非洲饥荒的一个部分。由于对脆弱资源的过分开发和管理不当加剧了近代干旱。随着人口和牲畜的增长，加之不适当的发展政策，导致森林、土城和水资源的恶化。

2）亚洲干旱区

亚洲干旱区面积19.49亿hm^2，占该洲陆地面积的46%，但其极端干旱区面积较小，只有2.77亿hm^2，可以从事农牧业生产的干旱地区则有16.72亿hm^2，占世界干旱地区总面积27%，是世界农用土地面积最大的一个洲。

气候概述：阿拉伯半岛大部分属热带、亚热带干旱地区，是炎热的荒漠高原，仅在冬季有极少的降水。印度和巴基斯坦的西北部属亚热带干旱地区，雨季降水量从东到西逐渐缩短减少。中国的东北、西北、华北及中亚地区属中纬度干旱地区，气候属于温带大陆性气候，因地处大陆内部，终年受大陆气团控制，干旱少雨，越往内陆，降水越少。

普遍问题：人口众多，土地退化、荒漠化与水资源匮乏。

3）大洋洲干旱区

澳洲干旱地区的总面积为6.63亿hm^2，其绝对面积虽然不大，但它在该洲陆地总面积中所占的比例很大，达75%，是世界上干旱地区所占比例最大的一个洲。

气候概述：北部夏季雨量多，南部冬季雨量多，中部和西部为干旱区。干旱区的东北、东、东南、南部边缘为半干旱区。干旱和半干旱区各为3.03亿hm^2和3.09亿hm^2，占该洲陆地面积的65.7%，无极端干旱区。干燥的半湿润区所占比例也很少，只有0.51亿hm^2。

普遍问题：澳大利亚干旱区有许多不同于世界其他干旱区的特点，特别是干旱区的开发利用及沙漠化的机制因素等问题，都有着自己的特色。自然沙漠化主要包括地质沙漠化和气候沙漠化两个方面。

4）欧洲干旱区

欧洲干旱区陆地面积最小，只有3亿hm^2，占该洲陆地面积32%。无极端干旱区，干旱区面积极小，只有0.11亿hm^2，绝大部分是半干旱区和干燥的半湿润区，分别为1.05亿hm^2和1.84亿hm^2。

气候概述：东欧平原北部属温带针叶林气候。北冰洋沿岸地区冬季严寒，夏季凉爽而短促，属寒带苔原气候。南部地中海沿岸地区冬暖多雨，夏热干燥，属亚热带地中海式气候。

普遍问题：欧洲受西风带影响，来自海洋的西风带来了大量的水汽，所以其气候特点具有海洋性特征，具体表现为冬季不冷，夏季不热，年降水量均匀。再者，欧洲纬度较高，蒸发比较弱，因而欧洲干旱区的面临的问题较小。

5）北美洲干旱区

北美洲干旱区面积7.36亿hm^2，占该洲陆地面积34%，半干旱区和干燥的半湿润区所占面积最大，达6.51亿hm^2，干旱区面积只有0.82亿hm^2，极端干旱区面积极小，所以北美洲干旱地区绝大部分可以从事农牧业生产。干旱半干旱地区主要分布在西经90°以西，北纬2°~50°之间的中西部和西北、西南沿太平洋海岸。

气候概述：南起美国得克萨斯州，北至加拿大草原诸省的大平原是最佳旱农地区；再往西是跨落基山脉东西坡，为丘陵、漫岗平原，从北到南，高度下降，则逐渐干旱；落基山脉以西至喀斯喀特山脉，内华达山脉之间为山间高原，大小盆地，总称山间地区，属于半干旱偏旱和干旱地区；太平洋沿岸自北到南三个州及墨西哥部分地区，山脉以东偏旱，北部有部分较湿润，南部从半湿润偏旱到干旱。

普遍问题：地形影响是该区荒漠干旱的主要原因。

6）南美洲干旱区

南美洲干旱区面积5.43亿hm^2，占该洲陆地面积31%。主要分布在西海岸，从赤道向南延伸到最南端，形成一窄长地带。在东海岸则分布于南纬5°~11°之间。包括厄瓜多尔、秘鲁，哥伦比亚、智利、阿根廷、玻利维亚和巴西等国的一部分。其特点是半干旱和干燥的半湿润区面积较大，极端干旱区和干旱区比例很小。

气候概述：西部和中部沿海地区较多沙漠，属热带沙漠气候，降水较少。安第斯山以西地区，各气候类型基本上按纬度方向南北排列，自北而南依次为赤道多雨气候、热带干旱与半干旱气候、亚热带夏干气候和温带海洋性气候。这些气候类型，虽是南北更替，但又作南北延伸，而且热带干旱与半干旱气候向低纬伸展。

普遍问题：由海岸线走向，南美大陆对西风漂流的机械阻挡作用，南太平洋的副高以及安第斯山的分布造成。

11.1.2 我国干旱区概况

11.1.2.1 分布状况

我国的干旱和半干旱区基本位于35° N以北地区，东北以120° E为界，东部是半湿润区，西部是半干旱区，西北西部基本都处于干旱区域（图11-2）。包括：蒙甘区（内蒙古、宁夏、甘肃），南疆区（新疆），北疆区（新疆），柴达木区（青海），藏北区（西藏）。

1. 分布比例

研究主要针对干旱地区以及极端干旱地区，即降雨量小于200mm的区域。通过对干旱地区以及极端干旱地区城市的统计以及城市面积的累加，得出我国干旱地区及极端干旱区面积为2922007km^2，非干旱地区面积为6677993km^2，占我国国土面积的30%。

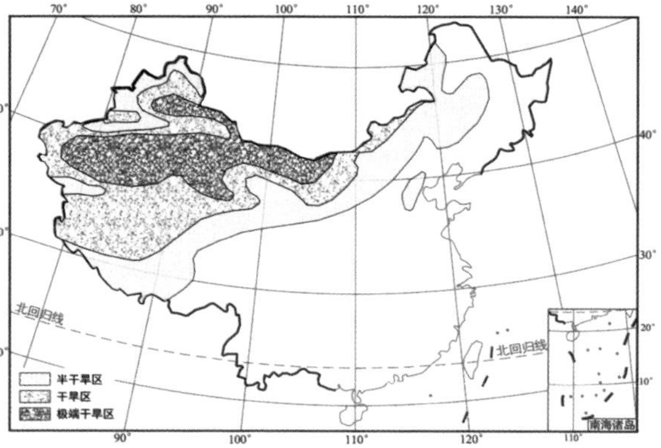

图11-2 中国干旱区半干旱区分布图

Figure11-2 The map of China's arid and semi-arid region

图片来源：国家科学技术委员会.中国科学技术蓝皮书第5号:气候[M].北京：科学技术文献出版社，1990

2. 变化趋势

中国气候变化正经历着由暖干向暖湿转变，这一转变在西北西部包括新疆、河西走廊西部、祁连山区及黄土高原地区表现得更加明显，气温升高，降水量增加。西北东部目前仍比较干旱，气温在升高，降水量未有增加，干旱区扩展呈现从西北向东扩展趋势。

3. 气候特点

(1) 新疆干旱区：新疆处于干旱和极端干旱地区，多年平均降水量仅147mm，不足全国值的1/4，且降水分配不均匀。总体而言，新疆降水西部多于东部，北疆多于南疆，山地多于平原，84%的降水集中在山区，16%降落在平原。

(2) 内蒙古干旱区：西部地区距海洋甚远，高程海拔千米以上，暖湿气流难以到达，故呈现典型的大陆性气候，年降水量少，绝大部分地区在400mm以下，蒸发量大，年蒸发量与降水量之比多大于4，最西端达92.9，干旱特别严重，它是影响农牧业生产发展的主要灾害之一[3]。

(3) 西藏干旱区：主要属于藏北高原未利用区。该区位于西藏北部，占全区总面积的15.90%。温度低、降水少、大风多、区域差异较大。

(4) 甘肃干旱区：河西走廊干旱缺水，生态环境极为脆弱。水资源密度极大地低于全国的平均值，水资源非常稀缺。大气降水不能满足自然植被的耗水需求（主要指流域中下游地域），地表植被生长、区域生态稳定及生态安全均高度依赖于径流。

(5) 青海干旱区：主要是柴达木沙漠区域，位于青藏高原东北部柴达木盆地的腹地。海拔2500m~3000m，是中国沙漠分布最高的地区。干旱程度由东向西增大，东部年降水量在50~170mm，干燥度2.1~9.0；西部年降水量仅10~25mm，干燥度在9.0~20.0。盆地中呈风蚀地、沙丘、戈壁、盐湖及盐土平原相互交错分布的景观。

(6) 宁夏干旱区：气候特点是干旱少雨、风大沙多、日照充足、自然灾害天气频繁。年降雨量由南向北逐渐减少，全区年均温在5~9℃，温度由北向南逐渐降低，各年降雨量180~650mm之间。该地区自然灾害频繁、水资源极度缺乏、土地荒漠化极其严重、经济社会发展十分落后，也是国家环保总局、中科院确定的我国沙尘暴源区之一。

4. 生物多样性

我国干旱区生物多样性分布见表11-2。

表 11-2 生物多样性表

Table11-2 Biodiversity

	区域	代表城市	代表地形	代表动物	植物群落	主要沙漠
极端干旱带	新疆塔里木盆地区域、柴达木盆地区域、河西走廊西北部及内蒙古西部区域	和田（新疆）额济纳旗（内蒙古）格尔木（青海）	塔里木盆地、柴达木盆地、阿拉善高原	野马、野驴、野骆驼、高鼻羚羊、蜥蜴等	荒漠群落（超旱生草本、灌木）	塔克拉玛干沙漠、巴丹吉林沙漠、柴达木沙漠
干旱带	新疆塔里木盆地周边、准格尔盆地、西藏西北部、青海中西部、甘肃西北部、宁夏西北部及内蒙古西部地区	乌鲁木齐（新疆）银川（宁夏）噶尔（西藏）德令哈（青海）	祁连山脉、准格尔盆地、贺兰山、阿尔金山	新疆马鹿、北山羊、岩羊、沙鼠、黑唇兔、高原兔凤头百灵、小沙百灵、短沙百灵、毛腿沙鸡、沙蟒等	荒漠河岸林（胡杨和柽柳为主）、沙地群落（蒿类半灌木）	古尔班通古特沙漠、腾格里沙漠、乌兰布和沙漠
半干旱带	新疆中部及北部、西藏北部、青海中西部、陕西北部及内蒙古中西部	阿勒泰（新疆）鄂尔多斯（内蒙古）改则（西藏）榆林（陕西）	阴山山脉、昆仑山脉、阿尔泰山、鄂尔多斯高原、可可西里山	黄鼬、沙狐、赤狐、狼、普氏原羚、盆羊、五趾跳鼠、三趾跳鼠、花条蛇等	山地针叶林、山地阔叶林、河滩地草甸群落（芦苇、碱茅）和盐生群落	毛乌素沙漠、库布齐沙漠

资料来源：李毅，屈建军，董治宝，安黎哲.中国荒漠区的生物多样性[J].水土保持研究，2008（04）。

5. 发展特点

（1）矿产资源丰富。干旱地区蕴含着丰富的矿产资源，其中，新疆、内蒙古、青海、宁夏、甘肃的煤炭资源在全国处于排名较前的位置。此外，全国天然气产量前5的省市里，干旱地区占了两个位置，占全国产量的32.02%，而且其人均产气占全国前两的位置。

（2）人均寿命较短。受城市化率、医疗卫生状况、生活环境、地域文化等条件制约。干旱地区的人均寿命在全国排名中属于相对较短的地区（内蒙古除外）。

（3）经济水平较低。干旱地区的GDP产值在全国处于较为落后的位置，占据了GDP排名后10位中的8位，而且在人均GDP的全国排名中也基本上处于全国靠后的位置（内蒙古除外）。

（4）第二产业比重大。干旱区中大部分都有很大比重的第二产业依然占主要地位。

（5）旅游发展潜力不足。干旱地区虽然具有丰富的旅游资源，但是旅游业的收入在全国基本处于最低的位置，而且未来的发展潜力同样不容乐观。

11.1.2.2 资源状况

1. 历史文化名城

根据统计，中国干旱地区历史文化名城6个，分别是：武威市、张掖市、敦煌市、吐鲁番市、库车市、喀什市（图11-3）。从图中可见，6座历史文化名城均是丝绸之路交通线上的重要城镇。西部干旱地区的特点是降水量少和荒漠化严重，绿洲作为较高的第一生产力和生态支持能力成为西北地区人类的主要可用土地。经过数千年的发展，仍然保留着这六座历史文化名城，其灿烂的丝路文化证明了干旱地区仍然是可以作为合适的人类聚居环境之一，但是条件是，有绿洲的地方才会产生并延续文明。

在古丝绸之路上，楼兰道曾是主要的通道，这座楼兰城是塔里木盆地东部的十字路口和古西域的交通枢纽，往西、东、南、北可通向西域全境，因而它曾是一座繁荣的枢纽城市，有着灿烂的历史文化。然而楼兰古国仅延续时间约800多年就消亡了。历史上的楼兰所处的自然环境非常优越，曾经水网交织、森林密布，森林覆盖率在40%以上。消亡的原因有多种可能，但是可以确定的是一个由逐水而居到无水而灭的过程。楼兰的消亡给我们的启示是：水对干旱聚落具有刚性约束作用，干旱地区离开了水，任何文明都难以持续。

2. 国家级自然保护区及国家级风景名胜区

干旱地区的国家级自然保护区13处，其中包括新疆的阿尔金山国家级自然保护区（阿尔金山国家级自然保护区是中国最大的自然保护区，同时也是中国四大无人区之一）、喀纳斯国家级自然保护区、巴音布鲁克国家级自然保护区、西天山

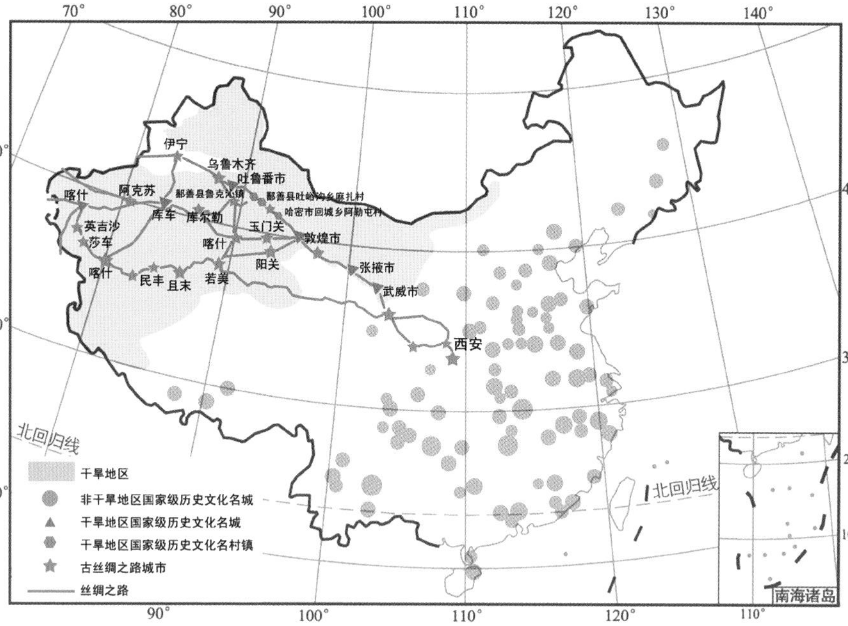

图11-3 干旱地区国家级历史文化名城图

Figure11-3 National Historic Cities distribution in arid region in China

图片来源：http://www.webmap.cn/basicmap/index.php?&embeded=&map=shuixi_all

国家级自然保护区、甘家湖梭梭林国家级自然保护区、托木尔峰国家级自然保护区、罗布泊野骆驼国家级自然保护区、塔里木胡杨国家级自然保护区；甘肃的甘肃安南坝野骆驼国家级自然保护区、甘肃安西极旱荒漠国家级自然保护区、甘肃敦煌西湖国家级自然保护区、甘肃盐池湾国家级自然保护区、甘肃民勤连古城国家级自然保护区[4]。

干旱地区的国家级风景名胜区7处，包括新疆天山天池风景名胜区、新疆库木塔格沙漠风景名胜区、新疆博斯腾湖风景名胜区、新疆罗布人村寨风景名胜区、西藏阿里地区札达土林风景名胜区、甘肃鸣沙山月牙泉风景名胜区、宁夏西夏王陵风景名胜区（图11-4）。

3. 沙漠与绿洲

1）干旱地区沙漠分布

中国是沙漠比较多的国家之一，沙漠的总面积约130万km^2，约占全国土地面积的13%左右，其中比较大的沙漠有12处：塔克拉玛干沙漠（33.76万km^2）、古尔班通古特沙漠（4.88万km^2）、巴丹吉林沙漠（4.43万km^2）、腾格里沙漠（4.27万km^2）、柴达木沙漠（3.49万km^2）、库木塔格沙漠（2.28万km^2）、库布齐沙漠（1.61万km^2）、乌兰布和沙漠（0.99万km^2）、科尔沁沙地（4.23万km^2）、毛乌素沙地（3.21万km^2）、浑善达克沙地（2.14万km^2）、呼伦贝尔沙地（0.72万km^2）[5]。

2）绿洲对干旱地区发展贡献

绿洲是干旱区具有稳定水源，并有可供植物生长的土壤条件，单位面积生物产量较高，适于人类从事各种生产和生活的地域综合体，并与周围荒漠有明显区别的景观地域类型。由于具有得天独厚的环境与资源条件，因而绿洲对人类社会的发展有着巨大作用。

3）绿洲生态系统与绿洲分区

绿洲地域系统：从地域结构着眼，可以将干旱区划分出山地系统、绿洲系统和盆地（平原）荒漠系统（图11-5）。

绿洲分区：绿洲区划系统以绿洲区、绿洲亚区、绿洲小区三级系统划分。

11.1.3 案例比较

11.1.3.1 中国干旱城市各项数据统计

1. 自然条件

（1）年蒸发量：通过对干旱地区城市年蒸发量的统计与分析，可知干旱区域

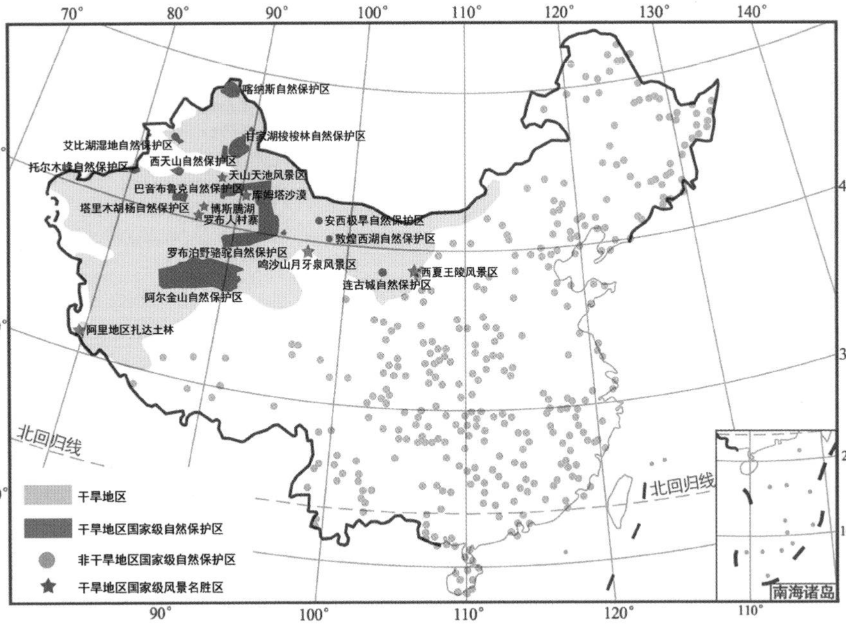

图11-4 干旱地区国家级风景名胜区图

Figure11-4 National Scenic Areas and Historic Spots distribution in arid region in China

图片来源：http://www.webmap.cn/basicmap/index.php?&embeded=&map=shuixi_all

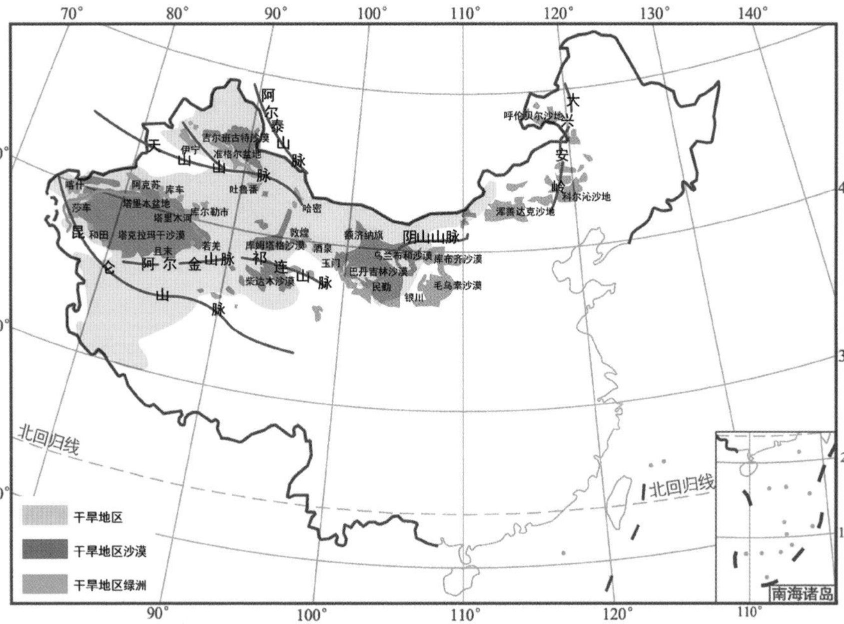

图11-5 干旱地区绿洲及沙漠分布图

Figure11-5 Oasis and desert distribution in arid region in China

图片来源：http://www.webmap.cn/basicmap/index.php?&embeded=&map=shuixi_all

城市年蒸发量普遍偏高，最高的阿拉善地区到达3000mm，最低的也有800mm；总体平均蒸发量为2163mm，基本能代表干旱地区蒸发量（图11–6）。

（2）年降水量：通过对干旱地区城市年均降水量的统计与分析，可知干旱区域的绿洲城市与降雨量有很大关系，如阿拉泰、乌鲁木齐、昌吉等城市（图11–7）。

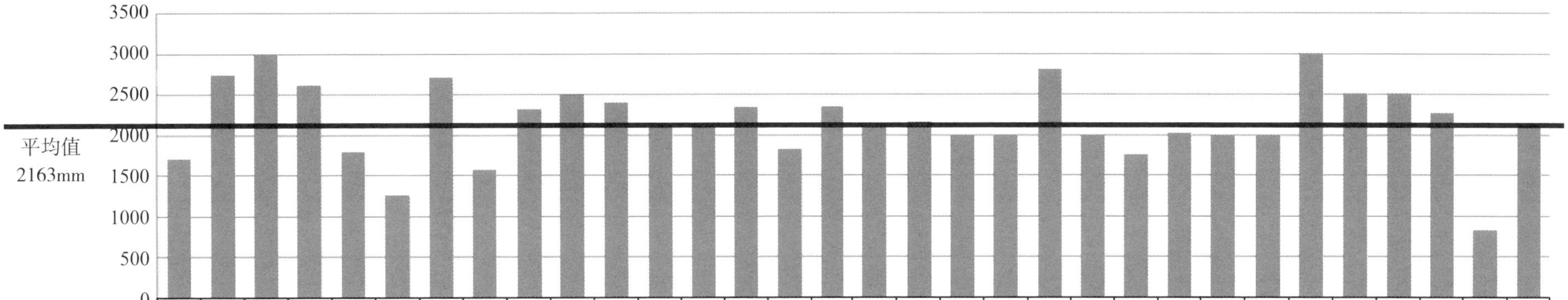

	阿勒泰	哈密	吐鲁番	乌鲁木齐	昌吉	石河子	克拉玛依	博拉塔拉	阿克苏	克孜勒苏	和田	喀什	巴音郭楞	阿里地区	那曲地区	海西	酒泉	嘉峪关	张掖	金昌	武威	白银	中卫	吴中	银川	石嘴山	阿拉善	巴彦淖尔	鄂尔多斯	包头	乌兰擦布	锡林郭勒
■ 蒸发量（mm）	1683	2713	3000	2617	1787	1250	2692	1562	2302	2500	2398	2100	2072	2342	1810	2354	2141	2149	2002	2000	2800	1997	1752	2018	2000	2009	3000	2500	2506	2266	800	2100

图11–6 年蒸发量
Figure11-6 Annual evaporation
数据来源：各省市统计局

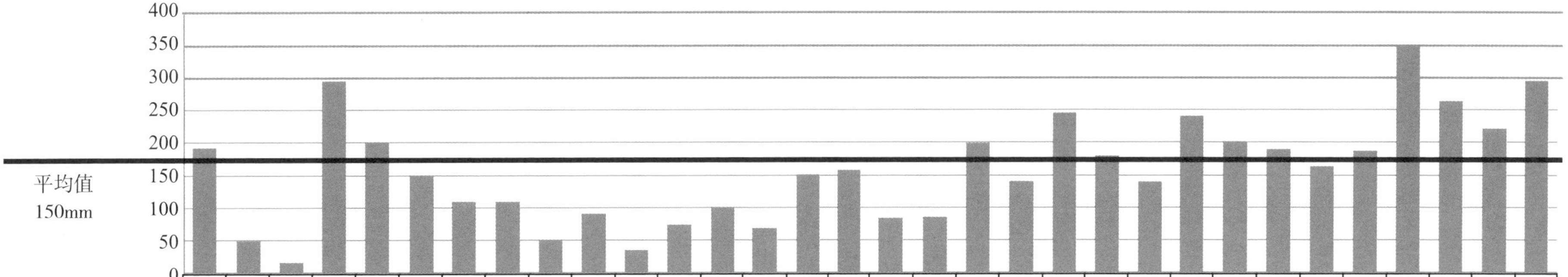

	阿勒泰	哈密	吐鲁番	乌鲁木齐	昌吉	石河子	克拉玛依	博拉塔拉	阿克苏	克孜勒苏	和田	喀什	巴音郭楞	阿里地区	那曲地区	海西	酒泉	嘉峪关	张掖	金昌	武威	白银	中卫	吴中	银川	石嘴山	阿拉善	巴彦淖尔	鄂尔多斯	包头	乌兰擦布	锡林郭勒
■年均降水量（mm）	191	48	16	294	200	150	109	109	52	90	33	74	100	67	150	157	84	85	198	140	245	180	138	241	200	189	160	188	349	263	220	295

图11–7 年均降水量
Figure11-7 Annual precipitation
数据来源：各省市统计局

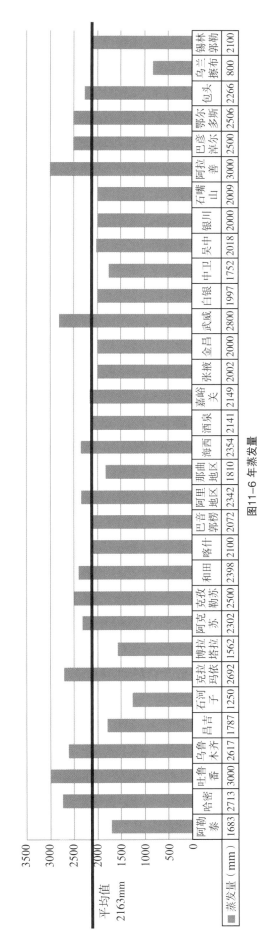

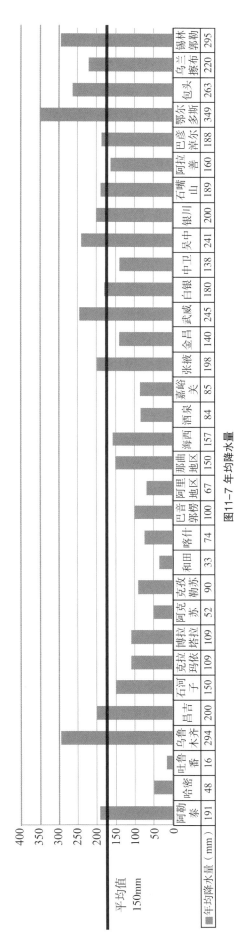

（3）平均海拔：通过对干旱地区城市平均海拔的统计与分析，可知干旱区域城市海拔情况差异较大，在1000m、2000m、3000m、4000m都各有分布。相比较而言，海拔较高处人口密度较小，GDP较低（图11–8）。

（4）平均温度：通过对干旱地区城市平均温度的统计与分析，可知干旱区域城市总体平均温度在7.5℃左右，吐鲁番最高为14℃，最低平均温度为0℃（图11–9）。

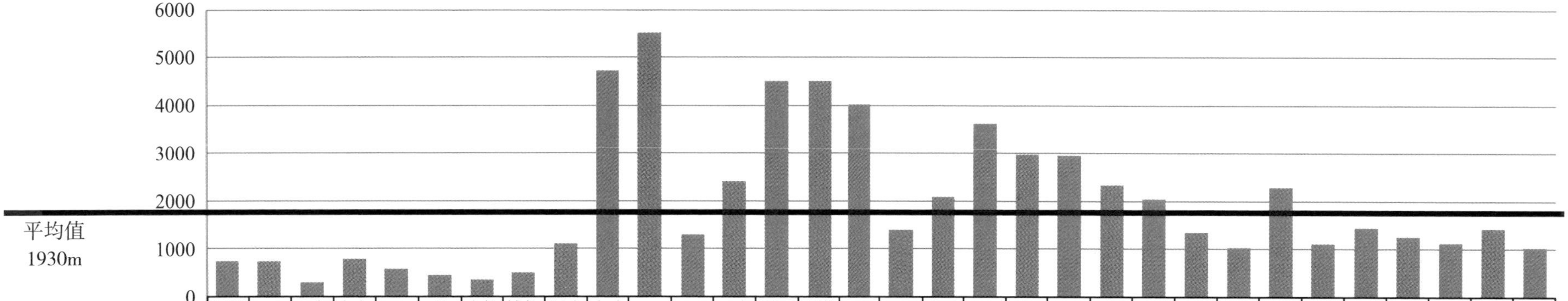

	阿勒泰	哈密	吐鲁番	乌鲁木齐	昌吉	石河子	克拉玛依	博拉塔拉	阿克苏	克孜勒苏	和田	喀什	巴音郭楞	阿里地区	那曲地区	海西	酒泉	嘉峪关	张掖	金昌	武威	白银	中卫	吴中	银川	石嘴山	阿拉善	巴彦淖尔	鄂尔多斯	包头	乌兰擦布	锡林郭勒
■ 平均海拔（m）	735	738	300	800	577	450	350	509	1114	4670	5500	1289	2400	4500	4500	4000	1400	2067	3600	2971	2936	2300	2050	1350	1030	2283	1102	1450	1250	1125	1419	1000

图11–8 平均海拔
Figure11-8 Average altitude
数据来源：各省市统计局

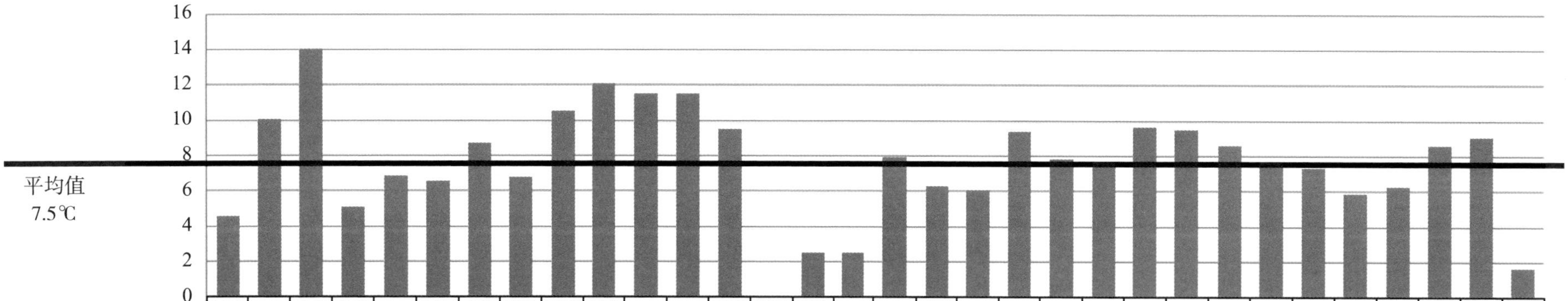

	阿勒泰	哈密	吐鲁番	乌鲁木齐	昌吉	石河子	克拉玛依	博拉塔拉	阿克苏	克孜勒苏	和田	喀什	巴音郭楞	阿里地区	那曲地区	海西	酒泉	嘉峪关	张掖	金昌	武威	白银	中卫	吴中	银川	石嘴山	阿拉善	巴彦淖尔	鄂尔多斯	包头	乌兰擦布	锡林郭勒
■平均温度（℃）	4.5	10	14	5	6.8	6.5	8.6	6.7	10.5	12	11.5	11.5	9.4	0	2.4	2.4	7.9	6.2	6	9.3	7.8	7.5	9.6	9.4	8.5	7.6	7.3	5.7	6.2	8.5	9	1.5

图11–9 平均温度
Figure11-9 Average temperature
数据来源：各省市统计局

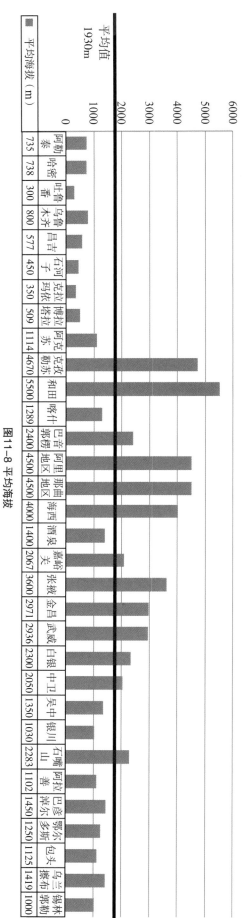

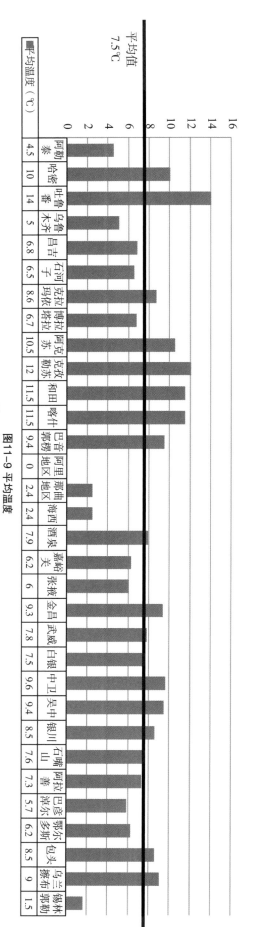

2. 社会状况

（1）城市面积：通过对干旱地区城市面积的统计与分析，可知干旱区域城市面积差异性很强，最大的城市超过45万km^2，而最小的石河子仅仅457km^2，相差1000倍（图11-10）。

（2）人均面积：对于人均面积的影响因素有人口和面积两个，人均面积的大小与人口数量成正比，与城市面积成反比，人口数量与城市面积并无直接相关关系。通过对干旱地区城市人均面积的统计与分析，可知石河子人均密度最高，而面积最大的巴音郭楞、阿里地区、那曲地区人均密度则非常低（图11-11）。

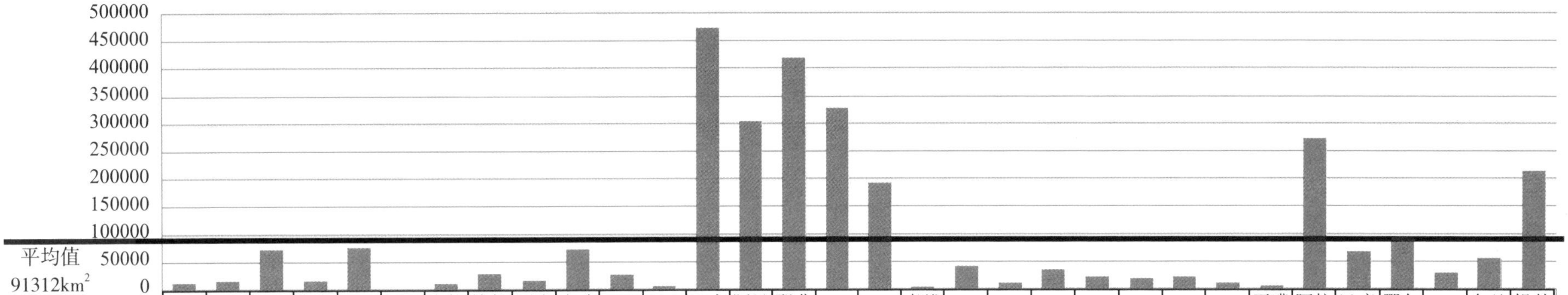

	阿勒泰	哈密	吐鲁番	乌鲁木齐	昌吉	石河子	克拉玛依	博拉塔拉	阿克苏	克孜勒苏	和田	喀什	巴音郭楞	阿里地区	那曲地区	海西	酒泉	嘉峪关	张掖	金昌	武威	白银	中卫	吴中	银川	石嘴山	阿拉善	巴彦淖尔	鄂尔多斯	包头	乌兰察布	锡林郭勒
■城市面积（km^2）	10800	15300	70049	14213	73660	457	9252	27000	14450	70900	24780	2940	70954	304000	420000	325785	192000	2935	40874	8896	33249	21209	17000	20200	9555	5208	270000	64400	87890	27691	54491	211866

图11-10 城市面积

Figure11-10 City area

数据来源：各省市统计局

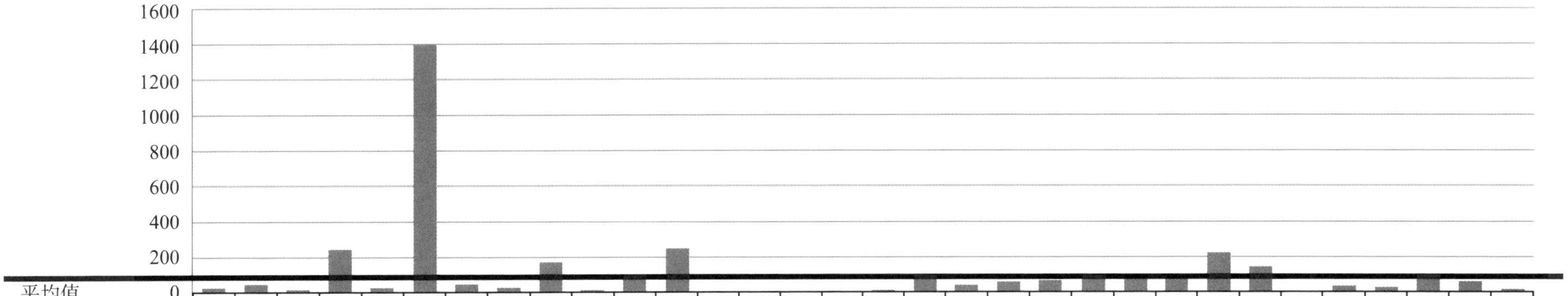

	阿勒泰	哈密	吐鲁番	乌鲁木齐	昌吉	石河子	克拉玛依	博拉塔拉	阿克苏	克孜勒苏	和田	喀什	巴音郭楞	阿里地区	那曲地区	海西	酒泉	嘉峪关	张掖	金昌	武威	白银	中卫	吴中	银川	石嘴山	阿拉善	巴彦淖尔	鄂尔多斯	包头	乌兰察布	锡林郭勒
■人均面积（km^2/人）	18.2	37.4	9	232	19.3	1400	42	17	164	7.5	71	238	2.7	0.2	0.9	1.2	5.7	100	32	52.1	57.6	84.8	65.1	65	214	142	0.8	27	22	100	53	4.3

图11-11 人均面积

Figure11-11 Average area per person

数据来源：各省市统计局

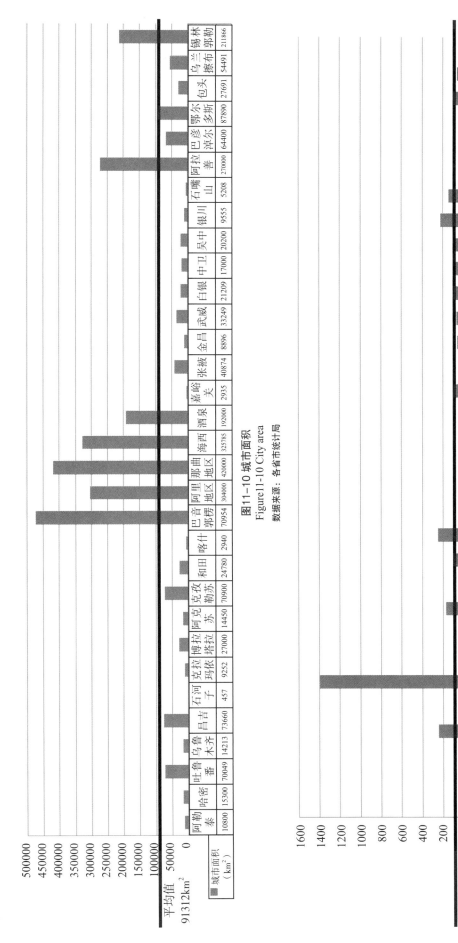

（3）人口：通过对干旱地区城市人口的统计与分析，可知干旱区域城市人口差异性较强，较发达城市人数较多（如乌鲁木齐人数高达330万人），而落后城市人数较少（如阿里地区仅6万人）；另外，人口处于平均值左右的城市只有昌吉、巴音郭楞、张掖、中卫、吴中几个（图11–12）。

（4）GDP：通过对干旱地区城市GDP的统计与分析，可知干旱区域城市GDP水平总体并不高，但有个别城市非常突出，如乌鲁木齐、克拉玛依、鄂尔多斯；突出的城市大多是依靠资源来提高其GDP，是不可持续的增长（图11–13）。

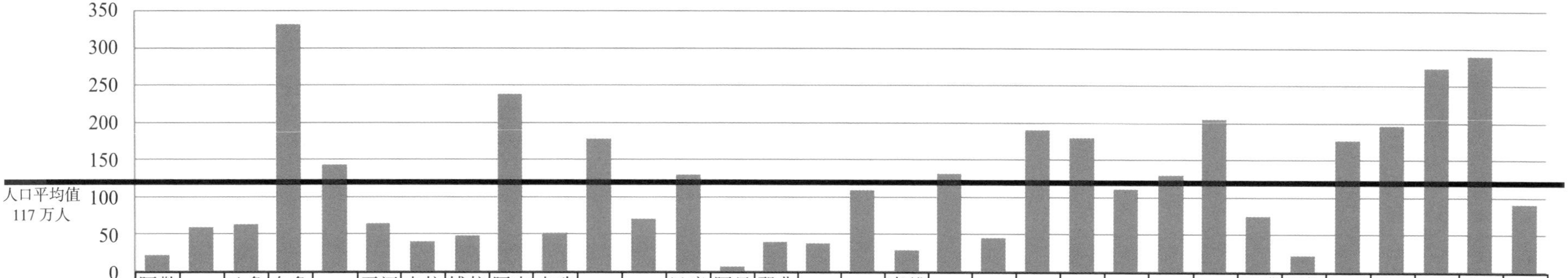

	阿勒泰	哈密	吐鲁番	乌鲁木齐	昌吉	石河子	克拉玛依	博拉塔拉	阿克苏	克孜勒苏	和田	喀什	巴音郭楞	阿里地区	那曲地区	海西	酒泉	嘉峪关	张掖	金昌	武威	白银	中卫	吴中	银川	石嘴山	阿拉善	巴彦淖尔	鄂尔多斯	包头	乌兰擦布	锡林郭勒
■人口（万人）	20	57	63	330	143	64	39	48	237	53	177	70	128	6	39	38	110	30	131	46	192	180	111	131	205	74	22	176	195	273	289	91

图11–12 人口表
Figure11-12 Population
数据来源：各省市统计局

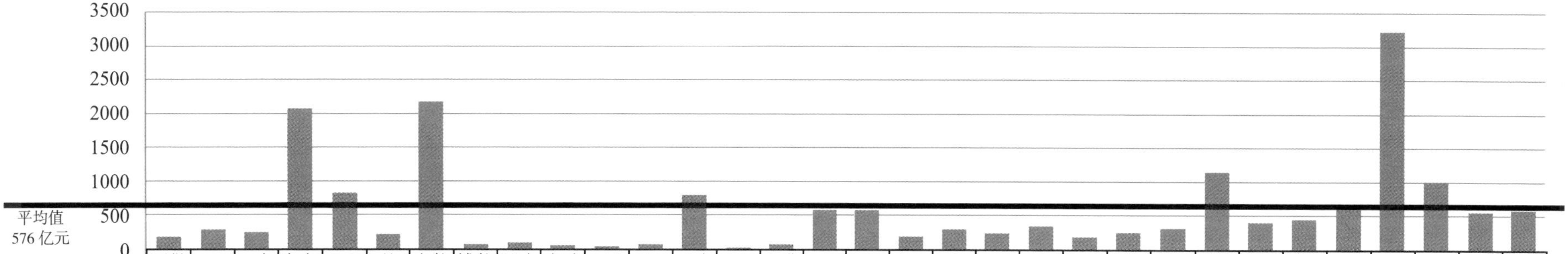

	阿勒泰	哈密	吐鲁番	乌鲁木齐	昌吉	石河子	克拉玛依	博拉塔拉	阿克苏	克孜勒苏	和田	喀什	巴音郭楞	阿里地区	那曲地区	海西	酒泉	嘉峪关	张掖	金昌	武威	白银	中卫	吴中	银川	石嘴山	阿拉善	巴彦淖尔	鄂尔多斯	包头	乌兰擦布	锡林郭勒
■GDP（亿元）	186	275	245	2060	826	215	2177	63	98	60	43	73	800	24.2	65.5	570	576	184	292	233	342	186	250	312	1141	409	455	603	3218	1010	568	592

图11–13 GDP表
Figure11-13 The Gross Domestic Products (GDP)
数据来源：各省市统计局

3．宜居类型

精选32城市数据，通过比较，较为适合居住的城市总结为右图红色的部分，并可以总结出以下几点：① 人居环境较好的城市中，主要为两大类，大多在丝绸之路上的为环境型，而在丝绸之路外的为资源型。② 其中62.5%在新疆，且新疆较为干旱，所以新疆具有研究的典型性（表11–3）。

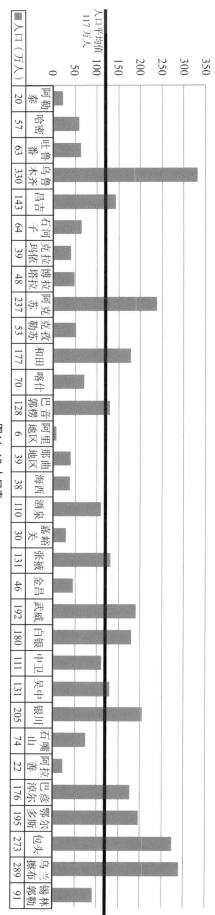

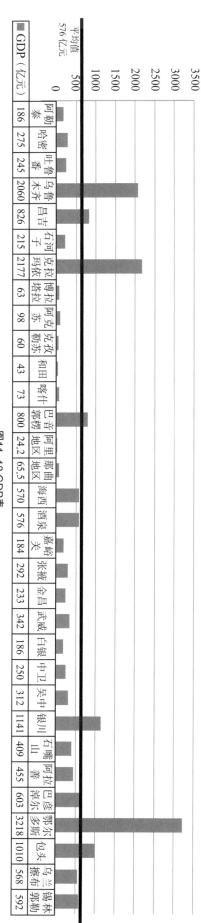

表 11–3 城市数据比对表
Table11-3 Comparison of city data

省名	城市名	人口（万人）	城市面积（km^2）	人均面积（km^2/人）	平均温度（℃）	蒸发量（mm）	GDP（亿元）	年均降水量（mm）	平均海拔（m）
新疆	阿勒泰	19.7	10800.0	18.2	4.5	1682.6	185.9	191.3	735.0
	哈密	57.2	15300.0	37.4	10.0	2712.6	274.6	47.5	738.0
	吐鲁番	63.0	70049.0	9.0	14.0	3000.0	244.6	16.0	300.0
	乌鲁木齐	330.0	14216.0	232.1	5.0	2616.9	2060.0	294.0	800.0
	昌吉	142.9	73660.0	19.3	6.8	1787.0	826.0	200.0	577.0
	石河子	64.0	457.0	1400.0	6.5	1250.0	215.0	150.0	450.0
	克拉玛依	39.1	9252.0	42.0	8.6	2692.1	2177.0	108.9	350.0
	博尔塔拉	48.0	27000.0	17.0	6.7	1562.4	63.4	108.9	509.0
	阿克苏	237.1	14450.0	164.0	10.5	2302.0	98.0	51.6	1114.0
	克孜勒苏	52.6	70900.0	7.5	12.0	2500.0	60.0	90.0	4670.0
	和田	177.0	24780.0	71.0	11.5	2398.0	43.0	32.9	5500.0
	喀什	70.0	2940.0	238.0	11.5	2100.0	72.9	74.1	1289.0
	巴音郭楞	127.9	470954.0	2.7	9.4	2072.0	799.9	100.0	2400.0
西藏	阿里地区	6.0	304000.0	0.2	0.0	2341.6	24.2	66.6	4500.0
	那曲地区	39.0	420000.0	0.9	2.4	1810.3	65.6	150.0	4500.0
青海	海西	38.0	325785.0	1.2	2.4	2353.9	570.3	156.7	4000.0
甘肃	酒泉	110.0	192000.0	5.7	7.9	2141.4	576.0	84.0	1400.0
	嘉峪关	30.0	2935.0	100.0	6.2	2149.0	183.9	85.3	2067.0
	张掖	131.0	40874.0	32.0	6.0	2002.0	291.9	198.0	3600.0
	金昌	46.4	8896.0	52.1	9.3	2000.0	232.8	139.6	2971.0
	武威	191.8	33249.0	57.6	7.8	2800.0	341.6	245.0	2936.0
	白银	180.0	21209.0	84.8	7.5	1997.0	185.9	180.0	2300.0
宁夏	中卫	110.7	17000.0	65.1	9.6	1752.2	250.4	138.0	2050.0
	吴中	131.2	20200.0	65.0	9.4	2018.0	312.1	240.7	1350.0
	银川	204.6	9555.0	214.0	8.5	2000.0	1140.8	200.0	1030.0
	石嘴山	74.2	5208.0	142.0	7.6	2008.0	409.2	188.8	2283.0
内蒙古	阿拉善	22.1	270000.0	0.8	7.3	3000.0	454.8	160.0	1102.0
	巴彦淖尔	176.0	64400.0	27.0	5.7	2500.0	603.3	188.0	1450.0
	鄂尔多斯	195.0	87890.0	22.0	6.2	2506.3	3218.0	348.9	1250.0
	包头	273.2	27691.0	100.0	8.5	2265.7	1010.0	262.9	1125.0
	乌兰察布	289.0	54491.0	53.0	9.0	800.0	567.6	220.0	1419.0
	锡林郭勒	91.0	211866.0	4.3	1.5	2100.0	592.1	295.0	1000.0
总和		3767.5	2922007.0	3285.9	239.8	69221.7	18150.6	5012.7	61765.0
平均值		117.0	91312.0	102.0	7.5	2163.0	567.0	156.0	1930.0

数据来源：知网统计年鉴、新疆维吾尔自治区统计局

11.1.3.2 新疆人居背景概述

1. 资源概况

1）土地资源

（1）面积指数：新疆土地面积约166.5万km^2，是全国面积最大的省区。新疆绿洲面积仅有6.82万km^2，占全疆面积的3.56%，聚集人口却占全疆的95%以上，绿洲内人口密度达到268人/km^2，属于人稠地狭的地区。

（2）土地生产力：土地生产能力低下，耕地中低产田占39.6%，中产田占49.6%，人工草地，人工林地与种植业的比例为1.2：1.2：7.6，全疆退化草场面积达866.67万hm^2。

2）水资源

（1）大气降水是水资源形成的总来源。

（2）水资源时空分布不均匀：从时间上看，大部分水量集中在夏季，6~9月水量占年径流量的70%~80%。春季流量很少，占年径流量的17%。从空间上看，降水主要集中于山区，平原区很少。新疆年降水量为2429亿m^3，山区降水占84.3%，平原区占15.7%。从区位上看，南疆约占2/3，北疆约占1/3，但从单位面积所拥有的水量来看，北疆比南疆大一倍。新疆河流呈现北部多于南部，西北部多于东南部的特点。

（3）地下水从属地表水，两者相互转化，具有多次重复利用的可能。

（4）降雨量远小于蒸发量：新疆降水稀少且分布不均，北疆地区年降水量在150~200mm以上，南疆不足100mm，西部伊犁地区的降水量差不多是东部哈密地区的6倍。

3）风能：从时间上看，新疆多数地区风速年变化规律是春季大，夏季次之，冬季最小。以月份计，4、5月份风速最大，12月和1月最小。从空间上看，北疆大，南疆小，北疆东部西部和南疆东部大，准格尔盆地和塔里木盆地内部小，高山大，中低山区小，风速大区域呈孤岛分布。年平均风速，北疆准格尔盆地西部在4m/s以上，北疆东部东天山北麓在4m/s以上，沿天山北麓的农业地区3m/s以下，伊犁河谷为2~2.5m/s。

新疆地区为适宜风电场建设的资源可开发区，半个多世纪以来新疆国民经济取得了举世瞩目的发展，但目前工业化发展水平仍不高，耗能型产业结构特征明显。加快可再生能源开发利用，构筑多元化能源结构，对新疆转变经济发展方式、减轻能源和环境压力以及调整自身在新一轮西部大开发中的战略地位具有重要意义。

天山北坡经济带地处亚欧大陆腹部，新疆准噶尔盆地南缘，天山山脉北麓。地理坐标东经79°53′~92°19′，北纬42°45′~46°45′，区域总面积1.496×105km^2，占全疆国土面积的6.65%。

研究区是中国西部区域经济规划重点发展的综合经济带，是国家西部大开发战略中西陇海兰新线经济带的重要组成部分。该区域自然资源丰富，拥有优越的区位条件和完备的基础设施，是新疆科技、经济和社会发展的重心，也是新疆能源消费的主要区域。

克拉玛依风能资源位居全国前列，且依靠已有的基础设施可以方便地实现风能发电。华锐风电集团于2011年底投资100亿元兴建“克拉玛依风电站”，预计2016年底能投入发电（表11–4）。

表 11–4 可开发区 70m 高度处的风能资源参数

Table11-14 Parameters of wind energy resource in 70m height of development zone

站点	年有效风能（kW·h/m^2）	有效风功率密度（W/m^2）	年均风速（m/s^1）
阿拉山口	5377.43	773.95	7.00
达坂城	4870.15	748.68	7.33
克拉玛依	1346.59	274.25	4.33
北塔山	1142.92	232.32	4.64

4）太阳能

新疆地区紫外线辐射强烈，日照时数多，太阳辐射量全国第二（表11–5）。

随着常规石油资源的日益耗减和全球气候的变暖，人们越来越多地关注到常规能源燃烧后产生的温室气体排放问题，并为解决这一问题而努力。

在常规能源供给紧张和环保压力不断增大的背景下，大力发展新能源，尤其是太阳能这种清洁的可再生资源，是目前国际社会一致的发展方向。太阳能是一种可再生能源，它具有广泛性、安全性、巨大性和长久性。

新疆油田公司近几年在太阳能应用方面作了一些尝试，比如在彩南、石西油田和克拉玛依气田等少数偏远油气井采用光伏供电系统、太阳能光热系统，为积极探索太阳能技术在油田可替代能源及节能、环保等方面的应用效果和应用前景积累了一些经验，太阳能应用试验工具既具有研究试验意义，又有先期示范作用，目前，太阳能利用技术尚处于初级阶段[6]。

表 11-5 新疆各地年月日照射时数

Table11-5 Sunshine hours per year, per month and per day in Xinjiang Province

站名	阿勒泰	塔城	伊犁	乌鲁木齐	吐鲁番	哈密	库尔勒	阿克苏	喀什	和田
1	167.4	165.5	156.6	153.3	180.5	212.5	186.5	188.9	161.0	174.3
2	189.0	185.0	166.6	156.7	203.0	227.4	195.3	188.8	163.0	157.1
3	239.8	229.1	204.8	190.0	245.8	271.3	230.6	206.4	193.5	192.0
4	275.5	255.8	243.2	243.2	259.9	289.6	242.5	222.5	209.5	197.0
5	322.1	311.8	290.4	292.5	302.1	338.9	290.3	267.0	263.2	233.0
6	328.3	324.5	299.3	293.7	306.7	337.4	296.8	290.4	316.8	257.2
7	336.2	340.3	322.3	311.5	318.1	335.9	300.4	303.9	315.9	248.9
8	319.9	334.4	314.2	304.8	314.5	322.0	304.9	284.9	289.0	232.0
9	277.8	285.1	270.8	278.3	287.3	306.6	281.5	257.2	260.3	237.6
10	219.6	218.8	228.8	214.3	263.4	282.8	260.0	252.9	248.8	265.3
11	153.2	159.3	167.7	147.0	204.4	224.6	214.2	214.8	200.1	225.6
12	134.5	137.3	137.9	117.6	162.9	201.1	186.9	195.7	163.0	190.5
年	2963.4	2943.7	2802.4	2733.6	3049.5	3360.3	2990.0	2873.3	2784.0	2610.6

2. 聚落演变——以新疆罗布泊地区为例

1）水资源与聚落演变

（1）早期农业。非灌不植：没有灌溉就无法种植。地尽水耕：所有土地全部需要灌溉才能耕种。

（2）水利设施。兴修水利，修渠建库，引水筑坝，人工渠道代替自然河流，人工水库代替天然湖泊，人工栽培植被代替自然植被，建立起以人工水域为支撑的农田生态系统。大量引水灌溉使原本用于天然植被的水减少造成自然植被枯萎死亡；耕地面积扩大，开荒造田导致林草面积减少；水量地域分配平衡失调，灌区地下水位升高，下流地下水位下降，荒漠化严重；塔里木盆地南缘消亡的29个聚落，有21个由于河流改道或断流造成。

（3）罗布泊水系变迁时间轴线。公元前7～1世纪：塔里木河、孔雀河从罗布地区北部汇入罗布泊，形成孔雀河三角洲，罗布地区北部河流稳定，这里湖泊较多，森林广布，古聚落生机勃勃。公元前1～6世纪：塔里木河改道，孔雀河主流与之汇而南流，罗布地区北部河湖三角洲逐渐消失，成为荒无人烟的区域，城市、驿路烽燧全部废弃。约6世纪，楼兰消亡在漫漫黄沙中（图11-14）。

2）气候与聚落演变

（1）暖湿润时期：近5000年来，这一地区的主要湿期、洪侵沙漠腹地、河湖水量增大等现象，大多出现在气候的温暖湿润期（图11-15）。

（2）变冷时期：沙漠腹地的古风成砂、重要古城废弃的时间都发生在气候变冷时期。

（3）暖干化时期：气候环境的暖干化是导致塔里木盆地人类文明在公元4～5世纪发生第一次大规模变迁的根本原因。气候暖干化导致水量明显减少、人类生存环境发生恶化、生存资源减少、生存空间缩小等一系列变化，最终导致聚落的衰亡。

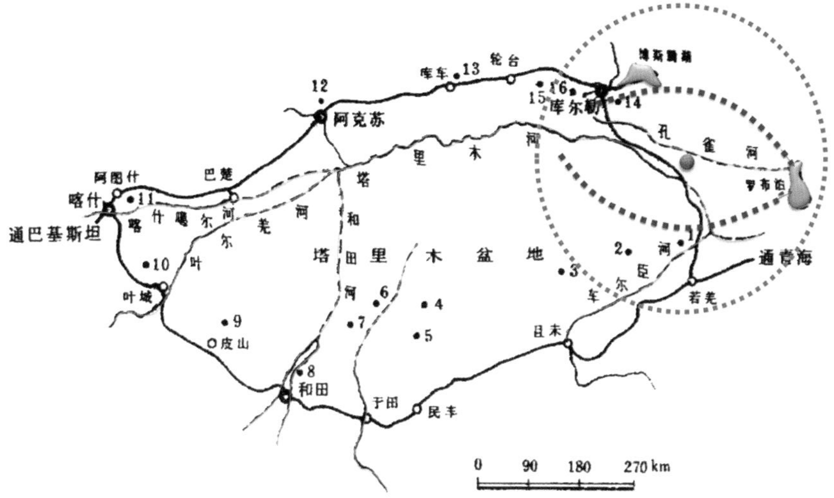

图11-14 罗布泊水系变迁图

Figure11-14 Changing of Lop Nor river system

底图来源：张小雷.塔里木盆地城镇的地域演化[J].干旱区地理,1993,16（4）:51-57

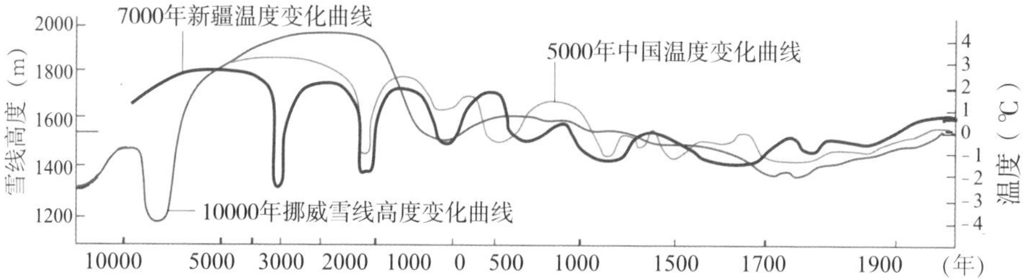

注：右侧纵轴以0线作为目前温度水平；横线时间轴的缩尺是幂数的，越向左，缩尺越小。

图11-15 新疆7000年温度变化曲线图

Figure11-15 Temperature changing curve since 5000 B.C. of Xinjiang Province

数据来源：http://www.xjxnw.gov.cn/

3）土地开发与聚落演变

（1）原始时期均布的半农耕聚落。

分布特点：从遗址分布来看，这些聚落均衡分布在盆地的边缘，一般位于山前河流高阶地上，既利于取水，又便于防洪（图11–16）。

意义：这种半农耕型的原始聚落是新疆农耕聚落的最早雏形，新疆的土地开发与聚落建设起始于南疆地区。

生产方式：农业为主，畜牧业为辅，这种形态到秦汉时期已经形成较大的规模。

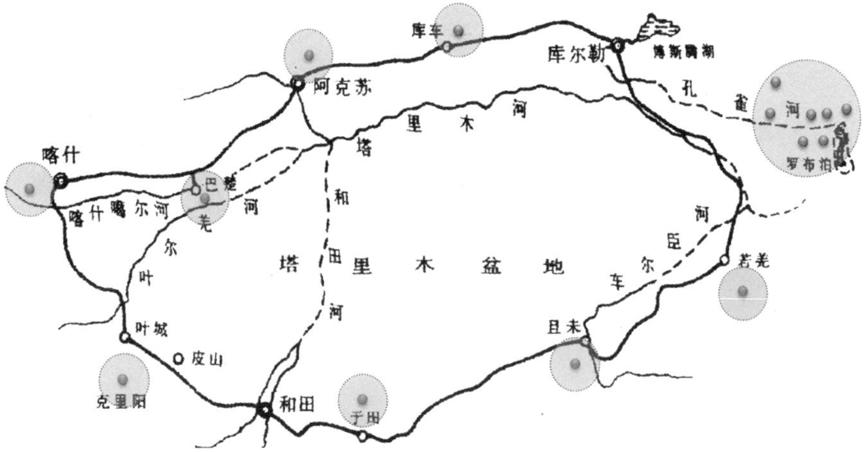

图11–16 南疆塔里木盆地原始聚落分布图

Figure11-16 Distribution of the original settlement of southern Xinjiang Tarim Basin

底图来源：张小雷.塔里木盆地城镇的地域演化[J].干旱区地理,1993,16（4）:51-57

（2）两汉时期的“城郭诸国”聚落。

发展状况：汉统一西域，以屯田的形式，兴修水力，开垦土地，南疆地区形成了以西域36国为主的“城郭诸国”。东汉初年，西域诸国攻伐兼并，逐步形成中心城镇或枢纽城镇。

意义：诸国借以耕作、畜牧为生，有城郭庐舍，形成新疆城镇的雏形。布局形式奠定此后新疆城镇布局基本框架。

分布特点：南疆城镇环塔里木盆地分布，北疆城镇沿天山北麓分布（图11–17）。

聚落选址脱离山前原始位置，向河流下游发展，分布于古河流下游三角洲和冲积平原。

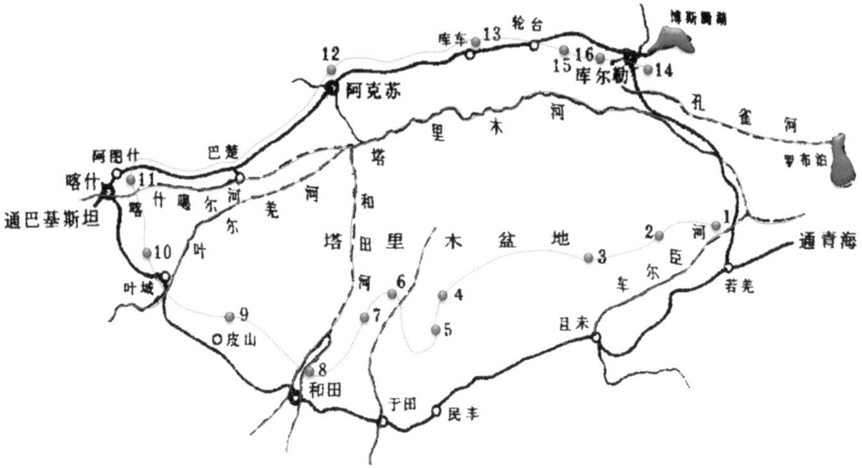

图11–17 南疆塔里木盆地城郭诸城图

Figure11-17 Diagram of Tarim Basin's cities construction in South Xinjiang Province

底图来源：张小雷. 塔里木盆地城镇的地域演化[J]. 干旱区地理，1993，16（4）：51-57.

（3）唐时期的多中心聚落分布体系。

发展状况：唐政府在西域设严密、完整的军事建制，机构按等级分为军、镇、城、守捉、戍堡，并有大量的驿站分布其间（图11–18）。

意义：唐朝西域城镇不但数量大增，而且由于不同层次的军政机构的设置，形成了不同层次规模的城镇体系。城池规模庞大，城中塔庙千数，街巷、工业、手工业已经出现。

图11–18 唐时期多中心聚落分布图

Figure11-18 Distribution map of multi-center settlement of Tang Dynasty

底图来源：李春华. 新疆绿洲城镇空间结构的系统研究[D]. 南京：南京师范大学，2006

（4）清时期聚落体系的空前发展。

发展概况：清朝时，新疆的屯垦更加发达，主要由26个垦区。新疆建省后，全疆被分为4个道，其中南疆两道，人口占全疆88%以上，人口最多的城镇也集中在南疆地区。但在这一阶段，北疆城镇的地位的上升成为主要趋势，并形成了3个中心地区：一是以乌鲁木齐为中心的镇迪道，二是以伊犁等为中心的伊塔道，三是阿勒泰地区。

发展趋势：行政中心建在位于北疆的乌鲁木齐，发展重心开始由南疆向北疆转移。

分布特点：中心城镇的迁移：乌鲁木齐成为全疆最大的中心城镇，开启了新疆城镇中心位置由南向北的迁移过程。北疆地区的大发展：清后期的新疆屯田都集中在以乌鲁木齐为中心的天山北坡一带，使这一区域的城镇聚落迅速发展壮大。出现了一批地区贸易中心城市：如古城成为联系内地、北疆、南疆以及内蒙古的枢纽与货物集散地，商业盛极一时。

（5）1949年后现代聚落体系形成。

1949年成立迪化市（今乌鲁木齐市）人民政府。1952年设伊宁市和喀什市，到1957年一直保持三市鼎力的格局。随着准噶尔盆地石油的开采和炼油产业的兴起，在戈壁荒滩上建设了我国著名的石油城市——克拉玛依和独山子。石油、天然气、煤炭的开采加工，直接促进了乌鲁木齐、哈密、吐鲁番、库尔勒等城市的发展。

1986年设市8个，北疆4个，南疆3个，东疆1个。2000年新疆生产建设兵团新增3个农垦城市。设2个地级市，20个县级市，62个县和6个自治县。能源开采加工已成为新疆工业中的主导产业，成为城市发展的经济动力。新中国对新疆的开发建设，超过了历史上的任何时期，并以此为基础，形成了现代聚落体系。

（6）历史时间轴上的新疆聚落（图11-19）。

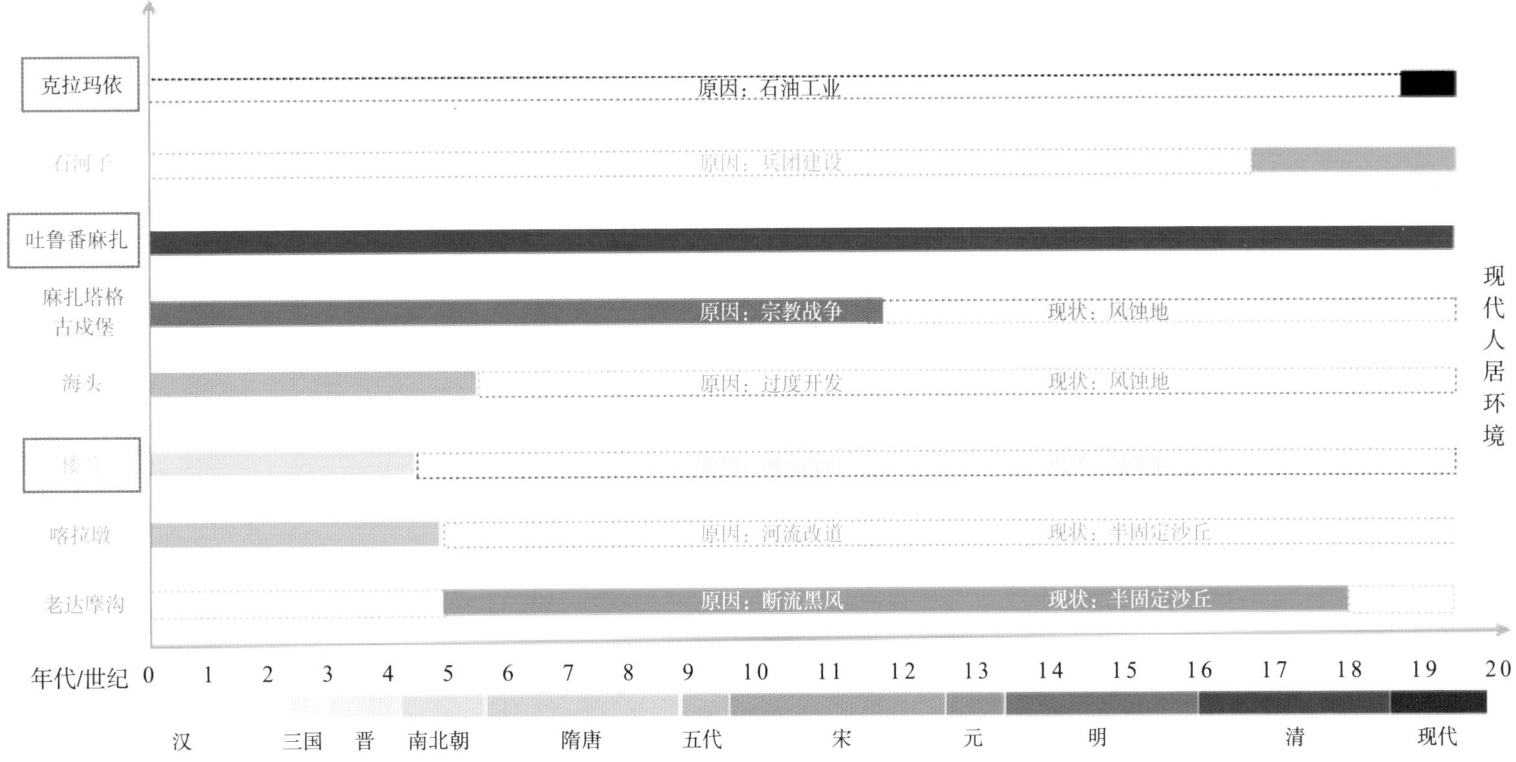

图11-19 历史上的新疆聚落
Figure11-19 Settlements development in the history of Xinjiang Province

3．产业概况（图 11–20、图 11–21）

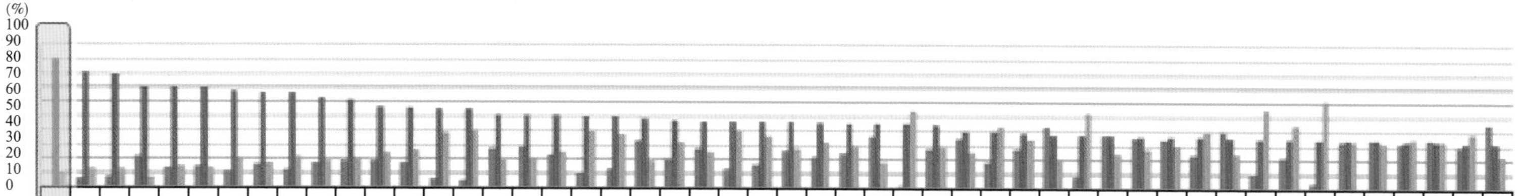

	克拉玛依市	库尔勒市	鄯善县	若羌县	富蕴县	哈巴河县	托里县	巴音郭楞蒙古	吐鲁番地区	阜康市
第一产业	0	5	7	22	14	16	12	16	12	18
第二产业	89	81	79	71	71	70	68	66	66	63
第三产业	10	14	13	7	15	15	20	18	22	19

	托克逊县	和布克赛尔蒙古	库车县	石河子市	奎屯市	新源县	尼勒克县	伊吾县	哈密市	哈密地区
第一产业	19	19	17	6	5	27	28	22	10	13
第二产业	61	57	56	55	55	52	52	52	49	49
第三产业	20	25	26	38	40	21	20	26	40	38

	乌苏市	阿勒泰地区	昌吉回族自治州	昌吉市	塔什库尔干塔吉克	巴里坤哈萨克	青河县	拜城县	疏勒县	乌鲁木齐市
第一产业	33	20	27	13	16	26	22	24	37	1
第二产业	48	48	47	47	47	47	46	45	45	45
第三产业	19	32	26	40	37	27	32	30	18	54

	和静县	吉木萨尔县	吐鲁番市	伊犁哈萨克自治州	呼图壁县	阿合奇县	玛纳斯县	塔城地区	轮台县	伊犁州直属县
第一产业	28	35	18	27	43	9	38	35	34	23
第二产业	44	40	39	38	38	38	38	37	37	36
第三产业	29	26	43	34	20	53	25	28	30	40

	伊宁县	和田市	布尔津县	喀什市	乌鲁木齐县	岳普湖县	阿克苏地区	额敏县	焉耆回族自治县	奇台县
第一产业	39	9	21	4	33	34	32	34	29	45
第二产业	36	35	35	34	34	34	33	33	32	32
第三产业	25	56	44	61	33	32	35	33	39	23

图11–20 新疆维吾尔自治区各地、州、市、县（市）地区第二产业所占比重排列表I
Figure11-20 Proportion of the secondary industry of cities prefectures and counties in Xinjiang Province I

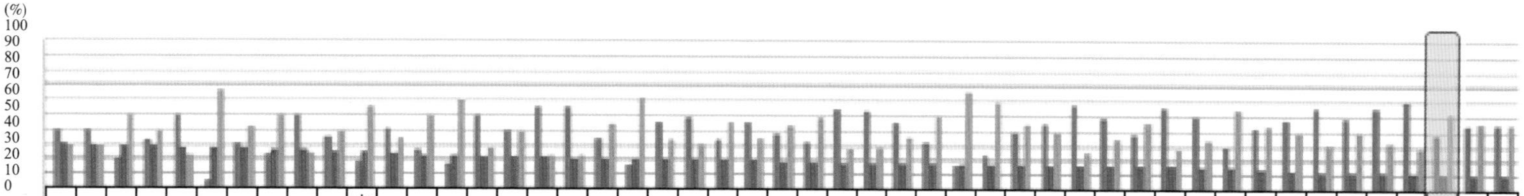

	巩留县	福海县	阿克苏市	吉木乃县	沙湾县	伊宁市	阿克陶县	塔城市	伽师县	喀什地区
第一产业	39	39	21	32	50	5	31	24	49	36
第二产业	31	30	29	29	28	28	28	27	26	26
第三产业	30	31	50	39	23	67	42	49	25	39

	克孜勒苏柯尔克	裕民县	博乐市	阿图什市	察布查尔锡伯	和田县	尉犁县	温宿县	博尔塔拉蒙古	阿勒泰市
第一产业	19	41	27	17	50	50	56	55	35	16
第二产业	25	24	23	23	22	22	22	21	21	21
第三产业	56	35	50	61	28	38	23	23	44	63

	昭苏县	英吉沙县	霍城县	博湖县	泽普县	和田地区	麦盖提县	精河县	温泉县	洛浦县
第一产业	45	48	34	45	37	32	54	53	46	32
第二产业	21	21	21	20	19	19	19	18	18	18
第三产业	34	31	46	35	44	49	28	29	36	50

	乌恰县	民丰县	沙雅县	特克斯县	和硕县	新和县	巴楚县	叶城县	木垒哈萨克	柯坪县
第一产业	16	24	38	45	58	48	37	56	50	30
第二产业	18	18	18	17	17	17	17	17	16	16
第三产业	66	59	44	38	25	35	46	28	34	54

	策勒县	且末县	莎车县	皮山县	阿瓦提县	疏附县	玉田县	墨玉县	乌什县
第一产业	42	47	56	48	56	59	37	44	45
第二产业	15	14	13	13	13	12	11	10	9
第三产业	43	39	31	39	32	28	52	46	45

年降雨量为32.9mm，为其中最少的县，具有典型性

图11–21 新疆维吾尔自治区各地、州、市、县（市）地区第二产业所占比重排列表II
Figure11-21 Proportion of the secondary industry of cities, prefectures and counties in Xinjiang Province II

4. 新疆喀什

1）自然环境

喀什地区位于中国西部，地理坐标东经73°20′~79°57′，北35°20′~40°18′。东临塔克拉玛干沙漠，南依喀喇昆仑山与西藏阿里地区，西靠帕米尔高原，东北与阿克苏地区柯坪县、阿瓦提县相连，西北与克孜勒苏柯尔克孜自治州的阿图什市、乌恰县、阿克陶县相连，东南与和田地区皮山县相连。喀什地区的西南部与四个国家接壤：西部与塔吉克斯坦相连、西南与阿富汗、巴基斯坦、吉尔吉斯斯坦接壤；边境线长388km。全地区东西宽约750km，南北长约535km，面积111794.03km^2[7]。

（1）地质地貌。喀什地区三面环山，一面敞开，北有天山南脉横卧，西有帕米尔高原耸立，南部是绵亘东西的喀喇昆仑山，东部为一望无垠的塔克拉玛干大沙漠。诸山和沙漠环绕的叶尔羌河、喀什噶尔河冲积平原犹如绿色的宝石镶嵌其中。

整个地势由西南向东北倾斜。地貌轮廓是由稳定的塔里木盆地、天山、昆仑山地槽褶皱带为主的构造单元组成。而山区的冰雪融水给绿洲的开发创造了条件，形成较集中的喀什噶尔和叶尔羌河两大著名绿洲。境内最高的乔戈里峰海拔8611m，最低处塔克拉玛干大沙漠海拔1100m，喀什市城区的平均海拔高度为1289m。

（2）气候。喀什地区处在中亚腹部，受地理环境的制约，属暖温带大陆性干旱气候带境内。四季分明、光照长、气温年和日变化大，降水很少，蒸发旺盛[8]。夏季炎热，但酷暑期短；冬无严寒，但低温期长；春夏多大风、沙暴、浮尘天气。

因为地形复杂，气候差异大，可分为平原，沙漠荒漠，山地丘陵，帕米尔高原和昆仑山气候区。喀什市属平原气候区，四季分明，夏长冬短，年平均气温11.7℃，极端最低气温-24.4℃，极端最高气温达49.1℃。年平均无霜期215天，年平均降雨量30~60mm，年平均蒸发量2100~2700mm[7]。

喀什地区自然植被稀疏，地表植被覆盖率低是由降水稀少及降水时空分布极不均匀所导致的。这也导致这里难以形成对地表土壤和水分进行有效保护的基本条件。严酷的气候环境现实导致喀什地区生态系统生产能力普遍低下，生物多样性低，系统自我调控能力较低，对外界抗干扰的能力弱，使这一特殊地区生态系统表现出极端的脆弱性。

光热水土条件得天独厚。年均地表径流量达117亿m^3，地下水动储量达50亿m^3。现有耕地40万hm^2，后备耕地资源100万hm^2，农业开发潜力巨大。这里光照充足，无霜期20天左右、年有效积温可达4200℃，昼夜温差大，非常适于粮、棉、瓜、果和其他经济作物生长[9]。喀什幅员辽阔，地形复杂，是矿产资源的富集区，有金、铜、铅、锌、镍、钒、钛、水晶、云母等30多种矿产。石膏储量居全国前茅，蛇纹岩储量居全国第三位。石油、天然气、玉石等矿藏储量丰富[10]。

2）视觉景观

塔克拉玛干沙漠位于中国新疆的塔里木盆地中央，是中国最大的沙漠，也是世界第二大沙漠，同时还是世界最大的流动性沙漠。整个沙漠东西长约1000km，南北宽约400km，面积达33万km^2。平均年降水不超过100mm，最低只有4~5mm；而平均蒸发量高达2500~3400mm。

帕米尔高原是我国的西疆极地，平均海拔5000m以上。它位于新疆喀什市正西和西南的公格尔山、慕士塔格山一带，其最西点接近塔吉斯坦的喀拉湖。这两山号称“冰川之父”，素为登山胜地。帕米尔是古丝绸之路上最为艰险和神秘的一段。

艾提尕尔清真寺坐落于新疆维吾尔自治区喀什市的艾提尕尔广场西侧，占地1.68hm^2，它不仅是新疆规模最大的清真寺，也是全国规模最大的清真寺之一。这是一个有着浓郁民族风格和宗教色彩的伊斯兰教古建筑群，坐西朝东。它不仅是宗教活动场所，也是传播伊斯兰教和培养人才的学府。

石头城位于塔什库尔干县城以北数十米处，据考证，为唐代遗存。该城为古代“丝绸之路”上一个极有战略地位的城堡，已定为自治区重点文物保护单位。石头城虽只剩下残垣断壁，但周围有雪峰，下有草滩、河流，又有浓郁的塔吉克民族风情，颇具粗犷豪放之美。

干旱荒漠地区城市的重大问题正如前面所说受气候条件制约，水资源紧缺，地质条件约束而无法如常规的园林设计方法来改善市民生活环境。而荒漠具有的独特景观特质（开阔平坦，无人工的东西），使人感到敬畏并易于激发设计灵感。戈壁沙漠作为喀什占地最广阔的景观绿地，不能纯粹单独的把荒漠看成没有价值的地方，而相反，达瓦昆沙漠公园就是合理地看待现有条件并将它利用起来的。

达瓦昆沙漠风光旅游风景区有133.33hm^{2}的水面，0.27万hm^{2}的沙漠，并且沙水相连，碧波荡漾、游艇往来。以达瓦昆为中心，辐射13个景点，有1800年的千年胡杨王，古墓群，700年历史的圣池和古战场遗址，有“临境知天寰，怀古吊钩沉”1500年的千年柳树王，原始古朴的大漠风光更有“大漠孤烟直，长河落日圆”的诱人风景线，令人心怡神往，无不让中外游客叹为观止。

3）资源状况

（1）问题与危机。喀什市在生态环境质量方面存在着其自身的软肋，比如降水稀少、干热风、沙暴、浮尘和蒸腾强烈等不利因素，生态环境稳定性差，自我调节能力较弱、荒漠生态环境脆弱，生态环境一旦遭到破坏，生态平衡难以恢复到初始状态等情形。喀什地区由于降水稀少，沙漠化景观占了整个景观的53.5%。这是其他区域城市所不具备的（图11-22）。

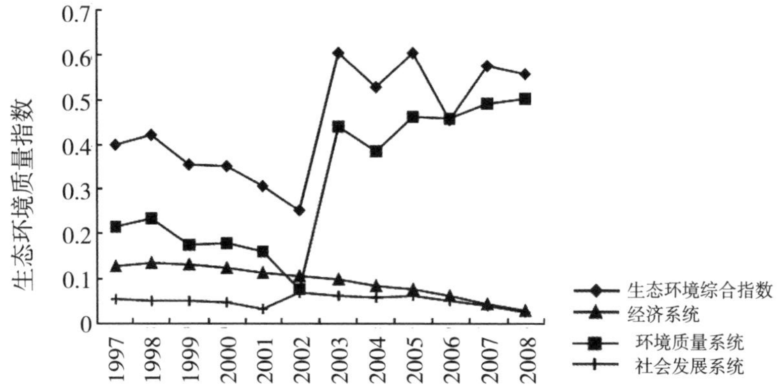

图11-22 喀什市生态环境综合质量及其分量计算结果图

Figure11-22 Comprehensive quality and weight calculations of ecological environment in Kashgar City

图片来源:孜比布拉·司马义,苏力叶·木沙江等.喀什市城市生态环境质量评价研究[J]. 云南大学学报（自然科学版）,2011,33（2）:218-223

① 荒漠化。喀什地区荒漠化现状：喀什地区极端最高气温达-42.79℃，极端最低气温-39.19℃，年平均降水量40~70mm，年平均蒸发量2100~2700mm。1999年底，全地区总土地面积14.16万km^2。其中沙漠20.4%，耕地面积4478km^2，耕地有机质含量不足1%，且次生盐渍化面积占耕地面积的57.7%，森林覆盖率仅为2%。

喀什地区荒漠化的原因：气候与地貌因素是荒漠化发生发展的主要自然因素，在干旱地区，沙质地表容易被大风吹扬，造成荒漠化的蔓延。但是，气候因素对于荒漠化的发展进程只是起影响作用而不是决定作用，人为活动在荒漠化发展过程中起着决定性作用，人类不仅是荒漠化的主要动因，而且也是荒漠化的受害者。

不合理的经营活动是荒漠化发展的经济因素。最直接的成因通常是四种人类活动（表11-6）：过度种植使土地衰竭；过度放牧毁掉赖以防止土壤退化的植被；砍伐森林砍掉赖以固定陆地土壤的树木；而排水不良的灌溉方法则使农田变碱地[11]。

② 人居点问题。极端干旱环境背景下人地关系一直在演变（图11-23）。在这关系演变的过程中喀什人们为了在风沙大、气候炎热的干旱地区创造一个适宜的生活环境而一直努力探索。因此喀什荒漠地区的特殊气候和伊斯兰教的影响造就了喀什地区特殊的人居环境。这一切体现了喀什人的智慧。

表 11-6 中国北方荒漠化的人为成因类型

Table11-6 Anthropogenic causes of desertification in Northern China

人为成因类型	占风力作用下沙质荒漠化土地的（%）
过度樵采	32.7
过度农垦	26.9
过度放牧	30.1
水资源利用不当	9.6

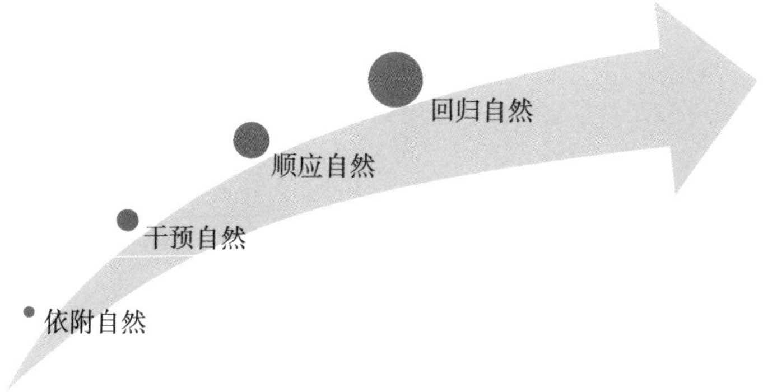

图11-23 极端干旱环境背景下的人地关系

Figure11-23 Human-land relation in extreme arid environment

在伊斯兰教里穿着长袍、包着头巾和面纱的是一种着装习惯，但这也正好反映出荒漠民族的特殊防热御寒方式。喀什不仅有酷暑，同样也有严寒，因此人们一直在找一些方式适应。

喀什旧城区民居的密集分布与宗教文化也有紧密的联系。穆斯林每日作五次礼拜，礼拜五作主麻（聚礼），逢重大节日还要作集体会礼，阿訇呼叫声传播的距离确定了教区范围，每日步行五次前往清真寺，决定了一个小社区的规模，因此形成了以清真寺为中心，周围30~40户人口规模的社区。另外，传统民居的生土结构限定了房屋的高度。有限的空间里人口不断增加，建筑便更加密集。

（2）发展与机遇：

① 气候变暖。塔里木河流域近40年来的降水（图11-24）、气温变化趋势基

本上表现为暖湿型（叶尔羌河流域为冷湿型），这点与西北地区气候变暖总的趋势是接近的，不同的是，塔里木河流域的气候变化为湿型而非干型（表11-7）。

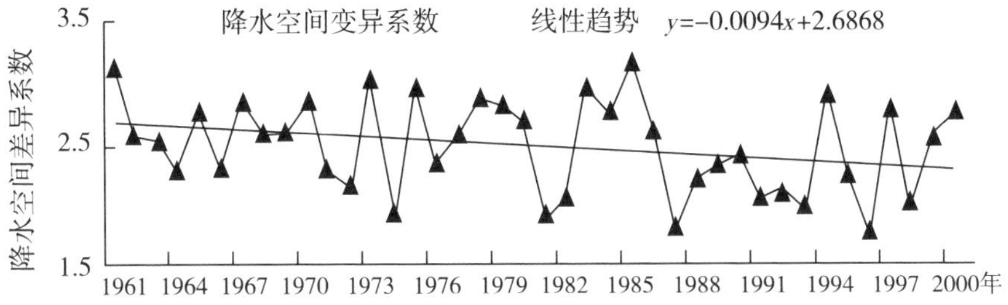

图11-24 塔里木河流域降水空间差异系数变化趋势图

Figure11-24 Chart of the Tarim River Basin's precipitation spatial difference coefficient changing trend

图片来源:李香云,王立新等.近40 年我国西北荒漠化区降水和气温的时空变异特征3
——以塔里木河流域为例[J].气候与环境研究,2004,9（4）:658-699

表 11-7 塔里木河流域年降水量的时间变异特性表

Table11-7 Characteristic of temporal variation of Tarim River Basin's annual precipitation

河流	气象站	高程（m）	趋势显著性	C_V	降水量(mm)	河流	气象站	高程（m）	趋势显著性	C_V	降水量(mm)
叶尔羌河	托云	3505		0.24	240.0	和田河	和田	1375		0.60	35.3
	塔什库尔干	3091		0.33	68.9	阿克苏河	阿合奇	1985	↗	0.35	200.7
	乌恰	2137		0.54	172.2		乌什	1396	↗**	0.39	105.0
	岳普湖	1500	↗	0.54	60.6		阿克苏	1104	↗	0.47	70.7
	叶城	1361		0.58	56.1	干河上游	阿拉尔	1012	↗	0.46	49.2
	阿克图	1324	↗*	0.58	71.7	干河中游	拜城	1229	↗**	0.35	112.7
	阿图什	1298		0.52	79.9		库车	1099	↗**	0.49	68.5
	英吉沙	1298		0.64	68.3		新和	1012	↗**	0.50	68.9
	喀什	1289		0.60	63.3		沙雅	980	↗**	0.53	58.6
	泽普	1273	↗	0.59	52.6		轮台	976	↗**	0.34	63.2
	莎车	1232	↗	0.70	50.4	干河下游	若羌	888	↗	0.69	26.5
	喀什	1209	↗	0.37	62.2		尉犁	885	↗	0.55	50.2
	巴楚	1117	↗	0.53	56.1		铁干里克	846		0.54	36.0

注：↗为线性增加趋势，其显著性水平小于0.15；*为显著性水平小于0.05；**为显著性水平小于0.01。

塔里木河流域极为干旱和沙漠环境的自然背景，使该区成为荒漠化潜在发生区。但根据这些数据，近40年来，塔里木河流域并没有产生持续干旱过程，反而具有趋湿型的特征，一般来说，这种转变会对区域的生态环境产生积极的影响；研究区气温虽略有上升，但上升幅度较低；气温和降水的年际变化都较小且空间变化具有缩小。

在全球环境与气候变化中，西北干旱地区受到巨大影响，根据专家预测以及近年全球气候变化的趋势，西部干旱区将由暖干向暖湿转型，有温度升高及湿度增加的可能。

② 喀什——西部深圳梦。喀什将以“东有深圳，西有喀什”为目标，依托国家批准设立“中国—喀什经济特区”的特殊扶持政策，面向东亚、南亚、西亚广阔市场，加快超常规发展步伐，努力把喀什建设成为世界级的国际化大都市。这给新疆及喀什地区经济发展带来前所未有的发展机遇。优势：特殊的地缘优势；得天独厚的资源优势；优厚的政策优势。劣势：周边新事态及其对喀什稳定发展的影响；自然环境恶劣、水资源综合利用率低，电力供需矛盾突出；经济发展相对滞后，财政收支矛盾加大；地理位置偏远，交通基础设施不健全[12]。

11.1.3.3 甘肃敦煌人居背景概述

1. 自然环境

1）地理位置

敦煌市地处河西走廊最西端，位于甘肃、青海、新疆三省交会点，是甘肃省酒泉市辖的一个县级市，中国的国家历史文化名城（图11-25）。东经92°13′~95°30′，北纬39°53′~41°35′。敦煌位于古代中国通往西域、中亚和欧洲的交通要道——丝绸之路上，曾经拥有繁荣的商贸活动。全市总面积3.12万km^2，其中绿洲面积1400km^2，仅占总面积的4.5%，且被沙漠戈壁包围，故有“戈壁绿洲”之称。

2）环境特征

敦煌年平均降雨量39.9mm，蒸发量2490mm，蒸发量是降雨 量的62倍，属极端干旱区。年平均无霜期142天，属典型的暖温带干旱性气候。日照充分，四季分明，春季温暖多风，夏季酷暑炎热，秋季凉爽，冬季寒冷。年平均气温为9.4℃，月平均最高气温为24.9℃（7月），月平均最低气温为-9.3℃（1月），极端最高气温43.6℃，最低气温-28.5℃（图11-26）。

3）地势地貌

地势为南北高，中间低，自西南向东北倾斜。海拔为1091~ 1200m之间，南有祁连山，北有马鬃山祁天山余脉，丘陵、沙漠和戈壁等地形兼有，还有大量的盐碱地、盐原和雅丹地貌区，古代典籍中称“白龙堆”。出于党河和疏勒河的影响，

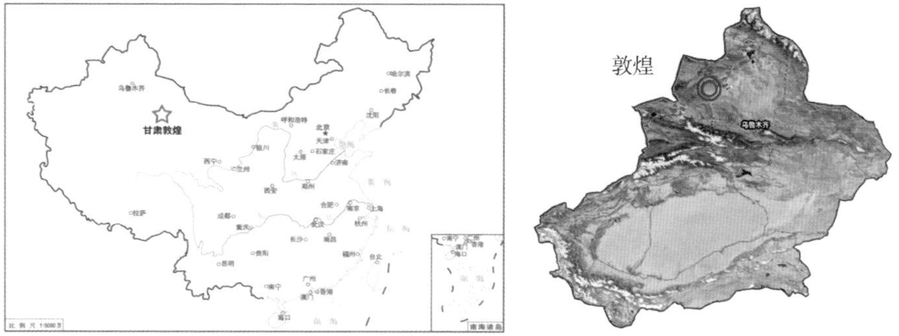

图11-25 甘肃敦煌区位示意
Figure11-25 Location of Dunhuang City, Gansu Province

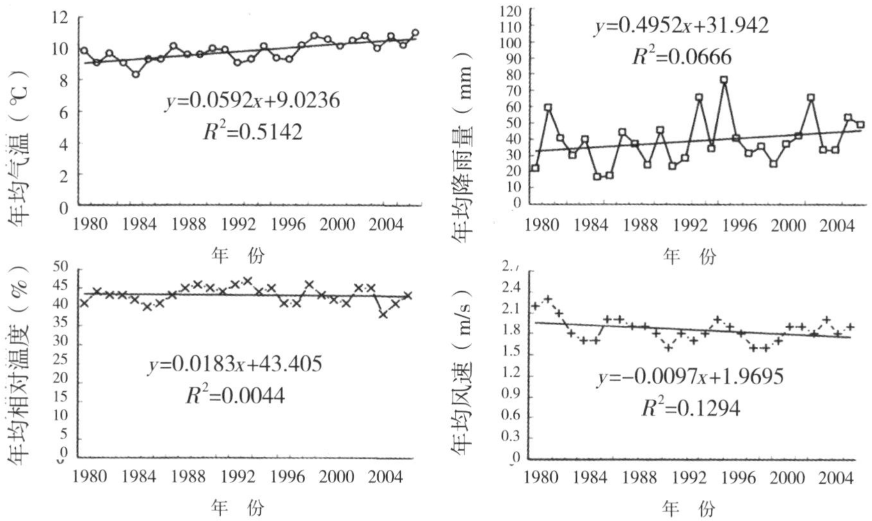

图11-26 敦煌市降雨量、蒸发量及平均气温变化图
Figure11-26 Precipitation, evaporation, and average temperature variation of Dunhuang City
图片来源：李德禄，赵明，等. 库姆塔格沙漠周边土地荒漠化成因及其治理对策——以敦煌市为例[J]. 干旱区货源与环境，2009，23（7）：72-76.

形成党河冲积扇带和疏勒河冲积平原，平原上绿草茵苗，构成敦煌盆地。绿洲平原为耕地集中区，发展农业潜力很大。东南面的祁连山巍峨雄伟，绵延起伏，是一座奇特的固体水库。每当夏日来临，冰雪融化，奔泻而下，注入党河，滋润着敦煌盐地，形成了历史悠久的天然灌溉区。

2. 视觉景观

1）敦煌雅丹地貌

敦煌雅丹地貌（敦煌雅丹国家地质公园）地处敦煌西200km处，分布区长宽各10km，土丘高大，多高10~20m，长200~300m。又名三陇沙的地名始见于汉代，位置在古玉门关外，丝绸之路北线由此通过。三陇沙雅丹地貌，其走向与盛行的西北风向垂直，而与山地洪水流的方向一致，和玉门关形成敦煌第二大景区，因其怪异特点，故有魔鬼城之称[13]。

2）月牙泉

月牙泉是处在绿洲边缘沙漠中形似弯月的一泓泉水，是由地下水露头形成的，它同鸣沙山相依相伴而成为大自然的一道奇观。根据记载，1960年月牙泉的水域面积为1.5hm^2，最大水深达9m之多；到1980年，水域面积缩小到0.65hm^2，最大水深下降至2.5m；而到1999年，水域面积仅为0.52hm^2，最大水深下降到1.49m[14]。

3）鸣沙山

位于敦煌市南郊7km处。古代称神沙山、沙角山。全山系沙堆积而成，东西长约40km，南北宽20km，高数十米，山峰陡峭，势如刀刃。沙丘下面有一潮湿的沙土层，风吹沙粒振动，声响可引起沙土层共鸣，故名。

4）莫高窟

莫高窟位于甘肃敦煌市东南25km处，开凿在鸣沙山东麓断崖上。南北长约1600m，上下排列五层、高低错落有致、鳞次栉比，形如蜂房鸽舍，壮观异常。它是我国现存规模最大，保存最完好，内容最丰富的古典文化艺术宝库，也是举世闻名的佛教艺术中心[15]。

3. 资源状况

1）水资源现状与危机

（1）水资源现状。敦煌盆地可供开发利用的水资源总量为4.474亿m^3，人均水资源拥有量2602m^3，每公顷土地水资源拥有量亩均水资源拥有量144m^3（9.6m^3/亩）。从水资源的人均拥有量来看，敦煌市略高于全国平均值，这是由敦煌市人口少的原因所致，但从单位土地面积拥有的水量来看，敦煌市远远不及全国平均数，这又说明敦煌盆地极为干旱，水资源短缺相当严重。

地表水资源分为河水、泉水、雨雪降水三部分。

河水：流程390km以上，发源于祁连山西区的党河南山冰川群的北坡和南坡。水源主要由北坡冰川的冰雪融水补给；发源于祁连山及讨赖南山一带，在西湖羊桥子附近流入敦煌境内。安西双塔水库建成后，除汛期有少量弃水流入境内外，其余时间都是干枯的。

泉水：西水沟的泉水又名宕泉河，是莫高窟绿地的长年水源。每年蓄放水350m^3，有效灌溉面积约18km^2。

雨雪降水：6~7月份是敦煌蒸发量最强的时段，蒸发量为降水量的50~60倍。如无降雨性洪水爆发就必然形成连年的持续干旱。

地下水资源：三角洲冲积扇面平原上浅层空隙潜水和深层承压水，三角洲东、西、北三面边缘低洼地区的浅层地下水。由于党河、疏勒河不同途径的渗灌，敦煌倾斜性盆地的地下水各有程度不同的埋深状况：由南向北，由深变浅，地下水北移、西移，下游土壤盐渍化严重，下游土地河水灌溉不足。

（2）水危机。

天然植被的退化：近十几年来，生态状况下降严重，尤其是玉门关、后坑子、马迷兔、南大湖一带的大片胡杨和芦苇丛开始干枯死亡，盐结皮土壤生长的罗布麻、骆驼刺、白刺、干草大片消失，失去了原来植物群落的特征。

湿地萎缩和绝迹：敦煌湿地主要是天然湿地。20世纪50年代，绿洲内湿地遍布，总面积达到了250万km^2左右；随着环境的恶化，绿洲农区周围的湿地除伊塘湖外已基本消失，原有的永久性湿地大部分已转为季节性湿地。现在，敦煌境内湿地总面积约有18万km^2，且水域面积明显萎缩。举世闻名的月牙泉水面面积今日已不到20世纪60年代的1/3，水深从7~8m下降到1m左右，最严重时曾出现部分泉底露出水面的情形。

荒漠化严重：由于农区周边绿色植被的退化，造成了土地和草场沙化，原有固定的沙丘开始活化，并对农田构成了危险。据敦煌有关政府部门统计，1980～1989年10年间出现沙尘暴就有117次。

（3）节水措施：① 调整产业结构，提高水资源的利用效率；② 建立节水型农业；③ 制定城市水资源综合开发利用规划；④ 加强法制建设，健全节水法规体系；⑤ 加强管网改造，提高检测漏水手段，降低漏耗；⑥ 加强水污染防治和污水利用；⑦ 建立合理的水价机制，充分利用经济杠杆促进节约用水和科学高效用水；⑧ 积极推广城市节水器具；⑨ 提高人们的节水意识。

2）风沙

（1）现状。本市为著名的沙漠绿洲，四周皆为沙漠戈壁包围。沙漠地带气候干燥，气温变化大。地面缺少经常性水流，植物稀少矮小，为风沙地貌。沙漠多集中在鸣沙山地带和党河两岸及其下游地带。地面物质主要由沙粒构成，地表覆盖大片流沙，广布沙丘，在风力推动下，沙丘移动。往往造成严重危害，全市有沙漠51万hm^2，占总面积的16.36%[16]（图11–27）。

莫高窟的风沙危害主要表现为两组主害风——偏西风和偏南风形成的风沙流，造成窟区大量积沙，窟顶崖面风蚀和洞窟内壁画、彩塑的风尘磨蚀。西风和西北风可将鸣沙山的沙特别是沙山前缘沙丘及平坦沙地和沙砾质戈壁上的沙吹至崖面以至进入窟区堆积，是当地的主害风。

（2）防沙措施。以固为主，固、阻结合，切断沙源，是综合防护体系设计的

莫高窟崖顶尼龙网周围的积沙状况

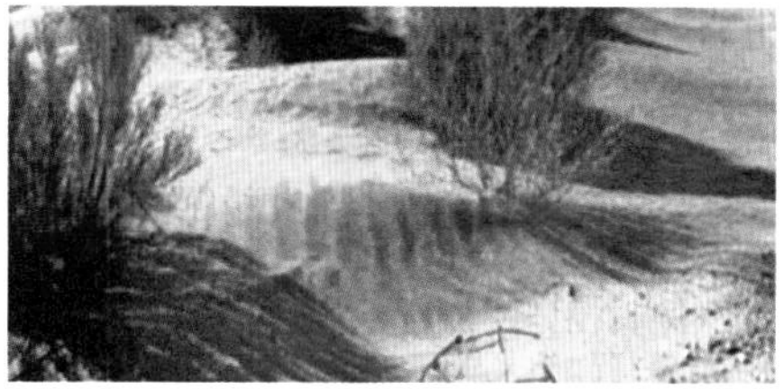

莫高窟崖顶灌木林带和滴灌设施被积沙掩埋

图11–27 敦煌莫高窟现状

Figure11-27 Status quo of Mogao Grottoes in Dunhuang City

图片来源：汪万福，王涛．敦煌莫高窟风沙危害综合防护体系设计研究[J]. 干旱区地理，2005，28（5）：614-620

核心。从鸣沙山（东）到窟区（西），依次建立鸣沙山前缘流动沙丘和平坦沙地阻固区，窟顶戈壁防护区，洞体崖面固结区，石窟对面流动沙丘固定区，窟前防护林带建设区及天然植被封育保护区，方可有效控制莫高窟的风沙危害问题，达到莫高窟作为世界文化遗产和全国重点文物保护单位对环境质量的要求。风沙危害综合防护体系建立后，要对其防风固沙的效能及其环境效应进行长期观测研究，进一步探讨其综合防护机制[17]。

3）荒漠化问题

由于独特的地理位置，荒漠化始终是制约社会经济持续发展的关键所在，尤其是近年来随着上游水库的修建，渠道衬砌技术的改善，打井眼数的不断增加，导致地下水位持续下降，生态环境的不断恶化，党河、疏勒河下游断流，流沙每年向绿洲逼近3~4m。1994年以来，敦煌绿洲外围沙漠化面积增加了近1.33万hm^2，平均每年增加近0.133万hm^2[18]。

（1）成因分析。从总体上认为荒漠化气候因素对敦煌荒漠化影响较小，有正面影响，也有负面的影响，如降雨量的增加和平均风速的下降会缓解荒漠化进程，而年均气温升高会促进荒漠化发展，综合分析认为气候变化不是敦煌市荒漠化的主要因素。

人口数量的不断增加，为了在有限的水土资源上索取更多的物质产品，不得不以大量开荒，过度利用自然资源为代价。因此，可以说人口的增加，生态环境承载力又十分有限，无疑造成资源的短缺，生态环境的恶化。因此，敦煌市人口的持续增加是促进荒漠化发展的重要因素之一。

水资源的短缺主要是人口的增加，耕地面积的扩大和工业发展，需水量也随之增大，有限的地表水已不能满足生产、生活的需要。播种面积的增加，无疑增加了用水量，耕作土壤面积增大，耕作措施不合理很容易产生土壤作用，对荒漠

化有一定促进作用。因此土地资源不合理的开发利用对水资源等产生了一定的影响，同时对荒漠化也产生了一定的影响。

（2）荒漠化治理措施。① 控制人口数量，提高人口素质；② 节约水资源，保障生态用水；③ 合理利用现有水土资源；④ 加快生态环境治理步伐，避免人为破坏；⑤ 采取相关政策措施促进人类、生态、经济和谐发展（图11–28）。

11.1.3.4 美国凤凰城人居背景概述

1．地区概况

美国：位于北美洲中部，共分50个州和1个直辖特区。东濒大西洋，西临太平洋，北靠加拿大，南接墨西哥。国土面积超过962万km^2，位居全球第三或第四；人口总量超过3亿人，居世界第三。

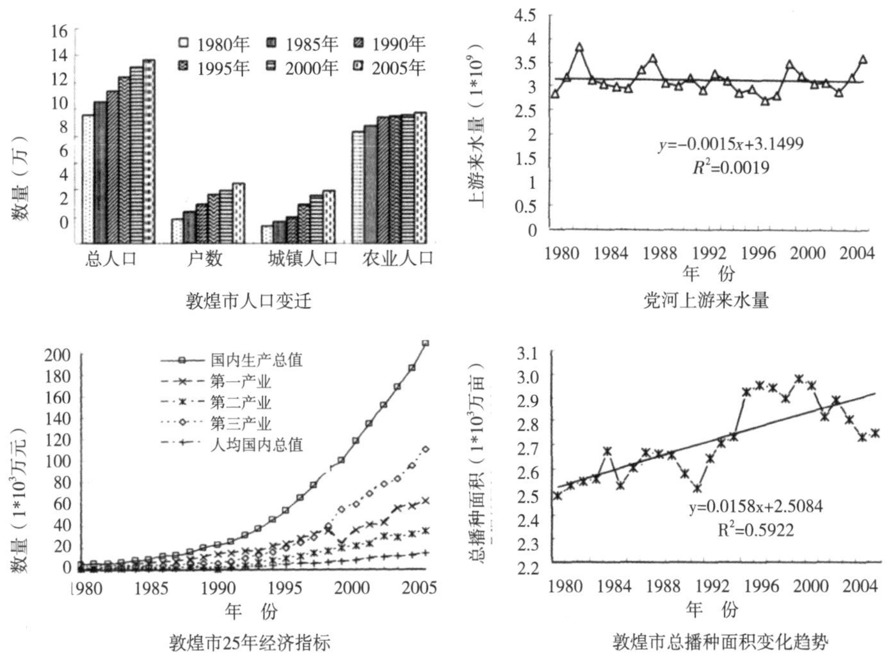

图11–28 敦煌市各指标变化图

Figure11-28 Changing of various indexes in Dunhuang City

图片来源:李德禄,赵明等.库姆塔格沙漠周边土地荒漠化成因及其治理对策——以敦煌市为例[J].干旱区资源与环境，2009,23（7）:72-76

按美国一般的标准，年降水量不足254mm，没有灌溉条件就不能从事种植业的地区为干旱区。年降水量在255~762mm，而且雨量的分布与作物生长的需要配合不好的地区称为半干旱区。美国的东部、中部和东南部，雨量充沛，分布均匀。从东向西雨量逐渐减少。中部以西以及西南部，是美国的半干旱区和干旱区（图11–29）。

亚利桑那州（Arizona）：是美国西南部 4 个州之一，是美国最干燥的一个州。“亚利桑那”来自印第安语，意为“少泉之地”。其地理基本上可区分为三部分：科罗拉多高原，高山地区，沙漠地区。

菲尼克斯市（Phoenix）：又称凤凰城，在古印第安人城镇废墟上兴建，是美国亚利桑那州的州府及最大的城市。凤凰城于1881年2月25日被注册为城市，当时被称为“Hoozdo”，在纳瓦霍语中意为“炎热之地”。菲尼克斯市位于常年干枯的盐河两岸（图11–30）。市区面积839km^2，人口约157万，为全美第五大城市。

2．人居环境

1）地理环境

凤凰城位于亚利桑那州盐河河谷西南部，南有世界上最年轻的沙漠——索诺拉沙漠（Sonoran Desert）。海拔高度300~450m左右，属于沙漠盆地地貌（表11–8）。

菲尼克斯市是这里仅有的几块绿洲“孤岛”之一。然而就是这样一个沙漠城市，如今成长为美国西部新“硅谷”。

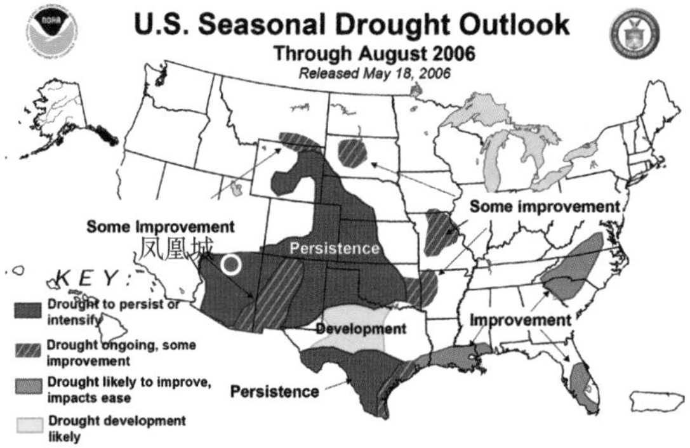

图11–29 美国干旱分布图

Figure11-29 Distribution map of arid region in the USA

图片来源：NOAA美国农业部http://www.noaa.gov/

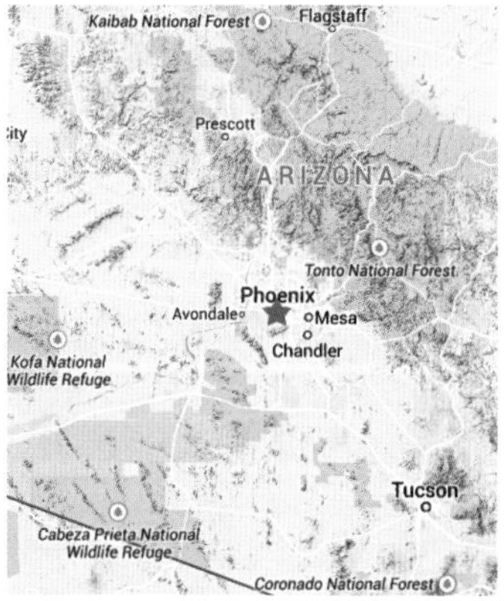

图11–30 凤凰城的区位示意图

Figure11-30 Phoenix’s location

底图来源：Google Earth截图

表 11–8 凤凰城 1971 ~ 2000 年气候平均统计
Table11-8 Statistics of annual climate of Phoenix, USA (1971-2000)

月份	1月	2月	3月	4月	5月	6月	7月	8月	9月	10月	11月	12月	全年
平均高温℃/℉	19.61 /67.3	21.89 /71.4	24.5 /76.1	29.28 /84.7	34.39 /93.9	39.94 /103.9	41.44 /106.6	40.28 /104.5	37.22 /99.0	30.94 /87.7	23.89 /75.0	19.5 /67.1	30.22 /86.4
平均低温℃/℉	7.11 /44.8	9.11 /48.4	11.67 /53.0	14.22 /57.6	19.67 /67.4	24.22 /75.6	28.28 /82.9	27.56 /81.6	24.22 /75.6	16.72 /62.1	10.22 /50.4	6.61 /43.9	16.61 /61.9
降雨量mm/英寸	21.1 /0.83	19.6 /0.77	27.2 /1.07	6.4 /0.25	4.1 /0.16	2.3 /0.09	25.1 /0.99	23.9 /0.94	19.1 /0.75	20.1 /0.79	18.5 /0.73	23.4 /0.92	210.6 /8.29
平均降雨日数	4.2	4.3	4.6	1.7	1.1	0.7	4.2	4.5	3.1	2.9	2.7	3.7	37.7
日照时数	257.3	259.9	319.3	354.0	399.9	408.0	378.2	359.6	330.0	310.0	255.0	244.9	3876.1

数据来源：美国西部气象中心

2）人工环境

凤凰城是一个非常年轻的城市，19世纪中叶以前由于干旱缺水，此地几乎无人居住。

在20世纪60年代，一位地产开发商发现，虽然这里较落后，但没有寒冬，四季干燥，是常年适合户外活动的好地方。于是，他就建造了一座“太阳城”，有高尔夫球场、休闲中心、购物中心和套房，专门接纳老年人到这里生活，逐渐就成了全国闻名的老年人休养中心。

随着大量带有各种疾病的老年人集中到这里，医院、医疗设备和医学迅速发展起来。加之这里的地理位置适中和交通的需要，美联邦在这里建起了多条高速公路，并建设了较为发达的国际机场，成为了美国重要的交通运输中心，极大的促进了凤凰城的发展。

英特尔公司、摩托罗拉公司，安森公司、霍尼韦尔集团、美敦公司和美国最大的零售商沃尔玛公司都在此设立了庞大的机构，由于这些有名的大公司的到来，又吸引了大批高层次的知识青年到这里安家落户，成为第三大电子产品生产基地。

为了更好地留住年轻人，凤凰城针对年轻人的特点和需要，开发了登山、攀岩、骑车运动，市区设立了酒吧、咖啡屋、快餐店等休闲消费场所。经过多年发展，凤凰城已成为有16个区县、299万人口的大都市[19]（表11–9）。

凤凰城市建筑优美，传统设计与现代化建筑并存，大至社区园林绿化，中至城市标志性建筑物，小至迎宾大道的路灯街火，都设计得极具艺术品位。凤凰城从季节性旅游和观光获益颇多，同时也带动了高尔夫产业的发展。

表 11–9 凤凰城历史进程
Table11-9 Historical development of Phoenix, USA

年份	事件
1868年	开始成为美国西部的一个殖民小镇
1881年	凤凰城政府组建，相对于美国其他城市完了100多年
1889年	亚利桑那州政府迁入凤凰城
1940年	由传统农业中心转变为西南部物资集散中心
1950年	人口10万，位列美国99位
1950至今	发展迅速，每10年人口增长20万左右，美国西南部产业中心

3．资源状况

1）水资源

凤凰城的水源主要由两个来源：一是地表水（包括科罗拉罗河、坦佩河、盐河），尽管盐河自东向西横穿凤凰城，但是除非上游的水坝开闸放水，盐河一般几近干枯。毗邻的坦佩市修建了两座橡胶坝，因而凤凰城中有了一个常年蓄水的人工湖，一般被称为坦佩湖。虽然蓄水坝把贫瘠的土地变成田园；但很多地区地面水的来源仍很有限，而且地面水水量不稳定，有些地区早春水量较多，以后季节则水量不足。另一个水源是地下水存量，目前，广大的干旱和半干旱地区主要是依靠开发利用地下水，利用地下水打井占灌溉半数以上。

2）农林资源

凤凰城干旱、半干旱区的种植业主要是棉花和柑橘种植，凤凰城地区还盛产蔬菜、油橄榄、葡萄等。按植被类型，全市10%为森林覆盖，20%为木本群落区，20%为草地，60%属沙漠灌丛区。

3）矿产资源

主要矿产是铜，本州铜产量在五十州内列第一位，每年出产之铜，约占全美国产量50%；占世界铜产量的1/8。

4．视觉景观特征

1）麦田怪圈

在Google Earth可以看到美国有一个麦田怪圈的景象，地处菲尼克斯市南边的一块广阔的土地，在那里拥有大大小小成百上千个直径约为1600m的圆形农田，十分壮观（图11–31）。但是这并不是外星生物留下的痕迹，也不是什么高科技研究基地，是名为中心旋转灌溉系统（Center–Pivot Irrigation Systems）的一个灌溉系统。这种灌溉系统最早由一名叫佛兰克的科罗拉多农民发明而成，该系统可自动旋转，上边悬挂喷头的喷灌机器，称之为中心支轴式喷灌机（图11–32）。20世纪60年代后，这种机器在地广人稀，地势不平坦的美国干旱农业区广泛推广开来。

这种中心旋转灌溉系统，改变了美国干旱区农业的肌理，以前条块分明的田地被规则的圆形、半圆形所代替，形成了独特的干旱区农业景观（图11–33）。这种景观有很强的震撼力，同周边的恶劣环境相比，充分体现了人类改造自然的伟力[20]。

2）节水景观

在节水景观方面，凤凰城也积累了丰富的经验。一种叫节水景观（Xeriscaping）的公园在干旱地区取得了长足的发展。这种公园是通过创造性地景观建设达到节水、保水的目的，是适合干旱区特征的一种公园。

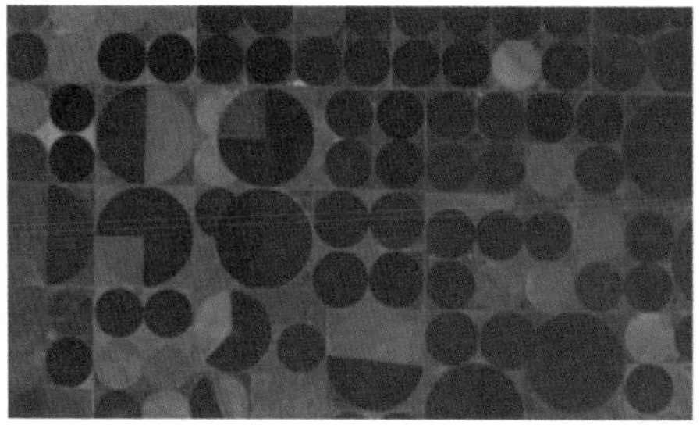

图11–31 麦田怪圈航拍图

Figure11-31 Crop circles aerial photo

图片来源：Google Earth截图

图11–32 中心旋转灌溉系统图

Figure11-32 Diagram of center pivot irrigation system

图片来源：http://wenshiguangai.blog.163.com/blog/static/13346450520091121429298/

通过这种公园的建设，城市可以降低公园用水量、降低景观维护费用、减少废料、杀虫剂的使用等。目前关于这类公园的研究已经十分深入，主要涉及公园的规划设计、土壤的改进、高效率的灌溉系统、实用的地被覆盖、植物的选择、植被的覆盖、景观维护这些方面[20]。

图11–33 麦田怪圈实景图

Figure11-33 Photos of Crop circle

图片来源：http://www.rrkp.org.cn/2011/0910/127.html

5．资源危机与对策

其他很多西部城市，凤凰城极度依赖从科罗拉多河引进的水资源。这是由于该市半数居民用水来自这个重要的水源。科罗拉多河流域干旱已进入第11个年头，凤凰城的这种依赖可能很快就会变成一个严重的问题。水资源的短缺主要是人口的增加，耕地面积的扩大和工业发展，需水量也随之增大，有限的地表水已不能满足生产、生活的需要。

1）抗旱策略

（1）建立抗旱指数。

（2）干旱预测和评估：强调干旱发生前的预防、预测和早期预警，旨在降低干旱发生后的影响。

（3）干旱信息综合系统：该系统整合了数据、预报及其他信息，能够评估潜在的干旱指标及其影响并提供预测及准备工具，以减轻干旱的影响。

（4）工程抗旱。

（5）发展节水农业：开发先进灌溉技术，通过推行喷灌、滴灌、改良沟灌等措施，提高灌溉效率。

（6）生物抗旱：通过培育能够在极端干旱条件下存活并生长的转基因作物品种以提高作物的抗旱能力。

此外，国家还制定了诸多政策法规，美国于1998年和2003年先后通过了《国家干旱政策法》和《国家干旱预备法案》，成立了联邦抗旱领导机构。

开源：

（1）增加降水量，主要研究人工降雨。

（2）水质脱盐。

（3）跨流域调水——将丰水地区多余水量通过水利工程引致干旱地区。

截流：

（1）水资源保护，防止水土流失。

（2）水资源重复利用，污水再处理。

（3）控制和调节河川通流。

（4）选育抗旱品种。

（5）人工补给——主要是饮水补给地下水。

（6）减少蒸发——主要研究蒸发抑制剂。

2）沙尘暴

20世纪30年代，美国出现了连续的严重降水不足和高温天气，使得大平原的很多土地趋于干旱化，干旱和伴随干旱的沙尘暴造成了美国历史上最为严重的环境灾难之一，导致大平原南部的许多地区变成了“沙窝”，这次在美国南部发生的强沙尘暴震惊世界。每年6月中旬到9月底，都是亚利桑那州的季风季节，由于该州有相当大面的沙漠，因此沙尘暴时有发生。

发生的原因：人口数量的不断增加，为了在有限的水土资源上索取更多的物质产品，不得不以大量开荒，过度利用自然资源为代价。因此，可以说人口的增加，生态环境承载力又十分有限，无疑造成资源的短缺，生态环境的恶化，使沙尘暴在凤凰城频频肆虐。

预防策略：

（1）采取相关政策措施促进经济、人类、生态和谐发展。

（2）合理利用现有水土资源。

（3）节约水资源，保障生态用水。

（4）加快生态环境治理步伐，避免人为破坏。

11.2 干旱地区人居活动研究

11.2.1 干旱地区人的活动成因

1．客观成因

1）能源资源利用

太阳能、风能：干旱地区的太阳能与风能是取之不竭的能源。如迪拜建成了可旋转风能摩天楼，在我国河西广袤的戈壁滩上风能资源理论储量约2亿kW，占全省的85%，仅酒泉市可开发利用的风能就在4000万kW以上。河西地区年太阳总辐射量为5800~6400MJ/m^2。

水资源：地下水资源，从黄土高原到塔克拉玛干（地下水库）大沙漠，从鄂尔多斯盆地到河西走廊，中国地质人员采用先进技术勘查，已在最干旱的西北地区找到丰富的地下水资源。还有新疆的大冰川固体水资源。

油气资源：阿拉伯半岛的干旱地区就是靠石油资源带来财富，石油资源丰富的地区有沙特阿拉伯、伊朗、科威特、伊拉克。

旅游资源：异域风情和神秘感，干旱区文化与其他地区风格迥异，还有很多未被开发的区域等待人们去探索。如突尼斯，迪拜，埃及。

“沙漠玫瑰”突尼斯：位于非洲大陆最北端，地处地中海地区的中央。国土面积约16.2万km^2，拥有长达1600km的海岸线。南部为撒哈拉沙漠，占国土面积的1/5，属热带大陆性沙漠气候。拥有最具优势的国际贸易通道，成为非洲地区最具经济竞争力的国家之一，是第一个同欧盟建立伙伴关系的阿拉伯国家。全国人口900多万，90%是阿拉伯人，官方语言是阿拉伯语，法语为第二语言。伊斯兰教为国教，但也有少数基督徒和犹太教徒。

2）局部环境

亚洲西北部干旱地区绿洲农业带来财富。大漠绿洲的小环境很适宜居住。如中国新疆长寿乡和田。和田人长寿秘诀——大环境不好，小环境不差。和田虽干旱少雨多风沙，又被昆仑山和沙漠所包围，但绿洲内小环境却比较优越。有昆仑山积雪融水浇灌的农田，渠道纵横、流水潺潺，地表水比较充足，和田又处处是树的海洋，户户掩映在绿树丛中。许多来过和田的中外专家将和田称为“森林公园”[21]。

2．主观成因

1）宗教信仰

伊斯兰教：由穆罕默德（Muhammad Mohamet，公元570~632年）在阿拉伯半岛的麦加（Mecca）城创立，目前世界上有90多个国家，约8亿人口信仰伊斯兰教。

伊斯兰教既是一种宗教，同时又带有强烈的社会政治色彩。全世界有42个国家将其定为国教，中亚、西亚及北非等地则是穆斯林比较集中的地区。

2）人类对干旱地区的适应能力——行为适应

（1）干旱地区人们对色彩的审美习惯。干旱地区人民喜爱装饰、喜爱色彩，尤其是鲜艳色彩，装饰中的色彩处理，具有较鲜明的特色：① 生命的绿色：看见绿色，人们往往想起生命，尤其在干旱的沙漠戈壁中生活，绿色更成了生命的象征。② 纯洁明亮的白色：一方面源于伊斯兰的发源地阿拉伯人崇尚白色的风俗，那里气候炎热，太阳辐射极强，为了避免太阳辐射，保持身体及居室的凉爽，经世代积淀于民族文化的审美意识中，逐渐形成了穆斯林民族所特有的审美情感和装饰色彩心理。另一方面伊斯兰教义中对“纯真洁白”的概念也使得迪拜穆斯林对白色尤为喜爱。③ 象征大地和沙漠的黄色。④ 来自天空的蓝色。⑤ 鲜艳的红色。⑥ 纯黑色[22]。

（2）服饰对环境的适应。理想的衣服类型依据普遍的外在环境和人所负荷的体力工作量而定。一般情况下，宽松的手工织物是最合适的，它可以透气排汗并在皮肤和衣服之间提供一层隔热的空气。撒哈拉地区的人们在既定规则的指导之下选择合适的衣物。普通的衣物包括头巾头帽都是宽松的，全由轻便的物质做成。裤子长而宽松，脚踝处开口很小——仅仅够一只脚进出的宽度——就像一个封死了的很棒的绝缘空间。脚上穿的大多是鞋底很厚的凉鞋，为脚提供了全面的保护。

（3）建筑对环境的适应。能够尽可能长时间阻挡热量进入的房子在炎热的干旱区是最合适的。高度耐热的物质如土坯、泥巴、石头都能在白天吸热晚上散热。地下和半地下的居住房屋是利用了地面泥土本身的耐热性。

撒哈拉地区马特马塔（Matmata）住所的房间都位于地下30m之下，非常的凉爽宜人。晚上，沙漠地区迅速变凉。那些居住在有厚厚墙壁的房子里人在夜间就有了温暖舒适的小屋。

（4）生理对环境的适应。人们对于居住在干旱区似乎并不能单纯说是先天或后天的适应能力，相反他们依靠适应能力及行为方式的调整来促进对那些区域的控制。对沙漠区自然条件的适应实际上只需要一两个星期。

在人类能够开发沙漠资源以前，个体的人一定得能够适应生态系统中的干热条件。沙漠里的个人会不断受到脱水和负荷太多热量的生理危险的威胁。熟悉沙漠的人们通过补充那些流失的水分盐分、保持相对健康的瘦削的身材来减少压力。

适应了的个体表现出汗水的含盐量减少，这样有助于防止心脏供血不足和严重的抽筋。排尿量也减少了，这是对脱水量增加的一种补偿。

11.2.2 干旱条件下的人居活动——以新疆为例

11.2.2.1 干旱条件下新疆人居活动演变

1. 古代人居

“随丝兴，随丝落”：从汉、唐、清三个不同时期中，丝绸之路上十个主要城市的人口数量分析来看，新疆干旱区人口随丝绸之路的兴盛而不断增加。在唐末，随着丝绸之路的不断衰败，人口数量也大幅锐减。由此看来，古代新疆干旱区人口聚集主要是由于丝绸之路的兴衰来决定的（图11-34）。

三线呈现不同发展趋势：

丝绸之路三条线路的人口变迁发展呈现不同的趋势。北道变化较稳定，受兴衰影响较小（图11-35）；中道则影响较大，与丝绸之路兴衰程度相一致（图11-36）；而南道则在丝绸之路衰退后人口大量聚集（图11-37）。

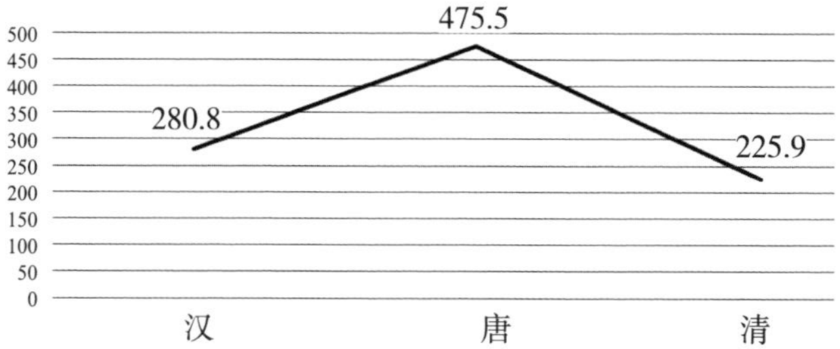

图11-34 古代丝绸之路总人口变迁图（主要地区）
Figure11-34 Figure of population change on the ancient Silk Road (main area)

	汉	唐	清
敦煌	38.3	42.5	36.3
哈密			
伊宁	1.1	26.4	12.1
吐鲁番	63.5	112.4	20.3

图11-35 丝绸之路北道人口数量变迁
Figure11-35 Population change of the northern part of Silk Road

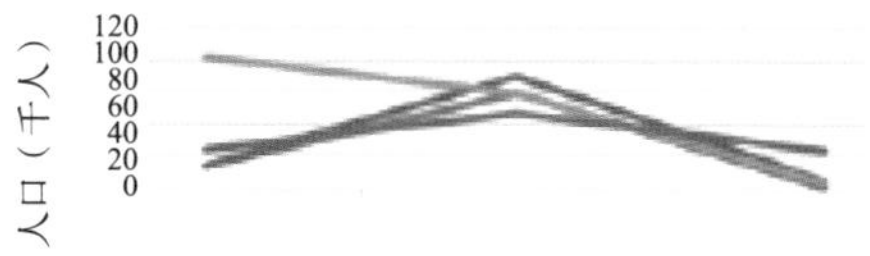

	汉	唐	清
楼兰	14.1	60	1.5
库尔勒			
库车	14	70	5.4
阿克苏	81.3	60	4.3

图11-36 丝绸之路中道人口数量变迁
Figure11-36 Population change of the middle part of Silk Road

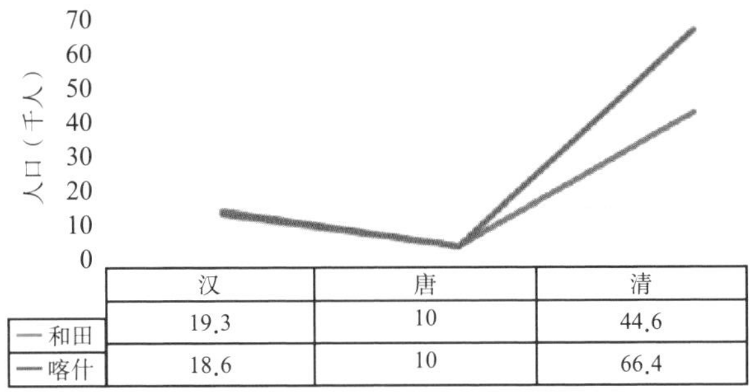

图11–37 丝绸之路南道人口数量变迁
Figure11-37 Population change of the southern part of Silk Road
数据来源：袁祖亮.丝绸之路人口问题研究[M].乌鲁木齐：新疆人民出版社.1998

2．现代人居

整体呈现上升发展趋势：

自新中国成立后，新疆城市人口均呈现增长趋势，并且人口基数越大，增长率越高，可以看出周边小城镇人口向大城市聚集的趋势（表11–10）。

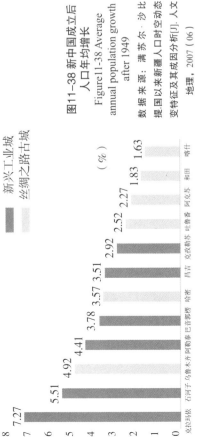

工业型城市人口聚集迅猛：

乌鲁木齐、哈密、吐鲁番、阿克苏、和田、喀什等丝绸之路名城人口年均增长不如克拉玛依等工业型城市。其中以克拉玛依及石河子两个新中国成立后平地而起的新城人口聚集最为迅猛（图11–38）。

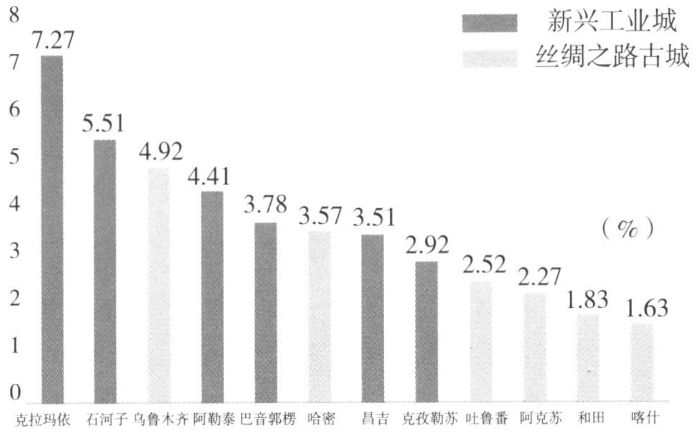

图11–38 新中国成立后人口年均增长
Figure11-38 Average annual population growth after 1949
数据来源：满苏尔·沙比提.国以来新疆人口时空动态变特征及其成因分析[J].人文地理，2007（06）

表 11–10 新中国成立后新疆各城市人口变迁
Table11-10 Population change of cities in Xinjiang Province after liberation（单位：万人）

	1949年	1982年	1990年	2005年
克拉玛依	0.5	16.89	21.01	25.51
石河子	3.2	54.94	53.07	64.16
乌鲁木齐	13.19	112.13	138.42	194.15
阿勒泰	5.62	46.79	51.17	63.02
巴音郭楞	14.63	28.7	83.92	117.09
哈密	7.57	37.76	40.89	53.99
昌吉	22.87	114.36	127.05	157.86
克孜勒苏	9.48	29.63	37.58	47.61
吐鲁番	14.48	40.97	47.42	58.43
阿克苏	64.58	150.05	171.59	226.49
和田	66.19	116.17	143	182.52
喀什	149.06	237.69	285.36	369.41

数据来源：袁祖亮.丝绸之路人口问题研究[N].乌鲁木齐：新疆人民出版社，1998。

3．人居演变

1）伴山居（图11–39）

从遗址分布来看，这些聚落均衡分布在盆地的边缘，一般位于山前河流高阶地上，既利于取水，又便于防洪（图11–40）。当时在塔里木盆地边缘已经出现了沿河分布的聚落，这些聚落从事部分农业耕作活动，同时还有采集、狩猎活动，这种半农耕型的原始聚落标志着新疆古代村镇的形成。

图11–39伴山居特征
Figure11-39 Characteristics of the mountain dwelling

2）依城聚（图11–41）

汉统一西域，以屯田的形式，兴修水力，开垦土地，南疆地区形成了以西域36国为主的

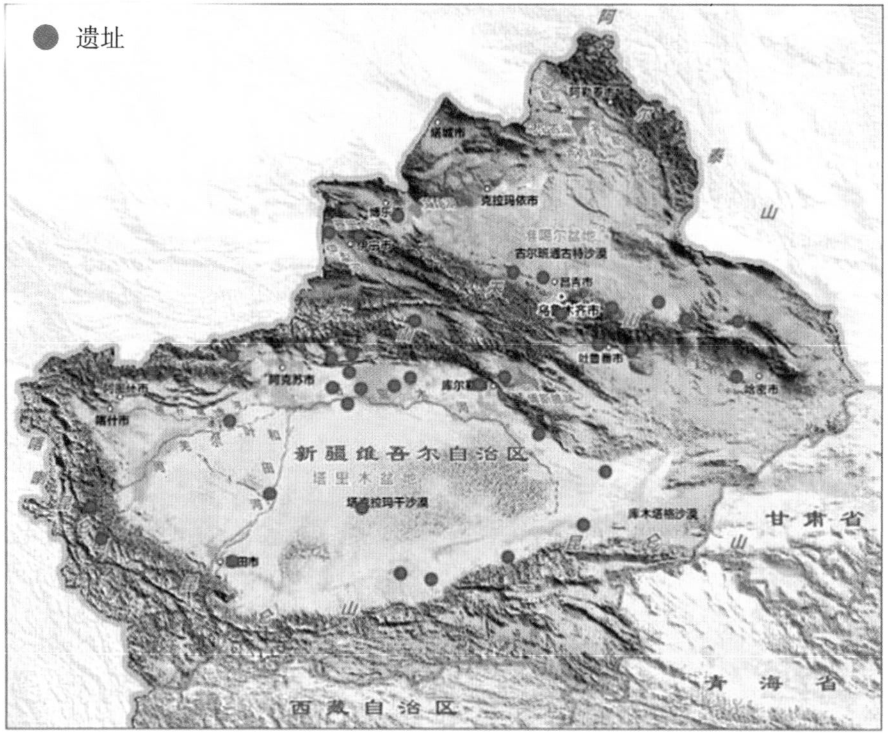

图11-40 原始时期聚落分布图
Figure11-40 Map of settlement distribution in Primitive Period

图11-42 西汉时期主要城镇分布图
Figure11-42 Main cities and towns distribution in Western Han Dynasty

"城郭诸国"。东汉初年，西域诸国攻伐兼并，逐步形成中心城镇或枢纽城镇（图11-42）。

诸国借以耕作、畜牧为生，有城郭庐舍，形成新疆城镇的雏形。布局形式奠定此后新疆城镇布局基本框架。

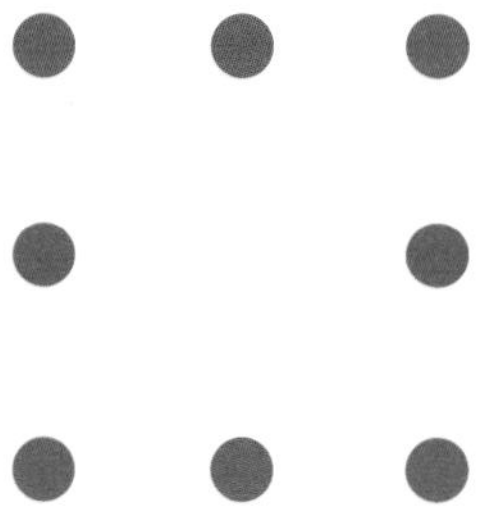

图11-41 依城聚特征
Figure11-41 Characteristics of human inhabitation based on cities

3）随商盛（图11-43）

丝绸之路的兴起使得新建的城镇得到长足的发展，各交通驿站借助商业的契机和交通的便利，充分利用自身优势进行发展（图11-44）。

除中心城镇的确立外，清朝时期新疆城镇贸易得到大力发展，涌现出大批的商贸中心和物流集散地，新疆在此时成为了中原地区也为之向往的富庶之地。至此其的城镇体系已经基本形成，且各城镇具有不同职能，层级分明。

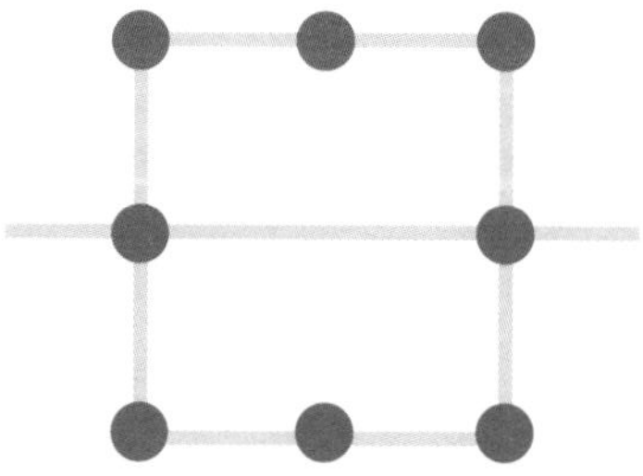

图11-43 随商盛特征
Figure11-43 Thriving and prosperous with the commercial development

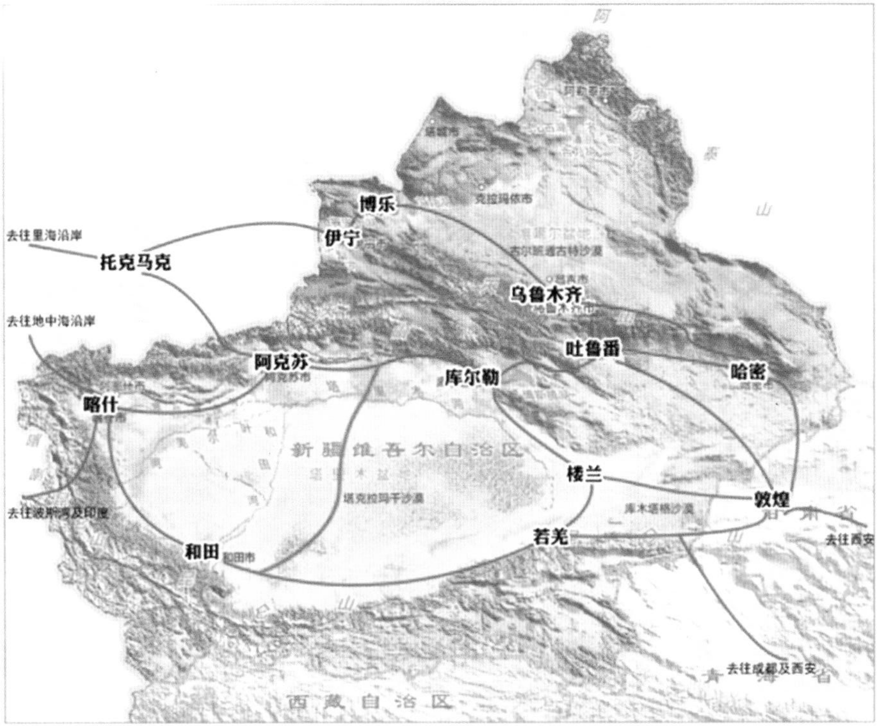

图11-44 丝绸之路及主要城市分布图
Figure11-44 Map of Silk Road and surrounding major cities distribution

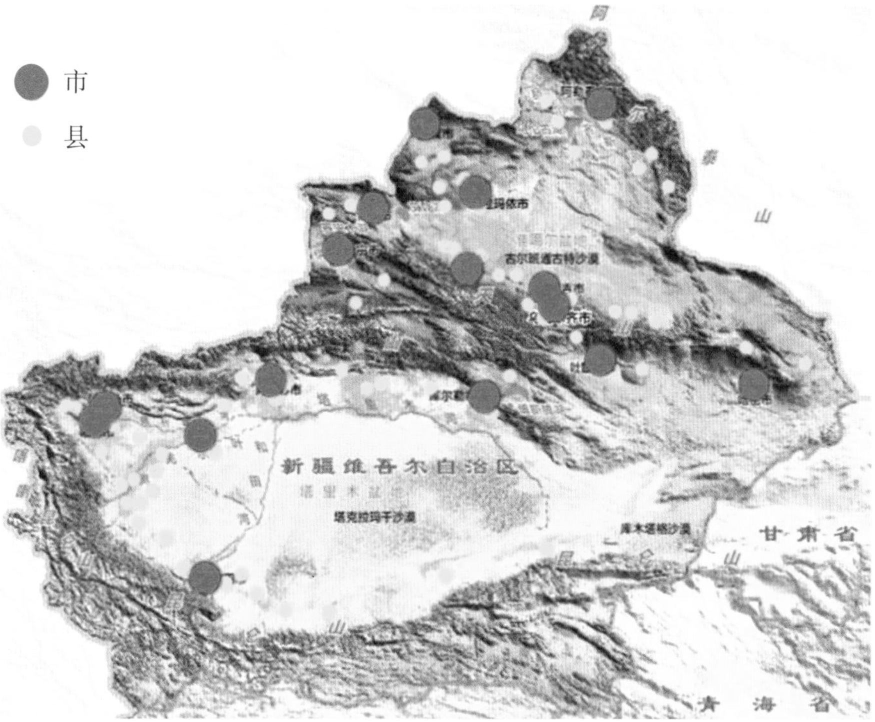

图11-46 新中国成立后新疆城镇分布图
Figure11-46 Cities and towns distribution map of Xinjiang Province after 1949

4）因地兴（图11-45）

新中国成立后，在古代交通城市的基础上，国家积极发展以资源为基础的新兴工业城市，能源开采加工已成为新疆工业中的主导产业，成为新型城市发展的经济动力。

新中国对新疆的开发建设，超过了历史上的任何时期，并以此为基础，形成了现代聚落体系。新疆地区发展至今，聚落体系已经成型，各级别的聚落均分布于大大小小的绿洲上（图11-46）。

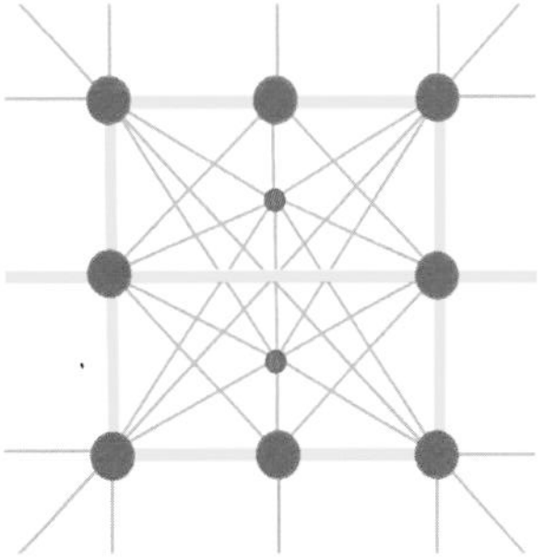

图11-45 因地兴特征
Figure11-45 Characteristics of prosperity depending on geographical location

11.2.2.2 生产活动

1. 新疆生产活动概述

1）新疆生产总值分析

通过对1978～2011年新疆生产总值数据的收集以及比较，发现生产总值增长率呈现上升趋势，并且第二产业依然占主导地位。通过对1978～2011年新疆生产总值走势折线图分析，发现第一产业增长率最为平缓，第二产业增长率最高，第三产业在两者之间（图11-47）。

2）各行业生产分析

通过对1978–2011年新疆各行业生产总值数据的收集以及比较，发现在1991年左右为一、二产业的转折点，在1991年后，第二产业蓬勃发展，第一产业低迷。

通过对2010–2011年新疆分行业生产总值数据的收集以及比较，发现第二产业（工业）依旧是主导，第三产业不断增长（图11–48）。

3）产业比重分析

图11–49是从干旱城市中挑出格尔木、玉门、白银等8个典型城市，比较其三产业比例，同样得出第二产业所占的比重较大。

通过对新疆的产业比重、生产总值、各行业生产的分析，可以看出，新疆地区的生产活动过度依赖于第二产业的发展，且以第二产业的发展拉动经济引擎。

第二产业的特点是消耗矿产资源、消耗水资源。过度依赖矿产资源的发展模

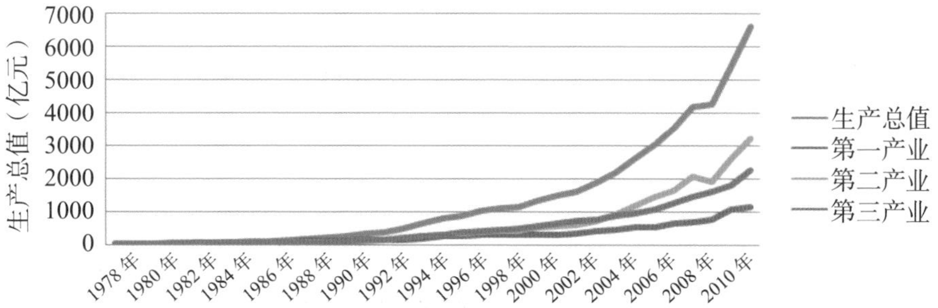

图11–47 1978–2011年新疆生产总值走势表

Figure11-47 Total output value trend of Xinjiang Province (1978-2011)

数据来源：知网统计年鉴，新疆维吾尔自治区统计局

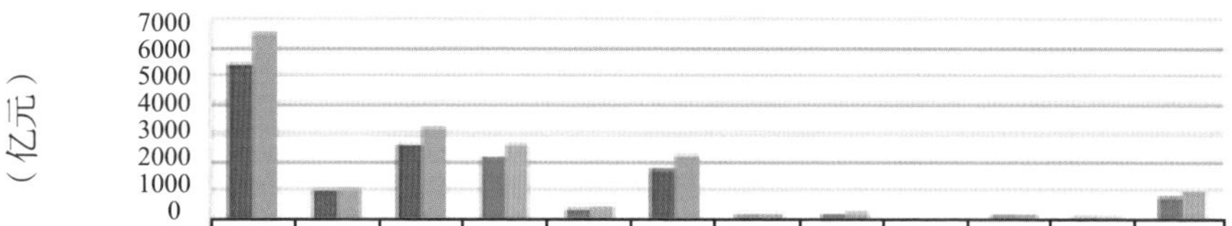

	新疆生产总值	第一产业	第二产业	工业	建筑业	第三产业	交通运输、仓储和邮政业	批发和零售业	住宿和餐饮业	金融业	房地产业	其他服务业
2010年总值	5437	1079	2592	2161	431	1767	222	276	68	225	143	831
2011年总值	6610	1139	3226	2700	526	2245	257	372	78	289	176	1074

图11–48 2010～2011年新疆分行业总值表

Figure11-48 Output value of industries in Xinjiang Province (2010-2011)

数据来源：知网统计年鉴，新疆维吾尔自治区统计局

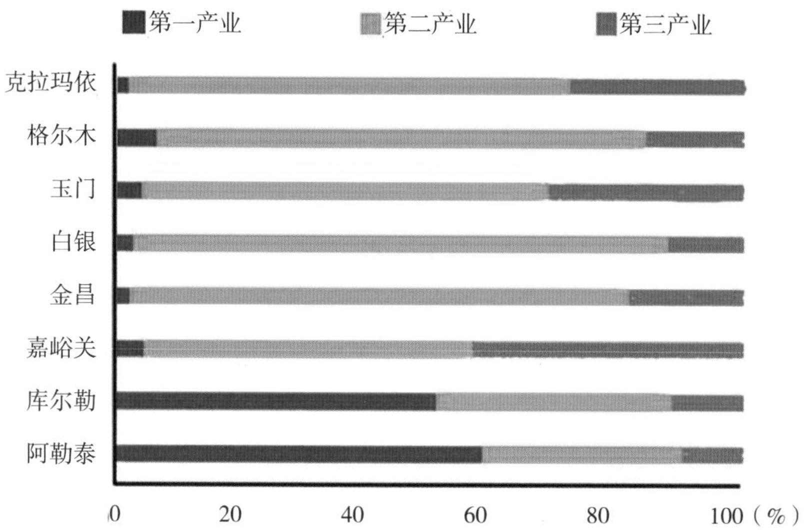

图11–49 新疆产业比重图

Figure11-49 Chart of Xinjiang's industry proportion

式是不可持续的。同时对于新疆这样一个干旱地区，水资源是极其宝贵的，第二产业的发展必将使新疆对水资源的需求更加旺盛。在这样的严峻条件下，新疆生产活动的转型成为一个刻不容缓的问题。

2. 克拉玛依生产活动

1）产业结构

2011年全年完成地区生产总值800亿元，按可比价格计算，比上年增长3.5%。其中：第一产业增加值4.15亿元，增长5.2%；第二产业增加值716.2亿元，增长3.0%；第三产业增加值81.33亿元，增长8.0%（表11–11）。三次产业结构比例为0.5:89.3:10.1（图11–50）。

第二产业（工业）中的石油工业依旧是主导。但比起第一与第三产业的增长速率相对较低，第三产业增速最快。克拉玛依市的经济结构转型已经有所体现（图11–51）。

（1）第一产业——农业。克拉玛依市土地总面积865408hm^2。未利用土地，占土地总面积的50.9%。已利用土地面积约占49%左右，土地利用率高于全疆38%的平均水平，耕地面积占已利用土地面积的9%左右，也高于全疆6%的水平，但耕地的绝对数量却是全疆各地州中最少的[23]（图11–52）。

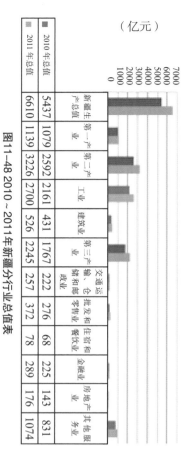

表 11–11 2002~2011 年克拉玛依三次产业 GDP 产值表

Table11-11 Output value of tertiary industry's GDP of Karamay (2002-2011)　（单位：亿元）

年份	2002	2003	2004	2005	2006	2007	2008	2009	2010	2011
第一产业	0.74	0.80	1.00	1.50	1.90	2.54	2.99	3.15	3.52	4.15
第二产业	136.00	185.00	260.30	343.00	424.00	461.51	601.51	416.30	638.42	716.20
第三产业	26.00	30.20	35.00	40.50	46.60	51.08	56.70	60.84	69.42	81.33

数据来源：知网统计年鉴，新疆省统计局

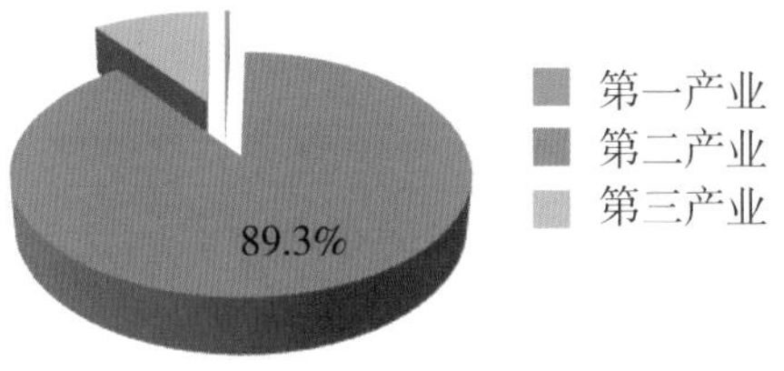

图11–50 克拉玛依市产业结构图

Figure11-50 Map of Karamay's industry structure

数据来源：知网统计年鉴，新疆省统计局

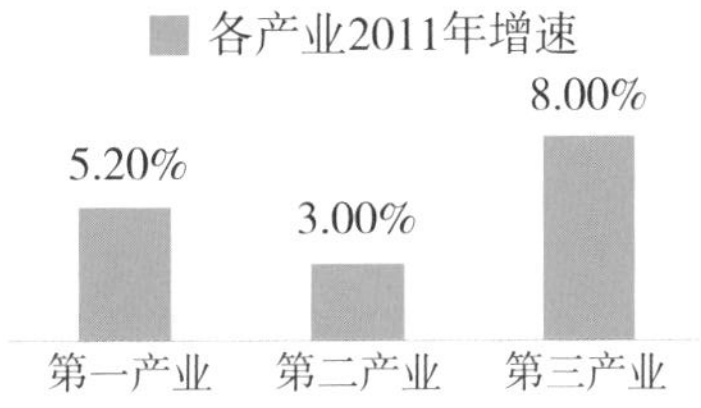

图11–51 2011年克拉玛依市各产业增速图

Figure11-51 Industry growth rate of Karamay in 2011

数据来源：知网统计年鉴，新疆省统计局

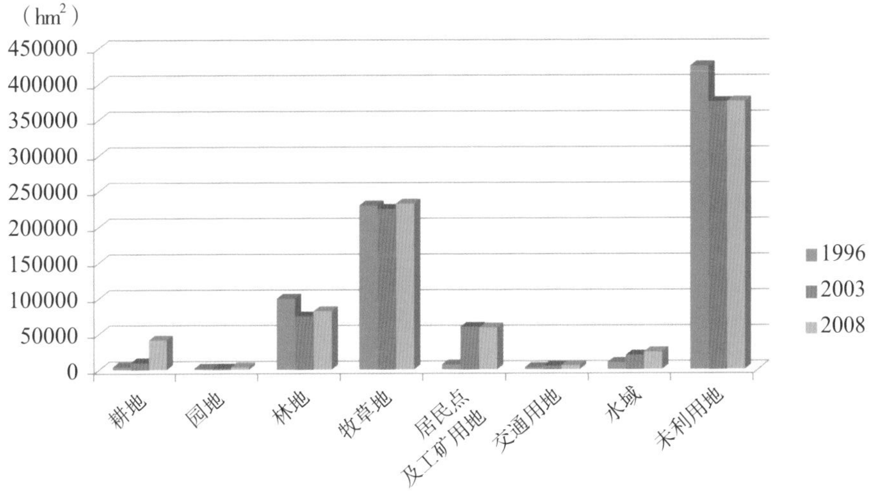

图11–52克拉玛依用地情况

Figure11-52 Land use situation in Karamay

数据来源：知网统计年鉴、新疆省统计局；胡宏山.克拉玛依产业转型问题研究[D].西安：西安理工大学，2002

在"引水工程"为克拉玛依农业用水提供保证的基础上，克拉玛依市于2001年开始实施国家批准的"国家农业综合开发克拉玛依项目区"计划，至2002年底，农业综合开发新增耕地1.333万hm^2，耕地在土地利用结构中所占比重上升3个百分点。农业综合开发区位于克拉玛依城区东南面，人工改造克拉玛依恶劣的荒漠戈壁，进行干旱荒漠区生态保育与生态产业的开发，形成大片的农田机理[23]（图11–53）。

（2）第二产业——石油工业。原油构成对比情况：从克拉玛依原油构成与全国的比较可以看出，克拉玛依的原油构成以稀油为主，品质较好的凝析油和品质较差的稠油相对较少，其他油田的原油品质均高于全国水平，原油品质总体来说在全国平均水平之上（表11–12）。

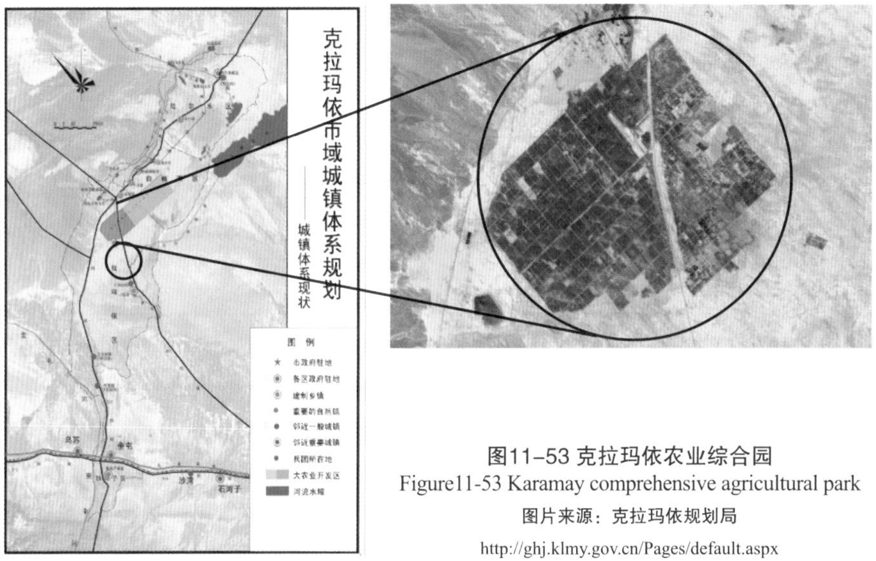

图11–53 克拉玛依农业综合园

Figure11-53 Karamay comprehensive agricultural park

图片来源：克拉玛依规划局

http://ghj.klmy.gov.cn/Pages/default.aspx

表 11–12 石油构成对比表

Table11-12 Comparison of oil

调查对象	凝析油（%）	高凝油（%）	稀油（%）	稠油（%）
中石油	2.02	0.86	84.80	12.32
中石化	7.43	14.79	0	77.79
克拉玛依油田	0.54	0	70.49	28.98
吐哈油田	2.82	0	94.72	2.46
塔里木油田	12.52	0	87.48	0

数据来源：新疆维吾尔自治区石油和化学工业行业办公室

原油开采技术经济指标对比情况：克拉玛依原油商品率整体上与中石油和中石化两大公司平均值相当，油田原油耗损低于中石油，中石化的平均水平；从油井利用率角度看，克拉玛依油井利用率较高，这与油田开采周期的长短有关，与两大公司及大庆、胜利、辽河三大油田相比，克拉玛依原油生产用电单耗较低，在国内处于领先的水平（表11–13）。

表 11–13 原油开采技术经济指标对比表
Table11-13 Comparison of economic indexes of oil exploitation

调查对象	原油商品率（%）	原油自用率（%）	原有损耗率（%）	油井利用率（%）	生产用电单耗（kw·h/t）
中石油	96.29	1.42	1.93	90.1	130.01
中石化	95.89	1.9	2.22	88.97	175.16
大庆油田	98.19	0.4	1.2	930.4	187.32
胜利油田	96.33	1.71	1.96	85.99	161.96
辽河油田	92.9	3.88	2.77	78.92	144.64
克拉玛依油田	97.1	1.21	1.69	98.45	62.47
吐哈油田	94.58	3.13	2.3	136.96	70.41
塔里木油田	95	0.2	4.8	84.67	55.82

数据来源：新疆维吾尔自治区石油和化学工业行业办公室

（3）克拉玛依产业结构特点：① 第一、二、三产业比例失调：2003年，三大产业的比例为0.37:85.6:13.9，第二产业占绝对比重，一、三产业相对发展缓慢，以第二产业为主。这可以从克市三次产业从业人员构成和三次产业的产值构成上反映出来。克拉玛依市第二产业的从业人员比重和GDP比重均高于全部城市的平均水平。② 第二产业内部结构不合：在克拉玛依市第二产业内部单一化、畸形化现象也很严重。克拉玛依市的工业结构为超重性、高耗能、高耗水、高排污的重工业，其百元产值的耗水量、耗能量、排污量远远大于其他类型的工业，因此城市排放的废水、废气、废渣等固体垃圾物成为城市环境的最大公敌。③ 城市用地分散，不利于第三产业的发展：从现状城市用地来看，分散性是克拉玛依城区用地最鲜明的特点。这种过于分散造成的问题是多方面的，如城市建设水平低，基础设施不健全，形不成城市体系，一方面基本的生活服务得不到满足，另一方面设施的利用率又很低，两种现象同时存在[24]。

2）生产活动下的水资源利用

（1）克拉玛依的水资源（表11–14、表11–15）

表 11–14 克拉玛依市河流情况一览表
Table11-14 River condition in Karamay

河流名称	河流等级	境内长度（km）	年平均年径流量（万m3）	备注
白杨河	干流	60	11610	入库站流量
玛纳斯河	干流	100	128200	境内断流
奎屯河	干流	31	63800	

数据来源：谢蕾.克拉玛依市水资源配置研究[D]. 乌鲁木齐：新疆农业大学，2005。

表 11–15 克拉玛依市流域分区水资源量表
Table11-15 Water resources quantity in Karamay River Basins

河流名称	多年平均地表水资源量	地下水资源量	地表水天然年径流量（万m3）		
			50%	75%	95%
白杨河	11610	9496	10183	7572	5910
玛纳斯河	1200	2806	1200	1077	916
奎屯河	2600	16438	2656	2466	2257
合计	14830	28740	14039	11115	9083

数据来源：谢蕾.克拉玛依市水资源配置研究[D]. 乌鲁木齐：新疆农业大学，2005。

河流水系及湖泊情况：自北向南流入克拉玛依市的白杨河是克拉玛依市的主要水源之一。奎屯河出山口以后从独山子区西边界流过，是独山子区的主要地表水源。

地下水：克拉玛依市多年平均地下水资源量为28740万m^3，地下水可开采量为13133万m^3。克拉玛依市有三个主要的地下水源地，分别为黄羊泉水源地、百口泉水源地和包古图水源地。

地表水：克拉玛依市当地产生的地表径流在独山子区，径流量为397万m^3。可以说克拉玛依市的地表水资源量基本上都是入境水量。

（2）水资源利用问题（表11–16）

表 11-16 2000 年克拉玛依市各流域供用水情况统计表
Table11-16 Statistics of water supply and consumption in basins of Karamay in 2000

	分行业统计用水量（万m³）				分水源统计供水量（万m³）		
项目	生活	工业	农林牧渔	合计	地表水	地下水	小计
白杨河流域	1944	3967	2733	8644	5703	2941	8644
玛纳斯河流域	128	23	8900	9051	3466	5585	9051
奎屯河流域	774	2237	282	3293	2009	1284	3293
合计	2846	6227	11915	20988	11178	9810	20988

数据来源：谢蕾.克拉玛依市水资源配置研究[D]. 乌鲁木齐：新疆农业大学，2005。

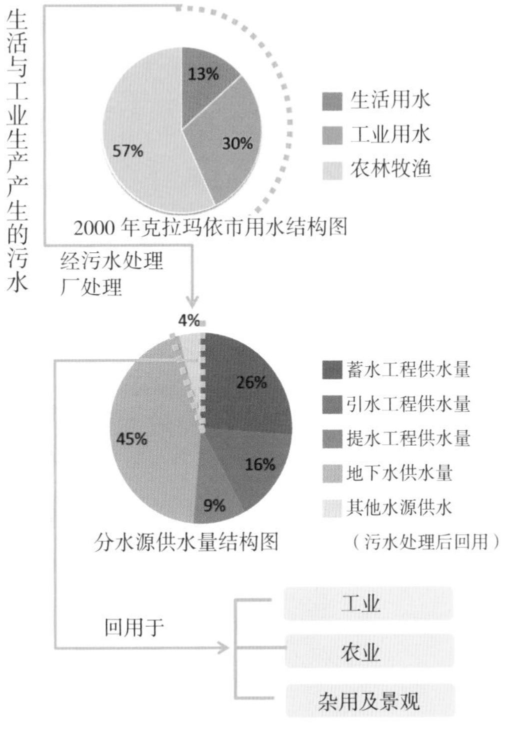

图11-54 生产活动排放污水及废水流程图
Figure11-54 Production activities of discharge of sewage and wastewater flow chart

生产活动的高耗水：克拉玛依市水资源总量4172亿m³，人均占有量1672m³，是世界人均占有量的18%，属于严重缺水型城市。而城市供水中50%～80%是工业用水。

生产活动排放污水及废水：工业废水主要来源为各采油、石化部门。2002年克拉玛依市排放的污水废水总量4111.88万t，其中城市工业废水排放量2418.28万t。工业污水是污水处理与再利用的主要来源（图11-54）。

克拉玛依市的生产活动以第二产业为主，决定了其水资源利用问题是主要是因为工业结构以超重性、高耗能、高排污的重工业为主，其高耗水、百元产值的耗水量、耗能量、排污量远远大于其他类型的工业，体现出高耗水和污水废水总量大的特点。同时第二产业的迅猛发展又导致了对水资源的需求不断上涨。

11.2.2.3 生活活动

1. 达里雅博依生活活动

达里雅博依人是最能体现人类对干旱地区的文化适应的多样性以及维吾尔族文化多样性的群体之一。达里雅博依人的文化是他们在历史发展过程中对其所处环境及其演变逐渐适应的产物。因此，理解达里雅博依人的自然生态环境和社会文化环境是解释他们的文化以及分析干旱地区的人与环境关系的前提条件。

1）环境特征

（1）环境特点。

地理环境十分封闭：达里雅博依绿洲位于新疆于田县北部塔克拉玛干沙漠腹地（图11-55）。四面沙漠环绕，这种环境容易导致和外界隔绝，造成自我封闭。达里雅博依乡是距县城最远的一个乡，它和于田县之间的距离是250km。距和田市430km，首府乌鲁木齐1550km，区位偏远。再加上因地处沙漠腹地，路况恶劣，交通不便。

灾难性气候多、气候压力大：① 极端干旱，严重缺水。② 沙暴、浮尘、风沙危害严重。作为世界最大的流动沙漠，塔克拉玛干沙漠中风沙频繁，达里雅博依全年平均风沙天数不少于200天，沙漠深处的浮尘天数可达250余天，浮尘天气对人体危害很大。③ 气温高、冷热剧变，温度变化大。夏季气温25~38℃，冬季平均气温-9～-10℃，平均年温差在30~40℃[25]。土地生产力低，动植物资源极其稀少。生态环境脆弱，沙漠化严重。

图11-55 达里雅博依乡区位图
Figure11-55 Location of Daria Bori Village
图片来源：Google Earth截图

（2）历史沿革。1900年以前位于扞弥—龟兹古道上，古丝绸之路亦从此经过，西汉时期西域古扞弥国。1900~1949年，受于田县管辖。来自加依的头领管理巴热克家族，来自喀鲁克的头领则管理台克家族。1949~1989年，相继成立人民公社、小学，有拖拉机开路，有了到于田的简易沙漠路，随着畜牧处、林业处、水利处的设立，1989年成立了乡人民政府。1989年至今，村民装上了太阳能，看上了电视节目，设立了通信基站，有了日常生活的服务行业和汽车摩托车等现代化交通工具。

2）达里雅博依社会结构

（1）人口规模与密度。2011年达里雅博依乡有298户，1397人，其中常住人口为1235人（表11–17）。乡政府所在地是达里雅博依乡人口最密集的地方，这里有25户人家。其他200余户居住十分分散，两户之间相隔近3~4km甚至30~40km。全乡总面积为15344.59km^2，2011年总人口为1397人，人均占地11km^2，人口密度非常少。

（2）民族构成。达里雅博依乡中所有居民均为维吾尔族人。

（3）年龄构成。2011年达里雅博依乡1235个常住人口中，0~11岁少年儿童人数为204人，占16.5%；12~21岁人有342人，占27.7%；22~61岁成年人有631人，占51.1%；61岁以上老年人有58人，占总人口4.7%。

（4）性别构成。达里雅博依乡男性占总人口的58%，女性占总人口的42%。除了42~51岁总人数中女性人数稍微多于男性，其他各年龄段男性人数均大于女性。

表 11–17 1949~2011 达里雅博依乡人口发展表
Table11-17 Population development of Daria Bori Village, 1949~2011

年份	户数（户）	总人口数（人）	户均人口（人/户）
1949	55	310	5.6
1958	68	415	6.1
1980	128	769	6.0
1988	172	832	4.8
2000	240	1118	4.7
2006	267	1290	4.8
2009	292	1342	4.6
2011	298	1397	4.7

3）饮食

（1）饮水。克里雅河为达里雅博依人提供水源（图11–56）。它是一条季节性的河流，其水量季节性特征是“冬枯、秋缺、夏洪、春旱”。克里雅河也会出现长时间的干旱期，并导致该地区生态平衡的失调。克里雅河只能在洪水期（7~8月）为当地大部分居民提供足够的饮用水。但是这种情况不会持续很长的时间。在别的季节，河水只能流到下游上段的几个居民居住点，因此只有居住在这一带的居民才可以常年享用到河水，其他多数居民只能把河水渗到地下形成的地下水作为饮用水。达里雅博依人最有效利用地下水资源的办法就是打井取水。水井在达里雅博依地区几乎每户居民家都有水井，这些水井为人和家畜提供饮用水。

达里雅博依人所使用的井大都是长宽约为1.5m的正方形水井，其深度视地下水位而有所不同，河水丰富的地方，地下水位较高。离克里雅河近的水井深度约为1.5~2m，像河水每年只能到达一次的地带，需要挖3~7m才能出水，有些地带甚至要挖得更深。当地的这种井被称为“奇达井”，为了取水井里搭一个梯子，也有些人将水桶绑在绳子上打水，一般在井旁放有给牲畜喝水的水槽（图11–57）。以前达里雅博依人在游牧时，就在野外打井来解决人畜的饮水问题。如今，人们到沙漠中找玉石时，也会在沙漠中临时打井来解决饮水问题，远足出行者一般会带上足够的饮用水。冬季水井会结冰，就需要在井面上打个洞来取水。

从达里雅博依地区地下水的水质来看，由于气候极端干燥，气温高、日照强，地下水大量蒸发导致地下水含盐量增高、水质较差，矿化度大于10g/L，pH7.1~8.8，总硬度75~265，属高矿化水。

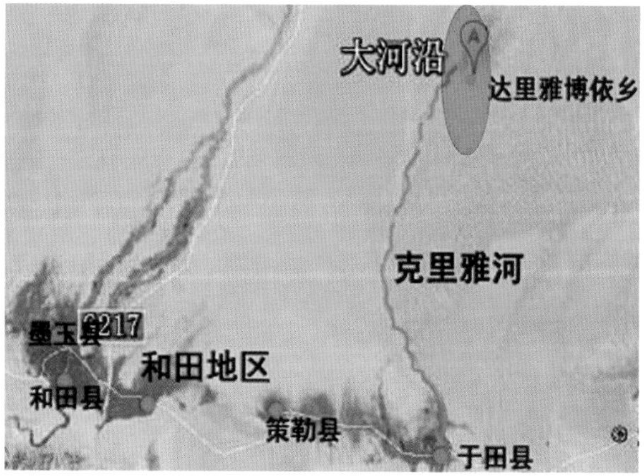

图11–56 克里雅河平面图
Figure11-56 Plan of Keriya River
图片来源：Google Earth截图

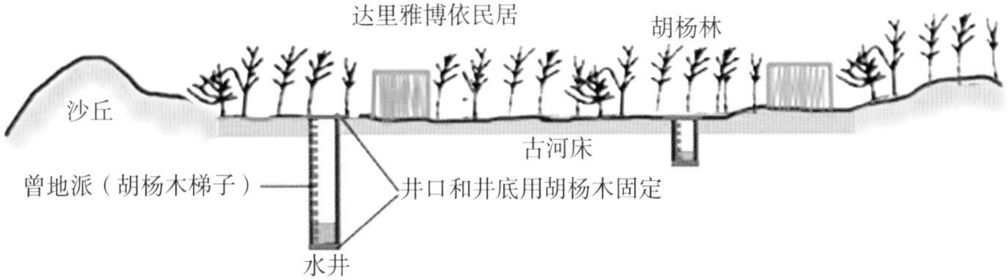

图11–57 克里雅河剖面图
Figure11-57 Section of Keriya River

由于大多数人打出来的井水是咸的，不能直接饮用，因此他们会将水烧开并放入药茶来饮用，除此之外，夏天如果家里来了客人，人们会端一碗凉水或茶水来招待，这也是他们长期生活在沙漠环境当中形成的习惯之一。达里雅博依人的饮水中氟的含量较高，因为长期饮用，导致了当地人的牙齿变黄，甚至有些人的牙齿很早就脱落了[25]。

（2）食物。塔克拉玛干沙漠降水量的稀少和水源的不稳定决定了该沙漠所拥有的动植物资源的种类和数量的稀少，达里雅博依人生活的地带中可食用的植物只有一种，那就是沙枣树。他们的主要食物来自于畜牧业，即肉食和奶制品，此外也把用畜产品与农区居民交换而来的粮食作为他们主要的食物。所以达里雅博依人的食物主要有肉类、库麦其、奶制品和沙枣四类[26]（表11–18）。

表 11–18 达里雅博依人主要食物及其食用周期
Table11-18 Main food of Daria Bori Village

注：灰色部分代表食用周期

食物名称	1月	2月	3月	4月	5月	6月	7月	8月	9月	10月	11月	12月
肉类	■	■	■	■	■	■	■	■	■	■	■	■
乳类						■	■	■	■	■		
粮食	■	■	■	■	■	■	■	■	■	■	■	■
沙枣	■	■							■	■	■	■

（3）食物储存：①冷藏法：晚上就将羊肉挂在外面，到了白天，再将羊肉用羊皮大衣裹好放在通风的房子中，就可以避免因气温过高而导致肉腐坏，据当地人介绍用这种方法可以将肉保存4~5天。②晒干存储法：将羊肉加盐进行煮制，煮到半熟的时候绑起挂在通风的地方晾干。③撒盐存储法：给肉上撒盐或把肉浸泡在盐水里再晒干也可储存10天左右。

以上所提到的这几种食物储存法都是短期储藏方式，目前为止达里雅博依人还没有形成长期储存食物的习惯。

4）交通

交通条件的改善为达里雅博人提供了更好的经济生活条件，以及更广泛的与外界接触的机会，从而使他们更有效地适应其所处的生存环境。而如今，摩托车为他们开发和利用自己所处环境中自然资源创造了便利的条件。此外，摩托车的普及增加了人们之间的社会交往，现在牧民可以拜访远方的亲属朋友，也经常可以交换各种信息。随着交通条件的便利，要到农业区把所需的粮食及时地运回来，他们不再像以前会出现粮食短缺的情况。每家每户均有一两辆摩托车，作为交通运输的主要工具牲畜逐渐被机动车所取代[25]。

5）聚落选址

对于生活在沙漠地区的居民来说，饮用水是就先要解决的问题。他们一般把住宅建在河流两岸，所以他们被称为“达里雅博依人”（“达里雅博依”是维吾尔语“河沿”之意）。克里雅河属于季节性的河流，只有在夏天的洪水期，河水才能够流经下端的支流河段，其他的季节，达里雅博依人主要依靠地下水。所以，当地人在选房址的时候尽量选择在可以挖出淡水的地方来建造房屋（图11–58）。在达里雅博依人中广泛流传的“离河流越近越容易取水”这一俗语也能充分地说明他们在选房址时会把临近水源作为首先要考虑的因素，这是他们居住文化最突出的特点。

图11–58 民居聚落分布图
Figure11-58 Distribution of folk house and settlements
底图来源：Google Earth**截图**

达里雅博依人选房址需要特别注意的是要选择地势较高且洪水达不到的地方，因为在发生洪灾的年代，洪水常常给牧民的房屋造成不同程度的破坏。达里雅博依人常常将住房建在沿河地带的沙丘上或沙丘旁边，通常房后与沙丘连接，屋口朝向胡杨林。就达里雅博依的气候条件而言，夏天非常炎热，高温天气较多。因此，他们将房子甚至牲畜棚都建在胡杨林中，或者房子周围起码得有几棵胡杨树。这样夏天不仅能避暑而且春季还能起到防风防沙的作用。虽然上述提到的几种自然环境因素都对达里雅博依人选房址产生了影响，但其中决定性的因素还是水源。逐水而居不仅是沙漠居民居住文化的一个显著特点，而且也是世界上生活在任何一种生态系统的人群都共有的居住特征。

6）居住习俗

（1）居住模式的改变：居住模式的改变表现在定居生活，居住从分散转向密集和群居住居模式的形式等方面。在建乡以前，人口少，每户占有的草场面积大，居住十分分散。1993年草场分给牧民后，他们过渡到定居生活。此后，在定居形式上出现了较为密集的居住形式，其有两种原因：其一，人口增加和新的家庭的出现；其二，由于草场的干枯导致的牧民搬迁[25]。

（2）建造方式的变化：20世纪90年代以后，随着生计方式和分工多元化，出现了专门的木匠，从而建筑风格也发生了相应的变化。木匠建造的房屋的屋顶是比较密实的，不仅冬暖夏凉，而且防风挡沙。

2. 新疆百岁老人的生活活动

1）新疆长寿现状概况

2000年新疆共有百岁老人及以上的老人1448人，1990年为630人，而1982年统计数据显示新疆共有865名百岁老人，南疆有753人，占全自治区百岁老人总数的87.1%，其中以和田、阿克苏和喀什地区为最多。

新疆地区平均寿命较低可能是经济欠发达、交通、信息落后导致医疗设施和基础医疗水平不足以及恶劣的自然环境引起的。但是，在整体寿命较低的情况下出现的长寿村现象令人关注（图11–59）。

据统计，新疆的百岁老人主要集中在新疆南部的和田、喀什、阿克苏地区，其中和田地区占第一位（表11–20）。和田地区位于塔克拉玛依大沙漠南缘，昆仑山的北面，偏远而封闭。全区总面积24.78km^2，被沙漠分割成几百块大小不等的绿洲，属于干旱的大陆荒漠性气候。和田地区总人口150万人，维吾尔族占总人口的97.14%。该地区80岁以上老人数达17392人，占总人口的1.16%，100岁以上人口有229人，是目前中国六大长寿之乡中百岁老人人数最多的地区，平均每百万人口中有152.7位百岁老人[26]。

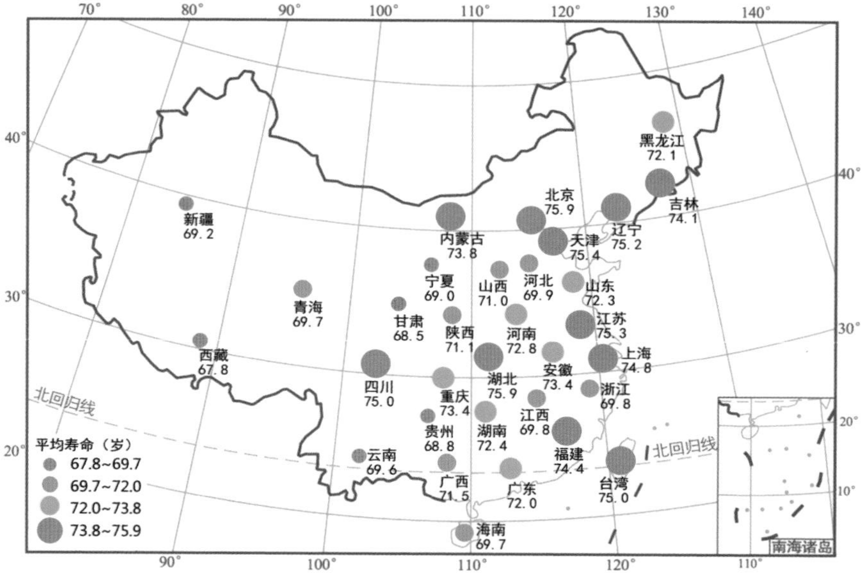

图11–59 中国各省份平均寿命图

Figure11-59 Chart of average longevity in China

数据来源：秦俊法,中国的百岁老人研究Ⅰ[J].广东微量元素科学,2007,14（9）：10-23.

表 11–19 不同年代中国百岁老人比例的地区分布

Table11-19 Distribution of Chinese centenarians in ages

（单位：万人）

地区	1982年	2000年
新疆	6610	7844
广西	1130	4480
海南	—	3780
西藏	3270	2370
天津	100	2340
广东	770	2220
四川	380	1830

数据来源：秦俊法，中国的百岁老人研究Ⅰ[J].广东微量元素科学，2007，14（9）：10-23。

表 11-20 1982 年新疆百岁老人分布表
Table11-20 Distribution of centenarians in Xinjiang Province in 1982

地区		百岁老人数（人）	占全省百岁老人比例（%）
北疆	吐鲁番	52	6.01
	伊犁	12	1.39
	阿勒泰	12	1.39
	昌吉	10	1.16
	哈密	7	0.81
	乌鲁木齐	6	0.69
	塔城	5	0.58
	博尔塔拉	4	0.46
	克拉玛依	2	0.23
	石河子	2	0.23
南疆	和田	220	25.43
	阿克苏	217	25.09
	喀什	198	22.89
	巴音郭楞	61	7.05
	克孜勒苏	57	6.59
总计		—	865	100

数据来源：秦俊法,中国的百岁老人研究Ⅰ[J].广东微量元素科学,2007,14（9）：10-23.

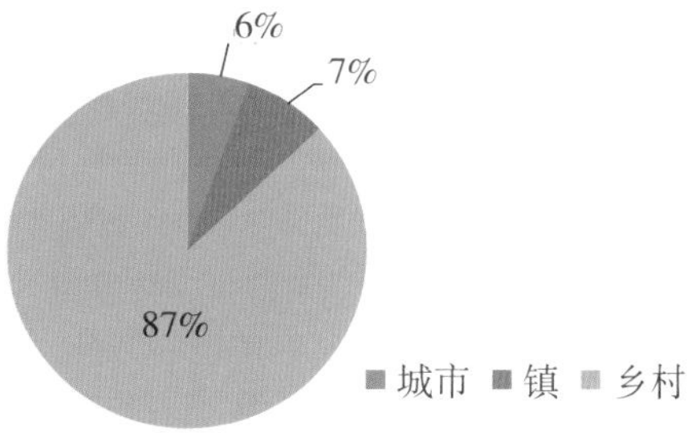

图11-60 新疆百岁老人分布情况图
Figure11-60 Centenarian distribution in Xinjiang Province

图11-60可见新疆长寿人群主要集中在南疆绿洲地区，而且农村地区的百岁老人占了绝大多数，保持传统生活方式的居民更容易长寿。

2）拉依苏长寿村生活活动

（1）环境特征。新疆和田、沙雅等南疆地区，是世界著名的长寿之乡。1984年，世界长寿之乡考察团对这一带进行实地考察后，把这一地区定为“世界第四大长寿乡”。新疆和田地区于田县的拉依苏村，2400人的村子里，60岁以上的老人有167人，80岁以上的老人有30人，百岁以上的老人有16人（图11-61）。这些维吾尔老人共有的特征是：身材偏瘦，耳聪目明，动作敏捷而且风趣幽默。70岁的老人独来独往处处可见，却没有一个是闲逛，都是在忙着干农活或为生计奔波。

和田地区虽然干旱少雨，多风沙，又被昆仑山和沙漠所包围，但和田绿洲内的小环境却比较优越（图11-62）。有昆仑山积雪融水浇灌的农田，渠道纵横、流水潺潺，地表水比较充足，和田又处处是树的海洋，户户掩映在绿树丛中。许多来过和田的中外专家将和田称为“森林公园”[21]。该地区处于干旱大陆荒漠性气候区，属典型的大陆性气候，年平均气温较低（7.6~11.6℃），温差较大（11.7~15.8℃），但自古以来就以“稼穑殷盛，花果繁茂”著称于世。老人居住条件及卫生设施的好坏对生活质量的影响作用也不容忽视。居室内的环境卫生因素包括小气候（气温、气湿、气流、热辐射）、日照、采光、噪声和空气清洁状况等。

据资料表明，居室有充足的阳光，新鲜的空气和宽敞的空间有利于通风换气使促进老年人新陈代谢，增强体质，保障舒适感，减少老年人冠心病，高血压等疾病的发病率（图11-63）。

图11-61 于田县拉依苏村区位图
Figure11-61 Location of Laisou Village, Yutian County

从左至右斯帕尔·吐迪老人（105岁）、买托提·依明老人（96岁）、肉孜·买买提老人（118岁）、买提肉孜·买买提老人（101岁）

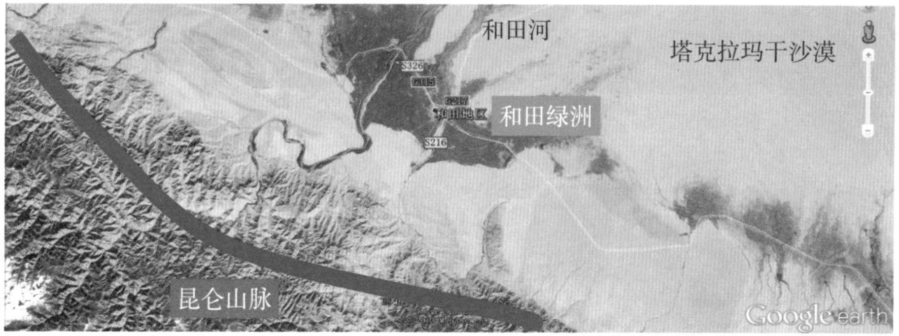

图11-62 和田绿洲区域环境
Figure11-62 Regional environment of Hotan Oasis
底图来源：Google Earth截图

数千公里的绿廊

村庄掩映在绿色中

图11–63 达里博雅依照片
Figure11-63 Photos of Daria Bori area
图片来源：邢杨. 新疆拉伊苏长寿村探秘[J]. 家庭医药·快乐养生，2009（10）

表 11–21 和田地区 40 年气象资料表
Table11-21 Meteorological data of Hotan area in 40 years

年份	平均气温（℃）	降水量（mm）	平均风速（m/s）	大风次数（次）	沙尘暴日数（d）
1961~1965	12.2	31.2	2.1	13	36.8
1966~1970	12.1	33211028.2			
1971~1975	12.1	37.1	2.2	7.4	29.2
1976~1980	12.6	24.2	2.2	4.2	32.8
1981~1985	12.3	28.1	1.8	4	28.6
1986~1990	12.6	51.2	1.4	3.2	23.4
1991~1995	12.3	41.6	1.4	1.6	15.8
1996~2000	13.3	31.5	1.9	1	12.8

数据来源：和田地区气象局

年均气温整体呈波动上升趋势。绿洲内部的湍流旺盛，边界层升高，对临近绿洲沙漠上的水汽输送量和输送范围都加大，沙漠白天近地面层大气逆湿现象更加明显，降低临近绿洲沙漠的感热通量，增大潜热通量，有利于沙漠保持水分，给人类居住提供了良好的条件。

年降水量呈波动性上升趋势。年降水量与相对湿度呈现出正相关。这种变化使绿洲地区感热通量变小，潜热通量变大，冷岛效应更加明显，同时，加大了绿洲边缘区的对流雨量，可以使绿洲更加稳定。

平均风速呈波动下降趋势。大风次数从20世纪60年代到90年代明显下降，次数从13次下降到1次，下降幅度达12次之多。人类的大量植树造林，构建防护林带为人类居住创造了稳定的环境。

沙尘暴的总趋势是下降的，且沙尘暴的日数和当年均温呈现负相关。说明气候因子中年平均气温对沙尘暴的影响较为显著。

通过以上数据发现和田绿洲存在温度上升，降水量逐渐增加，相对湿度逐渐变大的现象。气候条件的改变，有利于生态环境的改善，对该地区居民的生活和生产创造了有利的区域小气候（表11–21）[27]。

（2）生活方式

运动——光脚走路。在拉依苏村，男人们都习惯光着脚，女人们则一般只穿着袜子行走，祖祖辈辈，无论老少，都保持着这样的习惯。医学研究表明，脚底有许多穴位，经常按摩对人的健康极有好处，而赤脚这种习惯，在不经意中达到了经常性自我保健的目的。

喝水方式——凉水。长寿村的老人们都有直接喝凉水的习惯。而且拉依苏村的村民平时喝凉水，各种微量元素没有流失。而长期以来他们饮用的都是拉依苏村水库的水。事实上，“拉依苏”在维吾尔语里意为“浑浊之水”，因为每年六七月份洪水都会流经这里，使得河水变浑浊，拉依苏村也因此得名。肉孜老人说，水真正的源头在30多公里外的水库上游，因为路途遥远、交通不便，见过的人并不多。在那里有数以万计的泉眼，很多泉眼经常会被泥沙堵塞，村干部隔一段时间就会组织几个村里的人去清理。

作息——早睡早起。伊斯兰教规定教徒每日做礼拜5次，因此他们养成了早5~6点起床，晚9~10点入睡的良好习惯，老人均早睡早起。另外，伊斯兰教规禁止抽烟喝酒，故大多老人不吸烟不喝酒。

劳作一生百岁老人生活在农村，都会参加各种劳动。许多人在百岁以后还干些力所能及的活（图11–64）。

（3）劳作方式

种植业。种植业以经济作物棉花为主，种有棉花120hm^2，小麦6.67hm^2，其他作物包括瓜果在内有20hm^2。这里的园艺很好，以苹果种植为主，西瓜、甜瓜都很甜，红枣种植则是近几年才开始的。

图11-64 采摘棉花的百岁老人
Figure11-64 Centenarians picking cotton

图11-65 乐观的当地老年人
Figure11-65 Optimistic local elders

打柴。每到农闲时节村民会深入沙漠，打回干枯的胡杨树枝备在自家院子里，用以取暖和煮饭。

手工纺织。这里盛产羊毛和棉花，可以看到村里的人用传统的方式手工纺织毛线。

劳动收入。拉依苏村是长寿村，也是穷村。村子有720户人家2400多人，只有320hm²耕地，人均年收入不足2000元。这些老人每人只有0.12hm²耕地，过着自食其力的生活，每人年收入在1200~1800元。

（4）精神信仰。

宗教。伊斯兰教禁止抽烟喝酒和毒品，这对于长寿有很大帮助。伊斯兰教为保证信教群众的身体健康，要求穆斯林吃洁净的食物，而不吃不洁净的东西，以免身体受到损害。伊斯兰教反对过苦行僧的禁欲生活，劝导人们进行合法而有益的享受，同时提倡性卫生和性礼仪。穆斯林在礼拜中全身心投入而获取精神力量，在其主动参悟过程中达到了情感心理与生理的平衡，从而收到了很好的养生效果。同时常年礼拜的立、躬、跪、叩的动作能疏通经络，调和气血，利通关节，协调脏腑。

乐观精神。性格开朗也是百岁老人的共同特点。和田是歌舞之乡。在举行麦西来甫（联欢歌舞会）时，许多老人跳得十分欢快，有的还引吭高歌。老人平时开朗、温和，邻里、家庭成员间的关系融洽。年老后，大都儿孙满堂。面对人生的各种坎坷，他们都能处之泰然。这种豁达的心胸有益于健康（图11-65）。

3）长寿与生活活动关系初探

（1）和田地区长寿老人的体质特征。① 和田地区百岁老人体质指标：研究发现与长寿者具有“身材矮，质量轻，弱体质”的特点，消瘦型老人一般都思维敏捷，精神矍铄，高血压、冠心病和糖尿病的发病率明显低于肥胖者。这与消耗能量少以及内脏器官与整体身段的比例大小有直接的关系。从比例上讲，消瘦者内脏器官就相对大些，功能自然也会强些，易完成全身新陈代谢，而个子高的人自然完成新陈代谢时间要长些。细胞的寿命潜力是永恒的，所以要降低衰老程度，就必须降低能量的消耗。② 肠道菌群多样性。③ 性甾体激素较高。④ 免疫功能较完善。⑤ 高密度脂质蛋白醇较高。⑥ 有良好的血管弹性。⑦ 脂质水平和抗氧化功能良好。⑧ 心率变异性较低。

（2）和田地区长寿老人的饮食特点：① 粗粮摄入为主。② 老年人的膳食规律。③ 长期摄入新鲜水果和蔬菜。④ 特殊食品摄入较多。⑤ 盐的摄入量较少。⑥ 油类摄入极少。⑦ 动物性食品的摄入量少。⑧ 喜欢饮和田茶，水质优越。⑨ 芜菁的抗衰老作用。⑩ 新疆红葡萄干有保健功能。

11.2.3 案例研究——新疆喀什

1. 习俗文化

1）人居背景

（1）两大河流：叶尔羌河和喀什噶尔河。诸山和沙漠环绕的叶尔羌河、喀什噶尔河冲积平原犹如绿色的宝石镶嵌其中。叶尔羌河冲积平原为年轻的砂质冲积平原，由叶尔羌河、乌鲁吾斯塘、提孜那甫河组成平原水系，地形总的趋势是从南向东微微倾斜，是喀什最大的绿洲。

（2）三面环山：背面天山南脉，西有帕米尔高原耸立，南部是绵亘东西的喀喇昆仑山，山区的冰雪融水为绿洲的开发提供了条件，喀喇昆仑山分布着巨大的冰雪层和冰川，其中著名的音苏提冰川，长40.2km，是中国最大的代冰川之一。这些冰川为喀什提供了比较稳定的水资源，故有“固体水库”之称。

2）历史痕迹

喀什的古老人文景观和独特自然景观交相辉映。

有闻名遐迩的阿帕克霍加墓（香妃墓）、艾提尕尔清真寺、班超纪念公园、玉素甫·哈斯·哈吉甫墓、叶尔羌汗国遗址、穆罕默德喀什噶里墓、高台民居、莫尔佛塔、唐王城、石头城等历史遗址，是追寻西域历史文化变迁的好去处。有世界第二高峰乔格里峰和号称“冰山之父”的慕士塔格峰以及原始胡杨林等多种自然景观和原始风光，大漠、绿洲、冰河、雪岭、原始森林在这些都可以领略到[28]。

阿帕克霍加墓：始建于1640年。是新疆境内规模和影响最大的伊斯兰教“霍加”陵墓。墓中埋葬着明清时期伊斯兰教著名传教士买买提玉素甫霍加、喀什噶尔“霍加政权”国王和白山派首领阿帕克霍加及其家族5代72人。

清真寺：坐落于新疆维吾尔自治区喀什市的艾提尕尔广场西侧，占地1.68hm^2，它不仅是新疆规模最大的清真寺，也是全国规模最大的清真寺之一。这是一个有着浓郁民族风格和宗教色彩的伊斯兰教古建筑群，坐西朝东。它不仅是宗教活动场所，也是传播伊斯兰教和培养人才的学府。

3）宗教文化

由于历史进程各阶段特定的历史条件，在这块土地上生活过的各古老土著到今天的维吾尔族，曾先后信仰过各类原始宗教与佛教；祆教（拜火教）、萨满教与中古时期聂斯脱利派的基督教（景教）。至10世纪中叶后，喀什噶尔作为伊斯兰教从陆路东传中国新疆的第一个基地，开始使伊斯兰教在喀什的宗教界占了主导地位。维吾尔族信奉伊斯兰教，所以，高台民居内大大小小的清真寺组成了居民们生活的一部分。维吾尔族的人们从小孩到大人都能歌善舞。他们有着天生的表演欲望，勤劳热情而又好客。

4）民族文化

2010年，全区年末总人口397.94万人。是一个多民族人居的地区，许多古老民族曾在这里繁衍生息，发展经济、文化。截至2005年，境内主要民族有维吾尔族、汉族、塔吉克族、回族、柯尔克孜族、乌孜别克族、哈萨克族、俄罗斯族、达斡尔族、蒙古族、锡伯族、满族等31个民族。以维吾尔族为主要居民，民族特色浓郁，在整个新疆地区最具有代表性和典型性。这里的民族大多数信奉伊斯兰教，因此服饰、饮食、礼仪、婚俗、丧葬等均受宗教影响[29]。

“丝绸之路”的畅通，使新疆得以与周边地区沟通，封闭的绿洲得以与外部世界联系起来，新疆由此成为了开放的历史文化区域和各民族交流的广阔舞台（图11-66）。通过“丝绸之路”这条四通八达的交通网络，中原文化、印度

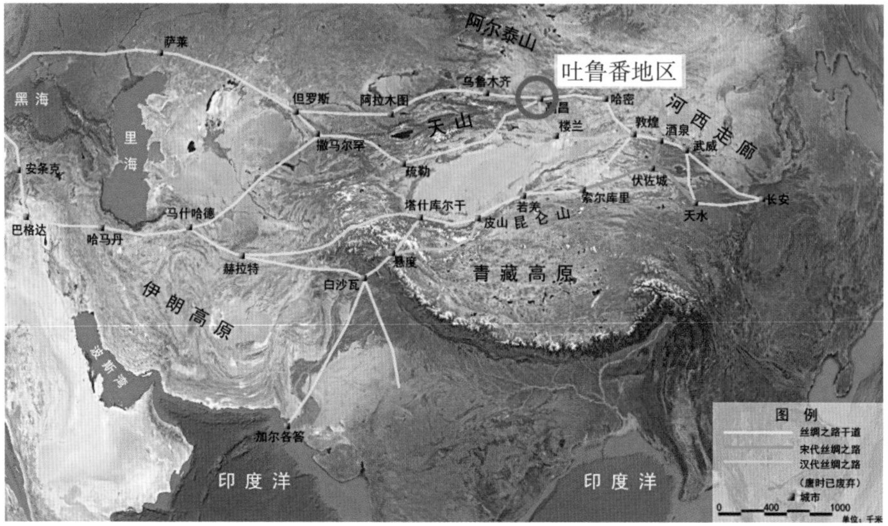

图11-66 丝绸之路
Figure11-66 The Silk Road
底图来源：Google Earth截图

文化、希腊罗马文化、波斯文化和阿拉伯文化在新疆地区荟萃，来自印度的佛教、来自阿拉伯的伊斯兰教和来自罗马的基督教在此交会碰撞，北疆的草原游牧文化和南疆的绿洲农耕文化互相辐射、互相影响，新疆形成一种动态性开放的人文环境[30]。

2. 生活方式

1）衣着服饰

在伊斯兰教里穿着长袍、包着头巾和面纱的是一种着装习惯（遮挡强烈紫外线），但这也正好反映出荒漠民族的特殊防热御寒方式。喀什不仅有酷暑，同样也有严寒，因此人们一直在找一些方式适应。

维吾尔族的服饰多样而美观，具有独特的风格。男子多在衬衣外面穿右衽斜领、无纽扣、长及膝盖的“袷袢”（长袍），腰系方形长带，带中可存放零星物件，随用随取。妇女喜穿色彩鲜艳、有领无衽、从头上套着穿的衣裙。男女老幼都喜戴绣工精致的四楞小花帽，爱穿长筒皮靴，有时靴外还加套鞋。妇女喜戴耳环、手镯、项链、戒指等装饰品。围花色头巾，讲究画眉、染指。未婚少女梳有七八条或十多条小辫，以长为美。宗教职业者多用长的白布缠头。

2）饮食习惯

喀什人民生活在西北寒冷干燥地区，他的调养生命的主旨是强调“护热祛寒”原则，又十分注重冷暖平衡，所以生活在西域风寒地区的维吾尔人，喜食炭火烤制的食品。饮食方面，以面食为主。日常食品有烤馕、拉面、抓饭、包子、汤面、曲曲等。喜食牛肉及马、驼、鸡、鸭、鱼肉。瓜果是维吾尔族群众生活中的必需品。他们还喜欢喝奶茶和红茶，喜好饮酒。

3. 喀什产业

作为经济特区，喀什确定了“调强一产，调大二产，调快三产”的发展方针，提出以工业的理念谋划农业的发展，大力推进农村经济结构的战略性调整，坚持抓好粮食、棉花、畜牧业、林果业、设施农业和富余劳动力转移6项产业，大力发展农业产业化经营，实现农村的城镇化和农民的市民化。

1）第一产业

喀什是久负盛名的“瓜果之乡”，瓜田果树无处不有。喀什地处南疆，阳光充足，气候适宜，为瓜果生产提供了良好的自然条件。棉花具备了600万担的年生产能力，是全国最大的地区级商品棉基地。牲畜饲养量近1300万头（只），约占全疆的1/6，年产肉量可达20万t以上；喀什的民族手工艺品种类繁多。

2）第二产业

喀什地区能源丰富。电力供应充足，重化工，冶金等高污染、高耗能行业在喀什基本没有发展。艾德莱斯绸、手工小刀、维吾尔小花帽、民族乐器等民族传统加工业的快速发展是喀什地区走新型工业化道路的一个领域。喀什地区的林果业资源丰富，在当地已经形成了具有一定规模的干果加工、果酒酿造、果品饮料等食品工业。全地区现在有煤炭、电力、建材、纺织、皮革、食品等工业企业上千家，完全有条件优化原有企业资源配置，尝试组建跨地区、跨行业的企业集团[31]。

3）第三产业

喀什目前服务业还是以传统服务业发展为主，现代服务业的发展缺少推动力，首先是当地的消费水平所决定的，消费者的需求决定了当地的服务业发展的方向。

11.3 干旱地区人居建设研究

11.3.1 干旱地区建设概况

11.3.1.1 生态系统建设

1. 生态系统类型

中国西北干旱荒漠区大多存在从山地到绿洲再到荒漠的水循环体系，地表水（河流、湖泊、水库等）和地下水成为贯穿该地区不同生态系统类型的纽带。干旱荒漠区广义的生态系统类型大致包括从山地到平原的森林生态系统、草原生态系统、绿洲生态系统、湖泊湿地生态系统和荒漠生态系统。

1）森林生态系统

（1）概况：森林生态系统是以乔木树种为主的森林群落与其环境在功能流的作用下形成一定结构、功能和自调控的自然综合体。在荒漠地带，占统治地位的森林生态系统的分布和发育大多受到水分条件的限制，天然林覆盖率不足0.6%，而且分布极不均匀。在荒漠和草原的地带性生境，天然林无法立足，只有高大的山地和水量充沛的荒漠大河谷地，或有充分流动的地下水供应的地段，才能为天然森林植被提供适宜的生境。在我国西北干旱区广阔的旱生植被背景上，森林生态系统总是作为山地植被垂直带或非地带性的隐域（如河谷）植被出现的，包括针叶林生态系统和落叶阔叶林生态系统。

（2）森林生态系统退化原因。

人类砍伐：从20世纪50年代开始，由于对木材的需求急剧增长，导致对森林资源的长期超采。近半个世纪以来，不包括乱砍滥伐，仅国家计划用材、地方和群众自采自用材就耗去森林资源5000万m^3以上，占森林总蓄积量的1/5。与山地相联系的河谷森林，因与人类经济生活更为紧密，受损更严重，目前仅有林地5.3万hm^2，活立木蓄积量只有284万m^3，其维护河谷生态、防止水土流失的功能已严重削弱（图11–67）。

水资源的不合理利用：如以荒漠河岸林为主体的森林生态系统，主要分布在河道两岸的低阶地和高阶地上，靠河流下渗的地下水供给水分。若地下水位持续下降将会导致林木枯死。塔里木河沿岸的胡杨林就属于此种类型。

2）草原生态系统

（1）概况。草原生态系统是以各种草本植物为主体的生物群落与其环境构成的功能统一（图11–68）。水是草原生态系统初级生产力的决定因素，我国干旱荒漠区水分不足，光能利用率低，导致草原生态系统物种多样性低，生态系统脆弱。草原生态系统生态功能显著，在水土保持、防风固沙、调节气候等方面起着重要作用。

图11-67 祁连山
Figure11-67 Qilian Mountain
图片来源：http://www.ctps.cn/PhotoNet/product.asp?proid=1025210

图11-68 甘肃草原
Figure11-68 Prairie in Gansu Province
图片来源：http://www.huanbaowu.com/ziranhuanjingtiaocha/2011624483.html

草原生态系统的生态问题：草地沙化：20世纪70~80年代，沙化草原每年扩展21万hm^2，但是90年代以来，每年沙化扩展24.6万hm^2。草地盐碱化：土壤盐碱化属化学作用造成的土地退化，主要是由于气候干旱、排水不畅及地下水位过高等因素所造成。草地退化：不合理的利用使草地牧草产量、质量下降，植被覆盖率降低，系统功能退化。

（2）草原生态系统退化主要原因。① 生产活动改变地表水和地下水的地域分布：山区森林砍伐使得草地蓄水能力急剧下降；平原地区地下水的大量开采和饮用使草地地下水位降低。② 超载过牧：就是牲畜放牧量超过草原生态系统生物生产的承受能力。长期以来我国牧业生产不是以畜产品的数量和质量作为增长指标，而是强调牲畜头数的总增长率或存栏头数的净增长率，由此导致牲畜头数越养越多，打破了畜草之间内在的平衡。③ 不适宜的农垦：草原气候条件比较严酷、生态平衡脆弱，盲目的开垦以及垦后的管理不当，常造成既达不到粮食增产的目的而又使草原原有植被遭到破坏的局面。

3）湖泊、湿地生态系统

（1）概况。湖泊、湿地生态系统是一个复杂的综合体系，它是盆地和流域及其水体、沉积物、各种无机和有机物之间的相互作用、迁移、转化的综合反映，具有调节区域气候、记录区域环境变化、维持区域生态系统平衡和繁衍生物多样性的特殊功能。干旱区湖泊水系都是以河流系统为独立单元进行水分循环的，每一个流域系统都有自己的径流成区、水系和尾闾，以及恒定的大气低层风系。中国西北干旱地区水域面积大于1km^2的湖泊有400多个，总面积1.7万km^2，其中10km^2以上的湖泊有29个。干旱区湖泊通常深度较小，面积和水量有剧烈的变化，水位伸缩不定，轮廓变化无常。

（2）湖泊、湿地生态系统主要生态问题及原因。我国西北干旱区湖泊在过去的50年里，大多表现为水位下降，水域面积缩小，甚至干涸，青海湖、罗布泊、艾比湖、乌伦古湖和东居延海等矿化度升高。水域面积缩小的同时导致湖滨地带的湿地萎缩，植被群落由湿生、中生向旱生、超旱生和盐生、沙生种类演替。湖面面积的减少和水质的恶化也会造成珍稀物种消亡，生物多样性受到威胁。主要是由于人类大规模、高强度的水资源开发引起的。干旱区内陆湖泊多属于河流尾闾湖，由于地表水、农田排水、地下水不断将盐分带入湖泊。盐分在湖底沉积，湖水矿化度增大。

4）绿洲生态系统

（1）概况。干旱荒漠区绿洲生态系统是自然、社会、历史因素相互作用形成的一个文化景观。它由绿洲生物（即人类、农作物、畜禽和微生物）和绿洲生态环境两大组成部分。我国干旱荒漠区，绿洲主要发育在天山、阿尔金山、祁连山、昆仑山等山系的山前洪积冲积平原前缘地带或河流两岸，依水而生，伴水而存。绿洲系统的物质循环主要依赖水的作用。几千年来，干旱内陆地区的绿洲盆地经人类大规模开垦和灌溉耕作，已逐步建立了比较完整的、自给自足的、较为封闭的灌溉农业生态系统和粮食生产基地，从而成为干旱荒漠区人类安身立命和生存繁衍的重要场所。

（2）绿洲生态系统生态问题及原因。① 不合理的水资源利用——地下水位下降，植被衰退：中国西部干旱区大约为总面积4%~5%的绿洲容纳着该地区95%以上的人口和工农业。随着人口增加、社会经济发展和水土资源的大规模开发利用，农业用水、工业用水与生活用水急剧增加，绿洲内大量引用地表水或提取地下水。不合理的用水方式，使得绿洲外围地下水位下降，生态环境逐渐恶化。② 灌溉不合理——土壤盐渍化严重：长期采用高矿化度劣质水进行灌溉会显著增加土壤和地下水中的盐分，不仅导致土壤次生盐渍化从而降低作物产量，而且会恶化农业生态环境。③ 盲目开荒——天然绿洲面积退缩：近年来由于人口压力的增加，人类不断地对绿洲周围少量的天然草地和林地进行无序的蚕食和破坏。据测算，增加1hm^2灌溉耕地就相应地要退化2~3hm^2天然绿洲植被。

5）荒漠生态系统

荒漠生态系统是荒漠区生态系统类型中的主体，它以极端干旱少雨的显著特征，成为最耐旱的，以超旱生地灌木、半灌木或小灌木占优势的一类生态系统，并涉及其生物群落、生境条件以及与此相关的生态过程。

按土壤类型又可划分为沙质荒漠、砾石荒漠、石质荒漠、黄土状或壤土状荒漠、风蚀劣地荒漠和盐土荒漠。

2. 生态安全格局建设

1）生态网络的构建

（1）生态廊道的生态整治与生态规划（水系、林带）。① 现有水系的整治恢复：

清退河漫滩存在的各种耕种活动，将农田恢复为河漫滩滩地。② 恢复河流的缓冲带：恢复存在于河流两岸沿线宽度不断变化的林地、草地以及坡地的自然生态系统。恢复河漫滩或河流泄洪区的自然湿地并修建部分人工湿地。③ 现有林带的整治及林网的建设：对现有的防护林进行梳理整治。④ 绿洲防护林体系建设：绿洲防护林体系原则上有3部分组成。一是绿洲外围的封育灌草固沙带；二是旅游边缘骨干防沙林带；三是绿洲内部农田及其他有关林种构成的农田防护林。沙地农田防护林建设：干旱荒漠区条件较好地段可造乔木林。⑤ 其他地区以耐沙区牧场防护林体系建设：一般设主副林带，主林带是阻挡风沙的主带，应与主风方向垂直布设，副林带则从林网结构出发，与主林带直交布设，形成林网结构。

（2）生态斑块的生态整治与生态规划（湿地、绿洲、湖泊、草地）。① 现有湿地、绿洲、湖泊、草地的恢复：恢复湖岸带宽阔的缓冲带；恢复湖泊水陆交错带中重要的湿地；控制农田排水及农业引水。② 绿洲、湿地的恢复：建立自然保护区，控制人类活动干扰；护、封、育、造恢复模式；以植被恢复为核心，在外围、内部建设防护林；加强水资源管理，保证水量。③ 草地的恢复：农牧结合，实施退牧还草工程；建立草地类自然保护区。

2）相关生态保育技术

（1）集水造绿技术：其核心技术是集水整地。集水整地系统由微集水区组成，一是产生径流的集水面，二是渗蓄径流的植树穴（图11-69、图11-70）。

（2）栽植区面积的确定：确定整地的规格大小，包括整地的深度、松土区域的面积，断面形式。

集水面积的计算：集水面积的大小主要根据栽植区面积大小、降雨量、地表的产流率、栽植区水分消耗需求、树木需水量、土壤水分短缺量等因素来确定，其目标是所产的径流水能弥补土壤水分的短缺量[32]。

蓄水工程的选择：在地形比较平整，坡度比较缓时可以采用反坡梯田整地法；在坡度比较大时可以采用水平沟整地法，在地形比较破碎时可以用鱼鳞坑整地或者其他类似方法。

3）抗旱树种的选择

中国西北荒漠地区生态环境造林的十大优势树种（图11-71）：① 胡杨：西部荒漠区天然分布的惟一乔木树种。种植一棵胡杨能扩繁一片林，加速森林的恢复和造林的进展。② 箭胡毛杨：直根发达，耐盐碱性强。③ 新疆杨：耐寒性较强，抗热抗干旱能力强，根系较深，抗风力较强。④ 二白杨：日温较差较大的条件下，能正常生长。⑤ 樟子松：耐寒性强，根系发达，生长快。⑥ 沙枣：生长迅速，繁殖容易，生命力强。⑦ 梭梭：夏季能耐沙漠地表70~80℃高温，冬季能忍受−40℃低温。⑧ 柠条：旱生灌木，根系发达，萌芽力很强。⑨ 花棒：天然生长的沙生灌木，耐沙埋能力较强。⑩ 多枝柽柳：抗沙埋和风蚀能力强，根系发达，病虫害极少。

4）固沙技术体系（图11-72）

（1）生物固沙技术：是目前沙漠治理中最普遍的技术。可进一步划分为生物地毯工程、离子束生物工程、封沙育林育草天然植被、飞薄造林技术、植物固定流沙技术等。

（2）工程治沙技术：主要指沙障固沙，依据风沙移动规律，采用工程技术阻挡沙丘移动。

反坡梯田：是指梯田面向内侧倾斜坡度较大的反坡，以造成一定的蓄水容积。

水平沟：沿等高线修筑，沟底用来拦截坡地上游降雨径流，使其变为土壤水。水平沟的沟距和断面大小，应以保证设计频率暴雨径流不致引起坡面水土流失。

鱼鳞坑：由于不便于修筑水平的截水沟，于是采取挖坑的方式分散拦截坡面径流，控制水土流失。挖坑取出的土，在坑的下方培成半圆的埂，以增加蓄水量。

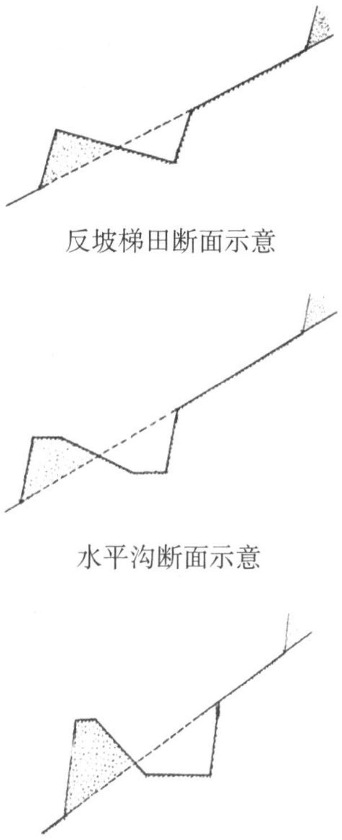

反坡梯田断面示意

水平沟断面示意

鱼鳞坑断面示意

图11-69 集水断面示意
Figure11-69 Sections of water collection

黄土高原

宁夏彭阳县

黄土高原

图11-70 集水方式应用地示意
Figure11-70 Places applying the ways of water collection

图片来源：王百田.干旱半干旱地区集流造林工程设计[J].水土保持学报，1993（04）

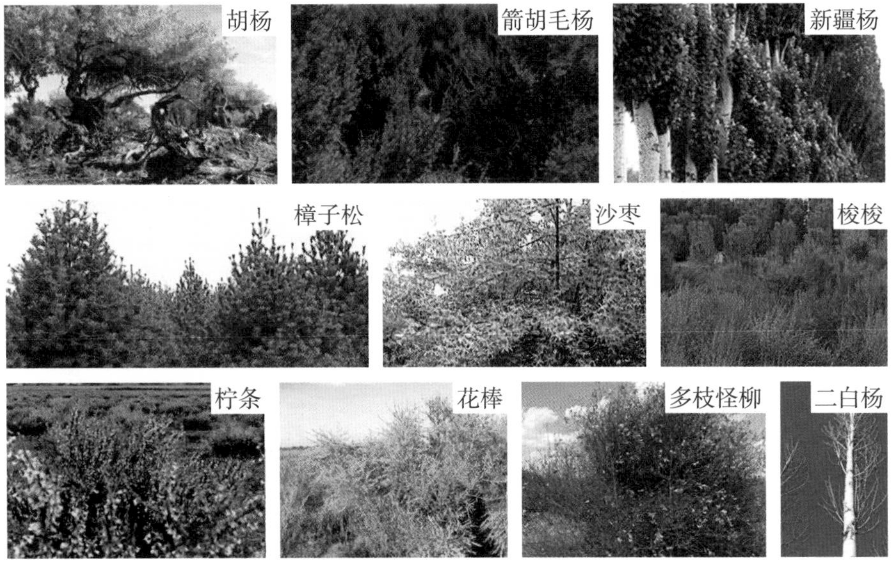

图11-71 抗旱树种
Figure11-71 Xeriscape plant

图11-72 固沙方法
Figure11-72 Sand fixation method
图片来源：中国数字科技馆http://amuseum.cdstm.cn/AMuseum/innerriver/hmsmd_smdp_9.html

（3）化学治沙技术：利用化学材料和工艺，在易发生沙害的沙丘或沙质地表建造一层具有一定结构和强度的能够防止风力吹扬，同时又保持水分和改良沙地性质的固结层。

5）盐渍荒漠化防治技术

（1）水利改良技术：根据各地区的特点，修建水库、排水渠道和排水网络，建立健全蓄、灌、排工程体系；采用压盐或排水洗盐等措施改盐。

（2）生物改良技术：在盐渍化土壤上植树造林、种植绿肥牧草和耐盐作物。

（3）农业改良技术：平整土地，深耕深翻，增施有机肥等农业措施对改良盐碱土均有明显的效果。

（4）化学改良技术：施用化学改良剂降低土壤胶体上过多的交换性钠及碱性。

3．绿洲生态建设（以敦煌绿洲为例）

1）对于探讨干旱区人居环境的意义

干旱区的人类活动主要集中在绿洲区域，中国西部干旱区面积大约为总面积4%~5%的绿洲容纳着该地区95%以上的人口和工农业。绿洲作为干旱区的一种独特的生态系统类型，是其物质、能量和信息交流的重要场所，也是干旱区社会发展的基础。敦煌地处河西走廊最西端、库姆塔格沙漠东部边缘，市域总面积2166万km^2，大部分为荒漠戈壁。区域内有疏勒河及其支流党河两条河流，水到之处形成了平原绿洲。党河冲积平原形成敦煌绿洲的主体，举世闻名的世界文化遗产莫高窟和自然奇观鸣沙山、月牙泉就坐落于绿洲边缘（图11–73）。

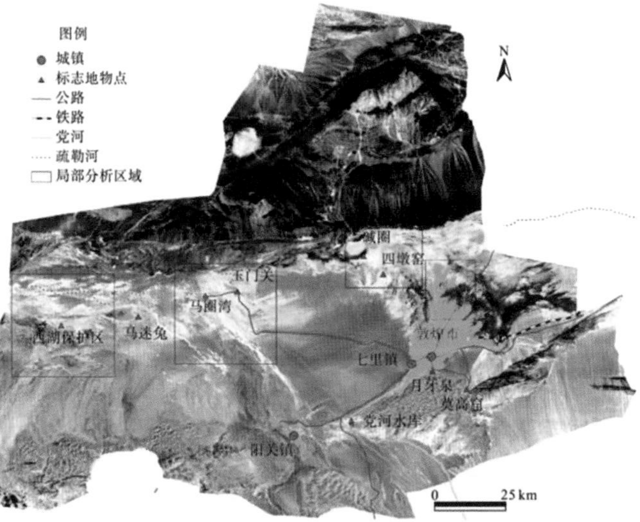

图11-73 敦煌市2007年遥感影像示意图
Figure11-73 Schematic of the remote sensing images of Dunhuang city in 2007
图片来源:杨丽娜,牛叔文等.敦煌市土地利用/覆盖变化特征及成因分析[J].生态学杂志.2010,29（4）: 766-775

重要的生态地位：地处河西走廊最西端、库姆塔格沙漠东部边缘。对于整个河西走廊的生态建设具有重要的防护作用（图11–74）。

2）保护措施

（1）水系的保护。党河发源于甘肃省肃北县祁连山团结峰，属于疏勒河的一级支流，全长390km，汇水面积1.70万km^2。是以冰雪消融补给为主的混合型河流。党河生态环境对于敦煌市工农业及旅游产业可持续发展具有非常重要的作用。党河冲积平原形成敦煌绿洲的主体。

近半个世纪特别是进入20世纪90年代以来，随着敦煌工农业、旅游业经济的持续发展，人口的快速增加引起的水资源利用格局的改变和人类活动的加剧，进入下游的河川径流量逐步减少，大量潜层地下水被开采利用，造成地下水位大幅度下降。党河中上游区应继续加大退牧还草工程力度，强位于上游的盐池湾国家级自然保护区建设，以加快上游生态修复进程[33]。

第一步：保护党河中上游生态环境，涵养水源。实施流域水库优化调度与跨流域调水战略措施，以调剂相邻河系和水库间的丰枯差异及流域内水资源供需余缺，提高水库之间的供水能力和保证程度，加快引哈（哈尔腾河）济党工程。

第二步：不同断面的生态防护处理。城市段：以工程护坡为主，结合生态处理措施，加强水质管理，控制生活生产污水的排入（图11–75）。乡村段：以自然植被防护为主，恢复河流的缓冲带，恢复河漫滩或河流泄洪区的自然湿地并修建部分人工湿地。清退河漫滩的农耕活动（图11–76）。

第三步：发展节水农业。持续利用的客观要求和首要措施。党河流域现状农业用水占全社会用水的97%，是用水大户，是节水的重点。大力推广先进的灌溉技术，河水灌区加强田间配套，改大块地为畦田，将大水漫灌改为小畦灌溉；井灌区推行低压管道输水灌溉技术；日光温室、塑料大棚、林果园和城郊农业区大力发展滴灌、渗灌等高效灌溉技术；进一步提高渠道输水效率，合理布局各级渠道，配套各级控水、分水及量水建筑物[33]。

（2）绿洲防护林体系：在绿洲外围构建灌草林，绿洲内部经营“窄林带、小网格”的护田林网。

第一步：形成较稳定的过渡带和绿洲外围保护层。退耕还林、退耕还草，恢复过渡带。随着绿洲农业的发展，大面积原来属于交错带的荒地被开垦为农用

图11–75 城市段现状水系
Figure11-75 Status quo of water-net in the urban area
图片来源：Google Earth 截图，2007.8.29

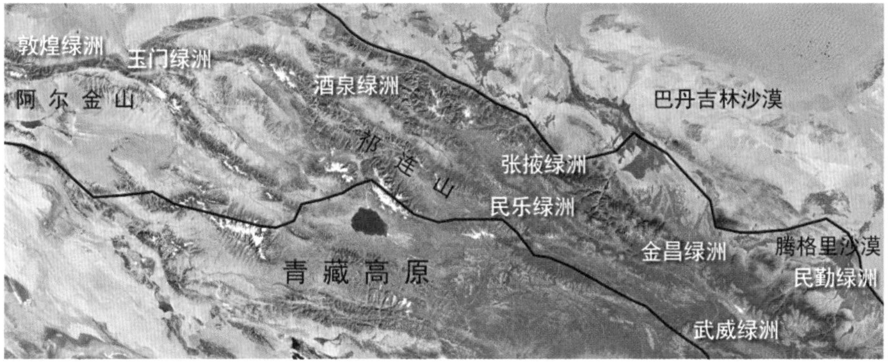

图11–74 河西走廊影像图
Figure11-74 Hexi Corridor images
底图来源：Google Earth 截图

图11–76 乡村段现状水系：河流两岸灌木林萎缩，防护结构差；河漫滩农耕活动侵蚀河岸
Figure11–76 Status quo of water–net in the rural area: River shrub atrophy, protective structure difference; Floodplain farming activities eroding the river bank
图片来源：底图：Google Earth 截图，2007.8.29

地，使人工绿洲的面积迅速增大，从而使交错带内部边界向外扩展，加上外围边界的向内退缩，使得交错带变窄（图11–77）。建立稳定的植物群落。遵循生物多样性和抗旱抗盐特征相结合，在植物物种选择上以原生树种为主，适当引进其他乔冠木乡村树种混交模式，辅以必要的灌溉管理措施。

第二步：绿洲内部农田及其他有关林种构成的农田防护林的恢复与修建，形成防护林网（图11–78）。完善现有农田防护林带。通过雨水收集和集水造绿技术构建完整的农田防护林网。

（3）现有湿地的保护：在走廊西头，敦煌的最后一道绿色屏障——西湖国家级自然保护区，66万hm^2区域中仅存的11.35万hm^2湿地，因水资源匮乏逐年萎缩，库木塔格沙漠正以4m/年的速度向这块湿地逼近（图11–79）。

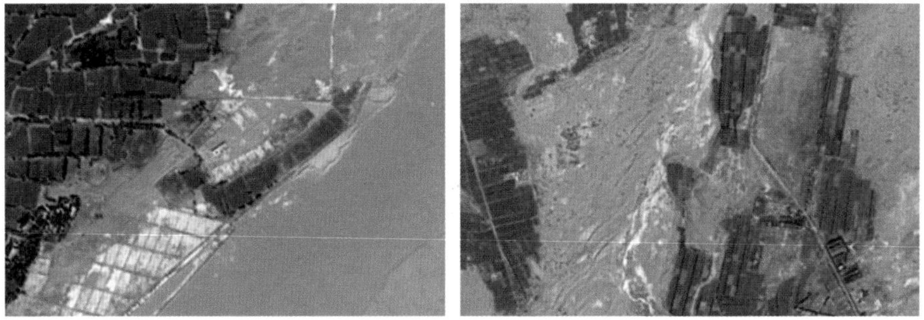

图11–77 现状荒漠绿洲交错带：以农田为主，过度体系脆弱
Figure11-77 Desert oasis ecotone: Mainly farming land with fragile transition
图片来源：Google Earth截图，2007.8.29

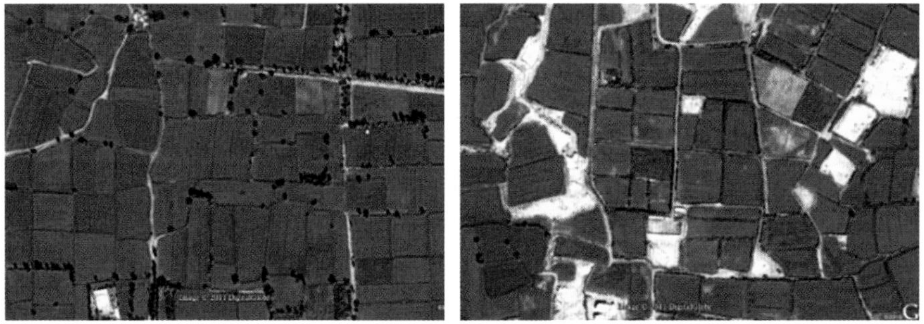

图11–78 现有田间林带：林带散乱、骨架不完整
Figure11-78 Existing forest among the farming land: Scattered forest belt with incomplete skeleton
图片来源：Google Earth截图，2007.8.29

图11–79 西湖保护区水域植被变化图
Figure11-79 Chart of vegetation change of West Lake conservation area

第一步：加强水资源管理，保证水量。

第二步：以植被恢复为核心，在外围建设防护林。

3）生态系统的可持续管理

（1）动态监测（3S技术）。3S技术在很大程度上改变了生态学家开展研究的方式，同时也逐渐成为景观生态学的特征之一，并在景观数据的来源、景观空间格局分析、景观生态监测、评价与管理、景观空间模拟、景观生态规划等应用领域发挥起着重要的作用。

编制各流域生态景观图（图11–80），建立数据库：

进行资源调查，掌握资源的类型、分布以及结构和功能等。运用生态景观制图揭示生态要素之间的耦合关系，分析干旱区的景观特征。建立资源信息系统，在资源调查和定点监测的基础上，确定和完善资源监测技术体系，逐步建立监测分类专家系统，包括数据库、动态模型的建立。

建立生态环境预警系统：

根据区域资源持续利用能力，即承载力、稳定性、缓冲力、生产力、调控力等建立起来的智能型系统，它利用一定的指标体系表征生态系统结构和功能，划定出不同的阈值，及时地对生态环境现状与未来进行预警或预报。

建立生态脆弱性评价体系：

脆弱生态环境质量评价是一项高度综合的系统性研究工作，根据自然条件、环境状况评价模式不尽相同。

以河西走廊为例，我们可以选取水资源系统为主，结合土地资源系统及植被资源系统和沙漠化状况对生态脆弱性进行分析，同时考虑容易获得定量数据，并与生态环境密切相关的因子进行脆弱性评价。

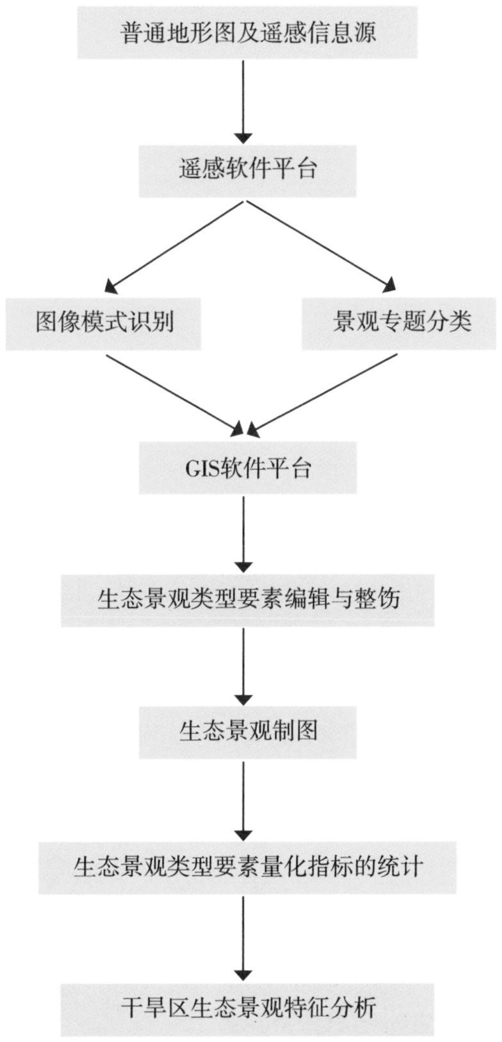

图11–80 生态景观制图的简要流程图

Figure11-80 Brief process diagram of ecological landscape mapping

图片来源：王让会.绿洲景观格局及生态过程研究[M].北京：清华大学出版社，2010

（2）发挥政府职能。制定相关法律和政策：把生态系统的管理目标融入其他部门以及更广泛的发展规划框架中。当前作用于生态系统的最为重要的公共政策的决策，常常是由那些在政策层面并不负责保护生态系统的部门作出的。因此只有把生态系统的管理目标反映到其他部门的决策和国家的发展战略中，才具有更大的实现的可能性。

11.3.1.2 城市规划

1．城市选址与分布

1）绿洲因素

绿洲是内陆干旱区三大地理系统（山地、荒漠、绿洲）之一，是干旱荒漠中有稳定水源，适于植物生长和人类生栖的独特地理景观地区。干旱区的村落、村镇和城镇建设都必须以绿洲为依托，交通、矿业等的发展也必须以绿洲为基点。绿洲是干旱区人类生存和发展的基地，它构成了干旱区的核心。中国绿洲概况：我国绿洲面积仅占干旱区面积的4%~5%，却集中了该区域90%以上的人口和95%以上的社会财富。我国的绿洲主要分布在西北的新疆、河西走廊、青海柴达木盆地等（图11–81）。

绿洲对城市选址的影响：干旱地区的农业生产和城市建设基本依托于绿洲，因此绿洲的分布对城市的分布影响很大，干旱地区大部分城市位于绿洲内或者临近绿洲。由于绿洲的地理分布表现出“逐水土而发育，随井渠而扩展，环盆地而展布，沿山前而盘踞，都分散而偏小，趋集聚而增大”的特点。而依托于绿洲的城镇必然也带有其深刻烙印，体现出“大分散、小集聚”的宏观分布特点。城市多呈环状、带状或串珠状零星分布在沙漠边缘（图11–82）。

2）水资源因素

在干旱地区，水资源是人居最重要的问题，因此水源和水流的分布对聚落的分布起重要作用。有的干旱地区拥有较稳定的河流水系，其水系和耕地连线成片，形成早期的“聚落带”，并进一步发展成为沿流域的城镇体系。如中国的塔里木盆地地区。有的干旱地区绿洲之间受沙漠戈壁的阻隔，水源多以湖泊、水库的形式出现，因此集镇和城市以“城郭诸国”的形态出现（图11–83）。

3）地质、地貌因素

干旱地区的城市主要分布于6种地貌类型：冲积平原型、洪积扇型、冲积平原型、河谷型、湖岸平原型。其中冲积扇型是主要类型，城市多位于冲积扇偏下或者扇缘。这里地形平坦，水位适中，土壤肥沃，适宜人居。如喀什、洛杉矶等。也有少数城市由于特殊原因，选址于不适合发展农业的地带，如地处戈壁的克拉玛依市，因土地不适宜种植，农副产品均需奎屯、乌苏等土地适宜种植的地方供给。

图11–81 塔里木盆地地区城市与绿洲分布关系图

Figure11-81 Relationship between the city and basin oasis in the area of the Tarim

图片来源：土尔逊托合提·买土送, 阿依古丽·克里木拉等.塔里木盆地边缘绿洲带的历史变化与沙漠化的扩展[J].西南师范大学学报（自然科学版）,2010,35（1）:202-205.

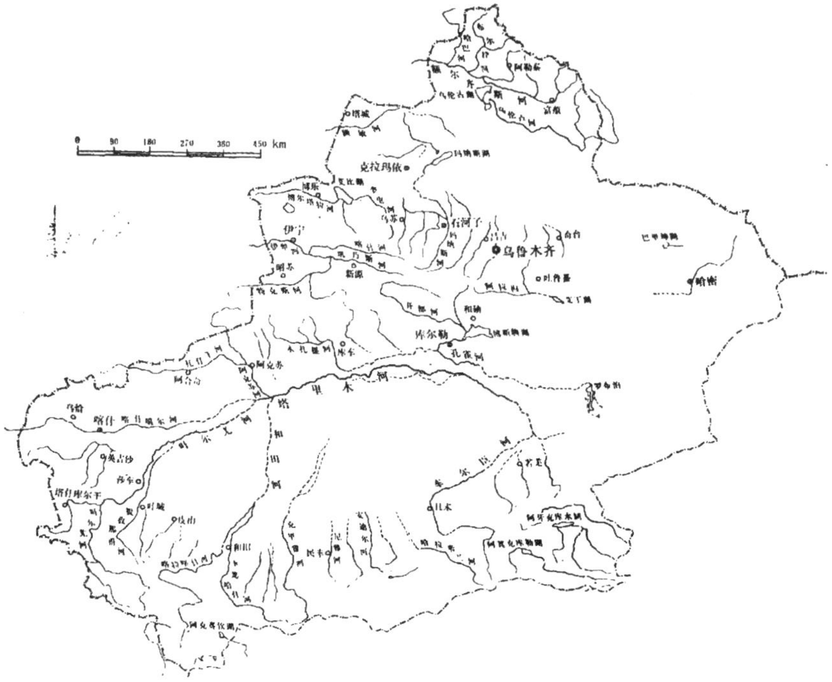
图11–83 新疆主要河流分布图

Figure11-83 Distribution of main rivers in Xinjiang

图片来源：杨利普,新疆水资源的形成与分布特征[J].自然资源.1980,04:52-59

图11–82 中国绿洲微观分布图

Figure11-82 Microscopic distribution oasis in China

图片来源:岳邦瑞,李玥宏.水资源约束下的绿洲乡土聚落形态特征研究——以吐鲁番麻扎村为例[J].干旱区资源与环境,2011,25（10）:80-85

图11–84 克拉玛依鸟瞰图和卫星图

Figure11-84 Karamay satellite images and aerial view

4）交通因素

交通线路对于城市对外交流非常重要。干旱地区的交通干线两侧常常会集聚众多的城市。无论古代的丝绸之路还是近代的综合交通网络，其新建和变更往往是引起周边城镇兴起、发展或衰退的重要因素之一。

5）经济与国防因素

随着现代科技水平的提高，干旱地区绿洲连片开发，交通运输条件不断改善，工业体系逐步建立和商贸的日益繁荣，干旱区城市进一步发展，开放度更高、相互作用更密切，城镇布局格局向多方位、多层次、网络化方向发展。同时干旱地区城市布局受自然因素影响减小，受矿产、交通、经济、国防等因素的影响越来越大。克拉玛依在地质、水资源、绿洲等因素方面并不适合发展城市，但由于发现了石油资源，在短短50年内由寸草不生的戈壁荒滩发展成为“塞外江南”（图11–84）。

20世纪50年代，新疆解放之初，为了西陲边疆长治久安，政府组建了新疆生产建设兵团，在新疆大兴屯垦戍边事业。在50多年的发展历程中，兵团逐渐由经营农业转向经营城市，现已建起石河子、五家渠、阿拉尔、图木舒克四座城市，以及几十个镇。预计到2020年，新疆兵团城镇化率将达到70%。在这些城市的选址和发展中，军队驻扎地是最重要的因素之一。

6）典型城市举例（图11–85）

（1）喀什

地貌——喀什位于新疆维吾尔自治区西南部，帕米尔高原东北麓，塔里木盆地西缘，地貌上属于喀什噶尔河流域形成的洪积——冲积平原，是新疆最古老的绿洲之一（图11–86）。

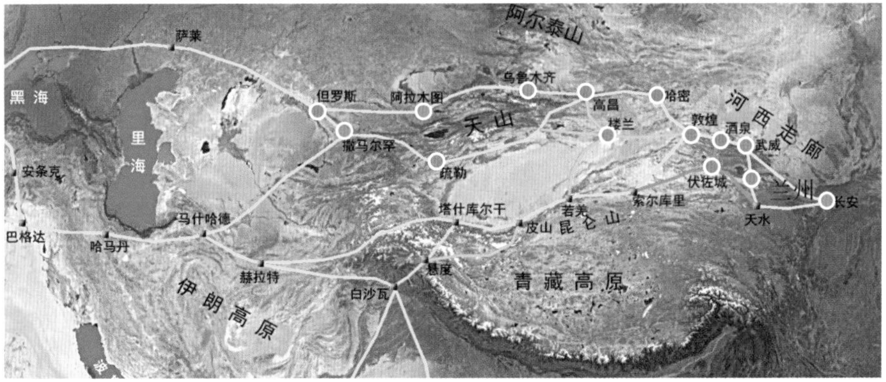

图11–85 丝绸之路上分布的干旱城市图
Figure11-85 Cites in arid region along the Silk Road
底图来源：Google Earth截图

水系——克孜勒河从市区南面流过，吐曼河由西向东横贯市区北侧（图11–87）。

交通——喀什是古丝绸之路南北两道的交会点，它北倚天山，西枕帕米尔高原，南抵喀喇昆仑山脉，东临塔克拉玛干沙漠，是丝绸之路从中亚、南亚进入中国的第一大城市，也是通往西亚和欧洲的陆路通道。

（2）敦煌

绿洲——全市总面积3.12万km^2，其中绿洲面积占总面积的4.5%，且被沙漠戈壁包围，故有“戈壁绿洲”之称。在这个靠近沙漠戈壁的天然小盆地中，党河雪水滋润着肥田沃土，绿树浓荫挡住了黑风黄沙；粮棉旱涝保收，瓜果四季飘香。[34]

地貌——党河冲积扇带和疏勒河冲积平原，构成了敦煌这片内陆平原。绿洲区好像一把扇子自西南向东北展开。

水资源——发源于祁连山的党河，全长390km，年径流量3.28亿m^3，是敦煌重要的水利命脉，敦煌人民的母亲河。除党河外，敦煌地面水还有西水沟、东水沟、南湖泉水区，泉水年径流量9902.3万m^3。

（3）菲尼克斯

地貌——菲尼克斯北部被麦克道尔（McDowell）山所包围，西部横亘着怀特坦克（White Tank）山，东部较远处有Superstition山，南部有Sierra Estrella山。城内有凤凰山和南山。主要城区位于盐河河谷。

水资源——盐河自东向西横穿凤凰城，城中有一个常年蓄水的人工湖，一般被称为坦佩湖。1911年建成罗斯福水坝和水库，兴起灌溉农业。

2. 城市形态

1）紧凑发展型

部分干旱城市处于平原或盆地，城市用地紧张，人口密集，居住密度较高，因此城市呈紧凑发展形态。这种类型多见于小城镇和城市发展初期，其发展具有一定的自发性。例如，喀什老城区区为吐曼河和克孜河所环绕，处在河流的冲积平原区，老城布局紧凑，各街区之间联系紧密。城市新区的发展围绕着老城，逐步向外扩散，老城位于市中心（图11–88）。

2）带状发展型

由于受高原、峡谷和江河等自然条件的限制，有的干旱城市沿着江河或谷地发展。其特征是结合自然地形，呈带状发展，有一条主要的交通干线作为城市发展主轴。

如交河故城位于雅儿乃孜沟30m高的悬崖平台上，状如柳叶形半岛，长约1650m，最宽处约300m。两条河水绕城在城南交汇，城市顺应地形发展为带状（图11–89）。

图11-86 喀什地貌、卫星图
Figure11-86 Kashgar landform, location and panorama

图11-87 喀什绿洲、水资源、卫星图
Figure11-87 Kashgar oasis, water resource and panorama

图11-88 喀什老城区
Figure11-88 Old town of Kashgar

图11-89 交河故城全图
Figure11-89 Map of the ancient city of Jiaohe
图片来源：Google Earth截图

3）组团型

部分干旱城市受水系、绿洲、地形等自然因素的制约，加上自身特殊的社会经济条件，被分成若干块不连续的城市用地，每块之间被农田、山地、河流、森林等分割。以敦煌为例（图11–90），2008年敦煌市新一轮的总体规划通过评审，在规划中城市依托省道313线以及规划敦煌铁路，形成东西向城乡发展主轴。敦煌市区是由沙洲城区、七里城区和莫高城区三个功能各异的城市组团共同形成的组团型城区。基于生态安全考虑，严格控制每一个片区的人口规模，采取“适度集中、稳步推进”的城镇化策略。

4）方格网型

菲尼克斯是典型美国大城市，城市快速发展期在二战之后，是典型的私人小汽车主导的发展模式。由于地处平原，没有外围限制，通过一系列水利设施的建设保证了供水，城市沿各个方向向外扩展，各地区可达性相似，没有显著的市中心（图11–91）。

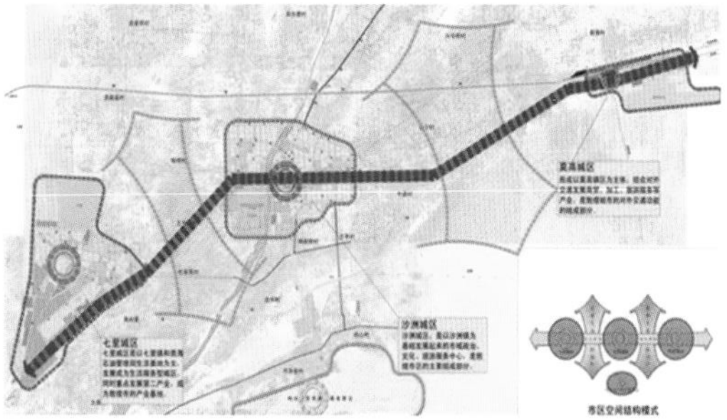

图11–90 敦煌市总体规划图（2008~2020）
Figure11-90 Master Planning of Dunhuang City (2008~2020)
图片来源：www.dunhuang.gov.cn

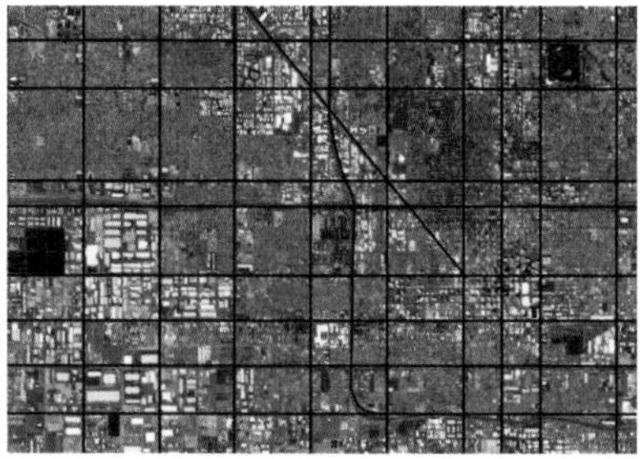

图11–91 菲尼克斯方格网型城市形态分析
Figure11-91 Analysis of the grid type-city morphology in Phoenix
图片来源：Google Earth截图

3．空间格局

1）传统型

干旱地区通常气候炎热，风沙很大，其空间格局会顺应这种气候环境。不少干旱城市的老城区内土坯房之间不分界限，弯曲曲折的小巷内土墙高耸，步行其间如入迷宫。这种布局一方面让每一栋住宅的外墙面积减少，室内温度受外部气候影响减小。另一方面使公共空间经常处于阴影之中，减轻烈日和风沙的侵害。

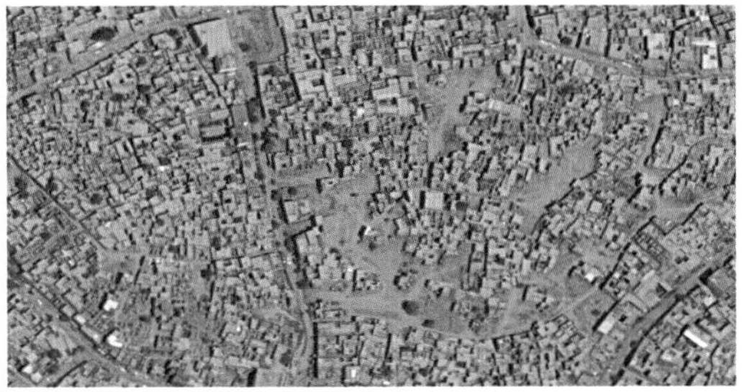

图11-92 喀什街巷
Figure11-92 Streets and alley in Kashgar
图片来源：Google Earth**截图**

喀什市地处沙漠，一年四季光照的时间较长，其主街呈南北纵向发展，使得多数街巷全天有荫凉庇护，并能够充分的利用盛行着的北风。建筑相依比邻，临街建筑的高度与街道的宽度之比在2：1～4：1之间。屋檐和廊道突出，同时巷道中过街楼较多，起到遮阳的目的（图11-92）[35]。

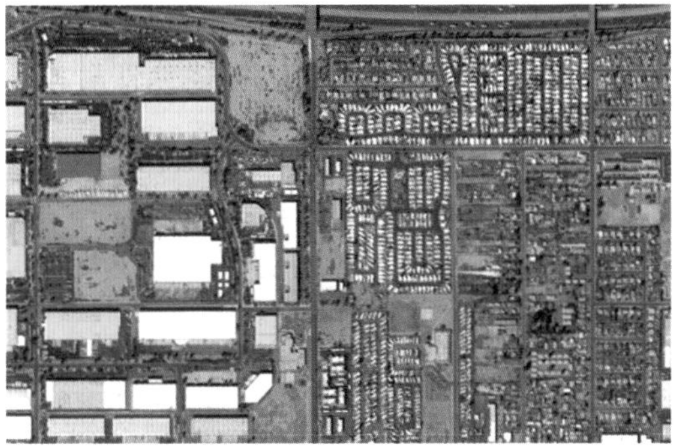

图11-93 菲尼克斯典型街坊
Figure11-93 A typical neighborhood of Phoenix
图片来源：Google Earth**截图**

2）现代型

菲尼克斯是在小汽车导向下的城市蔓延式发展，形成方格网形态（图11-93）。

菲尼克斯是按照现代技术手段和空间手法建设起来的，形成现代型的空间格局，其宽大的街道、独立的住宅适合现代产业与生活的发展，但并未充分考虑对干旱炎热气候的适应。

4．人居密度

干旱地区对城市选址和发展的限制因素比较多，适宜城市建设的用地比较紧张，因此其人居密度的特征为：市域人口密度很低，市区人口密度适中，城市中心区人口密度很高。干旱城市这三个层面的人口密度均低于平原城市和水网城市，但差距逐渐缩小（表11-22）。

表 11-22 喀什、敦煌、菲尼克斯人居密度统计表
Table11-22 Residential density statistics of Kashgar, Dunhuang City, and Phoenix

城市	市域人口密度（人/km^2）	城区人口密度（人/km^2）	中心区人口密度（人/km^2）
喀什	24.6	1360	26000
敦煌	6.1	—	16678
菲尼克斯	—	1871	—
北京	1195	7837	23407

5．基础设施

1）给水排水工程

给水：尽可能利用当地水源，发挥有限的水资源的潜力；兴修水利设施，远距离引水或跨流域引水；采用区域整体供水；分质供水。

排水：加强污水处理，降低污染至最低；建立中水系统；对污水进行处理回用；建立雨水水库和雨水贮留系统。

2）新能源利用

干旱地区多位于沙漠附近，在太阳能和风能等方面具有得天独厚的先天优势。

哥本哈根会议之后，“低碳”生产、生活模式成为各国追逐的方向，中国也开始在太阳能和风能富集的西部干旱地区探索可再生能源综合利用的发展之路。

（1）敦煌：2011年7月12日，《敦煌新能源城市发展规划》正式获批。敦煌市将以太阳能多种利用方式为重点，大力推进太阳能供电供热、城市微电网、建筑一体化太阳能光伏和热利用、电动汽车及为本地区供电的大型光伏发电和风电等项目建设。按照规划，到2013年，敦煌市基本实现不靠化石能源；2013年以后，敦煌将向其他地区输出可再生能源。

（2）吐鲁番新能源示范城区：2010年5月，吐鲁番新能源示范城区开工建设。这片新城区将充分运用吐鲁番地区丰富的太阳能、风能和地热能，重点打造太阳能和风能照明和热水供应系统、地热能供热制冷系统，以及电动公交车和出租车。这个城区是中国第一个位于干旱地区的低碳、绿色示范城，是获得国家发改委批准的新能源综合利用示范项目，它将对中国能源结构战略调整带来前瞻性的影响，并为当地居民带来实惠。

6．城市产业

（1）喀什：历史上这座具有灿烂文化历史的边陲古城既是中西亚交通的要塞和枢纽，又是亚欧大陆包括丝绸、陶瓷、玉器在内的各种商品集散地和中转站，堪称我国西部最早的国际商埠和东西方文化交流荟萃之地。2010年5月，中央新

敦煌太阳能供热系统

新能源示范城区风力发电系统

图11–94 新能源利用示意图

Figure11-94 Schematic of the use of new energy

图片来源：百度图片

疆工作会议上中央正式批准喀什设立经济特区。其最主要的理由是喀什的区位优势——作为中国的西大门，喀什与五国接壤，有6个国家一类口岸。

喀什利用这一契机，坚持工业强市战略，重点打造棉纺、组装加工、农副产品深加工、新型建材、电力、旅游资源开发、仓储物流及城市基础设施建设等行业，同时实行工贸结合，并相应发展旅游、房地产、金融、饮食服务等第三产业。2010年，喀什三次产业结构为34:30:36，相对于2005年的44:21:35，工业有了较大规模的提升。

（2）敦煌：境内有众多的文化遗迹和独特的自然景观，以莫高窟、鸣沙山、月牙泉等旷世奇观而闻名于世。依托于得天独厚的旅游资源，旅游产业一直是敦煌最重要的产业之一。2010年，敦煌接待海内外游客逾151万人次，旅游收入超过14亿元。2010年，敦煌三次产业构成为22.06:24.09:53.85。敦煌拥有约5000km^{2}的戈壁荒漠，终年拥有良好的太阳辐射条件。敦煌利用这一条件，抓住全球范围内提倡低碳发展的契机，决定在敦煌建立新能源产业园区，主要引进光伏、光热发电企业发展光伏组建、配件生产企业以及太阳能开发利用的科研机构，建成集太阳能综合利用产、学、研为一体的产业园区。

7. 问题分析与展望

对于传统的干旱地区城市，其选址、布局、空间格局等的决定性因素多为气候、绿洲、水源等自然因素，城市建设中处处体现了对自然条件的适应。

随着现代科学技术与经济的发展，干旱地区的不少城市开始大规模扩张与发展，许多新建或改造的城市运用先进的技术手段，不顾当地的实际的自然条件，按照现代设计理念和空间手法进行建设，这大大改变了干旱地区的城市面貌。

这些一方面对于适应经济发展和提高人民生活水平起到了积极作用，但另一方面也带来许多问题。按现代手法建设的开敞的空间格局，宽大的马路、独立的住宅是无法阻挡风沙和酷热的。为了满足经济和社会发展，未经充分论证大规模开发地表与地下水资源，带来一系列环境生态问题。

展望：加大对传统干旱城市建设的研究，从中学习结合适应环境建设的理念。结合自然条件，开发适合干旱地区的新技术手段。加大对太阳能、风能等新能源的开发利用力度。

11.3.1.3 建筑

1. 限制因素

1）选址局限

对比西藏和江苏省可以看到，作为干旱地区的西藏无论从水资源总量还是人均水资源占有量上都远高于江苏，但水网密度却极低（图11–95）。

传统民居聚落形成之初，水资源利用方式还较为原始，依靠打井以及肩挑背扛，因此对水源地的依赖性极强。干旱地区极端的水源分布不均，导致了传统民居聚落选址范围的极大受限。

2）风沙严重

大风：主要是西北风，多集中出现在4~6月，其中5~6月最多，年平均4~5天。瞬间极大风速达29m/s以上。春季大风不论是强度还是持续时间都为全年之最，对农业生产影响极大。夏季大风多阵性，持续时间短，风力亦不及春季强。

浮尘、扬沙：1971~2007年喀什市年平均浮尘天数34天。春季浮尘日数最频繁，尤以3月最多平均17天，秋季浮尘天数较少，冬季最少。浮尘日数有逐年减少趋势。扬沙日数年平均为23天。大风、扬沙、沙尘暴，一直以来都是干旱地区面临的严重的环境问题。作为人与自然之间的第二层皮肤，民居必然要对此作出回应[36]。

3）温差大

极大的气温日较差和年较差是干旱地区一大特点。新疆大部分城市的气温年较差都在40℃以上，日较差平均在20~25℃之间，吐鲁番地区更是曾达到50℃的气温日较差。强日照也是干旱地区独特的资源。

这些特点对于干旱区的农作物生长极为有利，但从人居适宜性角度而言，也是民居需要面临的问题之一（表11–23、表11–24）。

4）色彩单一

干旱地区景色普遍较为荒芜，缺乏生气，与水草丰美的水乡相比，色彩极为单一。因此，增加色彩也是干旱地区民居建筑需要解决的问题。

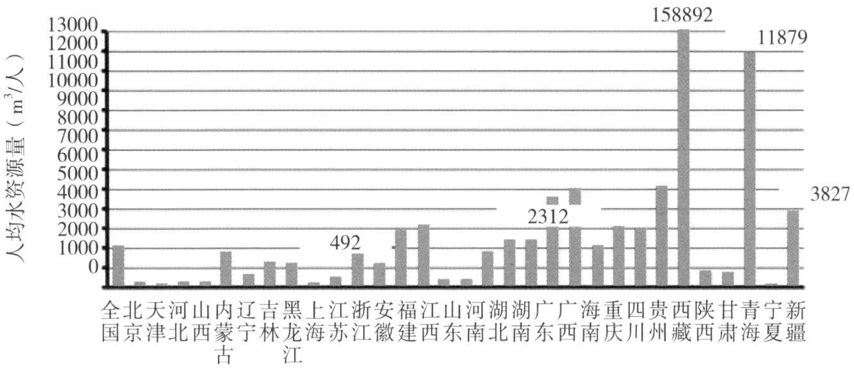

图11-95 主要城市人均水资源量统计表

Figure11-95 Statistics of water resources amount per capita of main cities

5）缺乏

干旱地区气候恶劣，居民较气候温和地区，出行更为不便，因此，有更多的时间需要待在家里或居住点附近。而我国干旱地区的少数民族居民往往具有与生俱来的活跃的艺术天分。

因此，干旱地区民居往往需要提供更多的活动空间来供居民使用。

2. 解决措施

1）充分节约空间的建筑布局

高台民居的建筑空间布局方正紧凑，以最小的表面积，争取围合最大的空间，减少冬季围护结构的散热面积（图11-96）。

共墙：减少墙面散热，减少接受辐射面积。

过街楼：增加巷道阴影，形成特殊公共空间。

2）狭长曲折的丁字式路网结构

表 11-23 2008 年干旱地区主要城市平均气温表（单位：℃）

Table11-23 Average temperature of main cities 2008 (unit: ℃)

城市	1月	2月	3月	4月	5月	6月	7月	8月	9月	10月	11月	12月	全年平均
乌鲁木齐	–15.6	–9.6	5.2	11.1	20.7	24.1	25.2	23.5	17.0	10.1	0.9	–8.2	8.7
克拉玛依	–18.9	–10.3	7.2	13.5	23.6	27.1	28.9	26.0	18.6	11.6	1.1	–9.1	9.9
石河子	–19.5	–11.4	6.7	12.9	22.6	25.6	26.2	23.3	17.5	9.9	1.4	–9.9	8.8
阜康	–19.7	–12.5	6.0	12.6	22.8	26.2	26.7	24.5	17.8	10.3	0.3	–10.8	8.7
伊宁	–13.2	–5.6	8.8	13.2	21.2	24.9	24.6	23.5	17.6	10.9	2.8	–2.7	10.5
塔城	–13.9	–8.0	5.2	11.2	20.9	24.0	25.8	23.7	16.2	9.9	1.9	–6.1	9.2
阿勒泰	–19.2	–12.4	2.8	8.9	18.2	22.6	23.2	20.5	13.7	6.9	–3.7	–13.8	5.6
博乐	–19.7	–12.1	5.0	11.4	20.7	24.0	24.9	22.4	16.0	9.3	–0.1	–9.4	7.7
库尔勒	–9.2	–5.5	10.8	15.1	24.1	27.1	26.9	26.0	21.3	12.6	3.8	–3.8	12.4
阿克苏	–9.5	–6.6	10.5	15.9	22.6	25.4	24.3	24.9	19.6	12.0	4.0	–2.5	11.7
阿图什	–8.9	–6.0	12.8	16.8	23.6	27.8	27.3	27.6	22.2	14.2	5.8	–1.0	13.5
喀什	–8.8	–5.9	12.5	16.2	22.8	26.8	26.4	26.1	20.8	13.6	5.4	–0.7	12.9
和田	–8.5	–5.6	13.8	17.0	23.2	27.3	26.6	26.8	21.8	14.7	6.0	–0.2	13.6
吐鲁番	–8.6	–0.7	14.1	19.8	28.5	32.8	33.4	31.1	24.7	16.0	5.2	–3.1	16.1
哈密	–12.4	–4.8	8.4	14.0	22.4	26.6	27.1	24.7	18.6	10.7	1.1	–6.7	10.8

表 11-24 2008 年干旱地区主要城市日照时数表（单位：h）

Table11-24 Sunshine hours of main cities 2008 (unit: h)

城市	1月	2月	3月	4月	5月	6月	7月	8月	9月	10月	11月	12月	全年合计
乌鲁木齐	119.3	191.6	290.3	288.0	362.6	342.0	349.0	309.5	296.5	252.0	166.5	126.0	3093.3
克拉玛依	113.4	184.3	236.6	252.6	338.3	303.2	311.2	303.0	249.2	244.3	166.7	108.1	2810.9
石河子	81.8	173.4	275.6	268.2	352.1	318.0	341.5	320.6	276.7	233.5	142.1	126.1	2909.6
阜康	47.0	115.5	269.1	276.9	347.9	340.1	318.3	298.6	291.9	237.5	150.1	81.1	2774.0
伊宁	114.5	166.1	231.8	253.1	303.1	337.8	315.5	298.0	269.4	221.0	117.6	96.9	2724.8
塔城	126.5	161.3	224.7	264.6	359.2	310.2	370.1	342.7	257.3	221.2	146.4	130.0	2914.2
阿勒泰	170.1	182.6	232.4	278.8	370.0	354.4	358.8	328.7	243.8	206.2	175.4	149.0	3050.2
博乐	150.8	186.2	227.1	280.0	308.1	299.4	308.1	302.8	225.8	217.5	117.1	124.4	2747.3
库尔勒	121.7	200.3	251.3	249.2	301.3	313.6	292.0	314.4	299.3	256.7	172.9	138.8	2911.5
阿克苏	133.5	196.1	231.2	194.7	203.1	248.3	272.6	264.4	238.6	217.1	186.9	118.1	2504.6
阿图什	51.9	142.1	233.5	201.0	265.1	321.5	322.2	254.1	267.5	246.1	174.6	121.5	2601.1
喀什	66.9	143.8	238.4	216.0	280.3	341.7	345.6	296.7	299.1	278.4	227.6	144.6	2879.1
和田	130.3	183.9	244.8	229.5	261.5	250.4	259.1	251.9	255.7	262.2	238.1	192.6	2760.0
吐鲁番	92.9	185.1	268.6	257.6	333.7	317.5	292.4	309.4	283.4	235.0	174.6	116.5	2866.7
哈密	221.3	255.9	306.9	312.3	368.1	364.8	330.8	332.6	310.0	281.4	242.4	208.9	3535.4

减少建筑物曝晒，形成“冷巷风”，创造全天候阴影区域，降低沙尘暴影响（图11-97）。

3）特色庭院

维吾尔“阿以旺”：整个建筑做成厚实的墙体，除门户以外，外围不开或少开其他任何孔洞（门窗）；它所有的房间朝一个封闭的内院开门窗，内院形成了一个中央大厅，这个厅叫“阿以旺”。阿以旺厅的中部用高侧窗采光、通风，其余房间均为小平天窗采光、通风。阿以旺厅是阿以旺民居中面积最大，层高最高，光线最好的空间。这样的民居，夏季可以用实墙隔热，冬季可以御寒，阿以旺空间可以采光、通风、防风沙（图11-98）。

（1）双层拱廊庭院（图11-99）。半室内、半室外，半封闭、半开敞、半秘密、半公共的中介灰空间，对新疆地区的作用主要是产生阴影。新疆民居中的“灰空间”有许多形式：① 外廊式；② 葡萄架；③“阿克赛乃”；④ 开放式起居室，其目的是为营造一个阴影下的半室外活动空间。其中外廊是最常见的一种。双层拱廊型的庭院也是十分普遍且使用的空间组合形式。

（2）下沉庭院（图11-100）。住宅结合地形，灵活划分功能区域，前院以起居待客、观赏、休息为主；后院则为杂务饲养之地，空间组合较好。为适应干热气候，民居一般建成“下窑上屋得二层楼，底层窑洞半入地下，墙体甚厚，前墙设窗。楼面（屋面）以土坯砌券，常为三、四跨拱式，冬暖夏凉。”

（3）庭院水空间。水作为生命之源，对于新疆干旱地域的居民来说，它更可贵得如圣物一般。因此，凡清真寺、陵墓等重要的宗教场所，无一例外地要设置水池，穆斯林每次朝圣，做礼拜必用水行“净礼”。当然水的重要性不仅仅反映在人们的信念上，在长期生活经验的积累中，人们逐渐了解了水在调节小气候方面的优势[37]。

当地民居如果有条件往往在院中设置水池和喷泉，甚至演变出一种有屋顶的专为纳凉调湿用的“水空间”。由于水在蒸发过程携走大量的潜热，可降低温度，调节小气候。不仅如此，由热压力差产生的空气运动将干热空气引入封闭庭院后，掠过水体、绿荫，被加湿和净化，由此使庭院和室内环境凉爽适宜。另外，水是很好的蓄热体，在寒冷的冬季，白天日照加热水体，夜晚水体再将热量缓缓释放到周围空间，对维持室内温度的稳定有一定的作用，也许这是高台式民居中设置“水空间”的真正原因[38]。

庭院植物:降低热辐射，增加园内湿度，增加色彩（图11-101）。

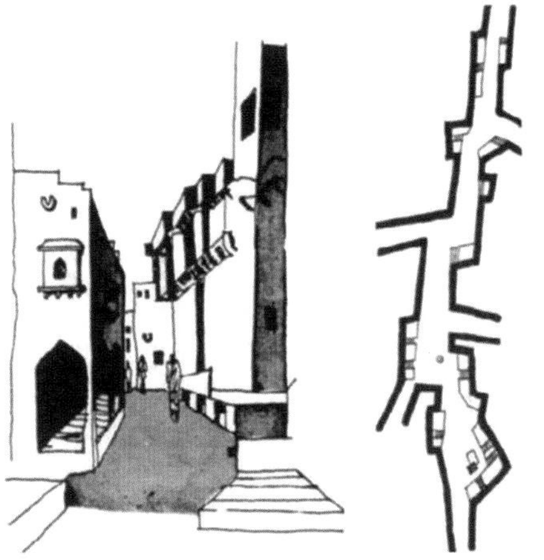

图11-97 印度拉贾斯坦邦贾伊瑟尔默典型的风巷空间节点

Figure11-97 Typical airway space node of Rajasthan Bangjia Jaisalmer, India

图片来源：徐小东，王建国等. 基于生物气候条件的城市设计生态策略研究—以干热地区城市设计为例[J]. 建筑学报，2011（03）:79-83

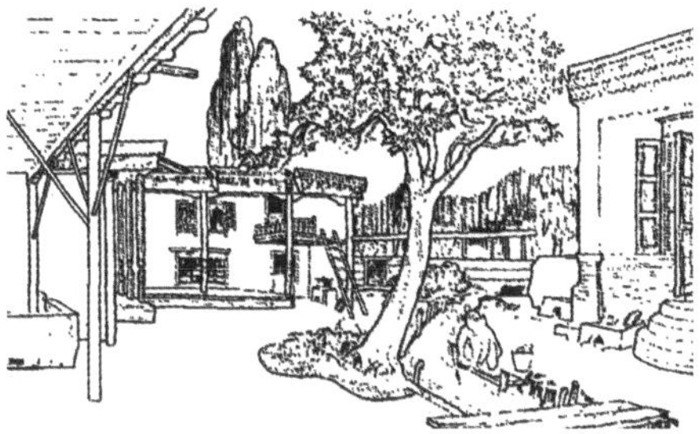

图11-96 高台民居的院落空间

Figure11-96 High-profile residential courtyard space

图片来源：赵群. 传统民居生态建筑经验及其模式语言研究[D]. 西安：西安建筑科技大学，2004

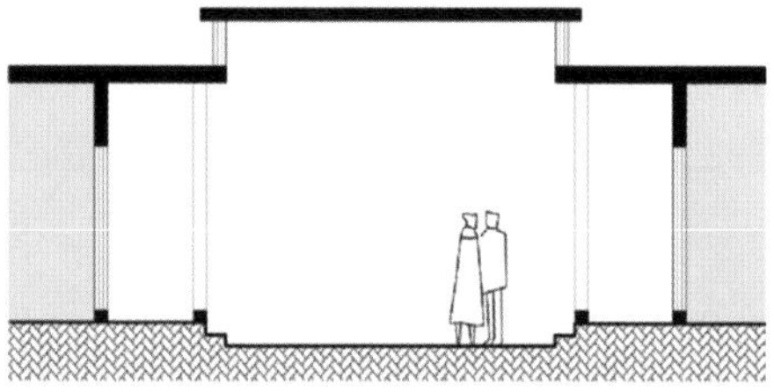

图11-98 “阿以旺”式庭院

Figure11-98 “Ayiwang” courtyard

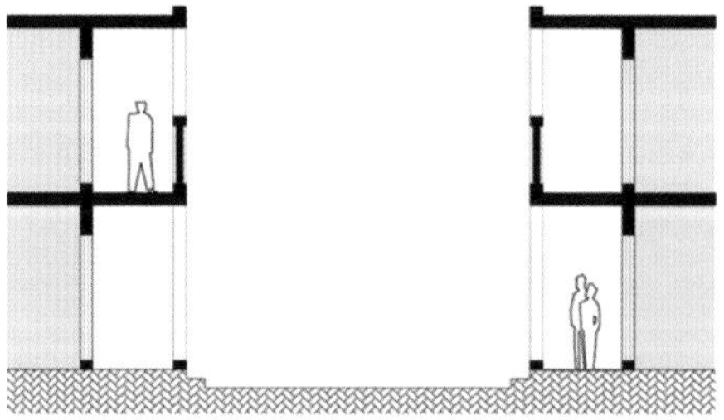

图11-99 “双层拱廊”式庭院

Figure11-99 “Double arcade” courtyard

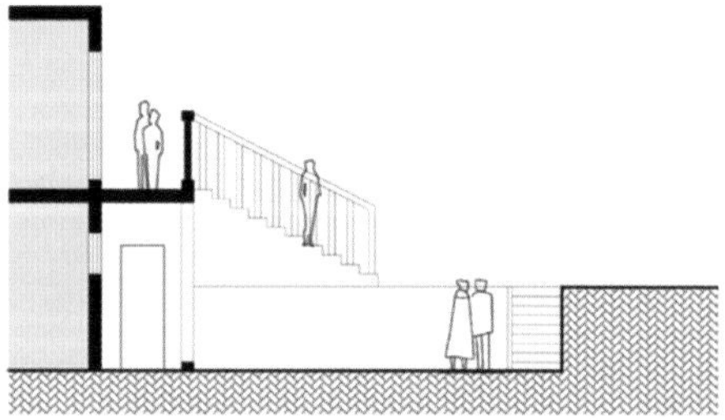

图11-100 下沉空间庭院

Figure11-100 Sinking courtyard

图11-85-87来源：徐小东，王建国，陈鑫. 基于生物气候条件的城市设计生态策略研究——以干热地区城市设计为例[J]. 建筑学报，2001（03）

（4）屋顶空间

喀什地区少雨水，可以不用担心降雨对建筑的影响，所以当地民居建筑屋顶多设置为平顶。在炎热的夏季傍晚屋顶便成为了居民纳凉的理想场所，屋顶同时还肩负着晾晒东西的作用，有些家庭由于人口的增加还可以在平展的屋顶上继续加盖房屋，形成楼上楼、楼外楼，层层叠叠、错落有致。居民有时还会在平顶上搭建棚架，这样的棚架通风效果良好，人们可以在此纳凉、睡觉、聊天、与邻交流。屋顶和庭院一样，成为了当地居民生活的又一个中心（图11–102）[39]。

4）建筑材料

干热地区传统建筑主要使用生土、土坯、烘焙砖、砂岩、木材、草和芦苇等材料，常用石膏、陶砖、木雕和彩画等作为装饰和点缀。厚重的外墙是干热地区有效的隔热措施和节能手段。基于生土蓄热系数大和热惰性好，当地居民一直乐于通过厚重的夯土和土坯墙减弱热量的传导来应对和改善微气候，以适应高温和昼夜温差大的影响。中东、地中海和我国新疆地地区的传统民居建筑外墙常为厚达0.50m–0.70m，甚至厚达1m的生土墙体，具有良好的隔热、保温和防寒性能，得以很好地保持室内温度的稳定性，冬暖夏凉，体现出良好的节能效果；同时，厚重的墙体在寒冷的夜晚还可以释放出热量，给居民带来舒适感。在新疆地区民居中以土坯、烘焙砖为基础的拱券体系也很有特色，极大丰富了民居造型（图11–103）。

5）建筑色彩

西北的荒漠干旱气候使得这里出现频率最高的色彩是黄色、土黄色。由于环境色彩的单调，当地居民极力想用其他方式来丰富庭院、建筑的色彩。居民常会选择用绿色、蓝色、白色等对建筑、庭院进行装饰。出于对水、对绿洲的向往，于是人们便定格为对绿色的向往。同时他们还热爱蓝色，传达着一种对自然、纯净的向往；白色在伊斯兰教中象征纯洁，室内屋顶的石膏装饰也常选用白色。出现频率较高的绿色、蓝色都属于冷色调，在相对炎热干燥的环境下，这些色彩能够给人们带来心灵上的宁静。智慧的维吾尔族人们努力用色彩来丰富庭院，创造多义性、随意性的空间[39]。

3. 大师足迹

1）哈桑·法赛

埃及著名建筑师。一生致力于为发展中国家的贫困人口的建筑活动及研究。他主张以最少的投入来创造一个以提高乡村地区经济和生活质量的本土化环境。他的作品中，在挑战民族主义风格的同时，表现出了传统与现代的融合，这种建筑理念借助一个“贫民的建筑”景观得以彰显（图11–104、图11–105）。

2）查尔斯·柯里亚

在实践中柯里亚在气候设计上寻找到一种继承传统建筑智慧的途径，而不是符号化的表达。为适应印度特有的干热气候，柯里亚提出了“开敞空间”和“管式住宅”两种模式，并被他广泛应用在住宅设计上。

“开敞空间”是为解决印度干热气候下建筑的遮阳、通风问题和经济局限，并尊重当地人们传统的生活方式所提出来的第一种建筑模式。它利用用空气热动力学原理蒸发制冷，为干热地区创造有阴影的半户外公共空间，比如院落、阳台、屋顶平台以及内廊等。在其设计的印度圣雄甘地纪念馆中引入“开敞空间”概念，

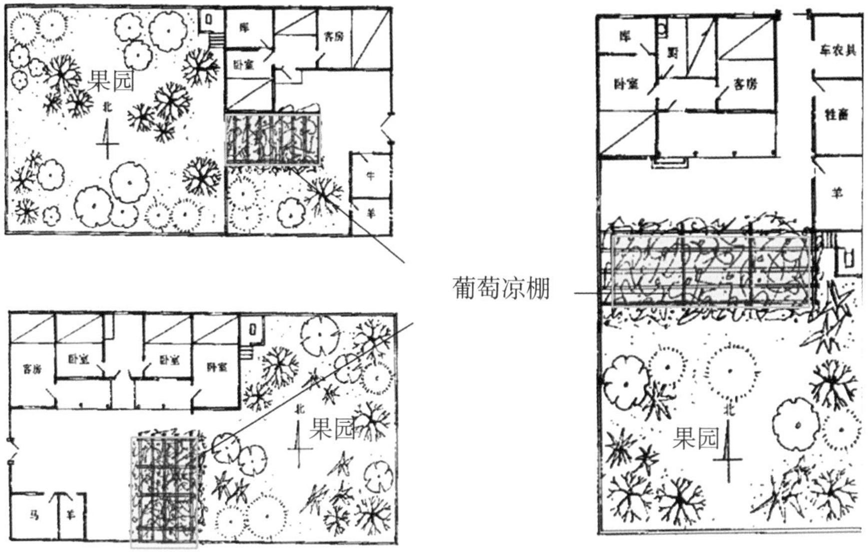

图11–101 庭院布局模式图
Figure11-101 Mode chart of courtyard layout
图片来源：陈震东. 新疆民居[M]. 北京：中国建筑工业出版社，2009

图11–102 吐鲁番吐峪沟麻扎村
Figure11-102 Turpan Tuyugou Mazar Village
图片来源：赵群.传统民居生态建筑经验及其模式语言研究[D].西安：西安建筑科技大学，2004

采用了6m×6m的多个由钢筋混凝土砌成的模数单元空间，每个空间既是开敞的，又加有顶盖，其中有些有功能需要的单元空间用墙体进行围合。各个部分以一种漫游的路径联系起来，并结合传统水庭的设计，创造了宜人的微气候环境。建筑内部的结构采用简单的模数制，材料选用也很简单，并极富当地特色，如砖墙、石板、木门和百叶窗，以及瓦屋面，瓦屋顶由砖柱承重。在适应当地气候环境的同时降低了建筑造价，也表达出甘地平易朴实的人格魅力。

“管式住宅”是在1962年被提出来的，实质上是把烟囱拔风原理应用于住宅剖面设计。它3.66m宽，全坡屋面，内部剖面构成通风口，房子围绕着一个几乎露天的院落。这种内向的形态形成住宅内部屏蔽的空间，以挡住强烈的太阳射线；同时又把住宅作为横向的通风口，实际起到通风的作用，空气穿过管式住宅被发散加热，然后沿着两个搭在一起的坡屋面之间的断开的屋脊上散发出去（图11-106）。运用这样的建筑空间形态在低层高密度的住宅群体中，既创造了小型化的阴影户外空间又有效地解决了室内空气流通，并产生了直接反映气候特征的建筑形象[40]。

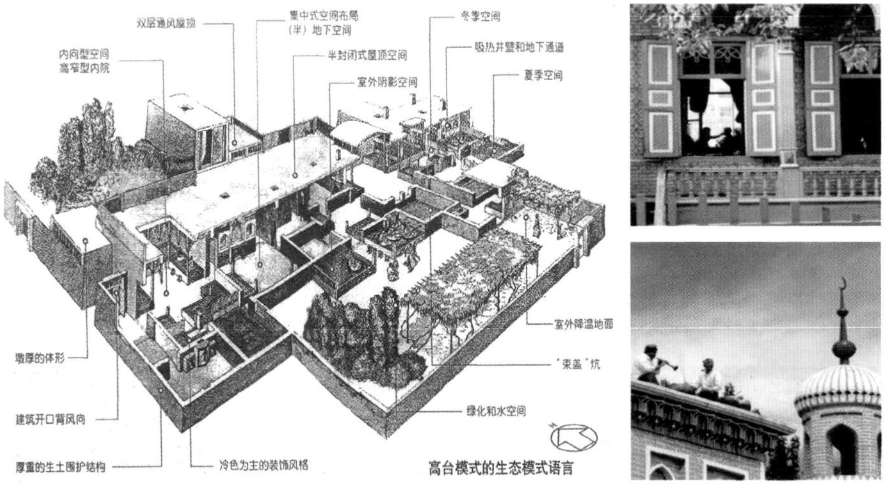

图11-103 高台模式的生态模式语言

Figure11-103 Pattern language of ecology of the high-profile housing

图片来源：赵群．传统民居生态建筑经验及其模式语言研究 [D]．西安：西安建筑科技大学，2004

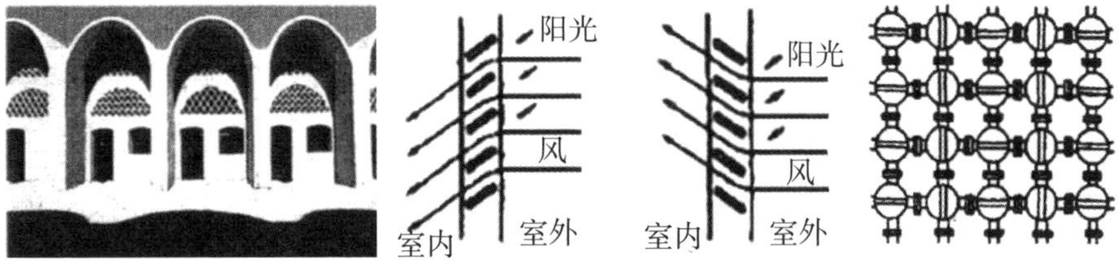

图11-104 “贫民的建筑”景观细部

Figure11-104 Landscape details of “Building for the Poor ”

图片来源：赵群.传统民居生态建筑经验及其模式语言研究[D].西安：西安建筑科技大学，2004

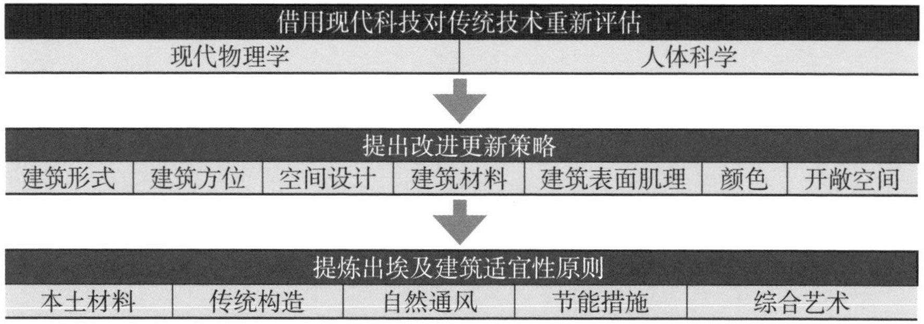

图11-105 “贫民的建筑”景观设计思路

Figure11-105 Idea of landscape design of “Building for the Poor”

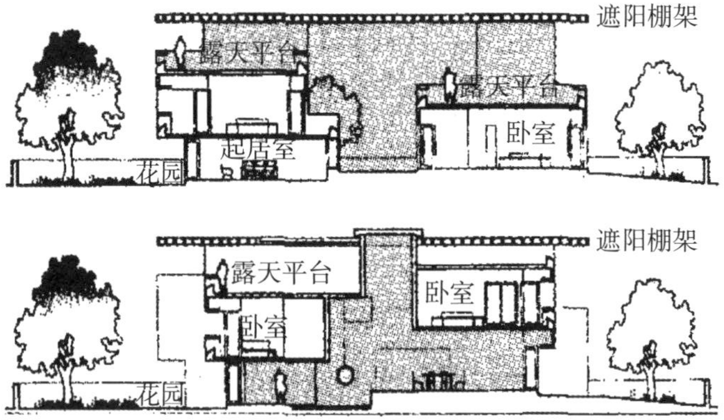

图11-106 “管式住宅”构造示意图

Figure11-106 Structure schematic of “tube housing”

图片来源：徐永红，唐进，刘小华等.管式住宅的节能启示[J].江苏建筑，2007（5）:5-6

11.3.2 干旱条件下水资源充分利用

11.3.2.1 宏观层面农业用水管理

1. 我国西北干旱地区水资源概况

1）水资源特点

我国干旱地区水资源的特点主要是：相对独立的水资源形成区和消耗利用区，水资源的时空分布极不均匀，地表水与地下水相互转换十分频繁，水资源受全球气候影响比较敏感，水文特征具有明显的内陆特性（图11-107）。

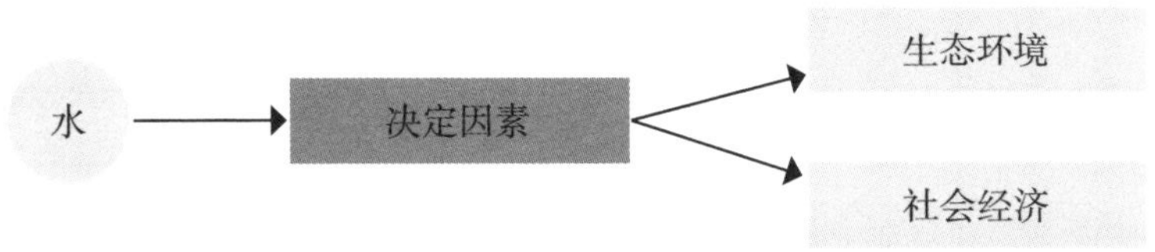

图11-107 水资源特点分析图
Figure11-107 Analysis of water resources characteristics

2）基于水资源制约的人居环境（图11-108）

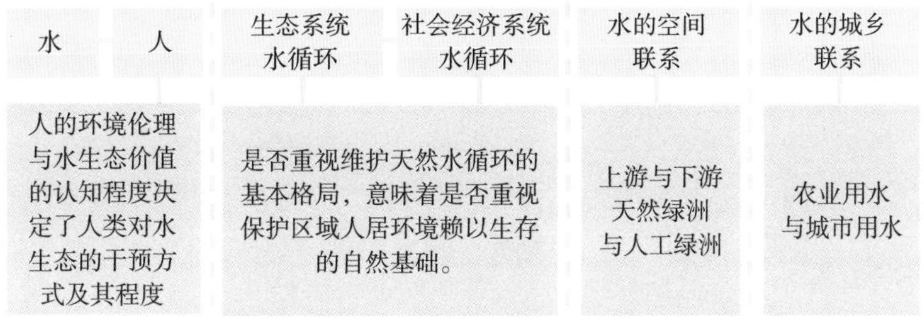

图11-108 基于水资源制约的人居环境特点分析
Figure11-108 Analysis of the living environment with water resources restriction
图片来源：李志刚.河西走廊人居环境保护与发展模式研究[M].北京:中国建筑工业出版社。

3）我国西北干旱地区与以色列对比（图11-109）

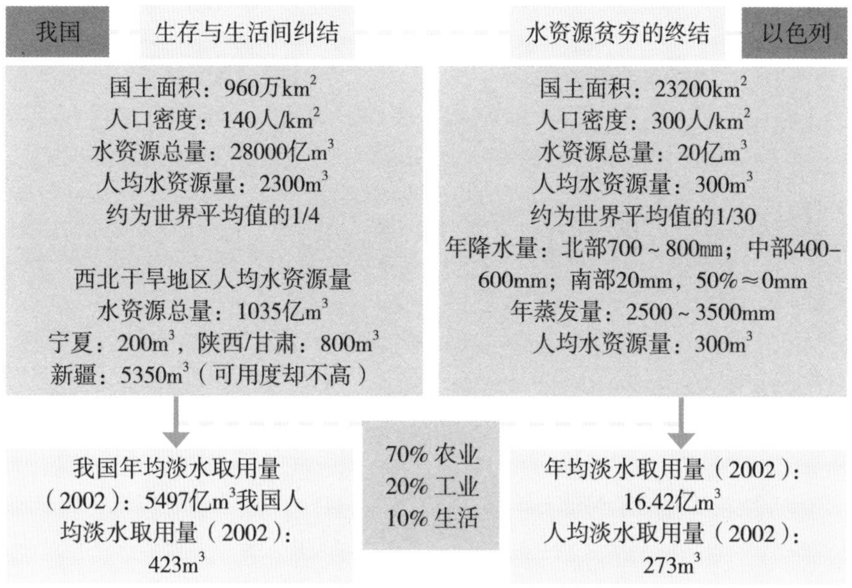

图11-109 我国西北干旱地区水资源与以色列水资源对比
Figure11-109 Northwest China and Israel water resource comparison

4）开发利用潜力（图11-110）

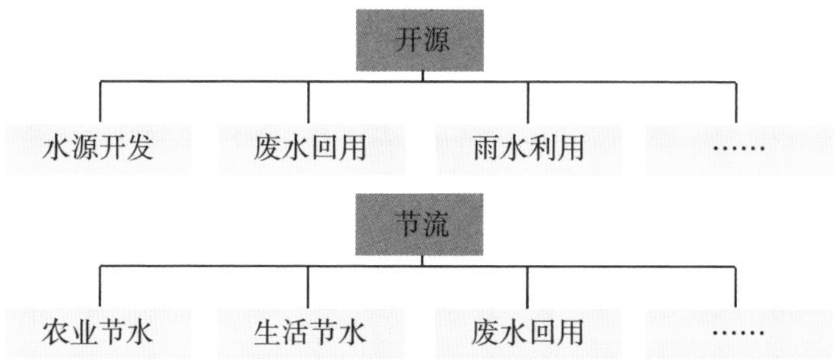

图11-110 水资源开发利用潜力示意图
Figure11-110 Schematic of capacity of development and utilization of water resources

5）水资源制约的趋势（图11–111）

6）保护与利用（图11–112）

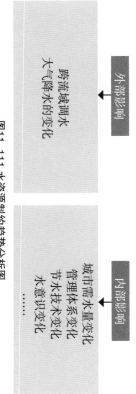

图11–111 水资源制约趋势分析图

Figure11-111 Trend analysis graph of the restriction of water resources

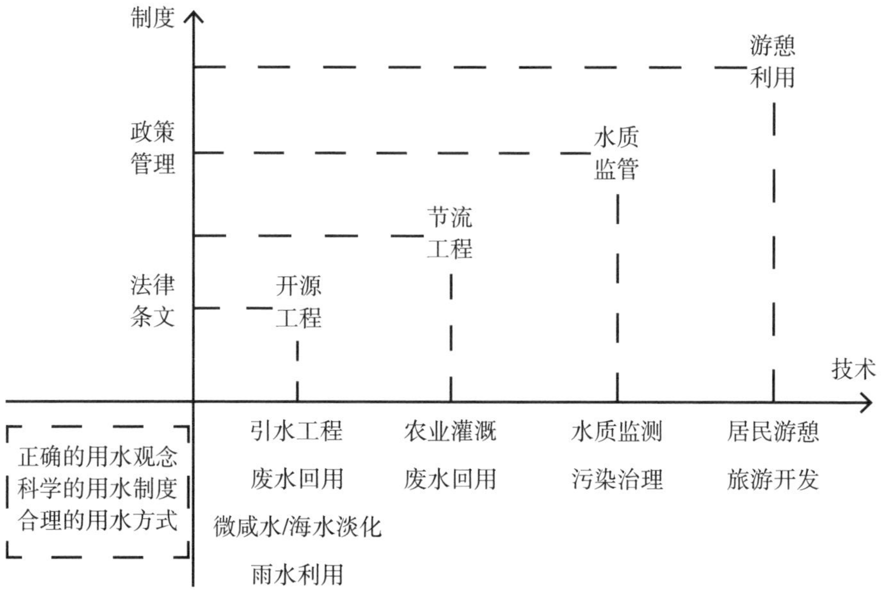

图11–112 水资源保护与利用流程表

Figure11-112 Process of protection and use of water resources

2. 新疆区域总体建设情况

1）新疆建筑行业建设情况

（1）建筑工程施工情况（图11–113～图11–115）：① 房屋建筑施工面积和房屋建筑竣工面积都在不断增长，且增长率不断提高，说明建筑建设正处于高峰

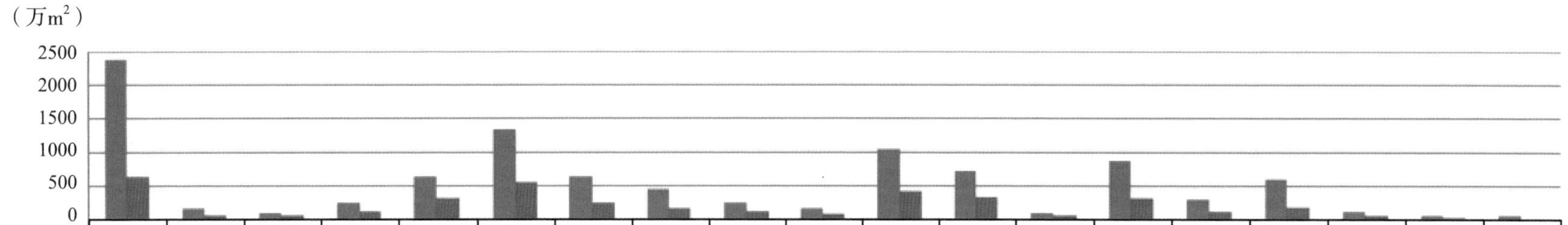

	乌鲁木齐市	克拉玛依市	吐鲁番地区	哈密地区	昌吉回族自治区	伊犁哈萨克自治州	伊犁州直属县（市）	塔城地区	阿勒泰地区	博尔塔拉蒙古自治州	巴音郭楞蒙古自治州	阿克苏地区	克孜勒苏柯尔克孜自治州	喀什地区	和田地区	石河子市	阿拉尔市	图木舒克市	五家渠市
房屋建筑施工面积	2371	180	114	249	633	1337	649	439	249	168	1048	731	102	880	296	599	121	55	63
房屋建筑竣工面积	650	58	69	12	327	556	261	178	118	76	419	342	69	324	124	201	70	34	25

图11–113 2011年新疆各地区建筑工程施工情况表

Figure11-113 Construction situation of architectural projects in Xinjiang Province in 2011

数据来源：知网统计年鉴，新疆省统计局

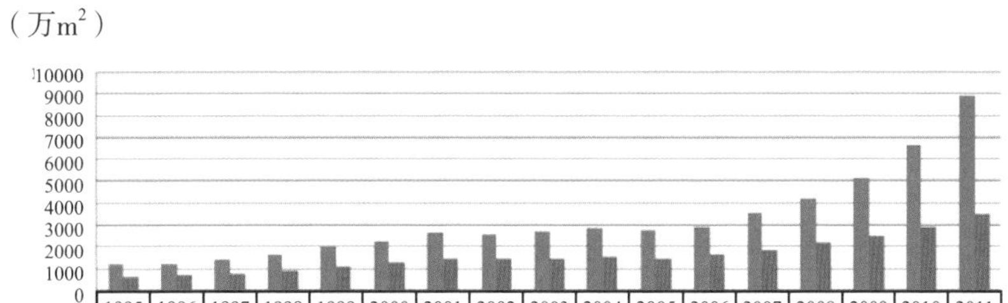

	1995	1996	1997	1998	1999	2000	2001	2002	2003	2004	2005	2006	2007	2008	2009	2010	2011
房屋建筑施工面积	1212	1207	1400	1662	1943	2241	2660	2573	2719	2812	2768	2890	3552	4235	5152	6620	8948
房屋建筑竣工面积	610	646	747	880	1043	1261	1468	1470	1451	1483	1429	1645	1850	2156	2518	2891	3465

图11-114 新疆建筑工程施工情况表

Figure11-114 Construction situation of architectural projects in Xinjiang Province

数据来源：知网统计年鉴，新疆省统计局

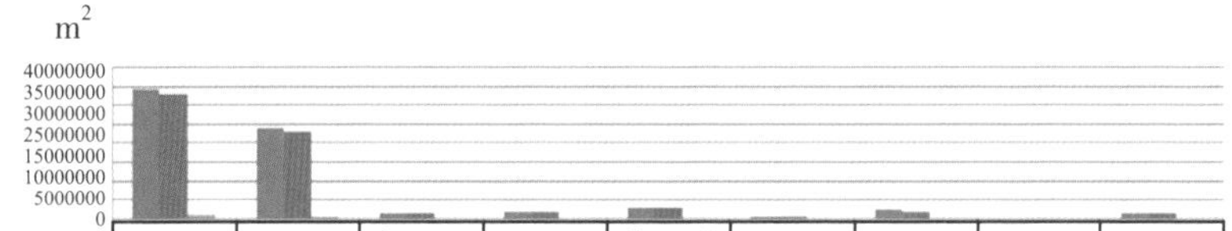

	合计	住宅用房	商业、居民服务业用房	办公用房	科研、教育、医疗用房	文体娱乐用房	厂房用房	仓库	其他
房屋和土木工程建筑业	34324907	24021150	1536877	1877744	2724457	482145	2213847	169484	1299203
房屋工程建筑	33043508	23099527	1429878	1850855	2644703	479662	2090113	165741	1283029
土木工程建筑	1281399	921623	106999	26889	79754	2483	123734	3743	16174

图11-115 2011年新疆竣工建筑面积及分类情况表

Figure11-115 Areas and types of completed architectures in Xinjiang Province in 2011

数据来源：知网统计年鉴，新疆省统计局

期，会对环境造成一定压力。② 施工面积远大于竣工面积，增长率也存在差距，说明建筑增长不会间断，建设强度有可能增强。

（2）新疆竣工建筑面积及分类：① 基本为房屋工程建筑，土木工程建筑极少，与非干旱地区相似。② 大部分建筑是住宅用房，说明新疆建筑以居住区建设为主。

2）新疆环境污染情况

（1）新疆水环境污染情况（图11-116）：① 废水量呈增长趋势；② 工业废水量低于城镇废水量；③ 总体废水量低于非干旱地区废水量。

（2）新疆大气环境污染情况（图11-117）：① 干旱地区PM2.5低于沿海地区；② 主要的SO_2来自工业而非生活；③ 废气排放量呈增长趋势。

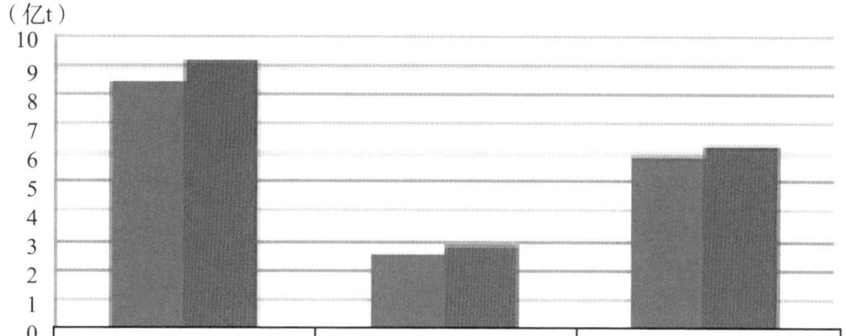

	废水排放总量	工业废水排放量	城镇生活废水排放量
2010年	8.37	2.54	5.83
2011年	9.09	2.88	6.21

图11-116 新疆水环境污染状况表

Figure11-116 Water environment pollution in Xinjiang Province

数据来源：知网统计年鉴，新疆省统计局

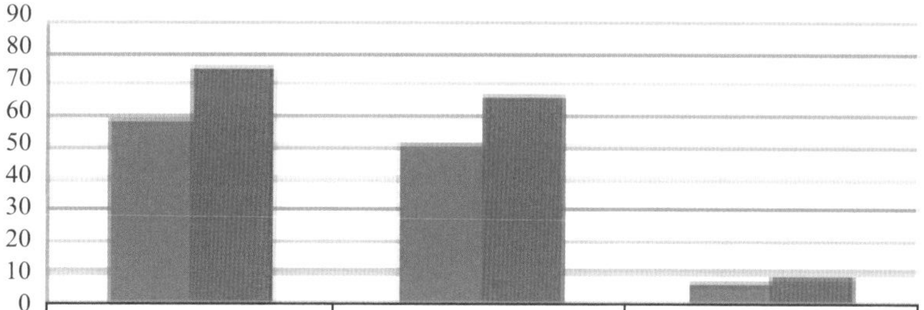

	SO_2排放量（万t）	工业SO_2排放量	城镇生活SO_2排放量
2010年	58.85	51.84	7
2011年	76.31	66.91	9.4

图11-117 新疆大气环境污染状况表

Figure11-117 Atmospheric environment pollution in Xinjiang Province

数据来源：知网统计年鉴，新疆省统计局

3）新疆农业建设情况

2008年新疆各地区耕地面积及分类：① 总体来说水浇地面积远大于旱地面

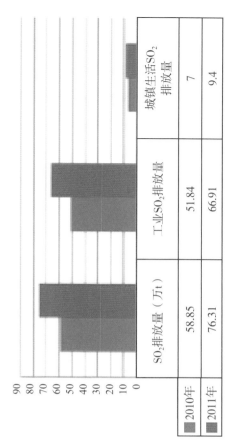

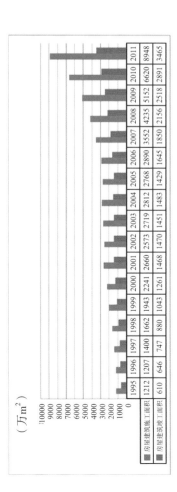

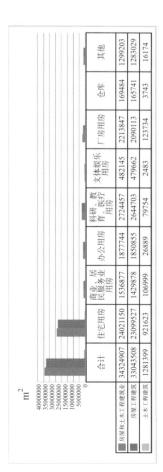

积，所以虽然在干旱地区，水浇地农业也比较繁荣；② 伊犁哈萨克自治州的耕地面积最大，主要和自然条件有关。

新疆农业建设结构（表11–25）：① 新疆的农业主要以谷物和棉花为主，在1995年所占比例分别为谷50.1%，棉花24.35%；② 粮食作物的比例不断降低，从52%到38%，而棉花的产量增加，从24%到32%；其他都相对来说稳定。

4）新疆自然环境建设情况

自然环境建设（图11–118）：① 干旱地区的自然保护区、生态林面积在全面减少（说明保护建设不足）；② 每年的造林面积并没有逐渐增加。

3. 水资源利用管理现状——以吐鲁番为例

1）吐鲁番水资源概览

吐鲁番盆地水资源的形成机制：新疆上空的水气流主要来自西风气流。西北两侧又为高山阻挡，盆地内降水十分稀少，全盆地平均降水量27.3mm，而盆地西部托克逊一带，年均降水量仅6.9mm。由于盆地内降水量稀少而蒸发量强烈，吐鲁番盆地水资源主要来自西北部山区供给的地表水。博格达山和喀拉乌成山均为降水较丰富的山地，盆地直接补给水源的冰川225条，总面积139.95km^2，由于冰川数量少，面积小，冰川融水在河流水源补给量中仅占10%，其余均为山区夏秋季降水补给。

吐鲁番盆地水资源总的特征是：河流水量少、流程短、水系之间相对独立，河流出山口以后在天然情况下，迅速渗入到巨厚的冲积洪积扇中，形成地表水、地下水多次转换。

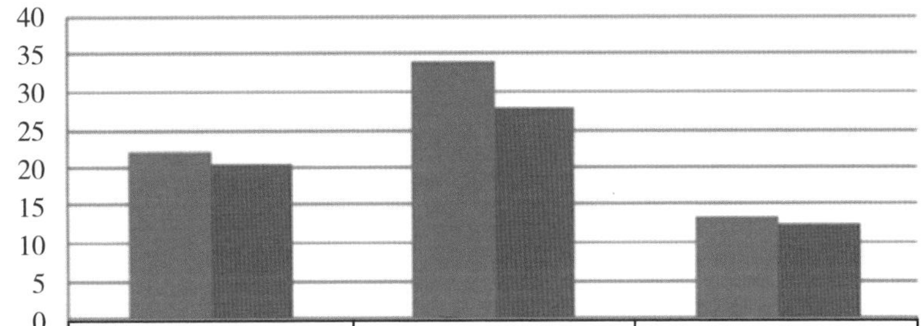

	当年造林面积（万hm^2）	自然保护区数（个）	自然保护区面积占辖区面积比重（%）
2010年	21.94	34	13.56
2011年	20.58	28	12.63

图11–118 新疆自然环境状况表
Figure11-118 Nature environment in Xinjiang Province
数据来源：知网统计年鉴，新疆省统计局

表 11–25 新疆农作物种植产量表
Table11-25 Yield in crops in Xinjiang

项目	Item	1995	2000	2010	2011
农作物总播种面积	Total Sown Areas of Farm Crops	100	100	100	100
粮食作物	Grain Crops	52.21	42.66	41.85	40.14
谷物	Cereal	50.1	39.95	39.49	38.45
稻谷	Rice	2.4	2.31	1.41	1.42
玉米	Corn	14.39	11.29	13.74	14.61
谷子	Millet	0.02	0.04	0.02	0.01
高粱	Jowar	0.47	0.39	0.12	0.2
其他谷物	Other Cereal	1.59	1.18	0.67	0.09
豆类	Soybeans	2.12	2.71	2.36	1.69
大豆	Soja	0.94	1.85	1.56	1.56
杂豆	Miscellaneous Beans	1.18	0.2	0.8	0.13
薯类	Tubers	0.34	0.66	0.78	0.95
油料	Oil–bearing Crops	10.05	9.15	5.74	5.3
花生	Peanuts		0.14	0.08	0.07
油菜籽	Rapeseeds	4.26	2.84	1.47	1.29
芝麻	Sesame		0.02	0.03	0.01
胡麻籽	Benne	0.88	0.72	0.18	0.16
向日葵	Helianthus	4.59	4.63	3.46	3.28
棉花	Cotton	24.35	29.87	30.69	32.87
麻类	Fiber Crops	0.14	0.21	0.05	0.08
甜菜	Beetroots	2.33	1.65	1.58	1.51
烟叶	Tobacco	0.03	0.08	0.02	
药材	Medicinal Materials	0.22	0.38	0.42	0.46
蔬菜、瓜类	Vegetables and Melon	3.17	5.42	8.96	8.86
蔬菜	Vegetables	2.34	3.77	6.38	6.47
其他农作物	Other Farm Crops	7.16	9.92	9.91	9.83
青饲料	Succulence	3.94	3.56	1.26	1.13

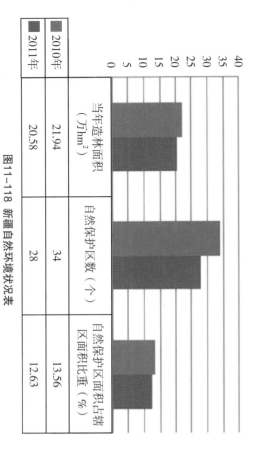

（1）地区间分布不平衡，由西向东逐渐减少。

（2）季节分配不均匀，春季严重缺水。

（3）地下水库对调节水资源的时空分布有重要作用。

2）吐鲁番水资源利用现状（图11-119）

（1）水资源十分短缺：吐鲁番盆地是新疆水资源十分短缺的地区。吐鲁番盆地的水资源总量（含地下水）10.62亿m^3，仅占新疆水资源量的0.98%，吐鲁番盆地人均水资源占有量1382.74m^3/人，仅占新疆人均占有量的23.87%（表11-26）。

吐鲁番盆地水资源量为10.62亿m^3，而引水能力已达到13亿m^3。由于地下水储量有限，现在的开采已造成地下水位下降，坎儿井干枯、机井水量下降、艾丁湖水位下降。这说明引水量已达到临界值[41]。

表 11-26 吐鲁番盆地水资源地区分布表
Table11-26 Distribution of water resource in Turpan Basin

水资源量	水资源总量				灌溉面积	
	地表水（亿m^3）	地下水（亿m^3）	小计（亿m^3）	占全区比例（%）	面积（万hm^2）	占全区比例（%）
全区	9.209	1.426	10.635	100	6.4006	100
托克逊	3.699	0.626	4.325	40.7	1.6293	25.46
吐鲁番	3.580	0.500	4.080	38.4	2.4300	37.96
鄯善	1.930	0.300	2.230	20.9	2.3413	36.58

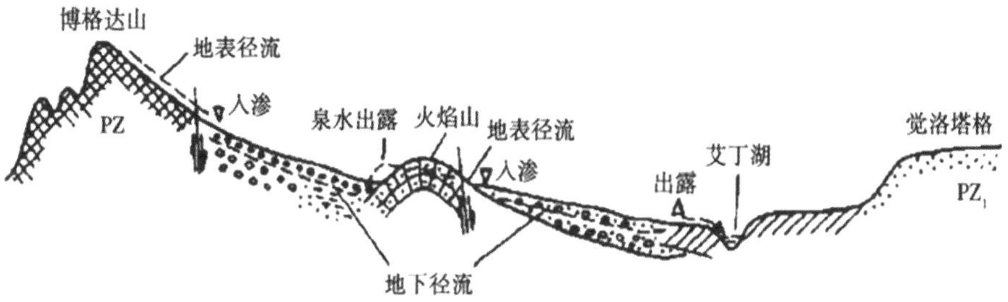

图11-119 吐鲁番盆地地表水-地下水多次转换图
Figure11-119 Chart of multiple transition between surface water and groundwater in Turpan Basin
图片来源：阿布都热合曼·哈力克，阿布都沙拉木·加拉力丁，卞正富.吐鲁番盆地的水资源及其合理开发利用探讨[J].农业系统科学与综合研究，2009（3）

（2）用水结构较单一，农业用水占绝大部分（表11-27）。1957年以前，吐鲁番绿洲农业灌溉以坎儿井为主，供水量3.67亿m^3，灌溉面积2.47万hm^2，灌水量1.8万m^3/hm^2，农田灌溉引水量6.6亿m^3，约占总用水量的66.7%。

近年来，吐鲁番市采取政策节水、工程节水、技术节水等手段，目的就是逐渐达到地下水的采补平衡。按照法定的用水秩序，吐鲁番在2008年各行业用水比例的基础上，按照城乡居民生活→农业→工业→生态环境（林业）的秩序进行初步分配。这种分配虽有一定的政策法律约束，但没有落到实处的管理模式研究（表11-28、表11-29）。

表 11-27 吐鲁番盆地引水现状表（单位：万m^3）
Table11-27 Present water diversion of the Turpan Basin（unit：10^4m^3）

地区	坎儿井	泉水	自流井	机电井	大河水	水库	总引水量
全区	24896.4	17528.3	5189.5	30752.5	48527.0	3560.0	130453.7
吐鲁番市	12933.4	10785.3	1469.5	8298.5	17510.0	490.0	51486.7
鄯善县	8179.0	5493.0			14954.0	15517.0	44143.0
托克逊县	3784.0	1250.0	3720.0	7500.0	15500.0	3070.0	34824.0

数据来源：阿布都热合曼·哈力克，阿布都沙拉木·加拉力丁，卞正富.吐鲁番盆地的水资源及其合理开发利用探讨[J].农业系统科学与综合研究，2009（3）。

表 11-28 2008 年吐鲁番市分行业用水情况表
Table11-28 Water consuming in industries of Turpan in 2008

用水类别	总水量（万m^3）	占总用水量比例（%）	地表水（万m^3）	地下水（万m^3）			
				机电井	截潜流	坎儿井	泉水
农业	40258.05	86.18	11076.66	15405.39		6000	7776
工业	803.66	1.72	230	413.66	160		
城镇	1383	2.96		173	1210		

数据来源：吐鲁番水利局

表 11–29 吐鲁番市水资源总量采补平衡预测分配表（单位：万 m^3）

Table11-29 Predicted partition of exploitation and supply of total water resources in Turpan (unit: 10^4m^3)

年份	城镇生活用水	农业用水	工业用水	生态环境用水	合计
2008 年现状	1383	40258.05	803.66	4270.59	46715.3
2009 年现状	1231	34893.14	1407.98	4515.08	42047.2
2010 年预测	1493.64	33963.42	1572.82	4497.48	41527.36
2015 年预测	1770.2	29314.82	3786.41	4056.75	38928.18
2020 年预测	2046.8	24666	5800	3816.2	36329

数据来源：阿布都热合曼 · 哈力克，阿布都沙拉木 · 加拉力丁，卞正富.吐鲁番盆地的水资源及其合理开发利用探讨[J].农业系统科学与综合研究:2009（3）

4．节水农业管理模式

1）模式一：合作社+专管人员管理模式（图11–120）

合作社通过土地流转，对分散到农户手中的土地实行统一管理，统一经营。农民以土地或现金的方式投入股金加入合作社，成为合作社社员或是股东，整个生产过程由合作社统一经营管理。合作社会有限雇佣社员参加劳动，并支付劳动报酬，高效节水工程由合作社负责筹资建设，产权归合作社所有。工程建成后，聘请专业人员进行运行管理，管理人员报酬由农民合作社发放，入股农民年终享受合作社的收益分红，村委会发挥协同服务的作用[42]。

2）模式二：农民用水者协会+专管人员管理模式（图11–121）

农民用水者协会通过“一事一议”的民主决策，统一种植结构，统一高效节水工程建设，工程建成后归村民所有。村委会组织，民主推荐专人负责工程的运行管理，一般按照一个灌溉系统控制面积500～2000亩不等，推选2～8人进行管理，管理费用6～12元/亩，管理费由农民用水者协会向会员统一收取，统一发放给管理人员。管理人员负责设备运行、设施维修养护和作物全生育期的滴水、施肥等工作。种植、中耕、除草及收摘等田间管理工作由农户自行承担。农民用水者协会和村民之间不涉及土地经营权和经济利益关系。

3）模式三：村组+专管人员管理模式（图11–122）

村委会召开村民大会，民主决策、统一作物种植结构，统一高效节水工程建设，工程建成后归村民所有。村委会组织民主推荐专人负责工程的运行管理。一般按照一个灌溉系统控制面积30～130hm^2不等，推选2～8人进行管理，管理费用按9～18元/hm^2标准由农民分摊，管理费用由村委会向村民统一收取，统一发放给专管人员。专管人员需要服从村上统一管理，接受水利相关部门的业务指导和监督，负责首部系统的设备运行、设施维修养护和作物全生育期的滴水、施肥工作。种植、中耕、除草及收摘等田间管理工作由农户自行承担。村委会和村民之间不涉及土地经营权和经济利益关系。

实例：昌吉市榆树沟镇四桂村一组113.3hm^2地表水加压番茄滴灌工程（分2个系统运行），由村委会组织召开村民会议，统一思想，制定滴灌管理制度，自筹资金统一建设滴灌工程。村委会组织民主选举村民2人，负责首部滴灌系统的管理。管理人员服从村委会统一管理，接受水利相关部门的业务指导和监督，具体负责首部设备运行、设施维修养护和作物全生育期的滴水、施肥工作。种植、中耕、

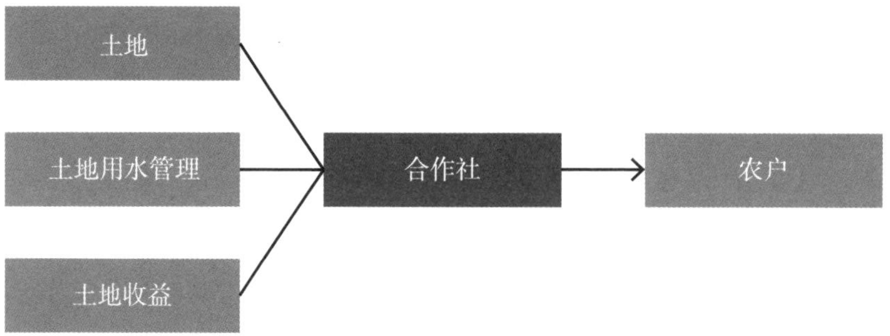

图11–120 合作社+专管人员管理模式示意图

Figure11-120 Schematic diagram of the rural credit cooperatives and special personnel management mode

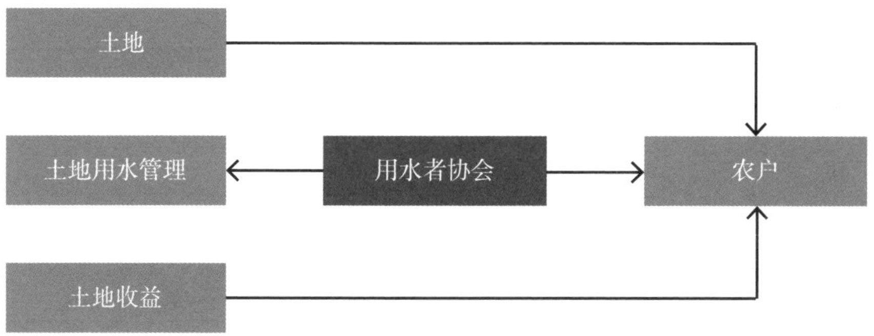

图11–121 用水者协会+专管人员管理模式示意图

Figure11-121 Schematic diagram of water user association association and special personnel management mode

除草及收摘等田间管理工作由农户自行承担。

4）模式四：水管单位+农户管理模式（图11-123）

工程建成后，产权归相关水利部门所有。水利部门成立的灌溉站负责管理工程首部系统和主管道部分，按灌溉制度将水配到每家每户，农民自行管理地面管道部分，负责自己种植作物的田间灌溉管理。水管单位按物价主管部门核定的标准统一收取水费和管理费。

实例：木垒县破橙子433.3hm^{2}喷灌。由水利部门成立的喷灌站负责管理，管理站工作人员有6人，管理农户1111人。喷灌站负责喷灌首部系统和主管道运行管理工作，并按物价主管部门核定的水价计收水费；喷灌工程地面管道部分由农户自行管理，433.3hm^{2}喷灌年均喷水5次。

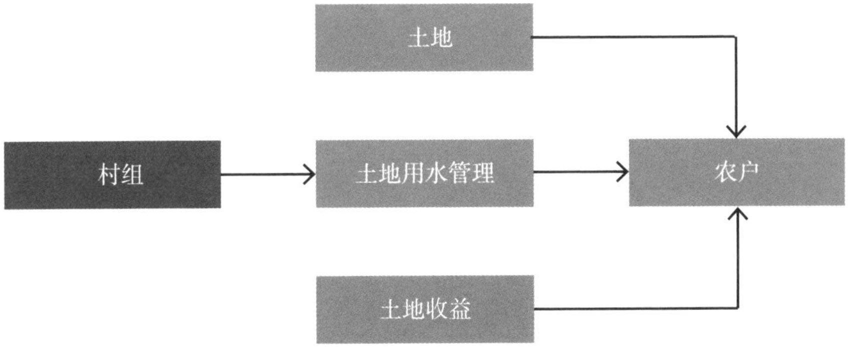

图11-122 村组+专管人员管理模式示意图
Figure11-122 Schematic diagram of the village group and personnel management mode

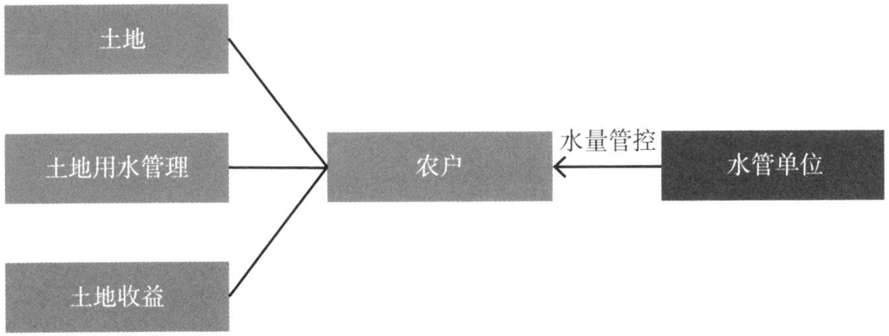

图11-123 水管单位+农户管理模式示意图
Figure11-123 Schematic diagram of water management office and farmer household management mode

5）模式五：公司+专管人员管理模式（图11-124）

企业与农户签订土地（包括高效节水工程）租赁协议，实现土地流转，建设原料生产基地。高效节水工程由农民自己建设，产权归亦农民所有，企业安排专业技术人员或聘请农民对建成的高效节水工程实行统一管理。

实例：阜康市上户沟乡小泉村与登海种业公司，在村委会组织下，对76户农民80hm^{2}土地实行统一管理。在籽种、种植、施肥、灌溉、病虫害防治、采摘、收购等方面实现了统一管理。秋季收获后，原垫付物资和水费一次性扣回。村委组织农民建设机井加压滴灌工程，田间管理工作由农户自行承担。这种管理方式，农民利益既得到了保障，同时企业也获得相应收益。但也存在问题：地块分散，牵扯农户多，在灌溉、施肥管理期间村委会组织协调工作量大。

6）模式六：农民联户管理模式（图11-125）

村委会或农民用水者协会组织在一定范围内（一个条田或一眼井控制范围）通过协议，连户建设高效节水工程，在工程建设过程中共同监督、共同管理，乡镇或农民用水者协会将安排专业技术人员进行技术服务指导。工程建成后产权归农户所有，由农户轮流管理，不产生管理费用。

实例：玛纳斯县乐土驿镇上庄子村通过村委会组织协调，43户农民协议联户建设移动式滴灌工程33.3hm^2，改变了以往小机播种方式，实现了籽种、种植、施肥、灌溉、病虫害防治、采收的"六统一"。田间管理由农户自行承担，滴管系统由农户轮流管理。

7）模式七：大户或私人农场自行管理模式（图11-126）

由大户或私人农场主自筹资金建成的高效节水工程，产权归大户或私人农场主所有，一般按"谁投资、谁受益、谁管理"的原则，由投资方出资自行聘用专人对节水工程进行管理。

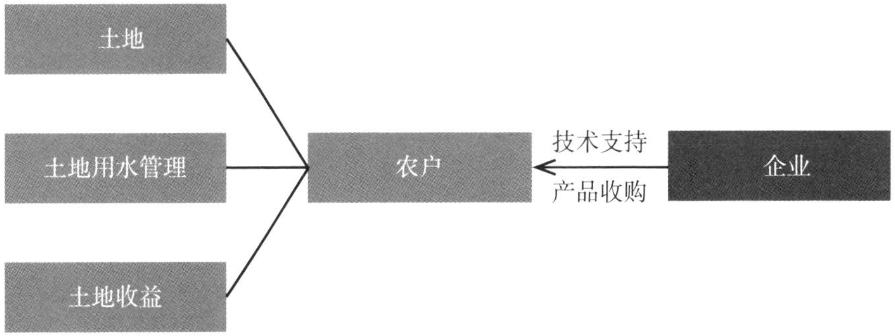

图11-124 公司+专管人员管理模式示意图
Figure11-124 Schematic diagram of company and specialized personnel management

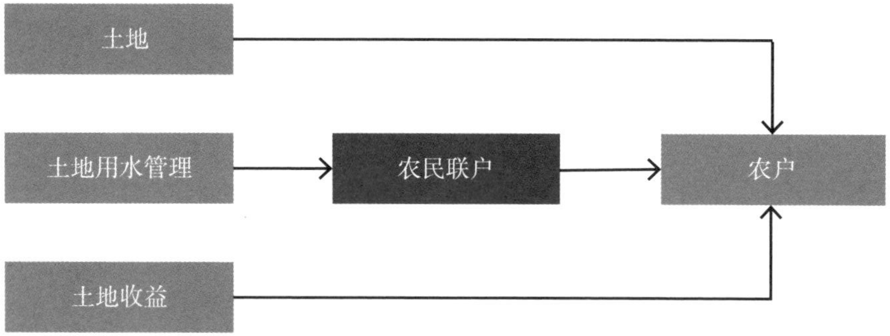

图11-125 农民联户管理模式示意图
Figure11-125 Schematic diagram of joint management pattern of farmers

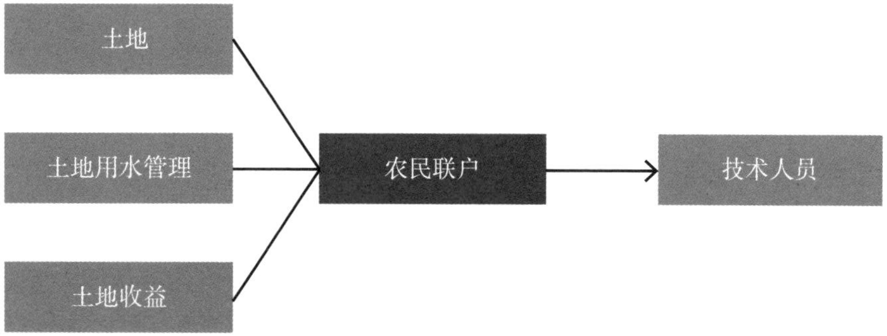

图11-126 大户或私人农场自行管理模式示意图
Figure11-126 Schematic diagram of large family or private farm self management mode

实例：2009年，腾威食品公司在阜康市上户沟乡建设小麦滴灌1133.3hm^2（分20个系统运行）。腾威公司聘请专人对滴灌工程进行管理，管理人员报酬由腾威食品公司统一发放，管理人员负责首部设施运行、养护维护、田间管网闸阀的开启，并按照作物的灌溉制度、施肥制度完成作物全生育期的地税和施肥等工作。

11.3.2.2 中观层面农业节水社区

1．传统聚落对极端气候适应

1）传统聚落对干旱的适应性

（1）生土材料的选取：和田地区全年降水量不足40mm，气候十分干燥，干旱少雨为生土材料发挥其最大营建性能提供了广阔的舞台。

（2）生土材料的应用：生土作为最主要的建材被使用于聚落的各个构成要素中，不但所有的生活性建筑、生产性构筑物（如葡萄晾房和坎儿井）是生土铸就，而且聚落的道路、围墙、台阶大多是以自然生土材料为主铺就。

（3）传统生土聚落存在的问题：① 安全性能差：传统的生土建筑抗震性能差，生命周期短，安全性能低等问题，直接威胁着居民的人身安全及财产安全。② 现有基础设施满足不了当下居民的需求：传统生土聚落整体环境品质比较差，与现代生活、生产方式很难相适宜，导致乡村高能耗、高污染、无地域文化特色的简易砖混房大量涌现。③ 居民对待传统生土聚落的价值观存在一定的偏见：部分乡村居民盲目将城市居住模式引进乡村，认为生土建筑是经济和价值观落后的象征，因此开始出现了与自然环境极不相协调的民居建筑。

2）传统聚落对日照辐射的适应性

（1）总体布局建筑物前后相依、左右紧邻、上下交错、互相遮挡，形成了低矮、密集而封闭的群体布局形态，从而减少了受风面积，削弱了风沙危害。

（2）巷道老城区地势平坦，道路极不规则，街巷空间蜿蜒曲折、狭窄稠密。这样的道路布局和街巷空间即可在酷热难耐的夏季形成阴影空间，又能在寒风刺骨的冬季减缓风速，起到防风沙的作用，营造出一处气温相对舒适的场所。

（3）过街楼出现在人口密集而用地相对较少的传统人居区。当地居民为扩建自己的居住空间，在水平方向利用街巷空间架空建房，或向街巷出挑，便出现了过街楼这样的建筑形式，以及特有的街巷阴影空间。这种特有的街巷空间形式也为当地人在酷热难耐的时节参与户外交往活动提供了更多的可能性。

3）传统聚落对风沙的适应性

（1）避风的选址与布局（图11-127）：干热地区的人居环境多分布于沙漠边缘的绿洲之中，土地荒漠化严重，流沙移动、沙尘暴等是常见的天气现象。建筑在选择基址时，应充分考虑对频繁风、沙灾害的躲避。建筑开口位置应尽量避免直面寒冷季节的主导风（以西风和西北风为主）。在现代建筑中发展地下或半地下的覆土空间非常适合干热地区的避风需求。

（2）内向封闭性院落（图11-128）：阿以旺布局为在庭院的上部架起一个屋顶，屋顶高于周围房屋的顶部，并且高出的这一段立面为通透的天窗形式，既富有装饰性，又可以采光通风。

4）传统聚落对少雨的适应性

（1）平屋顶在常年干旱的干热地区，雨水极度缺乏，建筑形态几乎无需针对降水采取措施，相反常常需要利用屋顶来收集雨水。因此其建筑多为平屋顶，少有起坡。

（2）篱笆墙不同的编结方式和不同的乡土材料结合，在视觉艺术的表现上创造出形态丰富的建筑立面效果。这种墙体对环境适应性好，增加墙体承载力、减少光环境的反射、起到保温隔热的作用。

5）传统聚落对气温的适应性（图11–129）

（1）阿以旺民居内的冬居室与夏居室：夏居室较开敞，通风采光较佳，有时用墙面窗或花棂、木栅作隔断，房间相对明亮；冬居室则处理得十分封闭和内向，幽深而隐蔽，只设屋顶小天窗或墙面高位窗，且面积较小，保温效果较好。

（2）民居外的水空间：由于水在蒸发过程中能带走大量的热量，对微气候环境具有一定的调节作用。人们利用门前屋侧的渠系灵活地营造出与日常生活息息相关的公共空间，这些形态各异的滨水空间同时与水渠两侧的乔木、灌木相互结合，形成了聚落的重要节点和生活交往空间。

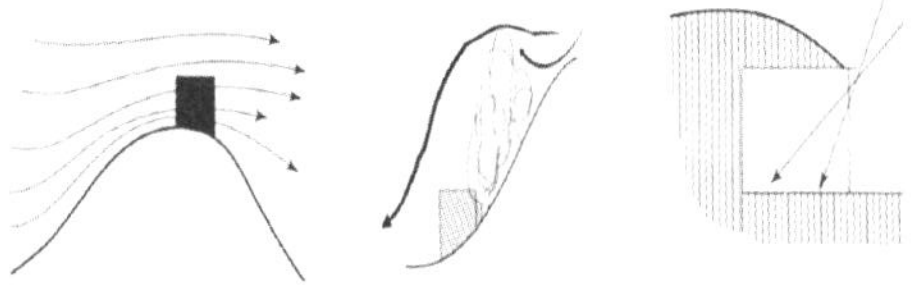

图11–127 避风选址与布局
Figure11-127 Location and layout of windbreak

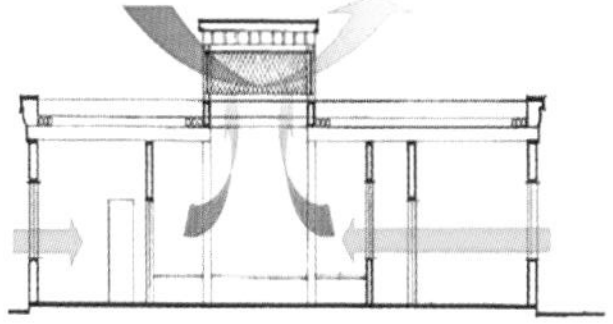

图11–128 内向封闭性院落
Figure11-128 Inward and closed courtyard

图11–129 传统聚落对极端气候的适应
Figure11-129 Traditional settlements' adaption to the extreme climate

2. 传统聚落水资源利用

1）喀什地区河渠灌溉系统

喀什境内的河流属于内陆河，发源于塔里木盆地周边的山地，并向盆地内部流动（图11–130）。有三条天然河道，一是克孜勒苏河，二是吐曼河，三是恰克马克河。三者共同构成喀什地区的主要供水来源。喀什市域范围内的农田主要通过人工渠道从以上三条河流引水灌溉，天山脚下的阿瓦提大渠在灌渠系统中发挥了重要的作用。

为了改变水利设施落后，地表水利用效率低下的局面，从20世纪50年代以来，喀什持续不断的兴修水利，先后建成一批水库，并对原有渠道进行改建，裁弯取直，裁支并干，提高了水体利用效率。

佰什克然木地区通过修建兰干水库和塔克布衣干渠，并对原有渠道进行整修（图11–131），使得来源于阿瓦提大渠以及恰克马克河的部分水量可以储存在水库中，再通过兰干水渠下游的放水渠对村庄进行灌溉输水；或者通过分流到库木巴格、英阿瓦提两条支渠，再引入若干斗渠，最后流入被灌溉的农田。

2）灌溉渠系与村落形态

恰克马克河在的河段大致与天山山脉的走向一致。为减少输水距离、控制水

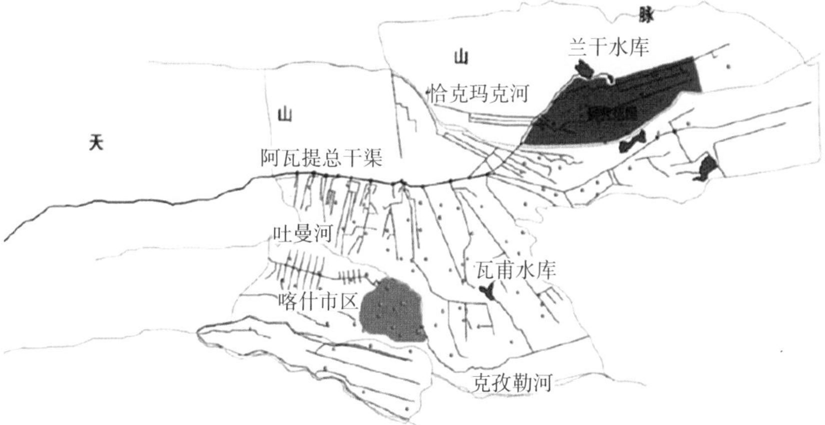

图11–130 喀什市域范围内的河流系统
Figure11-130 The river system within the domain of Kashgar
图片来源：张杰，陶金.喀什地区传统村落与水的关系研究[J].住区研究,2011（5）:116-121

量蒸发，同时方便农田用水单元中更小一级渠道的布置，引水的斗渠以垂直于主渠的方式自西向东依次排列分得灌溉水源，因此这一地区的渠道系统在整体上形成了方格网状的布局（图11–132）。受地形坡度和耕作距离等的影响，南北支渠间距约为500～800m，东西斗渠间距约为400～500m，由水渠围合成的基本灌溉单元约为20～40hm^2（图11–133）。其中干道沿着支渠布置，支路沿着斗渠布置。道路两侧建有民居，这既方便了居民的出行和运输，又提高了道路、水渠两个最重要的基础设施的使用效率。

3）涝坝与聚落形态的关系

涝坝是新疆干旱地区人工开挖的蓄水池塘（图11–134）。在新疆南部维吾尔族聚落中，这种池塘为居民和牲畜提供日常饮用水。在20世纪70年代自来水普及之前，涝坝一直是维吾尔族村落最为重要的公共设施。

（1）涝坝规模与服务范围：作为蓄水功能的涝坝，其规模与服务半径与村落的人口数密不可分。在佰什克然木地区约18km的研究范围内，共有涝坝52个，平均每35hm^{2}就有一个。一般来说由支渠和斗渠构成的每个农田单元内至少有一个涝坝通过对20个涝坝的统计分析，我们发现这类涝坝的尺寸多为20m×20m，水深一般在3m左右，一般涝坝的服务的户数在30～40户左右，约160人。虽然涝坝的大小不尽相同，其服务人群规模和服务半径也不一样，但涝坝间的平均距离大致为540m左右。就是说，以涝坝为圆心以300m半径作圆划为研究范围，一个20m×20m的涝坝基本可以覆盖研究范围内的所有民居。

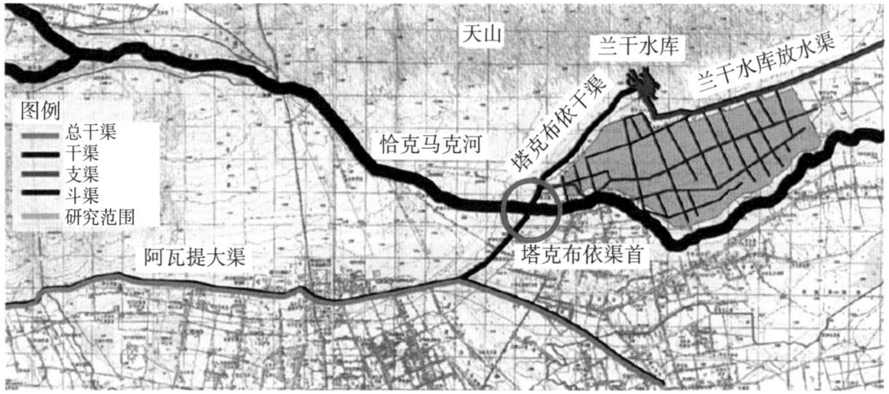

图11–131 佰什克然木地区的河渠系统

Figure11-131 Natural canals system of Baishenkeranm area

图片来源：张杰，陶金.喀什地区传统村落与水的关系研究[J].住区研究,2011（5）:116-121.

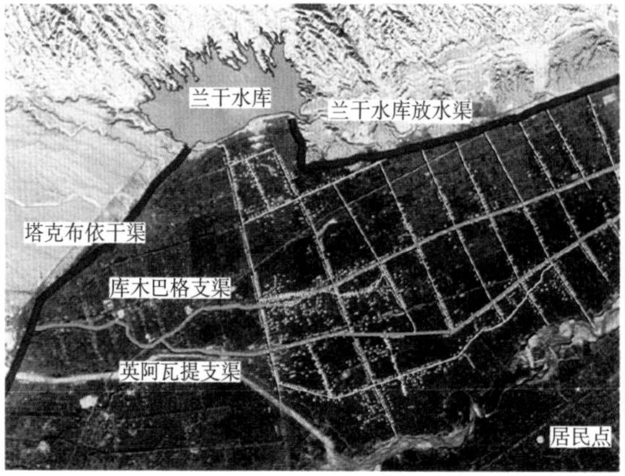

图11–132 方格网状渠系

Figure11-132 Canal system of grid mesh

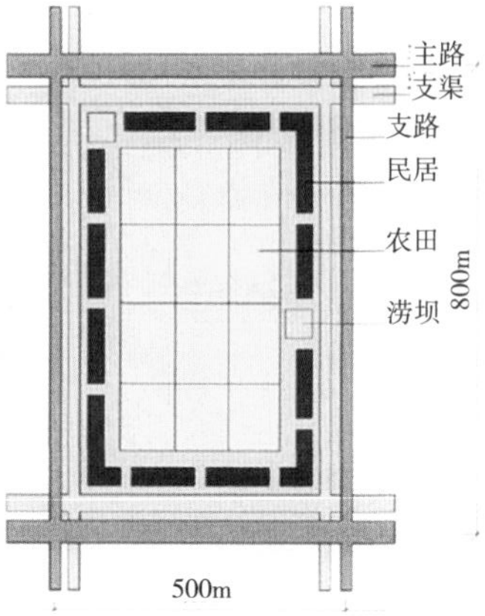

图11–133 基本灌溉单元模式

Figure11-133 Basic unit mode of irrigation pattern

图片来源：张杰，陶金.喀什地区传统村落与水的关系研究[J].住区研究，2011（5）：116-121

（2）涝坝与聚落形态的分类（图11–135）：根据涝坝所在的位置以及它与民居的关系，我们可以将涝坝分为交叉口型和路中型两种。交叉口型是指涝坝位于两条道路的交叉口处，四周都有民居沿路布置。这种类型的涝坝规模相对较大，服务四个方向的居民。这时，涝坝附近会出现村庄一级的公共设施，涝坝与这些设施共同形成村庄的公共中心。路中型涝坝又又可以分为路中固台型和开敞型两种，涝坝服务沿路两个方向的居民，供水半径较小。

图11–134 村落中涝坝

Figure11-134 Flood dam in the village

图片来源：张杰，陶金. 喀什地区传统村落与水的关系研究[J].住区研究，2011（5）：116-121

值得注意的是，清真寺在涝坝周围，形成一定规模的开敞空间，共同成为村落的公共中心，这是喀什地区传统村落典型的空间布局模式。以渠/涝坝、道路为骨干的村落形成了“田—房—渠/涝坝—路”的典型剖面模式（图11–136）。需要提出的是，为了减少水渠和涝坝的水蒸发量，当地居民习惯上都会在渠的两侧、涝坝的周围种植大量的树木，尤以新疆杨为多。树木在炎热的夏季还为农户提供了建筑房屋等必用的木材，从而使当地的村落建设具有很好的可持续性。

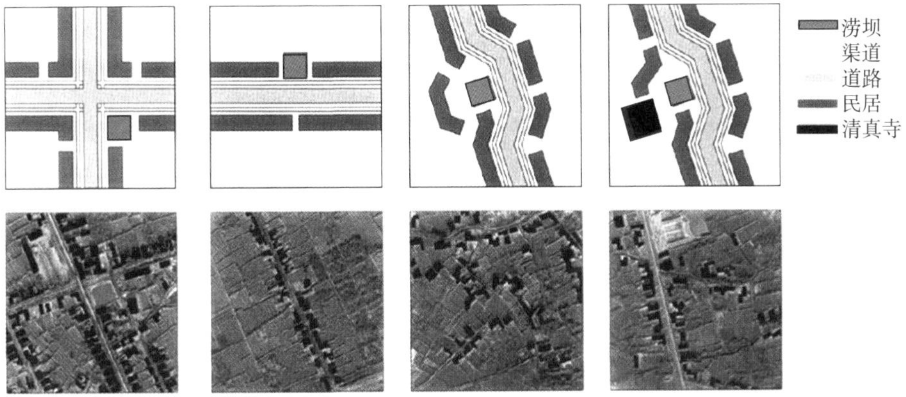

图11-135 涝坝与聚落形态分类

Figure11-135 Pattern classification of flood dam and settlement

图片来源：张杰，陶金.喀什地区传统村落与水的关系研究[J].住区研究,2011（5）:116-121.

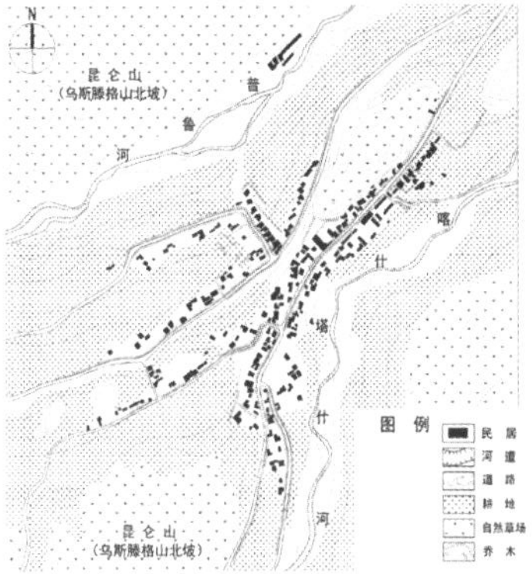

图11-137 普鲁村总平面图

Figure11-137 Master plan of Pulu Village

图11-138 V形河谷

Figure11-138 "V" type Valley

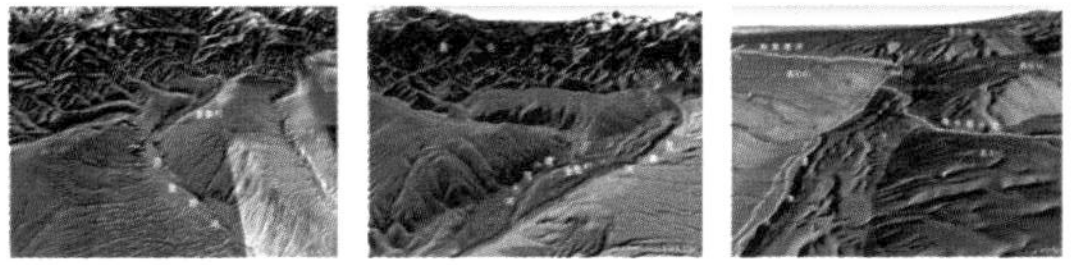

图11-139 普鲁村区位及所处河谷阶地关系

Figure11-139 Relationship between Pulu village's location and the valley terrace

图片来源：李玥宏.水资源约束下的乡土聚落景观营造策略研究——以新疆乡土聚落为例[D].西安：西安建筑科技大学，2011

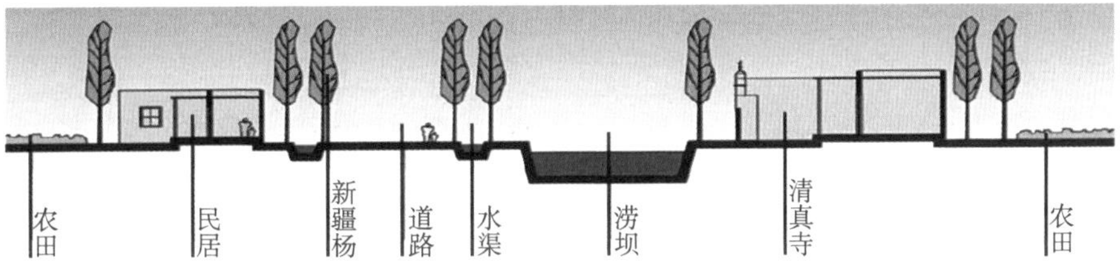

图11-136 喀什地区传统村落典型剖面模式

Figure11-136 Typical section mode of traditional villages in Kashgar

图片来源：张杰，陶金.喀什地区传统村落与水的关系研究[J].住区研究,2011（5）:116-121

3. 水资源约束下聚落营造模式

1）聚落选址

（1）逐水而生，沿水形而居。普鲁村在选址布局上（图11-137）最大的特点就是选择在一个水量相对发达的河谷地带，处在两河之间的谷地上，同时被两河道围绕，小气候宜人（图11-138）。整个村落的三条主干道都顺应水系发展，与水系平行而设。道路两旁都平行设有渠系，以滋养路旁的高大乔木。普鲁村就将村落建立在适合农田灌溉，方便放牧的河谷地带（图11-139），整个村落布局适应水流形态，结合河道形态布局道路、民居以及渠系，村中井渠环绕，植被丛生。普鲁村的空间布局结合水系，在建筑物，步道的组合下形成交会错落、灵活有机的空间布局，是方便交通、交往、游憩等的活动场所。

（2）耕地优先原则。在农区或者半农半牧区，为了有利于生产，在有限的河谷台地上能够耕种放牧，民居一般选址于相对地势较高的丘陵山坡、高山台地等不易耕植地区，留出平原河谷、冲击缓坡等丰饶之地用于农牧业生产。对长期封闭于地理小区域内的自我循环的聚落而言，对自己生存生活的地理空间的把握亦至关重要。因此，不占耕地和草场是普鲁村得以生存、发展的重要条件之一。

（3）村落的水平形态主要呈现的特征：① 民居尽可能居道路两旁，取交通便利。② 主支渠朝向分明，水网建立在路网的基础上。③ 整个村落的水平形态以圈层划分，共分为四大圈层，第一圈层是民居建筑，距水系相对较远；第二圈层是耕地，同时紧挨民居圈层管理便利；第三圈层则是水资源，此圈层既无建筑，也无耕地，以避免季节性洪水侵袭；最外围的圈层便是联系山脉的更广阔范围——天然草场（图11-140、图11-141）。村落两旁的两条水系空间相对山地平坦，且合理分布于耕地与草场两圈层之间，分别支撑着两个产业的平行发展。

（4）垂直形态（图11-142、图11-143）。从塑造乡土聚落的垂直形态来看，普鲁村高低起伏的地貌特征正是因为流水冲击山体而形成的河谷阶地地貌，形成居住空间最高而逐渐向两条河谷方向双向递减的地势。在两条河流冲刷形成的河谷三角地带上，由高到低阶地分别为：居住阶地，耕种阶地，水资源阶地；总体也呈现"宅高田低，上居下耕"的特点[43]。

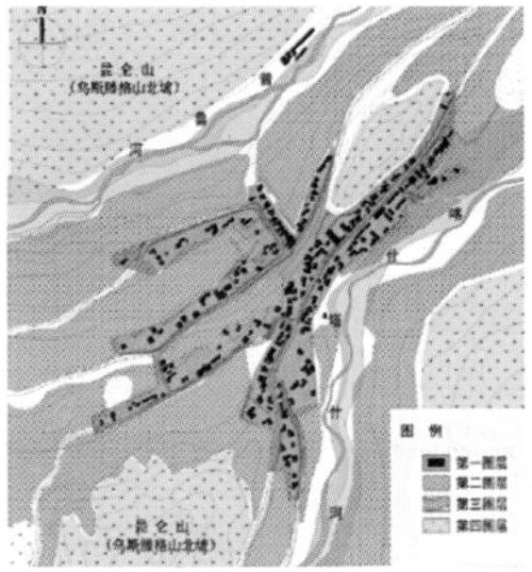

图11-140 普鲁村水平圈层形态图
Figure11-140 Layout of horizontal circle of Pulu village

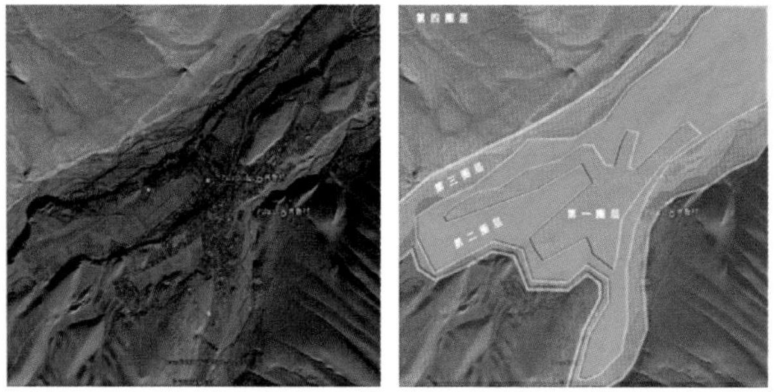

图11-141 普鲁村村落形态与圈层关系对照图
Figure11-141 Comparison between Pulu Village's morphology and circle

图片来源：李玥宏.水资源约束下的乡土聚落景观营造策略研究——以新疆乡土聚落为例[D]. 西安：西安建筑科技大学，2011.

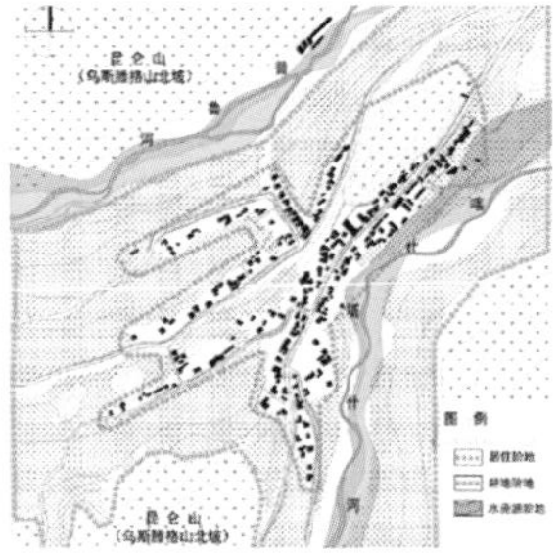

图11-142 普鲁村垂直圈层形态图
Figure11-142 Layout of vertical circle of Pulu Village

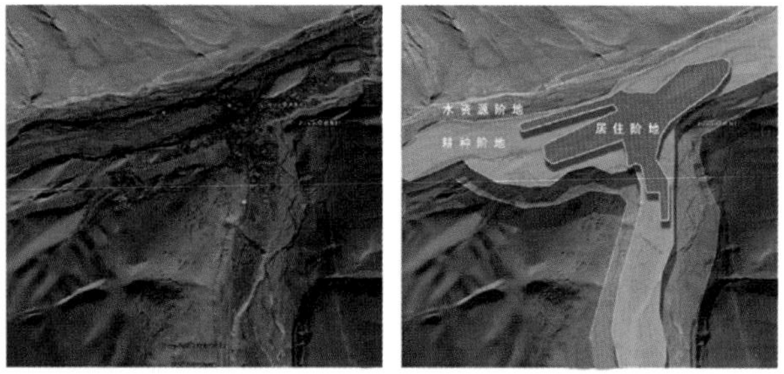

图11-143 普鲁村村落形态与阶地关系对照图
Figure11-143 Comparison between Pulucun Village's morphology and terrace relationship

图片来源：李玥宏.水资源约束下的乡土聚落景观营造策略研究——以新疆乡土聚落为例[D]. 西安：西安建筑科技大学，2011.

2）建筑空间

普鲁村的建筑布局由主要的三个部分组成：贯穿东西的两条中心大道把居住区分为南、北两部分，大道北端是沿南北朝向支路展布的建筑组团，其内建筑多是长方形院落。大体南北、东西向垂直交叉、纵横相连的街巷把村落内的建筑群分为若干小区。普鲁村的建筑整体布局沿道路，渠系展布，一是有助于通达便利，二是方便利用渠系生活取水、浇灌院落植被。从建筑布局来看，它既受到了中原传统城市建筑规制的影响，又独具绿洲乡土聚落特征。以道路为骨架的交通网、以渠系为支撑的绿化网，这都是普鲁村世代流传下来的建筑空间布置经验。

3）道路空间

普鲁村的道路空间组织自东向西由河谷阶地的狭长地形所决定（图11-144）。河谷底部南北各一条河道，是顺应阶地地势由西向东将聚落包围；道路方向与河道方向平行，将整个村落的主要交通与村外干道相连。村落内部主干道与主渠道也都平行并贯通整个村落。支渠与分支巷道则连通了村落的其他各方向，引水进村，引水进地，主要解决距离水源较远的住户的生活用水和耕地灌溉用水（图11-145）。路网与渠网相互重合，共同维系聚落的空间组织与居民生活。

4）绿色空间

普鲁村的大多数人家都围有院墙，院内栽种果树。每家每户院内的小环境内植被丰富，有青稞、山杏、薄荷，同时院门前都杨树夹道，为南疆炎热的夏季提供庇护。而房前屋后的这些绿色植被的阴影空间内还会放置一些木凳，长椅或者木床，女人们坐在木床上织氆氇毯聊天，老人们坐在椅子凳子上乘凉，充分利用了这干旱区来之不易的阴凉。这样就形成了村内供交流休憩的绿色空间。普鲁村的绿色空间整体特点就是沿道路布置，原因在于道路旁有常年引水的渠系来保证植被的成活生长。只要有渠系延展的道路，就一定有杨树夹道（图11-146）。

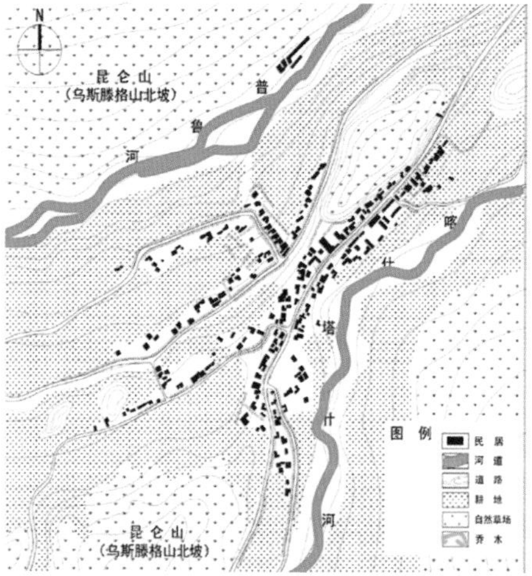

图11-144 普鲁村道路关系图
Figure11-144 Transportation network of Pulu Village

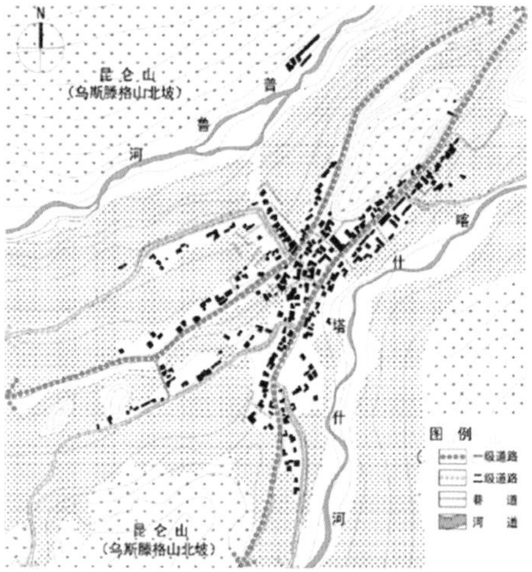

图11-145 普鲁村建筑与水关系图
Figure11-145 Relationship between buildings and water-net in Pulu Village

图片来源：李玥宏.水资源约束下的乡土聚落景观营造策略研究——以新疆乡土聚落为例[D]. 西安：西安建筑科技大学，2011.

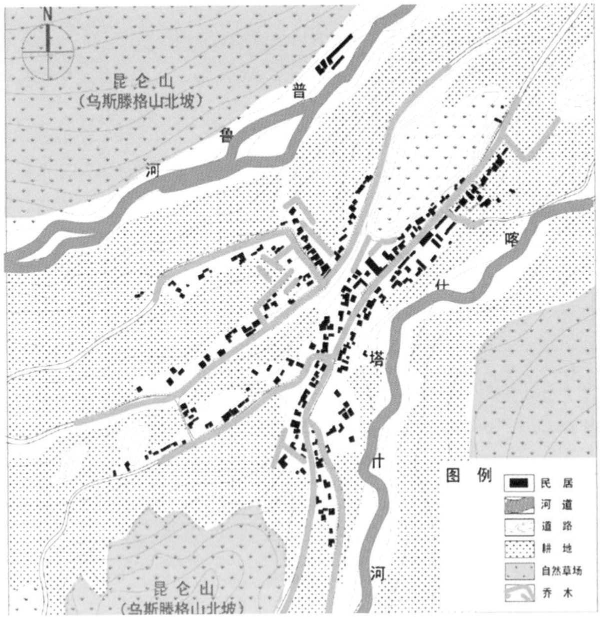

图11-146 普鲁村绿化与水关系图

Figure11-146 Relationship between green landscaping and water-net in Pulu Village

图片来源：李玥宏.水资源约束下的乡土聚落景观营造策略研究——以新疆乡土聚落为例[D]. 西安：西安建筑科技大学，2011

4. 乡土聚落景观营造经验（表 11-30）

1）尺度化

对于聚落二次规划研究而言，乡土聚落景观的营造过程纷繁复杂，要经历聚落选址、选型、布局、形态组织、界面划分、边界渗透等等复杂的层级整合。对于营造策略的尺度划分源于规划空间尺度的限定，分为宏观、中观、微观三个尺度，这样可以更好的将乡土聚落营造时需要涉及的各个层级进行分类。广义而言，这些层级划分包含了乡土聚落景观营造从宏观尺度（场地分析层面），中观尺度（要素布局层面）到微观尺度（设施配置层面）的三部分内容。乡土聚落景观的营造与规划就是在宏观、中观、微观三个尺度的综合考虑相关设计条件。

2）要素化

聚落营造虽处于乡土环境下，有很强的地域约束性，但是地域性的体现往往是通过聚落景观使得聚落更加有特色。而这些层级又属于聚落营造的不同时期，不同的规划尺度需要谈到不同的层级内容，而不同的内容落实到具体的做法又需要更细的要素划分来实现。按照景观构成的方式将乡土聚落景观的营造层级要素化，并对聚落营造层级、景观营造要素分析，将二者融合在宏观、中观、微观三个尺度下。水资源约束下的乡土聚落景观营造策略可以归结为三个尺度下的不同

表 11-30 乡土聚落景观营造经验表

Table11-30 Building experience of regional settlement landscape

层面	包含内容	特征	
乡土聚落选址布局	乡土聚落总体秩序关系，以及乡土聚落内部与周边环境界面等方面的总体统筹	聚落选址布局的逐水性	绿洲乡土聚落逐水而居，沿渠点布，村落结构依水系而构成。“聚落选址多在河流两岸的台地上或在河川交汇处，河流的中上游，即所谓‘缘水而居’。为的是有稳定的水源补给，灌溉方便，取水便捷”
乡土聚落组织选型	聚落空间环境组织框架，各地块用地性质安排，以及景观体系的区域组合	聚落组织选型的缘水性	新疆绿洲乡土聚落平面布局依据水资源分布形式与多寡可以分为三种：紧凑发展型，带状伸展型和组团布局型
乡土聚落规模控制	建聚落内部资源消耗情况，人口数量，人均耕地数量等	聚落规模扩张的唯水性	绿洲乡土聚落的极限规模和稳定性明显受水资源多寡的限制。集中水系地区聚落规模随水系组团规模呈现约束性（水系枝状分布，在中下游及下游地带形成雨水量呈正比的聚落规模）
乡土聚落民居建筑	建筑单体及各单体高度、密度、色彩等的系统设计，建筑院落空间的布置等	聚落生产发展的节水性	在干旱区乡土聚落的营造过程中就应贯彻合理利用水资源的营造理念，积极建设生活用水配套设施，改善由于水利工程简陋或不配套而造成的农田灌溉水资源不足，季节性用水不均衡，同一水源带空间利用分配不均的问题
乡土聚落空间聚落组织	聚落主次轴线关系，道路组织，各界面组织，视线通廊等要素的组织	聚落民居建筑的傍水性	建筑形态受多种环境影响因素决定，其中水对建筑的影响在建筑选址、地面处理、选材方面反映比较突出，因此不同的水环境就会出现不同的建筑形态，而干旱半干旱区的水资源非常缺乏，在这种地方建筑形态受水环境的影响最为强烈
乡土聚落内部标志物节点设置	各道路节点，生产空间，重要集会活动场所和提供发生交流可能性的场所，标志区与标志点等	聚落空间组织的亲水性	绿洲乡土聚落的公共空间以及集会场所组织选型往往结合水源形态与动势布局，同时结合耕地区位及民居人居点开渠引流，并结合信仰布置水亭水院，取水口等

策略，这就是干旱区乡土聚落及聚落景观在形成发展过程中对于水资源的约束，地域性的特征最有效的回应，是实现干旱区乡土聚落以及聚落景观二次规划与设计的方案集合。本节是研究成果的总结与凝练，主要强调具有应对水资源约束的各层级聚落及景观营造策略，从宏观、中观、微观三个尺度，系统总结了水资源约束下的乡土聚落营造策略（表11-31）[43]。

表 11-31 宏观、中观、微观三种尺度下的水资源约束下的乡土聚落营造策略
Table11-31 Strategy of regional settlement construction under the constraint of water resource in macro-scale, mid-scale and micro-scale levels

层次	要点	策略
宏观尺度——场地分析层面营造策略	选址布局策略	逐水草而生，沿水型而居； 近水避水，耕地优先原则
	组织选型策略	因山势，就水型： 顺应地形高差，河流朝向；不规则，自由型
	规模控制策略	改善耕居关系：应对农业耕种单一化，村内产业结构单一化；调整用水结构
中观尺度——要素布局层面营造策略	形态构成策略	围寺（水）而居圈层结构； “川”字形水系； 宅高田低，上居下耕； 阶地关系
	道路组织策略	路网与水网重合； 路水相依，路水并行
	民居建筑选址策略	最大化靠近水源； 水网划分，路网串联； 宽空间，窄院落
微观尺度——设施配置层面营造策略	空间构成策略	公共空间，凹凸空间，休憩空间； 公共空间，树影空间，亲水空间； 绿色空间（植被）逐水而绿，随水分布； 绿色空间（植被）对水系渠系的绝对依赖性
	景观构成策略	街道边界窄巷道； 水陆边界纳凉空间； 典型的扇形地聚落边界特征，由于自然地貌所形成的固定聚落边界特征； 种类丰富的节点空间
	适应性技术应用策略	传承节水技术，保护节水设施：坎儿井、干砌卵石防渗技术； 发展节水灌溉方式，引进先进水利设施：明渠、滴灌

11.3.2.3 微观层面农业节水技术

1. 传统建筑对环境的适应

1）新疆维吾尔民居类型总览

维吾尔民族主要从事农业生产，分布于全疆各地。由于南北疆气候条件差异很大，所以维吾尔民居也不尽相同。但由于有同一文化、宗教信仰和生活习俗，经济发展水平也相近，因此，在建筑用材、空间需求等方面仍有明显的共性。依据其地理位置、气候的不同，将维吾尔民居分为有代表性的4种类型：

（1）和田型传统民居（图11-147）。① 气候概况：南疆是维吾尔民族的发祥地之一，塔里木盆地外围绿洲是维吾尔族人的主要人居地，这里极其干旱少雨，由于绿洲紧挨沙漠边沿，所以长年风沙不断。尤其是和田地区有风刮沙、无风飘尘，很少晴朗之日。② 特点：采用闭型、内庭式的平面布局，以半开敞式的厅室“阿以旺”（维语意为明亮的处所）为中心，各种房间四周环绕布置。平面布局自由灵活不拘一格，不求对称，无明显中轴线，住居大门朝向也无严格要求，但肯定避开常年主导风向。建筑采光通风门窗均向内庭以满足防避风沙和私密性的要求，并具有防寒隔热之功效。其建筑完全是功能型的，丝毫没有规格、制式的约束[44]。③ 空间划分：全室内生活空间，布置居室（有冬、夏之分）、客房等私密要求较高的房间及杂乱不雅的用房。半室内生活空间（匹希阿以旺），是在室“外”的有盖、有柱的生活空间，这种形以“廊”的空间并非我们常见的交通走廊，而是室内空间的延伸[29]。半室外公共活动空间（阿以旺），功能上是公共活动空间，

图11-147 和田民居
Figure11-147 Folk houses in Hotan
图片来源：王川. 新疆阿以旺民居的气候适应性研究[D]. 北京：北京服装学院，2011

作为待客、婚丧聚会、歌舞的地方，是住居中的核心。室外空间环境，果园、葡萄架，以增加荫凉，作为半室外空间的外伸。

（2）喀什型传统民居（图11-148）。① 气候概况：喀什位于塔里木盆地西缘，整体气候条件与和田相似，但风沙较小。由于城市用地狭小，城区地形复杂，土坡起伏，聪明的维吾尔族人民巧妙地利用地形，就势而建，街巷密集弯曲，犹如迷宫，形成特有的民居建筑群面貌。② 特点：保留了和田民居的封闭型布局，向空间和地下发展，修建地下室，利用狭小街道建造许多过街楼，增添了小巷特有的气氛。平面布局以天井庭院为中心四周围绕布置房间。一层部分保留了“匹希阿以旺”的做法，二层为柱廊环绕是真正的交通走廊。③ 空间划分：室内空间，增加了地下室库房和楼层建筑；半室内空间，保留了“匹希阿以旺”的起居空间，又发展了柱廊通道；室外空间，天井成了绿化的主要场所，种植桑树、葡萄，摆满盆花，显示了维吾尔人特别热爱自然的美德[45]。

（3）吐鲁番型传统民居（图11-149）。① 气候概况：吐鲁番盆地夏季酷热异常，因此尽管也很干旱，但风沙频率不高，避高温是民居的首要问题。夏季户外生活是最主要的生活方式，对抗御自然力以适合居住生活要求的不同方式导致它的基本生活空间也有所不同。② 特点：风沙频率较低，因而“阿以旺”形式也就不复存在了。为降低室温，室内空间向地下发展，民居一般都建有地下室、半地下室，利用地下凉气降温。一般住居的一层地坪都低于室外地坪30cm左右，因为常年几乎无雨，不怕雨水浸进室内。房间侧窗多而小，开天窗通气、采光为常见，尽可能增加屋内空气流通，保证室内凉爽。③ 空间划分：半室内空间——“匹希阿以旺”保留了下来，不仅形式和和田地区相同，作用也完全相同，作为夏季户外起居之用。葡萄架空间，大都与住宅相连，是重要的户外活动空间，夏季待客、起居都在这里，甚至在此露宿。

图11-148 喀什民居
Figure11-148 Folk houses in Kashgar

（4）伊犁型传统民居（图11-150）。① 气候概况：伊犁河谷气候较为温和，降水较多，水草丰茂。当地维吾尔人对生活空间的需求明显不同南疆。这里既无风沙之苦，又无酷暑之热，是有别于新疆其余地区的一个民居区域。② 特点：民居形式自然转向开敞型，住居一般为一字型，讲究朝向，争取正房南向，以利用日照，空间需求发生较大变化。③ 空间划分：半室外空间——柱廊形式仍在，且是伊犁民居必有部分，是维吾尔民居的共同特点，但它的功能已经发生变化，从纯粹的起居空间，转变为既作为交通廊道，冬季晒太阳、夏季劳作，或作为厨房的延伸部分。

室外环境空间上升到重要地位，果园、葡萄架都与住居脱离，伊犁维吾尔民居是有名的花园城，一般有一段观赏距离。同时也是夏季生活的补充空间。在伊犁民居中，住居大门口大都有很好的门廊，有顶有柱，两侧有似汉族建筑中美人靠的长凳，所以住宅入口别具风格，特别突出，而且木刻、装修精致，是住宅中最为精华之处。

图11-149 吐鲁番民居
Figure11-149 Folk houses in Turpan

图11-150 伊犁民居
Figure11-150 Folk houses in Ili

（5）建筑空间比较（表11–32）。

表 11–32 建筑空间比较
Table11-32 Comparison among architectural spacees

	气候特征	平面布局	建筑朝向	立体空间	地下空间	阿以旺空间	匹希阿以旺空间
和田型维吾尔民居	干旱少雨风沙不断	封闭式	避开主导风向	无	无	有	有
喀什型维吾尔民居	干旱少雨风沙较小	封闭式	避开主导风向	较多	地下室	天井代替	有
吐鲁番型维吾尔民居	酷热异常风沙较小	半封闭式	无特定朝向	无	地下室、半地下室	无	有
伊犁型维吾尔民居	气候温和降水较多	开敞式	讲究朝向正房朝南	较少	较少	无	无

（6）建筑细部比较（表11–33）

表 11–33 建筑细部比较
Table11-33 Comparison among architectural details

	天井（阿克塞乃）	屋顶	柱廊	门廊	窗	果园、藤架
和田型维吾尔民居	阿以旺空间代替	利用较少	起居空间	较普通	几乎没有开向道路、院外的窗户	紧靠住宅半室外空间延伸
喀什型维吾尔民居	有	避暑地+旱厕	一层起居空间二层交通空间	较普通	较小	多在天井内部
吐鲁番型维吾尔民居	无	开天窗	起居空间	较普通	侧窗多而小开天窗	与住宅相连
伊犁型维吾尔民居	无	利用较少	交通空间	装修精致	开窗较大数量较多	与住宅相脱离

2）阿以旺民居生成过程作用机制

（1）干热气候对建筑生成的作用。由于新疆特殊的地貌特征，使得沙漠、绿洲、严寒等干热气候现象对建筑影响巨大。也因此新疆民居建筑的空间布局和组织原理都有其适应性特征。例如厚重的墙壁以储存热量，高密度的建筑格局以增加阴影空间，内部庭院的小气候能调节室内温度等等。

（2）民族文化对建筑生成的作用。新疆的维吾尔族居民的信奉伊斯兰教，所以他们的文化受到了很多伊斯兰宗教文化的影响，而在这其中最主要是绿洲文化的影响。除此之外，伊斯兰教文化对新疆民居的装饰艺术产生了很重要的影响。

（3）生活方式对建筑生成的作用。由于新疆地区冬冷夏热以及早晚温差较大的气候特征，使当地居民形成了一种特殊的转移式生活方式，依据这种生活方式人们创造了形式各异的生活空间，例如阿以旺空间的使用。

随温度不同，季节不同而创造的半室外空间和封闭的室内空间，既是由于多变的气候环境的影响所致，更是游牧民族传统生活方式的保留，例如冬室的使用。

3）炎热气候下室内空间室外化

阿以旺民居的建筑空间模式有其自身的气候适应性特征——空间界定的模糊性。室内空间、室外空间由于功能的多样性而发生了改变，而正是这种改变使得室内外空间的联系变得生动而流畅，也使得建筑的住居功能被很好的运用。

（1）阿以旺厅（图11–151）。阿以旺厅又称“夏室”，是维吾尔族居民夏季主要的起居场所，具有防风、防尘、保温、避热的功能。因此，阿以旺厅的形式是内部各室的门窗都开向中厅，中厅四周布有柱网，用以支撑高侧窗采光通风，同时也是为了解决大空间的跨度问题。面积都较大，最大的有80～100m^2，最小的也有30m^2，一般都在40～50m^2左右。柱网与四周墙体间除留出门口入室通道外，均砌有实心炕台——苏帕，其上铺地毯供人坐卧，中间留有空地，通常人们会在苏帕上团团围坐或吹拉弹唱尽情欢愉。阿以旺中厅的特点是既可用于室内的起居空间，又能满足“户外活动”功能，并且面积大、层高高、光线好、通风顺畅，是夏季最佳的半室内空间。

（2）阿克塞乃（图11–152）——带廊的天井。在气候相对温和、风沙较小的地区，形成无封闭顶盖、围合感强的居室所形成的带檐廊三合院或四合院的建筑形式，当地人称为“阿克塞乃”。意为白色的居住家园，由于它的中央不覆盖天窗，因此，它比阿以旺厅更开敞、明亮，其户外感比阿以旺中厅更强，阿克塞乃是另一种阿以旺民居中室内空间室外化的创造。

4）炎热气候下室外空间室内化

由于干热气候的影响，人们为了争取室外有遮阴的凉爽空间，创造性的使室外空间室内化，从连接室内的藤架空间直到庭院空间，都种植了大量的花草藤萝、瓜果树木等植被以创造阴影空间。处于炎热地区的人民十分喜爱这些舒适凉爽的户外活动场所，从开春到入冬初期，人们一年中有多一半的时间（除了夜晚入室就寝）都起居于此，在夏天最热的时候，人们甚至还睡在室外。

（1）藤架空间（图11–153）。新疆的自然条件很难取得地面水源进行植物灌溉。但却很适宜藤架植物葡萄的种植环境，并且在高温气候的夏季，爬满藤架的葡萄枝叶在光合作用下，叶面水分的蒸发都需要吸收大量的热量，从而降低了周围空气的温度。并且葡萄枝叶还能反射强烈的紫外线，防止刺眼的眩光产生，形成了绿色的天棚，人们在下面既可以品尝甘甜的水果，又可以享受夏日的清凉，藤架空间是人们夏季最钟爱的活动场所[46]。

（2）哈以拉——庭院空间。新疆的庭院空间由两部分组成，一部分是廊前的空地，一般人们在上面铺设地砖或用夯土压实整平，在上面摆设家具以供日常生活的室外空间。还有一部分是种植瓜果蔬菜的果园，通常它会由一些低矮的篱笆进行空间划分，相对独立，是界限比较明确的庭院空间，它的特点是面积比较大，会种植一些高大的乔木，使庭院空间浓荫遮蔽，由于里面还会种植一些作为家庭经济收入的农副产品，所以往往会用院墙进行围合。

5）炎热气候下丰富的中介空间

所谓中介空间是介于室内外之间，既不制约内外空间，又不孤立内外的空间。它属于一种连接的空间、媒介的空间，使建筑空间内外产生连续性。处在炎热气候下的中介空间，能制造更多的阴凉空间，从而调节室内外的温度。

（1）匹希阿以旺——廊下空间：廊下空间是新疆民居的重要组成部分，是室内空间和室外空间的过渡空间。第一种是檐廊（图11–154），它一边开敞，向外延伸，形成不封闭的单面走廊。由于檐廊能与室外空间连成一体，同时又具有遮阴避暑的功能，交通也十分的通畅，所以这种外廊最受居民欢迎。第二种是明廊（图11–155），它是由柱体或墙体、窗户加以封闭的单面走廊，由于这种柱廊相对围合，人们多用它来营造较有情趣的阳台空间。第三种是内廊（图11–156），所谓内廊顾名思义一定是建在建筑内部，主要的功能就是交通功能，在其两边会布置不同功能的居室空间。

（2）土拱、半地下室：① 吐鲁番民居以“土拱”式半地下室空间为其典型特征。民居通常为一层或部分两层，呈内向封闭式的庭院，所有的房屋几乎都是土坯建造。② 半地下室–半地下室房屋是将原生土做“墙”，上半部墙用土块砌筑成上半层的地坪，墙和楼盖拱顶全部用土坯砌筑[47]。

6）寒冷气候下封闭的起居空间

人们将起居室设在建筑空间的中后部，并将用于通风采光的窗户设计成开孔很小的平天窗，同时将起居室的墙壁做得很厚，以此来保存室内温度，减少外部活动空间对内部空间的干扰。新疆民居的起居空间分为沙拉依冬卧室和米玛哈那客室两种，他们的空间格局基本相同，只是所处的位置不同，前者居于建筑的主位，而后者屈居次位，且互不连接，相对独立。

图11–151 阿以旺厅
Figure11-151 Ayiwang Hall

图11–152 阿克塞乃
Figure11-152 Aksaina

图11–153 葡藤架
Figure11-153 Grape vine shelf

图11–154 檐廊
Figure11-154 Eaves Gallery

图11–155 明廊
Figure11-155 Veranda

图11–156 内廊
Figure11-156 Inside corridor

（1）沙拉依——冬室。沙拉依代表的是用于人们日常的生活起居的冬卧室，是由几间房组成的一个活动单元，民居中一般都是一组，只有较大的民居才有两组。由于它是主人用房，所以一般都处在与阿以旺厅连接的主位上。它是冬季家庭成员的主要活动场所，私密性较强。沙拉依冬室由三间房组成，最中间的是主卧室，两边一个是冬卧室，一个是储物室。由于冬季十分寒冷，人们还在冬卧室中设置了壁炉用来取暖。室内装饰方面基本上不放置家具，只是在炕台上铺设地毯，再在上面放置被褥和箱子。

沙拉依冬室私密性较强。由三间房组成，最中间的是主卧室，两边一个是冬卧室，一个是储物室。由于冬季十分寒冷，人们还在冬卧室中设置了壁炉用来取暖。室内装饰方面基本上不放置家具，只是在炕台上铺设地毯，再在上面放置被褥和箱子。

（2）米玛哈那——客室。米玛哈那客室在民居中的位置比较灵活，一般会被安置在与阿以旺中厅相通的客位居住区，但也有把它直接放置在单独面向庭院的独立空间。

2. 处理缺水问题的现状对策

1）坎儿井灌溉系统

目前较常见的解决办法是传统的坎儿井灌溉系统。在冲洪积扇上沿纵向并排开凿数条坎儿井，分别形成各自独立的灌溉系统（图11-157）。构造：由人工开挖的竖井、具有一定纵坡的暗渠、地面输水的明渠和储水用的涝坝组成。坎儿井的暗渠可分为集水段和输水段，竖井主要是在开挖暗渠时，起通风、出土、定位以及供人员上下的作用（图11-158）。

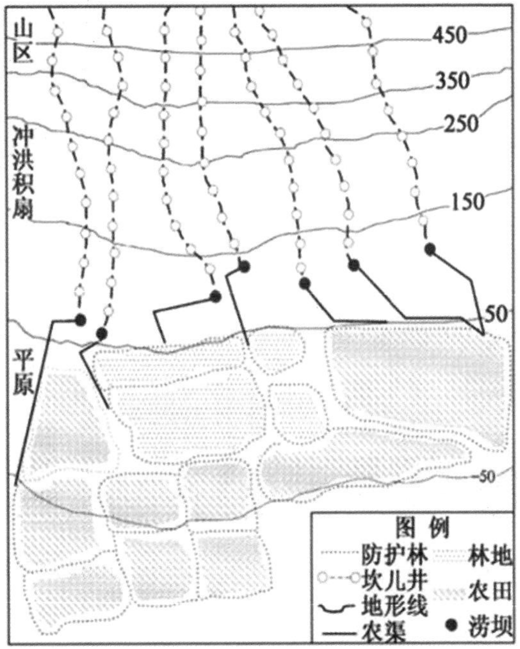

图11-157 坎儿井及灌区平面布置图
Figure11-157 Karez and irrigation layout plan

2）坎儿井灌溉系统存在问题

坎儿井存在的问题：经过60年的发展，吐鲁番地区的灌溉面积由1949年的31046万hm^2，增加到现状的81509万hm^2，经济社会对水资源的需求发生了巨大变化，现状各业总用水量达到16176亿m^3远远超出了当地水资源的承载能力（图11-159）。

目前，当地在主要河流上均修建了地表引水工程，共打机电井5664眼。2004年通过对420条坎儿井调查，发现部分已经干枯，有水的仅有331条。地下暗渠被地表输水渠道所取代，坎儿井被机电井所取代。地下水严重超采，大量的坎儿井干枯废弃。坎儿井出水量已由1949年的5163亿m^3，减少到现状的2140亿m^3，而且每年仍以干涸10余条的速度递减。

“自流引水、水行地下、减少蒸发、防止风沙、水流稳定”是坎儿井最为突出的优点，但随着现代科学技术进步和经济社会对水资源需求的不断高，目前在实际运用中还存在以下问题：① 集水段短，出水量小，输水段长，渗漏损失大，干枯及水量衰减现象十分严重。② 与机电井相比，坎儿井工程量大，施工难度大，建设和维修费用高。③ 坎儿井虽可自流灌溉，但无法控制，水量流失严重，水资源难以得到高效利用。④ 对地下水位变化的适应性差，且具有“竞争性疏干”作用：当出水量大于地下水补给量时，集水段水位降，不得不不断地向深度和上游水源延伸每条坎儿井，长的坎儿井影响短的，深的坎儿井影响浅的，形成竞争性疏干面，直至将一定深度的含水层全部疏干。

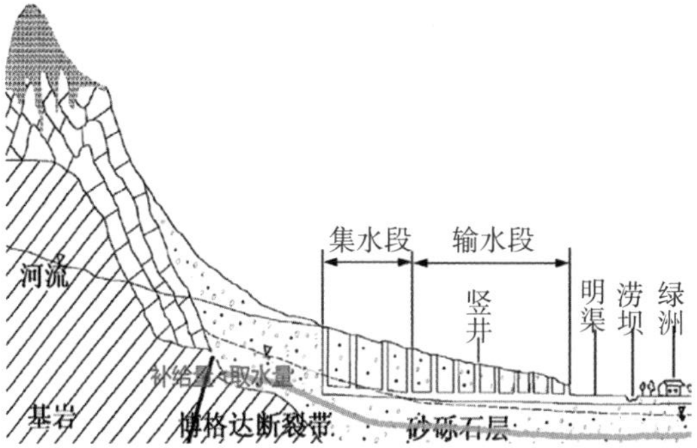

图11-158 坎儿井纵剖面结构示意图
Figure11-158 Section of Karez structure
图片来源：邓铭江.干旱区坎儿井与山前凹陷地下水库[J].水科学进展,2010,21（6）:748-756

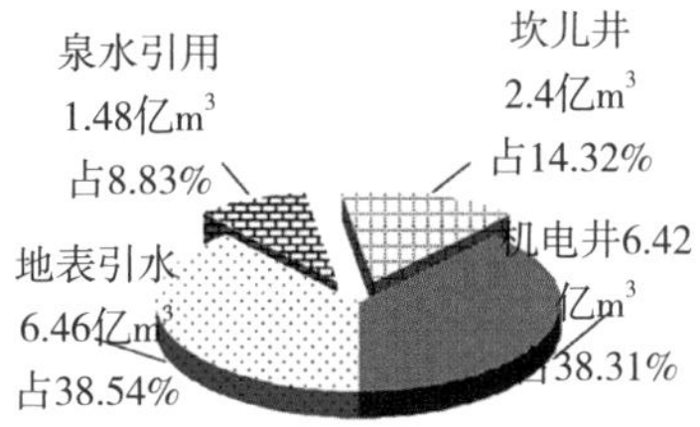

图11-159 吐鲁番盆地各业用水结构图
Figure11-159 Water consumption structure diagram of the industry in Turpan Basin
图片来源：邓铭江.干旱区坎儿井与山前凹陷地下水库[J].水科学进展,2010,21（6）:748-756

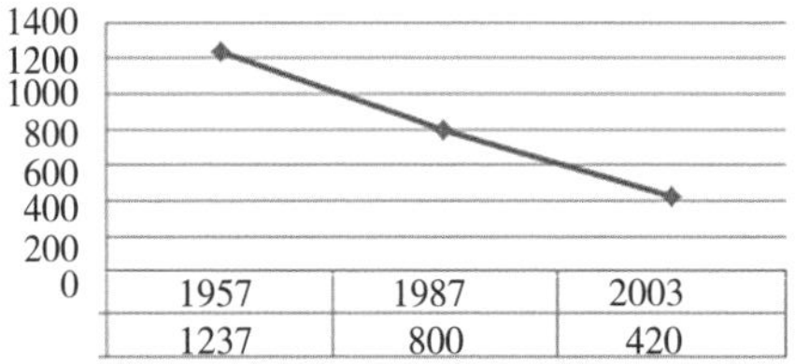

	1957	1987	2003
	1237	800	420

图11-160 坎儿井数量
Figure11-160 Number of Karez

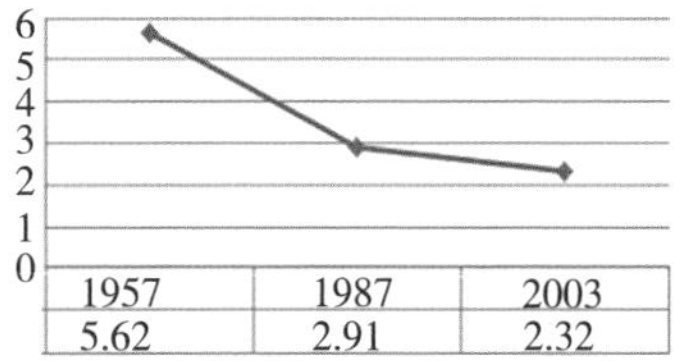

	1957	1987	2003
	5.62	2.91	2.32

图11-161 坎儿井年出水量
Figure11-161 Annual water yield of Karez

3. 坎儿井式地下水库新思路

1）新技术提出

结合现状坎儿井及调蓄水库的优缺点，研究提出了一个干旱区水资源利用的新模式：坎儿井式地下水库，一种新的地下水工建筑物布置形式，克服了传统坎儿井流量无法控制、水量无法调蓄、出流量小、对地下水位变化适应性差等缺陷，是实现地下水调蓄开发利用的新方法，同时也是实现地表水与地下水联合调度，提高水资源高效利用的创新模式（图11-160、图11-161）。

坎儿井式地下水库工程结构：①“引渗回补”调蓄系统；②“横坎儿井”集水系统；③“自流虹吸”输水系统。

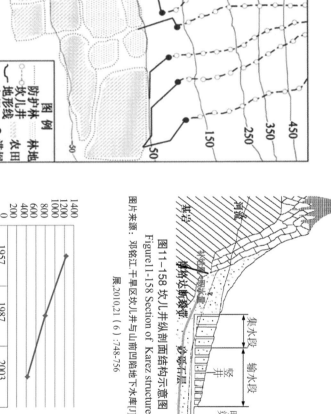

（1）“引渗回补”调蓄系统（图11-162）。

系统通过地下水回补技术，减少径流量与蒸发量，将地下水储存于当地地下。技术原理：通过钻孔、大口径井或坑道穿透地表弱透水层，将补给水源直接注入含水层中的一种方法，该方法的优点是不受地形、地表渗透性、地下水位等条件的限制，且占地面积小。

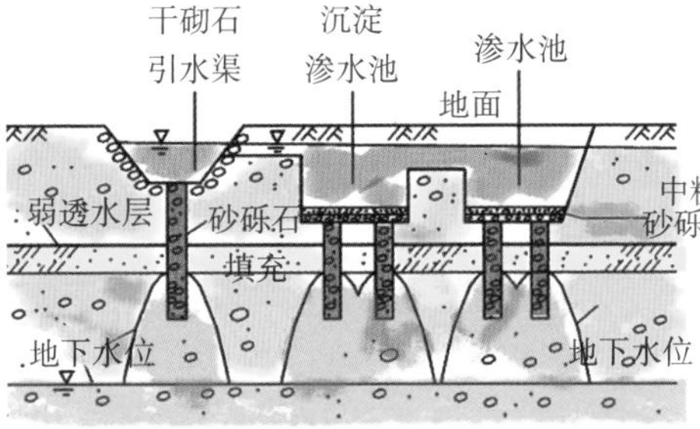

图11-162 引渗回补工程剖面示意图
Figure11-162 Section of infiltration recharge engineering
图片来源：邓铭江.干旱区坎儿井与山前凹陷地下水库[J].水科学进展,2010,21（6）:748-756

（2）“横坎儿井”集水系统。

“横坎儿井”集水系统：采用大口辐射井技术，开采30m以上含水层中的地下水，并将“井井相联”的集水廊道置于地下15～20m，集水量和可调节的水量是十分可观的。各眼井“井井相联”组成横向的“横坎儿井”集水廊道，每年3～9月为用水期，初步预计供水量可达到约2200万m^3。与传统坎儿井不同的是出水量大，具有可调控性，也比建一座同样规模的地表水库要经济得多。

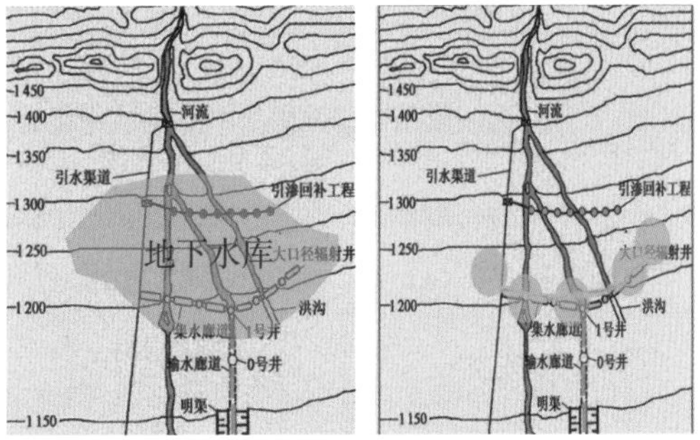

图11-163“自吸虹流”输水系统
Figure11-163 “Self siphon flow” water conveyance system

施工技术：横坎儿井是一种创新的水利工程结构形式，需要采用现代施工方法进行构筑。工程主要由竖井和集水廊道组成。竖井采用大口径辐射井比较适宜于山前凹陷带的水文地质条件。其成井工艺及施工方法已日臻完善，井深一般在30m之内，最大取水量一般为2～5万m^3/d，取水量可以满足要求。地下集水廊道技术较成熟方法有顶管技术、高压舱施工技术、冻结法施工技术、灌浆施工技术等，其中顶管技术具有工期短、适宜于地下水位以下砂砾石层施工、可靠性较高的特点。目前，在国内顶管技术在砂砾石层中最大的施工长度达200m以上，管径2050mm，综合造价在1～116万元/m之间。因此，集水廊道是完全可以通过现有技术实现的，只是工程造价高低的问题。

（3）“自流虹吸”输水系统（图11-163、图11-164）。利用冲洪积扇下缘的地面自然纵坡，修建一条管道输水廊道即可将集水廊道内的水自流引出地面。

丰水期（自流）：根据连通器原理，积水廊道内的水可以根据自身势能自流进入自压灌溉系统，直接灌溉地表作物及日常使用。

干旱期（虹吸）：通过控制阀的开合，依据虹吸原理，可以将井内较低水位水源加以利用。

优势分析：① 不论在丰水期还是干旱期都有充足的水分供给；② 用管道取代过去的暗渠，在水源运输过程中减少了蒸发及向地下的渗漏；③ 管道运输增大了水源运输的覆盖区域[48]。

2）新技术可行性分析

（1）优越的地下径流条件：新疆干旱内陆河流一般流程较短，河流经出山口进入山前戈壁砾石带后，大量渗漏补给地下水（图11-165）。山前戈壁砾石带地层颗粒巨大，透水性好，含水层厚度为150～300m，渗透系数一般为50～100md，重力给水度为0.15～0.25，当机电井设计降深为5～8m时，单井出水量一般在300m^3/h以上。

（2）地下水库的天然入库水量：泉水溢出带以下颗粒逐渐变细的松散层，就像一道天然的地下挡水坝，地下径流在此受阻后大量溢出地表。如果效仿坎儿井的结构原理，在适当的地下水位以下，沿横向修建一条井井相联的集水廊道，并采取工程措施控制出库水量，便能够完全发挥地下水库的多年调节之功效（图11-166）。

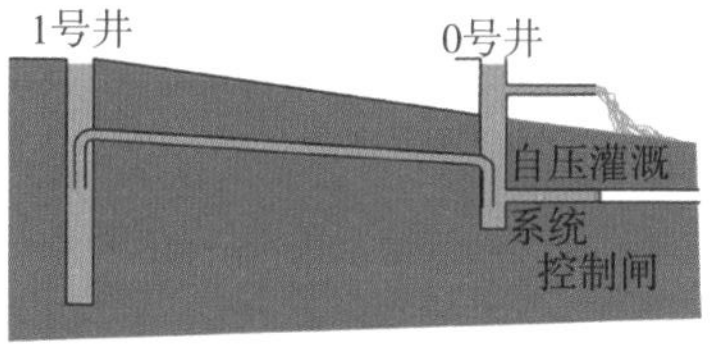

图11-164“自吸虹流”输水系统
Figure11-164 “Self siphon flow” water conveyance system

（3）计算理论支撑：出山口处纵坡为1.15%～3.00%，进入冲洪积扇下缘地面纵坡为0.18%～1.16%，地下水水力坡度为0.15%～1.10%。

图11-165 戈壁砾石带
Figure11-165 Gobi gravel belt
图片来源：百度图片

图11-166 集水廊道
Figure11-166 Catchment corridor
图片来源：百度图片

经分析，集水廊道汇集的地下水自流引出地面是可能的！

3）前景展望

（1）干旱区内陆河流域山前凹陷带普遍存在着一个巨大的地下水库，地表径流在冲洪积扇区大量渗漏补给地下水，然后又以泉水的形式从扇缘区溢出，其水体在不断地自然循环之中。坎儿井式地下水库是一种新的地下水工建筑物布置形式，它充分体现了因地制宜、人与自然和谐的治水新理念，克服了“纵坎儿井”流量无法控制、水量无法调蓄、出流量小、对地下水位变化适应性差等缺陷，是实现地下水调蓄开发利用的新方法，同时也是实现地表水与地下水联合调度，提高水资源高效利用的创新模式。

（2）“引渗回补”、“采补平衡”是地下水库建设和长期可持续运行的关键。从目前研究的成果看，淤泥对地下水回补的效果影响很大。从人工回灌的工程选址、回灌设施的结构设计、回灌过程的工艺条件控制和回灌水源的水质预处理标准等多个层面，研究有效预防堵塞的方法是今后研究的重点问题。同时研究山前凹陷带地下水循环的特点及周期性，科学制订地下水库的调度运行方式也是十分重要的。

（3）“横向集水廊道式”地下水库目前正处在研究开发阶段，许多关键技术和施工难点的解决还有待于地下和水下施工技术的不断进步。完善结构设计，优化施工工艺，努力追求其科学性和经济合理性是今后研究的主攻方向[48]。

11.4 干旱地区人居环境案例分析

核心观点：人地关系的三个时间阶段（图11–167、图11–168）。

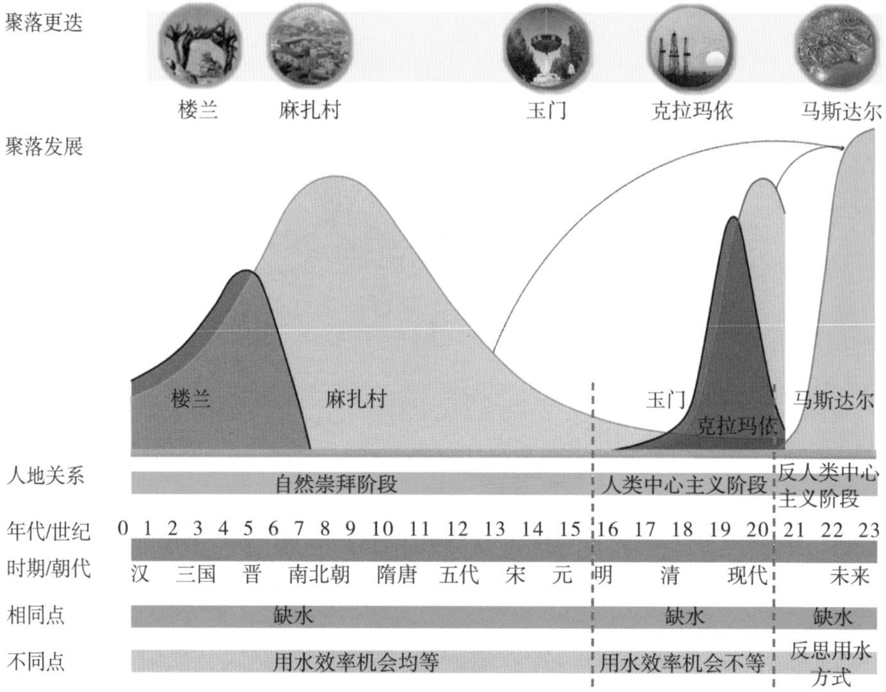

图11–167 聚落发展图

Figure11-167 Diagram of settlement development

图11–168 干旱地区聚落示意图

Figure11-168 Schematic of settlement in arid region

11.4.1 传统聚落——麻扎村

11.4.1.1 人居背景

1. 地理环境

麻扎村所属的吐鲁番地区地处新疆东部，是天山山脉东段的山间盆地，具有地域的相对封闭性（图11–169、图11–170）。吐鲁番气候资源条件具有极端性特征，吐鲁番素有“火洲”之称，极端干旱少雨，是全国降水最少的地区之一，年降水量只有3.9～20mm，而年蒸发量却高达3000～4000mm，蒸发量是降水量的200多倍。吐鲁番7月份平均最高气温达39.9℃，极端最高气温曾达到49.6℃，是全国最热的地区。吐鲁番素有“风库”之称，其北部地区全年8级以上的大风日数超过100天。

麻扎村隶属于吐鲁番市鄯善县吐峪沟乡吐峪沟村，位于吐峪沟乡火焰山第三道峡谷内，西距吐鲁番市47km。在选址上麻扎村位于冲积扇形绿洲的扇顶部分，处于吐峪沟大峡谷的南缘，获得了较好的小环境；其聚落形态与规模充分适应了当地的水、土资源条件，聚落建设充分利用本地富集的生土建材资源，并充分适应了当地气候资源条件，因而能够长久的存在，并且至今仍具有活力。

麻扎村包括3个相互独立的自然聚落单元，呈L形分布。最北侧第三村民小组所对应的单元，是一个完整的古农耕聚落，已有2000多年的历史。

2.自然环境

1）地形地貌特征

麻扎村是典型的农耕型聚落，其聚落规模的大小与周围农业用地关系密切，农业用地的多寡左右着聚落的兴衰。吐峪沟大峡谷地貌险峻，麻扎村在沟谷中依托山谷地形而建，是典型的“象形就势，依山而建”（图11–171）。

2）气候特征

麻扎村处于火焰山以南的地区，属于山南气候区。三面环山，地势低下闭塞，增热迅速，散热不易。春季升温早，但有回寒；夏季高温炎热，时间长达160天；秋季短，降温迅速；冬季寒冷期短，风小雪稀。该地区热量极为丰富，日照充足，降水极少，气候异常燥热。麻扎村所处的山南区年降雨量在17.8mm，年降水日仅12天；而年蒸发量达到3216.6mm，蒸发量是降水量的181倍。干燥日超过130天，干热日超过两个月，空气非常干燥。

3）气温特征

极端高温及日差较大的山南区一年中的炎热日在鄯善县是最多的，年平均炎热日数超过100天，而高于40℃的日数，山南区约40天左右；寒冷日则不超过10天，严寒日没有出现过。因此，极端高温、炎热日漫长以及日差较大是聚落营造的重要影响因素（表11–34）。

麻扎村所在鄯善县山南气候区，平均日较差为14.3℃，最大值在9月可达16.2℃，最小值在12月达11.3℃，平均年较差达42.8℃。山南区出现过48.0℃（1974年6月）的极端最高气温，最热月7月平均最高气温达40.4℃；极端最低气温达–29.9℃（1960年1月），最冷月1月的平均最低气温达–15.1℃（表11–35）。

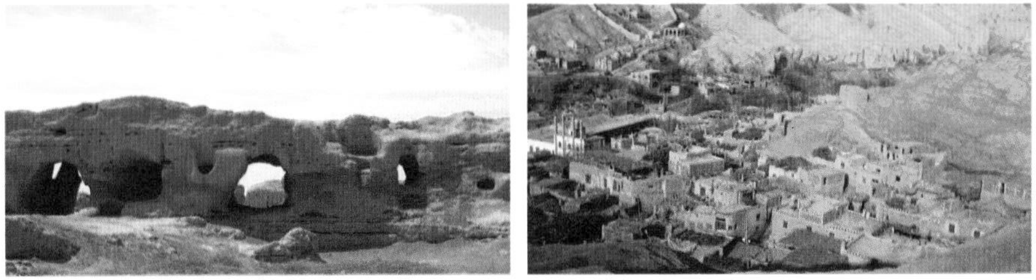

图11–169 吐鲁番麻扎村
Figure11-169 Mazar Village in Turpan

表 11–34 新疆年、月平均日较差和最大年较差 单位：℃
Table11-34 Annual and monthly averaged diurnal temperature range and the maximum annual range of Xinjiang Province (unit: ℃)

站 名	1月		4月		7月		10月		年		年较差
	平均	最大	平均	最大	平均	最大	平均	最大	平均	最大	
阿勒泰	12.0	20.6	12.3	20.0	12.9	20.0	10.7	21.0	12.3	26.5	38.8
塔 城	12.4	23.2	14.3	23.4	15.2	23.8	12.5	24.9	13.7	25.5	34.8
伊宁市	13.2	21.9	15.3	24.7	15.7	23.3	15.0	26.3	14.4	26.3	32.6
乌 市	9.9	20.6	11.8	22.9	1.9	21.6	10.4	16.2	10.7	26.3	38.9
吐鲁番	12.0	17.2	15.1	25.4	15.0	24.0	16.0	23.0	14.8	25.6	42.2
哈 密	12.8	21.6	16.3	26.7	15.8	24.1	16.2	22.5	15.3	26.7	39.4
库尔勒	11.4	16.7	13.1	22.6	12.8	20.2	14.1	22.0	12.7	23.4	34.2
喀 什	11.9	26.4	13.6	24.4	13.4	24.3	14.9	27.5	13.1	27.5	32.2
和 田	10.9	22.8	13.0	22.0	13.3	21.6	14.0	21.5	12.6	22.8	31.1
若 羌	13.0	19.8	17.3	26.5	16.7	26.0	18.3	25.3	16.2	27.5	35.9

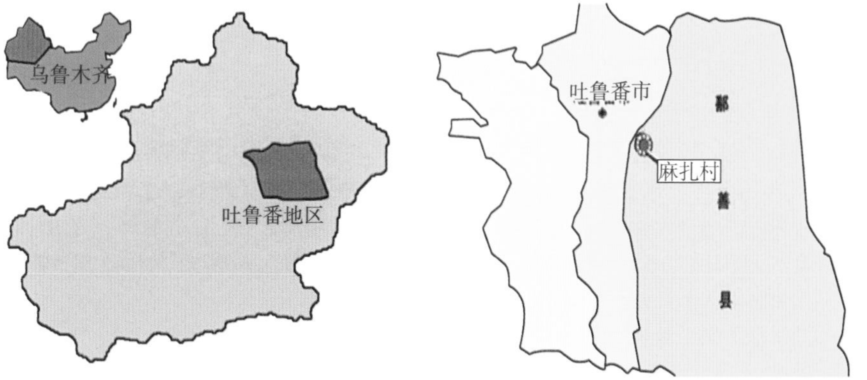

图11–170 吐鲁番区位图
Figure11-170 Location of Turpan

图11–171 麻扎村地形意向图
Figure11-171 Typographic image of of Mazha village

表 11-35 新疆年热表
Table11-35 Annual thermal meter of Xinjiang Province

站 名	日最高气温≥30℃的日数	日最高气温≥35℃的日数
阿泰勒	25.0	1.1
塔 城	44.0	6.0
博 乐	54.7	8.1
石河子	70.1	13.6
乌鲁木齐	36.7	3.7
奇 台	57.2	8.8
伊宁市	50.6	3.9
吐鲁番	145.2	98.4
哈 密	97.7	34.4
库尔勒	80.7	13.6
库 车	73.8	11.2

4）水资源特征

（1）土峪沟大峡谷（图11-172）——麻扎村位于火焰山土峪沟大峡谷南口，坐落在由二塘沟河水系作用于火焰山而形成的冲积扇型绿洲上。二塘沟河是天山水系中的一股地下水流，在向南潜流过程中遇到隔水的火焰山山体，在山体北部附近上升为地表水流并对火焰山中段进行切割，因而形成长了8km，平均宽度1km，深度高达上百米的土峪沟大峡谷。

（2）冲击扇形绿洲河流——从沟谷南部出山口后即进入开阔的荒漠、戈壁区，河床坡度立即减小，流速变缓，流水所携带的大量碎屑物质在出山口处发生堆积，形成了以沟口为顶点的扇形的冲积扇地貌。扇缘部分由于坡度缓和，土层较厚，同时有地下水溢出，使得此处水、土资源优良，久而久之形成了成片的冲积扇型绿洲。

（3）天然水系——麻扎村村内唯一的天然水系，是以冰雪融水补给的地下水和戈壁涌泉为主要水源的苏贝希河，故此溪河季节性水量分配不均。年径流量约为800万～900万m^3，是整个村落农业灌溉的主要水源。村内以种植耗水率低的经济作物为主，主要是葡萄、西瓜和棉花。

5）水系特征。

（1）川字形态水系——麻扎村水系形态呈“川”字形，中道为自然河流，东、西两道为人工水渠（图11-173）。“麻扎古村落最初是在‘川’字水系中道之西侧，后发展为两侧，再发展为南、北延伸和东侧爬坡。水系之东、西两条系修筑水利工程的渠道，是为了灌溉下游农田之故而建成的。”

（2）水系与聚落——沿水系民居分布于河流东西两岸，都呈背山面水之势，南北与耕地衔接。村落内部主干道与主渠道也都平行于自然河道，由南至北贯通整个村落。支渠与分支巷道则接通了村落的东西方向，引水进村，引水进地，主

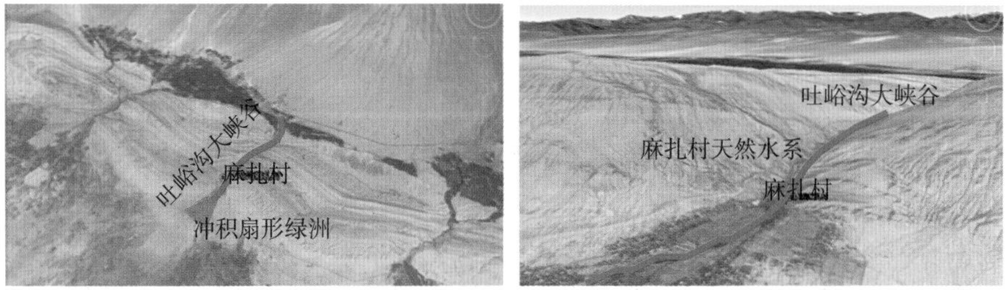

图11-172 麻扎村所在吐峪沟大峡谷
Figure11-172 Grand Canyon of Tuyugou where Mazar Village located
底图来源：Google Earth截图

图11-173 麻扎村的“川”形水系图
Figure11-173 “III” shaped water system in Mazar Village
底图来源：Google Earth截图

要解决距离水源较远的住户的生活用水和耕地灌溉用水。

（3）水网与路网——整个村落形成东西南北 4 个方向主次干道交错的路网空间，以及主支渠交错的水网空间。路网与水网相互重合，共同维系聚落的空间组织与居民生活[43]。

3. 生产资源

1）经济与产业结构

（1）吐鲁番地区经济概况（图11-174）。① 发展原则：葡萄为支柱，优化第一产业；以石油天然气为龙头，加快矿业开发和农产品加工步伐，提升第二产业；以旅游业为主导，大力发展第三产业。②总体产业结构：该地区的产业结构中第一产业占11.2%，第二产业占65.9%，第三产业占22.9%。③区域经济布局：鄯善县依托招商引资，通过石油天然气和其他矿产资源的开发和深加工，工业经济发展较为迅速；吐鲁番市已成为全地区旅游产业发展的龙头；托克逊县依据丰富的水资源、煤炭资源和其他优势矿产资源，大力发展能源工业，呈现前所未有的发展局面。

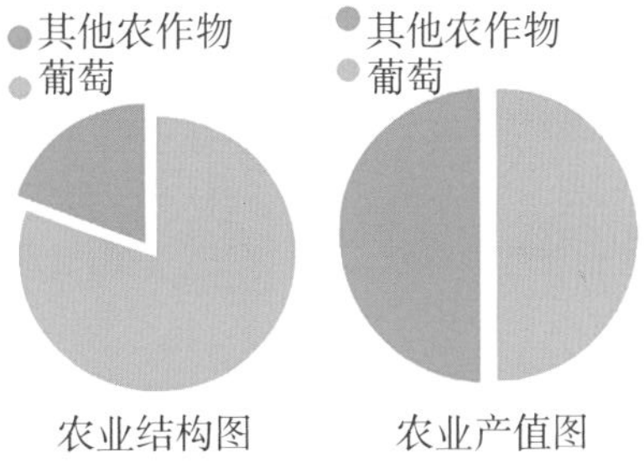

图11–174 吐鲁番地区经济与产业结构分析
Figure11-174 Analysis of economic and industrial structure in Turpan area

（2）麻扎村经济与产业结构概况。麻扎村坚持以建立精品绿洲农业为重点，以葡萄产业为支柱，以发展畜牧、瓜菜为两翼的发展思路，并依靠科技创新技术，大力发展特色、高效、节水、优质农业。葡萄种植面积占种植业面积的80%以上，产值占农业总产值的50%以上。反季节葡萄、哈密瓜、蔬菜成功推广，设施农业、节水农业技术普遍得到应用。农业产业化稳步发展，初步形成了集生态、节水、效益、科技为一体的精品绿洲农业体系，为新农村建设奠定了良好的基础（表11–36）。

2）农林资源类型与分布状况（图11–175）

农林资源主要是以水果为主，经济作物及反季节蔬菜为辅。葡萄种植地约占农林用地80%，哈密瓜约占6%，反季节蔬菜约占8%，经济作物长绒棉约占6%。由于没有有效的蓄水措施，所有的农作物都围绕水系种植，呈带状分布。葡萄地占据了大部分农业用地，哈密瓜则在一个片区内集中种植，而经济作物主要是以长绒棉为主，长绒棉和反季节蔬菜主要依托村民居住用地（图11–176～图11–178）。

表 11–36 麻扎村用地类型表
Table11-36 Land use types in Mazar Village

用地类型	村民住宅用地	公共设施用地	生产用地	仓储用地	公用设施用地	水域
百分比（%）	18	2.5	63.5	6	2	8

图11–175 农业资源分布现状
Figure11-175 Status quo of distribution of agricultural resources
底图来源：Google Earth截图

3）农林资源特征

（1）土地资源：从图表分析我们发现，麻扎村有着良好的耕作条件与耕作模式，在一定程度上能够满足自给自足的需求，全村围绕水系合理利用土地，这也是为什么它能延续千年的重要原因之一。

（2）农作物资源：麻扎村所属的鄯善县属温带大陆性干旱气候，夏季炎热，冬季寒冷，昼夜温差大，日照充足，无霜期长，独特的气候条件孕育了闻名世界的哈密瓜、无核白葡萄（图11–179）。在全国果品生产百强县中，鄯善县名列第33位。鄯善县的瓜果品种多、质量优、风味独特。葡萄品种已达550个，是全国乃至全世界葡萄品种最集中、最齐全的地区。鄯善县是葡萄、哈密瓜的真正故乡，已经逐渐成为一种共识，这为发展特色旅游农业提供了十分光明的前景。

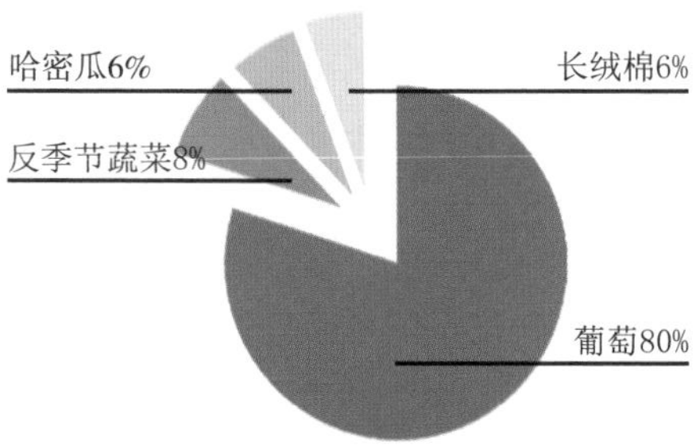

图11–176 农林资源产物比例
Figure11-176 Proportion of agricultural and forestry resources

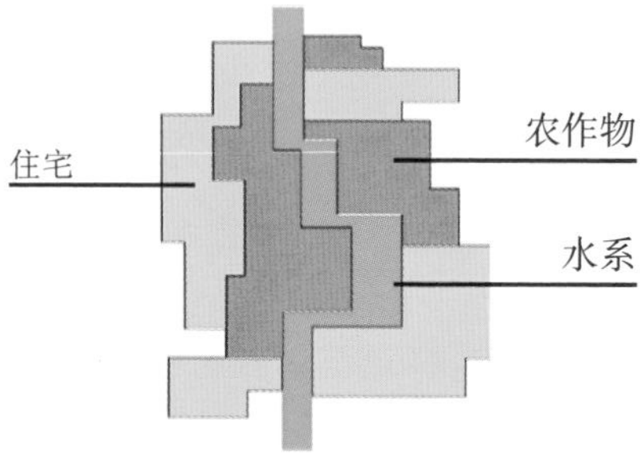

图11–177 麻扎村用地简单格局模式
Figure11-177 Concise pattern of land use in Mazar Village

图11–178 麻扎村用地分类图
Figure11-178 Land use of Mazar Village
底图来源：Google Earth截图

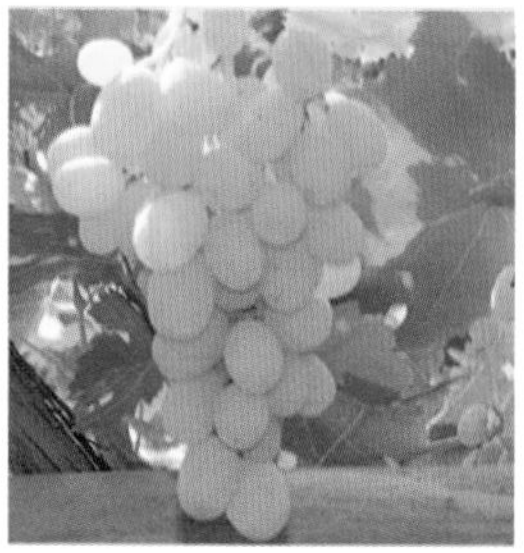
图11–179 麻扎村水果展示图
Figure11-179 Fruit of Mazar Village

4. 文化资源

1）宗教文化——浓重的伊斯兰教信仰

（1）信安拉——信安拉是伊斯兰教六大信仰的核心和基础。维吾尔语中的Anla（安拉）是阿拉伯语Allah的音译，原意为“神”。伊斯兰教兴起前，麦加居民敬奉多神，安拉是其中的创造神、主神。

（2）信使者——信使者是伊斯兰教六大信仰之一。伊斯兰教认为，使者泛指受神的启示且负有宗教使命的人，特指受安拉之命，向世人传播神教义的人。

（3）信经典——所谓经典指安拉在各个不同历史时期，依据不同情况降示给历代众使者的经典。伊斯兰教所主张的信仰经典，主要是指信仰《古兰经》。

（4）信天使——天使是安拉用光创造的一种妙体。天使数目繁多，各有职分并有等级差别，其中最著名的4位天使是：哲布勒依来大天使、米卡伊来、阿兹拉伊来、伊斯拉非来，除上述4位天使外，一般穆斯林还熟悉以下4位天使：门克尔、奈克尔、雷祖瓦尼和马立克。伊斯兰教还认为，在人们活着的时候，每个人左右两肩各有一位使者。

（5）信末日——伊斯兰教宣称，后世与今世同样真实存在。在后世有天园和火狱。

（6）信前定——前定，意即世间一切事物及其变化都是安拉事前规定好了的，人类无法改变和违抗这个法则。

2）麻扎文化

（1）麻扎定义：阿拉伯文的音译，意为“圣地”“圣徒墓”。由谢赫、伊玛目等掌管的麻扎是所谓圣徒、圣裔的墓地，它与一般墓地不同，是依禅派教徒活动的中心。麻扎的外观和附属建筑都有所不同，一般有圆顶型的墓室、礼拜寺。麻扎又译“玛杂尔”“麻乍尔”等，原意为“访问”、“探望”，现转意为“圣灵之地”“伟人之墓”，原指伊斯兰教苏菲派长者的陵墓，现主要指伊斯兰教著名贤者的陵墓。

（2）麻扎朝拜：伊斯兰教宗教活动之一，主要指以获取麻扎庇护和佑助为目的而举行的礼拜、诵经、祈祷、祭祀等宗教仪式，以及向麻扎捐赠土地、施舍财物等行为。在中国主要盛行于新疆地区。新疆的麻扎朝拜出现于伊斯兰教传入初期，以后随着麻扎不断被神化，麻扎朝拜渐成风气，盛行不衰。朝拜者相信麻扎具有神性，是人与安拉的中介、穆斯林两世生活的庇护者。在穆斯林最集中的南疆地区，尤其是农村，麻扎朝拜尤为盛行，已经成为穆斯林宗教生活的一项重要内容。新疆维吾尔族麻扎的社会文化功能大致包括农业生产、妇女生育、群众娱乐以及民间祈福消灾等几个方面[49]。

3）传统饮食文化。

在饮食习俗上，尽管这里只种植葡萄等果品作物，但是麻扎村的饮食习惯与其他地方的维吾尔族并无二致。主要食物结构：大米、面粉和羊肉（这些粮食基本上是从外而运进来的）。面粉制作的主要食物：拉条子、汤面片和各种花式糕点，在坑中烤制的大小馕（其中小的一般是油馕），馕油炸的撒子等；大米主要用于做羊肉抓饭。常见食用蔬菜：皮芽子（洋葱）、辣椒、西红柿等蔬菜。主要零食：葡萄干等果品，也是待客的必备之物。馕、花式糕点和葡萄干等邻近的晋唐时期阿斯塔那—哈拉和草古墓群中有发现，这显示出当地饮食文化悠久的历史传统[50]。

4）传统审美观。

自然崇拜——维吾尔族宗教民俗事象首先反映出的是自然崇拜的审美传统，迄今为止，在伊斯兰教占主导地位的时代，维吾尔族人延续着自然崇拜的观念。“自然”在维吾尔族人心目中神秘莫测，宛若神灵，其主要表现为维吾尔族人对天地、日月星辰、水和火的崇拜（表11–37）及对色彩的崇拜[51]（表11–38）。

表 11–37 麻扎村村民自然崇拜分析表
Table11-37 Analysis of Mazar Villagers' nature worship

自然崇拜	认知
土地	维吾尔族先民视土地为人、动物、树木和花草之母，这种视大地为母亲的观念融会在维吾尔族的审美文化传统中
太阳	在维吾尔族人的日常生活中，服饰上的火纹、三角形纹图案等都带有太阳崇拜的印迹，维吾尔族的绘画和雕塑也注重以太阳为意象来歌颂英勇的战士和祖先伟大的功业
水	维吾尔族人视水为真主的恩赐，认为泉水是圣水，圣洁的泉水可以给人们带来人丁兴旺的幸福生活。维吾尔族人尤其忌讳往水里吐唾沫、倒垃圾，忌讳在河边梳洗头发、洗衣服，以及在河边建造厕所和牲畜棚
火	维吾尔族先民认为，火是太阳在地上的化身，力量非凡，能消灾祛秽，保佑人畜安康。维吾尔族人对火的崇拜源于先前袄教的影响，袄教教义就是以崇拜火为中心的。但是，在维吾尔族文学艺术和日常生活中，对火的崇拜则远不及对太阳的崇拜

表 11–38 麻扎村村民色彩崇拜分析表
Table11-38 Analysis of Mazar Villagers' color worship

色彩	认知	表现
黑色	黑色在维吾尔族人的生活中象征着崇高、伟大、壮阔。维吾尔族人对“黑色”的喜爱也表现出对天地的自然崇拜，“黑”通常被其用来形容肥沃的土地	“黑”是维吾尔族人审美的重要标准。女人的美一般以大眼睛、浓黑眉毛、黑油油的长辫子来衡量。传统男装也多为条绒无领黑色或花条布袷袢，配以黑色长裤和套鞋。刀郎、木卡姆等艺人也多穿白衣黑色中长袍，伴随着雄浑、苍凉的歌声，热烈、奔放地舞蹈，将维吾尔族人崇敬自然、憧憬美好爱情的诉求演绎得淋漓尽致
红色	红色对于维吾尔族人来说有着重要的意义，它指代热烈、青春、魅力、爱情和乐观。其中红色常被理解为“火”的意象	维吾尔族人非常喜欢红颜色的花，维吾尔族妇女常用海娜花涂抹指甲，日常穿戴的服饰等都钟爱红色
绿色	维吾尔族对绿色的崇尚有着深厚的草原文化背景，绿洲是维吾尔族人休养生息之地，是维吾尔族文化的自然环境基础	维吾尔族人喜好绿色的审美文化特征在日常生活中表现为编唱各种有关春季和绿色的歌谣，表达其迎接春天到来的心情。维吾尔族人在给女孩起名字的时候，尤其钟爱“古丽”二字，取“花朵”之意，不言而喻地传达出了对绿色的崇尚之情。维吾尔族的古典文学、民间歌谣都有对绿色的讴歌，《福乐智慧》中用“褐色大地披上了绿色丝绸”来描写古丝绸之路的商业繁荣
白色	维吾尔族对白色的崇尚与其对太阳的崇拜有着紧密联系，曾影响过维吾尔族的拜火教和摩尼教的产生也都与太阳崇拜有关。在维吾尔族人的审美心理中，“白色”是纯洁、祥和、善良和幸福的象征	婴儿呱呱坠地时最先穿的就是白布做的衣服，白衣服寄寓着其父母和其他长辈的美好心愿，祈求婴儿的生活像太阳一样光彩熠熠，品格像太阳般坦荡、高尚。维吾尔族人做礼拜时戴阿克多帕白色帽子，当他离家外出时，其亲戚和朋友会送给他“祝你白路”（意思是一路平安）的送别语，“祝白路”一词将人的心里最完整、最忠实、最深刻的美好祝愿传达给对方

5. 生活环境与资源

1）聚落形态发展特征概况（表11–39、图11–180）

表 11–39 聚落形态发展特征概况表
Table11-39 Development characteristics of settlement's form

发展阶段	人居 民族	选址特征	聚落形制	聚落功能	发展特点
新石器时期	土著民	麻扎村西南五六公里的戈壁滩		居住	
约3000年前	土著民，塔加尔人	绿洲，水源地旁	分散	居住，农耕	人丁兴旺，文明程度很高，是吐鲁番地区农业文明的发祥地之一
汉-清朝	多民族	绿洲垦殖中心、临水傍山交通径道之处	多为方形，少量作圆形	居住，农耕，佛教、萨满教和伊斯兰教文化交会中心	小国林立，彼此隔绝，政治风云多变，生态环境变化导致民族迁徙频繁
		主古城周边	附城	蓄养战马	为适应骑兵攻占之需，在主城周边以蓄养战马为主要目的的附城
民国至今	维吾 尔族	吐峪沟大峡谷南口，依山傍水	以清真寺为中心的同心圆模式，灌溉型村落格局	居住、农耕、宗教、旅游等	村落保存完好，是中国唯一佛教、萨满教、伊斯兰教交会处且为中西方文化交会处

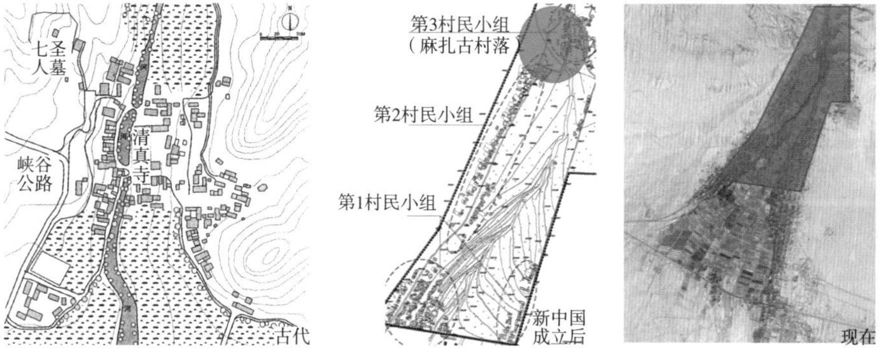

图11–180 聚落范围变化图
Figure11-180 Settlement range development
底图来源：Google Earth截图

2）聚落水平形态特征

围寺（水）而居这种形态反映出人们对土地的水平使用方式，是以清真寺为中心所形成的多级圈层，呈现出以聚落公共中心区为核心，居民住区、生产生活服务区、农田耕作区逐层向外，并通过景观防护区与外部自然环境相融合的一种同心圆模式，揭示出村落总体组织的水平形态特点，反映出村落在功能需求与外资环境双重作用约束下的土地利用方式[43]（图11–181）。

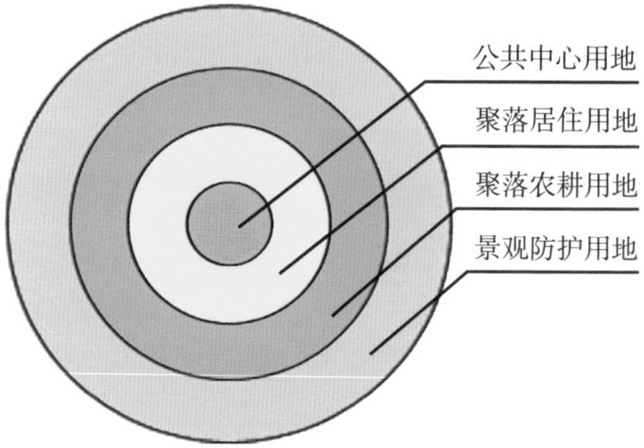

图11–181 用地圈层图
Figure11-181 Circle diagram of land use
图片来源：岳邦瑞，王庆庆，侯全华.人地关系视角下的吐鲁番麻扎村绿洲聚落形态研究[J].经济地理，2011,31（8）:1345-1350

3）聚落垂直形态特征（图11–182）

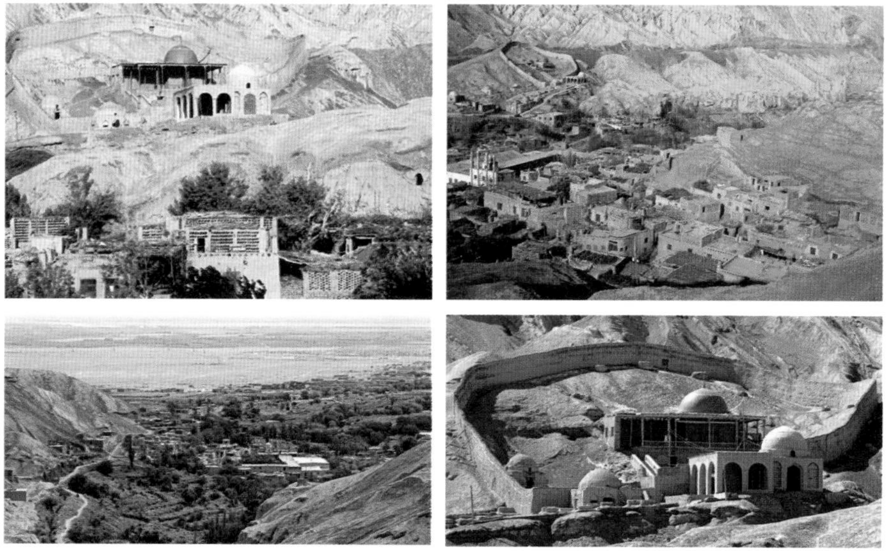

图11–182 聚落垂直形态意向图
Figure11-182 Image of the vertical form of settlement

4）聚落建设发展概况（表11–40）

表 11–40 聚落建设发展概况表
Table11-40 Development of settlement

发展阶段	建设材料	建设技术	建筑	交通	景观	建设成就
新石器时期	木骨 泥墙	石器	原始民居	—	原始景观（沙漠、隔壁、绿洲）	出现原住民
约3000年前	土坯，农作物	黏土版筑墙	生土民居，院落民居	早期交通径道	农田景观	生土聚落形成
汉代至清代	生土，木材，石材，农作物	垛泥版筑，减地起墙，土坯起券以成穹顶	城垛等防御工事，形成城市，清真寺、佛教寺庙，过街楼，窑洞	控遏天山南北的交通隘道，丝绸之路，卵石修筑河道	四面环水的防卫工事；宗教祭祀文化，如佛教石窟，伊斯兰教麻扎	吐峪沟石窟，吐浴沟千佛洞，七圣人墓，高昌城
民国 至今	生土，木材，石材，农作物	成熟的夯土工艺，现代技术	保护、规划、发展传统聚落，清真寺，密集型建筑，土拱式民居风格	一条主干路通向村落中心，与村外县级公路及绿洲主路相连。内部道路由围绕清真寺周围的不规则的环形路与室外场地，向连接各组团的分支路组成。如通往后山的小道，住户通达的自由小路、居间夹巷	依山傍水，川形水系，宅高田低，凹凸空间与树影空间，葡萄园、白杨树、桑树	葡萄园，川形水系，清真寺

5）建材资源特征（表11–41）

表 11–41 建材资源特征表
Table11-41 Characteristics of building material resources

建材资源	使用背景	来源	运用部位	优缺点
生土	传统	黄黏土	墙体、建筑主体部分	
木材	传统	成才乔木	仅出现在建筑中最关键的部位，如屋顶、高棚架、檐廊及各种门窗构件中	充分挖掘其功能性和装饰性方面的特点
石材	传统	河石	建筑与墙体的基础，场地与道路的铺装，水渠的边壁与衬底，挡土墙、护坡及水工构筑物	强烈的视觉表现力，与文化、自然氛围相统一
黏土砖	现代	黏土烧制	建筑的外饰，建筑的承重部位，建筑的其他部位，道路及地面的铺装，构筑物及室外设施	砌筑手法，色彩丰富，经济性、生态性差
农作物	传统	秸秆、麦草等农作物纤维材料	屋顶温，墙体稳固，层面维护	经济优势；生态优势，性能优势

6）建筑形态与建材资源特征（表11–42）

表 11–42 建筑形态与建材资源特征表
Table11-42 Characteristics of architecture style and building material resources

建筑类型	出现年代	建筑成因	建造材料	结构与技术	建筑功能	形态特征
佛教寺庙	南北朝时期	佛教传入	生土	夯土技术 拱券技术	佛教祭祀、礼拜、传教	
佛教石窟	公元444年	佛教文化兴盛	生土，石材	夯土技术 拱券技术 彩绘技术	礼拜教、僧房、讲经堂、禅室	石窟分正方或长方两种形制。作正方形穹庐顶，中心设高坛基，四壁有弧度，与中原晋墓形制相近。有的窟中央凿出中心柱，有左右甬道，分前、后室。窟顶形式有卷顶、套斗顶、穹窟顶等
土拱式民居（窑洞）	约3000年前	原住民社会发展	黄黏土，木材，农作物	生土建筑 土木结构	居住	有的是二层楼房结构，底层为窑洞，上层为平房，屋顶留方形天窗；有的窑洞是依山依坡掏挖而成；有的窑洞是用黄黏土土块建成，屋顶连通
麻扎	公元7世纪初	伊斯兰传教士之墓	生土	夯土技术 拱券技术	伊斯兰教圣裔或知名贤者的坟墓，宗教活动。	麻扎多为庭院式建筑，有圆拱形顶部的高大墓室，以及礼拜殿、塔楼和习经堂等附属建筑，并拥有大量土地、房屋、商铺等产业
清真寺	1392年前后	东察合台汗国以武力攻占吐鲁番盆地，强制当地居民皈依伊斯兰教	生土	夯土技术 拱券技术 彩绘技术	伊斯兰教祭祀、礼拜、传教	建筑布局虽为院落式，但总体无明确轴线，比较自由灵活。主体部分也是礼拜殿，有后殿（冬季用）和前廊（夏季用）之分，其中同样设有礼拜墙、凹壁和宣讲台，构建形式多采用木构多柱大厅式或土构穹隆结构式

7）对生土建筑的认识

所谓生土建筑主要用未焙烧而仅作简单加工的原状土为材料营造主体结构的建筑。生土建筑按材料、结构和建造工艺区分，有黄土窑洞、土坯窑洞、土坯建筑、夯土墙或草泥垛墙建筑和各种“掩土建筑”，以及夯土的大体积构筑物。按营建方式和使用功能区分，则有窑洞民居、其他生土建筑民居和以生土材料建造的公用建筑（如城垣、粮仓、堤坝等）[47]。

生土建筑可以就地取材，易于施工，造价低廉，冬暖夏凉，节省能源，同时融于自然，有利于环境保护和生态平衡。因此，这种古老的建筑类型至今仍然具有生命力。但是各类生土建筑都有开间不大，布局受限制，日照不足，通风不畅和潮湿等缺点，需要改进。生土建筑分为全生土建筑、半生土建筑、原生土建筑三种[52]。

6. 麻扎村人居背景小结

通过对麻扎村的资源、环境、人文等背景的分析，了解其发展概况（表11–43）。评价其历史阶段人居环境建设的利弊之处。筛选可能作用于现阶段人居环境建设的因子，探讨由此可能引发的人居环境建设活动。

表 11-43 麻扎村资源、环境、人文背景分析
Table11-43 Resources, environment and humanity background analysis of Mazar

背景要素	资源与环境		作用的活动
自然要素	地形地貌特征		聚落选址布局，建筑材料，景观开发
	气候资源特征	降水量特征	生土材料，建筑屋顶形式，植被特征
		日照与辐射特征	建筑与街巷采光，太阳能开发与利用，农作物特征
		风气候特征	建筑通风与抗风，风能开发与利用
		气温特征	居民生活方式，建筑保温与抗热，植被特征
	水资源特征		地表与地下水的利用，人工水系的建设，聚落的布局，灌溉，饮用，水系与交通的关系
人为+自然要素	农林资源特征	资源分布特征	聚落布局
		资源种类特征	生产活动，建筑材料
人为要素	历史沿革		聚落布局，宗教文化，民族，人口，行为
	区位特征		聚落选址，交通建设，生产生活活动
	民族文化		宗教建设与活动，节日，习俗，生产生活，建筑风格
	建设活动	聚落发展特征	聚落规划与建设
		建筑发展特征	建筑类型与风格
		建设材料与方法	建材的选择，建造方法的延续与创新

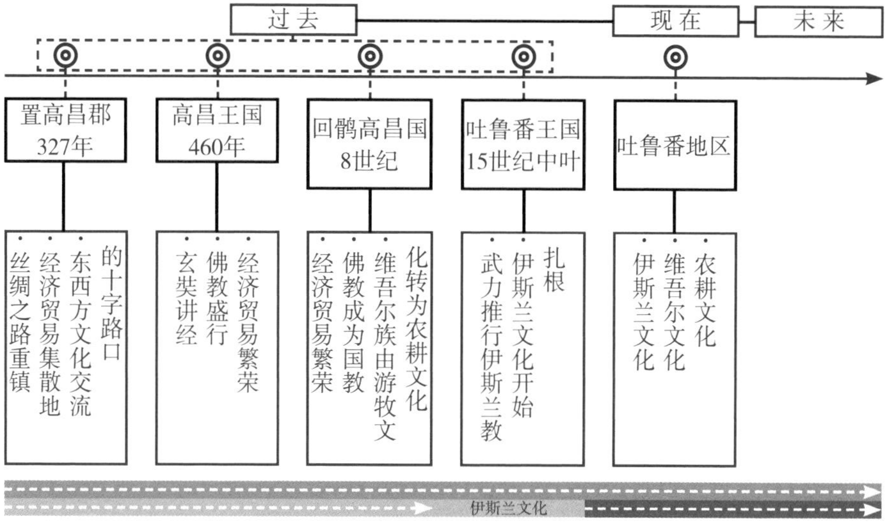

图11-183 麻扎村文化演进过程框架图
Figure11-183 Framework of Mazar Village's culture evolution process

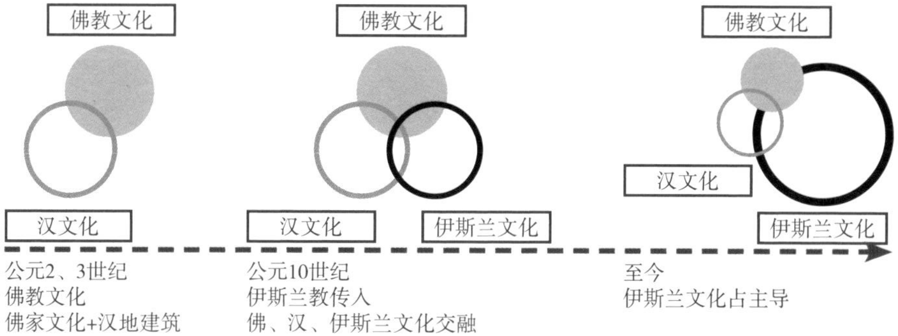

图11-184 麻扎村文化交融过程示意图
Figure11-184 Schematic diagram of cultural blending process of Mazar Village

11.4.1.2 人居活动

1. 文化演进（图 11-183）

1）丝绸之路与佛教兴盛（图11-184）

丝绸之路始于西汉，盛于大唐。这条亚欧大陆的交通动脉，是中国、印度、希腊三种主要文化的交汇桥梁。丝路绵延几千公里，伴随着大量财富流动，路途遥远且艰难，常常还要遭遇强盗的袭击，往来的商人亟需一种精神寄托，因此宣扬普度众生的佛教沿着丝路迅速传播开来。

2）由游牧文化到农耕文化的转变

维吾尔族的先民回鹘人，于公元8世纪中叶击败了吐蕃，在吐鲁番建立了高昌回鹘王国。将佛教作为国教，佛教文化继续繁荣。回鹘人进入吐鲁番绿洲之后，开始了由游牧为主的生活向以农业为主的生活方式的转变。重视农耕文化，大力推动粮食、棉花瓜果的生产。究其原因，也是由于丝路的繁荣，使一批中原汉人给吐鲁番地区带来了农耕生产技术。维吾尔族先民便由原来不稳定较大风险的游牧文化转向了较为稳定的农耕文化。

3）伊斯兰教的传入与兴盛

公元1407年，察合台后王马合麻继位后，用武力推行伊斯兰教。公元15世纪中叶，吐鲁番蒙古王室及统治下的臣民，全部改奉伊斯兰教。至17世纪吐鲁番归附清朝。这一时期，经文学校、清真寺如雨后春笋，遍及吐鲁番，伊斯兰教深刻地影响着当地人民的精神生活。麻扎村的"七圣贤墓"据说是最早一批来到吐鲁番一带传教者的墓地。作为伊斯兰的一个圣地，每年都有朝圣者前来朝拜。

2. 生活活动

1）葡萄文化

吐鲁番是葡萄的故乡也是葡萄的王国。由于这里气温高、日照时间长、昼夜温差大，特别适合葡萄的生长和糖分的累积。吐鲁番的葡萄，似珍珠，像玛瑙，晶莹剔透，甜嫩多汁，令人垂涎欲滴。这里的品种繁多，现有无核白、红葡萄、黑葡萄、玫瑰香、白布瑞克等500多个优良品种，堪称"世界葡萄植物园"。如今，多数吐鲁番农民都有自己的葡萄地，每家每户都有葡萄干晾房。吐鲁番拥有3万hm^2葡萄地，全国75%的葡萄干来自吐鲁番。当地农业收入的65%来自于葡萄种植。这里的葡萄干是用特殊方式晾制成的，在吐鲁番处处都有用土块砌成的四面通风的花格建筑——荫房，利用热风，自然荫成的葡萄干，碧绿甘美，酸甜可口，倍受人们的青睐，畅销国内外。

吐鲁番人把美好的爱情和葡萄联系在一起。吐鲁番的老人们都说那里之所以年年葡萄丰收，是因为一位美丽的女子日夜为心爱的男子哭泣，泪水化作泉水滋养了这里的葡萄。吐鲁番的葡萄熟了，是一首20世纪七八十年代中国人耳熟能详的吐鲁番民歌，描述的是一位姑娘阿娜尔汗细心照顾参军的爱人临行前种下的葡萄树，葡萄树长大了，爱人也要归来了。这首歌曲曾经拨动了无数少男少女的心弦。

在乡村散步，绿色的葡萄架，土黄色的土坯葡萄干晾房，还有穿梭其间身着五彩艾德莱斯绸的维吾尔族姑娘，就像一幅栩栩如生的油画，在诉说着吐鲁番和葡萄结缘的前世今生。"老人吃无核白葡萄干会长寿，孩子吃索索葡萄不尿床。"

2）绘画艺术

吐峪沟是寂寞的，寂寞到只有烈日、黄土、流水。在这样一个空灵的近乎禅的境界，1700年前的人们一镐一镐地刨土，一锹一锹地挖洞，一把一把地抹泥，一笔一笔地绘画心中的信仰（图11-185、图11-186）。

3）装饰艺术

（1）多文化交融。麻扎村维吾尔族具有较强的文化融合性、包容性，有史以来与中原汉文化交往密切，汉文化在这一地区的影响较深，历史上中原文化对此地影响较为明显，中原汉文化在吐鲁番地区留下着深深的印记，直到今天它还以独特的方式保留在这里，充实着这里人文情态的精神层面，在这特定的空间内透叠着独特的精神文化财富。

图11-185 亚力昆·哈孜《吐峪沟村景》
Figure11-185 *The Landscape of Tuyugou Village* by Yalikun Hazi
图片来源：王磊，新疆传统民居聚落的当代解读——以吐鲁番维吾尔族传统居民为例[D].乌鲁木齐：新疆师范大学，2009

图11-186 王剑国《古韵悠远吐峪沟》
Figure11-186 *Ancient Remote Tuyugou* by Wang Jianguo
图片来源：王磊，新疆传统民居聚落的当代解读——以吐鲁番维吾尔族传统居民为例[D].乌鲁木齐：新疆师范大学，2009

（2）多文化融合在民居装饰艺术中的体现。

门簪——门楣上装饰有各种纹样的门簪，其样式也多数具有了明显的地域文化特色，有花卉形状的，几何图形的、果实图形的（图11-187）。

带门斗的院门——门的外观立面造型以拱形和矩形为主，两扇宽而高大的木桩镶板枢轴式门，明显受汉文化影响。较为考究的人家，其门头的重檐部分，可看出显然是采用了中原汉文化营造形式并经简化而建成的（图11-188）。

门扇——门扇上部的棂花格，除了中原地区常见的万字棂格、回纹格、菱形格等，还有吐鲁番地区风格的双交四碗菱花、镟木棂花格和伊斯兰风格的直棂格。大门门扇以木板为材料，门扇主要以彩绘装饰。由于门扇的结构为镶板门，形成大小不同的格子，格子里彩绘各种几何图案、植物花卉图案、树木、山川、河流和瀑布，反映出主人对水和植物的喜好。然而，伊斯兰教教义中禁止描绘动物形象，更不主张画人。动物的图案却偶尔也会出现在一些民居彩绘大门上，如仙鹤、鸡、鱼等。这是受到了汉文化的影响。

漏窗——其制作工艺显然是采用了汉式木作“榫”的工艺。窗户样式有木棂花窗、白毯文格眼等，窗的花饰图案和做法大都和汉民族的大同小异（图11-189）。但是，这里的花格图式和制作工艺，并非完全照搬应用汉式，而是有一定的变化与发展。

吐鲁番维吾尔族人并非完全受到外来文化的影响，巧妙的移植了本土文化，可谓特定的人群在特殊的环境中必然形成自己特有的文化，对待一切外来文化都能采取来者不拒、批判吸收，一切皆为我用的包容态度。而在包容态度下创新又是他们的一种观念，思想，体现着历史文化演进变化，这就是吐鲁番维吾尔族建筑文化物质表现形态的永恒元素。

图11-187 门簪装饰示意图
Figure11-187 Schematic diagram of door clasp decoration
图片来源：王磊，新疆传统民居聚落的当代解读——以吐鲁番维吾尔族传统居民为例[D].乌鲁木齐：新疆师范大学，2009

图11-188 门斗的院门示意图
Figure11-188 Schematic diagram of house door
图片来源：王磊，新疆传统民居聚落的当代解读——以吐鲁番维吾尔族传统居民为例[D].乌鲁木齐：新疆师范大学，2009

图11-189 民居院门木窗示意图
Figure11-189 Schematic diagram of wooden window of residential courtyard door
图片来源：王磊，新疆传统民居聚落的当代解读——以吐鲁番维吾尔族传统居民为例[D].乌鲁木齐：新疆师范大学，2009

4）音乐舞蹈艺术

（1）东疆色彩区音乐舞蹈——维吾尔族舞蹈分区中的东疆色彩区包括哈密、吐鲁番等地，由于与毗邻的汉族来往密切，民歌的结构较方整，较多的五声音阶，因而具有维、汉两族的风格，如《阿拉木汗》等（表11-44）。

（2）艺术源于生活——吐鲁番木卡姆唱词中出瓜果类名称如苹果、石榴、葡萄、甜瓜、杏子、西瓜、桃子、桑葚等。名称共出现了48次，其中苹果出现的频率最高，为22次，占到了总类的46%。农业灌溉中的重要方法也在唱词中也有明显出处，如一排一排的树木，长在坎儿井两边。唱词中关于茶和茶具的相关内容如；当你端起细瓷的茶盅，就把我当成香茗品尝。农业生产和畜牧业的发展在为人们提供了宝贵的生活资料的同时，也为满足人们的服饰需求创造了条件。描写服饰的有：请揭开你的面纱，让迷恋者一睹芳容。唱词中来自于民间歌谣部分的内容就有相当一部分口头习语、谚语等，告诫人们要珍惜青春、珍惜生命、努力上进。如你有了花苑要栽果树，你有了儿子要把书念。反映维吾尔族家族关系浓厚、热情友善的唱词：世上只有三件宝，它的价值极珍贵，一是爸爸二是妈妈，再有就数亲姊妹。

（3）艺术影响生活——从这些唱词的内容中可以看出，热情好客、待人友善的维吾尔族人民不仅十分注重通过学习提高自身的素质、修养，也时常将一些生活常识教给后代，如求真上进、礼貌待人、尊老爱幼、热爱家乡、热爱祖国等，民族文化内涵在唱词中得到了体现，民俗文化也在言传身教中得以记载和传承。可见维吾尔族歌舞艺术是民族传统文化的重要组成部分，其传承和延续的经验对于民族文化的传承和保护具有示范和借鉴作用在面对全球化的挑战和传统文化日渐消失的困境之时，其传承的成败也直接关系到民族文化的命运乃至整个中华民族传统文化的走向。从文化对社会的服务与构建的角度来看，民族歌舞艺术的当代价值还体现在其通过民族性格的塑造、心理的形成、认同的强化和凝聚力的增强，实现民族社会的稳定，进而促进整个社会的和谐、健康发展上。吐鲁番木卡姆在维吾尔人的演绎下，将文化的一般性和特殊性发挥得淋漓尽致，其“话语”的“唤醒”作用，在各阶层维吾尔人心目中都具有神圣、崇高的位置[53]。

表 11-44 音乐舞蹈经典类型
Table11-44 Typical music and dance styles

音乐舞蹈经典类型	表演者	表演场合	表演内容
音乐舞蹈经典类型	舞者多为男子，两人一组，只跳不唱，由乐队和伴唱者歌唱	多在婚礼、喜庆节日表演	舞蹈吸收了汉族的跨腿跳转和蒙古族动肩等动作，还用一些夸张的手法，模拟搓线、淌鞋、和面等劳动动作，富有生活气息，活泼诙谐
音乐舞蹈经典类型	民间艺人	私人聚会	综合其三个来源及三部分内容，吐鲁番木卡姆的唱词主要从历史、现实、真理、爱情、信仰等方面出发，反映了维吾尔族人民的生产、生活状况，对人生和社会的态度，对美好爱情的追求，对幸福家庭的向往以及对真主安拉的崇拜等等
音乐舞蹈经典类型	普通维吾尔族人民	节假日及节庆之日会在自家庭院	这种类型与当地人们的生产、生活最近，最贴近广大民众的心声，正是这些民间性的艺术活动使之在民众中获得了极为广泛的群众基础，表演者和欣赏者才获得了美的享受，受到了文化的熏陶

5）社会结构

（1）人口概况：① 全村常驻人口。麻扎村人口规模为1186人，共219户。麻扎村下设3个村民小组，对应3个相互独立的自然聚落单元，最北侧第3村民小组对应的古村落内至今仍有63户，约411名维吾尔族人在此居住。② 性别构成。古村落内，男性人口约为179人占44%，女性人口约为232人占56%。③ 年龄构成。古村落内常住人口中，0～14岁人口为121人，占29%；15～64岁人口为77人，占19%；65岁及以上人口为213人，占52%（表11-45、图11-190）。④ 民族构成。古村落中所有居民均为维吾尔族人。

（2）基本格局：由于当代中国经济井喷式发展状况，必然对其古村落基本社会格局产生一定程度冲击，具体如下：① 女性成为村内主要劳动力。据2009年村政府相关报告显示，女性人口占现今麻扎村古村落人口的主要部分。其具体原因是男劳动力部分外流，到附近城镇进行工作，家中妇女仍然留守故土，保持着日出而作日落而息的古老传统。② 村内老龄化程度高。麻扎村人口年龄结构呈现较明显的老龄化结构，具体原因是青壮年外出务工致使村内中年人口缺失。老年人在古村落居住已久，习惯传统生活并坚持秉承自己信仰，能适当从事部分轻体力劳动，不愿迁出，因此才会形成这种结构。

6）聚落组织（社会与空间）

（1）聚落群体组织形式（图11-191）——麻扎村是一个纯粹维吾尔族人居的村落，全村信仰伊斯兰教。麻扎村信仰的伊斯兰教属逊尼派，在教法上属哈乃非法学派，哈乃非法学派教权组织的形式是单一清真寺制。清真寺作为聚落的活动中心，依赖以阿訇为代表的宗教体系来维持内部的社会控制。以阿訇为代表的清真寺同时也是调解穆斯林一般民事纠纷的法庭。维吾尔族人生仪礼主要包括分娩礼、命名礼、摇床礼、割礼、婚礼、少妇礼以及葬礼。大部分的礼仪中都有阿訇的参与。

（2）聚落群体形式在营造中的体现——“围寺而居”的聚落营造模式与以清真寺（阿訇）为中心的群体组织形式相呼应。吐鲁番地区维吾尔族传统聚落中都有一

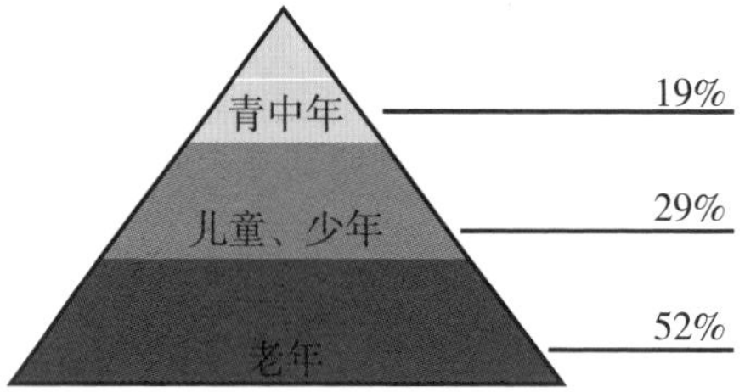

图11-190 人口年龄构成图
Figure11-190 Structure diagram of population age
图片来源：数据图自绘，彩图来自百度图片

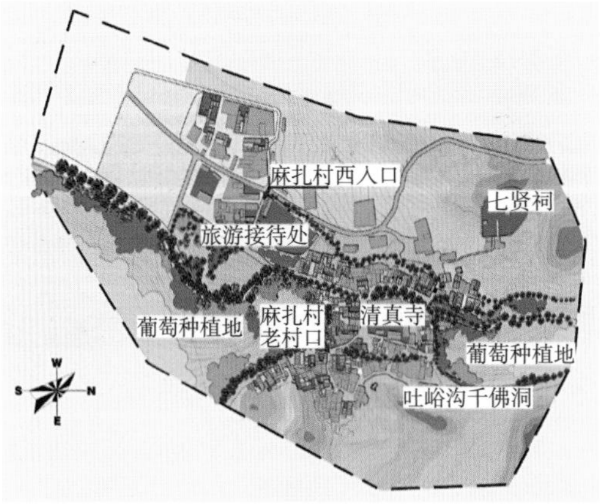

图11-191 麻扎村的平面
Figure11-191 Plan of Mazar Village
图片来源：王磊，新疆传统民居聚落的当代解读——以吐鲁番维吾尔族传统民居为例[D].乌鲁木齐：新疆师范大学，2009

座清真寺，它的功能是满足村民每天五次做礼拜的需求。清真寺建筑始终处于居住环境中心，这个仅有的清真寺成为了一个明显的中心点。这个“中心”是吐鲁番地区维吾尔族聚落的中心，更是维吾尔人的精神中心，作为精神支柱，它统领着居住聚落。“围绕一个中心空间组织建筑群，也许是人类最早存在的布局形式，深刻而直接地反映一种社会向心的意念，作为群居的人类一种原发的心理要求。”[54]

7）宗教活动

宗教行为现状调查见表11-46～表11-53，图11-192、图11-193。

表 11-45 年龄结构统计
Table11-45 Statistics of age structure

	18岁以下	18~29岁	30~39岁	40~49岁	50~59岁	60岁以上
人数	7	192	116	70	45	35
比例	1.5	41.3	24.9	15.1	9.7	7.5

表 11-46 文化程度统计
Table11-46 Statistics of educational level

	文盲	半文盲	小学	初中	高中	高中以上	在读
人数	52	24	150	219	12	6	2
比例	11.2	5.2	32.3	47.1	2.6	1.3	0.4

表 11-47 宗教行为统计
Table11-47 Statistics of religious behavior

	礼拜			封斋			宗教教育背景				
	不做	1次	5次	不封	半斋	全斋	没学	跟父母学	跟配偶学	从书中学	跟宗教人士或宗教学校学
人数	32	118	315	47	138	280	140	272	9	28	11
比例	6.7	25.5	67.8	10.2	29.7	60.1	30.2	58.6	2.1	6.3	2.8

表 11-48 各类信徒统计
Table11-48 Statistics of believers

	自由型	附和型	外在型	内在型
	不礼拜，不封斋	1次礼拜，非全斋	2～4次礼拜，非全斋	5次礼拜，全斋
人数	31	17	137	280
比例	6.7	3.6	29.6	60.1

表 11-49 性别对宗教行为的影响
Table11-49 Influence on religious behavior by genders

	自由型		附和型		外在型		内在型	
	人数	比例	人数	比例	人数	比例	人数	比例
男	16	6.9	7	3.0	62	27.0	145	63.1
女	15	6.4	10	4.2	75	31.9	135	57.4

表 11-50 年龄对宗教行为的影响
Table11-50 Influence on religious behavior by ages

	自由型		附和型		外在型		内在型	
	人数	比例	人数	比例	人数	比例	人数	比例
18岁以下	0	0	3	42.9	3	42.9	1	14.2
18~29	5	2.6	7	3.6	82	42.7	98	51.0
30~39	3	2.6	4	3.4	46	39.7	63	54.3
40~49	9	12.9	2	2.8	4	5.7	55	78.6
50~59	14	31.2	0	0	2	4.4	29	64.4
60以上	0	0	1	2.9	0	0	34	97.1

表 11-51 国民教育背景对宗教行为的影响
Table11-51 Influence on religious behavior by national education background

	自由型		附和型		外在型		内在型	
	人数	比例	人数	比例	人数	比例	人数	比例
文盲	4	8.3	1	2.1	25	52.1	18	37.5
半文盲	3	12.5	0	0	10	41.7	11	45.8
小学	8	5.3	4	2.7	22	14.7	116	77.3
初中	6	2.7	7	3.2	78	35.7	128	58.4
高中	6	46.1	4	30.7	1	7.7	2	15.5
高中以上	4	66.6	1	16.7	1	16.7	0	0
总计	31	6.7	17	3.6	137	29.6	280	60.1

表 11-52 宗教教育背景对宗教行为的影响
Table11-52 Influence on religious behavior by religious education background

	自由型		附和型		外在型		内在型	
	人数	比例	人数	比例	人数	比例	人数	比例
跟父母学	4	1.5	6	2.2	60	22.0	202	74.3
跟配偶学	2	22.2	6	66.6	1	11.1	0	0
从书中学	5	17.9	2	7.1	1	3.6	20	71.4
跟宗教人士或宗教学校学	0	0	3	27.3	2	18.1	6	54.6

表 11-53 家庭环境对宗教行为的影响
Table11-53 Influence on religious behavior by family

	自由型		附和型		外在型		内在型	
	人数	比例	人数	比例	人数	比例	人数	比例
普通家庭	29	8.6	12	3.5	79	23.4	218	64.5
家有宗教人士或祖辈宗教学识高	2	1.6	5	3.9	58	45.7	62	48.8

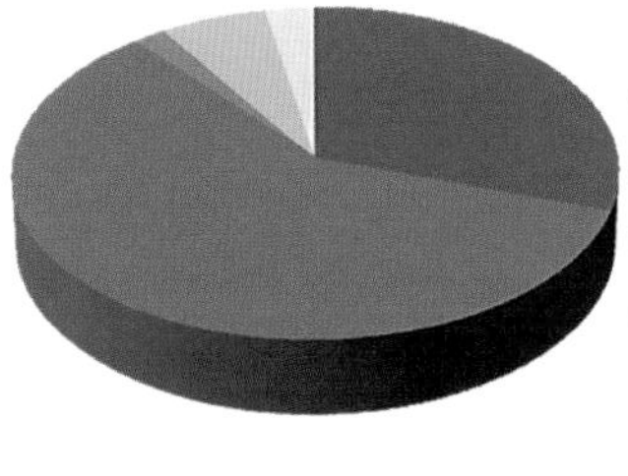

图11-192 宗教教育背景饼状图
Figure11-192 Pie chart of religious education background

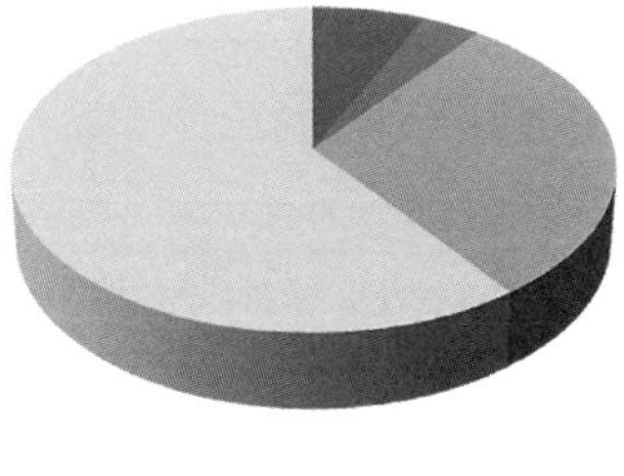

图11-193 各类信徒比例饼状图
Figure11-193 Pie chart of believers' proportion

8）家庭结构

（1）麻扎村家庭生活安排与伦理观念——麻扎村维吾尔族家庭结构模式基本为扩大家庭，麻扎村一个家庭聚集在一个大住宅内，具有分家不分院的传统伦理观念。

（2）建筑形式与家庭结构——在居住文化中最核心的一点是对家和故土的依恋，即分家不分院，几代人同时居住在一个院落中，往往几代同堂，家人之间尊卑有序，男女有别，它体现了维吾尔族人家庭秩序。

（3）建筑形式与空间序列（图11-194）——其活动方式也有内外之分，包括不同层次的空间序列。民居建筑空间自成一体，外部含蓄收敛，内部丰富复杂。从中可以看出空间和人们在其中活动的有序，即室内外空间分合，须合人伦道德、家庭成员、地位等的差异，以及客人与家人的区别，都必须有时空安排之序。另一方面，在每项序中，都包含着无序交通空间和使用空间混用，房与房之间简单串联，私密和公共的区域常常因为当时临时功用的改变而变换其空间性质。有序与无序相互交织，使得伦理与功能在吐鲁番地区维吾尔族居住生活中找到了结合点。而这种结合产生的民居居住建筑特有的通用性单一空间在功能上的交叉和私密性的干扰上存在有很大的缺陷。为弥补这个缺陷就导致了“次空间”的产生，对于一个给定的房间或交通空间来说，“次空间”采取不同的布置方式，增加了不同的使用功能，从而提高了单一空间的活力，如民居中高棚架、棚架、拱门洞。它们能让使用者与主空间中的活动建立一系列的联系、参与、回避，这些次空间的尺度不大，却非常灵活可用，这种内部的特殊安排可以说又是在内部空间的无序中追求有序（图11-195）。

（4）婚礼——穆斯林家庭的组建。在维吾尔人社会，一桩有效的婚姻必须是由男女双方信奉伊斯兰教为前提，在双方自愿，父母同意的情况下，举行特定的宗教仪式。在婚礼仪式中，体现出的依然是浓郁的伊斯兰教色彩：① 婚礼上的第一批客人即是本村的加玛艾特，他们在村民的各种庆典仪和人生通过仪式上永远是最尊贵的客人。② 念尼卡。这是婚礼庆典最为重要的仪式，没有了这个仪式，这桩婚姻便不被穆斯林社会承认，而主持仪式的是本村清真寺的伊玛目。

9）社会交往（场所精神）

麻扎村几种典型的社交场所（图11-196）

（1）村西口的“结”。吐峪沟麻扎村西口延坡而下，向北有一条进入麻扎村的主干道，在这里有一块较为平坦的坡地它与主干道形成了一个“结”，这里是村民与外界游人聚集的“结”。每当夏季，村民就在这里把自家的葡萄、葡萄干、桑子等出售给游人，而游人坐在村民搭建的土炕上、凉棚或树荫下品尝美味的瓜果，并同时欣赏着这个悠久历史的古老村落，由此构成了村民与外界交流的“结”。

（2）老村口的“结”。村落的东侧由北向南的主干道离清真寺不远处也汇聚着这样的“结”，这里居住了许多村民，也是村落的老村口。自然也是每个村民之间交会的“点”，儿童每天都会不由自主地来到这里聚集玩耍；村里的妇女们在老村口的小渠边洗衣；老人在天气晴朗的时候来到这里晒太阳、聊天；小商贩

（3）土石坡下的“结”。麻扎村西面是土石坡，坡上为圣人麻扎的用地，坡下

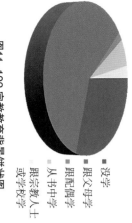

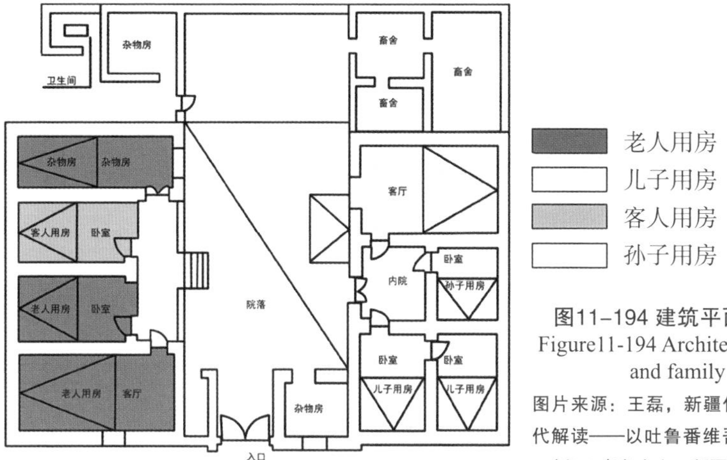

图11-194 建筑平面与家庭秩序
Figure11-194 Architectural floor plan and family order
图片来源：王磊，新疆传统民居聚落的当代解读——以吐鲁番维吾尔族传统民居为例[D].乌鲁木齐：新疆师范大学，2009

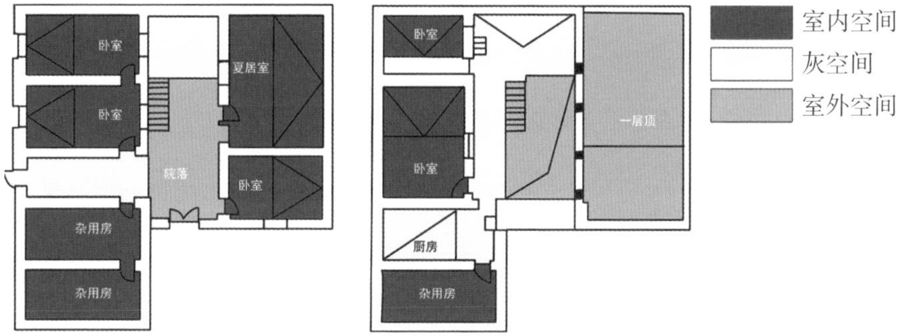

图11-195 建筑空间序列
Figure11-195 Architectural space sequence
图片来源：王磊，新疆传统民居聚落的当代解读——以吐鲁番维吾尔族传统民居为例[D].乌鲁木齐：新疆师范大学，2009

村西口的“结” 老村口的“结” 土石坡下的“结”

图11-196 麻扎村几种典型的社交场所意向图
Figure11-196 Images of several typical social places of Mazar Village
图片来源：王磊，新疆传统民居聚落的当代解读——以吐鲁番维吾尔族传统民居为例[D].乌鲁木齐：新疆师范大学，2009

有通往麻扎村崎岖的土路，又有往来于麻扎村主要的公路，它们都交会在这里，形成了朝拜者的“结”。

这些“结”反映了麻扎村居民生活世界的一面，形成了麻扎村环境特征，它赋予人们生存和立足的感觉，赋予人和场所以生命。

麻扎村的场所精神。内容：在危机情况下互相帮助，在一般情况下交换信息，尤其是与大家的共同利益有关的问题；优先程度：在麻扎村邻里住户似乎没有亲戚重要，但比朋友重要，这与城市相反，城市朋友比邻里住户更重要；交往程度：麻扎村住户的邻里关系要比城市的强很多[55]。

麻扎村几种常见的社交场所模式总结如图11-197所示。

3. 生产活动

1）对水资源的利用

（1）相对稳定的水源：麻扎村的水源——苏贝希河发源于高山的冰川积雪带以及地下水补给，因而年际变幅较小，变差系数一般在0.1～0.5左右，这些特征反映了径流的年际间流量较稳定，对灌溉农业十分有利。对有限水源的充分利用：麻扎村水系形态呈“川”字形，中道为自然河流，东、西两道为人工水渠。水系之东、西两条系修筑水利工程的渠道，是为了灌溉下游农田之故而建成的。支渠与分支巷道则接通了村落的东西方向，引水进村，引水进地，主要解决距离水源较远的住户的生活用水和耕地灌溉用水（图11-198）。

（2）存在问题：麻扎村总用水量偏小，生活用水严重缺乏，农业生产用水量

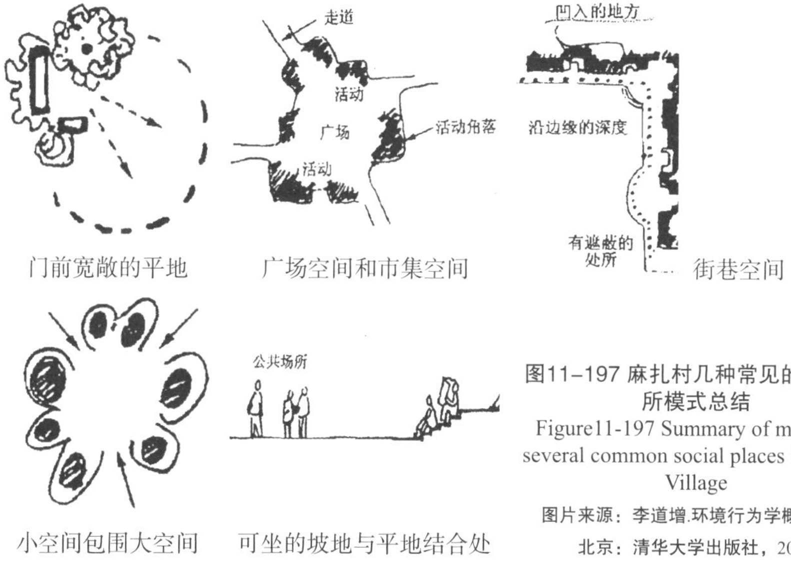

图11-197 麻扎村几种常见的社交场所模式总结
Figure11-197 Summary of modes of several common social places in Mazar Village
图片来源：李道增.环境行为学概论[M].北京：清华大学出版社，2000

人工水渠　　蓄水池　　苏贝希河

图11–198 麻扎村水资源利用形式
Figure11-198 Utilization form of water resource in Mazar Village

过大，用水结构不合理，属新疆地区的重度缺水区。虽然绝大部分的水都用于农业发展，但农田灌溉亩均用水量过大，灌溉节水技术亟须改善。水资源问题会成为改善麻扎村人居关系、聚落规模发展的重要问题。

2）对土地资源的利用

聚落与周围土地的关系。麻扎村的人均耕地面积仅366.67m^2，处于联合国确定的人均耕地533.3m^{2}的警戒线以下，不到鄯善县的平均水平，只有全疆的1/6，全国的1/3。而我国的人均耕地面积在全世界排在126位以后，仅为世界平均水平的40%，由此可见土地承载着过高的人口负荷，土地产出已到了极限，非常值得我们高度关注和警惕。从人均聚落面积指标看，麻扎村的数字比全国的略大，仅为全疆的2/3左右。考虑到麻扎村特殊的地形地貌特征，一部分聚落是充分利用坡地及戈壁进行建造，所以这一数字是较为合理的。从耕地与聚落比值来看，全国的数字是麻扎村的3倍，新疆的数字是其4倍，反映其耕地与聚落的关系不够理想。考虑到其人均聚落面积是较合理的，这种结果只能归因于耕地面积过小，也就是村庄所赖以存在的腹地规模过小，导致其发展空间非常有限。可以粗略地判断出麻扎村的土地与聚落的关系：麻扎村的人地关系处于高度紧张状态，其土地资源被高度开发与利用，土地承受着巨大的人口压力，聚落建设与聚落腹地的关系处于一种临界状态（表11–54 ~ 表11–56）。

（1）农田耕作活动。麻扎村农田耕作区分布于居民住区的上、下游，耕地的开垦根据山势，充分利用山脚缓坡。相对于居住区范围的多年不变，耕作区域顺山谷扩展，虽然长年以来增幅不大，却仍然缓慢开垦，居住建筑和其他建筑也不侵占耕作用地，而是在较小的面积上立足，充分体现了传统农耕聚落耕地的重要地位。麻扎村耕作用地多为葡萄园地，另外也包含少量的西瓜、甜瓜、棉花等作物套种地。

（2）景观绿化活动。为保护聚落的生存环境，村落腹地范围内的景观防护区起到十分重要的作用。麻扎村的景观防护区包括聚落两侧山体形成的自然屏障，山谷中的绿地、林地，以及村庄内除耕地外的少量防护绿地。防护林树种以桑树和榆树为主。村落范围内的植被中，鲜有高大乔木，草本植被和覆地类植被居多，对于保持土壤水分缓解恶劣气候下的土地退化发挥了作用。景观防护区是连接聚落与外部环境的纽带，对于稳定整个聚落的环境具有重要意义。

表 11–54 麻扎村聚落与农业生产关系表
Table11-54 Relation of Mazar Village's settlement and agricultural production

耕地面积（亩）	垦殖指数（%）	耕地与聚落比值	人均地面积（亩/人）	粮食总产值（万元/年）	人均粮食产值（万元/年）	耕作半径（m）
660	44.0	1.47	0.55	148.5	1240	560

表 11–55 麻扎村聚落规模及其占地状况统计表
Table11-55 Statistics of settlement scale and its land occupation status in Mazar Village

聚落人口规模（人）	户数（户）	村域用地规模（亩）	聚落用地规模（亩）	聚落占村域面积比例（%）	人均村域用地面积（亩/人）	人均聚落用地面积（m^2/人）
1200	220	1500	450	30.0	1.25	250

表 11–56 麻扎村与其他聚落比较表
Table11-56 Comparison between Mazar Villaage and other settlements

比较项目 / 地区	人均耕地面积（亩/人）	每亩耕地承载的人口数量（亩/人）	人均聚落面积（m^2/人）	耕地与聚落比值（%）
麻扎村	0.55（2008）	1.82	250（2008）	1.47
鄯善县	0.72（2007）	1.39	—	—
新 疆	3.20（2002）	0.31	378（1998）	5.64
全 国	1.41（2004）	0.71	218（2004）	4.31

3）对土壤资源的利用

从土地类型的分布看，除去沙漠、戈壁、山地和水域等部分，新疆地区宜用土地面积约6848.39万hm^2，另外尚有489.75万hm^{2}的后备土地可供开发利用，两项之和达7338.14万hm^2，数量非常巨大。

（1）生土——麻扎村所在的吐鲁番地区土质粘结性好，当地居民创造性地使用地域资源，建造了各种生土建筑（图11–199）。

（2）物理特性：可塑性强；热工性好，生土建筑具有良好的隔热与蓄热性能。

（3）生态特性：低碳排、低耗能；可再生、高环保，生土建筑不仅从原料获取到建成使用的各个环节中不产生污染，而且当生土建筑废弃、拆除后，仍可投入到新建筑的建造中或者作为肥料投入农田。

（4）经济特性：廉价、大量、易于开采等。

（5）建成聚落的要素：① 聚落主体的各种建筑物，如住宅、寺院、晾房、厨卫，牲畜的圈养地等；② 聚落的道路、广场系统主要以自然生土路面为主；③ 各种室外设施如土台、土踏步、土墙、土围栏等生土构件；④ 防洪、防卫、水井等构筑物主要以生土材料为主；⑤ 室内日常起居的家具和设备，如土炕，家家户户门口的囊坑，灶台等。

（6）艺术表现：① 色彩。和谐之美：建筑自身的色彩统一；聚落各构成要素的色彩和谐；与大地色彩和谐统一。对比之美：既包括室内的各种装饰、聚落内部各要素，也有与环境的对比。② 体量。生土建筑具有单纯、简洁的几何形态和强烈的体积感。强烈的光影效果也是生土建筑的一大特色。③ 肌理。生土建筑的肌理效果一方面来自生土的自然质感；另一方面则是不同的加工工艺所创造出的表面形态[56]。

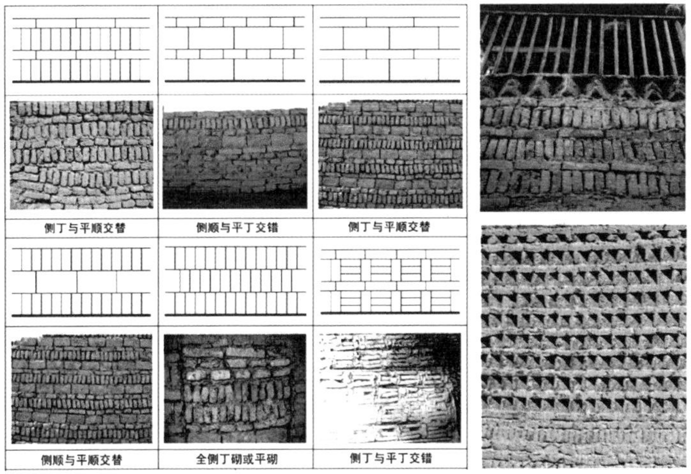

图11–199 土坯砖形成的肌理效果
Figure11-199 Texture effect by adobe brick
图片来源：岳邦瑞.绿洲建筑论——地域资源约束下的新疆绿洲聚落营造模式[M].
上海：同济大学出版社，2011

（7）生产活动种类与成因（表11–57）。

表 11–57 麻扎村生产活动种类与成因表
Table11-57 Production activity and its causes of Mazar Village

地区	生产活动	用途	是否存在于麻扎村	存在或不存在的原因
新疆地区生产活动	耕植经济作物	食用，销售	是	维吾尔族传统，宗教，生存，食用
	种植景观防护林	环境保护		环境保护
	牲口饲养	交通		传统交通工具
	房屋营造	居住		宗教，文化，民族，气候
	疏通水渠	饮用，耕作		气候，地形
	植被资源利用	建造		当地资源的利用与开发
	土壤资源利用	建造		当地资源的利用与开发，宗教文化
	游牧	食用	否	哈萨克族传统
	农作物种植	食用		气候，水源，民族
	能源开发	使用，工作		资源类型，文化，政府调控与规划
	其他工业活动	工作		资源类型，文化，政府调控与规划
	商业活动	工作		民族，宗教，文化，政府调控与规划

（8）产业结构（图11–200）。麻扎村在2004年前，仅有第一产业（葡萄种植业），2004年开始发展旅游业。截至2010年麻扎村每个家庭总收入约17693.3元，旅游业总收入占家庭总收入的平均比率为14%。麻扎村的产业结构依旧以第一产业为主，居民的旅游参与程度较低。经营项目都是以卖葡萄干、桑葚干、西瓜、甜瓜、矿泉水等为主，其中有三家兼营手工艺品，只有两家提供餐饮和住宿。

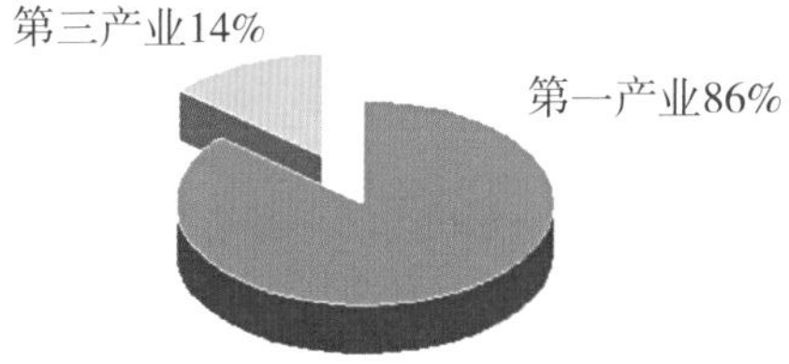

图11–200 麻扎村产业结构（2010）
Figure11-200 Industrial structure of Mazar Village

11.4.1.3 人居建设

1．聚落

1）生土聚落对干旱气候适应性反应

①生土材料的选取：干旱少雨为生土材料发挥其最大营建性能提供了广阔的舞台。②生土材料的来源：麻扎村位于两面环山、生土遍布的环境，火焰山和土峪沟为村落建设提供了取之不尽的生土材料。③生土材料的应用：生土作为最主要的建材被使用于聚落的各个构成要素中，不但所有的生活性建筑、生产性构筑物（如葡萄晾房和坎儿井）是生土建造，而且聚落的道路、围墙、台阶大多是以自然生土材料为主铺就。

2）聚落对日照辐射适应性反应：遮阳与防晒

高密度、窄巷道与紧凑院落聚落：

（1）总体布局：从高处俯瞰，面积相近、形态相同的建筑物在大地上相互紧靠、重复衍生、水平伸展、成簇成团、高度集结为一体。巷道：处在建筑之间的是狭窄的巷道和高深的内院，巷道的宽度通常只有2~4m，远远小于2~3层建筑的高度。内院：内院的面积也不大，通常只有十几平方米，也小于房屋的占地面积。

（2）稠密布局与遮阳。首先，由于密集每一栋住宅的外表面积减少，室内温度受外部气候的影响也就相对减少。此外，密集的群所产生的狭窄的街道和高深的内院可使交通或公共活动空间经常处于阴影之中，同时避免或减轻风沙侵害。

3）聚落对风沙适应性反应：抗风

（1）聚落组团抗风。低层数+高密度+窄巷道+内院落。依赖高度围合、低层高密度、内向封闭性的群体布局以及窄小多变的街道空间网络组织，麻扎村能够在一定程度上降低或消除风沙的危害。连单体为整体，积小体量为大体量，从而降低了“不稳定度”。密集的建筑群可以相互遮挡，保护了被包围其中、抗风能力较差的房屋。麻扎村的道路网络的主体是蜿蜒曲折、狭窄稠密、迷宫一般的尽端式小巷，这种道路布局使得风速减弱很多，风中裹挟的沙粒早早落在层叠的屋顶之上了。

（2）院落单体抗风。院落四周环以高大的墙垣或房屋，内部是自成一统的院子。高架棚不但在夏季起遮阳和通风的作用，在春季风沙多的天气中也能起到良好的防风作用。庭院有相当一部分是用高高的生土围墙围合而成，同样能够阻挡风沙的侵扰。

4）聚落规模与水

麻扎村村内人口与水资源关系处于高度紧张状态，用水结构极度不平衡，属重度缺水地区。由以上数据分析得出麻扎村总用水总量偏小，生活用水严重缺乏，农业生产用水量过大，用水结构不合理，属新疆地区的重度缺水区。

2．建筑

1）建筑对干旱气候适应性反应（图11–201）

（1）平屋顶。屋顶与降水量——就房屋建造而言，降水稀少的影响可直接反映在屋顶的坡度及其使用方式上（表11–58）。由于坡度大小不受降水的制约，麻扎村中建筑屋顶全是平的。平屋顶承载丰富的起居内容：① 当地居民在屋顶上加建晾房，用以风干葡萄；② 搭起棚架，造出“不露天的露台”，再放上简单的卧床，就成为盛夏夜晚的露宿之处；③ 屋顶上也可以晾晒棉秆、藤条和干菜等作物，作为生产加工的场地；④ 由于每户房屋紧靠、屋角相接，家家户户的屋顶也成为了与邻居交往的场所。

（2）爬山屋与过街楼。① 爬山屋——“爬山屋”这种建筑形式，则傍水依沟坡而建，利用山体巧妙的就坡起层、挖洞筑台，不但能够节省建材和土地，而且聚落在选址时能够避开日晒，近水而居，从而获得良好的小气候条件。② 过街楼——吐鲁番民居在保持原有基地面积不变而争取院内空间的宽敞完整，但又要争取更多的使用面积的情况下，往往在出入口部位，两幢建筑的相邻位置上空叠建二层，有时甚至因基地较小，巷道较窄处也会在其上部加盖楼屋而形成通道楼或过街楼。在这样的巷道里行走，犹如走入一个有连续天井的隧道之中，过街楼能提供大量的遮阳空间，并造成穿堂风，能够显著增加阴影面积和降低街巷温度。

2）建筑对日照辐射适应性反应：遮阳与防晒

（1）高架棚。高架棚的处理手法可分为两类：一类是依傍型。一类是独立式。实际上就是居民日常生活内容由室内向室外的延伸，几乎包揽了生活起居、亲友社交的一切活动。

表 11–58 麻扎村与其他地区聚落比较表

Table11-58 Comparison between Mazar Village’s settlements and other villages’

比较项目 / 地区	总用水量（m^3/年）	人均用水量（m^3/年）	人均日用水量（m^3/年）	人均生活水量（m^3/年）	农田灌溉亩均用水量（m^3/年）	人均水资源量（m^3）
麻扎村	106万（2008）	291（2008）	0.79（2008）	33（2008）	1500（2008）	—
鄯善县	4.92亿（2008）	1696（2008）	4.64（2008）	113（2008）	2217.43（2008）	1172（2008）
新 疆	496亿（2000）	2532（2004）	6.94（2004）	212（2000）	749（2000）	4203（2008）
全 国	5548亿（2004）	426.7（2004）	1.17（2004）	443.84（2004）	450（2004）	2200（2008）

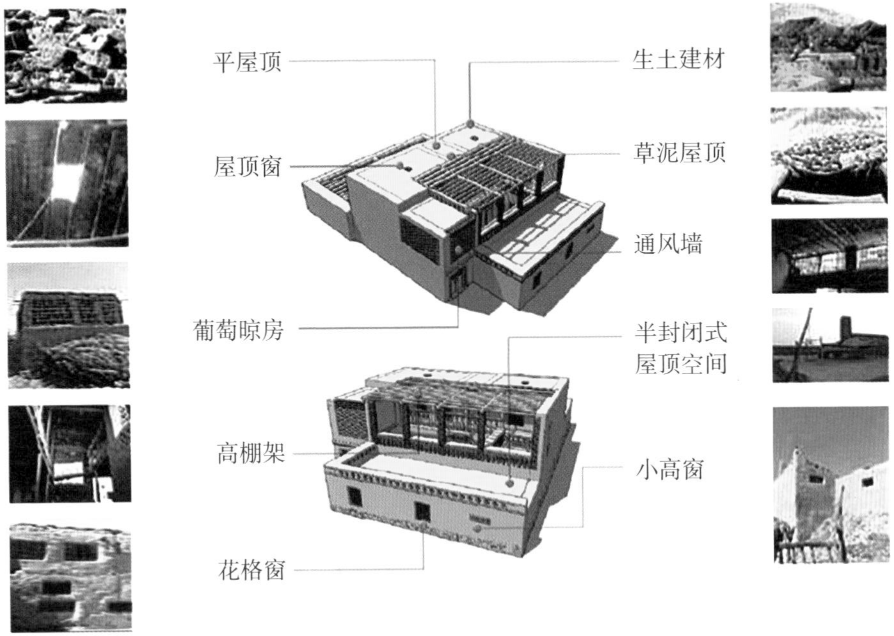

图11-201 阿以旺民居生成过程作用机制
Figure11-201 Generating process mechanism of Ayiwang residence
图片来源：李春静.干旱区气候环境下的乡土景观设计对策研究——以吐鲁番麻扎村和于田县老城区为例[D].西安：西安建筑科技大学，2011

（2）檐廊。麻扎村庭院前后通常设有宽深的檐廊。前檐廊用以遮阳防暑并进行家务活动，后檐廊用以联系过渡空间，也是风干晾制过冬瓜果、干菜等劳动之处。

（3）花格窗与小高窗。麻扎村民居开窗既少又小，并且多采用高窗的形式，这样能够减弱采光与地面反射，有利于降温和保持室内的私密性。花格窗也是当地极富特色的建筑特点。窗户由细密的花格覆盖，呈镂空的形态，多为简洁的竖向透空木条，也有被镂刻成各种菱形、花朵形纹样的，不但美观，而且方便通风，遮挡阳光[56]。

3）建筑对风沙适应性反应：抗风与通风

（1）葡萄架庭院（图11-202）。葡萄架在夏季干燥炎热气候下发挥着自然空调的作用，能够引导空气在庭院周围的房间中流动，促进庭院在一天当中经历3个空气循环，从而明显地改善室内温湿度。第一个循环在凉爽的夜晚，空气下降到庭院之中并充满周围的房间。第二个循环正当中午，后墙阻止外面的热量传到房间内部。第三个循环是午后，由于热空气的对流使房屋及庭院变暖，日落时气温下降，凉爽的空气又降入庭院，如此循环往复。

（2）葡萄晾房。葡萄晾房是四面用土坯砌筑成十字或方形孔洞的空透墙壁，上部用苇席、麦草覆顶，充分利用干热风来晾干葡萄的一种生产性构筑物，形成镂空的、美观的花墙。由于棚架的阴影，导致棚下凉爽的空气与外部炎热的空气产生压差，使得空气形成流动或者对流。此外，有些民居在平屋顶上留有方形天窗。因为常年几乎无雨，所以这种开天窗做法能够实现，屋顶天窗可以起到通气降温以及采光的作用。

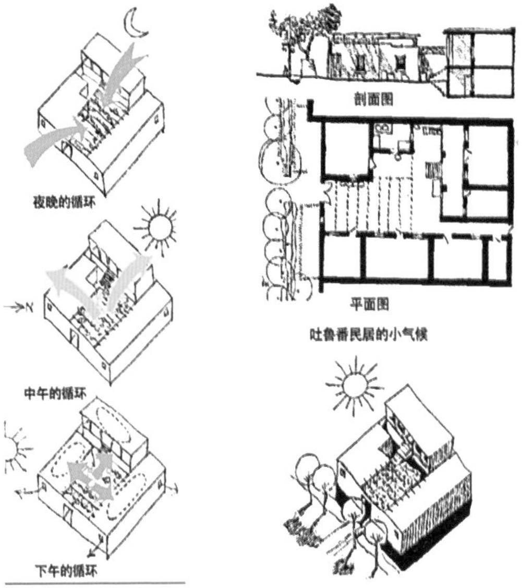

图11-202 麻扎村葡萄架庭院通风及平面示意图
Figure11-202 Schematic diagram of grape vine garden ventilation of Mazar village
图片来源：岳邦瑞.绿洲建筑论——地域资源约束下的新疆绿洲聚落营造模式[M].上海：同济大学出版社，2011

4）建筑对气温适应性反应：保温与抗热

（1）土拱、半地下室、夏房与冬房（图11-203～图11-205）：① 土拱——吐鲁番民居以“土拱”式半地下室空间为其典型特征。民居通常为一层或部分两层，呈内向封闭式的庭院，所有的房屋几乎都是土坯建造。② 半地下室——半地下室房屋是将原生土做“墙”，上半部墙用土块砌筑成上半层的地坪，墙和楼盖拱顶全部用土坯砌筑。③ 夏房与冬房——半地下室，通常是夏房、库房等用房，维吾尔族居民将坎儿井的水引入，使室内清爽舒适。二层基本为冬房。

（2）转移式生活方式。当地人在不同季节乃至一天当中频繁变换生活空间，以适应“早穿皮袄午穿纱”式的气温变化。从季节来看，夏季人们多住在底层半地下室的“夏房”里，过了炎热季节，则住在二层房间的“冬房”中[47]。

图11-203 半地下室空间剖面示意图
Figure11-203 Section of semi basement space profile

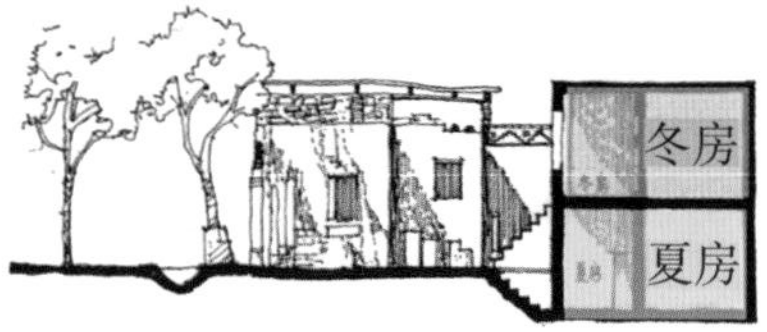

图11-204 半地下室空间剖面示意图
Figure11-204 Section of semi-underground space

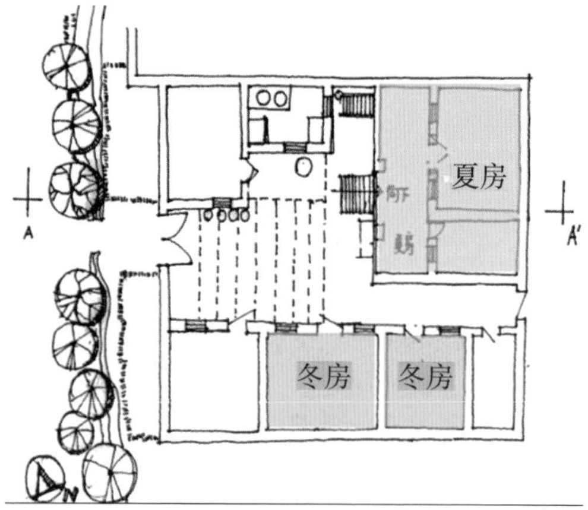

图11-205 半地下室“夏房”与二层的“冬房”
Figure11-205 “Summer housing” in semi-basement and"winter housing" on the second floor

图片来源：李春静.干旱区气候环境下的乡土景观设计对策研究——以吐鲁番麻扎村和于田县老城区为例[D].西安：西安建筑科技大学，2011

形态也必然反映社会过程与地域生活模式（图11-207）。在这种情况下，人居演进的动力主要来自人居单元自身的历史积累，多元的人居单元及其相应的地域文化在较少受外来因素影响的情况下，固守本地域的传统，呈历史叙事式的线性发展（图11-208）。麻扎村的空间形态及其发展是社会生活、生产关系的自然呈现，因而人居形态也必然反映社会过程与地域生活模式（图11-209）。从地域文化的角度来说，麻扎村人居的发展是一种理想模式。

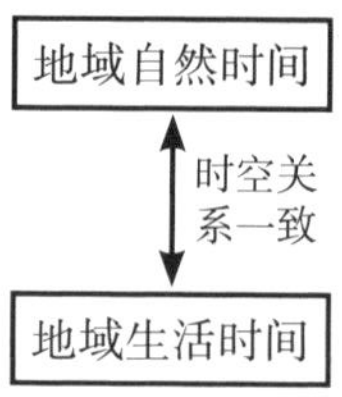

图11-207 麻扎村地域时空一致性
Figure11-207 The geographical spatio-temporal consistency of geographical spatio-temporal consistency

3. 自然崇拜阶段建设特点

对自然的敬畏与崇拜；建设行为顺应自然规律，明显的环境自适应性特征；建设受活动影响，指导并影响下一阶段。自然崇拜阶段人居建设的核心问题：由尊重自然的活动引发的聚落建造体现出明显的环境适应性。具体来说，人居建设总体受民族、宗教影响（图11-210）；人居建设中对资源的态度反映着当时社会古朴的世界观，受人类文化学影响大；水资源的处理方式在人居建设中占据最重要的地位。

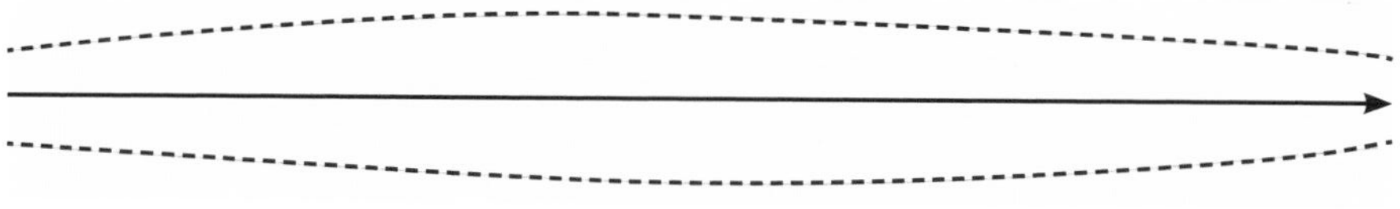

图11-208 麻扎村历史叙事式的线性发展
Figure11-208 Linear development of historical narrative style in Mazar Village

11.4.1.4 自然崇拜阶段人居特点

1. 人居背景特点

自然资源作为资源的构成主导部分，在漫长的发展当中，人们对于自然资源进行一系列的运用，在探究中研究出对于自然资源的各种利用方法，在这个过程当中，自然资源有所减少，但是仍然是主导性资源（图11-206）。自然与人工的结合，在技术的发展下得到了发展，所占比例逐渐增加，但仍次于自然资源。人类活动的展开慢慢加强了人工资源的占有比例，使人工资源逐渐增加比重，这也引出了下一个阶段的发展趋势。

2. 人居活动特点

麻扎村的空间形态及其发展是社会生活、生产关系的自然呈现，因而人居

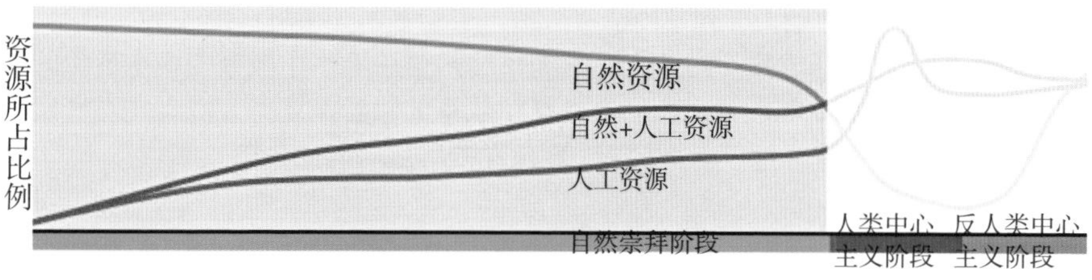

图11-206 麻扎村资源使用发展
Figure11-206 The usage and development of resources of Mazar Village

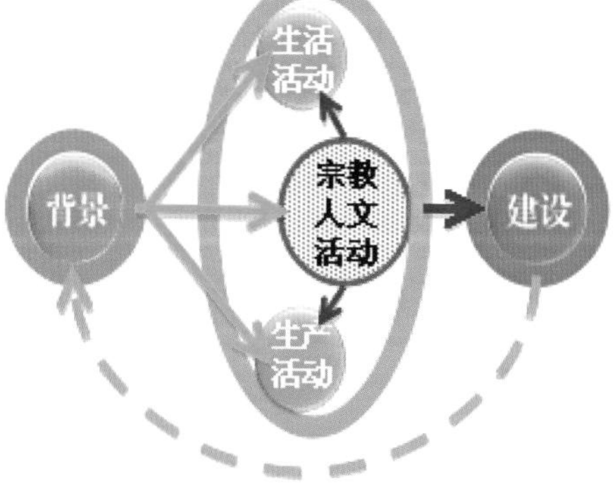

图11-209 活动、背景、建设关系框架图
Figure11-209 Framework of the relationship among activities, background and construction

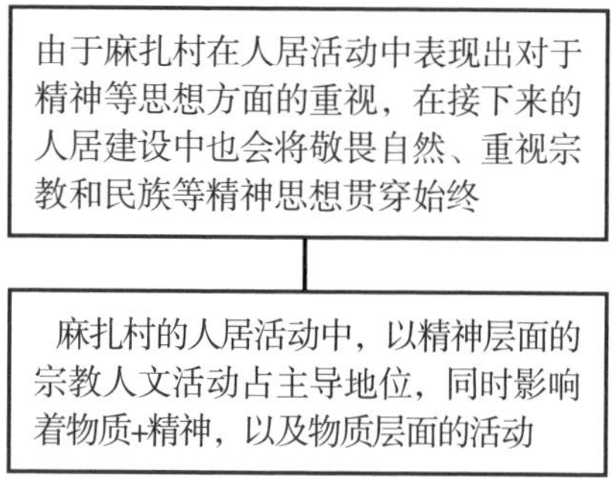

图11-210 麻扎村人居活动精神层面分析框架
Figure11-210 Mazha village settlement activity spirit level analysis framework

11.4.2 现代城市——克拉玛依

11.4.2.1 人居背景

1. 地理环境

克拉玛依市位于东经84°44′~86°1′，北纬44°7′~46°8′之间，地处准噶尔盆地西北缘（图11-211）。北部、东北部与和布克赛尔蒙古自治县相接，西南与托里县为邻，南面与乌苏县、沙湾县接壤。境内无火车通行，交通运输主要靠陆运和空运两种途径。

克拉玛依地理环境属于典型的内陆干旱区，全境大部分为戈壁荒漠，从南到北分布的土壤依次为棕钙土、荒漠灰钙土和灰棕色荒漠土，土中多含沙砾，土质低劣，境内不少地方土壤含盐量很高。东面有中国面积最大的固定、半固定沙漠——古尔班通沙漠，南面紧邻天山山脉，城市中心区西北面有加依尔山。

2. 水资源

河流水系及湖泊情况（图11-212、图11-213）：

1）主要地表水资源来自境外：克拉玛依市当地降水参与形成地表径流的河流很少，只有独山子区的小巴因沟和乌兰布拉克沟，其余地表水资源量都来自境外，如白杨河、玛纳斯河和奎屯河。

2）主要河流及湖泊：自北向南流入克拉玛依市的白杨河是主要水源之一，白杨河属于山区季节性积雪消融补给，发源于西邻托里县，其尾闾是克拉玛依市的唯一的天然湖泊——艾里克湖。艾里克湖是一个淡水湖，湖泊库容为1亿m^3，多年平均蓄水量4000万m^3，20世纪80年代以来曾一度干涸，近些年由于其导源河流白杨河的河道水量偏丰，湖泊水面面积又恢复到40km^2以上。奎屯河出山口以后从独山子区西边界流过，是独山子区的主要地表水源。玛纳斯河的下游在克拉玛依市境内，由于上游大量引水该河已经断流二十多年，只有在丰水年份才有洪水泄向克拉玛依东南低洼区。

3）地下水资源：克拉玛依市多年平均地下水资源量为28740万m^3。克拉玛依市有三个主要的地下水源地，分别为黄羊泉水源地、百口泉水源地和包古图水源地。克拉玛依市百口泉地下水的水质良好，所有监测项目均达到Ⅲ类水质标准，其中绝大部分达到Ⅱ类水质标准；地下水的可开采量：地下水可开采量的定义是指在可预见的时期内，通过经济合理、技术可行的措施，在不引起生态环境恶化条件下，允许从含水层中获取的最大水量。其中有几处主要的水源地，如黄羊泉水源地的年可开采量为730万m^3，百口泉水源地的年可开采量为1460万m^3，包古图水源地的年可开采量为288万m^3；对独山子区，地下水可开采量为7114m^3。

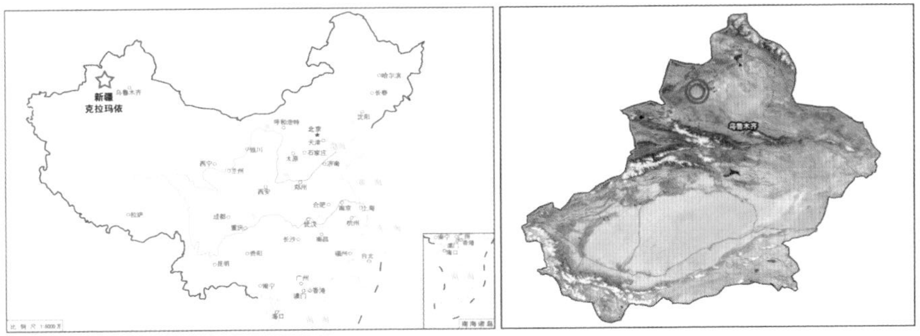

图11-211 克拉玛依地理位置
Figure11-211 Location of Karamay
底图来源：Google Earth截图

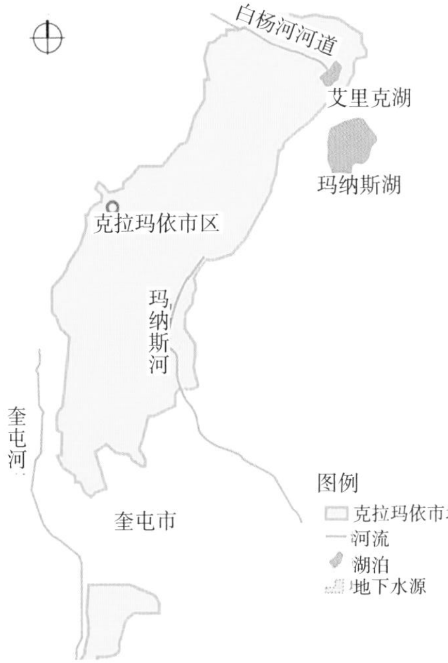

图11-212 克拉玛依自然水系示意图
Figure11-212 Schematic diagram of natural water system of Karamay
图片来源：谢蕾.克拉玛依水资源配置研究[D]. 新疆：新疆农业大学，2005

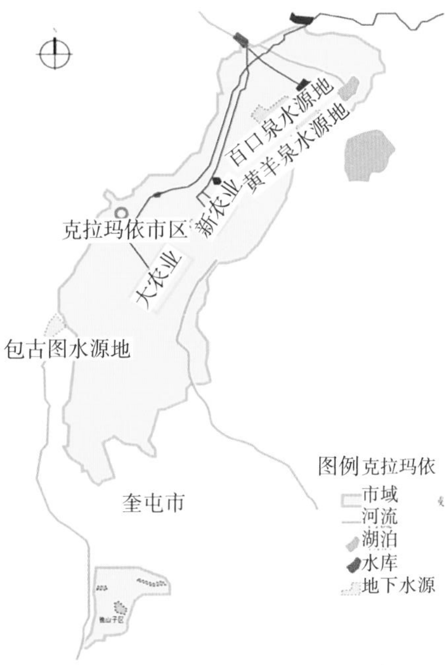

图11-213 克拉玛依地下水源地分布图
Figure11-213 Distribution map of underground water of Karamay
图片来源：谢蕾.克拉玛依水资源配置研究[D]. 新疆：新疆农业大学，2005

3. 土地资源

1）地形地貌

克拉玛依位处欧亚大陆腹地准噶尔盆地西北缘，海拔高度在270~1283m之间。濒临古尔邦通古特沙漠，远离海洋（图11-214）。

（1）山脉：市区西北缘是加依尔山（成吉思汗山），山脉南北走向，山势较低，由构造剥蚀低山丘陵组成，海拔高度为600~800m；

（2）戈壁荒漠：下垫面以沙漠戈壁为主，气温变化剧烈。戈壁滩上散落着许多沙丘、沙垄和沙包，其上覆盖着荒漠植物。由于风力冲刷，使地面凹凸不平，形成了独特的风蚀地貌。在戈壁的低洼处，依靠少量的自然降水和地下潜流，生长着荒漠植物及蒿类矮生植物，形成半荒漠景观。

2）地质景观资源

雅丹地貌、天然淡水湖泊、大峡谷；黑油山、彩石滩、油砂山、恐龙化石丘、红山丘、天然沥青脉、泥火山。

3）土壤类型

从历史看，克拉玛依环境经历了一个由水湿迅速旱化的过程，土壤中普遍存留有过去水湿植被的影响痕迹。

（1）土壤类型：土壤主要有棕漠土、灰棕漠土，是由冲积物的母质在干旱条件下发育形成的地带性土壤。此外，还有盐土、砂质土、干沼土的分布；

（2）土壤分布：克拉玛依市全境大部分为戈壁荒漠，从南到北分布的土壤依次为棕钙土、荒漠灰钙土和灰棕色荒漠土，土中多含沙砾，土质低劣，境内不少地方土壤含盐量很高；

（3）土地利用出现的问题：20世纪50～70年代，由于生活用柴而砍伐植被，林地面积有所减少。从80年代开始，随着燃料和供热方式的改变，再不需要砍伐植被作燃料，戈壁荒漠植被逐渐得到恢复，胡杨次生林和荒漠灌木林覆盖率达3.0。境内有天然草地约10.5万hm^2，其中牧草地约8.16万hm^2。草场质量较差，且由于地下水位下降和过度放牧，造成了草场逐年退化现象。

黑油山　　雅丹地貌　　大峡谷

图11-214 克拉玛依地形地貌

Figure11-214 Topography and geomorphology of Karamay

4）土地利用状况（图11-215）

（1）土地利用概况：克拉玛依市绿洲规模比较小，易受境内外重大项目的冲击，使土地利用结构在短时期内发生明显变化。

（2）土地利用结构：克拉玛依市土地总面积865408hm^2，占新疆面积的0.52%，在新疆15个地州中土地面积最小。地处库尔班通古特沙漠之西侧，接近准噶尔盆地腹部，低山丘陵和沙漠，戈壁占面积的87%。大量的土地难以利用或者不能利用而被闲置未利用土地占土地总面积的50.9%。已利用土地面积约占49%。土地利用率高于全疆38%的水平。耕地面积占已利用土地面积的9%左右，也高于全疆6%的水平，但耕地的绝对数量却是全疆各地州中最少。

（3）土地利用总体规划：自1997年实施以来，按规划要求在保证石油工业用地和城镇发展以及基础设施建设用地的同时，积极调整产业结构，重点发展农业产业，确保农业作为城市长远发展的替代产业，逐步奠定了可持续发展的基础。耕地在市域用地结构中的比重不断提高，市域内的生态服务价值稳步增长。

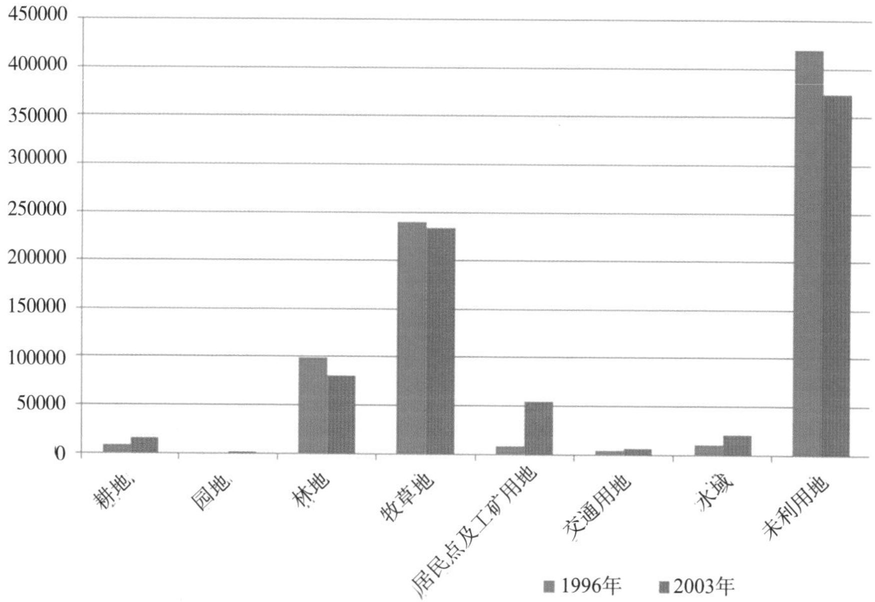

图11-215 克拉玛依市土地利用状况一览表

Figure 11-215 Land use status of Karamay

数据来源：殷志刚，卞正富，张永福.克拉玛依土地利用规划实施的生态效果研究[J].干旱区地理，2006,29（5）

4. 气候资源

1）气候资源概况（表11-59）

（1）气候带：克拉玛依市位于中纬度内陆地区，属典型的温带大陆性气候。

（2）气候特点：寒暑差异悬殊，干燥少雨，春秋季风多，冬夏温差大。积雪薄，蒸发快，冻土深。

（3）气候要素：大风、寒潮、冰雹、山洪等灾害天气频发。四季中，冬夏两季漫长，且温差大，春秋两季为过渡期，换季不明显。特殊的地理地貌构成克拉玛依市多大风、少降水的主要气候特点。

（4）气温：年平均气温为8.6℃。1月为最冷月，历年月平均气温为-15.4℃，极端最低气温为-40.5℃，出现在1984年12月23日小拐地区。7月为最热月，历年月平均气温均在27.9℃，极端高温曾达到46.2℃，出现在2004年7月14日乌尔禾区百口泉地区（图11-216、表11-60）。

（5）日照量：全年日照以7月份为最多，达302.5h，12月份为最少，仅99.8h。

（6）降水量：年平均降水量为108.9mm，蒸发量为2692.1mm，是同期降水量的24.7倍（图11-217）。

（7）气候变化趋势：1961~2008年克拉玛依市年平均气温和降水量呈上升趋势，日照时数和年平均风速呈减小的趋势，气候总体呈“暖湿化”趋势。这一现象对改善新疆脆弱的生态环境具有重要意义[23]。

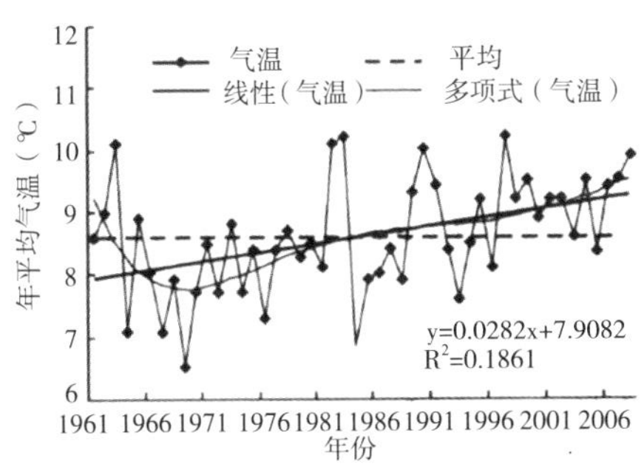

图11-216 1961~2008年克拉玛依市年平均气温变化

Figure11-216 Changes in annual average (1961-2008)

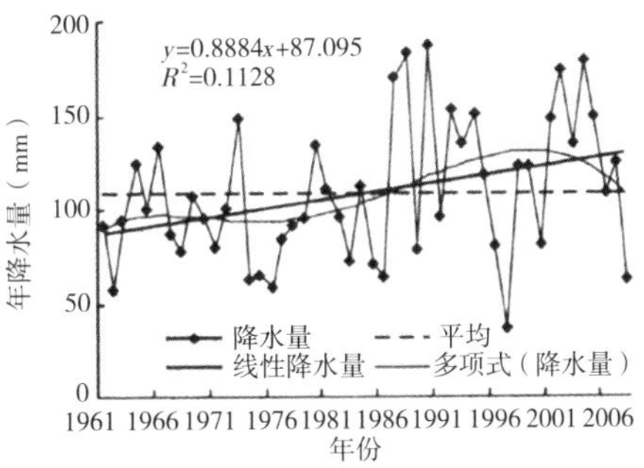

图11-217 1961~2008年克拉玛依市年平均降水量变化

Figure11-217 Changes in the annual mean (1961-2008)

来源：普宗朝，张山清，杨琳等.1961~2008年新疆克拉玛依市气候变化分析[J].新疆农业大学学报，2009，32（4）:55-60.

表 11-59 克拉玛依市各气候要素年代际变化

Table11-59 Decadal changes of various climate factors in Karamay

年份	年平均气温（℃）	年降水量（mm）	年日照时数（h）	年平均风速（m/s）	年潜在蒸散量（mm）	地表干燥度
1961~1970年	8.1	97.0	2753.4	3.9	1600.4	17.5
1971~1980年	8.2	92.4	2726.9	3.7	1596.3	18.9
1981~1990年	8.7	114.8	2627.3	3.0	1437.0	14.7
1991~2000年	8.9	110.0	2727.9	2.8	1424.5	15.7
2001~2008年	9.2	135.5	2679.7	2.8	1379.5	11.1
1961~2008年	8.6	108.9	2704.0	3.2	1492.0	15.8

来源：普宗朝，张山清，杨琳等. 1961~2008年新疆克拉玛依市气候变化分析[J]. 新疆农业大学学报，2009，32（4）:55-60。

2）灾害性气候特征

（1）干旱：降水量：克拉玛依四季降水以夏季为最多，占全年降水量一半以上；且降水次数多，降水量大，这是夏季降水量集中的一个原因。克拉玛依冬季的降水量最少，平均季降水量不足10mm，约占全年降水量的9%。克拉玛依年降水量较少，蒸发量大，气候干燥，年降水量有准7 年的周期变化；降水量特征：克拉玛依年降水量主要集中在夏季，且夏季和冬季降水量相差悬殊，大多数年的冬季表现为少降水。夏季短时暴雨破坏性较大，给生产和人民生活造成损失。

（2）强风：大风是克拉玛依主要的灾害性天气之一。克拉玛依强大风的气候特点：从季节上看，春季（3~5月）特强大风最多，占总次数的56%，秋季（9~11月）占22%，夏季和冬季出现的机率较小。12级大风3次出现在春季，其余两次分别出现在秋季的10月和冬季的1月。特强大风集中出现在春季的4、5月份。

（3）雾：阴雾天气对交通安全有极大影响。克拉玛依民航机场于2006年建成通航。对阴雾天气预报服务提出了更高的要求。雾的气候特征：1961~2007年克拉玛依雾日呈增加趋势。主要体现为冬季雾日的增多。轻雾日数增加尤为明显。起雾时间主要集中在8~10时，春秋季起雾时间比冬季更为集中。午后到傍晚起雾的概率很小。克拉玛依雾持续时间最短的仅4min，最长的21.5h。持续时间大于12h占比例较小，但呈增加趋势。长时间的阴雾天气会给交通带来较大的影响。

3）沙尘天气

克拉玛依多大风天气，大风卷起地面沙尘造成的沙尘天气是影响克拉玛依的主要天气灾害之一。沙尘天气包括沙尘暴、扬沙、浮尘三类天气现象，对交通运输、人体健康危害较大。

（1）克拉玛依沙尘天气特点：克拉玛依沙尘天气年平均4 次。沙尘暴20世纪80年代开始明显减少，浮尘20世纪90年代开始明显减少，扬沙天气21世纪明显减少；沙尘天气春季4、5月份出现频率最高。1月没有出现过沙尘天气；持续时间长的沙尘暴出现频次较少，且主要分布在春季；扬沙天气伴随8级以上大风的频率为85%，春季出现扬沙天气的频率最高；克拉玛依持续时间长的浮尘天气主要出现在春季，又以4月频率最高，其次是秋季的11月；空气污染概况：作为一座以石油工业为主的工业城市，克拉玛依市的空气环境质量总体上说属于良好级，但随着城市机动车拥有量的大幅增加以及石油石化企业的规模扩建，供热企业因城市规模扩大而进行的改建扩建，克拉玛依城市空气污染依旧不可忽视（表11–61、表11–62、图11–218）。

（2）空气环境质量：克拉玛依市区的空气环境质量较好，首要污染物浓度达国家二级标准，空气污染综合指数一直保持在 4 以下，按空气环境质量分级，市区属于优或良。空气污染的成因首要污染物是总悬浮颗粒物，其次是降尘和氮氧化物，SO_2在低于国家一级标准的范围内波动。

（3）地理与气象是空气污染的自然条件，从某种程度来说是难以制约的因素。

表 11–60 主要城市全年降水量一览表（2007 年）
Table11-60 Annual precipitation of main cities in China in 2007

城市	各月份平均降水量（mm）												全年合计
	1月	2月	3月	4月	5月	6月	7月	8月	9月	10月	11月	12月	
乌鲁木齐市	17.2	11.0	7.6	33.3	107.7	16.8	107.6	53.5	27.1	15.3	5.4	17.0	419.5
克拉玛依市	3.3	0.8	3.7	14.7	16.4	9.0	34.7	33.3	2.8	1.3	—	5.2	125.2
石河子市	11.2	6.9	7.8	28.0	57.4	23.1	24.6	29.1	23.5	13.3	11.2	21.2	257.3
阜康市	13.2	7.3	3.8	18.1	64.1	15.7	54.3	57.2	23.3	16.0	4.1	14.7	291.8

表 11–61 1971~2006 年 11 级以上大风天气月季分布
Table11-61 Statistics of month and season windy weather above 11 grade (1971-2006)

季	春			夏			秋			冬		
月	3	4	5	6	7	8	9	10	11	12	1	2
11级（次）	1	3	3		1	1	1	1	1			1
12级（次）		2	1					1			1	

克拉玛依市区夏季酷热，冬季严寒，干旱少雨，多风沙，气温变化剧烈，属典型的大陆性气候。

（4）空气污染的特征：克拉玛依市区是典型的风沙型、煤烟型空气污染。克拉玛依有漫长的冬季采暖期（10月中旬到次年3月中旬），历时5个月，在采暖期主要污染物是烟尘（总悬浮颗粒物和降尘）和氮氧化物，空气污染属煤烟型；春秋季主要污染物是总悬浮颗粒物和降尘，空气污染属风沙型；夏季空气质量较好。废气污染源废气污染源是大气污染的人为原因。从2001~2009年工业企业能源消耗总量的变化趋势来看，克拉玛依市能源消耗的总量不断增加，导致废气污染源增多。

5．植被资源

1）研究区区位

本研究以克拉玛依农业综合开发区外围荒漠植被为对象，位于克拉玛依市南

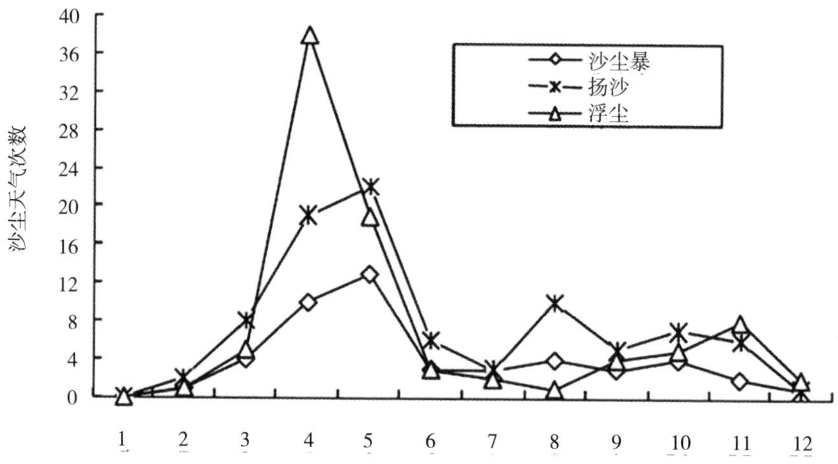

图11–218克拉玛依沙尘天气次数月分布曲线
Figure11-218 Distribution curve of monthly frequency of sand dust weather of Karamay

表 11–62 沙尘天气出现情况
Table11-62 Dust weather situation

沙尘天气	1961 ~ 1970		1971 ~ 1980		1981 ~ 1990		1991 ~ 2000		1991 ~ 2008	
	次数	频率	次数	频率	次数	频率	次数	频率	次数	频率
沙尘暴	11	22.9	22	45.8	9	18.8	6	12.5	0	0
扬沙	18	20.2	33	37.1	17	19.1	15	16.9	6	6.7
浮尘	17	19.3	23	26.1	34	38.6	6	6.8	8	9.1

部，分为西北和西南两个研究区进行（图11-219）。西北区地势平坦，海拔273m左右，自西南向东北缓慢倾斜，起伏不大，坡降在1/3000左右；西南区位于山前，自东南向西北。倾斜，地势起伏相对较大，海拔275~279m。

2）植被分类

（1）分类目的。植被分类的目的在于揭示植物的这种组合规律及其与环境的关系，从而比较全面系统地认识一定区域的植被（表11-63）。

（2）群丛定义。根据群丛的定义“凡是层片结构相同，各层片的优势种或共优种相同的植物群落的联合为群丛”。

（3）分类依据。根据本区植被的特点，并适当考虑其生境，以植物群落本身的特征、特别是群落的优势种或建群种为分类依据，根据《中国植被》一书确立的中国植被分类系统的三个主要等级：植被型、群系和群丛，将克拉玛依农业开发区外围荒漠植被划分为2个植被型，5个群系，8个群丛。

3）植物群落面积及盖度

西南区梭梭群落所占面积相对最大（图11-220），达到研究区总面积的28.85%，而西北区则以梭梭+白梭梭群落所占面积相对最大，占研究区总面积的19.81%（图11-221）；从群落盖度可以得出：除芦苇群落外，西南区和西北区的白梭梭群落平均盖度最高，分别为38.14%和20.23%，其次，西南区的梭梭群落盖度也较高，为18.17%。西南区各盖度等级分布比较对称，10%~25%的盖度等级分布面积最大，占西南区总面积的43.25%，比较符合荒漠植被自然分布的盖度10%~50%规律；西北区盖度等级面积分布状况为1%~5%和5%~10%盖度等级所占面积较大，西南区的主体等级10%~25%在西北区只占16.34%，说明西北区植被退化严重[57]（表11-64）。

4）树种生态习性评价（表11-65~表11-68）

各树种指标等级分为强中弱三级分别用＋＋＋、＋＋、＋来表示。光能利用效率大于25.000mmolCO_2/mol proton为一级，＋＋＋；25.000-8.100mmolCO_2/mol proton为二级，＋＋；小于8.100mmolCO_2/mol proton为三级，＋。水分利用效率大于0.900μmolCO_2/mmolH_2O为一级，＋＋＋；0.900~0.490μmolCO_2/mmolH_2O为二级，＋＋；小于0.490μmolCO_2/mmolH_2O为三级，＋[58]。

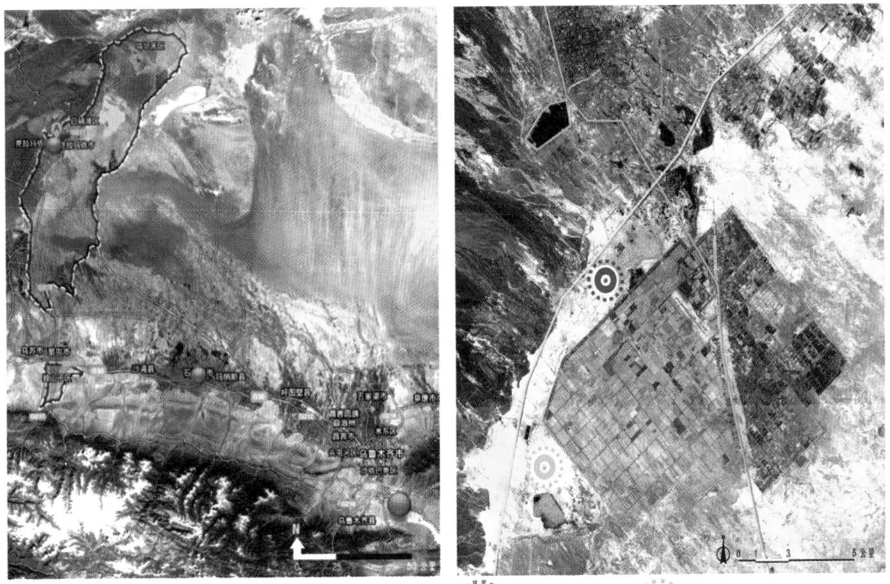

图例：克拉玛依市　西北研究区　西南研究区

图11-219 研究区区位
Figure11-219 Location of the research area
底图来源：Google Earth截图

表 11-63 植被类型划分表
Table11-63 Classification of vegetation types

植被型	群系	群丛
荒漠	1. 梭梭群系 *Form. Haloxylon* ammodendron	（1）梭梭群丛 *Ass. Haloxylon* ammodendron
		（2）梭梭+白梭梭群丛 *Ass. Haloxylon* ammodendron + *Haloxylon persicum*
		（3）梭梭+盐穗木群丛 *Ass. Haloxylon* ammodendron + *Halostachys belangeiana*
		（4）梭梭+白刺群丛 *Ass. Haloxylon* ammodendron+*Nitraria tangutorum*
	2. 白梭梭群系 *Form. Haloxylonpersicum*	（5）白梭梭群丛 *Ass. Haloxylon* persicum
	3. 盐穗木群系 *Form.Halostachys* belangeriana	（6）盐穗木群丛 *Ass. Halostachys* belangeriana
	4. 柽柳+芦苇群系 *Form. Tamarix* chinensis + *Phragmites communis*	（7）柽柳+芦苇群丛 *Ass. Tamarix* chinensis + *Phragmites communis*
草甸	5. 芦苇群系 *Form. Phragmites* communis	（8）芦苇群丛 *Ass. Phragmites* communis

数据来源：王梅，潘存德，楚光明等. 人工绿洲外围荒漠植被及其群落外貌特征[J]. 干旱区地理，2005（1）

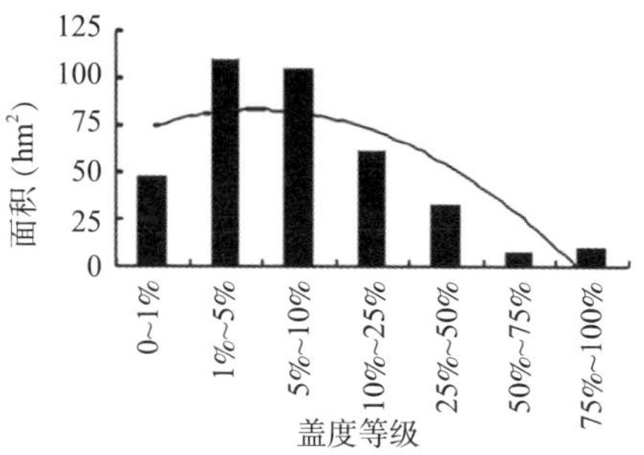

图11-220 西南区盖度等级结构分析图
Figure11-220 Analysis of cover class structure in the southwest area

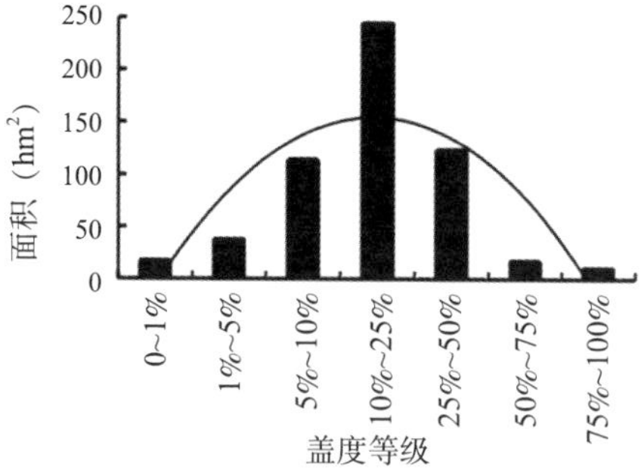

图11-221 西北区盖度等级结构分析图
Figure11-221 Analysis of cover class structure in the nouthwest area

图片来源：王梅，潘存德，楚光明等.人工绿洲外围荒漠植被及其群落外貌特征[J].干旱区地理，2005（1）

表 11-64 植物群落统计表
Table11-64 Statistics of plant community

研究区	群落类型	盖度（%）	面积（hm^2）	面积百分比（%）	占总面积（%）
西南区	梭梭群落	18.17	273.75	48.32	28.85
	白梭梭群落	38.14	148.00	26.13	15.59
	盐穗木群落	8.86	128.00	22.59	13.49
	芦苇群落	65.20	16.75	2.96	1.76
	合计	/	566.50	100.00	59.69
西北区	梭梭+盐穗木群落	3.63	35.75	9.35	3.77
	梭梭+白刺群落	13.92	107.50	28.10	11.33
	白梭梭群落	20.23	22.50	5.88	2.37
	梭梭+白梭梭群落	13.17	188.00	49.15	19.81
	柽柳+芦苇群落	55.38	28.75	7.52	3.03
	合计	/	382.50	100.00	40.31
总计	/	/	949.00	/	100.00

表 11-65 树种生态习性评价表一
Table11-65 Assessment of tree species ecological habits 1

树种	耐阴性	耐旱性	耐土壤贫瘠性	耐盐性	耐低温性	抗风性	光能利用效率	水分利用效率
雪岭云杉	+++	+	+	+	+++	+		
红皮云杉	+++	+	+	+	+++	+		
青海云杉	+++	+	+	+	+++	+		
油松	+	+++	+++	++	++	++		
樟子松	+	+++	+++	++	+++	+++		
侧柏	+	+++	+++	+++	++	++		
杜松	+	+++	+++	++	+++	+		
银杏	+	++	+	+	++	++		
胡杨	+	+++	+++	+++	+++	+++	++	+++
新疆杨	+	++	++	+++	+++	+++		
欧洲山杨	++	+	+	++	+++	++		
箭杆杨	+	++	++	++	+++	+++		
小意杨	+	++	+	+++	+++	+++		
少先队杨	+	++	++	++	+++	+++		
俄罗斯杨	+	++	+	++	+++	+++		
白柳	+	++	+++	+++	+++	+++	++	+++
垂柳	+	+	++	++	+	++		
龙爪柳	+	+	++	++	+	++		
馒头柳	+	++	++	++	++	++		
美国黑核桃	+	++	+	+	++	++		
风杨	+	++	++	++	++	++		
疣枝桦	++	+	++	++	+++	++		
夏橡	+	++	+	++	+++	+++	+++	++
美国凌霄	++	+++	+	++	+	+		

表 11-66 树种生态习性评价表二
Table11-66 Assessment of tree species ecological habits 2

树种	耐阴性	耐旱性	耐土壤贫瘠性	耐盐性	耐低温性	抗风性	光能利用效率	水分利用效率
红果山楂	+	+++	++	++	+++	++		
三刺皂荚	+	++	+	++	++	+++		
刺槐	+	+++	+++	+++	+	+		
国槐	+	++	+	++	++	++		
香花槐	+	++	+	++	++	+		
丝棉木	++	++	++	++	+++	++	+	++
茶条槭	++	++	++	++	++	++		
山桃	+	+++	++	++	+++	++	+	++
火炬树	++	++	++	+++	++	++	++	++
大果沙枣	+	+++	+++	+++	+++	+++		
尖果沙枣	+	+++	+++	+++	+++	+++	++	++
文冠果	+	+++	+++	++	+++	+++		
树锦鸡儿	++	+++	+++	+++	+++	+++		
接骨木	+++	+	++	++	+++	+++	+	++
暴马丁香	+	++	++	++	+++	+++	++	+
北京丁香	++	++	++	++	++	+++		
洋丁香	++	++	+	++	+++	+++		
紫丁香	++	+++	++	++	+++	+++		
多枝柽柳	+	+++	+++	+++	+++	+++		
白梭梭	+	+++	+++	+++	+++	+++		
新疆圆柏	+	+++	+++	+++	+++	+++		
毛樱桃	++	++	+++	++	+++	++		
榆叶梅	+++	++	++	++	+++	++		
金老梅	++	++	++	+++	+++	+++		

表 11-67 树种生态习性评价表三
Table11-67 Assessment of tree species ecological habits 3

树种	耐阴性	耐旱性	耐土壤贫瘠性	耐盐性	耐低温性	抗风性	光能利用效率	水分利用效率
白榆	+	+++	+++	+++	+++	+++	++	++
欧洲大叶榆	+	+++	++	++	+++	+++	+	++
垂榆	+	+++	++	++	++	+++	++	+
圆冠榆	+	+++	++	++	++	+	++	++
黄榆	+	+++	+++	++	+++	+++		
春榆	+	+++	++	++	+++	+++		
裂叶榆	+	+++	++	++	+++	+++		
东北黑榆	+	+++	++	++	+++	+++		
河南钻天榆	+	+++	++	++	+	+++		
复叶槭	+	++	+	++	+++	++		
大叶白蜡	+	++	++	++	+++	++	++	++
新疆小叶白蜡	+	+++	++	++	+++	+++	++	++
水曲柳	++	++	+	++	++	++		
白桑	+	++	+++	++	++	+++	++	+++
梓树	++	++	+	++	++	+	+	++
黄金树	+	++	+	++	++	+	+	++
杏	+	+++	++	++	+	++		
李	+	++	++	++	+	++		
欧洲稠李	++	++	++	++	+++	++		
海棠果	+	++	++	++	+++	++		
苹果	+	+	+	++	++	++		
红苹果	+	+	+	++	++	++		
黄太平	+	++	+	++	+++	++		
黄果山楂	+	+++	++	++	+++	+++	++	++

表 11-68 树种生态习性评价表四
Table11-68 Assessment of tree species ecological habits 4

树种	耐阴性	耐旱性	耐土壤贫瘠性	耐盐性	耐低温性	抗风性	光能利用效率	水分利用效率
珍珠梅	+++	++	+	++	+++	++	++	+
疏花蔷薇	+	+++	+++	+++	+++	+++		
玫瑰	+	++	+	++	+++	+++		
黄刺玫	+	+++	+++	++	+++	+++		
紫惠槐	++	+++	+++	+++	++	+++	+++	+
红叶小檗	++	+++	+++	++	+++	+++		
香茶藨	++	++	+	++	++	++		
铃铛刺	+	+++	+++	+++	+++	+++		
沙棘	+	+++	+++	+++	+++	+++		
油树	++	++	+	+	+	++		
红端木	+++	++	+	++	+++	++	+	+
连翘	++	++	+++	++	++	++		
宁夏枸杞	+	+++	+++	+++	+++	+++		
黑果枸杞	+	+++	+++	+++	+++	+++		
锦带花	++	+++	+++	++	+++	++		
鞑靼忍冬	++	+++	+++	+++	+++	+++		
欧荚蒾	+++	+	+	++	+++	++	++	+
西伯利亚白刺	+	+++	+++	+++	+++	+++		
膜果麻黄	+	+++	+++	+++	+++	+++		
梭梭	+	+++	+++	+++	+++	+++		
葡萄	+	++	+	++	+	+		
五叶地锦	+++	++	++	++	+++	++	+++	++

5）树种观赏特性分析及评价（图11-222、图11-223，表11-69 ~ 表11-72）

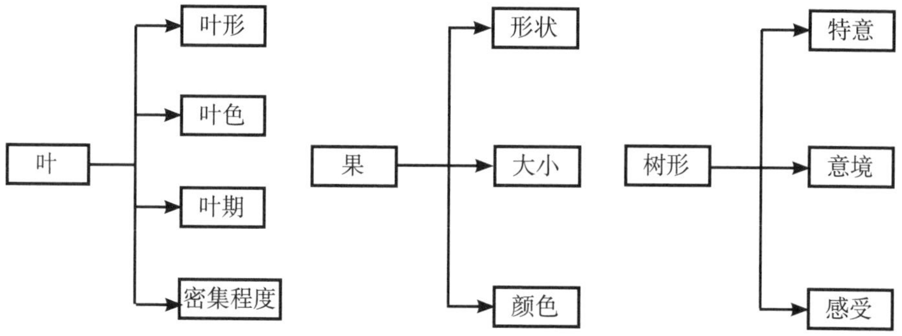

图11-222 树种观赏特性分析与评价体系示意图一
Figure11-222 Analysis of species of ornamental characteristics and schematic diagram of evaluation system1

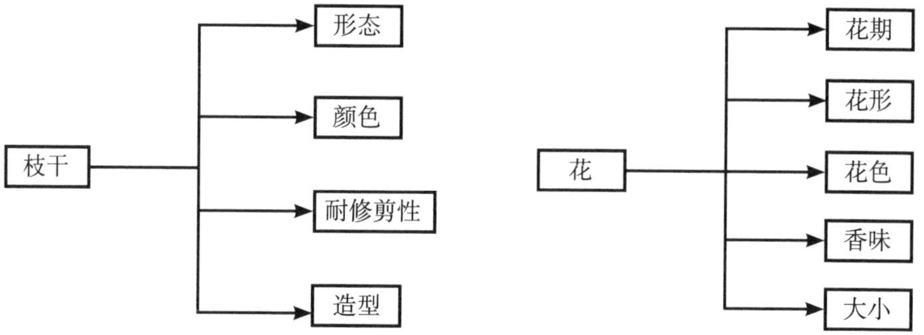

图11-223 树种观赏特性分析与评价体系示意图二
Figure11-223 Analysis of species of ornamental characteristics and schematic diagram of evaluation system2

表 11–69 树种观赏特性分析与评价表一
Table11-69 Analysis and evaluation of tree enjoyment 1

树种	树形	叶	花	果	枝干
白榆	++	++	+	+	++
欧洲大叶榆	++	+	+	+	+
垂榆	+++	++	+	+	+++
圆冠榆	+++	++	+	+	++
黄榆	++	++	+	++	+
春榆	++	++	+	+	+
裂叶榆	++	+++	+	+	+
东北黑榆	++	++	+	+	+
河南钻天榆	++	+	+	+	++
复叶槭	++	+++	+	++	++
大叶白蜡	++	++	+	++	+
新疆小叶白蜡	++	++	+	+	+
水曲柳	++	++	+	+	+
白桑	++	++	++	++	+
梓树	++	+++	+++	+++	+
黄金树	++	+++	+++	+++	+
杏	++	++	+++	+++	+
李	++	++	+++	+++	+
欧洲稠李	++	++	+++	+++	+
海棠果	++	++	+++	+++	+
苹果	++	++	+++	+++	+
红苹果	++	+++	+++	+++	+
黄太平	++	++	+++	+++	+
黄果山楂	++	++	++	++	+

表 11–70 树种观赏特性分析与评价表二
Table11-70 Analysis and evaluation of tree enjoyment 2

树种	树形	叶	花	果	枝干
红果山楂	++	++	++	+++	+
三刺皂荚	++	++	++	+++	+
刺槐	++	++	+++	++	+
国槐	++	++	+++	+++	+
香花槐	++	++	+++	++	+
丝棉木	++	++	++	+++	++
茶条槭	++	++	+	+++	+
山桃	++	++	+++	+	+++
火炬树	+++	++	+++	+++	+
大果沙枣	+	+++	+++	+++	+
尖果沙枣	+	+++	+++	++	+
文冠果	++	++	+++	+++	+
树锦鸡儿	++	++	+++	++	+
接骨木	++	++	++	+++	+
暴马丁香	++	++	+++	+	+
北京丁香	++	++	+++	+	+
洋丁香	++	++	+++	+	+
紫丁香	++	++	+++	+	+
多枝柽柳	+	++	+++	+	+
白梭梭	++	++	+	+	+
新疆圆柏	+++	++	+	+	++
毛樱桃	++	++	+++	++	++
榆叶梅	++	++	+++	++	++
金老梅	++	++	+++	+	+

表 11-71 树种观赏特性分析与评价表三
Table11-71 Analysis and evaluation of tree enjoyment 3

树种	树形	叶	花	果	枝干
珍珠梅	++	+++	+++	+	++
疏花蔷薇	+	++	+++	+++	++
玫瑰	++	++	+++	++	++
黄刺玫	+++	++	+++	++	++
紫惠槐	++	++	+++	+	+
红叶小檗	++	+++	+	+	++
香茶藨	++	++	+	+	+
铃铛刺	++	++	++	+++	++
沙棘	+	++	++	+++	+
油树	++	++	++	++	++
红端木	++	++	++	+++	++
连翘	++	++	+++	+	++
宁夏枸杞	+	++	+	++	+
黑果枸杞	+	++	+	+++	+
锦带花	++	++	+++	+	++
鞑靼忍冬	++	++	+++	++	++
欧荚蒾	++	++	++	+++	+++
西伯利亚白刺	+++	+	++	+++	+
膜果麻黄	++	+	++	+++	+
梭梭	++	++	+	+	+
葡萄	++	++	+	+++	++
五叶地锦	+++	+++	+	++	++

表 11-72 树种观赏特性分析与评价表四
Table11-72 Analysis and evaluation of tree enjoyment 4

树种	树形	叶	花	果	枝干
雪岭云杉	+++	+++	+	+	++
红皮云杉	+++	+++	+	+	++
青海云杉	+++	+++	+	+	++
油松	+++	++	+	+	++
樟子松	+++	++	+	+	++
侧柏	+++	++	+	+	++
杜松	+++	+++	+	+	+++
银杏	+++	+++	+	++	++
胡杨	+++	+++	+	+	++
新疆杨	++	+++	+	+	+++
欧洲山杨	++	++	+	+	+
箭杆杨	++	++	+	+	+
小意杨	+++	++	+	+	+
少先队杨	++	++	+	+	+
俄罗斯杨	++	++	+	+	+
白柳	++	++	+	++	+
垂柳	+++	++	+	+	+
龙爪柳	+++	++	+	+	+++
馒头柳	+++	++	+	+	+
美国黑核桃	+++	++	+	+	+
风杨	++	++	+	+++	+
疣枝桦	++	++	+	++	+++
夏橡	+++	++	+	+++	++
美国凌霄	++	++	+++	+	+

6）园林体系评价

（1）评价结果（图11–224、图11–225）。

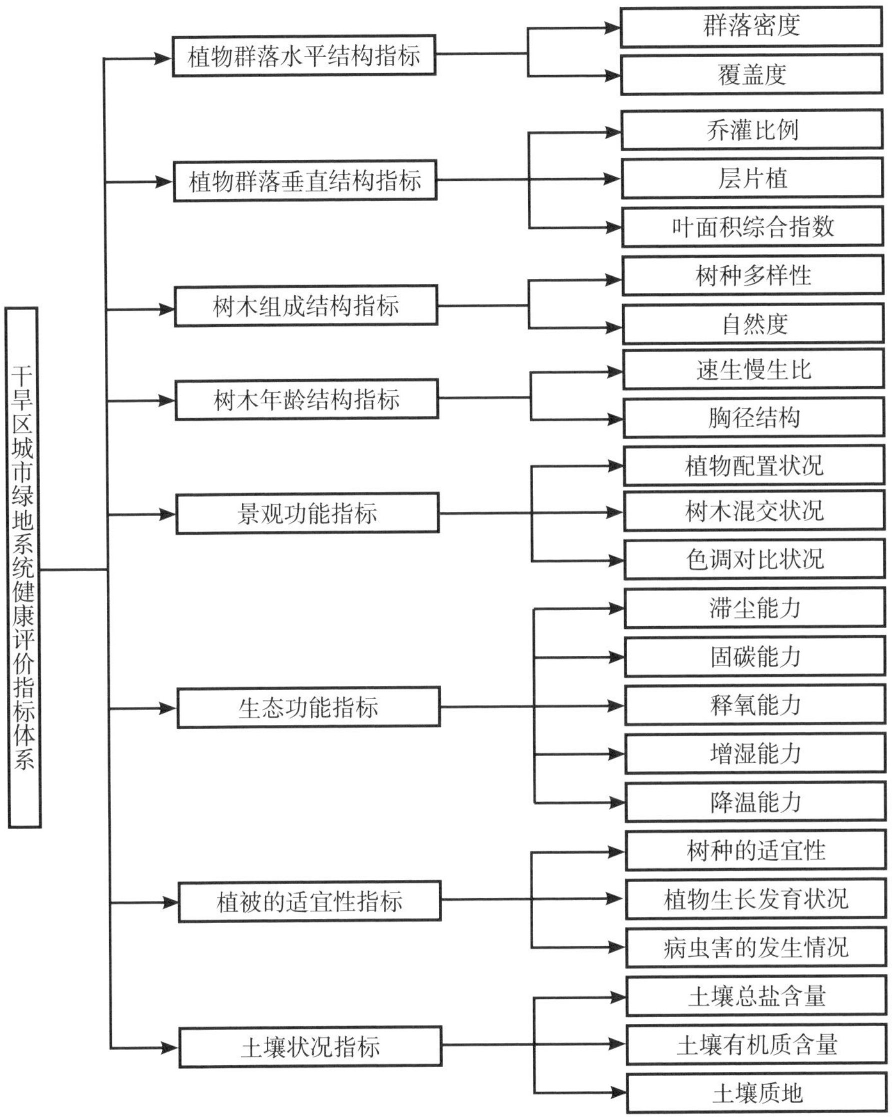

图11–224 干旱区城市绿地系统健康评价指标体系一
Figure11-224 Evaluation index system of urban green space system health in arid region1

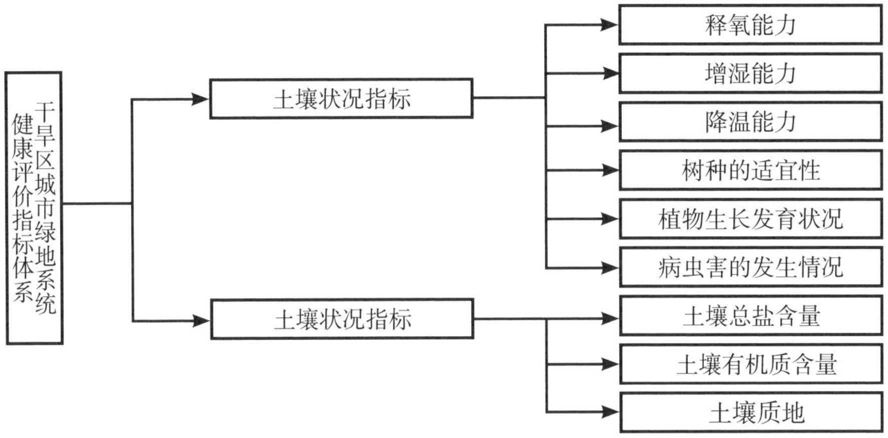

图11–225 干旱区城市绿地系统健康评价指标体系二
Figure11-225 Evaluation index system of urban green space system health in arid region2

（2）评价结果。依据健康指数的分级结果，对克拉玛依市中心城区绿地系统健康进行综合评价，健康绿地样地10个，面积为2.92hm^2，占样地总面积的28.63%，亚健康绿地样地21个，面积为6.48hm^2，占样地总面积的63.53%，非健康绿地样地4个，面积为0.8hm^2，占样地总面积的7.84%。根据各样地取样比例和下表所示各样地的样方数，可以得出，克拉玛依市中心城区健康绿地面积62.4hm^2，占总城区绿地面积的10.01%，亚健康绿地544.78hm^2，占总城区绿地面积的87.42%，非健康绿地16hm^2，占总城区绿地面积的2.57%（表11–73）[58]。

表 11–73 克拉玛依市中心城区绿地系统健康评价结果
Table11-73 Health assessment of green spaces in downtown of KaramayCity

类型	样地个数	面积（hm^2）	占总样地百分比（%）
健康	10	2.92	28.63
亚健康	21	6.48	63.53
非健康	4	0.8	7.84
总体状况	克拉玛依市中心城区总体处于亚健康状态		

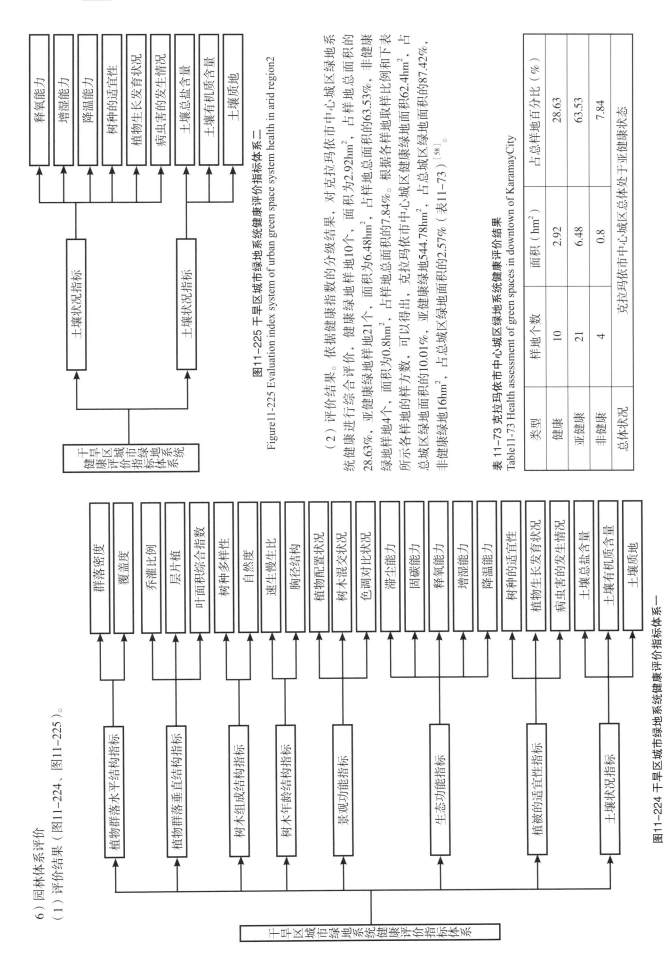

6. 石油资源

1）原油开采各项指标统计

从克拉玛依原油构成与全国的比较可以看出，克拉玛依的原油构成以稀油为主，品质较好的凝析油和品质较差的稠油相对较少，其他油田的原油品质均高于全国水平，原油品质总体来说在全国平均水平之上。

2）原油开采技术经济指标对比情况

克拉玛依原油商品率整体上与中石油和中石化两大公司平均值相当，油田原油耗损低于中石油，中石化的平均水平；从油井利用率角度看，克拉玛依油井利用率较高，这与油田开采周期的长短有关，与两大公司及大庆、胜利、辽河三大油田相比，克拉玛依原油生产用电单耗较低，在国内处于领先的水平。

7. 克拉玛依人居背景总结

（1）通过对克拉玛依的自然资源、生产资源等背景的分析，了解其发展概况。

（2）评价其现人居环境建设的利弊之处。

（3）筛选被活动和建设所影响的背景因子，明确人类活动造成的结果。下一部分将探讨具体造成影响的活动因子[60]（表11–74）。

表 11–74 各要素引发的人居活动统计表

Table11-74 Settlement activities caused by factors

背景要素	资源与环境		作用的活动
自然要素	土地资源特征	地形地貌	聚落选址布局，建筑材料，景观开发
		土壤类型	植物选择，生态群落
背景要素	资源与环境		作用的活动
自然要素	水资源特征	自然水系	人居地规划，水利活动，农业灌溉
		地下水资源	水利活动
	气候资源特征	气候概况	建筑选址，建筑形态，景观建设
		灾害型气候特征	城市规划，建筑设计，景观设计，人居地选址建设，防护林建设
人为+自然要素	农林资源特征	资源分布特征	生产基地布局
	石油特征		生产活动
人为要素	历史沿革		聚落布局，宗教文化，民族，人口，行为
	区位特征		聚落选址，交通建设，生产生活活动
	水资源的发展与变迁		聚落规划与建设
	空气污染概况		人居建设活动，防护林建设，绿地规划
	土地资源利用现状		城市规划，生产活动，建设活动

11.4.2.2 人居活动

1. 生活活动

1）克拉玛依精神

1955年6月16日，一支由8个民族，36人组成的钻井队来到戈壁荒滩，挺进黑油山。风狂石头沙漫天，附近也没有水源，是一个真正的“没有草，没有水，连鸟儿也不飞”的地方，钻井队员们安营扎寨，立下军令状：“安下心，扎下根，不出油，不死心”。当时，队员住的是地下挖出的“地窝子”，喝的是几公里外“小西湖”里带着硫化氢气味的苦水，就是在这样的环境下，他们克服种种困难，制服井喷，随着钻机的隆隆声唤醒了沉睡千万年的油层，揭开了黑油山神秘的面纱，经过100天的奋斗，终于在1955年10月29日完钻喷出了工业性油流，队员们欢呼雀跃，终于实现了自己的诺言，为祖国寻找大油田的坚强信念，终于化作了汹涌喷射的黑色油流……。第一代克拉玛依人在这片昔日“没有水、没有草，连鸟儿也不飞”的茫茫戈壁上扎下根来。第二代克拉玛依人一边战天斗地抓生产，一边满腔热情搞建设，先生产、后生活。克拉玛依地方经济从零起步，全市经济总量连续多年位居全疆各地州市第二位。第三代克拉玛依人与时俱进，启动农业综合开发区，形成了以石油石化经济为主导，农牧业、旅游业、新兴第三产业等快速发展的产业格局。1958年克拉玛依建市，2012年克拉玛依建市54年。三代克拉玛依人用心血和汗水、用青春与生命，创造了一个个伟大的奇迹。克拉玛依在为祖国奉献能源的同时，还打造了一支团结奋进的石油产业大军，一支具有高尚精神的石油工人群体。克拉玛依精神是支撑克拉玛依人民50多年建设的精神脊梁，是克拉玛依发展之魂。

2）克拉玛依的节日

从建市到现在的50多年里，克拉玛依市已经初步形成了具有自己特色的城市文化：社会文化活动高潮迭起，群众参与热情日益高涨，节庆活动不断创新，大力开展了评奖推优活动，文化市场逐步健康并规范发展，文物保护及非物质文化遗产普查工作取得了阶段性成果。在连续9届克拉玛依水节和百日广场文化活动的影响下，克拉玛依市的群众性文化活动得到了空前的发展。每年的水节和百日广场文化活动活动中都会有近50万人次享受到了各类文化活动带来的欢乐和幸福，数以千计的市民参与到了活动当中。现在在各个街道和社区当中都活跃着各种文艺队伍，这已经成为了克拉玛依市群众性文化活动中不可或缺的一支重要力量。

（1）克拉玛依水节：是该市的一个重要地方性节日，一是为了纪念引水工程的重大意义而设立的，二是为了让子孙后代传承石油人艰苦创业的精神，三是为了打造一个属于本土城市的文化品牌。

（2）克拉玛依“百日广场文化”活动：旨在通过广场文化的形式，展示社区、企业、校园及农村等文化类别，充实居民业余文化生活。活动期间，克拉玛依市民可以参与和免费欣赏文艺演出、戏曲、门球、大众广播操等文体活动。

3）绘画艺术

代表画家：周健。克拉玛依书画院专职画家，原市美术家协会副主席，是克拉玛依第一代美术家。他创作了许多以石油和民族文化为主要题材的作品。其作品曾多次参加全国、省部级大展，并有多篇学术论文发表。其中，《戈壁之魂》、《红头盔》、《难忘的1958》曾获全国石油题材展览奖项。《铁匠》、《塔吉克的姐姐》、《远古的回声——木卡姆系列》等油画作品广受圈内好评。

代表画家：傅剑锋。1961年生于新疆，毕业于四川美院油画系，扎根于独山子石化厂。目前他是克拉玛依著名油画家、中国美术家协会会员、中国石油美协副主席、新疆美协油画艺委会副主任、新疆独山子文联副主席。他被称为“中国的管子画家”。他以冷静而乐观的情调，反复描绘工业——科技力量所营造的机械世界，给人以清新、明朗的感觉。他把冰冷的、机械的工业设施，变成了雄伟、智慧、有灵性的画作。

4）音乐舞蹈艺术

（1）代表歌曲：《我为祖国献石油》是一首歌唱石油工人的歌曲，薛柱国作词，秦咏诚作曲，刘秉义原唱，把石油工人气壮山河的豪迈气概表达得淋漓尽致。在石油工业发展进程中，这首歌曲已成为石油工人心灵的写照，激励着一代代石油人，投身祖国石油工业建设，用天不怕、地不怕的壮志豪情，谱写出一曲曲撼天地、泣鬼神的感人乐章。《我为祖国献石油》为我国石油第一学府——中国石油大学（北京）与中国石油大学（华东）校歌。

（2）代表歌曲：《克拉玛依之歌》，词曲作者是著名音乐家吕远，在创作中，吕远把自己想象成一个骑着马儿的游牧人，几度来到克拉玛依。这个地方只能令游牧人忧伤，“茫茫的戈壁像无边的大海，我只好转过脸向别处走去”。再次来到，游牧人发现这里正在发生天翻地覆的变化。这种变化令人振奋，克拉玛依“你这样鲜艳，这样雄伟，这样美丽，油井像森林，红旗像鲜花”。歌曲通过游牧人的眼睛，唱出了克拉玛依令人激动的前后不同和今昔之变，抒发出创作者对石油战线取得伟大成绩的深深咏叹。

（3）代表音乐舞蹈史诗：《我为祖国献石油》，该剧通过音乐、舞蹈、朗诵、舞美、音响等多种手段，艺术再现克拉玛依油田50多年以来的探索、奋斗、发展史。全剧以历史时间为脉络，由序曲和四个章节构成，23个节目环环相扣，巧妙连接，演员们满怀激情，充分展示着克拉玛依石油人50多年来在各个历史拐点上最经典的“时代表情”，深情地回顾了各个时期他们抱着“为祖国献石油”的精神而进行的不懈努力，展现了他们50多年来爱国创业、求实奉献的光辉篇章，以强烈、深沉的艺术感染力，在现场激荡起阵阵热烈真诚的情感涌动[60]。

5）社会结构

（1）人口概况

① 全市常驻人口：全市常住人口为391008人，同第五次全国人口普查2000年11月1日零时的270232人相比，十年共增加120776人，增长44.69%。年平均增长率为3.76%。② 性别构成：全市常住人口中，男性人口为203310人，占52%；女性人口为187698人，占48%。③ 年龄构成：全市常住人口中，0~14岁人口为58141人，占14.87%；15~64岁人口为303033人，占77.5%；65岁及以上人口为29834人，占7.63%。④ 民族构成：全市人口中，汉族人口319265人，占总人口的81.65%，各少数民族人口71743人，占总人口的18.35%。与2000年第五次全国人口普查相比，汉族人口增加108285人，增长了51.32%；各少数民族人口增加了12491人，增长了21.08%（图11-226）[61]。

（2）基本格局：少数民族中，维吾尔族、哈萨克族、回族占大多数，其余民族很少。克拉玛依市建市才不过短短54年，从一个个零星的小型村镇发展至今成为国际石油城，其主要原因还是国家政策的扶持，强制性的资源开发与利用使曾经荒无人烟之地变得繁荣昌盛。所以其社会结构基本格局具有资源型城市和新型城市双方面共同特点：① 石油产业相关从业人员占大多数（图11-227）：据2007年政府相关报告显示，石油从业者（包括石油开采人员、石油加工人员、石油技术人员、石油部门机关人员、部分石油相关工商业及私营企业人员）约占克拉玛依市职业构成的72.7%。② 汉化程度高但仍保留少量民俗：由于汉族人口占据绝对主流，所以整个城市主流文化仍属于汉族人居地文化范畴，这一点从克拉玛依市经常开展的文体活动及教育教学方面可以发现。但由于维吾尔族原驻民也占据一定部分，所以也有少许少数民族社会活动。

6）绿地概况：克拉玛依作为现代城市，人与人之间的交往活动大部分依托于城市绿地（公园绿地与居住绿地为主）。人口约占1/5的穆斯林宗教活动则以清真寺为中心。克拉玛依市中心城区建成区面积2000hm^2，现有绿地623.18hm^2，其中公园

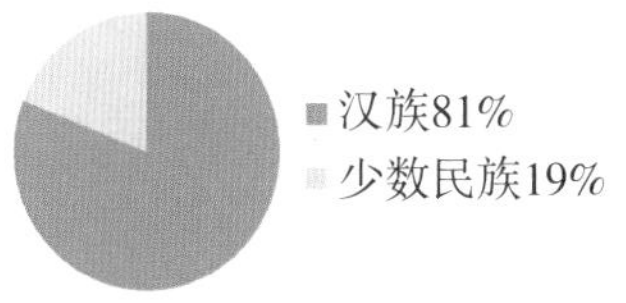

图11-226 民族构成图
Figure11-226 Structure diagram of the nations

图11-227 石油相关产业人员比例图
Figure11-227 Chart of Oil industry personnel proportion

绿地109.87hm^2，居住绿地144.1hm^2，道路绿地66.65hm^2，单位绿地70.53hm^2，防护绿地232.03 hm^2。截至2011年，地处戈壁荒漠腹地的克拉玛依市森林覆盖率达到16.4%，城市建成区绿地率达到38.9%，人均公共绿地达到了10.04m^2。烟尘排放达标率始终保持在100%，空气质量连续多年名列全国前十位，被评为国家级园林城市和全国文明城市（图11-228~图11-230）。

克拉玛依市区共有6个较为大型的公园或广场，供市民进行公共交往、休闲娱乐、观赏游憩等活动。根据其服务的范围（图11-231）基本上能够满足全市居民的日常交往游憩等功能的需求（表11-75、表11-76）。

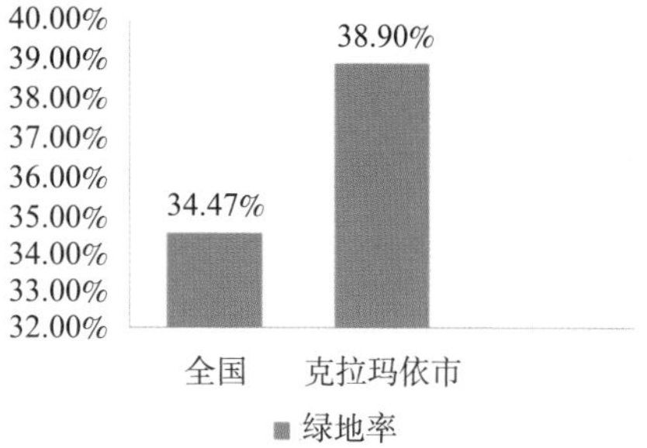

图11-228 克拉玛依市与全国绿地率对比图
Figure11-228 Comparison between Karamay's and China's green land rate

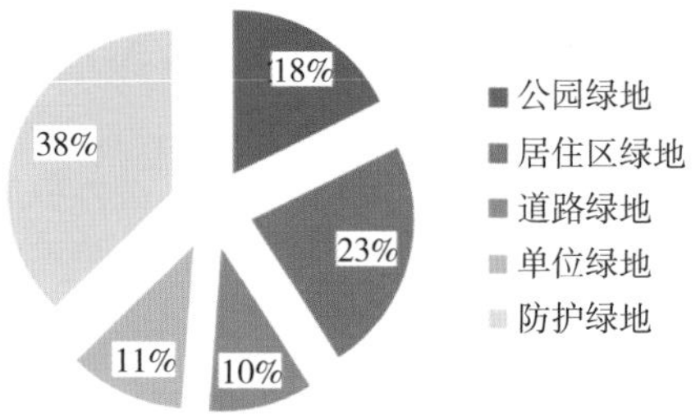

图11-229 克拉玛依绿地类型面积比例
Figure11-229 Type of green space area ratio of Karamay

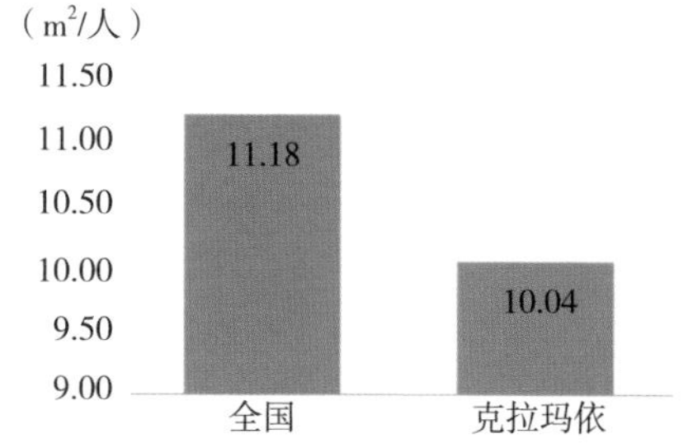

图11-230克拉玛依市与全国人均公共绿地面积对比图
Figure11-230 Comparison between Karamay's and China's green land per capita

表 11-75 公园类型及其服务半径
Table11-75 Park type and related service radius

公园类型	面积（hm^2）	服务半径（km）
社区公园	<2	0.3-1
区域性公园	2-20	1-2
全市性公园	20-100	2-3
河滨带状型公园	5-30	—

表 11-76 克拉玛依公园统计表
Table11-76 Statistics of parks in Karamay

公园名称	面积（hm^2）	类型	服务半径（m）	活动内容
世纪公园	29.2	全市性	2000（步行30~50min，车10~20min内）	娱乐休闲、历史文化教育、生态科普等
九龙潭	27.3	全市性	2000（步行30~50min，车10~20min内）	文化地标、纪念性、观赏、休闲等
人民广场	7.36	区域性	1000（步行20min内）	休闲、体育、文化、娱乐、观赏等
朝阳公园	7.43	区域性	1000（步行20min内）	儿童游乐、休闲、观赏等
黑油山公园	12.6	区域性	1500（步行30min内）	纪念、文化、休闲、娱乐等
银河公园	3.6	区域性	1000（步行20min内）	休闲、娱乐等

数据来源：徐晓红.干旱区城市绿地系统健康综合评价[D].乌鲁木齐：新疆农业大学，2007。

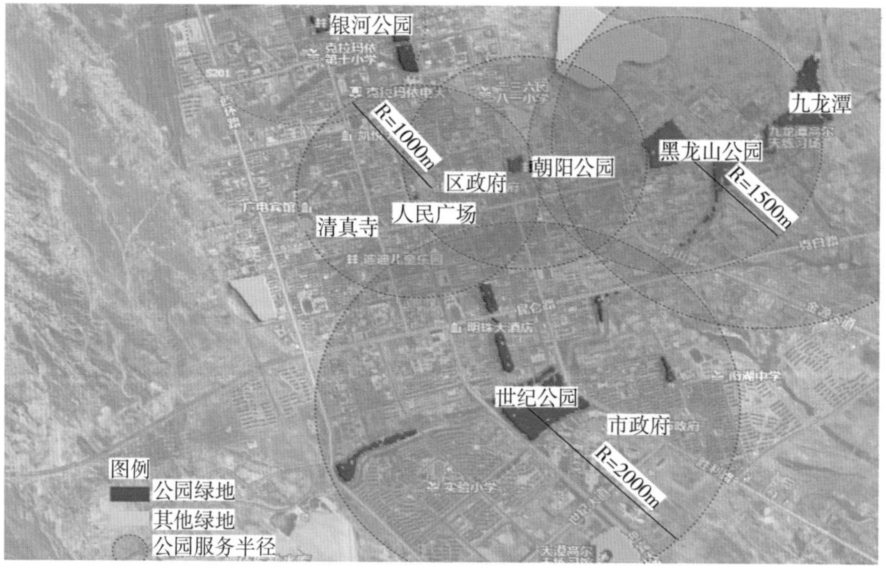

图11-231 克拉玛依公园服务范围
Figure11-231 The scope of park service of Karamay
底图来源：Google Earth截图

7）克拉玛依的交通活动

（1）不同的道路系统比较（表11–77）。

表 11–77 不同道路系统对比表
Table11-77 Comparison of various road systems

建设年代	从古代延续至今	20世纪90年代初
成因	顺应地形、水系逐步形成	政府整体规划
布局特征	路形态呈不规则、自由式特征，乃“因山势，就水形”使然。“就水形”主要表现为穿村而过的河流走向决定了村落南—北主道路的走向	克拉玛依中心城规划路网为方格网式，干道网由外环路加“四横两纵”组成
规模（道路等级）	规模小，以入户道路为主	等级、层次分明
路面材质	黄土、河石、木栈道	城区主要交通主次干道以沥青混凝土为主
交通工具	驴车，步行	汽车、自行车、步行

（2）麻扎村与克拉玛依道路系统比较（表11–78）。

表 11–78 麻扎村与克拉玛依道路系统对比表
Table11-78 Comparison of road systems between Mazar Village and Karamay

	麻扎村	克拉玛依
民族构成	单一民族，维吾尔族	多民族，汉族80%，其他20%
居民职业	农民	工人为主
聚落结构	单一中心（清真寺为中心）	多中心（市政府、区政府与清真寺）
家庭结构	扩大家庭	核心家庭
公共空间	村中开放的空间	广场公园及公共建筑
社会交往	邻里交往频繁	邻里交往较少，以亲属朋友为主
交通	自然形成	城市规划

数据来源：张晓来.基于GIS的城市公园绿地服务半径研究[D].武汉：华中农业大学，2007。

麻扎村与克拉玛依的生活活动比较其实可以归纳为干旱地区传统村落与新兴城市生活方式的差别，即传统的时空观与概念化的时空观的差异。

麻扎村交通系统：麻扎村道路形态呈不规则、自由式特征，乃“因山势，就水形”使然。“就水形”主要表现为穿村而过的河流走向决定了村落南—北主道路的走向。麻扎村的南北路网和由河流、人工渠构成的水系呈现高度的“路水相依，路水并行”的特征。

克拉玛依城市中心区道路系统规划：克拉玛依中心城规划路网为方格网式，干道网由外环路加“四横两纵”组成。

（3）麻扎村与克拉玛依的宗教人文状况异同及原因（表11–79）。

表 11–79 麻扎村与克拉玛依宗教人文状况对比表
Table11-79 Comparison of humanistic status between Mazar Village and Karamay

		麻扎村	克拉玛依	原因
不同点	宗教结构	伊斯兰教	伊斯兰教、佛教	人口结构差异较大：克拉玛依80%以上是汉族人；麻扎村全为维族
	宗教行为密集度	大多数人坚持五次礼拜，全斋	自由型和附和型教徒较多，不坚持五次礼拜，全斋人数不多	受汉族和其他民族影响以及文明发展程度不同，接触先进事物程度不一
不同点	宗教崇拜类型	真神崇拜，麻札崇拜，自然崇拜	真神崇拜	宗教保留程度不同：麻扎村对于传统的宗教文化保留较多；克拉玛依对传统宗教信仰相对较为缺失
	宗教仪式传承	较为完整的传承了伊斯兰教传统宗教仪式	没有特别严格遵循宗教仪式的步骤	对宗教文化继承的差异性
	节日仪式	开斋节、古尔邦节	开斋节、古尔邦节，汉族节日，如：春节、劳动节等	社会环境不同，人口构成差异
相同点	宗教意识淡化	两个地区都出现了不同程度的宗教意识淡化，对于传统仪式的步骤程序有所简化，对于礼拜和斋戒没有严格遵从		现代文化的传入；汉族的影响；年轻人接受新事物观念，对传统的遗弃
	宗教教育程度	两地宗教教育程度都不高，大多数是与父母学习，较少接受专业的宗教人士或学校的教育，没有系统性的研究宗教知识		对于宗教知识的认识较少，接受宗教知识的途径较为单一
	宗教场所	伊斯兰教信徒都以清真寺为主要的宗教场所		对于传统的保留

8）宗教活动——宗教行为现状调查（表11-80~表11-88，图11-232、图11-233）。

表 11-80 年龄结构统计
Table11-80 Statistics of age structure

	18岁以下	18~29岁	30~39岁	40~49岁	50~59岁	60岁以上
人数	11	359	243	109	61	37
比例	1.2	43.8	29.7	13.3	7.5	4.5

表 11-81 文化程度统计
Table11-81 Statistics of education level

	文盲	半文盲	小学	初中	高中	高中以上	在读
人数	21	42	137	248	256	94	22
比例	2.6	7.2	16.7	30.3	31.2	11.5	0.5

表 11-82 宗教行为统计
Table11-82 Statistics of religious behavior

	礼拜			封斋			宗教教育背景				
	不做	1次	5次	不封	半斋	全斋	没学	跟父母学	跟配偶学	从书中学	跟宗教人士或宗教学校学
人数	36	365	139	460	119	241	287	451	15	12	55
比例	38.5	44.5	17	56.1	14.6	29.2	35.1	55.1	1.9	1.5	6.5

表 11-83 各类信徒统计
Table11-83 Statistics of believers

	自由型	附和型	外在型	内在型
	不礼拜，不封斋	1次礼拜，非全斋	1次礼拜，全斋	5次礼拜，全斋
人数	316	250	114	140
比例	38.5	30.5	14	17

表 11-84 国民教育背景对宗教行为的影响
Table11-84 Influence on religious behavior by national education background

	自由型		附和型		外在型		内在型	
	人数	比例	人数	比例	人数	比例	人数	比例
文盲	6	28.8	4	19.2	2	17.3	9	34.6
半文盲	7	16.7	11	25.0	5	12.5	19	45.8
小学	56	40.7	39	28.6	26	18.7	16	12.0
初中	99	40.2	88	35.6	27	11.0	33	13.2
高中	128	50.0	73	28.6	34	13.1	23	8.3
高中以上	63	66.7	16	16.7	14	15.1	1	1.6
总计	316	38.5	250	30.5	114	14.0	140	17.0

表 11-85 宗教教育背景对宗教行为的影响
Table11-85 Influence on religious behavior by religious education background

	自由型		附和型		外在型		内在型	
	人数	比例（%）	人数	比例（%）	人数	比例（%）	人数	比例（%）
跟父母学	123	27.2	154	34.1	102	22.6	72	16.1
跟配偶学	2	13.3	1	6.7	2	13.3	10	66.6
从书中学	0	0	1	8.3	3	25	8	66.6
跟宗教人士或宗教学校学	1	1.8	1	1.8	13	24.4	40	72.0

表 11-86 性别对宗教行为的影响
Table11-86 Influence on religious behavior by genders

	自由型		附和型		外在型		内在型	
	人数	比例（%）	人数	比例（%）	人数	比例（%）	人数	比例（%）
男	160	37.6	130	30.6	54	12.7	81	19.1
女	156	39.5	120	30.4	50	12.7	69	17.4

表 11-87 年龄对宗教行为的影响
Table11-87 Influence on religious behavior by ages

	自由型		附和型		外在型		内在型	
	人数	比例（%）	人数	比例（%）	人数	比例（%）	人数	比例（%）
18岁以下	3	27.2	5	45.5	3	27.2	0	0
18~29	211	58.8	112	31.2	22	6.1	14	3.9
30~39	75	30.9	86	35.4	53	21.8	29	11.9
40~49	10	9.2	24	22.0	12	11.0	63	57.8
50~59	12	19.7	11	18.0	15	24.6	23	37.7
60以上	5	13.5	12	32.4	9	24.3	11	29.8

表 11-88 家庭环境对宗教行为的影响
Table11-88 Influence on religious behavior by family

	自由型		附和型		外在型		内在型	
	人数	比例（%）	人数	比例（%）	人数	比例（%）	人数	比例（%）
普通家庭	286	49.0	216	37.0	54	9.3	27	4.6
家有宗教人士或祖辈宗教学识高	30	13.2	34	14.9	50	22.0	113	49.9

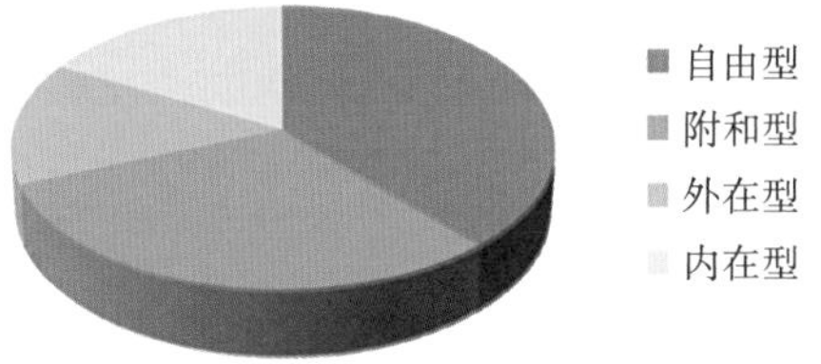

图11-232 各类信徒所占比例示意图
Figure11-232 Proportion diagram of all believers

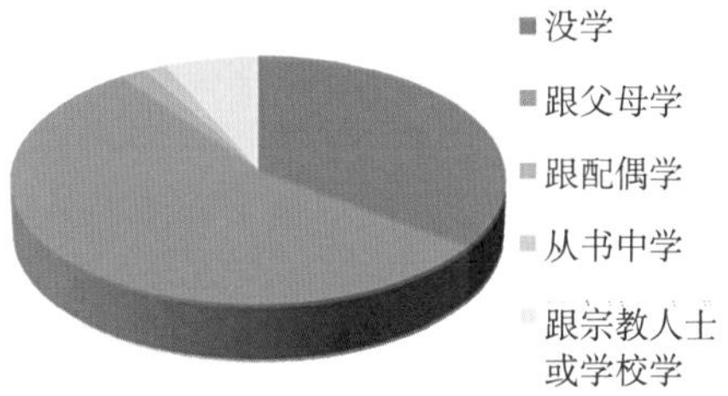

图11-233 各类信徒宗教教育背景所占比例示意图
Figure11-233 Diagram of the proportion of various types of religious education background believers

2．生产活动

1）克拉玛依市的产业结构（图11-234）

2011年全年完成地区生产总值800亿元，按可比价格计算，比上年增长3.5%。其中：第一产业增加值4.2亿元，增长5.2%；第二产业增加值717.5亿元，增长3.0%；第三产业增加值78.3亿元，增长8.0%。三次产业结构比例为0.5:89.7:9.8。第二产业（工业）中的石油工业依旧是主导。但比起第一与第三产业的增长速率相对较低。克拉玛依市的经济结构转型已经有所体现（图11-235）。

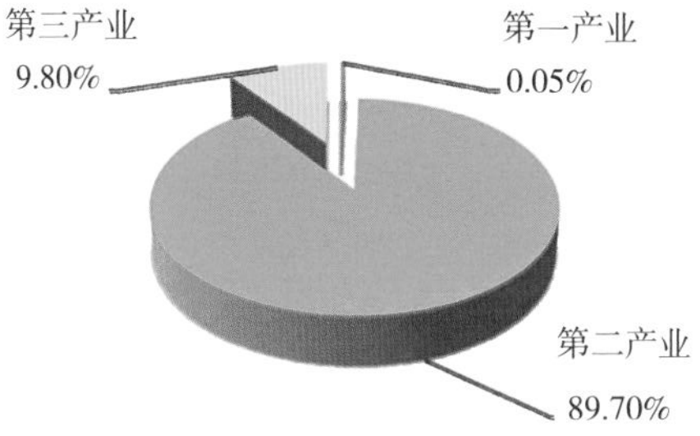

图11-234 克拉玛依市产业结构（2011）
Figure11-234 Industrial structure of Karamay (2011)

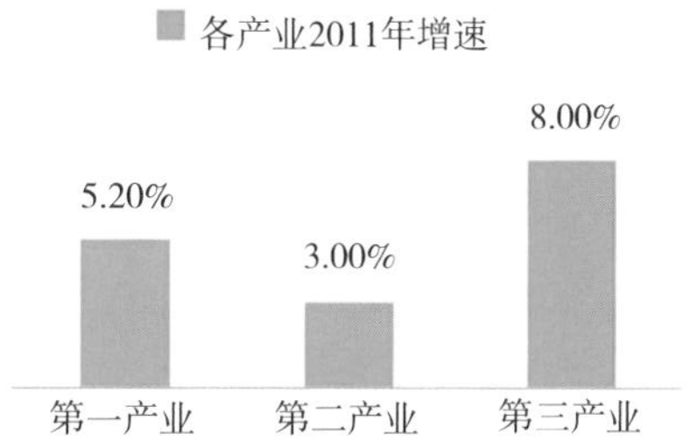

图11-235 克拉玛依市各产业增速（2011）
Figure11-235 The industrial growth of Karamay (2011)

（1）对石油资源的利用——石油产业。对克拉玛依石油开采业的基本评价：油气储量丰富，开采业的总量具有一定的优势和基础，油气产量；呈现持续增长态势；克拉玛依油气多项经济技术指标高于全国平均水平；克拉玛依较新疆其他油田原油耗损低；油气总体勘探程度不高；对石油化工行业的带动力不强；克拉玛依石油开采业在克拉玛依石油产业中的比重过大。石油开采业的发展对策：将提高勘探力度作为下一步工作的重点；加大勘查投入；提高石油勘探的技术水平；通过调整石油产业结构，提高对新疆石油石化产业的带动力。

（2）对克拉玛依石油加工业的基本评价：克拉玛依石油加工业已初具规模；装置开工率低是造成克拉玛依石油加工和炼焦业整赢盈利能力差的根本原因；克拉玛依石油加工业装置水平在西部地区处于领先水平；远离目标市场；受运输条件的严重制约；克拉玛依石油加工业迫切要求产业升级。石油加工业的发展对策：将石油加工业作为克拉玛依石油产业的重点；对克拉玛依石油加工业进行产业升级；完全贯通新疆各油田之间及出国、出疆的原油、成品油的运输管道，实现成品油的高效运输。

（3）克拉玛依石油产业链现状分析：尽管克拉玛依拥有傲人的油气储藏量，

但是克拉玛依石油资源的价值并没有得到最大的发挥。相对其他成熟油田，克拉玛依油田缺少石油的深加工和下游产品的开发，石油产业链的延伸还没有最大化。从经济效益上看，克拉玛依化学工业整体结构不够健全，产业层次较低，产业链条短，下游产品精细加工不足。几乎没有终端企业生产消费和生活消费品，克拉玛依化工企业生产出来的优质化工原料价格低廉，但在其他深加工企业手中加工增值后，价格便能上升数倍。整个石化产业链中最见成效的产销过程离开了克拉玛依，造成了效益外流。由此可见，对于克拉玛依石油产业来说，延伸产业链是其发展的关键一步。影响克拉玛依石油产业链发展的因素：就整体而言克拉玛依石油产业仍然处于产业链低端，向高端挺近难度大；缺乏相关产业集聚、未能形成强大的产业链；存在着结构性不匹配，产业链上研发与制造脱节、制造与市场脱节的问题仍然严重；产业链上下游企业（或环节）之间缺乏应有的配合。不仅如此，克拉玛依的资源与环境条件在一定程度上也制约着其对高新技术产业发展和主导产业链的选择。一方面克拉玛依土地资源和水资源短缺、生态环境比较脆弱，另一方面又要求克拉玛依必须有一个优美的生态环境和舒适的人居环境，这些都决定了克拉玛依在发展产业链及其主要环节的选择上，必须瞄准那些高附加值的部分，侧重与发展产业链中的关键增值环节[62]。

2）对水资源的利用

（1）供用水分析及污水的来源：克拉玛依市水资源总量4172亿m^3，人均占有量1672m^3，是世界人均占有量的18%，属于严重缺水型城市。2002年克拉玛依市排放的污水废水总量为4111.88万t，其中城市生活污水的排放量为1693.6万t，工业废水排放量为2418.28万t。生活与工业污水是污水处理与再利用的主要来源。

（2）污水处理与再利用现状：目前克拉玛依总共有两座污水处理厂。南郊污水处理厂日处理能力10万t，独山子区城市污水处理厂日处理能力3万t。目前，克拉玛依市城市污水处理率为74.27%。国家在《城市污水处理及污染防治技术政策》中提倡污水再生回用。根据克拉玛依“十五 ”纲要，到2010年实现100%处理水回用。

（3）水资源利用存在的问题：现状供水水资源量丰枯比差异很大，变化周期短。克拉玛依现状年地表水主要水源为白杨河地表水，占总供用水量的 60%以上。但白杨河属浅山低山补给河流，来水丰枯比差异很大，变化周期短。最大径流量21850万m^3（1988年），最小径流量3495万m^3，相差6.25倍。由于主要水源来水年际分布极不均匀，给克拉玛依市生活、生产带来了十分不利的影响。输水工程老化，输水能力不能充分发挥：克拉玛依现状供水系统，存在渠道老化，渗漏损失增加；管线使用年代久，有严重结垢、腐蚀现象，加之部分设备腐蚀老化，供水能力达不到设计供水能力，已成为供水的阻碍因素之一。调整和新建输水管线工程，有计划进行更新改造，才能突破瓶颈，保障供水。现状供水系统总体布置不尽合理：克拉玛依主要水源工程如白杨河水库、黄羊泉水库、百口泉水源地、黄羊泉水库等都距主要用水户30~70km，供水需经2~3级提水才送至市用户，水成本较高，近年来，克拉玛依市要发展3.33万hm^2的大农业，以及加快石油工业的发展，克拉玛依市现状的工程布局是不利于克拉玛依地区的水资源开发利用和工业、农业对水的需求的，可能会造成克拉玛依市的缺水。

（4）水资源合理配置——水资源问题解决对策：节约用水、污水回用：现状年农田灌溉综合水利用系数不高为0.53，若2030水平年将利用率提高到0.80，农业可节水3327万m^3；工业方面通过改进工艺，实行清洁生产，生活方面通过推广家庭节水器具和提高管网漏失率，这两项可节水量为4044万m^3；克拉玛依市的污水处理能力不足，应再扩建污水处理厂2座，新建污水回用工程2座，能增加年污水回用量2389万m^3；综上所述，克拉玛依市节水潜力与污水回用量之和为9760万m^3。控制大农业的面积：虽然2000年后克拉玛依市通过调水，从根本上解决了缺水问题。根据克拉玛依市的经济发展规划，将来要实现大石化、大农业这样的一个城市，但根据水资源配置情况，我们发现由于阿依库勒水库放水管道过水能力不足，水库有水放不出来，造成大农业1~7月份缺水，因此，现有的工程能支持的农业灌溉面积可能要比规划的面积小，因此可以考虑控制大农业的面积在一定的范围之内。引进市场机制调整水价：克拉玛依市现行生活用水水价为1.00元，工业用水水价为1.87元，小于国外的2~3元的水平，由于水资源价值与价格背离，造成人们感觉不到水费在家庭支出中的分量，因此要增强市民们的节水意识，提高水价是有效措施之一[63]。

3）对土地资源的利用

（1）土地利用现状：耕地41659.43hm^2，林地82429.72hm^2，草地232487.97hm^2，水域24728.38hm^2，建设用地65025.89hm^2（图11–236）。

（2）土地利用变化：克拉玛依市土地总面积865408hm^2，占新疆面积的0.52%，在新疆15个地州中土地面积最小。地处库尔班通古特沙漠之西侧，接近准噶尔盆地腹部，低山丘陵和沙漠、戈壁占面积的87%。大量的土地难以利用或者不能利用而被闲置。未利用土地，占土地总面积的50.9%。已利用土地面积占49%左右，土地利用率高于全疆38%的水平，耕地面积占已利用土地面积的9%左右，也高于全疆6%的水平，但耕地的绝对数量却是全疆各地州中最少的。2000年竣工的“引额济克”工程，有效缓解了水资源供需矛盾，增加了水资源的供给量。在“引水工程”为克拉玛依农业用水提供保证的基础上，克拉玛依市于2001年开始实施国家批准的“国家农业综合开发克拉玛依项目区”计划，至2002年底，农业综合开发新增耕地13330hm^2，耕地在土地利用结构中所占比重上升3个百分点[64]。

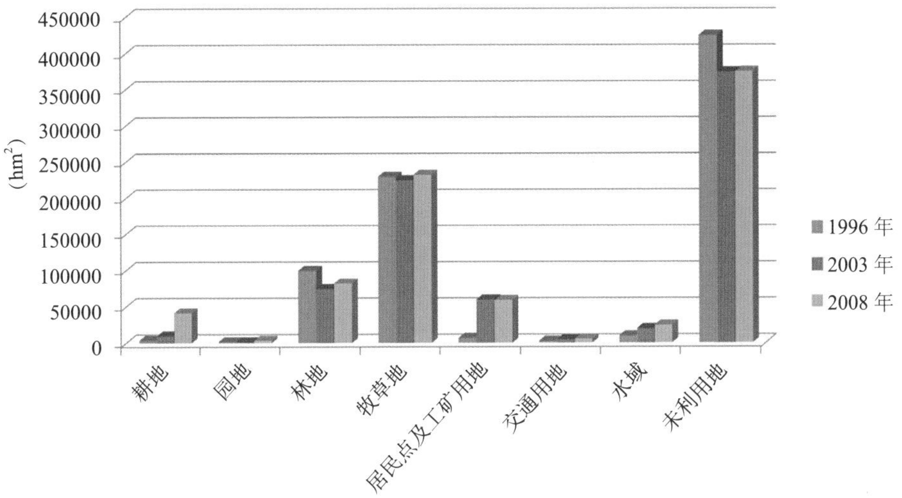

图11-236 克拉玛依市土地利用状况一览表
Figure11-236 Land use in Karamay

11.4.2.3 人居建设

1. 城市绿地系统

克拉玛依新垦绿洲自1999年始建以来，依照800m × 800m条田规划已营造各类农田防护林1067hm²，占新垦绿洲面积的8%。目前基本上形成了荒漠外围植被封育区、人工自然整合区、主干防护林区三位一体的防护体系，其中：外围主干防风林515.27hm²，农田防护林551.73hm²，主要分布在开发区的西北部。防护林树种主要包括俄罗斯杨、少先队杨、银白杨、银杏、新疆杨、胡杨、大叶白蜡、小叶白蜡、白榆、沙枣等，杨树为主要营造树种。

2. 水资源影响与利用（表 11-89 ~ 表 11-91）

1）水资源配置状况的历史沿革

（1）无人工水利设施阶段（20世纪50年代至1972年白杨河水库建成前）：为解决生产和生活用水，20世纪五六十年代，克拉玛依重点开发了百口泉地下水，通过长65km的暗渠输水到克拉玛依市区。

（2）少量水利设施阶段（1972年白杨河水库建成后至2000年）：自 1972 年白杨河水库入库站（水文站）建立以来，实测白杨河流入克拉玛依市的多年平均径流量为11610万m³；奎屯河每年向克拉玛依市独山子区引水（分水协议法定水量）为2600万m³；玛纳斯河按比例每年为克拉玛依市小拐农业区分水为1200万m³，合计多年平均入境径流量15410万m³。可以说克拉玛依市的地表水资源量基本上都是入境水量。克拉玛依市地表水天然水质除玛纳斯河水质较差之外其余河流水体矿化度和总硬度都较低，2000 年克拉玛依市各水质测站和水功能区水质全部达标。

（3）大规模水利设施建成阶段（2000年调水工程建成至今）：调水工程：2000年末调水工程已部分投入使用。每年从该工程引毛水量 4亿m³，其主要任务是解决克拉玛依石油工业生产、城镇居民生活和3.33万hm²大农业开发用水，同时达到改善和优化环境的效益。地下水资源利用方面已建成百口泉水源地、黄羊泉水源地、包古图水源地、硫化氢水源地、独山子二水源、独山子三水源等六处较大水源地。工程目标与作用：该工程地处克拉玛依市辖区内，位于准噶尔盆地西北缘，它承接风城水库之后的输水任务，该渠与已建的白杨河供水工程紧密结合，能为克拉玛依市每年新增添可利用地表水30550万m³，彻底改变了克拉玛依多年来缺水的局面。

表 11-89 克拉玛依市流域分区水资源量表（单位：万 m³）
Table11-89 Water resources quantity of river resources in Karamay (unit:10⁴m³)

名称	多年平均地表水资源量	地下水资源量	地表水天然年径流量		
			50%	75%	95%
白杨河	11610	9496	10183	7572	5910
玛纳斯河	1200	2805	1200	1077	916
奎屯河	2600	16438	2656	2466	2257
合计	14830	28740	14039	11115	9083

表 11-90 克拉玛依市各流域区多年平均可利用水量表（单位：万 m³）
Table11-90 Available water resource of river resources in Karamay (unit:10⁴m³)

流域区	地表水可利用量	最小生态用水量	与下游分水比例%	地下水可开采量
白杨河流域	8657	2953	0	4750
2000年后调水	30550	—	—	—
玛纳斯河流域	1200	0	0.966	1269
奎屯河流域	2600	0	0.867	7114
（含调水）合计	43007	2953	—	13133

表 11–91 2000 年克拉玛依市各流域供用水情况统计表（单位：万 m^3）
Table11-91 Statistics of water supply and consumption of basins in Karamay in 2000 (unit:10^4m^3)

项目	分行业统计用水量				分水源统计供水量		
	生活	工业	农林牧渔	合计	地表水	地下水	小计
白杨河流域	1944	3967	2733	8644	5703	2941	8644
玛纳斯河流域	128	23	8900	9051	3466	5585	9051
奎屯河流域	744	2237	282	3293	2009	1284	3293
合计	2845	6227	11915	20988	11178	9810	20988

2）水质改良机制的建设现状

（1）供用水分析及污水的来源：克拉玛依市水资源总量4172亿m^3，人均占有量1672m^3，是世界人均占有量的18%，属于严重缺水型城市。2002 年克拉玛依市排放的污水废水总量为4111.88万t，其中城市生活污水的排放量为1693.6 万t，工业废水排放量为2418.28万t。生活与工业污水是污水处理与再利用的主要来源。

（2）污水处理与再利用现状：目前克拉玛依总共有两座污水处理厂。南郊污水处理厂日处理能力10万t，独山子区城市污水处理厂日处理能力3万t。目前，克拉玛依市城市污水处理率为74.27%。国家在《城市污水处理及污染防治技术政策》中提倡污水再生回用。根据克拉玛依“十五”纲要，到2010年实现100%处理水回用。

3）水资源建设方面的问题及对策

（1）水资源利用存在的问题：现状供水水资源量丰枯差异很大，变化周期短；输水工程老化，输水能力不能充分发挥现状供水系统总体布置不尽合理。

（2）水资源问题解决对策：节约用水、污水回用：现状年农田灌溉综合水利用系数不高于0.53。若2030年水平年将利用率提高到0.80，农业可节水3327万m^3。工业方面通过改进工艺，实行清洁生产；生活方面通过推广家庭节水器具和提高管网漏失率。这两项可节水量为4044万m^3；克拉玛依市的污水处理能力不足，应再扩建2座污水处理厂，新建2处污水回用工程，这样能增加年污水回用量2389万m^3。

11.4.2.4 人类中心主义阶段

1. 人类中心主义阶段人居背景特点

1）人类中心主义阶段（图11–237）

（1）自然资源在人工活动的影响之下，自然资源的比重陡然降低，自然资源受到极大破坏。随着人类的发展，开发出越来越多的可以被人类利用的自然资源。然后对其进行掠夺式开发，不可再生资源被严重破坏。

（2）自然与人工相结合的资源，在技术的发展下得到了发掘，所占比例继续增加，但略次于人工资源。

（3）人类活动建设行为的增加，导致人工资源的陡然上升，比重明显加大，占这一时期的主导地位。

综合以上两方面来考虑：克拉玛依作为一个现代性城市，具有非延续性或者说断裂的基本特征。虽然在传统和现代之间也存在着延续，但是，从根本上说，现代性带来的生活模式与人居形态是前所未有的方式，脱离了历史叙事式的线性发展轨道（图11–238）。现代城市承载的前现代的（或称为传统的）文化观念与生活方式，因其所赖以存在的时间与空间的变异，使城市空间与文化的发展也出现了不连续的发展特征。一方面使传统文化观念与生活方式解体和异化；另一方面也导致文化观念与生活方式的发展呈现基于现代性的趋同。把现代时代的城市发展脉络与前现代时代区别开来的最为明显的特质，在于现代性的极度推动力促动下的城市空间的快速发展与剧烈整合。这一过程中，社会成员在心理上与他人（如社会关系）或其他对象（如空间场所）一体化的心理过程也出现相当程度的断裂。场所性的缺失、城市形态的趋同与异化既是现代城市的重要特征，也是现代城市

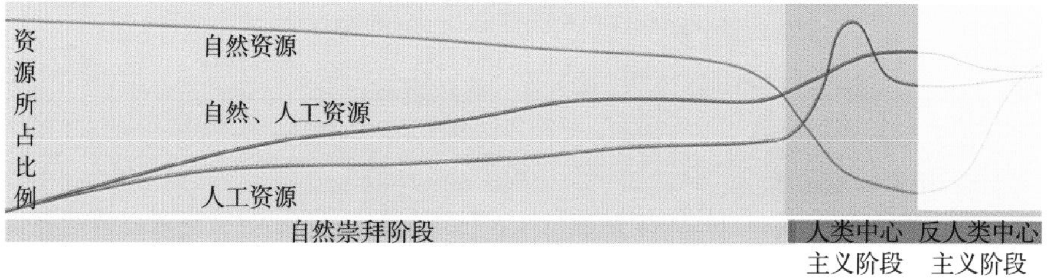

图11–237 各阶段人类活动资源所占比例示意图
Figure11-237 Schematic diagram of the proportion of human activity resources in each phase

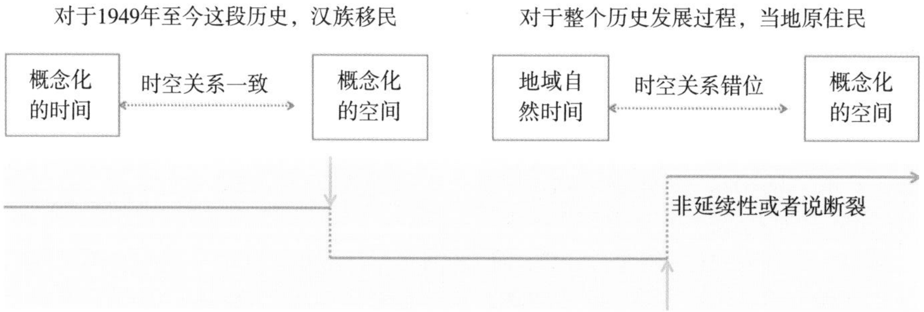

图11–238 克拉玛依人居发展模式图
Figure11-238 Diagram of human settlements development mode of Karamay

发展的一个主要问题。因此，从地域文化的角度来说，克拉玛依人居的发展是一种不理想的模式，当然也是目前中国城市发展的通病（图11–239）。

克拉玛依市是由石油开采活动引发城市的建设，从而影响背景环境。当前克拉玛依产业模式过分单一，有潜在的危机。丰富产业的多样性，实现可持续的人类活动模式，增加生产活动的多样性将会带来更多城市活力，促进城市建设，实现可持续的人居环境[65]。

2）人类中心主义阶段

活动特点：资源的发现、人对资源的需求产生该阶段早期的开采活动，即由生产活动产生的人居活动。生产活动引发了生活与宗教活动的产生与发展，构成了完整的人居活动框架。

人居活动引发人居建设活动。

（1）人类中心主义阶段活动对人居建设的影响：以人类为主导的人居行为忽视了环境因素，给人居环境的可持续发展带来了一系列的问题，例如资源的不节制利用，与环境污染对生态环境造成的破坏，产业转型问题亟待解决。

（2）人类中心主义阶段建设特点：技术革命带来了生产力的进一步提升，这使得人居建设愈发开发自然、挖掘自然。水资源的大量应用于建设活动，以及不科学的开发水资源导致不可持续的发展模式。

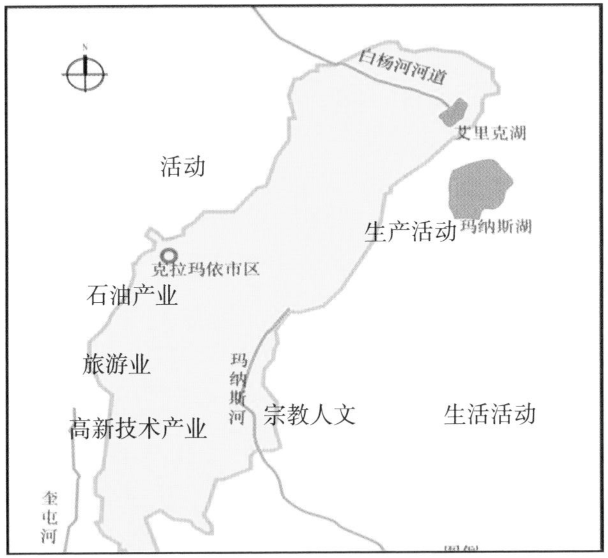

图11–239 克拉玛依生产生活模式图
Figure11-239 Mode of production and living in Karamay

（3）人类中心主义阶段建设对人居背景的影响：水资源的开发和保护不平衡，加剧了干旱区缺水的矛盾。自身利用优越的经济条件侵占其他地域的水资源，使地区供水极端不平衡。掠夺性的开采资源造成严重的资源浪费和环境破坏，对地区造成极大的影响（图11–240）。

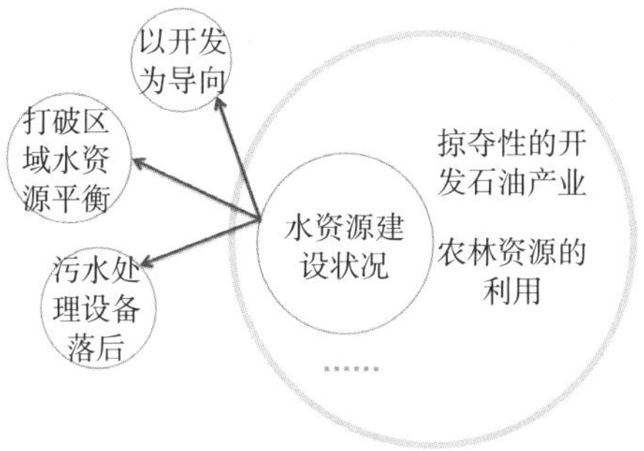

图11–240人类中心主义阶段建设对人居背景的影响
Figure11-240 The effect construction on background of settlement at the doctrine of human center stage

11.4.3 反人类中心主义阶段人居特点

1. 反人类中心主义阶段人居背景特点

人类慢慢意识到对于自然掠夺造成的严重后果，慢慢开始用现有的技术发展，对于自然资源展开弥补，使自然资源的比重增加，由于不可再生资源已被破坏，所以自然资源无法恢复最初状态。自然与人工的结合，当技术发展一定程度之后，比重有所降低，并且部分返还给自然资源。人工资源比重逐渐降低，形成人工资源反哺自然资源的局势，在这样的背景之下，达到三种资源的相对平衡发展。

2. 反人类中心主义阶段活动特点

反人类中心主义的人居环境建设是人类对于自然崇拜阶段和人类中心主义阶段人居问题的反思和改善。始于对能源问题的解决和对刚性约束的解除。该阶段的人居活动是一种地域文化活力的复兴以及地域信仰和价值观的重构。

3. 反人类中心主义阶段活动对人居建设的影响

此阶段的宗教文化、生产、生活等各类活动由建设活动产生，相互影响，相互作用，并作用于下一阶段的人居建设。

11.4.4 小结

（1）空间尺度视角（图11–241）。

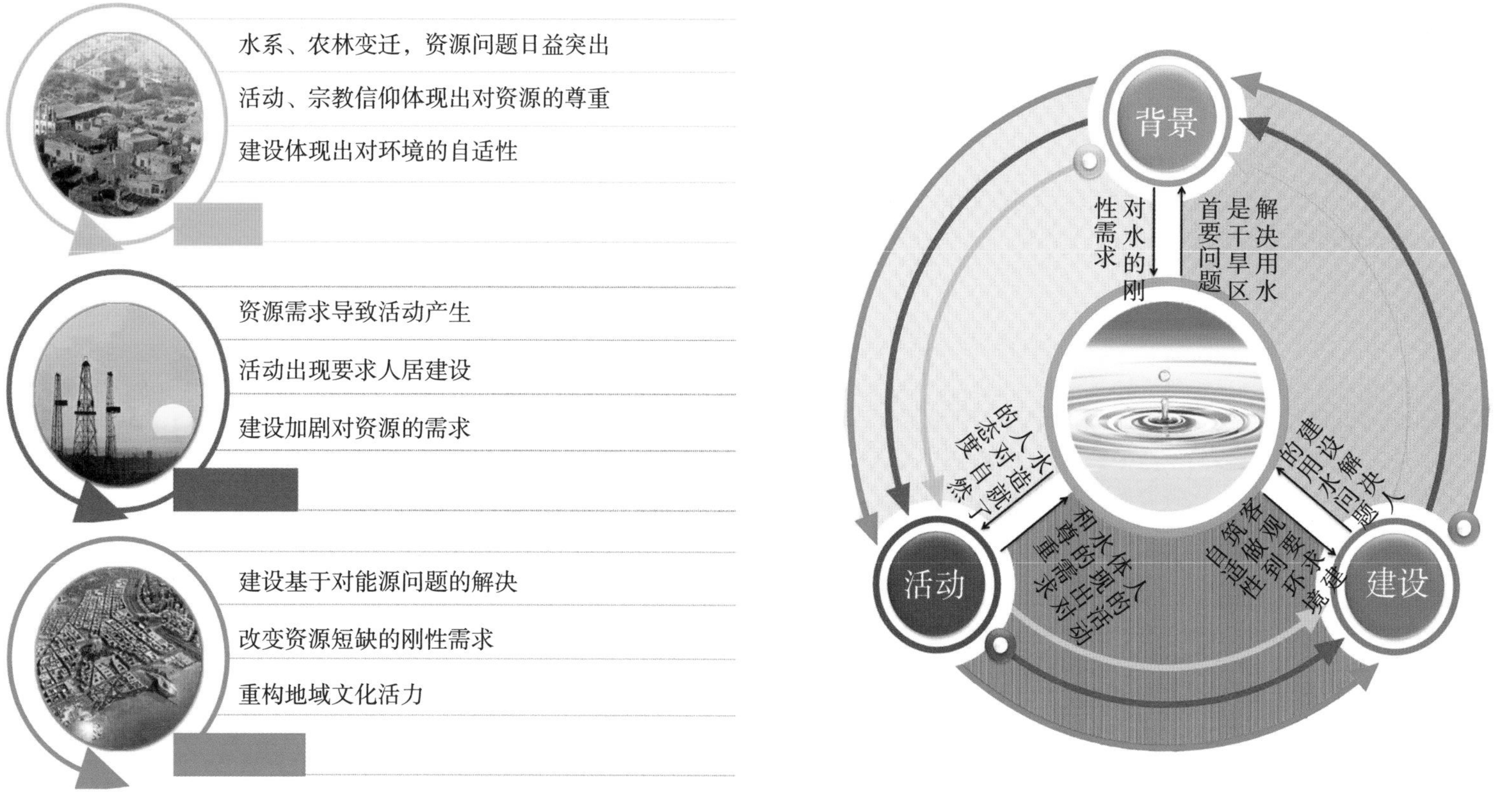
水系、农林变迁，资源问题日益突出
活动、宗教信仰体现出对资源的尊重
建设体现出对环境的自适性
资源需求导致活动产生
活动出现要求人居建设
建设加剧对资源的需求
建设基于对能源问题的解决
改变资源短缺的刚性需求
重构地域文化活力
背景
活动
建设
解决用水是干旱区首要问题
对水的刚性需求
建设解决人的用水问题

图11-241 空间尺度视角总结图示
Figure11-241 Graphical expression of views on spacial scale

（2）时间尺度视角（图11–242）。

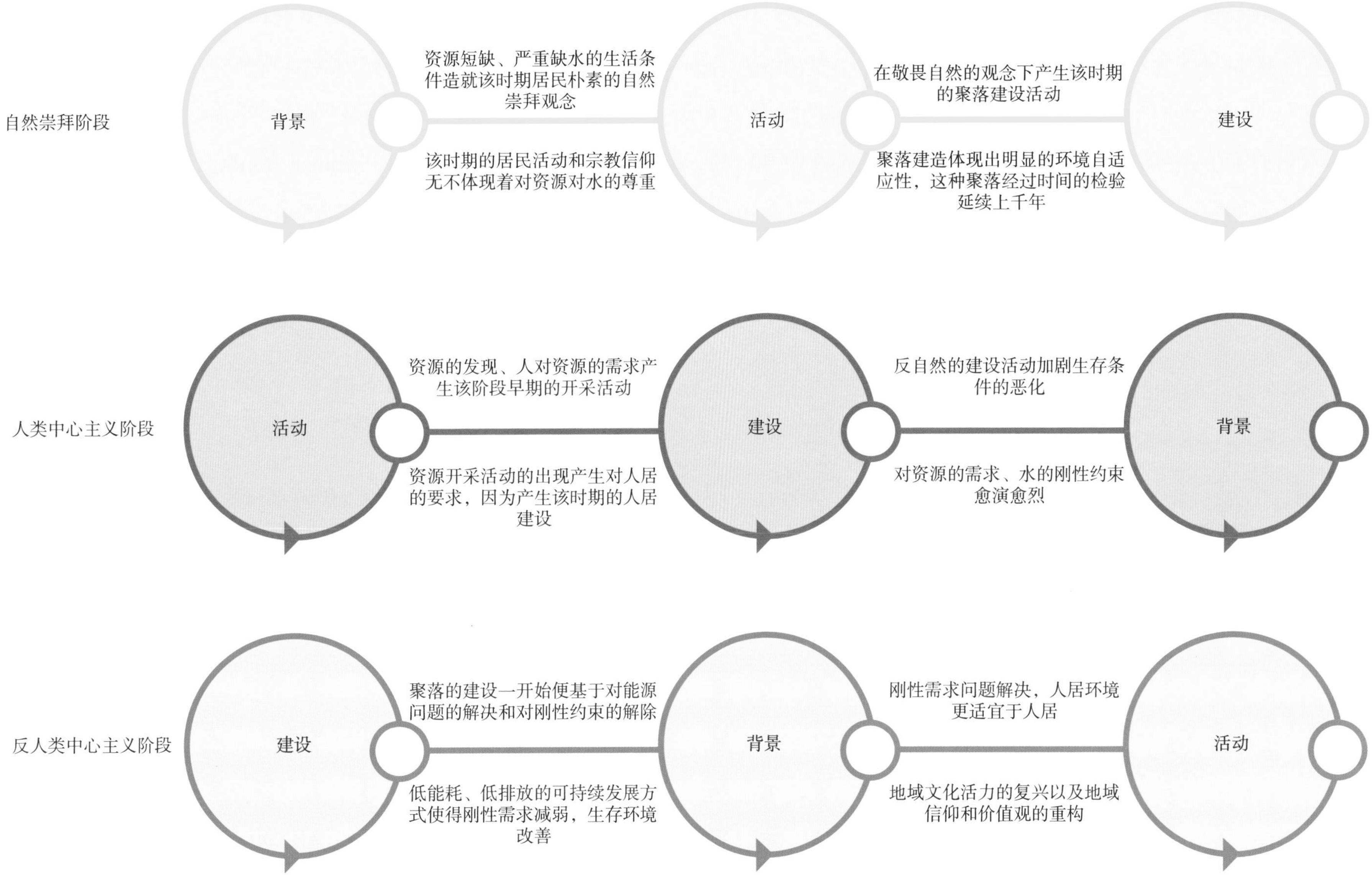

图11–242 时间尺度视角总结图示
Figure11-242 Graphical expression of views on time scale

参考文献

[1] 卓义．基于遥感与GIS技术的内蒙古东部草原地区干旱灾害监测、评估研究[D]．中国农业科学院，2011．

[2] 徐玉倩．美国干旱地区城市规划特点及其经验借鉴研究[D]．西安建筑科技大学，2012．

[3] 张润芝．内蒙古自治区西部地区干旱特征、成因及抗旱对策[J]．内蒙古农业大学学报(自然科学版)，2002，23(4)：119-122．

[4] 王保才，张海军．新疆湿地资源存在的生态环境问题及保护对策[J]．中国新技术新产品，2009，(8)：138．

[5] 王炜，方宗义．沙尘暴天气及其研究进展综述[J]．应用气象学报，2004，15(3)：366-381．

[6] 胡仕南，李波，周光华等．太阳能技术在新疆油田的应用研究[J]．油气田环境保护，2010，20(z1)：19-22．

[7] 阿尼克孜·努尔买买提．喀什地区维吾尔族妇女戴头巾习俗的民族学调查[D]．新疆师范大学，2012．(9)

[8] 母俊景．新疆维吾尔族传统民居建筑技术与艺术特征研究[D]．新疆农业大学，2009．

[9] 阿不都瓦依提·艾力．农技人员对农业科技图书的反映和建议[J]．价值工程，2012，31(5)：295-297．

[10] 赵川．新疆南疆三地州欠发达县域经济发展研究[D]．新疆师范大学，2011．

[11] 杨艳华，汪征辉，王全等．生活能源消费结构对荒漠化的影响——以喀什地区为例[J]．林业经济问题，2003，23(4)：195-199．

[12] 郭晓宇．喀什地区区域竞争力研究[D]．石河子大学，2013．

[13] 向西．千年的守望艺术的敦煌[J]．青春期健康，2012，(22)：54-57．

[14] 王汝发．西北地区生态环境问题的再思考——以甘肃敦煌地区为例[J]．三峡大学学报（人文社会科学版），2008，30(5)：75-79．

[15] 广其．敦煌性文化[J]．青春期健康，2010，(14)：48-49．

[16] 赵伟．山岳型风景区游客中心规划建筑设计研究[D]．西安建筑科技大学，2006．

[17] 汪万福，王涛，张伟民等．敦煌莫高窟风沙危害综合防护体系设计研究[J]．干旱区地理，2005，28(5)：614-620．

[18] 百度百科，敦煌词条。http：//baike．baidu．com/link?url=Ac7cJYw8YGFIq-rMu3CFmUJCoZ3QdET5S3tV2F2nqejVRMM6_dJWQLCiZdxL3jh0MXNcuL8nF80NCu94_buXHqphVF4dCO0oqzsP4D-Ol-O

[19] 许进，王国祥．美国凤凰城崛起对我国西部开发的启示[J]．乡镇企业研究，2002，(5)：61-62．

[20] 房臣峰．干旱区城市景观水系规划设计——以阿克苏市为例[D]．同济大学，2007．

[21] 刑杨．新疆拉依苏长寿村探秘[J]．家庭医药·快乐养生，2009，(10)：26-27．(27，29)

[22] 张靓．迪拜传统民居研究初探[D]．同济大学，2007．

[23] 殷志刚，卞正富，张永福等．克拉玛依市土地利用规划实施的生态效果研究[J]．干旱区地理，2006，29(5)：760-765．

[24] 阿里木江·卡斯木，安瓦尔·买买提明，王晓峰等．新疆克拉玛依市产业结构调整对策研究[J]．新疆师范大学学报（自然科学版），2009，28(1)：78-82．

[25] 依丽米古丽·阿不力孜．沙漠干旱地区的人类文化适应研究——以新疆于田县达里雅博依乡维吾尔族人为例[D]．中央民族大学，2012．

[26] 秦俊法．中国的百岁老人研究Ⅲ．百岁老人聚居区——中国长寿之乡的成因和评定[J]．广东微量元素科学，2007，14(11)：23-39．

[27] 刘金伟．河田绿洲小气候变化对绿洲生态环境建设的启示[J]．绵阳师范学院学报，2008，27(2)：102-105．

[28] 赵川．新疆南疆三地州欠发达县域经济发展研究[D]．新疆师范大学，2011．

[29] 母俊景．新疆维吾尔族传统民居建筑技术 与艺术特征研究[D]．新疆农业大学，2009．

[30] 新疆多元民族文化特征论[J]．中国边疆史地研究，2005，15(3)：86-90．

[31] 徐文涛．建设喀什经济特区对当地经济带来的影响及研究对策[J]．科技创新导报，2011，(5)：175，177．

[32] 贵军．径流林业技术在黄土高原区营造水土保持林中的应用[J]．农业科技与信息，2008，(16)：22-23．

[33] 周长进，董锁成，李岱等．敦煌市水资源的可持续利用及调控对策[J]．自然资源学报，2007，22(4)：516-523．(34)．

[34] 第三站甘肃·敦煌艺术瑰宝莫高窟[J]．西部大开发，2004，(9)：20．

[35] 胡方鹏，宋辉，王小东等．喀什老城区的空间形态研究[J]．西安建筑科技大学学报（自然科学版），2010，42(1)：120-126．

[36] 赵霞，张中伟，张勇年等．喀什市1971～2007年气候分析[J]．科技资讯，2010，(5)：235-236．

[37] 赵琨．基于可持续发展理论的我国传统理想人居环境研究[D]．同济大学，2008．

[38] 李生英．新疆生土建筑的研究——以吐鲁番为例[D]．新疆大学，2007．

[39] 杨涛，母俊景．地域性气候对新疆喀什民居建筑形式的影响[J]．山西建筑，2009，35(24)：43-44．

[40] 张小岗．适宜性建筑策略与方法研究——以华北平原民居为例[D]．大连理工大学，2007．

[41] 阿布都热合曼·哈力克，阿布都沙拉木·加拉力丁，卞正富等．吐鲁番盆地的水资源及其合理开发利用探讨[J]．农业系统科学与综合研究，2009，25(3)：355-360．

[42] 新疆财政厅农业处．新疆财政支持农业高效节水成效显著[J]．农村财政与财务，2010，

(7)：26–28.
[43] 李宏玥. 水资源约束下的乡土聚落景观营造策略研究——以新疆乡土聚落为例·[D]. 西安建筑科技大学，2012.
[44] 母俊景，胡向红，贾艳坤. 从喀什传统民居到新疆农家旅游[J]. 山西建筑，2011，37(10)：1–2.
[45] 张金朝. 从乡土建筑到现代农村建筑的有机更新[D]. 昆明理工大学，2005.
[46] 王川. 新疆阿以旺民居的气候适应性研究[D]. 北京服装学院，2012.
[47] 李生英，王晓丽，李维青. 以吐鲁番为例谈新疆生土建筑[J]. 内江师范学院学报，2007，22(2)：74–78.
[48] 邓铭江. 干旱区坎儿井与山前凹陷地下水库[J]. 水科学进展，2010，21(6).
[49] 刘江宁. 浅析新疆麻扎文化[J]. 学理论，2010，(26)：111–112.
[50] 王欣，范婧婧. 鄯善吐峪沟麻扎村的民俗文化[J]. 西域研究，2005，(3)：112–116.
[51] 潘存娥，田丽萍，张天义等. 准噶尔盆地箭杆杨生长规律的研究[J]. 新疆农业科学，2010，(11)：2195–2199.
[52] 刘念祖. 论生态建筑的审美趋势[D]. 武汉理工大学，2005.
[53] 张燕. 吐鲁番木卡姆的社会功能研究——以唱词为中心[D]. 石河子大学，2010.
[54] 须颖. 祠堂与居住关系研究[D]. 天津大学，2003. DOI：10. 7666/d. y591104.
[55] 王磊. 新疆传统民居聚落的当代解读——以吐鲁番维吾尔族传统民居为例[D]. 新疆师范大学，2009.
[56] 原萌. 西北民居中的生态策略及其当代应用[D]. 天津大学，2012.
[57] 王梅，潘存德，楚光明等. 人工绿洲外围荒漠植被及其群落外貌特征[J]. 干旱区地理，2005，28(1)：107–112.
[58] 楚光明. 克拉玛依农业综合开发区外围荒漠植被及其群落特征研究[D]. 新疆农业大学，2004.
[59] 徐晓红. 干旱区城市绿地系统健康综合评价——以新疆克拉玛依市为例[D]. 新疆农业大学，2007.
[60] 杨娜. "红歌"文化的思想政治教育功能发挥研究[D]. 内蒙古科技大学，2012.
[61] 王娜. 城市少数民族流动人口犯罪实证研究——以S市M区的统计数据为基础的分析[J]. 河南财经政法大学学报，2014，29(4)：102–114.
[62] 景四新. 克拉玛依石油产业发展问题研究[D]. 北京：中国农业大学，2006.
[63] 谢蕾，吴文强，姜卉芳. 克拉玛依市水资源合理配置模型研究[C]. //人水和谐及新疆水资源可持续利用——中国科协学术年会. 2005.
[64] 赵文勤. 克拉玛依绿洲节水型防护林体系主要树种对不同灌溉量的生理响应[D]. 石河子大学，2010.
[65] 王纪武. 地域文化视野的城市空间形态研究[D]. 重庆大学，2005.

附录 1：2011~2013 年“人类聚居环境学”研究生课程师生名单

Appendix 1 List of Teachers and Students of Postgraduate Courses “Human Settlement Environment Studies” from 2011 to 2013

2011 届师生名单：

任课教师：刘滨谊

学生：戴睿、唐真、弗来德、何京洋、郭曜、吴萌、余波、王丽丽、刘盛超、梁印龙、宋姗、洪成、祝智慧、常远、刘玉超、刘荃、刘雅兰、陈奕璇、归云斐、王美锜、戴如洁、贾革新、奚赋彬、陈光、陈思、汪翼飞、张悦文、郭佳希、卢思岚、唐乐乐、徐留生、姜昕、张翀、张莉、傅文、瞿奇、邹琴、贺翔宇、李可欣、苏扬、张宇焘、程冰月、徐佳芳、陈雪、赖晓雪、孙倩、陈灿龙、方晶晶、刘曦婷、王梅琳、谢杨、阿拉衣·阿不都艾力、幸运、葛瑞斯

2012 届师生名单

任课教师：刘滨谊、汪洁琼

学生：赵彦、巴彦.卡德尔别克、何盼、黄斌全、孙焱瞳、魏维轩、林可可、林乐乐、杨伊萌、沙洲、张新然、朱蔚云、戴岭、李单、林俊、高翼、王韡珏、章舒雯、石乔莎、杨宇辰、张醇琦、臧亭、周思瑜、盛临、张一苇、周详、朱夕冰、李宾、张慧文、李玉琴、宋昕、岳阳、齐承雯、关乐禾

2013 届师生名单

任课教师：刘滨谊、陈筝、匡纬

学生：邓碧波、樊中、梅歆、刘鸣、王鑫、董文杰、赵方超、张晶、李颖、宋岩、章婧、刘尚、谢民、陈健、任婧、刘雅琦、顾丹叶、马唯为、陈荻、王晓蒙、何蓓、洪菲、夏良驹、崔芊浬、王茜、邸青、鲁甜、沈禾薇、杨戈骏、邓妍、王晓洁、罗静茹、杨雯文、李劭杰、麦璐茵、姜浩、邱蒙、陈奕凌、刘强、马罡、张马秀、林东光、钟珉晨、万小霞、刘晴、毛明超、蒋志琼、王鑫、向瑞斌、曹思、倪健、彭友路、林曾、李明、唐含笑、余沫、邱芳、徐梦梦、刘燕夏、胡晓娜、缪夏轶、顾继生、陆周一、姜璐、姜达勋、于良、封振山、李小磊、李震、晁磊、董子源、陈春晓、李冉、张琪、刘衡、郑舒心、刘欢、周咏梅、陆中祥、赵晓青

附录 2：作者 20 年来主持承担的主要科研项目课题

Appendix2 Main Scientific Research Project presided by the Author in Recent 20 Years

1. 场域信息模拟——计算机遥感、GIS实用于城乡规划的方法研究. 中国国家自然科学基金会青年基金项目（59108058）（项目负责人：刘滨谊），1992–1995.
2. 人类聚居环境资源普查方法研究. 中国国家自然科学基金会资助项目（59678011）（项目负责人：刘滨谊），1996–1998.
3. CQE——人类聚居环境工程体系研究. 国家教委跨世纪优秀人才培养计划项目（项目负责人：刘滨谊），1998—2000.
4. 风景旅游资源时空筹划理论与方法研究. 中国国家自然科学基金会资助项目（项目负责人：刘滨谊）（79870012/G0409），1999–2001.
5. 风景旅游规划AVC评价体系研究. 中国国家自然科学基金会资助项目（50578112/E080202）（项目负责人：刘滨谊），2006.1–2008.12.
6. 国家科技部“十一五”支撑计划重点项目“城镇绿地系统生态构建与管控关键技术研究”（2008BAJ10）（项目负责人：刘滨谊），2008.1–2011.12.
7. 国家科技部“十一五”支撑计划重点项目“城镇绿地系统生态构建与管控关键技术研究”（2008BAJ10）“课题二：城镇绿地空间结构与生态功能优化关键技术研究”（2008BAJ10B02）（课题负责人：刘滨谊），2008.1–2011.12.
8. 黄土高原干旱区水绿双赢空间模式与生态增长机制研究. 中国国家自然科学基金会资助项目（51178319/E080202)（项目负责人：刘滨谊），2012.1–2015.12.
9. 城市宜居环境风景园林小气候适应性设计理论和方法研究. 中国国家自然科学基金2013重点项目（51338007/E080202）（项目负责人：刘滨谊），2014.1–2018.12.

后记：走向人居环境研究实践的时空思维

Epilogue: Space-time Thinking Oriented Human Settlement, Inhabitation and Travel Environment Research

人居环境学科及其研究实践具有科学、艺术、工程的三重属性。以“规划设计”为核心，作为人居环境学科群的主要学科，建筑学、城乡规划学、风景园林学这三个学科专业思维具有三个基本特征：时间思维的前瞻超越性；空间思维的立体交叉性；时空思维的非闭合发散性。而且很有可能，早在数千年前，伴随着三个学科专业实践的出现，这三个基本特征就应运而生，一直推动者人居环境的研究与实践。

时间思维的前瞻超越性。人居环境研究实践包含自然进程、人文进程、建设进程三条基本的时间思维。自然进程，指人居背景中的各类自然元素及其演进，诸如山石水土、动植物、地质变迁、水文变化、物种繁衍、植物生长等；人文进程，指人居活动中各类人文元素及其变化，诸如人类生存方式、生理、心理、行为、文化习俗、价值观念、世界观等；建设进程指人居背景中的各类建设元素及其演进，诸如建筑、城市乡村、风景园林、其规划设计、施工建造、养护管理。三个进程标志着人居环境的三重属性：自然性、生命性、时空性。在城市规划师尚未出现之前，人类的时间思维就开始了，但是，也许是规划师的到来，这种对于未来将会发生什么的时间思考才变得必不可少並在不断强化。不同于占卜术，规划师思考的未来往往是史无前例的，不仅需要对于未来空间的前瞻，更是对现在时空的超越，时间思维的前瞻超越性意味着以时间为统领的时空的前瞻和超越。虽然人居环境的三重属性决定了规划设计中空间思维比重较大，但是，人居环境时空的连续性决定了时间思维及其前瞻超越的重要性。中国古代城市选址基于自然因素，考虑百年风水、千年风土，本质上是基于自然变化和人类需求的时间思维和时间规划，符合地质地貌、水文气候等现代科学证实了的自然时间发展规律，以及长期积淀形成的文化习俗。正是这种关于自然时间和人文时间的规划，赋予了风景园林、城乡规划百年、千年的“先见之明”。人居环境类时间前瞻超越性思维容易犯的错误是在前瞻超越的过度关注中，忽视对于过去的关注，从而打断了人居环境从“过去”、“现在”到“未来”的连续性。然而，正是从这种自然、生命、时间的连续进程中，前瞻超越才能思有所依、考有所据，人居环境的前瞻超越不能割断三个连续的进程，对于形成思想文化习俗的人居活动，尤为必要。

空间思维的立体交叉性。在建筑师尚未出现之前，人类的空间思维就开始了，但是，肯定是建筑师出现之后，特别是在现代空间技术的发展中，这种空间思维得到了大大的强化。也许以建筑师为代表的这种空间立体性思维正是源于所要面对的实践对象——建筑和人居环境的空间立体性，正是基于长期的空间实践，规划设计师的空间思维得到了强化，思考问题的方式方法逐渐趋向“空间立体性”：把诸多问题物件、甚至是貌似毫不相关的问题物件，置入同一空间予以“同时”思考，在问题物件之间，经多种思考途径的探索、多重排列组合方案的尝试，发现问题物件之间的“空间化”的结构关系，从中构建起关于规划设计的原理、方法、路径、程序。空间立体性思维的优势在于基于空间化，可以立体交叉多路径同时探索，不同于线性单通道思维，不会因为某一条思考线索路径阻断而影响其他路径的思考，从而大大扩展了思考路径，扩展了寻求问题解决方案的范围和深度。空间立体性思维可能出现的缺陷在于，立体化之后，原本在不同层级的因素，在思考中跳跃至原本部署它的层级，从而引发思考的误导和混乱。扬长补短，人居环境学科的空间思维应当是在立体交叉思考中，在发挥多方关联的同时，避免问题物件因素所属层级的误判，从而立于不败之地。

时空思维的非闭合发散性由时间思维的前瞻超越性和空间思维的立体交叉性所引发。与大多数理工学科自成一体、回路闭合的逻辑思维相比，这一非闭合发散性的特征尤为明显。规划设计师基于时间前瞻性和空间立体性所提出的见解，常常因此受到不能自圆其说质疑。思维的“非闭合性”是由其时空的“发散性”引起的，而这种“发散性”又是由于同时需要面临众多“连锁”“开放”问题所决定的。非闭合发散性思维的缺陷是思想容易发散到甚至“不着边际”、脱离客观、科学、理性，防治这种规划设计师“通病”的方法是在非闭合发散的同时，加以“理性”“收敛”的思考，这种理性不仅是自然科学，还包括了社会科学和规划设计工程学，有了这种“理性”，对于主观意向的“收敛”才有可能。

人居背景环境生态中蕴含的自然因素，属于全球生物圈的一部分；人居活动行为方式中蕴含的人文因素、追求与价值观念，属于人类文明演进的一部分；人居建设规划设计中蕴含的方法途径，属于土木、建筑环境、水利等诸学科的一部分，从自然的繁衍生息到思想的层出不穷，三者的本质都是有生命、有思想的。人居环境研究的核心是思想生命体的研究，至少但不仅仅是背景、活动、建设三元的研究。

其核心在于“思想生命体”。“生命体”讲求的是循环、演进、演替，因此，除了习以为常的空间、空间思维、空间规划设计，同时需要时间、时间思维、时间规划设计，甚至更为重要；人类这一“生命体”呈现的是因人而异、不断更新，人类的文明生活依赖于由自然智慧所安排的多样性，而当代“整齐划一”、“数学重复”、“蜜蜂文明”方式的发展导向正在导致人性扭曲、人类“思想生命体”的消亡、人类文明生活的倒退。

环境生态恶化与资源浪费、目标追求的迷茫与价值观念误导、开发建设的弊端错误，今天，面对20年前就已提出的人居环境基本问题，追根寻源，不难发现深层起因是人居环境时间空间关系及其核心“思想生命体”的认识问题。早在40年前，建筑师、风景园林师杰弗瑞·杰里柯先生在其《人类的景观——环境塑造史论》巨著的后记中就指出：倘若追根寻源，“当前对于环境破坏的深层起因是: 对于现在人类头脑中关于时间、空间及人类与两者关系的潜意识的混乱误导。……想象力不再关注于填补差距, 特别是在景观之中, 在栽种与树林之间: 景观必须是速成的。建筑生命力的短暂以及新旧之间的冲突达到了史无前例的地步。相对于所有从前的哲学、玄学和人文主义来说，时间感如此匮乏, 似乎行动取代了思考。与此形成鲜明的对比, 埃及、古印度和前哥伦布的美洲几乎都关注于抽象的时间。中国人认为建筑都可以像植物一样自我再生；可是那儿新建的景观却期望永垂不朽。”

以这种时空观，审视56年以来麦克·哈格倡导的“设计结合自然”(Design with Nature)，在“千层饼”、3S技术的辅助下，规划设计师们通常只注重了“设计结合自然的空间”(Design with Nature’s Space)，而忽视了“设计结合自然的时间”(Design with Nature’s Time)，以致对基于时间、以生命循环为核心的生态规划，也只是关注“斑块”“基质”“廊道”等空间形态，而忽视了物种多样性、生物链、生物循环等时间因素。

如今，以超越自然环境生态、割断历史传统文脉为标志的时间感的消失和以大规模新城开发、园区建设为代表的空间感的膨胀仍有增无减。正所谓:“在人类时间感消失的同时, 其空间感似乎已无法控制地膨胀了”(杰弗瑞·杰里柯)。从国家区域到城市乡村、从风景名胜区到城乡绿地系统、城市湿地公园建设，其中，规划建设的时间思维是如此的匮乏，人为的空间思维取代了自然的时间思维，结果是对于自然生命进程的漠视、对于历史、传统、文化的敷衍、对于已有建设的“另起炉灶”。

鉴于人居背景的自然生命决定性和人居活动的生命遗传基因，从背景和活动研究入手，有可能理顺、重建颠倒了的人居环境建设的时空关系，在建设界形成这样一种共识：人居环境规划设计是结合万物生命的设计，是追随生命时间进程的规划设计。迄今为止，人类所能做的是发现这种进程的时间规律，而不是改变。在无法改变的自然进程之中，在难以割断的文化习俗延续之中，在数十万年人类遗传基因的控制之下，除了保护、符合、遵循，规划设计所能发挥的作用是以“空间的规划设计”为标尺，在自然进程中留下时间的刻度和生命的足迹，对于人居环境规划设计尤为如此。

在作者的人居环境研究告一段落，在结束本书研究总结之时，以上思考权且作为小结。对于人居环境类学科专业，首要思考的就是我们学科专业的思维特征。在认清这种思维的优势、缺陷、问题的同时，更为重要的是察觉到在当代发展的不尽人意的洪流中，这种思维所处的逆境、面临的压力。坚持人居环境学科特有的思维方式，发挥优势，弥补缺陷，解决问题，这既是人居环境学科研究与实践的战略方法，更关乎每一位规划设计师的研究与实践。自上而下，尝试建立思考方法体系；自下而上，搜索分析中国大地古今人居环境背景变迁、活动演进、建设实践的“细节”。两者互检互判，从而使规划设计师对于我们学科专业的基础背景——人居环境有一个基本的了解把握，本书的研究思索正是朝着这一宏伟目标的初步努力和尝试。作者深切期待在今后的20年、30年，甚至更为长远的未来，将有越来越多的学科、专业人士投身于这一关乎人类生存环境的宏图伟业之中。

致谢
Acknowledgement

在本书完成之际，作者想感谢许多人。

首先是中国工程院院士、中国科学院院士、清华大学吴良镛先生，正是从《广义建筑学》到《人居环境科学》，再到吴先生主编的一系列人居环境研究的理论著作，大大开拓了本书的研究视野，特别是1994年昆明人居会议期间，跟随吴先生的半月云南人居考察，开启了作者人居环境学研究的航程，以及之后20年以来，在许多场合，予以作者学术生涯上的鼓励鞭策。其次是中国科学院院士、东南大学齐康先生，从肯定作者的博士学位论文研究开始，多年以来，在多种场合以表扬的方式激励着作者的风景园林学科研究，特别是在1996人居环境会议期间，面对风景园林的“专业取消”，齐先生鼓励做好风景园林的基础研究与实践。感谢中国科学院彭一刚院士、中国工程院邹德慈院士、何镜堂院士、钟训正院士、张锦秋院士、中国科学院吴硕贤院士和两院院士李德仁，以及母校同济大学的戴复东院士和郑时龄院士，他们都在不同时期、不同场合给予了作者学术研究的指导、帮助、启发。

回想20年来人居环境研究历程，感谢国家自然科学基金委员会土木、建筑与环境学科的那向谦、茹继平、李大鹏等老师，正是他们自1994年以来，组织举办的一系列人居环境学研讨会，为当时还是年轻的我们提供了研究发展交流的平台，在老先生们的引领下，围绕人居环境研究，一批年轻学者成长了起来，他们都从各自的领域、不同的方向，给予了我极大的启发和帮助。他们是西安建筑科技大学教授、中国工程院刘加平院士，西安建筑科技大学刘克成教授，东南大学王建国教授、王炜教授，天津大学曾坚教授、梁雪教授，重庆建筑大学赵万明教授，浙江大学王竹教授，清华大学朱文一教授、顾朝林教授、庄惟敏教授，北京林业大学张启翔教授，中国工程院崔恺院士、中国建筑设计大师孟建民以及同济大学赵民教授、吕西林教授、李杰教授。

感谢原上海市园林局局长、作者博士学位论文答辩委员会主席程绪珂先生、硕士学位论文答辩主席吴振千先生，以及北京林业大学孟兆祯院士、杨赉丽先生，以及前美国风景园林师协会主席、美国弗吉尼亚理工及州立大学Patrick A. Miller教授，感谢他们的鼓励和厚望。还要感谢风景园林学科、城乡规划学科的同仁们，正是他们的努力使得风景园林学和城乡规划学终于成为了一级学科，使得“三位一体、三足鼎立”从设想变为了现实，从而为人居环境学的均衡发展奠定了广阔的学术前景。

最后，要特别感谢中国著名建筑师、建筑教育家、远去的冯纪忠先生，作为作者本科毕业设计、硕士、博士的导师，作为“场域理论”的奠基人，建筑、城规、风景园林“三位一体”的倡导者，先生的循循善诱和鲜明的学术主张至今萦绕耳旁，影响之深、作用之大，本书的完成离不开导师无形的遥助和启迪。